装备科技译著出版基金

“十四五”时期国家重点出版物出版专项规划项目

石墨烯手册

第2卷:物理、化学和生物学

Handbook of Graphene

Volume 2: Physics, Chemistry, and Biology

[西]托拜厄斯·施陶贝尔(Tobias Stauber) 主编
戴圣龙 王旭东 李学瑞 张宝勋 于公奇 译

国防工业出版社
·北京·

著作权合同登记 图字:01-2022-4183 号

图书在版编目(CIP)数据

石墨烯手册. 第2卷,物理、化学和生物学/(西)托拜厄斯·施陶贝尔主编;戴圣龙等译. —北京:国防工业出版社,2023.1

书名原文:Handbook of Graphene Volume 2: Physics, Chemistry, and Biology

ISBN 978-7-118-12690-7

Ⅰ.①石… Ⅱ.①托… ②戴… Ⅲ.①石墨烯—物理性质—手册②石墨烯—化学性质—手册③石墨烯—生物学—手册 Ⅳ.①TB383-62

中国版本图书馆 CIP 数据核字(2022)第 200538 号

Handbook of Graphene, Volume 2: Physics, Chemistry, and Biologyby Tobias Stauber

ISBN 978-1-119-46959-9

※

国防工业出版社 出版发行

(北京市海淀区紫竹院南路 23 号 邮政编码 100048)

北京虎彩文化传播有限公司印刷

新华书店经售

*

开本 787×1092 1/16 **印张** 33½ **字数** 766 千字

2023 年 1 月第 1 版第 1 次印刷 **印数** 1—1500 册 **定价** 288.00 元

(本书如有印装错误,我社负责调换)

国防书店:(010)88540777 书店传真:(010)88540776

发行业务:(010)88540717 发行传真:(010)88540762

石墨烯手册

译审委员会

主　任　戴圣龙

副主任　李兴无　王旭东　陶春虎

委　员　王　刚　李炯利　郁博轩　党小飞　闫　灏　杨晓珂
潘　登　李文博　刘　静　王佳伟　李　静　曹　振
李佳惠　李　季　张海平　孙庆泽　李　岳　梁佳丰
朱巧思　李学瑞　张宝勋　于公奇　杜真真　王　珺
于　帆　王　晶

译者序

碳，作为有机生命体的骨架元素，见证了人类的历史发展；碳材料和其应用形式的更替，也通常标志着人类进入了新的历史进程。石墨烯这种单原子层二维材料作为碳材料家族最为年轻的成员，自2004年被首次制备以来，一直受到各个领域的广泛关注，成为科研领域的"明星材料"，也被部分研究者认为是有望引发新一轮材料革命的"未来之钥"。经过近20年的发展，人们对石墨烯的基础理论和在诸多领域中的功能应用方面的研究，已经取得了长足进展，相关论文和专利数量已经逐渐走出了爆发式的增长期，开始从对"量"的积累转变为对"质"的追求。回顾这一发展过程会发现，从石墨烯的拓扑结构，到量子反常霍尔效应，再到魔角石墨烯的提出，人们对石墨烯基础理论的研究可以说是深入且扎实的。但对于石墨烯的部分应用研究而言，无论在研究中获得了多么惊人的性能，似乎都难以真正离开实验室而成为实际产品进入市场。这一方面是由于石墨烯批量化制备技术的精度和成本尚未达到某些应用领域的要求；另一方面，尽管石墨烯确实具有优异甚至惊人的理论性能，但受实际条件所限，这些优异的性能在某些领域可能注定难以大放异彩。

我们必须承认的是，石墨烯的概念在一定程度上被滥用了。在过去数年时间内，市面上出现了无数以石墨烯为噱头的商品，石墨烯似乎成了"万能"添加剂，任何商品都可以在掺上石墨烯后身价倍增，却又因为不够成熟的技术而达不到宣传的效果。消费者面对石墨烯产品，从最初的好奇转变为一次又一次的失望，这无疑为石墨烯应用产品的发展带来了负面影响。在科研上也出现了类似的情况，石墨烯几乎曾是所有应用领域的热门材料，产出了无数研究成果和水平或高或低的论文。无论对初涉石墨烯领域的科研工作者，还是对扩展新应用领域的科研工作者而言，这些成果和论文都既是宝藏也是陷阱。

如何分辨这些陷阱和宝藏？石墨烯究竟在哪些领域能够为科技发展带来新的突破？石墨烯如何解决这些领域的痛点以及这些领域的前沿已经发展到了何种地步？针对这些问题，以及目前国内系统全面的石墨烯理论和应用研究相关著作较为缺乏的状况，北京石墨烯技术研究院启动了《石墨烯手册》的翻译工作，旨在为国内广大石墨烯相关领域的工作者扩展思路、指明方向，以期抛砖引玉之效。

《石墨烯手册》根据Wiley出版的*Handbook of Graphene*翻译而成，共8卷，分别由来自世界各国的石墨烯及相关应用领域的专家撰写，对石墨烯基础理论和在各个领域的应用研究成果进行了全方位的综述，是近年来国际石墨烯前沿研究的集大成之作。《石墨烯手册》按照卷章，依次从石墨烯的生长、合成和功能化；石墨烯的物理、化学和生物学特性研究；石墨烯及相关二维材料的修饰改性和表征手段；石墨烯复合材料的制备及应用；石墨烯在能源、健康、环境、传感器、生物相容材料等领域的应用；石墨烯的规模化制备和表征，以及与石墨烯相关的二维材料的创新和商品化展开每一卷的讨论。与国内其他讨论石墨烯基础理论和应用的图书相比，更加详细全面且具有新意。

《石墨烯手册》的翻译工作历时近一年半，在手册的翻译和出版过程中，得到国防工业出版社编辑的悉心指导和帮助，在此向他们表示感谢！

《石墨烯手册》获得中央军委装备发展部装备科技译著出版基金资助，并入选“十四五”时期国家重点出版物出版专项规划项目。

由于手册内容涉及的领域繁多，译者的水平有限，书中难免有不妥之处，恳请各位读者批评指正！

北京石墨烯技术研究院

《石墨烯手册》编译委员会

2022 年 3 月

前言

2005年3月,安德烈·吉姆(Andre Geim)在美国物理学会上首次提出“平面单层石墨烯中的电场效应”时,听众寥寥无几,10分钟的演讲也没有引起太多人关注。同年,随着他和菲利普·金(Philip Kim)的团队对半整数量子霍尔效应的观察,使得这种情况迅速改变,也促使石墨烯及其他二维材料成为当前物理、化学以及生物学/医学中最活跃的研究领域之一。在经过十多年世界范围的研究之后,《石墨烯手册》第2卷着力于物理、化学和生物领域的特定主题,尝试概述多个不同研究方向上的国际最新进展。

石墨烯名义上是半金属,实际上如第2、3和11章所述,其电子特性和结构通常会被修饰而改变。这些变化可能是由于拓扑缺陷(见第1章)、化学吸附(见第7章)、孤立的空位(见第12章)、应变(见第8章)或受限的几何形状/纳米粒子(见第5章)引起的。电子与电子的相互作用也可以改变石墨烯的性质,如第4章和第14章所述,它们分别关注费米速度重正化和光学响应以及极端量子极限中的磁传输。此外,通常需要将石墨烯或其他二维结构描述为膜,如第6、9、17和18章所述。如第13章和第19章分别介绍的那样,在可能的应用中,光电器件无疑是最有可能的器件之一。石墨烯还可以承载低损耗的高约束表面等离振子极化子,其性质在第15章和第16章中进行了讨论。最后,在第10章和第20章中介绍了石墨烯在检测生物分子,以及在组织工程和再生医学中的应用。

科学的发展是国际化的,需要科学界的广泛联系和互相启迪。石墨烯成功吸引了来自世界各地的研究人员的兴趣,这一点在本卷中得到了很好的体现。各章节的作者来自印度、尼日利亚、乌克兰、埃及、美国、伊朗、加拿大、波兰、俄罗斯、法国、希腊、西班牙、韩国、中国台湾等国家和地区。衷心希望《石墨烯手册》第2卷能够进一步增进来自不同国家的科学家之间的联系,并使他们共同致力于更好地了解和利用石墨烯材料的优异特性。

最后,我要感谢所有作者用各自领域的专业知识为本书做出的贡献,并对国际先进材料协会表示由衷的感谢。

托比亚斯·斯托伯(Tobias Stauber)
西班牙马德里
2019年2月1日

目录

第1章 石墨烯的拓扑设计

Bo Ni[1], Teng Zhang[2], Jiaoyan Li[1], Xiaoran Li[3], Huajian Gao[1]

[1]美国罗得岛州普罗维登斯布朗大学工程学院

[2]美国纽约州雪城大学机械和空天工程系

[3]中国北京清华大学先进机械与材料中心工程力学系应用力学实验室

摘　要　拓扑缺陷(如五元环、七元环及五元－七元环对)广泛存在于大尺寸石墨烯中,并且在调控一般二维材料的力学和物理性能方面发挥着重要作用。经过近些年的深入研究,通过拓扑设计优化石墨烯的性能已经成为一个颇具前景的新研究方向。本章介绍了关于拓扑缺陷对于石墨烯力学和物理性能影响的实验、模拟计算和理论研究,以及石墨烯拓扑设计的应用。讨论内容涵盖平面外效应、使石墨烯薄膜符合目标三维表面的拓扑缺陷分布设计逆向问题、提升石墨烯强度的晶界工程、增强韧性的弯曲石墨烯,以及在能源材料、多功能材料和与生物系统相互作用方面的应用。尽管实验和模拟技术发展迅速,但对石墨烯及其他二维材料拓扑缺陷与力学和物理性能之间关系的研究仍处于起步阶段。本章旨在提请研究界关注该领域中的一些待解决问题。

关键词　拓扑设计,缺陷,形貌及曲率,强度及韧性,多功能,非线性物理模型耦合,多尺度装配,互联及多层石墨烯

1.1 引言

作为最早发现及最突出的二维材料,原始石墨烯[1]是由碳原子以 sp^2 杂化轨道组成的呈六角形晶格结构的平面薄膜。石墨烯中的拓扑缺陷是由于原子间的重排破坏了二维晶格的六方对称而产生的。石墨烯中拓扑缺陷的基本单位包括旋错[2](五元环和七元环,图1.1(a)、(b))和位错[3](五元－七元环对,图1.1(c)),分别对应了晶格旋转对称及平移对称的破坏。晶界(GB)[3-4]是不同晶体取向的晶粒之间形成的拓扑线缺陷(图1.1(d))。事实上,在化学气相沉积(CVD)法制备的大尺寸石墨烯样本中,广泛存在各种形态的拓扑缺陷[4-7](图1.1(e)、(f))。了解它们如何改变石墨烯的力学和物理性能,包括强度[8-11]、形貌[2,12-13]、韧性[11,14-15]、热导率[16]、化学活性[17]及导电特性[18-21]等,对推进基础科学和二维材料的应用具有重要意义。

近些年,越来越多的理论和实验研究表明,石墨烯的力学和物理性能可以通过拓扑缺

陷进行调控。例如，分子动力学(MD)模拟表明，在四极旋错[15]呈正弦周期分布的石墨烯以及晶界完美贴合的多晶石墨烯之中的韧性增强[14]。实验结果表明，受到晶界的影响，多晶石墨烯的热导率随晶粒尺寸的增大而显著降低[22]。分子动力学模拟预测，由于拓扑缺陷和曲率的存在，形成自旋表面的石墨烯样本的热导率会降低300倍[23]。拓扑缺陷也可以改变电子输送行为(从高透明性到载荷子全反射)[19]。近期的研究进展[24-27]使调控拓扑缺陷的原子结构和分布逐渐成为可能，为“拓扑设计”的石墨烯结构和器件的大规模生产铺平了道路。

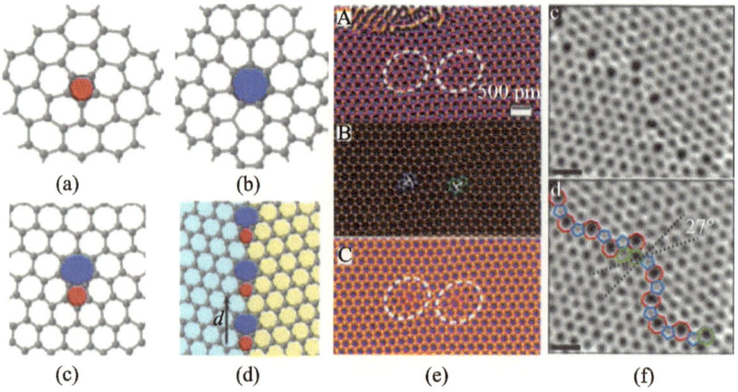

图1.1 单层石墨烯的拓扑缺陷

(a)~(d)石墨烯的拓扑缺陷原理图，包括正旋错(a)、反旋错(b)、位错(c)和晶界(d)[28]；
(e)~(f)石墨烯原子结构中的位错(e)[29]与晶界(f)[4]的实验观测结果。

在此，拓扑设计的概念可被定义为“利用拓扑缺陷(如旋错、位错及晶界)之间的协同相互作用，通过设计、制备具有控制拓扑缺陷分布的二维晶格，赋予石墨烯新的力学和物理特性”。我们重点讨论石墨烯，但许多规律和发现也同样适用于其他二维材料[30-31]，如单层六方氮化硼(h-BN)[32-33]和二维过渡金属硫化物(TMDC)MX_2(M=Mo,W;X=S,Se)[34-35]。为避免悬挂键使问题复杂化，我们把讨论限制在不涉及空穴和边界的拓扑缺陷上，相关论文及综述可在文献中查阅，包括多孔石墨烯[36-37]和经折叠/剪切的石墨烯[38-43]。通过控制纳米尺度的拓扑缺陷来提高宏观力学性能并非一项新技术，已广泛应用于包括金属[44-45]、陶瓷[46]及金刚石[47]等宏观材料中。例如，晶界和孪晶界在开发超高强度、良好延展性和优异抗疲劳性能的新型金属材料中起着至关重要的作用[44-45,48]。纳米双晶立方氮化硼和金刚石相较于其对应的无缺陷结构，具有更高的硬度和韧性。宏观材料拓扑设计的成功为扩展具有相似概念的二维材料提供了坚实的基础。

石墨烯的拓扑设计与宏观材料有很多共同特征，也有几个重要区别。第一，宏观材料存在多种滑移类型，二维材料中拓扑缺陷的迁移路径则受限于平面中[29,49]，如图1.2(a)所示。这种维度上的限制极大地降低了二维材料力学性能的可变性。第二，由于石墨烯面内[50]与面外[51-52]变形刚性的巨大差异，拓扑缺陷的存在会触发大量的面外变形(图1.2(b))，以使其应变能最小化[3,13]，特别是在自支撑石墨烯中。由此产生的三维(3D)几何结构将会改变力学和物理性能，如弹性模量、强度[9,53]、断裂韧性[14-15]、吸附和摩擦[54]、化学活性[17]、局部态密度[55]以及柔电性[56-57]。第三，面外变形[58]带来的柔韧性使石墨烯的力学和物理性能对室温下的热波动高度敏感[59-60]。因此，一般将石墨烯的性质认为是其内在特性与热波动之间相互作用的结果(图 1.2(c))[38,61-64]。第四,石墨烯的原子级超薄结构也给材料的制备及加工带来了巨大的挑战(图 1.2(d))[65-67]。因此,石墨烯的拓扑设计包含了许多特性间本质上的非线性耦合,如应力、形变、电子及化学活性。为了应对这些挑战,需要如力学、物理、化学、材料科学和纳米工程等多个领域的跨学科深度合作。在此,本章通过拓扑设计总结了石墨烯在力学和物理性能方面的一些最新进展,希望借此能引起各方研究团体对该领域相关问题的关注。

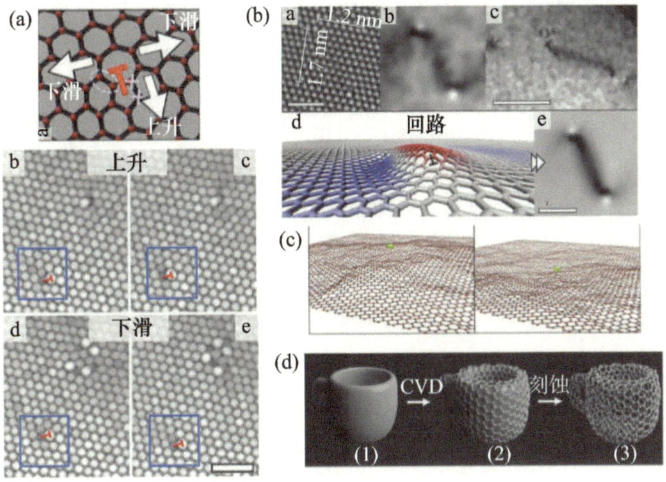

图 1.2 石墨烯拓扑设计的特征

(a)单层石墨烯中位错的迁移被限制在晶格平面内[49];(b)在实验观察和模拟石墨烯拓扑缺陷引发的长范围面外变形[49];(c)自支撑石墨烯热波动的原子模拟[68];(d)利用 CVD 法在设计的曲面上生长石墨烯示意图[69]。

本章内容结构如下:1.2 节总结了关于如何通过拓扑设计优化石墨烯力学和物理性能的一系列研究;1.3 节综述了拓扑设计石墨烯的一些应用,包括用于能源和多功能器件的应用;1.4 节讨论了一些具有前景的精密拓扑缺陷石墨烯的制备技术;最后,1.5 节对本章内容进行总结并提出展望。

1.2 石墨烯机械强度、形貌和韧性的拓扑设计

本节总结了通过拓扑设计使石墨烯具有目标性能的最新进展,并重点关注其力学性能(如强度和韧性)及三维形貌。例如,如何通过设计石墨烯中的晶界来调节石墨烯的强度,如何利用反向推演设计拓扑缺陷的分布来形成具有目标形状的三维单层石墨烯,以及如何通过引入拓扑缺陷来增强石墨烯的断裂韧性等。

1.2.1 通过晶界调节石墨烯强度

对于二维材料来讲,晶界是边缘位错形成的一维链。因此,晶界可以看作是多个拓扑缺陷的简单线性排列。对于单层二维材料,由于所有位错都位于平面内,因此只有边界位错而没有螺旋位错。石墨烯的边界位错由拓扑不变量中的柏氏向量 $\boldsymbol{b}$ 表示。在二维材料中,通常用晶界角或倾斜角 θ 来描述一组边界位错构成的一个倾斜晶界,晶界用于分隔两

个不同晶体取向的晶粒。高分辨率透射电子显微镜（HRTEM）已经可以观察到石墨烯[4,70-71]、h-BN[72]和 TMDC[73]中的一些晶界的原子结构。二维材料中的晶界通常在生长过程中形成。例如，单层石墨烯可通过 CVD 法[4,70-71]在具有一定晶体取向的金属基底上生长合成。在合成过程中，不同晶粒同时在金属表面的不同位点独立成核，石墨烯与金属的不相称会导致不同的晶粒中的晶格取向出现不同。当两个不同取向的晶粒生长相遇时，线缺陷（如晶界）便会在界面处产生。

在探讨如何用晶界调整石墨烯强度之前，可先梳理石墨烯中晶界的原子结构和能量。在单层石墨烯中，晶界通常由两种边界位错所组成，如图 1.3(b) 所示，其中一种是由一对相邻的五元环及七元环组成的柏氏向量 $\boldsymbol{b}=(1,0)$ 或 $(0,1)$，另一种则是五元环到七元环的距离增加了一个晶格间距后得到的柏氏向量 $\boldsymbol{b}=(1,1)$。沿某一方向，进行周期性的界面位错对齐会导致晶界的产生。第一性原理计算揭示了石墨烯中一些能量提高的晶界原子结构，这与 HRTEM 观察到的结果相一致，同时还提供了不同晶界结构中单位长度的晶界能量与倾斜角之间的关系图解（图 1.3(c)）[3]。当晶界被限制在二维平面内时，它们在小角度范围内（$\theta<10°$）的能量可以用 Read-Shockley 方程[3]描述：

$$\gamma=\frac{\mu b\theta'}{4\pi(1-\nu)}\left(1-\ln\theta'+\ln\frac{b}{2\pi r_0}\right) \tag{1.1}$$

式中：μ 为剪切模量；ν 为泊松比；b 为柏氏向量的模；r_0 为位错核的半径。在式(1.1)中，$\theta=\theta'$ 及 $\theta'=\pi/3-\theta$ 分别对应晶界沿六角扶手椅型及六边锯齿方向的情况。假设没有平面所限制，由于位错引发的面外变形，边界将呈现弯曲形状。弯曲降低了边界的能量（数据点见图 1.3(c)），使其更加稳定。晶界中存在两个极其稳定的大倾斜角 θ 为 21.8°及 32.3°，分别维持了 $\theta<21.8°$ 和 $\theta>32.3°$ 状态下的最低能量。对于 $\theta<3.5°$ 的弯曲晶界，晶界能与倾斜角呈线性关系，其关系如下所示[3]：

$$\gamma=\frac{E_f\theta'}{b} \tag{1.2}$$

式中：E_f 为形成位错所需的能量，图 1.3(c) 中给出的 E_f 拟合结果为 7.5eV[3]。

研究者已通过实验和模拟广泛研究了晶界对多晶石墨烯力学强度的影响。Lee 等[50]通过 TEM 结构表征与纳米压痕实验相结合，研究了具有不同晶粒度的 CVD 合成石墨烯薄膜的力学性能。研究表明，CVD 合成石墨烯的弹性刚度接近纯石墨烯，但力学强度略有降低。Rasool 等[10]对双晶石墨烯进行纳米压痕测试，发现大失配角对应晶界的力学强度要大于小失配角对应的晶界强度。观察到的晶界强度的错误取向依赖性强度与原子模拟的预测相吻合[8-9,74]。Grantab 等[8]通过原子计算发现，大角度晶界具有更高的强度。Wei 等[9]通过结合连续介质模型和原子模拟，研究了晶界中缺陷的相互作用方式，结果表明，不仅缺陷的密度会影响材料的力学性能，缺陷的排列方式同样对晶界的强度具有重要影响。在后续研究中，将从对称晶界扩展到非对称晶界领域[75]。除直线晶界以外，Zhang 等[74]还研究了在实验中经常观察到的弯曲晶界，实验结果表明弯曲晶界与直线晶界相比具有更高的能量，并同时可以改善力学性能。

除上述关于晶界作为线缺陷的特性研究外，晶界的网格设计[76-78]作为一种具有前景的控制和优化二维材料特性的方法，引起了越来越多的关注。最新组装技术的进展，展示了在多晶石墨烯生长过程中控制晶界的巨大潜力。例如，有实验通过一系列预定型的种子抑制随机成核位点成功实现了"种子辅助生长"[79-81]。除了成核位点所在的位置外，CVD合成石墨烯的形状、取向及边缘几何结构也可以通过铜基底的晶体取向得到控制[79,82]。基于晶体相场(PFC)模型[83]，Li等[84]用数值模拟了CVD合成石墨烯中晶界的动态形成过程，并论证了通过控制预定型种子的晶粒生长方向来设计晶界方法的可行性。本研究为探索使用预定型生长种子对晶界潜在合理的设计提供了理论依据。在一个简单的几何模型中，可以通过多边形石墨烯薄膜的几何形状来确定晶界的方向和取向偏差角，以理解种子生长的动态结合过程[85]。通过结合几何规律和PFC模型，Li等[84]证明了从随机种子处起，可能会出现蜿蜒形晶界或三叉晶界(TJ)，这与在CVD生长多晶石墨烯的实验观测结果相一致。大量研究表明，多晶石墨烯的强度不仅取决于晶粒大小，同时其对晶界网络中拓扑缺陷(如三叉晶界和空穴)的分布情况高度敏感[78,86-88]。作为用种子辅助生长设计晶界的典型例子，有研究者提出了取向偏差角为30°的无三叉晶界多晶石墨烯设计[84](图1.4)，实现了对晶粒尺寸不敏感的力学强度增强，这与多晶石墨烯中霍尔-佩奇型关系的相关报道不符[89]。

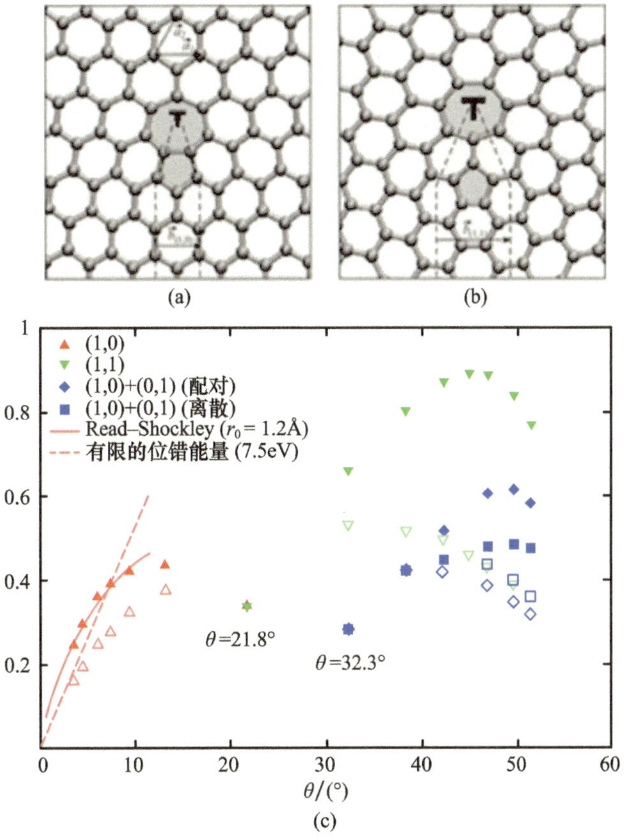

图1.3　晶界位错的原子结构和石墨烯中的晶界能

(a)、(b) $\boldsymbol{b}=(1,0)$ 和 $\boldsymbol{b}=(1,1)$ 对应位错的原子结构；(c)单位长度晶界能与倾斜角间的函数关系，实心和空心数据点分别对应了平整和弯曲的石墨烯。实线为位错核半径 $r_0=0.12\text{nm}$ 时，根据Read-Shockley方程拟合的曲线，虚线为 $E_f=7.5\text{eV}$ 时，弯曲晶界基于式(1.2)的近似线性表达式。(由文献[3]授权转载)

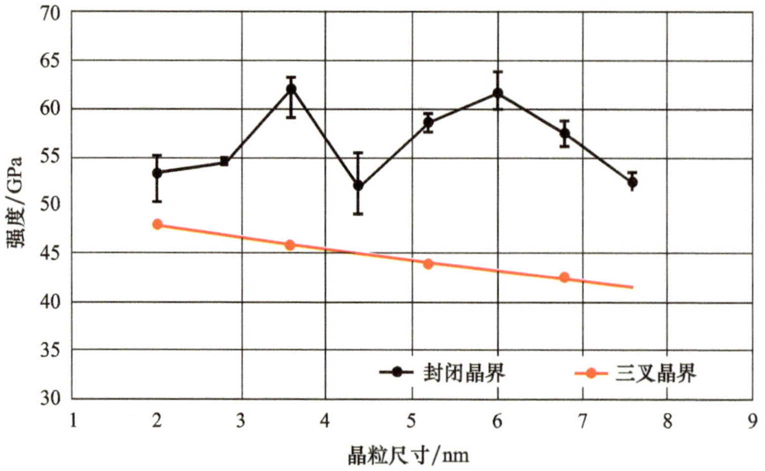

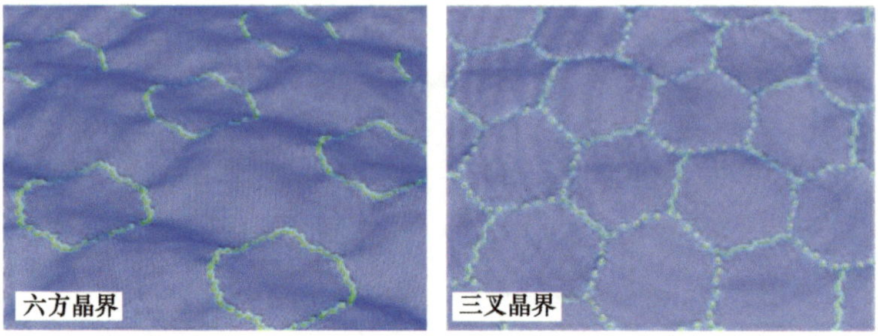

图 1.4 具有六方晶界环的无三叉晶界石墨烯，以及带三叉晶界多晶石墨烯对应晶粒尺寸由 2 ~ 10nm 双轴拉伸下对应的机械强度（由文献[84]授权转载）

通过设计晶界来调控强度的方法，也可以推广到石墨烯之外的二维材料上。为此，比较晶界的基本结构与能量在其他两种典型二维材料 h - BN 和 TMDS MS_2（M = Mo 或 W）与石墨烯中的异同点也颇有意义。在单层 h - BN 中，除了五元环 - 七元环位错及 $\boldsymbol{b}=(1,0)$ 以外，还可以通过第一性原理计算预测新型正方形 - 八边形位错及 $\boldsymbol{b}=(1,1)$ 的情况[90]。在 h - BN 中，五元环 - 七元环对包含了能量上处于劣势的相同元素化学键 B—B 及 N—N，而正方形 - 八边形对则含有混合元素化学键 B—N，不含相同元素化学键。因此，正方形 - 八边形对位错与五元环 - 七元环对位错相比，具有更低的能量[90]。正方形 - 八边形对于位错的稳定性与其面外弯曲具有一定的关系[90]。根据镜像对称及异质元素组成，h - BN中的晶界可分为对称扶手椅形晶界（A - GB）和非对称锯齿形晶界（Z - GB）两种类型（图 1.5(a)）。对称 A - GB 是由五元环 - 七元环对的位错组成，而非对称 Z - GB 是由正方形 - 八边形对的位错组成[90]（图 1.5(a)）。由 HRTEM 可观察到对称的 A - GB[72]。由于沿晶体边界的元素极性（富 B 或富 N），使对称的 A - GB 能够携带净电荷[90]，这意味着其在电子和光学器件中具有应用潜力。图 1.5(b) 为单位长度晶界的能量与倾斜角的函数关系图[90]。可以看到由正方形 - 八边形对组成的晶界能量总是低于五元环 - 七元环对的晶界能量。沿晶界的位错排列引发了面外的弯曲。非对称 Z - GB 比对称 A - GB 表现出更大的弯曲度，这有助于降低 Z - GB 的能量。

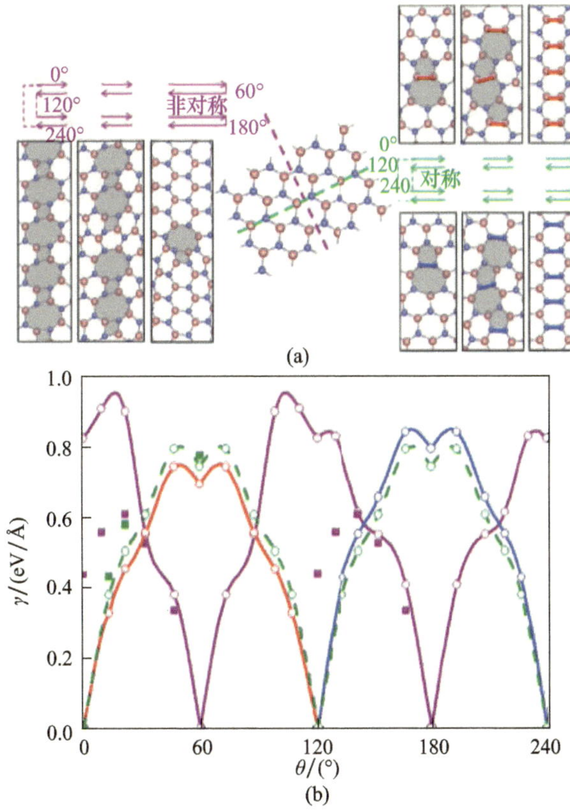

图 1.5 h-BN 中的原子结构和晶界能

(a)晶界的原子结构(中间图片为一个完美晶格),对称的 A-GB(右图)和非对称的 Z-GB(左图)分别由晶粒沿着绿线及紫线方向旋转而产生;(b)单位长度的晶界能与倾斜角的函数关系,分散数据点源自第一性原理计算,并由引线连接。空心圆对应由五元环-七元环对位错组成的晶界,实心方块对应由正方形-八边形对位错组成的晶界。紫色代表 Z-GB,红色代表富 B 型 A-GB,蓝色代表富 N 型 A-GB,绿色代表富 B 型及相应富 N 型晶界的平均能量。(由文献[90]授权转载)

单层 TMDS MS_2(M = Mo 或 W)是一个夹芯型结构,包含了由金属原子组成的中层平面和两个在平面内以三角形排列的硫原子层。这种三原子层结构使其位错结构相较于单原子层的石墨烯和 h-BN 更加复杂。第一性原理[91]预测在 TMDS MS_2 中存在三种类型的边缘位错,它们通过三原子层延伸形成凹面陀螺型多面体[91]。在平面上,三种类型的位错分别由带有 M—M 键的五元环-七元环对、带有 S—S 键的五元环-七元环对以及带有 M—S 的正方形-八边形对所组成[91],分别对应柏氏向量为(1,0)、(0,1)和(1,1)。由于局部化学能的存在,TMDS MS_2 中的位错核能够重构或与点缺陷发生反应[91]。例如,一个具有正方形-八边形对的孤立位错是不稳定的,它可以通过放热重构分裂为两个位错(其 $\boldsymbol{b}$ 分别为(1,0)和(0,1))[91]。与 h-BN 相类似,TMDS MS_2 中的晶界也可以分为 A-GB 和 Z-GB 两种类型(图 1.6)。但其中的晶界结构比 h-BN 中的结构更复杂。最近的 HRTEM 观测结果表明[73],正方形-八边形对的 Z-GB 在 CVD 制备的样本中占据主导。图 1.6 为单位长度的晶界能与倾斜角的函数关系[91]。在大角度情况下,由于位错核重构或位错核与点缺陷的反应,使晶界能量产生较大的变化。

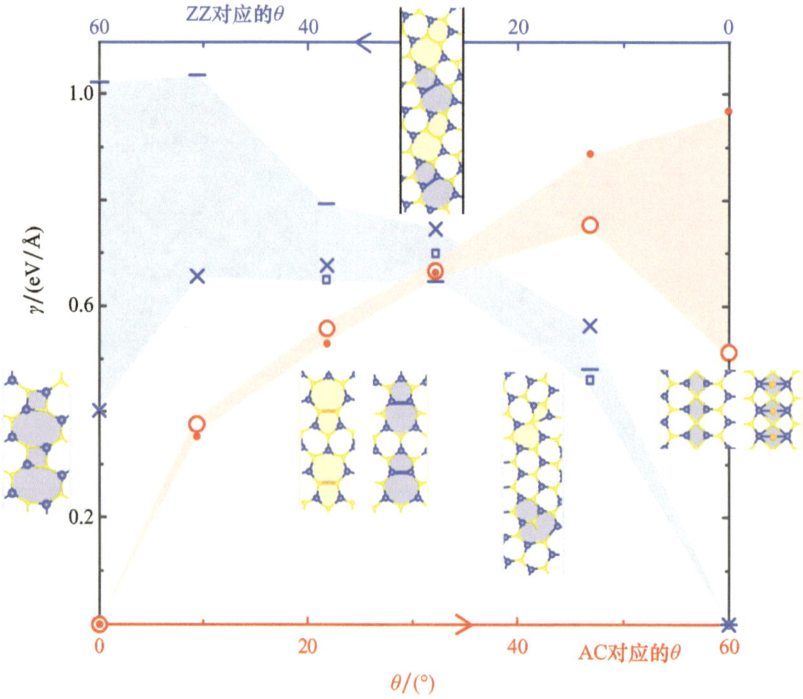

图 1.6 TDMC MS_2的原子结构及单位长度晶界能与倾斜角的函数关系

几组特定的晶界原子结构如插图所示。单位长度晶界能随扶手椅形(AC)和锯齿形(ZZ)方向而变化。红色实心圆和空心圆分别对应了由五元环-七元环对与菱形-六边形+六边形-八边形对组成的A-GB。蓝色横杠、叉号和方形分别对应由五元环-七元环对、菱形-六边形+六边形-八边形对以及正方形-八边形对组成的Z-GB。阴影区域为位错核重构的能量范围。(由文献[91]授权转载)

1.2.2 石墨烯三维结构的拓扑设计

石墨烯是一种原子层厚度的高度柔性晶体薄膜,它可以通过三维形变来释放拓扑缺陷引起的应变能。如图1.7所示,通过引入单一的旋错,形成全新的三维结构,如锥形的五元环、马鞍面的七元环。即使是一个孤立的位错,也可能导致明显的面外变形[13]。众所周知,石墨烯的形状在决定其力学性能[15,92]、热[23]、化学[93]和物理性质[94-96]等方面起着至关重要的作用。如果可以控制石墨烯的拓扑缺陷来设计出任意形状的石墨烯,那么就有机会通过调整石墨烯的特性以适应特定的应用场景。例如,高强度但易碎的原始石墨烯[97]可能不是制备轻质、坚固和韧性复合材料的最优原材料,理想的方法是采用具有拓扑设计缺陷的替代结构来达到高强度、韧性和界面附着力之间的平衡。

对于既定形状的三维曲面石墨烯进行逆向设计非常具有挑战性,需要探索相应拓扑缺陷的数量、类型和位置。第一个挑战是对给定缺陷进行分析时,拓扑缺陷和石墨烯三维形状之间的高度非线性相互作用[13,98]。第二个挑战是由于直接优化碳原子位置涉及了多个空间尺度,通常达到秒级,这远远超过了当前的MD(纳秒)计算能力。其他技术手段,如几何方法[101-103]和蒙特卡罗模拟[104-105],可能提供了一种桥连时间跨度的途径,但仍需要巨大的计算量,尤其是对于大型的石墨烯结构而言。第三个挑战来自拓扑设计石墨烯的制备技术。本节介绍使用连续介质模型预测具有拓扑缺陷的三维弯曲石墨烯,以及使用 PFC 方法对三维弯曲石墨烯进行逆向设计的最新进展。如何制备三维弯曲石墨烯仍然是一个有待解决的问题,本章将在 1.3 节介绍一些具有发展前景的技术。

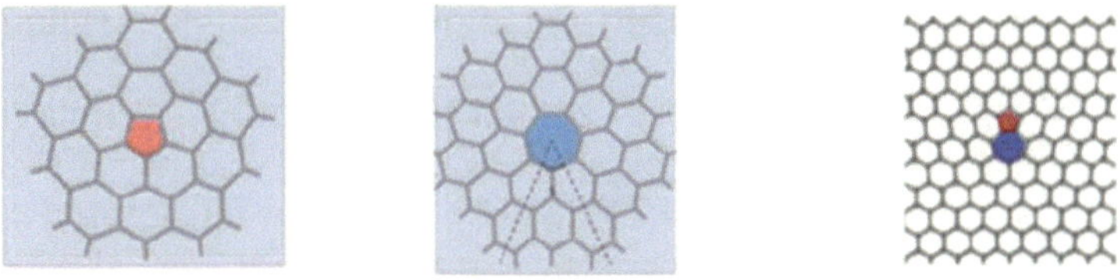

(a)

(b)

(c)

图 1.7 石墨烯中基本拓扑缺陷引起的三维弯曲形状[13]

(a)石墨烯中正、负旋错和边位错的原子结构;(b)MD 模拟的三维构型;(c)连续介质模型的三维构型。

对于具有缺陷的屈曲片层的研究可以追溯到 20 世纪 60 年代,当时 Mitchell 和 Head[106]基于能量法研究了中心位错片层的临界屈曲条件。1988 年,Seung 和 Nelson[107]推导了具有各类拓扑缺陷的薄弹性片层的通用 Von Karman 方程,并通过三角晶格模型验证了形状和能量的理论预测。Zubov[108-110]对具有拓扑缺陷的石墨烯薄壳和片层进行了一系列的研究,结果表明,具有缺陷的薄壳问题与其外载荷作用下的对偶问题有关[110]。Chen 和 Chrzan[98]通过位错建模为石墨烯中的位错建立了连续理论,并将傅里叶空间中的总应变能最小化。与 MD 模拟相比,这可以精确地捕获具有平面外变形的石墨烯薄片中的周期性位错偶极子的自能。Zhang 等[13]基于石墨烯中的拓扑缺陷和不相容生长度量场之间的数学类比,根据经典的特征应变场 von Karman 方程,开发了石墨烯拓扑缺陷的连续模型。Zhang 等[13]提出的模型成功地捕获了旋错/位错核心附近的全部褶皱和原子尺度的褶皱,与全原子 MD 模拟相比,其效率高出很多[13]。

Von Karman 广义模型的二维晶格拓扑缺陷[107],平面外形变 w 和艾里应力函数 $\varPhi$ 表示为

$$B\nabla^4 w = [w, \varPhi]$$

$$\nabla^4 \varPhi = -S\left[\kappa_G - \sum_{i=1}^{N} s_i \delta(r - r_i)\right] \tag{1.3}$$

式中:B 为弯曲刚度;$S = Eh$ 为面内拉伸刚度;κ_G为高斯曲率;$s_i\delta(r-r_i)$为在位置 i_{th}处具有强度 s_i的第 r_i个向错;∇^4为双谐波算子,$[f,g] = f_{,11}g_{,22} + f_{,22}g_{,11} - 2f_{,12}g_{,12}$。有趣的是,对于薄膜的非均匀生长也推导了一个类似的控制方程[111-112]:

$$B\nabla^4 w = [w, \Phi]$$
$$\nabla^4 \Phi = -S[K_G + \lambda_g] \tag{1.4}$$

式中：$\lambda_g = \varepsilon^g_{11,22} + \varepsilon^g_{22,11} - 2\varepsilon^g_{12,12}$ 为由于面内生长或溶胀引起的不相容性度量。值得注意的是，如果$\lambda_g = -\sum_{i=1}^{N} s_i\delta(r - r_i)$ 是一个集合，则这两组方程（即式（1.3）和式（1.4））是相同的，原则上ε^g_{11}、ε^g_{22} 和ε^g_{12} 可以独立选择，因为它们不一定满足不相容的条件。一种选择的可能性是$\varepsilon^g_{12} = 0, \varepsilon^g_{11} = \varepsilon^g_{22} = \varepsilon^g$，这将导致$\varepsilon^g$ 泊松方程变形为

$$\nabla^2 \varepsilon^g = -\sum_{i=1}^{N} s_i\delta(r - r_i) \tag{1.5}$$

式（1.5）在无限域的基本解可以写成

$$\varepsilon^g = -\sum_{i=1}^{N} \frac{s_i}{2\pi}\log|r - r_i| + C \tag{1.6}$$

式中：C 为常数值，应由边界条件确定。

石墨烯中的拓扑缺陷可以用以下连续薄膜中的生长应变场来表示[13]：

$$\varepsilon^g_{12} = 0, \varepsilon^g_{11} = \varepsilon^g_{22} = -\sum_{i=1}^{N} \frac{s_i}{2\pi}\log|r - r_i| + C \tag{1.7}$$

高斯函数$\frac{1}{\pi r_c^2}\exp\left[-\frac{(r-r_i)^2}{r_c^2}\right]$在具有固定 r_c长度尺寸下，可以用 $\delta(r - r_i)$代替去消除中心缺陷的奇点，则式（1.5）的解改为

$$\varepsilon^g = -\frac{s_i}{2\pi}\left[\log(|r - r_i|) - \frac{1}{2}E_i\left(-\frac{(r-r_i)^2}{r_c^2}\right)\right] + C \tag{1.8}$$

式中：$E_i(x)$为指数积分。

Zhang 等[13]将上述连续介质模型应用到三角晶格模型中，并模拟了孤立的五元环（负向错）、七元环（正向错）和五元环－七元环环对（位错）。连续介质模型预测的三维构型与基于自适应分子间反应经验键序（AIREBO）点位的全原子模拟高度拟合[113]。受到具有简单拓扑缺陷的石墨烯三维变形的启发，进一步从连续和原子论模拟显示，周期性分布旋错会导致形成正弦型石墨烯褶皱（图 1.8（a）），以及一系列柱状石墨烯上的位错阵列可使碳纳米管变形为连环状的石墨烯漏斗（图 1.8（b））。

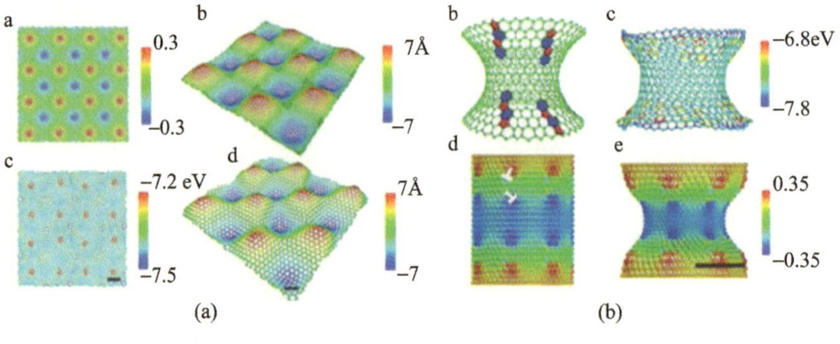

图 1.8　通过拓扑设计实现的正弦型石墨烯和石墨烯漏斗[13]
（a）由连续谱和原子模拟的周期性向错阵列诱导的正弦型石墨烯；
（b）通过原子模拟和连续模型建模得到的石墨烯漏斗。

研究结果表明了设计具有拓扑缺陷的任意弯曲石墨烯的可能性。然而,由于石墨烯中原子扩散(秒到小时)与MD模拟相关的典型时间标度(纳秒)之间存在巨大的时间标度差,因此无法从MD模拟中直接找到弯曲石墨烯的原子位置[99-100]。其他研究尝试采用几何方法[101-103]和蒙特卡罗模拟[104-105]来寻找弯曲片层表面上的碳原子平衡位置。Zhang等[15]通过结合PFC方法[83]和MD仿真开发了一种通用的设计方法。PFC方法[83]可以通过过阻尼保守(扩散)动力学[115]来描述晶体结构中的缺陷运动,这是在原子空间分辨率模拟中实现真实时间尺度的关键。

PFC模型可以通过以下自由能泛函来求解[83]:

$$F = \iint \left[\frac{\phi}{2}(-\varepsilon + (1 + \nabla^2)^2)\phi + \frac{1}{4}\phi^4 \right] dx \tag{1.9}$$

式中:$\nabla = \partial/\partial x e_i + \partial/\partial y e_j$为二维梯度向量算子;$\varnothing$为降低的密度;$\varepsilon$为降低的温度。密度演化动力学的控制方程可以定义为

$$\partial\phi/\partial t = \nabla^2\{[-\varepsilon + (1 + \nabla^2)^2]\phi + \phi^3\} \tag{1.10}$$

要处理复杂的几何图形,可以使用有限元方法(FEM)将式(1.10)重写为以下形式:

$$\begin{aligned} \frac{\partial\phi}{\partial t} &= \nabla^2\mu \\ \mu &= (-\varepsilon + 1)\phi + 2u + \nabla^2\mu + \phi^3 \\ u &= \nabla^2\phi \end{aligned} \tag{1.11}$$

式中引入了两个新变量(μ, u),将六阶偏微分方程(PDF)的阶数转换为一组二阶PDF方程。式(1.11)可以在标准的FEM框架中实现,并利用EniCS等开源软件包有效解决[116]。

以石墨烯为例(图1.9),设计方法总结如下:首先,在目标曲面流形上进行PFC模拟(图1.9(a)),其求解得到对应于最小能量状态的连续介质密度波的平衡三角形图

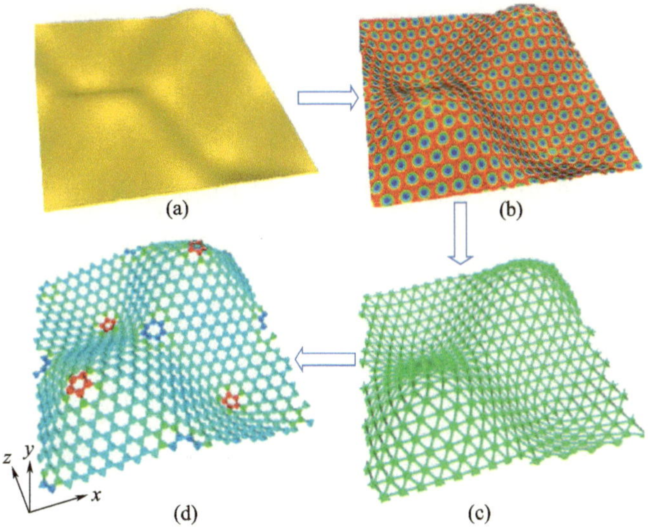

图1.9 结合PFC和原子化方法[15],通过控制拓扑缺陷的分布,设计任意三维弯曲石墨烯结构的一般方法

(a)目标曲面;(b)由PFC在目标曲面上产生的连续三角形密度波图;(c)由连续型密度波函数产生的离散三角形晶格网络;(d)由泰森多边形法构造的三角网络生成的完整原子结构,然后通过MD模拟实现平衡。

(图1.9(b))；其次，通过密度连续的三角形的波峰识别为粒子，得到一个离散的三角形晶格网络(图1.9(c))；再次，通过三角晶格上的Voronoi结构生成全原子石墨烯结构；最后，通过有限温度下的MD平衡获得了热力学稳定的结构(图1.9(d))。Zhang等[15]表明正弦型石墨烯的预测原子结构与之前的限制正弦表面上的粒子图案的预测原子结构的蒙特卡罗模拟[105]非常吻合。这种新方法足够高效和灵活，可以处理复杂的几何形状，可以通过控制拓扑缺陷的分布来设计具有目标性状的石墨烯。设计正弦型石墨烯具有一些有趣的特性，如增强的韧性[15]、可调摩擦性[54]，甚至是负的泊松比[117]。

1.2.3 石墨烯增韧的拓扑设计

韧性被定义为裂纹扩展时单位面积释放的弹性能[118]，表征了材料存在裂纹时的抗断裂性能。高韧性能够确保石墨烯在应用中的机械可靠性。尽管石墨烯的理论杨氏模量高达1TPa，强度高达130GPa[50]，然而，实验研究表明，原始石墨烯的断裂能仅为16J/m^2[87]，接近于脆性材料。在大规模制备石墨烯及其后处理过程中(如CVD生长[5,119-120]，不同基底之间的转移[121-123]、图案化和刻蚀)，可能会引入各种形式的几何缺陷(如孔、缺口和裂缝)，这使得石墨烯的实际破坏强度取决于其抗裂纹扩展的能力。此外，当工作环境中存在腐蚀性物质(如水蒸气)时，应力腐蚀、开裂会进一步降低材料的抗断裂性[127]。因此，在大规模应用石墨烯的过程中，不可避免的腐蚀性环境和其锯齿状结构导致石墨烯容易发生断裂，这是最突出的问题之一。目前还需要探索有效的方法来增韧石墨烯及其他二维材料。在本节中，介绍通过拓扑设计增韧石墨烯的一些最新进展。

众所周知，在调节各类宏观材料的形变机制和断裂行为中，位错和晶界这样的缺陷起着重要的作用，如金属[44-45,136-137]、陶瓷[46]和金刚石[47](图1.10)。例如，晶界和孪晶界的纳米尺度研究已被广泛应用于设计高强度和高韧性的优质金属(图1.10(a))。通过对陶瓷(如Al_2O_3、Si)[138-139]在亚表面区域产生高密度的缠结位错使断裂强度增强了2倍以上(图1.10(b))。纳米双晶立方氮化硼[46]和金刚石[47]比无缺陷的同类材料表现出更高的硬度和韧性(图1.10(c))。在大块材料增韧方面，拓扑设计存在一个问题，即石墨烯和一般的二维材料是否可以通过设计的拓扑缺陷进行增韧。近年来，很多研究揭示了拓扑缺陷引起的增韧机制，包括应力屏蔽、裂纹分支、原子链桥连以及由三维几何结构和纳米屏蔽引起的应力降低。

裂纹间断与拓扑缺陷引起的应力之间的相互作用导致应力屏蔽，是石墨烯拓扑设计中重要的增韧机制。近期的一些理论和数值研究表明，拓扑缺陷可以改变裂纹尖端的应力场并引起有效的韧性增强[140-146]。例如，通过MD模拟，已证明应力是由单个拓扑缺陷(如位错，五元环-七元环环对)(图1.11(a))[140]，Stone-Thrower-Wales(STW)缺陷(5-5-5-7环对)(图1.11(b))[141-142,144]和5-8-5缺陷(图1.11(c))[143]会改变裂纹尖端的应力强度因子。Meng等[140]结合MD模拟和连续模型，表明石墨烯中的位错屏蔽与连续线弹性断裂力学(LEFM)的预测非常吻合(图1.11(a))。通过将拓扑缺陷分为规则或不规则的晶界，研究人员[14,145-146]研究了拓扑缺陷扩展过程中与其裂纹尖端之间更复杂的相互作用(图1.11(d)~(f))。除位错屏蔽外，在裂纹扩展过程中还可以激活其他增韧机制，包括裂纹分支和原子链桥接，例如，通过MD模拟，Jung等[14]表明，五元环-七元环环对缺陷内的薄弱点可能会在裂纹尖端附近断裂，从而导致多晶石墨烯样本中出现裂纹分支和原子链桥接(图1.11(e)、(f))。研究报告显示,将这些增韧机制结合在一起,在有随机分布晶界的多晶石墨烯样本中,断裂韧性提高了50%[14]。

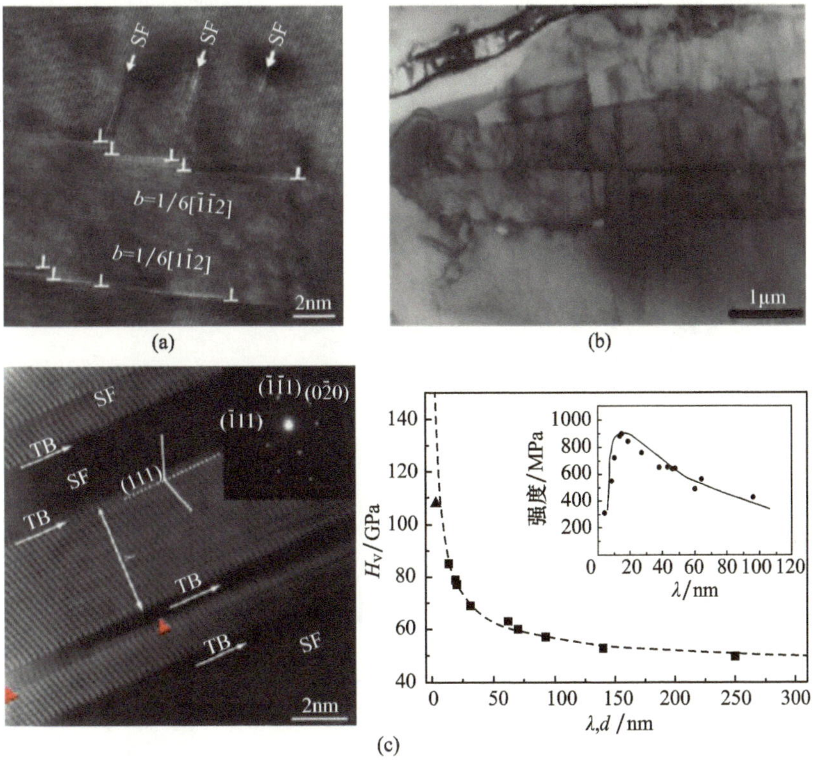

图1.10 具有增强力学性能的宏观材料的拓扑缺陷设计

(a)纯铜拉伸形变中,位错与纳米孪晶界的相互作用[45];(b)经过喷丸处理和退火,缠结的位错在块状氧化铝的表面下方形成界限清晰的亚晶界[138];(c)纳米孪晶立方氮化硼的孪晶界HRTEM图像以及其硬度与平均晶粒尺寸d和孪晶厚度λ的函数关系[46]。

与宏观材料相比,石墨烯中裂纹尖端与拓扑缺陷之间的相互作用具有一些独特之处。对于石墨烯这种原子级厚度薄膜,必须考虑平面外形变与拓扑缺陷之间的非局域耦合。一方面,拓扑缺陷的平面内晶格畸变引起的残余应力可以通过平面外形变部分释放已经得到证实[3,13]。这种三维松弛会减弱拓扑缺陷对裂纹尖端残余应力的影响。另一方面,拓扑缺陷引起的面外形变也改变了试样在水平面方向的形状[13],包括裂纹尖端所在区域,从而降低了裂纹尖端附近的有效应力强度,达到增韧二维材料的目的。Jung等[14]的MD模拟证明了这种非局部相互作用中,即使拓扑缺陷的分布保持不变,当平面外变形受到限制时,晶界的增韧效应也会减弱(图1.11(f)),这些效果之间的相互作用决定了整体韧性。

裂纹与石墨烯三维几何弯曲结构之间的相互作用是另外一种增韧机制。如1.2.2节所述,在石墨烯中周期性排列分布,可以设计出波长为4nm,面外振幅为0.75nm的三维弯曲正弦型石墨烯。基于MD模拟,这种正弦型石墨烯的I型断裂韧性约为25.0J/m^2,几乎是原始石墨烯的2倍(图1.12(a)、(b))。结果发现,裂纹尖端附近的应力降低、缺陷处的纳米裂纹产生以及原子尺度的裂纹桥接都是由裂纹尖端处的正弦形状和分布缺陷所引起的。如图1.12(c)所示，非平面正弦曲线的几何形状导致样本中应力场不均匀，在应力较小的区域可以捕捉到移动的裂纹尖端。此外，在非均匀变形场中的拓扑缺陷在高预应力结合键处易断裂(例如，由七元环和六元环共用的键)[9,75]，导致在捕获裂纹尖端前发生不连续的断裂，形成保护主裂纹的纳米裂纹。材料的纳米裂纹与主裂纹之间的连接形变即为裂纹扩展过程中原子尺度的桥连机理。

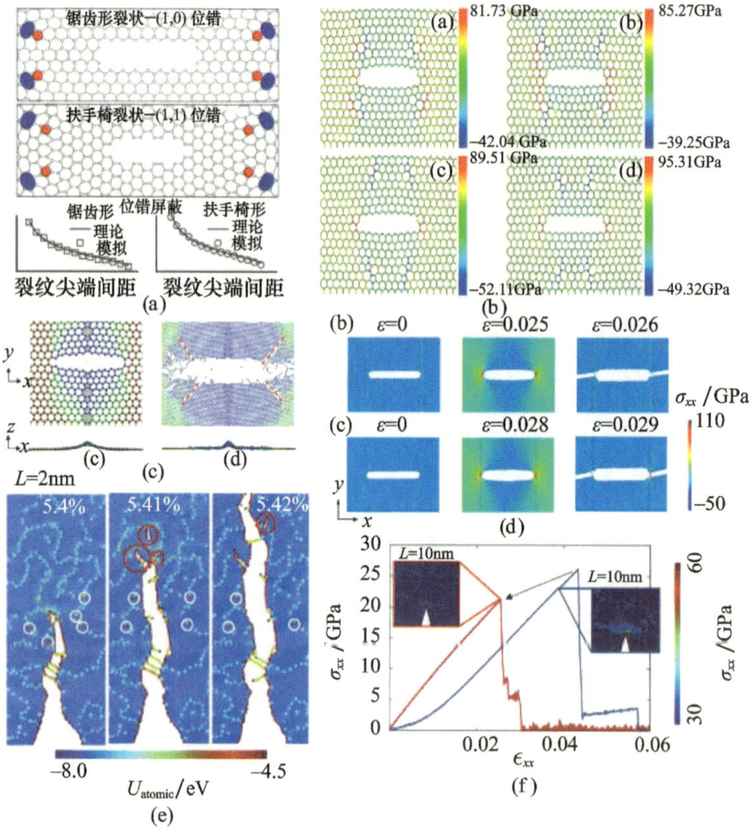

图1.11　石墨烯中的裂纹与拓扑缺陷之间的相互作用

(a)裂纹尖端的位错屏蔽[140]；(b)石墨烯薄膜中的应力分布，各位置中均有嵌入的裂纹和STW缺陷[141]；(c)带有有限裂纹和5-8-5缺陷的石墨烯纳米片的应力分布和破坏过程[143]；(d)扶手椅取向的双晶石墨烯断裂，具有有限裂纹和不同错位角度的对称倾斜晶界[145]；(e)不规则晶粒形状的多晶石墨烯裂纹扩展过程中的原子能分布[14]；(f)有裂纹缺陷的多晶石墨烯其不规则晶粒形状的有面外松弛(蓝色曲线)和无面外松弛(红色曲线)的应力-应变曲线[14]。

上述裂纹与拓扑设计的石墨烯三维形状相互作用的例子说明，拓扑设计的二维材料中的断裂问题需要作为一种具有强非线性的三维问题来处理。正弦型石墨烯是晶格向错引起的面外弛豫的结果，这种晶格向错是由于周期性分布的四极旋转位移导致的，这只能通过对三维空间中沿着二维拓扑流形建模来理解。在这种二维材料的三维断裂模型中，拓扑缺陷、面外几何形变与裂纹扩展行为之间存在强烈的非线性耦合。Mitchell等[147]通过研究覆盖在弯曲基底上的橡胶片层的断裂行为，证明了表面曲率本身可以通过曲线诱导的应力在连续水平面上刺激或抑制裂纹扩展(图1.12(d))。在原子水平上，正弦型石墨烯的例子表明，除了曲率引起的应力外，拓扑缺陷在主裂纹产生前提供了纳米裂纹的成核位点,从而进一步增强了韧性。

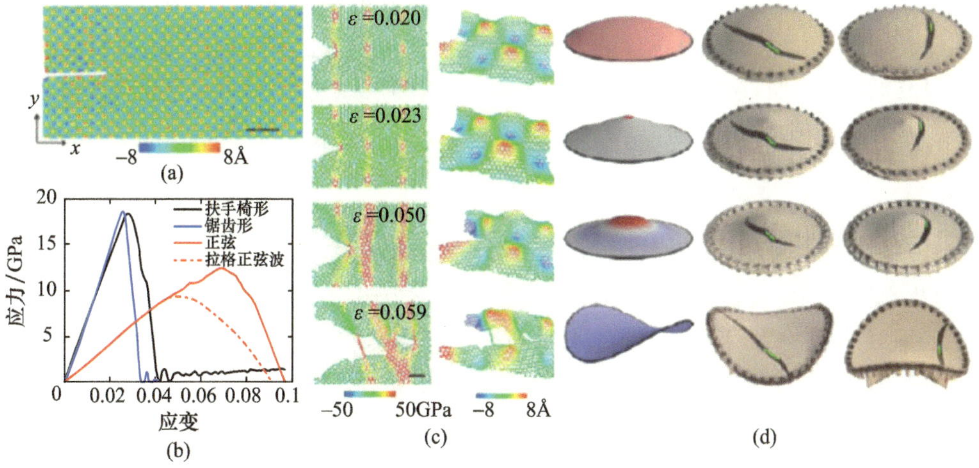

图 1.12 裂纹在正弦型石墨烯和薄橡胶层中的扩展行为

(a)具有边缘裂纹的正弦型石墨烯纳米带[15];(b)带有边缘裂纹的原始石墨烯和正弦型石墨烯试样的应力-应变曲线[15];(c)在正弦型石墨烯中裂纹扩展的连续变化过程[15];(d)覆盖在弯曲基底上的橡胶片层的裂纹路径[147]。

本章所讨论的拓扑增韧,表明二维材料拓扑设计的本质在于面外形变与拓扑缺陷分布之间的内在关联。这种关联是高度非线性的,通常涉及多物理场耦合。拓扑增韧是将可控/可设计的增韧机制引入二维材料中,从而能够克服其固有脆性[148],但未来仍需要大量拓扑设计研究,来探索如何发挥出石墨烯及其他二维材料的力学性能和物理性能。

1.3 石墨烯拓扑设计的应用

除了通过拓扑设计增强石墨烯力学性能的理论预测之外,拓扑缺陷已经在许多新的应用中发挥关键作用,如手性特异性单壁碳纳米管生长、能量材料工程、多功能材料以及与生物系统的相互作用。本章将简要介绍这一领域的相关进展。值得强调的是,针对特定应用的石墨烯拓扑缺陷的合理设计和制造尚未完全实现,基于拓扑设计的石墨烯的制造技术成熟后,将有巨大的机会对基于拓扑设计的石墨烯的新器件和技术的性能进行优化。

1.3.1 石墨烯拓扑设计薄片引导单壁碳纳米管生长

单壁碳纳米管(SWCNT)作为一种重要的一维纳米材料,以其独特的物理性能和广泛的应用前景引起了人们的研究兴趣[149-151]。这些特性和应用很大程度上取决于SWCNT的结构,如直径和相对于管轴的六方晶格的取向角,也称为手性(n,m)。SWCNT可以是金属或半导体,这取决于手性[152]。在半导体SWCNT中,带隙与晶格直径成反比。因此,制备手性特异性SWCNT对于充分发挥CNT的技术潜力非常重要。最近有研究表明,$C_{96}H_{54}$前驱体[153]可以通过分子内环脱氢过程在Pt(111)表面转化为与(6,6)纳米管端盖相同原子结构的三维弯曲纳米石墨烯薄片。这个(6,6)纳米管端盖可作为种子,通过表面催化生长为长度可达数百纳米的无缺陷SWCNT(图1.13(a))。设计良好的三维端盖种子原子结构能生长成具有(6,6)特定手性的SWCNT(超过90%),而不是得到混合不可控的结构。通过不同的合成方法,可合成具有(5,5)、(9,0)、(8,8)、(10,10)和(12,12)SWCNT端盖结构的三维拓扑设计纳米石墨烯薄片[154-156],进一步证明了拓扑设计的潜力(图1.13(b))。然而,系统地设计不同手性的SWCNT端盖拓扑结构一直是一个挑战。

1.3.2 石墨烯拓扑设计在能源领域的应用

在能源相关领域,拓扑设计的石墨烯被用于提高可充电锂离子电池(LIB)和超级电容器的性能。可达到较高的比荷容量是锂离子电池阳极材料的选择标准之一[157],而拓扑缺陷被认为是提高石墨烯电极容量的有效手段。基于密度泛函理论(DFT)的第一性原理计算[158]表明,石墨烯对锂的吸附可通过拓扑缺陷增强,包括双空位(5-8-5环)和STW缺陷(5-7-5-7环),这种增强效果是由于石墨烯中附加原子和缺陷位置之间的电荷转移增加所造成。后来的理论研究发现,如同5-、7-、8-环等的拓扑缺陷(图1.14(a)、(c)),石墨烯薄片的曲率(图1.14(d))也能增强锂的吸附,从而获得更好的锂存储性能[159]。

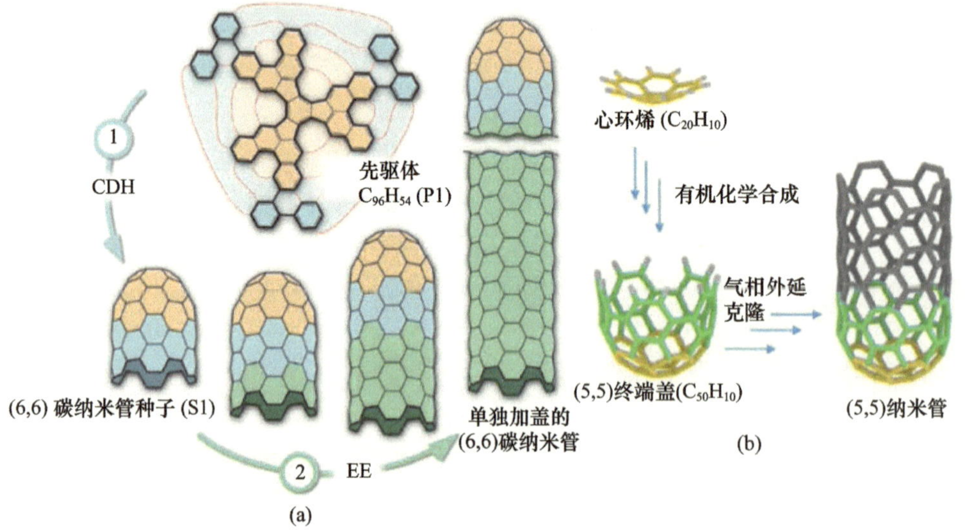

图1.13 拓扑设计的石墨烯薄片指导手性特异性SWCNT的生长
(a)从设计端盖自下而上合成(6,6)SWCNT的示意图[153];(b)(5,5)SWCNT端盖的原子结构[155]。

除了作为阳极材料的潜在应用,拓扑设计的石墨烯还可以与其他阳极材料(如硅)集成,以优化电池性能。虽然已知硅具有最高的理论充电容量[160],但在电池运行过程中,由于体积变化较大(300%),硅会发生化学机械降解[161-163]。在锂化和脱锂过程中,电解质会发生断裂、失去电接触和反复的化学副反应。为了解决这些问题,已经进行了大量的研究工作[164-170]。在最近的一项实验研究中,Li等[171]设计了三维弯曲石墨烯笼来封装微硅颗粒,所获得的阳极实现了优异的长时间稳定性。具有波浪形轮廓的三维石墨烯笼机械强度高、柔韧性好;在电池运行过程中,由于石墨烯笼的限制,被封装的硅颗粒可能会发生大变形甚至断裂,而不会失去电接触(图1.15(a)~(c))。此外,研究表明,在石墨烯笼上形成的固态电解质间相层(SEI)在重复的锂化/脱锂过程中仍保持完整,从而在100次循环后能够保持90%的容量。

拓扑缺陷和由此产生的三维曲率也被证明有助于提升石墨烯制成的电化学超级电容器的性能[172]。DFT 计算[173]预测，拓扑缺陷（如 5-7-5-7 环和 5-8-5 环）可诱导费米能级附近的准局域态，从而大幅增强石墨烯的量子电容。结合功能化后，双层电容将增加近 4 倍[174]（图 1.15(d)）。

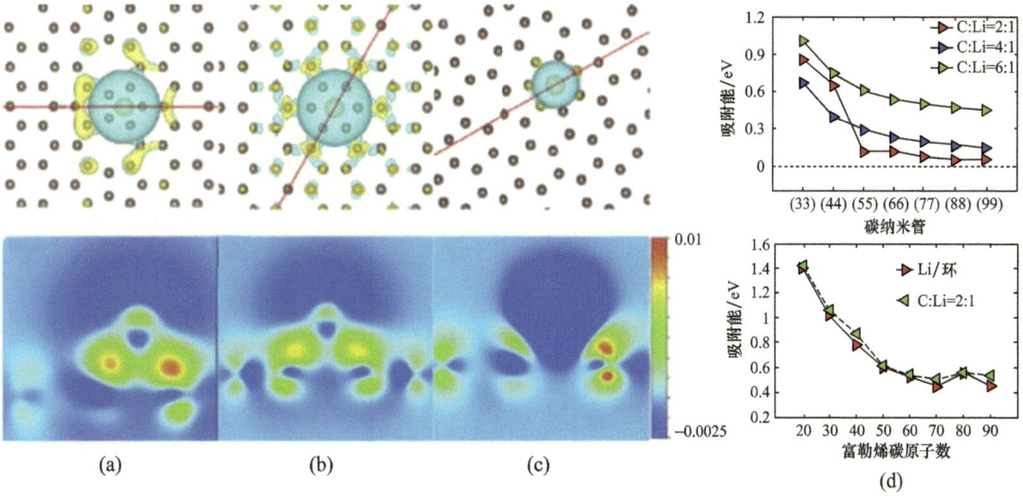

图 1.14　拓扑缺陷和曲率增强了石墨烯对锂的吸附[159]

(a)~(c)锂离子吸附电荷密度的俯视图和侧视图，五元环(a)、六边形环(b)和七元环(c)，锂离子在缺陷环(a)和(c)上时比原始六元环(b)有更多的电荷转移到碳原子上；(d)碳纳米管和富勒烯分子吸附锂原子的吸附能随着表面曲率的增大而增大。

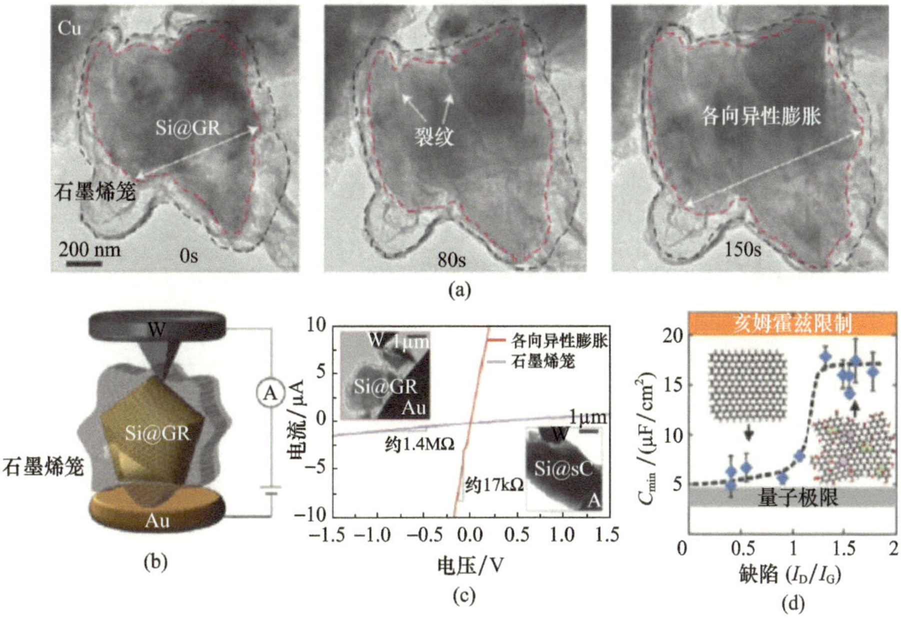

图 1.15　拓扑设计的石墨烯提高了硅阳极和超级电容器的性能

(a)原位透射电镜观察石墨烯封装硅粒子在锂化过程中的变形和断裂。硅粒子(红色轮廓)在高机械强度的石墨烯笼(黑色轮廓)内突然断裂，石墨烯在整个过程中仍保持完整[171]；(b)带有石墨烯笼的硅粒子的纳米级电化学电池示意图[171]；(c)石墨烯封装硅微粒(SiMP)和非晶碳涂层硅微粒的电流-电压曲线[171]；(d)测得的石墨烯超级电容器电容与缺陷密度的函数关系[174]。

1.3.3　石墨烯的拓扑设计在多功能材料的应用

拓扑缺陷和三维曲率在改变石墨烯系统中的电输运行为[4,18-19,21]、调节导热系数[16,22,175-176]、产生机械电耦合[56-57,177]和改变化学反应[17]等方面也展现出了应用前景。Yazyev 和 Louie[19]从理论上探索了用晶界控制石墨烯中电子输运的潜力，发现了两种不同的输运行为，一种是高透明度，另一种是载流子在非常大的能量范围内的完美反射，如图 1.16(a)所示。通过实验，Huang 等[4]在仪器范围内未检测到晶界的可测量电阻，而 Jauregui 等[18]的研究表明，晶界阻碍了电输运，并导致明显的弱局域化，以及在石墨烯中发生了谷间散射。Tsen 等[21]发现，具有更好的域间拼接的晶界可以使电传输更加均匀。这些研究表明，晶界对石墨烯电性能的影响高度依赖于石墨烯的原子结构，这暗示了通过晶界工程控制石墨烯电性能的可能性。

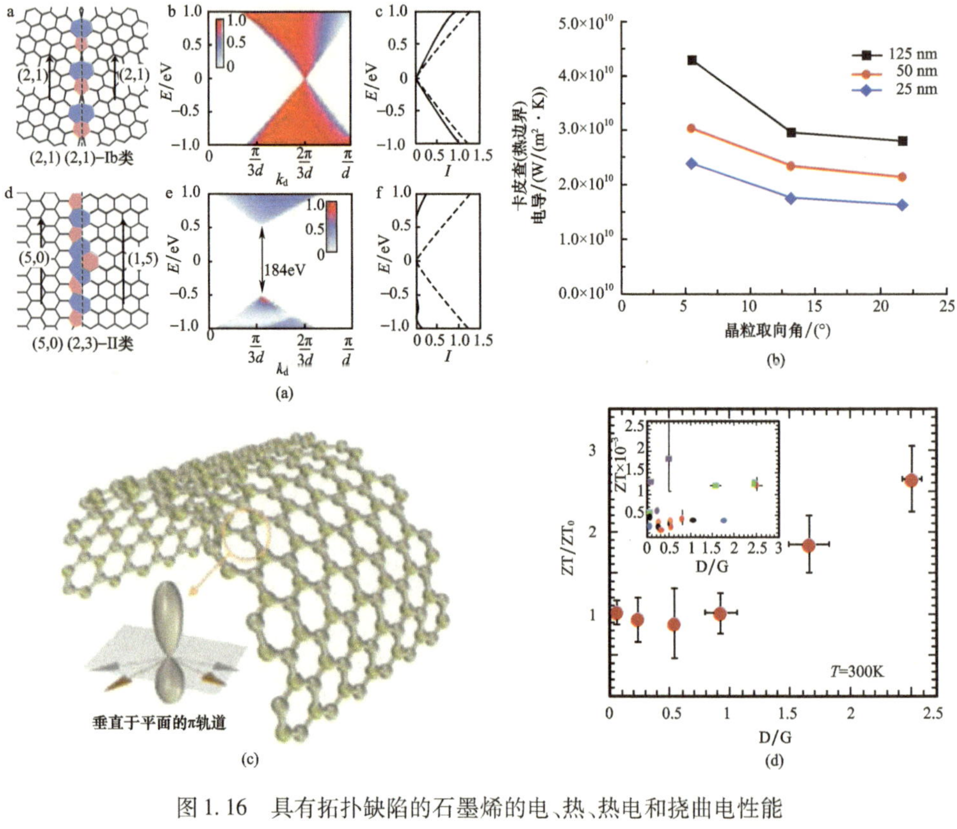

图 1.16　具有拓扑缺陷的石墨烯的电、热、热电和挠曲电性能

(a)第一原理[19]中晶界在石墨烯中的两种不同的电子输运行为；(b)晶界的边界电导与晶粒取向角的关系[175]；(c)石墨烯弯曲时的曲率引起极化[180]；(d)针对缺陷密度的归一化 ZT 值[179]。

关于石墨烯的热性能，理论研究和实验都证实了拓扑缺陷的存在会导致热导的大幅降低这一事实[16,176,178]。这主要是因为声子作为二维材料中热能的主要载流子，在遇到拓扑缺陷时会发生散射，从而限制了声子的平均自由程。这种热导的降低与拓扑缺陷的分布密切相关，可以用 Kapitza 电阻来表征。Bagri 等[175]利用非平衡 MD 研究了几种不同晶粒取向晶界的热输运，发现晶界的原子结构可以在一定范围内调节热导，如图 1.16(b)所示。Serov 等[16]发现,当晶粒尺寸小于几百纳米时,晶界的类型和尺寸在确定热导方面起着重要作用。Fthenakis 等[176]指出,石墨烯的导热性敏感地受缺陷形态的影响,包括孤立的、线性的或是岛状排列的缺陷。这些研究指出了通过晶界工程调节二维材料热性能的潜力。控制材料的导热性对电子器件的热管理和热能回收都非常重要,可以通过与导热性成反比的热电转换来实现。石墨烯比其他半导体和金属表现出了更大的塞贝克系数和更高的整体功率因数。通过降低石墨烯的导热系数,同时保持其导电性或通过缺陷工程提高导电性与导热系数之比,可将热电性能的标准值(ZT)提高至原始石墨烯的 3 倍(图 1.16(d))[179]。Ma 等[22]通过实验测量了晶粒尺寸对多晶石墨烯热电输运行为的影响,进一步论证了通过晶粒尺寸工程改善二维材料热电性能的可能性。

拓扑设计也可以在调节石墨烯的压电性和挠曲电性方面发挥重要作用。因为石墨烯的本质上是中心对称的六边形结构,所以原始石墨烯并不具有压电性能。打破结构对称可以产生压电效应,而掺杂是产生内极化的有效途径[177]。与压电效应相比,挠曲电性是介质中较为普遍的现象,其中应变梯度会使材料极化,而非均匀电场则会引起机械变形。基于弯曲石墨烯表面的 DFT 计算,Kalinin 和 Meunier[57]提出了电子挠曲电的概念,即单个石墨烯层的弯曲会导致电子气体密度在基面传递,并产生与曲率相关的电偶极响应。随后,Kvashnin 等[56]建立了纳米管、富勒烯、纳米锥等各种碳网络中挠曲电原子偶极矩与局部曲率线性相关的普遍研究。这个领域仍处于起步阶段,尚有许多悬而未决的问题。例如,由于拓扑缺陷与石墨烯的平面外变形和曲率密切相关,这些因素是否能够诱导挠曲电性、如何诱导,以及诱导后如何通过拓扑设计优化这种效应,都是值得研究的问题。

石墨烯的化学反应也被证明对拓扑缺陷和曲率很敏感。通过对弯曲纳米孔石墨烯的实验研究,Ito 等[17]发现,具有高密度拓扑缺陷的高弯曲石墨烯可以促进化学掺杂,无论是电子给体还是电子受体。Wu 等[93]的研究表明,原位生成的芳基更可能出现在局部曲率较高的区域,这说明了曲率对石墨烯表面功能化的选择性效应。基于分子力学模型,Pacheco Sanjuan 等[181]发现锥体化角(与弯曲的三维石墨烯的平均曲率成正比)对于确定材料的化学反应性非常重要,如对 H_2 的化学吸附。这一理论研究为实验观察提供了线索,并提出了一条通过控制石墨烯平均曲率来合理设计其化学反应性的途径。

在石墨烯块状材料中探索了拓扑设计在石墨烯的多功能性转化方面的潜在应用。例如,Qin 等[182]和 Jung 等[23]使用 MD 模拟和 3D 打印模型研究了螺旋形单位细胞的三维石墨烯特性。结果表明,弯曲和拓扑缺陷使石墨烯螺旋体产生了高比强度和低导热系数的特性。事实上,在二维材料构成的三维系统中,拓扑缺陷是几何必须性,在此拓扑设计有望发挥重要作用。

1.3.4 石墨烯的拓扑设计在生物学上的应用

石墨烯及其衍生物,如碳纳米管、富勒烯和氧化石墨烯(GO),由于具有多种优异的物理特性和较大的比表面积,已被应用在生物传感器[183-184]、药物递送[185-186]和生物成像[187-188]等多种生物学领域。实验和理论研究表明,拓扑特征,尤其是曲率,在决定石墨烯与蛋白质[189-191]、核酸(如 DNA)和细胞膜的相互作用中起着重要作用,而非共价键是相互作用的主导力量。

以往的研究表明,蛋白质和 DNA 分子与石墨烯的相互作用主要是通过 $\pi-\pi$ 键的堆叠和弥散的相互作用。石墨烯的表面曲率已证实在修饰非共价键的相互作用和调整其吸附能力方面发挥着重要作用。对于蛋白质与石墨烯的相互作用，Zuo 等[189]通过 MD 模拟发现，石墨烯平坦而柔性的表面有更多机会与在蛋白绒毛盖（HP35）上的芳香族氨基酸形成 π-π 键的堆叠，而 SWCNT 和 C_{60}的凸曲面与 HP35 主要是通过弥散相互作用进行结合（图 1.17(c)）。除了平面和凸面，Jana 等[190]研究了多肽在平面、凸面和凹面上的吸附曲率依赖性，发现凹面具有最强的吸收能力（图 1.17(d)）。Gu 等[191]利用 MD 模拟和荧光光谱实验研究了模型蛋白，即牛血清白蛋白（BSA）对 SWCNT 和石墨烯的吸附，结果表明蛋白质的吸附能力取决于表面曲率。石墨烯与 DNA/RNA 碱基和分子的相互作用也有类似的报道，Gao 等[192]利用 MD 模拟表明，一个 DNA 分子可以自动插入水溶液中的 SWCNT（图 1.17(e)）。Umadevi 和 Sastry[193]通过量子化学计算证明，SWCNT 外表面的 DNA/RNA 碱基结合能随着其半径的增大而增大（图 1.17(f)）。借助生物分子吸附对曲率的依赖，可能会获得一种在疾病治疗中检测出不同分子甚至去除有害分子的新装置。

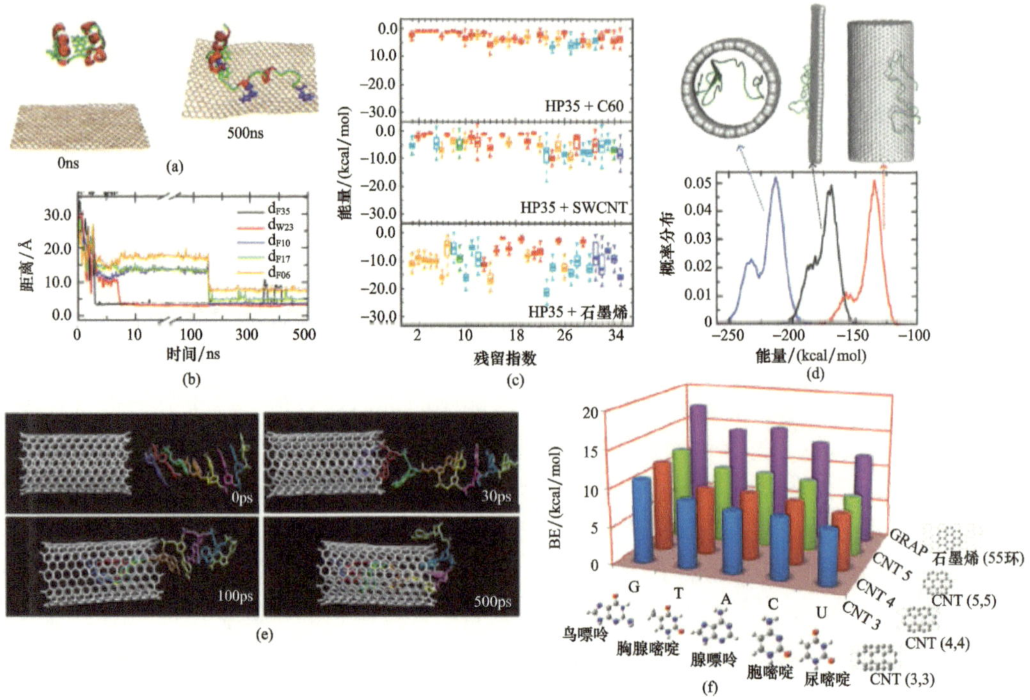

图 1.17 蛋白质、DNA 分子和石墨烯表面之间曲率依赖的相互作用

(a) HP35 吸附在石墨烯表面的代表性照片[189]。蛋白质在图中以红色螺旋和绿色环表示，石墨烯则以橙色表示。芳香族氨基酸形成的 π-π 键的堆叠用蓝色的棍子表示，其余的用绿色表示；(b) 石墨烯与芳香族氨基酸的距离，F35、W23、F10、F17 和 F06[189]；(c) HP35 不同残基与石墨烯、(5,5)-SWCNT 和 C60 之间的相互作用能。图中点的颜色表示残基与石墨烯接触的概率：0% ~20%（红色）、20% ~40%（橙色）、40% ~60%（绿色）、60% ~80%（青色）、80% ~100%（蓝色）[189]；(d) 石墨烯表面的两亲性全长淀粉样肽相互作用能的归一化分布，凹表面（蓝色曲线）、平表面（黑色曲线）和凸表面（红色曲线）[190]；(e) 水溶质环境中 DNA 寡核苷酸与(10,10)碳纳米管相互作用的模拟快照[192]；(f) CNT 和扁平石墨烯外表面弯曲时 DNA/RNA 核酸碱基 G、T、A、C、U 的结合能[193]。

最近的研究表明,石墨烯纳米片可以通过插入/切割以及破坏性地提取脂质分子来破坏细菌细胞膜[194-196]。这揭示了石墨烯一种新的毒性机制,并为开发石墨烯作为新型抗菌材料提供了可能性[197-198]。石墨烯的表面曲率也会通过改变石墨烯与脂类分子之间的分散附着力来影响脂类的提取。例如,Luan 等[199]使用 MD 模拟和理论分析证实脂质提取可以理解为润湿过程,凹型石墨烯表面具有最强的提取效果(图 1.18)。

这些研究清楚地显示了表面曲率对石墨烯与生物分子相互作用的普遍影响,这不仅对石墨烯在生物技术中的应用至关重要,而且对理解纳米材料的生物安全性也至关重要。拓扑设计或许可以提供一种有效的方法来控制石墨烯的表面曲率和形态,并进一步调整这些相互作用。由拓扑设计的石墨烯制成的新技术设备有望进一步释放这方面的潜力。

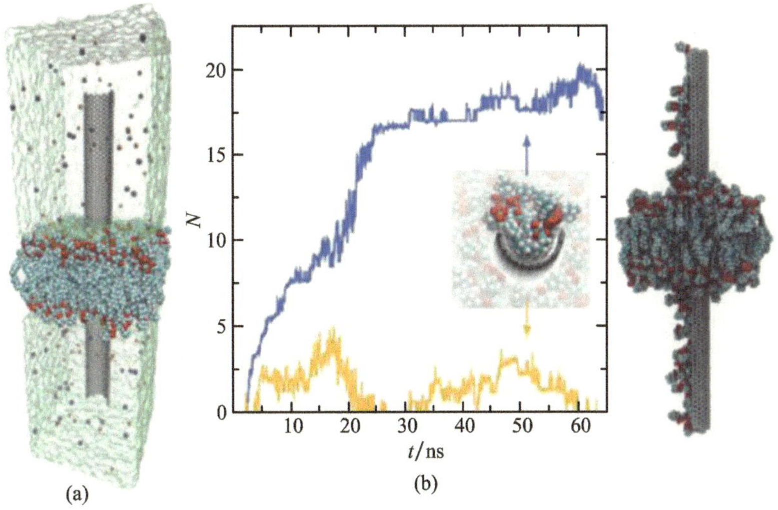

图 1.18 石墨烯表面与曲率相关的脂质提取[199]

(a)弯曲石墨烯插入双层脂膜的 MD 模拟;(b)在石墨烯的凹面(蓝色)和凸面(橙色)上提取的脂质随时间变化的数量。

1.4 石墨烯制备的拓扑设计

如 1.3 节所述,拓扑设计的石墨烯在各种应用领域中都具有前景,但开发有效的制备技术来调控石墨烯和其他二维材料中的拓扑缺陷分布,仍是一件极具挑战性的工作。随着科研人员对二维材料合成、表征和修饰能力的快速研发,一些操作技术和制备途径可用于拓扑设计石墨烯的大规模应用,如在曲面模板上 CVD 法生长石墨烯、可控辐照和有机化学合成石墨烯。

(1)CVD 法可控生长大尺寸石墨烯依旧在拓扑设计石墨烯方面具有工业化前景。CVD 是一种应用广泛的大规模制备石墨烯的方法,目前 CVD 法[4-5]只能制备出缺陷随机分布的拓扑样本,包括晶界。然而,在更多的控制生长条件下,CVD 法可以进一步发展,以产生所需的拓扑缺陷模式。例如,预制图案化种子生长[81,200]可用于 CVD 法生长的多晶石墨烯的晶界密度和图案模型的调控(图 1.19(a))。通过选择合适的基底材料和生长条件,石墨烯可以在多种几何图形和拓扑构型的基底上生长,这些基底材料包括多孔金属泡沫[24,201]、纳米线网络[202]、微粒子[191]、3D 打印支架[203]，甚至还包括具有纳米孔径的沸石晶体[204]（图 1.19(a)～(f)）。为了符合特定曲面的曲率，通过实验观察自然产生的拓扑缺陷[24]（图 1.19(g)）。在弯曲的基底上进行石墨烯的 CVD 法生长可能是一种很有前景的大规模制备拓扑设计石墨烯的方法。TMDC 的 CVD 法生长的类似尝试[205]已被证明具有可行性。例如，研究人员可以观察到 WS_2在锥形表面上生长得到晶界[205]。

（2）受控辐照或热激发能够在原子水平上产生具有所需类型和位置的拓扑缺陷。早期理论研究[206]表明，在石墨烯中，空穴附近形成各种拓扑缺陷的能垒非常低，可以通过热激活重构的方法引入拓扑缺陷。最近的实验证实了这一设想。例如，通过调整电子束的辐照剂量和聚焦区域，Robertson 等[207]证明了可以在具有高精度受控区域内（约 10nm × 10nm）产生稳定的拓扑缺陷，如位错对（图 1.20(a)）。Warner 等[12]的研究表明随着电子束的缓慢移动，可以在指定纳米级区域内产生大量的位错，而不会在石墨烯中产生空穴（图 1.20(b)）。除了使用高能束重组原始碳原子外，还可以向石墨烯中添加额外的碳原子以产生拓扑缺陷。Lehtinen 等[27]使用镀碳仪将多余的碳原子注入石墨烯样本中以产生位错偶极子，这些位错偶极子会形成原子尺度的表面气泡，并具有很强的平面外屈曲（图 1.20(c)）。如果能够更精确地控制具体缺陷类型，这将有望成为一种处理拓扑缺陷局部结构的很有前景的技术。

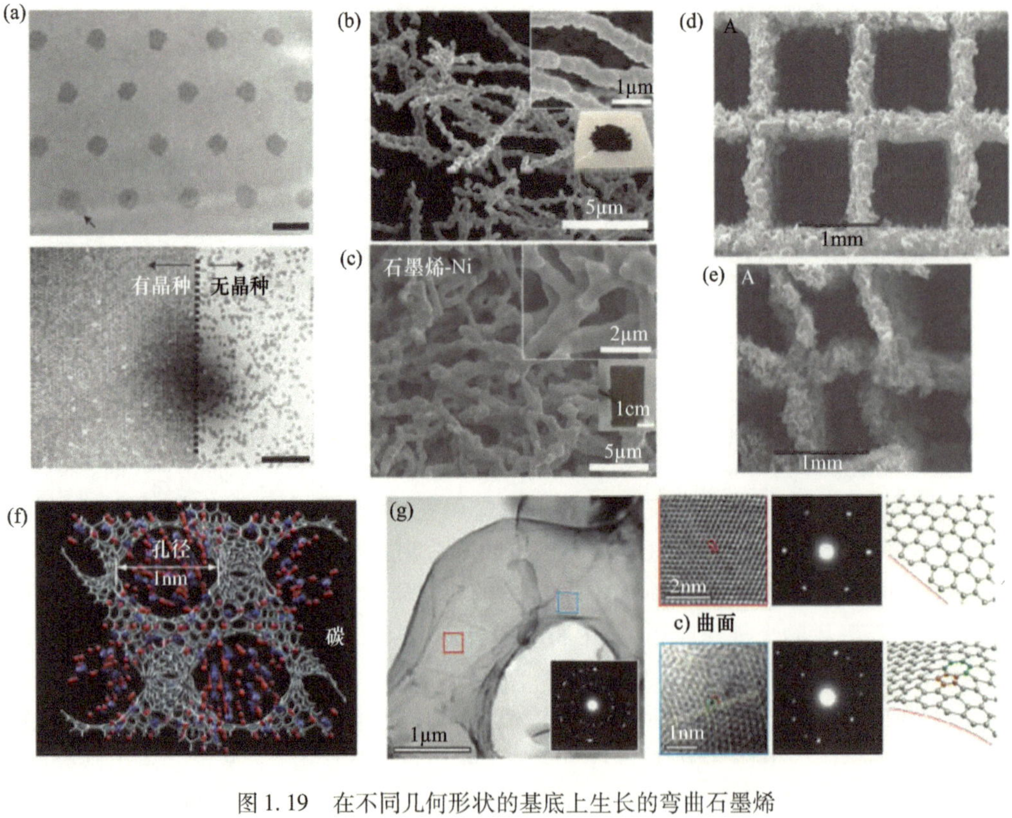

图 1.19　在不同几何形状的基底上生长的弯曲石墨烯

(a)在扁平铜箔上定点生长石墨烯晶粒[200]；(b)、(c)在 Ni 纳米线网络(b)表面生长的三维石墨烯(c)[202]；(d)、(e)在 3D 打印的 Ni 支架(d)上生长的三维石墨烯网络[203]；(g)在多孔镍泡沫表面生长的弯曲石墨烯的拓扑缺陷和晶格弯曲图像[24]。

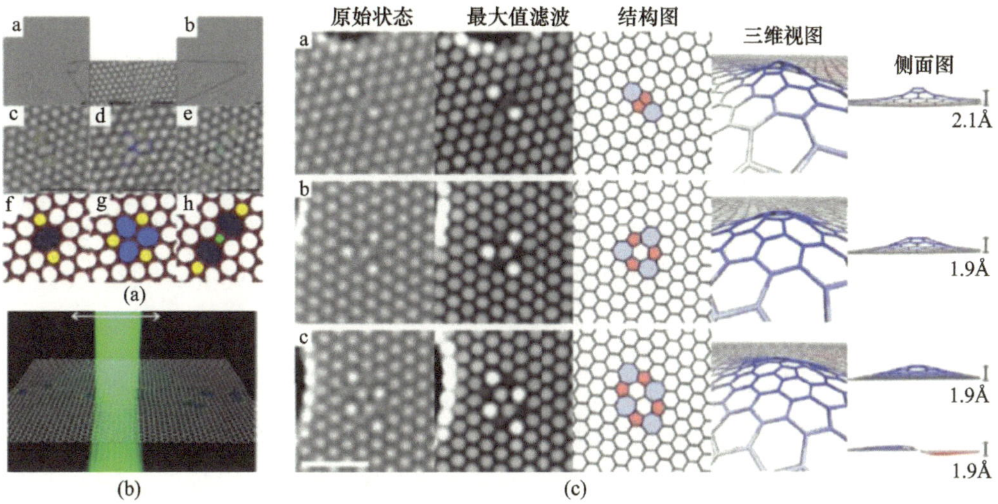

图 1.20　通过受控的辐射或热激发在石墨烯中产生拓扑缺陷

(a)经 30s 电子束暴露后,石墨烯中形成的拓扑缺陷[207];(b)通过扫描电子束辐照,大位错在石墨烯中的可控生长示意图[12];(c)通过镀碳仪将额外的碳原子沉积到单层石墨烯中,从而在石墨烯中植入原子尺度的气泡将原子级水泡注入石墨烯中[27]。

(3)在分子水平上,研究人员已经为不同的 sp^2 碳开发了有效的有机化学合成途径,其中包括具有非六元环的弯曲石墨烯型碳。例如,研究人员已经提出了多种制备具有五元环、七元环甚至八边环的纳米石墨烯分子[26,208-209]的多种化学合成路线,这些非六元环的弯曲石墨烯型碳的平衡构型在三维空间中发生扭曲(图 1.21(a)~(c))。另一项研

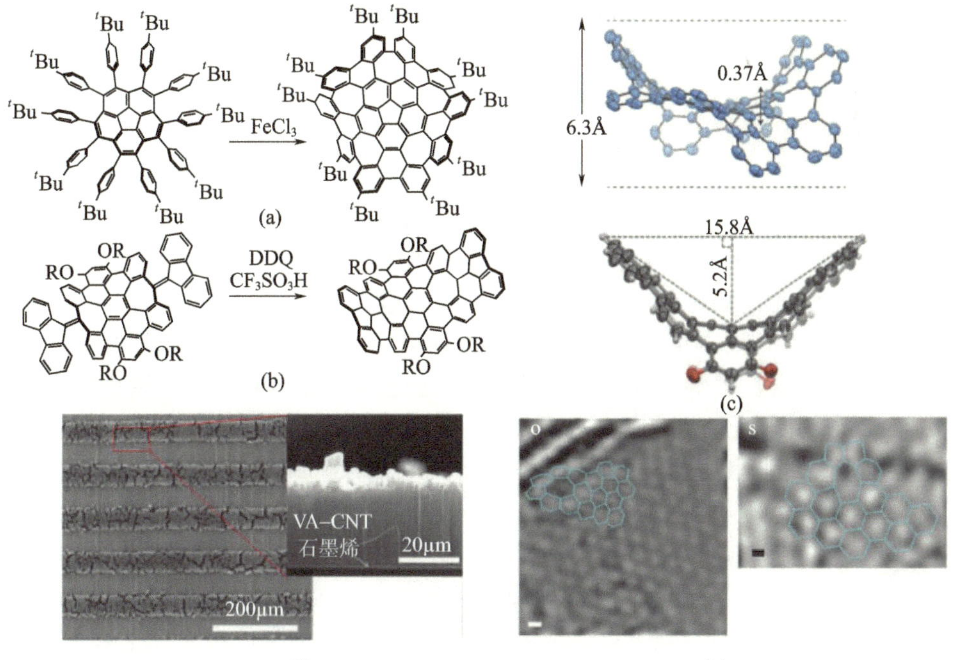

图 1.21　石墨烯纳米片和石墨烯 CNT 杂化物的分子水平制备

具有(a)五元环、(b)七元环和(c)八元环的弯曲纳米石墨烯薄膜的合成[208-209];(d)在图案化的石墨烯上选择性生长垂直排列碳纳米管;(e)无缝碳纳米管-石墨烯杂化体连接处的拓扑缺陷[25]。

究[153]证明，经设计的同时具有六边形和非六边形环的碳分子能够折叠成弯曲的三维结构，例如球形盖，这种结构可作为生长具有可控手性的碳纳米管的基底。同时，制备富勒烯分子、碳纳米管和石墨烯的 sp^2 碳杂化物是长期研究趋势。例如，在石墨烯层和 CNT 的连续生长过程中实现了无缝共价键连接[25,204]（图 1.21(d)）。由于这种混合体中的组成成分有不同的曲率，因此在这些混合体中的连接区域自然会观察到拓扑缺陷，以适应曲率的过渡[25]（图 1.21(e)）。化学合成路线和制备流程可以通过结合小分子的生长和合并，从而提供自下而上的方法来构建拓扑缺陷。

1.5 结论和展望

在本章中，我们介绍一些有关具有拓扑缺陷和结构的石墨烯在实验、计算和理论研究中的最新进展，总结了拓扑缺陷在原子级厚度的石墨烯结构中发挥的重要而独特的作用。基于这些研究，人们将二维材料的拓扑设计作为重要的研究领域，来探索并充分发挥石墨烯及其他二维材料的潜力。我们强调拓扑缺陷在确定石墨烯的三维弯曲几何形状、残余应力场以及声子和电子传输性质方面起着非常重要的作用，原则上可以通过设计这些缺陷来优化机械、物理和化学性质。该领域的一些初步进展已经证明了拓扑设计的潜力，例如，调节多晶石墨烯的强度、设计三维弯曲石墨烯的形状、增强石墨烯的断裂韧性、生长手性 SWCNT、用于能源相关应用的工程材料、设计多功能材料以及调节与生物系统的相互作用。虽然实验和仿真得到了迅速发展，但我们对拓扑缺陷与三维弯曲石墨烯和其他二维材料的机械、物理和化学性质之间的基本关系的了解仍处于起步阶段，许多与石墨烯的拓扑设计有关的重要的开放性问题仍需进行进一步研究。下文总结了具有发展前景的领域中的一些未解决的问题、机遇以及潜在的研究主题/方向。

（1）如何通过拓扑设计系统地提高石墨烯的断裂韧性？在 1.2.3 节中，我们介绍一些初步研究，这些研究表明可以通过拓扑缺陷在石墨烯中引入各种增韧机制，包括缺陷对裂纹尖端的屏蔽[140]、缺陷引起的三维形状降低应力[15]、裂纹分支、原子链桥接[144]和纳米裂纹屏蔽[14]。这些机制使得断裂韧性大大提高。激活更有效的增韧机制或最大化发挥现有增韧机制的协同效应，可以进一步提高韧性。我们可以从生物材料和工程材料中获得的启发，包括裂纹捕获、屏蔽、变形、珍珠质中的裂纹桥接[210-212]和金属塑性诱导能量耗散[213-215]。通过拓扑设计将更多的增韧机制（甚至韧性变形模式）引入石墨烯将是一项具有挑战性的工作。同时，拓扑增韧的理论模型可能需要涉及弯曲膜和壳结构的断裂力学[216-218]，用以解释拓扑缺陷和面外形状之间的固有耦合。

（2）热波动如何影响石墨烯的拓扑设计？由于石墨烯的弯曲强度很小（约 1eV），因此热波动会极大地影响石墨烯的力学性能和物理性能。在室温下，通过自洽理论和 MD 模拟[61]表明，通过热振动方式可以使微米尺度石墨烯薄膜的强度提高几个数量级，这得到了石墨烯剪纸实验的支持[38]。一个重要的共性问题是，热波动是否会影响拓扑设计的石墨烯的三维几何形状，以及如何对其产生影响。热波动能够直接改性石墨烯的有效特性，此外，由于拓扑设计的石墨烯在限定温度下的随机振动，热波动还会给拓扑设计的石墨烯的形态和力学性能(如模量和弯曲强度)带来时变扰动。这些随机效应可能会造成具有不确定性的优化问题(非唯一解)。

(3)如何通过拓扑设计实现石墨烯的多项物理性质的最优化定制?通过特意引入拓扑缺陷,拓扑设计能够对石墨烯的电子能带结构以及化学键产生作用,从而激发纳米级应变和屈曲。电子能带结构、化学反应性、导热性、晶格畸变和三维结构之间的拓扑缺陷耦合对理解和控制石墨烯的物理性质提出了令人关注的问题和挑战:①拓扑设计如何改变石墨烯的电子能带结构[19]、赝磁场[94]以及表面等离子激元[219-220]?②拓扑缺陷引起的曲率和残余应力如何与官能团或腐蚀剂相互作用?在外界环境中什么是化学性质稳定的拓扑设计?③是否可以通过控制变形或应变工程[221-222]进一步调整拓扑设计石墨烯的上述特性?

(4)如何通过拓扑设计来设计/实现石墨烯及其相关器件的多种机械、物理和化学性质之间的最佳平衡?大量例子表明,石墨烯的拓扑设计可以通过完全耦合的机械、化学和电学相互作用同时修饰多种属性。这种耦合表明,石墨烯的拓扑设计可能是一个多目标优化问题。例如,平面外几何形状和曲率可通过交流电产生电偶极矩[56-57],而曲率相关的极化可用于DNA测序[223-224]。同时,对于此类器件的大规模应用而言,增强石墨烯的断裂韧性是重要的,这也取决于平面外几何形状[15]。设计问题可能涉及"如何在DNA测序应用中最充分地利用'电效应',同时保持足够的断裂韧性"的问题。应该注意的是,拓扑缺陷可能会在优化目标缺陷时降低某些属性。例如,缺陷可用于增强石墨烯的韧性[14-15],同时也导致石墨烯的强度和模量的降低[8-11,54,131]。因此,另一个重要的问题是如何通过拓扑设计实现性能的最佳平衡。

(5)拓扑设计是否可以从单层石墨烯扩展到具有大量石墨烯结构的组装体,例如多层石墨烯和互连的石墨烯的三维组装体?对于多层石墨烯,层内和层间变形之间存在很大差异,这是由于前者由强碳—碳共价键决定,而后者则由相对较弱的力(即范德瓦尔斯力相互作用)控制。另外,层间相互作用对层间的原子匹配[225]、表面几何形状[54]和化学键[226]敏感。可以预期的是,拓扑设计还会影响不同层之间的附着力和摩擦力。在设计多层石墨烯时可能会遇到一些基础和应用问题,包括:拓扑缺陷和曲率如何影响多层石墨烯系统中的层间黏附力?具有分布拓扑缺陷的多层石墨烯的摩擦机理是什么?是否可以通过拓扑设计来调整或优化多层石墨烯的层间附着力和摩擦性能?石墨烯泡沫[24,203]、碳纳米管-石墨烯杂化物[25,204]和石墨烯螺旋体[23,182]展示了几种三维互连石墨烯组装体的例子。与多层石墨烯不同,三维互连石墨烯由分布在三维表面的强sp^2碳晶格组成,这些三维表面具有复杂的几何和拓扑结构(如回旋曲面),这些结构占据了整个三维空间。曲率和拓扑缺陷在维持最终的自平衡形状中起着至关重要的作用,从而决定了组装材料的有效宏观性能。例如,通过冷冻铸造技术获得软木状的具有分层结构的三维石墨烯整料,Qiu等[226]证明,具有良好组织的蜂窝状结构的三维石墨烯泡沫在经过90%压缩后可以恢复其形状和尺寸。经过1000次压缩测试后,尺寸仅减少了7%。这种超弹性行为源于三维石墨烯的良好组织结构,在较差的组织结构中很少能够实现。通过MD模拟,Qin[182]和Jung等[23]表明,石墨烯螺旋体可以实现出色的比强度和极低的导热率。这些例子表明利用三维互连石墨烯组装体的几何/拓扑设计来进一步调整/优化其性能并实现新的应用。从拓扑设计的角度来看，除了单层拓扑设计之外，还有许多挑战和机遇。例如，对于优化给定的特性（如模量密度比和热传递）而言，什么是相互交联的石墨烯的最佳三维表面？形成这些连续表面所需的拓扑缺陷将反过来有效地改变机械和物理属性，这需要重新评估目标函数。因此，另一个重要的问题是我们如何开发一种完全耦合的设计方法，以整合整体表面拓扑优化和局部拓扑相关的属性。最后，设计方案还须考虑如何有效地合成这类具有所需拓扑缺陷/三维几何形状的石墨烯结构。

(6)如何高效经济地制备不同尺度的拓扑设计的石墨烯？尽管1.4节中已概述了合成各种具有拓扑缺陷的石墨烯结构相关的快速发展，但在应用现有方法来实现不同长度尺度的拓扑设计方面仍然存在一些关键挑战。对于大规模CVD法，考虑到CVD生长中的高温[5]可能会降低石墨烯与基底之间的黏附力甚至破坏基底的设计几何特征[69]，一个重要的问题是，如何在生长过程中保持精确的石墨烯基底约束。为了解决这样的问题，需要对曲率和拓扑缺陷如何影响二维材料的成核、生长和粗化的能量有一个基本的了解。对于侧重于原子或分子水平的方法，效率与精度在大规模应用中仍然是不可兼得的。另外，这些方法的规模化制备仍然需要改进。挑战本身存在重要的研究课题，可以激发在理论和实验方面的进一步研究。

(7)是否可以将拓扑设计概念推广到其他二维材料？除石墨烯外，在其他二维材料中也已广泛地观察到拓扑缺陷，从h-BN、黑磷到单层TMDC，如MoS_2、WS_2等。与石墨烯相似，同原始样本相比，这些二维材料中存在的拓扑缺陷[72,227-230]不仅会引起面外变形，而且还会改变物理性能。此外，不同的二维材料的化学键合、位错核心结构、迁移率和拓扑缺陷的相互作用可能会有很大差异。例如，由于极化键，h-BN中的晶界可以携带净电荷[90]。由于褶皱的晶格结构，预计黑磷中的位错核不仅具有5-7，而且具有4-8、5-8-7和5-8-8-7的环[229]。最近，一项实验研究观察到裂纹扩展过程中MoS_2的高频位错发射，表明TMDC中可能存在塑性形变现象[89]。这些预测和观察拓宽了石墨烯以外的二维材料拓扑设计的视野，并为进一步研究提出了新的机遇和挑战。例如，①对于具有多个元素（如h-BN）[231]或非平面晶格（黑磷和TMDC）的二维材料的拓扑设计，如何修改方法（如PFC）来解决逆向设计问题？②不同二维材料中三维弯曲几何形状和多物理性质之间的拓扑缺陷耦合有何相似之处和不同之处？③通过结合不同二维材料的异质结构系统的拓扑设计，可以实现哪些新颖的功能？

总而言之，本章中讨论的石墨烯拓扑设计概念着重于拓扑缺陷引起的三维几何形状、残余应力分布、变形、强度、断裂以及石墨烯中的声子和电子行为之间的耦合，如图1.22所示。原则上，可以开发一个虚拟模拟平台，通过直接操纵石墨烯的拓扑结构来优化石墨烯的目标特性。实验和制备技术的飞速发展为实现从原子到器件级的石墨烯拓扑设计铺平了道路。这本质上是跨多个研究领域的高度跨学科的成果，包括力学、纳米技术、材料科学、物理、化学甚至生物学。在这个新兴领域中，存在大量的研究机会，可以预见的是基础研究将大大扩展我们对二维材料的知识，并在可预见的将来为基于二维材料的新型器件打开新的应用渠道。

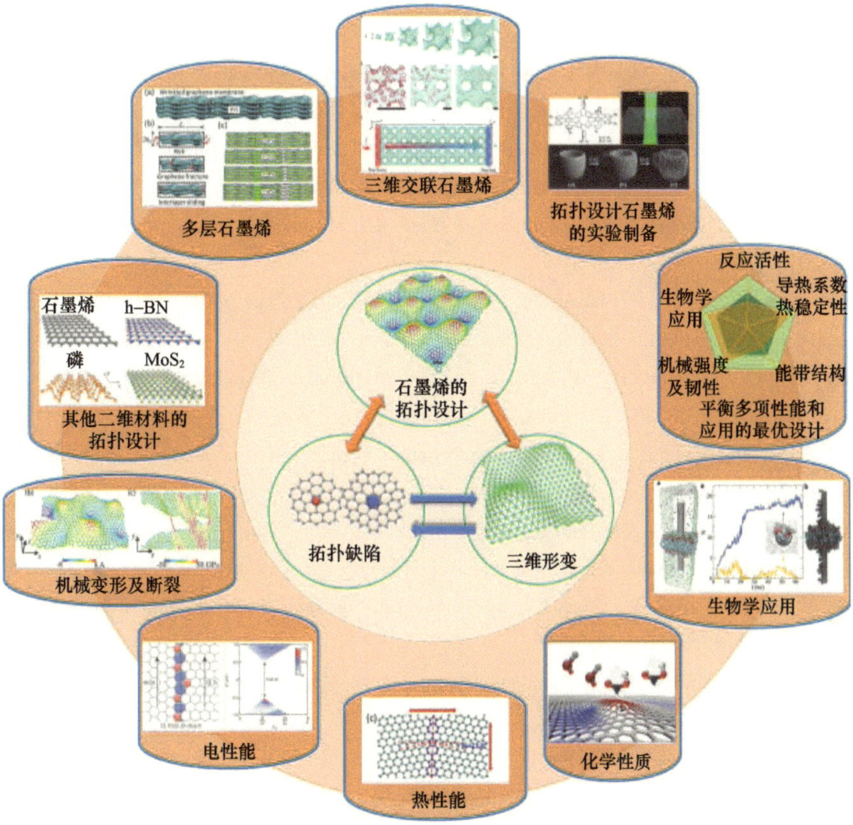

图 1.22　石墨烯拓扑设计的前景

形态和曲率;强度和韧性;多功能化;非线性多物理场耦合;多尺度制备;

互连和多层石墨烯;扩展到其他二维材料[12,15,23,26,28,54,69,199,232-233]。

参考文献

[1] Geim, A. K. and Novoselov, K. S. , The rise of graphene. *Nat. Mater.* ,6,183,2007.

[2] Liu, Y. and Yakobson, B. I. , Cones, pringles, and grain boundary landscapes in graphene topology. *Nano Lett.* ,10,2178,2010.

[3] Yazyev, O. V. and Louie, S. G. , Topological defects in graphene: Dislocations and grain boundaries. *Phys. Rev. B*,81,195420,2010.

[4] Huang, P. Y. *et al.* , Grains and grain boundaries in single - layer graphene atomic patchwork quilts. *Nature*, 469,389,2011.

[5] Li, X. *et al.* , Large - area synthesis of high - quality and uniform graphene films on copper foils. *Science*, 324,1312,2009.

[6] Kim, K. S. *et al.* , Large - scale pattern growth of graphene films for stretchable transparent electrodes. *Nature*,457,706,2009.

[7] Kim, K. , Lee, Z. , Regan, W. , Kisielowski, C. , Crommie, M. , Zettl, A. , Grain boundary mapping in polycrystalline graphene. *ACS Nano*,5,2142,2011.

[8] Grantab, R., Shenoy, V. B., Ruoff, R. S., Anomalous strength characteristics of tilt grain boundaries in graphene. *Science*, 330, 946, 2010.

[9] Wei, Y., Wu, J., Yin, H., Shi, X., Yang, R., Dresselhaus, M., The nature of strength enhancement and weakening by pentagon – heptagon defects in graphene. *Nat. Mater.*, 11, 759, 2012.

[10] Rasool, H. I., Ophus, C., Klug, WS., Zettl, A., Gimzewski, J. K., Measurement of the intrinsic strength of crystalline and polycrystalline graphene. *Nat. Commun.*, 4, 2811, 2013.

[11] Shekhawat, A. and Ritchie, R. O., Toughness and strength of nanocrystalline graphene. *Nat. Commun.*, 7, 10546, 2016.

[12] Warner, J. H., Fan, Y., Robertson, A. W, He, K., Yoon, E., Lee, G. D., Rippling graphene at the nanoscale through dislocation addition. *Nano Lett.*, 13, 4937, 2013.

[13] Zhang, T., Li, X., Gao, H., Defects controlled wrinkling and topological design in graphene. *J. Mech. Phys. Solids*, 67, 2, 2014.

[14] Jung, G., Qin, Z., Buehler, M. J., Molecular mechanics of polycrystalline graphene with enhanced fracture toughness. *Extreme Mech. Lett.*, 2, 52, 2015.

[15] Zhang, T., Li, X., Gao, H., Designing graphene structures with controlled distributions of topological defects: A case study of toughness enhancement in graphene ruga. *Extreme Mech. Lett.*, 1, 3, 2014.

[16] Serov, A. Y., Ong, Z. – Y., Pop, E., Effect of grain boundaries on thermal transport in graphene. *Appl. Phy. Lett.*, 102, 033104, 2013.

[17] Ito, Y. *et al.*, Correlation between chemical dopants and topological defects in catalytically active nanoporous graphene. *Adv. Mater.*, 28, 10644, 2016.

[18] Jauregui, L. A., Cao, H., Wu, W, Yu, Q., Chen, Y. P., Electronic properties of grains and grain boundaries in graphene grown by chemical vapor deposition. *Solid State Commun.*, 151, 1100, 2011.

[19] Yazyev, O. V. and Louie, S. G., Electronic transport in polycrystalline graphene. *Nat. Mater.*, 9, 806, 2010.

[20] Zhang, H., Lee, G., Gong, C., Colombo, L., Cho, K., Grain boundary effect on electrical transport properties of graphene. *J. Phys. Chem. C*, 118, 2338, 2014.

[21] Tsen, A. W. *et al.*, Tailoring electrical transport across grain boundaries in polycrystalline graphene. *Science*, 336, 1143, 2012.

[22] Ma, T. *et al.*, Tailoring the thermal and electrical transport properties of graphene films by grain size engineering. *Nat. Commun.*, 8, 14486, 2017.

[23] Jung, G. S., Yeo, J., Tian, Z., Qin, Z., Buehler, M. J., Unusually low and density – insensitive thermal conductivity of three – dimensional gyroid graphene. *Nanoscale*, 9, 13477, 2017.

[24] Ito, Y. *et al.*, High – quality three – dimensional nanoporous graphene. *Angew. Chem. Int. Ed.*, 53, 4822, 2014.

[25] Zhu, Y. *et al.*, A seamless three – dimensional carbon nanotube graphene hybrid material. *Nat. Commun.*, 3, 1225, 2012.

[26] Cheung, K. Y., Chan, C. K., Liu, Z., Miao, Q., A twisted nanographene consisting of 96 carbon atoms. *Angew. Chem.*, 129, 9131, 2017.

[27] Lehtinen, O., Vats, N., Algara – Siller, G., Knyrim, R, Kaiser, U., Implantation and atomic – scale investigation of self – interstitials in graphene. *Nano Lett.*, 15, 235, 2014.

[28] Kim, R, Graphene: Across the border. *Nat. Mater.*, 9, 792, 2010.

[29] Warner, J. H., Margine, E. R., Mukai, M., Robertson, A. W., Giustino, F., Kirkland, A. I., Dislocation – driven deformations in graphene. *Science*, 337, 209, 2012.

[30] Bhimanapati, G. R. *et al.*, Recent advances in two – dimensional materials beyond graphene. *ACS Nano*, 9,

11509,2015.

[31] Akinwande,D. *et al.* ,A review on mechanics and mechanical properties of 2D materials— Graphene and beyond. *Extreme Mech. Lett.* ,13,42,2017.

[32] Song,L. *et al.* , Large scale growth and characterization of atomic hexagonal boron nitride layers. *Nano Lett.* ,10,3209,2010.

[33] Watanabe,K. ,Taniguchi,T. ,Kanda,H. ,Direct – bandgap properties and evidence for ultraviolet lasing of hexagonal boron nitride single crystal. *Nat. Mater.* ,3,404,2004.

[34] Wang,Q. H. ,Kalantar – Zadeh,K. ,Kis,A. ,Coleman,J. N. ,Strano,M. S. ,Electronics and optoelectronics of two – dimensional transition metal dichalcogenides. *Nat. Nanotechnol.* ,7,699,2012.

[35] Chhowalla,M. ,Shin,H. S. ,Eda,G. ,Li,L. – J. ,Loh,K. R,Zhang,H. ,The chemistry of two – dimensional layered transition metal dichalcogenide nanosheets. *Nat. Chem.* ,5,263,2013.

[36] Russo,R. ,Hu,A. ,Compagnini,G. ,Synthesis,properties and potential applications of porous graphene:A review. *Nano – Micro Lett.* ,5,260,2013.

[37] Jiang,L. and Fan,Z. ,Design of advanced porous graphene materials:From graphene nanomesh to 3D architectures. *Nanoscale*,6,1922,2014.

[38] Blees,M. K. *et al.* ,Graphene kirigami. *Nature*,524,204,2015.

[39] Qi,Z. ,Campbell,D. K. ,Rark,H. S. ,Atomistic simulations of tension – induced large deformation and stretchability in graphene kirigami. *Phys. Rev. B*,90,245437,2014.

[40] Xu,L. ,Shyu,T. C. ,Kotov,N. A. ,Origami and kirigami nanocomposites. *ACS Nano*,11,7587,2017.

[41] Shyu,T. C. ,Damasceno,P. F. ,Dodd,P. M. ,Lamoureux,A. ,Xu,L. ,Shlian,M. ,Shtein,M. ,Glotzer,S. C. ,Kotov,N. A. ,A kirigami approach to engineering elasticity in nanocomposites through patterned defects. *Nat. Mater.* ,14,785,2015.

[42] Zhu,S. and Li,T. ,Hydrogenation – assisted graphene origami and its application in programmable molecular mass uptake,storage,and release. *ACS Nano*,8,2864,2014.

[43] Shenoy,VB. and Gracias,D. H. ,Self – folding thin – film materials:From nanopolyhedra to graphene origami. *Mrs Bull.* ,37,847,2012.

[44] Kumar,K. ,Van Swygenhoven,H. ,Suresh,S. ,Mechanical behavior of nanocrystalline metals and alloys1. *Acta Mater.* ,51,5743,2003.

[45] Lu,K. ,Lu,L. ,Suresh,S. ,Strengthening materials by engineering coherent internal boundaries at the nanoscale. *Science*,324,349,2009.

[46] Tian,Y. *et al.* ,Ultrahard nanotwinned cubic boron nitride. *Nature*,493,385,2013.

[47] Huang,Q. *et al.* ,Nanotwinned diamond with unprecedented hardness and stability. *Nature*,510,250,2014.

[48] Pan,Q. ,Zhou,H. ,Lu,Q. ,Gao,H. ,Lu,L. ,History – independent cyclic response of nanotwinned metals. *Nature*,551,214,2017.

[49] Lehtinen,O. ,Kurasch,S. ,Krasheninnikov,A. ,Kaiser,U. ,Atomic scale study of the life cycle of a dislocation in graphene from birth to annihilation. *Nat. Commun.* ,4,2098,2013.

[50] Lee,C. ,Wei,X. ,Kysar,J. W. ,Hone,J. ,Measurement of the elastic properties and intrinsic strength of monolayer graphene. *Science*,321,385,2008.

[51] Lu,Q. ,Arroyo,M. ,Huang,R. ,Elastic bending modulus of monolayer graphene. *J. Phys. D*,42,102002,2009.

[52] Wei,Y. ,Wang,B. ,Wu,J. ,Yang,R. ,Dunn,M. L. ,Bending rigidity and Gaussian bending stiffness of single – layered graphene. *Nano Lett.* ,13,26,2012.

[53] Song,Z. ,Artyukhov,VI. ,Wu,J. ,Yakobson,B. I. ,Xu,Z. ,Defect – detriment to graphene strength is concealed by local probe:The topological and geometrical effects. *ACS Nano*,9,401,2014.

[54] Qin, H. , Sun, Y. , Liu, J. Z. , Liu, Y. , Mechanical properties of wrinkled graphene generated by topological defects. *Carbon*, 108, 204, 2016.

[55] Cortijo, A. and Vozmediano, M. A. , Effects of topological defects and local curvature on the electronic properties of planar graphene. *Nucl. Phys. B*, 763, 293, 2007.

[56] Kvashnin, A. G. , Sorokin, P. B. , Yakobson, B. I. , Flexoelectricity in carbon nanostructures: Nanotubes, fullerenes, and nanocones. *J. Phys. Chem. Lett.* , 6, 2740, 2015.

[57] Kalinin, S. V and Meunier, V, Electronic flexoelectricity in low – dimensional systems. *Phys. Rev. B*, 77, 033403, 2008.

[58] Ni, Z. , Wang, H. , Kasim, J. , Fan, H. , Yu, T. , Wu, Y. , Feng, Y. , Shen, Z. , Graphene thickness determination using reflection and contrast spectroscopy. *Nano Lett.* , 7, 2758, 2007.

[59] Meyer, J. C. , Geim, A. K. , Katsnelson, M. I. , Novoselov, K. S. , Booth, T. J. , Roth, S. , The structure of suspended graphene sheets. *Nature*, 446, 60, 2007.

[60] Fasolino, A. , Los, J. , Katsnelson, M. I. , Intrinsic ripples in graphene. *Nat. Mater.* , 6, 858, 2007.

[61] Wan, D. , Nelson, D. R. , Bowick, M. J. , Thermal stiffening of clamped elastic ribbons. *Phys. Rev. B*, 96, 014106, 2017.

[62] Yllanes, D. , Bhabesh, S. S. , Nelson, D. R. , Bowick, M. J. , Thermal crumpling of perforated two – dimensional sheets. *Nat. Commun.* , 8, 1381, 2017.

[63] Ahmadpoor, F. , Wang, P. , Huang, R. , Sharma, P. , Thermal fluctuations and effective bending stiffness of elastic thin sheets and graphene: A nonlinear analysis. *J. Mech. Phys. Solids*, 107, 294, 2017.

[64] Košmrlj, A. and Nelson, D. R. , Thermal excitations of warped membranes. *Phys. Rev. E*, 89, 022126, 2014.

[65] Zhong, Y. L. , Tian, Z. , Simon, G. P, Li, D. , Scalable production of graphene via wet chemistry: Progress and challenges. *Mater. Today*, 18, 73, 2015.

[66] Chen, Y. , Gong, X. L. , Gai, J. G. , Progress and challenges in transfer of large – area graphene films. *Adv. Sci.* , 3, 2016.

[67] Pham, V. P. , Jang, H. – S. , Whang, D. , Choi, J. – Y. , Direct growth of graphene on rigid and flexible substrates: Progress, applications, and challenges. *Chem. Soc. Rev.* , 46, 6276, 2017.

[68] Ackerman, M. , Kumar, P. , Neek – Amal, M. , Thibado, P, Peeters, R, Singh, S. , Anomalous dynamical behavior of freestanding graphene membranes. *Phys. Rev. Lett.* , 117, 126801, 2016.

[69] Wilson, P. M. , Mbah, G. N. , Smith, T. G. , Schmidt, D. , Lai, R. Y. , Hofmann, T. , Sinitskii, A. , Three – dimensional periodic graphene nanostructures. *J. Mater. Chem. C*, 2, 1879, 2014.

[70] Červenka, J. , Katsnelson, M. , Flipse, C. , Room – temperature ferromagnetism in graphite driven by two – dimensional networks of point defects. *Nat. Phys.* , 5, 840, 2009.

[71] Lahiri, J. , Lin, Y. , Bozkurt, P. , Oleynik, I. I. , Batzill, M. , An extended defect in graphene as a metallic wire. *Nat. Nanotechnol.* , 5, 326, 2010.

[72] Gibb, A. L. , Alem, N. , Chen, J. – H. , Erickson, K. J. , Ciston, J. , Gautam, A. , Linck, M. , Zettl, A. , Atomic resolution imaging of grain boundary defects in monolayer chemical vapor deposition – grown hexagonal boron nitride. *J. Am. Chem. Soc.* , 135, 6758, 2013.

[73] Van Der Zande, A. M. *et al.* , Grains and grain boundaries in highly crystalline monolayer molybdenum disulphide. *Nat. Mater.* , 12, 554, 2013.

[74] Zhang, Z. , Yang, Y. , Xu, F. , Wang, L. , Yakobson, B. I. , Unraveling the sinuous grain boundaries in graphene. *Adv. Funct. Mat.* , 25, 367, 2015.

[75] Wu, J. and Wei, Y. , Grain misorientation and grain – boundary rotation dependent mechanical properties in polycrystalline graphene. *J. Mech. Phys. Solids*, 61, 1421, 2013.

[76] Khosravian, N., Samani, M. K., Loh, G. C., Chen, G. C. K., Baillargeat, D., Tay, B. K., Effects of a grain boundary loop on the thermal conductivity of graphene: A molecular dynamics study. *Comput. Mater. Sci.*, 79, 132, 2013.

[77] Sha, Z. D., Quek, S. S., Pei, Q. X., Liu, Z. S., Wang, T. J., Shenoy, V. B., Zhang, Y. W., Inverse pseudo hall – petch relation in polycrystalline graphene. *Sci. Rep.*, 4, 5991, 2014.

[78] Song, Z., Artyukhov, VI., Yakobson, B. I., Xu, Z., Pseudo hall – petch strength reduction in poly – crystalline graphene. *Nano Lett.*, 13, 1829, 2013.

[79] Murdock, A. T. *et al.*, Controlling the orientation, edge geometry, and thickness of chemical vapor deposition graphene. *ACS Nano*, 7, 1351, 2013.

[80] Song, X. *et al.*, Seed – assisted growth of single – crystalline patterned graphene domains on hexagonal boron nitride by chemical vapor deposition. *Nano Lett.*, 16, 6109, 2016.

[81] Geng, D. *et al.*, Uniform hexagonal graphene flakes and films grown on liquid copper surface. *Proc. Natl. Acad. Sci.*, 109, 7992, 2012.

[82] Shu, H., Chen, X., Tao, X., Ding, F., Edge structural stability and kinetics of graphene chemical vapor deposition growth. *ACS Nano*, 6, 3243, 2012.

[83] Elder, K., Katakowski, M., Haataja, M., Grant, M., Modeling elasticity in crystal growth. *Phys. Rev. Lett.*, 88, 245701, 2002.

[84] Li, J., Ni, B., Zhang, T., Gao, H., Phase field crystal modeling of grain boundary structures and growth in polycrystalline graphene. *J. Mech. Phys. Solids*, 2017.

[85] Guo, W. *et al.*, Governing rule for dynamic formation of grain boundaries in grown graphene. *ACS Nano*, 9, 5792, 2015.

[86] Kotakoski, J. and Meyer, J. C., Mechanical properties of polycrystalline graphene based on a realistic atomistic model. *Phys. Rev. B*, 85, 195447, 2012.

[87] Sha, Z., Wan, Q., Pei, Q., Quek, S., Liu, Z., Zhang, Y., Shenoy, V., On the failure load and mechanism of polycrystalline graphene by nanoindentation. *Sci. Rep.*, 4, 7437, 2014.

[88] Yang, Z., Huang, Y., Ma, F., Sun, Y., Xu, K., Chu, P. K., Size – dependent deformation behavior of nanocrystalline graphene sheets. *Mater. Sci. Eng. B*, 198, 95, 2015.

[89] Ly, T. H., Zhao, J., Cichocka, M. O., Li, L. – J., Lee, Y. H., Dynamical observations on the crack tip zone and stress corrosion of two – dimensional MoS 2. *Nat. Commun.*, 8, 14116, 2017.

[90] Liu, Y., Zou, X., Yakobson, B. I., Dislocations and grain boundaries in two – dimensional boron nitride. *ACS Nano*, 6, 7053, 2012.

[91] Zou, X., Liu, Y., Yakobson, B. I., Predicting dislocations and grain boundaries in two – dimensional metal – disulfides from the first principles. *Nano Lett.*, 13, 253, 2012.

[92] Choi, J. S. *et al.*, Friction anisotropy – driven domain imaging on exfoliated monolayer graphene. *Science*, 333, 607, 2011.

[93] Wu, Q. et al., Selective surface functionalization at regions of high local curvature in graphene. *Chem. Commun.*, 49, 677, 2012.

[94] Levy, N., Burke, S., Meaker, K., Panlasigui, M., Zettl, A., Guinea, F., Neto, A. C., Crommie, M., Strain – induced pseudo – magnetic fields greater than 300 tesla in graphene nanobubbles. *Science*, 329, 544, 2010.

[95] Pereira, V. M., Neto, A. C., Liang, H., Mahadevan, L., Geometry, mechanics, and electronics of singular structures and wrinkles in graphene. *Phys. Rev. Lett.*, 105, 156603, 2010.

[96] Klimov, N. N., Jung, S., Zhu, S., Li, T., Wright, C. A., Solares, S. D., Newell, D. B., Zhitenev, N. B., Stroscio, J. A., Electromechanical properties of graphene drumheads. *Science*, 336, 1557, 2012.

[97] Zhang, P. *et al.*, Fracture toughness of graphene. *Nat. Commun.*, 5, 3782, 2014.

[98] Chen, S. and Chrzan, D., Continuum theory of dislocations and buckling in graphene. *Phys. Rev. B*, 84, 214103, 2011.

[99] Shibuta, Y. and Maruyama, S., Molecular dynamics simulation of formation process of single - walled carbon nanotubes by CCVD method. *Chem. Phys. Lett.*, 382, 381, 2003.

[100] Piper, N., Fu, Y., Tao, J., Yang, X., To, A., Vibration promotes heat welding of single - walled carbon nanotubes. *Chem. Phys. Lett.*, 502, 231, 2011.

[101] Biyikli, E., Liu, J., Yang, X., To, A. C., A fast method for generating atomistic models of arbitrarily - shaped carbon graphitic nanostructures. *RSC Adv.*, 3, 1359, 2013.

[102] Chuang, C., Fan, Y. - C., Jin, B. - Y., Generalized classification scheme of toroidal and helical carbon nanotubes. *J. Chem. Inf. Mod.*, 49, 361, 2009.

[103] Varshney, V, Unnikrishnan, V., Lee, J., Roy, A. K., Developing nanotube junctions with arbitrary specifications. *Nanoscale*, 10, 403, 2018.

[104] Petersen, T. C., Snook, I. K., Yarovsky, I., McCulloch, D. G., Monte Carlo based modeling of carbon nanostructured surfaces. *Phys. Rev. B*, 72, 125417, 2005.

[105] Hexemer, A., Vitelli, V., Kramer, E. J., Fredrickson, G. H., Monte Carlo study of crystalline order and defects on weakly curved surfaces. *Phys. Rev. E*, 76, 051604, 2007.

[106] Mitchell, L. and Head, A., The buckling of a dislocated plate. *J. Mech. Phys. Solids*, 9, 131, 1961.

[107] Seung, H. and Nelson, D. R., Defects in flexible membranes with crystalline order. *Phys. Rev. A*, 38, 1005, 1988.

[108] Zubov, L. M., *Nonlinear theory of dislocations and disclinations in elastic bodies*, vol. 47, Springer Science & Business Media, 1997.

[109] Zubov, L., *Von Kármán equations for an elastic plate with dislocations and disclinations*. Doklady Physics, p. 67, Springer, 2007.

[110] Zubov, L., The linear theory of dislocations and disclinations in elastic shells. *J. Appi. Math. Mech.*, 74, 663, 2010.

[111] Dervaux, J. and Amar, M. B., Morphogenesis of growing soft tissues. *Phys. Rev. Lett.*, 101, 068101, 2008.

[112] Liang, H. and Mahadevan, L., The shape of a long leaf. *Proc. Natl. Acad. Sci.*, 106, 22049, 2009.

[113] Stuart, S. J., Tutein, A. B., Harrison, J. A., A reactive potential for hydrocarbons with intermolecular interactions. *J. Chem. Phys.*, 112, 6472, 2000.

[114] Diab, M., Zhang, T., Zhao, R., Gao, H., Kim, K. - S., Ruga mechanics of creasing: From instantaneous to setback creases. *Proc. R. Soc. A*, p. 20120753, The Royal Society, 2013.

[115] Emmerich, H., Löwen, H., Wittkowski, R., Gruhn, T., Tóth, G. I., Tegze, G., Gránásy, L., Phase - field - crystal models for condensed matter dynamics on atomic length and diffusive time scales: An overview. *Adv. Phys.*, 61, 665, 2012.

[116] Galenko, P., Gomez, H., Kropotin, N., Elder, K., Unconditionally stable method and numerical solution of the hyperbolic phase - field crystal equation. *Phys. Rev. E*, 88, 013310, 2013.

[117] Qin, H., Sun, Y., Liu, J. Z., Li, M., Liu, Y., Negative Poisson's ratio in rippled graphene. *Nanoscale*, 9, 4135, 2017.

[118] Anderson, T. L., *Fracture mechanics: Fundamentals and applications*, CRC Press, 2017.

[119] Eda, G., Fanchini, G., Chhowalla, M., Large - area ultrathin films of reduced graphene oxide as a transparent and flexible electronic material. *Nat. Nanotechnol.*, 3, 270, 2008.

[120] Reina, A., Jia, X., Ho, J., Nezich, D., Son, H., Bulovic, V., Dresselhaus, M. S., Kong, J., Large are-

a, few - layer graphene films on arbitrary substrates by chemical vapor deposition. *Nano Lett.*, 9, 30, 2008.

[121] Suk, J. W., Kitt, A., Magnuson, C. W., Hao, Y., Ahmed, S., An, J., Swan, A. K., Goldberg, B. B., Ruoff, R. S., Transfer of CVD - grown monolayer graphene onto arbitrary substrates. *ACS Nano*, 5, 6916, 2011.

[122] Kang, J., Shin, D., Bae, S., Hong, B. H., Graphene transfer: Key for applications. *Nanoscale*, 4, 5527, 2012.

[123] Gao, L., Ni, G. - X., Liu, Y., Liu, B., Neto, A. H. C., Loh, K. P., Face - to - face transfer of wafer - scale graphene films. *Nature*, 505, 190, 2014.

[124] Hofmann, M., Hsieh, Y. - P., Hsu, A. L., Kong, J., Scalable, flexible and high resolution patterning of CVD graphene. *Nanoscale*, 6, 289, 2014.

[125] Celebi, K., Buchheim, J., Wyss, R. M., Droudian, A., Gasser, P, Shorubalko, I., Kye, J. - I., Lee, C., Park, H. G., Ultimate permeation across atomically thin porous graphene. *Science*, 344, 289, 2014.

[126] Ramasse, Q. M., Zan, R., Bangert, U., Boukhvalov, D. W., Son, Y. - W, Novoselov, K. S., Direct experimental evidence of metal - mediated etching of suspended graphene. *ACS Nano*, 6, 4063, 2012.

[127] Hwangbo, Y. *et al.*, Fracture characteristics of monolayer CVD - graphene. *Sci. Rep.*, 4, 4439, 2014.

[128] Khare, R., Mielke, S. L., Paci, J. T., Zhang, S., Ballarini, R., Schatz, G. C., Belytschko, T., Coupled quantum mechanical/molecular mechanical modeling of the fracture of defective carbon nanotubes and graphene sheets. *Phys. Rev. B*, 75, 075412, 2007.

[129] Terdalkar, S. S., Huang, S., Yuan, H., Rencis, J. J., Zhu, T., Zhang, S., Nanoscale fracture in graphene. *Chem. Phys. Lett.*, 494, 218, 2010.

[130] Cohen - Tanugi, D. and Grossman, J. C., Mechanical strength of nanoporous graphene as a desalination membrane. *Nano Lett.*, 14, 6171, 2014.

[131] Zhang, T., Li, X., Kadkhodaei, S., Gao, H., Flaw insensitive fracture in nanocrystalline graphene. *Nano Lett.*, 12, 4605, 2012.

[132] Sen, D., Novoselov, K. S., Reis, P. M., Buehler, M. J., Tearing graphene sheets from adhesive substrates produces tapered nanoribbons. *Small*, 6, 1108, 2010.

[133] Moura, M. J. and Marder, M., Tearing of free - standing graphene. *Phys. Rev. E*, 88, 032405, 2013.

[134] Huang, X., Yang, H., van Duin, A. C., Hsia, K. J., Zhang, S., Chemomechanics control of tearing paths in graphene. *Phys. Rev. B*, 85, 195453, 2012.

[135] Zhao, S. and Xue, J., Mechanical properties of hybrid graphene and hexagonal boron nitride sheets as revealed by molecular dynamic simulations. *J. Phys. D*, 46, 135303, 2013.

[136] Lu, L., Chen, X., Huang, X., Lu, K., Revealing the maximum strength in nanotwinned copper. *Science*, 323, 607, 2009.

[137] Li, X., Wei, Y., Lu, L., Lu, K., Gao, H., Dislocation nucleation governed softening and maximum strength in nano - twinned metals. *Nature*, 464, 877, 2010.

[138] Moon, W. - J., Ito, T., Uchimura, S., Saka, H., Toughening of ceramics by dislocation sub - boundaries. *Mater. Sci. Eng. A*, 387, 837, 2004.

[139] Saka, H., Toughening of a brittle material by means of dislocation subboundaries. *Philos. Mag. Lett.*, 80, 461, 2000.

[140] Meng, F., Chen, C., Song, J., Dislocation shielding of a nanocrack in graphene: Atomistic simulations and continuum modeling. *J. Phys. Chem. Lett.*, 6, 4038, 2015.

[141] Verma, A. and Parashar, A., The effect of STW defects on the mechanical properties and fracture toughness of pristine and hydrogenated graphene. *Phys. Chem. Chem. Phys.*, 19, 16023, 2017.

[142] Rajasekaran, G. and Parashar, A., Molecular dynamics study on the mechanical response and failure behaviour of graphene: Performance enhancement via 5-7-7-5 defects. *RSC Adv.*, 6, 26361, 2016.

[143] Wang, S., Yang, B., Yuan, J., Si, Y., Chen, H., Large-scale molecular simulations on the mechanical response and failure behavior of a defective graphene: Cases of 5-8-5 defects. *Sci. Rep.*, 5, 14957, 2015.

[144] Rajasekaran, G. and Parashar, A., Enhancement of fracture toughness of graphene via crack bridging with stone-thrower-wales defects. *Diamond Relat. Mater.*, 74, 90, 2017.

[145] Han, J., Sohn, D., Woo, W., Kim, D.-K., Molecular dynamics study of fracture toughness and trans-intergranular transition in bi-crystalline graphene. *Comput. Mater. Sci.*, 129, 323, 2017.

[146] Wang, Y. and Liu, Z., The fracture toughness of graphene during the tearing process. *Model. Simul. Mater. Sci. Eng.*, 24, 085002, 2016.

[147] Mitchell, N. P., Koning, V, Vitelli, V, Irvine, W. T., Fracture in sheets draped on curved surfaces. *Nat. Mater.*, 16, 89, 2017.

[148] Zhang, T. and Gao, H., Toughening graphene with topological defects: A perspective. *J. Appl. Mech.*, 82, 051001, 2015.

[149] Jorio, A., Dresselhaus, G., Dresselhaus, M. S., *Carbon Nanotubes: Advanced Topics in the Synthesis, Structure, Properties and Applications*, Springer Berlin Heidelberg, 2007.

[150] Jariwala, D., Sangwan, V. K., Lauhon, L. J., Marks, T. J., Hersam, M. C., Carbon nanomaterials for electronics, optoelectronics, photovoltaics, and sensing. *Chem. Soc. Rev.*, 42, 2824, 2013.

[151] Wang, J., Carbon-nanotube based electrochemical biosensors: A review. *Electroanalysis*, 17, 7, 2005.

[152] Odom, T. W., Huang, J.-L., Kim, P., Lieber, C. M., Structure and electronic properties of carbon nanotubes. *J. Phys. Chem. B*, 104, 2794, 2000.

[153] Sanchez-Valencia, J. R., Dienel, T., Groning, O., Shorubalko, I., Mueller, A., Jansen, M., Amsharov, K., Ruffieux, P., Fasel, R., Controlled synthesis of single-chirality carbon nanotubes. *Nature*, 512, 61, 2014.

[154] Mueller, A. and Amsharov, K. Y., Synthesis of robust precursors for the controlled fabrication of (6,6), (8,8), (10,10), and (12,12) armchair single-walled carbon nanotubes. *Eur. J. Organic Chem.*, 2015, 3053, 2015.

[155] Liu, B. *et al.*, Nearly exclusive growth of small diameter semiconducting single-wall carbon nanotubes from organic chemistry synthetic end-cap molecules. *Nano Lett.*, 15, 586, 2014.

[156] Abdurakhmanova, N., Mueller, A., Stepanow, S., Rauschenbach, S., Jansen, M., Kern, K., Amsharov, K. Y., Bottom up fabrication of (9,0) zigzag and (6,6) armchair carbon nanotube end-caps on the Rh(1 1 1) surface. *Carbon*, 84, 444, 2015.

[157] Tarascon, J.-M. and Armand, M., *Materials For Sustainable Energy: A Collection of Peer-Reviewed Research and Review Articles from Nature Publishing Group*, p. 171, World Scientific, 2011.

[158] Datta, D., Li, J., Koratkar, N., Shenoy, V. B., Enhanced lithiation in defective graphene. *Carbon*, 80, 305, 2014.

[159] Pang, Z., Shi, X., Wei, Y., Fang, D., Grain boundary and curvature enhanced lithium adsorption on carbon. *Carbon*, 107, 557, 2016.

[160] Lin, D., Liu, Y., Cui, Y., Reviving the lithium metal anode for high-energy batteries. *Nat. Nanotechnol.*, 12, 194, 2017.

[161] Beaulieu, L., Eberman, K., Turner, R., Krause, L., Dahn, J., Colossal reversible volume changes in lithium alloys. *Electrochem. Solid-State Lett.*, 4, A137, 2001.

[162] Obrovac, M. and Christensen, L., Structural changes in silicon anodes during lithium insertion/extraction. *Electrochem. Solid - State Lett.*, 7, A93, 2004.

[163] Obrovac, M., Christensen, L., Le, D. B., Dahn, J. R., Alloy design for lithium - ion battery anodes. *J. Electrochem. Soc.*, 154, A849, 2007.

[164] Chan, C. K., Peng, H., Liu, G., McIlwrath, K., Zhang, X. F., Huggins, R. A., Cui, Y., High - performance lithium battery anodes using silicon nanowires. *Nat. Nanotechnol.*, 3, 31, 2008.

[165] Cui, L. - F., Ruffo, R., Chan, C. K., Peng, H., Cui, Y., Crystalline - amorphous core - shell silicon nanowires for high capacity and high current battery electrodes. *Nano Lett.*, 9, 491, 2008.

[166] Zhou, S., Liu, X., Wang, D., Si/TiSi2 heteronanostructures as high - capacity anode material for Li ion batteries. *Nano Lett.*, 10, 860, 2010.

[167] Park, M. - H., Kim, M. G., Joo, J., Kim, K., Kim, J., Ahn, S., Cui, Y., Cho, J., Silicon nanotube battery anodes. *Nano Lett.*, 9, 3844, 2009.

[168] Xiao, J., Xu, W, Wang, D., Choi, D., Wang, W., Li, X., Graff, G. L., Liu, J., Zhang, J. - G., Stabilization of silicon anode for Li - ion batteries. *J. Electrochem. Soc.*, 157, A1047, 2010.

[169] Magasinski, A., Dixon, P., Hertzberg, B., Kvit, A., Ayala, J., Yushin, G., High - performance lithiumion anodes using a hierarchical bottom - up approach. *Nat. Mater.*, 9, 353, 2010.

[170] Liu, N., Wu, H., McDowell, M. T., Yao, Y., Wang, C., Cui, Y., A yolk - shell design for stabilized and scalable Li - ion battery alloy anodes. *Nano Lett.*, 12, 3315, 2012.

[171] Li, Y., Yan, K., Lee, H. - W, Lu, Z., Liu, N., Cui, Y., Growth of conformal graphene cages on micrometre - sized silicon particles as stable battery anodes. *Nat. Energy*, 1, 15029, 2016.

[172] Liu, C., Yu, Z., Neff, D., Zhamu, A., Jang, B. Z., Graphene - based supercapacitor with an ultrahigh energy density. *Nano Lett.*, 10, 4863, 2010.

[173] Zhou, L. - J., Hou, Z., Wu, L. - M., First - principles study of lithium adsorption and diffusion on graphene with point defects. *J. Phys. Chem. C*, 116, 21780, 2012.

[174] Pope, M. A. and Aksay, I. A., Four - fold increase in the intrinsic capacitance of graphene through functionalization and lattice disorder. *J. Phys. Chem. C*, 119, 20369, 2015.

[175] Bagri, A., Kim, S. - P., Ruoff, R. S., Shenoy, V. B., Thermal transport across twin grain boundaries in polycrystalline graphene from nonequilibrium molecular dynamics simulations. *Nano Lett.*, 11, 3917, 2011.

[176] Fthenakis, Z. G., Zhu, Z., Tomanek, D., Effect of structural defects on the thermal conductivity of graphene: From point to line defects to haeckelites. *Phys. Rev. B*, 89, 125421, 2014.

[177] Ong, M. T. and Reed, E. J., Engineered piezoelectricity in graphene. *ACS Nano*, 6, 1387, 2012.

[178] Yasaei, P. *et al.*, Bimodal phonon scattering in graphene grain boundaries. *Nano Lett.*, 15, 4532, 2015.

[179] Yuki, A., Yuki, I., Kuniharu, T., Seiji, A., Takayuki, A., Enhancement of graphene thermoelectric performance through defect engineering. *2D Mater.*, 4, 025019, 2017.

[180] Ahmadpoor, F. and Sharma, P., Flexoelectricity in two - dimensional crystalline and biological membranes. *Nanoscale*, 7, 16555, 2015.

[181] Pacheco Sanjuan, A. A., Mehboudi, M., Harriss, E. O., Terrones, H., Barraza - Lopez, S., Quantitative chemistry and the discrete geometry of conformal atom - thin crystals. *ACS Nano*, 8, 1136, 2014.

[182] Qin, Z., Jung, G. S., Kang, M. J., Buehler, M. J., The mechanics and design of a lightweight three - dimensional graphene assembly. *Sci. Adv.*, 3, e1601536, 2017.

[183] Shao, Y., Wang, J., Wu, H., Liu, J., Aksay, I. A., Lin, Y., Graphene based electrochemical sensors and biosensors: A review. *Electroanalysis*, 22, 1027, 2010.

[184] Liu, J., Liu, Z., Barrow, C. J., Yang, W., Molecularly engineered graphene surfaces for sensing applications: A review. *Anal. Chim. Acta*, 859, 1, 2015.

[185] Goenka, S., Sant, V., Sant, S., Graphene – based nanomaterials for drug delivery and tissue engineering. *J. Controll. Rel.*, 173, 75, 2014.

[186] Yang, K., Feng, L., Liu, Z., The advancing uses of nano – graphene in drug delivery. *Expert Opin. Drug Delivery*, 12, 601, 2015.

[187] Hong, G., Diao, S., Antaris, A. L., Dai, H., Carbon nanomaterials for biological imaging and nanomedicinal therapy. *Chem. Rev.*, 115, 10816, 2015.

[188] Yoo, J. M., Kang, J. H., Hong, B. H., Graphene – based nanomaterials for versatile imaging studies. *Chem. Soc. Rev.*, 44, 4835, 2015.

[189] Zuo, G., Zhou, X., Huang, Q., Fang, H., Zhou, R., Adsorption of villin headpiece onto graphene, carbon nanotube, and C60: Effect of contacting surface curvatures on binding affinity. *J. Phys. Chem. C*, 115, 23323, 2011.

[190] Jana, A. K., Tiwari, M. K., Vanka, K., Sengupta, N., Unraveling origins of the heterogeneous curvature dependence of polypeptide interactions with carbon nanostructures. P*hys. Chem. Chem. Phys.*, 18, 5910, 2016.

[191] Gu, Z., Yang, Z., Chong, Y., Ge, C., Weber, J. K., Bell, D. R., Zhou, R., Surface curvature relation to protein adsorption for carbon – based nanomaterials. *Sci. Rep.*, 5, 10886, 2015.

[192] Gao, H., Kong, Y., Cui, D., Ozkan, C. S., Spontaneous insertion of DNA oligonucleotides into carbon nanotubes. *Nano Lett.*, 3, 471, 2003.

[193] Umadevi, D. and Sastry, G. N., Quantum mechanical study of physisorption of nucleobases on carbon materials: Graphene versus carbon nanotubes. *J. Phys. Chem. Lett.*, 2, 1572, 2011.

[194] Tu, Y. *et al.*, Destructive extraction of phospholipids from Escherichia coli membranes by graphene nanosheets. *Nat. Nanotechnol.*, 8, nnano, 2013. 125, 2013.

[195] Liu, S., Hu, M., Zeng, T. H., Wu, R., Jiang, R., Wei, J., Wang, L., Kong, J., Chen, Y., Lateral dimension – dependent antibacterial activity of graphene oxide sheets. *Langmuir*, 28, 12364, 2012.

[196] Li, Y., Yuan, H., von dem Bussche, A., Creighton, M., Hurt, R. H., Kane, A. B., Gao, H., Graphene microsheets enter cells through spontaneous membrane penetration at edge asperities and corner sites. *Proc. Natl. Acad. Sci.*, 110, 12295, 2013.

[197] Hu, W., Peng, C., Luo, W., Lv, M., Li, X., Li, D., Huang, Q., Fan, C., Graphene – based antibacterial paper. *ACS Nano*, 4, 4317, 2010.

[198] Liu, S., Zeng, T. H., Hofmann, M., Burcombe, E., Wei, J., Jiang, R., Kong, J., Chen, Y., Antibacterial activity of graphite, graphite oxide, graphene oxide, and reduced graphene oxide: Membrane and oxidative stress. *ACS Nano*, 5, 6971, 2011.

[199] Luan, B., Huynh, T., Zhou, R., Complete wetting of graphene by biological lipids. *Nanoscale*, 8, 5750, 2016.

[200] Yu, Q. *et al.*, Control and characterization of individual grains and grain boundaries in graphene grown by chemical vapour deposition. *Nat. Mater.*, 10, 443, 2011.

[201] Chen, Z., Ren, W., Gao, L., Liu, B., Pei, S., Cheng, H. – M., Three – dimensional flexible and conductive interconnected graphene networks grown by chemical vapour deposition. *Nat. Mater.*, 10, 424, 2011.

[202] Min, B. H., Kim, D. W, Kim, K. H., Choi, H. O., Jang, S. W, Jung, H. – T., Bulk scale growth of CVD graphene on Ni nanowire foams for a highly dense and elastic 3D conducting electrode. *Carbon*, 80, 446, 2014.

[203] Yang, Z., Yan, C., Liu, J., Chabi, S., Xia, Y., Zhu, Y., Designing 3D graphene networks via a 3D - printed Ni template. *RSC Adv.*, 5, 29397, 2015.

[204] Kim, K. *et al.*, Lanthanum - catalysed synthesis of microporous 3D graphene - like carbons in a zeolite template. *Nature*, 535, 131, 2016.

[205] Yu, H., Gupta, N., Hu, Z., Wang, K., Srijanto, B. R., Xiao, K., Geohegan, D. B., Yakobson, B. I., Tilt grain boundary topology induced by substrate topography. *ACS Nano*, 11, 8612, 2017.

[206] Lusk, M. T. and Carr, L. D., Nanoengineering defect structures on graphene. *Phys. Rev. Lett.*, 100, 175503, 2008.

[207] Robertson, A. W, Allen, C. S., Wu, Y. A., He, K., Olivier, J., Neethling, J., Kirkland, A. I., Warner, J. H., Spatial control of defect creation in graphene at the nanoscale. *Nat. Commun.*, 3, 1144, 2012.

[208] Kawasumi, K., Zhang, Q., Segawa, Y., Scott, L. T., Itami, K., A grossly warped nanographene and the consequences of multiple odd - membered - ring defects. *Nat. Chem.*, 5, 739, 2013.

[209] Cheung, K. Y., Xu, X., Miao, Q., Aromatic saddles containing two heptagons. *J. Am. Chem. Soc.*, 137, 3910, 2015.

[210] Barthelat, F. and Espinosa, H., An experimental investigation of deformation and fracture of nacre - mother of pearl. *Exp. Mech.*, 47, 311, 2007.

[211] Gao, H., Ji, B., Jäger, I. L., Arzt, E., Fratzl, P, Materials become insensitive to flaws at nanoscale: Lessons from nature. *Proc. Natl. Acad. Sci.*, 100, 5597, 2003.

[212] Ji, B. and Gao, H., Mechanical properties of nanostructure of biological materials. *J. Mech. Phys. Solids*, 52, 1963, 2004.

[213] Wang, Y., Chen, M., Zhou, F., Ma, E., High tensile ductility in a nanostructured metal. *Nature*, 419, 912, 2002.

[214] Ma, E., Wang, Y., Lu, Q., Sui, M., Lu, L., Lu, K., Strain hardening and large tensile elongation in ultrahigh - strength nano - twinned copper. *Appl. Phy. Lett.*, 85, 4932, 2004.

[215] Kim, N. D. *et al.*, Growth and transfer of seamless 3D graphene - nanotube hybrids. *Nano Lett.*, 16, 1287, 2016.

[216] Li, B. and Arroyo, M., Towards understanding the geometry effects on fracture in thin elastic shells. arXiv preprint arXiv: 1703. 09371, 2017.

[217] Folias, E., On the theory of fracture of curved sheets. *Eng. Fract. Mech.*, 2, 151, 1970.

[218] Folias, E., On the effect of initial curvature on cracked flat sheets. *Int. J. Fract. Mech.*, 5, 327, 1969.

[219] Langer, T., Baringhaus, J., Pfnür, H., Schumacher, H., Tegenkamp, C., Plasmon damping below the Landau regime: The role of defects in epitaxial graphene. *New J. Phy.*, 12, 033017, 2010.

[220] Smirnova, D., Mousavi, S. H., Wang, Z., Kivshar, Y. S., Khanikaev, A. B., Trapping and guiding surface plasmons in curved graphene landscapes. *ACS Photonics*, 3, 875, 2016.

[221] Bissett, M. A., Tsuji, M., Ago, H., Strain engineering the properties of graphene and other two - dimensional crystals. *Phys. Chem. Chem. Phys.*, 16, 11124, 2014.

[222] Guinea, F., Strain engineering in graphene. *Solid State Commun.*, 152, 1437, 2012.

[223] Schneider, G. F., Kowalczyk, S. W, Calado, VE., Pandraud, G., Zandbergen, H. W., Vandersypen, L. M., Dekker, C., DNA translocation through graphene nanopores. *Nano Lett.*, 10, 3163, 2010.

[224] Kothari, M., Cha, M. - H., Kim, K. - S., Critical behavior of curvature localization in graphene. *APS Meeting Abstracts*, 2017.

[225] Kolmogorov, A. N. and Crespi, VH., Registry - dependent interlayer potential for graphitic systems. *Phys. Rev. B*, 71, 235415, 2005.

[226] Qiu, L., Liu, J. Z., Chang, S. L., Wu, Y., Li, D., Biomimetic superelastic graphene – based cellular monoliths. *Nat. Commun.*, 3, 1241, 2012.

[227] Liu, Y., Xu, F., Zhang, Z., Penev, E. S., Yakobson, B. I., Two – dimensional mono – elemental semiconductor with electronically inactive defects: The case of phosphorus. *Nano Lett.*, 14, 6782, 2014.

[228] Azizi, A. *et al.*, Dislocation motion and grain boundary migration in two – dimensional tungsten disulphide. *Nat. Commun.*, 5, 4867, 2014.

[229] Guo, Y., Zhou, S., Zhang, J., Bai, Y., Zhao, J., Atomic structures and electronic properties of phosphorene grain boundaries. *2D Mater.*, 3, 025008, 2016.

[230] Lin, Y. – C. *et al.*, Three – fold rotational defects in two – dimensional transition metal dichalco – genides. *Nat. Commun.*, 6, 6736, 2015.

[231] Taha, D., Mkhonta, S., Elder, K., Huang, Z. – F., Grain boundary structures and collective dynamics of inversion domains in binary two – dimensional materials. *Phys. Rev. Lett.*, 118, 255501, 2017.

[232] Mu, X., Song, Z., Wang, Y., Xu, Z., Go, D. B., Luo, T., Thermal transport in oxidized polycrystalline graphene. *Carbon*, 108, 318, 2016.

[233] Lee, J. Y., Shin, J. – H., Lee, G. – H., Lee, C. – H., Two – dimensional semiconductor optoelectronics based onvan der Waals heterostructures. *Nanomaterials*, 6, 193, 2016.

第 2 章 金属氧化物界面上的石墨烯用于改性载体金属化学性质

Wen Luo[1], Spyridon Zafeiratos[2]
[1]瑞士锡安瓦莱州洛桑联邦理工学院(EPFL)化学科学与工程研究所(ISIC)
[2]法国斯特拉斯堡 CNRS - 斯特拉斯堡大学 UMR, ECPM, 能源、环境与健康化学工程研究所(ICPEES)

摘　要　作为单层 sp^2 碳原子,石墨烯具有独特、直观的特性——二维结构。正因如此,石墨烯在其他碳元素的同素异形体(如石墨、碳纳米管、金刚石和富勒烯等)难以实现的应用中发挥着或将会发挥独特的作用。在本章中,我们将讨论石墨烯作为中间层,用以调节金属 - 载体相互作用(metal - support interaction, MSI)。在过去,由金属和/或氧化物与石墨烯复合形成的杂化材料已被广泛用于催化反应,包括热催化、光催化和电催化反应。然而,在大多数情况下,石墨烯片只是用氧化物纳米粒子修饰。在本章中,我们将重点介绍由石墨烯包覆氧化物制成的纳米复合材料,其可作为金属颗粒的载体。由钴(Co)/石墨烯/氧化物(ZnO 或 SiO_2)组成的平面模型体系,初步证明了石墨烯夹层对 MIS 的显著影响。首先将讨论石墨烯包覆氧化物的制备以及随后的 Co 沉积。因此,我们将在超高真空条件下对 Co - ZnO 与 Co/石墨烯/ZnO 的金属载体相互作用效应进行比较研究。这将揭示石墨烯在 Co 形态和 Co - ZnO 相互作用中起到的重要作用。其次,我们将研究 Co 在 O_2/H_2 氛围中的氧化还原特性,以及石墨烯基底对这些性能的影响。随后,我们将展示在更复杂的双金属 PtCo/石墨烯/ZnO 体系中的最新发现,包括平面和粉末样品结构。目的是为了探讨粉末状金属/石墨烯/ZnO 复合材料的合成方法,并讨论这类材料在催化反应中的潜在应用。最后,对该领域的研究进行了总结和展望。

关键词　金属 - 载体相互作用,模型催化剂,X 射线光电子能谱,氧化,还原,钴,氧化物,超高真空

2.1 引言

金属 - 载体相互作用,特别是金属 - 氧化物相互作用,在能源转化、固态化学和多相催化等许多技术领域中发挥着重要的作用,在过去 40 年中受到广泛而持续的关注[1-2]。MSI 主要受特定金属和氧化物性质的影响。例如,低逸出功金属(如 Na、K 和 Al)可以被

还原性氧化物载体氧化（如 TiO_2 和 ZnO），而具有较高逸出功的金属（如 Pt、Pd 和 Au）则可能被包裹在这些氧化物下面[1]。因此，MSI 对材料性能的影响可以是正面的，也可以是负面的，这取决于特定的材料组合。在多相催化的情况下，金属与其氧化物载体之间的适度相互作用有助于分散和稳定金属活性中心，提高催化剂的活性和稳定性。相反地，由于载体对金属活性中心的氧化或包封，较强的 MSI 可能导致催化剂失活[3-4]。因此，了解和调控 MSI 现象对先进催化材料的生产和工艺过程至关重要。

钴氧化物催化剂是研究最为广泛的金属氧化物异相催化体系之一，已被应用于许多工业上重要的反应，如费托合成（FTS）和氢解反应[5-6]。Co 与氧化物的相互作用已被广泛研究，人们普遍认为，载体对 Co 的粒径、还原性和稳定性有重要影响。两者之间似乎存在一个有利于实际应用的最佳相互作用强度。例如，负载在 SiO_2 载体上的 Co 是一种广泛用于费托合成的催化剂，相对弱的 Co－SiO_2 相互作用有助于 Co 氧化物前驱体发生还原反应，但会导致形成的 Co 粒子粒径较大[5]。相反地，Co 与 Al_2O_3 较大的相互作用增强了 Co 纳米粒子的分散性，却降低了还原度[5]。对于如 ZnO 的可还原氧化物载体，有报道称 Co 被 ZnO 氧化形成的 $Co_xZn_{1-x}O$ 会导致催化剂失活[7-8]。

已经有文献报告了一些策略，来调节 Co 载体间的相互作用，从而调控催化性能。一种是添加贵金属促进剂（如 Ru、Rh、Pt 等），这不仅增强了 Co 的还原性，而且由于存在协同作用，催化剂的选择性、活性和稳定性也同时得到了提高[5,9]。上述策略的缺点是贵金属的成本较高，并且催化剂制备过程复杂。另一个策略是使用非氧化物载体，特别是碳基材料。碳材料作为催化载体的应用为 Co 纳米粒子的均匀分散提供了较大的比表面积，而 Co 与碳之间的弱相互作用也阻止了 Co 的封包和氧化等现象[5,10-11]。然而，全碳载体催化剂机械稳定性差，限制了其应用形态的形成和工业化应用。因此，利用碳材料优异的表面性质（大比表面积和高化学稳定性）和氧化物优异的综合性质（良好的机械稳定性、可调节的酸碱度等），制备碳包覆氧化物不失为一个有效的策略[10]。

在所有碳的同素异形体中，石墨烯具有独特而直观的二维结构，由于石墨烯层的单层原子厚度可以将对催化剂宏观性能的影响降到最低，其是一种理想的包覆材料。此外，石墨烯作为纯 sp^2 杂化的碳原子单层，可以作为建立高度受控模型系统的良好平台以进行基础研究。虽然由石墨烯和金属/氧化物组成的复合材料已被广泛应用于催化、电池、超级电容器等领域[12]，但人们在石墨烯对 MSI 的影响方面知之甚少。这在一定程度上是由于复合材料的高度复杂性，因此很难准确地区分并识别石墨烯的作用。为了深入了解这些相互作用，开发石墨烯/金属/氧化物系统模型可能是解决这一问题的有效手段。作者利用基于合理设计的 Co/石墨烯/氧化物模型体系[13-18]，利用光谱学和显微学技术对这一问题进行了系统的研究，本章将主要回顾该课题的研究工作。2.2 节将简要介绍创建 Co/石墨烯/氧化物体系模型的实验过程。在超高真空（UHV）条件（2.3.1 节）和不同温度下获得的结果直接证明了石墨烯对 Co－ZnO 相互作用以及 Co 形态的显著调节作用。2.3.2 节讨论了石墨烯在 O_2/H_2 氛围中对 Co 氧化还原特性的重要作用。结果表明，石墨烯改变了 Co 与可还原氧化物（ZnO）和惰性氧化物（SiO_2）之间的相互作用。随后是将上述发现应用在更为复杂的双金属 PtCo/石墨烯/ZnO 体系结构上，包括平面样品（2.4.1 节）和粉末样品（2.4.2 节），这使得建立在精确模型系统上的基本理论能够转移到复杂的实际催化剂结构上去。基于上述样品模型，石墨烯特性在各种条件下的演化也得以进行系统性的研究，这将在2.5节讨论。最后一节对本章内容进行了简要的总结和展望。

2.2 金属/石墨烯/氧化物模型样本的制备

制备金属/石墨烯/氧化物样品平面模型的典型方法如图2.1所示。这种广泛使用的方法通常被称为湿法转移过程(图2.1(a))[19]。最初，高质量和大面积的石墨烯(单层或双层)是通过化学气相沉积(CVD)法在金属载体(通常是铜箔)上制备的[20]。随后，在石墨烯上涂覆一层薄薄的聚甲基丙烯酸甲酯(PMMA)薄膜(约0.5μm)，并在适当的溶液(如$FeCl_3$溶液)中蚀刻掉铜箔。用清水冲洗剩余的PMMA/石墨烯薄膜，并在水介质中转移到任意氧化物基底上(在本研究中为干净的ZnO(0001)表面)。之后，主要的PMMA层通过丙酮溶解去除(在某些情况下也会使用醇类)。剩余的微量PMMA残留物可通过在约300℃退火处理数小时后去除，为避免石墨烯氧化，该过程最好在真空条件下进行[13]。采用这种方法，可在转移后保持CVD法生长石墨烯的高质量和连续性。由此得到的石墨烯/ZnO(0001)样品(记为G/ZnO)可作为用于沉积金属的石墨烯涂覆氧化物基底模型，以便研究石墨烯在MSI中的影响。最终，通过物理气相沉积(PVD)法(图2.1(b))，于室温和超高真空条件下，在G/ZnO表面沉积钴薄层(约0.5nm)，得到Co/G/ZnO模型样品。此外，采用相同的钴沉积方法制备同样的Co/ZnO样品(无石墨烯中间层)以进行比较。

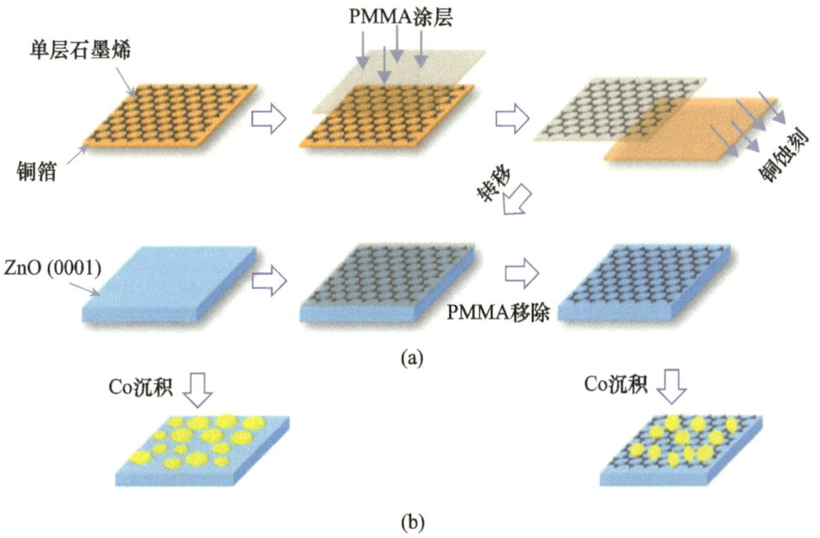

图2.1 (a)通过湿法转移过程将石墨烯转移到ZnO(0001)上和(b)通过PVD法沉积Co的示意图

可以通过各种技术(图2.2)来确认单石墨烯层的成功转移。使用扫描电子显微镜(SEM)验证了石墨烯层的长程均匀性，如图2.2(a)所示，石墨烯层平坦而均匀，伴有皱纹和双分子层岛。用原子力显微镜(AFM)可以分析石墨烯层的详细形貌和厚度，图2.2(b)证实了石墨烯层的平整性和连续形貌(均方根(RMS)粗糙度约0.5nm)以及褶皱的存在。从图2.2(b)中线扫描可以看出单层石墨烯的高度约为1nm，高于单层石墨烯的理论值(0.35nm)，这是由测量环境和AFM仪器的设置导致的[13]。石墨烯层的纯度可以通过X

射线光电子能谱(XPS)进行验证,不对称的C 1s单峰(图2.2(c))证实了石墨烯层的石墨碳性质,并且不存在明显含氧碳物种[21]。

拉曼光谱技术被认为是研究石墨烯质量和层数最有效的技术[22]。在图2.2(d)中,可以观察到两个高强度峰,即G带(1580cm^{-1})和2D带(cm^{-1}),分别是石墨烯的面内振动(E_{2g})和两个声子谷间双共振散射所导致。窄对称2D能带和高2D/G能带的强度比表明转移的石墨烯呈单层结构[23]。此外,在1350cm^{-1}处未发现明显的峰,而在该处通常能够观察到缺陷石墨烯所具有的D能带特征,证实了转移到ZnO上的石墨烯层质量较高。

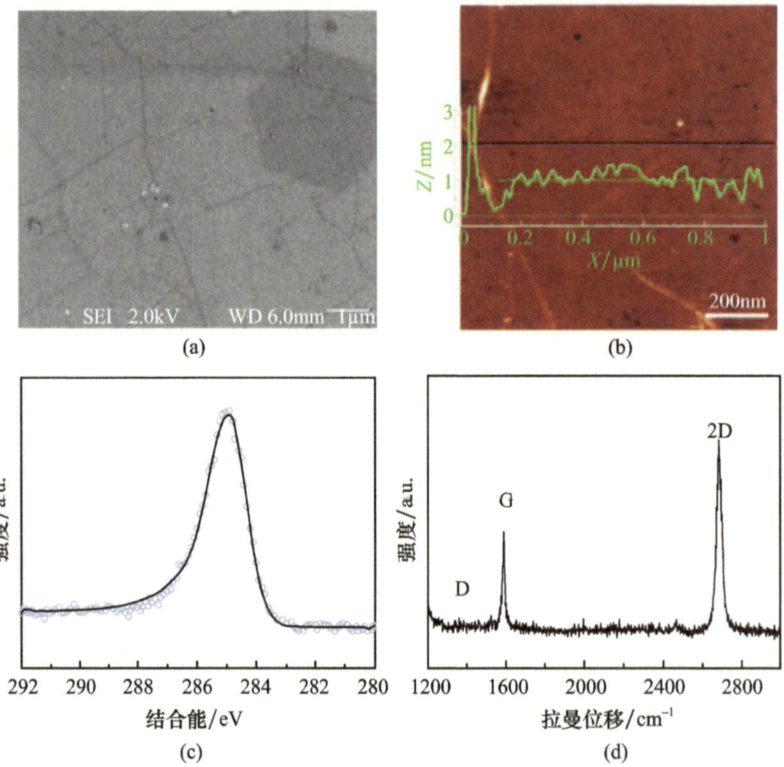

图2.2 湿法转移制备的G/ZnO样品的表征
(a)SEM图像;(b)俯视AFM等高线图;(c)C1s XPS谱图;(d)拉曼光谱。

2.3 石墨烯对钴氧化物载体相互作用的影响

2.3.1 超高真空条件下的研究

在气体氛围中,石墨烯对金属-载体相互作用的影响,特别是对金属氧化态的影响,很难与气相氛围带来的影响区分。为了消除气体氛围的影响,在超高真空条件下对Co/ZnO和Co/G/ZnO模型样品进行了研究。此外,在这种条件下,对表面敏感的表征技术(如XPS)可用于表面性质的原位研究。如图2.3(a)中的XPS光谱所示,不同温度下退火后的 Co 氧化状态发生了变化,导致 Co $2p_{3/2}$峰产生明显的变化趋势。G/ZnO 负载 Co 时,金属态可维持到350℃,此时在778.3eV 处仍有明显的 Co $2p_{3/2}$峰。相反地,在裸露的 ZnO 表面上,Co 在200℃时开始氧化,产生了典型的 CoO。当温度升高到350℃时,氧化物峰完全取代金属峰,说明 Co 完全氧化为 CoO。因此,很明显,单层石墨烯在 Co 和 ZnO 相互作用中扮演着重要角色。在超高真空条件下,ZnO 对 Co 的氧化可归因于 Co 和 ZnO 之间的固态反应:Co + ZnO ⟶CoO + Zn,产生的 Zn 在真空条件下会蒸发[24-25]。当石墨烯层位于 Co 和 ZnO 之间时,固相反应被阻断,从而避免了 Co 的氧化。

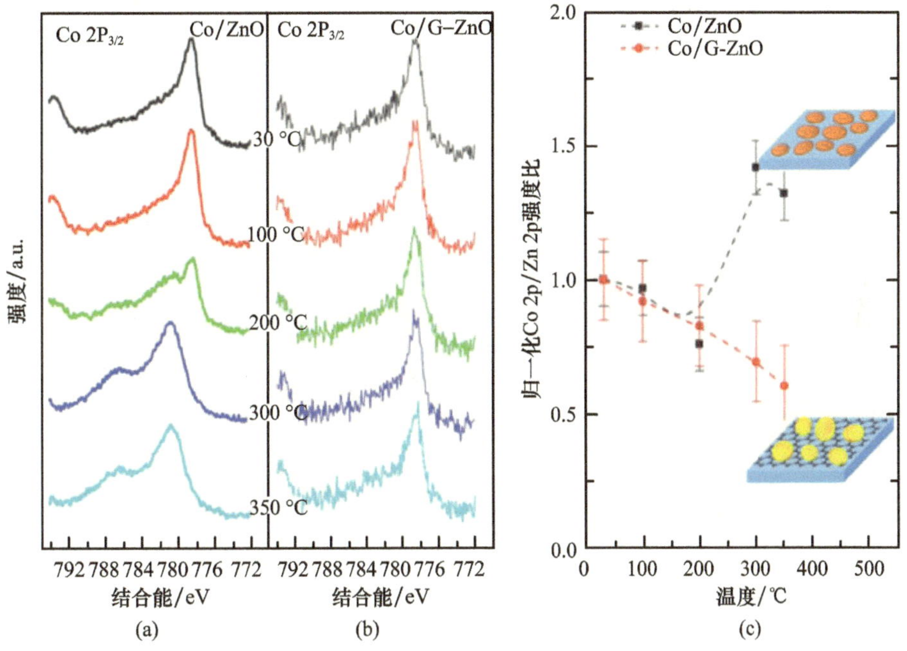

图2.3 (a)Co/ZnO 和(b)Co/G/ZnO 在超高真空条件下不同温度退火后的 XPS Co $2p_{3/2}$高分辨谱图;(c)Co/ZnO 和 Co/G/ZnO 样本在不同温度下对应的 XPS Co 2p/Zn 2p 强度比(强度比在30℃时归一化为初始比),内嵌图显示了这两种样本在升温过程中 Co 形态的演变(转载自文献[13])

除了对 Co 氧化状态的影响外,石墨烯还改变了 Co 的形貌,这可以从 Co 2p 和 Zn 2p (I_{Co}/I_{Zn})信号之间的 XPS 强度比推断出来[13]。如图2.3(c)所示,Co/G/ZnO 样品在退火至350℃前,I_{Co}/I_{Zn}呈下降趋势,表明 Co 颗粒在石墨烯上凝聚,表面能降低。与 Co/ZnO 相比,I_{Co}/I_{Zn}在200℃前呈下降趋势,而在300℃退火后呈上升趋势。结合图2.3(a)所示的 Co 的氧化状态,很明显,Co 在较高温度下氧化为 CoO 导致了 CoO 层在 ZnO 表面的分散。从原子力显微镜的结果可以直观证实形态的差异,图2.4 显示了新的和退火的 Co/ZnO 和 Co/G/ZnO 样品在轻敲模式下的 AFM 等高线图。在 ZnO 上沉积的 Co 表面相对平坦、连续,经350℃退火后变得更加平坦(RMS 粗糙度为0.35nm)。对于 Co/G/ZnO,观察到新的 Co 形态显著不同(图2.4(c)),其中 Co 在 G/ZnO 表面形成高度分散的均匀颗粒。正如预期的那样,在退火之后,小的 Co 纳米粒子凝聚成较大的颗粒。

对模型样品在超高真空条件下的研究结果表明,在金属(Co)和可还原氧化物(ZnO)之间插入单层石墨烯可以有效地防止热处理后金属/氧化物界面的扩散现象,最终抑制金属的氧化。Co 与石墨烯之间较弱的相互作用导致沉积态 Co 形成易团聚的三维纳米粒子。这些研究结果为在应用中避免强 MSI(SMSI)提供了新的控制策略。

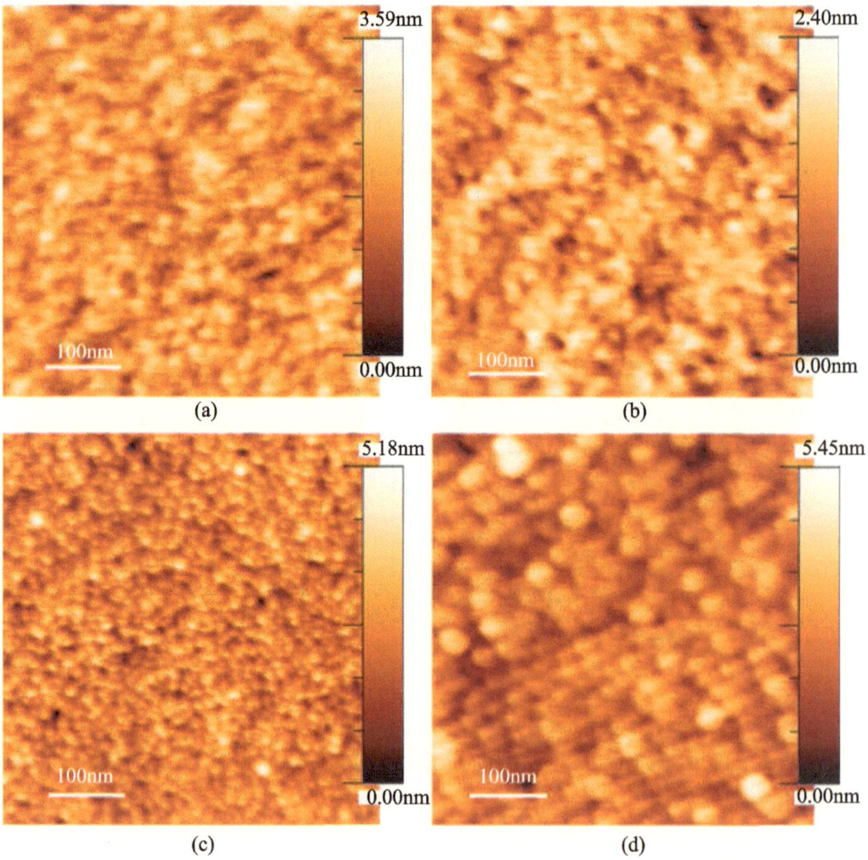

图 2.4 (a)新的 Co/ZnO；(b)350℃退火后的 Co/ZnO；(c)新的 Co/G－ZnO；(d)350℃退火后的 Co/G－ZnO 在轻敲模式下的 AFM 图像(转载自文献[13])

2.3.2 气体氛围中的物理化学研究

虽然超高真空条件是用模型样品进行基础研究的理想环境，但在实际应用中会涉及反应性气体包括空气、氧气和氢气等。因此，为了探讨石墨烯在更现实的条件下对 MSI 的影响，有必要在氧气/氢气氛围中对氧化/还原过程进行研究[14,16]。此外，为了将研究范围扩展到惰性氧化物载体上，用以 SiO_2 为代表的惰性氧化物制备了 Co/SiO_2 和 Co/G/SiO_2 模型样品，其制备过程与图 2.1 所示过程相同。

首先，在低压气体暴露条件下(5×10^{-11}MPa O_2/H_2)进行了氧化还原实验。该条件可应用于对氧化和还原的初始阶段进行详细探索，同时也可以应用于允许原位光谱技术的常规超高真空体系。根据在氧气/氢气中退火 0.5h 后样品的 XPS 谱图可推断 Co 氧化态的演化过程。用 Co(0 价)和 CoO(+2 价)的标准峰对 Co $2p_{3/2}$的特征峰进行反卷积处理，其平均值作为 Co 的平均价态(图 2.5(a))。在氧气和氢气氛围中，比较图 2.5(a)中的 4 条曲线，裸氧化物(ZnO 和 SiO_2)和石墨烯涂层氧化物(G/ZnO 和 G/SiO_2)的价态变化有明显的差异。在100℃氧气氛围的氧化后,85%的裸氧化物上的Co被氧化为CoO,而石墨烯包覆氧化物上Co的氧化率仅为50%。在H_2氛围中,Co/G/ZnO和Co/G/SiO_2的CoO还原趋势相同,在250℃还原后CoO完全还原为Co。然而,裸ZnO和SiO_2载体之间存在明显的差异。在SiO_2上,CoO在更高的温度(600℃)下逐渐被还原。而在ZnO上,CoO的还原从150℃开始持续到250℃,而继续升温,Co重新开始氧化,直到350℃被完全氧化。图2.3说明了Co通过固相反应($Co + ZnO \longrightarrow CoO + Zn$)可被ZnO氧化,而ZnO上CoO的V形还原-氧化趋势可以用CoO与氢气的低温还原($CoO + H_2 \longrightarrow Co + H_2O$)和Co与ZnO之间的高温固相氧化反应进行解释。而在"惰性"SiO_2载体上,界面氧化不会发生,CoO在H_2或简单的热分解作用下被还原。

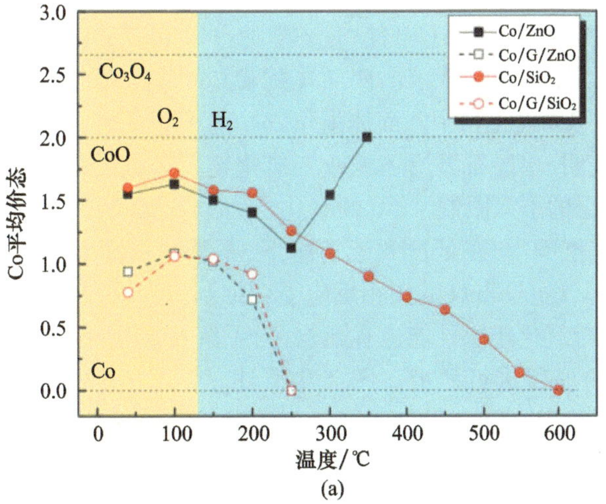

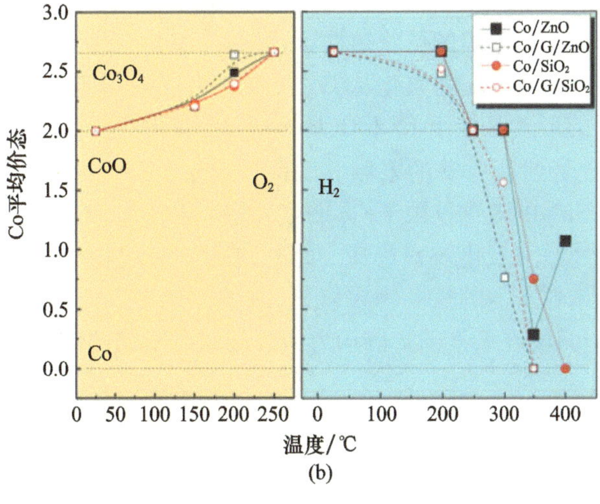

图2.5 在(a)5×10^{-11}MPa和(b)700Pa氧气/氢气氛围中,Co平均价态(Co^{x+})随退火温度的变化(转载自文献[14,16])

为了弥合超高真空和常压条件之间的压力差,实验还对这4个样本进行了近常压条件下的氧化/还原研究(700Pa氧气/氢气条件)[14]。为了避免样本在转移到分光光度计的过程中暴露在空气中,实验在连接到超高真空的高压仓中进行。如图2.5(b)所示,与

5×10^{-11}MPa 氧气条件相比，在 700Pa 氧气下 Co 的氧化效率更高，所有样本在室温下均已被完全氧化为 CoO，在温度上升到 250℃后又逐渐氧化为Co_3O_4。此外，没有观察到石墨烯层对 Co 氧化行为的影响。随后研究了获得的Co_3O_4在 700Pa 氢气中不同退火温度下的还原情况。如图 2.5(b)所示，Co 平均价态的演变表明，在所有情况下，Co_3O_4遵循两步还原过程：$Co_3O_4 \rightarrow CoO \rightarrow Co$，这与先前的报告一致[9,26]。然而，Co 氧化物的还原温度受基体的影响很大。与低压氧化的结果类似，石墨烯包覆氧化物上的 Co 价态整体低于裸氧化物基底（被还原得更多）。Co/SiO_2样本需要较高的还原温度（400℃）才能得到完全还原的 Co，而对于 Co/ZnO 样本，高退火温度条件下 Co 也表现了与超高真空和低压条件下相同的再氧化过程。700Pa 氢气是一种高还原性的气体氛围。一个合理的解释是，在高温下，Co 与 ZnO 载体形成混合的$Co_xZn_{1-x}O$ 尖晶石相（$Co + ZnO \rightarrow Co_xZn_{1-x}O$），根据报告，该尖晶石相在氢气氛围中具有耐还原性[7]。这一点得到了近边 X 射线吸收精细结构（NEXAFS）光谱的证实，该光谱显示出四面体配位Co^{2+}离子的明显特征，正如预期的那样，$Co_xZn_{1-x}O$ 取代了 Co 氧化物中八面体配位Co^{2+}离子[14]。

氧化还原研究表明，单层石墨烯还能改变氧化物负载钴的氧化还原性能。在低压氧气条件下，石墨烯夹层的引入限制了 Co 的氧化，无论 Co 被可还原或惰性氧化物支撑，均不会受影响。在氢气氛围中，在低压和近常压下，石墨烯层则有利于 Co 氧化物的还原。特别是对于 ZnO 载体，Co 与 ZnO 的固相反应受到抑制。

由于 Co 的粒径对氧化还原性能也有影响，为了解石墨烯在 Co 氧化还原行为中的作用，需要对负载 Co 的形貌进行研究。图 2.6 概述了氧化还原过程中 Co 的形貌（来自 AFM 结果）和氧化状态演变（来自 XPS 结果）[14,16]。对于新沉积的样品，两种氧化物（裸氧化物和石墨烯包覆氧化物）的 Co 形貌无明显差异。然而，如 2.3.1 节所描述，由于 Co – C 相互作用较低，石墨烯可以调整 Co 的形态，因此 Co 在石墨烯包覆的氧化物上形成纳米粒子，在裸氧化物上形成相对平坦的层状结构，而形貌的差异会对 Co 的氧化行为产生影响。根据氧气对 Co 的氧化机理，Co 的氧化从 Co 表面开始，与游离吸附的氧形成 CoO[27-28]。由于 Co 以纳米粒子的形式存在于 G/ZnO、G/SiO_2上，在形成一层 CoO 后，低温下氧的解离和向颗粒内的扩散受到动力学的限制。因此，在低压氧气的条件（5×10^{-11} MPa）下，Co/G/ZnO 和 $Co/G/SiO_2$的氧化仅限于 Co 的最外层。对于 ZnO 和 SiO_2上的平面结构 Co，由于氧气的扩散路径较短，氧化效率较高。此外，在 Co 氧化物界面处，Co 也可直接被从载体转移/溢出到纳米粒子上的氧类物质氧化，或被氧化物表面（特别是 ZnO 表面）上的羟基氧化。这些差异只能在氧气的扩散动力学受到强烈限制的低压氧气和低温条件下观察到（图 2.5）。

如上所述，对模型体系的研究有助于解释实验结果，并提供更多的应用实验方法。因此，为了进一步确定裸露和石墨烯涂覆的氧化物载体上不同 Co 的氧化程度，在两个不同的出射角度（法相和掠射角度）进行了角分辨 XPS（ARXPS）实验，探讨了 Co 和 CoO 在纳米粒子中的分布。请注意，此类研究只能在平面样品上进行，而不能在粉末上进行[29]。由于 XPS 测量的有效采样深度（d）与出射角度（θ）有关，根据 $d = 3\lambda \cdot \cos\theta$（$\lambda$ 为光电子的非弹性平均自由路径），在掠射角（80°）下可以获得比法向角（0°）更多的表面信息[30]。图 2.7(a)比较了 ZnO 和高定向热解石墨（HOPG）上 Co 的典型 ARXPS 光谱，用后者代表石墨烯涂层氧化物的测量结果[16]。如图 2.7 所示，两种基底的离子（Co^{2+}）和金属（Co^0）

钴分布趋势不同。特别是，在掠入射角下，HOPG负载的钴中Co^{2+}组分增强，但在ZnO上Co^{2+}组分下降。图2.7(b)绘制了不同钴氧化状态下采集的更多实验数据点，在所有钴均相氧化的情况下，两个收集角不应该产生任何差异，因此实验点应该与图中的对角线一致。然而，如Co/HOPG的情况所示，CoO原子占比在出射角为80°时系统地高于出射角为0°时，这表明当CoO被支撑在碳基底上时，氧化层位于粒子表面。另外，在ZnO为基底的样品下，趋势是相反的，表明在深层区域发现了相当数量的钴氧化物，这很可能是由于界面氧化。这一趋势在超高真空条件下退火的Co/ZnO样品上更为明显，在这种情况下，推测只发生界面氧化。对于Co/SiO_2，实验点非常接近对角线，表明CoO在Co纳米粒子中分布相当均匀。

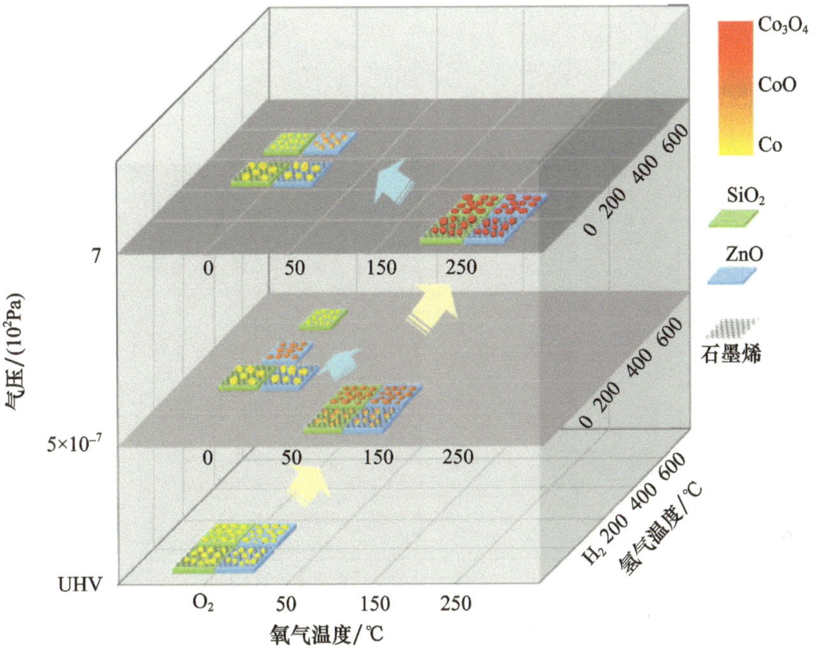

图2.6 不同压力下，经氧化还原处理的Co氧化状态和形态演变的示意图

Co颗粒的定性尺寸由AFM图像产生，而氧化态则由XPS数据产生。

钴氧化物的还原主要受与载体相互作用的影响。Co与ZnO有很强的化学相互作用，因此，提高退火温度，即使在还原环境下，也能形成热力学更稳定的化合物，如CoO(5×10^{-11}MPa H_2条件下)和$Co_xZn_{1-x}O$(700Pa H_2条件下)。在Co/SiO_2的情况下，由于界面上不会发生固相反应，Co氧化物可以在低压和高压氢气条件下被完全还原。然而，以单层石墨烯作为缓冲层，即使在比SiO_2更低的温度下，Co氧化物的还原也会得到进一步的促进。这可以归因于较弱的Co－C相互作用以及对氧在界面上扩散的有效阻止。关于还原处理后Co的形态，还原的Co总是聚集形成更大的颗粒，这在石墨烯涂覆载体的情况下更为显著(图2.6)；然而，再氧化的Co形成相对平坦的CoO层(Co/ZnO在低压H_2下还原)。但是，石墨烯层下的氧化物基底(ZnO或SiO_2)对氧化还原过程没有明显的影响(无论是还原起始温度还是最终形貌)。

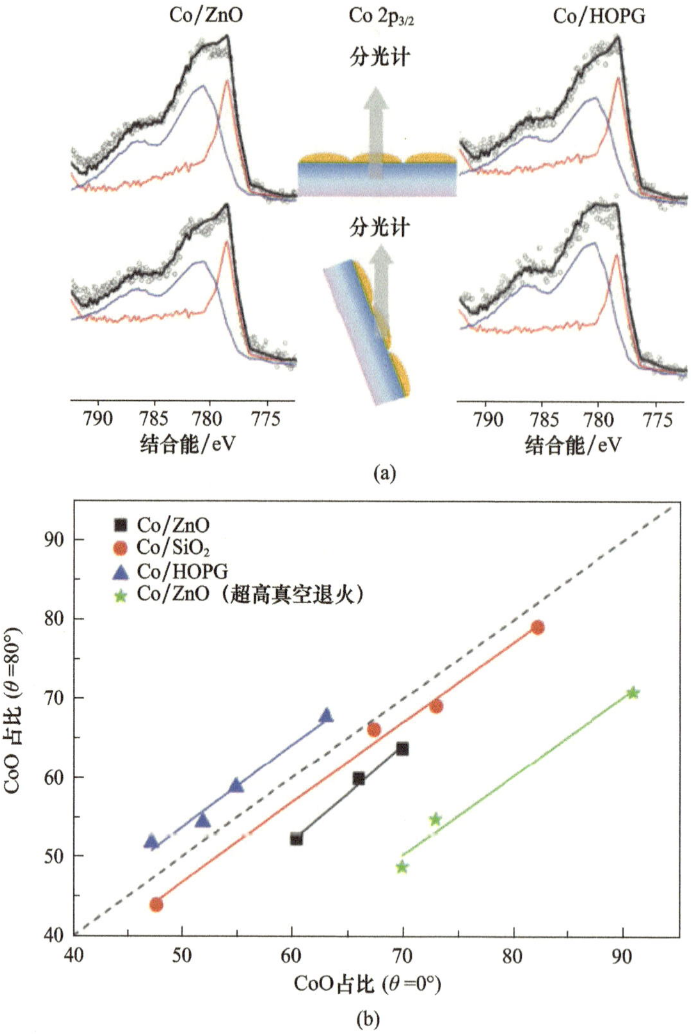

图 2.7 两种不同出射角(0°和 80°)下钴(氧气压力:5×10^{-11}MPa,$T\leqslant100$℃)氧化状态的 ARXPS 测量
(a)Co/ZnO 和 Co/HOPG 的 XPS 谱图;(b)Co/ZnO 和 Co/HOPG 在两个出射角条件下的 CoO 原子占比。
(b)中的星号表示在超高真空条件下退火的 ZnO 对 Co 的氧化。Co/HOPG 的数据与 Co/G/ZnO 和 Co/G/SiO_2样本的数据相似,因此在此处作为后两者的替代。(转载自文献[16])

2.4 石墨烯对 PtCo 氧化物载体相互作用的影响

由于石墨烯对 MSI 的影响已经在单金属 Co 氧化物模型体系中得到证实,这些发现的普适性应该在更复杂的体系,特别是双金属体系中得到证实。双金属催化剂已在燃料电池和烃类重整反应等许多重要过程中得到应用[31-32]。由于协同作用,双金属催化剂往往表现出与单金属催化剂不同的电子和化学性质,为获得具有更高活性、选择性和稳定性的新催化材料提供了可能。与单金属催化剂相似,MSI 在双金属催化剂中也起着重要作用,它不仅影响金属的形态和氧化状态,而且也改变了两种金属的分布[32]。由于双金属 PtCo

在许多催化反应中具有潜在应用价值,如费托合成[5]、CO 氧化[33-34]和电化学反应[31],因此本节选择双金属 PtCo 作为研究对象。PtCo 双金属样品的制备方法与图 2.1 所示相同,但将铂(Pt)和 Co 同时沉积,其原子比为 1:3(0.1nm:0.3nm)[17]。

2.4.1 超高真空条件下的研究

首先,基于超高真空条件下模型组成和特性的研究,讨论了石墨烯对 PtCo 与载体相互作用的影响。在不同温度下退火 5min 后记录的 XPS 光谱如图 2.8 所示。双金属 PtCo 中 Co 氧化态的演变趋势与图 2.3 中的单金属 Co 相似。图 2.8(a)显示,由于 Co 和 ZnO 之间的界面固相反应,Co 在 450℃时可被部分氧化,在 550℃时可被完全氧化为Co^{2+}。在图 2.8(b)中,如预期的那样,G/ZnO 上的 Co 在 450℃以下基本保持金属状态,而在 550℃退火后观察到 Co 的部分氧化。后者可能是由于 Co 通过石墨烯层的缺陷或开口区域与 ZnO 接触的区域。值得注意的是,与 Co/ZnO 相比,加入 Pt(PtCo/ZnO)使 Co 发生氧化的温度从单金属 Co 的 200℃提高到双金属 PtCo 的 450℃。这可能是由于 Pt-Co 协同效应限制了 Co 的迁移及其与 ZnO 的相互作用,从而具有较高的氧化温度。同时,Pt 与氧的亲和力较差,这在阻碍 Pt 发生氧化的同时,促进了 Co 的氧化,因此没有观察到 Pt 的氧化。

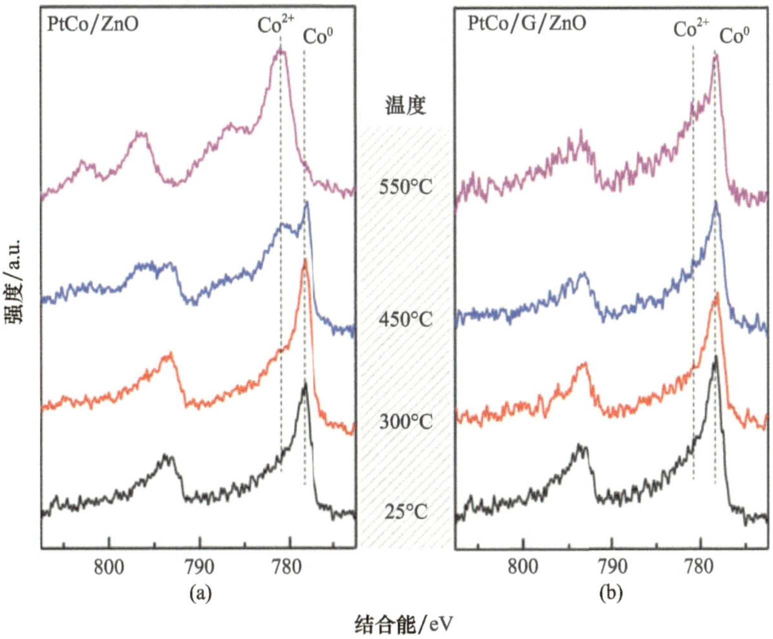

图 2.8 在超高真空条件下特定温度退火后,在室温下记录的(a)PtCo/ZnO 和(b)PtCo/G/ZnO 的归一化强度 Co 2p XPS 谱图(转载自文献[17])

利用双金属模型系统,还可以研究石墨烯层对 PtCo 颗粒中 Pt 和 Co 分布的影响,这对了解材料的性能有重要意义。利用 XPS 和低能离子散射光谱(LEIS)两种表面敏感表征技术对 Pt 和 Co 的排列进行研究。两种方法得到的 Co/Pt 峰比值如图 2.9 所示。在 XPS 谱图中,PtCo/ZnO 和 PtCo/G/ZnO 的 Co 2p/Pt 4f 轨道峰面积比(R_{XPS})表现出明显不同的特征。在超高真空退火处理后,随退火温度的增加,PtCo/ZnO 的 R_{XPS} 值逐渐降低,至

400℃后又开始升高，最终高于初始值。而 PtCo/G/ZnO 样品的 R_{XPS} 随退火温度的增加单调下降。LEIS 峰面积比（R_{LEIS}）与 XPS 结果的演化趋势一致。与图 2.3(c) 中单金属 Co 的解释类似，ZnO 和 G/ZnO 基底之间 Co/Pt 比值的不同演变行为可能由以下两个主要原因造成：热诱导的凝聚和/或氧化现象。两种基底上 Co/Pt 比值的下降主要是由于 Co 的凝聚程度高于 Pt，因为 Co 沉积量是 Pt 沉积量的 3 倍。图 2.9(a) 中观察到的 400℃后 Pt/Co/ZnO 上 Co/Pt 比率的增加可以解释为 CoO 的再分散伴随着 Pt 的连续凝聚。这些结果表明，通过阻止 Co 的氧化，石墨烯层能够改变 Pt 和 Co 的排列方式。

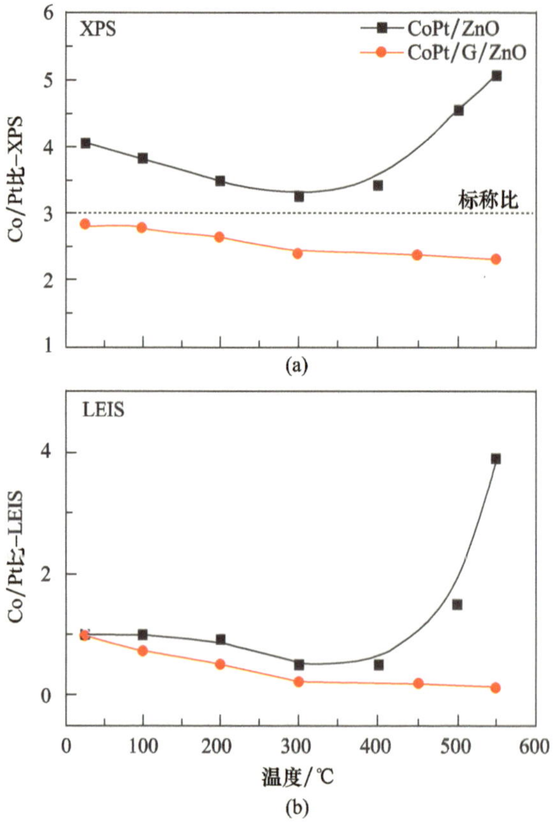

图 2.9 (a) PtCo/ZnO 和 PtCo/G/ZnO 样品的 Co 2p/Pt 4f 轨道峰面积比（R_{XPS}）随超高真空退火温度的变化；(b) LEIS 光谱反卷积后获得的 Co/Pt 峰面积比（R_{LEIS}）随超高真空退火温度的变化。在金属沉积之后，将每个样本的 R_{LEIS} 标准化为初始测量值（转载自文献[17]）

2.4.2 O_2/H_2 气体氛围中的物理化学研究

与单金属 Co 样品一致，引入了不同压力条件下的 O_2/H_2 处理，以研究石墨烯对样品氧化还原特性的影响[15,17]。有趣的是，如图 2.10 所示，双金属 PtCo 样品的氧化还原特性与之前所示的负载单金属 Co 样本的氧化还原特性具有相似性。主要表现在以下三方面：

(1) 石墨烯层有效地限制了 Co 在低压 O_2（5×10^{-11} Pa）条件下的氧化，Co 表现出系统性的低平均价态（图 2.10(a)）。

(2) 石墨烯层在低压和近环境压力（700Pa）H_2 条件下能够促进 Co 的还原，如图 2.10(b)

和(d)所示的较低还原温度。

(3)ARXPS 结果(图 2.10(a))表明,在低压 O_2氛围中,Co 在 G/ZnO 上的氧化主要发生在表面,而在 ZnO 上的氧化主要发生在界面。

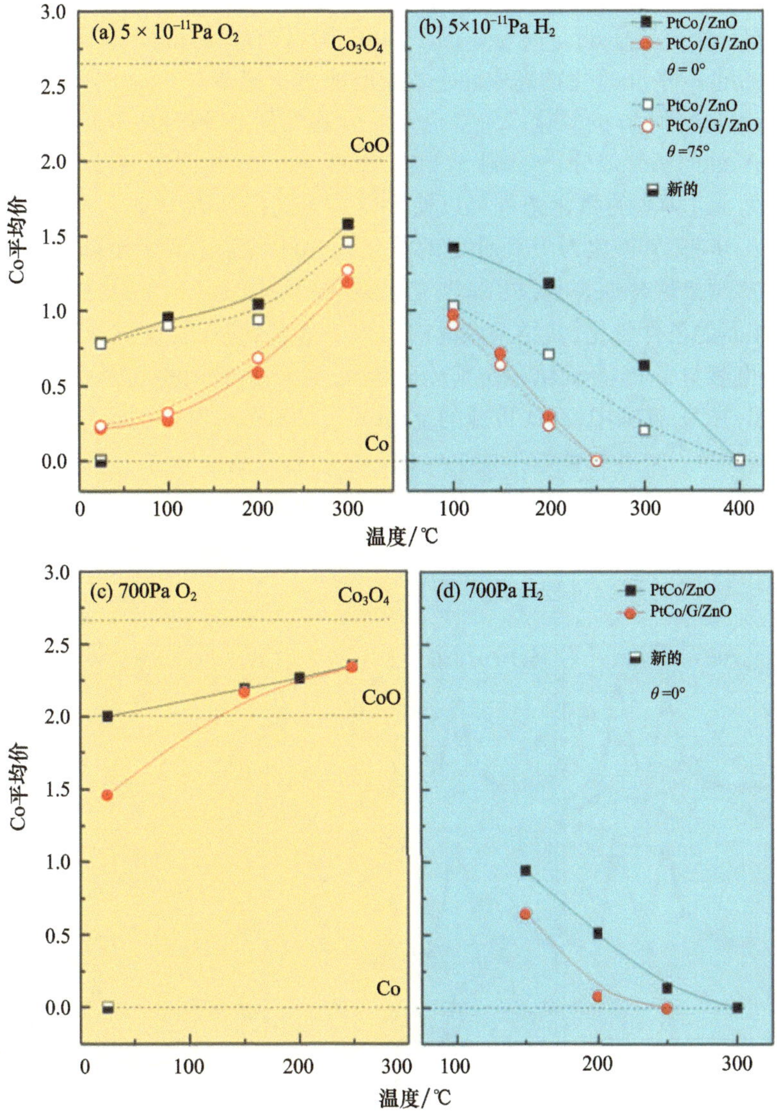

图 2.10 在 5×10^{-11}Pa(a)O_2和(b)H_2处理以及 700Pa(c)O_2和(d)H_2处理期间 PtCo/ZnO 和 PtCo/G/ZnO 样本的 Co 平均价态演变

初始氧化状态(超高真空沉积之后)由两个彩色点表示。(转载自文献[17])

然而,添加 Pt 也会产生一些不同的结果:

(1)比较图 2.5 与图 2.10(a)和(c)可以看出,与单金属样品相比,PtCo/ZnO 和 PtCo/G/ZnO 在两种 O_2压力条件下,钴的氧化都会受到限制。这说明 PtCo 沉积可以部分阻止 Co 的氧化。

(2)Pt 促进了 Co 氧化物的还原,即使在 ZnO 载体上也没有发生 Co 的再氧化,这可以归因于众所周知的氢溢出。根据这一效应，Pt 可以优先吸附和解离 H_2，生成活性氢物质，随后迁移到 Co 区并还原 Co 氧化物。因此，Co 氧化物的还原从颗粒表面开始，然后向颗粒内部扩散。

除上述 Co 的氧化态外，Pt 在 700Pa 氧气条件下也能被氧化，更重要的是，石墨烯层对 Pt 的氧化性能有着重要影响。反卷积的 Pt 4f 轨道 XPS 光谱如图 2.11(a) 和(b) 所示，PtCo/ZnO 样品的各种 Pt 氧化物物质和平均价态的演变如图 2.11(c) 所示。在 150℃ 退火时，G/ZnO 上未观察到 Pt 的氧化，250℃ 退火后可观察到 Pt 被轻微氧化为 PtO，在图谱上表示为 72.6eV 处的额外成分[35]。对于 PtCo/ZnO，50℃ 的氧化条件已经可以将约 9% 的 Pt 氧化为 PtO，而 150℃ 的氧化条件可以使 PtO 的比例提高到 19%。将退火温度提高到 250℃ 可以进一步将 Pt 氧化为更高价态的氧化物 PtO_2，其在 XPS 光谱中位于约 74.2eV 处[35-36]。这些结果清楚地表明，与 Co 类似，石墨烯层也限制了 Pt 的氧化。由于对两个样品采用了相同的条件氧化，其结果差异应归因于基底的不同，这意味着与参与 Co 的氧化相同，ZnO 也参与了 Pt 的氧化。在其他贵金属/可还原氧化物系统中也曾得到过类似的结果。例如，在 O_2 氛围中，ZnO 负载的金(Au) 在 200℃ 时发生的氧化是由 Au - O - Zn 相互作用引起的[3]。氧化铈能够形成 Pt - O - Ce 物质以稳定 Pt 氧化物，特别是在金属颗粒的外围[37]。此外，Pd 在 Pd/Fe_3O_4 界面上的优先氧化形成稳定化的 PdO，是通过与 Fe_3O_4 载体的相互作用实现的[38]。在 700Pa 氢气氛围中，Pt 氧化物在 150℃ 时很容易被还原为 Pt，因此石墨烯对 Pt 的还原过程作用不明显。

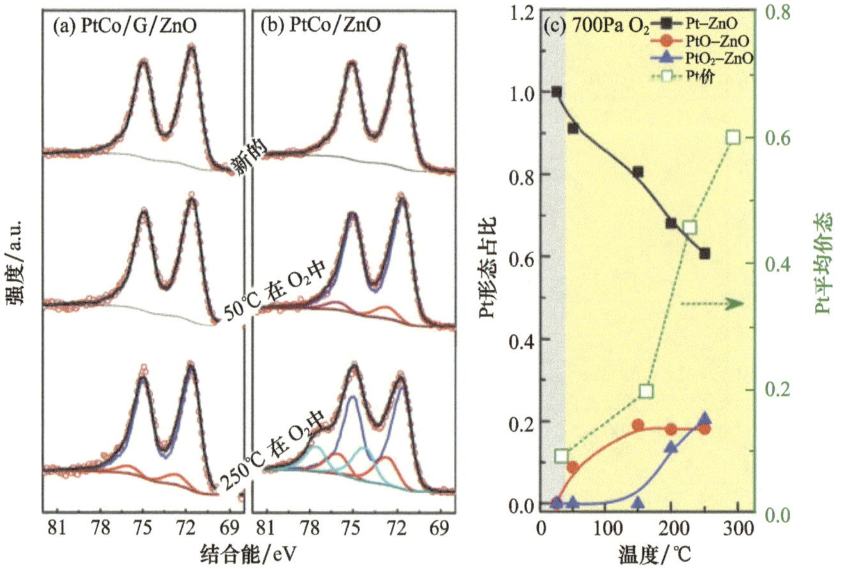

图 2.11 (a)PtCo/ZnO 和(b)PtCo/G/ZnO 在 700Pa 氧气中不同氧化温度下的 Pt 4f 轨道 XPS 光谱，包括对金属铂和氧化铂特征峰成分反卷积分析。(c)PtCo/ZnO 样品中各种 Pt 氧化物的形态和 Pt 的平均价态随温度的变化。25℃ 时的数值与样品在超高真空下沉积后的数值相当(转载自文献[15])

2.4.3 粉末 PtCo/石墨烯/ZnO 的制备与测试

对平面模型体系的系统研究详细说明了石墨烯层对 Pt 和 Co 的形貌、排列和氧化还原特性的影响。然而，真正的催化剂通常是将纳米粒子负载在大比表面积的粉末状载体上。因此，通过特定物理方法制备的平面模型体系上发现的基本原理，是否也能用于解释化学方法合成的真实三维(3D)材料的验证是一个巨大的挑战。这是催化研究中一个长期争论的问题，通常被称为“材料鸿沟”(material gap)，它描述了模型催化剂与实际催化剂在原料、制备方法、最终形貌等方面的差异[39]。

因此，为了验证上述在模型体系上获得的结果是否能够克服“材料鸿沟”，研究者合成了三维粉末形式的类负载 PtCo 样本[15]。简言之，粉末石墨烯包覆的 ZnO(记为 3D－G@ZnO)由氧化石墨烯(GO)和 $Zn(Ac)_2 \cdot 2H_2O$ 通过 Son 等[40]先前提出的方法制备。而粉末状 ZnO 样品(3D－ZnO)采用相同的制备方法但不添加 GO。采用共浸渍法修饰上述载体，制备了 PtCo 双金属颗粒(记为 PtCo/3D－ZnO 和 PtCo/3D－G@ZnO)。Pt 和 Co 的标称负载量分别为 4.0% 和 3.6%(质量分数)，Pt 和 Co 的原子比与平面模型中的相同，均为 1∶3。

图 2.12 显示了两种载体和最终 PtCo 样品的形态。3D－ZnO(图 2.12(a))的 SEM 图像显示，ZnO 形成了结晶良好的片状物，片状物大量堆积。与裸的 3D－ZnO 相比，3D－G@ZnO 由尺寸小得多的团聚纳米粒子组成。这可归因于石墨烯层的包裹，限制了样品制备过程中 ZnO 晶体的生长。此外，PtCo/3D－G@ZnO 的透射电子显微镜(TEM)图像显示，在 ZnO 晶体表面可以清楚地观察到少量的石墨烯包覆层(图 2.12(e)和(f))。

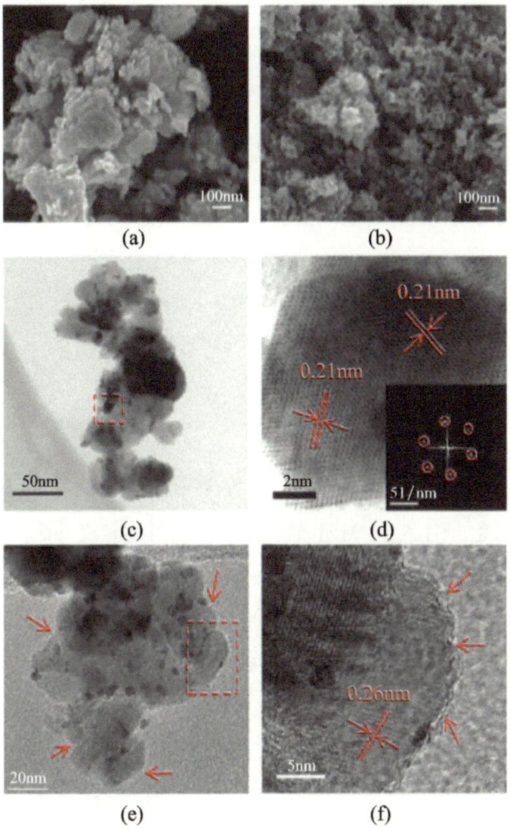

图 2.12 (a)3D－ZnO 和(b)3D－G@ZnO 的 SEM 图像；(c)PtCo/3D－ZnO 的 STEM 明场像；(d)图(c)中 PtCo 粒子的放大及经快速傅里叶变换(FFT)后的相应图像；(e)、(f)分解还原处理后的 PtCo/3D－G@ZnO 的 TEM 图像。红色箭头表示石墨烯层(转载自文献[15])

在制备了三维粉末样品之后，进行了氧化还原实验，以研究石墨烯包覆层的引入对 PtCo 带来的影响。如图 2.13 所示，样品在 0.03MPa 氩气氛围中退火，并用于分解 $H_2PtCl_6 \cdot 6H_2O$ 和醋酸钴（Ⅱ）前驱体。在这两种基底上，Co^{2+} 化合物逐渐分解，在 350℃ 下约有 70% 形成金属 Co。在 0.03MPa 氢气氛围中，3D－G@ZnO 上的残余 CoO 可在 250℃ 下被完全还原为金属 Co，而以 3D－ZnO 为载体的 CoO，在 450℃ 以上仍不能被完全还原。第二个氧化还原循环（0.03MPa O_2 氧化然后 0.03MPa H_2 还原）证实了石墨烯层的还原促进作用，表明与 3D－ZnO 相比，Co 氧化物（CoO 和 Co_3O_4）在 3D－G@ZnO 上的还原效率更高。平面和粉末样品的定性相似性表明，上述对模型样品的研究为设计和合成具有相似特性的真实三维粉末催化剂提供了可靠策略。

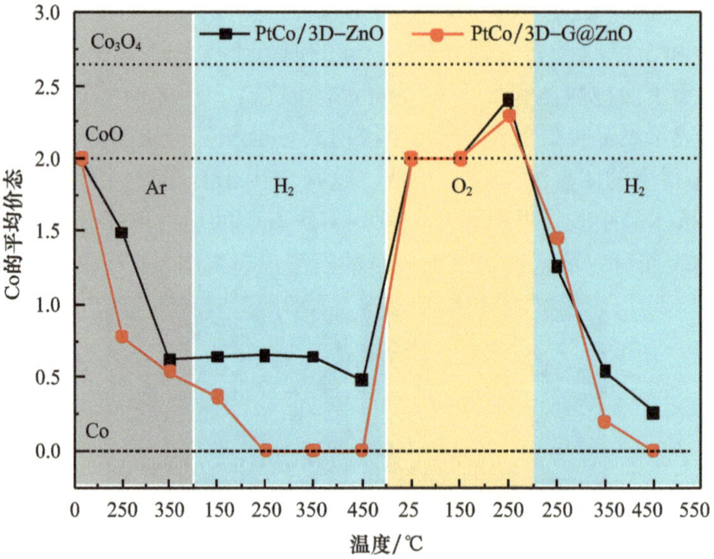

图 2.13 不同气体氛围退火过程中 PtCo/3D－ZnO 和 PtCo/3D－G@ZnO 的平均价态演化（转载自文献[15]）

2.5 石墨烯稳定性

除了系统研究石墨烯的引入对 MSI 效应的影响外，定义明确的模型体系还有助于研究石墨烯在金属和氧化物间的稳定性。拉曼光谱作为一种简便有效的技术，已被广泛应用于石墨烯的应变、缺陷密度和电荷掺杂水平的研究[22]。图 2.14 显示了石墨烯缺陷密度随上述样品温度变化的示意图。这些结果定性地代表了超高真空和气体处理后以及短时间退火后收集到的拉曼光谱的结果[13-16]。很明显，对于平面模型样品，经超高真空退火和/或氧化还原处理后，支撑的单层 CVD 石墨烯保持稳定，与氧化物载体的类型无关。然而，即使是在室温下钴沉积后，与钴的接触也会导致石墨烯层产生缺陷。此外，超高真空退火和气体氧化处理进一步提高了缺陷密度。高温和高氧气压力对石墨烯缺陷产生带来的影响更为显著，但在氢气中的还原处理几乎没有改变缺陷密度。此外，在相同的样品制备和氧化还原处理条件下，Co－ZnO 界面的石墨烯层比 Co－SiO_2 界面的石墨烯层缺陷更大。对于粉末样品，由于 GO 是用于制备 PtCo/3D－G@ZnO 的石墨烯前驱体，GO 衍生的石墨烯缺陷更为严重，但在实验条件下相对稳定。以下的部分（图 2.15）将介绍典型的拉曼光谱，以了解缺陷形成的起源。

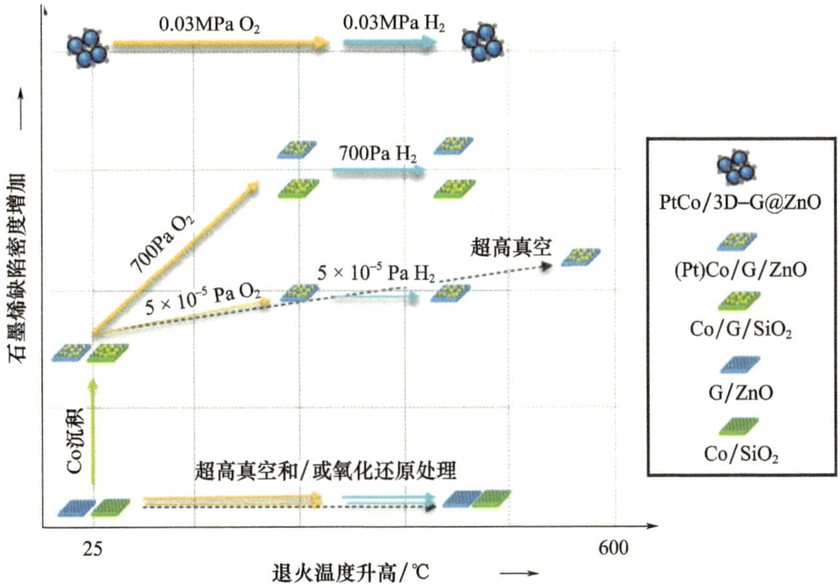

图 2.14 不同样品经不同处理后的石墨烯缺陷密度示意图

图中的数据点定性地代表了从上述样品中收集的拉曼光谱结果。

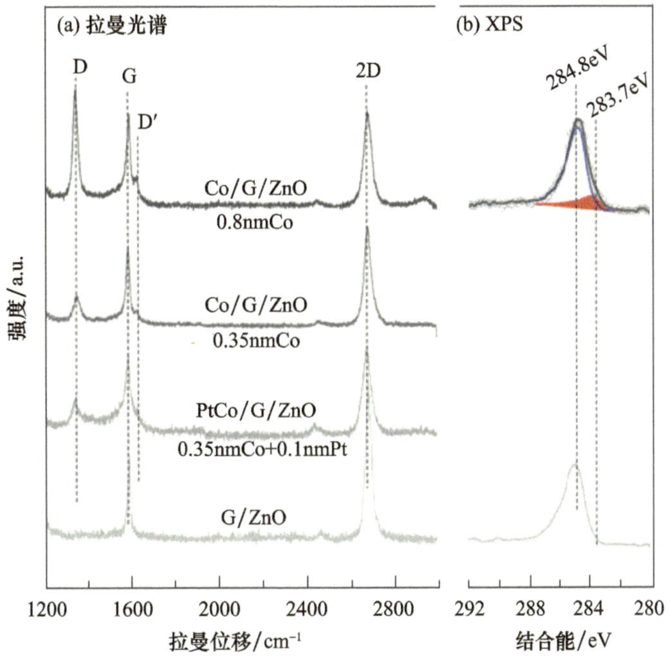

图 2.15 （a）石墨烯在 ZnO 基底上的室温真空沉积前后的拉曼光谱；（b）G/ZnO 和 Co/G/ZnO（0.8nm Co）的 C1s 轨道 XPS 光谱

不同 Co 沉积量的新的 Co/G/ZnO 样品的拉曼光谱如图 2.15(a)所示。随着 Co 沉积量的增加，在约 $1350cm^{-1}$ 和 $1625cm^{-1}$ 处出现两个额外的特征峰，并且强度逐渐增强。$1350cm^{-1}$ 处的峰归属于 D 能带，由于石墨烯晶格中的缺陷(边缘、空位等)引起的单声子谷间过程而被激活。另一个被称为 D′能带，同样是一个由缺陷引起的内部散射过程激活。因此，很明显，在室温下真空沉积 Co 会在石墨烯层上引入缺陷。从图 2.15(b)的 C1s 轨道 XPS 光谱中可以发现更多的证据；与不含 Co 的样本的样品相比，含 0.8nm Co 的样品中一个新的峰特征出现在 283.7eV 处，这是碳在金属中溶解的特征(即形成碳化物)[41]。这说明石墨烯的缺陷可能是通过 Co 与石墨烯之间的碳溶解 - 沉淀化学相互作用所产生的。值得注意的是，缺陷主要是由 Co 而不是 Pt 引入的，因为据报道 Pt 与石墨烯之间是通过物理吸附的弱相互作用结合的[41-42]。

为了进一步了解氧化还原处理中缺陷的形成过程，图 2.16 显示了 700Pa 氧气/氢气氧化还原处理后 Co/G/ZnO 和 $Co/G/SiO_2$ 样品(0.8nm Co 沉积)的光学显微镜图像以及不同区域的相应拉曼光谱。不同的样品区域，包括双层石墨烯岛(记为 BL - Co/G/ZnO 和 BL - $Co/G/SiO_2$)和未沉积 Co 的角落区域(记为 G/ZnO 和 G/SiO_2)，可以研究金属、氧化

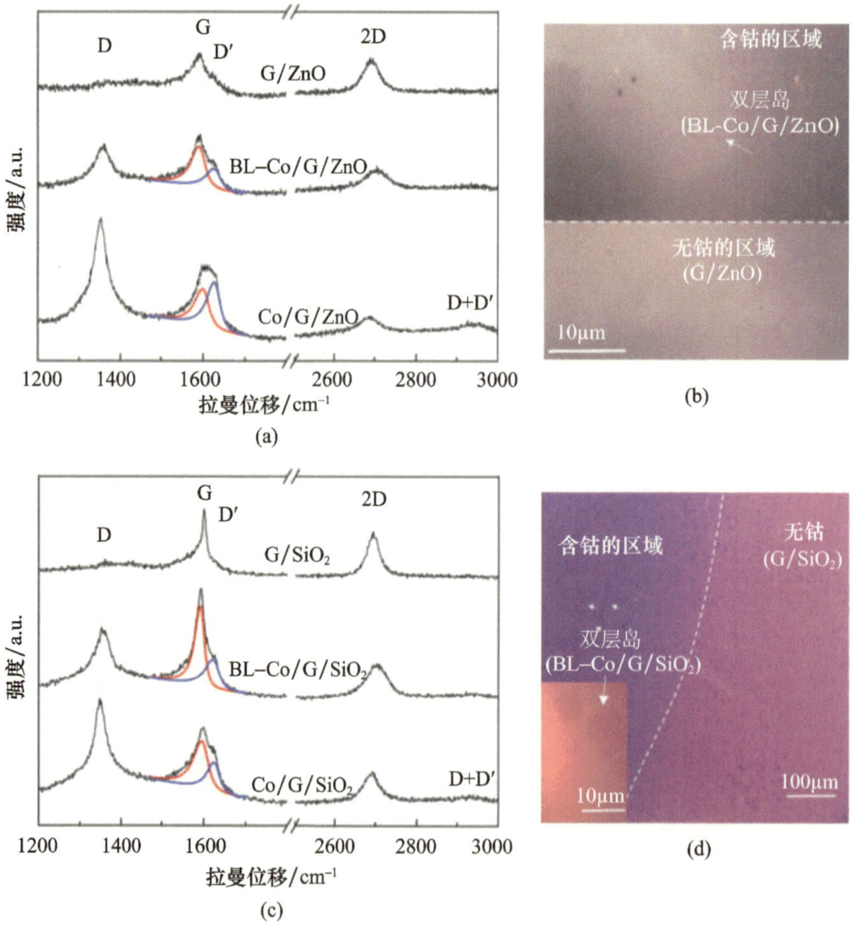

图 2.16 经过 700Pa 氧化还原处理后，(a)Co/G/ZnO 和(b)$Co/G/SiO_2$ 在不同样品区域记录的拉曼光谱。光谱用洛伦兹线型拟合。氧化还原处理后，(c)Co/G/ZnO 和(d)$Co/G/SiO_2$ 的光学图像。图像中显示了记录拉曼光谱的不同区域(转载自文献[14])

物和石墨烯层数对石墨烯稳定性的影响。结果表明,经过氧化还原处理后,D能带和D′能带的强度显著增加,并在2920cm^{-1}附近出现一个弱峰(D+D′能带)。这些清楚的证据表明,与新的样品相比,石墨烯层上产生了更多的缺陷。

然后用洛伦兹线型对重叠的G和D′能带进行反卷积,计算出的I_D/I_G和$I_D/I_{D'}$强度比如表2.1所列。根据Cançado等[43]提出的经验关系,I_D/I_G比率可用于估计平均缺陷间距(L_D)和缺陷密度(n_D):

$$L_D^2(\mathrm{nm}^2) = (1.8 \pm 0.5) \times 10^{-9} \lambda_L^4 \left(\frac{I_D}{I_G}\right)^{-1} \tag{2.1}$$

$$n_D(\mu\mathrm{m}^{-2}) = \frac{(1.8 \pm 0.5)}{\lambda_L^4} \times 10^{14} \left(\frac{I_D}{I_G}\right) \tag{2.2}$$

式中:λ_L为激发波长(nm)(此处为532nm)。比较表2.1中的n_D值,可以发现单层石墨烯上的缺陷密度高于双层石墨烯岛上的缺陷密度,表明双层石墨烯具有更高的稳定性,这与先前的结果一致[44-45]。此外,未沉积Co的样品区域对氧化还原处理的抵抗力更强,表现为D峰的强度非常低。这些结果证实了Co对石墨烯中缺陷的引入起到了催化作用。此外,Co/G/ZnO不同区域上的缺陷密度系统性地高于Co/G/SiO_2,表明ZnO在诱导石墨烯产生缺陷方面作用明显[46]。

表2.1 700Pa氧化还原处理后Co/G/ZnO和Co/G/SiO_2的强度比、平均缺陷间距和缺陷密度(转载自文献[14])

样本	强度比I_D/I_G	强度比I_D/I_D	平均缺陷间距离L_D/nm	缺陷密度$n_D/\mu m^{-2}$
Co/G/ZnO(单层部分)	2.5	2.24	7.6	5617
Co/G/ZnO(双层岛)	0.83	1.67	13.2	1865
Co/G/SiO_2(单层部分)	1.77	2.87	9.0	3977
Co/G/SiO_2(双层岛)	0.61	1.68	15.4	1370

如图2.15所示,XPS对碳的结合态很敏感,因此在不同的氧化还原处理后,Co/G/SiO_2的C1s轨道特征峰如图2.17所示。所有光谱在284.8eV处均以石墨C1s峰为主,但还可以观察到额外的Co稀释碳峰(283.7eV)和氧化碳物质峰(288.4eV)。这些物质在氧化还原处理过程中的占比演变(图2.17)表明,在氧气中退火可以逐渐引入氧化碳物质,同时使新的样品中的稀释碳物质消失。随后的氢气还原处理可以去除氧化碳,只留下石墨烯相关的碳峰。

基于上述结果提出的石墨烯劣化过程机理如图2.17底部所示。最初,沉积的Co粒子稀释了Co与石墨烯界面上的碳原子,使这些碳原子更容易被氧气氧化。经过氧化步骤后,含氧碳物质可被氢气还原为挥发性C—O和/或C—O—H化合物,在Co粒子附近留下含缺陷的石墨烯层。这一机理解释了为什么还原步骤后C1s轨道XPS光谱中没有稀释的碳物质,因为钴粒子周围的碳原子已经被消耗。这也解释了为什么虽然氢还原步骤没有在石墨烯上造成更多的缺陷,但它却不能将石墨烯恢复到引入钴之前的质量。

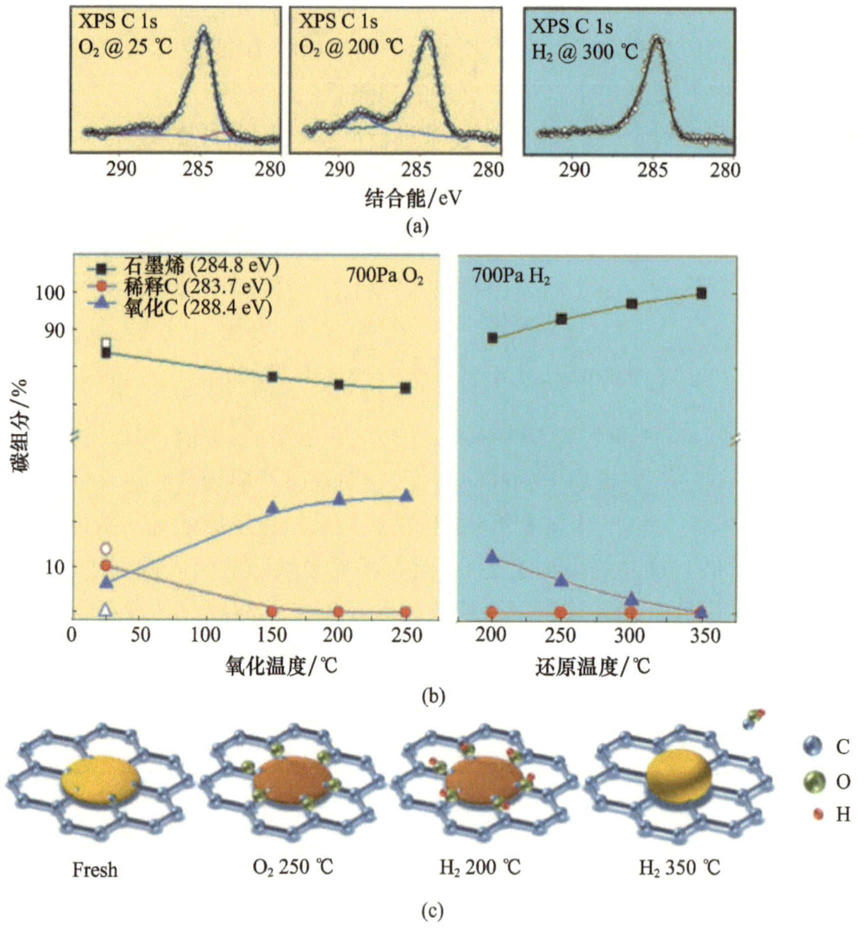

图2.17 (a)在Co/G/SiO_2样品处理的不同阶段记录的C1s轨道XPS特征峰。(b)通过对Co/G/SiO_2和Co/G/ZnO样品的C1s轨道XPS特征峰进行反卷积得到的碳组分随氧化和还原处理过程中温度的变化。由于两个样品的C1s峰值非常相似,为了清晰起见,展示了反卷积结果的平均值。(c)氧化还原处理期间与钴接触的石墨烯缺陷形成机理的示意图(转载自文献[14])

2.6 小结

本章总结了一个新概念,即利用中间石墨烯层修饰金属氧化物界面相互作用。利用精确设计的平面Co/石墨烯/ZnO模型体系,证明石墨烯能有效地阻止ZnO载体对Co的氧化,降低超高真空退火过程中Co的分散。这些效应也可以推广到氧气/氢气气体氛围。石墨烯作为缓冲层,在低压氧气条件下可以限制金属与氧化物载体的界面氧化。这种效应归因于切断了Co与氧化物的直接接触以及Co粒子尺寸的增大。在氢气氛围中,由于Co与碳之间的相互作用弱于与氧化物之间的相互作用,氧化的Co在石墨烯包覆的氧化物上很容易被还原。这些发现不仅限于单金属Co,而且可以很好地适用于双金属PtCo体系。虽然双金属粒子的复杂性明显较高,但石墨烯对单金属体系中MSI效应的改善作用对双金属体系仍然有效。最后对粉末PtCo/3D－G@ZnO样本的研究表明,基于对模型催化剂配方的深入理解,能够开发具有目标性能的真实催化剂。

除了石墨烯在 MSI 中的作用外,还利用模型样品平台研究了金属、氧化物以及各种实验条件对石墨烯稳定性的影响。在没有金属沉积的情况下,经超高真空和氧化还原处理后的 CVD 石墨烯在测试温度下可以很好地保持其高质量。然而,由于 Co 与石墨烯之间的化学作用,在室温下沉积 Co 后易导致石墨烯产生缺陷。在超高真空和氧气条件下,特别是在高温高压氛围中退火,可以进一步提高石墨烯的缺陷密度。氢气还原可以减少氧化碳物质,但不能恢复石墨烯的高质量。对于粉末样品,由于在合成中使用了氧化石墨烯前驱体,石墨烯上的初始缺陷数量已非常高,因而处理后的石墨烯质量没有明显劣化。

本章主要是基于 Co 氧化物模型样品的实验结果,描述利用石墨烯修饰 MSI 的概念。如前所述,这一概念并不局限于单金属 Co 或可还原氧化物 ZnO;它可以扩展到双金属(如 PtCo)和不可还原氧化物(如 SiO_2)。因此,建立金属/石墨烯/氧化物模型体系的方法以及从这些样品中获得的基本解释,也可应用于其他合适的金属氧化物体系。此外,本章所展示的调控方法也为弥合模型和实际样品之间的压力和材料鸿沟提供了新的视角,这对于石墨烯基材料非常重要。最后,考虑到近年来石墨烯基复合材料在各种应用中的深入研究,对金属-石墨烯-氧化物相互作用的基本认识将有助于石墨烯基功能材料的合理化设计。

除了前述的基本发现之外,本章也对所介绍材料的潜在应用进行了展望。Co 作为一种最好的费托合成催化剂,通常支撑在 Al_2O_3、SiO_2 和 TiO_2 上,其性能受 MSI 的影响很大。特别是不可还原的 Co 氧化物混合化合物的形成,降低了 Co 的活性和稳定性。本章介绍的 Co/G/ZnO 和 Co/G/SiO_2 样本,由于 Co 的可还原性得到了极大的提高,其可以作为该反应的有效催化剂。此外,在实际应用中,GO 通常被用作石墨烯前体,它为 Co 纳米粒子的锚定提供了大量的缺陷中心,并且相对稳定,如 2.5 节所述。这种应用也与使用碳纳米管或非晶态碳作为费托合成催化剂的金属/载体夹层的想法一致[10,47]。此外,由于石墨烯的多重作用,包括调节光吸收范围和强度、增强吸附能力以及充当光电子介体和受体的功能[48-49],石墨烯涂层半导体在光催化反应(即水的裂解和污染物消除)方面已显示出其先进性。因此,本章提出的平面样品可用于光催化反应的基础研究,而粉末样本可直接用于多相催化反应。

参考文献

[1] Fu, Q. and Wagner, T., Interaction of nanostructured metal overlayers with oxide surfaces. *Surf. Sci. Rep.*, 62, 11, 431-498, 2007.

[2] Tauster, S. J., Fung, S. C., Garten, R. L., Strong metal-support interactions: Group 8 noble metals supported on titanium dioxide. *J. Am. Chem. Soc.*, 100, 1, 170-175, 1978.

[3] Liu, X., Liu, M.-H., Luo, Y.-C., Mou, C.-Y., Lin, S. D., Cheng, H., Chen, J.-M., Lee, J.-F., Lin, T.-S., Strong metal-support interactions between gold nanoparticles and ZnO nanorods in CO oxidation. *J. Am. Chem. Soc.*, 134, 24, 10251-10258, 2012.

[4] Wang, Y., Widmann, D., Behm, R. J., Influence of TiO_2 bulk defects on CO adsorption and CO oxidation on Au/TiO_2: Electronic metal-support interactions (EMSIs) in supported Au catalysts. *ACS Catal.*, 7, 4, 2339-2345, 2017.

[5] Khodakov, A. Y. , Chu, W. , Fongarland, P. , Advances in the development of novel cobalt Fischer – Tropsch catalysts for synthesis of long – chain hydrocarbons and clean fuels. *Chem. Rev.* , 107, 5, 1692 – 1744, 2007.

[6] Chu, W. , Xu, J. , Hong, J. , Lin, T. , Khodakov, A. , Design of efficient Fischer Tropsch cobalt catalysts via plasma enhancement: Reducibility and performance (Review). *Catal. Today*, 256, P1, 41 – 48, 2015.

[7] Turczyniak, S. , Luo, W. , Papaefthimiou, V. , Ramgir, N. S. , Haevecker, M. , MacHocki, A. , Zafeiratos, S. , A comparative ambient pressure x – ray photoelectron and absorption spectroscopy study of various cobalt – based catalysts in reactive atmospheres. *Top. Catal.* , 59, 5 – 7, 532 – 542, 2016.

[8] Law, Y. T. T. , Doh, W. H. H. , Luo, W. , Zafeiratos, S. , A comparative study of ethanol reactivity over Ni, Co and NiCo – ZnO model catalysts. *J. Mol. Catal. A: Chemical*, 381, 89 – 98, 2014.

[9] Jacobs, G. , Das, T. K. , Zhang, Y. , Li, J. , Racoillet, G. , Davis, B. H. , Fischer – Tropsch synthesis: Support, loading, and promoter effects on the reducibility of cobalt catalysts. *Appl. Catal. A Gen.* , 233, 1 – 2, 263 – 281, 2002.

[10] Subramanian, V. , Ordomsky, V. , Legras, B. , Cheng, K. , Cordier, C. , Chernavskii, P. , Khodakov, A. , Design of iron carbon – silica composite catalysts with enhanced catalytic performance in high – temperature Fischer – Tropsch synthesis. *Catal. Sci. Technol.* , 2016.

[11] Fu, T. and Li, Z. , Review of recent development in Co – based catalysts supported on carbon materials for Fischer – Tropsch synthesis. *Chem. Eng. Sci.* , 135, 3 – 20, 2015.

[12] Singh, V, Joung, D. , Zhai, L. , Das, S. , Khondaker, S. I. , Seal, S. , Graphene based materials: Past, present and future. *Prog. Mater. Sci.* , 56, 8, 1178 – 1271, 2011.

[13] Luo, W, Doh, W. H. , Law, Y. T. , Aweke, F. , Ksiazek – Sobieszek, A. , Sobieszek, A. , Salamacha, L. , Skrzypiec, K. , Normand, F. Le, Machocki, A. , Zafeiratos, S. , Single – layer graphene as an effective mediator of the metal – support interaction. *J. Phys. Chem. Lett.* , 5, 11, 1837 – 1844, 2014.

[14] Luo, W and Zafeiratos, S. , Tuning morphology and redox properties of cobalt particles supported on oxides by an in between graphene layer. *J. Phys. Chem. C*, 120, 26, 14130 – 14139, 2016.

[15] Luo, W. , Baaziz, W. , Cao, Q. , Ba, H. , Baati, R. , Ersen, O. , Pham – Huu, C. , Zafeiratos, S. , Design and fabrication of highly reducible PtCo particles supported on graphene – coated ZnO. *ACS Appl. Mater. Interfaces*, 9, 39, 34256 – 34268, 2017.

[16] Luo, W. and Zafeiratos, S. , Graphene – coated ZnO and SiO_2 as supports for CoO nanoparticles with enhanced reducibility. *Chem. Phys. Chem.* , 17, 29, 3055 – 3061, 2016.

[17] Luo, W, Mélart, C. , Rach, A. , Sutter, C. , Zafeiratos, S. , Interaction of bimetallic PtCo layers with bare and graphene – covered ZnO(0001) supports. *Surf. Sci.* , 669, 64 – 70, 2018.

[18] Luo, W. , *Tuning the redox properties of cobalt particles supported on oxides by an in – between graphene layer*, University of Strasbourg, 2016.

[19] Suk, J. W, Magnuson, C. W, Hao, Y. , Ahmed, S. , An, J. , Swan, A. K. , Goldberg, B. B. , Ruoff, R. S. , Transfer of CVD – grown monolayer graphene onto arbitrary substrates. *ACS Nano*, 5, 9, 6916 – 6924.

[20] Muñoz, R. and Gómez – Aleixandre, C. , Review of CVD synthesis of graphene. *Chem. Vap. Depos.* , 19, 10 – 11 – 12, 297 – 322, 2013.

[21] Lotya, M. , King, P. J. , Smith, R. J. , Nicolosi, V. , Karlsson, L. S. , Blighe, F. M. , De, S. , Wang, Z. , McGovern, I. T. , Duesberg, G. S. , Coleman, J. N. , Liquid phase production of graphene by exfoliation of graphite in surfactant/water solutions. *J. Am. Chem. Soc.* , 131, 3611 – 3620, 2009.

[22] Ferrari, A. C. and Basko, D. M. , Raman spectroscopy as a versatile tool for studying the properties of graphene. *Nat. Nanotechnol.* , 8, 4, 235 – 246, 2013.

[23] Casiraghi, C. , Pisana, S. , Novoselov, K. S. , Geim, A. K. , Ferrari, A. C. , Raman fingerprint of charged im-

purities in graphene. *Appl. Phys. Lett.* ,91,23,2007.

[24] Hyman, M. P. , Martono, E. , Vohs, J. M. , Studies of the structure and interfacial chemistry of Co layers on ZnO(0001). *J. Phys. Chem. C*,114,40,16892 – 16899,2010.

[25] Law, Y. T. , Skála, T. , Píš, I. , Nehasil, V. , Vondráček, M. , Zafeiratos, S. , Skala, T. , Pis, I. , Nehasil, V. , Vondracek, M. , Zafeiratos, S. , Bimetallic nickel – cobalt nanosized layers supported on polar ZnO surfaces: Metal – support interaction and alloy effects studied by synchrotron radiation x – ray photoelectron spectroscopy. *J. Phys. Chem. C*,116,18,10048 – 10056,2012.

[26] Luo, W. , Jing, F. – L. , Yu, X. – P. , Sun, S. , Luo, S. – Z. , Chu, W. , Synthesis of 2 – methylpyrazine over highly dispersed copper catalysts. *Catal. Letters*,142,4,492 – 500,2012.

[27] Matsuyama, T. and Ignatiev, A. , LEED – AES study of the temperature dependent oxidation of the cobalt (0001) surface. *Surf. Sci.* ,102,18 – 28,1981.

[28] Benitez, G. , Carelli, J. L. , Heras, J. M. , Viscido, L. , Interaction of oxygen with thin cobalt films. *Langmuir*,12,16,57 – 60,1996.

[29] Baer, D. R. and Engelhard, M. H. J. , XPS analysis of nanostructured materials and biological surfaces. *Electron Spectros. Relat. Phenomena*,178,415 – 432,2010.

[30] Jablonski, A. and Powell, C. J. , The electron attenuation length revisited. *Surf. Sci. Rep.* ,47,2 – 3,33 – 91,2002.

[31] Yu, W, Porosoff, M. D. , Chen, J. G. , Review of Pt – based bimetallic catalysis: From model surfaces to supported catalysts. *Chem. Rev.* ,112,11,5780 – 5817,2012.

[32] Papaefthimiou, V. , Dintzer, T. , Lebedeva, M. , Teschner, D. , Hävecker, M. , Knop – Gericke, A. , Schlögl, R. , Pierron – Bohnes, V, Savinova, E. , Zafeiratos, S. , Probing metal – support interaction in reactive environments: An*in situ* study of PtCo bimetallic nanoparticles supported on TiO_2. *J. Phys. Chem. C*,116,27, 14342 – 14349,2012.

[33] Ko, E. Y. , Park, E. D. , Lee, H. C. , Lee, D. , Kim, S. , Supported Pt – Co catalysts for selective CO oxidation in a hydrogen – rich stream. *Angew. Chem. Int. Ed.* ,46,5,734 – 737,2007.

[34] Xu, X. , Fu, Q. , Wei, M. , Wu, X. , Bao, X. , Comparative studies of redox behaviors of Pt – Co/SiO_2 and Au – Co/SiO_2 catalysts and their activities in CO oxidation. *Catal. Sci. Technol.* ,4,9,3151,2014.

[35] Jiang, Z. – Z. , Wang, Z. – B. , Chu, Y. – Y. , Gu, D. – M. , Yin, G. – P. , Ultrahigh stable carbon riveted Pt/TiO_2 – C catalyst prepared by in situ carbonized glucose for proton exchange membrane fuel cell. *Energy Environ. Sci.* ,4,3,728,2011.

[36] Naitabdi, A. , Fagiewicz, R. , Boucly, A. , Olivieri, G. , Bournel, F. , Tissot, H. , Xu, Y. , Benbalagh, R. , Silly, M. G. , Sirotti, F. , Gallet, J. J. , Rochet, F. , Oxidation of small supported platinum – based nanoparticles under near – ambient pressure exposure to oxygen. *Top. Catal.* ,59,5 – 7,550 – 563,2016.

[37] Werdinius, C. , Österlund, L. , Kasemo, B. , Nanofabrication of planar model catalysts by colloidal lithography: Pt/Ceria and Pt/Alumina. *Langmuir*,19,2,458 – 468,2003.

[38] Schalow, T. , Laurin, M. , Brandt, B. , Schauermann, S. , Guimond, S. , Kuhlenbeck, H. , Starr, D. E. , Shaikhutdinov, S. K. , Libuda, J. , Freund, H. – J. , Oxygen storage at the metal/oxide interface of catalyst nanoparticles. *Angew. Chem. Int. Ed. Engl.* ,44,46,7601 – 7605,2005.

[39] Hess, C. and Schlögl, R. , Ruthenium active catalytic states: Oxidation states and methanol oxidation reactions. *Nanostructured Catalysts: Selective Oxidations*, pp. 248 – 265,2011.

[40] Son, D. I. , Kwon, B. W, Park, D. H. , Seo, W. – S. , Yi, Y. , Angadi, B. , Lee, C. – L. , Choi, WK. , Emissive ZnO – graphene quantum dots for white – light – emitting diodes. *Nat. Nanotechnol.* , 7, 7, 465471,2012.

[41] Gong, C., Mcdonnell, S., Qin, X., Azcatl, A., Dong, H., Chabal, Y. J., Cho, K., Wallace, R. M., Realistic metal – graphene contact structures. *ACS Nano*, 8, 1, 642 – 649, 2014.

[42] Giovannetti, G., Khomyakov, P. A., Brocks, G., Karpan, V. M., Van Den Brink, J., Kelly, P. J., Doping graphene with metal contacts. *Phys. Rev. Lett.*, 101, 026803, 2008.

[43] Cancado, L. G., Jorio, A., Martins Ferreira, E. H., Stavale, F., Achete, C. A., Capaz, R. B., Moutinho, M. V. O., Lombardo, A., Kulmala, T. S., Ferrari, A. C., Quantifying defects in graphene via raman spectroscopy at different excitation energies. *Nano Lett.*, 11, 8, 3190 – 3196, 2011.

[44] Liu, L., Ryu, S., Tomasik, M. R., Stolyarova, E., Jung, N., Hybertsen, M. S., Steigerwald, M. L., Brus, L. E., Flynn, G. W., Graphene oxidation: Thickness – dependent etching and strong chemical doping. *Nano Lett.*, 8, 7, 1965 – 1970, 2008.

[45] Ryu, S., Han, M. Y., Maultzsch, J., Heinz, T. F., Kim, P., Steigerwald, M. L., Brus, L. E., Reversible basal plane hydrogenation of graphene. *Nano Lett.*, 8, 12, 4597 – 4602, 2008.

[46] Mun, D. H., Lee, H. J., Bae, S., Kim, T. W., Lee, S. H., Photocatalytic decomposition of graphene over a ZnO surface under UV irradiation. *Phys. Chem. Chem. Phys.*, 17, 24, 15683 – 15686, 2015.

[47] Liu, Y., Luo, J., Girleanu, M., Ersen, O., Pham – Huu, C., Meny, C., Efficient hierarchically structured composites containing cobalt catalyst for clean synthetic fuel production from Fischer – Tropsch synthesis. *J. Catal.*, 318, 179 – 192, 2014.

[48] Luo, W. and Zafeiratos, S., A brief review of synthesis and catalytic applications of graphene – coated oxides. *Chem. Cat. Chem.*, 9, 13, 2432 – 2442, 2017.

[49] Zhang, N., Yang, M., Liu, S., Sun, Y., Xu, Y., Waltzing with the versatile platform of graphene to synthesize composite photocatalysts. *Chem. Rev.*, 115, 10307 – 10377, 2015.

第3章 石墨烯的组合结构

J. E. Graver[2], E. J. Hartung[1]

[1]马萨诸塞州北亚当斯市马萨诸塞州文理学院数学系

[2]纽约州锡拉丘兹市锡拉丘兹大学数学系

摘　要　我们将石墨烯片视为平面六边形密铺形成的区域。在3.1节中，介绍石墨烯片的基本参数，并描述了它们之间的关系。在3.2节中，讨论标准石墨烯片的Kekulé结构(双键结构)的结论。在3.3节中，将Kekulé结构的结论推广到一般的石墨烯片上，包括无序的石墨烯片(具有一些非六边形面的石墨烯)以及更一般的结构。3.4节描述无序石墨烯片的拓扑结构。

关键词　Clar数，Fries数，石墨烯片，苯类，Kekulé结构

3.1 基本定义和结论

在本章我们考虑了模型石墨烯平面图的数学性质。具体而言，$G=(V,E,F)$是一个2连通平面图，可以嵌入平面六边形密铺中，其中所有的顶点都是2°或3°的。除了一个称为"外表面"的面之外，所有面都是六边形的，并且所有2°顶点都在外表面的边界上(也称为G的边界)。我们称G为石墨烯片；小的石墨烯片通常被称为苯类。

3.1.1 基本参数之间的关系

设$G=(V,E,F)$为石墨烯片。用基本参数$\boldsymbol{b}$表示一个石墨烯片的边界长度，$\boldsymbol{b}_2$表示边界上2°顶点的数目，$\boldsymbol{b}_3$表示边界上3°顶点的数目，$\boldsymbol{v}$表示顶点的数目，$\boldsymbol{i}$表示内部顶点的数目(不在边界上的顶点)，$\boldsymbol{h}$表示六边形面的数目，$\boldsymbol{e}$表示边的数目。根据定义，$\boldsymbol{b}=\boldsymbol{b}_2+\boldsymbol{b}_3$。如果沿着$G$的边界顺时针移动并跟踪边的方向，注意到2°顶点的第二条边的方向是从它的前一个顶点顺时针旋转60°，而3°顶点的第二条边是从它的前一个顶点逆时针旋转60°。因为边界是闭合的，所以顺时针旋转的次数必须比逆时针旋转的次数多6次。因此，$\boldsymbol{b}_2=\boldsymbol{b}_3+6$(定理6的证明中包含了这个公式的形式证明)。由此可知：

$$\boldsymbol{b}_2=\frac{\boldsymbol{b}+6}{2},\boldsymbol{b}_3=\frac{\boldsymbol{b}-6}{2}\text{和}\ \boldsymbol{b}=2\boldsymbol{b}_3+6=2\boldsymbol{b}_2-6$$

围绕$\boldsymbol{b}$、$\boldsymbol{i}$、$\boldsymbol{v}$、$\boldsymbol{h}$和$\boldsymbol{e}$，看到它们是由三个线性方程联系起来的：

(1)$\boldsymbol{v}=\boldsymbol{b}+\boldsymbol{i}$；

(2) $v-e+h=1$(欧拉公式)；

(3) $6i+5b=4e+6$(将所有顶点度数相加得到 $3(b_3+i)+2b_2=2e$，然后用 b 代替 b_2 和 b_3 并化简)。

利用这三个方程和与 b、b_2、b_3 有关的方程，可以把所有 7 个参数都写为任意两个参数的函数(除了 b_2、b_3)。作为参考，给出了 4 个特别有用的例子：

b_2,h	b_2,v	h,v	h,i
$i=2h-b_2+4$	$i=v-2b_2+6$	$b=2v-4h-2$	$b=4h-2i+2$
$v=2h+b_2-2$	$h=\frac{v-b_2+2}{2}$	$e=v+h-1$	$v=4h-i+2$
$e=3h+b_2-2$	$e=\frac{3v-b_2}{2}$	$i=4h-v+2$	$e=5h-i+1$
$b=2b_2-6$	$b=2b_2-6$	$b_2=v-2h+2$	$b_2=2h-i+4$
$b_3=b_2-6$	$b_3=b_2-6$	$b_3=v-2h-4$	$b_3=2h-i-2$

参数 b_2 和 h 容易计算。对于图 3.1 中的石墨烯片，假定 $i=31$，$v=79$，$e=106$，$b=48$，$b_3=21$，则得出 $b_2=27$，$h=27$。

3.1.2 Kekulé 结构与 Clar 数和 Fries 数

碳原子的化合价为 4，而石墨烯片模型 G 中的顶点为 3°或 2°。传统的方法是在 G 的完全匹配中通过双边线表示以增加每个顶点的度。这种完全匹配称为 Kekulé 结构，对应石墨烯片的双键结构。

有两个问题需要考虑：第一，G 可能不存在完全匹配；第二，将一个完全匹配的边用双线表示，仍然只能使原始的 2°顶点上升到 3°。在 3.1.3 节中，将讨论这两个问题。具有 Kekulé 结构的石墨烯片通常具有非常多的 Kekulé 结构；石墨烯片的 Kekulé 结构的数量用 K(G)表示，并已被广泛研究[4]。

给出石墨烯片 G 的 Kekulé 结构 K，一个由 K 中的三个双边线包围的六边形面称为苯环、共轭 6 环或共轭面。G 的所有 Kekulé 结构上苯环数的最大值称为 G 的 Fries 数，记为 $F(G)$；G 的所有 Kekulé 结构上独立(互不共边)的苯环数的最大值称为 G 的 Clar 数，记为 $C(G)$。苯类化合物的稳定性与较高的 Fries 数、Clar 数和 Kekulé 结构数正相关。有关这些参数的更多背景信息，参见文献[4,8,10,12]。

3.1.3 着色结构

顶点、面和边的特殊着色是石墨烯片结构可视化的一个重要工具。由于包括边缘面在内的所有的面都有偶数度，该图为二分的，并且允许顶点 2 着色，且该着色除颜色反转外是唯一的。我们将使用黑色和白色为顶点着色，如图 3.1(a)所示。一个石墨烯片 G 可以被认为是一个平面的六边形密铺的有限的 Λ。Λ 允许其面的唯一 3 着色和其边的唯一 3 着色(均不考虑颜色排列)。石墨烯片 G 继承了这些颜色，如图 3.1(b)、(c)所示，分别为红色、蓝色和绿色。

在图 3.1(d)中，整合了所有三种着色。这种继承自六角形密铺的石墨烯片 G 的着色结构将始终具有以下性质：

(1)三个面的颜色及边的颜色(此处为红色、蓝色及绿色)以顺时针次序出现在黑色顶点周围,逆时针次序出现在白色顶点周围;

(2)内边两侧的面,颜色被指定为与边缘颜色不同的两种颜色;

(3)在一个3°顶点周围,未以某一边为边界的第三个面,其颜色与该边相同;

(4)六边形边指定为与六边形面不同的两个颜色,并且这两个颜色在边上交替出现。

在3.2.2节中,我们将看到边缘的颜色类别可以用作苯环密铺的Kekulé结构的基础,并且面颜色类别通常可以与石墨烯片中的苯环或独立苯环基本对应。

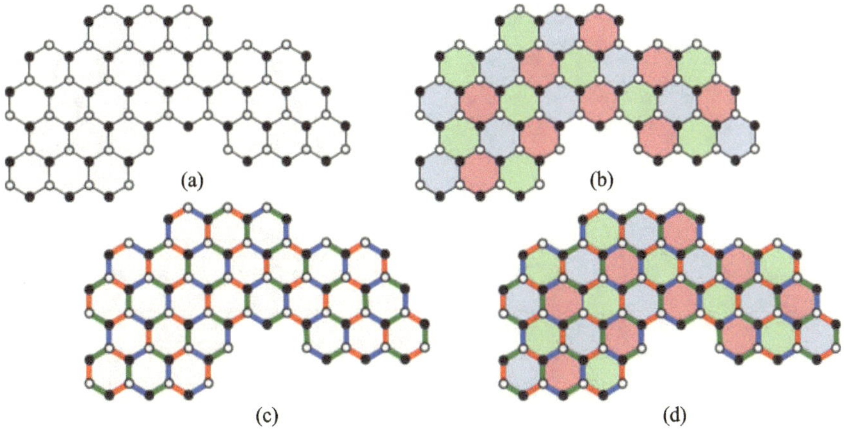

图3.1 石墨烯片的颜色

3.2 Kekulé结构

给定一个石墨烯片 $G=(V,E,F)$,关于Kekulé结构的第一个问题是:Kekulé结构真的存在吗?因为在任何完全匹配中,白色和黑色顶点成对匹配,所以Kekulé结构存在的明显必要条件是白色顶点的数目与黑色顶点的数目相等。

3.2.1 Sachs法

在文献[11]中,Sachs通过调整石墨烯片的方向来解决这个问题,使得三组平行边中的一组是垂直的。图3.1中的石墨烯片就是这样定向的。考虑图中的第一个石墨烯片。Sachs将“向上”2°顶点定为峰,将“向下”2°顶点定为谷。他接着列出了三个观察结果:

(1)所有峰均属同一颜色类别(图3.1中为白色);

(2)所有谷均属另一颜色类别(图3.1中为黑色);

(3)垂直边在非峰非谷的所有顶点之间进行匹配(图3.2(b))。

从这些观察结果可以看出,当且仅当峰的数目等于谷的数目时,白色顶点的数目等于黑色顶点的数目。因此,Kekulé结构存在的一个必要条件是,在任何方向上,峰的数目等于谷的数目。

考虑图3.1中的石墨烯片 G,看到它有6个峰和7个谷。我们得出结论,G 不具有Kekulé结构。在图3.2中,通过删除 G 最右边的六边形得到石墨烯片 G'。G'现在具有相同数量的峰和谷(各6个)。因此,G'可能具有 Kekulé 结构。图3.2(c)、(d)说明了 Sachs 构造 Kekulé 结构所采用的技术方法。第一步是建立由垂直边给出的部分匹配。接下来,构造一组不相交的交替路径,将峰与谷连接起来,即通过属于部分匹配的边(黑色粗边)和不属于部分匹配的边(红色边)交替连接的路径。如图3.2(c)所示,对于给出示例而言,构造这样一个组路径很容易。最后,从部分匹配中删除这些交替路径中的黑边,并将这些交替路径的红边包含到部分匹配中,得到完全匹配,如图3.2(d)所示。

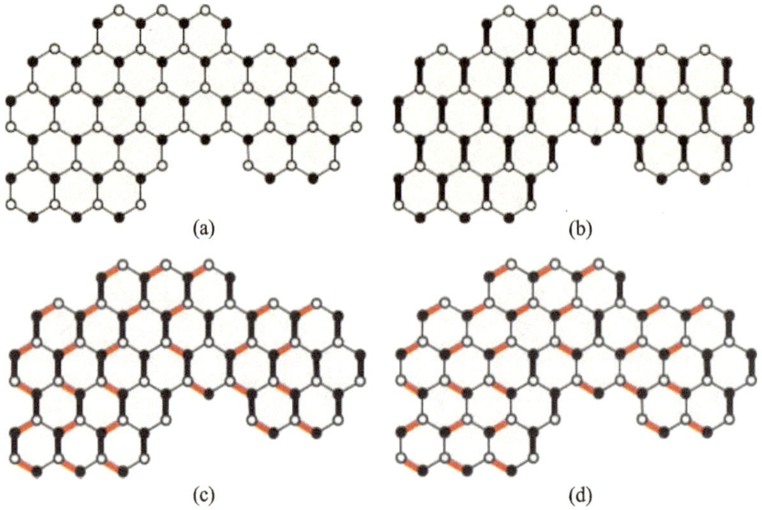

图3.2 石墨烯片中的 Kekulé 结构

定理1 (Sachs[11])当且仅当在一个方向(继而在所有三个方向)上峰的数量等于谷的数量,并且峰可以通过一组不相交的交替路径连接到谷时,石墨烯片可以完全匹配。

在文献[9]中展示了一种用于寻找一组不相交的交替路径或说明路径不存在的算法。寻找一组不相交的交替路径或说明交替路径不存在的问题可以解释为网络流问题,其中交替路径对应于最大整数流。在这种解释中,如果石墨烯片上不存在流能够匹配所有峰谷,则说明存在一条切割线,其容量小于峰谷数量。在图3.3中,给出了一个简单的例子,即石墨烯片具有相同数量的峰谷(每个方向上各有三个峰谷)但不具有 Kekulé 结构。在所有三个方向上,切割线都用红色虚线表示。

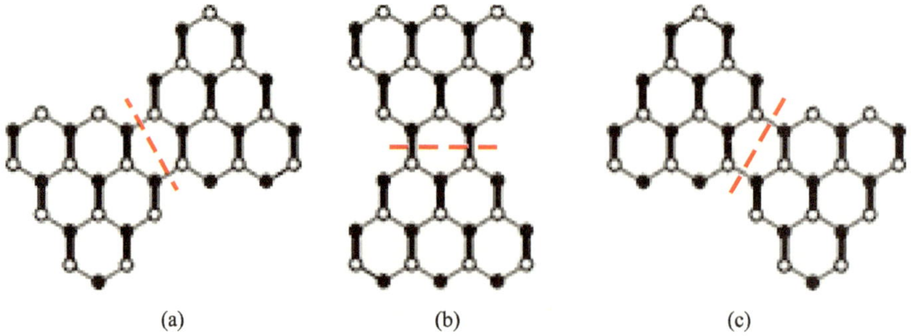

图3.3 峰数量等于谷数量,但没有 Kekulé 结构

在图3.3(a)、(c)中,有一条交替的路径将切割线两侧的一个峰与一个谷连接起来,但不同侧的其余峰与谷均不能通过交替路径进行连接。在中间的图中,只有两条交替的路径可以通过切割线,但我们需要三个。可以直接看到,如果使用霍尔定理,不可能完全匹配。考虑到在图(b)切割线上方有10个白色顶点,并注意到从这10个顶点出发的所有边通往9个黑色顶点。因此,这10个白色顶点中最多有9个可以与黑色顶点配对。

由于Sachs构造的Kekulé结构是从没有苯环的部分匹配开始的,因此构造的Kekulé结构包含相对较少的苯环也就不足为奇,实际上在图3.2的示例中只有4个苯环。所以这一结构虽然是Kekulé结构,但并不能直接用于计算Fries数和Clar数。接下来,我们考虑一种产生更多苯环的方法。

3.2.2 Kekulé结构给出Clar数和Fries数

在图3.4中,我们考虑了3.1.3节中描述的具有(唯一)3着色面的石墨烯片。在第一张图中,包含了红边给出的局部Kekulé结构。文献[6]中的这种方法使包围边缘红色面的2°顶点不参与匹配。我们将这些顶点标记为a、b、…、j。再次注意到,这些不匹配的顶点必须是黑白参半。像在Sachs构造中使用交替路径来配对这些不参与匹配的顶点,我们同样希望采用某种方式尽可能少地破坏苯环。当一个边缘红色面只有两个2°顶点时,这些顶点可以互相配对而不破坏任何苯环。

在这个例子中,可以对a和b、d和e、f和g进行配对,只剩下c、h、i和j。然而,匹配c需要一条穿过石墨烯片的路径,而这样的交替路径十分曲折并会破坏多个苯环。在图3.4(b)中,我们选择沿着边界依次连接这些2°顶点形成路径。交替路径由黑色实线(新增)和红色虚线(删除)表示。留下的Clar面用橙色环表示,而被这些交替路径破坏的原苯环用X表示。

在图3.4(c)、(d)中,我们扩展了绿边和蓝边给出的局部Kekulé结构。通过绿边扩展的Kekulé结构,很容易看出Fries数是17。由绿边或蓝边扩展的Kekulé结构中的红色面可以得出,Clar数为9。在绿边扩展的Kekulé结构中,最左边的6个蓝色苯环和最右边的红色苯环也能形成一个独立的9苯环结构。而我们会看到,在某些情况下,从苯环的任何颜色类别都不能得出Clar数。

考虑石墨烯片的绿边Kekulé结构,与红色和蓝色的Kekulé结构不同,所有未配对的顶点都可以用单个边配对,其明显的优点是没有一个红色和蓝色的苯环被破坏。文献[7]研究了在所有三种颜色类别Kekulé结构中,未配对顶点可以通过单个边配对的石墨烯片。仔细观察图3.4(a)所示的红色Kekulé结构,可以观察到几个现象:未配对顶点可由单条边配对的红色边缘面均具有长度为3的边界,而含有不能被单条边配对的顶点的红色边缘面均具有长度为2的边界。我们还注意到,所有绿色边缘面都有长度为1或3的边界。文献[7]证明了边界长度的奇偶性是关键性质。结合该论文的几个结果,我们得出定理2。

定理2 设$G=(V,E,F)$是被红色、蓝色和绿色适当着色的石墨烯片。以下四个条件是等效的。

(1)所有边缘面均有奇数长度的边界;

(2)每种边色只可使用单边配对的方式将其扩展成Kekulé结构;

(3)就上述每种颜色类别的 Kekulé 结构而言，其他两种颜色所有面均可为苯环；

(4)在边界上，边缘面只能有两种颜色交替出现。

最后一条有点令人惊讶，如图3.4所示，我们注意到，当边缘面的边界数为奇数时，其两侧的边缘面具有相同的颜色；而当边缘面的边界数为偶数时，两边的边缘面具有不同的颜色。在文献[7]中，满足任何一个条件，继而满足所有上述条件的石墨烯片的集合用$\mathscr{H}$表示。

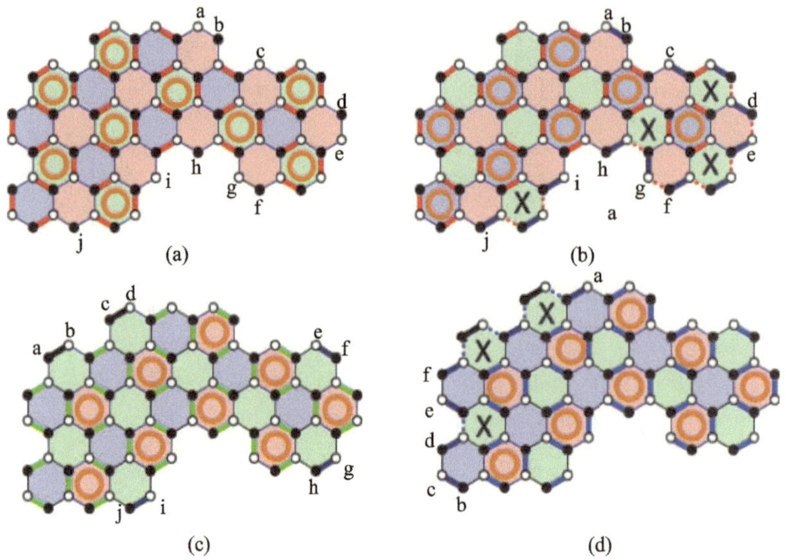

图3.4 石墨烯片中的 Kekulé 结构

这就引出了一些有趣而有用的通用公式。设 R、B 和 G 分别表示红色、蓝色和绿色面；设 $b(R)$ 表示红色边缘面的数量，$b(B)$ 和 $b(G)$ 的定义类似；设 $\ell(R)$、$\ell(B)$ 和 $\ell(G)$ 分别表示红色、蓝色和绿色面上边界顶点的数量。我们注意到，每个内部顶点和 $\ell(R)$ 顶点一样，正好位于一个红色面上，并且红色面上的每个顶点要么是内部顶点，要么是红色面边界上的顶点 $\ell(R)$。因此 $i+\ell(R)=6|R|$。同样还有其他几项公式。

引理1 设 G = (V,E,F) 是一个适当着色的石墨烯片，红色面 R，蓝色面 B，绿色面 G，那么

(1) $6|R|-\ell(R)=6|B|-\ell(B)=6|G|-\ell(G)=i$；

(2) $b(R)+b(B)+b(G)=b_3$；

(3) $\ell(R)+\ell(B)+\ell(G)=b+b_3$。

为了完成证明，注意到每个边缘面有两个3°边缘顶点，并且每个3°边缘顶点都在两个边缘面的边界上。最后，对边界的长度求和，对每个2°边缘顶点计数一次，对每个3°边缘顶点计数两次。

对于$\mathscr{H}$中的石墨烯片，如果其中一个面的颜色类没有出现在边缘上，比如 $\ell(R)=0$。那么，很容易证明通过红色的 Kekulé 结构可以得到石墨烯片的 Fries 数。结合上述几个公式，可以证明$\mathscr{H}$中的石墨烯片的 Fries 数可由$\frac{v}{3}-\frac{b_2}{6}$得出。在许多情况下，Clar 数即是最多的某颜色面的数量。在所有情况下，最多的某颜色面的数量是 Clar 数的下限。文献[7]的大部分内容都致力于计算$\mathscr{H}$中石墨烯片的 Clar 数。

3.2.3 苯类化合物的 Kekulé、Fries 数和 Clar 数的两两不相容性

石墨烯片或苯类化合物 B 的 Clar 数、Fries 数和 Kekulé 结构的数量是三个经典参数，它们与石墨烯片的稳定性呈正相关。一般认为，如果两个石墨烯片 B_1 和 B_2 具有相同的顶点（原子）和六边形数，并且 B_1 具有比 B_2 更高的 Clar 数，则 B_1 具有比 B_2 更多的 Kekulé 结构和更高的 Fries 数。然而，在文献[3]中，情况并非如此。图 3.5(a)显示的石墨烯片 B_1 和 B_2 具有相同数量的六边形和顶点，它们是最大 Clar 数与最大 Kekulé 结构数不一致的最小的一对石墨烯片。B_1 和 B_2 各有 7 个六边形和 28 个顶点（也存在一对更小的 6 个六边形组成的不相容石墨烯片，但它们的顶点数不同）。B_1 有 13 个 Kekulé 结构，Clar 数为 3；B_2 有 16 个 Kekulé 结构，Clar 数为 2。在图 3.5(d)的 B_3 和 B_4，它们是最大 Clar 数和 Fries 数不一致的最小的一对石墨烯片，同时也是 Fries 数和 Kekule 结构数不一致的最小的一对石墨烯片。这些石墨烯片各有 6 个六边形和 26 个顶点。B_3Fries 数为 5、Clar 数为 4、有 22 个 Kekulé 结构；B_4Fries 为 6、Clar 为 3、有 21 个 Kekulé 结构。

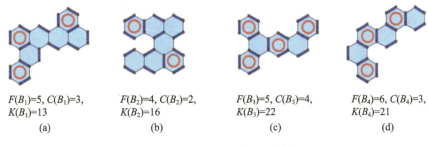

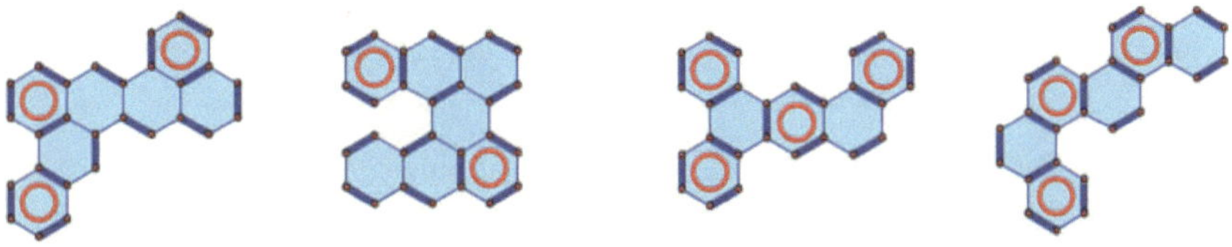

$F(B_1)=5$, $C(B_1)=3$, $K(B_1)=13$
(a)

$F(B_2)=4$, $C(B_2)=2$, $K(B_2)=16$
(b)

$F(B_3)=5$, $C(B_3)=4$, $K(B_3)=22$
(c)

$F(B_4)=6$, $C(B_4)=3$, $K(B_4)=21$
(d)

图 3.5 最小的不相容石墨烯片

出现了两个自然的问题：①不一致的参数之间产生的差距有多大？②两两不一致的频率是多少？在文献[3]中，作者指出，对于特定类别的石墨烯片，这些参数的差距可以任意增大。他们在 n 个六边形和 $4n+2$ 个顶点上构造了一对 Z_n 和 Y_n，使得 $C(Z_n) < C(Y_n)$，$F(Z_n) > F(Y_n)$，并且这两个不等式都随着六边形的数目线性增长。他们以相似的方法构造了一对 W_n 和 V_n，使得 $C(V_n) < C(W_n)$，$F(V_n) < F(W_n)$，但 $K(V_n) > K(W_n)$。在这种情况下，差距的增长与六边形的数目成对数关系。

作者利用计算机检索研究了第二个问题，找到了最多由 13 个六边形组成的石墨烯片的每对参数的不一致比例[3]。这些数据是使用 C、Python 和 awk 语言编程生成，计算机检索是基于 Brinkmann、Caporossi 和 Hansen[1]建立的生成方法。

3.2.4 掺杂与 Kekulé 结构

掺杂，即将非碳原子附着到石墨烯片上，有多种原因。在这里，我们考虑使用掺杂来增加 Clar 数或 Fries 数。石墨烯片的 Kekulé 结构使每个 3°顶点的化合价达到 4，但只能将边缘的 2°顶点变成 3°顶点。通过在原来的 2°顶点上加一个氢原子进行掺杂，能够使每个顶点的价态均达到 4。然而，不同的掺杂模式可以用来改变 Clar 数和 Fries 数。在图 3.6 中，我们用相同石墨烯片的几种掺杂模式来说明这一点。在图 3.6(a)中，得到了标准的掺杂模式和蓝色的 Kekulé 结构。这种排列产生的 Fries 数为 19，Clar 数为 11。在图 3.6(b)

中，我们证明了，通过简单地对两个相邻的2°顶点进行双重掺杂，可以将Fries数增加到20。在图3.6(c)中，对两个边界顶点进行了双掺杂，并将Clar数增加到12。最后，在图3.6(d)中，掺杂了两个3°顶点，得到的Fries数为22，Clar数为12。

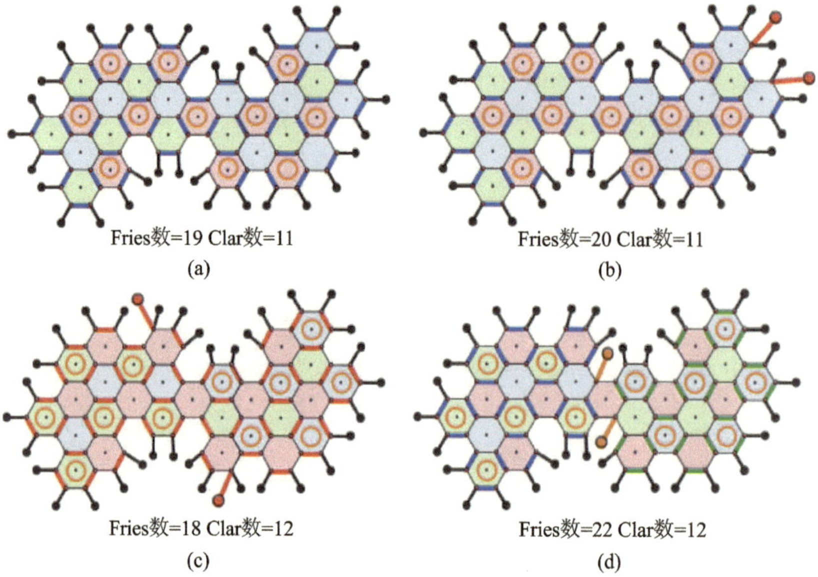

图3.6 掺杂模式

3.3 内部缺陷

3.3.1 内部 Kekulé 结构

在3.2.2节中，我们描述了一个将由边缘色给出的部分Kekulé结构扩展到边界成为整的Kekulé结构的例子，并在过程中尽可能少地破坏苯环结构。如3.2.1节所述，并非所有石墨烯片都具有Kekulé结构；边缘上的一些顶点可能无法匹配。在本节中，通过聚焦于内部Kekulé结构(即匹配所有3°顶点但不一定匹配所有2°顶点)来避免处理边缘上的不匹配顶点。我们将这一概念应用于石墨烯片以及一般片层。

3.3.2 一般片层

一般片层包括石墨烯的无序片(具有一些缺陷的非六边形面的石墨烯)以及更一般的结构。我们将一个一般片层定义为一个平面图形 $\Pi=(V,E,F)$，其中一个面 $f_0 \in F$ 被指定为外侧面，使得所有的顶点均为2°或3°，所有的2°顶点都限制在 f_0 的边缘上。f_0 的边缘必须是一个基本回路。在除 f_0 以外的所有面都是六边形的情况下，Π 表示石墨烯片。如果 F 中的所有面有偶数度，那么外侧面 f_0 也有偶数度，我们称为偶数片。请注意，偶数片是二分的，石墨烯片是偶数片。

偶数片有许多与石墨烯片相同的属性，由于偶数片是二分的，其有3色面[5]，也有2色顶点。此外，偶数片也会有遵循3.1.3节给出的相同的着色规则(不考虑颜色排列)的唯一的面－边3着色，即：

(1)如果一个面被指定了颜色 c_1，则它的边被交替指定为颜色 c_2 和 c_3；

(2)每个边及其两侧的面都被指定为不同颜色。

这两个特性也使偶数片表现出以下特点：面和边缘的颜色在其中一个二分顶点(如黑色)周围按顺时针顺序排列，在另一个二分顶点(白色)周围按逆时针顺序排列[5]。

我们用这个面－边3着色法为任意偶数片的内部面构造三个完美内部Kekulé结构。我们将这些定义为内部Kekulé结构，其中每个面要么是共轭的，要么是空的。这些内部Kekulé结构的苯环数目是最优的，因为在任何3°顶点周围，最多两个面可以共轭，最多一个面可以是空的[5]。进一步证明了偶数片有三种完美内部Kekulé结构，即可分别用Π的唯一面－边3着色中的三种不同的边色表示。

定理3 设Π为一个偶数片，则

(1)Π允许边－面3着色，且该着色在不考虑颜色排列的情况下是唯一的；

(2)边－面3着色的边色可分别代表Π的三个不同的完美内部Kekulé结构，它们是Π唯一的三种完美内部Kekulé结构。

因此，如果Π是只有偶数度面的一般片，或者是有少量偶数度无序面的石墨烯片，则Π的完美内部Kekulé结构与纯石墨烯基本相同。

3.3.3 集群

我们现在进一步研究内部有奇数度无序面的片。为了研究这些类片，我们选择了一个片，它包含一个所有面均为奇数度的内部子片，将该子片删除。删除的内部子片的边界必须是一个基本回路，其内部的所有顶点、边和面均被删除，留下一个面 f_1。剩下一个环形片 $\Theta=(V,E,F)$，其中 $f_0 \in F$ 是外侧面，$f_1 \in F$ 是内侧面。环形片的所有顶点均为2°或3°，所有2°顶点都在 f_0 和 f_l 的边缘上。同样，匹配所有3°顶点但不一定匹配所有2°顶点以获得环形片的内部Kekulé结构，如果所有面都或是共轭或是空的，则称环形片具有完美内部结构。我们聚焦于所有奇数度的面都可以包含在内部子片中的情况，因此环形片上的面都具有偶数度。图3.7(a)给出了一个内部有三个奇数度内表面的片的示例。

第一个问题：环形片是否有完美内部Kekulé结构？例如，图3.7(c)给出了环形片的完美内部Kekulé结构。第二个问题：如果环形片具有完美内部Kekulé结构，那么这些结构是否可以在尽量少改变周围匹配情况的前提下扩展到内部子片？这取决于内部奇数度面的个数是偶数还是奇数。这方面的细节在文献[5]中有详细讨论，在这里列出了主要结论。

定理4 设 Π 是一个内部有奇度面的片，其存在一内部子片包含了所有奇数度面，Θ是该内部子片周围的环形斑片。

(1)如内部奇数度面的数目是奇数，则环形片不是二分的，环面有一个完美内部Kekulé结构；

(2)如内部奇数度面的数目为偶数，则环面是二分的，环面有三个完美内部Kekulé结构(3个边色)，或没有完美内部Kekulé结构。

此外，如文献[5]所示，如果环形片具有完美内部Kekulé结构，则该结构可以在包围内部子片的面上进行一些小的改变并延伸到斑片内部，如图3.8所示。这是一个内部子片上的Kekulé结构，但在某种意义上说，其内部并不“完美”，内部子片上可能有一些既不空也不共轭的面。

定理5 设Π为一个片,其含有一个包含所有奇数度面的中心子片,而 K 是围绕这个中心子片的一个具有完美内部 Kekulé 结构的环形片。则在中心片周围的面上进行少量改变,K 的内 Kekulé 结构可以扩展到Π的内部。

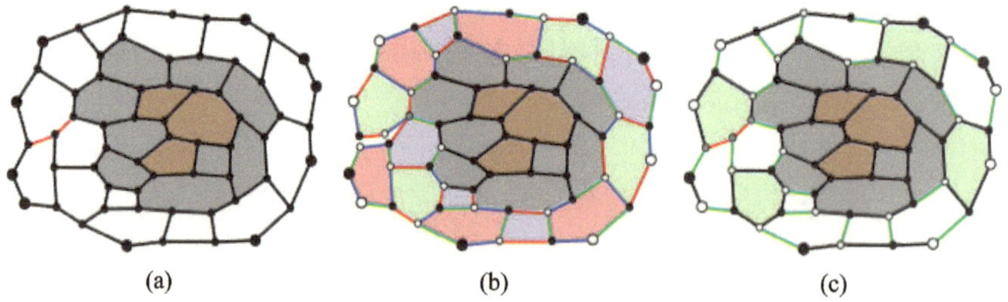

图3.7 奇数个奇数度面(环形片有一种边色匹配)

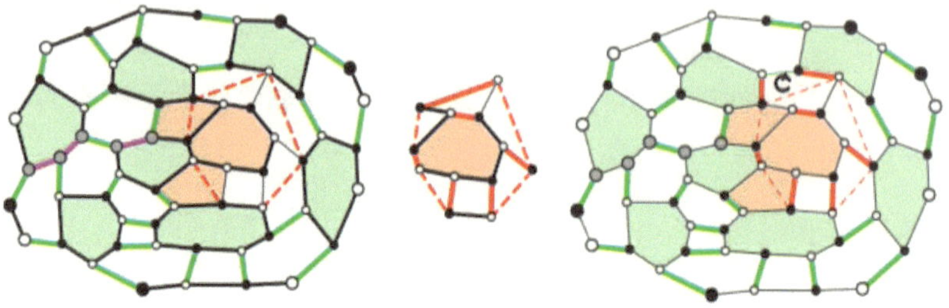

图3.8 图3.7中示例的扩展

确定环形面是否有三个完美内部 Kekulé 结构、一个完美内部 Kekulé 结构或没有内部 Kekulé 结构的一种方法是检查边界。给定一个斑片,在边界上的每个2°顶点上添加一个悬挂顶点。现在,选择其边缘上的顶点,将该顶点涂成白色,并按顺时针顺序将其三条边涂成红色、蓝色和绿色。围绕边缘顺时针移动,将下一个顶点着色为黑色,并使用逆时针方向完成该顶点边的着色;边缘上的下一个顶点将着色为白色,其边使用顺时针方向着色。我们以这种方式继续,直到返回到初始顶点。

(1)如果顶点色匹配,边色也匹配,则片中的奇数度面的数目为偶数(也可能为0),而如果它们能被隔离在内部子片中,则所产生的环形片可允许三个完美内部 Kekulé 结构,每个都能扩展至整个片的内部。

(2)如顶点色匹配,但边色不匹配,则片中的奇数度面的数目为偶数,但不为0,并且任何通过删除包含奇数度面的内部子片,获得的环形片不存在完美内部 Kekulé 结构。

(3)如顶点色不匹配,则其中一个边色必匹配,且片中的奇数度面的数目是奇数,而且,如果它们能被隔离在内部子片中,则所产生的环形片只允许一个完美内部 Kekulé 结构(通过匹配边色获得),并且能扩展至整个片的内部。

3.4 曲率

在本节中,我们考虑普通石墨烯片:含有一些缺陷的类石墨烯片,仍保留了它们可以形成六边形密铺的特征,但不一定是平面六边形密铺。具体来说,如果 $G=(V,E,F)$ 是一个普通石墨烯片，那么我们可以在它的边缘外添加一圈六边形组成的外边缘面，可以重复这样做并且不会引入额外的缺陷。例如，如果 G 的边缘包含 5 个或更多连续的 3°顶点，在该处添加的外边缘面至少为 7°，那么 G 就不是我们定义的普通石墨烯片。由于我们可以无限地给普通石墨烯片 G 添加外边缘面，可以在片 G 的外侧构造一个六边形密铺 T。从 T 中删除 G 得到的环形片可以被看作是平面六边形密铺的局部，即它的所有有限的（而非环形的）子片都可以嵌入到平面六边形密铺中。但是，如果 G 的曲率不为 0，则整个环形片不能嵌入到平面六边形密铺中。在介绍了一些定义并证明了一些基本结论之后，我们将详细讨论这些条件。设 $G=(V,E,F)$ 是普通石墨烯片，D 表示缺陷的集合，缺陷即除边缘面以外的度数不是 6 的面。设 $d(f)$ 表示面 f 的度数，定义 G 的曲率为

$$c(G) = \sum_{f \in D} (6 - d(f))$$

3.4.1 曲率与生长

正如在本章开头提到的，对于所有石墨烯片，边缘上的 2°顶点数 b_2 和 3°顶点数 b_3 可以通过公式 $b_2 = b_3 + 6$ 简单地联系起来。将这个结论推广到普通石墨烯片：

定理 6 设 $G=(V,E,F)$ 是曲率为 c 的普通石墨烯斑片，则 $b_2 = b_3 + 6 - c$。

证明：我们可以很容易地检查这个结果是否适用于具有以下特征的所有普通石墨烯片，这类普通石墨烯片只包含一个面和外侧面，即 $b_2 = d(f)$，$b_3 = 0$，$c = 6 - d(f)$，所以 $b_2 = 6 - c = b_3 + 6 - c$。现在进行归纳：设 $G=(V,E,F)$ 是一个曲率为 c 的普通石墨烯片，包括 $n>1$ 个面，并假设该公式适用于所有具有面数少于 n 的普通石墨烯片。设 f 是一个面，移除 f 不会使图形断裂，即移除后会使图形断裂的面不得移除。最后，用 G' 表示移除 f 后得到的片；参见图 3.9(a) 所示的片。请注意，G' 和 f 被一条路径截断，红色路径连接图中的顶点 x 和 y。令 k 表示连接 x 和 y 路径的长度。那么，从 x 到 y 的红色路径上有 $k-1$ 个顶点是 G' 的 3°边缘顶点，它们也是 G 的内部顶点；x 和 y 是 G' 的 2°边缘顶点，也是 G 的 3°边缘顶点；而 $d(f)-(k+1)$ 个顶点是 G 新的 2°边缘顶点（x 到 y 的蓝色路径），不与 G' 共享。有：

(1) $c = c' + (6 - d(f))$ 或 $c' = c - 6 + d(f)$；

(2) $b_2 = b'_2 - 2 + d(f) - (k+1)$ 或 $b'_2 = b_2 + 3 + k - d(f)$；

(3) $b_3 = b'_3 - (k-1) + 2$ 或 $b'_3 = b_3 - 3 + k$。

将这些值替换为 $0 = b_2' - b_3' - 6 + c'$（归纳假设）：

$$0 = [b_2 + 3 + k - d(f)] - [b_3 - 3 + k] - 6 + [c - 6 + d(f)] = b_2 - b_3 - 6 + c$$

石墨烯片的公式 $b_2 = b_3 + 6$ 就是 $c = 0$ 时的特例。

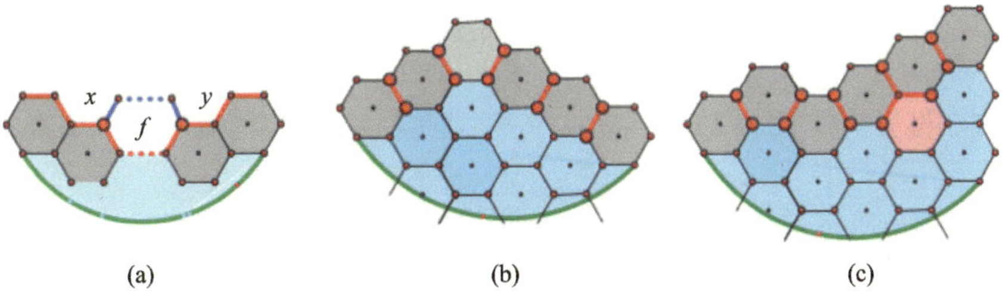

图 3.9 曲率和边界

设 $G=(V,E,F)$ 是曲率为 c 的普通石墨烯片。除了定义为 G 的边界的回路外，与外侧面有共享边的面形成的"回路"也是有用的。我们把这组面称为 G 的边缘面。这两个概念密切相关。边界的长度由 $d(f_0)=b_2+b_3=2b_3+6-c$ 给出。在边界周围，注意到边界上的 3°顶点与边缘面交替出现。因此，b_3 也为边缘面的数目，但需注意的是，如果一个面 f 的移除会导致片的断裂，则该面 f 会被重复计数，数量等于 $f\cap f_0$ 成分的数量。仅由一个面组成的面片 $b_3=0$，也是一个例外。因此，当至少有两个面且不存在移除后会使片断断裂的面时，G 的边界长度为 b_3。现在，考虑通过添加新的外边缘面在六边形密铺中嵌入 G，一次添加一层外边缘面，这样 G 的边界回路上的每一条边都必须与一个新六边形相邻。这在图 3.9(b)(c) 中进行了说明。我们将通过向 G 添加新六边形外边缘面而获得的片 G' 称为扩张 G。在图 3.9 中，向蓝色片外添加了新的灰色边缘面。如图 3.9(c) 所示，这可能导致填充原始边界的一些深凹槽，因此并非所有添加的面都是 G' 的边缘面。随后我们追踪边界的长度是如何随次数增长的，可以认为是 G 的非正式增长率。下一个引理是理解增长率的关键。

定理 7 设 $G=(V,E,F)$ 是一个所有的边缘面都是六边形的普通石墨烯片，设 $G'=(V',E',F')$ 表示通过在边界上添加一层新的六边形面获得的片，则

(1) $b'_3<b_3+6-c$；

(2) G 的曲率小于等于 6；

(3) 如果 G 满足其边界上不存在 2 个相邻的 3°顶点，那么 G' 也满足上述条件，并且 $b'_3=b_3+6-c$。

证明：在图 3.9 中，看到 G' 的每个 3°边缘顶点都与 G 的一个 2°边缘顶点相邻，或通过顺时针沿其左侧新面边与 G 上的一个 2°顶点相连。同样清楚的是，用同样的方法，G 的每一个 2°顶点将最多对应一个 G' 的 3°顶点。因此，$b'_3\leqslant b_2=b_3+6-c$，得出了第一个不等式。从这个不等式可以看出，如果 c 大于 6，增加的边缘会变小，最终导致产生另一个缺陷。因此，一般石墨烯片的曲率必须小于或等于 6。最后，如图 3.9(c) 所示，严格的不等式只能在填充较深的凹槽时出现。图 3.9(b) 说明，当 G 的边界上不存在两个相邻的 3°顶点时，G' 也满足这一条件，并且 G' 的 3°顶点和 G 上的 2°顶点之间的对应关系是 1∶1 及以上；因此，在这种情况下公式取等。

如果 G 在边界上不存在 3 个连续的 3°顶点，那么 $b'_3=b_3+6$。然而，G' 可能不能满足这一条件，随后的边界可能会继续缩小。因此，条件"不存在两个连续 3°顶点"将允许我们定义增长率。满足"边界上不存在两个相邻的 3°顶点"和"边界上不存在 3 个相邻 2°顶点"条件的斑片特别好，我们称这样的斑片有一个多边形边界，其本身也是多边形的。直觉上，我们认为有两个 2°顶点的边缘面为边界的拐角面，两个连续角之间的面加上每个拐角面的一半作为边界的一条边。边的长度就是这些面数加 1。因此，可以将边界理解为边长之和为边界或周长上面的数量的多边形。

引理 2 设 $G=(V,E,F)$ 是曲率小于 6 的普通石墨烯斑片，则 G 可以嵌入多边形斑片中。

证明：不难证明（过程冗长，因此省略），可以用六边形反复填充由连续 3°顶点形成的空腔，直到石墨烯片满足条件"边界上没有两个相邻的 3°顶点"为止。这使得一个重复扩张操作消除了所有 3 个或 3 个以上的连续的 2°顶点，并形成了一个多边形边界。

曲率为6的一般石墨烯片将在之后进行讨论。下一个引理很容易验证。

引理3 设 $G=(V,E,F)$ 为曲率 $c<6$ 的多边形石墨烯斑片，则

(1) G 的角数为 $6-c$；

(2) G 的扩张也是具有相同角数的多边形，相应的边长增加1，周长增加 $6-c$。

由于每个普通石墨烯片都可以嵌入到一个多边形片上，并且所有随后的扩张都会使周长增加 $6-c$，因此我们将 $6-c$ 定义为斑片 G 的增长率。石墨烯片的曲率为0，其增长率为6。如果G是一个具有五边形缺陷的普通石墨烯片，则其曲率为1，其生长速率为5；如果 G 是一个具有七边形缺陷的石墨烯片，则其曲率为 -1，其生长速率为7。在3.4.2节到3.4.4节中，将讨论曲率不为0的一般石墨烯片的结构及其可视化方法；在3.4.5节中，将讨论曲率为0但仍包含缺陷的一般石墨烯片。最后讨论曲率和Kekulé结构之间的关系。

3.4.2 锥

带有单个五边形缺陷的斑片可以被认为是嵌入一个以五边形为中心的锥体中。在六边形密铺中，选择一个六边形并构造一个锥顶位于该面中心的60°楔形。删除楔形并标识楔形的边，生成锥顶为五边形的锥体。这个过程可逆：在图3.10(a)，我们将曲率为1的多边形石墨烯片的边界嵌入到平面的六边形密铺中。在六边形密铺中，此边界不闭合；深灰色面表示同一个面，必须进行标识。为了进行标识，我们构造了一个等边三角形，其底是连接待标识面中心的线段，其第三个顶点是锥体的锥顶。注意锥顶是另一个面的中心。在图3.10(b)中，我们扩展了三角形的边，形成了一个要删除的楔形。在图3.10(c)中，我们略微偏转后删除了一个具有相同顶点的60°楔形。标识这些面并缩小这一间隙会产生一个具有单个五边形面的普通石墨烯片。在图3.10(b)中，我们在边界外添加了（黄色）面，以将此多边形片放大为具有规则边界的以五边形为中心的多边形片。其他曲率为1的普通石墨烯片呢？如果足够扩大它们的边界，就可以进行同样的构造，产生一个具有连续五边形边界的五棱锥。图3.10(d)是一个有两个五边形和一个七边形缺陷普通石墨烯片，但它与前例边界相同。因此，在这种情况下，包含缺陷的初始片的基本体锥结构是相同的，实际上在所有情况下都是相同的。我们可以把曲率为1的所有一般石墨烯片看作截短的五边形锥体。

锥体已经被广泛研究，见文献[2]。在简单地总结其余的案例之前，我们将再分析一个案例。设 G 是曲率为2的多边形石墨烯片，得出 $b_2=b_3+4$，所以闭合边界需要4个60°的转角，而不是通常的用来闭合六边形密铺边界的6个60°的转角。因此，必须移除两个60°楔形，或者一个120°楔形。同样，将边界嵌入到平面的六边形密铺中，并连接必须重叠的面的中心。接下来，在此基础上构造一个顶角为120°等腰三角形，见图3.11。在这种情况下有两种可能：锥顶可以是(1)一个面的中心或(2)一个顶点。如果锥顶是面的中心，则移除120°楔形并识别其边将生成锥顶为四边形的锥体。如果它的锥顶是顶点，则移除120°楔并识别其边将生成锥顶为2°顶点的锥体。在本例中，该2°顶点是长度为2的路径的中心，该路径分隔两个六边形。用一条边代替这条路径会产生两个五边形在顶点共享一条边的锥体。以不同的面为中心移除任何两个不相交的60°楔块将产生一个具有两个五边形面的锥体。不明显的事实是，在不考虑缺陷的情况下，任何曲率为2的普通石墨烯片都将对应于通过移除120°楔形构建的两种圆锥体中的一个。

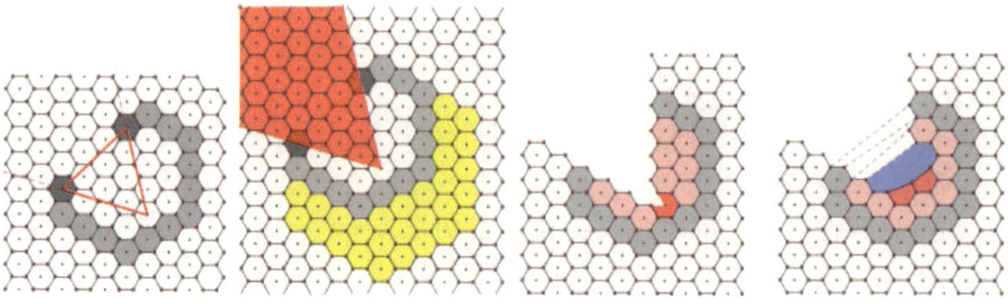

图 3.10　曲率 1

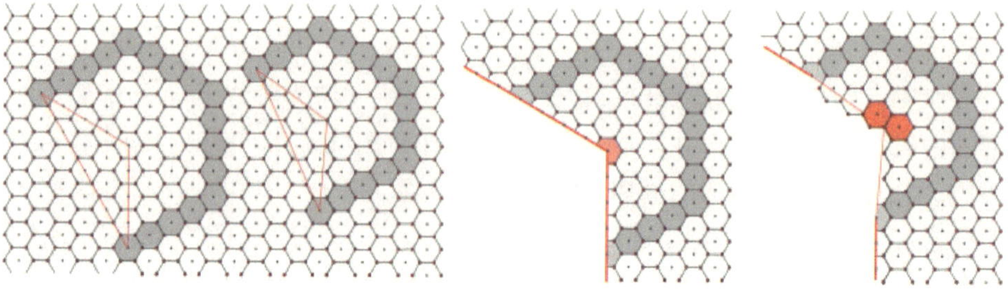

图 3.11　曲率 2

为什么只可能有两种锥体？只有当楔形的顶点是六边形密铺的 $\theta°$ 旋转中心时，才能移除 $\theta°$ 楔形并识别其边缘面，否则，边将不匹配。镶嵌旋转是：围绕一个面的中心的 60° 旋转；围绕一个面的中心或一个顶点的 120° 旋转；围绕一个面的中心或缘中心的 180° 旋转；围绕一个面的中心或一个顶点的 240° 旋转；围绕一个面的中心的 300° 旋转。例如，在曲率为 3 的情况下，我们取一个半平面，把它的侧面折叠起来。如果折叠点是一个面的中心，那么这个面就会在锥的顶点变成一个三角形。如果折叠点是边的中心，则该边会折叠回自身。删除"半边"会生成一条路径，该路径包含一个将五边形和六边形分开的 2° 顶点，用边替换该路径会生成一个锥体，该锥体的顶点处为一个四边形并有一个相邻的五边形。任何包含曲率为 4 的普通石墨烯片的锥体，要么是锥顶有两个相邻四边形的锥体截短部分，要么是锥体的锥顶有一个相邻的三角形和五边形。曲率为 5 只允许一种可能：截短圆锥体，使其锥顶有一个相邻的四边形和三角形。在我们考虑曲率 6 的情况之前，还有一个更自然的问题要回答。

同一曲率的两种锥体(如曲率 2)除了缺陷以外还有不同之处吗？如果有，有何不同？首先考虑图 3.11 中锥顶为四边形的锥体。灰色边框是一个边长为 5 的正方形。在最右图中，锥体的边界(中心有两个五边形)是一个矩形，其中一组平行边的长度为 5，另一组平行边的长度为 4。不难看出，任何包围缺陷的矩形都有一对长度为偶数的平行边，而另一对长度为奇数；不可能是正方形。对于曲率 3，一种锥允许顶点周围有一个等边三角形，而在另一种锥中，顶点周围没有等边三角形。对于曲率 4，包围顶点的简单多边形是弓形：两条直线路径，六边形在其末端相交。在一种锥体中，边的长度相同，而在另一种锥体中，边的长度不同。

3.4.3 曲率 6

之前的构造总结如下：首先，我们填充边缘上的凹槽，然后在平面六边形密铺上镶嵌多边形边界，在连接重复面中心的线段上构造等腰三角形，最后，删除了这个三角形的顶点角所定义的适当的楔形，确定了它的边。在曲率为 6 的情况下执行此构造会出现两个问题。注意，$b_2 = b_3$。第一个问题发生在填充凹槽的过程中。边界上相邻的 3°顶点对的数量将会持续减少，直至不存在或者只存在一对。如果边界上有一对相邻的 3°顶点，那么就会有这样一条路径：沿六边形一边，向左转 60°（创建一对相邻的 3°顶点），沿六边形一边，向右转 60°（创建一对相邻的 2°顶点），然后是通往第二个重复面的六边形边缘路径。所有后续边界都将与此边界一致，并且片将没有多边形边界。如果边缘上没有相邻的 3°顶点，则边界是两个相同的重复面之间的六边形直线路径。在本例中，正如引理 3 所示，边界根据确切意义来说是多边形，但是没有角。

第二个问题发生在删除“楔型”时。考虑 3.4.2 节在构建中删除的楔型。从连接两个重复面的中心开始，我们希望构造顶点为 360°或 0°角的等腰三角形。这意味着这个“三角形”的底角是 90°，也就是说，三角形的边是平行的。因此，我们切下这两条线的边界带，并以此得到一个圆柱。分析这种情况的另一种方法是考虑一个包含 6 个五边形面的斑片：在棋盘花纹镶嵌中识别 6 个六边形，按顺时针顺序排列分别为 $f_1, f_2, \cdots, f_6$，为便于说明，假设它们从某个中心点大致等距展开。现在，在远离“中心”的 f_1 开口的中心处移除一个 60°的楔型；在 f_2 处重复此操作，并调整楔块的方向，使两个楔型的最近边平行。继续重复这一操作，注意第一个和最后一个楔型最接近的边也是平行的。因此，当楔型被移除并确定其侧面时，得到的是一个由 6 条粘在一起的条带组成的圆柱体。

这就产生了无限多个可能的边界，这些边界也产生了无限多个“圆柱盖”。最简单的情况是一个由 p 个六边形面的路径组成的边缘；p 的每个值都给出了一个不同的圆柱。稍微复杂一点的情况是，一个面 f_1 左转 60°，另一个面 f_2 右转 60°，从 f_1 到 f_2 经过 p 个六边形，然后从 f_2 回到 f_1 经过 q 个六边形。同样，p 和 q 的每个选择都会产生不同的圆柱体。无论有没有盖，这些结构被称为纳米管。

3.4.4 皱褶

考虑曲率为 −1 的缺陷片 G。在这种情况下，生长速率是 7，包围缺陷的对称边界是一个七边形。在图 3.12（a），将一个不规则的边界嵌入到一个曲率为 −1 的片中。与曲率为 1 的情况一样，从连接重复面的中心和顶点段构造等边三角形。但是现在，不是切除顶点角度定义的 60°楔形，而是复制它，形成一个包含边界路径两端的副本，然后识别楔形的两条边。与先前一样，两条边必须匹配，因此顶点必须位于密铺的 60°旋转中心。在这种情况下，包含顶点的面被拉伸成七边形（图 3.12（b））。我们以同样的方式处理所有的负曲率。同样，根据所复制的楔形顶点的角度，通常只有两个基本的皱褶。

在中心引入一个缺陷，即 $n+6$ 边型，总会在中心产生一个曲率为 $-n$ 的缺陷片，对应于面中心的顶角数。通常，还有第二种选择。在曲率为 −2 的情况下，尖角为 120°，顶点可以位于最高点，并在插入楔型后变成 4°顶点。图 3.12（c）在中心有一个八边形，形成了曲率为 −2 的片。图 3.12（d）的中心有一个 4°顶点。为使其成为片，我们用一个小的正方形替换4°顶点。由此产生一个在中心有一个正方形的斑片，与4个七边形相邻。每个七边形的曲率为 -1，正方形的曲率为2，合计曲率为 -2。同样，无论实际的 $-n$ 曲率片的缺陷集是什么，皱褶的类型可以由缺陷周围简单的 $n+6$ 边型的形状来推断。对于以 $n+6$ 边型为圆心的原型圆锥，有可能存在规则的简单 $n+6$ 边型；对于曲率为 $-n$ 的原型圆锥，不存在规则的简单 $n+6$ 边型。在曲率 -3 的情况下，原型"不规则皱褶"有三个七边形在中心共享一个顶点。对于曲率 -4，原型"不规则皱褶"的中心有一个5°顶点，可转换为一个中间为五边形且由5个七边形包围的片。曲率 -5 只有一种可能的褶皱类型，就像曲率5一样。而与曲率6相同，存在无限多不同的曲率 -6。

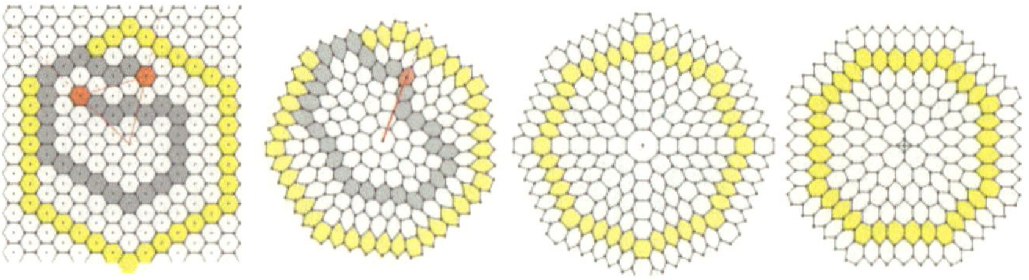

图3.12　左边两个图像的曲率为 -1，右边两个图像的曲率为 -2

3.4.5　0曲率簇和平整度

平面六边形密铺的一个决定性特征是，每个子块都可以扩展为具有规则六边形边界的片。我们所研究的圆锥体、圆柱体和皱褶，其远离缺陷处的所有片都满足这一性质，但是如果将缺陷包含在片中，则不满足这个性质。因此，嵌入缺陷的密铺在远离缺陷处是局部平整的，但与平面细分有很大区别。另一种看待这一问题的方法是，考虑包含缺陷且具有非零曲率的六边形密铺，通过删除包含所有缺陷的有限片获得的环无法嵌入平面六边形密铺中。这就引出了一个自然的问题：如果是一个有缺陷但曲率为零的片呢？

我们从研究带缺陷的最简单的0曲率片开始：一个五边形和一个七边形。在图3.13的图表和模型(a)中，我们举出这个最简单情况的一个具体例子。为了在面f上创建一个五边形，我们删除了一个60°的楔形物；然后，为了在面g上创建一个补偿七边形，从标记为g的两个面中删除了一个150°的楔形。一旦被删除部分(阴影)的平面被移除并且相应的边缘被确定，f成为一个五边形，g的两个副本合并成一个七边形。该片的曲率为0，因此可以嵌入到具有六边形边界的多边形片中。然而，包含这些缺陷的多边形片是不规则的，并且通过删除具有蓝色六边形边界的斑片的内部而获得的环形斑片也不能嵌入平面六边形密铺中。如果曲率为0的普通片可以嵌入正六边形的边界中，则称它具有平整性。在接下来的三个例子中，说明了通过仔细排列五边形－七边形对，可以构造出满足这个平整性条件的0曲率普通片。

我们发现使用地质学术语描述这些模型的形状很方便。图3.13(b)中有两个五边形－七边形对，产生一个带有两个相互垂直陡坡的平坦斑片。远离陡坡的4个象限片都是水平的(彼此平行，但在不同的层次)。一旦删除蓝色六边形边界片的内部，褶皱就可以变平，形成一个平面环形片。图3.13(c)中有三个五边形－七边形对，产生一个中心有一个鼓泡的明显平整片。图3.13(d)中同样有两个五边形－七边形对，产生了一个平整的且有两个平行的悬崖垂直于隆起线的片。这个片的象限之间不是水平的，所以虽然严格上是平整的，但斑片中存在永久性褶皱。但同样，当包含缺陷的中央片被删除时，褶皱可以变平。

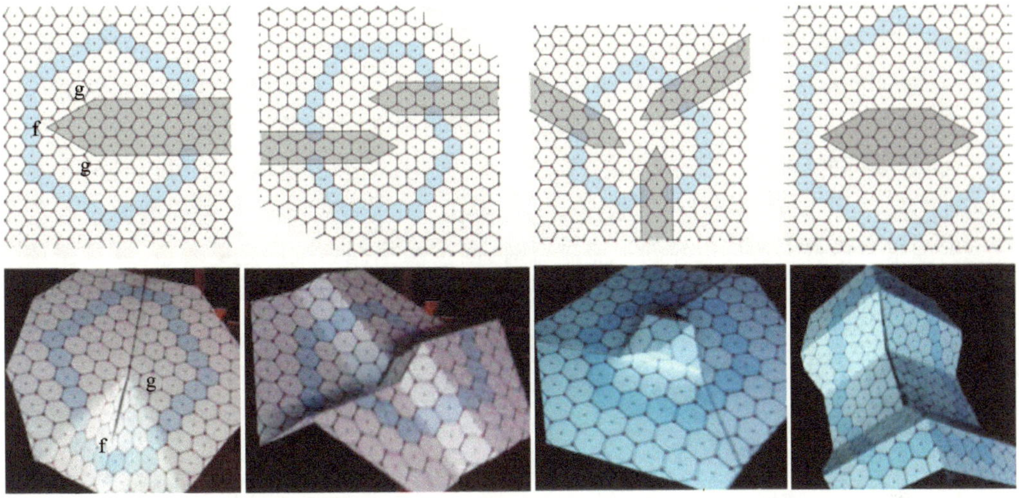

(a) (b) (c) (d)

图 3.13 0 曲率和平整度

通过精心布置的五边形－七边形对，人们可以构造出形状千变万化的平面片。例如，利用图 3.13(d)五边形－七边形对的重复图案可以设计成一个具有平行波族的平整普通石墨烯片。并且，使用其他缺陷的可能性是无限的。下面以一个这样的例子结束本节。考虑嵌入平面六边形密铺中的平行四边形 $ABCD$：

(1) 顶点 A、B、C 及 D 位于面的中心；

(2) 相对顶点 A 及 C 的角度为 60°；

(3) 相对顶点 B 及 D 的角度为 120°。

现在，去掉这个平行四边形。如果通过对应顶点 B 和 D 来折叠这个平行四边形，包含顶点 A 和 C 的面会变成五边形，B 和 D 组成的面会变成八边形。曲率被计为零，并且，由于平行四边形在被移除之前可以被一个规则的六边形边界包围，所以这个斑片是平的。通过对应同一平行四边形的 A 和 C 点，构造一个具有两个四边形面和一个十边形面的平面普通石墨烯片。

3.4.6 曲率和完美 Kekulé 结构

在 3.3 节中，我们提出了一般石墨烯片在远离缺陷处允许三个或一个或没有完美内部 Kekulé 结构的条件（回想一下，内部 Kekulé 结构可能不匹配边界上的所有 2°顶点；完美的内部 Kekulé 结构是指每个面都是或共轭或空的结构）。本节我们希望了解这些条件与曲率的关系。首先，注意到，当且仅当普通石墨烯片具有奇数个奇数缺陷时，其曲率为奇数（正或负）；当且仅当普通石墨烯片具有偶数个奇数缺陷时，其曲率为偶数（正或负）。因此，根据定理 4(1)，所有具有曲率为奇数的普通石墨烯片都在远离缺陷处只允许一个完美内部 Kekulé 结构，并且，根据定理 5，可以扩展为整个片的内部 Kekulé 结构。对于曲率为偶数的一般石墨烯片，定理4(2)告诉我们，远离缺陷的环片不允许完美内部 Kekulé 结构，或允许三个完美内部 Kekulé 结构，每个结构都可以通过定理5扩展为整个片的内部 Kekulé 结构。

我们首先考虑平整的普通石墨烯片，这里的答案很容易看出。由于环形片可以嵌入平面六边形密铺中，因此它允许一个完美的面3着色，因此有三个完美内部 Kekulé 结构。在所有剩余的曲率为偶数的情况下，包括曲率为0但不平整的情况，问题变为：我们构造的密铺是否允许完美的面3着色？如果这样做，则多边形边界将继承此面3着色。所以接下来自然要问的问题是：我们能否仅从多边形边界判断外部密铺是否可以是面3着色的？答案是肯定的。在陈述下一个结论之前，需要一个定义。多边形边界的面3着色是合适的，如果当沿着多边形边界的一侧进行时，面按两个循环顺序之一着色，并且循环顺序在每个角处改变。换言之，颜色的循环顺序随着边界从一侧移动到另一侧而交替。

定理8 设 G 是曲率为偶数的一般石墨烯片；设 B 表示包含缺陷面的多边形片的边界；设 T 表示由 B 构建的环形密铺。那么，当且仅当 B 允许适当的面3着色时，T 允许面3着色。

证明：假设 T 允许一个面3着色，我们必须证明 B 的继承面3着色正确无误。从一个拐角处开始，沿着一侧向下一个拐角处移动。令拐角面为红色，同侧的下一个面为蓝色。现在，围绕 T 中的蓝色面旋转，这些面交替出现红色和绿色。因此，沿着边的下一个面是绿色的。当我们沿着边缘移动时，重复这个变量，看到表面的颜色循环依次为红色、蓝色、绿色。现在，当我们到达下一个角点时，角点前后面的颜色相同，循环顺序相反。

现在假设 B 允许适当的面3着色。T 内的下一个多边形边界两边的每一个面都与 B 上的两个相邻面相邻，因此可以指定第三种颜色。可以很容易地检查这些边的着色并使角适当着色，产生下一个边界适当的面3着色。利用归纳法，为 T 构造了一个面3着色。

推论1 设 G 是一个曲率为偶数具有规则多边形边界的普通石墨烯片。G 能够嵌入的密铺在远离缺陷处允许一个面3着色。

我们必须单独考虑曲率为偶数但只有非规则多边形边界的普通石墨烯片。首先考虑曲率为2的情况。正如我们所看到的，多边形边界是四边形，边 S、T、U、V 按顺时针顺序排列。假设 S 比 U 长，并在 S 外添加新的边 S'，注意 S' 比 S 短1，并且 T 和 V 的长度都增加了1。可以重复这个过程，直到 S^* 和 U 具有相同的长度。现在，应用这个过程来平衡 T 和 V 的长度，注意边 S^* 和 U 在这个过程中被拉长了相同的量。因此，我们可能总能持续到边界变为一个矩形，即边长为 p 和 q。利用本不涉及的方法，可以证明下一个引理。

引理4 设 G 是曲率为2的普通石墨烯片，B 为边长为 p 和 q 的矩形边界，则当且仅当 p 和 q 对模3同余时，B 允许一个适当的面3着色。

对曲率为偶数的无规则多边形边界的情形，可以构造高度对称的边界，并通过同余条件判断是否存在适当的面3着色。

参考文献

[1] Brinkmann, G., Caporossi, G., Hansen, P., A constructive enumeration of fusenes and ben-zenoids. J. *Algorithms*, 45, 155-166, 2002.

[2] Brinkmann, G. and Cleemput, N. V., Classification and generation of nanocones. *Discrete Appl. Math.*, 159, 1528 - 1539, 2011.

[3] Chapman, J., Foos, J., Hartung, E. J., Nelson, A., Williams, A., Pairwise disagreements of the Kekule, Clar, and Fries numbers for benzenoids: A mathematical and computational investigation. *MATCH*, 80, 189 - 206, 2018.

[4] Cyvin, S. J. and Gutman, I., *Kekulé Structures in Benzenoid Hydrocarbons*, Lecture Notes in Mathematical Chemistry (46) Springer - Verlag, 1988.

[5] Graver, J. E. and Hartung, E. J., Internal Kekulé structures for graphene and general patches. *MATCH*, 76, 693 - 705, 2016.

[6] Graver, J. E. and Hartung, E. J., Kekuléan benzenoids. J. *Math. Chem.*, 52, 977 - 989, 2014.

[7] Graver, J. E., Hartung, E. J., Souid, A., Clar and Fries numbers for benzenoids. *J. Math. Chem.*, 51, 8, 1981 - 1989, 2013.

[8] Gutman, I. and Bosanac, S., Quantitative approach to Huckel rule the relations between the cycles of a molecular graph and the thermodynamic stability of a conjugated molecule. *Tetrahedron*, 33, 1809 - 1812, 1977.

[9] Hansen, P., Jaumard, B., Sachs, H., Zheng, M., Finding a Kekulé structure in a benzenoid sys¬ tem in linear time. *J. Chem. Inf. Comput. Sci.*, 35, 561 - 567, 1995.

[10] Randic, M., Aromaticity of polycyclic conjugated hydrocarbons. *Chem. Rev.*, 103, 3349 - 3605, 2001.

[11] Sachs, H., Perfect matchings in hexagonal systems. *Combinatorica*, 4, 89 - 99, 1984.

[12] Zhang, F., Guo, X., Zhang, H., Advances of Clar's Aromatic Sextet Theory and Randic's Conjugated Circuit model. *Open Org. Chem*. J., 5, 87 - 111, 2011.

第4章 石墨烯中的相互作用电子

T. Stauber[1], P. Parida[2], M. Trushin[3], M. V. Ulybyshev[4], D. L. Boyda[5,6], J. Schliemann[4]

[1]西班牙马德里西班牙高等科学研究理事会，马德里材料科学研究所材料技术与模拟部

[2]印度旁遮普巴辛达旁遮普中央大学物理科学系，曼萨路市校区

[3]新加坡国立大学先进二维材料中心

[4]德国雷根斯堡雷根斯堡大学理论物理研究所

[5]俄罗斯海参崴远东联邦大学

[6]俄罗斯莫斯科 ITEP, B.

摘　要　在本章中，我们阐述了蜂窝晶格上电子的 Hartree - Fock 理论，旨在解决石墨烯的费米速度重整化问题。我们的模型不使用拟合参数（如未知的带截止线），而是依赖于一个拓扑不变量（晶体结构函数），使得 Hartree - Fock 子晶格旋量与电子相互作用无关。在考虑局部场效应的情况下，得到了与实验数据一致的结果。作为该模型的应用，我们导出了光导率的显式表达式，并讨论了 Drude 质量的重整化。通过精确的量子蒙特卡罗计算得到了与平均场模型相似的光导率。

关键词　石墨烯，关联电子，Hartree - Fock，量子蒙特卡罗，费米速度重整化，光学电导率，Drude 质量

4.1 引言

石墨烯是由 sp^2 键合碳原子在蜂窝状晶格上形成的二维晶体[1]。在没有电子 - 电子（e - e）相互作用的情况下，价带和导带只在两个不等价的狄拉克点接触，从而导致低能激发 $\epsilon(k) = v_F|k|$ 的线性相对色散，费米速度为 $v_F \approx c/300$[2-5]。在过去几年中，由于石墨烯独特的物理性质，如极高的载流子迁移率[2,6]、分数量子霍尔效应[7-8]、克莱因隧穿[9-10]、长自旋弛豫长度[11]和安德列夫反射[12]，围绕石墨烯基材料及其应用的研究活动大幅增长。然而，石墨烯的禁带特性限制了其在纳米电子学和普通纳米光子器件中的直接应用。迄今为止，人们已经探索了多种策略，通过表面吸附[13-14]、化学掺杂[15]、基底的相互作用[16-18]、切割纳米带[19]或施加外场/应变[1,20]来设计石墨烯的能带结构。

虽然已经确定了电荷载流子的狄拉克性质，但仍然不了解间隙形成的原因。从实验的角度来看，悬浮石墨烯的准粒子光谱中能隙的产生仍然令人迷惑不解。在量子电动力学中，即在 3 + 1 维中，能隙产生发生在强耦合区[21-22]。手征对称性可以在足够大的库仑

耦合下自发破坏,从而在准粒子光谱中产生一个间隙。悬浮石墨烯提供了2+1维强耦合量子电动力学(QED)的凝聚态模拟,许多理论研究提出石墨烯的对称性破缺相可能产生足够强的e-e相互作用,如QED中发生的相互作用[23-28]。尽管由于库仑长尾和短程排斥之间的平衡[29-30],这种特殊情况似乎与悬浮石墨烯无关,但其他自发对称性破缺通道仍然可以产生质量间隙。例如,有人认为由于e-e相互作用驱动的平移对称性的自发破坏[31-33],狄拉克粒子可以获得质量。此外,时间反转对称性破缺也是间隙形成的原因[34-35]。

因此,石墨烯中的库仑相互作用仍然是一个开放和重要的问题[36],同时考虑到流体动力电子液体的状态[37-38],其中e-e相互作用代表了主要的散射过程[39-40],见文献[41]的综述。在中性点附近,费米表面收缩到一个点,费米液体的概念不能直接应用,这种影响变得尤为重要。通过测量有效回旋加速器质量[42]、扫描隧道光谱[43-44]、狄拉克锥的直接角分辨光电子能谱(ARPES)[45]、量子电容测量[46]以及朗道能级光谱[47],我们已经揭示了e-e相互作用在石墨烯中的作用。当电子密度降低到接近半填充时,费米速度重整化。此外,在没有磁场的情况下,尽管在双层石墨烯中发现了间隙[48-49],仍没有在悬浮单层石墨烯中观察到自发间隙。然而,在霍尔铁磁性的情况下,在单层和双层石墨烯的许多整数填充因子下都观察到了相互作用诱导的间隙[7-8,50]。

基于连续狄拉克模型的单环重正化群(RG)和类似的哈特利-福克(HF)分析预测了以下的标度行为[42,51]:

$$\frac{v_F^*}{v_F}=1+\frac{\alpha}{4}\ln\frac{\Lambda}{k} \tag{4.1}$$

式中:$\alpha=\frac{1}{4\pi\epsilon_o\epsilon}\frac{e^2}{\hbar v_F}\approx 2.2/\epsilon$ 为石墨烯的精细结构常数,v_F 为裸费米速度,ϵ 为静态介电环境;Λ 为动量截止。几位作者已经对式(4.1)进行扩展[27,52-55],但是最近提出的多环扩展声称微扰理论不足以证明,特别是对悬浮石墨烯[56]。尽管如此,在非微扰泛函RG分析中,用与从HF方法获得的几乎相同[57,58]的预因子 $\alpha/4$,微扰级数可以再次得到为(4.1)。这表明,一个自洽的平均场理论将包含解决接近中性点相互作用的影响的所有必要成分。

通过调整截止带 Λ 和有效介电常数 ϵ[42],可以将速度重整化的实验数据拟合到式(4.1)。然而,RG方法固有的一些模糊性只能通过求助于现实的紧束缚哈密顿量而不是有效的低能理论来解决[59]。这尤其适用于光学电导率,其展开式 $\sigma^*/\sigma_0=1+C\alpha^*+O(\alpha^{*2})$ 中的常数 C 一直是研究者持续讨论的主题,当 $\sigma_0=e^2/4\hbar$ 时,该展开式即为普遍电导率,且 $\alpha^*/\alpha=v_F/v_F^*$[54,60-67]。经过10年的讨论,找到解决这一争议的一种方法,即替代性,但定义明确的数值方法需要分析的洞察力。因此,我们对蜂窝状晶格进行了详细的HF计算,希望能从不同的角度解决问题。我们用最先进的,可以精确地确定跳跃参数量级能量下的光学电导率量子的蒙特卡罗(QMC)计算来补充这一点。

与之前对石墨烯量子点[68]、狄拉克模型[26]、多层石墨烯[69]和晶格上的石墨烯[28]的HF计算不同,我们现在考虑自屏蔽和有限电子密度,这被证明是解释实验数据的关键,而无须拟合参数。在4.2节,我们将证明高频波函数与晶格模型的相互作用强度无关,并将其与保护节点附近狄拉克费米子的手性的拓扑不变量联系起来,这降低了数值成本。在4.3节进一步得出HF方程,在一定范围内与RG方程[70]和Hubbard-Stratonovich变换[71]得到的方程相同。在4.4节,分别分析了能量分散和费米速度重整化的解。与早先对石墨烯量子点[68]、狄拉克模型[26]、多层石墨烯[69]和晶格上的石墨烯[28]进行的 HF 计算不同,我们参考了无须拟合参数的自屏蔽和有限电子密度,这对于解释实验数据至关重要。

HF 波动函数的知识使我们能够进一步推导 4.5 节中的光学电导率的解析表达式,在无筛选($C=1/4$)的情况下接近于文献[62]的值。包括自筛选、我们获得悬浮样本的 $C\approx 0.05$,与 4.7 节中详细描述的蒙特卡罗计算一致。在 4.6 节中,我们将重点讨论 Drude 质量,因为对各类相关电子材料的电磁响应的研究通常基于 f 和数定则[72]。积分光谱范围内的光导率与 Drude 质量 D 有关,该质量与伽利略不变系统中的相互作用无关。然而,狄拉克系统的情况则与此不同,e－e 相互作用以一种非平凡的方式修改了 Drude 权重,它大于非相互作用系统的 Drude 质量[59,73]。因此,狄拉克系统[74-75]中的求和规则分析必须小心。Drude 质量的重整化对于狄拉克系统中的等离子体电子也有意义,因为等离子体电子的能量标度为 $\sqrt{D}$[76]。在我们的方法中,可以分析讨论接近半填充的电子密度的 Drude 质量。

4.2 模型

我们利用 HF 理论在最近邻紧束缚模型中模拟石墨烯的相互作用狄拉克费米子。首先在非交互的情况中介绍符号,提出有效的 HF 哈密顿量。重点是筛选和局部场效应,以及形式因子的推导。

4.2.1 非交互紧束缚模型

石墨烯的蜂窝晶格是非布拉维二分格点,即由两个互穿子格组成,每个子格构成一个三角形布拉维晶格。点阵向量的选择如下:

$$\boldsymbol{a}_1=\frac{a}{2}(3,\sqrt{3}),\boldsymbol{a}_2=\frac{a}{2}(3,-\sqrt{3}) \tag{4.2}$$

其中 $a\approx 1.42$Å 是 C—C 共价键长度。下式为实空间中的三个最近邻向量:

$$\boldsymbol{\delta}_1=\frac{a}{2}(-1,\sqrt{3}),\boldsymbol{\delta}_2=\frac{a}{2}(-1,-\sqrt{3}),\boldsymbol{\delta}_3=a(1,0) \tag{4.3}$$

然后给出了由条件 $\boldsymbol{a}_i\cdot\boldsymbol{b}_j=2K\delta_{ij}$ 定义的倒易晶格向量 $\boldsymbol{b}_1$ 和 $\boldsymbol{b}_2$。

$$\boldsymbol{b}_1=\frac{2\pi}{3a}(1,\sqrt{3}),\boldsymbol{b}_2=\frac{2\pi}{3a}(1,-\sqrt{3}) \tag{4.4}$$

在最近邻紧束缚模型中,一般的布洛克基态由下式给出:

$$\boldsymbol{\Psi}_{k\lambda}(r)=\frac{1}{\sqrt{N_c}}\sum_j \mathrm{e}^{\mathrm{i}k\cdot(R_j+\eta_v)}\zeta(\boldsymbol{r}-\boldsymbol{R}_j-\boldsymbol{\eta}_v)\xi_\sigma \tag{4.5}$$

式中:N_c 为晶胞数;ξ_σ 为波函数的自旋部分;ζ 代表在 $\boldsymbol{R}_j+\boldsymbol{\eta}_v$ 处的单电子原子波函数(p_z 碳轨道),$\boldsymbol{\eta}_v$ 为亚晶格 v 在晶体学基础上的位置;$\lambda=(v,\sigma)$ 应包括亚晶格和自旋自由度。在下面的公式中,选择 $\boldsymbol{\eta}_a=(0,0)$,$\boldsymbol{\eta}_b=(a,0)$。

自由紧束缚哈密顿量可以写成

$$H_K^0=-t|\phi_k|\begin{pmatrix} m_k^0 & \mathrm{e}^{\mathrm{i}\varphi k} \\ \mathrm{e}^{-\mathrm{i}\varphi k} & -m_k^0 \end{pmatrix}+E_K^0 1_{2\times 2} \tag{4.6}$$

式中:$t=3.1\mathrm{eV}$,$\phi_k=\sum_{i=1,2,3}\mathrm{e}^{\mathrm{i}k\cdot\delta_i}$ 结构因子,$\mathrm{e}^{\mathrm{i}\varphi k}=\phi_k/|\phi_k|$。

为了一般性,还包括质量项和恒定能量项。本征能量读数

$$\varepsilon_k^{0,\pm}=E_k^0\pm t|\phi_k|\sqrt{1+m_k^{02}} \tag{4.7}$$

由下式得出特征向量:

$$|\psi_k^-\rangle=\begin{bmatrix}\cos\dfrac{\vartheta_k^0}{2}\\ \sin\dfrac{\vartheta_k^0}{2}\mathrm{e}^{-\mathrm{i}\varphi k}\end{bmatrix},\ |\psi_k^+\rangle=\begin{bmatrix}\sin\dfrac{\vartheta_k^0}{2}\\ -\cos\dfrac{\vartheta_k^0}{2}\mathrm{e}^{-\mathrm{i}\varphi k}\end{bmatrix} \tag{4.8}$$

$\cos\vartheta_k^0=m_k^0/\sqrt{1+m_k^{02}}$,$\sin\vartheta_k^0=1/\sqrt{1+m_k^{02}}$。注意到,通过定义布洛克状态,得到了第一和第二旋量分量之间具有相对相位$\mathrm{e}^{-\mathrm{i}\varphi k}$的哈密顿量的本征向量,即 $\boldsymbol{\Psi}_{k\lambda}(\boldsymbol{r}+\boldsymbol{R}_i)=\mathrm{e}^{\mathrm{i}k\cdot R_i}\boldsymbol{\Psi}_{k\lambda}(\boldsymbol{r})$。

4.2.2 平均场理论

我们介绍 e-e 相互作用的哈密顿量

$$V=\frac{1}{2}\sum_{i,j;\lambda,\lambda'}c_{i\lambda}^\dagger c_{j\lambda'}^\dagger<i\lambda,j\lambda'^{|V|}i\lambda,j\lambda'>c_{j\lambda'}c_{i\lambda} \tag{4.9}$$

将傅里叶变换定义如下:

$$c_{i\lambda}^\dagger=\frac{1}{N_c}\sum_{k\in 1.\,\mathrm{BZ}}\mathrm{e}^{-\mathrm{i}k\cdot(R_i+\eta_v)}c_{k\lambda}^\dagger,\ c_{k\lambda}^\dagger=\frac{1}{N_c}\sum_i\mathrm{e}^{\mathrm{i}k\cdot(R_i+\eta_v)}c_{i\lambda}^\dagger \tag{4.10}$$

这与式(4.5),即 $\Psi_{k\lambda}(r)=\langle r\mid c_{k\lambda}^\dagger\mid 0\rangle$一致。在下一节中定义了库仑传播子$U_q^{\lambda,\lambda'}$,得到

$$V=\frac{1}{2A}\sum_{k,k',q}\sum_{\lambda,\lambda'}U_q^{\lambda,\lambda'}c_{k+q\lambda}^\dagger c_{k'-q\lambda'}^\dagger c_{k'\lambda'}c_{k\lambda} \tag{4.11}$$

式中:$A=A_cN_c$是$A_c=3\sqrt{3}a^2/2$的系统面积。平均场近似中的相互作用项

$$H_k^{ee}=\sum_{\lambda,\lambda'}U_0^{\lambda\lambda'}\frac{1}{A}\sum_{K'}\langle c_{k'\lambda'}^\dagger c_{k'\lambda'}\rangle c_{k\lambda}^\dagger c_{k\lambda}-\frac{1}{A}\sum_{K'\lambda,\lambda'}U_{k-k'}^{\lambda\lambda'}<c_{k'\lambda'}^\dagger c_{k'\lambda}>c_{k\lambda}^\dagger c_{k\lambda'} \tag{4.12}$$

这两个项分别是 Hartree 和 Fock(交换)项。在下面,只考虑 HF 哈密顿量的交换相互作用,因为 Hartree 项被正向中和。

数值求解总哈密顿量 $H=\sum_k H_k$,$H_k=H_k^0+H_k^{ee}$,发现假自旋相的面内(方位角)角度不受相互作用强度的影响。这也可以用分析的方法来表示,见下文。

在这里,我们证明了旋量分量之间的相位与库仑相互作用是不变量的。这个性质是由于边界条件 $c_{k+G,\lambda}=\mathrm{e}^{-\mathrm{i}G\cdot\eta v}c_{k\lambda}$和狄拉克点的三重旋转对称。

让我们定义 $\phi_k^{ee}=\langle c_{k,b,\sigma}^\dagger c_{k,a,\sigma}\rangle/2$。边界条件表明

$$\Phi_{k+G}^{ee}=\mathrm{e}^{-\mathrm{i}G\cdot(\boldsymbol{\eta}_a-\boldsymbol{\eta}_b)}\phi_k^{ee}=\mathrm{e}^{\mathrm{i}G_xa}\phi_k^{ee} \tag{4.13}$$

我们选择 $\boldsymbol{\eta}_a=(0,0)$,$\boldsymbol{\eta}_b=(a,0)$。

由于三重对称性,可以得出 $\phi_k^{ee}=\sum_{i=1,2,3}f_i(k)$,其中 f_1 表示任意函数,$f_2(f_3)$ 由 $\phi=2\pi/3(\phi=4\pi/3)$ 旋转关联。在狄拉克点,系统进一步旋转但保持不变,我们可以用任意函数f和v_i来设$f_i(\boldsymbol{k})=f(\boldsymbol{v}_i\cdot\boldsymbol{k})$,这三个向量是通过转动 $\phi=2\pi/3$ 而相关。为了得到边界条件(式(4.13)),任意函数必须与指数相关,因此得到了具有任意常数 A 的最近邻向量 $\boldsymbol{f}(x)=A\mathrm{e}^{\mathrm{i}x}$ 和 $v_i.=\delta_i$。

我们得到了 $\phi_k^{ee} \propto \sum_i e^{i\delta_i \cdot k} = \phi_k = {}_0\langle c_{k,b,\sigma}^{\dagger} c_{k,a,\sigma} \rangle_0 /2$ 。在非相互作用系统的情况下，结构因子可以从具有与式(4.13)相同边界条件的一般对称变元中获得，并且它与保持基本对称性的相互作用或其他扰动无关。

最后，让我们注意到，文献[70]中的式(4.21)基于两个具有相同波/向量 $\boldsymbol{k}$ 的外部费米子线的费曼图得出了相同的结论，可以在同一参考文献的附录 C 中找到有关这种关系的更正式证明。因此，旋量分量之间的相对相位可以看作是拓扑不变量，在 $\phi_k^{ee} = \langle c_{k,b,\sigma}^{\dagger} c_{k,a,\sigma} \rangle /2 \propto \phi_k$ 的情况下，任何相互作用强度的单个粒子 H_k 都可以写成

$$H_k = -t\,|\phi_k^{ee}| \begin{pmatrix} m_k & e^{i\varphi k} \\ e^{-i\varphi k} & -m_k \end{pmatrix} + E_k 1_{2\times 2} \tag{4.14}$$

这种参数化将允许更有效的数值分析，这对于解决接近中性点的物理问题至关重要。相互作用系统的本征能量为

$$\varepsilon_k^{\pm} = E_k \pm t\,|\phi_k^{ee}|\sqrt{1+m_k^2} \tag{4.15}$$

本征向量由 $\vartheta_K^0 \to \vartheta_k$ 替换并代入式(4.8)而得。在替换 $\vartheta_K^0 \to \vartheta_k$ 后，$\cos\vartheta_k = m_k/\sqrt{1+m_k^2}$ 和 $\sin\vartheta_k = 1/\sqrt{1+m_k^2}$。

在上述方程中，引入了重整化能量色散 $|\phi_k^{ee}|$，如果 $m_k = 0$ 和 $E_k = 0$，总无量纲、k 相关质量 m_k 和总 k 相关能量位移 E_k，这些量由以下关系自洽确定：

$$t\,|\phi_k^{ee}| = t\,|\phi_k| + \frac{1}{2A}\sum_{k'} U_{k-k'}^{12} \frac{e^{i(\varphi k' - \varphi k)}}{\sqrt{1+m_{k'}^2}} F_{K'}^{-} \tag{4.16}$$

$$t\,|\phi_k^{ee}|\, m_k = t\,|\phi_k|\, m_k^0 + \frac{1}{2A}\sum_{k'} U_{k-k'}^{11} \frac{m_{k'}}{\sqrt{1+m_{k'}^2}} F_{K'}^{-} \tag{4.17}$$

$$E_k = E_k^0 - \frac{1}{2A}\sum_{k'} U_{k-k'}^{11} F_{K'}^{+} \tag{4.18}$$

上面定义了 $F_k^{\pm} = n_F(\varepsilon_k^-) \pm n_F(\varepsilon_k^+)$ 和 $n_F(\epsilon) = (e^{\beta(\epsilon-\mu)}+1)^{-1}$，其中 $n_F(\epsilon) = (e^{\beta(\epsilon-\mu)}+1)^{-1}$ 为费米分布函数，μ 为在有限温度 $\beta = 1/(k_B T)$ 下的化学势。
在获得自洽性的迭代过程中，相对于中性点的化学势将保持不变。对于 $\mu = 0$，式(4.18)变得微不足道，因为 $\sum_{k,} U_{k-k}^{11} = 0$ 。如果忽略了自洽性，只考虑电子传播子和相互作用势的单圈修正，可得到相同的方程组[71]。

4.2.2.1 筛选和局部场效应

现在我们将指定式(4.11)中定义的库仑传播子 $U_q^{v,v'}$。如果考虑到由于紧束缚电子的屏蔽，相互作用势不再是平移不变的，而是($\lambda = (y,\sigma)$)

$$\langle i\lambda, j\lambda' | V | i\lambda, j\lambda' \rangle = \int_{d^2 r_1}\int_{d^2 r_2} |\zeta(\boldsymbol{r}_1 - \boldsymbol{R}_i - \boldsymbol{\eta}_v)|^2 V(r_1, r_2)\, |\zeta(\boldsymbol{r}_2 - \boldsymbol{R}_i - \boldsymbol{\eta}_{v'})|^2 \tag{4.19}$$

在条件 $V(r_1,r_2) = V(r_1 + \boldsymbol{R}_i, r_2 + \boldsymbol{R}_i)$ 下，得到以下表达式[77]：

$$V(r_1, r_2) = \frac{1}{A^2}\sum_{q\in 1.\,BZ, G_1, G_2} e^{i(q+G_1)r_1} e^{-i(q+G_2)r_2} V(\boldsymbol{q}+\boldsymbol{G}_1, \boldsymbol{q}+\boldsymbol{G}_2) \tag{4.20}$$

式中：总和覆盖所有倒数晶格向量 $\boldsymbol{G}=n\boldsymbol{b}_1+m\boldsymbol{b}_2$，整数为 $n,m\in\mathbb{Z}$。然后，式(4.11)的相互作用势 H^{ee} 由以下公式给出的库仑传播子定义：

$$U_q^{v,v'}=\frac{1}{A}\sum_{G,G'}\mathrm{e}^{\mathrm{i}G\eta_v}\,\mathrm{e}^{-\mathrm{i}G'\eta_{v'}}f^*(\boldsymbol{q}+\boldsymbol{G})f(\boldsymbol{q}+\boldsymbol{G}')V(\boldsymbol{q}+\boldsymbol{G},\boldsymbol{q}+\boldsymbol{G}') \tag{4.21}$$

其中 $f(\boldsymbol{q})=\int\mathrm{d}^2r\,|\zeta(r)|^2\mathrm{e}^{-\mathrm{i}q\cdot r}$，$C_{k+G,\lambda}=\mathrm{e}^{\mathrm{i}G\cdot\eta}{}_v\,c_{k,\lambda}$。注意到该定义与晶体学基础 η_v 的选择无关，并且 $U_q^{v,v'}=U_{-q}^{v',v}$。也可以证明，从两个子格的等价性出发 $U_q^{1,1}=U_q^{2,2}$。

屏蔽电位应在 RPA 近似值范围内计算：

$$V(\boldsymbol{q}+\boldsymbol{G},\boldsymbol{q}+\boldsymbol{G}')=A\left[\delta_{G,G'}-v_G(\boldsymbol{q})\chi_{G,G'}(\boldsymbol{q})\right]^{-1}v_{G'}(\boldsymbol{q}) \tag{4.22}$$

当 $v_G(\boldsymbol{q})=v(\boldsymbol{q}+\boldsymbol{G})=\dfrac{\mathrm{e}^2}{2\epsilon_0\epsilon|\boldsymbol{q}+\boldsymbol{G}|}$，由下式得出（动态）响应函数

$$\chi_{G,G'}(\boldsymbol{q},\boldsymbol{\omega})=\frac{1}{A}\sum_{k,s,s'}\frac{n_\mathrm{F}(\varepsilon_k^s)-n_\mathrm{F}(\varepsilon_{k+q}^{s'})}{\varepsilon_k^s-\varepsilon_{k+q}^{s'}+\hbar\omega+i_0}\langle\boldsymbol{k},s|\mathrm{e}^{-\mathrm{i}(q+G')\hat{r}}|\boldsymbol{k}+\boldsymbol{q},s'\rangle\langle\boldsymbol{k}+\boldsymbol{q},s'|\mathrm{e}^{\mathrm{i}(q+G')\hat{r}}|\boldsymbol{k},s\rangle \tag{4.23}$$

本征函数由下式得出

$$\langle r|k,s\rangle=\sum_{v=a,b}\psi_{v,k,s}\,\Psi_{k,\lambda}(r) \tag{4.24}$$

给出了式(4.5)中的一般布洛克本征态 $\Psi_{k,\lambda}(r)$，且 $\psi_{a,k,-}=\cos\dfrac{\vartheta_k}{2}$，$\psi_{b,k,-}=\sin\dfrac{\vartheta_k}{2}\mathrm{e}^{-\mathrm{i}\varphi k}$，$\psi_{a,k,+}=\sin\dfrac{\vartheta_k}{2}$，$\psi_{b,k,+}=-\cos\dfrac{\vartheta_k}{2}\mathrm{e}^{-\mathrm{i}\varphi k}$。矩阵重叠泛函由下式给出

$$\langle\boldsymbol{k},s|\mathrm{e}^{-\mathrm{i}(q+G)\hat{r}}|\boldsymbol{k}+\boldsymbol{q},\boldsymbol{s}'\rangle=f(\boldsymbol{q}+\boldsymbol{G})\sum_{v=a,b}\boldsymbol{\psi}_{v,k,s}^*\boldsymbol{\psi}_{v,k+q,s'}\mathrm{e}^{-\mathrm{i}G\cdot\eta_V} \tag{4.25}$$

最后，注意到，由于时间反转对称，有 $\chi_{G,G'}(q,\omega)=\chi_{G',G}(-q,\omega)$。

这个条件在所有情况下都得到满足，这是满足自洽方程所需要的。

$$U_{q+G}^{v,v'}=\mathrm{e}^{-\mathrm{i}G\cdot(\eta_V-\eta_{V'})}U_q^{v,v'} \tag{4.26}$$

对于小的面内动量 q，可以使用狄拉克锥近似来估计布里渊区的和。对于掺杂的情况，可用分析法得到数值。

$$\begin{aligned}\chi_{G,G'}(q)=&-\frac{g_sg_vk_\mathrm{F}}{2\pi v_\mathrm{F}\hbar}f(\boldsymbol{q}+\boldsymbol{G})f(\boldsymbol{q}+\boldsymbol{G}')\\&\times\left[\gamma_1+\left(\frac{q}{4k_\mathrm{F}}\gamma_2\arccos\left(\frac{q}{2k_\mathrm{F}}\right)-\gamma_3\frac{1}{2}\sqrt{1-\left(\frac{2k_\mathrm{F}}{q}\right)^2}\right)\Theta\left(\frac{q}{2k_\mathrm{F}}-1\right)\right.\\&\left.+\frac{q}{4k_\mathrm{F}}\gamma_2\left(\arccos\left(\frac{q}{2\Lambda}\right)-\frac{\pi}{2}\right)+\gamma_4\sqrt{(2\Lambda)^2-q^2}/k_\mathrm{F}\right]\end{aligned} \tag{4.27}$$

$\gamma_1=(\mathrm{e}^{-\mathrm{i}G\cdot\eta}+\mathrm{e}^{\mathrm{i}G'\cdot\eta})/2$，$\gamma_2=(\mathrm{e}^{-\mathrm{i}G\cdot\eta}+\mathrm{e}^{\mathrm{i}G'\cdot\eta})/2-(1-\mathrm{e}^{-\mathrm{i}G\cdot\eta})(1-\mathrm{e}^{\mathrm{i}G'\cdot\eta})/4$，$\gamma_3=(1+\mathrm{e}^{-\mathrm{i}G\cdot\eta})(1+\mathrm{e}^{-\mathrm{i}G'\cdot\eta})/4$，$\gamma_4=(1-\mathrm{e}^{-\mathrm{i}G\cdot\eta})(1-\mathrm{e}^{\mathrm{i}G'\cdot\eta})/8$。对于未掺杂的情况，这减少到

$$\chi_{G,G'}(q)=-\frac{g_sg_v}{2\pi v_\mathrm{F}\hbar}f(\boldsymbol{q}+\boldsymbol{G})f(\boldsymbol{q}+\boldsymbol{G}')\left[\gamma_2\frac{q}{4}\mathrm{acrccos}\left(\frac{q}{2\Lambda}\right)+\gamma_4\sqrt{(2\Lambda)^2-q^2}\right] \tag{4.28}$$

从精确的数值解可以得到带截止 Λ，得到 $\Lambda=2.29\,\text{Å}^{-1}$。

4.2.2.2 形状系数的推导

考虑晶格尺度效应，可以计算$f(q)$的外显形式，考虑到$\zeta(r)$是水生型$2p_z$轨道类型，$\zeta(r,\vartheta)=\frac{1}{4\sqrt{2\pi}}\left(\frac{Z}{a_0}\right)^{3/2}\frac{Zr}{a_0}^{\frac{-Zr}{2a_0}}\cos(\vartheta)$，$Z$为有效(屏蔽)原子电荷。通过对电荷分布的傅里叶变换，形状因子的定义如下：

$$f(\boldsymbol{q})=\int \mathrm{d}r\mathrm{e}^{-\mathrm{i}q\cdot r}|\zeta(r)|^2 \tag{4.29}$$

选择$\boldsymbol{q}$在xy平面$\boldsymbol{q}=q(1,0,0)$中，并定义$\tilde{a}_0=\frac{a_0}{Z}$。由此产生

$$\begin{aligned} f(q) &= \frac{1}{32\pi\tilde{a}_0^3}\int \mathrm{d}r\left(\frac{r}{\tilde{a}_0}\right)^2\mathrm{e}^{-\mathrm{i}q\cdot r}\,\mathrm{e}^{-\frac{r}{\tilde{a}_0}}\cos^2\vartheta \\ &= \frac{1}{32\pi}\int_0^\infty \mathrm{d}x x^4\,\mathrm{e}^{-x}\int_0^\pi \mathrm{d}\vartheta\sin\vartheta\cos^2\vartheta\int_0^{2\pi}\mathrm{d}\phi\sum_{n=0}^\infty\frac{(-iq\tilde{a}_0\sin\vartheta\cos\vartheta)^n}{n!} \\ &= \sum_{n=0}^\infty(q\tilde{a}_0)^{2n}(-1)^n\frac{(n+1)(n+2)}{2} \end{aligned} \tag{4.30}$$

因此，获得最终结果：

$$f(q)=\frac{1}{(1+q^2\tilde{a}_0^2)^3} \tag{4.31}$$

当$<r^2>=30\tilde{a}_0^2$时，可以通过选择$\tilde{a}_0=\sqrt{30}$来再现碳的共价键半径。一个较大的有效半径也可以考虑sp^2轨道的屏蔽效应，我们选择sss $\tilde{a}_0=\sqrt{30}$。短距离截止对费米速度的标度行为影响很小，即随着前面提到的两个参数绝对带宽$\Lambda=1.75Å^{-1}$和$\Lambda=1.82Å^{-1}$的增加，截止参数仅略有增加。

4.3 数值实现

如上所述，旋量分量之间的相对相位是拓扑不变量，任何相互作用强度的单粒子HF哈密顿H_k可以写成

$$H_k=-E_k[\cos(\varphi_k)\sigma_x-\sin(\varphi_k)\sigma_y] \tag{4.32}$$

上述哈密顿的特征是重整化的能量色散ε_k，它由下列方程自洽确定：

$$\varepsilon_k=\varepsilon_k^0+\frac{1}{2A}\sum_{k'\in 1.\,\mathrm{BZ}}U(\boldsymbol{k}-\boldsymbol{k}')\mathrm{e}^{\mathrm{i}(\varphi_{k'}-\varphi_k)}F_{k'} \tag{4.33}$$

当引入$\varepsilon_k^0=t|\phi_k|$作为非相互作用的色散关系时，$t$是最近碳原子之间的隧道矩阵元素，而$A$表示样本区域。当费米分布函数$n_{\mathrm{F}}(\epsilon)=(\mathrm{e}^{\beta(\epsilon-\mu)}+1)^{-1}$，化学势$\mu$在有限温度$\beta=1/(k_{\mathrm{B}}T)$下，得到$F_k=n_{\mathrm{F}}(-\varepsilon_k)-n_{\mathrm{F}}(\varepsilon_k)$。库仑势保持了晶格对称性并考虑了局域场效应

$$U(\boldsymbol{q})=\sum_{G,G'}\mathrm{e}^{-\mathrm{i}G'a}f^*(\boldsymbol{q}+\boldsymbol{G})f(\boldsymbol{q}+\boldsymbol{G}')\cdot[\delta_{G,G'}-v_G(\boldsymbol{q})\chi_{G,G'}(\boldsymbol{q})]^{-1}v_{G'}(\boldsymbol{q}) \tag{4.34}$$

式中：$\boldsymbol{G}$、$\boldsymbol{G}'$为倒易晶格向量；$f(\boldsymbol{q})$为形式因子；$v_G(\boldsymbol{q})=\frac{\mathrm{e}^2}{2\varepsilon_0\varepsilon}\frac{1}{|\boldsymbol{q}+\boldsymbol{G}|}$为傅里叶变换的屏蔽

库仑势；$\chi_{G,G'}(\boldsymbol{q})$ 为具有局部场效应的静态极化率矩阵。通过替换式(4.33)右侧的 $\varepsilon_k \to \varepsilon_k^0$，忽略了自洽性，得到了由晶格上的 Hubbard - Stratonovich 变换得到的相同方程[71]。

式(4.34)使用一个具有 $N_c^2 = 15000^2$ 个晶格格位的网格求解，它使我们能够精确地讨论未耦合系统的标度行为，以及在 $n = 10^{10}\text{cm}^{-2}$ 的小有限电子密度下的费米速度重整化。为了与实验结果相匹配，必须引入自屏蔽效应。为此，首先，计算小网格 $N_c = 300$ 上动量的静态极化函数 χ，用双线性插值法得到大网格 $N_c = 3000$ 上的极化函数；其次，在更大的网格 $N_c = 600$ 上进行极化函数的动量求和；再次，用狄拉克锥近似的解析公式来近似小动量 x，见式(4.27)；最后，倒数格向量 $\boldsymbol{G} = n\boldsymbol{b}_1 + m\boldsymbol{b}_2$ 上的和矩阵被 $|n|, |m| \leqslant n_{\max}$ 截断，$n_{\max} = 4,6$。

对于自洽解，用光晕极化除以重整化费米速度来近似静态极化。索德曼和福格勒通过研究发现，$\epsilon(q) = 1 + \frac{\pi}{2}\alpha^* + O(\alpha^{*2})$，其中 $\alpha^* = \frac{1}{4\pi\epsilon_0\epsilon}\frac{e^2}{\hbar v_F^*}$ 是关于重整化速度的精细结构常数。自洽色散比裸极化色散大 1.4 倍，通常大于实验数据。

4.4 费米速度重整化

图 4.1 展示了中性石墨烯在布里渊区高对称点 $t = 3.1\text{eV}(v_F = 10^6\text{m/s})$，即在不同介电环境 ϵ 下重整化能带结构的不同耦合常数 α。由此可以进一步分析讨论悬浮石墨烯($\epsilon = 1, \alpha = 2.2$)、硅表面石墨烯($\epsilon = 2.45, \alpha = 0.9$)或六方氮化硼(h - BN)包裹石墨烯($\epsilon = 4.9, \alpha = 0.45$)。实线指的是自屏蔽相互作用，与 $\alpha = 2.2$(虚线)裸相互作用引起的色散进行了比较。插图显示的区域接近狄拉克点，在那里只能看到轻微的偏离线性行为。

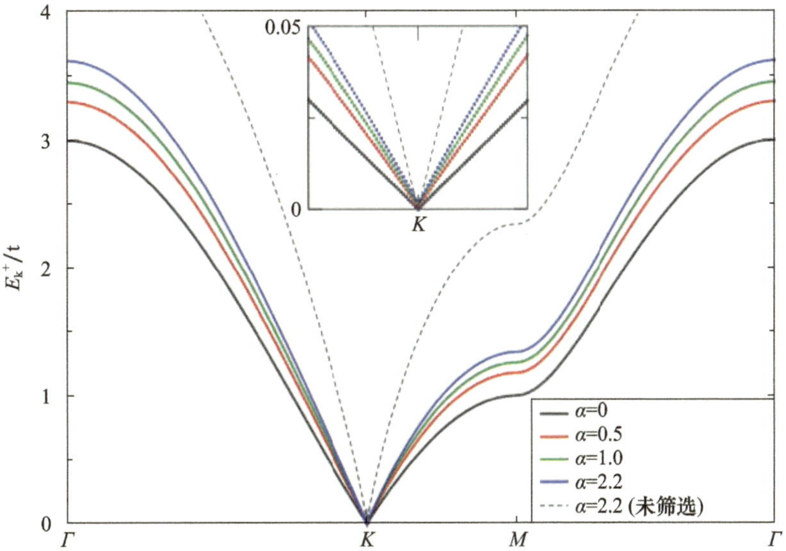

图 4.1 各种精细结构常数 α 和自屏蔽(实线)沿第一布里渊区高对称方向的能带结构(未掺杂)

显示了悬浮石墨烯($\alpha = 2.2, t = 3.1\text{eV}$)的未屏蔽的色散(虚线)。插图：靠近狄拉克圆锥体周围的色散。

半填充$\mu=0,T=0$且无自筛选时，式(4.33)为显式方程。当假设$U(\boldsymbol{q})=v_{G=0}(\boldsymbol{q})$并通过狄拉克锥近似转换布里渊区的总和时，产生了式(4.1)的解析表达式。通过数值求解式(4.33)，得到了截止参数$\Lambda\approx1.75\text{Å}^{-1}$的拟合。在图4.2中，展示了不同网格尺寸$N_c=3000,15000$的通用标度行为$\left(\frac{v_F^*}{v_F}-1\right)/\alpha$。$\Lambda$拟合于

$$v_F^*=v_F(1+B\ln(\Lambda/k)) \tag{4.35}$$

当$B=\pi/4$时，$\Lambda\approx1.75\text{Å}^{-1}$。用$\alpha\to\alpha/\epsilon^{RPA}$方法进行筛选，与完整的计算结果吻合较好。这与文献[28]相反，在文献[28]中获得了$\Lambda\approx20\text{Å}^{-1}$，与通常的论点一致，即通过保持布里渊区的总态数来固定Λ，与紧束缚模型相比，得到$\Lambda\approx1.58\text{Å}^{-1}$。$\Lambda$的精确值仅微弱地依赖于非普适短程库仑相互作用。

对于有限的密度，我们观察到在k_F时，sss v_F^*中有一个在有限温度下被抹去扭结。这种扭结显然是未经筛选的相互作用的产物，筛选之后不能合并。因此，计算包含自屏蔽相互作用的费米速度重整化至关重要。两个正交方向的结果如图4.3所示。正如预期的那样，有限掺杂可以作为标度律的截止点，但是如果在费米能级k_F处追踪费米速度，仍然可以观察到可观的效果，还获得了一个与沿着KM方向的未掺杂情况(品红色虚线)相比较大的对数预因子(黑色虚线)。

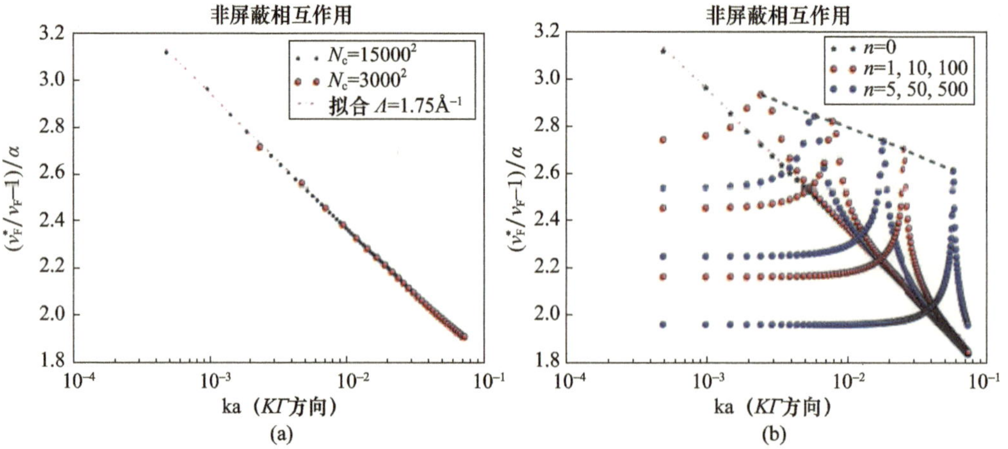

图4.2 (a)两个不同网格$N_c=3000,15000$的重整化费米速度屏蔽的通用表达式，作为动量的函数。也显示了与式(4.35)的拟合，其中$B=\alpha/4$。(b)重整化费米速度屏蔽作为不同电子密度n的动量函数的通用表达式，单位为10^{10}cm^{-2}。还显示了$n=0$(品红色虚线)和k_F(黑色虚线)下的费米速度的拟合

在图4.4中，给出了不同耦合强度α的中性点重整化费米速度的数值曲线。我们使用$t=3.1\text{eV}$，但渐近结果与跳跃参数无关。式(4.35)的拟合用蓝线表示。两个正交方向略有不同，我们沿$K\Gamma$方向，因为它与狄拉克锥物理关系更为密切[78-79]。对于非屏蔽相互作用，对费米速度$\frac{v_F^*}{v_F}-1$的修正与α成正比，其结果与跳跃参数t的尺度无关。在零掺杂条件下，由于$\epsilon^{RPA}=1+\frac{\pi}{2}\alpha$在狄拉克锥近似下与动量无关，因此可以通过$\alpha\to\alpha/\epsilon^{RPA}$合并自屏蔽。对于密度$n\leqslant20\times10^{10}\text{cm}^{-2}$，这与文献[42]的实验数据一致，无须任何拟合参数，见图4.5的品红色曲线。

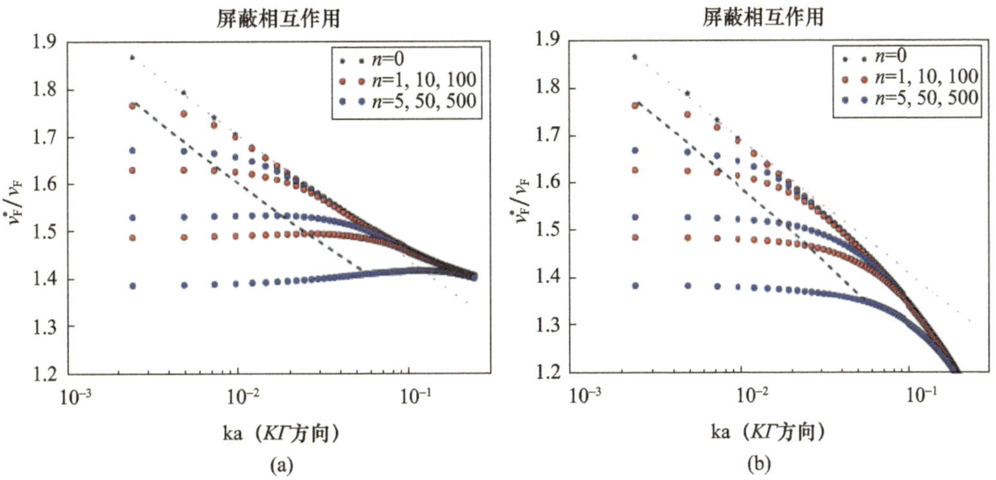

图 4.3 作为两个正交方向和不同电子密度 n 的动量函数的悬浮石墨烯的重整化费米速度（$\alpha=2.2, t=3.1\text{eV}$），单位为 10^{10}cm^{-2}。还显示了 $n=0$（品红色虚线）和 k_F（黑色虚线）下的费米速度的拟合

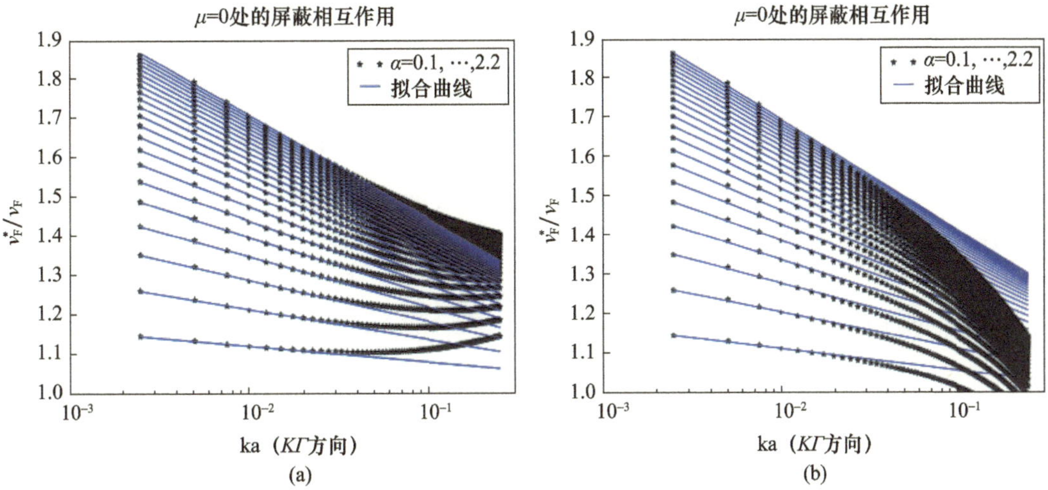

图 4.4 中性点（$\mu=0$）上的重整化费米速度是两个正交方向和各种耦合常数 $\alpha=0.1,\cdots,2.2$ 的动量函数，$t=3.1\text{eV}$。还给出了式（4.35）的拟合函数

对于密度 $n\leqslant(20\sim60)\times10^{10}\text{cm}^{-2}$，费米速度的降低是中性石墨烯的结果所不能解释的。这可能是由于有限密度下的屏蔽，我们将动量相关的极化函数合并在一起，如上所述。尽管重整化费米速度现在以一种非平凡的方式依赖于 α 和 t，但在渐近极限下，当 $\mu=0$时，它与 t 无关。

在图 4.5（a）中，我们使用裸露（黑方块）和自洽（蓝星）偏振函数显示了式（4.33）的解。裸露溶液与悬浮石墨烯的实验数据符合得很好，高达 $n\leqslant(20\sim40)\times10^{10}\text{cm}^{-2}$，但在较高密度下，实验数据下降，而理论值保持近似恒定（在对数尺度上）。这必须与 hBN 封装石墨烯的实验数据进行对比[46]，在高达 s 的整个密度范围内获得良好的一致性，见图 4.5（b）。理论失败的一个可能的解释可能涉及悬浮石墨烯片由于所施加的栅极电势而发生的变形。

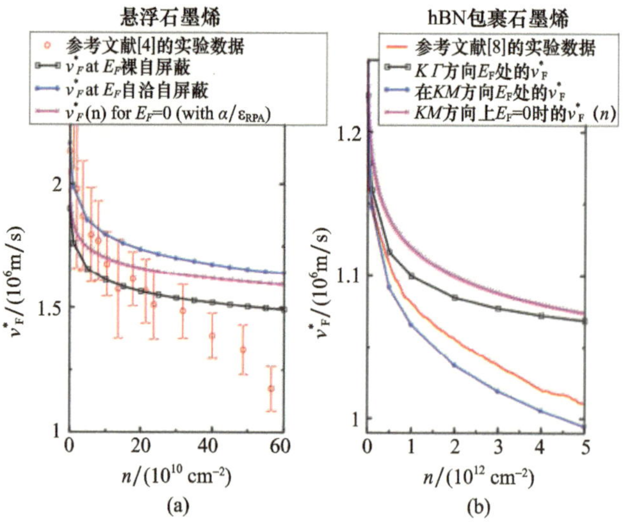

图4.5 悬浮($\varepsilon=1$ 且 $t=3.1$eV)和 h－BN 封装($\varepsilon=4.9$ 且 $t=2.6$eV)石墨烯的重整化费米速度v_F^*

(a)悬浮石墨烯：基于裸露和自洽自屏蔽库仑相互作用，将文献[42]的实验数据与费米表面上的v_F^*进行了比较；(b)h－BN 封装石墨烯：根据裸自屏蔽库仑相互作用，将文献[46]的实验数据与费米表面 $K\Gamma$(黑方块)和 KM(蓝星)方向的v_F^* 进行比较。在这两种情况下，根据与 $\alpha=\alpha/\varepsilon^{\text{RPA}}$ 的未屏蔽相互作用，还显示了中性点处v_F^* 与电子密度 n 的函数关系。

4.5 光学响应

现在我们来讨论相互作用对光学响应的影响。为此，用 Peierls 代换来耦合规范场，用平均场哈密顿量 H_k 中的 $k \to k+\frac{e}{\hbar}A$ 代替。这个过程提供了正确的顶点校正，从而满足光学 f 和数定则。

假设沿 I 方向的线性偏振光具有 $I=x,y$，当前操作符读取为

$$j_i=-\frac{\partial H}{\partial A_i}=j_i^P+j_i^D A_i+O(A_i^2) \tag{4.36}$$

式中：j_i^P 和 j_i^D 分别为顺磁和抗磁贡献。

电导率的实部$\sigma_{ii}(\omega)$表示光的光吸收。利用线性响应形式中的 Kubo 公式，$\Re\,\sigma_{ii}$ 可分为两个项，包含正则部分和 δ 奇异性：

$$\Re\,\sigma_{ii}(\omega)=\pi D_{ii}\delta(\omega)+\sigma_{ii}^{\text{reg}}(\omega) \tag{4.37}$$

式中：D_{ii} 为与装药刚度相对应的 Drude 质量。$\omega>0$ 时的电导率为

$$\sigma_{ii}^{\text{reg}}(\omega)=\left(\frac{e}{\hbar}\right)^2\frac{g_s\pi}{A\hbar\omega}\sum_k |P_k^i|^2 F_k^-\delta(\varepsilon_k^- - \varepsilon_k^+ + \hbar\omega) \tag{4.38}$$

式中：$p_k^i=\langle \Psi_k^+ | \hbar v_k^i | \Psi_k^- \rangle$ 为带间动量矩阵元素，沿 i 方向的速度算符定义为 $h\hbar v_k^i=\partial_{k_i}H_k$，见式(4.36)。对于平均场哈密顿量 H_k(式(4.14))，最终得到 $P_k^i=\langle \Psi_k^+ | \hbar v_k^i | \Psi_k^- \rangle$：

$$P_k^i=-t\,|\phi_k^{ee}|\,[\,i\partial_{k_i}\varphi_k+\sin\vartheta_k\partial_{k_i}m_k\,] \tag{4.39}$$

如果 $m_k=0$

$$|P_k^i|^2=\frac{|\phi_k^{ee}|^2}{|\phi_k|^2}|P_k^{i,0}|^2 \tag{4.40}$$

式中：$|P_k^{i,0}|^2=\frac{t^2a^2}{16}g_k$ 对应于非相互作用情况下的值，并且

$$g_k=18+4|\phi_k|^2-24\Re\,\tilde{\phi}_k+18\,\frac{[\Re\,\tilde{\phi}_k]^2-[\Im\tilde{\phi}_k]^2}{|\phi_k|^2} \tag{4.41}$$

其中 $\tilde{\phi}_k=\mathrm{e}^{-ik\cdot\delta_3}\phi_3$[80]。

由于 e－e 相互作用，电导率的重整化问题一直是研究的热点。对于 $\alpha^*=\alpha\frac{v_F^*}{v_F}$ 中的前导序，通过 RG 分析得到

$$\frac{\sigma}{\sigma_0}=1+C\alpha^*+O(\alpha^{*2}) \tag{4.42}$$

其中 $C_1=25/12-\pi/2\approx0.51$（硬截止）[55]，$C_2=19/\alpha^*12-\pi/2\approx0.01$（软截止）[60-61]和 $C_3=11/6-\pi/2\approx0.26$（维正则化）[62]。手征异常被认为是这些差异的原因，基于紧束缚模型的扰动分析得到了 $C=C_3$[64]。

由于粒子－空穴对称哈密顿量不存在符号问题，因此还可以使用 QMC 计算来研究石墨烯的光学导电性，并且在不同的相互作用强度下得到了 $C\approx0.05$ 的值[67]。在这里，得到了未屏蔽相互作用的解析结果 $C=0.25$，但数值结果表明，悬垂石墨烯的自屏蔽相互作用值较低，$C\approx0.05$（$t=2.7\mathrm{eV}$ 时，$\alpha=2.5$）。当 $m_k=0$ 且动量接近狄拉克点时，得到 $|\phi_k|=\frac{3}{2}ak$ 和各向同性色散。真正的光学电导率的正则部分为

$$\sigma(w=\varepsilon_k^+)=\sigma_0\,\frac{\varepsilon_k^+}{k\partial_k\varepsilon_k^+} \tag{4.43}$$

如 Sharma 和 Kopietz[58]所示，接近中性点时，有以下对 α 中所有阶有效的函数行为

$$v_F^*=v_F[A+B\ln(\Lambda/k)] \tag{4.44}$$

从式(4.16)，得到了 $A=1$，并综合了上面的标度律，就得到了 $\varepsilon_k^+=\hbar v_Fk[1+B\ln(\Lambda/k)+B]$。对于小 ω，得到以下结果：

$$\sigma=\sigma_0\left(1+\frac{Bv_F}{v_F^*}\right) \tag{4.45}$$

其中 $\sigma_0=\frac{g_sg_v\mathrm{e}^2}{16\hbar}$ 通用电导率。对于未屏蔽的相互作用，得到了分析结果 $B=\alpha/4$，因此 $C=0.25$。对于屏蔽相互作用，$B=\alpha/4\varepsilon^{\mathrm{RPA}}$ 给出了一个很好的近似值，因此 $C(\alpha)=0.25/\left(1+\frac{\pi}{2}\alpha\right)$。这些结果也适用于狄拉克锥近似。因此，接近狄拉克点的动量的色散是各向同性的，为 $\frac{v_F^*}{v_F}=1+C(\alpha)\alpha\ln\Lambda/k$。对于小频率 ω，得到以下结果：

$$\frac{\sigma^*}{\sigma_0}=1+C(\alpha)\alpha\,\frac{v_F}{v_F^*} \tag{4.46}$$

与文献[62,64]中得到的 $C\approx0.26$ 相比较，对于非屏蔽相互作用，我们得到了

$C=1/4$，如引言中所述。

对于自屏蔽相互作用，对于 $t=2.7\text{eV}$ 的石墨烯，$C\to C(\alpha)$ 变成 $C(\alpha\to 0)\to 0.25$（未屏蔽极限）和 $C(\alpha=2.5)\approx 0.05$ 的函数。值得注意的是，标度律的普适因子 $C(\alpha)$ 独立于从 $t=2.6\text{eV}$ 到 $t=3.1\text{eV}$ 的所有所考虑的跳跃矩阵元素，并且如果在狄拉克锥近似下通过 RPA 合并自屏蔽，即 $C(\alpha)=\left[4\left(1+\frac{\pi}{2}\alpha\right)\right]^{-1}$，则比较好，如图 4.6(a) 所示。假设电子密度很小但有限，则会进一步降低常数 $C(\alpha)$。

在右边，我们用 $v_F^*/v_F=1$ 为方程(4.46)的电导率绘制了相同的曲线。这与通过 HF 和 QMC 计算得到的 $\hbar\omega=0.7t$ 时的电导率进行了比较。在悬浮石墨烯的两种方法之间取得了良好的一致性，这证明了我们的平均场方法是正确的。蒙特卡罗方法被概述如下。

在图 4.7 中，展示了基于 $N_c=3000^2$ 晶格格位的系统，在狄拉克点附近 $t=2.7\text{eV}$ 的悬浮石墨烯的光学导电性。当布里渊区的 $N_{\text{DeltaK}}=513^2$ 格点在一个狄拉克锥周围时，能量达到 $\hbar\omega\approx 1.2t$ 时达到收敛（由于时间反转对称性，只考虑一个狄拉克锥就足够了）。

相互作用曲线在 $\hbar\omega\approx 1.12t$ 与非相互作用曲线相交。因此，我们必须小心地从蒙特卡罗模拟中提取信息，并将其与式(4.46)中基于狄拉克锥近似的常数 C 进行比较。然而，HF 和蒙特卡罗方法对 $\hbar\omega\sim t$ 有很好的一致性。

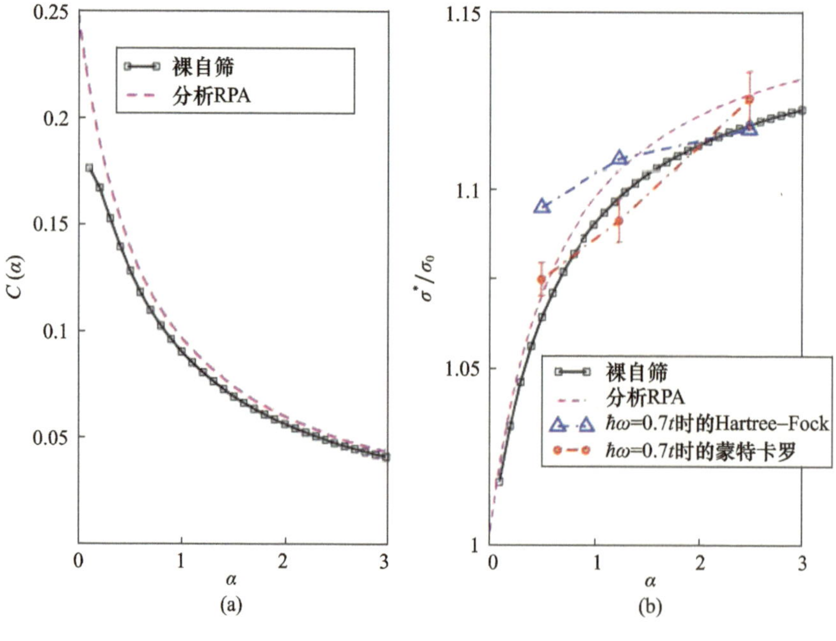

图 4.6 (a)将式(4.46)的光学电导率 $C(\alpha)$ 与 RPA 的预期结果进行比较，即 $[4\varepsilon^{\text{PRA}}]^{-1}=\left[4\left(1+\frac{\pi}{2}\alpha\right)\right]^{-1}$。(b)与通过 HF(蓝色三角形)和 QMC(红色圆圈)计算得出的 $\hbar\omega=0.7t$ 时的电导率相比，$v_F^*/v_F=1$ 的式(4.46)的电导率相同

在图 4.7(c)中，展示了小能量下 σ 的行为。值得注意的是，库仑相互作用导致了较大的重整化，这与实验结果不符。因此，我们认为悬浮的中性石墨烯中含有电子空穴，平均电子密度为 $n\approx 5\times 10^{11}\text{cm}^{-2}$。这导致更有效的筛选与费米速度重整化的结果一致。

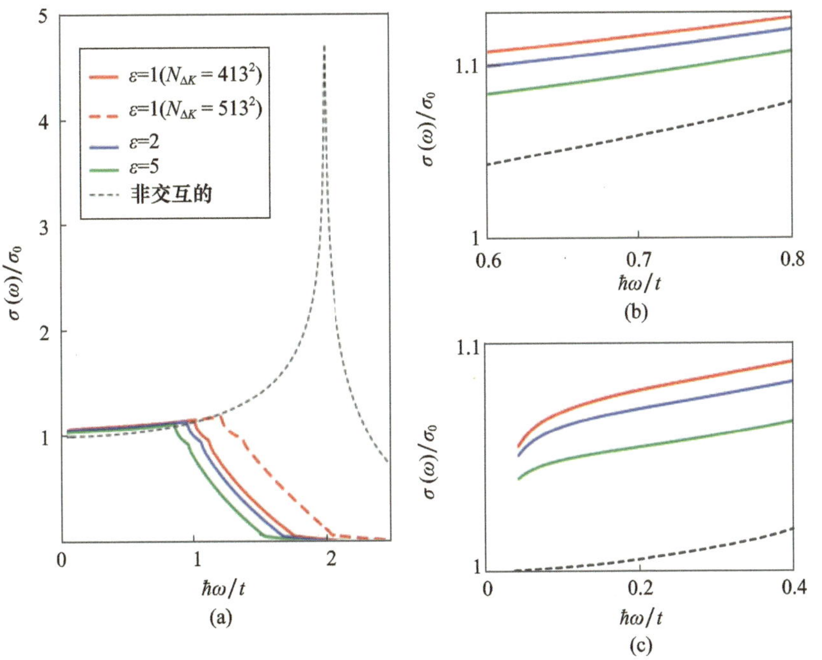

图 4.7 基于 $N_c = 3000^2$ 晶格格位系统，在一个狄拉克点周围计算的 $t = 2.7\text{eV}$ 悬浮石墨烯的光学电导率，包括$N_{\Delta K} = 413^2$（红色）和$N_{\Delta K} = 513^2$（蓝色）网格点。还显示了没有库仑相互作用的光学电导率（虚线）

正如 Jung 和 MacDonald[28] 所述，为了始终包括 e－e 相互作用，库仑势需要保持周期性。这引入了小距离库仑相互作用的屏蔽。如果由于紧束缚电子而进一步在大距离处加上屏蔽，则相互作用势不再是平移不变的，需要考虑额外的非对角局部场效应。为了计算原子轨道形状因子 $f(\boldsymbol{q}) = \int \mathrm{d}\boldsymbol{r}\mathrm{e}^{-\mathrm{i}\boldsymbol{q}\cdot\boldsymbol{r}} |\zeta(\boldsymbol{r})|^2$，而 $\zeta(\boldsymbol{r})$ 是单电子原子波函数，我们考虑了波函数的全角度依赖关系，与文献[28]或文献[66]结果相反。

4.6 Drude 质量

在伽利略不变系统中，Drude 质量 D 与相互作用无关。然而，这不是狄拉克系统的情况，e－e 相互作用以一种非平凡的方式修改 Drude 质量，这种方式大于非相互作用系统的 Drude 质量[59,73]。

高频波函数由非相互作用波函数得出，可以从光学 f 和数定则中得到 Drude 质量的解析表达式。

光学 f 和数定则为

$$\int_0^{\infty} \Re\ \sigma_{\mathrm{ii}}(\omega)\mathrm{d}\omega = -\frac{\pi}{2}\frac{\langle j_{\mathrm{D}}^{i}\rangle}{A} \tag{4.47}$$

式中：$j_{\mathrm{D}}^{i} \equiv -\dfrac{e^2}{\hbar^2}\sum_{k} \partial_{k_i}^2 H_k$ 为抗磁电流算符。根据上述 f 和数定则，得到 Drude 质量的表

达式：

$$D_{ii} = \left(\frac{e}{\hbar}\right)^2 \frac{g_s}{A} \sum_{k \in 1.\mathrm{BZ}, s=\pm} s[\partial_{k_i}^2 \varepsilon_k] n_{\mathrm{F}}(s\varepsilon_k) \tag{4.48}$$

当$g_s=2$时，自旋简并度，$i=x,y$。这是一个普遍的结果，在任意质量项存在的情况下也有效。

$$D_{ii} = \left(\frac{e}{\hbar}\right)^2 \frac{g_s}{A} \sum_{k,s} [\partial_{k_i}^2 E_k^s] f(sE_k^s) \tag{4.49}$$

注意：反磁电流算子的期望值$\langle j_{\mathrm{D}}^i \rangle$不等于 Drude 质量，因为费曼－海尔曼定理不适用于二次导数。对于具有质量 m 和抛物线色散的粒子，得到了著名的 Drude 质量 $D=e^2n/m$，其中 n 是粒子密度[76]。上面的公式将这个结果推广到两个能带，我们希望它也适用于一般的多能带系统（指数 $s=1,2,\cdots,n$）。

利用部分积分，在热力学极限，$A_s \to \infty$ 中得到 $T=0$，

$$D_{ii} = g_s \left(\frac{e}{\hbar}\right)^2 \int \mathrm{d}k_{\bar{i}} \sum_{k_s | E_k^s = \mu, s} |\partial_{k_i} E_k^s| \to \left(\frac{e}{h}\right)^2 \pi\mu \tag{4.50}$$

最后一个方程适用于各向同性费米曲面。因此，我们获得了 Drude 质量和费米能量μ之间的直接联系。正如我们所预期的那样，在平均场理论中，相互作用的电子表现为具有重整化色散的独立准粒子$\lambda\varepsilon_k$，得到

$$\frac{D^*}{D} = \frac{v_{\mathrm{F}}^*}{v_{\mathrm{F}}} \tag{4.51}$$

在未屏蔽相互作用的情况下，在文献[59]中获得了类似的关系。我们的方法还可以讨论由于三角翘曲和有限温度引起的变化。

4.7 石墨烯电导率的精确蒙特卡罗研究

为了支持半解析 HF 方法，我们还对 π 轨道上电子的相互作用紧束缚模型进行了蒙特卡罗计算：

$$\hat{H} = -\sum_{\langle x,y \rangle, \sigma} t(\hat{a}_{y,\sigma}^{\dagger} \hat{a}_{x,\sigma} + \mathrm{h.c}) + \frac{1}{2} \sum_{x,y} V_{xy} \hat{q}_x \hat{q}_y \tag{4.52}$$

式中：$\sum_{\langle x,y \rangle}$ 为所有对近邻点的总和；$\hat{a}_{y,\sigma}^{\dagger}$（$\hat{a}_{x,\sigma}$）为自旋 σ 的电子产生（湮灭）算符；$t=2.7\mathrm{eV}$ 为跳跃振幅；$\hat{q}_x = \sum_{\sigma} \hat{a}_{x,\sigma}^{\dagger} \hat{a}_{x,\sigma} - 1$ 为 x 位的电荷算符；V_{xy} 为 e－e 相互作用势。我们用约束 RPA 法[81]计算悬垂石墨烯的电位（详见文献[29]），这些势对应于计算中的情况 $\epsilon=1.0$。对于$\epsilon \neq 1$，将所有距离上的电势均匀地重新标度$1/\epsilon$，因为我们只能处理有限的样本，我们施加了周期性的空间边界条件，见文献[29,82－83]。

石墨烯电导率的计算采用了与文献[67]中已经描述的相同的数值方法。利用混合蒙特卡罗算法计算欧几里得电流相关器 $G(\tau)$，特别适用于大空间范围的大空间相互作用系统。由于这种特殊的哈密顿方程式(4.52)不会导致蒙特卡罗计算中的符号问题，因此我们在没有进一步物理假设的情况下得到了精确的数值结果。从从格林－库伯关系式中提取光学电导率 $\sigma(\omega)$：

$$G(\tau) = \int_0^\infty \sigma(\omega) K(\tau, \omega) \mathrm{d}\omega \tag{4.53}$$

$$K(\tau, \omega) = \frac{\omega \cosh(\omega(\beta/2 - \tau))}{\pi \sinh(\omega\beta/2)} \tag{4.54}$$

这个积分方程是不稳定的,因此,需要一种特殊的正则化数值算法来找到稳定解。当相关器 $G(\tau)$的输入数据被定义为一些统计误差时,这一点尤为重要,因为它是在统计蒙特卡罗过程中获得的。一般来说,我们依赖于文献[84]中提出的 Backus - Gilbert(BG)方法,并且已经在文献[67]中采用了这种方法。

为了提高精度,减少统计和系统误差,与之前的研究相比,切换到更低的温度(0.0625eV 和0.125eV 与文献[67]中的0.5eV 相比)。根据欧几里得时间形式主义的一般思想,它导致时间片的数量增加。但是,在这种情况下不可能依赖 BG 方法的旧版本,因为在文献[84]和[67]中使用的正则化方案对于具有大量(约100)欧几里得时间片的晶格不起作用。为了提高算法的稳定性和频率分辨率,对算法进行了改进。下面将讨论这些修改以及对可能的系统误差的仔细研究。

我们从 BG 方法的简单描述开始,将谱函数 $\sigma(\omega)$的估计量定义为具有解析函数的精确谱函数 $\delta(\omega, \tilde{\omega})$的卷积,即

$$\sigma(\omega) = \int_0^\infty \mathrm{d}\tilde{\omega} \delta(\omega, \tilde{\omega}) \tilde{\sigma}(\tilde{\omega}) \tag{4.55}$$

分辨率函数定义为内核配置文件的线性组合:

$$\delta(\omega, \tilde{\omega}) = \sum_j q_j(\omega) K(\tau_j, \tilde{\omega}) \tag{4.56}$$

该系数$q_j(\omega)$是通过最小化相应的分辨率函数的宽度来确定的,集中在 ω 附近:$\partial_{q_j} D = 0$,D 的定义是

$$D \equiv \int_0^\infty \mathrm{d}\tilde{\omega} \, (\tilde{\omega} - \omega)^2 \delta(\omega, \tilde{\omega}) \tag{4.57}$$

实际上,我们将导致归一化条件的宽度最小化:

$$\int_0^\infty \mathrm{d}\tilde{\omega} \delta(\omega, \tilde{\omega}) = 1 \tag{4.58}$$

有时附加条件 $\delta(\omega, 0) = 0$。为了消除 Drude 峰对光学电导率估计量的影响,引入了第二个条件。最小产量的结果

$$q_j(\omega) = \frac{\boldsymbol{W}^{-1}(\omega)_{j,k} R_k}{R_n \boldsymbol{W}^{-1}(\omega)_{n,m} R_m} \tag{4.59}$$

其中

$$\boldsymbol{W}(\omega)_{j,k} = \int_0^\infty \mathrm{d}\tilde{\omega} \, (\tilde{\omega} - \omega)^2 K(\tau_j, \tilde{\omega}) K(\tau_k, \tilde{\omega}), R_n = \int_0^\infty \mathrm{d}\tilde{\omega} K(\tau_n, \tilde{\omega}) \tag{4.60}$$

矩阵 $\boldsymbol{W}$ 是极其病态的,其中 $C(\boldsymbol{W}) \equiv \dfrac{\lambda_{\max}}{\lambda_{\min}} \approx O(10^{20})$。因此,为了获得给定数据集 $G(\tau_i)$的稳定结果,需要对该方法进行正则化。

以前使用 BG 算法[67,84]的研究采用了基于欧几里得相关器 G 协方差矩阵 $\boldsymbol{C}_{j,k}$的正则化方法(式(4.60)):

$$\boldsymbol{W}(\omega)_{j,k} \to (1 - \lambda) \boldsymbol{W}(\omega)_{j,k} + \lambda \boldsymbol{C}_{j,k} \tag{4.61}$$

其中 λ 是一个小的正则化参数。该方法在文献[67]中对具有20个欧几里得时间步的晶格很有效，但在小温度下的计算中失败了。在小温度下，典型的时间步数约为100。此外，还有一种重要的计算类型，将解析延拓应用于为自由费米子计算的形式精确相关器。为了检验该方法的有效性和研究系统误差，必须进行这项工作。尽管精确数据的数值只包含四舍五入误差，但如果不进行正则化，仍然不可能在 Green – Kubo 关系中使用它们。遗憾的是，协方差矩阵并没有为这类数据定义。因此，我们再次需要一些替代的正则化方法。在这项工作中，我们使用了 Tikhonov 正则化和欧几里得时间间隔相关器平均的组合。Tikhonov 正则化广泛用于 $Ax=b$ 形式的不适定问题。在该方法中，寻求修正最小二乘函数的解：

$$\min(\|Ax-b\|_2^2+\|\boldsymbol{\Gamma}x\|_2^2) \tag{4.62}$$

$\boldsymbol{\Gamma}$ 是一个适当选择的矩阵。在标准的 Tikhonov 正则化过程中，选择 $\boldsymbol{\Gamma}=\lambda$，其中 λ 又是一个小的正则参数。通常，对于小 λ，解适合于数据，但具有振荡性；而在大 λ 时，解平稳，但不适合于数据。

在实际应用中，在核矩阵 $\boldsymbol{W}$ 的逆过程中引入了 Tikhonov 正则化，其中使用奇异值分解(SVD)：

$$\boldsymbol{W}=\boldsymbol{U\Sigma V}^{\mathrm{T}},\boldsymbol{UU}^{\mathrm{T}}=\boldsymbol{VV}^{\mathrm{T}}=1 \tag{4.63}$$

其中 $\boldsymbol{\Sigma}=\mathrm{diag}(\sigma_1,\sigma_2,\cdots,\sigma_N)$，$\sigma_1\geqslant\sigma_2\geqslant\cdots\geqslant\sigma_N$，因此，逆推可以很容易地表示为

$$\boldsymbol{W}^{-1}=\boldsymbol{V\Sigma}^{-1}\boldsymbol{U}^{\mathrm{T}},\boldsymbol{\Sigma}^{-1}=\mathrm{diag}(\sigma_1^{-1},\sigma_2^{-1},\cdots,\sigma_N^{-1}) \tag{4.64}$$

应用标准 Tikhonov 正则化方法简单地修改矩阵 $\boldsymbol{\Sigma}$ 如下：

$$\overset{-1}{\boldsymbol{\Sigma}}_{i,j}\to\overset{\sim 1}{\boldsymbol{\Sigma}}_{i,j}=\delta_{ij}\frac{\sigma_i}{\sigma_i^2+\lambda^2} \tag{4.65}$$

因此，可以看到满足 $\lambda\gg\sigma_i$ 的小特征值被平滑地截断。

图4.8显示了 Tikhonov 和协方差矩阵正则化方案的比较。对于这两种正则化方法，我们绘制了中心位于 $\omega=0$ 的分辨率函数的宽度与重构谱函数(在同一点 $\omega=0$)的统计误差的关系图。这些数据来自最近的一篇论文，其中 BG 方法被用来重建等离子体激元的色散关系[85]。正如人们所看到的，Tikhonov 正则化在实际使用中表现得更好，它提供了更好的频率分辨率，并且在抑制统计误差方面同样有效。换句话说，对于 Tikhonov 正则化，相同的频率分辨率的统计误差更小。

现在来讨论第二个正则化技术，即相关器在一段时间内的平均值。在这个过程中，我们取相关器数据 $\{G(\tau_i);i=0,1,\cdots,N_\tau-1\}$，并将其映射到一个新的集合 $\{\widetilde{G}(\widetilde{\tau}_j);j=1,2,\cdots,N_{\mathrm{int}}\}$，其中

$$\overline{G}(\overline{\tau}_i)\equiv\frac{1}{\overline{N}_j}\sum_{i=1}^{\overline{N}_j}G(\tau_i^{(j)}) \tag{4.66}$$

$$N_\tau\equiv\sum_{j=1}^{N_{\mathrm{int}}}\overline{N}_j\quad(1\leqslant\overline{N}_j<N_\tau) \tag{4.67}$$

由于 Green – Kubo 关系的线性，可以用类似的方式构造 $\{\overline{K}(\overline{\tau}_j);j=1,2,\cdots,N_{\mathrm{int}}\}$，并在 BG 方法中使用新的内核和新的相关因子，而无须对算法作任何进一步的修改。平均值增加了输入数据的信噪比。从核矩阵 $\boldsymbol{W}$ 不明确的倒置问题的角度出发，我们减小了矩阵的大小，从而减少了 $\boldsymbol{\Sigma}$ 中极小数 σ_i 的个数(见式(4.63)和式(4.64))，使奇异值分解更加稳定。

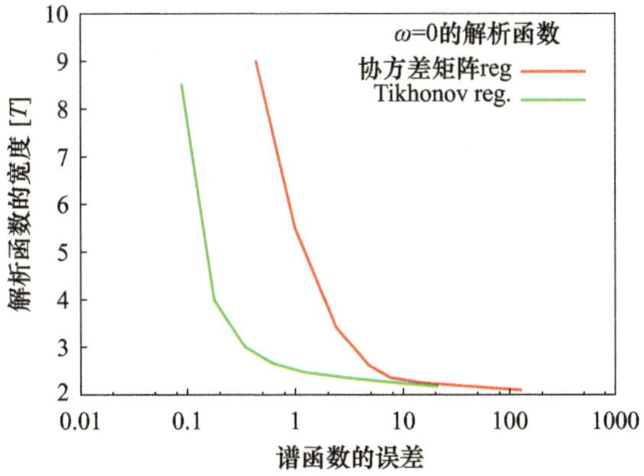

图 4.8　以 $\omega=0$ 为中心的解析函数的半峰宽度与同一点重构谱函数的相对统计误差比较

对协方差矩阵和 Tikhonov 正则化进行了计算。光谱函数的宽度以温度为单位绘制。（这个例子转载自文献一篇研究强相关模型中等离子体激元色散关系的论文[85]）。

我们使用空间大小为 24×24、36×36、48×48、72×72 和 96×96 的晶格（这两个最大的格只在自由费米子的试验计算中使用）。在大部分蒙特卡罗运行中，温度等于 0.125eV，欧几里得时间为 80 步。如文献[86]所述，当我们远离反铁磁相变时，这种离散化很好。在解析延拓中，我们使用具有常数 $\lambda=10^{-12}\cdots10^{-11}$ 的 Tikhonov 正则化和从时间的第 10 步开始的欧几里得时间上的附加平均。平均间隔的长度等于 10 个时间片。

要研究分析延拓过程中由于有限晶格尺寸、非零温度和正则化引起的系统误差，我们首先检查应用于自由电流相关器的方法是否真实地再现了自由紧束缚模型的电导率解析分布。图 4.9 显示了这项研究的结果。首先，可以看到轮廓在大晶格的极限下变得稳定。应特别注意以 $\omega=0.7t$ 为中心的平稳时期（该点定义为与导数 $d\sigma/d\omega$ 的最小值相对应的位置）。在大晶格极限下，该平稳时期再现了 $\omega=0.7t(\sigma_{NI}=1.058\sigma)$ 时非相互作用电导率的正确值，系统误差小于 1%，参见图 4.10。

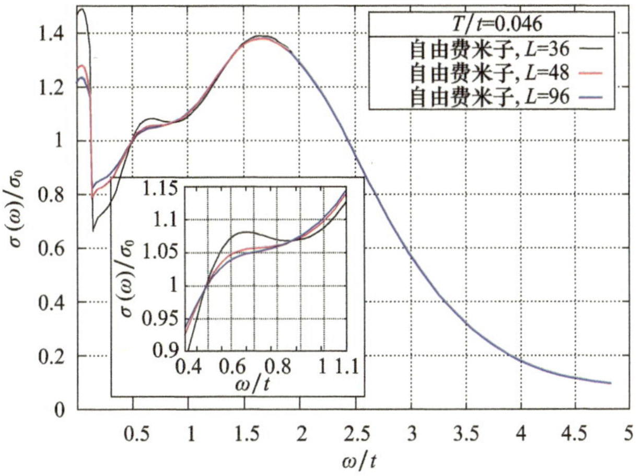

图 4.9　自由费米子情况下的全剖面 $\sigma(\omega)$ 的有限尺寸效应

小频率的不连续性是在 $\omega=0$ 时出现 Drude 峰（自由费米子的 δ 函数）的结果。

另一个论点是为什么我们应注意在低温极限下演变成对应狄拉克费米子的平稳时期。此功能如图4.11所示。事实上,一旦温度降低,平稳时期就会向较低的频率转移。平台处的$\sigma(\omega)$值同时向二维狄拉克费米子σ_0的标准极限靠近。因此,可以得出这样的结论:在我们的方法中,只要同时增大晶格尺寸和降低温度,就可以重现狄拉克费米子的正确电导率值。

然而,在实践中,在非常大的格子和非常小的温度下进行蒙特卡罗模拟是不可能的(后者需要增加欧几里得时间的步数)。因此,我们将停止在晶格尺寸等于48×48,$T=0.125\text{eV}$的温度下进行计算,自由费米子的$\sigma|_{\omega=0.7t}$的正确值以很好的精度再现。此频率用于所有进一步的计算,我们将蒙特卡罗结果与分析计算进行比较。

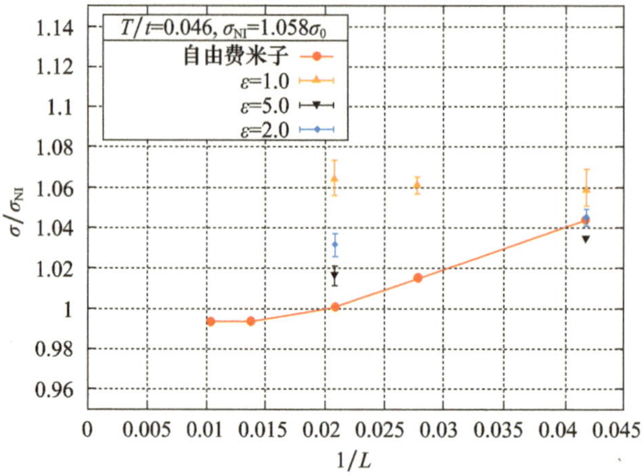

图4.10　在自由空间和相互作用系统中,光学电导率$\sigma|_{\omega=0.7t}$与晶格尺寸的关系。在所有计算中$T=0.125\text{eV}$

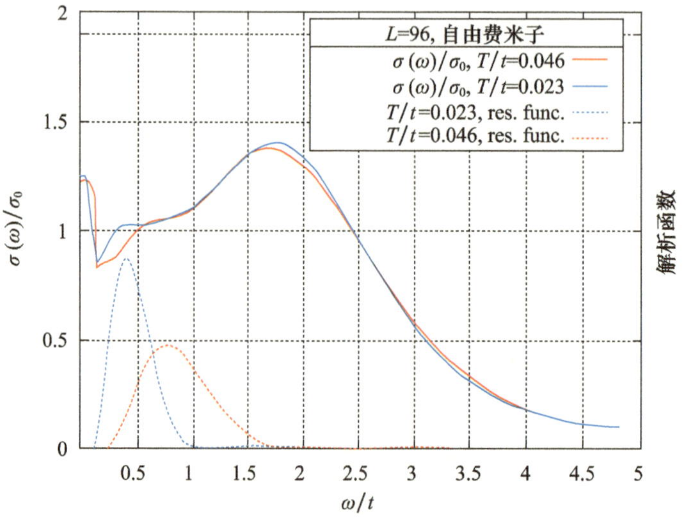

图4.11　两种温度下自由电流相关器解析延拓所得$\sigma(\omega)$分布的比较

$T=0.0625\text{eV}$和$T=0.125\text{eV}$。绘制了以平稳时期为中心的分辨率函数$\delta(\omega,\widetilde{\omega})$,说明了降低温度后分辨率的提高。当温度下降时,平稳时期趋向于校正值$\sigma=\sigma_0$。

系统误差的最后一个潜在来源是正则化。在整个区间 $\lambda = 10^{-12}, \cdots, 10^{-11}$ 内，检验了电导率对常数 λ 的依赖性，电导率的相对变化 $\sigma|_{\omega=0.7t}$ 小于 1%。因此，可以得出结论，系统误差可控，因为所有这些误差实际上都比统计不确定性小。

实际蒙特卡罗计算得到的电导率剖面如图 4.12 所示。$\sigma(\omega)$ 剖面的一般特征：$\omega = 0.7t$ 附近的平稳时期被保留。实际上，悬浮石墨烯的平稳时期更大。图 4.10 总结了 $\omega = 0.7t$ 时的电导率结果。有趣的是，随着相互作用强度的增加，相互作用系统的有限尺寸效应变得更加温和。这个特性为有限尺寸效应受到控制的说法提供了额外的支持，因为自由费米子的情况显示了有限尺寸效应的上限。本章用蒙特卡罗（48 × 48）中最大可及晶格的结果与其他方法作了比较。

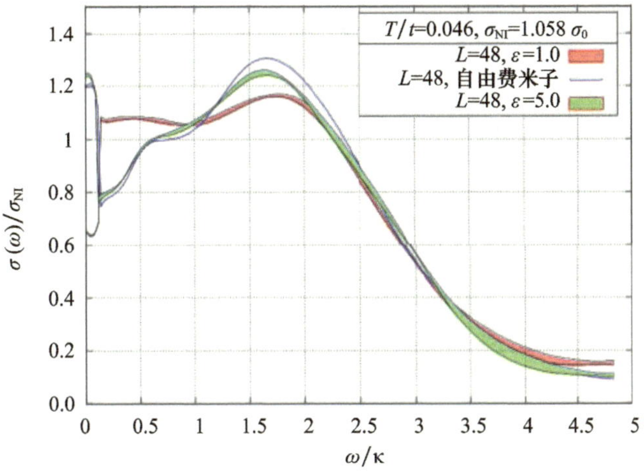

图 4.12 交互案例（悬浮石墨烯）与自由费米子结果的比较。
在两种情况下，温度等于 0.125eV，晶格尺寸 $L = 48$

4.8 小结

本章提出了一种利用库仑相互作用对石墨烯电子带结构进行重整化的实用紧束缚方法。我们发现了一个拓扑不变量，即使在库仑相互作用的情况下，HF 波函数也保持不变，并找到了光学电导率和 Drude 质量的解析表达式。通过这一点，能够将我们的发现与测量的光学电导率联系起来，这表明由于自屏蔽相互作用，只有很少的重整化。精确的蒙特卡罗计算法得出悬浮样本的良好一致性，并支持我们的平均场方法。根据平均场理论的期望，我们还证明了费米速度和 Drude 质量重整化相同。

我们的结果与悬浮和 hBN 封装石墨烯的实验相比，没有调用任何拟合参数。但在悬浮石墨烯的情况下，我们无法解释在较大密度 $n \geqslant 40 \times 10^{10} \mathrm{cm}^{-2}$ 情况下的速度重整化。这种效应不能用紧束缚模型来解释，我们预计波纹和起皱的影响部分是由于外加的栅极，是长程库仑相互作用有效屏蔽的原因。这也意味着在悬浮石墨烯中缺乏（高密度）等离子体的相互作用重整化。

参考文献

[1] Novoselov, K. S. , Geim, A. K. , Morozov, S. V. , Jiang, D. , Zhang, Y. , Dubonos, S. V. , Grigorieva, I. V. , Firsov, A. A. , Electric Field Effect in Atomically Thin Carbon Films. *Science*, 306, 666 – 669, 2004.

[2] Geim, A. K. and Novoselov, K. S. , The rise of graphene. *Nat. Mater.* , 6, 183 – 191, 2007.

[3] Novoselov, K. S. , Geim, A. K. , Morozov, S. V. , Jiang, D. , Katsnelson, M. I. , Grigorieva, I. V. , Dubonos, S. V. , Firsov, A. A. , Two – dimensional gas of massless Dirac fermions in graphene. *Nature*, 438, 197 – 200, 2005.

[4] Castro Neto, A. H. , Guinea, F. , Peres, N. M. R. , Novoselov, K. S. , Geim, A. K. , The electronic properties of graphene. *Rev. Mod. Phys.* , 81, 109 – 162, 2009.

[5] Wallace, P. R. , The band theory of graphite. *Phys. Rev.* , 71, 622 – 634, 1947.

[6] Obradovic, B. , Kotlyar, R. , Heinz, F. , Matagne, P. , Rakshit, T. , Giles, M. D. , Stettler, M. A. , Nikonov, D. E. , Analysis of graphene nanoribbons as a channel material for field – effect transistors. *Applied Physics Letters*, 88, 142102, 2006.

[7] Du, X. , Skachko, I. , Duerr, F. , Luican, A. , Andrei, E. Y. , Fractional quantum Hall effect and insulating phase of Dirac electrons in graphene. *Nature*, 462, 192 – 195, 2009.

[8] Bolotin, K. I. , Ghahari, F. , Shulman, M. D. , Stormer, H. L. , Kim, P. , Observation of the fractional quantum Hall effect in graphene. *Nature*, 462, 196 – 199, 2009.

[9] Katsnelson, M. I. , Novoselov, K. S. , Geim, A. K. , Chiral tunnelling and the Klein paradox in graphene. *Nat. Phys.* , 2, 620 – 625, 2006.

[10] Cheianov, V. V. , Fal' ko, V. , Altshuler, B. L. , The focusing of electron flow and a veselago lens in graphene p – n junctions. *Science*, 315, 1252 – 1255, 2007.

[11] Tombros, N. , Jozsa, C. , Popinciuc, M. , Jonkman, H. T. , van Wees, B. J. , Electronic spin transport and spin precession in single graphene layers at room temperature. *Nature*, 448, 571 – 574, 2007.

[12] Heersche, H. B. , Jarillo – Herrero, P. , Oostinga, J. B. , Vandersypen, L. M. K. , Morpurgo, A. F. , Bipolar supercurrent in graphene. *Nature*, 446, 56 – 59, 2007.

[13] Elias, D. C. , Nair, R. R. , Mohiuddin, Morozov, S. V. , Blake, P. , Halsall, M. P. , Ferrari, A. C. , Boukhvalov, D. W. , Katsnelson, M. I. , Geim, A. K. , Novoselov, K. S. , Control of graphene^s properties by reversible hydrogenation: Evidence for graphane. *Science*, 323, 610 – 613, 2009.

[14] Zhou, J. , Wang, Q. , Sun, Q. , Chen, X. S. , Kawazoe, Y. , Jena, P. , Ferromagnetism in semihydroge – nated graphene sheet. *Nano Letters*, 9, 3867 – 3870, 2009.

[15] Biel, B. , Blase, X. , Triozon, F. M. C. , Roche, S. , Anomalous doping effects on charge transport in graphene nanoribbons. *Phys. Rev. Lett*, 102, 096803, 2009.

[16] Hunt, B. , Sanchez – Yamagishi, J. D. , Young, A. F. , Yankowitz, M. , LeRoy, B. J. , Watanabe, K. , Taniguchi, T. , Moon, P. , Koshino, M. , Jarillo – Herrero, P. , Ashoori, R. C. , Massive Dirac Fermions and Hofstadter Butterfly in a van der Waals Heterostructure. *Science*, 340, 1427 – 1430, 2013.

[17] Kharche, N. and Nayak, S. K. , Quasiparticle band gap engineering of graphene and graphone on hexagonal boron nitride substrate. *Nano Letters*, 11, 5274 – 5278, 2011.

[18] Chen, Z. – G. , Shi, Z. , Yang, W. , Lu, X. , Lai, Y. , Yan, H. , Wang, F. , Zhang, G. , Li, Z. , Observation of an intrinsic bandgap and Landau level renormalization in graphene/boronnitride heterostructures. *Nature Comm.* , 5, 4461, 2014.

[19] Han, M. Y. , Özyilmaz, B. , Zhang, Y. , Kim, P. , Energy band – gap engineering of graphene

nanoribbons. *Phys. Rev. Lett.* ,798,206805,2007.

[20] Pereira, V. M. and Castro Neto, A. H. , Strain engineering of graphene's electronic structure. *Phys. Rev.* , 103,046801,2009.

[21] Kogut, J. B. , Dagotto, E. , Kocic, A. , On the existence of quantum electrodynamics. *Phys. Rev. Lett.* ,61, 2416 - 2419,1988.

[22] Fomin, P. , Gusynin, V. , Miransky, V. , Vacuum instability of massless electrodynamics and the Gell - Mann - Low eigenvalue condition for the bare coupling constant. *Physics Letters B*,78,136139,1978.

[23] Drut, J. E. and Lähde, T. A. , Is graphene in vacuum an insulator? *Phys. Rev. Lett.* ,102,026802,2009.

[24] Khveshchenko, D. V. , Ghost excitonic insulator transition in layered graphite. *Phys. Rev. Lett.* , 87, 246802,2001.

[25] Herbut, I. F. , Interactions and phase transitions on graphene's honeycomb lattice. *Phys. Rev. Lett.* ,97, 146401,2006.

[26] Trushin, M. and Schliemann, J. , Pseudospin in optical and transport properties of graphene. *Phys. Rev. Lett.* ,107,156801,2011.

[27] Stauber, T. , Guinea, F. , Vozmediano, M. A. H. , Disorder and interaction effects in two - dimensional graphene sheets. *Phys. Rev. B*,71,041406,2005.

[28] Jung, J. and MacDonald, A. H. , Enhancement of nonlocal exchange near isolated band crossings in graphene. *Phys. Rev. B*,84,085446,2011.

[29] Ulybyshev, M. V. , Buividovich, P. V. , Katsnelson, M. I. , Polikarpov, M. I. , Monte Carlo study of the semimetal - insulator phase transition in monolayer graphene with a realistic interelectron interaction potential. *Phys. Rev. Lett.* ,111,056801,2013.

[30] Tupitsyn, I. S. and Prokofev, N. V. , Stability of dirac liquids with strong coulomb interaction. *Phys. Rev. Lett.* ,118,026403,2017.

[31] Gusynin, V. P. and Sharapov, S. G. , Transport of Dirac quasiparticles in graphene: Hall and optical conductivities. *Phys. Rev. B*,73,245411,2006.

[32] Herbut, I. F. , Theory of integer quantum Hall effect in graphene. *Phys. Rev. B*,75,165411,2007.

[33] Ezawa, M. , Supersymmetric structure of quantum Hall effects in graphene. *Phys. Lett. A.* ,372,924 - 929,2008.

[34] Gonzalez, J. , Dynamical breakdown of parity and time - reversal invariance in the manybody theory of graphene. *J. High Energy Phys.* ,175,2013.

[35] Marino, E. C. , Nascimento, L. O. , Alves, V. S. , Smith, C. M. , Interaction induced quantum valley Hall effect in*graphene. Phys. Rev. X*,5,011040,2015.

[36] Kotov, V. N. , Uchoa, B. , Pereira, V. M. , Guinea, F. , Castro Neto, A. H. , Electron - electron interactions in graphene: Current status and perspectives. *Rev. Mod. Phys.* ,84,1067 - 1125,2012.

[37] Torre, I. , Tomadin, A. , Geim, A. K. , Polini, M. , Nonlocal transport and the hydrodynamic shear viscosity in graphene. *Physical Review B*,92,165433,2015.

[38] Ho, D. Y. , Yudhistira, I. , Chakraborty, N. , Adam, S. , Microscopic theory for electron hydrodynamics in monolayer and bilayer graphene. *Phys. Rev. B*,97,121404(R),2018.

[39] Bandurin, D. A. , Torre, I. , Kumar, R. K. , Ben Shalom, M. , Tomadin, A. , Principi, A. , Auton, G. H. , Khestanova, E. , Novoselov, K. S. , Grigorieva, I. V, Ponomarenko, L. A. , Geim, A. K. , Polini, M. , Negative local resistance caused by viscous electron backflow in graphene. *Science*,351,1055 - 1058,2016.

[40] Crossno, J. , Shi, J. K. , Wang, K. , Liu, X. , Harzheim, A. , Lucas, A. , Sachdev, S. , Kim, P. , Taniguchi, T. , Watanabe, K. , Ohki, T. A. , Fong, K. C. , Observation of the Dirac fluid and the breakdown of the

Wiedemann – Franz law in graphene. *Science*, 1058 – 1061, 351, 2016.

[41] Lucas, A. and Fong, K. C., Hydrodynamics of electrons in graphene. *J. Physics: Condensed Matter*, 30, 053001, 2018.

[42] Elias, D. C., Gorbachev, R. V, Mayorov, A. S., Morozov, S. V, Zhukov, A. A., Blake, P., Ponomarenko, L. A., Grigorieva, I. V., Novoselov, K. S., Guinea, F., Geim, A. K., Dirac cones reshaped by interaction effects in suspended graphene. *Nat. Phys.*, 7, 701 – 704, 2011.

[43] Li, G., Luican, A., Andrei, E. Y., Scanning tunneling spectroscopy of graphene on graphite. *Phys. Rev. Lett.*, 2, 102, 176804, 2009.

[44] Chae, J., Jung, S., Young, A. F., Dean, C. R., Wang, L., Gao, Y., Watanabe, K., Taniguchi, T., Hone, J., Shepard, K. L., Kim, P., Zhitenev, N. B., Stroscio, J. A., Renormalization of the graphene dispersion velocity determined from scanning tunneling spectroscopy. *Phys. Rev. Lett.*, 109, 116802, 2012.

[45] Siegel, D. A., Park, C. – H., Hwang, C., Deslippe, J., Fedorov, A. V., Louie, S. G., Lanzara, A., Many – body interactions in quasi – freestanding graphene. *Proc. Nat. Acad. Sci.*, 108, 11365 – 11369, 2011.

[46] Yu, G. L., Jalil, R., Belle, B., Mayorov, A. S., Blake, P., Schedin, F., Morozov, S. V., Ponomarenko, L. A., Chiappini, F., Wiedmann, S., Zeitler, U., Katsnelson, M. I., Geim, A. K., Novoselov, K. S., Elias, D. C., Interaction phenomena in graphene seen through quantum capacitance. *Proc. Nat. Acad. Sci.*, 110, 3282 – 3286, 2013.

[47] Faugeras, C., Berciaud, S., Leszczynski, P., Henni, Y., Nogajewski, K., Orlita, M., Taniguchi, T., Watanabe, K., Forsythe, C., Kim, P., Jalil, R., Geim, A. K., Basko, D. M., Potemski, M., Landau Level spectroscopy of electron – electron interactions in graphene. *Phys. Rev. Lett.*, 114, 126804, 2015.

[48] Martin, J., Feldman, B. E., Weitz, R. T., Allen, M. T., Yacoby, A., Local compressibility measurements of correlated states in suspended bilayer graphene. *Phys. Rev. Lett.*, 105, 256806, 2010.

[49] Weitz, R. T., Allen, M. T., Feldman, B. E., Martin, J., Yacoby, A., Broken – symmetry states in doubly gated suspended bilayer graphene. *Science*, 330, 812 – 816, 2010.

[50] Dean, C. R., Young, A. F., Cadden – Zimansky, P., Wang, L., Ren, H., Watanabe, K., Taniguchi, T., Kim, P., Hone, J., Shepard, K. L., Multicomponent fractional quantum Hall effect in graphene. *Nat. Phys.*, 7, 693 – 696, 2011.

[51] González, J., Guinea, F., Vozmediano, M., Non – Fermi liquid behavior of electrons in the half – filled honeycomb lattice (A renormalization group approach). *Nuclear Physics B*, 424, 595 – 618, 1994.

[52] Mishchenko, E. G., Effect of Electron – electron interactions on the conductivity of clean graphene. *Phys. Rev. Lett.*, 98, 216801, 2007.

[53] Sheehy, D. E. and Schmalian, J., Quantum critical scaling in graphene. *Phys. Rev. Lett.*, 99, 226803, 2007.

[54] Herbut, I. F., Juricic, V., Vafek, O., Coulomb interaction, Ripples, and the minimal conductivity of graphene. *Phys. Rev. Lett.*, 100, 046403, 2008.

[55] Vafek, O. and Case, M. J., Renormalization group approach to two – dimensional Coulomb interacting Dirac fermions with random gauge potential. *Phys. Rev. B*, 77, 033410, 2008.

[56] Barnes, E., Hwang, E. H., Throckmorton, R. E., Das Sarma, S., Effective field theory, three – loop perturbative expansion, and their experimental implications in graphene many – body effects. *Phys. Rev. B*, 89, 235431, 2014.

[57] Bauer, C., Rückriegel, A., Sharma, A., Kopietz, P., Nonperturbative renormalization group calculation of quasiparticle velocity and dielectric function of graphene. *Phys. Rev. B*, 92, 121409, 2015.

[58] Sharma, A. and Kopietz, P., Multilogarithmic velocity renormalization in graphene. *Phys. Rev.* B, 93, 235425, 2016.

[59] Abedinpour, S. H. , Vignale, G. , Principi, A. , Polini, M. , Tse, W. – K. , MacDonald, A. H. , Drude weight, plasmon dispersion, and ac conductivity in doped graphene sheets. *Phys. Rev. B*, 84, 045429, 2011.

[60] Mishchenko, E. G. , Minimal conductivity in graphene: Interaction corrections and ultraviolet anomaly. *EPL* (*Europhysics Letters*), 83, 17005, 2008.

[61] Sheehy, D. E. and Schmalian, J. , Optical transparency of graphene as determined by the fine – structure constant. *Phys. Rev. B*, 80, 193411, 2009.

[62] Juricic, V. , Vafek, O. , Herbut, I. F. , Conductivity of interacting massless Dirac particles in graphene: Collisionless regime. *Phys. Rev. B*, 82, 235402, 2010.

[63] Sodemann, I. and Fogler, M. M. , Interaction corrections to the polarization function of graphene. *Phys. Rev. B*, 86, 115408, 2012.

[64] Rosenstein, B. , Lewkowicz, M. , Maniv, T. , Chiral anomaly and strength of the electron – electron interaction in graphene. *Phys. Rev. Lett.* , 110, 066602, 2013.

[65] Teber, S. and Kotikov, A. V. , Interaction corrections to the minimal conductivity of graphene via dimensional regularization. *EPL*(*Europhysics Letters*), 107, 57001, 2014.

[66] Link, J. M. , Orth, P. P. , Sheehy, D. E. , Schmalian, J. , Universal collisionless transport of graphene. *Phys. Rev. B*, 93, 235447, 2016.

[67] Boyda, D. L. , Braguta, V. V. , Katsnelson, M. I. , Ulybyshev, M. V. , Many – body effectson graphene conductivity: Quantum Monte Carlo calculations. *Phys. Rev. B*, 94, 085421, 2016.

[68] Ozfidan, I. , Korkusinski, M. , Hawrylak, P. , Theory of biexcitons and biexciton – exciton cascade in graphene quantum dots. *Phys. Rev. B*, 91, 115314, 2015.

[69] Trushin, M. and Schliemann, J. , Polarization – sensitive absorption of THz radiation by interacting electrons in chirally stacked multilayer graphene. *New J. Phys.* , 14, 095005, 2012.

[70] Giuliani, A. , Mastropietro, V. , Porta, M. , Lattice quantum electrodynamics for graphene. *Ann. Phys.* , 327, 461 – 511, 2012.

[71] Astrakhantsev, N. Y. , Braguta, V. V. , Katsnelson, M. I. , Many – body effects in graphene beyond the Dirac model with Coulomb interaction. *Phys. Rev. B*, 92, 245105, 2015.

[72] Basov, D. N. , Averitt, R. D. , van der Marel, D. , Dressel, M. , Haule, K. , Electrodynamics of correlated electron materials. *Rev. Mod. Phys.* , 83, 471 – 541, 2011.

[73] Levitov, L. S. , Shtyk, A. V. , Feigelman, M. V. , Electron – electron interactions and plasmon dispersion in graphene. *Phys. Rev. B*, 88, 235403, 2013.

[74] Wu, L. , Tse, W. – K. , Brahlek, M. , Morris, C. M. , Aguilar, R. V. , Koirala, N. , Oh, S. , Armitage, N. P. , High – resolution faraday rotation and electron – phonon coupling in surface states of the bulk – insulating topological insulator Cu0:02Bi2Se3. *Phys. Rev. Lett.* , 115, 217602, 2015.

[75] Post, K. W. , Chapler, B. C. , Liu, M. K. , Wu, J. S. , Stinson, H. T. , Goldflam, M. D. , Richardella, A. R. , Lee, J. S. , Reijnders, A. A. , Burch, K. S. , Fogler, M. M. , Samarth, N. , Basov, D. N. , Sum – Rule Constraints on the surface state conductance of topological insulators. *Phys. Rev. Lett.* , 115, 116804, 2015.

[76] Stauber, T. , Plasmonics in Dirac systems: From graphene to topological insulators. *J. Phys.* : *Condens. Matter*, 26, 123201, 2014.

[77] Giuliani, G. and Vignale, G. , *Quantum Theory of the Electron Liquid*, Cambridge Cambridge University Press, Cambridge, 2005.

[78] Stauber, T. , Schliemann, J. , Peres, N. M. R. , Dynamical polarizability of graphene beyond the Dirac cone approximation. *Phys. Rev. B*, 81, 085409, 2010.

[79] Stauber, T. , Analytical expressions for the polarizability of the honeycomb lattice. *Phys. Rev. B*, 82,

201404,2010.

[80] Peres, N. M. R. and Stauber, T., Transport in a clean graphene sheet at finite temperature and frequency. *Int. J. Mod. Phys. B*, 22, 2529 – 2536, 2008.

[81] Wehling, T. O., Sasioglu, E., Friedrich, C., Lichtenstein, A. I., Katsnelson, M. I., Blugel, S., Strength of effective coulomb interactions in graphene and graphite. *Phys. Rev. Lett.*, 106, 236805, 2011.

[82] Buividovich, P. V. and Polikarpov, M. I., Monte Carlo study of the electron transport properties of monolayer graphene within the tight – binding model. *Phys. Rev. B*, 86, 245117, 2012.

[83] Smith, D. and von Smekal, L., Monte Carlo simulation of the tight – binding model of graphene with partially screened Coulomb interactions. *Phys. Rev. B*, 89, 195429, 2014.

[84] Brandt, B. B., Francis, A., Meyer, H. B., Robaina, D., Pion quasiparticle in the low temperature phase of QCD. *Phys. Rev. D*, 92, 094510, 2015.

[85] Ulybyshev, M., Winterowd, C., Zafeiropoulos, S., Collective charge excitations and the metal – insulator transition in the square lattice Hubbard – Coulomb model. *Phys. Rev. B*, 96, 205115, 2017.

[86] Buividovich, P., Smith, D., Ulybyshev, M., von Smekal, L., Competing order in the fermionic Hubbard model on the hexagonal graphene lattice. *PoS, LATTICE*2016, 244, 201.

第5章 石墨烯纳米带性能的计算测定

Frank J. Owens
纽约市立大学亨特学院物理系

摘 要 计算材料科学已成为材料研究的重要工具。它已被用来确定新材料的技术关键点并预测现有材料如几何、振动和电子结构等性质。本章综述了石墨烯纳米带计算方法的应用。石墨烯在提高电子设备的运行速度方面具有巨大的潜力,例如在场效应晶体管中的应用。石墨烯片的缺点之一是在布里渊区的中心没有带隙,而这是它在电子器件中发挥作用所必需的。然而,实验和理论上都表明,窄条石墨烯区域中心有一个能隙。本章对石墨烯纳米带的性质进行了综述。介绍了密度泛函理论在扶手椅形纳米带和曲折石墨烯纳米带中的应用实例。讨论了原始石墨烯色带、掺杂石墨烯带和缺陷石墨烯带的几何、电子和振动结构的计算。同时还计算了石墨烯作为燃料电池催化剂的可能性。

关键词 密度泛函理论,扶手椅形纳米带,锯齿形纳米带,电子结构,振动频率,空位,催化剂

5.1 计算材料科学

5.1.1 在低维碳纳米结构中的应用

计算材料科学领域在过去30年中不断发展,成为材料研究的重要组成部分。研究发现了石墨烯的众多应用方式。计算材料科学从理论角度预测材料的性质,如结构、振动和电子性质。它可以预测,并且已经被用来预测新材料是否存在。例如,早在发现C_{60}之前就已经预测了它存在的可能性及其振动频率等性质。理论模型也可用于确定现有材料的性能,特别适用于实验难以确定的性能。弹性常数的计算使结果与实验值非常接近,与实验方法相比要容易得多。计算材料科学作为材料研究的重要工具,其发展在很大程度上是高性能计算机和密度泛函理论(DFT)等理论模型发展的结果。固体模型中的一个关键问题是固体尺寸的选择,即系统中原子或离子的数量。所处理的取代基的数目必须使结果给出与宏观体系相对应的性质值。$1\mu m^3$ 的铜大约有10^4个原子,这接近当今计算机使用最复杂的理论模型所能处理的数量极限。另一个限制是时间尺度,它应该小于10^{-15}s,以便处理材料中的原子振动。

近年来,理论建模已广泛应用于碳纳米管和石墨烯。也许是因为这些纳米结构的尺

寸较小，通常只有不到10^6个原子，上述限制可能构不成什么问题。本章的目的是介绍具有应用潜力的石墨烯色带的最新和有趣的计算预测实例。这为预测合成过程中可用新的修饰方法提供了指导。例如，氮化硼纳米带结构类似石墨烯，带隙大于5eV，限制了它们的电子应用潜力。然而，理论模型预测，相对于氮含量增加硼含量或施加电场可以显著地将带隙减小到使其成为半导体的值。这可能考虑到电子应用的可能性。本章也将讨论计算方法，特别是密度泛函理论在石墨烯纳米带中的应用。石墨烯纳米带上集中的原因是它们在区域中心有一个带隙，而石墨烯片没有。一般来说，电子应用的材料必须是半导体。

5.1.2 密度泛函理论

分子轨道理论的各种修改被用来计算固体的电子和振动性质以及几何构象。本章对了解密度泛函理论近似值所需的分子轨道理论作了简要的概述。分子轨道理论的目的是得到一个由许多原子和电子组成的非相对论性薛定谔波动方程的近似解。

$$\left[-\frac{\Sigma\left(\frac{h}{\pi}\right)^2}{2m(\nabla_i^2)}+\frac{\Sigma_{1<j}e^2}{r_{ij}}-\frac{\Sigma_{iA}Z_Ae^2}{r_{Ai}}+\Sigma_{A<B}Z_AZ_Be^2/R_{AB}\right]\psi_e=E\psi_e \tag{5.1}$$

第一项是动能，即

$$\nabla_i^2=\frac{\mathrm{d}^2}{\mathrm{d}x_i^2}+\frac{\mathrm{d}^2}{\mathrm{d}y_i^2}+\frac{\mathrm{d}^2}{\mathrm{d}z_i^2} \tag{5.2}$$

第二项是电子之间的静电斥力，第三项是电子和原子核之间的静电吸引，第四项是原子核之间的静电斥力，E是能量，ψ_e是波函数。式(5.1)省略了原子核的动能，因为电子比重得多的原子核移动得更快。实际上，原子核的运动被忽略了。这被称为玻恩－奥本海默近似值。1927年，由Heitler和London提出[1]氢分子H_2薛定谔方程的第一个成功的解。对于具有大量原子和电子的系统，薛定谔波动方程不可能有精确的解。然而，理论家们已经提出了一些处理固体的近似值。其中一个近似值是密度泛函理论，它已被证明可以预测具有大量原子的材料的性能，且具有合理的精度。

密度泛函理论是多电子原子托马斯－费米模型的扩展。该理论把电子看作是由球形对称势限制在V体积内的自由电子的气体。在金属束缚于立方体积的自由电子模型中，费米能级，三维固体的最高填充能级是

$$E_f=\left[\left(\frac{h}{\pi}\right)^2/2m\right]\left[3\pi^2N/V\right]^{2/3} \tag{5.3}$$

式中：N为电子数；m为电子数的质量。

假设电势的深度能够使能级被填满，即$E_f=-V[r]$。任意r值下的电势深度都与该r值下的电子密度有关。这产生了电势和电子密度之间的关系，$\rho=N/V$，由下式给出：

$$-V[r]=\left[\left(\frac{h}{\pi}\right)^2/2m\right]\left[3\pi^2\rho\right]^{2/3} \tag{5.4}$$

该模型假设$V(r)$的长度与电子的波长相比没有显著变化。这意味着许多电子可以在$V(r)$恒定的体积内局域化。这一结果的重要性在于，它将电子与原子核和其他电子的静电相互作用(式(5.1)中的第二项和第三项)转化为一种形式，其中每个电子和其他每个电子之间的相互作用可以用电子和原子核与电荷的相互作用来表示密度。对于一个有许多原子核和电子的分子，电子之间的静电相互作用和原子核之间的静电相互作用就变成

了有效势中非相互作用电子的静电相互作用，而有效势是电荷密度的函数。原子电子结构的托马斯－费米模型不能很好地预测原子的能级，主要是因为它没有考虑交换相互作用。然而，它确实为密度泛函理论的发展提供了一个概念基础，提出用电荷密度来代替电子间的排斥作用。

在密度泛函理论中，多电子系统的基态能量仅是电子密度的函数 $\rho[r]^2$。波函数必须满足类似薛定谔方程的形式：

$$\left[-\frac{\Sigma\left(\frac{h}{\pi}\right)^2}{2m(\nabla_i^2)}+V_N[r]+\int\rho[r']/[r-r']\mathrm{d}^3r'+\epsilon(\rho[r])\right]\psi_i(r)=E_i\psi_i(r) \quad (5.5)$$

除了原子核之间的静电斥力外，所有项都是电荷密度的函数。第一项是动能。假设每一点的动能密度与均匀非相互作用电子气的动能密度相对应，该动能密度与 $\rho^{5/3}$ 成正比。第二项是电子与原子核的相互作用。第三项是电子之间静电斥力，即电子密度。最后一项表示交换和关联相互作用。在密度泛函理论中，通过对均匀非相互作用电子气体的模拟，得到了 ϵ 的精确公式。密度泛函理论中用于计算交换相互作用的模型是基于这样一种思想：将简单金属（如锂）的电子结构视为围绕正电荷晶格的均匀电子气体。这个模型在密度泛函理论中被使用，因为它是唯一一个产生交换相互作用的精确形式的模型。该模型称为局部密度近似（LDA），交换项的形式为

$$E_{\mathrm{XC}}^{\mathrm{LDA}}[\rho]=\int\rho[r]\,\epsilon_{\mathrm{XC}}(\rho[r])\mathrm{d}r \quad (5.6)$$

式中：$\epsilon_{\mathrm{XC}}(\rho[r])$ 为能量密度，即每个电子的交换能加上相关能。用变分法求多电子系统的能量，总是得到比精确能量更大的能量。这两种能量之差称为相关能。在电子密度为 ρ 的均匀电子气体中，假设电子密度 ρ 随位置缓慢变化。交换能的具体形式由 Slater 获得，由下式给出：

$$\epsilon_{\mathrm{XC}}=(-3/4)[3\rho[r]/\pi]^{1/3} \quad (5.7)$$

代入式（5.6），得到以下形式的交换能：

$$\epsilon_{\mathrm{XC}}^{\mathrm{LDA}}[\rho]=(-3/4)[3/\pi]^{1/3}\int\rho[r]^{4/3}\mathrm{d}r \quad (5.8)$$

本章简要概述了局域密度近似下的密度泛函理论方法，并没有讨论 Hohenberg－Kohn 存在性和变分定理[2]的细节和证明。读者应理解密度泛函理论将原子核外部电位中相互作用电子的复杂多体问题转化为非相互作用电子在有效电位中运动的可处理问题，而有效电位是电子电荷密度的函数。利用密度泛函理论方法，可以对相当大的结构进行精确计算。

5.1.3 密度泛函理论应用实例

本节将以 C_{60} 为例，研究密度泛函理论如何预测这种结构的性质[3]。图 5.1 展示了 C_{60} 的结构。它由 12 个五边形（5 面）和 20 个六边形（6 面）碳环对称排列，形成足球状结构。表 5.1 比较了用密度泛函理论计算的 C_{60} 双碳键和单碳键的键长与实验值。密度泛函理论方法预测的键长与实验结果吻合较好。观察到的 C_{60} 最强烈的拉曼振动模式是五边形箍缩模式，它涉及平行于球表面的碳五边形环的膨胀和收缩。密度泛函理论计算预测这种模式的频率在实验值的 1.6% 以内。为了检验模型预测电子结构的能力，给

出了垂直电离能的计算结果。这是通过取C_{60}的最小能量结构和具有相同结构的离子C_{60+}的总能量之差来计算的。密度泛函理论模型与实验值吻合较好。这样的结果以及用合理的计算机时间处理大型结构的能力是密度泛函理论被广泛用于预测材料性能的原因。也可以使用密度泛函理论采用周期性边界条件,计算固体的能级作为波向量的函数。在本章中,密度泛函理论应用实例将用于获得石墨烯纳米带的各种修饰的能级和振动特性。

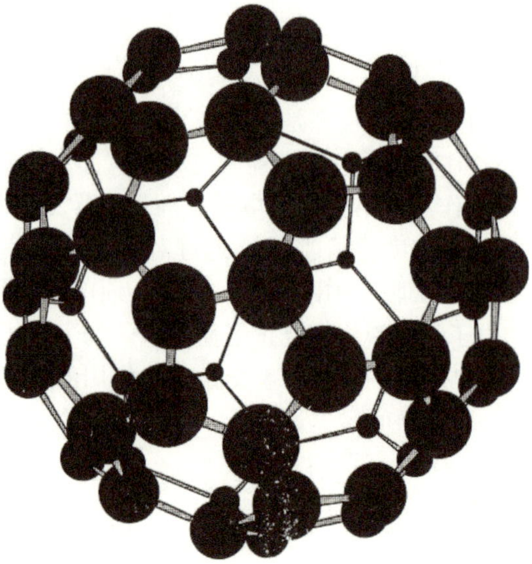

图5.1 用密度泛函理论计算C_{60}分子的结构

表5.1 使用密度泛函理论[3]对C_{60}的一些实验和计算性质的比较

性质	实验	密度泛函理论
C—C/A	1.46	1.46
C ═C/A	1.40	1.40
IP/eV	7.6 ±0.2	7.22
$\acute{\omega}$ /cm^{-1}	1493	1455

5.1.4 周期边界条件

由于 Bloch 定理,可以试用周期边界条件。

该定理指出,对于满足薛定谔方程的任何波函数,都存在一个波向量 $\boldsymbol{K}$,使得由晶格向量 $\boldsymbol{a}$ 进行的平移相当于将波函数乘以相位因子 $\exp(\mathrm{i}\boldsymbol{K}\cdot\boldsymbol{a})$,即

$$\psi_k(r+\boldsymbol{a}) = \exp(\mathrm{i}\boldsymbol{K}\cdot\boldsymbol{a})\psi_k(r) \tag{5.9}$$

考虑具有晶格向量 $\boldsymbol{a}$ 的一维晶格。为了正确地获得能级,必须考虑一个长度为 Na 的晶格,其中 N 是无限的。当然,这在计算上是不可能的。如果 N 是有限的,那么在晶格的两端波函数必须为零。两端的反射将导致驻波,这些驻波必须包含在溶液中,而不存在于大

晶体中。

周期性边界条件或 Born – von – Karman 边界条件提供了一种不同于边界物理效应的数学方法。在一维中,该装置将晶格变成一个由 N 个晶胞组成的圆。为确保波函数不间断,要求:

$$\psi(X+Na)=\psi(X) \tag{5.10}$$

式中:a 为晶格参数;N 为晶格中的晶胞数。一维 Bloch 条件是

$$\psi_k(X+Na)=\exp(\mathrm{i}K\cdot Na)\psi_k(X) \tag{5.11}$$

因此,$\exp(\mathrm{i}K\cdot Na)=1$,表示 $K=2\pi p/Na$,其中 p 是整数。在一维约化区中,K 的值必须为 $-\pi/a<K>\pi/a$。整数 p 从 $-(1/2)N$ 到 $(1/2)N$。布里渊区中允许的波向量数等于晶体中的晶胞数。

5.1.5 低维碳化合物的示例——聚并苯

苊或聚苯胺是一类二维碳化合物,由一系列键合的苯环构成二维平面。并苯本质上是窄的石墨烯纳米带,早在石墨烯被发现之前就已经存在。因此,研究其性质的理论计算很有意义。石墨烯是一种二维结构的碳原子,其排列结构与石墨平面上的碳原子相同,在后面的章节中详细讨论其特性。萘$C_{10}H_8$由两个苯环组成,而该系列中最长的$C_{30}H_{18}$有7个苯环。目前正在探寻更长的链条的可能性。并五苯环化合物在有机场效应晶体管(FET)中应用广泛。本章以共价键合的二维碳材料为例来讨论它们的性质。图5.2显示了在B3LYP/6 – 31G * 水平下通过密度泛函理论计算的并五苯的最小能量结构[4]。计算表明,该结构为二维,与实验结果吻合。对结构频率的计算没有得到虚值,表明结构在势能面上处于最小值。图5.3绘出了最高占据分子轨道(HOMO)和最低未占据分子轨道(LUMO)之间的计算能量差(称为能隙)与聚并苯链中碳原子数的关系图,表明随着链长度的增加,能隙接近于零[4]。这是一个普遍的结果,在一些狭窄的二维材料如聚乙炔上能发现这一现象。图5.4是使用周期性边界条件计算聚并苯的HOMO和LUMO能级的曲线图,作为波向量 $\boldsymbol{K}$ 的函数[4]。在 $K=0$ 附近,HOMO和LUMO能级的依赖关系与石墨烯类似,因此传导电子的有效质量应为零。这意味着聚乙烯应该具有与石墨烯相似的电子性质和类似的应用潜力。

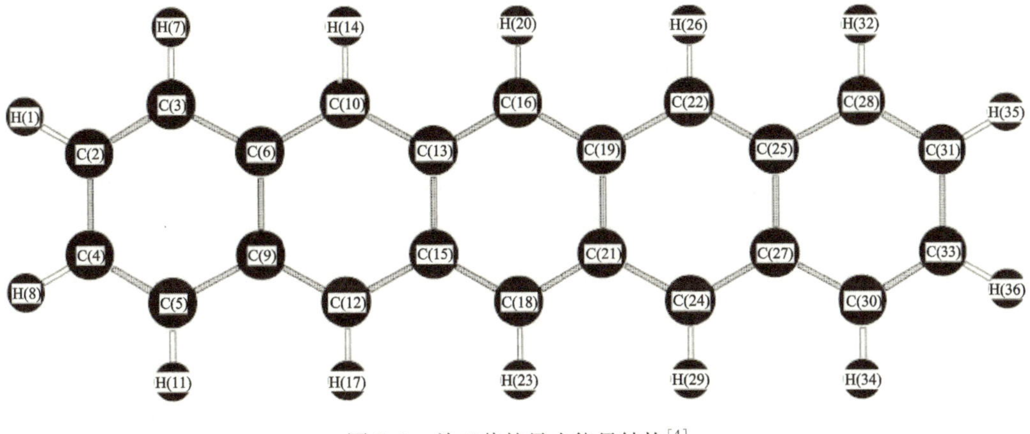

图5.2 并五苯的最小能量结构[4]

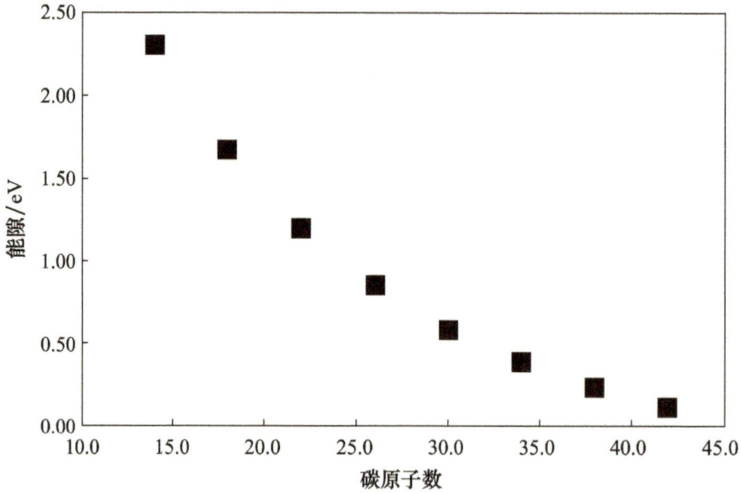

图5.3 布里渊区中心的能隙与聚并苯链中碳原子数的关系[4]

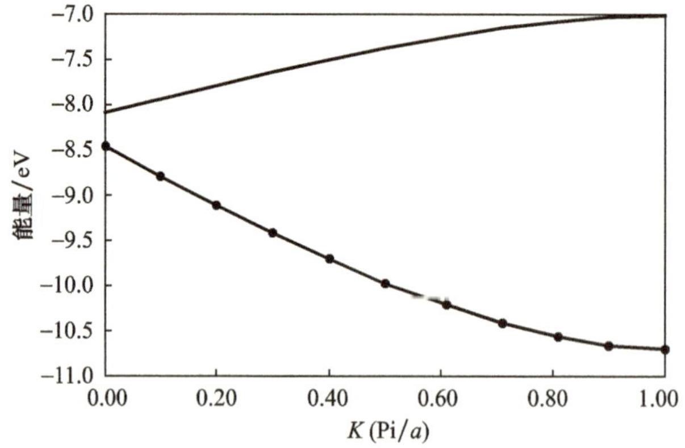

图5.4 最高占据能级和最低未占据能级与并苯波向量的关系[4]

5.2 石墨烯

5.2.1 结构与制备

石墨烯是由碳原子组成的二维阵列，其中碳原子与石墨平面上的原子具有相同的排列方式。其结构如图5.5所示。据预测，石墨烯等二维固体在热力学上不稳定，可能会因平面度而变形[5-6]。当英国和俄罗斯的科学家们制作出单一的石墨烯薄片时，这一想法就被证明是无效的。这一发现引起了材料科学界大量的研究活动，因为石墨烯独特的电子特性暗示了许多应用潜力。其高强度和高电子迁移率等性能，比铜高出100万倍，这意味着它可以应用于更高速度的场效应晶体管和增强复合材料的强度。石墨烯的第一次制备非常简单[7]。透明胶带被压在石墨单晶的大表面上。石墨平面平行于晶体的大面。胶带被小心地剥下来，然后轻轻地摩擦到一个氧化硅基底上。基板上的薄片厚度不一，通过在显微镜中使用白光(由许多波长组成)检查薄片,并检查从薄片的前表面和后表面反射的光的干涉图案,来确定薄片的厚度。

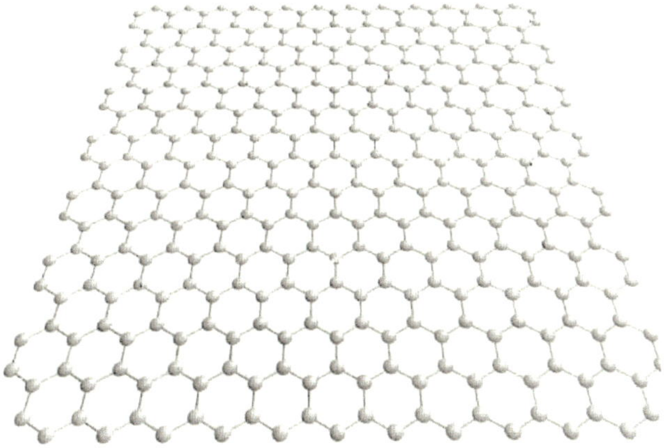

图 5.5　石墨烯薄片的结构

5.2.2　电子结构计算

图 5.6 显示了一片石墨烯在波向量 $\boldsymbol{K}$ 上的价带和导带能量的计算结果[8]。这一计算早在石墨单面上发现石墨烯之前就已经完成了,当时石墨被认为是一种假想的材料。三维能量与波向量的关系称为狄拉克锥。布里渊区有两个点 K 和 K',价带顶部的能量与导带的能量相同。这些点上的材料为金属。区域中其他点的情况并非如此,在导带和价带之间有一个能隙。这种材料被称为半金属。能量依赖于 $\boldsymbol{K}$ 向量的另一个有趣的特征是,在点 K 和 K'附近,能量与 $\boldsymbol{K}$ 向量成线性关系。在半导体中,通常 $\boldsymbol{K}=0$ 附近的能带依赖于下式给出的 $\boldsymbol{K}$ 向量,即

$$E=(h/2\pi)\boldsymbol{K}^2/2m^* \tag{5.12}$$

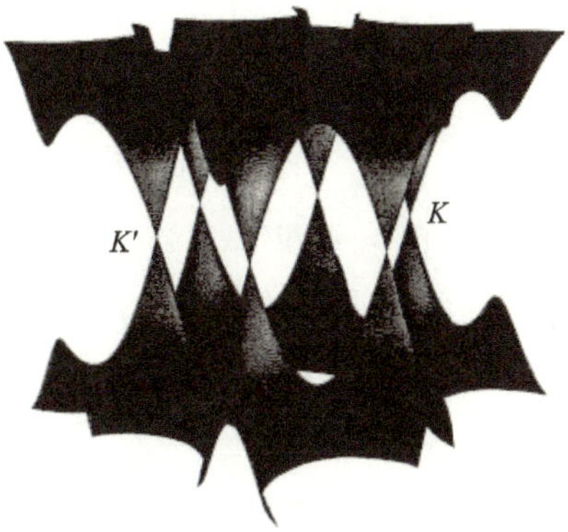

图 5.6　石墨烯片电子结构对 $\boldsymbol{K}$ 向量[8]依赖的计算

式中:m^* 为传导电子或空穴的有效质量。当电子或空穴受到外加电场的作用时,它们相对于晶格被加速,就好像它们有一个质量 m^*。这个质量反映了电子和空穴与晶格的相互作用。20 世纪 80 年代中期,理论家们研究孤立的石墨平面(本质上是石墨烯)的电子结构,尽管这种一维结构并不存在。但这项研究也产生了一个不寻常的预测,即在能带 K 和

K'之间的接触点处，传导电子的有效质量为零，它们的行为就如同无质量的相对论费米子一样[9-10]。用狄拉克方程来处理石墨烯中的电子动力学，狄拉克方程是薛定谔方程的一个修正，它处理光子等无质量相对论性粒子。这意味着导电电子在迁移率约为 $50000cm^2/(V \cdot s)$的石墨烯中移动得非常快，比现在的硅晶体管大一个数量级。这使得石墨烯成为一种很有前途的电子器件候选材料。然而，布里渊区中心的带隙为零这一事实可能会限制其应用潜力。

5.2.3 石墨烯纳米带

人们对石墨烯纳米带（长窄的石墨烯条带）有浓厚的兴趣，这种结构很可能是石墨烯电子器件的组成部分，因为这些薄带在布里渊区中心有一个很小的带隙，FET 等电子设备需要带隙。石墨烯纳米带有扶手椅形和锯齿形两种类型，其结构如图 5.7 所示。图 5.8 显示了扶手椅形和锯齿形带的 HOMO 和 LUMO 对波向量依赖性的计算结果[11]。如上所述，大的石墨烯片在布里渊区的中心为金属。然而事实证明，石墨烯纳米带的带隙取决于带长。图 5.9 显示了扶手椅带（三个碳环宽且 H 端接）区域中心带隙的密度泛函理论计算结果，作为带中碳数的函数（有效长度）[12]。计算结果表明，随着带状长度的增加，带隙接近零。这意味着相对较短的色带将是必要的石墨烯为基础的电子设备。有趣的是，曲折带带隙的计算依赖性是完全不同的，因为这取决于带的电子是奇数还是偶数。图 5.10 显示了这两种情况的依赖性。图 5.11 说明了使用石墨烯纳米带 FET 的一个概念[13]。两个石墨烯纳米带由一个小的苯环连接。在同一个平面上，还有一个被用作栅极的石墨烯纳米带与另外两个纳米带稍微分开。当对它施加电压时，电流流过连接另外两个色带的桥。

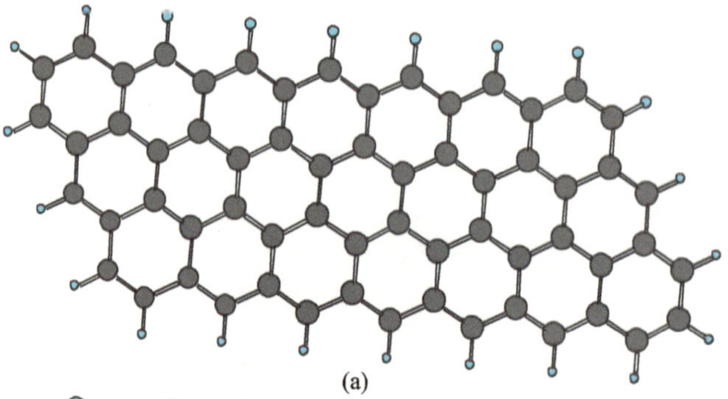

(a)

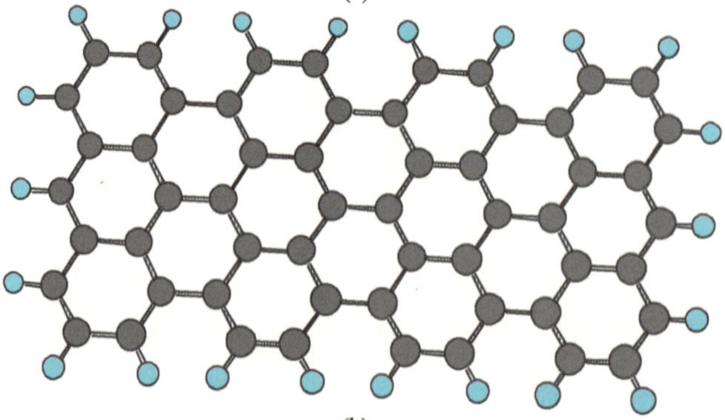

(b)

图 5.7 锯齿形（b）和扶手椅形（a）石墨烯纳米带的结构示意图

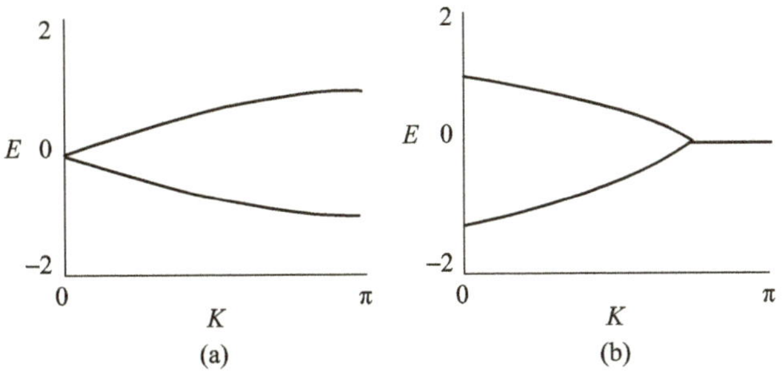

图 5.8 计算了锯齿形(b)和扶手椅形(a)石墨烯纳米带的最高占据轨道和最低未占据轨道的能量与波向量的关系[11]

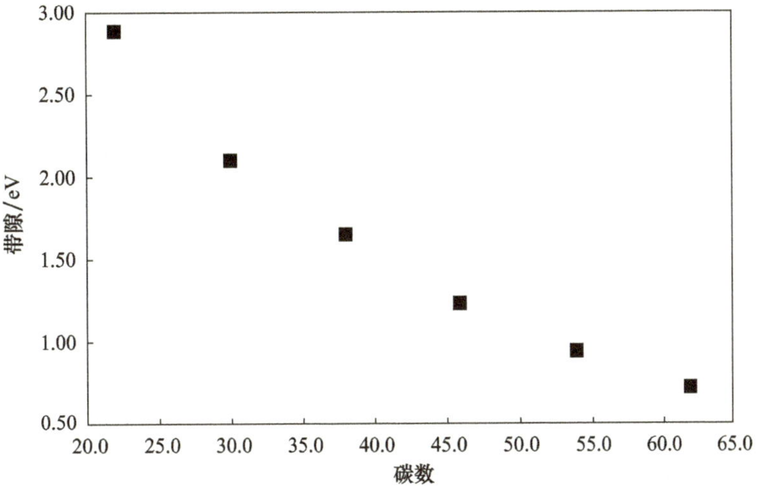

图 5.9 扶手椅形石墨烯纳米带 $K=0$ 时的带隙与带中碳数的密度泛函理论计算[12]

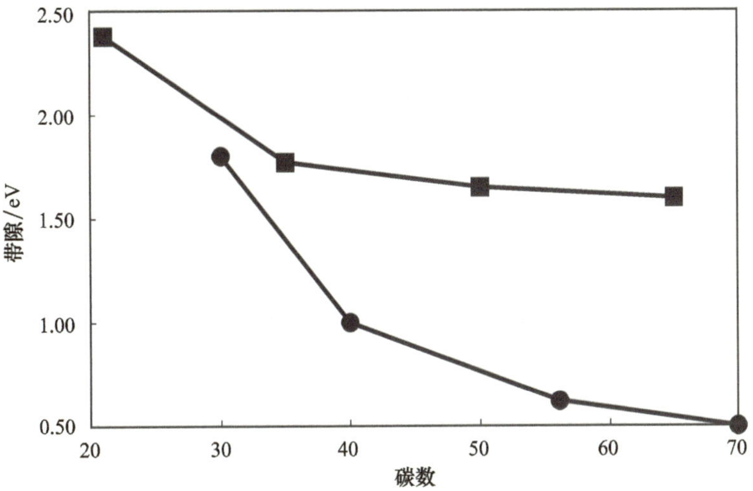

图 5.10 根据电子数是偶数(底部曲线)还是奇数(顶部曲线)[12]，计算的带隙与锯齿形碳纳米带中碳数的关系曲线图

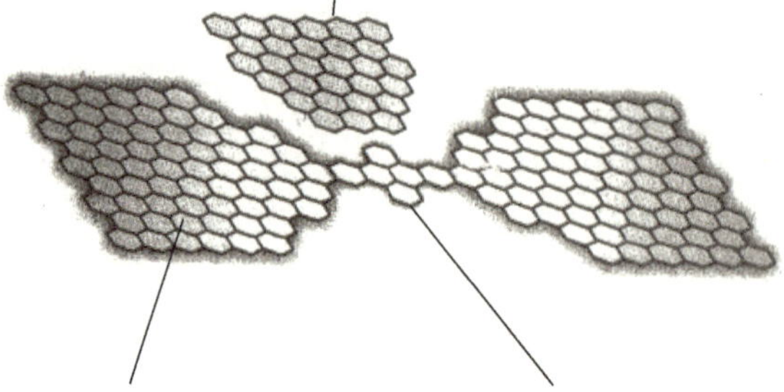

图 5.11 使用石墨烯带的场效应晶体管的概念[13]

5.2.4 缺陷石墨烯带

基于石墨烯色带的石墨烯电子器件的开发可能需要 10nm 或更低的色带。然而，它们的大规模生产将不得不生产无缺陷的色带，这可能是一个挑战。对含有 100 多个碳原子和一个碳空位的石墨烯带的最小能量结构进行的密度泛函理论计算表明，它们在二维上有明显的扭曲[14]。图 5.12 显示了碳空位扶手椅色带的计算最小能量结构。这种二维畸变是决定石墨烯独特电子特性的关键因素，当存在缺陷时，可能导致石墨烯电子器件性能的恶化。因此，在电子设备中使用石墨烯色带必须是无缺陷的。

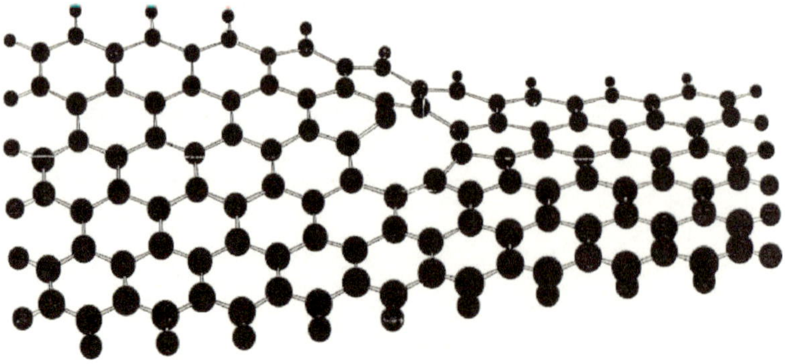

图 5.12 具有一个碳空位的扶手椅石墨烯纳米带的最小能量结构的密度泛函理论计算[14]

为了在 FET 中使用，材料必须是在区域中心有一个小的带隙的半导体。这使得门电压的应用能够打开和关闭半导体中的电流。如上所述，石墨烯在 $K=0$ 时没有带隙。因此，有研究旨在找到打开布里渊带中心缺口的方法。一种可能性是使用短的纳米带，如图 5.9所示，具有带隙。然而，大规模制备这种短而窄的缎带可能是一个挑战。最近，研究表明，通过热分解碳化硅基底，可以在表面形成具有石墨烯结构的碳层，并根据分解石墨烯所用的温度，该层有一个以费米能级为中心的带隙[15]。在 1360℃ 加热的 SiC 的角分辨光电子能谱测量表明，其带隙为 0.5eV。在 20℃ 以下生长的样本没有带隙。结果还表明，有效质量和价带顶端附近的电子速度与传播方向有关。这是首次观察到石墨烯的各向异性。结果表明,石墨烯层与 SiC 基体之间的周期性键合导致了间隙的开放和各向异性。

5.2.5 石墨烯纳米带的磁性

要在固体中产生铁磁性,固体的各个组成部分必须具有磁矩,磁矩必须耦合,以便所有磁矩都在同一方向上对齐。实现这一点的主要相互作用是交换相互作用,它是最近的磁邻居之间的短程相互作用。这些考虑清楚地表明石墨烯带或片不能显示铁磁性,因为碳原子不是顺磁性的。进一步的掺杂并不能达到这一目的。然而,计算预测了石墨烯带中自旋有序的可能性。图 5.8 所示的锯齿形和扶手椅形带隙对 $\boldsymbol{K}$ 向量依赖性的计算显示了一些表明自旋有序的不寻常特征。图 5.8(a)和(b)显示了具有 4 个碳环宽度的锯齿形和扶手椅形色带的 HOMO 和 LUMO 能量的计算相关性。锯齿形带的结果表明,在 $K=\pi$ 附近,HOMO 和 LUMO 的能级有一个不寻常的重合。无法预测石墨或扶手椅带的简并性。发现在这个能量重合的区域,电荷集中在锯齿形边缘。这些状态称为边状态。计算还预测了与这些边态有关的磁矩,这些磁矩在带的一侧是铁磁有序的,在另一侧是反铁磁有序的。

石墨烯带的边缘态有一些初步的实验证据。近边缘 X 射线吸收精细结构光谱已用于研究这一问题[16]。在这个实验中,一个 X 射线光子从核心碳 1s 能级激发一个电子,产生光电子发射。测量发射电子的能量。在石墨中,在 285.5eV 处有一个峰值,对应于从碳 1s 能级到 LUMO 态的转变。在锯齿形石墨烯带中,在石墨峰的低能侧观察到一个附加的小峰,并归因于边缘的自旋。

采用化学气相沉积法合成石墨烯,并在不同温度下对样本进行退火。仅在 1000℃ 和 1500℃ 退火的样本中观察到新的峰。在相同的样本中也观察到一个窄的电子自旋共振信号,并归因于边缘的自旋。线宽和 g 值均随温度的降低而降低,这归因于自旋与导电载流子的强耦合。这些效应也可能是由于边缘自旋的铁磁顺序的开始。

5.2.6 掺杂石墨烯带作为燃料电池氧还原反应的催化剂

为了预测硼和氮掺杂石墨烯片和带的性能,已经进行了大量的理论研究。这种掺杂可以使色带成为 N 或 P 半导体。掺杂引入了一个具有自旋的原子,通常会影响带隙的大小。因此,可以用掺杂来设计带隙。另一个领域是评估掺杂石墨烯是否可以成为燃料电池中氧还原反应的催化剂[17-18]。有必要为目前使用的铂催化剂寻找较便宜的替代品。在阴极上产生 H_2O 的可能反应是 O_2 与催化剂结合的离解,随后原子氧发生以下反应:

$$2O + 4H^+ + 4e \longrightarrow 2H_2O \tag{5.13}$$

另一种可能性是生成与催化剂结合的 HO_2,然后去除 OH,随后进行以下反应:

$$OH + H^+ + e \longrightarrow H_2O \tag{5.14}$$

为了使催化剂有效,从与催化剂结合的 O_2 和 HO_2 中解离 O 和 OH 所需的能量应显著低于解离游离 O_2 和 HO_2 所需的能量。该建模方法旨在确定一种材料 X,该材料 X 与 O_2 或 HO_2 键合形成 $X-O_2$ 或 $X-O_2H$,从而使去除 O 和 HO 的键离解能(BDE)小于游离 O_2 或 O_2H 的键离解能。因为在石墨烯上没有 O_2 和 HO_2 键合的可用键,有必要在这些结构中掺杂一个原子，比如硼，它比碳少一个电子，以提供一个可用的键。

作为催化活性理论预测的例子，考虑掺硼石墨烯纳米带和式(5.14)的反应。用密度泛函理论方法计算了 X 为硼掺杂石墨烯带的 XHO_2 的最小能量结构。溴化二苯醚的定义是

$$BDE = [E(XO) + E(Z)] - [E(XY)] \tag{5.15}$$

式中：Y 为 HO_2；Z 为 OH；E 为总电子能加上最小能量结构的零点能(ZPE)。ZPE 是所有正常振动模式的总零点能，即

$$E_{ZPE} = (1/2)h\sum_i 3N - 6f_i \tag{5.16}$$

式中：f_i为简正模的振动频率；N 为分子中原子的数目。将由式(5.15)计算出的 BDE 与游离HO_2解离的 BDE 进行了比较。如果浓度显著降低，则可以得出结论，X 可能是HO_2解离的良好催化剂。

在评估纳米结构是否能催化阴极反应时，要考虑一个问题：HO_2是否能与硼掺杂石墨烯带结合？这可以通过计算吸附能 E_{ads}来评估，由下式给出：

$$E_{ads} = E(XY) - E(X) - E(Y) \tag{5.17}$$

式中：X 为掺硼石墨烯纳米带；Y 为 HO_2；E 为结构在最小能量下的总电子能。如果结果为负值，则表明 HO_2能在掺杂石墨烯纳米带的硼位点上可以形成稳定的键。

图 5.13 显示了计算的硼掺杂扶手椅石墨烯色带最小能量结构[19]。用式(5.17)计算HO_2的吸附能为负值。这表明HO_2能在硼的位置与扶手椅带结合。图 5.14 显示了计算的与扶手椅石墨烯色带硼位结合的HO_2的最小能量结构。计算出的从该结构中去除 OH 的 BDE 比将游离HO_2分子解离成 O 和 OH 所需的 BDE 少 1.4eV，即 5.0eV。这表明扶手椅型硼带有可能成为O_2H 解离的催化剂。有实验证据支持这一预测。有趣的是，硼掺杂石墨烯已被合成，并通过循环伏安法在实验上证明，硼掺杂石墨烯是氧还原反应的优秀催化剂，可与铂相媲美[20]。

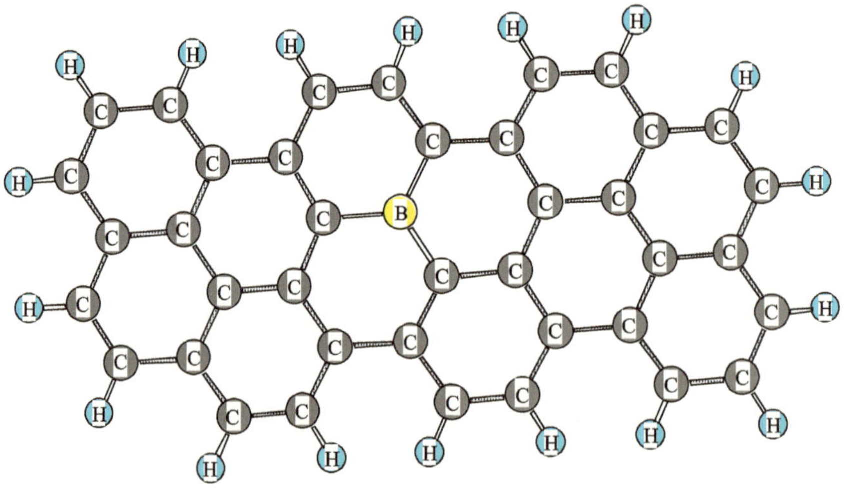

图 5.13 硼掺杂扶手椅石墨烯色带的最小能量结构[19]

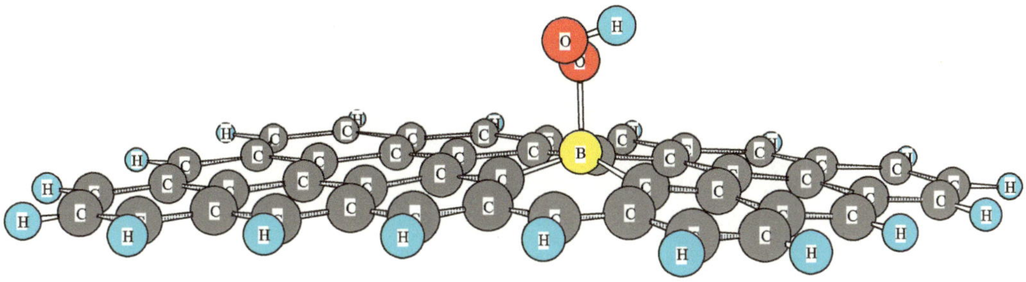

图 5.14 与扶手椅石墨烯色带硼位结合的HO_2的最小能量结构[19]

5.2.7 掺杂的石墨烯碳带作为制氢催化剂

煤炭和汽油等化石燃料的燃烧占全球温室气体排放量的一半以上。燃料电池是一种可能的替代能源,且不会产生温室气体。然而,燃料电池需要氢来发电,因此需要可靠的氢源。一种方法是开发能从富氢分子(如水或甲酸)中除去氢的催化剂,这些分子有两个H原子。目前,铂及相关金属被用作催化剂,这些金属的成本约为燃料电池的一半。有必要找出成本更低的其他潜在催化剂。已经使用理论模型来确定从各种分子中提取氢气的催化剂。金属嵌入氮掺杂石墨烯也被研究作为一种潜在的H_2O解离催化剂[21-22]。最近,硼掺杂钯金属被证明可以催化从甲酸中去除氢[23-24],后者的结果表明,含硼化合物有可能成为氢从含H分子中解离的催化剂。密度泛函理论已经被用来评估掺硼石墨烯纳米带是否能催化从甲酸中去除氢。甲酸(HCOOH)分子的结构如图5.15所示。图5.16显示了结合到掺杂石墨烯纳米带[3]硼位的甲酸的计算结构。计算没有得到虚频率,表明它在势能面上处于最小值。由式(5.17)给出的吸附能的计算结果为负值,表明甲酸分子可以与掺硼石墨烯纳米带结合。图5.17显示了计算出的甲酸的最小能量结构减去与硼掺杂纳米带结合的一个H原子。使用式(5.15)计算键离解能,从结合到掺杂石墨烯纳米带的甲酸的氧中去除H原子得到2.7eV,这大大低于从游离甲酸分子中去除H原子所需的4.3eV的计算值。

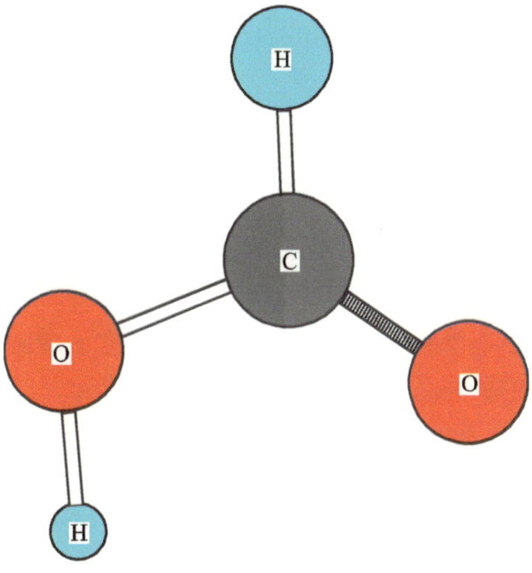

图 5.15 甲酸分子的结构

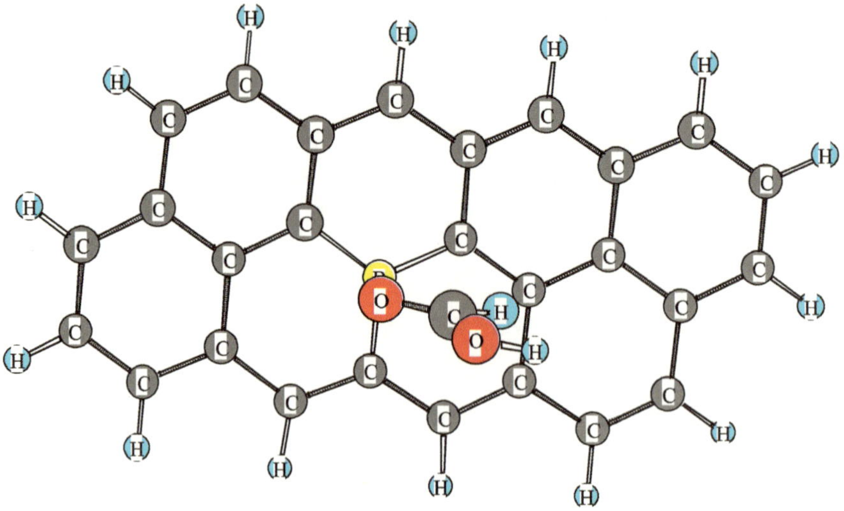

图 5.16　DDFT 计算的甲酸键合到硼掺杂石墨烯带上的最小能量结构

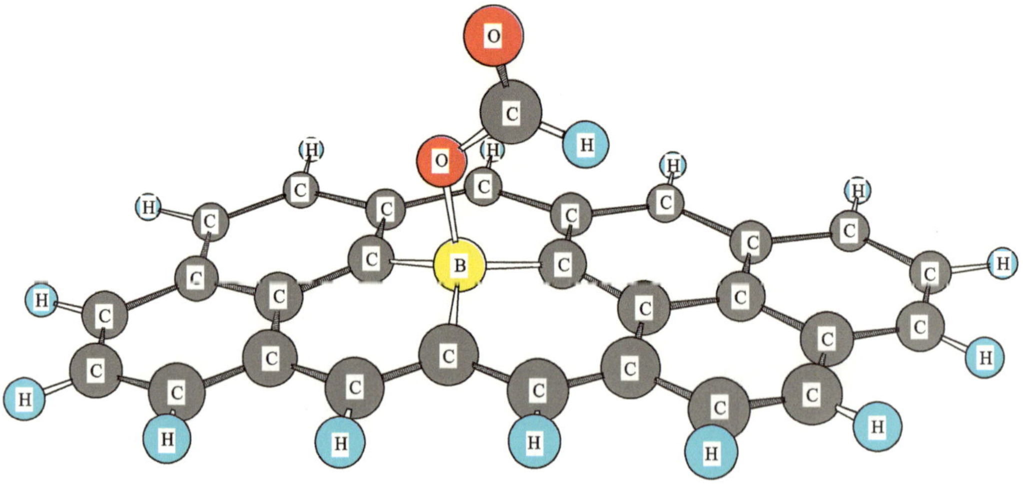

图 5.17　用密度泛函理论计算甲酸与硼掺杂石墨烯带的最小能量结构

5.3 小结

本章讨论了如何用密度泛函理论计算石墨烯纳米带的性质。纳米带的区域中心有一个带隙，而石墨烯片没有，因此纳米带也引起了广泛的关注。为了在诸如 FET 之类的器件中使用布里渊区，其中心需要有一个带隙。本章也讨论了带隙与波向量、带中碳数(有效长度)以及掺杂硼或氮的关系。空位对薄带结构影响的计算结果表明，平面度畸变不利于电子器件的性能。这些结果得出的重要结论是，如果纳米带要用于电子器件，它们必须非常短，大约小于 10nm，且没有空位等缺陷。

本章也讨论了 B 和 N 掺杂石墨烯纳米带作为燃料电池反应催化剂的潜在应用。计算结果表明，掺杂的纳米带有可能催化燃料电池中的氧还原反应，并从富氢分子中去除燃料电池所需的氢。

参考文献

[1] Heitler, W. and London, F., Wechselwirkung neutraler atome und homoopolare bindung nach der Quantum-mechanic. *Z. Phys.*, 44, 455, 1927.

[2] Hohenberg, P. and Kohn, W., Inhomogeneous electron gas. *Phys. Rev.*, 136, B864, 1964.

[3] Owens, F. J., unpublished.

[4] Owens, F. J., Pentacene and poly – pentacene as graphene nanoribbons. *Solid State Comm.*, 185, 58, 2014.

[5] Peierls, R. E., Quelques propriets typiques der corpse solides. *Ann. I. H. Poincare.*, 5, 177, 1935.

[6] Landau, L. D., Zur Theorie der phasenumwandlungen. *Phys. Z. Sovjetunion.*, 11, 26, 1937.

[7] Novoselov, K. S. *et al.*, Electric field effect in atomically thin carbon films. *Science*, 306, 666, 2004.

[8] Wallace, P. R., The band theory of graphite. *Phys. Rev.*, 71, 622, 1974.

[9] Semenoff, G. W., Condensed matter simulation of a three dimensional anomaly. *Phys. Rev. Lett.*, 53, 2449, 1984.

[10] Haldane, F. D. M., Model for quantum Hall effect without Landu levels. *Phys. Rev. Lett.*, 61, 2015, 1988.

[11] Nakada, K., Fujita, M., Dresselhaus, G., Dresselhaus, M. S., Edge states in graphene ribbons. *Phys. Rev.*, B54, 1795, 1996.

[12] Owens, FJ., Electronic and magnetic properties of armchair and zigzag graphene nanoribbons. *J. Chem. Phys.*, 128, 194701, 2008.

[13] Ozyilmaz, B. *et al.*, Electronic transport and quantum Hall effect in bipolar graphene p – n – p junctions. *Phys. Rev. Lett.*, 99, 166804, 2007.

[14] Miller, M. and Owens, F. J., Defect induced distortion of armchair and zigzag graphene and boron nitride nanoribbons. *Chem. Phys. Lett.*, 570, 42, 2013.

[15] Nevius, M. S. *et al.*, Semiconducting graphene from highly ordered substrate interactions. *Phys. Rev. Lett.*, 115, 136802, 2015.

[16] Joly, V. L. *et al.*, Observation of magnetic edge states in graphene nanoribbons. *Phys. Rev.*, B81, 245428, 2010.

[17] Zhang, L. and Xia, Z., Mechanism of oxygen reduction reaction on nitrogen doped graphene for fuel cells. *J. Phys. Chem. C*, 115, 11170, 2011.

[18] Zhang, L., Niu, J., Dai, L., Xia, Z., Effect of microstructure of nitrogen doped graphene on oxygen reduction activity in fuel cells. *Langmuir*, 128, 7542, 2012.

[19] Owens, FJ., Modeling boron doped carbon and boron nitride nanostructures as catalysts at the cathode of fuel cells, in: *Boron Nitride Properties and Synthesis*, E. Morgan (Ed.), Nova Science Publishers, 2017.

[20] Sheng, Z. *et al.*, Synthesis of boron doped graphene for oxygen reduction reaction in fuel cells. *J. Mater. Chem.*, 22, 390, 2012.

[21] Liu, L. L., Chen, C., Zhao, L., Wang, Y., Wang, X., Metal – embedded nitrogen – doped graphene for H_2O dissociation. *Carbon*, 115, 773 – 780, 2017.

[22] Ghuman, K. K., Yadau, S., Singh, C. V, Absorption and dissociation of H_2O on monolayered MoS_2 edges: Energetic and mechanism from ab initio simulations. *J. Phys. Chem.*, C119, 6518 – 6529, 2015.

[23] Jiang, K., Xu, K., Zou, S., Cai, W. B., B doped Pd catalyst: Boosting room temperature hydrogen production from formic acid solutions. *J. Am. Chem. Soc.*, 136, 4861 – 4864, 2014.

[24] Yoo, J. S., Zhao, Z., Norskov, J. K., Studt, F., Effect of boron modifications of palladium catalysts for the production of hydrogen from formic acid. ACS Catal., 5, 6579 – 6586, 2015.

第6章 合成电场对石墨烯非稳态过程的影响

N. E. Firsova[1,2], Yu. A. Firsov①
[1]俄罗斯圣彼得堡俄罗斯科学院 A. F. Ioffe 物理技术研究所
[2]俄罗斯圣彼得堡圣彼得堡彼得大帝理工大学

摘 要 针对合成电场对石墨烯非稳态过程的影响,从两方面考虑:一是谷内电流耗散引发石墨烯纳米谐振器的新型损耗机制——这种耗散由外部周期电动势和固有平面外畸变产生的各种场决定,而这些场是随时间变化的规范场对时间的导数,所得到的质量因子公式起源于量子力学。此新机制占据损耗的重要部分(约 30%),同时对最小化散耗方法进行了讨论。二是石墨烯电磁响应——早期研究表明,在平地模型-感应框架中,电流路径为直线。当考虑合成电场时,路径有曲率变化。这与实验一致,但还没有详细研究。如果理论和实验之间的差异微不足道,可以考虑反求问题,即已知感应电流路径,确定表面波纹形貌,这样就可以开发一种新的成像方法。同时,研究影响石墨烯其他非稳态过程的合成电场也非常重要。这些问题有待研究,并一定会出现有趣的结果。

关键词 石墨烯,纳米谐振器,非稳态过程,合成电场,平面外位移

6.1 引言

2004年科学家成功制备出单原子碳片[1],即石墨烯,并且由 K. S. Novoselov、A. K. Geim 等于2005年第一次制备出二维晶体[2]。2005年[2-3]第一次发表非平凡实验观测("类狄拉克"电荷载流子谱和量子反常霍尔效应)报告。最新发展的溶液相剥离技术(与微机械剥离法和外延生长相比)为大量生产未氧化、无缺陷石墨烯提供了一种低成本、高产量的方法[4]。关于石墨烯各种新的令人兴奋的事实推动了物理学的发展,它许多不寻常的性质被发掘出来。人们发现石墨烯具有多种有趣的输运现象[5-7],也表现出卓越的光学特性,使其成为理想的光子和光电材料[8]。

然而,长期以来二维薄膜是否稳定,在理论上都是一个有争议的话题。严格的晶体是否可以存在?这个理论问题最早是70多年前由 Peierls[9-10] 和 Landau[11-12] 所提出。他们证明,在标准谐波近似下,长波长波动会破坏长程有序,本质上在任何有限温度下都会导

① 已故。

致晶格的“熔化”。Mermin 和 Wagner 证明了磁性长程有序不可能存在于一维或二维中[13]，后来证明扩展到二维的结晶序中[14]。

然后，在文献[15－17]中，由 Nelson D. R.、Pelity L.、Radzihovssky L.、Le Doussal 等推导出弹性薄膜的现象学理论。他们指出，这些危险的波动可以被弯曲模式和拉伸模式之间的非谐波耦合所抑制，这使得二维薄膜可以存在，但应该具有强烈的高度起伏。我们将按照文献[18]所描述的方法介绍这一理论的主要思想和结论。质点为平面内的两分量位移向量 $\boldsymbol{u}$，平面外变形的高度 h 和单位法向量 $\boldsymbol{n}$，面内分量 $-\nabla h/\sqrt{1+(\nabla h)^2}$，给出了薄膜的弹性能，即

$$E = \int \mathrm{d}^2 x\left[\frac{\kappa}{2}(\nabla^2 h)^2 + \mu \boldsymbol{u}_{\alpha\beta}^2 + \frac{\lambda}{2}\boldsymbol{u}_{\alpha\alpha}^2\right] \tag{6.1}$$

式中：κ 为弯曲刚度；μ 和 λ 为 Lame 参数；$\boldsymbol{u}_{\alpha\beta}$为变形张量

$$\boldsymbol{u}_{\alpha\beta} = \frac{1}{2}\left(\frac{\partial u_\alpha}{\partial x_\beta} + \frac{\partial u_\beta}{\partial x_\alpha} + \frac{\partial h}{\partial x_\alpha}\frac{\partial h}{\partial x_\beta}\right) \tag{6.2}$$

在谐波近似中，忽略了变形张量式(6.2)中的最后一项非线性项，将弯曲模(h)和拉伸模(n)解耦。在本近似中，弯曲相关函数与波向量$\boldsymbol{q}$的傅里叶分量为

$$\langle |h_q|\rangle^2 = \frac{TN}{\kappa S_0 q^4} \tag{6.3}$$

式中：N 为原子数；$S_0 = L_x L_y/N$ 为每个原子的面积；T 为能量单位的温度。在本近似中，垂直于层的方向其平均位移是

$$\langle h^2\rangle = \sum_q \langle |h_q|^2\rangle \propto \frac{T}{\kappa}L^2 \tag{6.4}$$

其中 L 一般是线性样本大小。正态相关函数为

$$G(q) = \langle |n_q|^2\rangle = q^2\langle |h_q|^2\rangle \tag{6.5}$$

在近似估算下就变成了

$$G_0(q) = \frac{TN}{\kappa S_0 q^2} \tag{6.6}$$

这说明 $L\to\infty$ 时，正态之间的均方角是对数发散的。其行为表明，由于热波动，薄膜有皱缩的倾向。谐波行为的这种偏差，即弯曲模和拉伸模之间的非谐波耦合，可通过抑制长波长波动来稳定平相[15-17]。在这种情况下，用 Dyson 方程给出了对应的正态相关函数：

$$G_a^{-1}(q) = G_0^{-1}(q) + \sum(q) \tag{6.7}$$

自能量

$$\sum(q) = \frac{AS_0}{Nq^2}\left(\frac{q}{q_0}\right)^\eta \tag{6.8}$$

式中：$q_0 = 2\pi\sqrt{\frac{B}{\kappa}}$，$B$ 为二维体积模量；η 为反常刚度指数；A 为数值因子。

导出这一表达式的最简单的方法是使用自洽摄动[17]，给定 $\eta\approx 0.8$。

由于这种非谐波耦合，薄膜正常方向的波动高度一般要比式(6.4)给出的波动高度要小很多，样品尺寸大小为L^ζ，其中 $\zeta = 1-\eta/2$。但波动仍然非常大，对于大样本，可远大于原子间距离。因此，该理论预测了波纹形成的内在趋势。同时，这些横向波动的振幅

$\bar{h} \propto L^{\xi}$依然比样品小得多，保持了正态长程有序的特点，这样薄膜可被认为近似平坦，而不是皱缩。

因此，在文献[15－17]中发展的理论预测石墨烯样品是稳定的，但其应该有平面外畸变。在石墨烯众多非常有趣的性质中，众所周知，最重要的特性之一是严格意义上的石墨烯薄膜并不像理论预测的那样是“平面”（二维系统）。实际上，所有观察到的单原子石墨烯样品都具有内在稳定的平面外波纹，即平面外变形（波纹、气泡、褶皱等）。Meyer 等（见文献[19－20]）首次观察到了这一现象，文中写道：“…石墨烯薄片并非完全平坦，而是表现出内在的微观粗糙…”“…第三维度观察到的波纹可能揭示了二维晶体稳定性背后人们不易察觉的原因。”

弹性薄膜的现象学理论[15－17]是在连续极限中导出的，不包括任何微观特征，并且其在温度、样品尺寸等范围内对石墨烯也不明显适用。在文献[18]中，A. Fasolino、J. H. Los 与 M. I. Katsnelson 对单层石墨烯的平衡结构进行了蒙特卡罗模拟。通过监测正态－正态相关函数，他们直接把结果当成早期理论的预测。这一有趣的非常依赖于声学声子及其相互作用，因此模拟需要比原子间距离大得多的样品，通常在热平衡情况下有成千上万个原子，这使得 Car－Partinello 从头算模拟受到阻碍[21]。然而，对于碳，有效的多体势长程碳键有序位势（LCBOPII）[22－23]非常准确地描述了不同相的能量和热力学性质。以这种方式构造的键势可以为所有碳相的能量和弹性常数以及不同缺陷的能量特性提供一个统一的描述，其精确度与实验值相当。他们发现，在长波长波动时，谐波行为有明显偏差，但波长约为 70Å 时波动最大，而不是预期的长波长幂律标度。与预期相反，他们还发现弯曲刚度随着温度的升高而增加。在文献[18]中，作者将这些特性与键长的波动联系起来，在碳中，表示从共轭到单键/双键的部分变化，伴随有平面度的偏差。

为与空间波纹分布的理论预测[15－17]进行定量比较，作者在文献[18]中数值计算了q_x和q_y的正态$G(q)$相关函数的傅里叶分量与$2\pi/L_y$、$2\pi/L_y$分别相乘。令他们吃惊的是，数值结果并没有用这个通用理论来描述。

在q小时，$G(q)$的行为不是用谐波近似$G_0(q)$来描述的，也不是用非谐波表达式$G_a(q)$来描述的。$G(q)$最显著的特征是其为最大值，而不是幂律依赖性$G_a(q)$，这说明系统中没有任何相关的长度标度。相反，这个最大值的存在意味着偏好平均值约为 70Å（300K 时）。这个长度在实际空间图像中也可以识别，如文献[18]所示。实际上，小于这个长度的两个样本在q小时并没有显示$G(q)$的下降。$T=3500$K 时的结果证实了这张图，但此时最大值q变大，对应长度约为 30Å。这种一般波纹长度标度的温度依赖性也应该被研究。

所得结果不仅有利于更好地了解石墨烯的稳定性和结构，也有利于电子输运。正态的波动导致跳变积分的调制，必然影响电子结构[24－25]。有关正态－正态相关函数的知识对于计算由波纹引起的电子散射很有必要。

同样重要的是，在文献[18]中指明，即使是在几十个原子间距离尺度上的波动，也不能用连续介质理论来描述。对其他二维晶体进行系统的实验和理论研究，了解哪些性质是柔性膜共有的，哪些性质是化学键和原子间相互作用的特殊特性的结果，将非常具有启发意义。

结果,二维石墨烯薄膜可以稳定存在,并且应该存在强高度热波动(约 7nm),波纹自发出现。因此,考虑平面外畸变的石墨烯薄膜时,我们研究的不是具体情况,而是一般情况。由于静态晶格平面外畸变的静态无序,产生了合成向量势 $\boldsymbol{A}(r)$。其通过有效的伪磁场 $eB=\nabla\times\boldsymbol{A}(r)$ 影响电子动力学。通过时间反演对称,在电子色散的两个狄拉克点指向相反的方向。不同的作者已考虑到这种有效的赝磁(规范)场的结果。这些静态赝磁场(规范场)对石墨烯物理性质的影响也被详细研究:其与最小电导率[26]、弱反局域性[24]、拓扑绝缘体状态[27]、伪磁量子霍尔效应[28]等的关系。所有这些结果以及其他类似的结果都在文献[29]中讨论。有趣的是,石墨烯中,这些不可避免地存在的规范场大约有几个特斯拉。

因此,石墨烯表面形成的变形直接耦合到电子,使石墨烯成为金属薄膜的一个特例。我们将根据 A. N. Castro Neto 和 E. – A. Kim 在文献[30 – 31]中给出的描述,记录当石墨烯由于应变或弯曲而变形时电子发生的情况。其中,一个效应是原子之间距离的变化,另一个效应是不同轨道之间重叠的变化。在这两种情况下,不同碳原子之间的跳跃能都会受到影响。狄拉克点 $K=\left(\dfrac{4\pi}{3\sqrt{3}a},0\right)$ 附近的扰动低能有效哈密顿量如下:

$$H=\int d^2r\,\Psi^+(r)\{\boldsymbol{\sigma}\cdot[iv_F\nabla+A(r)]+\Phi(r)-\mu\}\Psi(r) \tag{6.9}$$

式中:μ 为远离狄拉克点测量的化学势;$v_F=3t_0a/2$ 为费米速度,$t_0=2.7\text{eV}$ 是最接近纯跳跃的积分,$a=2.5\text{Å}$ 和 $v_F=10^8\text{cm/s}$ 是最近邻距离;$\boldsymbol{\sigma}=(\sigma_x,\sigma_y)$ 为在子晶格基础上的泡利矩阵。在最近邻跳跃的情况下,在 δ 方向位置 R_i 处,改变 t_0 至 $t_0+\delta t_i(\delta)$,有 $A(r)=(A_x(r),A_y(r))$

$$A_x(r)+iA_y(r)=-\sum_j\delta t_j(r)e^{iu_jK} \tag{6.10}$$

因此,这些变化在最近邻跳跃像规范场一样耦合。如果在下一个最近邻位置之间跳跃,则会产生标量电位:

$$\Phi(r)=-3\sum_v\delta t_j(\text{v})e^{ivK} \tag{6.11}$$

这描述了在三角形晶格中跳跃具有最近邻向量的晶格间距 $\sqrt{3}a$

$$v_1=\sqrt{3}a(0,1)\qquad v_2=\sqrt{3}a(\sqrt{3}/2,-1/2)\qquad v_3=\sqrt{3}a(-\sqrt{3}/2,-1/2)$$

根据跳跃能的局部变化,可以分别用式(6.10)和式(6.11)方便地计算出向量势和标量势。

这些跳跃能的变化可以与晶格结构的变化相联系。首先考虑平面内扭曲的情况。在这种情况下,跳跃能的唯一变化是由于 p_z 轨道之间距离的变化。考虑子晶格之间的距离在方向 $\boldsymbol{\delta}$ 上随距离 δl 的变化而变化的情况。在第一次有序时,有

$$\delta t\approx(\partial t/\partial a)\delta l \tag{6.12}$$

$$\delta l\approx(\delta\cdot\nabla)u \tag{6.13}$$

其中 $\boldsymbol{u}(\boldsymbol{r})$ 是晶格位移。代替上面的表达式(式(6.10)),得到

$$A_x^{(u)}(\boldsymbol{r})\approx\alpha a(u_{xx}-u_{yy}) \tag{6.14}$$

$$A_y^{(u)}(\boldsymbol{r})\approx\alpha au_{xy} \tag{6.15}$$

当 α 是一个与能量维度有关的常数时,使用应变张量的标准定义:

$$u_{ij}=\frac{1}{2}\left(\frac{\partial u_i}{\partial x_j}+\frac{\partial u_j}{\partial x_i}\right) \tag{6.16}$$

对近邻跳跃能附近变化的类似计算得出

$$\boldsymbol{\Phi}^{(u)}(\boldsymbol{r})\approx g(u_{xx}+u_{yy}) \tag{6.17}$$

式(6.14)、式(6.15)和式(6.17)将应变张量直接与狄拉克粒子耦合的势联系起来。

不怎么重要的是与平面外模的耦合，因为这些涉及轨道的旋转。文献[31]的图 12 中，显示了两个轨道的旋转角 θ。旋转混合了 π 态和 σ 态；对于小角度，杂化能的变化由下式得出

$$t\approx t_0+\delta V\cdot\theta^2 \tag{6.18}$$

式中：δV 为 π 态和 σ 态之间的能量混合。注意，$\theta=2\pi/R$ 中 R 是曲率半径。对于高度变量，在文献[31]中计算了在这种情况下，由于 $\boldsymbol{u}$ 方向的弯曲，跳跃振幅的变化，由下式得出

$$\delta t\approx\delta V\left[(\boldsymbol{u}\cdot\nabla)\nabla h\right]^2 \tag{6.19}$$

其中，函数 $h=h(x,y)$ 描述了由于平面外位移而产生的石墨烯薄膜表面形貌。

另外，如果 $\boldsymbol{u}$ 是最近邻向量 $\boldsymbol{\delta}$，可从式(6.10)得到

$$A_x^{(h)}(\boldsymbol{r})=-\frac{3E_{ab}a^2}{8}\left[(\partial_x^2 h)^2-(\partial_x^2 h)^2\right] \tag{6.20}$$

$$A_y^{(h)}(\boldsymbol{r})=\frac{3E_{ab}a^2}{4}(\partial_x^2 h+\partial_y^2 h)\partial_x h\partial_x h \tag{6.21}$$

其中，耦合常数 E_{ab} 取决于微观细节。另外，如果 $\boldsymbol{u}$ 是下一个最近邻向量，则根据式(6.11)可发现

$$\boldsymbol{\Phi}^{(h)}(\boldsymbol{r})\approx -E_{aa}a^2\left[\nabla^2 h(r)\right]^2 \tag{6.22}$$

式中：E_{aa} 为与轨道之间的混合有关的能量标度。

因此，可以考虑平面内应变引起的伪磁向量势，并使用式(6.14)和式(6.15)（参见文献[24,32]），或者平面外变形时使用式(6.20)和式(6.21)。我们将对最后一种情况进行查证。

引用 Castro Neto 的主要结论[31]："对于由应变或弯曲狄拉克粒子引起的石墨烯平滑变形，受到标量势或向量势的影响，从而导致纯粹的几何'电动力学'（没有与结构变形产生的'电'场和'磁'场有关的电荷）。这种结构的'电动力学'对石墨烯的电子运动产生了强烈的影响，导致发现了许多普通材料无法发现的不寻常效应。特别地，人们可以通过'构造'模拟电场和磁场的晶格适当变形来操控电子。这就是应变加工，一个仍处于起步阶段的研究领域。"

当合成向量势是由时间相关的扭曲引起时，另一门物理学就会出现。在这种情况下，向量势与时间相关，即 $\boldsymbol{A}=A(x,y,t)$，它不仅会产生磁场，而且会产生有效的电场（合成电场）$\boldsymbol{E}_{\text{syn}}(x,y,t)=-\dfrac{1}{c}\dfrac{\partial\boldsymbol{A}}{\partial t}(x,y,t)$。就我们所知，石墨烯中，$\boldsymbol{E}_{\text{syn}}(x,y,t)$ 的影响首次在文献[33]中由 Von Oppen 等考虑，这些作者研究了规范场是由弯曲声子等与时间相关的扭曲产生的情况。

有趣的是，这些场是不久前在另一个无关紧要的系统中由人工创建。它是在铷玻

色 - 爱因斯坦凝聚(BEC)中所完成的。产生的场依赖于时间,导致出现了合成电场[34]。在文献[34]中,通过与激光相互作用创造出中性原子的有效时间与向量势有关,在中性原子阵列中产生一个合成电场 - 模拟荷电凝聚体系统。

下面详细地描述文献[33]的结果。在狄拉克关于石墨烯电子性质的理论中,平滑变化的晶格应变通过一个合成的规范场影响狄拉克载流子。对于静态晶格应变,规范场产生一个合成磁场,已知它可以通过时间反演对称的动态破坏来抑制弱化局部校正。当与声子激发有关的晶格应变随时间变化时,规范场与时间有关,合成向量势也与电场有关。在文献[33]中,作者指出这种合成电场的结果可观察。他们发现,与合成电场驱动的电流相关的焦耳加热控制了由于电子 - 声子相互作用引起的固有阻尼,当然也有无序和库仑相互作用的影响。这种阻尼为石墨烯和金属碳纳米管(CNT)的许多声子模所具有。由观察知,通过时间反演对称,与向量势相关的合成电场对两个山谷有相反的迹象。随后得出几个重要结论。首先,这说明合成电场驱动电荷中性的谷电流,因此不受屏蔽的影响。这经常使合成向量势的效应比标量形变势的竞争效应更相关,后者具有更大的纯耦合常数。其次,谷流受到 e - e(e - e)散射(谷库仑阻力)的衰减。有趣的是,这引起了阻尼比的温度依赖性。

文献[33]的作者考虑了碳纳米管和石墨烯中低能量声子由电子 - 声子相互作用引起的阻尼。对于大多数声子模,这种阻尼与石墨烯电子特性中狄拉克方程的应变诱导向量势有关。他们发现,用这些合成电场来分析声子阻尼很有启发性:①在该方法中,声子阻尼是焦耳式加热的直接结果;②在无序和 e - e 相互作用的情况下,声子阻尼与动态电导率之间建立了密切的关系,寻求推导阻尼比;③经发现,合成电场在两个山谷中有相反的迹象,因而丰富了物理学内容。他们确定山谷库仑阻力作为一个重要的耗散通道,以非传统的阻尼比与温度相关。

在文献[33]中得到的结论应该与正在集中进行的实验工作直接相关,该工作目的是探索建造基于石墨烯纳米结构的纳米机械和纳米机电设备。例如,6.2 节将为石墨烯纳米谐振器引入一种新的焦耳型损耗机制,并考虑它对质量因子和优化策略的影响。

在文献[33]中,作者指出可观测到这些合成电场的效果。他们研究了石墨烯或碳纳米管的低能声子模式。声子与合成电场有关。当为金属系统时,合成电场驱动电流。与这些电流相关的耗散(焦耳式加热)引发声子模式的阻尼。他们发现,合成电场常常引起金属碳纳米管和石墨烯声子模阻尼。在极度洁净的条件下,这种阻尼机制相当于电子空穴对产生的耗散。从合成电场的角度来处理这个问题,我们可以计算阻尼比。当然,阻尼比也受无序和 e - e 相互作用的影响,因为我们发现这些影响很重要。

本章讨论的第二个问题是石墨烯电磁响应。这个问题是由 Mikhailov 与 Ziegler 在文献[35]中首次研究。在平面模型的框架下,考虑自洽场效应,他们提出了一种准经典动力学理论方法,研究了系统对谐波和脉冲激励的响应,讨论了石墨烯在太赫兹电子学中的应用。

在文献[35]中得到的详细结果如下:考虑自洽场效应、电子碰撞,但忽视杂质、光子和其他晶格缺陷碰撞时,它是发现的近似石墨烯非线性电磁响应方程。我们将在文献[35]中描述采取自洽程序的最重要步骤。

假设化学势 μ 位于上频带 $E_{p2}=v_{\mathrm{F}}p$,温度较小,即 $T\ll\mu$,系统受到外部时变周期电场

$E^{\text{ext}}(t)$的影响。然后用玻耳兹曼方程描述了电子的分布函数$f_p(t)$：

$$\frac{\partial f_p(t)}{\partial t}-e\boldsymbol{E}^{\text{ext}}(t)\frac{\partial f_p(t)}{\partial \boldsymbol{p}}=0 \tag{6.23}$$

其中忽略了电子与杂质、声子和其他晶格缺陷的碰撞，式(6.23)有精确解，即

$$f_p(t)=F_0(P-\boldsymbol{p}_0(t)) \tag{6.24}$$

其中

$$F_0(\boldsymbol{p})=\left[1+\exp\left(\frac{v_{\text{F}}p-\mu}{T}\right)\right]^{-1} \tag{6.25}$$

是费米-狄拉克函数，并且

$$p_0(t)=-e\int_{-\infty}^{t}\boldsymbol{E}^{\text{ext}}(t')\,\text{d}t' \tag{6.26}$$

是单粒子经典运动方程的解。然后，电流就形如

$$\boldsymbol{j}(t)=-\frac{g_s g_v e v_{\text{F}}}{(2\pi h)^2}\int\frac{\boldsymbol{p}\text{d}\boldsymbol{p}}{p}F_0(\boldsymbol{p}-\boldsymbol{p}_0(t)) \tag{6.27}$$

其中，$g_s=2$为自旋退化，$g_v=2$为山谷退化因子。如果温度为0，即$T=0$，化学势有限，$\mu>0$，则电流$j(t)$可重写为

$$\boldsymbol{j}(t)=en_s v_{\text{F}}\frac{\boldsymbol{P}}{\sqrt{1+p^2}}G(Q) \tag{6.28}$$

其中，$P\equiv P(t)=-\dfrac{p_0(t)}{p_{\text{F}}}$，$P(t)=\vdots\boldsymbol{P}(t)\vdots$，$p_{\text{F}}=\mu/v_{\text{F}}$为费米动量，电子$n_s$密度的公式可写为

$$n_s=n_s=\frac{g_s g_v p_{\text{F}}^2}{4\pi h^2}=\frac{g_s g_v\mu^2}{4\pi h^2 v_{\text{F}}^2} \tag{6.29}$$

则函数$G(Q)$被定义为

$$G(Q)=\frac{4}{\pi Q}\int_0^{\pi/2}\cos x\text{d}x(\sqrt{1+Q\cos x}-\sqrt{1-Q\cos x}),Q\equiv 2P(t)/(1+P^2) \tag{6.30}$$

到目前为止，我们还没有考虑辐射衰变的影响，实际上，这在石墨烯的实验条件下很重要。假定石墨烯电子在外加电场$\boldsymbol{E}^{\text{ext}}(t)$作用下在样品中移动，这直接推导出与时间相关的电流$j(t)$（即式(6.18)）。然而，一般来说，依赖于时间的电流反过来又产生了一个次级（感应）电场$\boldsymbol{E}^{\text{ind}}(t)$，该电场作用于电子，应被添加至外场。计算系统的响应时，应该考虑到电子对整个自洽电场$\boldsymbol{E}^{\text{tot}}(t)=\boldsymbol{E}^{\text{ext}}(t)+\boldsymbol{E}^{\text{ind}}(t)$的响应，而不是对外部的响应。这就导致了介质（石墨烯）对外场的电磁反应效应，降低了频率上转换效率。现在，我们研究辐射衰减可抑制多少倍频效率。

考虑一个无限二维电子系统，石墨烯薄片在平面$z=0$处。假设外部电磁波沿轴线入射到石墨烯层上，并在该层中诱导交流电，电流产生感应电场$\boldsymbol{E}^{\text{ind}}(t)$，加至外加电场，则关于电子动量分布函数的玻耳兹曼方程应写为

$$\frac{\partial f_p(t)}{\partial t}-e\boldsymbol{E}_{Z=0}^{\text{tot}}(t)\frac{\partial f_p(t)}{\partial p}=0 \tag{6.31}$$

$$\boldsymbol{E}_{z=0}^{\text{tot}}(t)=\boldsymbol{E}_{z=0}^{\text{ext}}(t)+\boldsymbol{E}_{z=0}^{\text{ind}}(t) \tag{6.32}$$

而不是式(6.23)。这个方程的解及电流可以用文献[35]的形式(式(6.24)、式(6.25)和式(6.27))分别写出来,但经典动量$\boldsymbol{p}_0(t)$现在满足方程:

$$\boldsymbol{p}_0(t)=-e\int_{-\infty}^{t}\boldsymbol{E}_{z=0}^{\text{tot}}(t')\mathrm{d}t'=-e\int_{-\infty}^{t}[\boldsymbol{E}_{z=0}^{\text{ind}}(t')+\boldsymbol{E}_{z=0}^{\text{ext}}(t')]\mathrm{d}t' \tag{6.33}$$

场$\boldsymbol{E}_{z=0}^{\text{tot}}(t)=[\boldsymbol{E}_{z=0}^{\text{ind}}(t)+\boldsymbol{E}_{z=0}^{\text{ext}}(t)]$未知,应自洽计算。为此,作者使用与电流和感应电场有关的麦克斯韦方程:

$$\boldsymbol{E}_{z=0}^{\text{ind}}(t)=-2\pi\boldsymbol{j}(t)/c \tag{6.34}$$

这里,$z=z(x,y)=0$是平面石墨烯薄片的方程。结合式(6.33)、式(6.34)和式(6.27),得到了以下动量的自洽运动方程[35]:

$$\frac{\mathrm{d}\boldsymbol{p}_0(t)}{\mathrm{d}t}+\frac{e^2g_sg_vv_{\text{F}}}{2\pi h^2c}\int\frac{\boldsymbol{p}\mathrm{d}\boldsymbol{p}}{p}F_0(\boldsymbol{p}-\boldsymbol{p}_0(t))=-e\boldsymbol{E}_{z=0}^{\text{ext}}(t) \tag{6.35}$$

就$\boldsymbol{p}_0(t)$而言,在解非线性方程(式(6.35))后,可以从式(6.27)中得到电流$\boldsymbol{j}(t)$:

$$\boldsymbol{j}(t)=-\frac{g_s\,g_ve\,v_{\text{F}}}{(2\pi h)^2}\int\frac{\boldsymbol{p}\mathrm{d}\boldsymbol{p}}{p}F_0(\boldsymbol{p}-\boldsymbol{p}_0(t)) \tag{6.36}$$

式(6.35)和式(6.36)描述了石墨烯对任意外加电场$\boldsymbol{E}_{z=0}^{\text{ext}}(t)$的非线性自恰响应。式(6.35)左侧的第二项描述了无限二维石墨烯层中的辐射衰减效应。

在具有抛物能色散和二维电子有效质量m^*的常规二维电子体系中,$\boldsymbol{p}_0(t)$和$\boldsymbol{j}(t)$的自洽方程与式(6.35)和式(6.36)类似,具有形式

$$\frac{\mathrm{d}\boldsymbol{p}_0(t)}{\mathrm{d}t}+\frac{2\pi n_se^2}{m^*c}\boldsymbol{p}_0(t)=-e\boldsymbol{E}_{z=0}^{\text{ext}}(t),\boldsymbol{j}(t)=-\frac{en_s}{m^*}\boldsymbol{p}_0(t) \tag{6.37}$$

其中,$\Gamma_{\text{par}}\equiv\dfrac{2\pi n_se^2}{m^*c}$是常规(抛物)二维电子系统中的辐射衰减率[29]。在式(6.37)中,我们忽略了由于杂质和声子引起的散射[对应项$\gamma p_0(t)$可以添加到第一个方程(式(6.37))的左边]。在高电子迁移率GaAs/AlGaAs量子阱样品中,辐射衰变Γ_{par}大大超过散射速率γ,$\Gamma_{\text{par}}\gg\gamma$,并决定了回旋加速器、等离子体和磁电体共振的线宽[36-37]。由于石墨烯的迁移率也很高,我们可以预计,在高频情况下,石墨烯中的辐射效应比散射效应更重要。这证明忽略式(6.37)中的散射项具有合理性。

回到非粒子石墨烯系统,重写式(6.35)($T=0$),根据无量纲动量$\boldsymbol{P}(t)=-\boldsymbol{p}_0(t)/p_{\text{F}}$:

$$\frac{\mathrm{d}\boldsymbol{P}(t)}{\mathrm{d}t}+\Gamma\frac{\boldsymbol{P}}{\sqrt{1+P^2}}G(Q)=\frac{e}{p_{\text{F}}}\boldsymbol{E}_{z=0}^{\text{ext}}(t) \tag{6.38}$$

$$\Gamma=\frac{g_sg_v}{4}\frac{e^2}{hc}\frac{2\mu}{h}=v_{\text{F}}\frac{e^2}{hc}\sqrt{g_sg_v\pi n_s} \tag{6.39}$$

电流又由式(6.28)确定。

在线性响应体系下,当$|P|\ll1$且$G\approx1$,式(6.38)变为

$$\frac{\mathrm{d}\boldsymbol{P}(t)}{\mathrm{d}t}+\Gamma\boldsymbol{P}(t)=\frac{e}{p_{\text{F}}}\boldsymbol{E}_{z=0}^{\text{ext}}(t) \tag{6.40}$$

由此可以看出,在线性反应体系中,石墨烯中量Γ具有辐射衰减率的物理意义。与Γ_{par}相反,Γ与电荷载流子密度的平方根成正比。对实验相关密度n_s,Γ的值位于亚赫兹范围内。

现在考虑石墨烯对谐波激励的响应：

$$\boldsymbol{E}_{\text{ext}}(t)=\boldsymbol{E}_0\cos\Omega t \tag{6.41}$$

以如下形式重写式(6.38)和式(6.28)将很方便：

$$\frac{\mathrm{d}\boldsymbol{P}(t)}{\mathrm{d}t}+\frac{\Gamma}{\Omega}\frac{\boldsymbol{P}}{\sqrt{1+P^2}}G(Q)=\frac{e\boldsymbol{E}_0 v_{\mathrm{F}}}{\mu\Omega}\cos\tau,\tau=\Omega t \tag{6.42}$$

$$\frac{\boldsymbol{j}}{en_s v_{\mathrm{F}}}=\frac{\boldsymbol{P}}{\sqrt{1+P^2}}G(Q) \tag{6.43}$$

由此可以看出，解与无量纲参数 $\varepsilon=e\boldsymbol{E}_0 v_{\mathrm{F}}/\mu\Omega$ 和 Γ/Ω 有关。如果场参数 ε 很小，则响应是线性的，$|P|\ll 1$ 并且

$$\boldsymbol{P}(t)=\frac{e\boldsymbol{E}_0}{p_{\mathrm{F}}\sqrt{\Omega^2+\Gamma^2}}\cos\left(\Omega t-\arctan\frac{\Omega}{\Gamma}\right) \tag{6.44}$$

$$\boldsymbol{j}(t)=en_s v_{\mathrm{F}}\boldsymbol{P}(t) \tag{6.45}$$

在文献[35]中，也讨论了 $\varepsilon\gg 1$ 的情况。在文献[35]图5中显示了动量 $\boldsymbol{P}(t)$ 和 $\varepsilon=10$ 时的无量纲电流 $\boldsymbol{j}(t)/en_s$ 对时间的依赖性，以及辐射衰减参数 Γ/Ω 的几个数值。如果 Γ/Ω 值不超过约 $\varepsilon/2$，则自洽场效应仅导致电流的相移，而不影响电流时间曲线的形状，因而不降低高次谐波的振幅。在 Γ/Ω 的较高值下（$\Gamma/\Omega\sim\varepsilon/2$ 至 $\Gamma/\Omega\sim\varepsilon$ 之间），电流－时间曲线的形状由阶跃形式平滑地转变为正弦形式，而在 $\Gamma/\Omega\geqslant\varepsilon$ 时，则完全抑制了较高的谐波。

文献[35]中的石墨烯电磁响应都是在平地模型的框架内研究的。然而，石墨烯总是有平面外变形，这占据重要的角色。在6.3节考虑它们对这一过程的影响，而在6.4节将考虑辐射衰减的影响。经修正的结论可在石墨烯中用更精确的设备进行测量验证，这对于应用极其重要。

6.2 石墨烯纳米谐振器因固有平面外薄膜波纹产生合成电场而引发新的损耗机制

研究了单层石墨烯纳米谐振器由合成电场规定的耗散内电流而引发新的损耗机制。这些场由与时间有关的规范场产生，由于受石墨烯薄膜固有的平面外畸变和外部周期电动势的影响，损耗机制出现在石墨烯薄膜上。利用量子力学方法相应地得到了质量因子的公式，并且公式包含量子力学参数。这种损耗机制占石墨烯纳米谐振器损耗的重要部分（约40%），而且只适用于石墨烯。本章讨论了减小这种损耗（提高机电系统质量因子）的方法，解释了如何通过正确选择应变组合（通过应变工程）来提高质量因子，并说明了通过与石墨烯薄膜垂直的磁场上切换，可增加质量因子。

6.2.1 初步活动

纳米谐振器在许多不同活动领域的应用中被证明非常有用。在一系列被称为纳米机电系统（NEMS）的小型新设备中（见文献[38－39]），纳米谐振器特别具有前景。

首先，压电材料、硅、金属纳米线和碳纳米管被用于制备纳米谐振器。可通过减小谐振腔的尺寸和质量来实现最佳动力学特性（假定在经典线性－弹性伯努利－欧拉梁理论中）。共振频率可能会从本质上增加，同时质量因子 Q 不会变得更坏（例如，见文献[40－

41])。这允许灵敏检测许多微观物理现象和测量参数,如自旋、力和分子质量。这些可能性开启了生物学领域的新研究:病毒、蛋白质、脱氧核糖核酸(DNA)检测、酶活性检测等。

如果我们使用石墨烯这样的二维材料——只有一个碳原子层,就会出现新的机遇。例如,利用石墨烯薄膜的优点,最近提出了一种 NEM 基质谱仪[42]的质检新方法进行质量检测(具有 zg 灵敏度)。

例如,文献[43-45]对石墨烯纳米谐振器的不同修饰进行了研究。结果表明,阻尼比随共振频率的增加呈线性增长。在文献[43-48]中讨论了不同类型的损耗机制。其中一些损耗在所有实验装置中都很常见,如附着损耗、热弹性耗散等;其他的则依赖于引动体系,如磁动势体系、电容耦合等。表面相对损耗通常可通过有效的二能级系统的分布来模拟。所有这些可能性均在文献[47]中进行了详细的考虑。文献[47]中作者指出,在石墨烯纳米谐振器中,耗散主要为静电耦合石墨烯层和掺杂金属背栅所控制;由于电荷起伏与低能弯曲声子相互作用,增加电子空穴激发可耗散能量。

但这些方法并没有考虑到上述系统的特殊性质。也就是说,他们不认为赝磁场[29]的显著影响是由于石墨烯表面(波纹、褶皱等)大规模稳定变形,从而引起其弯曲刚度大。人们期望这些赝磁场能被用来创造新的石墨烯纳米电力学。后来,人们发现通过施加外部应变(见文献[49-50]、[27])(应变工程)可以改变这些规范场。下面,我们在文献[30]作者得到的单层石墨烯薄片中运用伪向量势 $\boldsymbol{A}$ 的解析公式。

然而,在文献[33]中有人指出,关于石墨烯,人们还应该考虑到,如果赝磁场与时间有关,就应该出现合成电场。如此,文献[33]的作者计算了弯曲声子的阻尼率(见文献[33]中的(14))。与 Kubo 电导率公式(见文献[33]中的式(13))相比,它们能够解释合成电场引起的耗散,并将合成电场与电流联系,称为焦耳加热。

我们的问题与文献[33]所分析的问题本质上不同。我们考虑了由外部电动势驱动的纳米谐振器振动过程中不可避免地产生的合成电场。而在文献[33]中,长波极限的振动振幅趋于零,但在外电动势中,情况并非如此。因此,文献[33]的式(14)不能用于长波极限($q\approx 1/L$,是薄膜的特征长度标度)。然而,证明阻尼物理学是焦耳式加热的必要程序也可以在上述情况下成立。下面,我们还估计了由合成电场引起的谐振腔内在损耗(质量因子 Q)。结果证明,$1/Q$ 的相应贡献非常重要,在石墨烯纳米谐振器中导致了相当大的焦耳型损耗。当然,合成电场在其他 NEMS 中的作用也很重要。

在本节的最后一部分中,我们讨论了减小石墨烯纳米谐振器焦耳型损耗的方法。

6.2.2 模型

我们考虑石墨烯纳米谐振器(例如,文献[44]中的图 1 或文献[45]中的图 1)。对于由表面方程 $z=h(x,y)$ 描述的单层石墨烯薄膜,对任何原子来说,指向三个最近邻的向量都有这种形式(见文献[30])

$$\boldsymbol{u}_1=a(\sqrt{3}/2,1/2),\boldsymbol{u}_2=a(-\sqrt{3}/2,1/2),\boldsymbol{u}_3=a(0,-1)$$

其中,$a=2.5$A 是晶格中最近邻之间的距离;$h=h(x,y)$ 是薄膜上的点投影(x,y)到平面 XOY 的距离。

文献[30](也请参见文献[31])给出了规范场向量势 $\boldsymbol{A}$ 的下列公式:

$$A_x(\boldsymbol{r})+iA_y(\boldsymbol{r})=-\sum_j \delta t_j(\boldsymbol{r})\mathrm{e}^{\mathrm{i}u_jK}=-\frac{\varepsilon_{\pi\pi}}{2}\sum_j[(\boldsymbol{u}_j\cdot\nabla)\nabla h]^2\mathrm{e}^{\mathrm{i}u_jK} \tag{6.46}$$

$$A_x=-\frac{1}{2}A^0[(h_{xx})^2-(h_{yy})^2]a^2,A_y=A^0[h_{xy}(h_{xx}+h_{yy})]a^2 \tag{6.47}$$

$$A^0=3/4\cdot\varepsilon_{\pi\pi}/e\cdot c/v_\mathrm{F} \tag{6.48}$$

式中：$v_\mathrm{F}=10^8\mathrm{cm/s}$ 为费米速度；能量$\varepsilon_{\pi\pi}$为价键强度，$\varepsilon_{\pi\pi}=2.89\mathrm{Ev}$；$\boldsymbol{K}=a^{-1}(4\pi/3\sqrt{3},0)$为狄拉克点位置；$t_j$为与 j-th 最近邻 $j=1,2,3$ 的交换积分；A^0与向量势具有相同的维数。式(6.47)中的A_x、A_y公式在方括号内的表达式与 a^2的乘积无量纲，即为数值系数，其大小取决于石墨烯薄膜的偏转深度（波纹、褶皱等大规模变形考虑在内），也取决于电流力矩的晶格常数值。注意，在文献[24,32]（也请参见文献[29]）中，考虑了伪磁向量势的不同公式，并在文献[29,31]中讨论了这两个公式的区别。

当沿着 OZ 轴方向的周期电动势存在时，向量 $\boldsymbol{u}_j$ 应该得到与时间有关的变量 $\Delta\boldsymbol{u}_j(t)$，这与 $E_0\sin\omega t$ 成正比，即得到线性近似

$$a(t)=a_0+\Delta a(t) \tag{6.49}$$

其中，$a_0=2.5\text{Å}$ 是参数“a”在 $t=0$ 时的初值，且

$$\Delta a(t)=\eta_1E_0\sin\omega t=a_{00}\sin\omega t \tag{6.50}$$

这里，系数η_1有维度$[\mathrm{cm}^2/\mathrm{V}]$。

同样，假设

$$h(x,y,t)=h_0(x,y)+\Delta h(t) \tag{6.51}$$

$$\Delta h(t)=\eta_2E_0\sin\omega t\cdot\cos(\pi x/2L)=h_{00}\sin\omega t\cdot\cos(\pi x/2L) \tag{6.52}$$

其中，$z=h_0(x,y)$为初始薄膜表面的形式方程，η_2与η_1具有相同的维数。它们都描述了在微观层面上与引动场的相互作用。一般来说，系数η_1、η_2取决于 x、y，但它并不影响本章的主要结果。式(6.52)中的最后一个因子是通过 $x=\pm L$（双簇）将相对薄膜边缘的聚集联系在一起的。

注意，如文献[44]所述，如果石墨烯纳米谐振腔的偏转振幅不超过 1.1nm，则线性近似具有合理性。正如我们在下面的计算中假设的那样，它实际上等于 1nm。因此，关于线性的假设相当合理。同时，有人对非线性问题也进行了大量的研究（参见文献[51]及其他参考文献）。但我们在这里仅限于线性。

在外加激励周期电场 $\boldsymbol{E}_0\sin\omega t$ 的存在下，规范场向量势 $\boldsymbol{A}$ 依赖于时间，即单层石墨烯薄膜中产生合成电场：

$$\boldsymbol{E}_\mathrm{syn}=-c^{-1}\boldsymbol{A}_\mathrm{t} \tag{6.53}$$

令 $\omega\approx\omega_\mathrm{res}$，其中，$\omega_\mathrm{res}$是谐振腔的本征频率。然后，用式(6.52)代入式(6.53)来代替式(6.47)，发现

$$(\boldsymbol{E}_\mathrm{syn})_x=-c^{-1}(\boldsymbol{A}_x)_t=A^0/c\cdot\{[(h_{xx}^2-h_{yy}^2)(\Delta a)_t+ah_{xx}(\Delta\boldsymbol{h})_{xxt}]a\} \tag{6.54}$$

$$(\boldsymbol{E}_\mathrm{syn})_y=-c^{-1}(\boldsymbol{A}_y)_t=-A^0/c\cdot\{h_{xy}[2(h_{xx}+h_{yy})(\Delta a)_t+a(\Delta\boldsymbol{h})_{xxt}]a\} \tag{6.55}$$

可以用以下形式表达式(6.54)和式(6.55)：

$$(\boldsymbol{E}_\mathrm{syn})_x=E^0(\omega)h_{00}I_x\cos\omega t,(\boldsymbol{E}_\mathrm{syn})_y=E^0(\omega)h_{00}I_y\cos\omega t \tag{6.56}$$

其中，$h_{00}=(E_0\eta_2)$是谐振腔的振幅（偏转），且

$$I_x=\{[(\eta_1/\eta_2)(h_{xx}^2-h_{yy}^2)-ah_{xx}(\pi/2L)^2\cos(\pi x/2L)]a\} \tag{6.57}$$

$$I_y=\{h_{xy}[2(\eta_1/\eta_2)(h_{xx}+h_{yy})-a(\pi/2L)^2\cos(\pi x/2L)]a\} \tag{6.58}$$

$$E^0(\omega)=3/4\cdot\epsilon_{\pi\pi}/e\cdot\omega/v_{\mathrm F} \tag{6.59}$$

注意:由于石墨烯中存在波纹、褶皱等变形,无量纲数量I_x、I_y即使是零偏转也不会变为零。从式(6.56)到式(6.59),经过时间平均,得出

$$(\boldsymbol{E}_{\mathrm{syn}})^2=(\boldsymbol{E}_{\mathrm{syn}})_x^2+(\boldsymbol{E}_{\mathrm{syn}})_y^2=(E^0(\omega))^2h_{00}^2(I_x^2+I_y^2)/2 \tag{6.60}$$

请注意,我们的问题与在文献[33]中所考虑的问题有很大的不同。特别是在文献[33]中,计算了焦耳类型加热引起的弯曲声子阻尼比,它们的振动振幅在长波极限趋于零。然而,在假设的情况中,由于外部电动势,薄膜振动的振幅并不趋于零。但相应的程序也可以在所假设的情况下进行。正如所解释的那样,单层石墨烯谐振器受与时间有关的电动势驱动,其耗散机制可视为焦耳型损耗(如在文献[33]中寻找弯曲声子阻尼比的问题)。因此,可以在问题中写出焦耳型损耗$\Delta\epsilon_J$,周期$T=2\pi/\omega$

$$\Delta\epsilon_J\approx2\pi(\boldsymbol{E}_{\mathrm{syn}})^2\sigma L_xL_y/\omega \tag{6.61}$$

式中:L_x、L_y为薄膜的大小;σ为二维电导率(更多细节,请参见下文)。从式(6.60)和式(6.61)得到

$$\Delta\epsilon_J\approx\pi(E^0(\omega))^2h_{00}^2(I_x^2+I_y^2)\sigma L_xL_y/\omega \tag{6.62}$$

注意,在式(6.61)和式(6.62)中,只考虑了一个狄拉克锥K的贡献(只有一个山谷,即只有一个子晶格)。在6.2.4节中讨论与另一个山谷K^*的作用有关的修正。

从式(6.59)和式(6.62)可以看出,阻尼比与频率呈线性关系。有趣的是,在CNT基的纳米谐振器中,振动纳米管的电子隧穿耗散机制其阻尼比也与频率呈线性关系[48]。

石墨烯谐振器的一般损耗包含不同性质的部分:

$$Q^{-1}=Q_0^{-1}+Q_J^{-1} \tag{6.63}$$

在这里,Q_0^{-1}与其他作者先前研究的耗散机制(参见文献[43-48])有关,Q_J^{-1}与本章首次讨论并分析的机制有关。

我们介绍的与焦耳型损耗相关的质量因子Q_J如下:

$$Q_J^{-1}=\Delta\epsilon_J/\epsilon_{\mathrm{total}} \tag{6.64}$$

这里,$\Delta\epsilon_J$可在式(6.62)中找到,总能量的定义如下:

$$\epsilon_{\mathrm{total}}=N\cdot m_{at}\cdot\omega^2\cdot h_{00}^2,N=L_xL_y/(a^2 3\sqrt{3}/2)$$

式中:N为石墨烯薄膜中原子的数量;m_{at}为原子的质量;h_{00}为薄膜的振荡振幅。由此可得

$$Q_{\mathrm J}^{-1}=\pi\frac{3\sqrt{3}}{2}\cdot\frac{(E^0(\omega))^2\cdot\sigma\cdot[a^2(I_x^2+I_y^2)]}{\omega^3m_{at}} \tag{6.65}$$

注意,对式(6.59)中的$E^0(\omega)$和电导率来讲,一般公式形式如下

$$\sigma\approx\frac{e^2}{h}\frac{\epsilon_{\mathrm F}\tau}{h}\approx\frac{e^2}{h}k_{\mathrm F}l$$

我们认为质量因子(式(6.65))并不取决于电荷,它与合成场不带电有关($\mathrm{div}\boldsymbol{E}_{\mathrm{syn}}=\mathrm{div}\boldsymbol{A}_t=0$,参见文献[31])。

同时注意,焦耳损失质量因子式(6.65)中包含了普朗克常数h和价键能的表征强度$\epsilon_{\pi\pi}$。因此,考虑到由固有合成场引起的损耗机制起源于量子。此外,在文献[33](参见文献[33]中的式(45)和讨论)中表明,二维电导率σ不取决(或弱相关)于石墨烯的引动场频率。但是在下一个低于焦耳型损耗的近似值的点上进行估计,我们将使用实验数据得

到 σ 的测量值。

6.2.3 焦耳型损耗估计及其最小化方法

我们来估计式(6.65)中的焦耳型损耗的值，并将计算结果与实验数据进行比较。文献[44]研究了具有频率 $\omega_{res}\approx 130\mathrm{MHz}$ 的石墨烯纳米谐振器。当 $m_{at}=12\times 1.67\times 10^{-24}\mathrm{g}$ 时，有 $m_{at}\times\omega^3\approx 42[\mathrm{g/s^3}]$。

从式(6.59)得到

$$E^0(\omega)=3/4\cdot\epsilon_{\pi\pi}/e\cdot\omega/v_F\approx 3/4\times 3\times 1.3/3\mathrm{volt/cm}=3.9/4\times 1/300\mathrm{CGSE} \quad (6.66)$$

上面提到的石墨烯样品的电导率值没有在文献[44]中给出，但是可以从文献[53]中得到实验参数接近于文献[44,21]中的结果。文献[53]中，浓度值 $n=2.5\times 10^{11}[\mathrm{cm}^2]$，从文献[53,35]的图1中可以找到 $\sigma\approx 1.2\times 10^9[\mathrm{cm/s}]$（质量好的样品）。

现在估计式(6.65)中的因子 $a^2(I_x^2+I_y^2)$。在文献[44]中，证明了薄膜振荡临界振幅在非线性时等于1.5nm。假设 $h_{00}\approx 1$，则认为 $\Delta a/a\approx h_{00}/h\approx 0.1$，即 $\eta_1/\eta_2\approx\Delta a/h_{00}\approx(\Delta a/a)\cdot(a/h_{00})\approx 2.5\times 10^{-2}$。

现在用式(6.57)和式(6.58)估计表达式 $a^2(I_x^2+I_y^2)$ 中的第一项。考虑到石墨烯薄膜表面有波纹，假设变形高度（深度）和基础（长度、宽度）尺寸紧密，我们发现 $a^2\cdot I_x^2\approx(6.25\times 10^{-4}a^4\cdot(h_{xx}^2)^2+\cdots)\approx\dfrac{6.25}{81}\times 10^{-8}$。估算时，假设变形半径为 $\delta_x\approx 15\mathrm{nm}$，且 $\delta h/\delta_x\approx 2$。公式 $a^2(I_x^2+I_y^2)$ 的其他项可类似地估计出来。因此，得到了 $a^2(I_x^2+I_y^2)\approx 0.7\times 10^{-8}$。因此，从式(6.65)和式(6.66)中找到了上述样品6中焦耳型损耗的近似理论数值 $Q_J^{-1}=\Delta\epsilon_J/\epsilon_{total}\approx 3\times 10^{-5}$。由于文献[44]中的实验给出了结果 $Q\approx 14000$，我们发现焦耳型损耗约占总损耗的40%，我们的模型给出了合理的阻尼比大小。

有趣的是，在文献[45]中，对于相同共振频率的样品，他们得到了质量因子 $Q\approx 100000$，得到了作者在使用张力时从我们的观点来看测量的质量因子增加值。从式(6.65)可以看出，在这种情况下，因子$(I_x^2+I_y^2)$减小，从而提高了质量因子，即测量的质量因子增加值与我们的理论值相符。

现在考虑一下这个问题，如何能将焦耳损耗 Q_J^{-1} 最小化？很明显，在式(6.57)和式(6.58)表达式 I_x、I_y 中，存在不同种类的应力，通过改变函数 $h(x,y)$ 的形式，可以减少损耗（式(6.64)）。通过这样的方式增加质量因子可以进行实验验证，它已成为一个新特殊领域的主题，被称为应变工程。从式(6.65)来看，出现这种现象的原因显而易见。

可以通过与石墨烯薄膜平面垂直的磁场来减少焦耳损耗。实际上，在文献[54]图4中，我们认为，温度 $T=300\mathrm{K}$ 时，小于8T的磁场（经典）没有量子化，纵向电阻率是场的增加函数（在文献[55]图3a中，$T=5$，非量子化磁场小得多，电阻率又变为增加函数）。例如，对于 $H=6\mathrm{T}$，焦耳损耗 Q_J^{-1} 大约是6倍（文献[54]图4）。我们可以认为，这些损耗的百分比约为40%。因此，如果磁场为 $H=6\mathrm{T}$，则质量因子将增加1.5倍。

由于石墨烯薄膜表面有波纹，可以产生与振动薄膜平行的外磁场成分。它们起磁动势的作用。因此，如文献[56-57]所示，可以得到额外的阻尼，Q 的增加量可能更少。

注意，当朗道型磁场中开始量子化时，用玻耳兹曼方程得到的公式是正确的。然而，损耗依然有减少的趋势，尽管依赖的形式可能不同。关于温度 $T=5\mathrm{K}$ 时 $Q(H_\perp)$ 依赖性的实验研究刚刚出现(参见文献[58]图3c),即大约6T的场正在量化。但对于6T的磁场,他们测量了 Q 的增加约为30%。文献[54]中并未讨论合成场的作用。

6.2.4 概要

在本节中,我们考虑了石墨烯纳米谐振器的量子耗散机制,即由合成电场引起的焦耳式损耗。对于线性情况(如电动势周期力较弱),给出了焦耳型损耗的计算公式。虽然石墨烯晶格由式(6.65)中的两个子晶格组成,但我们只考虑了一个山谷 K(一个子晶格)的贡献。注意,在理想情况下,如果存在时间反演对称性[52],则 K 与 K^* 中的规范场具有反向和等大的特点,并且两个谷电流相互补偿。在文献[33]中也分析了这一问题,但结果表明,考虑到谷间库仑拖曳效应和谷间散射对短程杂质的影响,这两个对应的谷流并不能相互补偿。所以,实际上我们应该在式(6.65)中加上无量纲因子,这取决于松弛时间 τ_D 和 τ_v。意思是,τ_D^{-1} 是对拖曳效应产生响应的谷间散射速率,τ_v^{-1} 是由于短程杂质影响的谷间散射速率。但这种理论超出了本节的范围。

我们特别要强调的是,在主要研究纳米谐振器的论文中,采用了连续非线性弹性模型(参见文献[59]和上一篇综述性文献[51])框架内的现象学方法(非线性杜芬振子),考虑到石墨烯的特殊特性,我们在微观理论的基础上得到了焦耳型损耗的结果。薄膜应该具有经典振动,但是石墨烯纳米谐振腔的损耗机制是在量子固体物理学的框架内所描述的。特别是,我们关于焦耳损耗和质量因子的主要公式包括量子力学参数 $\varepsilon_{\pi\pi}$、v_F。

利用所得到的焦耳型损耗公式,我们大致计算了其大小。这一估计表明,它们对一般耗散的贡献似乎在40%左右。

可能降低焦耳损耗的方法如下:

(1)应变工程方法的应用,使量 I_x、I_y 减至最低,从而达到 Q;

(2)接通与石墨烯薄膜垂直的磁场。

请注意,已有的一篇文献[60]指出,在多晶石墨烯中,多层石墨烯片纳米谐振器测量的损耗被证明比单层石墨烯计算的损耗大得多。文献[60]中作者提到,它可能是由于晶界角度偏差引起的,从而产生平面外的屈曲(参见文献[60]的图2)。这种类型的波纹也会引起人工规范场,并导致本章所提出的损耗微观机理。在文献[60]中,还提到了利用拉伸应变减小平面外屈曲高度时 Q 因子的显著增加。我们在文献[61]中首次从理论上发现了这些减少损耗的应变工程方法。研究CVP生长的石墨烯 Q 因子增加,且在外加垂直磁场改变时,其大小和温度的变化也很有意义。

如果由于我们在文献[61]中首次发表的垂直于薄膜上的磁场接通而导致质量因子的预测增加,则温度 $T=5\text{K}$ 时,在量子极限中 $B_\perp$ 上对 Q 依赖性的实验研究才刚刚起步(参见文献[58]中图3(c))。在磁场 $B_\perp$ 的量化过程中,实际观测到 Q 增加,且其值增加了30%左右。注意,文献[54]的作者认为,在标准的二维石墨烯模型中(不存在平面外波纹),这种效应可能是由于石墨烯在量子霍尔极限中的磁化,从而改变了电力学。

还请注意,在本节中考虑的合成电流不仅导致焦耳型损耗,而且由于它们与栅极上产生的电流相互作用而导致损耗。我们在6.3节中分析这些损失。

在本节中,我们发现,考虑到石墨烯薄膜中不可避免存在的各种波纹,对于石墨烯纳米谐振器在兆赫和千兆赫频率范围内质量因子的大小作出了重要贡献。显然,这种机制也会影响石墨烯在太赫兹和光学频率范围内的非线性电磁响应。在运输现象中，我们也应该考虑此机制。因此，在构造不同类型的器件时，可以精确估计损耗，其中石墨烯被用于非平稳状态的分支，如光子学、光电学等。我们还应该考虑合成电场的产生，研究它们的影响。本节还概述了最小化其消极作用的一些想法。

本节描述的结果见文献[62]。

6.3 表面波纹对单层石墨烯电磁响应的影响

考虑到由于石墨烯内部存在固有的平面外纳米变形（波纹等）而产生合成电场，推导已知的石墨烯非线性电磁响应其准经典自洽方程，并讨论了修正后的方程。

6.3.1 初步活动

2007 年，S. A. Mikhailov[63]首次预测石墨烯的线性色散特性将导致在微波和太赫兹频率下的强非线性光学行为。在文献[35,63]中，首次得到了描述非线性石墨烯电磁响应的动力学（准经典）输运 MZ（Mikhailov – Ziegler）方程。注意，在文献[27,63]中，因为作者考虑了太赫兹频率范围内的辐射，故仅仅考虑到带内跃迁具有合理性。对于较高的光学频率，Ishikawa[64]将时间相关的狄拉克方程转化为扩展的光学布洛赫方程，这使得他可以证明，$\hbar\omega > E_F$时，由于带间和带内跃迁的相互作用，整个非线性光学响应增长较慢。H. Dong 等[65]的理论与 Ishikawa 更为精确的量子方法一致，并在 $\hbar\omega > E_F$时给出了同样的结果。在文献[65]中得到一个有趣的新结果：一个移动的 Townes 型空间孤立波，即孤子（参见文献[65]图 2 和图 3），它是由于项 $\Delta f_p(x,y,t)$ 包含在 MZ 准经典输运方程中而产生的。拥有优异的光物理特性且具有如快速光通信等超快响应时间的大光学非线性特性有许多潜在的应用前景（参见文献[66]）。

以往的许多理论研究和实验观察都致力于研究外部时变辐射在石墨烯中激发的二阶或三阶谐波的特殊性质。但有些情况下，例如，描述由光泵石墨烯等激发的强太赫兹发射，人们不能只局限于这些第一谐波。因此，有必要发展石墨烯非线性电磁响应的一般理论。在上述论文[63-65]中，首次发表了关于石墨烯非线性光学响应的研究，但这不是基于对分离谐波的研究。现在，出现了一系列基于发展更为完善的弗洛克理论方法的论文。在文献[67]的基础上，利用弗洛克理论（参见文献[68]），在强圆极化和线性极化的太赫兹场存在下非线性光学响应得到了非常有趣的新结果。结果表明，由于单光子（或多光子）共振，准能谱中出现了一个间隙。文献[68]提出了量子系统响应短激光脉冲的有效绝热摄动理论。

所有这些方法都是基于单电子近似，不考虑多体效应，也不考虑固有平面外波纹的影响。首先，我们将利用 Mikhailov 在文献[63]中提出的描述单层石墨烯非线性光学一个相当简单的方法，并在文献[35]中详细说明。这一方法基于非相互作用狄拉克二维电子模型。我们将进一步推导这种方法，考虑到辐射引起“内部”与时间相关的“合成”电场对一直存在的固有平面外波纹（波纹、皱纹等）的影响。我们在本小节中解释：为什么要考虑平面外波纹对单层石墨烯电磁响应的影响？为什么用简化的非相互作用的二维狄拉克电子的 MZ 模型开始研究非线性光学响应是合理的？

(1)70 多年前,Peierls[9-10] 和 Landau[11-12] 表明,在标准谐波近似下,因为热波动会破坏在任何有限温度下晶格“熔化”的长程有序,故严格的二维晶体不可能存在。实际上(参见文献[18]),所有观察到的单层石墨烯样品都具有稳定的固有平面外变形(波纹、气泡、褶皱等)。这些波纹导致了赝磁场(规范场)的出现(参见文献[29])。石墨烯不可避免地存在着各种场,约有几个特斯拉。不久以前,这种场被人在另一个非平凡系统——玻色-爱因斯坦凝聚(BEC)中创造出来。这种赝磁场是通过 BEC 原子与激光相互作用而产生的,导致了合成电场的出现[34]。

在文献[33]中,首次考虑了与时间有关(由于存在弯曲声子(f-ph))的规范场及其时间导数,即单层石墨烯的合成电场,并证明了(f-ph)阻尼比是由与这些场的相互作用所决定。

在石墨烯纳米谐振器中,由于外部时变电动势的影响,向量势取决于时间。这就产生了与之相关的合成电场和电流。在文献[62]和 6.2 节中表示,这导致了一种新的耗散(“加热”)机制,并确定了强烈影响质量因子的损耗(约 40%)。

本小节,我们考虑石墨烯平面外波纹对非线性电磁响应的影响。在文献[62]和 6.2 节中,现在考虑的频率不超过 1GHz,但我们分析了波纹影响单层石墨烯对太赫兹(300GHz~3THz)和红外(201~790THz)频率范围的响应。

(2)众所周知,在相互作用狄拉克电子的二维系统中(参见文献[69]),应该考虑到多体效应。结果表明,准粒子(“无质量电子”和“空穴”)、等离子体(集体电荷密度激发)及等离子体质子[70](“修饰”准粒子激发耦合至等离子体激元中)均发挥了重要作用。这些预测理论上[71-72]基于准粒子谱函数的一种非常特殊的形式,并通过各种直接或间接的方法如电子能量损失谱(EELS)(参见文献[71])、角分辨光发射谱(ARPES)[73]、扫描隧道谱(STS)[74]等在剥落的石墨烯薄片和外延石墨烯样品上进行了实验观察。

人们做了很多工作用光学测量来观察这些预测。通常,间接的方法有“利用许多有趣的方式将等离子体激元与红外光耦合”[69],通过使更强的光物相互作用,以及通过减轻等离子体激元模式和入射辐射之间的动量失配。为阐明这种思路,我们以 Mikhailov 关于石墨烯等离子体增强二次谐波的公式为例[75]:

$$I_{2q,2\omega}^{\mathrm{graph}} \approx (I_{q,\omega}^{\mathrm{ext}})^2 \Big/ \left\{ \left[\left(\omega^2 - \frac{\omega_p^2(q)}{2} \right)^2 + \frac{\omega^2\gamma^2}{4} \right] [(\omega^2 - \omega_p^2(q))^2 + \omega^2\gamma^2]^2 \right\}$$

式中:$I_{q,\omega}^{\mathrm{ext}}$ 为入射光的强度;$I_{2q,2\omega}^{\mathrm{graph}}$ 为石墨烯第二谐波的强度;$\omega_p(q) = \sqrt{\frac{8E_F}{h\varepsilon}\frac{\pi}{2}\frac{e^2}{h}q}$ 为等离子体频率;$\boldsymbol{q}$ 为等离子体波向量;γ 为等离子体的动量散射速率。最后公式中的分母随 $\omega \to \omega_p(q)$ 而强烈减小,而 $I_{2q,2\omega}^{\mathrm{graph}}$ 强烈增加。仍要记得动量守恒定律:$q_{\mathrm{light}} = q_{\mathrm{plasm}}$。在 $\omega = \omega_{\mathrm{light}} \approx \omega_{pl}$ 时,估计 $q_{\mathrm{pl}}/q_{\mathrm{light}}$ 这个比率。对于外场,有 $\omega_{\mathrm{light}} = cq_{\mathrm{light}}$,可得到 $q_{\mathrm{pl}}/q_{\mathrm{light}} = \frac{h\omega_{\mathrm{light}}}{E_F}\left(\frac{e^2}{hc}\right)^{-1}$。这表明,同时满足 $\omega_{\mathrm{light}} \approx \omega_{\mathrm{pl}}$ 和 $q_{\mathrm{light}} = q_{\mathrm{pl}}$ 这两个条件非常困难。但 2011 年,Basov 等[76]通过限制原子力显微镜纳米尖端的中红外辐射,成功地克服了这些困难,从而产生了更强的光物相互作用。对减少等离子体模式和入射辐射之间的动量失配来说,这是一个非常有效的方法。通过红外纳米成像,文献[76]的作者已经表明石墨烯/二氧化硅/硅反向门控结构可能支持表面等离子体的传播。

J. Chen 等[77]利用气体沉积而不是从石墨中剥离出来的石墨烯薄膜发现了类似现象。他们使用永久偶极子产生了近场。据我们所知,到目前为止,还没有实验证明单层石墨烯薄膜的均匀光辐射能激发等离子体。

有趣的是,L. Crassee 等[78]表明,在碳化硅上外延生长的石墨烯中,由于基底梯级或褶皱等天然纳米尺度的不均匀性,Drude 吸收转化为一个强太赫兹等离子体峰。这是天然的限制电位,不需要特殊的光刻图案。

因此,得出这样的结论:在入射均匀辐射下,如果没有特殊尝试,或者像 Fei 等[74]那样使用 AFM 尖端将入射辐射限制在尖端周围的 q 纳米尺度区域,或在石墨烯微带阵列中激发 SP,或利用叠层石墨烯微盘实现 97.5% 的电磁辐射屏蔽[69],则表面等离子体(SP)是不能被驱动的。

用 Mak 等[79]的方法测量石墨烯的线性光学电导率与非相互作用的无质狄拉克费米子模型中预测的理论结果一致。在重整化群技术中考虑 e－e 相互作用(参见文献[80]),结果修饰显著,但不显示等离子体激发。目前,我们还没有任何关于石墨烯非线性电磁响应对均匀辐射中出现的 SP 的实验研究。对非线性情况下单层石墨烯透射率(T)的理论研究表明 T 的变化很小(约 2%)(参见文献[81])。因此,我们将模仿文献[63,35]使用非相互作用狄拉克电子的模型。利用我们的方法,可在太赫兹范围内基本上修改已知的 Mikhailov 光子方程[63,35]。我们的模型允许在考虑波纹合成电场产生的动力学(准经典)输运方程的基础上计算石墨烯合成电场的非线性电磁响应。对修正后的方程进行了研究,并讨论了石墨烯对脉冲激励的辐射衰减率和响应。所得结果可用于太赫兹光学和光电子学中不同器件的分析。

6.3.2 MZ 方程的推导

下面,我们将推导出石墨烯非线性电磁响应的 MZ 方程。该方程通过考虑自恰场效应、电子碰撞但忽视杂质、光子和其他晶格缺陷近似得到。首先,将描述在文献[63,35]中自洽程序的最重要步骤,也会强调单层石墨烯的真实模型(考虑到波纹)导致了与 Mikhailov 平地模型的本质不同,使读者更容易理解我们的自洽过程,并推导出平地方程。在费米动量分布函数$f(p,t)$的动力学输运方程的基础上,在非波纹石墨烯二维表面 $z=0$ 存在外时变场$\boldsymbol{E}_{z=0}^{\text{ext}}$的情况下,在文献[63,35]得到了 MZ 方程:

$$\frac{\partial f_p(t)}{\partial t} - e\boldsymbol{E}_{z=0}^{\text{tot}}(t)\frac{\partial f_p(t)}{\partial \boldsymbol{p}} = 0 \tag{6.67}$$

$$\boldsymbol{E}_{z=0}^{\text{tot}}(t) = \boldsymbol{E}_{z=0}^{\text{ext}}(t) + \boldsymbol{E}_{z=0}^{\text{ind}}(t) \tag{6.68}$$

其中,感应电场$\boldsymbol{E}_{z=0}^{\text{ind}}(t)$和电流与二维麦克斯韦方程有关(参见文献[63,35])

$$\boldsymbol{E}_{z=0}^{\text{ind}}(t) = -2\pi j(t)/c \tag{6.69}$$

这里,$z=z(x,y)=0$ 是平面石墨烯薄片的方程。结果表明电流为

$$j(t) = -\frac{g_s g_v \text{eV}}{(2\pi h)^2}\int \frac{\boldsymbol{p}\mathrm{d}\boldsymbol{p}}{p}F_0(\boldsymbol{p}-\boldsymbol{p}_0(t)) \tag{6.70}$$

其中,$g_s=2$ 是自旋退化,$g_v=2$ 是谷退化因子,$f_p(t)=F_0(p-p_0(t))$是 $\boldsymbol{E}_{z=0}^{\text{tot}}(t)=\boldsymbol{E}_{z=0}^{\text{ext}}(t)$ 时式(6.67)的精确解

$$F_0(P) = \left[1+\exp\left(\frac{Vp-\mu}{T}\right)\right]^{-1} \tag{6.71}$$

$$p_0(t) = -e\int_{-\infty}^{t} \boldsymbol{E}^{\text{tot}}(t')\,\mathrm{d}t' = -e\int_{-\infty}^{t}[\boldsymbol{E}_{z=0}^{\text{ind}}(t') + \boldsymbol{E}_{z=0}^{\text{ext}}(t')]\mathrm{d}t' \tag{6.72}$$

如果温度 $T=0$ 且化学势有限,$\mu>0$,则电流 $j(t)$ 可以重写为如下形式(参见文献[63,35]):

$$j(t) = en_sV\frac{P}{\sqrt{1+P^2}}G(Q) \tag{6.73}$$

其中,$P\equiv P(t) = \frac{-p_0(t)}{P_{\mathrm{F}}}$,$P(t) = \vdots P(t)\vdots$,$P_{\mathrm{F}} = \mu/V$ 是费米动量,且电子密度的公式可以写成

$$n_s = n_e = \frac{g_sg_vp_{\mathrm{F}}^2}{4\pi h^2} = \frac{g_sg_v\mu^2}{4\pi h^2V^2}$$

函数 $G(Q)$ 被定义为

$$G(Q) = \frac{4}{\pi Q}\int_0^{\pi/2}\cos x\mathrm{d}x(\sqrt{1+Q\cos x} - \sqrt{1-Q\cos x}),Q\equiv 2P(t)/(1+P^2) \tag{6.74}$$

通过式(6.69)和式(6.73),从式(6.67)可以得到以下方程(文献[63,35]中得出):

$$\frac{\mathrm{d}P(t)}{\mathrm{d}t} + \gamma\frac{P}{\sqrt{1+P^2}}G(Q) = \frac{e}{P_{\mathrm{F}}}\boldsymbol{E}_{z=0}^{\text{ext}}(t) \tag{6.75}$$

$$\gamma = \frac{g_sg_v}{4}\frac{e^2}{hc}\frac{\mu}{h} = V\frac{e^2}{hc}\sqrt{\pi\, g_sg_vn_s} \tag{6.76}$$

式(6.75)中的系数 γ 由于辐射而起到自然衰变的作用。正如上述所释,基于准经典动力学理论在文献[35,63]中得到了 Mikhailov 方程(式(6.75)和式(6.76))。它允许描述石墨烯平面薄片的非线性电磁响应。然而,这个方程是在一个绝对平面单层石墨烯薄膜的条件下所写,并没有考虑到石墨烯的特殊性质——存在固有平面外变形(气泡、波纹等)。不同价键具有量子概念,由于其重叠变化导致产生了量子效应。即由于平面外变形(参见文献[10]),导致了伪向量势 $\boldsymbol{A}(x,y)$ 的产生。在外加电磁场作用下,向量势 $\boldsymbol{A}(x,y,t)$ 开始取决于时间,从而导致产生了合成电场

$$\boldsymbol{E}_{\text{syn}}(x,y,t) = -c^{-1}\partial\boldsymbol{A}(x,y,t)/\partial t \tag{6.77}$$

我们的方法是考虑石墨烯表面的 $z=h(x,y,t)$ 波形,所以在文献[35]中不考虑式(6.69),写作

$$\boldsymbol{E}_{z=0}^{\text{ind}}(x,y,t) = -2\pi\frac{j(x,y,t)}{c} + \boldsymbol{E}_{\text{syn}}(x,y,t) \tag{6.78}$$

从积分 t' 式(6.72)中的式(6.78)出发,得到了一个取决于 x、y 的新项,在玻耳兹曼方程中必须考虑到梯度项$\left(v_{\mathrm{F}x}\frac{\partial f}{\partial x},v_{\mathrm{F}y}\frac{\partial f}{\partial y}\right)$,这使得对该方程解的分析更加复杂。

在二维狄拉克模型中,上述梯度项不改变速度模($\vdots v\vdots = v_{\mathrm{F}}$)的大小,只描述了速度向量 $\boldsymbol{v}$ 在 p 空间中的旋转。这些项并不取决于电子能量,所以它们不像式(6.67)中的两项那么重要。式(6.67)中的两项能够很好地描述电磁辐射的吸收和发射以及石墨烯薄膜中的电流产生。吸收电磁辐射即增加动量 $p(t)$。

但初步研究表明，如果 $E_{syn}<E_0$（参见式(6.88)之后的讨论），这些项可能会被忽略。因此，在式(6.72)中利用式(6.77)和式(6.78)，而不是式(6.69)，考虑到与石墨烯特定微观特性有关的量子效应，得到非线性电磁响应：

$$\frac{dP(x,y,t)}{dt}+\gamma\frac{P(x,y,t)}{\sqrt{1+P^2}}G(Q)=\frac{e}{P_F}[\boldsymbol{E}^{ext}_{z=0}(t)-c^{-1}\partial A(x,y,t)/\partial t] \tag{6.79}$$

对于规范场 $A(x,y)$，在文献[30]中（参见文献[82－83]）得到公式：

$$A_x(r)+iA_y(r)=-\sum_j\delta t_j(r)\,e^{iu_jK}=-\frac{\epsilon_1}{2}\sum_j[(u_j\cdot\nabla)\nabla h]^2\,e^{iu_jK} \tag{6.80}$$

$$A_x=-\frac{1}{2}A^0[(h_{xx})^2-(h_{yy})^2]a^2,A_y=A^0[h_{xy}(h_{xx}+h_{yy})]a^2 \tag{6.81}$$

$$A^0=3/4\cdot\epsilon_1/e\cdot c/v_F \tag{6.82}$$

这里，$\epsilon_1=2,89$eV，$K=a^{-1}(4\pi/3\sqrt{3},0)$是一个狄拉克点，$t_j$是与 j－th 最近邻的交换积分，$j=1,2,3$，$A^0$具有与向量势相同的维数。在式(6.81)中，方括号内表达式与a^2的乘积无量纲，即它们是数值系数，其大小取决于石墨烯薄膜的偏转深度（将波纹、褶皱等大规模变形考虑在内）。还讨论了此时的晶格常数值。

利用式(6.77)，可以将式(6.79)重写为

$$\frac{dP(x,y,\tau)}{d\tau}+\frac{\gamma}{\omega}\frac{P(x,y,\tau)}{\sqrt{1+P^2(x,y,\tau)}}G(Q)=\frac{e}{p_F}\left[\frac{E_0}{\omega}\cos\tau+\boldsymbol{E}_{syn}(x,y,\tau)\right],\tau=\omega t \tag{6.83}$$

此针对合成电场。文献[65]研究了合成电场$\boldsymbol{E}_{syn}$对石墨烯纳米谐振器焦耳型损耗的影响。在假设薄膜整体运动而不显著改变波纹表面形貌的前提下，得到了小振幅E_0电动势 $E^{ext}-E_0\cos\omega t$ 的计算公式E_{syn}，即

$$(E_{syn})_x(x,y,t)=-E^0(w)h_{00}I_x(x,y)\sin\omega t \tag{6.84}$$

$$(E_{syn})_y(x,y,t)=-E^0(w)h_{00}I_y(x,y)\sin\omega t \tag{6.85}$$

其中，$h_{00}=E_n\eta_2$是谐振腔的振幅（偏转），且

$$E^0(w)=3/4\cdot\epsilon_1/e\cdot w/v_F \tag{6.86}$$

$$I_x=\{[(\eta_1/\eta_2)(h_{xx}^2-h_{yy}^2)-ah_{xx}(\pi/2L)^2\cos(\pi x/2L)]a\} \tag{6.87}$$

$$I_y=\{h_{xy}[2(\eta_1/\eta_2)(h_{xx}/h_{yy})-a(\pi/2L)^2\cos(\pi x/2L)]a\} \tag{6.88}$$

系数η_1、η_2决定晶格常数 $\Delta a(t)$的时间修正及波纹高度 $\Delta h(t)$的变化。即 $a(t)=a_0+\Delta a(t)$，$h(t)=h_0(x,y)+\Delta h(t)$，$a(t)=\eta_1E_0\sin\omega t$，$h(t)=\eta_2E_0\sin\omega t$，系数$\eta_{1,2}$有维度$cm^2V^{-1}$。请注意，无量纲的量$I_x$、$I_y$即使是零偏转也不会变为零，因为石墨烯存在如波纹、褶皱等的变形。在文献[62]中表明，考虑到新的损耗机制，即E_{syn}引起的焦耳型损耗（加热），在线性情况下是相当重要的（约40%）。

现在考虑线性情况 $P\ll1$ 下的式(6.81)。那么，有

$$\frac{dP(x,y,\tau)}{d\tau}+\frac{\gamma}{\omega}P(x,y,\tau)=\frac{e}{\omega P_F}[E_0\cos\tau+E_{syn}(x,y,\tau)],\tau=\omega t \tag{6.89}$$

$$j(x,y,\tau)=en_sVP(x,y,\tau) \tag{6.90}$$

可以将式(6.89)重写为

$$\frac{dP(x,y,\tau)}{d\tau}+\frac{\gamma}{\omega}P_{x,y}(x,y,\tau)=C_{x,y}(x,y)\cos(\tau+\arctan D_{x,y}(x,y)) \tag{6.91}$$

$$C_{x,y}(x,y)=\frac{e}{\omega P_{\mathrm{F}}}\sqrt{E_0^2+(E^0(\omega)h_{00}I_{x,y}(x,y))^2},D_{x,y}(x,y)=\frac{E^0(\omega)h_{00}I_{x,y}(x,y)}{E^0} \tag{6.92}$$

因此考虑了平面外波纹的弱强度问题后，得到解

$$P_{x,y}(x,y,t)=\frac{C_{x,y}(x,y)}{\sqrt{\omega^2+\gamma^2}}\cos\left[(\omega t+\arctan D_{x,y}(x,y))-\arctan\frac{\omega}{\gamma}\right] \tag{6.93}$$

对于平面石墨烯薄片（无波纹），可利用在文献[35]中得到的公式：

$$P(t)=\frac{eE_0}{P_F\sqrt{\omega^2+\gamma^2}}\cos\left(\omega t-\arctan\frac{\omega}{\gamma}\right)$$

从式(6.86)和式(6.89)中，我们认为，在考虑到入射电磁辐射强度和波纹影响的情况下，电流取决于点(x,y)，即如果石墨烯是平面的且电流线是直的，则电流线变得弯曲，电磁响应过程从均匀变得不均匀（参见文献[35,63]）。通过实验研究石墨烯薄膜在电磁辐射作用下的电流线，以及研究已知电流曲线形式（即求解逆问题）时确定波纹形式的问题，将非常有意义。从式(6.89)可以看出，电磁响应与线性极化入射辐射相比是椭圆偏振的。

在强辐射 $P\gg1$ 的情况下，有式(6.72)和式(6.77)或式(6.81)。因为不可避免地存在波纹，非线性电磁响应是不均匀的，且电流线弯曲。但因为我们不知道现象学常数$\eta_{1,2}$的值，故不能计算它们的形式。对于这种分析，应该做实验来确定其值。

6.3.3 概要

在文献[35,63]中发展了石墨烯非线性电磁响应的准经典动力学理论。在文献[64]中首次对石墨烯的非线性光学特性进行了实验研究，证明了石墨烯的三阶非线性光学特性很好，而且人们注意到石墨烯的这种性质在应用中非常有用。例如，石墨烯可以用于成像，它的图像对比度比使用线性显微镜得到的图像对比度高出多个数量级。辐照石墨烯释放倍频谐波的性质也很有前景。

在文献[64-65]中，研究了单频段跃迁和多频段跃迁；但在文献[35,63]中这两种跃迁被忽略，而是采用了准经典动力学方法。

在本小节中，考虑到石墨烯具有波纹表面的特殊性质，推导了描述石墨烯非线性自洽电磁响应的 MZ 方程，从而在辐照石墨烯中产生合成电场。

导出方程表明，这些场降低了非线性效应，对实际应用不利。我们还讨论了用应变工程方法将这种负面影响最小化的问题，这有利于对不同光电器件的计算。

本节描述的结果见文献[84]。

6.4 太赫兹范围内表面波纹影响单层石墨烯局部电磁响应的辐射衰减效应

本节继续研究平面外波纹在太赫兹范围内对单层石墨烯局部电磁响应的影响，从6.3节开始将辐射衰变效应、石墨烯中电荷载流子谱的双谷结构、呼吸表面曲率形成感应合成电场均考虑在内。为实现该程序，得到了广义非线性自洽方程。外加电场线性近似下得到的方程在弱外交变电场 $\boldsymbol{E}^{\mathrm{ext}}(t)=\boldsymbol{E}_0\cos\omega t$ 的情况下，得到了精确解。结果表明，在这种情况下，根据表面形貌函数 $z=h(x,y)$，得到了感应电流路径的局部退相。该结果将

为给定局部电流路径图像的表面波纹形式成像的新方法奠定基础。这些结果使我们能够研究纳米材料在纳米尺度上的力学行为偏离宏观既定概念的方式，这对于石墨烯来说特别重要。

6.4.1 初步活动

如上所述，任何石墨烯薄膜都有平面外波纹，即当考虑到平面外扭曲的石墨烯薄膜时，我们只研究一般的情况。下面介绍描述石墨烯薄膜表面形貌的函数 $z=h(x,y)$，它由平面外位移所产生。结果表明，这些波纹和石墨烯薄膜在平面内应变导致产生了赝磁场 $\boldsymbol{A}(x,y)$，这在许多论文中都有研究（参见文献[29]）。

如果外周期电场激发出平面外波纹，这些波纹就开始移动（“呼吸”），另外一个（“额外”）合成电场 $\boldsymbol{E}_{\text{syn}}(x,y,t)=-\dfrac{1}{c}\dfrac{\partial A}{\partial t}(x,y,t)$ 就会出现（这里 $A(x,y,t)$ 是对应于“内”规范场的向量电位（见上））。就我们所知，在文献[33]和文献[62]、6.2 节和文献[84]，以及 6.3 节的作者们首先考虑了石墨烯中 $\boldsymbol{E}_{\text{syn}}(x,y,t)$ 的影响。在文献[33]中，我们发现，由于弯曲声子及其时间导数引起表面变形，故（f－ph）阻尼比是由这些场的相互作用所决定。在文献[62]中，已经证明，由石墨烯纳米谐振器中的时变电动势激发并由其电流产生的合成场导致出现新的损耗机制，这在本质上影响了质量因子值。在文献[84]中，我们研究了辐照波纹石墨烯薄膜中的总感应电流（来自两个山谷），考虑了引动外部周期电场产生的合成电场，适当考虑了反转和时间反演对称破缺[53]。“呼吸”表面形貌函数 $z=h(x,y,t)$ 决定了每一刻合成电场对点 (x,y) 的依赖性 $\boldsymbol{E}_{\text{syn}}(x,y,t)$。该公式 $\boldsymbol{E}_{\text{syn}}(x,y,t)$ 是在假设外加电场足够弱的情况下得到的（由于电流载流子的散射和热起伏，斯塔克能级被冲掉），并提出了“呼吸”膜对外加电场的线性依赖性。在这些假设下，对给定的表面形貌及其曲率发现了取决于点的电流路径。因此，合成场 $\boldsymbol{E}_{\text{syn}}(x,y,t)$ 由于强度、方向和相位的不同而不同，因而电流路径也是不同的，其方向及相位在每一个波纹附近都发生了变化。

实际上，这意味着我们有另一个无序系统的模型，其中曲率也取决于时间，也就是说，无序不是静态（参见 6.4.4 节）。本节，我们将进一步研究太赫兹辐射对电荷载流子“过热”的辐射衰减作用，这可能比标准的弛豫机制更有效，使特殊的交流路径的图像更加精确。

在文献[84]中，我们没有考虑到 e－e 相互作用，只考虑到在太赫兹范围内石墨烯对均匀辐射的响应。有许多情况（参见文献[69]及下面的讨论），当在二维相互作用狄拉克电子系统中，应该考虑到多体效应。然而，有时这种交互并没有起到重要的作用（见下文）。例如，研究表明，准粒子（“无质量电子”和“空穴”）、等离子体（集体电荷密度激发）及等离子体质子[70]（“修饰”准粒子激发耦合至等离子体中）均发挥了重要作用。这些预测理论上[71－72]基于准粒子谱函数的一种非常特殊的形式，并通过各种直接或间接的方法如电子能量损失谱（EELS）（参见文献[73]）、角分辨光发射谱（ARPES）[70]、扫描隧道谱（STS）[73]等在剥落的石墨烯薄片和外延石墨烯样品上进行了实验观察。

人们作了很多工作用光学测量来观察这些预测。通常，间接的方法有“利用许多有趣的方式将等离子体激元与红外光耦合”[69]，通过使更强的光物相互作用，以及通过减轻等离子体激元模式和入射辐射之间的动量失配。

因此,得出这样的结论:在入射均匀辐射下,如果没有特殊尝试,或者像 Z. Fei、D. N. Basov 等[76]那样使用 AFM 尖端将入射辐射限制在尖端周围的纳米尺度区域,或在石墨烯微带阵列中激发 SP,或利用叠层石墨烯微盘实现 97.5% 的电磁辐射屏蔽[69],表面等离子体(SP)是不能被驱动的。

在 6.3 节更详细地讨论了 e-e 相互作用在光学和其他性质中的表现(参见文献[84])。

为结束关于 e-e 相互作用在单层石墨烯光学实验中的强或弱影响的讨论,我们还引用了三篇论文[85-87](这里文献[85]是一篇理论性文章,文献[86-87]是在 2014 年发表的一篇实验性论文)。在文献[86]中,作者写到在实验中发现的负动态电导率只能用 e-e 相互作用来解释,但其用合理的论点提出建议,即上述现象应通过热载流子与声子的缺陷-介导碰撞来解释。上述实验数据再次证实了我们上面所描述的观点,即如果没有特殊严格的实验技巧,e-e 之间的相互作用可能不会显示(展示)其本身。

在文献[87]中,观察到石墨烯电导率的短暂下降,而且 Drude 质量中石墨烯光电导响应的太赫兹频率依赖性增加。

值得注意的是,近年来,对石墨烯在电场作用下电流模式的研究成为一种时尚。以文献[88]中的量子描述和非平衡 Keldysh-Green 形式主义为基础,利用文献[89]中基于轨迹的半经典分析,从理论上分析了恒定电场和平地模型。

在 6.3 节(参见文献[84])中,首先考虑了与时间有关的电场及单层波纹石墨烯薄膜的情况,而且还考虑了双谷谱。我们认为外加电场的强度足够弱时,可以考虑连续光谱(见上文),并得到了合成电场的公式,表明"呼吸"对外加电场的线性依赖性。在这些假设下,为给定的表面形貌及其曲率发现了取决于点的局部电流路径,但没有考虑辐射率。

综上所述,根据费米-狄拉克动量分布函数和线性狄拉克能谱($\sim k$)的动力学玻耳兹曼方程,我们研究了平面外波纹对单层石墨烯电磁响应的影响。我们考虑了狄拉克电子第一布里渊带内能谱的双谷图,也考虑了石墨烯薄膜中波纹破坏的反转和时间反演对称性。和 6.3 节一样(参见文献[84]),我们没有考虑到"直接"e-e 相互作用(在文献[84]中给出了详细的解释),但是例如与e^2(这里 e 是电子电荷)成比例的辐射率等重要项是由于使用了在文献[63]和文献[35]中发展的非常具体的"自恰场方法"而产生的,这些方法考虑了激发电流和诱导电流的相互影响。

注意,利用扫描隧道显微镜(STM)[90]对原子分辨率可视化局部电荷输运的实验研究表明,电流模式取决于点。我们认为,这种依赖与一直存在的波纹联系在一起。上述实验证明了我们理论的正确性。还有此类其他实验结果(见文献[91])使用了一种新技术,允许实验人员通过使用扫描探针显微镜(SPM)尖端创建一个可移动的散射来探测运输。

我们的理论描述基于双谷谱狄拉克电荷载流子的动力学方程和量子描述。

在本小节中,我们得到了考虑波纹的非线性自洽方程,并将辐射损耗考虑在内。

在外加周期电场$\boldsymbol{E}_{\text{ext}}(t)$的作用下,样品中激发的与时间有关的电流 $j(x,y,t)$ 反过来又产生了一个次级(感应)电场$\boldsymbol{E}_{\text{ext}}(t)$,该电场反作用于电子,应该添加至外部电场中。我们在下面得到的波纹石墨烯薄膜的结果与文献[35]和文献[63]中得到的石墨烯薄膜平地模型的结果进行了比较。

我们还考虑了当外场足够弱,使这个非线性方程变成线性的情况。在这种情况下,我们得到了其精确解。这表明，电流得到了退相。这种退相取决于点，是由点的表面曲率所决定的。通过观察退相映射，可以得到薄膜的表面形貌信息。它提出了一种新的波纹成像方法，这对许多应用有用。

注意，利用 STM[90]对原子分辨率可视化局部电荷输运的实验研究表明，电流模式取决于该点。我们认为，这种依赖是与一直存在的波纹相联系的。此实验证明了我们理论的正确性。还有其他类似的实验结果（参见文献[91]）使用了一种新技术，允许实验人员通过使用 SPM 尖端创建一个可移动的散射来探测传输。

对给定表面形貌与实验研究的电流路径结构进行理论描述选用适当方法，并寻找一种更为精确的电流路径成像方法，是石墨烯需要解决的最实际的问题之一。这对于石墨烯纳米电子学和 DNA 测序的进一步发展也至关重要[92]。

关于所有这些项目更详细的讨论见 6.4.4 节。

6.4.2 自洽方程的推导

为了在线性近似下描述波纹石墨烯薄膜中电磁响应或总电流，考虑辐射损耗，我们通过推导文献[35]中的平地模型找到自恰方程。在文献[84]中，以如下形式得到了动力学方程

$$\frac{\partial f(p,r,t)}{\partial t}-e[\boldsymbol{E}^{\mathrm{ext}}(t)+\boldsymbol{E}^{\mathrm{syn}}(r,t)]\frac{\partial f(p,r,t)}{\partial p}=0 \tag{6.94}$$

其中，合成电场 $\boldsymbol{E}^{\mathrm{syn}}(r,t)$ 是由于平面外变形 $z=h(x,y)$ 的存在而出现的。这里，有

$$\boldsymbol{E}^{\mathrm{syn}}=-c^{-1}\partial A(x,y,t)/\partial t \tag{6.95}$$

且 $A(x,y,t)$ 是一个规范场。我们用了在文献[30]中得到的公式：

$$A_x=-\frac{1}{2}A^0[(h_{xx})^2-(h_{yy})^2]a^2, A_y=A^0[h_{xy}(h_{xx}+h_{yy})]a^2 \tag{6.96}$$

$$A^0=3/4\cdot\epsilon_1/e\cdot c/v_{\mathrm{F}} \tag{6.97}$$

这里，$\epsilon_1=2.89\mathrm{eV}$，$\boldsymbol{K}=a^{-1}(4\pi/3\sqrt{3},0)$ 对应于狄拉克点。

假设外部电场足够弱，可以使用线性近似法 $\Delta a(t)=\eta(x,y)E_0\sin\omega t$（为简单起见，认为 $\eta(x,y)=\mathrm{const}$），它是在文献[84]中得到的。为简化所得方程的形式，假设 $\eta(x,y)=\mathrm{const}$

$$(\boldsymbol{E}^{\mathrm{syn}})_x(x,y,t)=-E^0(w)E_{0x}I_x(x,y)\sin\omega t \tag{6.98}$$

$$(\boldsymbol{E}^{\mathrm{syn}})_y(x,y,t)=-E^0(w)E_{0y}I_y(x,y)\sin\omega t \tag{6.99}$$

其中

$$(E^0)(\omega)=3/4\cdot\epsilon_1/e\cdot\omega/v_{\mathrm{F}}, I_x=a\eta(h_{xx}^2-h_{yy}^2), I_y=2a\eta(h_{xx}-h_{yy})h_{xy} \tag{6.100}$$

温度接近零的式(6.94)有精确解：

$$f(p,r,t)=F_0(|P-P_0(r,t)|), F_0(P)=\left[1+\exp\left(\frac{vp-\mu}{kT}\right)\right]^{-1} \tag{6.101}$$

其中，$F_0(p)$ 是费米－狄拉克分布函数，且

$$P_0(\boldsymbol{r},t)=-e\int_{-\infty}^{t}[\boldsymbol{E}^{\mathrm{ext}}(t')+\boldsymbol{E}^{\mathrm{syn}}(r,t')]\mathrm{d}t' \tag{6.102}$$

如果温度为 0，$T=0$，化学势有限，$\mu>0$，则电流 $j(r,t)$ 可以如下形式表示

$$j_x = \frac{g_s e v_F}{(2\pi\hbar)^2} p_F^2 G_x(Q_x, Q_y) \frac{2P_{0x}}{1 + P_{0x}^2 + P_{0y}^2}, j_y = \frac{g_s e v_F}{(2\pi\hbar)^2} p_F^2 G_y(Q_x, Q_y) \frac{2P_{0y}}{1 + P_{0x}^2 + P_{0y}^2} \tag{6.103}$$

其中

$$G_x(Q_x, Q_y) = \frac{1}{Q_x} \int_0^{\pi/2} [\sqrt{1 + Q_y \sin\varphi + Q_x \cos\varphi} - \sqrt{1 + Q_y \sin\varphi - Q_x \cos\varphi}] \cos\varphi \mathrm{d}\varphi$$

$$G_y(Q_x, Q_y) = \frac{1}{Q_y} \int_0^{\pi/2} [\sqrt{1 + Q_x \cos\varphi + Q_y \sin\varphi} - \sqrt{1 + Q_x \cos\varphi - Q_y \sin\varphi}] \sin\varphi \mathrm{d}\varphi$$

$$Q_{x,y} = \frac{2P_{0x,0y}}{1 + P_{0x}^2 + P_{0y}^2}, P_{0x,0y} = \frac{P_{0x,0y}}{P_F} \tag{6.104}$$

式(6.94)及其解(式(6.101)和式(6.102))是文献[35]中平地动力学方程的推导。注意,根据文献[9-11]中证明的 Landau - Peierls 定理,这些波纹一直存在,因此我们的推导具有必要性。

上述公式均未考虑辐射损耗。现在,应该找出这种情况所产生的影响。假设外场沿 z 轴入射在石墨烯薄膜上,并引起层中的周期性电流。但一般来说,与时间相关的电流反过来又产生了一个次级(感应)电场$\boldsymbol{E}^{\text{ind}}$,该电场反作用于电子,应该被添至外场。计算系统的响应时,应该考虑电子响应不是对外部的响应,而是对整个自洽电场的响应:

$$\boldsymbol{E}^{\text{tot}} = \boldsymbol{E}_{\text{ext}}^{\text{tot}}(t) + \boldsymbol{E}_{\text{syn}}^{\text{tot}}(r,t), \boldsymbol{E}_{\text{ext}}^{\text{tot}}(t) = \boldsymbol{E}_{\text{ext}} + \boldsymbol{E}_{\text{ext}}^{\text{ind}}, \boldsymbol{E}_{\text{syn}}^{\text{tot}}(t) = \boldsymbol{E}_{\text{syn}} + \boldsymbol{E}_{\text{syn}}^{\text{ind}}$$

因此,我们得到的不是电子动量分布函数的式(6.94),而是

$$\frac{\partial f(p,r,t)}{\partial t} - e[\boldsymbol{E}_{\text{ext}}^{\text{tot}}(t) + \boldsymbol{E}_{\text{syn}}^{\text{tot}}(r,t)] \frac{\partial f(p,r,t)}{\partial p} = 0 \tag{6.105}$$

这个方程的解可以用以下形式再写一次

$$p_0 = -e \int_{-\infty}^{t} \boldsymbol{E}_{z=0}^{\text{tot}}(t') \mathrm{d}t' \tag{6.106}$$

其中,场 $\boldsymbol{E}_{z=0}^{\text{tot}}$未知,应自洽地计算。为此,我们回顾电流和电场是由麦克斯韦方程[93]联系起来的:

$$\boldsymbol{E}_{z=0}^{\text{tot}} = -\frac{2\pi \boldsymbol{j}}{c} \tag{6.107}$$

利用式(6.106)、式(6.107)和式(6.105),得到了动量P_0的自洽运动方程:

$$\frac{\mathrm{d}}{\mathrm{d}t} P_0 + e\frac{2\pi}{c}[j^{\text{ext}} + j^{\text{syn}}] = e[\boldsymbol{E}^{\text{ext}}(t) + \boldsymbol{E}^{\text{syn}}(r,t)] \tag{6.108}$$

引入 $P = -p/p_F$ 且 $\tau = \omega t$,则式(6.108)可重写为

$$\frac{\mathrm{d}}{\mathrm{d}\tau} P_{0x} + \frac{\gamma}{\omega} \frac{P_{0x}}{\sqrt{1 + P_{0x}^2 + P_{0y}^2}} G_x(Q_x, Q_y) = \frac{e}{\omega p_F} [\boldsymbol{E}_x^{\text{ext}}(t) + \boldsymbol{E}_x^{\text{syn}}(r,t)] \tag{6.109}$$

$$\frac{\mathrm{d}}{\mathrm{d}\tau} P_{0y} + \frac{\gamma}{\omega} \frac{P_{0y}}{\sqrt{1 + P_{0x}^2 + P_{0y}^2}} G_y(Q_x, Q_y) = \frac{e}{\omega p_F} [\boldsymbol{E}_y^{\text{ext}}(t) + \boldsymbol{E}_y^{\text{syn}}(r,t)] \tag{6.110}$$

$$\gamma = \frac{g_s}{\pi} \frac{e^2}{hc} \frac{v_F p_F}{h} = v_F \frac{e^2}{hc} \sqrt{g_s \pi n_s} \tag{6.111}$$

这里,γ 有辐射衰减率的物理意义。对于实验上相关的密度$n_s \approx 10^{12}$,有 $\gamma \approx 7\text{THz}$。在此基础上,对动量$p_0$的非线性方程进行求解,并从式(6.103)和式(6.104)中得到电流。

式(6.109)到式(6.111)描述了石墨烯对任意外部时变电场$E^{\text{ext}}_{z=0}$的非线性自洽响应，以及由给定的薄膜形式确定的合成电场。

6.4.3 弱场石墨烯电磁响应感应电流模式

如果外场$\boldsymbol{E}^{\text{ext}}(t)$是弱电场（因而$\boldsymbol{E}^{\text{syn}}(r,t)$也弱），且$P_{0x,0y} \ll 1$，$G_{x,y}(Q_x,Q_y) \approx 1$，可以考虑非线性自洽方程（式(6.109)～式(6.111)），它们的线性逼近

$$\frac{\mathrm{d}}{\mathrm{d}\tau}P_{0x}+\frac{\gamma}{\omega}P_{0x}=\frac{e}{\omega P_{\mathrm{F}}}[\boldsymbol{E}^{\text{ext}}_x(\tau)+\boldsymbol{E}^{\text{syn}}_x(r,\tau)] \tag{6.112}$$

$$\frac{\mathrm{d}}{\mathrm{d}\tau}P_{0y}+\frac{\gamma}{\omega}P_{0y}=\frac{e}{\omega P_{\mathrm{F}}}[\boldsymbol{E}^{\text{ext}}_y(\tau)+\boldsymbol{E}^{\text{syn}}_y(r,\tau)] \tag{6.113}$$

其中$\tau=\omega t$，可知（参见式(6.98)和式(6.99)）

$$\boldsymbol{E}^{\text{ext}}_{z=0}(\tau)+\boldsymbol{E}^{\text{syn}}_{x,y}(\boldsymbol{r},\tau)=E_{0x,0y}\sqrt{1+(D^{(x,y)}(x,y,\omega))^2}\cos[\tau-\delta_{x,y}(x,y,\omega)] \tag{6.114}$$

$$\delta_{x,y}(x,y,\omega)=\arctan D^{(x,y)}(x,y,\omega),D^{(x,y)}(x,y,\omega)=E^0(w)I_{x,y}(x,y) \tag{6.115}$$

故式(6.112)和式(6.113)可重写为

$$\frac{\mathrm{d}}{\mathrm{d}\tau}P_{0x,0y}+\frac{\gamma}{\omega}P_{0x,0y}=\frac{e}{\omega P_{\mathrm{F}}}E_{0x,0y}\sqrt{1+(D^{(x,y)}(x,y,\omega))^2}\cos[\tau-\delta_{x,y}(x,y,\omega)] \tag{6.116}$$

解这个方程可得

$$P_{0x,0y}(x,y,t)=\frac{e}{P_{\mathrm{F}}}\frac{E_{0x,0y}}{\sqrt{\omega^2+\gamma^2}}\sqrt{1+(D^{(x,y)}(x,y,\omega))^2}\cos[\tau-\delta_0(\omega)-\delta_{x,y}(x,y,\omega)]$$

$$\delta_0(\omega)=\arctan\frac{\gamma}{\omega} \tag{6.117}$$

因而（参见式(6.103)）

$$j_{x,y}=2\frac{g_s e v_{\mathrm{F}}}{(2\pi\hbar)^2}P^2_{\mathrm{F}}P_{0x,0y}=g_s\frac{e^2}{2\pi h}\frac{v_{\mathrm{F}}P_{\mathrm{F}}}{\pi h}\frac{E_{0x,0y}}{\sqrt{\omega^2+\gamma^2}}\sqrt{1+(D^{(x,y)}(x,y,\omega))^2}$$
$$\cos[\omega t-\delta_0(\omega)-\delta_{x,y}(x,y,\omega)] \tag{6.118}$$

忽略了波纹的影响，即对于平地模型，从式(6.118)得到了文献[35]中的公式：

$$j_{x,y}=g_s\frac{e^2}{2\pi h}\frac{v_{\mathrm{F}}P_{\mathrm{F}}}{\pi h}\frac{E_{0x,0y}}{\sqrt{\omega^2+\gamma^2}}\cos[\omega t-\delta_0(\omega)] \tag{6.119}$$

注意，式(6.118)计算考虑了波纹影响，且式(6.119)的计算与常用的 Drude 公式相比看起来没有什么不同：

$$\sigma(\omega)=\frac{\sigma(0)}{1+(\omega\tau)^2}$$

然而，当$(\omega/\gamma)\ll 1$（在太赫兹范围内是正确的，参见式(6.111)时，这些公式出现了微弱的差异，之后一直为$\sqrt{1+(\omega/\gamma)^2}\approx 1+2^{-1}\left(\frac{\omega}{\gamma}\right)^2$。但在太赫兹范围内，衰变的主要机制是辐射损耗（不是由于声子发射的弱非弹性散射），我们的理论与实验[94]一致。在实验[94]中，单电导率，即太赫兹范围内的真实部分被测量，成为一个常数而不取决于ω。

在文献[94]中也测量了其真实部分,在太赫兹范围内,内部(实际上是其虚部)接近零。因此我们认为,准经典近似忽略了太赫兹范围内电导率的假想部分,与实验[94]并不矛盾。如果假设没有辐射损耗(即 $\gamma=0$),可以得到 6.2 节[84]中的电流公式。

$$j_x \approx \sigma_0 E_{0x}[\cos\omega t + D^{(x)}(x,y)\sin\omega t],\ j_y \approx \sigma_0 E_{0y}[\cos\omega t + D^{(y)}(x,y)\sin\omega t] \quad (6.120)$$

$$\sigma_0 = \frac{n_s e^2 v_F}{P_F \omega}$$

线性近似中的电流密度式(6.119)、式(6.118)和式(6.120)描述了平地模型(参见式(6.119))中电流路径为直线,考虑到波纹时为取决于点 (x,y) 的曲线(见式(6.118)和式(6.120))。这意味着石墨烯薄膜曲率导致电流路径的弯曲,总电流通过截面保持恒定值。因此,与一般的渗流描述的重要区别为:曲电流线的起源是由随机电位所引起的。式(6.118)描述了考虑辐射损耗时的电流模式。由式(6.118)和式(6.120)表明,感应电流路径是弯曲的,总是存在波纹的影响。这就导致电流密度实际上取决于在许多实验中观察到的点(参见文献[95])。

请注意,对相反符号中的谷电流,平地模型公式(6.119)给出了另一个山谷中的谷电流(参见文献[53]),因此总电流等于零。然而,如果考虑到波纹的影响(式(6.118)或式(6.120)),就有对称破缺,总电流不等于零。在没有考虑辐射损耗的情况下,6.3 节[84]中得到了相应的公式。如果考虑到辐射损失(参见式(3.25)),就得到总电流

$$j^{\text{tot}}_{x,y} = 2\sigma_0 \boldsymbol{E}_{0x,0y} D^{x,y}(x,y,\omega)\sin\omega t,\ \sigma_0 = g_s \frac{e^2}{2\pi h}\frac{v_F p_F}{\pi h\sqrt{\omega^2+\gamma^2}} \quad (6.121)$$

得出

$$\sigma^{\text{tot}} = 2\sigma_0 D^{x,y}(x,y,\omega)$$

故波纹的存在使得电导率成为点 (x,y) 的函数。因此,如果我们知道表面形貌函数 $z=h(x,y)$,就可以预测电流模式的形式,反之亦然。如果我们从实验中知道电流模式,就可以恢复表面形貌。当有实验测量的电流模式时,该结果可用于创建新的波纹成像方法。

6.4.4 总结与讨论

在本小节中,考虑辐射损耗后,得到了描述波纹石墨烯薄膜电磁响应线性的广义非线性自洽方程。但在电流间利用自洽场方法[63,35]时,我们并未考虑粒子间直接的 e－e 相互作用,而是考虑了电流之间的电动力学相互作用。假设石墨烯薄膜表面在外场作用下发生改变,即“呼吸波纹”,即可得到这个方程。这一假设在实验上得到证实(参见文献[95]图 2 和图 3)。假设外场足够弱,可以使用线性近似,我们简化了这个方程,从而可以找到精确解。我们在 6.3 节(文献[84])中预测的点 (x,y) 对给定的曲面形式 $z=h(x,y)$ 一直存在波纹的影响,证明了电流的模式取决于点。注意,在文献[84]出版之后,我们发现实验论文(参见文献[91]图 3)表明这种依赖确实存在。然而,由于不知道我们引入现象学常数的值,故无法将公式与实验电流模式进行比较。请注意,根据我们的解,由于辐射损失和额外相位出现,石墨烯电磁响应的感应电流振幅较小,这取决于点。重要的是,一般来说,形态与电流谱图不一致。形象地说,这种石墨烯薄膜中的电荷电流在任何横截面上都不均匀,并且此电流可唤起一种非常薄的带电液体层的“紊流”,这种液体由许多非相且不等的电混合器混合。此外,在现今论文中,我们还研究了太赫兹辐射对电荷载流子

“过热”的辐射衰减作用，这可能比标准的弛豫机制更有效，使空间交变电流路径的图像更加精确。

注意，我们根据原子尺度量子方法得到的公式[30]确定了规范场 $A(x,y)$。这一点特别重要。实验发现，石墨烯纳米尺度－波长尺寸波纹[96-97]中存在扫描探针显微镜。

为了对我们的公式和实验电流模式之间进行定性比较，应该用文献[91]中发展的方法进行更详细的实验来研究我们所介绍的现象常数的值。故可以使用文献[91]中的方法，通过实验来确定这些参数。

如果存在新的更为灵敏的实验研究，则可表明我们的公式能很好地描述现象。我们可以尝试逆向解决问题，即在观察到的电流模式的基础上表面形貌的成像。这可能在应用上受人关注。

在不同的实验中，电流模式的理论描述非常重要。在单层石墨烯[98]和几层石墨烯纳米棒器件[99]的研究中已经进行了空间分辨光电流的实验（石墨烯纳米棒器件对了解超快光电探测器和锁模激光器的功能特别重要，其中，石墨烯被用作重要元件）。在描述石墨烯异质结[100]和石墨烯量子点[101]时，也考虑了这一点。在许多情况下，必然会利用量子力学方法。

成像实验表明，在低维和介观系统中，电流剖面可能非常复杂，但在电流密度下其可能产生流线。这种非平凡非平稳现象的理论有待研究者进一步研究。

本节描述的结果见文献[102]。

6.5 小结

本章我们分析了由合成电场引起的石墨烯平面外变形如何影响非稳态过程，并从两个方面进行了研究。

第一，研究计算了石墨烯纳米谐振器由于石墨烯薄膜中产生感应电流而出现相应的附加损耗（焦耳型损耗），并给出了石墨烯薄膜表面形貌与损耗有关的质量因子公式。利用这一公式，估计了该类耗散。其被证明是相当重要的，占30%～40%，取决于平面外变形的曲率。

因此，我们认为，在研究石墨烯纳米谐振器及其作为纳米机电系统和光学系统元件的材料结构高灵敏度检测与可视化应用中，我们应该考虑所得到的结果。这些结果表明在测量过程中存在额外的损失，从而产生多余的误差。

我们也认为（这非常重要），所提到的多余误差取决于石墨烯薄膜的表面形貌，不同的设备具有不同的表面形貌。因此，不同石墨烯纳米谐振器的测量结果将导致测量值略有不同。如果我们不能使两个石墨烯薄膜的表面形貌完全相同，就不能用两组不同的器件来测量两个相同的值。至于测量，需要用各种设备测量不同的副本，我们可能认为这些设备相同。这里，我们认为达到了测量灵敏度的极限。

很明显，要达到测量的高度准确性，我们应该拥有尽可能相同的设备。但所得结果证明，由于石墨烯薄膜表面形貌的不同，不能考虑器件相同时测量灵敏度的极限。所得结果证明了测量灵敏度的极限。

第二，是辐照石墨烯薄膜中产生的感应电流路径的理论描述问题。结果表明，感应电流的值和方向是点的函数,其方向是由合成电场的方向决定的,而合成电场的方向又是由平面外变形(即石墨烯表面曲率)决定的,并给出了给定表面形貌感应电流路径的相应公式。

在应用过程中,所得结果可以估计这些感应电流在含有石墨烯薄膜装置中有害影响的规模。本章讨论了利用应变工程将这一缺陷最小化的问题。

请注意,这种有害影响在不同器件中表现不同,它取决于感应电流路径的值和曲率,这是由平面外石墨烯薄膜变形所决定的。不同的器件变形程度不同,故不能在需要的灵敏度内对不同的器件进行相同的操作。本章讨论了利用应变工程将这一缺陷最小化的问题。

在许多实验中,测量的感应电流路径表明它们是复杂曲线。不同的石墨烯样品路径也不同。这些实验与我们的结论一致,但平地模型理论认为感应电流轨迹应该是直线。然而,还没有进行更详细的实验来确定我们描述的现象学参数。因此,我们的理论仍处于起步阶段,应该与实验部分一起发展。

利用所得到的公式计算表面形貌已知的石墨烯薄膜的电流路径,测量该样品的电流路径,然后比较理论计算和测量结果,会非常有用。如果理论和实验差异不大,则可以考虑反演问题,即对给定的实验电流路径,利用所得公式确定石墨烯样品的平面外变形。这可能为石墨烯薄片的未知表面形貌可视化提供了一种新方法。

如果通过利用公式对给定样本的理论预测与实验测量结果比较,发现理论预测的一致性不好,那么很明显,我们需要修正理论公式,将初步考虑过程中忽略的简单性因素和参数加上。如果修正后的公式能给出足够接近实验数据的预测,那么它可以被认为是描述反演问题的基础,也是提出一种新的石墨烯表面形貌可视化方法的基础。

这些例子表明,研究平面外变形产生的合成电场对石墨烯非稳态过程的影响是多么重要。这项研究是朝这个方向迈出的第一步。例如,因为考虑了弱激活外部电场,我们对最简单线性情况的分析具有合理性。研究非线性情况也很有趣。

显然,因合成电场存在平面外变形,故其也应该存在于最近发现的其他低维材料中。因此,我们期待本章所述的初步研究取得富有成效的发展,并可以在不久的将来得到应用。

参考文献

[1] Novoselov, K. S. , Geim, A. K. , Morozov, S. V. , Jiang, D. , Zhang, Y. , Dubonos, S. V. , Grigorieva, I. V. , Firsov, A. A. , Electric field effect in atomically thin carbon films. *Science*, 306, 666, 2004.

[2] Novoselov, K. S. , Geim, A. K. , Morozov, S. V. , Jiang, D. , Katsenelson, M. I. , Grigorieva, I. V. , Dubonos, S. V. , Firsov, A. A. , Two – dimensional gas of massless Dirac fermions in graphene. *Nature*(*London*), 438, 197, 2005.

[3] Zhang, Y. , Tan, Y. – W. , Stormer, H. L. , Kim, P. , Experimental observation of quantum Hall Effect and Berry's phase in graphene. *Nature*, 438, 201, 2005.

[4] Hernandes, Y. , Nicolosi, V. , Lotya, M. , Blighe, F. M. , Sun, Z. , De, S. , McGovern, I. T. , Holland, B. , Byrne, M. , Gun' Ko, Yu. K. , Boland, J. J. , Niraj, P. , Duesberg, G. , Krishnamurty, S. , Goodhue, R. , Hutchison, J. , Scardaci, V. , Ferrari, A. C. , Coleman, J. N. , High – yield production of graphene by liquid –

phase exfoliation of graphite. *Nat. Nanotechnol.* ,3,563,2008.

[5] Castro Neto, A. H. , Guinea, F. , Peres, N. M. R. , Novoselov, K. S. , Geim, A. K. , The electronic properties of graphene. *Rev. Mod. Phys.* ,81,109 – 162,2009.

[6] Firsova, N. E. and Ktitorov, S. A. , Electron scattering in the monolayer graphene with the short – range impurities. *Phys. Lett. A*,374,1270 – 1273,2010.

[7] Firsova, N. E. and Ktitorov, S. A. , Electron scattering and conductivity in the monolayer graphene. *Appl. Surf. Sci.* ,267,189 – 191,2013.

[8] Bonaccorso, F. , Sun, Z. , Hasan, T. , Ferrari, A. C. , Graphene photonics and optoelectronics. *Nat. Photonics*, 4,611,2010.

[9] Peierls, R. E. , Bemerkungen uber Umwandlungtemperaturen. *Helv. Phys. Acta*,7,81 – 83,1934.

[10] Peierls, R. E. , Quelques proprieties typiques des corpes solides. *Ann. I. E. Poincare*,5,177 – 222,1935.

[11] Landau, L. D. , Zur Theorie der Phasenumwandlungen II. *Phys. Z. Sowietunion*,11,26 – 35,1937.

[12] Landau, L. D. and Lifshitz, E. M. , *Statistical Physics, Part I*, Pergamon Press, Oxford, 1981.

[13] Mermin, N. D. and Wagner, H. , Absence of ferromagnetism or antiferromagnetizm in one – or two – dimensional isotropic Heisenberg models. *Phys. Rev. Lett.* ,17,1133 – 1136,1966.

[14] Mermin, N. D. , Crystalline order in two dimensions. *Phys. Rev.* ,176,250 – 254,1968.

[15] Nelson, D. R. , Piran, T. , Weinberg, S. (Eds.), *Statistical Mechanics of Membranes and Surfaces*, World Scientific, Singapore, 2004.

[16] Nelson, D. R. and Peliti, L. , Fluctuations in membranes with crystalline and hexatic order. *J. Physique*,48, 1085 – 1092,1987.

[17] Radzihovsky, L. and Le Doussal, P. , Self – consistent theory of polymerized membranes. *Phys. Rev. Lett.* , 69,1209 – 1212,1992.

[18] Fasolino, A. , Los, J. H. , Katsnelson, M. I. , Intrinsic ripples in graphene. *Nat. Mater.* ,6,858 – 861,2007.

[19] Meyer, J. C. , Geim, A. K. , Katsnelson, M. I. , Novoselov, K. S. , Booth, T. J. , Roth, S. , The structure of suspended graphene sheets. *Nature*,446,60 – 63,2007.

[20] Meyer, J. C. , Geim, A. K. , Katsnelson, M. I. , Novoselov, K. S. , Obergfell, D. , Roth, S. , Girit, C. , Zettl, A. , On the roughness of single – and bi – layer graphene membranes. *Solid State Commun.* ,143,101 – 109,2007.

[21] Car, R. and Parrinello, M. , Unified approach for molecular dynamics and density – functional theory. *Phys, Rev. Lett.* ,55,2471 – 2474,1985.

[22] Los, J. H. , Ghiringhelli, L. M. , Meijer, E. J. , Fasolino, A. , Improved long – range reactive bond – order potential for carbon. I Construction. *Phys. Rev. B*,72,214102,2005.

[23] Ghiringhelli, L. M. , Los, J. H. , Meijer, E. J. , Fasolino, A. , Frenkel, D. , Modelling the phase diagram of carbon. *Phys. Rev. Lett.* ,94,145701,2005.

[24] Morozov, S. V. , Novoselov, K. S. , Katsnelson, M. I. , Schedin, F. , Jiang, D. , Geim, A. K. , Strong suppression of weak localization in graphene. *Phys. Rev. Lett.* ,97,016801,2006.

[25] Castro Neto, A. H. and Kim, E. A. , Charge inhomogeneity and the structure of graphene sheets. *E – print at arxiv. org: cond – mat/*0702562.

[26] Herbut, I. F. , Juricic, V. , Vafek, O. , Coulomb interaction, ripples, and the minimal conductivity of graphene. *Phys. Rev. Lett.* ,100,046403,2008.

[27] Guinea, F. , Katsnelson, M. I. , Geim, A. K. , Energy gaps, topological insulator state and zero – field quantum Hall effect in graphene by strain engineering. *Nat. Phys.* ,6,30,2010.

[28] Geim, A. K. and Novoselov, K. S. , The rise of graphene. *Nat. Mater.* ,6,183 – 191,2007.

[29] Vozmediano, M. A., Katsnelson, M. I., Guinea, F., Gauge fields in graphene. *Phys. Rep.*, 496, 109, 2010.

[30] Kim, E. -A. and Castro Neto, A. N., Graphene as an electronic membrane. *EPL*, 84, 57007, 2008.

[31] Castro Neto, A. H., *Lecture notes on graphene for the Les Houches School on Modern theory of correlation electron systems*, (May 11 - 29), Les Houches, 2009 (arXiv: 1004.3682, (2009)).

[32] Katsnelson, M. I. and Novoselov, K. S., Graphene: New bridge between condensed matter physics and quantum electrodynamics. *Solid State Commun.*, 143, 3, 2007.

[33] Von Oppen, F., Guinea, F., Martini, E., Synthetic electric fields and phonon damping in carbon nanotubes and graphene. *Phys. Rev. B*, 80, 075420, 2009.

[34] Lin, Y. - J., Compton, R. L., Jimenez - Garcia, K., Phillips, W. D., Spielman, I. B., A synthetic electric force acting on neutral atoms. *Nat. Phys.*, 7, 531 - 534, 2011.

[35] Mikhailov, S. A. and Ziegler, K., Nonlinear electromagnetic response of graphene: Frequency multiplication and self - consistent - fields effects. *J. Phys. Condens. Matter*, 20, 384204, 2008.

[36] Mikhailov, S. A., Radiative decay of collective excitations in an array of quantum dots. *Phys. Rev. B*, 54, 10335, 1996.

[37] Mikhailov, S. A., Microwave - induced magnetotransport phenomena in two - dimensional electron systems: Importance of electrodynamic effects. *Phys. Rev. B*, 70, 165311, 2004.

[38] Cleland, A. N., *Foundation of Nanomechanics*, Springer, Berlin, 2003.

[39] Ekinci, K. L. and Roukes, M. L., Nanoelectromechanical systems. *Rev. Sci. Instrum.*, 76, 061101, 2005.

[40] Gaidarzhy, A., High quality gigahertz frequencies in nanomechanical diamond resonators. *Appl. Phys. Lett.*, 91, 203503, 2007.

[41] Eom, K., Park, H. S., Yoon, D. S., Kwon, T., Nanomechanical resonators and their applications in biological/chemical detection: Nanomechanics principles. *Phys. Rep.*, 503, 4 - 5, 115 - 163, 2011.

[42] Atalaya, J., Kinaret, J. M., Isacsson, A., Nanomechanical mass measurement using nonlinear response of a graphene membrane. *EPL*, 91, 48001, 2010.

[43] Bunch, J. S., van der Zande, A. M., Verbridge, S. S., Frank, I. W., Tanenbaum, D. M., Parpia, J. M., Craighead, H. G., McEuen, P. L., Electromechanical resonators from graphene sheets. *Science*, 315, 490 - 493, 2007.

[44] Chen, C., Rosenblatt, S., Bolotin, K. I., Kalb, W., Kim, P., Kumissis, I., Stormer, H. L., Heinz, T. F., Hone, J., Performance of monolayer graphene nanomechanical resonators with electrical readout. *Nat. Nanotechnol.*, 4, 861, 2009.

[45] Eichler, A., Moser, J., Chaste, J., Zdrojek, M., Wilson - Rae, J., Bachtold, A., Nonlinear damping in mechanical resonators based on graphene and carbon nanotubes. *Nat. Nanotechnol.*, 6, 339, 2011.

[46] Sazonova, V., Yaish, Y., Ustinet, H., Roundy, D., Arias, T. A., A tunable carbon nanotube electromechanical oscillator. *Nature*, 431, 284, 2004.

[47] Seoanez, C., Guinea, F., Castro Neto, A. N., Dissipation in graphene and nanotube resonators. *Phys. Rev. B*, 76, 125427, 2007.

[48] Lassagne, B., Tarakanov, Y., Kinaret, J., Sanchez, D. - G., Bachtold, A., Coupling mechanics to charge transport in carbon nanotube mechanical resonators. *Science*, 325, 1107, 2009.

[49] Pereira, V. P. and Castro Neto, A. N., All - graphene integrated circuits via strain engineering. *Phys. Rev. Lett.*, 103, 046801, 2009.

[50] Low, T. and Guinea, F., Strain - induced pseudo - magnetic field for novel graphene electronics. *Nano Lett.*, 10, 3551, 2010.

[51] Moser, J., Eichler, A., Lassagne, B., Chaste, B., Tarakanov, Y., Kinaret, J., Wilson - Rae, J., Bachtold,

A. ,Dissipative and conservative nonlinearity in carbon nanotube and graphene mechanical resonators, arXiv:1110. 1234v1, [cond - mat. Mes - nan], 6 Oct, 2011.

[52] Morpurgo, A. F. and Guinea, F. , Intervalley scattering, long - range disorder, and effective time reversal symmetry breaking in graphene. *Phys. Rev. Lett.* ,97,196804,2006.

[53] Bolotin, K. I. , Sikes. , K. J. , Home, J. , Stormer, H. L. , Kim, P. , Temperature dependent transport in suspended graphene. *Phys. Rev. Lett.* ,101,096802,2008.

[54] Cho, S. and Fuhrer, M. S. , Charge transport and inhomogeneity near the charge neutrality point in graphene. *Phys. Rev. B*,77,08140(R),2008.

[55] Bolotin, K. I. , Sikes, K. J. , Jiang, Z. , Klima, M. , Fudenberg, G. , Hone, J. , Kim, P. , Stormer, H. L. , Ultrahigh electron mobility in suspended graphene. *Solid State Commun.* ,146,351,2008.

[56] Cleland, A. N. and Roukes, M. L. , External control of dissipation in a nanometer - scale radiofrequency mechanical resonator. *Sens. Actuators*,72,256 - 261,1999.

[57] Feng, X. L. , Zorman, C. A. , Mehregany, M. , Roukes, M. L. , Dissipation in single - crystal 3C - SIC ultra - high frequency nanomechanical resonators. *Nano Lett.* ,7,1953,2007.

[58] Singh, V. , Irfan, B. , Subramanian, C. , Solanki, H. S. , Sengupta, S. , Dubey, S. , Kumar, A. , Ramakrishna, S. , Deshmuch, M. M. , Coupling between quantum Hall state and electromechanics in suspended graphene resonator. *Appl. Phys. Lett.* ,100,233103,2012.

[59] Landau, L. D. and Lifshitz, E. M. , *Theory of Elasticity*,3rd ed. , Butter - Heinemann and Oxford,1986.

[60] Qi, Z. and Park, H. S. , Intrinsic energy dissipation in CVD - grown graphene nanoresonators. *Nanoscale*, 11,11,2012.

[61] Firsova, N. E. and Firsov, Y. A. , Losses in monolayer graphene nanoresonators due to Joule dissipation caused by synthetic electric fields and the ways of Joule losses minimizations, arXiv:1110. 5742v. ,2011.

[62] Firsova, N. E. and Firsov, Y. A. , A new loss mechanism in graphene nanoresonators due to the synthetic electric fields caused by inherent out - of - plane membrane corrugations. *J. Phys. D: Appl. Phys.* ,45, 435102(7pp),2012.

[63] Mikhailov, S. A. , Non - linear self - consistent response of graphene in time domain. *Europhys. Lett.* ,79, 27002,2007. arXiv:0709. 3024v1 [cond - mat. mes - hall] 19 Sep 2007.

[64] Kenichi, L. and Ishikawa, M. , Nonlinear optical response of graphene in time domain. *Phys. Rev. B*,82, 201402,2010.

[65] Dong, H. , Contu, C. , Marini, A. , Bianealana, F. , Terahertz relativistic special solitons in doped graphene metamaterials. *J. Phys. B:At. Mol. Opt. Phys.* ,46,15,15,2013.

[66] Bo, L. , Graphene photophysical properties and large optical nonlinearities. *Chin. Sci. Bull.* ,57,23,2971 - 2982,2012.

[67] Zhou, Y. and Wu, M. W. , Optical response of graphene under intense terahertz fields. *Phys. Rev. B*,83, 245436,2011.

[68] Grifone, M. and Hanggi, P. , Driven quantum tunneling. *Phys. Rep.* ,304,229 - 354,1998.

[69] Grigorenko, A. M. , Polini, M. , Novoselov, K. S. , Graphene plasmonics—Optics in flatland, Arxiv:1301. 4241[cond - mat],2013.

[70] Bostwick, A. , Speck, F. , Seyller, T. , Horn, K. , Polini, M. , Asgari, R. , Macdonald, A. H. , Rotenberg, E. , Observation of plasmarons in quasi - freestanding doped graphene. *Science*,328,999 - 1002,2010.

[71] Hwang, E. H. and Das Sarma, S. , Dielectric function screening, and plasmons in two - dimensional graphene. *Phys. Rev. B*,75,205418,2007.

[72] Polini, M. , Asgari, R. , Barghi, G. , Pereg - Barnea, T. , MacDonald, A. H. , Plasmons and the spectral

function of graphene. *Phys. Rev. B*,77,081411,2008.

[73] Walter, A. I., Bostwick, A., Jeon, K. - J., Speck, F., Ostler, M., Seyller, T., Moreshini, L., Chang, Y. J., Polini, M., Asgari, R., MacDonald, A. H., Horn, K., Rotenberg, E., (ARPES) Effective screening and plasmaron bands in graphene. *Phys. Rev. B*,84,085410,2011.

[74] Brar, V. W., Wickenburg, S., Palasigui, M., Park, C. - H., Wehling, T. O., Zhang, Y., Decker, R., Gerit, C., Balatsky, A. V., Loule, S. G., Zettl, A., Crommie, M. F., Observation of carrier - densitydependent many - body effects in graphene via tunneling spectrosopy. *Phys. Rev. Lett.*, 104,036805,2010.

[75] Mikhailov, S. A., Theory of the giant plasmon enhanced second harmonic generation in graphene and semiconductor two - dimensional electron system. *Phys. Rev. B*,84,045432,2011.

[76] Fei, Z., Andreev, G. O., Bao, W., Zhang, L. M., McLeo, A. S., Wang, C., Stewart, M. K., Zhao, Z., Dominguez, G., Thiesmens, M., Fogeert, M. M., Tauber, M. J., Casnhj - Beto, A. H., Lau, C. N., Keilmen, F., Basov, D. N., Infrared nanoscopy of Dirac plasmons at the graphene - SiO_2 interface. *Nano Lett.*, 11,11,4701 - 4705,2011.

[77] Chen, J., Badioli, M., Alonso - Gonzalez, P., Thongrattanasiri, S., Huth, F., Osmond, J., Spasenovic, M., Centano, A., Pesquera, A., Godignon, P., Elorza, A. Z., Camara, N., Garda de Abajo, F. J., Hillerbrand, R., Koppens, F. H. L., Optical nano - imaging of gate - tunable graphene plasmons. *Nature*, 487, 77,2012.

[78] Crassee, L., Orlita, M., Potemski, M., Walter, A. L., Ostler, M., Seyller, Th., Gaponenko, J., Chen, J., Kuzmenko, A. B., Intrinsic terrahertz plasmons and magnetoplasmons in large scale monolayer graphene. *Nano Lett.*, 12,2470 - 2474,2012.

[79] Mak, K. F., Sfeir, M. V., Wu, Y., Lui, C. H., Misevich, J. A., Heinz, T. F., Measurement of the optical conductivity of graphene. *Phys. Rev. Lett.*, 101,196405,2008.

[80] Grushin, A. G., Valenzuele, B., Vozmediano, M. A. H., Effect of Coulomb interaction on the optical properties of doped graphene. *Phys. Rev. B*,80,155417,2009.

[81] Mishenko, E. G., Dynamic conductivity in graphene beyond linear response. *Phys. Rev. Lett.*, 103,246802, 2009.

[82] Trif, M., Upadhyaya, P., Tserkovnyak, Y., Theory of electromechanical coupling in dynamical graphene. *Phys. Rev. B*,88,245423,2013.

[83] Note that in[82] the more generalized formulae for vector potential coordinates were obtained than in[30] taking into account that the rotated orbitals can lie out of the same plane. Assuming that the rotated orbitals are lying in the same plane as it was done in[30], one gets(2.2.15),(2.2.16)from the generalized formulae[82]. We consider for simplicity this case and hence use the formulae(2.2.15),(2.2.16).

[84] Firsov, Yu. A. and Firsova, N. E., Surface corrugations influence monolayer graphene electromagnetic response. *Physica E Low Dimens. Syst. Nanostruct.*, 62,36 - 42,2014.

[85] Svintsov, D., Ryzhii, V., Saton, A., Otsuji, T., Carrier - carrier scattering and negative dynamic conductivity in pumped graphene. *Optics Express*,22,17,19873,2014.

[86] Kar, S., Mohapatra, D. R., Ereysz, E., Sood, A. K., Tuning photoinduced terahertz probe spectroscopy. *Phys. Rev. B*,90,165420,2014.

[87] Giriray, J., Yi, R., Hugen, Y., Tony, F. H., Observation of a transient decrease in terahertz conductivity of single - layer graphene induced by ultrafast optical excitations. *Nano Lett.*, 13,524 - 530,2013.

[88] Van Leeuwen, R., Dahlen, N. E., Stefanucci, G., Almbladh, C. - O., Von Barth, U., Introduction to Keldysh formalism, in: *Time - Dependent Density Functional Theory*, Marques, M. A. L., Ullrich, C., Noguera, F., Rubio, A., Burke, K. (Eds.), pp. 36 - 59, Springer, Berlin, Heidelberg, 2006.

[89] Schneider, M. and Brouwer, P. W. , Quantum corrections to transport in graphene: Trajectory based semiclassical analysis. *New J. Phys.* ,16,063015,2014.

[90] Beresovsky, J. , Borunda, M. F. , Heller, E. J. , Westervelt, R. M. , Imaging coherent transport in graphene (part 1): Mapping universal conductance fluctuations. *Nanotechnology*,21,274014,2010.

[91] Borunda, M. F. , Beresovsky, J. , Heller, E. J. , Imaging conductance fluctuations in graphene. *ACS Nano*, 5,6,3622,2011.

[92] Joel, M. , Tankut, C. , Dirk, K. M. , Spatial current patterns, dephasing and current imaging in graphene nanoribbons. *New J. Phys.* ,16, open access,2014.

[93] Considering response of charge carriers to the external electromagnetic field, one should take into account self - consistent field effect studied in[89] for flatland model. The external timedependent electric field of the wave induces in the electron gas lying in the plane the electric current . According to the Maxwell equations, this time - dependent current produces in its turn a secondary (induced) electric field.

[94] Dawlaty, J. M. , Shivaraman, S. , Strait, J. , George, P. , Chandrashekhar, M. , Rana, F. , Spencer, M. G. , Veksler, D. , Chen, Y. , Measurement of the optical absorption spectra of epitaxial graphene from terahertz to visible. *Appl. Phys. Lett.* ,93,131905,2008.

[95] Osvath, Z. , Lefloch, F. , Bouchiat, V. , Chapelier, C. , Electric field - controlled rippling of graphene. *Nanoscale*,5,22,10996,2013.

[96] Levente, T. , Dumitrica, T. , Kim, S. J. , Nemes - Incze, P. , Hwang, C. , Biro, L. P. , Breakdown of continuum mechanics for nanometer - wavelength rippling of graphene. *Nat. Phys.* ,8,739,2012.

[97] Wang, W. L. , Bhandari, S. , Yi, W. , Bell, D. C. , Westervelt, R. , Kaxiras, E. , Direct imaging of atomicscale ripples in few - layer graphene. *Nano Lett.* ,12,5,2278 - 2282,2012.

[98] Park, J. , Ahn, Y. H. , Ruiz - Vargas, C. , Imaging of photocurrents generation and collection on single - layer graphene. *Nano Lett.* ,9,5,1742 - 1746,2009.

[99] Stutzel, E. U. , Dufaux, T. , Sagar, A. , Rauschenbach, S. , Balasubramanian, K. , Burghard, M. , Kern, K. , Spatially resolved photocurrents in graphene nanoribbon devices. *Appl. Phys. Lett.* ,102,043106,2013.

[100] Herbschleb, E. D. , Puddy, R. K. , Marconcini, P. , Griffiths, J. P. , Jones, G. A. C. , Macucci, M. , Smith, C. G. , Conolly, M. R. , Direct imaging of coherent quantum transport in graphene heterojunctions. *Phys. Rev. B*,22,125414,2015.

[101] Puddy, R. K. , Chua, C. J. , Buitelaar, M. R. , Transport spectroscopy of a graphene quantum dot fabricated by atomic force microscope nanolithography. *Appl. Phys. Lett.* ,103,18,101063,2013.

[102] Firsov, Yu. A. and Firsova, N. E. , Radiative decay effects influence the local electromagnetic response of the monolayer graphene with surface corrugations in terahertz range. *Physica E Low Dimens. Syst. Nanostruct.* ,71,134,2015.

第7章 单层外延石墨烯与吸附铋原子的相互作用与操控

Shu Hsuan Su[1], Shih Yang Lin[1], Jung Chun Andrew Huang[1,2,3], Min Fa Lin[1]

[1]台湾台南成功大学物理系(中国)

[2]台南成功大学先进光电技术中心(中国)

[3]台湾科技事务主管部门尖端晶体材料联合实验室(中国)

摘　要　金属-石墨烯相互作用可决定石墨烯性质被修饰至何种程度。半金属铋(Bi)作为研究最广泛的重元素之一,由于其在缩小规模上的独特电子性能已受到普遍关注。本章研究了在室温(RT)下4H-SiC(0001)基底上吸附Bi原子沉积于单层外延石墨烯(MEG)的长程电子相互作用。7.2节介绍了该工作的动机及目的,接着介绍MEG的详细制备方法。大面积的MEG使石墨烯基器件的特性与应用变得更易研究。7.3节介绍利用扫描隧道显微镜(STM)研究吸附Bi原子在MEG上的相互作用与操控。本章阐明了吸附Bi原子之间的振荡相互作用是由于石墨烯类狄拉克电子的调控作用和SiC基底波纹表面的影响。用Bi的覆盖程度研究了室温时吸附在MEG上的一系列吸附Bi原子的结构转变。实验证明,其经历了从一维线性结构到二维三角形岛状的变化。这种增长模式受到波纹基底的强烈影响。此外,Bi沉积时,在扫描隧道谱(STS)中Bi与石墨烯之间出现电荷转移,并观察到特征峰,通过吸附Bi原子独特的电子结构反映。当退火到约500K时,二维三角岛状Bi聚集成大小均匀的3~4个吸附原子的Bi纳米簇。此外,本章介绍了一种可控制备与操控方法。7.4节对Bi吸附单层石墨烯的基底效应进行了第一性原理计算:模拟了微变形的单层石墨烯、波纹缓冲层和6层的基底。缓冲层与石墨烯的相互作用决定了六方Bi的吸附模式。本章着重证明:室温稳定性来自于缓冲层诱导的能垒。在实验测量中,态密度表现为低倾角和峰值。本章所采用的方法为在石墨烯及其相关系统上构造和表征周期性网络提供了思路,对制作石墨烯基电子、能量、传感器和自旋电子器件均有益处。

关键词　铋,石墨烯,扫描隧道显微镜,扫描隧道谱,长程相互作用,第一性原理计算

7.1 引言

单层石墨烯由碳原子的二维蜂窝结构[1-2]构成,每个单位元胞有两个原子且向量为

$a_G = 2.46Å$[3]。石墨烯晶格对称对传导有微妙的影响。有两个不同的(三角形)子晶格对应于单位元胞中的两个等价原子。这两个子晶格使石墨烯具有一些特殊性质,如伪自旋。碳原子在平面上通过 sp^2 键相互结合。平面外离域化 π - 电子表明石墨烯具有有趣的电子特性。在六角形布里渊区,有两个高对称点:中心的 Γ 点和角上的 K 点。尽管凝聚态物理学中几乎所有的东西都是由薛定谔方程描述的,但石墨烯揭示了与上面完全不同的行为。与自由电子的普通抛物线色散关系不同,石墨烯在费米表面附近呈线性色散关系[4]。这些锥形带表明石墨烯的电荷载流子与光子相似,它们以恒定的速度(光速 c)传播,几乎没有质量。石墨烯中的电子可以被认为是有效的无质量粒子,并以恒定速度约 $c/300$ 运动。这和光子一样,它们在数学上可以被视为相对论粒子。结果,能带结构最好用狄拉克方程来描述,把电子考虑成无质量狄拉克费米子。而后,交叉点称为狄拉克点 E_D。对于未掺杂(独立)石墨烯,狄拉克点的能量与费米能级 E_F 相一致。因此,独立石墨烯被称为零间隙半导体或半金属。

了解吸附质如何在界限清晰的原子表面上相互作用,并控制其结构,是制备具有新型电子结构的低维材料的必需。近几十年来,吸附质 - 吸附质相互作用在理论上[5-6]和实验中[7-9]均进行了广泛的研究,但几乎只能在相当低的温度下观察到这一现象。这些相互作用起源不同,一般可以根据它们的吸附分离统计来分类,从而导致几种可能的相互作用行为作为两个吸附质之间距离的函数[10]。特别是表面电子介导的电子间接相互作用表现出振荡相互作用能的特征。这些振荡相互作用可以通过扫描隧道显微镜(STM)[11-12]直接观察到。吸附质之间相互作用使实验人员无法清晰地识别出吸附原子的成核和生长,限制了纳米尺寸先进器件的发展。尽管许多研究关注吸附物与界限清晰的表面之间的相互作用,但大多数研究都集中在金属表面上。具有独特性质的清晰原子表面对原子成核和生长的基础研究及高性能器件的发明引起我们极大的兴趣。石墨烯由于其显著的物理性质[13-14],例如高载流子迁移率和类似狄拉克的电子,成为一个备选模型。此外,石墨烯与重金属的掺杂可以控制载流子的数量,而且自旋 - 轨道耦合可以用于基础电子研究和自旋电子学应用。金属吸附原子和碳原子之间的电荷转移也值得研究,可能会导致出现一个独特的石墨烯电子结构。迄今为止,对吸附质 - 石墨烯系统进行了大量的理论研究[15-19]和实验研究[20-23]。在 S. M. Binz 等和 Liu Xiaojie 等报道石墨烯上沉积铁原子簇[24-25]、Song Can Li 等研究在石墨烯上吸附铯原子[26]之前,几乎所有相关的实验都集中在吸附质 - 石墨烯相互作用或修饰石墨烯性质上,接着是吸附原子与分子,却鲜有人解决吸附原子之间的相互作用。

随着纳米技术的蓬勃发展,STM 技术成为研究纳米效应为何会产生如此有趣特性的关键。值得注意的是,STM 对表面形貌和表面电子结构的研究非常灵敏。近年来,单碳原子层材料石墨烯引起了人们的广泛关注,发展了各种新的研究领域。重要的是,石墨烯的应用需要金属元素,如本章中的 Bi。金属 - 石墨烯相互作用将决定石墨烯性质可能被修饰到何种程度。然而,就我们所知,使用 STM 测量在石墨烯上生长的吸附 Bi 原子还没有被用来描述理解石墨烯的吸附质 - 吸附质相互作用以及石墨烯上吸附原子的成核和生长。我们认为这是填补石墨烯相关文献空白的关键,以前的文献主要是对石墨烯洁净功能的研究。利用 STM 的优点,可以进一步研究阐明上述相关问题,如下所述。

7.1.1 室温下吸附铋原子的长程相互作用

室温下（$T = 300K$ 时），可清晰地观测到在 4H - SiC(0001) 基底上形成的石墨烯上吸附 Bi 原子的长程电子相互作用。利用 STM 和密度泛函理论计算，证明了这种振荡相互作用主要是由于石墨烯类狄拉克电子的中介作用和碳化硅基底的波纹表面效应。这两个因素引起了吸附 Bi 原子特征分布距离与线性排列的振荡相互作用。现今研究阐明了对石墨烯表面纳米结构其吸附原子的成核及生长的理解和控制。这部分内容将在 7.2 节介绍。

7.1.2 吸附铋原子的低维结构与温度效应

研究了吸附在单层外延石墨烯（MEG）上的吸附 Bi 原子在室温下的一系列结构转变。吸附 Bi 原子经历了从一维线性结构到二维三角岛状结构的转变，这种二维生长模式受波纹基底的影响。在 Bi 沉积时，发生少量电荷转移，隧穿光谱中可以观察到一个特征峰，反映出吸附 Bi 原子独特的电子结构。当退火至约 500K 时，二维三角岛状结构 Bi 聚集成大小一致的纳米簇，从而证明了一种受控良好的制备方法。本章所采用的方法为在 MEG 及其相关系统上制备和表征周期性网络提供了思路，这些方法对制作石墨烯基电子、能量、传感器和自旋电子器件均有益处。这部分内容将在 7.3 节介绍。

7.1.3 利用第一性原理计算吸附铋原子的能量可行性分布

一些关于 Bi 吸附和 Bi 插层石墨烯的理论研究主要集中在几何结构和能带上[19,27]。没有模拟缓冲层石墨烯和基底时，在单层石墨烯上进行了 Bi 吸附石墨烯的研究，因此，变形石墨烯的表面结构可能不可靠[19]。用 Bi 和/或 Sb 作为四层 SiC 基底上的缓冲层计算了 Bi 插层石墨烯，这对吸附在石墨烯片上的金属原子能量来说是一个不利的环境[27]。目前需要对配置吸附 Bi 原子、缓冲层和基底所扮演的关键角色进行系统研究。

利用第一性原理计算，可以在基底效应和缓冲层条件下模拟吸附 Bi 原子的能量可行性构型。本节表明了吸附能对不同原子位点和六角形位置的依赖关系。原子位点包括桥梁、空心和顶部，且不同的六角形位置与非均匀范德瓦尔斯力相互作用密切相关。可以得到两种不同的 Bi 分布，即具有缓冲层诱导的能垒的吸附原子排列均匀或集聚。吸附原子的聚集排列与大尺度的六方对称性、Bi 覆盖率和相对较少的空位有关。通过 STM 测量[28-29]验证了最优几何结构。此外，通过与隧穿电导测量[28-29]的详细比较，可以理解 Bi 吸附对态密度的主要影响。这一部分内容将在 7.4 节介绍。

7.2 单层外延石墨烯上生长铋原子的长程相互作用

7.2.1 制备的单层外延石墨烯表面

采用硅端 4H - SiC(0001) 基底在丙酮和异丙醇中进行超声清洗，于超高真空约 600℃ 原位脱气数小时。然后在约 1000℃ 的低硅熔剂下退火，以便除去原生氧化物；之后在没有硅熔剂的情况下，再以更高的温度退火。随后，石墨烯在1200～1300℃的温度范围内通过热退火而形成[30]。图7.1(a)显示了MEG洁净的原子表面。图像揭示了一个清晰的石墨烯蜂窝晶格叠加在66个上层结构(明亮的六方)[31-32]上。图7.1(b)为相应的快速傅里叶变换(FFT)。白色实心箭头指向1×1-G点，绿色虚线箭头指向6×6-SiC点[33-34]。图7.1(c)是描述MEG/4H-SiC(0001)结构剖面图的球-棒示意图。图7.1(d)中生长的MEG的dI/dV谱具有局部最小值约-0.37eV，表示石墨烯的狄拉克点[35]。虽然某些峰包是在-0.2～0.4eV范围所内观察到，但这些被认为很可能是石墨烯多体效应[36]的结果或者波纹基底效应，仍然可以确定其主要特性(狄拉克点)。

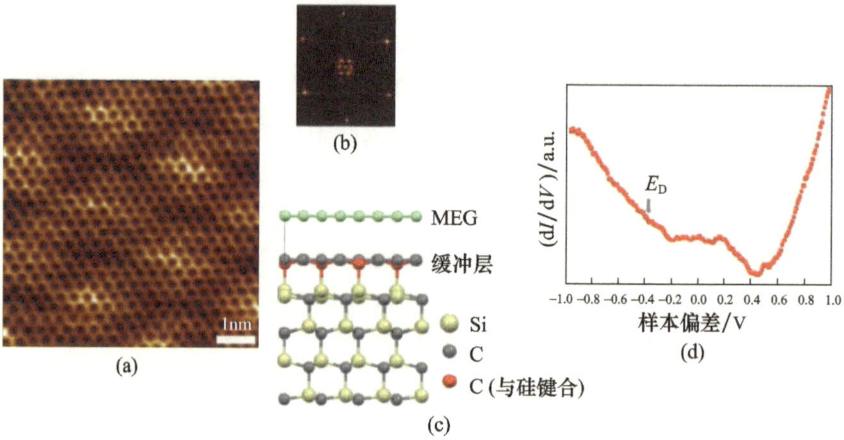

图7.1 洁净的MEG表面

(a)MEG在4H-SiC(0001)上的原子解析STM图像；(b)，(c)MEG/4H-SiC(0001)侧视图的球-棒表示；(d)在MEG清洁表面得到的dI/dV-V曲线。

7.2.2 单层外延石墨烯上生长铋原子的低覆盖率

在制备洁净的MEG表面后，室温下，用商用蒸发器(Omicrometer EFM3)将Bi棒(纯度为99.9999%)中的Bi沉积在石墨烯表面。沉积金属的原子密度以ML形式表示，对应于沿石墨烯生长平面[37]行进时的Bi填充密度为1.1×10^{15}Bi原子/cm^2。测定其生长速率约为0.0013ML/min。

在0.0013ML时，表面显示分散的突出，如图7.2(a)所示。随着Bi覆盖度的增加，吸附Bi原子的相互作用呈双对加性。当覆盖度增加到0.0078ML时，突起的排列呈线形有序(图7.2(b))。此外，0.0092ML时，在STM图像中可以检测到大尺度线性结构，如图7.2(c)所示，表示可能为一维增长模式。在Bi的不同覆盖率中可以观察到大约0.24nm的突起，如图7.2(d)所示。

7.2.3 吸附铋原子分布的相互作用势分析

为阐明这类结构的Bi-Bi相互作用，通过对图7.2(c)的分析，介绍了Bi吸附原子对的距离分布分析。首先从一系列非重叠的STM图像中评估了18800多个内吸附原子间的分离，然后绘制了这些分离的统计直方图$N(r)$，如图7.3(a)所示。在没有Bi-Bi相互作用(图7.3(a)的蓝虚线)[38]的情况下，通过对比理论函数与吸附原子间分离r的随机

分布 $N'(r)$，双体相互作用的对相关函数可以描述为 $g(r)=\dfrac{N(r)}{N'(r)}$。其次，吸附 Bi 原子之间的相互作用势 $E(r)$ 由 $E(r)=-k_BT\ln[(g(r))]$[38] 确定，其中 T 表示温度（$T=300K$），k_B 表示玻耳兹曼常数。

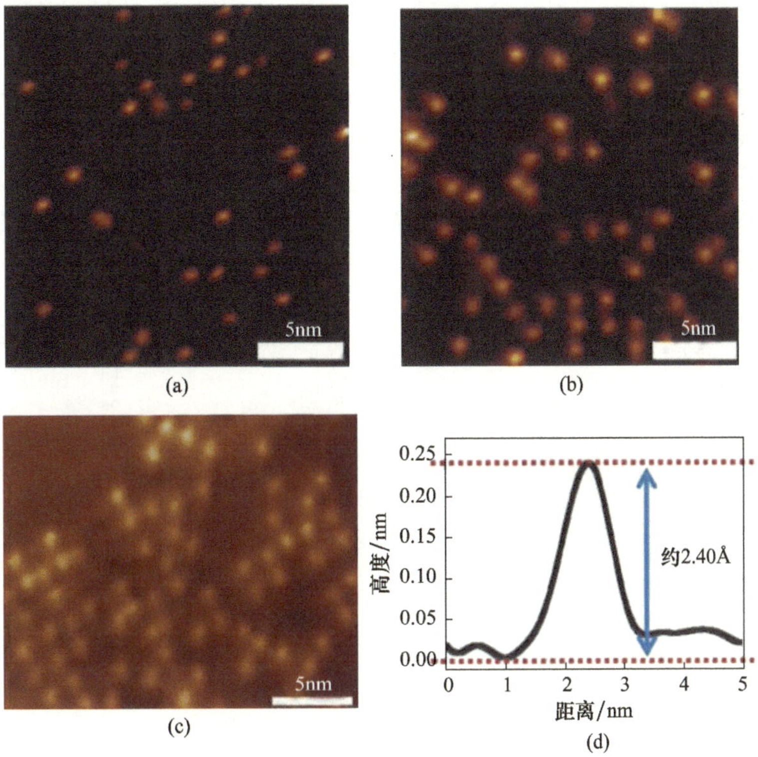

(a) (b) (c) (d)

图 7.2 MEG 上吸附 Bi 原子的 STM 图像

(a)0.0013ML；(b)0.0078ML；(c)0.0092ML；(d)吸附 Bi 原子的高度。

图 7.3(b)绘制了吸附 Bi 原子之间的相互作用势 $E(r)$，作为原子分离 r 之间的距离函数。相互作用势 $E(r)$ 显示出明显的振荡长程相互作用。这种振荡特征很可能起源于弗里德尔振荡[8]。为验证振荡特性的起源，理论上对相互作用能进行了拟合。实验相互作用能(图 7.3(b)实线)分别被 Hyldgaard[6] 和 V. V. Mkhitaryan[18] 的理论能量图(图 7.3(b)中的红蓝虚线)所覆盖。Hyldgaard 的理论能量图(图 7.3(b)中的红色虚线)类似于(111)贵金属表面的 Shockley 表面状态拟合，可表述如下[6]：

$$E(r)=-A(\delta_F,r)\left(\frac{4\varepsilon}{\pi^2}\right)\frac{\sin(2\boldsymbol{k}_Fr+2\delta_F)}{(\boldsymbol{k}_Fr)^2} \tag{7.1}$$

式中：δ_F 为相移；ε 为载流子能量；$\boldsymbol{k}_F=\dfrac{2\pi}{\lambda_F}$ 为费米波向量；r 为原子间距离；A 为相互作用强度的无量纲数值。因此，在 1.8nm 的距离观察到最小势能的第一个位置，对应于两个吸附原子之间的第一个有利距离，接下来观测到的最小值是在约 1.5nm（即 $\lambda_F/2$）间隔时。此外，相互作用强度衰减的振幅为 $1/r^2$。理论能量图建立在式(7.1)和 $A=0.78$、$\delta=0$ 的基础上，实测的 A 值大于文献[7]中先前所得的贵金属表面值。这种差异可能是由于 Bi

是强散射元素。拟合(1)的相移为零,比贵金属表面的相移小[39]。这种差异可能归因于石墨烯狄拉克类电子与(111)贵金属表面的 Shockley 表面态电子之间的基本性质不同。值得注意的是,Shockley 表面态电子的费米波向量有限[8],但是本征石墨烯狄拉克类电子的费米波向量很小(几乎为零)。只有在石墨烯中引入或掺杂,才能获得有限费米波向量。这个问题将在下面关于拟合(2)的讨论中解决。此外,理论能量图的第一势能最小值小于 25meV,表明式(7.1)所描述的 Bi - Bi 距离分布在室温下观测应该不稳定。因此,传统的二维电子气体描述不能完全应用于我们的研究。第二个理论能量拟合(图 7.3(b)中的蓝色虚线)描述了一个具有 Berry 相和非平凡手性谱的系统。如果动量 k 和 $-k$ 的状态是相互正交的,那么反散射将被抑制[39]。这种情况可能发生在掺杂或引入石墨烯[14]的情况下,此时费米能级远离狄拉克点,即 $k_F \neq 0$。掺杂水平显示非零费米动量,这种现象可大致如文献[8]所述。

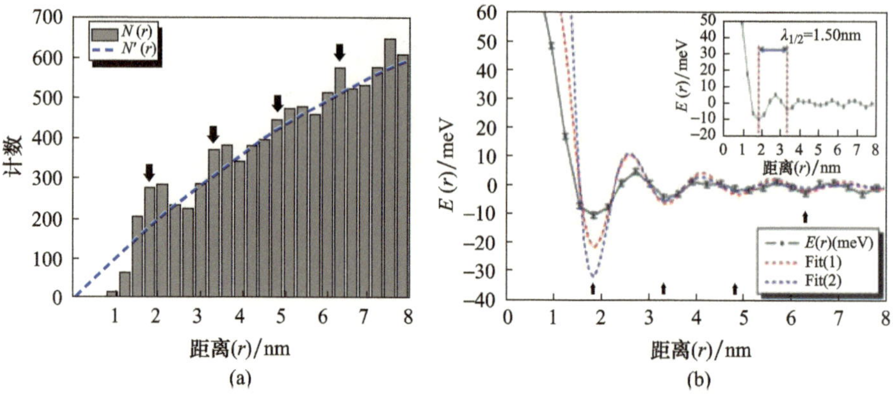

图 7.3 (a)从室温下记录的一系列 STM 图像中得到的吸附 Bi 原子分离的统计直方图 $N(r)$;蓝色虚线 $N'(r)$ 表示没有任何原子间相互作用时的期望分布;黑色箭头对应于图 7.3(b)中的能量最小值。(b)实验导出的势能(实线)被两个理论导出图(红线和蓝线)覆盖;平均值的标准偏差显示为误差条;设置 $\lambda_{1/2} = 1.50$nm 由实验相互作用势测得;箭头表示 4 个势能最小值 1.8nm、3.3nm、4.8nm 和 6.3nm

$$E(r) = \alpha \cdot 2\sin(\delta_F)\frac{\cos(2\boldsymbol{k}_F r + \delta_F)}{\pi^2 \boldsymbol{k}_F r^3} \tag{7.2}$$

式中:δ_F 为相移;$\boldsymbol{k}_F = \frac{2\pi}{\lambda_F}$为费米波向量;$r$ 为距离;α 为能量标度的一个常量值。理论能量图基于上面的式(7.2)和 $\alpha = 2000$、$\delta = \frac{\pi}{2}$,确定了相同的振荡周期和相似的势能最小特征。此外,势能最小值拟合比拟合(1)与实验观测到的第一能量极大值更好,约为 11meV,很可能来自于吸附 Bi 原子的强散射效应[7]。值得注意的是,在 $r < 1.5$nm 的情况下,实验图的偏差比两个理论图大。通过进一步检验,实验 $E(r)$ 在 $r < 1.5$nm 时大约衰减为 $1/r$,这表明吸附 Bi 原子之间可能存在静电作用。这种 $1/r$ 的行为可能源于吸附 Bi 原子与石墨烯的相互作用,与以前的文献[26]相似。本章所采用的两个理论公式不包括静电相互作用,这可能是 $r < 1.5$nm 处产生较大偏差的原因。同时,在实验图中可以观察到两个有趣的特征。第一,在图 7.3(b)中经验 $E(r)$ 的势阱和第一个势能最小值——拟合(2)中的约 32meV,似乎不足以使 Bi 原子保持在某个位置。然后我们推测观察到的有序

结构可能是亚稳相。第二,与以前的报告[35]相比,本章发现从图7.3(b)得到的费米波向量相当大,表明含有大量掺杂的石墨烯。这与图7.1(d)中测量的狄拉克估计点发生冲突。也就是说,在观察到振荡相互作用的形成过程中还存在其他因素,此现象将在下面的讨论中加以解决。

基于以上发现,我们认为,石墨烯中的狄拉克类电子及一些因素均与吸附Bi原子间的室温振荡相互作用有关。研究发现,狄拉克类电子主要来源于底层SiC基底的掺杂效应和石墨烯与吸附Bi原子之间的电荷转移。以前的文献已经证实,光发射谱(PES)数据和STM研究中,结合DFT计算,Bi纳米带和MEG[37,40]之间有非常微弱的相互作用。因此,我们认为石墨烯和Bi之间的电荷转移应该影响小,而SiC基底的掺杂效应很可能在狄拉克类电子的贡献中起主要作用[37,40]。值得注意的是,诱导能量差遵循通常的Friedel依赖性$\cos(2k_Fr)/r^3$,其共振行为通过相移进入,如式(7.2)所示。由于这个原因,测量的$\frac{\pi}{2}$相移表明吸附Bi原子在石墨烯的共振区沉积[18]。相反,沉积在外延石墨烯[24-25]上的铁团簇表现出Fe-Fe相互作用,涉及近程吸引和远程排斥。这种相互作用归因于偶极-偶极、弹性(基底)和间接相互作用。另外,沉积在外延石墨烯[26]上的Cs原子表现出Cs—Cs长程静电相互作用,主要是由Cs到外延石墨烯的电荷转移引起的,而这些电荷转移也与波纹基底耦合。与先前文献[26]一样,在图7.1(a)中MEG表现出明显的6×6-SiC周期性,表明存在波纹基底的影响。然而,这里的Bi—Bi相互作用与上面描述的行为有很大不同,并从图7.3中分析出了一个意想不到的费米波向量。因此,对于吸附Bi原子之间振荡相互作用的形成,需认真研究波纹基底效应。

7.2.4 SiC 线性铋原子结构与缓冲层的关系

一般来说,波纹基底最有可能表现为曲率效应,这显著改变了石墨烯的化学活性和结合能[31]。进一步研究STM图像,如图7.4(a)所示,揭示了吸附Bi原子具有线性排列,而不是具有平均吸附原子间分离6×6超结构的短程有序六方结构[26],表明6×6超结构的影响微弱。因此,应该仔细研究底层缓冲层的结构,而不是简单地考虑6×6超结构。此外,大多数线性Bi结构是用红线标示的(方向与绿线夹角为60°,与蓝线夹角为30°);图7.4(a)中蓝线与绿线夹角为90°。用统计直方图分析了三种不同方向的线性Bi分布,如图7.4(b)所示。观察吸附Bi原子沿三种不同方向的线性排列与生长在MEG[40]上的Bi纳米带沉积完全一致。

接下来引入密度泛函理论计算,并在图7.5(a)中给出了MEG/4H-SiC(0001)结构的球-棒示意图。在文献[33,41]中,密度泛函理论计算证明其结构特征可靠。在MEG/4H-SiC(0001)的结构中,观察到缓冲层的键长有一定的变化,这种C原子在图7.5(a)中以红色标记。也就是说,由于C原子是否已与Si原子结合,其缓冲层揭示了C原子周围键长的变化。图7.2中得到的平均Bi—Bi原子间距离约为1.8nm,几乎是沿[11-20] Bi纳米带[40]方向晶格常数的4倍。

DFT计算还表明,缓冲层明显表现出两个不同的键长变化单位,分别表现为单元1和单元2中的d_1、d_2。密度泛函理论计算得到的长比d_1/d_2约为0.866,从实验数据中提取的统计长比D_{Red}/D_{Blue}约为0.878±0.008,如图7.4(a)和图7.5(b)所示。如上所述,缓冲层的结构应该是形成线性 Bi 结构的一个重要原因，并导致吸附 Bi 原子之间原子间距离的微小变化。通过对 SiC 底层缓冲层的进一步研究，单元 1 或单元 2 与自身方向夹角为 60°，与另一方向夹角为 90°，如图 7.5(c) 所示。显然，碳化硅底层的缓冲层决定了波纹基底效应，这导致吸附 Bi 原子呈线性排列。此外，吸附 Bi 原子线性结构的不同取向与生长在 MEG[40] 上的 Bi 纳米带一致。这一详细的研究为进一步阐明吸附 Bi 原子的初始成核及 Bi 纳米带的生长开辟了新思路。

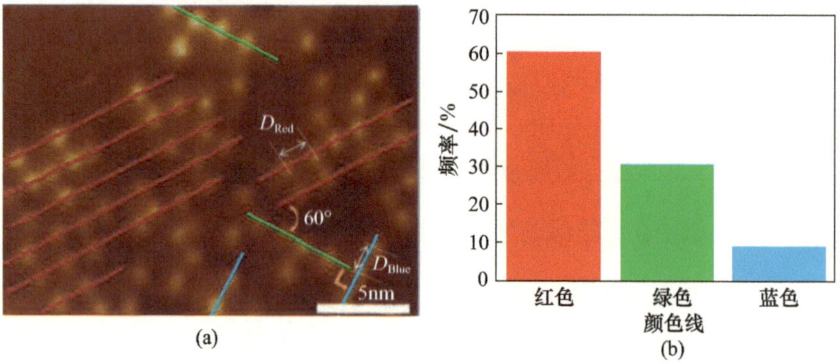

图 7.4 (a)由若干条彩色线(红色、绿色和蓝色)表示的线性 Bi 结构，表示不同取向；(b)线性 Bi 结构不同方向排列的统计直方图

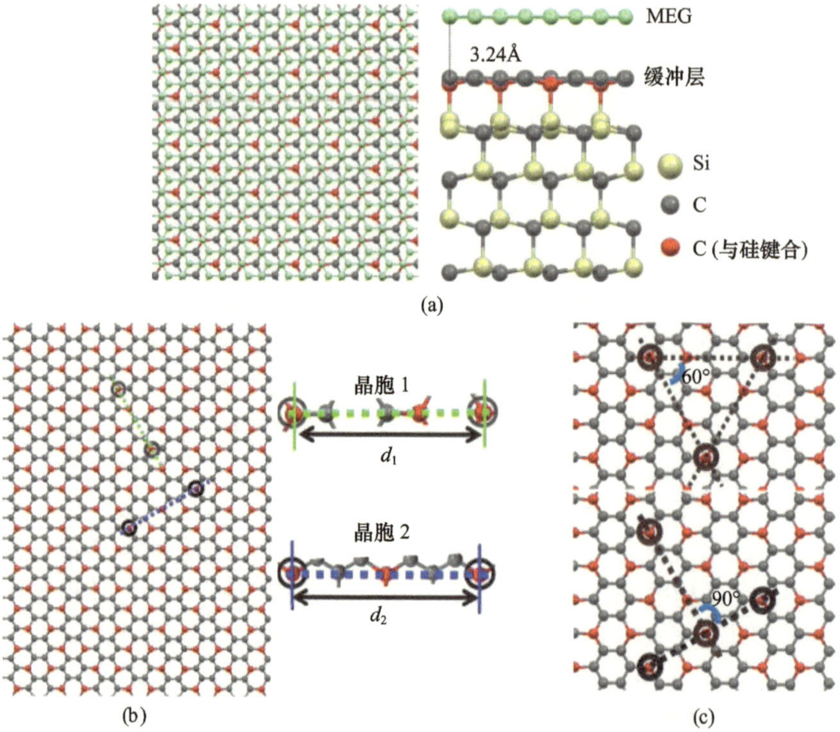

图 7.5 (a) MEG/4H – SiC(0001) 的球 – 棒顶视图与侧视图，其中 MEG、C 和 Si 原子以不同的颜色显示；(b)缓冲层结构上两个不同长度变化晶胞的密度泛函理论结果；(c)因晶胞 1 与晶胞 2 之间键长变化及结构角 90°，每一晶胞 1 的可能取向

7.3 单层外延石墨烯上铋原子的低维结构

7.3.1 单层外延石墨烯上与吸附铋原子覆盖率有关的结构转变

在 Bi 沉积时,观察到表面结构的转变是图 7.6(a)~(d)中 Co 覆盖的函数。用统计直方图分析了不同覆盖率原子间距离的分布,如图 7.6(e)~(h)所示。在 0.0013ML 时,从图 7.6(e)的直方图中得到了离散凸点和局部 Bi 近邻距离,分别为 1.3nm 和 1.5nm。当覆盖率增加到 0.0078ML 时,凸出呈现线性有序,如图 7.6(b)所示。一维线性结构出现(绿色虚线),Bi—Bi 近邻距离约 1.8nm(图 7.6(f)),反映了低覆盖率下特有的一维增长模式。值得注意的是,1.8nm 的 Bi—Bi 距离几乎是沿[11-20] Bi 纳米棒方向[40]上晶格间距的 4 倍。在 0.039ML 时,观察到二维三角形岛状结构(用黄色和绿色虚线表示),并且仍然检测到线性结构,如图 7.6(c)所示,揭示了从一维线性到二维三角形结构的转变。这种二维三角形岛状结构由具有相同原子间距离的 Bi 原子组成,并形成规则的三角形,如图 7.6(g)所示。在三角形岛状结构中,Bi—Bi 距离约为 1.6nm,非常接近 $2\sqrt{3}\times a=1.57$nm{$a=4.54$Å,这是沿[11-20]方向 Bi 纳米棒[40]的晶格常数}。图 7.6(c)中的白色实线描述了吸附 Bi 原子的单位元胞。如图 7.6(d)所示,在 0.078ML 时形成了一个大尺度的六方 Bi 原子阵列。在 STM 图像中,Bi 原子的原子间距离保持在 1.6nm(图 7.6(h)),并且仍然观察到相同的单位元胞(图 7.6(d)中的白色实线)。因此,在 MEG 表面上,大尺度的二维六方阵列被明确地识别为覆盖诱导 $2\sqrt{3}\times 2\sqrt{3}$ 的 Bi 重构。在以前的文献中没有观察到 Bi 覆盖率如此低[42-44]的有序结构。结果表明,吸附 Bi 原子与 MEG 之间存在着某些特殊的相互作用。这个问题将在下面讨论中解决。

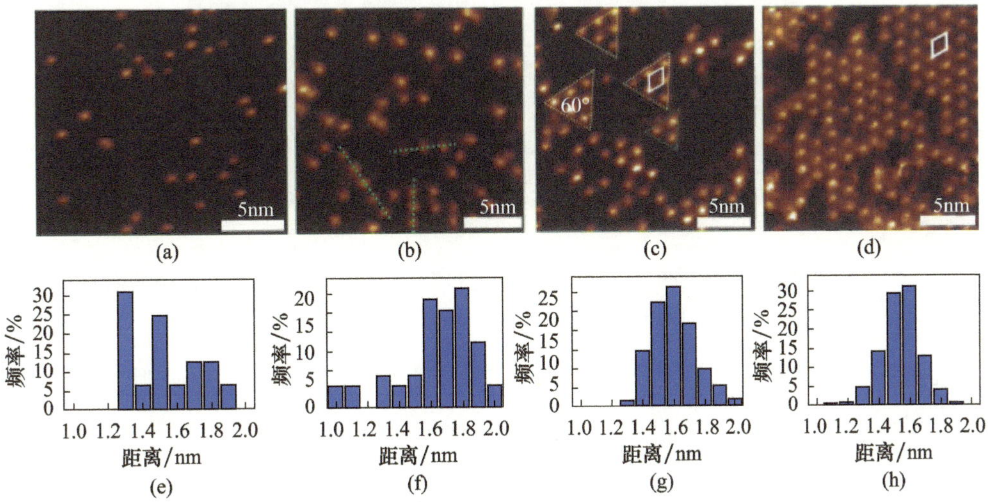

图 7.6 4H-SiC(0001)表面不同 Bi 覆盖率的 STM 图像

(a)0.0013ML、(b)0.0078ML、(c)0.039ML 及(d)0.078ML;(e)、(h)显示 Bi—Bi 原子间距离的直方图。

7.3.2 铋原子六方阵列的结构分析

通过对两个尺寸相同的STM地形图的FFT(快速傅里叶变换)放大,分别对MEG和Bi六方阵列进行了分析,如图7.7所示。6个外部点起源于六方石墨烯晶格,6个内部点对应于观察到的6×6-SiC莫尔图案,如图7.7(b)所示。MEG的莫尔图案是由于$(6\sqrt{3}\times6\sqrt{3})$R30°缓冲层的重构,是SiC(3.08Å)和石墨烯(2.46Å)晶格参数之间存在较大差异的结果。图7.7(d)是图7.7(c)的FFT,它与图7.7(b)中的内部点有类似的6倍对称图案。在图7.1(b)中放大的FFT设置显示出更清晰的图案。也就是说,由吸附Bi原子大尺度的六方阵列显示出一个类似莫尔的超结构,这种排列受到波纹基底的强烈影响。如上文所述,Bi原子之间的原子间距离由一维线性链的1.8nm变为二维三角岛状结构中的1.6nm,相当于Bi纳米棒晶格间距的4倍至$2\sqrt{3}$倍,表明该体系中的覆盖依赖遵循一维→二维生长模式转变。

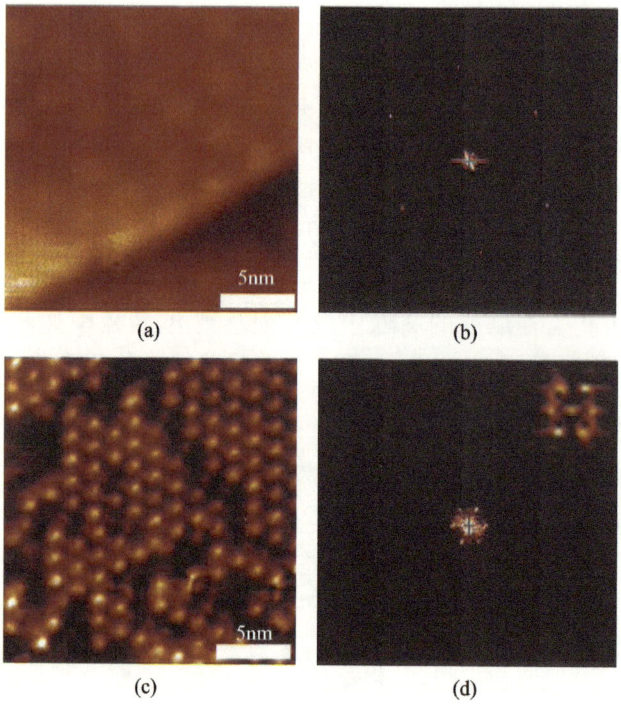

图7.7 (a)MEG的原子图像;(b)图像(a)的FFT;(c)MEG上0.078ML Bi覆盖图像;(d)图像(c)的FFT,右上角对应于图7.1(b)中FFT设置的放大

根据密度泛函理论计算,结合先前文献[28,45],吸附Bi原子优先吸附在桥(B)处,如图7.8(a)所示。图7.8(b)及(c)说明了一维、二维结构的排列。左右两边分别显示了吸附Bi原子在不同覆盖率下的原子排列。密度泛函理论计算表明,在一维结构主导构型中吸附Bi原子间距为1.8nm和1.6nm共存,而在二维结构中只有1个特征间距为1.6nm。密度泛函理论结果与STM观测结果一致。这种结构转变可能与覆盖相关现象和波纹基底效应有关。

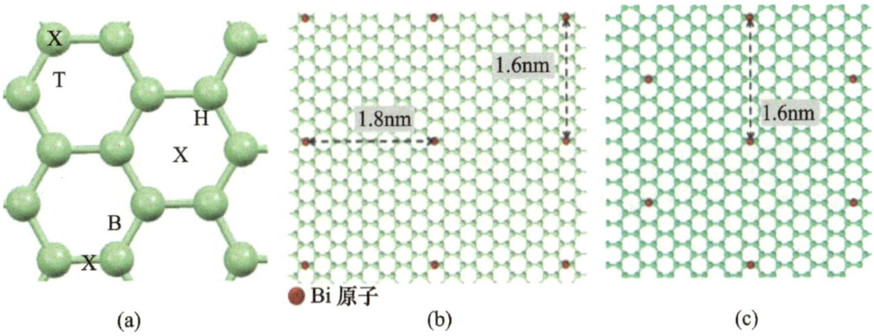

图 7.8 (a)考虑的三个吸附位点:空心(H)、桥(B)和顶部(T);
(b)及(c)一维链与二维三角形结构的理论原子结构

相应地,利用隧穿光谱探究了六角形阵列中的吸附 Bi 原子的电子性质,如图 7.9 所示。在 -0.37eV 时,生长的 MEG 的 dI/dV 谱表现出一个特征最小值。这归因于狄拉克点,指示 SiC 基底 n 型掺杂,而有些数据峰包在费米水平(E_F)[36]附近存在。当 MEG 上的吸附 Bi 原子沉积时,狄拉克点转移到 E_F 附近,在 -0.32eV 出现,表示由 MEG 到吸附 Bi 原子发生电荷转移(约 50meV)。

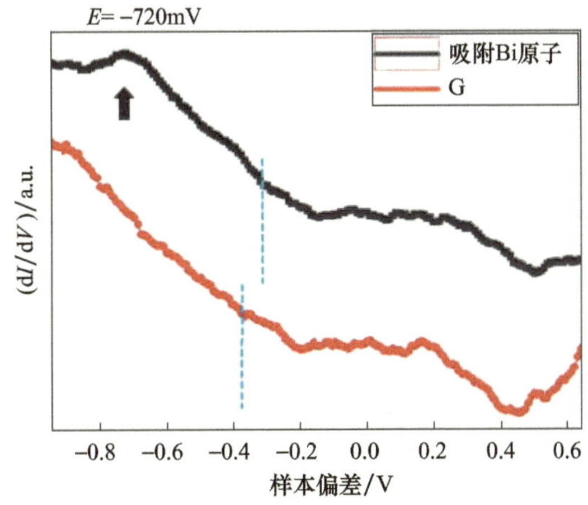

图 7.9 六方阵列中生长的石墨烯与吸附 Bi 原子的 dI/dV 光谱

观测到的覆盖相关结构转变和小电荷传输基本与 STM 及同步加速器的 PES 测量[40]一致。隧穿光谱也显示一个峰值为 -0.72eV(图 7.9 的黑色箭头)。这个峰类似于 Bi(110)纳米棒的 4 个特征峰之一,基于菱形标引[37,46-47]。文献[46,48]记载,约 -0.75eV 的峰值主要归因于位于 Bi(110)纳米棒最上层的 p 态。因此,我们推测图 7.9 中的峰值是由二维 Bi 六方阵列的 p 带所引起。另外,特征特性(-0.72eV)表明,吸附 Bi 原子在 MEG 上形成一个束缚态,这很可能是吸附 Bi 原子与 MEG 相互作用的结果。

7.3.3 吸附铋原子的温度效应

为了研究温度的影响,对 0.039ML 的 Bi 原子样品进行退火至 500K 的高温。图 7.10(a)和(b)分别显示退火前后获得的 STM 图像。在 500K 下退火 10min 后,可以清楚地看到 Bi 纳米簇的一维线性排列,而不是二维三角形岛状结构中的吸附 Bi 原子。有趣的是,Bi 纳米簇的尺寸非常均匀。在线剖面测量(图7.10(a)和(b)中的红色和灰色虚线)中,吸附Bi原子的高度约为0.24nm,横向尺寸为全宽半最大值(FWHM)约1nm,而Bi纳米簇的高度约为0.20nm,横向尺寸FWHM约为2nm,如图7.10(c)所示。这些结果表明,Bi纳米簇

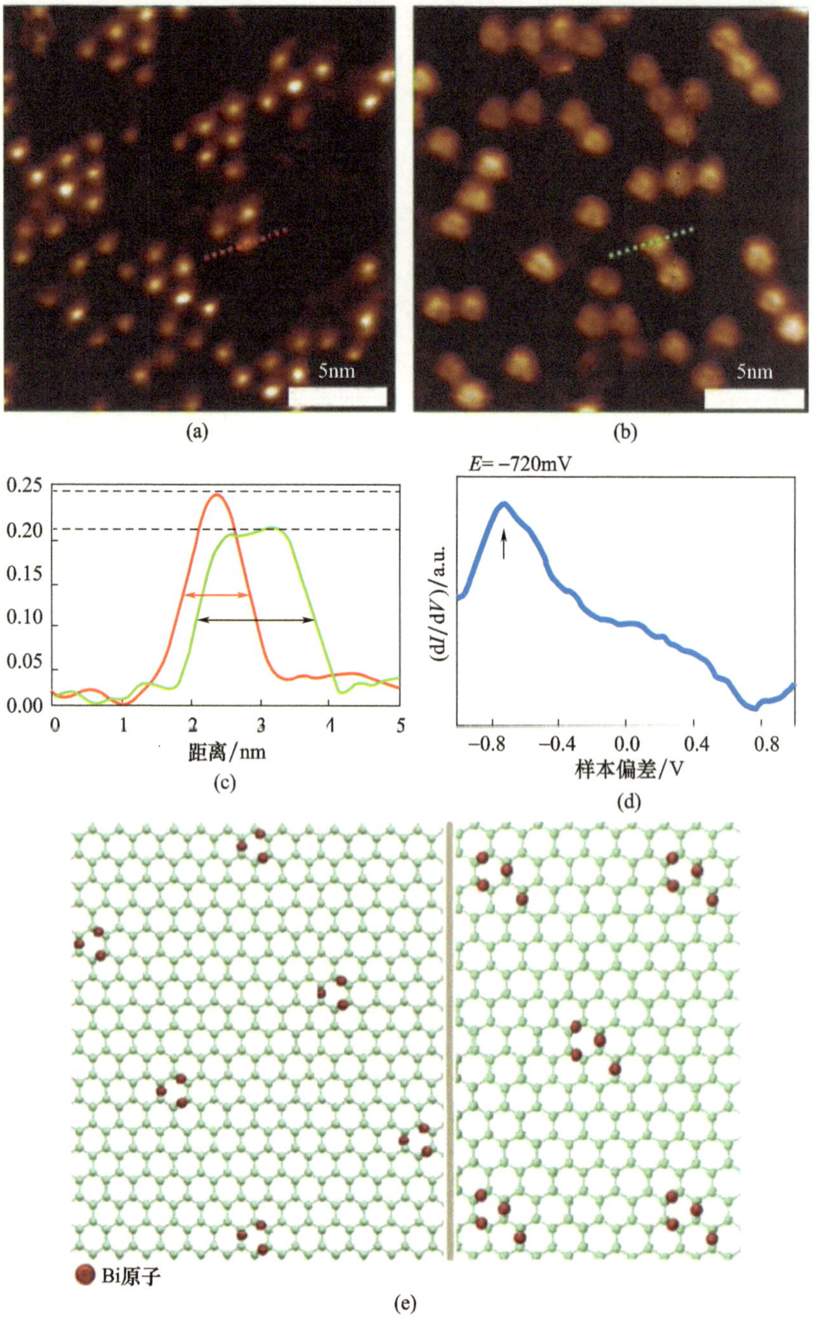

图7.10　温度效应STM图像

(a)0.039ML Bi覆盖的STM图像;(b)图7.10(a)退火处理后的STM图像;(c)(a)及(b)的线剖面测量;(d)室温下Bi纳米簇的dI/dV光谱;(e)一维线性Bi纳米簇的原子模型;纳米簇由3个或4个吸附Bi原子组成,分别显示在左右两边上;3个吸附Bi原子纳米簇之间的原子间距离约为2.65Å。

比 Bi 吸附原子更接近于 MEG。每一个 Bi 纳米簇都可能是 3~4 个吸附 Bi 原子的聚集。因此,通过退火将二维三角岛状转化为一维 Bi 纳米簇。在 DFT 计算的基础上,图 7.10(e)给出了一维 Bi 纳米簇线性排列的原子模型。值得注意的是,在纳米簇中吸附 Bi 原子仍然位于 B 位点。此外,根据 DFT 结果,Bi 纳米簇可能为三原子或四原子构型。在较高的高温下(大于 600K)退火会使 Bi 纳米簇分解为 Bi 原子,其中大部分从 MEG 中蒸发。如图 7.10(d)所示,在约 -0.72eV(黑色箭头)处,纳米簇的光谱显示与六角形阵列中吸附 Bi 原子的 dI/dV 剖面上具有相似的特征峰,但具有较大的 FWHM,表明纳米簇中的 Bi 原子 p 态具有较强的特性。在此基础上,提出了一种良好控制 Bi 基低维结构成形的方法。未来需进行进一步的密度泛函理论计算和实验工作,以研究波纹基底效应。

7.4 用第一性原理计算吸附铋原子的能量有利分布

7.4.1 单层外延石墨烯上铋原子不同吸附位点的吸附能

缓冲层的原子结构是一个有争议的问题。van Bommel[49] 等的研究表明类石墨烯层与 SiC(0001)表面结合。另一项研究介绍了 STM 图像[50-52] 中观察到的缓冲层 6×6 的六方重构。这不同于低能电子衍射(LEED)图案所显示的$(6\sqrt{3}\times6\sqrt{3})R30°$重构。文献[50,53-54]的几何结构是由 STM/LEED 测量和数值计算中的结果所决定。在实验分析[28-29] 的基础上,与其他理论结果[33,55] 作了详细的比较,实验证实了$(4\sqrt{3}\times4\sqrt{3})R30°$重构引起的长程纹波结构。在计算 SiC、缓冲层和石墨烯时,平面内晶格常数分别为 3.06Å、2.30Å 和 2.65Å。缓冲层被确定为波纹状。它们在最优几何结构中扮演着重要的角色。这进一步诱导了缓冲液和单层石墨烯之间的非均匀范德瓦尔斯力相互作用,主导了吸附 Bi 原子的吸附位点(稍后详细讨论)。

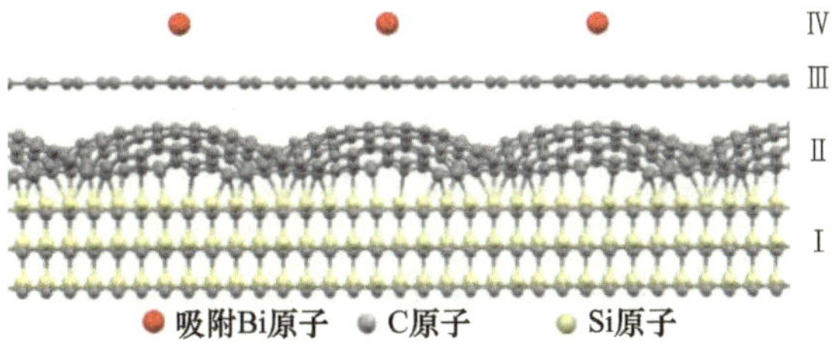

图 7.11 碳化硅基底、缓冲层、单层石墨烯和吸附 Bi 原子的几何结构
C、Si 和 Bi 分别用灰色、黄色和红色的实心圆表示。

由于堆叠结构的不同,存在大量的碳化硅聚合型[56-58]。三种常用的六方聚合型分别为 2H-、4H-和 6H-SiC(0001),分别采用 AB 型、ABCB 型和 ABCACB 型堆叠序列。计算中 6 层的 4H-SiC(0001)基底具有 CBABCB 堆叠序列,是能量最有利的结构[57]。优化结构表明,四层基底(ABCB)与六层基底(CBABCB)相比具有几乎相同的几何特性,极大地减少了计算资源。弛豫后,缓冲层呈周期性的波纹状,如图 7.11 的Ⅱ区域所示。缓冲层的槽与基底的硅原子结合。单位元胞内的 11 个 Si 原子与缓冲层槽附近的 C 原子键合,Si—C 键长在 1.932~2.244Å 的范围内;而其他 16 个 Si 原子的 Si—C 距离较长,与近

C原子几乎没有键合。这种共价键主要来自于Si－和C－sp^3杂化轨道的强杂交。周期纹波结构几乎与STM测量结果一致[28]。如Ⅲ区所示，单层石墨烯几乎具有扩展的C—C键长1.50Å。缓冲层和单层石墨烯之间的层间距离从顶部到沟槽变化为3.21～5.45Å。这清楚地说明了它们之间的非均匀范德瓦尔斯力相互作用，并进一步决定了吸附Bi原子的分布。Bi原子可以在单层石墨烯的自洽计算中被吸附，如图7.11中的Ⅳ区域所示。根据不同的实验环境，观察到了两种吸附原子的分布，即均匀的六方分布和Bi纳米簇，这两种分布与吸附能有关。从降低石墨烯上吸附Bi原子的吸附能量出发，计算了吸附能ΔE，这对于了解石墨烯的最佳几何结构非常有用。它被定义为

$$\Delta E = E_t - E_g - E_{bl} - E_{bi} \tag{7.3}$$

式中：E_t、E_g、E_{bl}、E_{bi}分别为复合体系、原始的单层石墨烯、缓冲层和独立Bi原子的总能量。探究了三种最常研究的具有较高几何对称性的吸附位点，即表7.1中的空心、桥上和顶点。Bi原子桥上和顶部的吸附能量与前者相比最大。空心位点吸附的ΔE最小，表明该结构更不稳定。这表明Bi原子最有可能在桥位点观察到。对于不同的吸附点，各吸附原子与石墨烯表面之间的最佳距离h不同。距离h较短的桥位点表明吸附原子与石墨烯之间有较强的相互作用，故结构稳定。吸附原子的高度为2.32Å，与STM测量值一致（图7.2(d)）。

表7.1　各种Bi吸附位点的吸附能与高度

位点	ΔE/eV	h/Å
B	1.3450	2.32
T	1.2904	2.34
H	0.6602	2.51

用基态能量可以清楚地揭示Bi原子的分布。根据上述结果，桥位点在六方环内稳定得多。沿着周期扶手椅方向计算了所有不同六方桥位点的基态能量。这些能量提供了确定单层石墨烯最稳定位置的信息，如图7.12所示。这些位置可以进一步划分为三个区域：灰色、绿色和蓝色区域。蓝色六方最接近缓冲层的顶部，距离为3.21Å，在所有桥位点中具有最低的基态能量。为了与其他桥位点相比较，最低基态能量设置为零。远离蓝色区域，蓝棒与绿棒之间的桥位点有更高的基态能量，约17～23meV。灰色六方彼此具有相似的基态能量，揭示了在48～52meV的范围内最高能量有所区别。这些能量的变化强有力地表明，在室温下，吸附Bi原子几乎没有从蓝色转移到其他区域。在蓝色六方环上，吸附Bi原子与缓冲层顶部之间的范德瓦尔斯力相互作用最强，这对吸附Bi原子的稳定性起重要作用。约50meV的能垒为吸附Bi原子创建了一个势阱，它在温度变化过程中对吸附原子分布的急剧变化起着至关重要的作用。

用实验测量发现的吸附Bi原子的大尺度图案来理解基态能和吸附能。图7.13(a)显示了周期六方图案中Bi吸附的单层石墨烯，其中最稳定和最不稳定的位置分别由蓝色和灰色区域表示。两个吸附Bi原子之间最长、最短和平均距离分别为18.1Å、14.2Å和15.9Å。最长和最短在每个蓝色区域之间用棕色与黑色箭头表示。这表明最可能的原子间距离是14.2～18.1Å。图7.13(b)用STM测量[28-29]清楚地识别出了大尺度六方Bi原

子阵列。通过统计分析,确定了大多数吸附 Bi 原子的原子间距离为 15Å 或 16Å,而其他的原子间距离为 14Å 和 17Å。仿真结果与 STM 测量结果一致。这说明缓冲层的周期性波纹影响吸附 Bi 原子的排列。

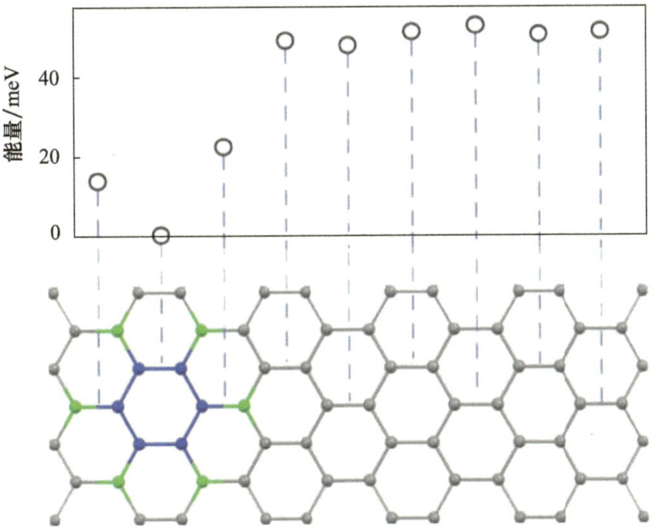

图 7.12 单层石墨烯上面不同位置铋吸附的基态能(meV)

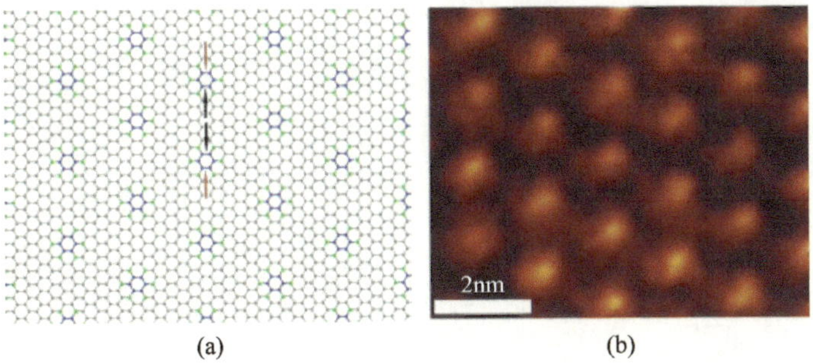

图 7.13 用(a)密度泛函理论计算和(b)STM 测量的六方 Bi 阵列的几何结构

7.4.2 各种铋纳米簇退火处理的相互作用能与态密度

除大尺度的六方铋图案外,退火处理还产生亚稳纳米结构[29]。在处理过程中,在图 7.14(a)中观察到许多吸附 Bi 原子纳米簇。它们大多以三角形和矩形的形式分布。通过 Bi—Bi 相互作用能和优化结构的基态能量,可以研究纳米簇构型,如表 7.2 所示。对于不同的吸附原子数(1 ~6),所有吸附 Bi 原子都位于具有更强的 Bi—C 相互作用的桥位上,如图 7.14(b)所示。具有较强吸引力的 Bi—Bi 相互作用导致较高的吸附原子数有较低的 E_t。Bi—C 相互作用能是 $E_{bi-c} = -1.01\text{eV}$,由单 Bi 吸附石墨烯的 E_t 减去石墨烯的 E_t 得到。Bi—Bi 相互作用引起的能量降低为

$$\Delta E_{bi-bi} = (E_t - E_g - E_{bl} - nE_{bi} - \sum_{i=l}^{n} E_{bi-c})/n \tag{7.4}$$

ΔE_{bi-bi}在 3 -、4 -、5 - 和 6 - 吸附原子纳米簇中比 2 - 吸附原子低很多。这说明前四种结

构是能量有利的亚稳态结构。实验结果表明，大部分纳米簇由3个和4个吸附原子组成（图7.14(a)中的绿色和黄色箭头）。缺乏5-吸附原子和6-吸附原子纳米簇可能是由于铋覆盖不足所致。研究发现，两个Bi簇之间的最近距离约为16Å，表明它们的能量有利吸附位置对应于图7.12中的蓝色六方环。

表7.2 各种Bi纳米簇的Bi-Bi相互作用能与总能量

Bi原子个数	E_t/eV	ΔE_{bi-bi}/eV
1	-2317.86	x
2	-2322.14	-1.13
3	-2326.77	-1.62
4	-2330.60	-1.67
5	-2334.19	-1.65
6	-2337.86	-1.65

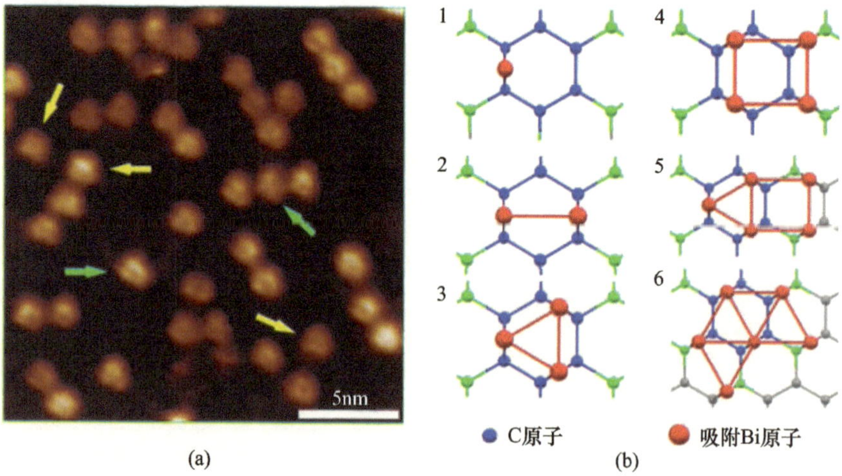

图7.14 通过(a)STM测量与(b)DFT计算的Bi纳米簇的几何结构
3-吸附原子和4-吸附原子分别用绿色箭头和黄色箭头表示。

态密度可以直接反映主要的电子特性，如图7.15(a)和(b)所示。Bi吸附石墨烯六方阵列的态密度在$E=0$上有限，在低能情况下表现为倾斜结构，在$E\approx-0.6$eV（图7.15(a)）处表现为峰态。有限态密度在$E=0$处表示存在一定数量的自由载流子。在-0.2eV处的倾斜结构归因于石墨烯的狄拉克点。峰态结构来源于Bi原子，是判断Bi原子存在的重要因素。STS测量为检验理论计算提供了一种准确而迅速的方法，其中$\mathrm{d}I/\mathrm{d}V-V$曲线的隧道微分电导与态密度成正比。STS测量在$E=0$时显示为有限态密度，低能时的小倾角与理论结果吻合较好，如图7.15(b)所示。在约-0.7V时的峰结构与我们计算的峰结构相似，它起源于Bi原子。

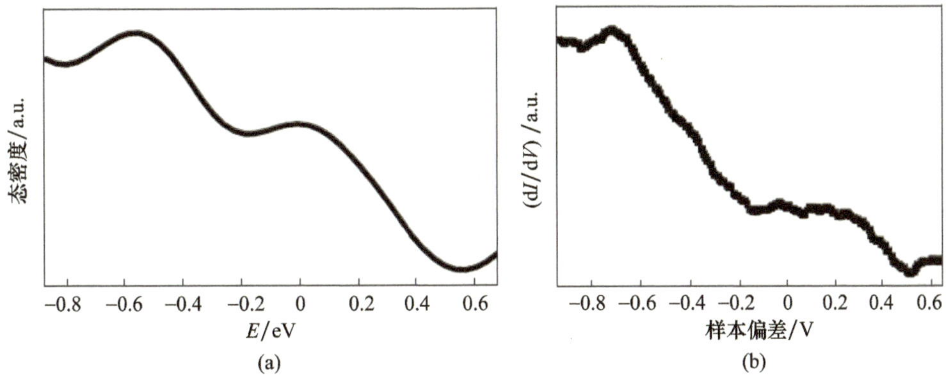

图 7.15 通过(a)密度泛函理论计算和(b)STS 测量六方 Bi 阵列的态密度

7.5 小结

这项工作研究了纳米技术和表面科学在石墨烯相关领域的基本问题。本章的 7.2 节探讨了在 4H - SiC(0001)MEG 上吸附 Bi 原子的吸附行为。在 0.0092ML 时,可以在 STM 图像中检测到大尺度线性结构,表明可能存在一维生长模式。为阐明这种结构的 Bi—Bi 相互作用,通过对一系列非重叠 STM 图像中的 18800 多个原子间分离评估,介绍了吸附 Bi 原子的双距离分布分析法,并将这种分布转化为吸附 Bi 原子之间的相互作用势,$E(r)$ 作为原子间分离距离 r 的函数。相互作用势显示出明显的振荡长程相互作用。振荡特征与弗里德尔振荡相似。在 STM 实验和密度泛函理论计算中,用石墨烯类狄拉克电子的中介作用和波纹基底效应解释了这种相互作用。石墨烯类狄拉克电子中介作用与波纹基底由吸附 Bi 原子的特征分布距离和线性排列所观察到的振荡相互作用引发。值得注意的是,这两个因素的比例目前还不能确定。吸附 Bi 原子在不同基底上的生长可能是检验这两个因素的一个关键途径。我们想到的一个有趣的问题是,这种系统的不同覆盖程度和温度效应如何?

7.3 节重点介绍了 Bi/MEG 体系在室温下吸附在 MEG 上形成 4H - SiC(0001)的吸附 Bi 原子的覆盖率及随温度变化的结构转变。在 STM 和 DFT 计算中,吸附 Bi 原子揭示了从一维线性链到二维三角形岛状有趣的结构转变,Bi 纳米带从 4 倍到 $2\sqrt{3}$ 倍的晶格间距,覆盖率由低于 0.01ML 增加到超过 0.03ML。FFT 分析表明,这种二维生长模式明显受到波纹基底的影响。隧穿光谱测量表明,MEG 向吸附 Bi 原子的电荷转移很少,7.2 节在相互作用能分析中也证实了这一点。另外,在吸附 Bi 原子的沉积过程中,发现了与 Bi 的 p 带相对应的特征峰(−0.72eV),表明吸附 Bi 原子在 MEG 上的桥位点(B)处形成一个束缚态,这很可能是吸附 Bi 原子 - MEG 相互作用的结果。退火至 500K 后,三角形岛状 Bi 聚集成均匀的 Bi 纳米簇,揭示了更强的纳米簇中 Bi 原子的 p 态特性。在较高的温度下(大于 600K)退火会使 Bi 纳米簇分解为 Bi 原子,其中大部分从 MEG 上蒸发。

此外,利用第一性原理计算,研究了 Bi 在单层石墨烯上吸附的几何电子性质,计算了六层基底、周期波纹缓冲层、微变形的单层石墨烯和吸附原子排列,并详细研究了不同吸附 Bi 原子构型的吸附能、基态能和 Bi - Bi 相互作用能。重要的是,缓冲层具有周期性的非均匀范德瓦尔斯力与单层石墨烯相互作用，丰富了吸附原子的分布。优化的结构是一个大尺度的六方阵列，其吸附原子间距离为14～17Å。50meV能垒是影响室温稳定性的主要因素。退火后的稳态及亚稳态结构与STM测量结果一致。态密度在费米能级、$E \approx -0.2$eV的倾斜结构、$E \approx -0.6$eV的峰态分别来自自由导电电子、移位的狄拉克－锥和铋控制的电子态，表现出有限值。这些特性与STS测量结果一致。

在Bi/MEG工作系统中，Bi—Bi相互作用、Bi—MEG相互作用和Bi－基底相互作用共存，且有着不同的影响。不能明确这三种相互作用，将阻碍清楚识别MEG上吸附原子的成核和生长，并限制了纳米尺寸先进器件的发展。我们观察到了一些令人着迷的现象，如7.2节中可能的亚稳分布及7.3节中一系列与结构、温度相关的转变，实验观察到了一些重要的特性：①石墨烯类狄拉克电子的中介作用（Bi—Bi相互作用）；②吸附Bi原子与MEG之间的弱电荷转移（Bi—MEG相互作用）；③B位点在吸附Bi原子与MEG之间（Bi—MEG相互作用）形成的束缚态；④波纹基底的复合效应（Bi—基底相互作用）。根据我们目前的理解，当惰性原子沉积在惰性基底上时，可以放大观察到许多微小而有趣的效应。最后，Bi/MEG是一个非常有趣的系统，它可以为各种研究和工业领域打开许多可能性。本研究所采用的方法证明了在MEG上设计吸附Bi原子成核并生长的可能性。研究结果也为制备自组装Bi基低维结构提供了一条新途径。最重要的是，它为在室温下使用多功能混合架构石墨烯基器件示范了一种可靠流程。

参考文献

[1] Geim, A. K. and Novoselov, K. S., The rise of graphene. *Nat. Mater.*, 6, 183－191, 2007.

[2] Seyller, Th., Bostwick, A., Emtsev, K. V., Horn, K., Ley, L., McChesney, J. L., Ohta, T., Riley, J. D., Rotenberg, E., Speck, F., Epitaxial graphene: A new material. *Phys. Status Solidi. B*, 245, 1436－1446, 2008.

[3] Weiss, N. O., Zhou, H., Liao, L., Liu, Y., Jiang, S., Huang, Y., Duan, X., Graphene: An emerging electronic material. *Adv. Mater.*, 24, 5782－5825, 2012.

[4] Novoselov, K. S., Geim, A. K., Morozov, S. V., Jiang, D., Katsnelson, M. I., Grigorieva, I. V., Dubonos, S. V., Firsov, A. A., Two－dimensional gas of massless Dirac fermions in graphene. *Nature*, 438, 197－200, 2005.

[5] Bogicevic, A., Ovesson, S., Hyldgaard, P., Lundqvist, B. I., Brune, H., Jennison, D. R., Nature, strength, and consequences of indirect adsorbate interactions on metals. *Phys. Rev. Lett.*, 85, 1910－1913, 2000.

[6] Hyldgaard, P. and Persson, M., Long－ranged adsorbate－adsorbate interactions mediated by a surface－state band. *J. Phys: Condens. Matter*, 12, L13－L19, 2000.

[7] Nanayakkara, S. U., Sykes, E. C., Fernandez－Torres, L. C., Blake, M. M., Weiss, P. S., Long－range electronic interactions at a high temperature: Bromine adatom islands on Cu(111). *Phys. Rev. Lett.*, 98, 206108, 2007.

[8] Brune, H., Epple, M., Hirstein, A., Schneider, M. A., Kern, K., Long－range adsorbate interactions mediated by a two－dimensional electron gas. *Phys. Rev. B*, 65, 115420, 2002.

[9] Stepanyuk, V. S., Baranov, A. N., Tsivlin, D. V., Hergert, W., Bruno, P., Knorr, N., Schneider, M. A., Kern, K., Quantum interference and long－range adsorbate－adsorbate interactions. *Phys. Rev. B*, 68, 205410, 2003.

[10] Ternes, M., Pivetta, M., Patthey, F., Schneider, W. D., Creation, electronic properties, disorder, and melt-

ing of two - dimensional surface - state - mediated adatom superlattices. *Prog. Surf. Sci.*, 85, 1 - 27, 2010.

[11] Kamna, M. M., Stranick, S. J., Weiss, P. S., Imaging substrate - mediated interactions. *Science*, 274, 118 - 119, 1996.

[12] Merrick, M. L., Luo, W. W., Fichthorn, K. A., Substrate - mediated interactions on solid surfaces: Theory, experiment, and consequences for thin - film morphology. *Prog. Surf. Sci.*, 72, 117 - 134, 2003.

[13] Kim, K., Choi, J. Y., Kim, T., Cho, S. H., Chung, H. J., A role for graphene in silicon - based semi - conductor devices. *Nature*, 479, 338 - 344, 2011.

[14] Neto, A. H. C., Guinea, F., Peres, N. M. R., Novoselov, K. S., Geim, A. K., The electronic properties of graphene. *Rev. Mod. Phys.*, 81, 109, 2009.

[15] LeBohec, S., Talbot, J., Mishchenko, E. G., Attraction - repulsion transition in the interaction of adatoms and vacancies in graphene. *Phys. Rev. B*, 89, 045433, 2014.

[16] Shytov, A. V., Abanin, D. A., Levitov, L. S., Long - range interaction between adatoms in graphene. *Phys. Rev. Lett.*, 103, 016806, 2009.

[17] de Laissardiere, G. T. and Mayou, D., Conductivity of graphene with resonant and nonresonant adsorbates. *Phys. Rev. Lett.*, 111, 146601, 2013.

[18] Mkhitaryan, V. V. and Mishchenko, E. G., Resonant finite - size impurities in graphene, unitary limit, and Friedel oscillations. *Phys. Rev. B*, 86, 115442, 2012.

[19] Aktürk, O. U. and Tomak, M., Bismuth doping of graphene. *Appl. Phys. Lett.*, 96, 081914, 2010.

[20] Eelbo, T., Waśniowska, M., Thakur, P., Gyamfi, M., Sachs, B., Wehling, T. O., Forti, S., Starke, U., Tieg, C., Lichtenstein, A. I., Wiesendanger, R., Adatoms and clusters of 3d transition metals on graphene: Electronic and magnetic configurations. *Phys. Rev. Lett.*, 110, 136804, 2013.

[21] Gyamfi, M., Eelbo, T., Waśniowska, M., Wehling, T. O., Forti, S., Starke, U., Lichtenstein, A. I., Katsnelson, M. I., Wiesendanger, R., Orbital selective coupling between Ni adatoms and graphene Dirac electrons. *Phys. Rev. B*, 85, 161406(R), 2012.

[22] Liu, X., Wang, C. Z., Hupalo, M., Lin, H. Q., Ho, K. M., Tringides, M. C., Metals on graphene: Interactions, growth morphology, and thermal stability. *Crystals*, 3, 79, 2013.

[23] Marchenko, D., Varykhalov, A., Scholz, M. R., Bihlmayer, G., Rashba, E. I., Rybkin, A., Shikin, A. M., Rader, O., Giant Rashba splitting in graphene due to hybridization with gold. *Nat. Commun.*, 3, 1232, 2012.

[24] Binz, S. M., Hupalo, M., Liu, X., Wang, C. Z., Lu, W. C., Thiel, P. A., Ho, K. M., Conrad, E. H., Tringides, M. C., High island densities and long range repulsive interactions: Fe on epitaxial graphene. *Phys. Rev. Lett.*, 109, 026103, 2012.

[25] Liu, X., Wang, C. Z., Hupalo, M., Lu, W. C., Thiel, P. A., Ho, K. M., Tringides, M. C., Fe - Fe adatom interaction and growth morphology on graphene. *Phys. Rev. B*, 84, 235446, 2011.

[26] Song, C. L., Sun, B., Wang, Y. L., Jiang, Y. P., Wang, L., He, K., Chen, X., Zhang, P., Ma, X. C., Xue, Q. K., Charge - transfer - induced cesium superlattices on graphene. *Phys. Rev. Lett.*, 108, 156803, 2012.

[27] Hsu, C. H., Ozolins, V., Chuang, F. C., First - principles study of Bi and Sb intercalated graphene on SiC (0001) substrate. *Surf. Sci.*, 616, 149 - 154, 2013.

[28] Chen, H. H., Su, S. H., Chang, S. L., Cheng, B. Y., Chen, S. W., Chong, C. W., Huang, J. C. A., Lin, M. F., Long - range interactions of bismuth growth on monolayer epitaxial graphene at room temperature. *Carbon*, 93, 180 - 186, 2015.

[29] Chen, H. H., Su, S. H., Chang, S. L., Cheng, B. Y., Chen, S. W., Chen, H. Y., Lin, M. F., Huang,

J. C. A. ,Tailoring low – dimensional structures of bismuth on monolayer epitaxial graphene. *Sci. Rep.* ,5, 11623,2015.

[30] Poon,S. W. ,Chen,W. ,Tok,E. S. ,Wee,A. T. S. ,Probing epitaxial growth of graphene on silicon carbide by metal decoration. *Appl. Phys. Lett.* ,92,104102,2008.

[31] Balog,R. ,Jorgensen,B. ,Wells,J. ,Laegsgaard,E. ,Hofmann,P. ,Besenbacher,F. ,Hornekaer,L. ,Atomic hydrogen adsorbate structures on graphene. J. Am. Chem. Soc. ,131,8744 – 8745,2009.

[32] Merino,P. ,Švec,M. ,Martínez,J. I. ,Mutombo,P. ,Gonzalez,C. ,Martín – Gago,J. A. ,de Andres,P. L. , Jelinek,P. ,Ortho and para hydrogen dimers on G/SiC(0001):Combined STM and DFT study. *Langmuir*, 31,233 – 239,2015.

[33] Varchon,F. ,Mallet,P. ,Veuillen,J. ,Magaud,L. ,Ripples in epitaxial graphene on the Si – terminated SiC(0001) surface. *Phys. Rev. B*,77,235412,2008.

[34] Joucken,F. ,Frising,F. ,Sporken,R. ,Fourier transform analysis of STM images of multilayer graphene moire patterns. *Carbon*,83,48 – 52,2015.

[35] Mallet,P. ,Brihuega,I. ,Bose,S. ,Ugeda,M. M. ,Gómez – Rodríguez,J. M. ,Kern,K. ,Veuillen,J. Y. , Role of pseudospin in quasiparticle interferences in epitaxial graphene probed by high – resolution scanning tunneling microscopy. *Phys. Rev. B*,86,045444,2012.

[36] Brar,V. W. ,Wickenburg,S. ,Panlasigui. ,M. ,Park,C. H. ,Wehling,T. O. ,Zhang,Y. ,Decker,R. ,Girit, C. ,Balatsky,A. V. ,Louie,S. G. ,Zettl,A. ,Crommie,M. F. ,Observation of carrier – density – dependent many – body effects in graphene via tunneling spectroscopy. *Phys. Rev. Lett.* ,104,036805,2010.

[37] Sun,J. T. ,Huang,H. ,Wong,S. L. ,Gao,H. J. ,Feng,Y. P. ,Wee,A. T. ,Energy – gap opening in a Bi (110) nanoribbon induced by edge reconstruction. *Phys. Rev. Lett.* ,109,246804,2012.

[38] Lai,J. H. ,Su,S. H. ,Chen,H. H. ,Huang,J. C. A. ,Wu,C. L. ,Stabilization of ZnO polar plane with charged surface nanodefects. Phys. Rev. B,82,155406,2010.

[39] Chen,G. H. and Raikh,M. E. ,Exchange – induced enhancement of spin – orbit coupling in two – dimensional electronic systems. *Phys. Rev. B*,60,4826,1999.

[40] Huang,H. ,Wong,S. L. ,Wang,Y. ,Sun,J. T. ,Gao,X. ,Wee,A. T. S. ,Scanning tunneling microscope and photoemission spectroscopy investigations of bismuth on epitaxial graphene on SiC (0001). *J. Phys. Chem. C*,118,24995 – 24999,2014.

[41] Varchon,F. ,Feng,R. ,Hass,J. ,Li,X. ,Nguyen,B. N. ,Naud,C. ,Mallet,P. ,Veuillen,J. Y. ,Berger,C. , Conrad,E. H. ,Magaud,L. ,Electronic structure of epitaxial graphene layers on SiC: Effect of the substrate. *Phys. Rev. Lett.* ,99,126805,2007.

[42] Girard,Y. ,Chacon,C. ,de Abreu,G. ,Lagoute,J. ,Repain,V. ,Rousset,S. ,Growth of Bi on Cu(111): Alloying and dealloying transitions. *Surf. Sci.* ,617,118 – 123,2013.

[43] Zhang,K. H. L. ,McLeod,I. M. ,Lu,Y. H. ,Dhanak,V. R. ,Matilainen,A. ,Lahti,M. ,Pussi,K. ,Egdell, R. G. ,Wang,X. S. ,Wee,A. T. S. ,Chen,W. ,Observation of a surface alloying – to – dealloying transition during growth of Bi on Ag(111). *Phys. Rev. B*,83,235418,2011.

[44] Kato,C. ,Aoki,Y. ,Hirayama,H. ,Scanning tunneling microscopy of Bi – induced Ag(111) surface structures. *Phys. Rev. B*,82,165407,2010.

[45] Chan,K. T. ,Neaton,J. B. ,Cohen,M. L. ,First – principles study of metal adatom adsorption on graphene. *Phys. Rev. B*,77,235430,2008.

[46] Yaginuma,S. ,Nagaoka,K. ,Nagao,T. ,Bihlmayer,G. ,Koroteev,Y. M. ,Chulkov,E. V. ,Nakayama,T. , Electronic structure of ultrathin bismuth films with A7 and black – phosphorus – like structures. *J. Phys. Soc. Jpn.* ,77,014701,2008.

[47] Bobaru, S. , Gaudry, É. , de Weerd, M. C. , Ledieu, J. , Fournée, V. , Competing allotropes of Bi deposited on the Al13Co4(100) alloy surface. *Phys. Rev. B*, 86, 214201, 2012.

[48] Koroteev, Y. M. , Bihlmayer, G. , Chulkov, E. V. , Blügel, S. , First – principles investigation of structural and electronic properties of ultrathin Bi films. *Phys. Rev. B*, 77, 045428, 2008.

[49] Van Bommel, A. J. , Crombeen, J. E. , Van Tooren, A. , LEED and Auger electron observations of the SiC (0001) surface. *Surf. Sci.* , 48, 463 – 472, 1975.

[50] Berger, C. , Song, Z. , Li, X. , Wu, X. , Brown, N. , Naud, C. , Mayou, D. , Li, T. , Hass, J. , Marchenkov, A. N. , Conrad, E. H. , First, P. N. , de Heer, W. A. , Electronic confinement and coherence in patterned epitaxial graphene. *Science*, 312, 1191 – 1196, 2006.

[51] Brar, V. W. , Zhang, Y. , Yayon, Y. , Ohta, T. , McChesney, J. L. , Bostwick, A. , Rotenberg, E. , Horn, K. , Crommie, M. F. , Scanning tunneling spectroscopy or inhomogeneous electronic structure in monolayer and bilayer graphene on SiC. *Appl. Phys. Lett.* , 91, 122102, 2007.

[52] Mallet, P. , Varchon, F. , Naud, C. , Magaud, L. , Berger, C. , Veuillen, J. Y. , Electron states of mono – and bilayer graphene on SiC probed by scanning – tunneling microscopy. *Phys. Rev. B*, 76, 041403(R), 2007.

[53] Chen, W, Xu, H. , Liu, L. , Gao, X. , Qi, D. , Peng, G. , Tan, S. C. , Feng, Y. , Loh, K. P, Wee, A. T. S. , Atomic structure of the 6H – SiC nanomesh. *Surf. Sci.* , 596, 176 – 186, 2005.

[54] De Heer, WA. , Berger, C. , Wu, X. , First, P. N. , Conrad, E. H. , Li, X. , Li, T. , Sprinkle, M. , Hass, J. , Sadowski, M. L. , Potemski, M. , Martinez, G. , Epitaxial graphene. *Solid State Commun.* , 143, 92 – 100, 2007.

[55] Mattausch, A. and Pankratov, O. , *Ab initio* study of graphene on SiC. *Phys. Rev. Lett.* , 99, 076802, 2007.

[56] Käckell, P. , Furthmüller, J. , Bechstedt, F. , Polytypic transformations in SiC: An ab initio study. *Phys. Rev. B*, 60, 13261, 1999.

[57] Righi, M. C. , Pignedoli, C. A. , Borghi, G. , Di Felice, R. , Bertoni, C. M. , Catellani, A. , Surface – induced stacking transition at SiC(0001). *Phys. Rev. B*, 66, 045320, 2002.

[58] Sołtys, J. , Piechota, J. , Łopuszyński, M. , Krukowski, S. , A comparative DFT study of electronic properties of 2H – , 4H – and 6H – SiC(0001) and SiC(000 – 1) clean surfaces: Significance of the surface Stark effect. *New J. Phys.* , 12, 043024, 2010.

第8章 石墨烯的机电性和应变工程

Shuze Zhu
美国马萨诸塞州剑桥市麻省理工学院化学工程系

摘　要　石墨烯的电荷载流子表现为无质量狄拉克费米子，石墨烯的电荷表现为沿弹道传输，使之成为电路制备的理想材料。然而，在费米能级附近的石墨烯缺乏带隙，想要利用电子手段控制电导率和制备石墨烯电子器件是有困难的。由于石墨电子结构与其六方晶格的对称性密切相关，通过机械变形改变或破坏晶格的对称性可以改变其电子性质。这就为利用石墨烯的机电特性提供了丰富的机会，这一应用称为应变工程。利用应变诱导的赝磁场诱导电荷载流子的束缚，可以得到有限的带隙，这为石墨烯电子态工程和下一代石墨烯纳米电子学的设计提供了方向。本章从理论推导、计算见解、实验结果和应用前景等方面讨论了机械应变在石墨烯机电性能中的作用。

关键词　石墨烯，应变工程，电子性质，带隙，赝磁场

8.1 石墨烯应变工程时代

碳原子能够在原子间距约0.142nm的平面上密集地堆积在蜂窝晶格中。它们形成了一个二维晶体，十多年来在各个领域引起了大量的研究工作。这种突破性的材料被称为石墨烯，作为2010年诺贝尔物理学奖的缩影，它开启了凝聚态物理学、材料科学和许多其他工程领域的新时代。毫无疑问，石墨烯在推进人类知识边界的过程中，是各种优越的材料特性的前所未有的组合。其惊人的材料性质主要源于石墨烯二维晶体结构的独特性质。

石墨烯是迄今为止发现的强度最高的材料[1]。它的断裂应变高达25%[1-2]，使石墨烯成为可变形性极高的晶体之一。从某种意义上说，它可以很大程度上避免理想强度的非弹性弛豫。

除了优异的力学性能外，石墨烯是电子迁移率最高的材料，在室温下比硅高100倍[3]。同时，石墨烯在室温下的电阻率也是已知材料中最低的，比银还低[4]。

然而，真正的石墨烯是一种零间隙半导体[5]，这使其在电子学领域的应用是一种挑战。在电子学中，导电材料基本上都是有带隙的。为了创建分裂的电子态，我们发现具有有限宽度的石墨烯纳米带显示出完全不同的能带结构[6-7]。在实验中，通过将石墨烯纳米带宽度缩小到15nm[8]，可以获得200meV的能量间隙。因此，将石墨烯切成带状仍然

是获取石墨烯电子态的有效方法。

在石墨烯中,电子在二维空间中运动,这是研究量子霍尔效应的理想环境[9-10]。电子在二维材料中运动是典型的量子力学中增强传输现象。这种效应是由于外加磁场对石墨烯电荷载流子态的影响而所产生的。在二维空间中,普通的电子受到磁场作用时,沿环形回旋轨道运动。在量子力学中,这些轨道是量子化的。这些量子化轨道的能级具有离散的值,即朗道能级。从本质上讲,朗道能级之间产生了能量间隙,这种间隙可用于石墨烯电子和磁电子器件。然而,在纳米尺度空间里创造强磁场并不是一项简单的任务。

由于石墨烯是一种高度可变形的晶体,其电子性质与晶格结构密切相关,因此,机械变形为石墨烯电子性质的应用创造了广阔前景。

2010 年,N. Levy 等在一份报告中提到,在高度应变的石墨烯纳米气泡中生成的赝磁场比实验室中有史以来生成的最强磁场要强得多。这大概是在 300T 以上的极端磁场作用下,首次人为获取的电子运动方式。这样的强度远远超出了正常实验室所能营造的环境。在磁场中测试材料来研究电子的运动已经做了几十年,但是在实验室环境中维持巨大的强磁场是非常困难的。当产生更强的磁场时,磁铁会受到非常强大的作用力,这可能会导致其自身的断裂。石墨烯的赝磁场是一种全新的物理效应。在实验室条件下无法使石墨烯中的电子像在强度极高的磁场中一样运动,只能通过机械变形的手段达到目的。这为重要的电子应用和基本科学发现提供了一条新的途径。

8.2 石墨烯和狄拉克费米子的电子色散

为了绘制应变引起的石墨烯伪磁场的物理图,有必要重温一下石墨烯电子色散光谱中最吸引人的特征之一,即狄拉克锥。

石墨烯晶格单元包含两个子晶格点(图 8.1(a))。每个点都有三个最近邻,该点到每个最近邻的距离是相等的。在紧束缚近似下,如果我们只考虑第一个最近邻,并且只考虑平面外 p_z轨道,则石墨烯的哈密顿量可以表示为

$$\boldsymbol{H}=\begin{bmatrix}0 & f(\boldsymbol{k})\\ f^*(\boldsymbol{k}) & 0\end{bmatrix}\tag{8.1}$$

其中:

$$f(\boldsymbol{k})=-\sum_{j=1}^{3}t_j\cdot \mathrm{e}^{\mathrm{i}\boldsymbol{k}\cdot\boldsymbol{\delta}_j}$$

$t_j=(pp\pi)_j=\langle p_Z^A|\hat{H}|p_Z^B\rangle_j$,是 Slater - Koster 参数[12],表示在第 $j(j=1,2,3)$ 个第一最近邻的碳原子 p_z 轨道之间的能量积分。

值得注意的是,在非变形状态下,石墨烯里的三个最近邻的能量积分是相同的,因此可以简单地表示为 t。所以,可以将石墨烯在未变形状态下的哈密顿量简化为

$$\boldsymbol{H}=\begin{bmatrix}0 & -t\cdot g(\boldsymbol{k})\\ -t\cdot g^*(\boldsymbol{k}) & 0\end{bmatrix}\tag{8.2}$$

其中:

$$g(\boldsymbol{k})=\sum_{j=1}^{3}\mathrm{e}^{\mathrm{i}\boldsymbol{k}\cdot\boldsymbol{\delta}_j}$$

此后，跳变向量 $\boldsymbol{\delta}_j$ 被定义为(图8.1(a))，

$$\begin{cases}\boldsymbol{\delta}_1=\frac{a}{2}(\sqrt{3},1)\\ \boldsymbol{\delta}_2=\frac{a}{2}(-\sqrt{3},1)\\ \boldsymbol{\delta}_3=a(0,-1)\end{cases}\tag{8.3}$$

将 x 轴定义为沿曲折方向，a 是平衡最近邻距离。

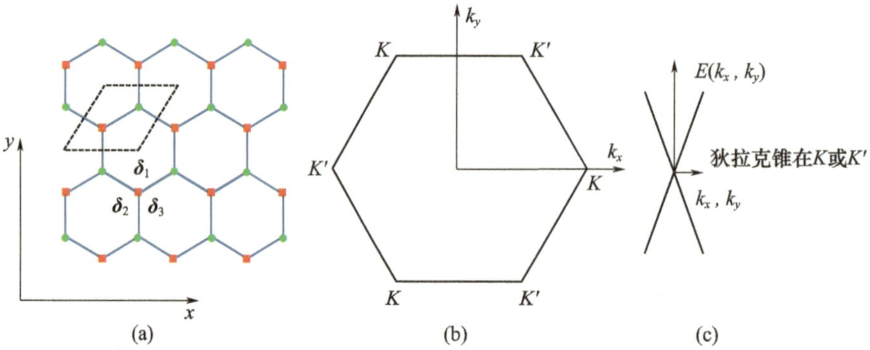

图8.1 (a)表示真实空间中的石墨烯晶格，表现为两个由红方和绿圆表示的子晶格。虚线框表示单元格。$\boldsymbol{\delta}_1$、$\boldsymbol{\delta}_2$、$\boldsymbol{\delta}_3$ 是三个跳变向量。x 轴是曲折的方向。(b)表示位于倒易空间中六角形布里渊区拐角的6个狄拉克点倒易空间。这6个点可以分为两组不等价点，分别表示为 K 和 K'。(c)显示了狄拉克锥周围石墨烯的电子色散关系

能量弥散可以由下面的长期方程计算

$$\begin{vmatrix}-E & -t\,g(\boldsymbol{k})\\ -t\,g^*(\boldsymbol{k}) & -E\end{vmatrix}=0\tag{8.4}$$

可以得到

$$E(\boldsymbol{k})=\pm t|g(\boldsymbol{k})|\tag{8.5}$$

狄拉克锥可以通过在倒易空间中绘制这个结果来可视化。狄拉克点位于六角形布里渊区(图8.1(b))的角上，能量被分配为零(费米能量)。可以看出，电子色散在狄拉克点附近是近似线性的(图8.1(c))。由于这种性质，可以引入一个线性近似，称为狄拉克近似，以简化电子色散。基本思想是把 $g(\boldsymbol{k})$ 重写为 $g_{\mathrm{D}}(\boldsymbol{q})$，$\boldsymbol{q}$ 是倒易空间中有一个向量，用狄拉克点(K 或 $\boldsymbol{K}$)来度量，这样 $\boldsymbol{q}=\boldsymbol{k}-\boldsymbol{K}$，可以得到

$$g_{\mathrm{D}}(\boldsymbol{q})=g(\boldsymbol{q}+\boldsymbol{K})=\sum_{j=1}^{3}\mathrm{e}^{\mathrm{i}(\boldsymbol{q}+\boldsymbol{K})\cdot\boldsymbol{\delta}_j}=\sum_{j=1}^{3}\mathrm{e}^{\mathrm{i}\boldsymbol{q}\cdot\boldsymbol{\delta}_j}\,\mathrm{e}^{\mathrm{i}\boldsymbol{K}\cdot\boldsymbol{\delta}_j}\tag{8.6}$$

实际上有两个不等价的狄拉克点[13]，表示为 $\boldsymbol{K}$(K点)和 $\boldsymbol{K}'$(K'点)。

利用 $\boldsymbol{K}=\left(\frac{4\pi}{3\sqrt{3}a},0\right)$ 并将 $\mathrm{e}^{\mathrm{i}\boldsymbol{q}\cdot\boldsymbol{\delta}_j}$ 扩展为 $\boldsymbol{q}=\boldsymbol{0}$ 附近的线性近似，可以得到无应变石墨烯在 $\boldsymbol{K}$ 附近的低能有效狄拉克哈密顿量为[13]

$$\boldsymbol{H}_{\boldsymbol{K}}=\hbar v_{\mathrm{F}}\begin{bmatrix}0 & q_x-\mathrm{i}q_y\\ q_x+\mathrm{i}q_y & 0\end{bmatrix}\tag{8.7}$$

式中：v_F 为原始的费米速度，$v_F=\frac{3ta}{2\hbar}$。

能量消耗变成：

$$E_{\boldsymbol{K}}=\pm\hbar v_F\boldsymbol{q} \tag{8.8}$$

同样地，令 $\boldsymbol{K}'=\left(-\frac{4\pi}{3\sqrt{3a}},0\right)$，可以得到[13]

$$\boldsymbol{H}_{\boldsymbol{K}'}=\hbar v_F\begin{bmatrix}0 & q_x+\mathrm{i}q_y\\ q_x-\mathrm{i}q_y & 0\end{bmatrix} \tag{8.9}$$

$$E_{\boldsymbol{K}'}=\pm\hbar v_F\boldsymbol{q} \tag{8.10}$$

8.3 外磁场和朗道能级中的狄拉克费米子

在经典物理学中，磁场中的电子沿称为回旋加速器轨道的圆周运动。量子力学上，回旋加速器轨道被量子化并表现出离散的能级，这被称为朗道能级。它们对应于在轨道电子量子波函数中发生相长干涉的能量。

为了用石墨烯显示这一点，可以用以下更简洁的格式重写 K 点附近的狄拉克哈密顿量

$$\boldsymbol{H}_K=\hbar v_F\boldsymbol{\sigma}\cdot\boldsymbol{q}=v_F\boldsymbol{\sigma}\cdot\boldsymbol{p} \tag{8.11}$$

式中：$\boldsymbol{\sigma}=(\boldsymbol{\sigma}_x,\boldsymbol{\sigma}_y)$，$\boldsymbol{\sigma}_x$ 和 $\boldsymbol{\sigma}_y$ 是泡利矩阵；$\boldsymbol{p}$ 是由 K 点测量的动量。

在磁场存在的情况下，在动量空间中，可以做如下替换：$\boldsymbol{p}\to\boldsymbol{P}=\boldsymbol{p}-e\boldsymbol{A}$，其中 e 是电子电荷，而 $\boldsymbol{A}$ 是向量势，所以 $\nabla\times\boldsymbol{A}=B\boldsymbol{e}_z$ 就是磁场，把它当做是常数。相应的向量势是 $\boldsymbol{A}=B(-y,0)$。请注意，在实空间中，这种替换是通过最小耦合（即用有效质量近似 $\boldsymbol{p}=-\mathrm{i}\hbar\nabla-e\boldsymbol{A}$ 代替 $\boldsymbol{p}=-\mathrm{i}\hbar\nabla$）来完成。

然后，狄拉克哈密顿量将变成

$$\boldsymbol{H}_K=v_F\boldsymbol{\sigma}\cdot\boldsymbol{p}=v_F\begin{bmatrix}0 & P_x-\mathrm{i}P_y\\ P_x+\mathrm{i}P_y & 0\end{bmatrix} \tag{8.12}$$

两分量波函数表示为

$$\boldsymbol{\Psi}=\begin{pmatrix}\boldsymbol{\Phi}_A^K\\ \boldsymbol{\Phi}_B^K\end{pmatrix}$$

$\boldsymbol{\Phi}_A^K$ 和 $\boldsymbol{\Phi}_B^K$ 分别为 K 点谷子晶格 A 和 B 的波函数。

要计算的平稳方程是

$$\boldsymbol{H}_K\boldsymbol{\Psi}=E\boldsymbol{\Psi}$$

$\boldsymbol{\Phi}_B^K$ 的本征能量计算方法为[13-15]

$$E_{n|\Phi_B^K}=\mathrm{sgn}(n)v_F\sqrt{2e\hbar B|n|} \tag{8.13}$$

其中 $n=0,\pm1,\pm2,\cdots$是朗道能级指数。正值对应于电子（导带），而负值对应于空穴（导带）。

$\boldsymbol{\Phi}_A^K$ 的本征能量计算方法为

$$E_{n|\Phi_A^K}=\mathrm{sgn}(n+1)v_F\sqrt{2e\hbar B|n+1|} \tag{8.14}$$

其中，朗道能级指数满足 $|n+1|\geqslant 1$。

类似地，对于 K' 点的谷，$\Phi_{\mathrm{A}}^{K'}$ 的本征能量计算方法为

$$E_{n|\Phi_{\mathrm{A}}^{K'}}=\mathrm{sgn}(n)v_{\mathrm{F}}\sqrt{2e\hbar B|n|} \tag{8.15}$$

其中 $n=0,\pm1,\pm2,\cdots$ 是朗道能级指数。

$\Phi_{\mathrm{B}}^{K'}$ 的本征能量计算方法为

$$E_{n|\Phi_{\mathrm{B}}^{K'}}=\mathrm{sgn}(n+1)v_{\mathrm{F}}\sqrt{2e\hbar B|n+1|} \tag{8.16}$$

其中，朗道能级指数满足 $|n+1|\geqslant 1$。

从这些结果中可以发现一些有趣的事实。首先，相邻的朗道能量之间的差距与指数相关。考虑到关于 $\mathrm{sgn}(n)\sqrt{|n|}$ 的朗道能级能量的线性标度，最大的能隙介于零和第一个朗道能级之间。这种大间距有助于观察石墨烯的量子霍尔效应。显然，占据每个朗道能级的电子数量取决于磁场的强度。场越强，朗道能级之间的能量间隔就越大，电子态在每个能级上的密度也就越大。其次，通过描述朗道能级能量的尺度，很容易计算出外加磁场的强度。后面会介绍，这两个观测结果也适用于应变诱导的石墨烯伪磁场。

从 $E_{n|\Phi_{\mathrm{B}}^{K'}}\overset{\mathrm{sym}}{=}E_{n|\Phi_{\mathrm{A}}^{K}}$ 和 $E_{n|\Phi_{\mathrm{A}}^{K'}}\overset{\mathrm{sym}}{=}E_{n|\Phi_{\mathrm{B}}^{K}}$ 的对称关系中可以看到，尽管不同的谷导致特定子晶格的局域态密度不同，但当两个谷叠加在一起时，整体子晶格等价被保留（即 $E_{n|\Phi_{\mathrm{B}}^{K'}}+E_{n|\Phi_{\mathrm{B}}^{K}}\overset{\mathrm{sym}}{=}E_{n|\Phi_{\mathrm{A}}^{K}}+E_{n|\Phi_{\mathrm{A}}^{K'}}$）。然而，后面会介绍，这种总的子晶格等价并不适用于由应变引起的赝磁场，而赝磁场与它的时间反演对称性的性质是耦合的。

8.4 应变场和赝磁场中石墨烯的狄拉克哈密顿量

为了对上述讨论进行概括，以下给出仅考虑第一最近邻的石墨烯紧束缚近似中的哈密顿量：

$$\boldsymbol{H}=-\sum_{i,j}t_0\,a_i^{\dagger}\,b_j+\mathrm{h.\,c.} \tag{8.17}$$

式中：t_0 为跳变参数；a_i 和 $a_i^{\dagger}$（b_i 和 $b_i^{\dagger}$）为子晶格 A（B）上电子的湮灭和创生算符。

为了给出应变效应的最简单描述，假设在机械变形作用下，只有跳跃能积分随原子间距离的变化而变化。首先假设修正是线性的，由文献[16]可得

$$t_n=t_0(1+\Delta_n) \tag{8.18}$$

其次，对创生和湮灭算符进行傅里叶变换，得到

$$\begin{cases}a_i=\dfrac{1}{\sqrt{N}}\sum\limits_{\boldsymbol{k}}\mathrm{e}^{\mathrm{i}\boldsymbol{k}\cdot\boldsymbol{R}_i}a_{\boldsymbol{k}}\\ b_i=\dfrac{1}{\sqrt{N}}\sum\limits_{\boldsymbol{k}}\mathrm{e}^{\mathrm{i}\boldsymbol{k}\cdot\boldsymbol{R}_i}b_{\boldsymbol{k}}\end{cases} \tag{8.19}$$

然后，得到了应变哈密顿量：

$$\boldsymbol{H}=-\sum_{n,\boldsymbol{k}}t_n\,\mathrm{e}^{-\mathrm{i}\boldsymbol{k}\cdot\boldsymbol{\delta}_n}a_{\boldsymbol{k}}^{\dagger}\,b_{\boldsymbol{k}}+\mathrm{h.\,c.} \tag{8.20}$$

在 K 点展开应变和波向量的线性序列，并且合并同类项，得到[17]

$$\begin{aligned}\boldsymbol{H} &= -\sum_{n,k} t_n \mathrm{e}^{-\mathrm{i}\boldsymbol{k}\cdot\boldsymbol{\delta}_n} a_k^{\dagger} b_k + \mathrm{h.\,c.} = -\sum_{n=1}^{3} t_n \begin{pmatrix} 0 & \mathrm{e}^{-\mathrm{i}(\boldsymbol{K}+\boldsymbol{q})\cdot\boldsymbol{\delta}_n} \\ \mathrm{e}^{\mathrm{i}(\boldsymbol{K}+\boldsymbol{q})\cdot\boldsymbol{\delta}_n} & 0 \end{pmatrix} \\ &= -\sum_{n=1}^{3} t_0(1+\Delta_n) \begin{pmatrix} 0 & \mathrm{e}^{-\mathrm{i}(\boldsymbol{K})\cdot\boldsymbol{\delta}_n} \\ \mathrm{e}^{\mathrm{i}(\boldsymbol{K})\cdot\boldsymbol{\delta}_n} & 0 \end{pmatrix} \times (\boldsymbol{I} + \mathrm{i}\sigma_z \boldsymbol{q}\cdot\boldsymbol{\delta}_n) \\ &= -\sum_{n=1}^{3} t_0(1+\Delta_n)\left(\mathrm{i}\frac{\boldsymbol{\sigma}\cdot\boldsymbol{\delta}_n}{a}\sigma_z\right) \times (\boldsymbol{I} + \mathrm{i}\sigma_z \boldsymbol{q}\cdot\boldsymbol{\delta}_n) \\ &= -\sum_{n=1}^{3} t_0\left(\mathrm{i}\frac{\boldsymbol{\sigma}\cdot\boldsymbol{\delta}_n}{a}\sigma_z\right) \times [\boldsymbol{I} + \mathrm{i}\sigma_z \boldsymbol{q}\cdot\boldsymbol{\delta}_n + \Delta_n \boldsymbol{I}] \\ &= \hbar v_{\mathrm{F}} \boldsymbol{\sigma}\cdot\boldsymbol{q} - \hbar v_{\mathrm{F}} \boldsymbol{\sigma}\cdot\boldsymbol{A}_{\mathrm{sk}} \end{aligned} \tag{8.21}$$

得出以下哈密顿量：

$$\boldsymbol{H} = \hbar v_{\mathrm{F}} \boldsymbol{\sigma}\cdot(\boldsymbol{q} - \boldsymbol{A}_{\mathrm{sk}}) \tag{8.22}$$

其中，把 $\boldsymbol{A}_{\mathrm{sk}}$ 定义为倒易空间中与期限 Δ_n 关联的向量。

上面的方程表明，如果 Δ_n 不是零，那么 K 点就可能因机械变形以向量 $\boldsymbol{A}_{\mathrm{sk}}$ 位移（图 8.2）。

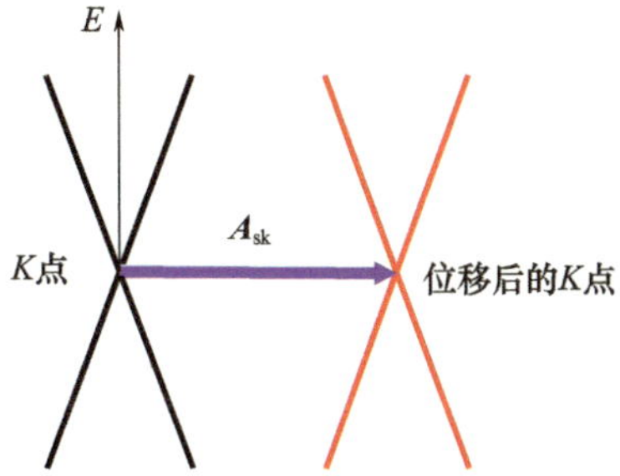

图 8.2　K 点的狄拉克锥位移，变形之前在左边（黑色）的位置，变形之后在右边（红色）的位置。

也可以把上面的方程重写为

$$\boldsymbol{H} = v_{\mathrm{F}} \boldsymbol{\sigma}\cdot(\hbar\boldsymbol{q} - \hbar\boldsymbol{A}_{\mathrm{sk}}) = v_{\mathrm{F}} \boldsymbol{\sigma}\cdot(\boldsymbol{p} - \hbar\boldsymbol{A}_{\mathrm{sk}}) = v_{\mathrm{F}} \boldsymbol{\sigma}\cdot(\boldsymbol{p} - e\boldsymbol{A}_{\mathrm{ps}}) \tag{8.23}$$

其中：

$$\boldsymbol{A}_{\mathrm{ps}} = \frac{\hbar \boldsymbol{A}_{\mathrm{sk}}}{e}$$

现在回顾一下在磁场存在下狄拉克哈密顿量的修正。做如下替换：$\boldsymbol{p} \to \boldsymbol{P} = \boldsymbol{p} - e\boldsymbol{A}$，可以得到

$$\boldsymbol{H}_k = v_{\mathrm{F}} \boldsymbol{\sigma}\cdot(\boldsymbol{p} - e\boldsymbol{A}) \tag{8.24}$$

在磁场中与应变场中狄拉克哈密顿量的相似性产生了应变诱发的赝磁场。

同样地，利用变换 $\boldsymbol{\sigma} = (\sigma_x, \sigma_y) \to \boldsymbol{\sigma} = (\sigma_x, -\sigma_y)$ 以及 $\boldsymbol{A} \to -\boldsymbol{A}$ 得到 $\boldsymbol{K}'$ 点的应变哈密顿量，从而保持了时间反演对称性。这表明 $\boldsymbol{K}$ 点和 $\boldsymbol{K}'$ 点的位移向量符号相反。

在应变场的存在下，石墨烯晶格的单元可能发生畸变。三个最近的跳变向量的长度可能不再相同，引入了一个依赖键的最近邻跳变振幅。应变石墨烯的电子仍然符合狄拉克方程，但与此同时，应变效应会伴随狄拉克锥[18]的位移而产生。这个结论是在传统的最小耦合情形下所得出的。它表明：电荷载流子可能会对应变场做出反应，就像它们处在

一个真正的外部磁场中一样。这个伪磁场的强度可以直接从狄拉克锥的位移中得出。锥形状能量弥散的性质被保留，除非变形太大，以致紧束缚假设不再可靠。

8.5 应变场与跳跃能的耦合

如前所述，因为 $t_n = t_0(1+\Delta_n)$，所以由原子间距离变化引起的跳跃能积分的修正呈线性。显然，在进一步量化 K 点受特定应变场的作用而发生位移之前，需要明确地将期限 Δ_n 与应变场关联起来。

文献[16]给出了由应变引起的跳变参数简化修正的经典经验表达式：

$$t_n = t_0 e^{-\beta\left(\frac{\delta_n}{a}-1\right)} \tag{8.25}$$

式中：a 为无应变最近邻距离，β 可以通过测量跳变参数的变化来近似，如下所示：

$$\beta = \left|\frac{\log(t_n) - \log(t_0)}{\dfrac{\delta_n}{a} - 1}\right| \tag{8.26}$$

取极限：$\delta_n \to a$，$t_n \to t_0$，可得

$$\beta = \left|\frac{\partial \log(t_0)}{\partial \log(a)}\right| \tag{8.27}$$

显然 β 是一个近似值。其实，$\beta \approx 2 \sim 3.37$[16]。

应变场的信息现在明显地与期限 $\dfrac{\delta_n}{a}$ 耦合起来，这个期限是跳变向量长度与原长度的比值。

柯西应变张量的求解方法为

$$\boldsymbol{\epsilon}_{ij} = \frac{1}{2}\left(\frac{\partial u_i}{\partial x_j} + \frac{\partial u_j}{\partial x_i}\right) \tag{8.28}$$

式中：$\boldsymbol{u}$ 为位移向量；$\boldsymbol{x}$ 为平面坐标系中的轴。

根据线性弹性理论，应变场中线元素变形前后长度变化的比值可通过以下方法得出

$$\lambda_v = \sqrt{1 + 2\boldsymbol{\epsilon}_{ij} v_i v_j} \tag{8.29}$$

式中：v_i 为线元素的方向余弦。由于应变假设较小，可以从未变形线元或变形线元计算 v_i，我们假定它们的差别很小。此外，λ_v 还可以扩展到应变张量的线性序列：

$$\lambda_v \approx 1 + \boldsymbol{\epsilon}_{ij} v_i v_j \tag{8.30}$$

因此，

$$\frac{\delta_n}{a} = 1 + \frac{\delta_n^i}{a} \cdot \boldsymbol{\epsilon}_{ij} \cdot \frac{\delta_n^j}{a} \tag{8.31}$$

最后将 t_n 扩展到应变张量的线性序列：

$$t_n = t_0 e^{-\beta\left(\frac{\delta_n}{a}-1\right)} = t_0\left[1 - \beta\left(\frac{\delta_n}{a} - 1\right)\right] = t_0\left(1 - \beta\frac{\delta_n^i}{a} \cdot \boldsymbol{\epsilon}_{ij} \cdot \frac{\delta_n^j}{a}\right)$$

因此，我们对由于应变场引起的跳跃能积分的修正作了更详细的阐释[17]：

$$\Delta_n = \frac{-\beta\delta_n^i \cdot \boldsymbol{\epsilon}_{ij} \cdot \delta_n^j}{a^2} \tag{8.32}$$

8.6 应变场与赝磁场的耦合

我们用$\boldsymbol{K}_{\text{ps}}$表示位移后的$K$点，它满足$E(\boldsymbol{K}_{\text{ps}})=0$，方程可以等价变为

$$\sum_{n=1}^{3} t_n \mathrm{e}^{\mathrm{i}\boldsymbol{K}_{\text{ps}}\cdot\boldsymbol{\delta}_n} = 0 \tag{8.33}$$

如果应变张量ϵ_{ij}表示各向同性应变场，则$\Delta_n=0$。因此$t_n=t_0$，可以得出狄拉克点不移位的结论。例如，$\boldsymbol{K}_{\text{ps}}=\boldsymbol{K}=\left(\dfrac{4\pi}{3\sqrt{3}a},0\right)$。

如果应变张量ϵ_{ij}表示各向异性应变场，则$\boldsymbol{K}_{\text{ps}}\neq\boldsymbol{K}$。假设$\boldsymbol{K}_{\text{ps}}=\boldsymbol{K}+\boldsymbol{A}_{\text{sk}}$，那么根据$E(\boldsymbol{K}_{\text{ps}})=0$，可以推导出：

$$\sum_{n=1}^{3} t_0(1+\Delta_n)\mathrm{e}^{\mathrm{i}(\boldsymbol{K}+\boldsymbol{A}_{\text{sk}})\cdot\boldsymbol{\delta}_n} = 0 \tag{8.34}$$

扩展为$\boldsymbol{A}_{\text{sk}}$的线性序列，得到

$$\sum_{n=1}^{3} (1+\Delta_n)(1+\mathrm{i}\boldsymbol{A}_{\text{sk}}\cdot\boldsymbol{\delta}_n)\mathrm{e}^{\mathrm{i}\boldsymbol{K}\cdot\boldsymbol{\delta}_n} = 0 \tag{8.35}$$

应变张量表示为

$$[\epsilon_{ij}] = \begin{bmatrix} \epsilon_{xx} & \epsilon_{xy} \\ \epsilon_{yx} & \epsilon_{yy} \end{bmatrix} \tag{8.36}$$

也可以从式(8.32)（注意：$\epsilon_{xy}=\epsilon_{yx}$）计算得

$$\begin{cases} \Delta_1 = -\beta\left(\dfrac{3}{4}\epsilon_{xx}+\dfrac{\sqrt{3}}{2}\epsilon_{xy}+\dfrac{1}{4}\epsilon_{yy}\right) \\ \Delta_2 = -\beta\left(\dfrac{3}{4}\epsilon_{xx}-\dfrac{\sqrt{3}}{2}\epsilon_{xy}+\dfrac{1}{4}\epsilon_{yy}\right) \\ \Delta_3 = -\beta\epsilon_{yy} \end{cases} \tag{8.37}$$

最后，K点的位移向量可由式(8.35)求解：

$$\begin{cases} \boldsymbol{A}_{\text{sk}} = (A_{\text{sk}x}, A_{\text{sk}y}) \\ A_{\text{sk}x} = \dfrac{1}{2}\dfrac{\beta}{a}(\epsilon_{xx}-\epsilon_{yy}) \\ A_{\text{sk}y} = \dfrac{1}{2}\dfrac{\beta}{a}(-2\epsilon_{xy}) \end{cases} \tag{8.38}$$

回想一下式(8.22)中的表述：

$$\boldsymbol{A}_{\text{ps}} = \frac{\hbar\boldsymbol{A}_{\text{sk}}}{e}$$

然后，可以重写方程：

$$\boldsymbol{A}_{\text{ps}} = \frac{\hbar\beta}{2ae}\begin{pmatrix} \epsilon_{xx}-\epsilon_{yy} \\ -2\epsilon_{xy} \end{pmatrix} = \text{const}\cdot\begin{pmatrix} \epsilon_{xx}-\epsilon_{yy} \\ -2\epsilon_{xy} \end{pmatrix} \tag{8.39}$$

伪磁场计算方法为

$$\boldsymbol{\nabla}\times\boldsymbol{A}_{\text{ps}} = B_{\text{ps}}\boldsymbol{e}_z \tag{8.40}$$

显然，我们关注的是向量$\begin{pmatrix}\epsilon_{xx}-\epsilon_{yy}\\-2\epsilon_{xy}\end{pmatrix}$，$\frac{\hbar\beta}{2ae}$只是一个常数比例因子。而且，$K'$点的$\boldsymbol{A}_{\mathrm{ps}}$和相应的$B_{\mathrm{ps}}$符号相反。

虽然上述方程是最基本的结果，但它体现出的数学之美令人叹为观止。赝磁场与二维应变张量梯度的线性组合成线性关系。

考虑到$\beta\approx2\sim3.37$[16]以及$v_{\mathrm{F}}=\frac{3ta}{2\hbar}$，赝磁场的一种实用且具有重大物理意义的形式是[19-20]

$$B_{\mathrm{ps}}=\frac{t\beta}{ev_{\mathrm{F}}}\left[-\frac{2\partial\epsilon_{xy}}{\partial x}-\frac{\partial}{\partial y}(\epsilon_{xx}-\epsilon_{yy})\right] \tag{8.41}$$

值得注意的是，我们采用了高度简化的假设才得到上述第一阶结论，还有许多学者对其进行了更深入的研究[21-26]。例如，我们没有考虑应变场对跳变向量$\boldsymbol{\delta}_n$的长度变化的影响，这与计算狄拉克锥位移的参考坐标系有密切的关系，对晶格校正效应的研究是很诱人的。然而事实证明，虽然晶格修正会影响狄拉克锥位移的描述，但它们不会对伪磁场产生影响[21-26]。

8.7 伪朗道能级和伪自旋极化

向量势进入狄拉克哈密顿量的方式和真正的磁场是一样的。因此，我们可以将应变诱导的赝磁场与实际磁场进行比较(8.3节)。

例如，考虑K点的谷，真正的磁场朗道能级如下：

$$E_n=\mathrm{sgn}(n)v_{\mathrm{F}}\sqrt{2e\hbar B|n|}$$

如果换成B_{ps}可以立即得出

$$E_n=\mathrm{sgn}(n)v_{\mathrm{F}}\sqrt{2e\hbar B_{\mathrm{ps}}|n|} \tag{8.42}$$

其中$n=0,\pm1,\pm2,\cdots$是伪朗道能级指数。

该方程是在扫描隧道显微镜(STM)实验中探测伪磁场强度的基础，在该实验中，可以观测到局域态密度的空间分布，这是因为$\mathrm{d}I/\mathrm{d}V$曲线上不同峰与采样电压明显不同，相应的峰能量应遵循伪朗道能级指数的标度律。这些原理被应用于描述300T的赝磁场中[11]。这种观测到的现象也被称为应变诱导的朗道量子化，甚至可能会生成在室温下就可以观测到的能量间隙[27]。想要得到好的测量结果，就要求赝磁场在回旋半径尺度上是均匀的，并且可以通过STM尖端直接探测。STM实验是使用尖细的探针沿着纳米气泡表面滑动来测量($\mathrm{d}I/\mathrm{d}V$)，微分电导与扫描中每个点的局域态密度成正比，同时绘制一幅表面的图像。这也被称为扫描隧道光谱学(STS)测量。

然而，与实际磁场(8.3节)不同的是，赝磁场使得K和K'点谷电荷载流子符号相反，这两点谷的向量势符号也相反。例如，K谷的电子圆周运动方向与K'谷的电子相反。这是赝磁场的时间反演对称性的结果。

在8.3节的讨论之后，赝磁场的时间反演对称性质产生了$E_n|\phi_{\mathrm{B}}^{K'}\overset{\mathrm{sym}}{=}E_n|\phi_{\mathrm{B}}^{K}$以及$E_n|\phi_{\mathrm{A}}^{K'}\overset{\mathrm{sym}}{=}E_n|\phi_{\mathrm{A}}^{K}$不同的关系集，这些关系表明，对于每个子晶格，两个谷对这个子晶格相关

的局域态密度的影响相同，而当两个谷叠加时，整体子晶格等价性就会被打破（即$E_{n\,|\phi_B^{K'}} + E_{n\,|\phi_B^{K}} \overset{\text{sym}}{\neq} E_{n\,|\phi_A^{K}} + E_{n\,|\phi_A^{K'}}$）。最近在 STM/STS 实验[28]中直接观察到了与赝磁场有关的局域态密度的再分布。赝磁场将各态的能量在子晶格 A 和 B 向相反方向转移，从而产生亚晶格对称性破缺。一个子晶格中的局域态密度增加，而另一个子晶格中的局域态密度减小。这种性质与真正的磁场完全不同。子晶格对称性破缺是赝磁场除朗道量子化的另一个特征。此外，子晶格对称破缺表现了谷滤波性质，可应用于谷电子学，稍后将简要讨论。

在狄拉克描述中，子晶格对称性破缺类似于伪自旋极化，其中子晶格自由度由伪自旋[29]表示。在赝磁场存在的情况下，我们可以将子晶格对称性破缺与赝磁场引起的伪自旋排列进行比较。

8.8 磁感应强度超过 300T 的应变诱导赝磁场

让我们回顾一下 300T 以上应变诱导赝磁场的实验[11]。在温度比绝对零度高几度的铂基底上形成了数纳米大小的石墨烯纳米气泡，这些气泡及其应变。然后用扫描隧道显微镜研究了这些单层石墨烯纳米气泡。值得注意的是，在三角形状的纳米气泡上，赝磁场的测量更加均匀（图 8.3）。

在纳米气泡表面扫描时，可以观察到局域态密度的不同峰[11]。这些峰对应于伪朗道能级，因为它们遵循峰值能量之间的线性标度行为。实验还发现，气泡的曲率越大，赝磁场的强度越大，这可能与较大的曲率通常表示较大的应变梯度有关，赝磁场的强度与之线性相关。纳米气泡边缘的强度也增加了，因为远离边缘的石墨烯分子在基底上是相当平的，所以预计其应变梯度剖面会达到一个极值。在某些情况下，伪朗道能级计算出的赝磁场强度在 300T 以上。

实验证明，应变工程是控制石墨烯电子结构的一种很有前景的方法，即使在室温下也是如此。这为研究凝聚态环境中的极高磁场状态提供了一个新的视角。

虽然在石墨烯纳米气泡上生成强度极高的赝磁场是令人兴奋的，但我们必须认识到，正是因为石墨烯和铂的热膨胀系数差异较大，才能在铂基底上通过化学气相淀积使石墨烯冷却下来，自然形成这些纳米气泡。因此，工程有一定的局限性。首先，纳米气泡出现的位置无法预测；其次，纳米气泡的大小和形状不太好控制，而这两个参数都与应变场关系密切。毕竟，应变场控制着赝磁场。

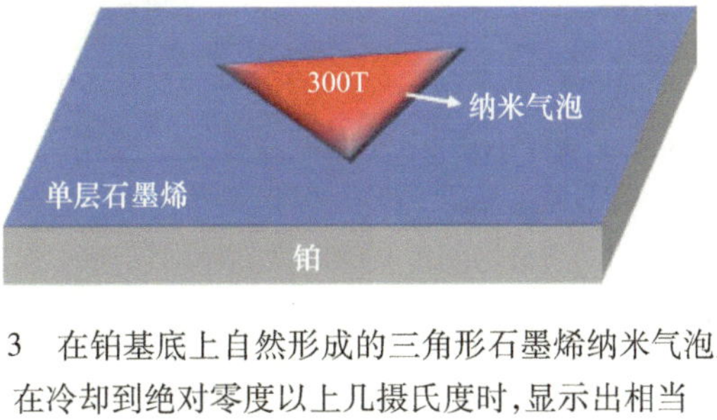

图 8.3　在铂基底上自然形成的三角形石墨烯纳米气泡上，在冷却到绝对零度以上几摄氏度时，显示出相当均匀的赝磁场，强度大约 300T[11]

8.9 石墨烯鼓头与赝磁场按需激活

一个更可控的方法是使用石墨烯鼓头。2012 年，N. N. Klimov 在报告中说，他们可以利用 STM 尖端来调节单层石墨烯鼓头结构中的应变[19]。调整应变使得石墨烯的赝磁场中产生半导体区域。

单层石墨烯被放置在二氧化硅基底的浅孔上，这就形成了一个石墨烯鼓头阵列（图 8.4(a)）。当尖端扫过的时候，石墨烯会隆起触碰尖端。这是范德瓦尔斯力作用的结果。石墨烯隆起的部分在尖端下方形成了一个局部的应变场。测量变形悬垂石墨烯上的 STS 可得电子能谱，该能谱可以显示受限量子点形成于变形区域的顶点处的空间。量子点[30]是一种半导体，电子被限制在一个小的空间区域内。通常，要制备一个石墨烯量子点，就必须切割出一块纳米尺寸的石墨烯。但在本实验中，石墨烯中的半导体量子点区域是利用尖端有方向地变更其外形和应变场所产生的。进一步的测量和计算分析表明，量子点是由三重对称的赝磁场产生的（图 8.4(b)）。

伪磁场的按需激活可以通过尖端与石墨烯相互作用来实现，只是在这个鼓头实验中赝磁场的强度不如在纳米气泡实验中的强[11]。尖端下面的应变场高度局部化，使得赝磁场区的位置随尖端而动。尖端位置的量子点大小和赝磁场强度是相互独立的，但与尖端的半径和鼓头的直径有关[31]。赝磁场的按需激活完全由尖端与石墨烯的接触控制。

然而，STS 测量的各个能级的能量间距遵循量子点的经典能量谱，而不是纳米气泡实验中出现的量子化朗道能级的集合[11]。这说明鼓头实验中的赝磁场不是均匀场。事实上，赝磁场强度最大的位置与探针尖端正下方的区域有一定距离。通过对变形石墨烯应变场的计算，发现赝磁场是一个具有三重对称性的空间交变磁场。赝磁场将石墨烯载流子限制在赝磁场的交变峰周围。然而，一些与经典蛇形轨道相对应的电子态沿着赝磁场变化符号的线传播则不受限制。当外加磁场与赝磁场的一个分量强度相匹配，且与赝磁场相反时，渗漏的限制消失了[19]。测量和计算估计都表明，空间交变赝磁场的峰值强度在 10T 左右。

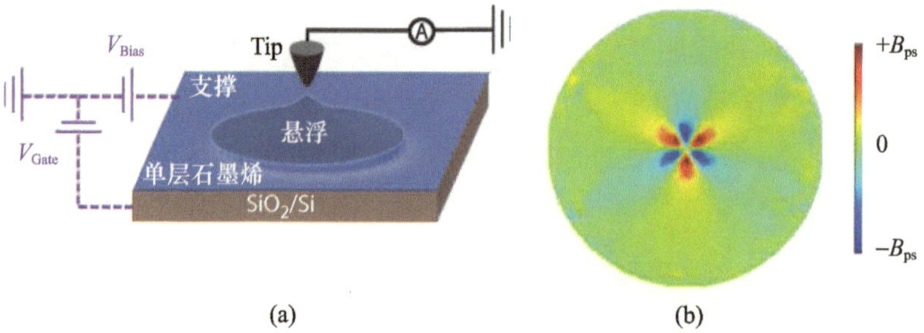

图 8.4 (a)示意图显示 STM 尖端引起石墨烯变形，形成鼓头结构。它是通过将单层石墨烯沉积在带有纹孔的基底上而形成的。(b)STM 尖端引起悬浮石墨烯变形的三重对称赝磁场的典型分布。这里提出的赝磁场是由分子动力学模拟再现的，如参考文献[19]描述。其磁感应强度 B_{ps} 约为 10T，是一个缩小的结构模型

上述的鼓头[19]和纳米气泡[11]之间的区别表明，通过赝磁场改变石墨烯的电子状态的因素相当多。一个直接的问题是：为什么在鼓头的情况下，赝磁场是一个具有三重对称

性的空间交变磁场;而在纳米气泡的情况下却是均匀场?

首先,让我们了解一下鼓头的情况。尖端引起的变形可以看作是旋转对称的。在这个假设下,在圆柱坐标系(r,θ)中,赝磁场可以表示为[31]

$$B_{ps}=\frac{t\beta}{ev_F}\sin3\theta\left(-\frac{\partial(\epsilon_{rr}-\epsilon_{\theta\theta})}{\partial r}+\frac{2(\epsilon_{rr}-\epsilon_{\theta\theta})}{r}\right) \tag{8.43}$$

这表明,石墨烯中具有旋转对称的应变场可以产生一个具有三重(三角形)对称的赝磁场(由于前因子 $\sin3\theta$ 导致)。

从另一个角度考虑:为了得到一个均匀的赝磁场,应变场必须消除前因子 $\sin3\theta$,这似乎表明应变场应该是三角对称的。这是否可以解释在三角形纳米气泡上测量的赝磁场是均匀的[11]？我们能通过对应变场的主动控制来设计赝磁场吗?

8.10 赝磁场应变工程:三轴拉伸

局部应变的石墨烯纳米气泡[11]和石墨烯鼓头[19]中可以产生巨大的赝磁场,这个实验证据激发了人们探索潜力无限的石墨烯应变工程以及在正常实验室环境中不存在的极端磁场下的电荷载流子行为的热情。然而,石墨烯纳米泡和鼓头实验都证明了赝磁场高度局部化,但在实际应用中需要大面积赝磁场进行表征和实际控制。此外,赝磁场应变梯度相关性也是一个棘手的问题。例如,单轴应变[16]仅仅因为没有应变梯度就没有能量间隙。一个基本的问题是,什么样的应变场能够产生大面积且均匀的赝磁场?

2009 年,F. Guinea 等在研究中心发现,通过在石墨烯中引入三重对称的应变场,可以得到几十特斯拉[27]强度的均匀赝磁场。该理论成功地解释了为什么能在三角形纳米气泡上测得相当均匀的赝磁场[11],因为其中的应变场也具有三角形对称性。

在极坐标(r,θ)中,u_r 和 u_θ 为位移场。如果 $u_r=\text{const}\cdot r^2\sin3\theta$ 且 $u_\theta=\text{const}\cdot r^2\cos3\theta$,可以计算出一个均匀的赝磁场[27]:

$$B_{ps}=\text{const}\cdot\frac{8t\beta}{ev_F} \tag{8.44}$$

指定的位移场(u_r 和 u_θ)对应一个规则的六边形,在它的三个非相邻边均匀施加法向应力,垂直于石墨烯晶格的等效晶体方向〈100〉(图 8.5)。这个六边形的边长用 L 表示,它周围的最大应变为 ϵ_{pmax},然后和 $\text{const}=\epsilon_{pmax}/L$,可得

$$B_{ps}=\frac{8\epsilon_{pmax}t\beta}{ev_F L} \tag{8.45}$$

如果 $L=30\text{nm}$,$\epsilon_{pmax}=1\%$,可以在六边形的中心区域附近得到相当均匀的赝磁场,强度 $B_{ps}\approx7\text{T}$[27]。局域态密度的峰(伪朗道能级)也可以观测到[27]。其中存在线性标度关系 $B_{ps}\propto\epsilon_{pmax}/L$。

这种三轴加载方案可以直接解释先前讨论过的纳米气泡实验[11]。高度应变的三角形纳米泡表现为三轴应力状态,因此在纳米气泡上测得的赝磁场是相当均匀的。

我们可以进一步想象应变石墨烯超晶格的应用,这种超晶格可以通过将石墨烯沉积在具有三轴应力状态[27]的设计沉底表面上而产生。由此产生的赝磁场超晶格打开了石墨烯电子态能带中的能量间隙。

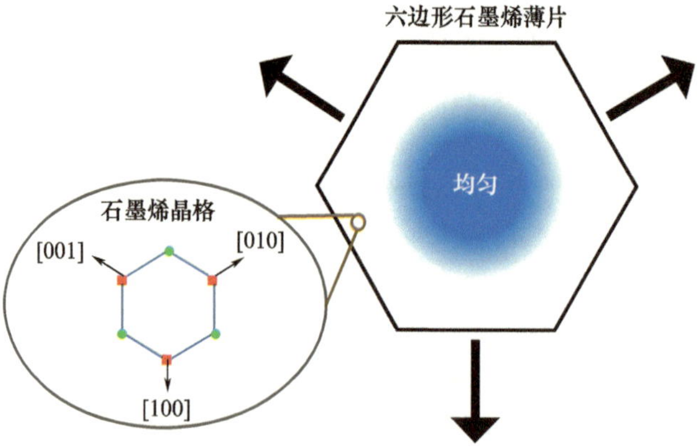

图 8.5 示意图显示由三个交错边拉伸的正六边形石墨烯的赝磁场
（这个赝磁场在中心区域相当均匀）

8.11 赝磁场应变工程：单轴拉伸

从前面的部分来看，下面的内容相当有趣。石墨烯的轴对称应变场产生了旋转三重对称的赝磁场，而石墨烯的旋转三重对称的应变场能产生均匀的赝磁场（某种程度上可以看作是轴对称的）。这清楚地证明了赝磁场对称性对石墨烯应变梯度的依赖性，并将其嵌入到计算赝磁场的简单方程中。

然而，对于均匀赝磁场的这个简单方程，还有其他的解吗？

2015 年，S. Zhu 等的研究提出了通过“简单单轴拉伸”的方法在大面积平面石墨烯片上产生分布均匀的、可控的极强赝磁场[32]。实现方法是用形状函数排布石墨烯片的几何形状来获取所需的应变梯度。这个几何学上的方法，为二维材料的电子性的应变工程提供了很多可能。

在二维材料中，我们得到了 $\sigma_{xx}=\dfrac{E}{1-v^2}(\epsilon_{xx}+v\epsilon_{yy})$、$\sigma_{yy}=\dfrac{E}{1-v^2}(\epsilon_{yy}+v\epsilon_{xx})$ 和 $\sigma_{xy}=2G\epsilon_{xy}$ 的本构关系。其中：E 为杨氏模量，v 为泊松比、G 为剪切模量。它们的关系为 $G=\dfrac{E}{2(1+v)}$。

我们还能得到应力平衡方程（没有体积力）：

$$\frac{\partial\sigma_{xx}}{\partial x}+\frac{\partial\sigma_{yy}}{\partial y}=0,\frac{\partial\sigma_{xy}}{\partial x}+\frac{\partial\sigma_{yy}}{\partial y}=0$$

结合本构关系和应力平衡方程，可以得出

$$\frac{E}{1-v^2}\left(\frac{\partial\epsilon_{xx}}{\partial x}+\frac{v\partial\epsilon_{yy}}{\partial x}\right)+2G\frac{\partial\epsilon_{xy}}{\partial y}=0,\frac{E}{1-v^2}\left(\frac{\partial\epsilon_{yy}}{\partial y}+\frac{v\partial\epsilon_{xx}}{\partial y}\right)+2G\frac{\partial\epsilon_{xy}}{\partial x}=0$$

如果我们假设一个单向拉伸载荷（$\epsilon_{xx}=-v\epsilon_{xy}$），得到 $\dfrac{\partial\epsilon_{xy}}{\partial y}=0$ 以及 $\dfrac{\partial\epsilon_{xy}}{\partial x}=-(1+v)\dfrac{\partial\epsilon_{yy}}{\partial y}$。因此，赝磁场强度可以重写为

$$B_{ps}=\frac{t\beta}{ev_F}\left(-\frac{2\partial\epsilon_{xy}}{\partial x}-\frac{\partial\epsilon_{xx}}{\partial y}+\frac{\partial\epsilon_{yy}}{\partial y}\right)=\frac{3t\beta}{ev_F}(1+v)\frac{\partial\epsilon_{yy}}{\partial y} \tag{8.46}$$

上述分析指出，如果$\frac{\partial\epsilon_{yy}}{\partial y}$能设定成一个常数，就能通过简单的单轴拉伸得到一个均匀的赝磁场。

设计这种应变梯度的关键是石墨烯的形状函数（图 8.6(a)）

$$W(y)=\frac{f_r L W_0}{f_r(L-y)+y} \tag{8.47}$$

式中：f_r 为石墨烯纳米棒顶部和底部宽度的比值；L 为纳米棒的初始长度；W_0 为纳米棒底部的初始宽度。

因此：

$$\frac{\partial\epsilon_{yy}}{\partial y}=\frac{2\epsilon_{app}}{L}\frac{(1-f_r)}{(1+f_r)} \tag{8.48}$$

$$B_{ps}=\frac{6t\beta}{ev_F}\frac{\epsilon_{app}}{L}\frac{(1-f_r)}{(1+f_r)}(1+v) \tag{8.49}$$

式中：ϵ_{app} 为全局应用应变。

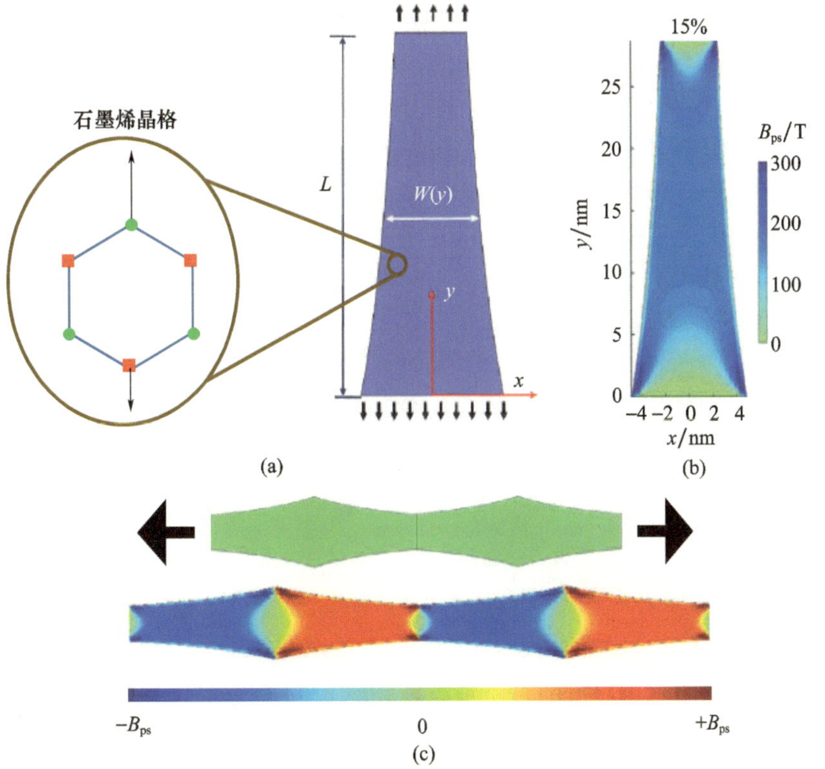

图 8.6 (a)示意图显示在单轴拉伸作用下石墨烯纳米棒宽度发生变化，产生赝磁场。内嵌表示了晶格的取向，并结合形状函数 $W(y)$ 进行了单轴拉伸，得到了不同程度的变形。(b)显示(a)形状的石墨烯纳米棒在 15% 单轴拉伸下形成的相当均匀的赝磁场。这里给出的赝磁场是由一个有限元模拟再现的，如参考文献[32]所述。(c)示意图显示经过反复优化几何形状的石墨烯纳米棒拉伸而产生的赝磁场

如果设置得当,赝磁场的强度将相当巨大(图8.6(b))。与三轴加载方案类似,这里有一个线性标度关系 $B_{ps} \propto \epsilon_{app}/L$。

这种方法可以很容易地应用于建立赝磁场超晶格[32]。让我们想象一下,一根经过反复优化几何形状的石墨烯纳米棒(图8.6(c)),由于对称性,在单轴拉伸的作用下产生了具有交替符号的均匀赝磁场。这种概念也可以应用于石墨烯纳米网络结构。

8.12 拓扑绝缘体与谷电子学的应变工程

在倒易空间中,石墨烯的导带和价带以六角形的形状触及6个点(图8.1(b))。这6个点可以分为两个不等价点,通常用 K 点和 K' 点表示。由于赝磁场使得 K 点和 K' 点的谷的电荷载流子携带相反的符号,在 K 点和 K' 点的向量势具有相反的符号,因此,石墨烯的应变工程可以为实现谷极化和拓扑谷电流提供替代方案。

二维拓扑绝缘体是一类原子级的薄层状材料,具有独特的对称保护的高真空金属边缘状态和内部绝缘环境[33]。这些态也称为量子自旋霍尔态。这种效应产生了边界上的边缘状态,这些边缘状态在拓扑保护下免受背散射,为电子器件(如自旋电子学[34])无消散地传输电流提供了潜在的应用。

量子自旋霍尔效应的特征是在每一个被时间反演对称保护的边界上,粒子反向自旋互相抵消[33],形成主体上的完全绝缘间隙和螺旋无间隙边缘态。实际上,最初预测量子自旋霍尔效应在有应变梯度的情况下在半导体中产生,在这种情况下,退化的量子朗道能级是在没有任何磁场的情况下由自旋轨道耦合产生的[35]。考虑到自旋轨道耦合将载流子的自旋和动量自由度耦合起来,半导体异质结构中的应变会导致对位有效磁场作用于两个自旋[27,35]的准朗道量子化。然而,除非有适当的磁场存在能创造较大的朗道能级间隙,从而使石墨烯处于量子自旋霍尔态[36],否则即使将温度控制在数开尔文,石墨烯的弱自旋轨道耦合能生成的间隙也极小。

赝磁场利用了石墨烯的伪自旋轨道耦合的优势,在室温下可以产生较大的间隙。因此,石墨烯的赝磁场对开发其量子自旋霍尔态具有极大的潜力。强赝磁场导致朗道量子化,使得在室温下就能创造可以观测到的能量间隙。这也被称为零场量子霍尔效应[27]。与实际磁场中的标准量子霍尔效应不同,赝磁场使得 K 和 K' 点谷中的电荷载流子具有相反的符号。因此,存在沿相反方向循环的边缘态。也就是说,在不破坏时间反演对称性的情况下,应变不仅能引起体的能量间隙,还能引起赝磁场产生区域的边界上反向传播的边缘态。

在石墨烯纳米棒中,一个强的赝磁场可以产生量子自旋霍尔态[37-38]。赝磁场使载流子更加局域化,使边缘态更接近纳米棒的边界,也使量子自旋霍尔态更加稳定。进一步证明了量子自旋霍尔态和量子反常霍尔态之间的拓扑量子相变是由应变[37]所引起。

K 和 K' 谷中电荷载流子赝磁场的符号差异也可用于从不同的谷中分离电子,可用于谷电子学[39-41]。与利用电子不同的自旋控制电子的自旋电子学[34]类似,谷电子学研究的是用不同的谷控制电子。所以,产生谷极化电流至关重要。换句话说,谷滤波具有必要性。

赝磁场对谷滤波的影响是一个值得研究的领域。由于不同谷中赝磁场的符号有变化,K 谷的电子受力后的环形运动(经典的圆形轨道)方向与 K' 谷的电子相反。这表明,利用排列好的赝磁场,具有为一个谷中的电子设计出一条专属传输路径的可能性。上述概念一个可能实现的方案[42-43]是在石墨烯上加一个圆顶,STM 尖端拉悬石墨烯[19]的实验就可以实现,其中赝磁场强度可以达到 1000T[28]。由此产生的赝磁场具有三重对称性。当入射的电子波包含两个谷的电子时,如果入射方向合适,一个谷中的电子将沿着经典蛇形轨道通过符号交替的赝磁场区域,而另一个谷中的电子则是背散射的(图 8.7)。这种设计可以作为谷电子学的一种基本研究方法[28,42-43],为太赫兹谷滤波器的发展铺平了道路。

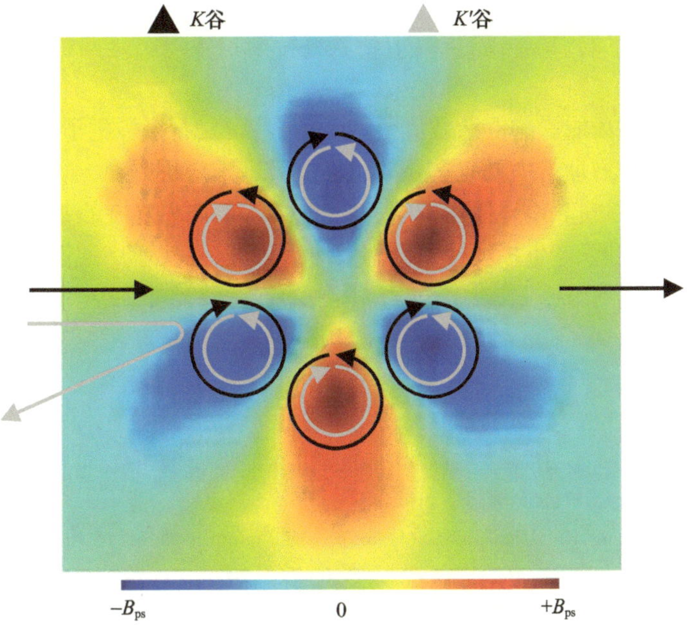

图 8.7 具有三重对称性的赝磁场的谷滤波特性

这是图 8.4(b)的放大视图。在 K(黑色)和 K'谷(灰色)中,涡旋是电子受伪磁场作用后形成的典型反向传播轨迹。图示为一股包含 K 和 K'点电子的输入电流从左向右流过这个区域。若入射方向合适,则 K'谷的电子会散射,而 K 谷的电子会透射。

8.13 小结

本章从理论推导、计算见解、实验结果和应用前景等方面,给出了通过赝磁场改变石墨烯电子态的力学应变的最核心的概念。

当石墨烯晶格受应变作用时,两个子晶格之间的跳跃能就发生了变化。修正的跳跃能为低能狄拉克哈密顿量中的动量算符增加了一个项,就像在实际磁场中增加了向量势一样。这为石墨烯的力学变形与电子结构的关联提供了一种非常有效的途径,开创了应变工程的时代。赝磁场的特征是伪朗道能级峰和局域态密度中子晶格的对称性破缺。这些特性可以在 STM/STS 测量中发现。

在高度应变的三角形石墨烯纳米气泡上测得了强度高达 300T 的均匀赝磁场,这些气泡是铂基底上的石墨烯冷却到低温时自然形成的。石墨烯纳米气泡采用化学气相淀积法生成，由于石墨烯与铂的热膨胀系数差异较大，导致两种材料在冷却过程中晶格失配。这种晶格失配使得高应变的石墨烯纳米气泡自然形成。

另一种对悬浮石墨烯鼓头的扫描隧道显微镜/光谱学（STM/STS）研究和相关计算显示，STM 探针尖端与悬浮石墨烯鼓头相互作用，在 STM 探针尖端下方的石墨烯中产生了一个高度局域化的径向对称应变场。反过来，这个应变场激发出一个三重对称的赝磁场。这种变形方法具有更高的可控性。

为了充分利用应变引起的赝磁场的全势场，需要生成一个大面积均匀场。主要困难来自于赝磁场依赖于石墨烯的应变梯度这一事实。获得均匀赝磁场有两种方法：三轴拉伸和单轴拉伸，其产生的强度可以从数十到数百特斯拉不等。这两种方法均可应用于形成赝磁超晶格。

应变引起的赝磁场能影响电荷载流子的运动，是研究石墨烯电子态的有用工具，在电子技术应用和凝聚态物理学中具有重要的意义。其基本应用是在大块石墨烯中产生能量间隙，使这个天然的零间隙半导体用于电子用途。此外，赝磁场在石墨烯能带结构的两个非等效谷作用相反，可以产生零场量子霍尔效应。因此，在实验中通过排列赝磁场可以把石墨烯变成二维拓扑绝缘体，或谷电子学应用中的谷滤波元件。

参考文献

[1] Lee, C., Wei, X., Kysar, J., Hone, J., Measurement of the elastic properties and intrinsic strength of monolayer graphene. *Science*, 321, 385, 2008.

[2] Lu, Q., Gao, W., Huang, R., Atomistic simulation and continuum modeling of graphene nanoribbons under uniaxial tension. *Modell. Simul. Mater. Sci. Eng.*, 19, 054006, 2011.

[3] Morozov, S., Novoselov, K., Schedin, F., Jiang, D., Firsov, A., Geim, A., Two - dimensional electron and hole gases at the surface of graphite. *Phys. Rev. B*, 72, 201401, 2005.

[4] Chen, J., Jang, C., Xiao, S., Ishigami, M., Fuhrer, M., Intrinsic and extrinsic performance limits of graphene devices on SiO2. *Nat. Nanotechnol.*, 3, 206, 2008.

[5] Novoselov, K., Geim, A., Morozov, S., Jiang, D., Zhang, Y., Dubonos, S., Grigorieva, I., Firsov, A., Electric field effect in atomically thin carbon films. *Science*, 306, 666, 2004.

[6] Barone, V., Hod, O., Scuseria, G., Electronic structure and stability of semiconducting graphene nanoribbons. *Nano Lett.*, 6, 2748, 2006.

[7] Tapaszto, L., Dobrik, G., Lambin, P., Biro, L., Tailoring the atomic structure of graphene nanoribbons by scanning tunnelling microscope lithography. *Nat. Nanotechnol.*, 3, 397, 2008.

[8] Han, M., Ozyilmaz, B., Zhang, Y., Kim, P., Energy band - gap engineering of graphene nanoribbons. *Phys. Rev. Lett.*, 98, 206805, 2007.

[9] Zhang, Y., Tan, Y., Stormer, H., Kim, P., Experimental observation of the quantum Hall effect and Berry's phase in graphene. *Nature*, 438, 201, 2005.

[10] Novoselov, K., Jiang, Z., Zhang, Y., Morozov, S., Stormer, H., Zeitler, U., Maan, J., Boebinger, G., Kim, P., Geim, A., Room - temperature quantum Hall effect in graphene. *Science*, 315, 1379, 2007.

[11] Levy, N., Burke, S., Meaker, K., Panlasigui, M., Zettl, A., Guinea, F., Neto, A., Crommie, M., Strain - induced pseudo - magnetic fields greater than 300 tesla in graphene nanobubbles. *Science*, 329, 544, 2010.

[12] Slater, J. and Koster, G. , Simplified LCAO method for the periodic potential problem. *Phys. Rev.* ,94, 1498,1954.

[13] Castro Neto, A. , Guinea, F. , Peres, N. , Novoselov, K. , Geim, A. , The electronic properties of graphene. *Rev. Mod. Phys.* ,81,109,2009.

[14] Das Sarma, S. , Adam, S. , Hwang, E. , Rossi, E. , Electronic transport in two - dimensional graphene. *Rev. Mod. Phys.* ,83,407,2011.

[15] Goerbig, M. , Electronic properties of graphene in a strong magnetic field. *Rev. Mod. Phys.* ,83,1193,2011.

[16] Pereira, V. , Castro Neto, A. , Peres, N. , Tight - binding approach to uniaxial strain in graphene. *Phys. Rev. B*,80,045401,2009.

[17] de Juan, F. , Sturla, M. , Vozmediano, M. , Space dependent Fermi velocity in strained graphene. *Phys. Rev. Lett.* ,108,227205,2012.

[18] Hasegawa, Y. , Konno, R. , Nakano, H. , Kohmoto, M. , Zero modes of tight - binding electrons on the honeycomb lattice. *Phys. Rev. B*,74,033413,2006.

[19] Klimov, N. , Jung, S. , Zhu, S. , Li, T. , Wright, C. , Solares, S. , Newell, D. , Zhitenev, N. , Stroscio, J. , Electromechanical properties of graphene drumheads. *Science*,336,1557,2012.

[20] Kim, K. , Blanter, Y. , Ahn, K. , Interplay between real and pseudomagnetic field in graphene with strain. *Phys. Rev. B*,84,081401,2011.

[21] de Juan, F. , Manes, J. , Vozmediano, M. , Gauge fields from strain in graphene. *Phys. Rev. B*,87,165131,2013.

[22] Masir, M. , Moldovan, D. , Peeters, P. , Pseudo magnetic field in strained graphene: Revisited. *Solid State Commun.* ,175,76,2013.

[23] Kitt, A. , Pereira, V. , Swan, A. , Goldberg, B. , Lattice - corrected strain - induced vector potentials in graphene. *Phys. Rev. B*,87,115432,2013.

[24] Oliva - Leyva, M. and Naumis, G. , Understanding electron behavior in strained graphene as a reciprocal space distortion. *Phys. Rev. B*,88,085430,2013.

[25] Sloan, J. , Sanjuan, A. , Wang, Z. , Horvath, C. , Barraza - Lopez, S. , Strain gauge fields for rippled graphene membranes under central mechanical load: An approach beyond first - order continuum elasticity. *Phys. Rev. B*,87,155436,2013.

[26] Barraza - Lopez, S. , Sanjuan, A. , Wang, Z. , Vanevic, M. , Strain - engineering of graphene's electronic structure beyond continuum elasticity. *Solid State Commun.* ,166,70,2013.

[27] Guinea, F. , Katsnelson, M. , Geim, A. , Energy gaps and a zero - field quantum Hall effect in graphene by strain engineering. *Nat. Phys.* ,6,30,2010.

[28] Georgi, A. , Nemes - Incze, P. , Carrillo - Bastos, R. , Faria, D. , Kusminskiy, S. , Zhai, D. , Schneider, M. , Subramaniam, D. , Mashoff, T. , Freitag, N. , Liebmann, M. , Pratzer, M. , Wirtz, L. , Woods, C. , Gorbachey, R. , Cao, Y. , Novoselov, K. , Sandier, N. , Morgenstern, M. , Tuning the pseudospin polarization of graphene by a pseudomagnetic field. *Nano Lett.* ,17,2240,2017.

[29] Sasaki, K. and Saito, R. , Pseudospin and deformation - induced gauge field in graphene. *Prog. Theor. Phys. Suppl.* ,176,253,2008.

[30] Ponomarenko, L. , Schedin, F. , Katsnelson, M. , Yang, R. , Hill, E. , Novoselov, K. , Geim, A. , Chaotic Dirac billiard in graphene quantum dots. *Science*,320,356,2008.

[31] Zhu, S. , Huang, Y. , Klimov, N. , Newell, D. , Zhitenev, N. , Stroscio, J. , Solares, S. , Li, T. , Pseudomagnetic fields in a locally strained graphene drumhead. *Phys. Rev. B*,90,075426,2014.

[32] Zhu, S. , Stroscio, J. , Li, T. , Programmable extreme pseudomagnetic fields in graphene by a uniaxial stretch. *Phys. Rev. Lett.* ,115,245501,2015.

[33] Hasan, M. and Kane, C., Colloquium: Topological insulators. *Rev. Mod. Phys.*, 82, 3045, 2010.

[34] Felser, C., Fecher, G., Balke, B., Spintronics: A challenge for materials science and solid – state chemistry. *Angew. Chem.*, *Int. Ed.*, 46, 668, 2007.

[35] Bernevig, B. and Zhang, S., Quantum spin Hall effect. *Phys. Rev. Lett.*, 96, 226801, 2006.

[36] Young, A., Sanchez – Yamagishi, J., Hunt, B., Choi, S., Watanabe, K., Taniguchi, T., Ashoori, R., Jarillo – Herrero, P., Tunable symmetry breaking and helical edge transport in a graphene quantum spin Hall state. *Nature*, 505, 528, 2014.

[37] Guassi, M., Diniz, G., Sandler, N., Qu, F., Zero – field and time – reversal – symmetry – broken topological phase transitions in graphene. *Phys. Rev. B*, 92, 075426, 2015.

[38] Liu, Z., Wu, Q., Chen, A., Xiao, X., Liu, N., Miao, G., Helical edge states and edge – state transport in strained armchair graphene nanoribbons. *Sci. Rep.*, 7, 8854, 2017.

[39] Xiao, D., Yao, W., Niu, Q., Valley – contrasting physics in graphene: Magnetic moment and topological transport. *Phys. Rev. Lett.*, 99, 236809, 2007.

[40] Rycerz, A., Tworzydlo, J., Beenakker, C., Valley filter and valley valve in graphene. *Nat. Phys.*, 3, 172, 2007.

[41] Jiang, Y., Low, T., Chang, K., Katsnelson, M., Guinea, F., Generation of pure bulk valley current in graphene. *Phys. Rev. Lett.*, 110, 046601, 2013.

[42] Milovanovic, S. and Peeters, F., Strain controlled valley filtering in multi – terminal graphene structures. *Appl. Phys. Lett.*, 109, 203108, 2016.

[43] Settnes, M., Power, S., Brandbyge, M., Jauho, A., Graphene nanobubbles as valley filters and beam splitters. *Phys. Rev. Lett.*, 117, 276801, 2016.

第 9 章　石墨烯薄膜的力学响应特性

Young In Jhon
韩国科学技术研究所传感器系统研究中心

摘　要　石墨烯具有极好的机械强度和超高的延展性。然而，由于缺乏合适的实验工具进行相关的研究，其具体的力学行为并不像电子性质那么为人所知。本章总结了近年来石墨烯薄膜在拉伸和/或压缩载荷作用下的力学响应计算研究的进展，结果表明石墨烯薄膜与普通塑性和/或脆性材料有明显的区别。9.1 节描述了多晶石墨烯的拉伸断裂行为，在晶粒边界上观察到了独特的塑性变形和断裂，在拉伸破坏时，在石墨烯两侧的结构域之间自发形成了明显的单原子碳链(MACC)。该工艺在准机械断裂后仍可产生显著的韧性，为石墨烯 - MACC - 石墨烯模块的制备提供了一条简便的途径。这些模块为各种纳米级光电应用提供了广阔平台，但它们的制备一直受到技术水平的严重阻碍。9.2 节、9.3 节分别研究了多晶石墨烯的压缩行为和晶界取向对其拉伸力学行为的影响。9.4 节、9.5 节通过系统的分子动力学模拟，描述了单晶石墨烯在一维和/或二维体系(二维研究使用了纳米压痕技术)中的定向拉伸行为。在纳米压痕模拟结果的基础上，提出了一种能反映单晶石墨烯各向异性力学响应的实验方案，但是该方案目前还未付诸实践。

关键词　石墨烯，力学行为，拉伸断裂，单原子碳链，晶界，取向依赖，纳米压痕技术，分子动力学模拟

9.1　多晶石墨烯的拉伸断裂特性

石墨烯是一种具有共价键六方晶格的单原子碳膜，由于其超高的电子迁移率[1-2]、优异的导热性[3-4]、极好的机械强度以及卓越的拉伸性[5-7]等特性而备受关注。由于较高的缺陷形成能和碳原子之间强大的结合力，石墨烯的这些性质很容易展现出来，使之成为一种无缺陷的材料。单晶石墨烯存在两个重要的晶格方向，即锯齿形(ZZ)取向和椅子扶手形(AC)取向，如图 9.1(a)所示。石墨烯在 ZZ 取向的拉伸强度最高，而在 AC 方向的拉伸强度最弱，如图 9.1(b)所示，拉伸强度来自分子动力学模拟。

随着研究的深入，利用化学气相淀积技术合成大尺寸石墨烯薄膜取得了突破性进展，距离实际应用更近了一步[9-10]。然而，由于基底材料的晶体缺陷和生长[11-14]过程中的动力影响，大规模生产不可避免地产生了石墨烯的多晶形态，而晶界已成为石墨烯最重要

的内在缺陷之一。与其他材料不同的是，石墨烯可以通过原子排列的重建来承载晶格缺陷，从而在石墨烯中形成非六角形的环，其中包括 STW（Stone – Thrower – Wales）缺陷[15-16]和各种晶界。由于 STW 和/或单空位缺陷是点缺陷，而晶界是线缺陷[17]，因此它们能显著影响二维材料的性质[18-23]。在此背景下，全面了解晶界存在下的石墨烯力学特性对于先进石墨烯技术的发展非常重要。

9.1 节和 9.2 节系统地介绍了多晶石墨烯在垂直和/或平行于晶界的方向分别被拉长和/或压缩时的力学响应的计算研究，并分别用填充箭头和空白箭头表示，如图 9.2(a)所示。考虑了与石墨烯薄膜不匹配的 ZZ 取向（倾斜）晶界和完全匹配的 AC 取向（非倾斜）晶界[18-19]，其典型结构如图 9.2 所示。对倾斜晶界的 6 种情况，采用逐渐改变晶界角的方法（图 9.1(a) 中的 θ），用 T_i（$i=1\sim6$，晶界角按照从大到小排列，即 21.10°、12.87°、9.26°、7.23°、5.93°、5.03°）表示相应的系统。同时，分别用 PR 和 TZ 表示一个无缺陷石墨烯和一个完全匹配的 AC 取向石墨烯（非倾斜，即 θ 等于 0°）的晶界。

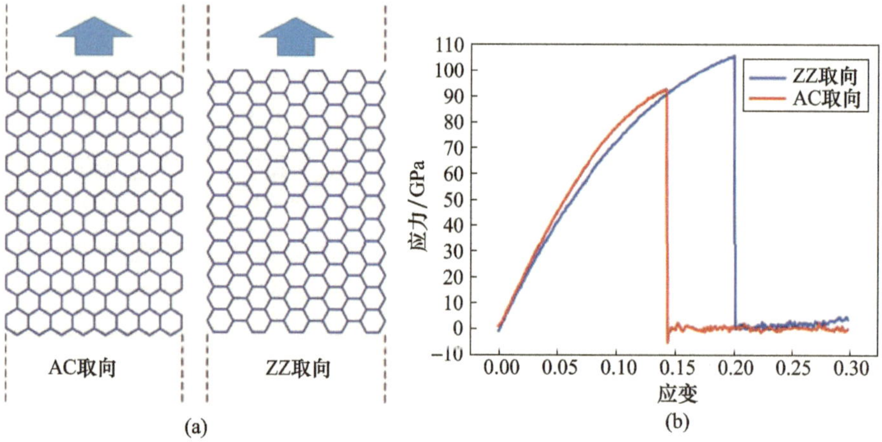

图 9.1 (a)石墨烯的 AC 和 ZZ 取向；(b)单晶石墨烯薄膜沿 AC 和 ZZ 取向的拉伸应力 – 应变图

这种纳米材料的研究需要高度可控的样品制作和非常精密的应力 – 应变测量，不幸的是，现代的实验技术无法做到这一点。因此，这类实验主要采用分子动力学模拟，即用“自适应分子间反应经验键序”的力场来正确解释断裂现象[24]。

为了合理描述多晶石墨烯薄膜，通过将两个取向相反的倾斜晶界嵌入石墨烯，构建了满足周期边界条件的石墨烯模拟系统，如图 9.3 所示。模拟结果表明，当石墨烯薄膜拉伸至与晶界平行时，其拉伸强度与无缺陷石墨烯相当（图 9.4）。相反，垂直于晶界的石墨烯拉伸薄膜的拉伸强度比本征石墨烯要低得多。有趣的是，对于倾斜的晶界，拉伸强度随着晶界角的减小而减小[22]。这种看似违反直觉的现象可以用这样一个事实来解释：当晶界角减小时，这些倾斜晶界中最薄弱的键首先开始高度应变，从而导致拉伸伸长情况下很早就发生了断裂[22]。更重要的是，这个现象说明具有倾斜晶界的石墨烯的拉伸演化明显不同于 TZ 和/或无缺陷石墨烯。即使在准拉伸破坏之后，它也在很长一段时间内表现出不完全的断裂行为，在应力 – 应变曲线（图 9.4(a) ~ (c)）中形成高低不平的“尾巴”。另外值得注意的是，在T_2和T_3系统中的准拉伸破坏点之前，应力 – 应变曲线的斜率迅速下降，与无缺陷石墨烯形成鲜明对比。

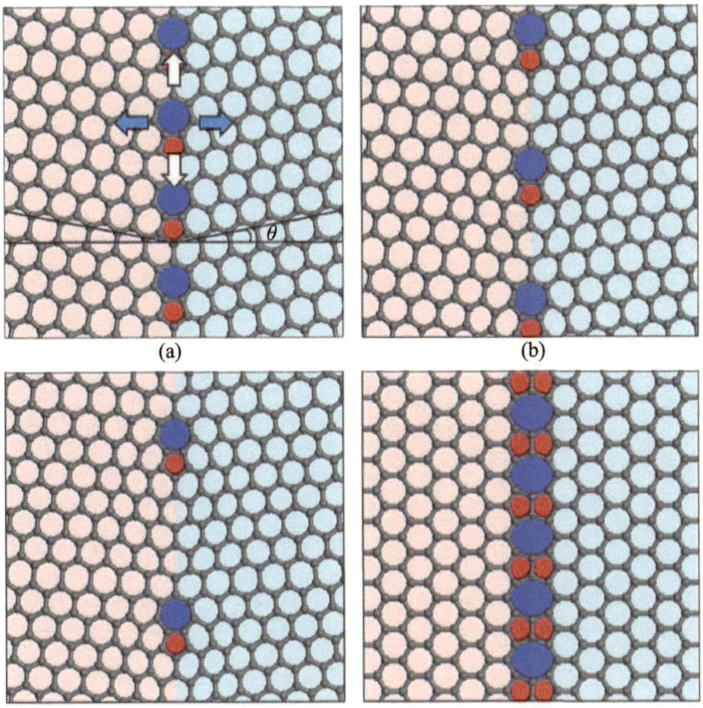

图9.2 (a)~(c)倾斜ZZ取向石墨烯薄膜(T_1、T_2和T_3系统)和(d)非倾斜AC取向石墨烯薄膜(TZ系统)中晶界的结构。晶界角θ定义为晶界的法线方向与ZZ和/或AC方取向之间的夹角。取向是ZZ还是AC取决于哪个更接近晶界的法线方向,在(a)~(c)情况下是ZZ取向

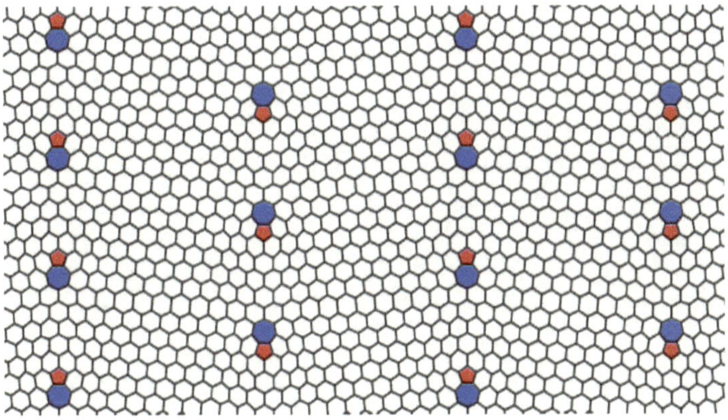

图9.3 石墨烯薄膜的结构(其中嵌入两个取向相反的晶界以满足周期性边界条件)

同时,由八角碳环和五角碳环组成的非倾斜侧区域(TZ)的晶界未表现出与无缺陷石墨烯类似的异常断裂(图9.4(d))。另外,对于所有石墨烯系统,平行于晶界的拉伸并没有表现出如此异常的断裂响应。对T_2及T_3系统的结构演变的深入研究阐明了这种不寻常现象背后的物理机制,如图9.5和图9.6所示,其中,应力-应变曲线和T_2及T_3系统的几个关键阶段与它们的相应结构联系在一起。

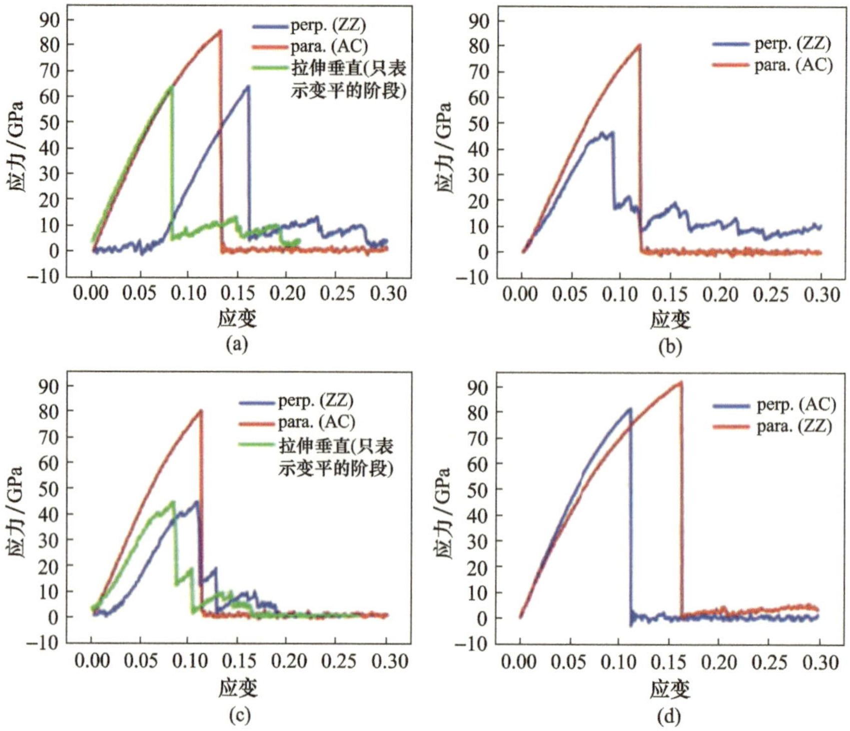

图 9.4　T_1、T_2、T_3(a)～(c)系统和 TZ 系统，以及拉伸垂直(perp.)和/或平行(para.)于晶界的情况下 TZ 系统(d)的应力－应变图

某些多晶石墨烯系统最初是沿着晶界方向折叠的，在拉伸过程的早期阶段，它们会随着微不足道的拉伸能量消耗而变平。绿色曲线表示没有这种拉平过程的应力－应变图。

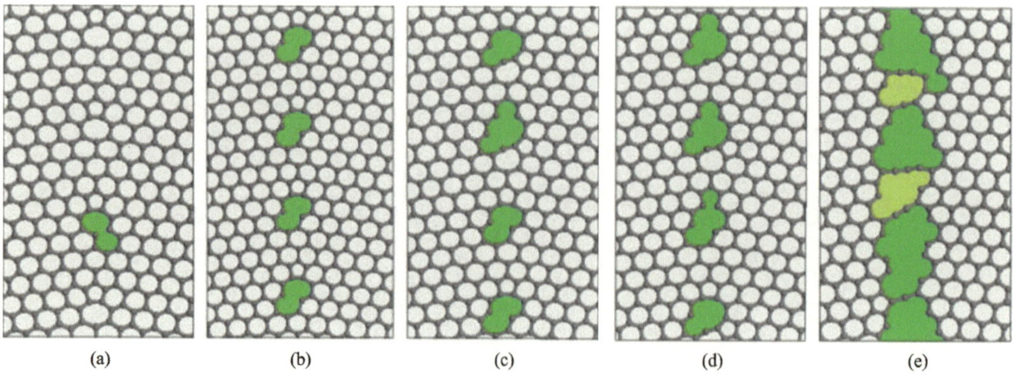

图 9.5　(a)～(e)T_2系统的结构分别对应于图 9.6(a)中的 A～E

绿色表示在拉伸伸长过程中形成和增长的裂纹区域，

荧光表示在拉伸破坏阶段新产生的孔洞区域。

曲线斜率下降的起始点发生在准拉伸破坏之前，与第一次化学键断裂发生的阶段一致。由于最初化学键的应变程度最高，因此所有这些系统中，第一次断裂发生在七边形－五边形结构对的七边形结构上(图 9.5(a))。一旦化学键在七边形处断裂，裂纹就开始扩散到其他部分，如图 9.5(b)～(d)所示。在裂纹扩展过程中，延长所需的应力显著减少，表现为应力－应变曲线中斜率的迅速下降(图 9.6(a))。

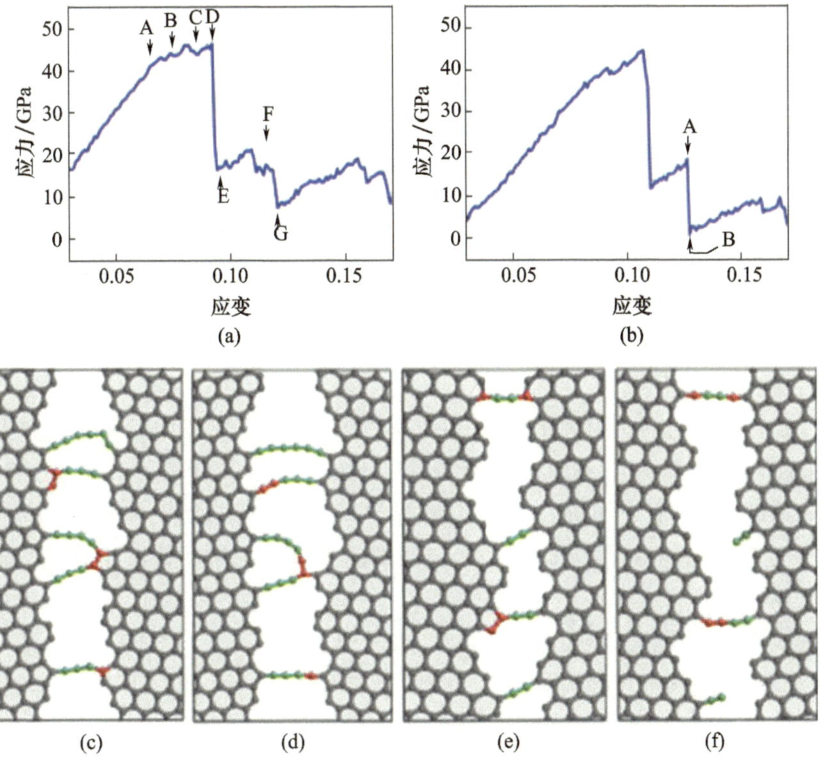

图 9.6 T_2系统(a)和T_3系统(b)的特征应力-应变分布图,箭头表示其中的重要阶段。(c)及(d)是与图 9.6(a)中 F 和 G 阶段相对应的T_2系统结构。(e)及(f)是与图 9.6(b)中 A 和 B 阶段相应的T_3系统结构。绿色表示化学外延之前的弦,红色表示用于化学外延的碳原子

然而,因为扩展的裂纹间距离非常短,所以裂纹扩展很快就能完成。如图 9.4(a)所示,这种模式在最大晶界角(T_1)的情况下并没有出现。准拉伸破坏是由于已有裂纹的迅速增长和新的孔隙的形成而发生的,如图 9.5(e)所示。

如上所述,具有倾斜晶界的石墨烯薄膜即使在准拉伸破坏后也不会立即出现完全的断口。相反,它们在两个分开的部分之间产生了持久存在的弦,同时检测到一股巨大的持久强度,即应力-应变曲线图上高低不平的"尾巴"(图 9.6)。这种趋势在具有较大晶界角的系统中更为显著。在T_i($i=1\sim3$)系统中,弦的持续时间很长。从这一时期的结构分析中观察到,无论是侧边晶域的碳原子通过断键/重整过程化学延长弦(图 9.6(c)和(d)),还是弦由于伸长而永久断开时,拉伸应力都明显下降。特别是这些过程同时发生的情况下,拉伸应力会急剧下降(图 9.6(e)和(f))。

推测这些倾斜晶界上裂纹的产生和扩展是由于沿倾斜晶界的化学键强度分布不均匀所致。具体来说,石墨烯的 ZZ 取向倾斜晶界是 5~7 个缺陷对齐后产生的,每个缺陷都表现出不对称的应力分布。此外,由六角形键结构组成的 5~7 个缺陷之间的连接区域提供了附加的应力非均匀性,这种应力分布导致裂纹在拉伸破坏之前产生和蔓延,从而得以实现 MACC 的有效生产。

这种碳链也称为 MACC,在化学领域习惯称为卡拜(carbyne)或直链乙炔碳。长期以来碳链一直是碳的假想同素异形体,在科学界广受争论[25-26]。MACC 是一个一维无限链

状分子，完全由 sp 杂化碳原子组成。因此，与金刚石、富勒烯和石墨等其他碳的同素异形体相比，它物理脆性和反应性极高，严重阻碍了对这种耐人寻味物质进行分离并全面表征研究的尝试。

在碳棒氢弧放电蒸发制备的阴极沉积中，在多壁碳纳米管（MWCNT）的最内侧面观察到了 MACC 的存在。然而，它只能在有限的条件下使用，而且碳纳米管的重度墙壁屏蔽严重阻碍了它的应用和/或表征[27]。最近，已有实验成功利用透射电子显微镜（TEM）对石墨烯进行精细控制的电子辐照，从而产生 MACC。这些实验证明了几纳米长的链具有稳定性，为在石墨烯纳米带[28-29]之间形成 MACC 的新方法奠定了基础。这种技术可以使 MACC 具备适用性，但它的可行性生产力仍然有困难，这是因为它需要非常详细的协议和特别昂贵的设备。

因此，放弃耗费时间和财力的电子束刻蚀技术，改用石墨烯中倾斜晶界的机械断裂，对研究（最高可达几个纳米）MACC 的可行性生产极其重要。我们可以在图 9.7 中看到这两种方法的结果很相似。如果石墨烯沿着晶界的法线方向拉长，则机械断裂法获得的 MACC 的长度有望进一步增加，因为在避免局部应力过度积累的情况下，倾斜伸长更容易获得有用的结果。

已有科学家利用密度泛函理论计算[30]从理论上研究了“石墨烯 - MACC - 石墨烯”模块作为纳米电子开关的潜力。研究发现，在应变条件下，具有重建五边形的非共线 MACC 会发生结构转变，使由链组成的碳原子数的奇偶发生变化。结果表明，由于 MACC 和侧边石墨烯界面环的形成和/或湮灭引起的碳原子数的变化，导致了输出电流的大幅度波动（图 9.8），说明这些模块可以作为纳米器件使用。

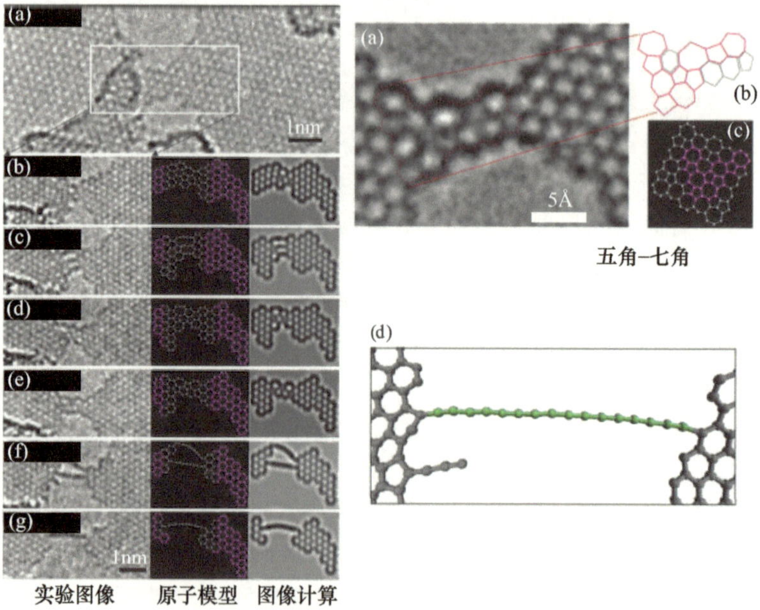

图 9.7 （左）(a) ~ (g) 在用 TEM[30] 的电子辐照期间，石墨烯变为 MACC 的结构演化过程；（右）(a) 在 TEM 电子辐照期间形成的窄石墨烯的中间结构；(b) 分析了中间结构的原子结构，主要由七角碳环和五角碳环组成；(c) 中间结构与五角 - 七角碳分子之间的相似性；(d) MACC 通过拉伸断裂在石墨烯结构域之间形成的 MACC，显示了与左图 (g) 所示结构的相似性

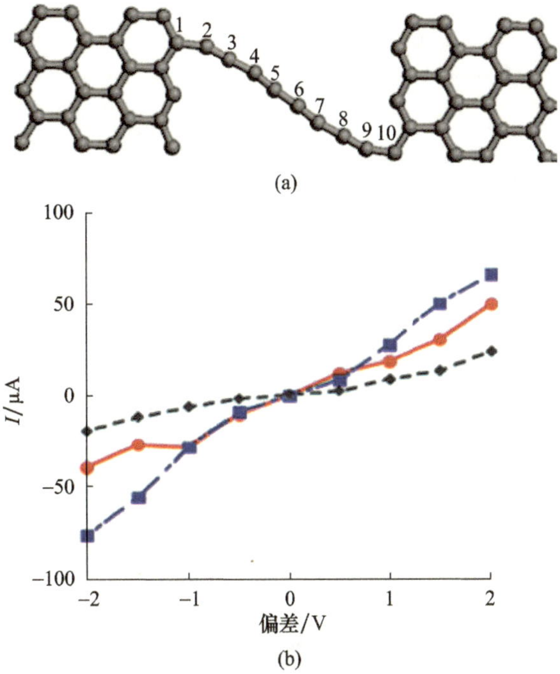

图 9.8 (a)石墨烯 - MACC - 石墨烯模块,MACC 中碳原子的数目为 8;(b)石墨烯 - MACC - 石墨烯模块的伏安特性随应变增加的图示,顺序依次为红、蓝、黑。显示出输出电流有很大的波动

科学家也从理论上研究了在应变条件下,“石墨烯/p 型掺杂 MACC/石墨烯”模块作为高度可调谐的纳米激光器件的方向[31]。虽然石墨烯 - MACC - 石墨烯模块是二能级系统,但计算表明,用 B 和/或 Al 掺杂 MACC 可以形成三能级系统,如图 9.9 所示。在该三能级系统中,从最高占据态(HO)到导带底(CB)的泵浦是高效的。在 B 掺杂比例为 5% 的条件下,带隙能量仅变化 7%(0.27 ~ 0.29eV)。此外,计算表明,从价带顶(VT)到 HO 的无辐射衰减率至少要比从 CB 到 VT 的自发衰减率快 10 倍,从而产生居量反转,从而生成激光。

在后来的实验[32]中,石墨烯的拉伸断裂确实生成了 MACC。值得注意的是,分子动力学模拟研究表明,在沿 ZZ 取向拉长的情况下,单晶石墨烯拉伸断裂也可以生成 MACC,尽管幅度低于多晶石墨烯,如 9.3 节所述。在上述的实验中,最初通过在石墨烯薄片表面移动铁纳米粒子来切割薄片,导致边缘形成了薄的石墨烯纳米棒。图 9.10 总结了这些石墨烯棒作为 MACC 形成的前体的情况。

这个过程开始于用一个金质尖端接触多层石墨烯薄片的边缘。也就是说,第一步是通过逐渐增加电压,直到电路中的电流达到 10^{-4} A,且典型电压为 1 ~ 1.5V,以此确保接触良好。或者,把电压突然增加到 2 ~ 3V,而电流仍然限制在 10^{-4} A,以防止石墨烯遭到破坏。一旦电路稳定,把电压降低到大约 1V,并慢慢收回金质尖端。结果,与金质尖端接触的石墨烯区域开始从薄片断裂,在两侧区域之间形成宽度小于 1nm 的石墨结构(图 9.11(a))。尖端与样品的进一步分离形成了拉伸的石墨烯结构,最终导致了石墨烯层分解为 MACC(图 9.11)。

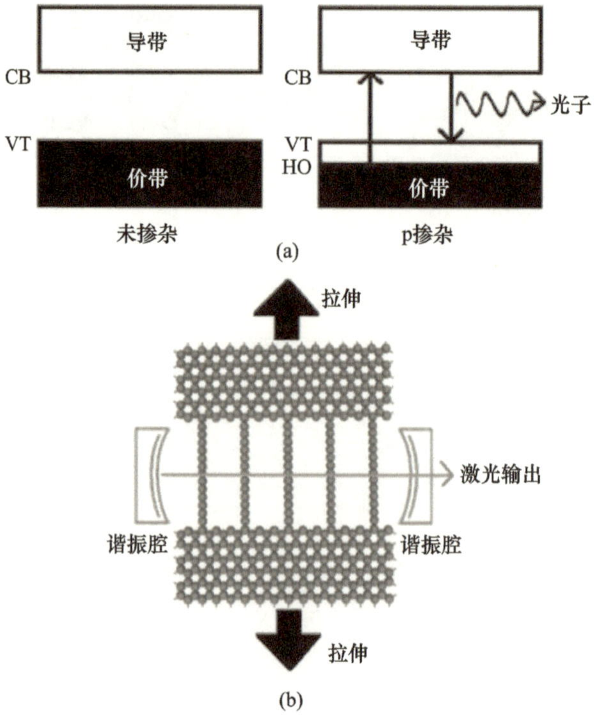

图 9.9 (a)无掺杂和掺杂 MACC 的电子带态；
(b)以石墨烯－MACC－石墨烯模块[31]为基础的激光系统

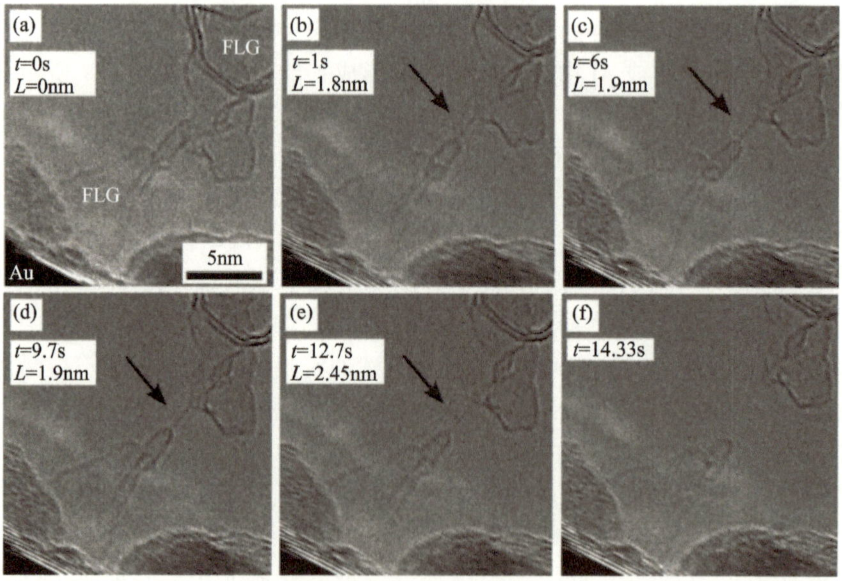

图 9.10 MACC 原位合成

(a)～(e)多层石墨烯纳米棒断裂并形成的碳链(箭头所示位置)，可稳定存在几秒；
(f)碳链最终断裂，形成两个分离的多层石墨烯区域。时间刻度和链的测量长度投影在图像平面[32]。

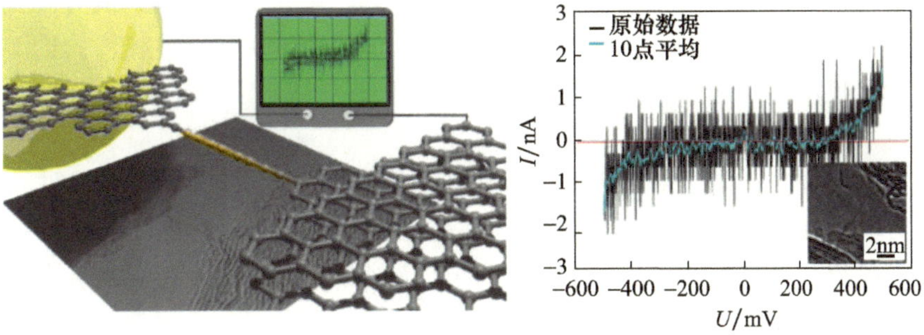

图9.11 (a)用电控制金质尖端解除石墨烯纳米棒，造成后者机械拉伸形成石墨烯－MACC－石墨烯模块；(b)在MACC上的电流电压测量(MACC的图像显示在嵌套小图[32]中)

9.2 多晶石墨烯的压缩力学响应

多晶石墨烯平衡的分子动力学模拟常常导致沿晶界方向弯曲，这表明石墨烯在垂直于晶界压缩时沿着晶界的折叠具有可行性。模拟结果表明，在沿晶界垂直方向压缩的整个过程中，多晶石墨烯的折叠线和晶界线是重合的，而在图9.12所示的单晶石墨烯中，折叠线则在整个石墨烯薄膜区域上随机游走。

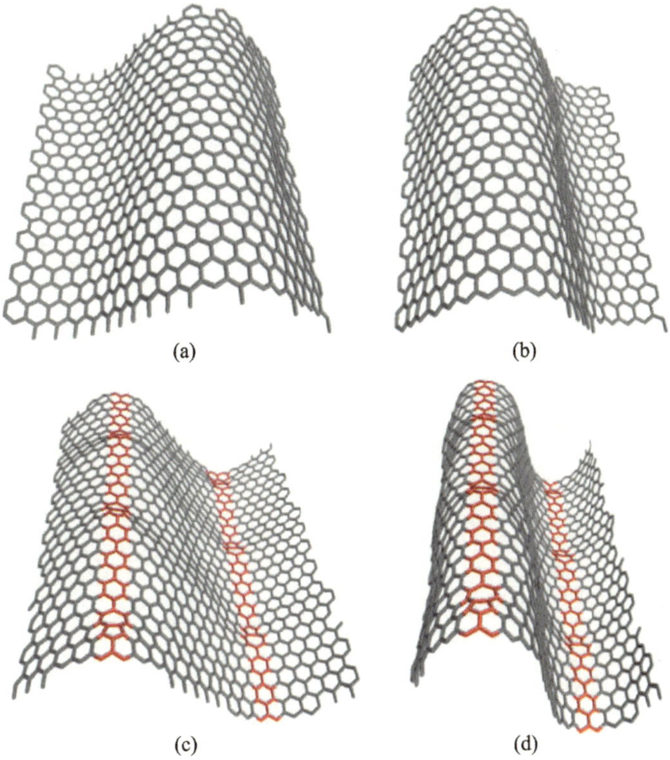

图9.12 (a)、(b)单晶石墨烯在压缩应变为0.214和0.28时的结构变化。(c)、(d)压力、应变分别为0.214和0.28时，T4多晶石墨烯在垂直于晶界方向压缩下的结构。为了清晰起见，晶界以红色突出显示

结果表明，利用晶界可以对石墨烯的折叠进行系统的调整，这对石墨烯器件的纳米力学设计具有重要意义。需要注意的是，该系统中的各个晶界之间的距离很近，大约 24 ~ 26Å，压缩是在纳米尺度上进行的。如果在宏观尺度下进行压缩，石墨烯可能会在晶界以外的位置弯曲。

沿垂直于晶界方向的压缩（以弯曲形式产生）所需的能量并不像延伸那样大。沿平行于晶界方向压缩时，如果石墨烯系统具有平坦的初始结构，情况也一样。然而，当 T_1 石墨烯系统沿晶界轻微折叠时，平行于晶界方向的压缩能量要比平坦的初始结构高 5 ~ 6 倍（图 9. 13），其中折叠后的石墨烯从侧面看具有一个正弦似的形状，其振幅和波长比大约设置为 0. 186。在这种情况下，压缩应变为 0. 172 时，内部能量密度（单位面积的能量）迅

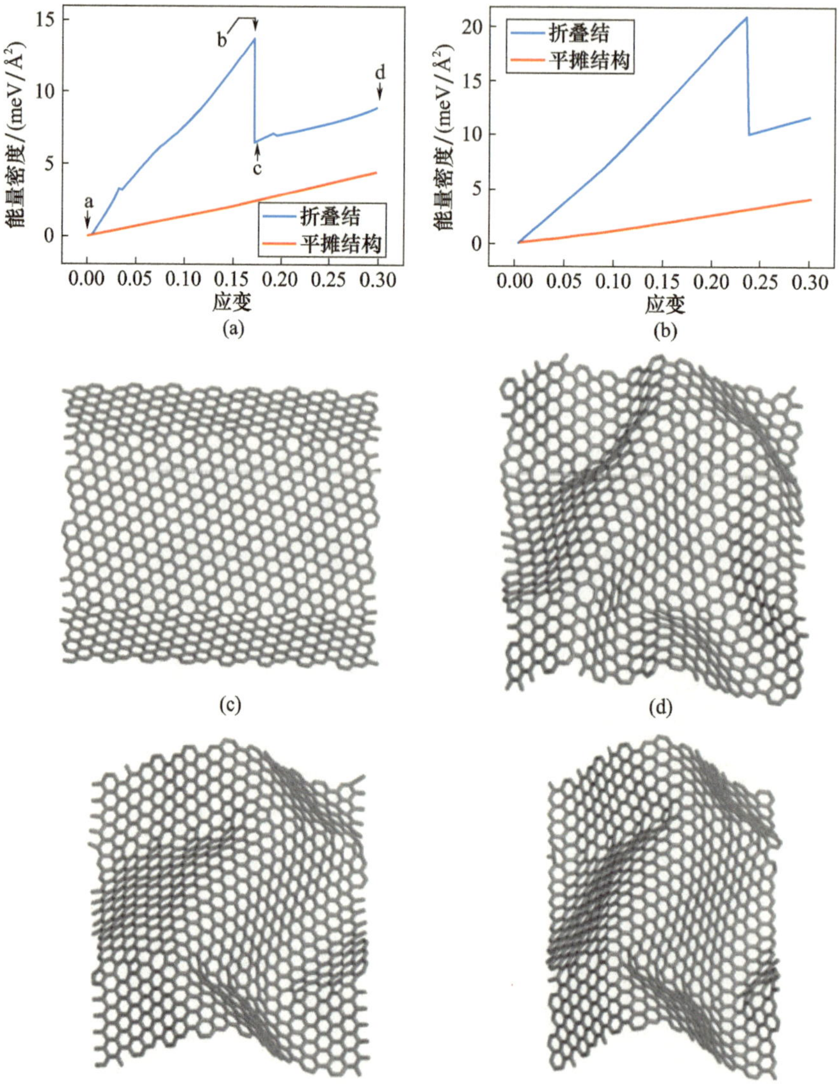

图 9. 13　T1 系统（a）和 TZ 系统（b）的折叠和平摊结构分别在受到平行于晶界方向的压缩时呈现的能量密度变化。（c）~（f）对应图 9. 13（a）中 a ~ d 阶段的 T1 系统的结构

速而显著地下降，它类似于附着在基底上的石墨烯受压缩的临界屈曲强度[33]。此外，当临界压缩应变为0.172时，能量密度与应变曲线的斜率也从82meV/Å^{2}大幅下降到21meV/Å^2，使得能量密度与应变曲线的斜率更容易变动。在0.172的临界应变下，石墨烯的形态发生了巨大的变化，消耗了巨大的能量，这表明沿晶界方向的折叠可以在石墨烯膜中起到内在的增强作用。

9.3 界面取向效应对拉伸断裂的影响

通过考虑两个具有代表性的晶界组（图9.14[34]所示的AC和ZZ取向倾斜晶界），研究晶界取向效应对石墨烯拉伸断裂的力学影响值得探讨。我们看到，对于ZZ和AC取向的晶界，最接近法线的方向分别是ZZ和AC方向，如图9.14(b)和(e)中的洋红色所示。这种取向线（ZZ或AC取向）与晶界法线方向的夹角称为晶界角。换句话说，晶界角表示取向线和晶界的法线方向之间的交角。对于每一个ZZ和/或AC取向的晶界组，我们研究了三个特别的例子，从最大的角度减小晶界角度，并使用T_i（$i=1\sim3$，表示晶界角从最大到最小）表示。在此基础上，引入了两个符号——ZZT_i和ACT_i，分别表示ZZ和AC取向晶界的子群。ZZT_i（$i=1\sim3$）的晶界角度分别为20.4°、13.6°和11.1°，ACT_i（$i=1\sim3$）的晶界角度分别为27.5°、22.5°和18.3°。

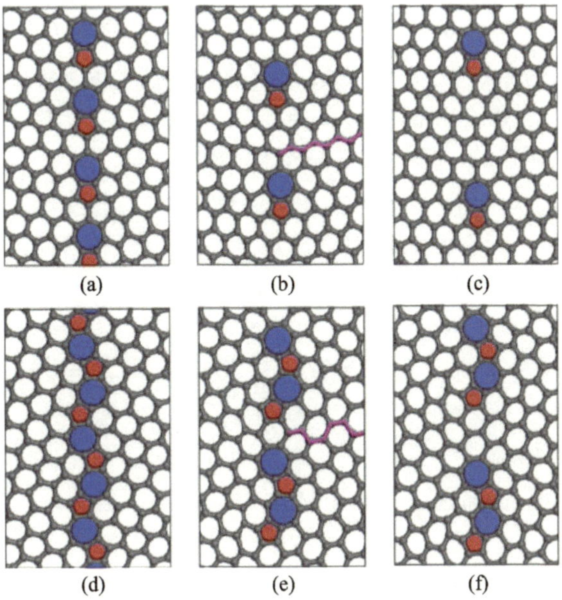

图9.14 ZZ取向的晶界中：(a)ZZ T_1[(2,1)|(2,1)]、(b)ZZ T_2[(3,2)|(3,2)]和(c)ZZ T_3(4,3)|(4,3)]的结构。AC取向的晶界中：(d)AC T_1[(3,1)|(3,1)]、(e)AC T_2[(4,1)|(4,1)]和(f)AC T_3[(5,1)|(5,1)]的结构。方括号是晶界的手征方向表示法

模拟研究表明，与图9.15所示的AC取向晶界相比，ZZ取向晶界的多晶石墨烯在拉伸断裂上的MACC生成有明显的不同，其密度为AC取向晶界的1.2～3.0倍，长度为AC

取向晶界的1.6~5.0倍。值得注意的是，即使是无晶界的单晶石墨烯在ZZ方向拉伸时也显示出一定程度的MACC生成，而在AC方向拉伸不产生任何MACC。

与单晶石墨烯相比，具有ZZ取向晶界的多晶石墨烯可以获得密度更高（最高可达4.51nm^{-2}）、长度更长（最长可达1.47nm）的MACC。对MACC生成演化的时间分辨分析为这种现象提供了丰富的图像材料（图9.16）。随着应变的增加，MACC的密度逐渐下降，表明MACC的一系列断裂，在ZZ取向晶界的情况下，MACC断裂持续时间比AC取向的晶界长很多。

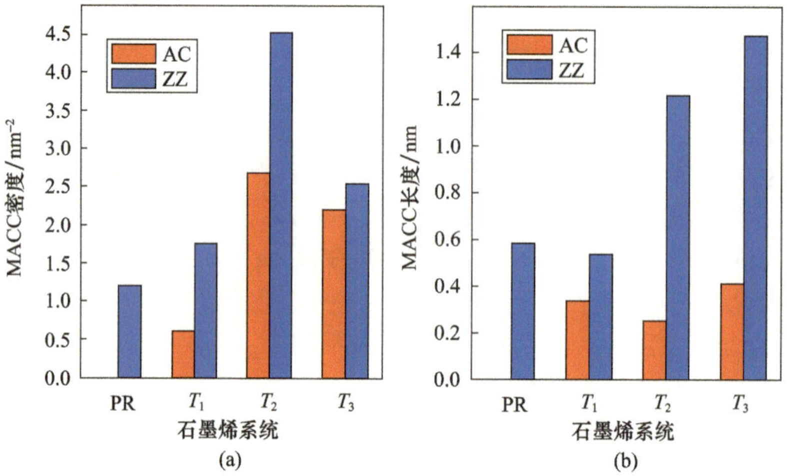

图9.15 从AC和/或ZZ取向晶界的原始石墨烯和多晶石墨烯生成的MACC的(a)密度最大值和(b)长度最大值

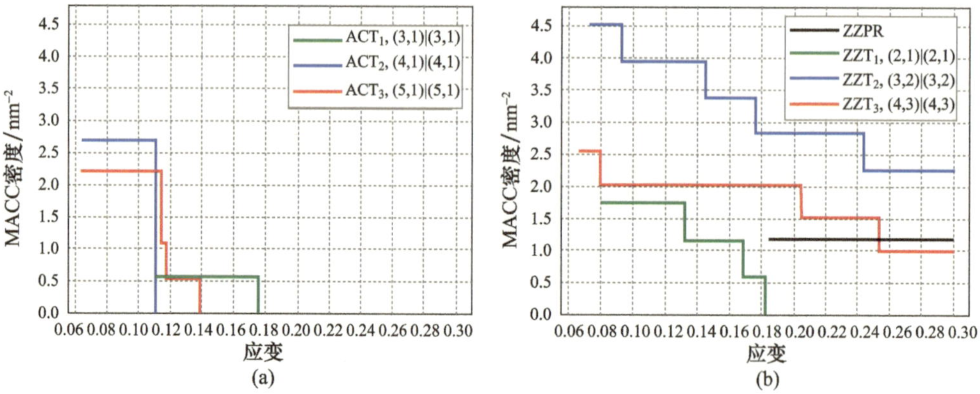

图9.16 在AC取向晶界(a)和ZZ取向晶界(b)的多晶石墨烯与原始石墨烯延伸过程中，MACC的密度和长度的变化

随着晶界角的增大，ZZ和/或AC取向晶界的石墨烯薄膜的拉伸强度降低（图9.17(a)和(b)）。这种反直觉的倾向可以用晶界中的预应力程度来解释，这与初始阶段临界键的最大长度有关（图9.17(c)），如9.2节中使用ZZ取向晶界的石墨烯的情况所示。特别是晶界（应变程度最高的）临界键（七边形的一条边）的初始长度随着晶界角的增大和化学键裂纹的产生而减小。

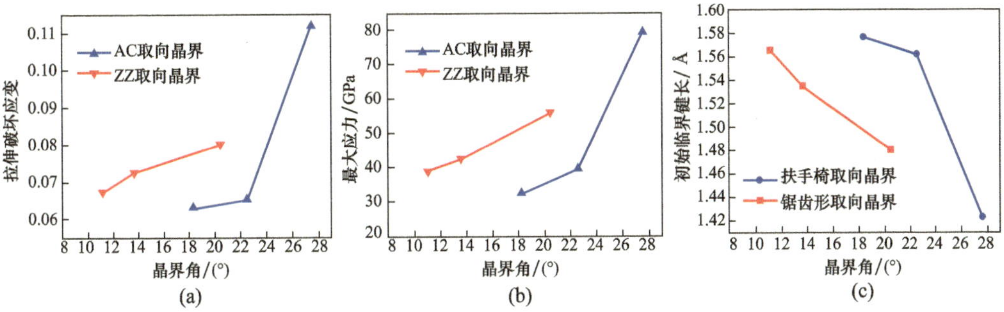

图9.17 晶界角的拉伸角度与极限拉伸应变(a)和相应的最大应力(b)之间的函数关系,初始临界键长与AC和ZZ取向晶界的多晶石墨烯晶界角(c)大小的函数关系

原子应力分析有力支持了AC和ZZ取向晶界的情况,如图9.18所示。分析还表明所有在拉伸破坏之前出现的关键反应都不会受到多晶石墨烯晶界取向(即ZZ和/或AC趋向)的显著影响,这是因为这些反应只发生在晶界结构内,与拉伸破坏后发生的MACC的动态形成对比。

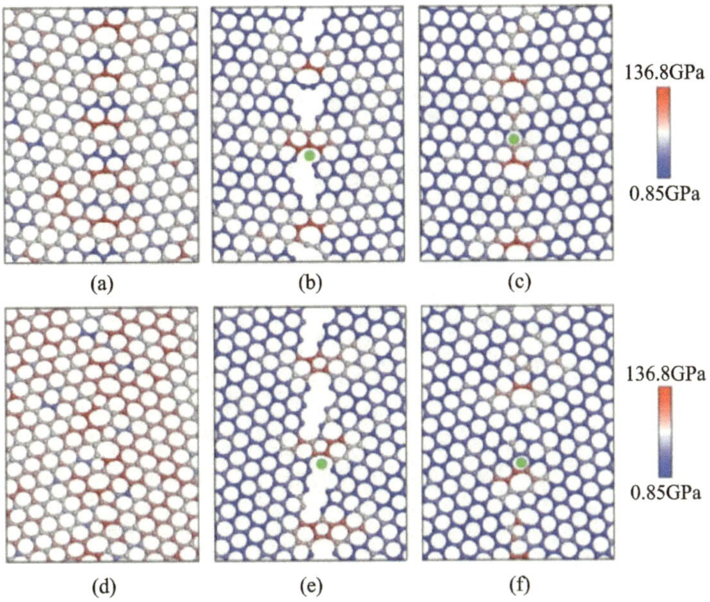

图9.18 拉伸破坏前ZZT_1(a)和ZZT_2(b)的原子应力分布、初始裂纹形成前ZZT_2(c)的原子应力分布,以及ACT_1(d)和ACT_2(e)在拉伸破坏前的原子应力分布,以及ACT_2(f)在初始裂纹形成前的原子应力分布。(b)(c)(e)(f)中的绿色填充圆形和分别表示相同的位置

9.4 单晶石墨烯中方向依赖的拉伸断裂

石墨烯同时具有很强的韧性和弹性,由于这种独特的力学性质,使得通常用于解释脆性材料和/或塑性材料的力学特性的理论很难预测石墨烯的方向依赖断裂强度和应变。

然而，由于现代技术的严重局限性，导致几乎不可能通过实验获得有关石墨烯力学性质的详细信息。尽管存在实验技术困难，但是通过对单晶石墨烯在宽阔的拉伸方向上的拉伸过程进行系统的分子动力学模拟（图 9.19），我们可以获得关于它的数据，也可以建立一个基于数据的通用预测的数值平台[35]。在此基础上，将石墨烯的拉伸强度绘制为拉伸方向角 θ 的函数，其中 θ 定义为（参考）AC 方向与特定拉伸方向之间的角（图 9.19）。因此，对于 AC 和 ZZ 拉伸方向，θ 分别为 0°和 30°。由于石墨烯的六重对称性，介于上述角度值之间的 θ 可以表示任意的拉伸方向。

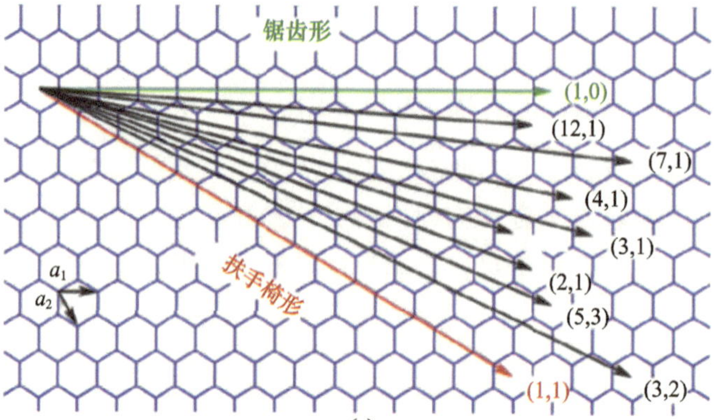

(a)

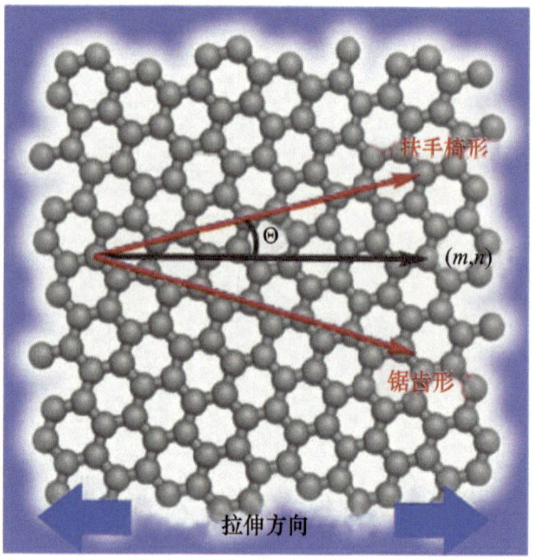

(b)

图 9.19　用于研究石墨烯方向依赖的拉伸力学的 9 个有代表性的拉伸方向（a），括号中为相应的手性标记。（b）图示的单轴拉伸模拟系统，其中拉伸方向设置为任意（m,n）手性方向，而方向角 θ 定义为相关拉伸方向与 AC 方向之间的角度

模拟结果表明，当单轴拉伸方向从 AC（θ = 0°）旋转到 ZZ 取向（θ = 30°）时，拉伸强度和应变几乎保持在 12°的方向角（θ）上，然后在 100K 温度下迅速增加（拟指数式增长），如图 9.20（a）所示。这种独特的断裂模式在不同的温度下呈一致。100K、300K、500K 和 700K 都是如此。尽管热软化，导致拉伸强度随着温度的增加而下降（图 9.23）。与拉伸强度（图 9.20（b））相比，断裂的拉伸应变具有非常相似的方向依赖性。

为了排除热效应的影响单独研究方向依赖性，在 100 ~ 700K 的温度下，将拉伸强度和应变值分别除以各自在与 0°方向角的值（即为扶手椅拉伸方向所得的数值），按约化形式划分。这些曲线组合在一起时表现出很好的一致性（图 9.20（c）和（d）），这表明无论温度如何，其都存在相同的物理本性。

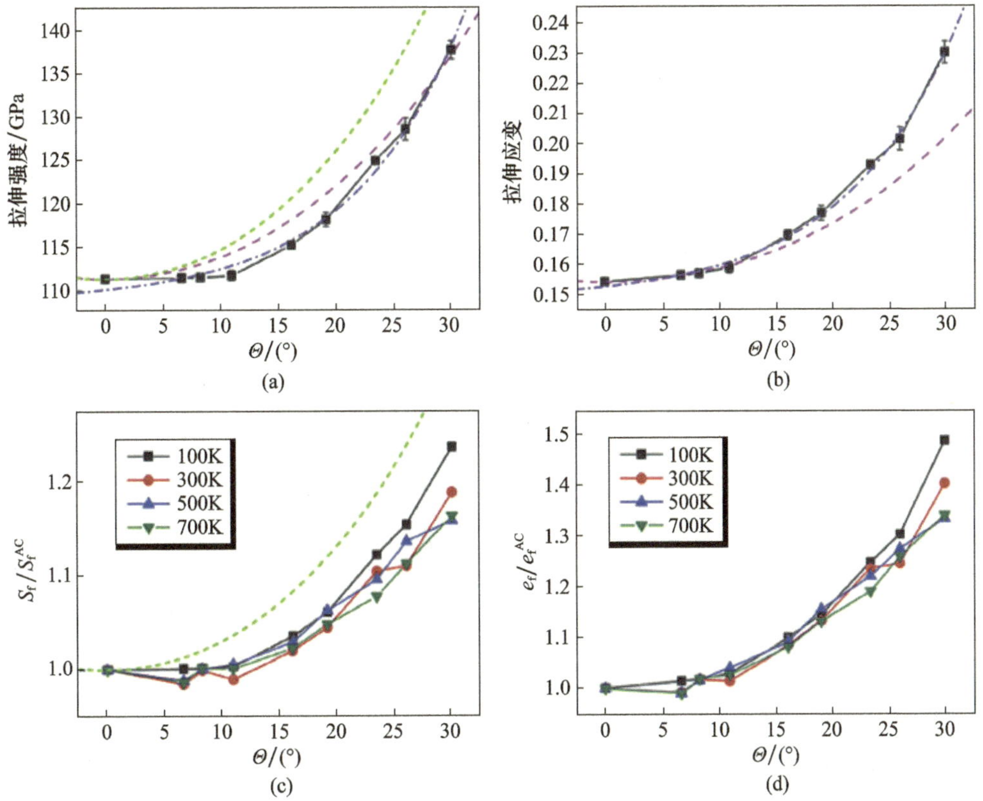

图 9.20 在 100K 的温度下，石墨烯的拉伸强度（a）和断裂应变（b）与方向角的函数关系图。在不同温度下，石墨烯的拉伸强度（c）和断裂应变（d）与方向角的函数关系图，这些参数以简化形式给出，即在各个温度下，这些参数各自处以方向角为 0°（AC 方向）时自身的数值。在（a）~（c）中，洋红色虚线和紫色点虚线分别表示从断裂模型和数值平台得到的值，而绿色短虚线表示从脆性断裂模型得到的拉伸强度

随着方向角的增大，拉伸强度呈拟指数级增加，与脆性材料的强度形成强烈对比。脆性材料正割平方数的增加预期如图 9.20 绿色点组成的线所示。为了深入了解这种现象背后的物理原因，研究人员在拉伸过程中仔细观察了石墨烯的结构演变。石墨烯的断裂主要发生在六边形结构的 ZZ 线上，与拉伸方向和温度无关（图 9.21）。不同手性的碳纳米管轴向伸长和 AC/或 ZZ 边缘的石墨烯纳米带纵向伸长也有相似的结果[36-37]。

在这些研究中，使用柯西 - 玻恩方程描述均匀变形，并预测不同拉伸方向的断裂应变值。然而，像石墨烯中这样的基底晶格缺乏反转对称性，因此石墨烯纳米带和碳纳米管并不遵循柯西 - 玻恩准则，正如 Dumitrica 等的著作[37]所说明的那样。更重要的是，尽管在许多情况下，拉伸强度是比断裂应变更重要的因素，但是碳纳米管和石墨烯纳米带的方向

依赖拉伸强度在这些研究中还没有得到理论上的研究。

注意到石墨烯的拉伸破坏总是沿 ZZ 线发生，与在拉伸变形下最紧密晶格平面上发生的金属晶体的滑移或断裂十分相似，采用应力变换形式[38]对任意拉伸方向的石墨烯的拉伸强度进行了计算：

$$S_n = \frac{1}{2}(S_x + S_y) + \frac{1}{2}(S_x - S_y)\cos2\theta + T_{xy}\sin2\theta \tag{9.1}$$

式中：S_n 为任意平面（P 平面）的法向（工程）应力，与 xy 平面垂直；θ 为 x 方向和 P 平面法线方向之间的夹角；S_x、S_y、T_{xy} 为柯西应力张量的相应分量。为了简单起见，本章给出了方程中应用于石墨烯单轴拉伸断裂的三个假设。第一，x 方向和法向分别对应于拉伸方向和最接近拉伸方向的 AC 方向；第二，拉伸过程中的 S_y 值和 T_{xy} 值可以忽略不计；第三，延长到断裂点处结束。然后将方程改写。

$$S_f^{AC} = \frac{S_f^{tensile}}{\cos^2\theta'_f} \tag{9.2}$$

式中：S_f^{AC} 为在 AC 方向的拉伸强度；$S_f^{tensile}$ 为在任意拉伸方向的拉伸强度；θ'_f 为 AC 方向和拉伸断裂的拉伸方向之间的夹角（图 9.22）。假定石墨烯发生脆性断裂，θ'_f 应约等于 θ_0，这是因为初始 AC 方向和拉伸断裂的 AC 方向几乎相同。然而，石墨烯并不易碎，而是能够一直伸展到断裂点。考虑到这个因素和畸变效应的可能性，可以大致假设式（9.2）中的 θ'_f 应该是在拉伸破坏点测量的交角，而不是在初始结构测量的交角（图 9.22）。

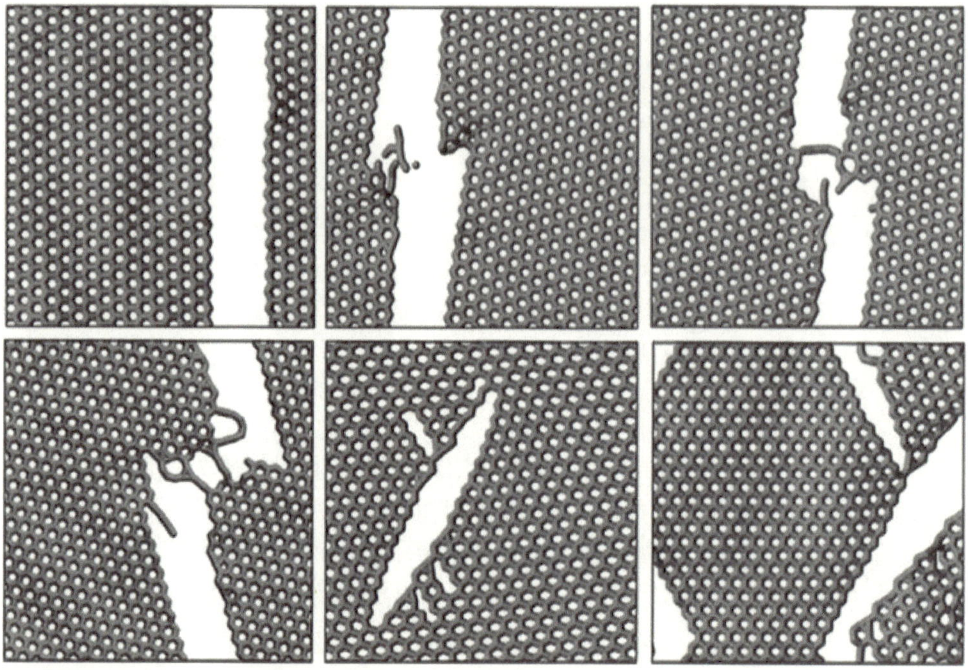

图 9.21　拉伸方向的断裂阶段出现的石墨烯结构，方向角分别为 0°、6.6°、8.2°（上面一排从左至右）、16.1°、23.4°和 30°（下面一排从左至右）。它们的等效手性标记分别为（1，1），（3，2），（5，3），（3，1），（7，1）和（1，0）

从拉伸过程中出现的这种几何关系，可以得到几个重要的应变，如下所示：

$$e_{\text{tensile}}+1=\frac{L'}{L}=\frac{\tan\theta_0}{\tan\theta'}=\frac{\tan\theta''}{\tan\theta_0} \tag{9.3}$$

$$e_{\text{AC}}+1=\frac{L_{\text{AC}}}{L'_{\text{AC}}}=\frac{\sin\theta_0}{\sin\theta'} \tag{9.4}$$

$$e_{\text{ZZ}}+1=\frac{L'_{\text{ZZ}}}{L_{\text{ZZ}}}=\frac{\cos\theta_0}{\cos\theta''} \tag{9.5}$$

式中：e_{tensile}、e_{AC}、e_{ZZ}分别为拉伸方向、AC 方向和 ZZ 方向的拉伸（工程）应变。其他变量的含义如图 9.22 所示。考虑到石墨烯的拉伸强度（S_{f}^{AC}）和断裂应变（e_{f}^{AC}）的大小从 AC 方向的伸长可知，可以用式（9.3）~式（9.5）来计算 θ'_{f} 的值以及任意拉伸方向的断裂应变（$e_{\text{f}}^{\text{tensile}}$）。然后可以利用式（9.2），通过 θ'_{f} 的值计算任意拉伸方向的拉伸强度（$S_{\text{f}}^{\text{tensile}}$）的值。在这里，我们忽略了拉伸过程中垂直于拉伸方向的收缩，就像大多数拉伸模拟过程中的情况一样。

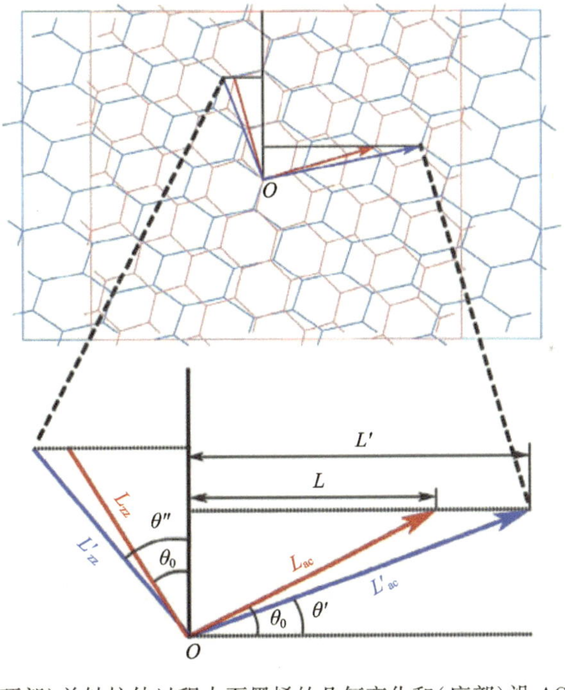

图 9.22 （顶部）单轴拉伸过程中石墨烯的几何变化和（底部）沿 AC、ZZ 方向和拉伸方向的相关角 θ_0、θ'和 θ''角度边长的几何图形

红色线和红色箭头分别表示原始石墨烯结构中沿着 AC 和 ZZ 方向的长度，而蓝色线和蓝色箭头表示拉长结构中这些方向的长度。

这种断裂模型可以再现 100K 温度时石墨烯拉伸强度的独特方向依赖性，也可以很好地解释其物理本性（如图 9.20 中的洋红色虚线所示）。然而，随着温度的升高，预测的拉伸强度背离了分子动力学模拟的结果，而预测的断裂应变与始终与模拟结果一致（图 9.23），无论温度怎么改变都不变。这意味着图 9.22 中给出的结构关系（获得断裂应变）无论温度如何都是合理的，但是使用式（9.2）（获得断裂强度）的预测在较高的温度下定量不准确，这可能是由于对拉伸强度的畸变效应评估不足所造成的。

为了使石墨烯的断裂行为在整个拉伸方向和较大的工作温度范围内达到最佳拟合，研究人员利用指数增长模板构建了一个数值平台，即

$$y(x) = A_0 \cdot \exp\left(\frac{x}{x_0}\right) + y_0 \tag{9.6}$$

式中：x 为拉伸方向角；y 为相应的拉伸强度和/或断裂应变；A_0、x_0 和 y_0 为通过拟合过程确定的参数。在此基础上，先获取参数，使曲线能很好地拟合在100K工作温度下的模拟结果。这些参数也以类似的方式在300K、500K和700K的温度中获取，而 x_0 的值保持在100K。该方法得到的拟合曲线与模拟结果极度吻合（图9.20和图9.23）。为了覆盖100K到700K（内插）的所有工作温度，以及保留覆盖这个范围之外的温度（外推）的可能，研究人员用高精度进一步拟合了 A_0 和 y_0 的温度二次多项式[35]。

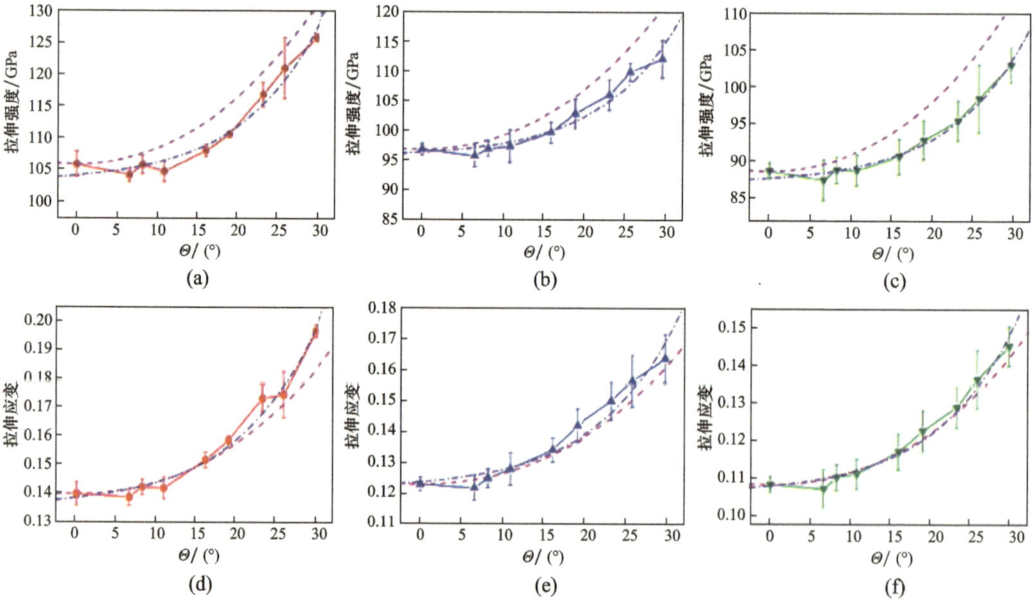

图9.23 方向角分别在(a)、(d)且温度300K，在(b)、(e)且温度500K和在(c)、(f)且温度700K时，对应的石墨烯的拉伸强度和破坏应变的函数图像

洋红色虚线和紫色点虚线分别表示从断裂模型和数值平台得到的数值。

除了方向依赖的拉伸断裂结构外，对单晶石墨烯方向依赖的弹性响应的研究在实际应用中也具有重要的意义。有趣的是，分子动力学模拟表明，石墨烯在所有拉伸方向上表现出了准各向同性的弹性行为，这与石墨烯的各向异性拉伸断裂行为形成了鲜明的对比。换句话说，在300K的所有拉伸方向上，同一应变所需的弹性应力几乎相同，如图9.24所示。在100K、500K和700K的温度中，研究人员也观察到了这种各向同性的弹性行为。这表明无论单晶石墨烯的温度如何，这种特性均保持不变。

在Lee等的压痕研究[39]中，利用石墨烯的六重旋转对称性，推导出与拉伸强度值和压头作用力测量值有关的方程，得出了石墨烯的各向同性力学响应。关于这一点，上述发现表明，石墨烯的各向同性的力学响应对于弹性变形具有更基本的意义。

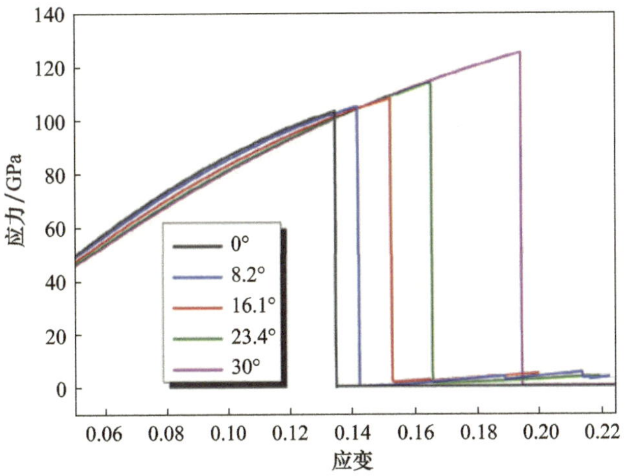

图 9.24　不同拉伸方向的石墨烯的拉伸应力-应变曲线
（左下角方块中为各条曲线对应的方向角）

9.5 二维拉伸系统：纳米压痕

目前尚不清楚单轴拉伸系统中观察到的石墨烯断裂/拉伸的各向异性/各向同性特征是否应维持在二维拉伸系统中，即使情况的确如此，各向异性性能在一维和二维拉伸系统中存在多大程度上的差异也是未知的。为了解决这些问题，我们对附着在二氧化硅基底上的单晶石墨烯薄膜进行了一系列的分子动力学模拟（图 9.25（a）），实验方案及具体细节与 Lee 等的实验研究相似，区别在于二氧化硅基底上形成孔的形状。Lee 等的实验基底上的孔呈圆形，而我们的实验是椭圆形孔（短轴和长轴的长度分别为 30Å 和 60Å），椭圆孔的长轴与石墨烯的 AC 和/或 ZZ 方向平行，以探究各向异性效应的可能性（图 9.25（b））。

$$F(r)=K\cdot(r-R)^2 \tag{9.7}$$

压头的直径约为 20Å，压头对每个原子施加的力由指定的力常数 K 给出，r 是从各个原子到压头中心的距离，R 是压头的半径。力是斥力，当 $r>R$ 时，$F(r)=0$。在本研究中，K 和 R 分别设置为 1000eV/Å^3 和 10Å^3。

当压头逐渐向下移动时，测量了这两个系统对压头施加的力。在这两个系统中，硅质基底上的椭圆孔彼此取向不同。在单轴拉伸过程中，几乎得到了相同的结果。无论椭圆阱朝向何方（图 9.25（c）），这两个压痕系统在定量和定性上都表现出几乎相同的弹性行为，表明在单轴（一维）拉伸系统中观察到的石墨烯的各向同性弹性行为在二维拉伸系统中仍然有效。与此形成对比的是，在最大压头作用力（即断裂力）的作用下，它们产生了明显不同的数值，相应的压头位置（图 9.25（c））也不同。当椭圆阱的长轴与 AC 方向平行（60ZZ－120AC）时，断裂力和压头的移动距离（分别为（34.71±0.48）eV/Å 和（16.60±0.13）Å）较其他方向（120ZZ－60AC）更大（分别为（32.72±0.59）eV/Å 和（16.09±0.11）Å）。

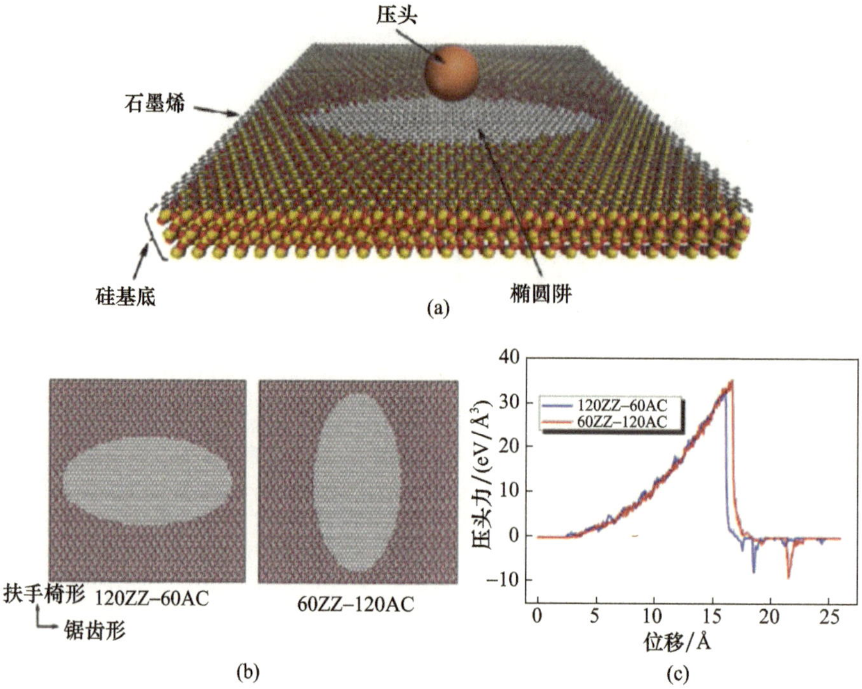

图 9.25 (a)二维拉伸系统的压痕模拟，其中碳、硅和氧原子分别以灰色、黄色和红色显示；(b)硅基底上刻划的两个不同取向的椭圆阱；(c)施加在压头的力的大小随压头逐渐向下推挤及/或穿透石墨烯薄膜时的变化

对这种各向异性的拉伸强度解释如下：在压头移动距离不变的情况下，椭圆阱中石墨烯的有效拉伸应变在短轴方向（即最短半径方向）比其他拉伸方向都大。

此外，石墨烯的断裂主要受到最薄弱拉伸方向（即 AC 方向）变形的影响。因此，120ZZ－60AC 方向受到的压头作用力应该比 60ZZ－120AC 方向的小。这是因为石墨烯薄膜的椭圆阱的短轴方向与 AC 方向（120ZZ－60AC）一致。该猜想与上述模拟结果较为吻合。

在对硅基底上有圆孔的线性弹性石墨烯薄膜进行纳米压痕连续模型的研究中，通过测量断裂力，利用以下方程[39-40]估算了石墨烯的拉伸强度：

$$\sigma_{m}^{2D}=\left(\frac{FE^{2D}}{4\pi R}\right)^{\frac{1}{2}} \tag{9.8}$$

式中：σ_{m}^{2D}为最大拉伸应力；E^{2D}为一个拟合参数，Lee 等建议将其设为 342N/m[39]；R 为尖端半径；F 为断裂力。

根据式(9.8)，研究人员对 60ZZ－120AC 和 120ZZ－60AC 方向的拉伸强度进行了初步计算，分别为 116.15GPa 和 112.78GPa。考虑到拉伸强度是从单轴拉伸模拟中得到的，它们的值处在一个合理的范围内。虽然上述断裂行为与我们对石墨烯单轴拉伸断裂的理解是一致的，但与单轴拉伸过程相比，压痕过程中观察到的各向异性断裂行为明显减弱。

这种衰减效应是由以下两个因素所造成：

第一，在方向为 60ZZ－120AC 时，由于特定的拉伸方向（压痕变形是由许多不同拉伸方向的单独变形组成的）设定为更靠近椭圆阱的短轴方向，与拉伸方向有关的原位应变

(当前值)和断裂应变(阈值)都有所增大。而在120ZZ-60AC的情况下,原位应变增加而断裂应变减少。由于这种抵消效应,决定断裂点的临界拉伸方向与60ZZ-120AC方向的椭圆阱的短轴方向(ZZ方向)不一致。其实,临界拉伸方向位于短轴(ZZ)方向和与短轴方向呈30°夹角的AC方向之间(需要注意的是,这个AC方向不是椭圆阱的长轴AC方向)。与沿着短轴(ZZ)方向发生断裂所需的值相比,这种情况的断裂力更小(图9.26)。断裂力的减小最终削弱了压痕过程中断裂强度的各向异性行为。假设在任何情况下,这种情况的断裂都发生在锯齿形方向上。

通过对石墨烯薄膜在纳米压痕作用下的断裂结构的研究,证实了上述假设。方向为120ZZ-60AC时,最长轴的方向(即垂直于最短轴方向的ZZ线)上产生了断裂线。而当方向为60ZZ-120AC时,在与最短轴方向呈60°夹角的ZZ线上形成断裂线(图9.27)。

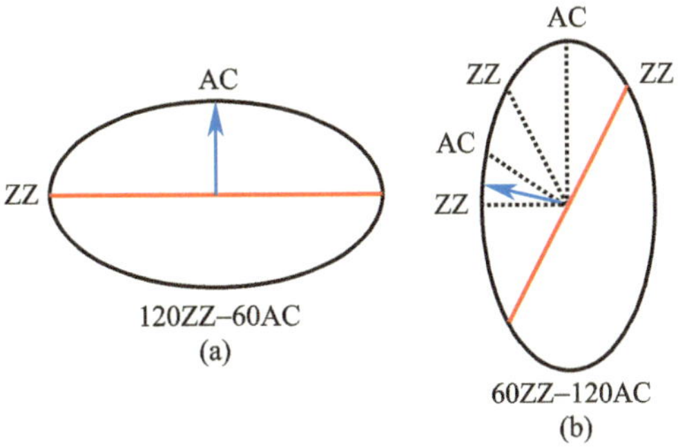

图9.26 120ZZ-60AC(a)和60ZZ-120AC(b)方向压痕的潜在断裂机制(蓝色箭头表示确定压痕过程断裂点的临界拉伸方向,而红色线表示与图9.27所示的模拟结果较为吻合的断裂线)

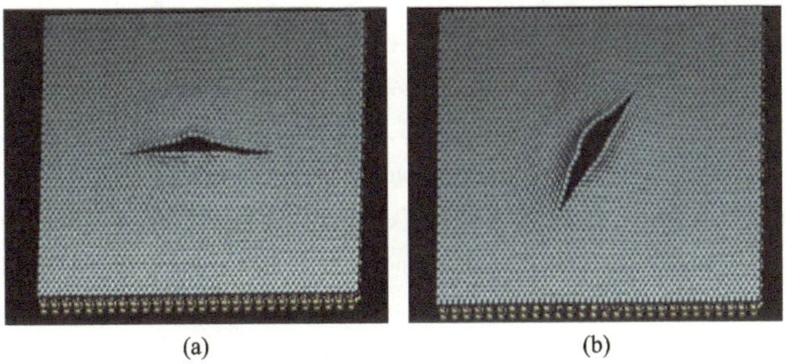

图9.27 120ZZ-60AC(a)和60ZZ-120AC(b)方向的石墨烯薄膜的纳米压痕断裂结构(石墨烯薄膜和基底椭圆孔的方向与图9.25(b)相同)

第二,石墨烯薄膜的临界拉伸方向和椭圆阱的短轴方向之间的交角最大30°(因此,对应这些方向的椭圆阱的两个半轴之间的长度差也应该很小)。因此,无论椭圆阱的朝向如何,压痕过程总是对石墨烯薄膜的拉伸断裂产生严重的影响。这是由石墨烯固有结构引起的,是一个不可避免的因素。与第一因素不同,后者难以解决,自然地抑制了石墨烯薄膜压痕断裂的各向异性程度。

值得注意的是,因为圆形阱基底的压痕方案实验已得到很好的结果[5],所以本研究中采用椭圆阱基底的压痕方案可直接应用于石墨烯薄膜的各向异性机制研究中。由于石墨烯的各向异性拉伸断裂行为从未在实验上得到验证，因此本实验的应用具有重要意义。值得注意的是，在石墨烯薄膜的各向异性断裂研究中，压头的各向异性形状和基底的各向异性形状的两种情形都得到了计算性的检验，且后者的效率远远高于前者。

参考文献

[1] Chen, J. H, Jang, C, Xiao, S, Ishigami, M, Fuhrer, M. S, Intrinsic and extrinsic performancelimits of graphene devices on SiO_2, *Nat. Nanotechnol.*, 3, 206, 2008.

[2] Bolotin, KI, Sikes, KJ., Jiang, Z, Klima, M, Fudenberg, G,, Hone, J., Kim, P, Stormer, H. L., Ultrahigh electron mobility in suspended graphene. *Solid State Commun.*, 146, 351, 2008.

[3] Balandin, A. A., Ghosh, S, Bao, W., Calizo, I, Teweldebrhan, D., Miao, E, Lau, CN, Superiorthermal conductivity of single – layer graphene. *Nano Lett.*, 8, 902, 2008.

[4] Seol, J. H., Jo, I., Moore, A. L., Lindsay, L., Aitken, Z. H., Pettes, M. T., Li, X., Yao, Z., Huang, R., Broido, D., Mingo, N., Ruoff, R. S., Shi, L., Two – dimensional phonon transport in supported graphene. *Science*, 328, 213, 2010.

[5] Lee, C., Wei, X., Kysar, J. W, Hone, J., Measurement of the elastic properties and intrinsic strength of monolayer graphene. *Science*, 321, 385, 2008.

[6] Zhao, H., Min, K., Aluru, N. R., Size and chirality dependent elastic properties of graphene nanoribbons under uniaxial tension. *Nano Lett.*, 9, 3012, 2009.

[7] Liu, F., Ming, P. M., Li, J., Ab initio calculation of ideal strength and phonon instability of graphene under tension. *Phys. Rev. B*, 76, 064120, 2007.

[8] Banhart, F., Kotakoski, J., Krasheninnikov, A. V, Structural defects in graphene. *ACS Nano*, 5, 26, 2011.

[9] Li, X., Cai, W., An, J., Kim, S., Nah, J., Yang, D., Piner, R., Velamakanni, A., Jung, I., Tutuc, E., Banerjee, S. K., Colombo, L., Ruoff, R. S., Large – area synthesis of high – quality and uniform graphene films on copper foils. *Science*, 324, 1312, 2009.

[10] Bae, S., Kim, H., Lee, Y., Xu, X., Park, J. S., Zheng, Y., Balakrishnan, J., Lei, T., Kim, H. R., Song, Y. I., Kim, Y. J., Kim, K. S., Ozyilmaz, B., Ahn, J. H., Hong, B. H., Iijima, S., Roll – to – roll production of 30 – inch graphene films for transparent electrodes. *Nat. Nanotechnol.*, 5, 574, 2010.

[11] Coraux, J., N' Diaye, A. T., Engler, M., Busse, C., Wall, D., Buckanie, N., Heringdorf, F. M., Gastel, R., Poelsema, B., Michely, T., Growth of graphene on Ir(111). *New J. Phys.*, 11, 023006, 2009.

[12] Miller, D. L., Kubista, K. D., Rutter, G. M., Ruan, M., Heer, W. A. D., First, P. N., Stroscio, J. A., Observing the quantization of zero mass carriers in graphene. *Science*, 324, 924, 2009.

[13] Loginova, E., Nie, S., Thurmer, K., Bartelt, N. C., McCarty, K. F., Defects of graphene on Ir(111): Rotational domains and ridges. *Phys. Rev. B*, 80, 085430, 2009.

[14] Park, H. J., Meyer, J., Roth, S., Skákalová, V., Growth and properties of few – layer graphene prepared by chemical vapor deposition. *Carbon*, 48, 1088, 2010.

[15] Stone, A. J. and Wales, D. J., Theoretical studies of icosahedral C60 and some related species. Chem. *Phys. Lett.*, 128, 501, 1986.

[16] Thrower, P. A., The study of defects in graphite by transmission electron microscopy. *Chem. Phys. Carbon*, 5, 217, 1969.

[17] Malola, S., Hakkinen, H., Koskinen, P., Structural, chemical, and dynamical trends in graphene grain boundaries. *Phys. Rev. B*, 81, 165447, 2010.

[18] Yazyev, O. V. and Louie, S. G. , Topological defects in graphene: Dislocations and grain boundaries. *Phys. Rev. B*,81,195420,2010.

[19] Lahiri,J. ,Lin,Y. ,Bozkurt,P. ,Oleynik,I. I. ,Batzill,M. ,An extended defect in graphene as a metallic wire. *Nat. Nanotechnol.* ,5,326,2010.

[20] Yazyev,O. V. and Louie,S. G. ,Electronic transport in polycrystalline graphene. *Nat. Mater.* ,9,806,2010.

[21] Liu,Y. and Yakobson,B. I. ,Cones,pringles,and grain boundary landscapes in graphene topology. *Nano Lett.* ,10,2178,2010.

[22] Grantab,R. ,Shenoy,V. B. ,Ruoff,R. S. ,Anomalous strength characteristics of tilt grain boundaries in graphene. *Science*,330,946,2010.

[23] Huang,P. Y. ,Ruiz – Vargas,C. S. ,van der Zande,A. M. ,Whitney,W. S. ,Levendorf,M. P. ,Kevek,J. W. ,Garg,S. ,Alden,J. S. ,Hustedt,C. J. ,Zhu,Y. ,Park,J. ,McEuen,P. L. ,Muller,D. A. ,Grains and grain boundaries in single – layer graphene atomic patchwork quilts. *Nature*,469,389,2011.

[24] Jhon,Y. I. ,Zhu,S. ,Ahn,J. H. ,Jhon,M. S. ,The mechanical responses of tilted and non – tilted grain boundaries in graphene. *Carbon*,50,3708,2012.

[25] Heimann,R. B. ,Evsyukov,R. B. ,Kavan,L. ,*Carbyne and carbynoid structures*,Springer,Berlin,1999.

[26] Cataldo,F. ,*Polyynes:Synthesis,properties and applications*,CRC Press,Boca Raton,2005.

[27] Liu,Y. ,Jones,R. O. ,Zhao,X. L. ,Ando,Y. ,Carbon species confined inside carbon nanotubes:A density functional study. *Phys. Rev. B*,68,125413,2003.

[28] Jin,C. ,Lan,H. ,Suenaga,K. ,Iijima,S. ,Deriving carbon atomic chains from graphene. *Phys. Rev. Lett.* ,102,205501,2009.

[29] Chuvilin,A. ,Meyer,J. C. ,Algara – Siller,G. ,Kaiser,U. ,From graphene constrictions to single carbon chains. *New J. Phys.* ,11,083019,2009.

[30] Akdim,B. and Pachter,R. ,Switching behavior of carbon chains bridging graphene nanoribbons:Effects of uniaxial strain. *ACS Nano*,5,1769,2011.

[31] Lin,Z. Z. ,Zhuang,J. ,Ning,X. J. ,High – efficient tunable infrared laser from MACCs between graphenes. *Europhys. Lett.* ,97,27006,2012.

[32] Cretu,O. ,Botello – Mendez,A. R. ,Janowska,I. ,Pham – Huu,C. ,Charlier,J. ,Banhart,F. ,Electrical transport measured in atomic carbon chains. *Nano Lett.* ,13,3487,2013.

[33] Frank,O. ,Tsoukleri,G. ,Parthenios,J. ,Papagelis,K. ,Riaz,I. ,Jalil,R. ,Novoselov,K. S. ,Galiotis,C. ,Compression behavior of single – layer graphenes. *ACS Nano*,4,3131,2010.

[34] Jhon,Y. I. ,Chung,P. S. ,Smith,R. ,Min,K. S. ,Yeom,G. Y. ,Jhon,M. S. ,Grain boundaries orientation effects on tensile mechanics of polycrystalline graphene. *RSC Adv.* ,3,9897,2013.

[35] Jhon,Y. I. ,Jhon,Y. M. ,Yeom,G. Y. ,Jhon,M. S. ,Orientation dependence of the fracture behavior of graphene. *Carbon*,66,619,2014.

[36] Zhao,H. ,Min,K. ,Aluru,N. R. ,Size and chirality dependent elastic properties of graphene nanoribbons under uniaxial tension. *Nano Lett.* ,9,3012,2009.

[37] Dumitrica,T. ,Hua,M. ,Yakobson,B. I. ,Symmetry – ,time – ,and temperature – dependent strength of carbon nanotubes. *Proc. Natl. Acad. Sci. USA*,103,6105,2006.

[38] Bucciarelli,L. L. ,*Engineering mechanics for structures*,Dover Publications,New York,2009.

[39] Lee,C. ,Wei,X. ,Kysar,J. W,Hone,J. ,Measurement of the elastic properties and intrinsic strength of monolayer graphene. *Science*,321,385,2008.

[40] Bhatia,N. M. and Nachbar,W,Finite indentation of an elastic membrane by a spherical indenter. *Int. J. Nonlinear Mech.* ,3,307,1968.

第10章 石墨烯及其衍生物作为基质辅助激光解吸电离质谱平台

Hani Nasser Abdelhamid[1], Hui - Fen Wu[2,3,4,5]

[1]埃及艾斯尤特市艾斯尤特大学科学学院化学系高级功能材料实验室

[2]台湾高雄市中山大学化学系与纳米科学技术中心

[3]台湾高雄市高雄医科大学药学院药学系

[4]台湾高雄市中山大学医学科技研究所

[5]台湾高雄市中山大学及“中央研究院”海洋生物技术博士学位项目

摘　要　石墨烯(G)及其衍生物有望用于先进质谱(MS)。石墨烯纳米材料有多种衍生物,如石墨烯、氧化石墨烯(GO)、还原氧化石墨烯(rGO)等。这些衍生物在质谱中具有极高的应用潜力。石墨烯及其衍生物在质谱法中的应用可以检测蛋白质、肽、碳水化合物、寡核苷酸、生物标记物和小分子。石墨烯及其衍生物表面积较大、性质容易改变,使得它们具有较高的灵敏度,且选择性较高。石墨烯衍生物促进了包括 SALDI - MS(表面辅助激光解吸电离质谱)和 GALDI - MS(石墨烯辅助激光解吸电离质谱)等几种技术的发展。这些方法在低质量范围(小于 1000Da)没有干扰影响,可用于检测具有自由背景光谱的小分子。GALDI - MS 无碎裂现象,可用于研究不稳定的生物分子。本章总结了石墨烯及其衍生物在 LDI - MS(激光解吸电离质谱)上的应用。

关键词　石墨烯,质谱,基质辅助激光解吸电离质谱法,表面辅助激光解吸电离质谱法

10.1 引言

石墨烯是一种完全 sp^2 杂化的二维碳纳米材料,厚度在碳原子级别(大约 1nm)[1]。石墨烯及其衍生物已被应用于许多领域,包括蛋白质的分离和预浓缩[2]、生物传感器[3]、生物应用[4]、自旋电子学[5]、电子器件[5]、光电探测器[6]、传感[7]、环境应用[8]、生物医学应用[8]和过滤[9]等。石墨烯及其衍生物还促进了包括质谱在内等几个领域的发展。

MALDI - TOF(基质辅助激光解吸电离飞行时间质谱)提供了一种软电离的方法[10]。有机化合物,也称为基质,可以在 LDI - MS 过程中协助分析[11-12]。LDI - MS 过程还会用到有机基质的盐(也称为离子液体基质)[13-18]和纳米粒子[19]。纳米材料包括碳基纳米材

料[20]、量子点[21-27]、磁性纳米粒子[28-36]、金纳米粒子[37-38]和其他材料[39]。它们都能用作 LDI-MS[40]的表面。纳米粒子的背景比有机基质低。它们很少,或者完全不会使热不稳定的物种碎裂。它们具有较高的灵敏度,且选择性较多。纳米粒子较大的表面积使其具有较高的吸附能力,在不需要结晶的情况下,会导致较高的电离作用。

石墨烯及其衍生物包括石墨粒子[41]、硅酮聚合物中的石墨[42]、氧化石墨烯[43]和氟化石墨烯(FG)[44]。它们都可以用作基质辅助激光解吸电离质谱(MALDI-MS)的基质,用于氨基酸、多胺、抗癌药物与核苷[45]、蛋白质[43]、碳水化合物、寡核苷酸[46]、聚合物[47]和小分子等极性化合物。它们具有较高的灵敏度、离子化效率高、选择性较多的特点,可作为分离和提取及高通量分析用途的探针。

本章介绍了石墨烯及其衍生物在 LDI-MS 中的应用,并且简要介绍了利用常规有机基质的 MALDI-MS。同时,回顾了石墨烯纳米粒子作为基质、探针、表面、准固定相和薄膜技术的情况。

10.2 基质辅助激光解吸电离质谱

有的分析物高度吸收激光能量后可以直接被解吸或电离。因此,这些分析物可以使用 LDI-MS 进行分析。然而,LDI-MS 只限于分析高激光吸收物体。对于缺少激光吸收性的分析物,通常使用一个小的有机基质以辅助 LDI-MS 过程。对于作为有效基质的有机化合物有一定的要求:第一,有机基质应该对所选波长的激光具有较高的吸收性。一般使用的有 N_2激光器(波长 337nm)、Nd:YAG 激光器(波长为 355nm 和 266nm)、Er:YAG 激光器(波长 2.94μm)和二氧化碳激光器(波长 10.6μm)。每一种激光器都有对应的有机基质。第二,所选的有机基质不能在真空里升华。苯甲酸的衍生物通常在激光辐射之前就升华了,因此,它们的电离效率和重现性都很低。第三,有机基质通常要与分析物质进行质子传递。有机基质可能具有酸性或基本属性。质子加合物($[M+H]^+$,M 指分析物)或碱性加合物($[M+Na]^+$或$[M+K]^+$)一般都能被观察到。第四,有机基质应与目标分析物结晶,以传输激光能量。结晶的最有效点显示出很高的电离度。

传统的有机基质具有广泛的适用性,可应用于蛋白质、肽、碳水化合物、寡核苷酸、小分子和金属离子等分析物[11]。它们可用于高分子量和低分子量的分子。使用有机基质的 MALDI-MS 可以进行软电离,是其他包括电喷雾电离质谱(ESI-MS)[48-51]的软电离方法的补充。然而,有机基质具有较低的电离度,需要较高的数量来电离被研究的分析物。分析物与有机基质的最佳配比为 1∶1000～1∶100000。有机基质的酸/基础特性有时会引起蛋白质或大型生物分子的变性或碎裂。有机基质的自电离具有干扰性,限制了 MALDI-MS 在小分子分析中的应用。因此,为了规避传统有机基质的缺陷,研究人员对无机基质(如纳米粒子)进行了研究。

石墨烯及其衍生物可作为辅助 LDI-MS 的表面物质。图 10.1 显示了使用石墨烯的 LDI-MS 示意图。分析物吸附在石墨烯或其衍生物的表面,研究人员用激光辐照法解吸/电离分析物(图 10.1)。电离后的分析物在到达自由场区(飞行时间管)之前进行提取和加速。研究人员分别在反射检测器和线性检测器中检测到了高分子量分析物和小分子的离子(图 10.1)。

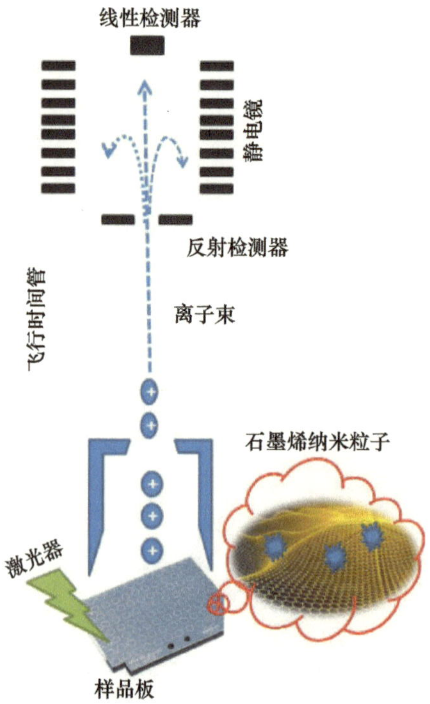

图 10.1　以石墨烯及其衍生物为表面的 LDI - MS 示意图

10.3 石墨烯及其衍生物在大型生物分子分析中的应用

蛋白质分析对于蛋白质组学、生物医药、生物医学、生物技术等许多学科都有重要意义。由于各类蛋白质稳定性差，蛋白质分子有降解趋势，因此，对蛋白质进行软电离和简单分析很有必要。

蛋白质种类的样品制备很简单（图 10.2）。含有蛋白质的样品溶液中混入石墨烯（图 10.2）。样品溶液要在培养皿中培养几分钟，如此将从石墨烯表面解吸。然后，研究人员用离心分离法或其他分离方法分离样品。分离的样品在少量溶剂中冲洗和再分散，然后在 MALDI - MS 板上分散成液滴（图 10.2）。待样品干燥后利用 MALDI - MS 进行分析。

图 10.3 中列出了可以用作基质或表面的石墨烯衍生物。石墨烯及其衍生物的表面可以简单地用核酸适配体等生物分子进行改造，改造后可以选择性地检测蛋白质种类。MUC1 蛋白是一种癌症标志物。研究人员使用 MUC1 结合适配体（Apt_{MUC1}）- 共轭金纳米粒子固定氧化石墨烯（Apt_{MUC1} - AuNP - GO）[52]对 MUC1 进行了选择性检测。LDI - MS 的检测限（LOD）为 100 个 MCF - 7 细胞[52]。石墨烯与生物分子的结合力（如疏水性和 π - π相互作用等）提高了提取效率和检测灵敏度。对于单链 DNA 和蛋白质[53]，石墨烯是一种超高效的表面增强激光解吸电离（SELDI）探针，对 DNA 的检测限为 100fM，对蛋白质的检测限为 1pmol/L[53]。石墨烯衍生物已被用于蛋白质的分析，包括 N - 连接的多糖[54]、溶菌酶、α - 乳白蛋白、纤维素酶和胰蛋白酶[43]。

经过其他纳米粒子的简单作用，石墨烯衍生物的表面即可具有多功能用途（图 10.3）。Cu^{2+} 固定磁性石墨烯@ 聚多巴胺（magG@ PDA@ Cu^{2+}）复合物用于富集和鉴定人体尿液和血清[55]等生物样品中的低浓度肽。该 magG@PDA@Cu^{2+}对浓度极低(10pmol/L)的疏水肽和亲水肽均有很强的亲和性。利用外磁富集肽是一种快速简便的低浓度肽的提取方法。

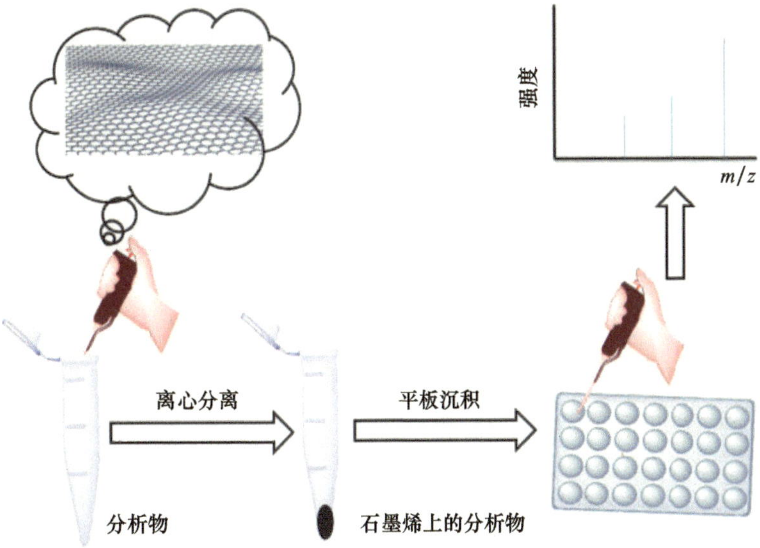

图 10.2 用石墨烯辅助 LDI - MS 制备和分析蛋白质的样品

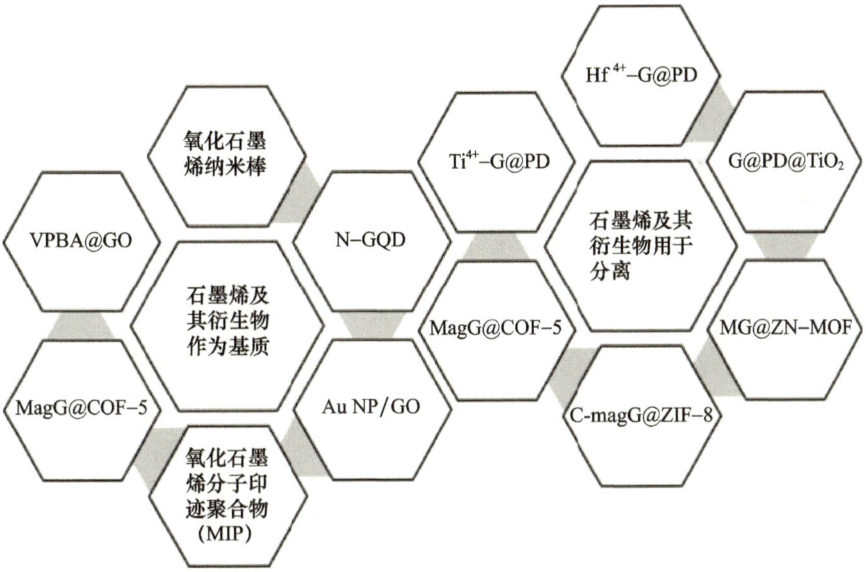

图 10.3 用于基质或分离的石墨烯及其衍生物

以石墨烯衍生物为探针,在用 LDI - MS[46]检测寡核苷酸时,用作探针的是氧化石墨烯等石墨烯衍生物。以氧化石墨烯为辅的 LDI - MS 对寡核苷酸具有超高灵敏性,可用于实际样品分析。

石墨烯衍生物如石墨烯纳米片用作分析癌细胞和癌症干细胞间脂质的基质[56]。石墨烯和氧化石墨烯用作正十二烷酸(C12)、正十四烷酸(C14)、正十六烷酸(C16)、正十八烷酸(C18)、正二十烷酸(C20)[57]等长链脂肪酸的富集和电离。

本章节介绍了石墨烯纳米材料在聚合物分析中的应用。以薄层石墨烯（FLG）为基质，对低分子量聚合物、分子量为1000Da的极性聚乙二醇（PEG），以及分子量为650Da的非极性聚甲基丙烯酸甲酯（PMMA）[47]进行了分析。研究人员采用石墨烯纳米材料[58]研究了平均分子量在425～3500Da的聚丙烯乙二醇、聚苯乙烯和聚甲基丙烯酸甲酯等聚合物。以石墨烯为辅的LDI－MS产生了低背景干扰的高质量MS光谱。

10.4 石墨烯及其衍生物在小分子分析中的应用

因为背景干扰，有机基质对小分子的分析具有局限性。因此，研究人员用氧化石墨烯纳米带（GONR）[59]、正掺杂石墨烯[60]、共轭适配体氧化石墨烯[61]、转化石墨烯单层板[62]和石墨涂层纸[63]等石墨烯衍生物作为表面用以分析小分子。与传统的有机基质相比，石墨烯纳米材料几乎没有背景干扰，并且具有很高的灵敏度。它们可以极大简化分析不同种类小分子的质谱方法。

石墨涂层纸使用方法简单，灵敏度高，非常有助于简化51种化合物的分析过程[63]。它在检测不同类型的小分子方面具有普遍的适用性[63]。采用核心壳结构金@石墨化介孔二氧化硅纳米复合材料（Au@GMSN）对氨基酸、中性糖化物、肽和传统中药[64]等小分子量分析物质进行了研究[64]。Au@GMSN表面积大，分散性好，而且紫外线吸收能力强，可以作为SALDI－MS的有效表面。研究人员利用逐层静电自组装技术[65]合成了银纳米粒子（AgNP）和还原氧化石墨烯的混合纳米多孔结构[65]。AgNP@rGO为SALDI－MS快速分析含羧基小分子提供了一个简单的平台[65]。

石墨烯纳米材料用于如下化合物的分析：茶叶内源性咖啡因和茶氨酸[66]、中草药[67]、八氯代二苯并二噁英[68]、牛奶中的四环素残留[69]、多环芳烃（PAH）和雌激素[70]、黄酮类和苯丙类物质如香豆素[71]、脑脊液中的多巴胺[72]、金属类药物[73]、污染物——有机氯农药五氯苯酚（PCP）、内分泌干扰物雌二醇（E2）、溴化阻燃剂2,2′,4,4′－四溴联苯醚（BDE－47）、四溴双酚A[59]、氨基酸、脂肪酸、肽、蛋白同化激素和抗癌药物[60]、表雄酮、睾酮、甲睾酮[60]、可卡因和腺苷[61]。

石墨烯纳米材料在器件制造领域具有广阔的应用前景，如薄膜技术。研究人员在玻片上合成了金纳米粒子和氧化石墨烯的混合膜，并应用在SALDI－MS[74]小分子分析中。石墨烯衍生物在薄膜技术中的应用简化了样品制备过程，而且具有高灵敏度的特点。

在高通量识别和筛选混合物样品中的化学污染物时，用氟化石墨烯作为探针很有效[44]。由于氟化石墨烯独特的化学结构和自组装特性[44]，在LDI－MS中用氟化石墨烯辅助比其他石墨烯材料具有较高的灵敏度（ppt或次ppt水平的检测限）和更好的重现性。

10.5 石墨烯在基质辅助激光解吸电离质谱分析前的提取分离应用

在MALDI－MS对分析物进行分析前[45]，石墨烯纳米材料可以作为提取或分离分析物的有效表面，通常用于提取或分离混合物样品中浓度非常低的分析物。这一过程对灵敏度要求较高，或需要排除样本中剩余物质干扰峰的干扰。用石墨烯纳米材料提取和分离的分析物主要有蛋白质、肽、脂、碳水化合物和小分子等。

10.6 石墨烯纳米材料提取和分离蛋白质和肽

碳纳米材料可作为探针或固定相用于从生物样品中分离蛋白质物质[75]。它们被广泛用于蛋白质的预浓缩[2]。石墨烯纳米材料富含 π 的架构能够高效分离和富集蛋白质。它们能产生几种与蛋白质生物分子相互作用的力。石墨烯衍生物需要一个简单的提取过程,该过程需要石墨烯纳米材料在混合物中形成涡流,然后在短时间内离心分离[53]。分离后的物质可以用少量溶剂冲洗,并在分析前直接沉积在 MALDI - MS 平板上。样品预浓缩使得 MALDI - MS 的检测灵敏度提高好几倍[54]。

石墨烯的表面可以用其他生物分子进行改造,改造后的表面可以识别生物分子和磁性纳米粒子,而且简化了分离过程,用一个外部磁铁就能完成。共轭适配体磁性石墨烯 - 金纳米粒子复合材料显示凝血酶的富集有特异性,且分析过程很快[76]。Fe_3O_4 - 壳聚糖@ 石墨烯(Fe_3O_4 - CS@ G)核心壳复合物用于从生物样品中富集低丰度蛋白质[77]。也可用作磁性吸附剂,用于在无解吸 MALDI - MS 分析蛋白质的富集时,Fe_3O_4 - CS@ G 也可用作磁性吸附剂[78]。

石墨烯及其衍生物可用于在蛋白质消化时固定酶。胰蛋白酶连接的氧化石墨烯提供微波辅助板内消化方法,用于标准品的蛋白水解。蛋白质的消化过程比较简单,蛋白质的加速水解,不仅比传统方法缩短所需的时间,还可以鉴定高通量的蛋白质。氧化石墨烯固定胰蛋白酶反应器(GO - IMER)可以用于组织上的蛋白质组的实时影像质谱(IMS)技术[80]。GO - IMER 具有较好的蛋白质水解性能,对低蛋白浓度灵敏度高,处理时间较短。对不同的蛋白质,分别使用游离酶和 GO - IMER 的平板消化时的蛋白质和氨基酸序列覆盖率不同。对于酪蛋白,序列覆盖率分别为 44% ~62%(游离酶)和 71% ~102%(GO - IMER);对于牛血清血蛋白,序列覆盖率分别为 60% ~83%(游离酶)和 79% ~107%(GO - IMER)[80]。研究人员以戊二醛为偶联剂[81],采用共价键法合成了树枝状接枝氧化石墨烯纳米片(dGO)。它能在 15min 内消化蛋白质,非常高效。而且与传统的隔夜溶液内消化蛋白质相比,具有较高的序列覆盖率[81]。

在分析过程中,氧化石墨烯表面的固定化 *N* - 糖苷酶 F(PNGase F)缩短了多糖的消化时间[82]。氧化石墨烯固定化 PNGase F 具有较高的重现性,可用于 MALDI - MS 对 N - 连接的多糖的鉴定[82]。金纳米粒子 - 麦芽糖 - 对苯二胺 - 四氧化三铁 - 还原氧化石墨烯纳米复合材料对辣根过氧化物酶(HRP)胰蛋白酶消化中低浓度的糖肽(0.1ng/μL)有选择性富集作用[83]。磁性纳米粒子的存在为改造酶的分离提供了一种简单的方法。超亲水性树枝状修饰的磁性石墨烯@ 聚多巴胺@ poly(amidoamine)(magG@ PDA@ PAMAM)从 HRP 的消化中鉴定出 15 个糖肽,检测限低至 1fmol/μL[84]。利用 magG - PDA - Au - L - Cys 从人血清中富集糖肽,具有高灵敏度(检测限为 0.1fmol/μL)和高选择性(1∶100),可重复(至少 10 倍)[85]。这些复合物的优良亲水性提高了糖蛋白的分析效果。

在浓度为 100 倍[86]的非糖肽背景存在下,氨基苯硼酸交联石墨烯酚醛树脂(magG@ PF@ APB)具有较高的选择性。氧化石墨烯 - 聚乙烯亚胺(PEI) - 金 - L - 环亚硼酸复合材料可作为两性离子亲水作用色谱法(ZIC - HILIC)[87]的固定相。带官能团的亚硼酸磁性石墨烯复合材料(GO - APBA)的分子印迹聚合物(MIP)用于分析糖蛋白(卵白蛋白,

OVA)的模板[88]。在40min[88]内,其负荷容量达到278mg/g。采用带官能团的有机共价材料(COF)磁性石墨烯复合物(MagG@ COF－5)对低检测限(0. 5fmol/μL)的N－连锁糖肽进行了分析。用尺寸排除效应(HRP消化/BSA,1∶600)[89]分离目标分析物时,COF的孔隙结构很合适。1－芘丁酰肼官能基氯化物氧化石墨烯(PCGO)(氧化石墨烯表面1－芘丁酰肼氯化物的π－π堆叠)可以简化聚糖的富集过程[90]。该方法基于氧化石墨烯上的多糖羟基组和酰基氯化物组之间形成的可逆共价键而实现。由于存在多个多糖的羟基组,游离PCGO片和多糖的交联和自组装需要的时间很短(不到30s)。该方法易于实现,而且灵敏度和选择性显著提高。

石墨烯及其复合材料广泛应用于磷酸化蛋白和磷酸化肽的研究[91]。研究人员从多肽混合物中选择性捕获磷酸肽时使用的是二氧化钛－石墨烯复合材料[92]。还原氧化石墨烯－二氧化钛－二氧化锆(rGTZ)纳米片复合材料从半复合样品、脱脂牛奶和小鼠器官中选择性地富集了α－酪蛋白、β－酪蛋白混合物和牛血清白蛋白(BSA)等磷酸肽[93]。这种纳米片复合材料分别从小鼠大脑的1769个蛋白质和小鼠肝脏的1267个蛋白质中识别出了1980和577个磷酸肽[93]。二氧化钛－石墨烯复合材料是从多肽混合物中选择性提取磷酸肽的有效平台[94]。可以直接用于对磷酸肽的表面增强激光解吸电离质谱(SELDI－MS)分析。它还可以促进分析物的软电离,而且其检测限属于阿莫尔级,比传统平台的灵敏度高100～100000倍,适用于高特异性(94%)的肿瘤细胞(海拉细胞系)中磷酸肽[94]的检测。石墨烯－二氧化钛(GTOC)和石墨烯－二氧化锆(GZOC)复合材料对α－和β－酪蛋白、β－酪蛋白和牛血清白蛋白混合物,以及脱脂牛奶的胰蛋白酶消化[95]等磷酸肽具有选择性富集作用。石墨烯－氧化铪复合材料(GHOC)也显示出对磷酸肽的选择性富集[95]。三氧化钼－氧化石墨烯复合材料在金属氧化物亲和层析(MOAC)富集磷酸肽[96]的过程中显示出较高的检测灵敏度(1fmol/mL)和较好的恢复性(91. 13%)。其他如四氧化三铁－石墨烯－二氧化钛等复合材料也在研究中提到过[97]。磁性纳米粒子的存在使得从生物样品中富集磷酸肽变得简单、快速、选择性强和灵敏度高[98]。因此,它们表现出多功能的特性。

石墨烯衍生物的表面可以用磁性纳米粒子和其他试剂来改性,以使其具备多功能性、高灵敏度和广选择性等特点。这些纳米复合材料具有从复杂生物样品中选择性捕获和快速分离的低丰度磷酸肽的特点[99]。用金属离子改造石墨烯衍生物表面后,在利用固定化金属离子亲和层析(IMAC)对磷酸肽进行富集时,选择性和效率都显著提高。例如,在石墨烯表面涂覆的聚多巴胺能够与钛离子作用(简写为Ti^{4+}－G@ PD),为磷酸化蛋白质组分析提供模板[100]。Hf^{4+}－固定化聚多巴胺包覆磁性石墨烯(简写为magG@ PDA－Hf^{4+})用于磷酸肽的富集[101]。在用金属氧化物亲和层析(MOAC)[102]富集磷酸肽时,也可以将涂覆聚多巴胺的石墨烯表面用二氧化钛接枝(简写为G@ PD@ Ti O_2)。在摩尔比为1∶1000(磷酸肽/非磷酸肽)[102]时,G@ PD@ Ti O_2表现出对磷酸肽的高灵敏度(检测限为5fmol/mL)和高选择性。

孔径尺寸排除法可以实现石墨烯多孔材料的选择性分离。金属有机框架材料(MOF)薄片[103-106]在四氧化三铁－石墨烯纳米片(简写为MGMOF)基面上的自组装显示出较高的比表面积(345. 4m^2/g),孔径平均尺寸为3. 2nm[107]。它的尺寸选择特性,使得它能够对生物样品中的低浓度生物分子进行选择性提取和分离。利用外部磁铁,磁性纳米粒子的存在提供了简单的分离方法。磁性纳米粒子的存在使得分离过程变得简单,用外部磁铁就能实现。有 MOF 官能基的磁性纳米粒子 - 石墨烯(简写为 MG@ Zn - MOF)可以简化糖肽的识别[108]。它可以从 1μL 的人类血清[108]中含有的 151 个特异的糖蛋白中识别出 517 个 N - 糖肽。MG@ Zn - MOF 具有大量的亲和位点,使其具有独特的筛孔效应,较强的磁响应性和较高的比表面积[108]。沸石咪唑酯框架材料(ZIF - 8)官能化磁性纳米孔碳 - 石墨烯复合材料(C - magG@ ZIF - 8)具有良好的选择性、较高的灵敏度、良好的可回收性,以及令人难以置信的尺寸排除能力(约 2000 倍),可以用于从普通人类血清中分析 N - 连接的聚糖[109]。

10.7 石墨烯纳米材料提取分离小分子

利用石墨烯衍生物对小分子进行分离或预浓缩是利用 MALDI - MS 进行分析的关键。一般提取方案要求石墨烯探针分散到样品溶液中,然后在离心分离前摇动混合物[59]。在用 MALDI - MS 和石墨烯作为基质进行分析之前,可以利用金纳米粒子对谷胱甘肽(GSH)进行选择性分离和直接检测[110]。固相萃取法(SPE)提取包括全氟辛烷磺酸盐(PFOS)在内的全氟烷基磺酸盐(PFS)和全氟丁烷磺酸盐(PFBS)时采用的是 N 掺杂石墨烯量子点(N - QOD)[111]。

利用石墨烯衍生物进行微波辅助提取,有助于分析两种中药模式——中华针叶草和半枝莲[67]。Aptamer - 共轭 GO 对血浆样品中的可卡因和腺苷的选择性提取和检测具有很高的亲和力,信噪比有很大提高[61]。抗体功能化的氧化石墨烯纳米带(GONR - 聚乙二醇(PEG) - Ab)为 SELDI - MS 在复杂介质中富集和检测氯霉素(CAP)提供了一种探针[112]。GONR - PEG - Ab - 具有较高的检出限(在信噪比大于 3),检测血清样品为 10pg/mL,优于酶联免疫吸附试验(ELISA)和气相色谱 - MS(112)。此外,其富集系数约为 200,高于在 10 ~ 1000pg/mL[112]动态范围内的商用 SPE 墨盒上的富集系数。4 - 乙烯基苯硼酸(VPBA)功能化 GO 对小分子化合物的选择性富集和分析[113]。硼酸与邻苯二酚有选择性相互作用,检出限(0.63pmol/mL)低于 GO(73.0pmol/mL)和 DHB(83.0pmol/mL)[113]。

用苄胺基团修饰石墨烯涂层钴纳米粒子表面[114]。该材料能有效地富集五氯酚、双酚 A 和聚氟化合物(PFC)[114]等小分子。用苄胺基团对 CoC 纳米网进行表面改性,提高了肽离子的产率,并提供了软电离方法。即使在万亿分级(约 0.1ng/L)也表现出很高的灵敏度。

10.8 小结

石墨烯及其衍生物能够为大量的分析物提供灵敏和选择性的检测或富集。然而,薄膜的主要参数,包括颗粒大小[115]、氧化程度[116]、形貌[112]、厚度[117]、层数[118-119]等,都有待进一步研究。这些信息将改进现有的分析技术,并促进技术的发展,它还将为进一步的应用开辟新的场所。此外,我们对纳米材料与靶材的相互作用机制进行了研究。

石墨烯衍生物具有样品制备简单、无或低断裂、软电离方法、解析解吸/电离有效、分析物峰值强度重现性好、耐盐性好等优点[57]。它们可以用作富集吸收剂和电离矩阵。它们与波长无关,可应用于几种不同激光类型的仪器,与传统的有机基质相比具有更高的解吸效率[66]。在其他高度丰富的生物分子存在下,对低丰度分子无离子抑制作用[54]。石墨烯衍生物可作为探针用于分析物的纯化、提取、放大、解吸和电离。

参考文献

[1] Novoselov, K. S, Geim, A. K. , Morozov, S. V, Jiang, D. , Zhang, Y, Dubonos, S. V, Grigorieva, LV, Firsov, A. A. ,Electric field effect in atomically thin carbon flms. *Science*(80 –),306,666 – 669,2004.

[2] Chen,X. ,Hai,X,Wang,J. ,Graphene/graphene oxide and their derivatives in the separation/isolation and preconcentration of protein species:A review. *Anal. Chim. Acta*,922,1 – 10,2016.

[3] Kim,J. ,Park,S. J. ,Min,D. H. ,Emerging approaches for graphene oxide biosensor. *Anal. Chem.* ,89,232 – 248,2017.

[4] Yin,P. T. ,Shah,S. ,Chhowalla,M. ,Lee,K. B. ,Design,synthesis,and characterization of graphene – nanoparticle hybrid materials for bioapplications. *Chem. Rev.* ,115,2483 – 2531,2015.

[5] Han, W. , Kawakami, R. K. , Gmitra, M. , Fabian, J. , Graphene spintronics. *Nat. Nanotechnol.* , 9, 794 – 807,2014.

[6] Koppens,F. H. L. ,Mueller,T. ,Avouris,P. ,Ferrari,A. C. ,Vitiello,M. S. ,Polini,M. ,Photodetectors based on graphene,other two – dimensional materials and hybrid systems. *Nat. Nanotechnol.* ,9,780 – 793,2014.

[7] Liu,J. ,Liu,Z. ,Barrow,C. J. ,Yang,W. ,Molecularly engineered graphene surfaces for sensing applications:A review. *Anal. Chim. Acta*,859,1 – 19,2015.

[8] Perreault,F. ,Fonseca de Faria,A. ,Elimelech,M. ,Environmental applications of graphene – based nanomaterials. *Chem. Soc. Rev.* ,44,5861 – 5896,2015.

[9] Aghigh,A. ,Alizadeh,V. ,Wong,H. Y. ,Islam,M. S. ,Amin,N. ,Zaman,M. ,Recent advances in utilization of graphene for filtration and desalination of water:A review. *Desalination*,365,389 – 397,2015.

[10] Karas,M. and Hillenkamp,F. ,Laser desorption ionization of proteins with molecular masses exceeding 10,000 daltons. *Anal. Chem.* ,60,2299 – 2301,1988.

[11] Abdelhamid,H. N. ,Organic matrices,ionic liquids,and organic matrices@ nanoparticles assisted laser desorption/ionization mass spectrometry. *TrAC – Trends Anal. Chem.* ,89,68 – 98,2017.

[12] Nasser Abdelhamid,H. and Wu,H. F. ,Furoic and mefenamic acids as new matrices for matrix assisted laser desorption/ionization – (MALDI) – mass spectrometry. *Talanta*,115,442 – 450,2013.

[13] Abdelhamid,H. N. ,Ionic liquids for mass spectrometry:Matrices,separation and microextraction. TrAC – *Trends Anal. Chem.* ,77,122 – 138,2016.

[14] Abdelhamid,H. N. ,Ionic liquids matrices for laser assisted desorption/ionization mass spectrometry. *Mass Spectrom. Purif. Tech.* ,1,109 – 119,2015.

[15] Abdelhamid, H. N. , Physicochemical properties of proteomic ionic liquids matrices for MALDI – MS. *J. Data Min. Genomics Proteomics*,7,2153 – 0602. 1000,2016.

[16] Abdelhamid,H. N. ,Ionic liquids for mass spectrometry:Matrices,separation and microextraction. *TrAC – Trends Anal. Chem.* ,77,122 – 138,2016.

[17] Abdelhamid,H. N. ,Gopal,J. ,Wu,H. F. ,Synthesis and application of ionic liquid matrices(ILMs)for effective pathogenic bacteria analysis in matrix assisted laser desorption/ionization (MALDI – MS). *Anal. Chim. Acta*,767,104 – 111,2013.

[18] Abdelhamid,H. N. ,Khan,M. S. ,Wu,H. F. ,Design,characterization and applications of new ionic liquid matrices for multifunctional analysis of biomolecules:A novel strategy for pathogenic bacteria biosensing.

Anal. Chim. Acta,823,51 – 60,2014.

[19] Tanaka,K. ,Waki,H. ,Ido,Y. ,Akita,S. ,Yoshida,Y. ,Yoshida,T. ,Protein and polymer analyses up to m/z 100,000 by laser ionization TOF – MS. *Rapid Commun. Mass Spectrom.* ,2,151,1988.

[20] Wang,J. ,Liu,Q. ,Liang,Y. ,Jiang,G. ,Recent progress in application of carbon nanomaterials in laser desorption/ionization mass spectrometry. *Anal. Bioanal. Chem.* ,408,2861 – 2873,2016.

[21] Abdelhamid,H. N. and Wu,H. – F. ,Monitoring metallofulfenamic – bovine serum albumin interactions:A novel method for metallodrug analysis. *RSC Adv.* ,4,2014.

[22] Abdelhamid,H. N. and Wu,H. – F. ,Synthesis and multifunctional applications of quantum nanobeads for label – free and selective metal chemosensing. *RSC Adv.* ,5,2015.

[23] Abdelhamid,H. N. and Wu,H. – F. ,Synthesis and characterization of quantum dots for application in laser soft desorption/ionization mass spectrometry to detect labile metaldrug interactions and their antibacterial activity. *RSC Adv.* ,5,76107 – 76115,2015.

[24] Wu,H. F. ,Gopal,J. ,Abdelhamid,H. N. ,Hasan,N. ,Quantum dot applications endowing novelty to analytical proteomics. *Proteomics*,12,2949 – 2961,2012.

[25] Abdelhamid,H. N. and Wu,H. – F. ,Probing the interactions of chitosan capped CdS quantum dots with pathogenic bacteria and their biosensing application. *J. Mater. Chem. B*,1,6094 – 6106,2013.

[26] Abdelhamid,H. N. ,Chen,Z. – Y. ,Wu,H. – F. ,Surface tuning laser desorption/ionization mass spectrometry(STLDI – MS)for the analysis of small molecules using quantum dots. *Anal. Bioanal. Chem.* ,409,4943 – 4950,2017.

[27] Chen,Z. – Y. ,Abdelhamid,H. N. ,Wu,H. – F. ,Effect of surface capping of quantum dots(CdTe)on proteomics. *Rapid Commun. Mass Spectrom.* ,30,1403 – 1412,2016.

[28] Abdelhamid,H. N. ,Lin,Y. C. ,Wu,H. F. ,Thymine chitosan nanomagnets for specific preconcentration of mercury(II)prior to analysis using SELDI – MS. *Microchim. Acta*,184,1517 – 1527,2017.

[29] Abdelhamid,H. N. and Wu,H. F. ,Thymine chitosan nanomagnets for specific preconcentration of mercury (II)prior to analysis using SELDI – MS. *Microchim. Acta*,2017.

[30] Abdelhamid,H. N. ,Kumaran,S. ,Wu,H. – F. ,One – pot synthesis of $CuFeO_2$ nanoparticles capped with glycerol and proteomic analysis of their nanocytotoxicity against fungi. *RSC Adv.* ,6,97629 – 97635,2016.

[31] Abdelhamid, H. N. , Laser assisted synthesis, imaging and cancer therapy of magnetic nanoparticles. *Mater. Focus*,5,305 – 323,2016.

[32] Gopal,J. ,Abdelhamid,H. N. ,Hua,P. – Y. ,Wu,H. – F. ,Chitosan nanomagnets for effective extraction and sensitive mass spectrometric detection of pathogenic bacterial endotoxin from human urine. *J. Mater. Chem. B*,1,2463 – 2475,2013.

[33] Abdelhamid,H. N. ,Delafossite nanoparticle as new functional materials:Advances in energy,nanomedicine and environmental applications. *Mater. Sci. Forum.* ,832,28 – 53,2015.

[34] Abdelhamid,H. N. and Wu,H. – F. ,Facile synthesis of nano silver ferrite($AgFeO_2$)modified with chitosan applied for biothiol separation. *Mater. Sci. Eng. CMater. Biol. Appl.* ,45,438 – 445,2014.

[35] Abdelhamid,H. N. ,Talib,A. ,Wu,H. – F. ,Facile synthesis of water soluble silver ferrite($AgFeO_2$)nanoparticles and their biological application as antibacterial agents. *RSC Adv.* ,5,34594 – 34602,2015.

[36] Abdelhamid,H. N. and Wu,H. – F. ,Multifunctional graphene magnetic nanosheet decorated with chitosan for highly sensitive detection of pathogenic bacteria. *J. Mater. Chem. B*,1,39503961,2013.

[37] Abdelhamid,H. N. and Wu,H. – F. ,Gold nanoparticles assisted laser desorption/ionization mass spectrometry and applications:From simple molecules to intact cells. *Anal. Bioanal. Chem.* ,408,4485 – 4502,2016.

[38] Abdelhamid,H. N. ,Talib,A. ,Wu,H. F. ,One pot synthesis of gold – carbon dots nanocomposite and its

application for cytosensing of metals for cancer cells. *Talanta*,166,357 - 363,2017.

[39] Abdelhamid, H. N. and Wu, H. - F., Proteomics analysis of the mode of antibacterial action of nanoparticles and their interactions with proteins. *TrAC - Trends Anal. Chem.*,65,30 - 46,2014.

[40] Abdelhamid, H. N., *Applications of nanomaterials and organic semiconductors for bacteria & biomolecules analysis/biosensing using laser analytical spectroscopy*, National Sun - Yat Sen University, 2013.

[41] Sunner, J., Dratz, E., Chen, Y. C., Graphite surface - assisted laser desorption/ionization time - of - flight mass spectrometry of peptides and proteins from liquid solutions. *Anal. Chem.*,67,4335 - 4342,1995.

[42] Li, X., Wilm, M., Franz, T., Silicone/graphite coating for on - target desalting and improved peptide mapping performance of matrix - assisted laser desorption/ionization - mass spectrometry targets in proteomic experiments. *Proteomics*,5,1460 - 1471,2005.

[43] Abdelhamid, H. N. and Wu, H. - F., Synthesis of a highly dispersive sinapinic acid@ graphene oxide(SA@GO) and its applications as a novel surface assisted laser desorption/ionization mass spectrometry for proteomics and pathogenic bacteria biosensing. *Analyst*,140,1555 - 1565,2015.

[44] Huang, X., Liu, Q., Huang, X., Nie, Z., Ruan, T., Du, Y., Jiang, G., Fluorographene as a mass spectrometry probe for high - throughput identification and screening of emerging chemical contaminants in complex samples. *Anal. Chem.*,89,1307 - 1314,2017.

[45] Dong, X., Cheng, J., Li, J., Wang, Y., Graphene as a novel matrix for the analysis of small molecules by MALDI - TOF MS. *Anal. Chem.*,82,6208 - 6214,2010.

[46] Huang, R. C., Chiu, WJ., Li, Y. J., Huang, C. C., Detection of microRNA in tumor cells using exonuclease III and graphene oxide - regulated signal amplification. *ACS Appl. Mater. Interfaces*,6,21780 - 21787,2014.

[47] Cho, D., Hong, S., Shim, S., Few layer graphene matrix for matrix - assisted laser desorption/ionization time - of - flight mass spectrometry. *J. Nanosci. Nanotechnol.*,13,5811 - 5813,2013.

[48] Khan, N., Abdelhamid, H. N., Yan, J. - Y., Chung, F. - T., Wu, H. - F., Detection of flutamide in pharmaceutical dosage using higher electrospray ionization mass spectrometry (ESI - MS) tandem mass coupled with Soxhlet apparatus. *Anal. Chem. Res.*,3,89 - 97,2015.

[49] Sekar, R., Kailasa, S. K., Abdelhamid, H. N., Chen, Y. - C., Wu, H. - F., Electrospray ionization tandem mass spectrometric studies of copper and iron complexes with tobramycin. *Int. J. Mass Spectrom.*, 338,23 - 29,2013.

[50] Abdelhamid, H. N. and Wu, H., Soft ionization of metallo - mefenamic using electrospray ionization mass spectrometry. *Mass Spectrom. Lett.*,6,43 - 47,2015.

[51] Abdelhamid, H. N. and Wu, H. - F., Soft ionization of metallo - mefenamic using electrospray ionization mass spectrometry. *Mass Spectrom. Lett.*,6,2015.

[52] Huang, R. - C., Chiu, W. - J., Po - Jung Lai, I., Huang, C. - C., Multivalent aptamer/gold nanoparticle - modified graphene oxide for mass spectrometry - based tumor tissue imaging. *Sci. Rep.*,5,10292,2015.

[53] Tang, L. A. L., Wang, J., Loh, K. P., Graphene - based SELDI probe with ultrahigh extraction and sensitivity for DNA oligomer. *J. Am. Chem. Soc.*,132,10976 - 10977.

[54] Bai, H., Pan, Y., Tong, W., Zhang, W., Ren, X., Tian, F., Peng, B., Wang, X., Zhang, Y., Deng, Y., Qin, W., Qian, X., Graphene based soft nanoreactors for facile "one - step" glycan enrichment and derivatization for MALDI - TOF - MS analysis. *Talanta*,117,1 - 7,2013.

[55] Zhao, M., Deng, C., Zhang, X., Synthesis of polydopamine - coated magnetic graphene for Cu^{2+} immobilization and application to the enrichment of low - concentration peptides for mass spectrometry analysis. *ACS Appl. Mater. Interfaces*,5,13104 - 13112,2013.

[56] Hua, P. - Y., Manikandan, M., Abdelhamid, H. N., Wu, H. - F., Graphene nanoflakes as an efficient i-

onizing matrix for MALDI - MS based lipidomics of cancer cells and cancer stem cells. *J. Mater. Chem. B*, 2,7334 - 7343,2014.

[57] Liu,Y. ,Liu,J. ,Deng,C. ,Zhang,X. ,Graphene and graphene oxide:Two ideal choices for the enrichment and ionization of long - chain fatty acids free from matrix - assisted laser desorption/ ionization matrix interference. *Rapid Commun. Mass Spectrom.* ,25,3223 - 3234,2011.

[58] Lu,M. ,Lai,Y. ,Chen,G. ,Cai,Z. ,Laser desorption/ionization on the layer of graphene nanoparticles coupled with mass spectrometry for characterization of polymers. *Chem. Commun.* ,47,12807,2011.

[59] Liu,Q. ,Cheng,M. ,Wang,J. ,Jiang,G. ,Graphene oxide nanoribbons:Improved synthesis and application in MALDI mass spectrometry. *Chem. - A Eur. J.* ,21,5594 - 5599,2015.

[60] Min,Q. ,Zhang,X. ,Chen,X. ,Li,S. ,Zhu,J. J. ,N - Doped graphene:An alternative carbon - based matrix for highly efficient detection of small molecules by negative ion MALDI - TOF MS. *Anal. Chem.* ,86, 9122 - 9130,2014.

[61] Gulbakan,B. ,Yasun,E. ,Shukoor,M. I. ,Zhu,Z. ,You,M. ,Tan,X. ,Sanchez,H. ,Powell,D. H. ,Dai, H. ,Tan,W. ,A dual platform for selective analyte enrichment and ionization in mass spectrometry using aptamer - conjugated graphene oxide. *J. Am. Chem. Soc.* ,132,17408 - 17410,2010.

[62] Kang,H. ,Yun,H. ,Lee,S. W. ,Yeo,W. S. ,Analysis of small biomolecules and xenobiotic metabolism using converted graphene - like monolayer plates and laser desorption/ionization time - of - flight mass spectrometry. *Talanta*,168,240 - 245,2017.

[63] Zhang,J. ,Li,Z. ,Zhang,C. ,Feng,B. ,Zhou,Z. ,Bai,Y. ,Liu,H. ,Graphite - coated paper as substrate for high sensitivity analysis in ambient surface - assisted laser desorption/ionization mass spectrometry. *Anal. Chem.* ,84,3296 - 3301,2012.

[64] Xu,G. ,Liu,S. ,Peng,J. ,Lv,W. ,Wu,R. ,Facile synthesis of gold@ graphitized mesoporous silica nanocomposite and its surface - assisted laser desorption/ionization for time - of - flight mass spectroscopy. *ACS Appl. Mater. Interfaces*,7,2032 - 2038,2015.

[65] Hong,M. ,Xu,L. ,Wang,F. ,Geng,Z. ,Li,H. ,Wang,H. ,Li,C. ,A direct assay of carboxyl - containing small molecules by SALDI - MS on a AgNP/rGO - based nanoporous hybrid film. *Analyst*,141,2712 - 2726,2016.

[66] Chang,C. ,Li,X. ,Bai,Y. ,Xu,G. ,Feng,B. ,Liao,Y. ,Liu,H. ,Graphene matrix for signal enhancement in ambient plasma assisted laser desorption ionization mass spectrometry. *Talanta*,114,54 - 59,2013.

[67] Liu,Y. ,Liu,J. ,Yin,P. ,Gao,M. ,Deng,C. ,Zhang,X. ,High throughput identification of components from traditional Chinese medicine herbs by utilizing graphene or graphene oxide as MALDI - TOF - MS matrix. *J. Mass Spectrom.* ,46,804 - 815,2011.

[68] Zhou,X. ,Wei,Y. ,He,Q. ,Boey,F. ,Zhang,Q. ,Zhang,H. ,Reduced graphene oxide films used as matrix of MALDI - TOF - MS for detection of octachlorodibenzo - p - dioxin. *Chem. Commun.* ,46,6974,2010.

[69] Liu,J. ,Liu,Y. ,Gao,M. ,Zhang,X. ,High throughput detection of tetracycline residues in milk using graphene or graphene oxide as MALDI - TOF MS matrix. *J. Am. Soc. Mass Spectrom.* ,23,1424 - 1427,2012.

[70] Zhang,J. ,Dong,X. ,Cheng,J. ,Li,J. ,Wang,Y. ,Efficient analysis of non - polar environmental contaminants by MALDI - TOF MS with graphene as matrix. *J. Am. Soc. Mass Spectrom.* ,22,1294 - 1298,2011.

[71] Liu,C. - W,Chien,M. - W,Su,C. - Y. ,Chen,H. - Y. ,Li,L. - J. ,Lai,C. - C. ,Analysis of flavonoids by graphene - based surface - assisted laser desorption/ionization time - of - flight mass spectrometry. *Analyst*,137,5809,2012.

[72] Zheng,X. ,Zhang,J. ,Wei,H. ,Chen,H. ,Tian,Y. ,Zhang,J. ,Determination of dopamine in cerebrospinal fluid by MALDI - TOF mass spectrometry with a functionalized graphene oxide matrix. *Anal. Lett.* ,49,

1847 – 1861,2016.

[73] Abdelhamid, H. N. and Wu, H. – F., A method to detect metal – drug complexes and their interactions with pathogenic bacteria via graphene nanosheet assist laser desorption/ionization mass spectrometry and biosensors. *Anal. Chim. Acta*, 751, 94 – 104, 2012.

[74] Kim, Y. K. and Min, D. H., Preparation of the hybrid film of poly(allylamine hydrochloride) – functionalized graphene oxide and gold nanoparticle and its application for laser – induced desorption/ionization of small molecules. *Langmuir*, 28, 4453 – 4458, 2012.

[75] Chen, X., Hu, L., Liu, J., Chen, S., Wang, J., Nanoscale carbon – based materials in protein isolation and preconcentration. *TrAC – Trends Anal. Chem.*, 48, 30 – 39, 2013.

[76] Xiong, Y., Deng, C., Zhang, X., Development of aptamer – conjugated magnetic graphene/gold nanoparticle hybrid nanocomposites for specific enrichment and rapid analysis of thrombin by MALDI – TOF MS. *Talanta*, 129, 282 – 289, 2014.

[77] Zhang, P., Fang, X., Yan, G., Gao, M., Zhang, X., Highly efficient enrichment of low – abundance intact proteins by core – shell structured Fe_3O_4 – chitosan @ graphene composites. *Talanta*, 174, 845 – 852, 2017.

[78] Ye, N., Xie, Y., Shi, P., Gao, T., Ma, J., Synthesis of magnetite/graphene oxide/chitosan composite and its application for protein adsorption. *Mater. Sci. Eng. C*, 45, 8 – 14, 2014.

[79] Xu, G., Chen, X., Hu, J., Yang, P., Yang, D., Wei, L., Immobilization of trypsin on graphene oxide for microwave – assisted on – plate proteolysis combined with MALDI – MS analysis. *Analyst*, 137, 2757, 2012.

[80] Jiao, J., Miao, A., Zhang, X., Cai, Y., Lu, Y., Zhang, Y., Lu, H., Realization of on – tissue protein identification by highly efficient in situ digestion with graphene – immobilized trypsin for MALDI imaging analysis. *Analyst*, 138, 1645, 2013.

[81] Jiang, B., Yang, K., Zhang, L., Liang, Z., Peng, X., Zhang, Y., Dendrimer – grafted graphene oxide nanosheets as novel support for trypsin immobilization to achieve fast on – plate digestion of proteins. *Talanta*, 122, 278 – 284, 2014.

[82] Ren, X. J., Bai, H. H., Pan, Y. T., Tong, W., Qin, P. B., Yan, H., Deng, S. S., Zhong, R. G., Qin, W. J., Qian, X. H., A graphene oxide – based immobilized PNGase F reagent for highly efficient N – glycan release and MALDI – TOF MS profiling. *Anal. Methods*, 6, 2518 – 2525, 2014.

[83] Bi, C., Jiang, R., He, X., Chen, L., Zhang, Y., Synthesis of a hydrophilic maltose functionalized Au NP/PDA/Fe_3O_4 – RGO magnetic nanocomposite for the highly specific enrichment of glycopeptides. *RSC Adv.*, 5, 59408 – 59416, 2015.

[84] Wang, Y., Wang, J., Gao, M., Zhang, X., An ultra hydrophilic dendrimer – modified magnetic graphene with a polydopamine coating for the selective enrichment of glycopeptides. *J. Mater. Chem. B*, 3, 8711 – 8716, 2015.

[85] Wu, R., Li, L., Deng, C., Highly efficient and selective enrichment of glycopeptides using easily synthesized magG/PDA/Au/l – Cys composites. *Proteomics*, 16, 1311 – 1320, 2016.

[86] Wang, J., Wang, Y., Gao, M., Zhang, X., Yang, P., Multilayer hydrophilic poly(phenol – formaldehyde resin) – coated magnetic graphene for boronic acid immobilization as a novel matrix for glycoproteome analysis. *ACS Appl. Mater. Interfaces*, 7, 16011 – 16017, 2015.

[87] Jiang, B., Liang, Y., Wu, Q., Jiang, H., Yang, K., Zhang, L., Liang, Z., Peng, X., Zhang, Y., New GO – PEI – Au – L – Cys ZIC – HILIC composites: Synthesis and selective enrichment of glycopeptides. *Nanoscale*, 6, 5616 – 5619, 2014.

[88] Luo, J., Huang, J., Cong, J., Wei, W., Liu, X., Double recognition and selective extraction of glycoprotein

based on the molecular imprinted graphene oxide and boronate affinity. *ACS Appl. Mater. Interfaces*,9,7735 - 7744,2017.

[89] Wang,J. ,Li,J. ,Gao,M. ,Zhang,X. ,Self - assembling covalent organic framework functionalized magnetic graphene hydrophilic biocomposites as an ultrasensitive matrix for N - linked glycopeptide recognition. *Nanoscale*,9,10750 - 10756,2017.

[90] Zhang,W. ,Han,H. ,Bai,H. ,Tong,W. ,Zhang,Y. ,Ying,W. ,Qin,W. ,Qian,X. ,A highly efficient and visualized method for glycan enrichment by self - assembling pyrene derivative functionalized free graphene oxide. *Anal. Chem.* ,85,2703 - 2709,2013.

[91] Wang,Z. G. ,Lv,N. ,Bi,W. Z. ,Zhang,J. L. ,Ni,J. Z. ,Development of the affinity materials for phosphorylated proteins/peptides enrichment in phosphoproteomics analysis. *ACS Appl. Mater. Interfaces*, 7, 8377 - 8392,2015.

[92] Lu,J. ,Wang,M. ,Li,Y. ,Deng,C. ,Facile synthesis of TiO_2/graphene composites for selective enrichment of phosphopeptides. *Nanoscale*,4,1577,2012.

[93] Huang,X. ,Wang,J. P. ,Liu,C. C. ,Guo,T. ,Wang,S. ,A novel rGR - TiO_2 - ZrO_2 composite nanosheet for capturing phosphopeptides from biosamples. *J. Mater. Chem. B*,3,2505 - 2515,2015.

[94] Tang,L. A. L. ,Wang,J. ,Lim,T. K. ,Bi,X. ,Lee,W. C. ,Lin,Q. ,Chang,Y. T. ,Lim,C. T. ,Loh,K. P. , High - performance graphene - titania platform for detection of phosphopeptides in cancer cells. *Anal. Chem.* ,84,6693 - 6700,2012.

[95] Huang,X. ,Wang,J. J. ,Wang,J. J. ,Liu,C. ,Wang,S. ,Preparation of graphene - hafnium oxide composite for selective enrichment and analysis of phosphopeptides. *RSC Adv.* ,5,8964489651,2015.

[96] Sun,H. ,Zhang,Q. ,Zhang,L. ,Zhang,W. ,Zhang,L. ,Facile preparation of molybdenum(Ⅵ)oxide—Modified graphene oxide nanocomposite for specific enrichment of phosphopeptides. *J. Chromatogr. A*,1521,36 - 43,2017.

[97] Lu,J. ,Deng,C. ,Zhang,X. ,Yang,P. ,Synthesis of Fe_3O_4/graphene/TiO_2 composites for the highly selective enrichment of phosphopeptides from biological samples. *ACS Appl. Mater. Interfaces*, 5, 7330 - 7334,2013.

[98] Liang,Y. ,He,X. ,Chen,L. ,Zhang,Y. ,Facile preparation of graphene/Fe_3O_4/TiO_2 multifunctional composite for highly selective and sensitive enrichment of phosphopeptides. *RSC Adv.* ,4,18132 - 18135,2014.

[99] Cheng,G. ,Yu,X. ,Zhou,M. M. - D. ,Zheng,S. S. - Y. ,Preparation of magnetic graphene composites with hierarchical structure for selective capture of phosphopeptides. *J. Mater. Chem. B*,2,4711 - 4719,2014.

[100] Yan,Y. ,Zheng,Z. ,Deng,C. ,Li,Y. ,Zhang,X. ,Yang,P. ,Hydrophilic polydopamine - coated graphene for metal ion immobilization as a novel immobilized metal ion affinity chromatography platform for phosphoproteome analysis. *Anal. Chem.* ,85,8483 - 8487,2013.

[101] Lin,H. and Deng,C. ,Development of Hf4 + - immobilized polydopamine - coated magnetic graphene for highly selective enrichment of phosphopeptides. *Talanta*,149,91 - 97,2016.

[102] Yan,Y. ,Sun,X. ,Deng,C. ,Li,Y. ,Zhang,X. ,Metal oxide affinity chromatography platform - polydopamine coupled functional two - dimensional titania graphene nanohybrid for phosphoproteome research. *Anal. Chem.* ,86,4327 - 4332,2014.

[103] Abdelhamid,H. N. ,*Lanthanide Metal - Organic Frameworks and Hierarchical Porous Zeolitic Imidazolate Frameworks*:*Synthesis*,*Properties*,*and Applications*,Stockholm University,Faculty of Science,2017.

[104] Abdelhamid,H. N. ,Huang,Z. ,El - Zohry,A. M. ,Zheng,H. ,Zou,X. ,A fast and scalable approach for synthesis of hierarchical porous zeolitic imidazolate frameworks and one - pot encapsulation of target molecules. *Inorg. Chem.* ,56,9139 - 9146,2017.

[105] Abdelhamid, H. N., Bermejo – Gómez, A., Martin – Matute, B., Zou, X., A water – stable lanthanide metal – organic framework for fluorimetric detection of ferric ions and tryptophan. *Microchim. Acta*, 184, 3363 – 3371, 2017.

[106] Yang, Y., Shen, K., Lin, J., Zhou, Y., Liu, Q., Hang, C., Abdelhamid, H. N., Zhang, Z., Chen, H., A Zn – MOF constructed from electron – rich π – conjugated ligands with an interpenetrated graphene – like net as an efficient nitroaromatic sensor. *RSC Adv.*, 6, 45475 – 45481, 2016.

[107] Cheng, G., Wang, Z. G., Denagamage, S., Zheng, S. Y., Graphene – templated synthesis of magnetic metal organic framework nanocomposites for selective enrichment of biomolecules. *ACS Appl. Mater. Interfaces*, 8, 10234 – 10242, 2016.

[108] Wang, J., Li, J., Wang, Y., Gao, M., Zhang, X., Yang, P., Development of versatile metal – organic framework functionalized magnetic graphene core – shell biocomposite for highly specific recognition of glycopeptides. *ACS Appl. Mater. Interfaces*, 8, 27482 – 27489, 2016.

[109] Wang, J., Wang, Y., Gao, M., Zhang, X., Yang, P., Versatile metal – organic framework – functionalized magnetic graphene nanoporous composites: As deft matrix for high – effective extraction and purification of the N – linked glycans. *Anal. Chim. Acta*, 932, 41 – 48, 2016.

[110] Wan, D., Gao, M., Wang, Y., Zhang, P., Zhang, X., A rapid and simple separation and direct detection of glutathione by gold nanoparticles and graphene – based MALDI – TOF – MS. *J. Sep. Sci.*, 36, 629 – 635, 2013.

[111] Rao, Z., Geng, F., Zhou, Y., Dong, C., Kang, Y., N – doped graphene quantum dots as a novel matrix of high efficacy for the analysis of perfluoroalkyl sulfonates and other small molecules by MALDI – TOF MS. *Anal. Methods*, 9, 2014 – 2020, 2017.

[112] Wang, J., Cheng, M., Zhang, Z., Guo, L., Liu, Q., Jiang, G., An antibody – graphene oxide nanoribbon conjugate as a surface enhanced laser desorption/ionization probe with high sensitivity and selectivity. *Chem. Commun.*, 51, 4619 – 4622, 2015.

[113] Zhang, J., Zheng, X., Ni, Y., Selective enrichment and MALDI – TOF MS analysis of small molecule compounds with vicinal diols by boric acid – functionalized graphene oxide. *J. Am. Soc. Mass Spectrom.*, 26, 1291 – 1298, 2015.

[114] Kawasaki, H., Nakai, K., Arakawa, R., Athanassiou, E. K., Grass, R. N., Stark, W. J., Functionalized graphene – coated cobalt nanoparticles for highly efficient surface – assisted laser desorption/ionization mass spectrometry analysis. *Anal. Chem.*, 84, 9268 – 9275, 2012.

[115] Kim, Y. K. and Min, D. H., The structural influence of graphene oxide on its fragmentation during laser desorption/ionization mass spectrometry for efficient small – molecule analysis. *Chem. – A Eur. J.*, 21, 7217 – 7223, 2015.

[116] Liu, Q., Cheng, M., Jiang, G., Mildly oxidized graphene: Facile synthesis, characterization, and application as a matrix in MALDI mass spectrometry. *Chem. – A Eur. J.*, 19, 5561 – 5565, 2013.

[117] Kuo, T. R., Wang, D. Y., Chiu, Y. C., Yeh, Y. C., Chen, W. T., Chen, C. H., Chen, C. W., Chang, H. C., Hu, C. C., Chen, C. C., Layer – by – layer thin film of reduced graphene oxide and gold nanoparticles as an effective sample plate in laser – induced desorption/ionization mass spectrometry. *Anal. Chim. Acta*, 809, 97 – 103, 2014.

[118] Kim, Y. – K. and Min, D. – H., Fabrication of alternating multilayer films of graphene oxide and carbon nanotube and its application in mechanistic study of laser desorption/ionization of small molecules. *ACS Appl. Mater. Interfaces*, 4, 2088 – 2095, 2012.

[119] Anderson, P. W., Local moments and localized states, *Rev. Mod. Phys.* 50, 191, 197.

第 11 章 原子尺度原位透射电子显微镜对石墨烯的表征与动态操控

Chaolun Wang, Chen Luo, Xing Wu
上海市多维度信息处理重点实验室
上海华东师范大学电子工程系

摘　要　石墨烯具有原子薄层的几何结构与优异的性能,是基础研究和先进应用的明星级材料。石墨烯的晶体结构、化学组成与电子结构之间的内在及动态关系是理解其物理性质的关键和基础。利用像差校正、低电压等先进的透射电子显微镜(TEM)技术,可在原子尺度上直接表征石墨烯的形貌、晶体结构、化学组成和电子结构。此外,微机电系统的发展使石墨烯在受到外部刺激时,如热、电、力或环境等,可利用原位 TEM 进行观察。利用先进的原位 TEM 技术,可在外场下操控石墨烯,并在原子分辨率下实时记录石墨烯。本章介绍了前沿 TEM 技术在石墨烯本征及动态特性研究中的应用。

关键词　石墨烯,透射电子显微镜,原位操控,表征,二维层状材料

11.1 引言

透射电子显微镜是一种先进的技术,具有原子分辨率,广泛用于材料形貌、结构和组成的表征。原位技术的引入进一步扩展了 TEM 的应用,可在外部电场刺激下操控材料,并实时记录动态过程,如图 11.1 所示。

具有多种表征模式的 TEM 是一种强大的工具,在材料科学和生命科学中得到了广泛的应用。在此,我们只关注 TEM 在纳米材料中的应用,不含生命科学的低温 TEM 技术。光学显微镜(OM)中,光束和光学透镜被用来探测样品;与 OM 类似,在 TEM 中,电子束和电磁透镜被用来探测样品。200~300kV 电子束的短波长度比可见光的波长小 5 个数量级,利用其短波长度可将分辨率由亚微米级提高到亚埃级。TEM 在超高真空下工作,通过热电子发射或冷场发射来增加电子枪发射的平均自由电子程。然后电子被 200~300kV 电压加速,并由一组电磁透镜凝聚成平行电子束。当电子束穿过纳米厚的样品时,电子束与样品原子的静电势发生相互作用。发射的电子束携带样品信息,最终被放大并投射在电荷耦合器件(CCD)相机上进行观察。

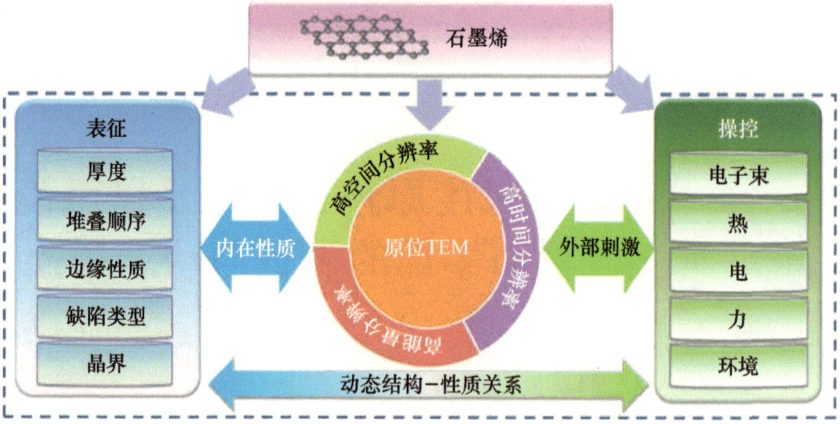

图 11.1　先进原位 TEM 对石墨烯多种表征与操控的概述

电子束与样品之间的相互作用导致了三种类型的对比：质厚对比、衍射对比和相对比。质厚对比是由电子的非相干弹性散射引起的，这与原子序数 Z 和样品厚度有关。样品的原子序数和厚度越高，发射电子越少，对比度越暗。衍射对比是由满足布拉格定律的晶体样品电子衍射所引起的。衍射的电子无法到达 CCD 相机，故对比度暗。相对比是由电子波与不同相的相互作用所引起的。对于高分辨率透射电子显微镜（HRTEM）图像，散射和非散射电子波的相互作用形成了晶格的对比。

多功能 TEM 可以在不同模式下探测样品，如衍射模式、图像模式和扫描透射电子显微镜（STEM）模式。TEM 的衍射模式和图像模式利用平行电子束和发射的电子信号对样品进行研究。在衍射模式下，中间透镜放大了物镜后焦平面上的衍射图案；在图像模式下，中间透镜放大了物镜图像平面上样品的形貌。利用这两种模式分别研究了样品的结构信息和形貌。STEM 模式利用聚焦电子束扫描样品表面，收集散射电子信号。STEM 的强度与原子序数 Z 和样品厚度成正比，这与质厚对比相似。STEM 可以用来研究样品的化学性质和形貌。分析工具电子能量损失谱（EELS）和能量色散 X 射线谱（EDX）相应地拓展了 TEM 对电子态、化学分析的能力。

11.2 透射电子显微镜技术的发展

11.2.1　像差校正

在 1931 年进行第一次透射电子显微镜演示后，提高空间分辨率成为透射电子显微镜业界的主要工作。限制透射电子显微镜空间分辨率的主要问题是球面像差（沿透镜半径聚焦能力的变化）、色差（电子的能量色散）和像散（透镜中心的不对称聚焦能力）。色差和像散可以用单色仪和消像散器来校正。但由于球差校正器难以制备[2]，因此离轴电子束的不均匀聚焦产生的球面像差是进一步提高分辨率的主要障碍。2004 年，随着市场上商用像差校正透射电子显微镜（Cs 校正透射电子显微镜）的出现，透射电子显微镜的空间分辨率进入亚埃级，约 0.5 Å[3]。

11.2.2 低压透射电子显微镜

通常较高的加速电压会导致更好的空间分辨率，但是高电压也会由于撞击效应(KOE)[4-5]、辐解[6-7]和电子激发解吸[8-9]而对样品造成损害。对石墨烯等电子辐照敏感材料的探测，低压透射电子显微镜(小于80kV)必不可少[10]。但在低压下，由不均匀电子能量引起的色像差变得很严重。因此，在低压透射电子显微镜中需要单色仪。

11.2.3 输出波重构技术

除固有像差的校正技术外，电子输出波的重构是提高空间分辨率的另一种技术。该方法的数据集包括一系列高分辨率透射电子显微镜图像，记录不同的散焦水平[11-12]或不同的照明倾斜方向[13-14]。每个图像包含样品输出平面波函数的独立信息，这些信息可以从数字数据中进行计算恢复[15]。Kisielowski 等利用电子输出波重构技术[16]对固有像差进行了修正，并提供了MoS_2纳米催化剂在单原子水平上详细原子排列的高质量图像。

11.3 石墨烯本征性质的表征

本节介绍了透射电子显微镜在表征石墨烯固有性质，如厚度、堆叠顺序、边缘性质、缺陷类型和晶界等方面的应用，它们对石墨烯的物理和化学性质有重要影响。原子分辨率石墨烯的解析结构和化学特性为我们深刻理解结构与性质的关系提供了途径，对石墨烯的制备、加工和应用具有重要的意义。

11.3.1 石墨烯层数的表征

石墨烯的厚度影响其电子性能[17]。透射电子显微镜具有较高的分辨率和多种工作模式，是测定石墨烯层数的强大工具。采用图像模式(高分辨率透射电子显微镜与暗场透射电子显微镜(DFTEM))、扫描透射电子显微镜模式及衍射模式三种工作模式来确定层数。层状石墨烯的折叠边界提供了横截面，高分辨率透射电子显微镜可直接识别各层。图11.2(a)~(c)是折叠石墨烯边界的高分辨率透射电子显微镜图像的例子，有1层、3层和4层[18]。通过直接数折叠边界中的暗线，可以确定石墨烯的层数。但该方法仅适用于折边厚度可以表示整个石墨烯层的均匀石墨烯。

正如前面所讨论的，STEM 的对比度和石墨烯的厚度之间的比例关系可以用来评估石墨烯的层数。ADF-STEM 的强度可以写成下面的方程：

$$I \approx t \cdot Z^{1.7} \tag{11.1}$$

式中：I为 ADF-STEM 信号的强度；t为厚度；Z为散射原子的原子数。从式(11.1)可以看出，石墨烯 ADF-STEM 的强度积分应该与层数成正比。如图11.2(d)所示，通过评估 ADF-STEM 图像的强度来确定微尺度大小中孔石墨烯的层数，并相应地加以标注。

另一种确定石墨烯层数的方法是分析高分辨率透射电子显微镜图案的强度[19]。在-5nm 离焦值及负C_s的条件下，1层石墨烯的碳原子呈现暗反差。在相同条件下，2层石墨烯和3层石墨烯的高分辨率透射电子显微镜图案分别表现为白色和三角形(或者暗色和白色)反差，如图11.2(k)、(l)所示。1层、2层、3层石墨烯高分辨率透射电子显微镜图像的模拟图案对比与实验结果一致，如图 11.2(e)～(j)所示。

暗场透射电子显微镜图像是由满足布拉格定律的衍射电子所产生的。衍射电子的强度与石墨烯层的厚度成正比，这可以用来确定石墨烯的层数[20-21]。如图 11.2(m)所示，箭头指示的区域是 1 层石墨烯。折叠的 2 层与 3 层石墨烯的亮度高于 1 层石墨烯。用虚线表示的线剖面强度如图 11.2(n)所示，这表示呈整数倍数增加。

通过分析选区电子衍射(SAED)模式，可以直接区分单层和双层 Bernal(AB)堆叠石墨烯。图 11.3(a)、(b)显示了单层和双层(AB 堆叠)石墨烯原子位置的三维傅里叶变换计算结果；原子散射因子不包含在内，图 11.3(a)、(b)中的强度仅定性正确[21]。

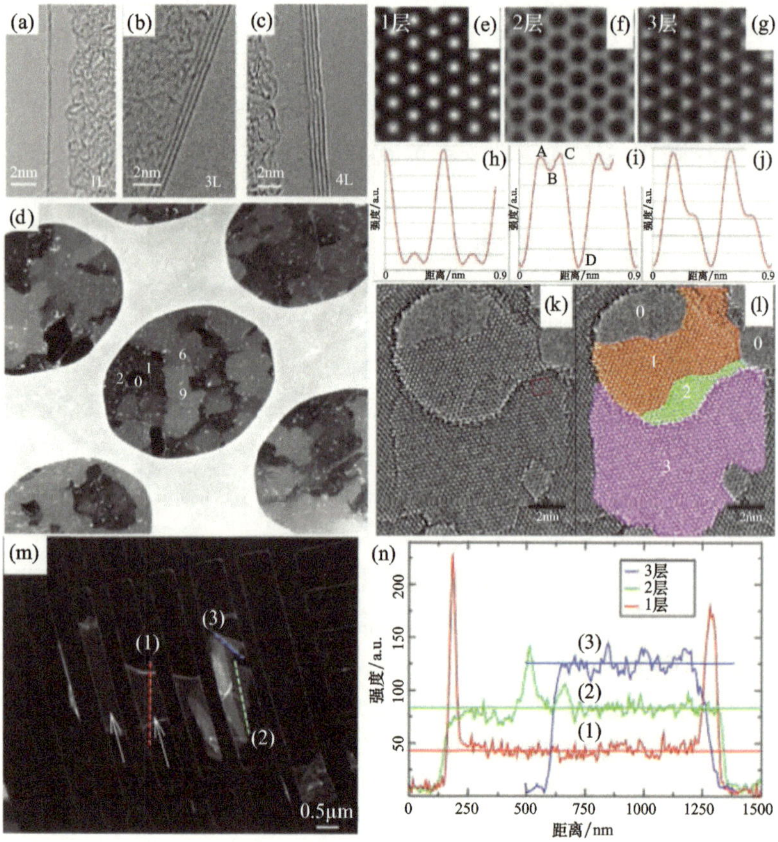

图 11.2 石墨烯的厚度表征

(a)～(c)显示化学气相沉积法生长的石墨烯薄膜通过数折叠边界的暗线得出的 1 层、3 层和 4 层高分辨率透射电子显微镜图像[18](美国化学学会，版权 2009，经许可复制)；(d)位于图形中心 3.5μm 孔上几层石墨烯的 ADF-STEM 图像，石墨烯层数用数字标记，这可以直接通过评估 ADF 信号的强度来确定(爱思唯尔，版权 2010，经许可复制[22])；(e)～(j)石墨烯不同层高分辨率透射电子显微镜图像的模拟，以及相应的线剖面强度；(k)～(l)石墨烯薄片的高分辨率透射电子显微镜图像与石墨烯厚度的变化显示不同的对比，这与模拟结果一致。石墨烯层数用数字和颜色标示(IOP 出版有限公司，版权 2010，经许可复制[19])；(m)石墨烯层的小角度暗场透射电子显微镜图像。石墨烯层数由暗场透射电子显微镜信号强度与 ADF-STEM 相似的强度所决定。2 层与 3 层石墨烯的信号分别为单层石墨烯信号积分的 2 倍和 3 倍，其相应的线强度剖面如图(n)所示。(爱思唯尔，版权 2007，经许可复制[21])

正常入射时，在单层石墨烯和双层石墨烯中，倒易空间的强度都不被抑制（蓝色平面）。它们沿着指数(0 - 110)（间距2.13Å）和(1 - 210)（间距1.23 Å）的线剖面强度如图11.3(c)和(d)所示。从衍射峰的强度比可以确定层数。对于单层石墨烯，内部斑点{0 - 110}的强度大于外部斑点{1 - 210}的强度，但在双层石墨烯中相对强度相反。

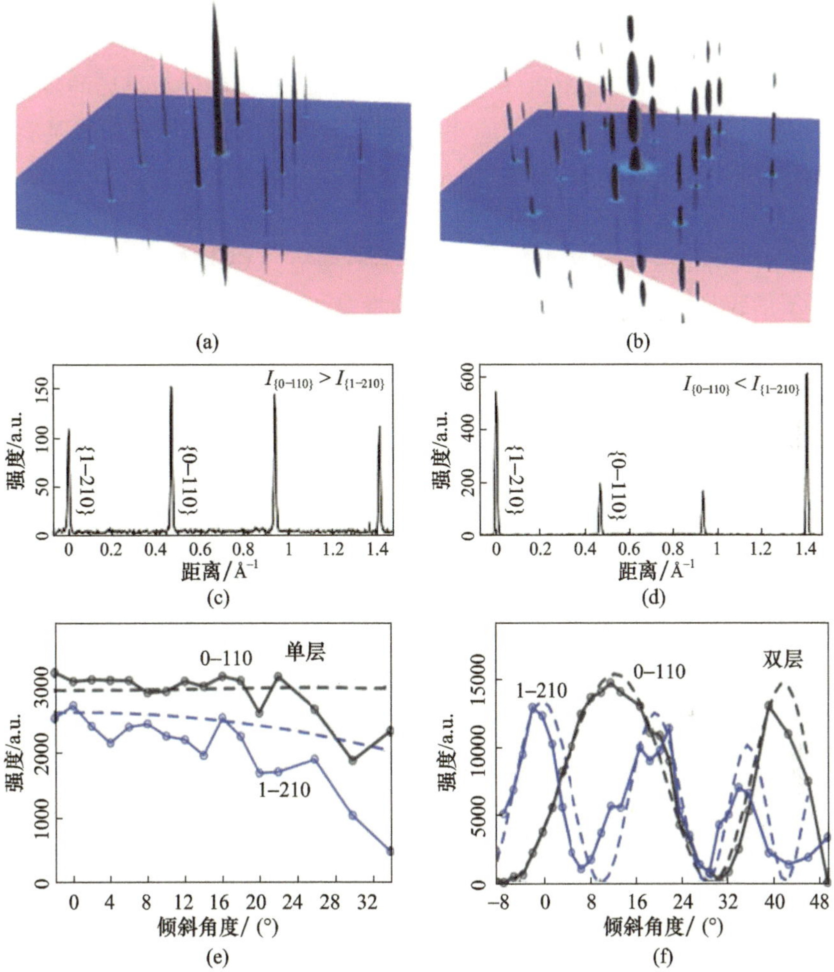

图11.3 用SAED测定石墨烯的层数

(a)与(b)是单层和双层Bernal(AB)堆叠石墨烯原子位置的三维傅里叶变换的计算结果；对单层石墨烯而言，倒易空间中的强度是微弱单调的连续杆状，而双层石墨烯的强度则在一定角度下受抑制。蓝色平面表示正常入射时得到的衍射图案，而红色平面表示倾角为20°时得到的衍射图案。(c)与(d)分别是沿着指数{0 - 110}（间距2.13 Å）和{1 - 210}（间距1.23 Å）的线剖面强度（爱思唯尔，版权2007，经许可复制[21]）；对于石墨烯的Bernal堆叠，可以用(c)与(d)内部及外部衍射峰的强度比确定层数。(e)与(f)是单层和双层AB堆叠石墨烯的总强度，作为倾斜角度的函数。实线是由高斯分布拟合的实验数据，虚线是数值模拟。（自然出版集团，版权2007，经许可复制文献[20]）

通过改变电子与石墨烯的入射角，衍射峰在一定角度（红色平面）被抑制。通过这种方法，对整个三维倒易空间进行了探查。图11.3(e)、(f)显示了单层和双层AB堆叠石墨烯的总强度，作为倾角的函数[20]。对于单层石墨烯，倒易空间中的强度是微弱单调的连续杆状（图11.3(a)）；当倾斜角变化时，总强度的变化相对较小（图13.3(e)）。识别单层石墨烯的关键是它的倒易空间只有零级劳厄区，任何角度的衍射峰都不会变暗，其强度在三维倒易空间沿杆束强烈变化，并在一定的倾斜角度处受到抑制（图11.3(b)）。总强度变化如此强烈，使得相同的峰在某些角度完全被抑制（图11.3(f)）。该方法也可用于鉴别单层石墨烯与多层石墨烯。其他二维材料如 MoS_2 的层数也可以用这个方法来确定[23]。

11.3.2 石墨烯堆叠状态的表征

石墨烯的堆叠顺序和层数对电子性能有很大的影响，从而使石墨烯的带隙调节及其在可穿戴设备上的应用成为可能[24-25]。由单层石墨烯组成的多层石墨烯具有三种可能的构型：AA 堆叠、AB 堆叠、ABC 堆叠。AA 堆叠和 ABC 堆叠的能量分别为 17.31meV/原子和 0.11meV/原子，大于 AB 堆叠的能量[26-27]。因此，在自然界中几乎找不到 AA 堆叠型石墨烯，而 ABC 堆叠型石墨烯可被发现于天然石墨中。AA 堆叠型石墨烯存在于人工折叠的单层石墨烯或双层石墨烯中。AA 堆叠、AB 堆叠和 ABC 堆叠模式如图11.4(a)～(c)所示。图11.4(d)～(f)是模拟 AA 堆叠、AB 堆叠和 ABC 堆叠型石墨烯的高分辨率透射

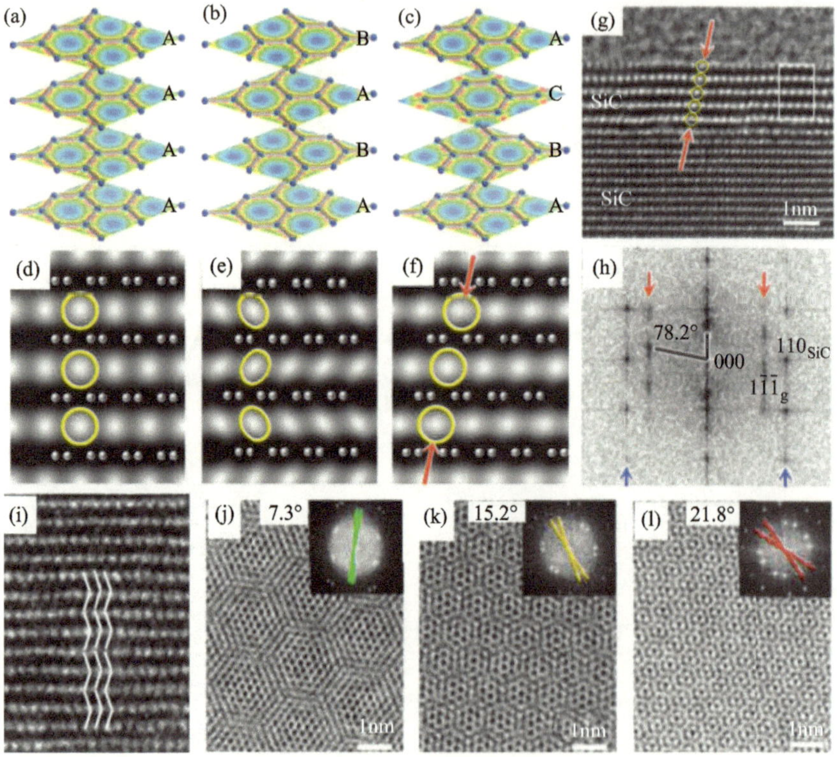

图11.4 石墨烯堆叠模式的表征

(a)～(f)AA 堆叠、AB 堆叠和 ABC 堆叠模型及相应的石墨烯模拟高分辨率透射电子显微镜图像；(g)在 SiC 基底上生长的几层石墨烯的高分辨率透射电子显微镜图像；箭头表示的堆叠石墨烯层与(f)具有相同原子构型，表示 ABC 的堆叠顺序。(h)(g)的 FFT，即(003)与($\bar{1}$11)反射点之间的78°角，是 ABC 堆叠的特点（美国物理学会，版权2010，经许可复制[27]）；(i)多层外延石墨烯的 HRTEM 图像，显示 AB 堆叠顺序，如折叠线所示（AIP 出版有限公司，版权2012，经许可复制[28]）；(j)～(l)不同旋转角度双层石墨烯的 HRTEM。在不同的旋转角度下，石墨烯层错向所引起的莫尔图案表现出不同的周期性。设定值是相应的 FFT 模式，可以清楚地确定两个石墨烯层的旋转角度。（美国化学学会，版权2013，经许可复制文献[29]）

电子显微镜图像，此类石墨烯为40nm低聚焦，样品厚度为3nm。碳原子用蓝点标示，而石墨烯层是暗线。圆圈周围的白点是区分石墨烯堆叠顺序的主要特征。对于AA堆叠型石墨烯，白点是圆形的，垂直排列。对于AB堆叠型石墨烯，白点也是垂直排列的，但变成椭圆形，方向交替。对于ABC堆叠型石墨烯，白点的方向不是垂直排列的，而是与水平线成78°。图11.4(g)是ABC堆叠型石墨烯的一个例子，如箭头所示，由模拟图案组成。图11.4(h)是图11.4(g)高分辨率透射电子显微镜图像石墨层的FFT，石墨烯图案角呈78.2°，这进一步证实了此为ABC堆叠顺序[27]。图11.4(i)是正常AB堆叠型石墨烯的一个例子，由指示线标示的石墨烯层交替重复所证实[28]。

除石墨烯层的平移堆叠外，石墨烯层的旋转堆叠也导致形成了莫尔条纹。图11.4(j)～(l)显示了石墨烯旋转堆叠的例子，其角度为7.3°、15.2°、21.8°，由两组SAED图案之间的旋转角度显示。高分辨率透射电子显微镜图像清楚地显示，随着旋转角度的增大，莫尔条纹的周期变小[29]。

11.3.3 石墨烯边缘的表征

石墨烯的边缘结构对其电子和化学性质有很大的影响[30-32]。装备有EELS的透射电子显微镜具有较高的空间分辨率和能量分辨率。毫无疑问，它是在原子分辨率上表征石墨烯形态、化学组成、晶体结构和电子结构的通用工具。首选扶手椅和锯齿的石墨烯边缘，它们是最简单的边缘，几乎没有悬挂键。图11.5(a)～(d)显示了石墨烯孔中典型的扶手椅和锯齿边缘以及相应的结构模型[33]。图11.5(a)中孔洞的轮廓区完全是“扶手椅”，图11.5(b)完全是“锯齿”。这种长程序列的存在表明，不管是实验(图11.5(a)～(d))还是模拟(图11.5(c)－(d))，构型均稳定。实验和模拟结果表明，扶手椅和锯齿边缘为6－6环。Kim等观察到延伸五边形－七边形(5－7)在锯齿边缘重构(图11.5

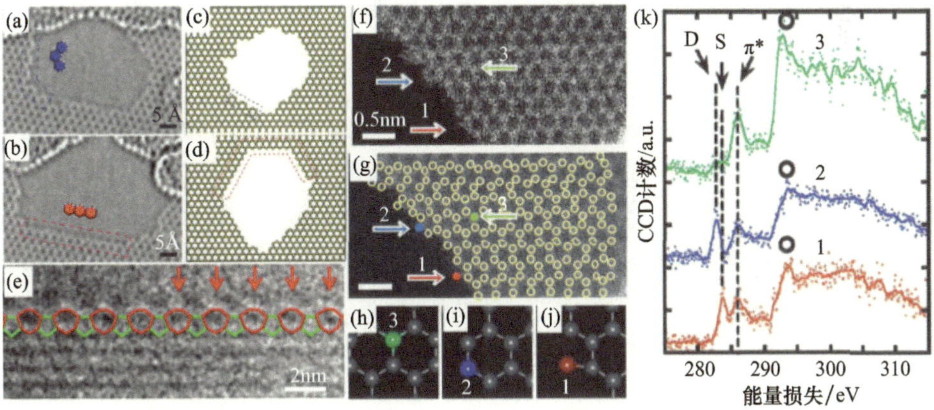

图11.5 石墨烯边缘的透射电子显微镜表征

(a)～(d)石墨烯孔的扶手椅及锯齿边缘及其相应的结构模型(美国科学进步协会，版权2009，经许可复制文献[33])；(e)石墨烯锯齿边缘5－7碳环构型的高分辨率透射电子显微镜图像(自然出版集团，版权2013，经许可复制文献[34])；(f)石墨烯边缘的ADF图像；(g)石墨烯边缘附近以圆标记的碳原子(用箭头所指的点表示与1个、2个和3个最近邻结合的碳原子，箭头上的数字表示键数)；(h)～(j)在(g)中显示1个、2个和3个最近邻原子构型的图解，以及在(k)中显示相应的电子能量损失谱。不同键合条件的原子状态可以从D峰、S峰和π峰的强度中识别出来，如(k)中的虚线和箭头所示。(自然出版集团，版权2010，经许可复制文献[35])

(e))[34]。他们发现,在 5 - 7 重构边缘与 6 - 6 锯齿边缘之间,锯齿边缘经常经历剧烈地可逆转变,而在电子束的影响下,扶手椅边缘相对稳定。具有不同配位碳原子数的边缘原子显示出丰富的化学信息和局部电子结构。除扶手椅、锯齿边缘等长程有序结构外,一些具有一两个配位碳原子的原子表现出不同的性质。图 11.5(f)显示了单层石墨烯边缘的典型 ADF 图像[35]。具有单、双和三配位碳原子的原子利用原子分辨率(图 11.5(g))得到;它们对应的原子位置如图 11.5(f) ~ (j)所示。从碳 *K*(1s)边缘的能量损失近边结构(ELNES)光谱(图 11.5(k))可以分辨出不同键合邻数的碳原子。

三个键的光谱批量记录在一个原子的位置,作为参考。该光谱显示了典型的 sp^2 配位碳原子的特征,π^* 峰值在 286eV 左右,σ^* 激发峰值在 292eV 左右。蓝色光谱是由双配位的边缘原子记录的。该光谱在(282.6 ± 0.2)eV(图 11.5(k)中的 D 标记)附近有一个额外峰值,π^* 峰值强度降低。与批量谱(以开环标记)相比,激发峰强度有所减小,变宽。红色光谱具有相似的特征,π^* 峰较弱,σ^* 峰加宽。额外的峰出现在(283.6 ± 0.2)eV 的不同能量位置(图 11.5(k)中的 S 标记)。然而,在入射电子束作用下,单配位碳原子的结构非常不稳定,光谱迅速消失,不能完全重现。

11.3.4 石墨烯点缺陷的表征

石墨烯中常见的缺陷包括空位、掺杂、吸附原子等点缺陷和晶界等线缺陷,影响石墨烯的性能,特别是电学性能。考虑到石墨烯在电子学中的潜在应用,需要详细研究石墨烯的缺陷类型及其性能。为实现这一目标,用原子分辨率探测缺陷是必不可少的。透射电子显微镜是一种多用途工具,具有不同的工作模式,可以在原子尺度上表征石墨烯缺陷的结构、化学和电子状态。

加速电压 80kV 以上的光照电子束和石墨烯中碳原子之间的相互作用可能导致碳原子溅射,并在初始碳位产生空位。Robertson 指出,即使在石墨烯的 KOD 阈值 80kV 时,当电子束电流密度增加到约 $10^8 e^{-1} \cdot nm^{-2} \cdot s^{-1}$ 时也会产生空位。图 11.6(a)、(b)是八元碳环的石墨烯双空位,由两个相邻的五元碳环在 80kV、电流密度为 $10^8 e^{-1} \cdot nm^{-2} \cdot s^{-1}$ 时,经 30s 电子束曝光后形成[36]。除电子辐照外,高能原子/离子轰击也能产生空位。Wang 等[37]指出动能在 150 ~ 250eV 之间的金原子轰击可以产生石墨烯的单个空位,如图 11.6(c)、(d)所示。由于硅元素存在于生长基底中,如 Si/SiO_2 和 SiC,故硅原子是石墨烯中常见的掺杂物。图 11.6(e)是单空位和双空位硅原子的 ADF - STEM 图像,与 3 个或 4 个相邻的碳原子结合[38]。由于 ADF - STEM 图像的 Z 反差,硅原子比碳原子显示出更明亮的对比度。ADF - STEM 在 60kV 左右探测,避免了电子束辐照造成的损伤。图 11.6(f)和(g)显示了在 ADF 图像上重叠的硅掺杂物周围的结构模型。除用 ADF 探针进行化学分析外,STEM - EELS 能提供碳原子和硅原子的结合信息。

图 11.6(h)是结合 3 个和 4 个碳原子的硅原子的 EELS 图像。从硅原子周围的 0.16nm × 0.16nm 区域提取硅光谱,采样停留时间为每像素 0.1 s,探针电流为 100pA。与 3 个碳原子结合的硅原子,其能量损失近边结构(ELNES)在 105eV 时具有明显的峰值,并逐渐增加到 107eV 以上,说明 sp^3 杂化现象。具有 sp^3 杂化的硅原子不是平面的,而是占据石墨烯平面上方的一个位置。硅原子与 4 个碳原子结合的 ELNES 在 105eV 时没有明显的峰态,而在 102.6eV 和 107eV 时只有两个小峰。在 105eV 时没有明显的峰值,表明 3d 状态的混合

更强烈,3s 和 3p 形成了 sp^2d 样杂化,构成了 4 个相等的硅-碳键。这种杂化导致石墨烯平面上硅原子的平面构型。高分辨率透射电子显微镜探测到的硅掺杂物也可以位于石墨烯的边缘,如图 11.6(i)高分辨率透射电子显微镜的探测结果所示[39]。在锯齿边缘的硅原子是不稳定的,这是由于两个相邻的碳原子相连的不均匀键表示的,如图 11.6(i)的设定所示。在硅掺杂原子附近的这个 6-6 锯齿边缘往往被重构为 5-7 锯齿边缘,这留下了一个更大的空间来容纳硅原子。

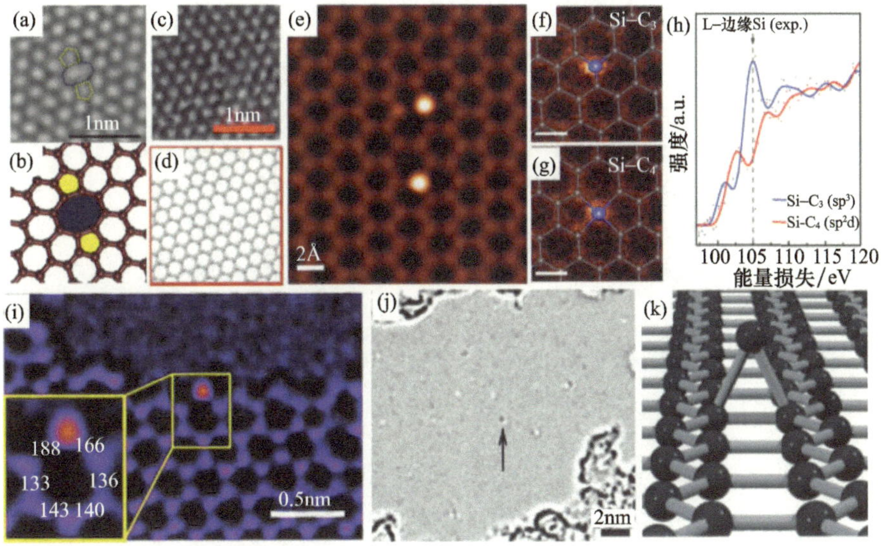

图 11.6　石墨烯的点缺陷特征

(a)、(b)由电子束辐照产生的空位及相应的原子模型(自然出版集团,版权 2012,经许可复制文献[36]);(c)、(d)高能原子轰击产生的空位及相应的原子模型(美国化学学会,版权 2012,经许可复制文献[37]);(e)单层石墨烯中硅原子取代的 ADF-STEM 图像;(f)、(g)与 3 个或 4 个最近邻碳原子结合的杂质硅原子的结构模型图解;(h)在(e)中可由 105eV 能量损失时的信号强度分离的两种硅原子取代类型的 EELS 光谱(美国物理学会,版权 2012,经许可复制文献[38]);(i)石墨烯锯齿边缘 Si 原子取代的 STEM 图像(美国化学学会,版权 2016,经许可复制文献[39]);(j)石墨烯薄膜上箭头所指的碳吸附原子;(k)单层石墨烯上碳吸附原子的结构模型。(自然出版集团,版权 2008,经许可复制文献[40])

由于石墨烯是超薄、高度透明的单层碳原子,其上的吸附原子,即使是碳和氢等轻元素,均可以通过透射电子显微镜直接观察到。图 11.6(g)是单层石墨烯上一个碳原子的透射电子显微镜图像,如箭头所示[40]。通过将计算与实验结果进行对比,确定了原子类型。通过在同一位置捕获的多个帧的总和,可以通过增加信噪比来观察到清晰的对比度。用这种方法甚至可以清楚地观察到氢原子。图 11.6(k)是石墨烯表面碳吸附原子的结构模型。

11.3.5　石墨烯晶界的表征

晶界的原子排列对石墨烯的电子、磁、化学和力学性能有很大的影响[41-44]。在生长过程中,往往形成晶界。化学气相沉积(CVD)是制备大尺度石墨烯的成熟方法,石墨烯的多晶性几乎不可避免[45-46]。在成像模式和衍射模式下,可以用透射电子显微镜表征各晶粒的晶界及取向的详细结构。利用 ADF-STEM,在 60kV 时,两个石墨烯晶粒间相对取向偏差为 27°的倾斜晶界,其原子结构如图 11.7(a)所示[47]。边界由一系列的五边形、七边形和扭曲的六边形组成(图 11.7(b))。利用低电压(60kV)原子分辨率成像技术,确定了晶界的位置和每个原子。但使用原子分辨率的方法,需要数百亿到数千亿像素来成像单个微米尺度的晶粒。完成这种方法将花费一天或更多的时间。因此利用衍射滤波成像技术,快速绘制数百个晶粒和边界的位置、方向及形状。通过在后焦平面上使用目标孔径滤波器,可为具有特定取向的晶粒成像(图 11.7(c))。最终的实空间图像只显示被选择的晶粒,只需要几秒钟即可获得。通过使用几种不同的孔径滤波器重复这一过程,完成了具有所有取向的石墨烯晶粒结构的图谱绘制(图 11.7(d))。

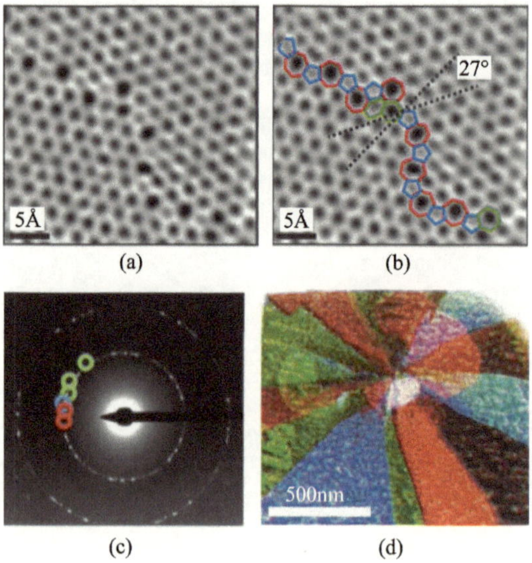

图 11.7　石墨烯的晶界表征

(a)单层石墨烯晶界的过滤 ADF-STEM 图像;(b)由连接的五边形、七边形和扭曲六边形所呈现的晶界结构,两个石墨烯晶体之间的旋转角度为 27°;(c)多晶石墨烯的 SAED,每个圆圈表示一套单晶的衍射图案;(d)石墨烯晶粒的形状和取向由小角度 DFTEM 决定,并由(c)中相同的颜色编码。(自然出版集团,版权 2011,经许可复制文献[47])

11.3.6　石墨烯异质结构的表征

不同性能的层状二维材料的水平拼接和垂直粘贴可用于制备基于异质结构的器件,如电子、光电和能量转换器[48-51]。透射电子显微镜是以原子分辨率表征异质结构的结构及组成的有力工具。利用透射电子显微镜揭示边界处的堆叠顺序、元素分布和晶体结构对异质结构性质的影响,是制备及应用异质结构器件的关键。

图 11.8(a)是石墨烯平面内外延生长的高分辨率透射电子显微镜图像,由石墨烯基底上单层 h-BN 边缘的箭头表示[52]。边界上的硼、氮和碳原子可以通过高分辨率透射电子显微镜直接确定,如方框里的虚线所标示。利用傅里叶变换(FFT)和逆快速傅里叶变换(IFFT)方法处理得到的高分辨率透射电子显微镜图像,可以提取出清晰的氮化硼/石墨烯结构。通过消除 FFT 图像中对应的"衍射图案",可以消除石墨烯基底的对比度。下面的 IFFT 显示了横向 BN/石墨烯异质结构的对比。通过测量图 11.8(b)中矩形包围原子的强度,硼、氮和碳的原子位置可以清楚地识别出来,如图 11.8(c)所示。对原子序数敏感的 STEM 技术是异质

结构分析的另一种重要方法。用截面透射电镜研究了氮化硼基底上的垂直石墨烯/氮化硼异质结构,如图118(d)所示[53]。石墨烯原子层与氮化硼原子层由于较低的STEM对比度而区分开来。STEM技术还提供了一种直接测量氮化硼层之间距离的方法来评估单层氮化硼的厚度。

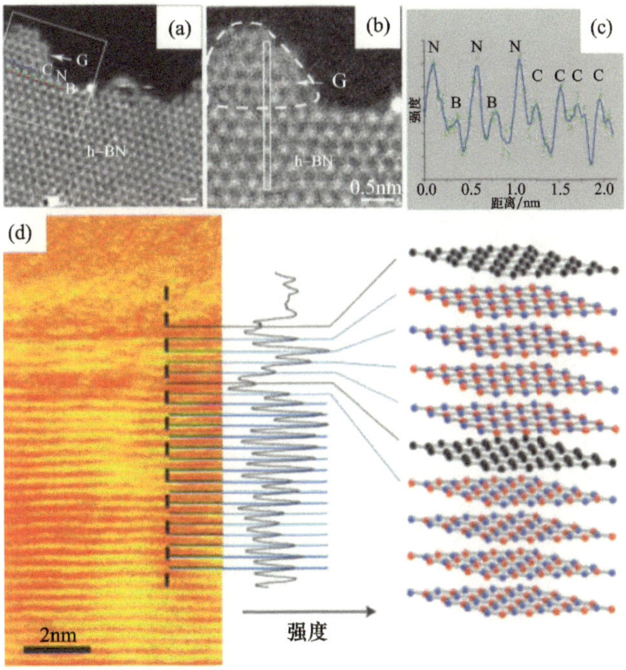

图 11.8 石墨烯异质结构的表征

(a)以ADF-STEM表征石墨烯和h-BN的横向异质结构;在异质结构边界处,N、B和C原子用圆点标示。(b)(a)正方形区域的放大图;虚线显示了从h-BN边界外延生长的单层石墨烯。信号强度穿过矩形边界在(c)中显示出来(Wiley,版权2016,经许可复制文献[52])。平滑信号用直线表示。(d)石墨烯/h-BN垂直堆叠异质结构的STEM横截面图像;石墨烯层和h-BN层可以通过信号强度直接识别。右边显示异质结构的堆叠顺序。(自然出版集团,版权2012,经许可复制文献[53])

11.4 石墨烯的动态操控

11.4.1 电子束辐照制备石墨烯纳米结构

利用高能电子束可以在透射电子显微镜内部控制制备纳米孔、纳米带等纳米结构。石墨烯的纳米孔与纳米带是先进DNA测序测试和高性能晶体管的重要组成部分。

电子束与石墨烯碳原子的相互作用导致高能电子向碳原子的能量转移。如果转移的能量高于碳原子之间的键能,原子就会被敲除,导致KOE或溅射效应。当转移能量低于键能时,原子倾向于修复缺陷以减少表面能。这两种情况如图11.9(a)所示[54]。Xu[55]等演示了在几层石墨烯上的纳米孔钻,如图11.9(b)、(c)所示。在300kV电压下,电流密度为2.0×10^3 A/cm^2时,在48 s内制备了2nm的石墨烯纳米孔。石墨烯纳米孔的形成对电子束的电流密度很敏感:由于电子束密度从中心到边缘的高斯分布,使得纳米孔随时间呈非线性增长。

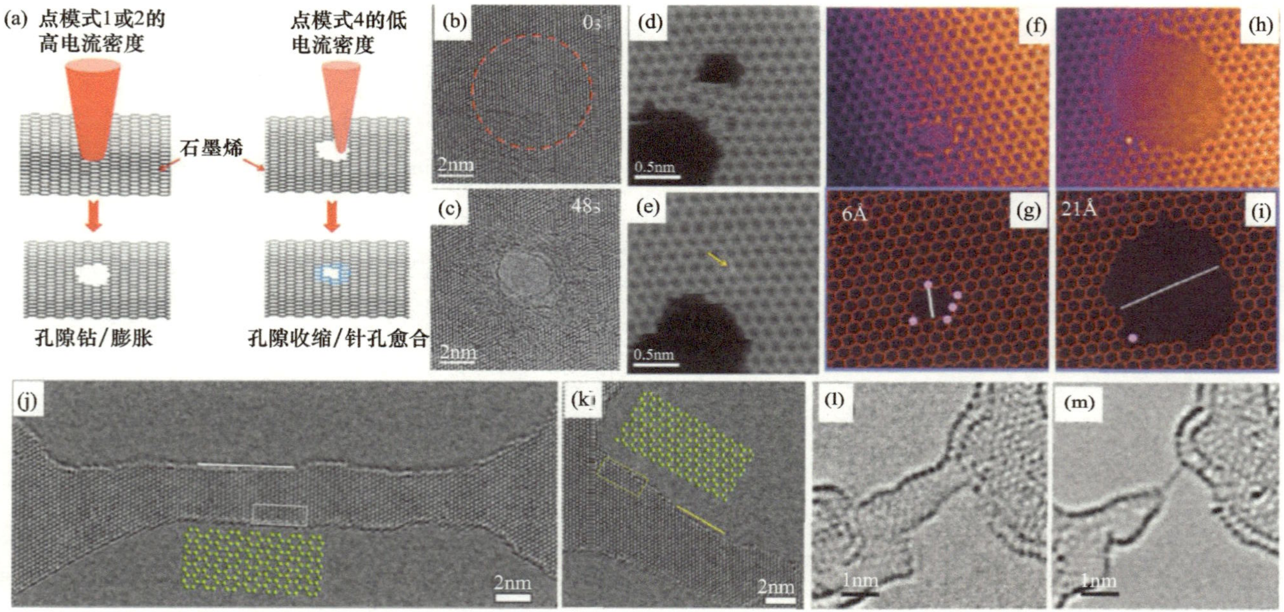

图 11.9 电子束辐照原位制备石墨烯纳米结构

(a)用不同电子束参数创建或愈合石墨烯孔的图解;高电流密度倾向于产生孔,而低电流密度倾向于愈合孔(IOP 出版有限公司,版权 2016,经许可复制文献[54])。(b)、(c)用电子束照射形成石墨烯孔的 HRTEM 图像(Wiley,版权 2014,经许可复制文献[55]);(d)、(e)石墨烯孔完全愈合的 HAADF 图像(美国化学学会,版权 2012,经许可复制文献[56]);(f)、(h)在硅原子催化下石墨烯孔的 HRTEM 图像;(g)、(i)石墨烯边缘对应的原子构型(美国化学学会,版权 2014,经许可复制文献[57]);(j)、(k)石墨烯纳米带分别以扶手椅和锯齿边缘为末端的 HRTEM 图像(美国化学学会,版权 2013,经许可复制文献[58]);这两种边缘类型的相应原子结构在附近显示。在 300kV 和 600℃的电子束辐照下制备了纳米带。(l)、(m)通过进一步缩小石墨烯纳米带制备单个碳链的 HRTEM 图像。(美国化学学会,版权 2012,经许可复制文献[59])

他们还指出,当电流密度大于 500 A/cm^2 时,电子束诱导溅射效应占主导;当电流密度小于 300 A/cm^2 时,电子束诱导沉积占主导。Zan 等[56]用高角环形暗场(HAADF) STEM 报道石墨烯纳米孔的电子束辅助愈合情况,如图 11.9(d)、(e)所示。只有在 10s 范围内,0.5nm 的石墨烯纳米孔才完全还原,具有理想的六角形结构。石墨烯纳米孔的修复有两种机制。辅以附近碳氢化合物的运输完成的修复会导致石墨烯纳米孔再次成孔,形成缺陷;而通过重构石墨烯进行的修复使其形成了一个完美的六角形结构。在硅和金属原子等催化原子的帮助下,电子束可以制备出石墨烯纳米孔。Wang 等[57]用高分辨率透射电子显微镜在原子尺度对硅辅助纳米孔进行直接观测。石墨烯边缘的碳原子一个一个地被敲除,而催化硅原子被保留,如图 11.9(f)~(i)所示。

类似于纳米孔的制作,如果在附近雕刻两个平行的矩形孔,中间的窄石墨烯形成纳米带。由于超薄电子束直径小于 0.1nm,比碳原子小,因此,STEM 是制备纳米带的理想方法。通过调整扫描停留时间,可以方便地切换 STEM 的观察和雕刻方式。采用 STEM 方法制备了一种高质量的石墨烯纳米带,具有一定的边缘类型。在 300kV 下制作了 4nm 厚的石墨烯纳米带,带扶手椅和锯齿边缘,并在 80kV 下成像,以减少 KOE,如图 11.9(j)和(k)所示[58]。整个过程是在 600℃ 的高温下,通过自我修复来减少产生的缺陷。纳米带的边缘原子沿 $<1\bar{1}00>$(锯齿)和 $<1\bar{2}10>$(扶手椅)方向是直线。石墨烯纳米带内部的晶格无缺陷。进一步雕刻纳米带,使其达到最后的宽度约 1.9nm。Xu 等总结了利用高能电子束雕刻石墨烯的三个主要过程:①利用 NOE 形成空位;②利用 C 吸附原子或富含 C 的吸附分子实现石墨烯晶格的自愈;③由电子束引起形成富 C 污染。Boerrnert 等[59]报道,利用 80kV 宽电子束进一步溅射石墨烯纳米带,边缘原子逐渐脱落,最终形成一个在电子束下稳定存在至少 24s 的单碳链。

11.4.2 原位加热操控

采用 MEMS 微加热器设计了 TEM 原位加热样品架,并进行了四点探针测温。采用高质量的 Si_3N_4 薄膜和改进的 MEMS 基加热芯片,通过原位 TEM 实现了对样品在 1200℃ 范围内的控制加热,最小化热散失,并保持了较高的分辨率。这提供了一种先进的布置形式,可在高温下动态操控和探测石墨烯。

石墨烯在高温下的性能,如缺陷的演化和相变,是石墨烯制备、加工和应用的重要问题。在 773K 温度下用原位 TEM 研究了石墨烯内部大闭合晶界的结构演变,如图 11.10(a)~(d)所示[60]。采用单色仪在 80kV 下操作的 AC-TEM 具有原子分辨率清晰的晶界环。高温加速了晶界的演化过程。

在电子束辐照下,石墨烯的大闭合晶界趋于松弛,成为分离的 5-7 位错。晶界的结构可以利用键合旋转与碳蒸发变化。Westenfelder 等[61]介绍了吸附在石墨烯基底上的碳氢化合物在极高温度下的转变。石墨烯基底的焦耳加热可以实现高温,并且此温度可通过金纳米岛状与 SiN 支撑膜的熔化进行评估。吸附的碳氢化合物转化为无定形碳单层,并开始结晶。在 2000K 时,碳单层形成多晶石墨烯,其边缘以扶手椅为主。用 FFT 和IFFT 方法减去石墨烯基底的对比度,可以清楚地显示非晶碳和多晶石墨烯的对比度,如图 11.10(e)~(f)所示。

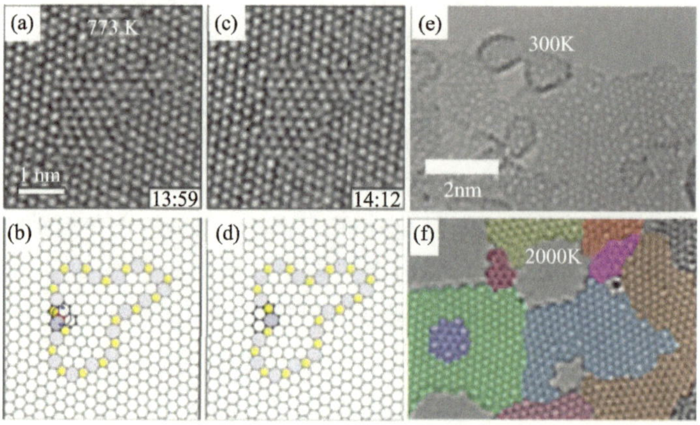

图 11.10 原位加热透射电镜对石墨烯结构转变的表征

(a)~(d)单层石墨烯晶界演化的 HRTEM 图像及其相应的原子结构模型；在 773K 的电子束辐照下，形成了石墨烯边界闭合环。晶界的结构变化可以通过(b)和(d)中箭头所示的键旋转来实现(美国化学学会，版权 2016，经许可复制文献[60])。(e)~(f)无定形碳单层在 2000K 时结晶成多晶石墨烯，其自由边缘主要为扶手椅形。石墨烯的焦耳加热实现极高温度，并且此温度通过金粒子的熔化和 SiN 的初始升华来测量。(美国化学学会，版权 2011，经许可复制文献[61])

11.4.3 原位电气测试

原位电芯片与原位加热芯片相似。通过控制提供的电压和测量响应的电信号，可以对测试样品的电气性能进行研究。本节利用原位 TEM 研究讨论了石墨烯在外加电压作用下的电子发射特性、稳定性和电荷存储特性。

通过具有两个独立相同探针的扫描隧道显微镜样品架应用原位电 TEM 对石墨烯纳米带的电子发射特性进行了原位表征，如图 11.11(a)所示[62]。石墨烯纳米带的发射电流可以在驱动电压小于 3 V 的情况下被提取出来，并呈指数增长，如图 11.11(a2)的设定值所示。电子垂直发射到石墨烯纳米带表面，其高发射密度为 12.7A/cm^2，这与传统的场致电子在边缘的发射方式不同。

原位 TEM 直接观察了石墨烯带在高偏压下的稳定性，如图 11.11(b1)所示[63]。高偏压引起的电燃烧导致石墨烯边界裂纹的形成与扩展，且几层石墨烯逐层升华，如图 11.11(b2)~(b3)所示。在石墨烯变窄过程中，电流持续下降；在击穿时，电流突然下降到零。这一效应为控制单层石墨烯的制备提供了潜在的途径。相反，两个重叠的石墨烯在高偏压下愈合并形成一个连续的薄片。利用原位 TEM 技术，研究了用作锂离子电池电极材料的几层石墨烯其电荷存储特性，跟踪了锂化和去锂化过程中的动态结构及组成演变。在铝棒和钨棒上使用石墨烯纳米带与锂金属作为电极，而覆盖在锂金属上的 Li_2O 层是用于运输 Li^+ 的固体电解质，如图 11.11(c1)所示[64]。锂化过程主要发生在石墨烯纳米带的表面，形成 Li_2O 纳米晶，如图 11.11(c2)、(c3)所示。锂化石墨烯的 SAED 图案证实了 Li_2O 纳米晶的形成。用 HRTEM 从截面侧面直接考察了石墨烯纳米带层间距的变化。在实验中应用的 TEM 扫描隧道显微镜(STM)提供了能进行力学测试的机会。通过原位力学性能测试知，锂化石墨烯纳米带与锂化石墨烯纳米碳管不同，具有较好的稳定性。

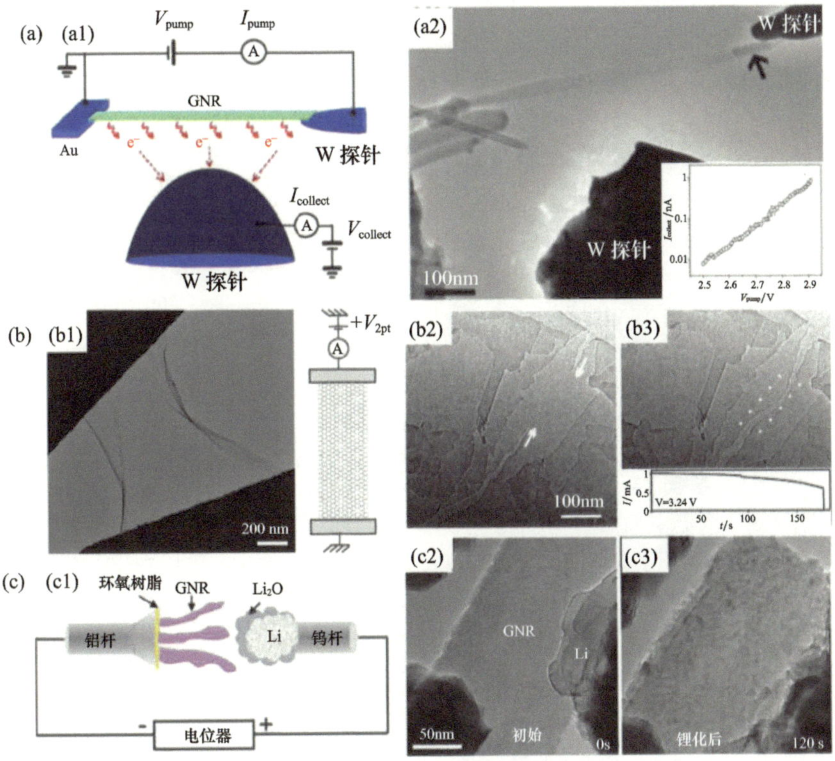

图 11.11 石墨烯原位电气测试

(a)石墨烯纳米带电子放射;(a1)、(a2)内部电场诱导的石墨烯纳米带电子发射图解及原位 TEM 图像。(a2)显示了 $I_{collect}$ 与 V_{pump} 的测量曲线,呈指数增长,如(a1)所设置。(美国化学学会,版权 2012,经许可复制文献[62]);(b)石墨烯带在高偏压下的裂纹演化;(b1)石墨烯纳米带高偏压试验的 TEM 图像及原位 TEM 的设定图解。(b2)、(b3)高偏压下两裂纹向彼此传播的 TEM 图像,如箭头所标示,最后石墨烯的断裂以虚线标记。(b3)是在裂纹发展过程中记录电流与时间关系的设置。裂纹延伸过程中,电流逐渐减小,石墨烯断裂时电流变为零(美国化学学会,版权 2012,经许可复制文献[63]);(c)石墨烯纳米带的原位电化学锂化;(c1)石墨烯锂电池装置示意图。(c2)、(c3)原始石墨烯纳米带与锂化石墨烯纳米带的 TEM 图像。锂化后,可清楚看到位于石墨烯纳米带表面的 Li_2O 化合物。(爱思唯尔,版权 2012,经许可复制文献[64])

11.4.4 原位机械操控

石墨烯具有很高的导电性与优良的力学性能,例如高柔韧性、固有强度和杨氏模量,在柔性电子学中很有价值[45,65]。考虑到单晶体形式键的均匀断裂,石墨烯是地球上最强的材料之一[66-67]。抗均匀断裂的能力是固体的另一个重要力学量,用断裂韧性来描述。然而,由于石墨烯的超薄尺寸,力学测试难以进行。Wei 等[68]报道了采用侧入式 AFM - TEM 支架原位 TEM 对具有 V 形预制单边缘缺口的多层石墨烯试样进行断裂韧性测试。单边缘 V 形缺口多层石墨烯纳米片的断裂测试模型如图 11.12 所示。石墨烯纳米片夹在 AFM 和 W 尖端之间(图 11.12(a)),然后用 300kV 聚焦电子探针在其上边缘制备 V 形缺口(图 11.12(b))。

石墨烯纳米片受到拉伸断裂成两块，其断裂边缘垂直于拉伸方向(图 11.12(c))。施加拉力的方法是将 W 尖端保持约 2nm/s 的恒定速度，垂直于裂纹方向，同时通过力传感悬臂梁的偏转来记录力。拉伸力在达到临界值(1210nN)之前呈线性增加，然后突然下降到零，如图 11.12(e)所示。结果表明，石墨烯纳米片发生脆性断裂。

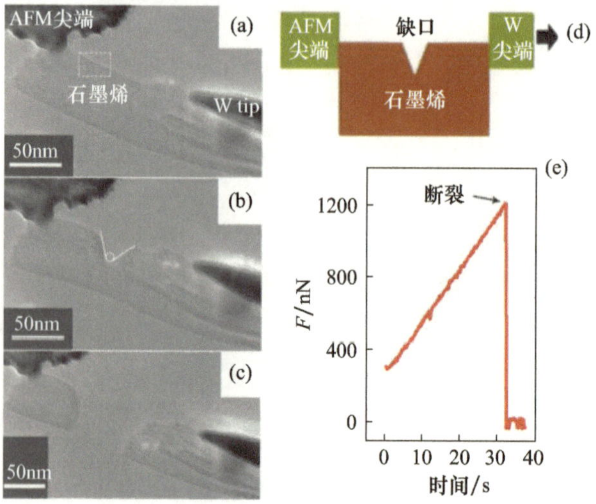

图 11.12　原位 AFM - TEM 表征石墨烯的力学性能

(a) AFM 尖端与 W 尖端之间单层石墨烯的 TEM 图像；(b) 力学测试用的几层石墨烯边界产生的缺口，其 TEM 图像，以及相应装置构型图解，如图(d)所示；(c) 石墨烯在力学测试后沿缺口断裂的 TEM 图像；(e) 在力学测试期间机械力与时间关系的原位记录。由于存在拉应力，初始力大于零。(美国化学学会，版权 2015，经许可复制文献[68])

11.4.5　原位透射电子显微镜石墨烯液体电池

环境 TEM 为监测液相反应提供了独特的机会，而液体电池窗口材料在提高空间分辨率方面发挥了重要作用[69-70]。样品在液体电池中的分辨率与观察窗口的厚度和组成密切相关，这导致了多余的电子散射[71]。传统的窗口由 Si_3N_4 或SiO_2制备。但相对较厚(几十到 100nm)且相对较高的原子序数元素窗口将限制分辨率，并干扰悬浮在液体中的液体或样品的自然状态。具有一个碳原子厚度的石墨烯提供了很高的对比度(对电子束几乎透明)，是一个优异的电热导体，并在电子束下显示最小的充电加热效果。而具有较低悬挂键的惰性表面消除了基底的化学和物理干扰。石墨烯具有较高的柔韧性、机械拉伸强度和对小分子的渗透性等优异性能，使其成为液体电池窗口的极佳材料。石墨烯液体电池的 TEM 图像如图 11.13(a)所示。

对比度较暗的区域是封装在两个悬浮石墨烯薄片(对比度较浅)之间的液体样品。在整个高分辨 TEM 观测过程中，石墨烯液体电池在电子束(80kV)下保持完整。清晰观测到胶体铂纳米晶生长演化的关键步骤，如位点选择聚结、结构重塑与表面小面化(图 11.13(c)～(e))[72]。

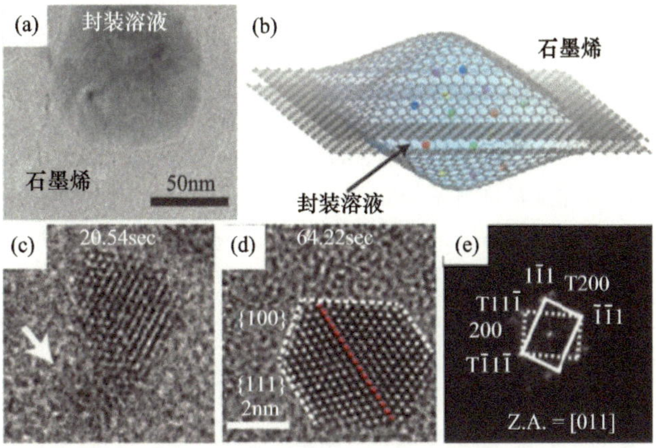

图 11.13 石墨烯基液体电池原位 TEM 研究

(a)封装在两层石墨烯之间的铂胶体溶液的 TEM 图像;(b)、(a)显示的石墨烯基液体电池的图解;(c)、(d)由小纳米晶聚结而成的铂纳米粒子的生长,如箭头所标示,以及随后孪晶边界的变直重塑,如(d)中虚线所标示;(e)清楚显示(d)中两个铂晶粒的 FFT。(美国科学进步学会,版权 2012,经许可复制文献[72])

11.5 展望与挑战

综上所述,我们回顾了先进的透射电子显微镜在理解石墨烯的结构、性质和功能之间关系方面发挥的重要作用,它可以指导石墨烯基器件的制备、加工和应用。然而,对于进一步改进石墨烯的透射电子显微镜应用,还存在一些挑战。

(1)提高时间分辨率。用原位 TEM 对石墨烯的转变状态进行动态分析,需要高时间分辨率来捕捉快速的进化过程。有两个问题需要解决:①具有快速获取功能的电子探测器必不可少;②需要借助计算机对海量数据进行存储及分析。新开发的直接电子检测技术是高分辨率 TEM 技术的一大进步。

(2)原位 TEM 的空间分辨率通常会因为复杂的样品架产生不理想的负面效应而降低,如机械稳定性、热散失及附加支撑层引起的电子散射等。用改进的薄膜技术设计稳健稳定的原位样品架非常重要。

(3)为揭示样品架与石墨烯相互作用的机理,需要研制光学和磁性原位样品架。

参考文献

[1] Luo, C. , Wang, C. , Wu, X. , Zhang, J. , Chu, J. , *In situ* transmission electron microscopy characterization and manipulation of two – dimensional layered materials beyond graphene. *Small*, 13, 1604259, 2017.

[2] Williams, D. B. and Carter, C. B. , *Transmission electron microscopy* – A *textbook for materialsscience*, Springer, Berlin, Germany, 2009.

[3] Urban, K. W. , Studying atomic structures by aberration – corrected transmission electron micros – copy. *Science*, 321, 506, 2008.

[4] Alem, N. , Erni, R. , Kisielowski, C. , Rossell, M. D. , Ganett, W. , Zttl, A. , Atomically thin hexagonal boron nitride probed by ultrahigh – resolution transmission electron microscopy. *Phys. Rev.* B, 80, 155425, 2009.

[5] Kotakoski, J. , Jin, C. H. , Lehtinen, O. , Suenaga, K. , Krasheninnikow, A. V. , Electron knock – ondamage in hexagonal boron nitride monolayers. *Phys. Rev. B*, 82, 113404, 2010.

[6] Egerton, R. F. , Li, P. , Malac, M. , Radiation damage in the TEM and SEM. *Micron*, 35, 399, 2004.

[7] Egerton, R. F. , Control of radiation damage in the TEM. *Ultramicroscopy*, 127, 100, 2013.

[8] Takeguchi, M. , Furuya, K. , Yoshihara, K. , Electron energy loss spectroscopy study of the formation process of Si nanocrystals in SiO_2 due to electron stimulated desorption – decomposition. Micron, 30, 147, 1999.

[9] Cazaux, J. , Correlations between ionization radiation damage and charging effects in transmission electron microscopy. *Ultramicroscopy*, 60, 411, 1995.

[10] Lee, Z. , Meyer, J. C. , Rose, H. , Kaiser, U. , Optimum HRTEM image contrast at 20kV and 80kV—Exemplified by graphene. *Ultramicroscopy*, 112, 39, 2012.

[11] Coene, W. M. J. , Thust, A. , Beeck, M. O. D. , Dyck, D. V. , Maximum – likelihood method for focus – variation image reconstruction in high resolution transmission electron microscopy. *Ultramicroscopy*, 64, 109, 1996.

[12] Beeck, M. O. D. , Dyck, D. V. , Coene, W. , Wave function reconstruction in HRTEM: The parabola method. *Ultramicroscopy*, 64, 167, 1996.

[13] Kirkland, A. I. , Saxton, W. O. , Chand, G. , Multiple beam tilt microscopy for super resolved imaging. *Microscopy*, 46, 11, 1997.

[14] Kirkland, A. I. , Saxton, WO. , Chau, K. L. , Tsuno, K. , Kawasaki, M. , Super – resolution by aperture synthesis: Tilt series reconstruction in CTEM. *Ultramicroscopy*, 57, 355, 1995.

[15] Kirkland, A. I. and Meyer, R. R. , "Indirect" high – resolution transmission electron microscopy: Aberration measurement and wavefunction reconstruction. *Microsc. Microanal.* , 10, 401, 2004.

[16] Kisielowski, C. , Ramasse, Q. M. , Hansen, L. P. , Brorson, M. , Carlsson, A. , Molenbroek, A. M. , Topsøe, H. , Helveg, S. , Imaging MoS_2 nanocatalysts with single – atom sensitivity. *Angew. Chem. Int. Ed.* , 49, 2708, 2010.

[17] Castro Neto, A. H. , Guinea, F. , Peres, N. M. R. , Novoselov, K. S. , Geim, A. K. , The electronic properties of graphene. *Rev. Mod. Phys.* , 81, 109, 2009.

[18] Reina, A. , Jia, X. T. , Ho, J. , Nezich, D. , Son, H. B. , Bulovic, V. , Dresselhaus, M. S. , Kong, J. , Large area, few – layer graphene films on arbitrary substrates by chemical vapor deposition. *Nano Lett.* , 9, 30, 2009.

[19] Warner, J. H. , The influence of the number of graphene layers on the atomic resolution images obtained from aberration – corrected high resolution transmission electron microscopy. *Nanotechnology*, 21, 2010.

[20] Meyer, J. C. , Geim, A. K. , Katsnelson, M. I. , Novoselov, K. S. , Booth, T. J. , Roth, S. , The structure of suspended graphene sheets. *Nature*, 446, 60, 2007.

[21] Meyer, J. C. , Geim, A. K. , Katsnelson, M. I. , Novoselov, K. S. , Obergfell, D. , Roth, S. , Girit, C. , Zettl, A. , On the roughness of single – and bi – layer graphene membranes. *Solid State Commun.* , 143, 101, 2007.

[22] Park, H. J. , Meyer, J. , Roth, S. , Skakalova, V. , Growth and properties of few – layer graphene prepared by chemical vapor deposition. *Carbon*, 48, 1088, 2010.

[23] Brivio, J. , Alexander, D. T. L. , Kis, A. , Ripples and layers in ultrathin MoS_2 membranes. *Nano Lett.* , 11, 5148, 2011.

[24] Zhang, Y. , Tang, T. , Girit, C. , Hao, Z. , Martin, M. C. , Zettl, A. , Crommie, M. F. , Shen, Y. R. , Wang, F. , Direct observation of a widely tunable bandgap in bilayer graphene. *Nature*, 459, 820, 2009.

[25] Latil, S. and Henrard, L. , Charge carriers in few – layer graphene films. *Phys. Rev. Lett.* , 97,

036803,2006.

[26] Charlier,J. C. ,Gonze,X. ,Michenaud,J. P. ,First – principles study of the stacking effect on the electronic properties of graphite(s). *Carbon*,32,289,1994.

[27] Norimatsu,W. and Kusunoki,M. ,Selective formation of ABC – stacked graphene layers on SiC(0001). *Phys. Rev. B*,81,2010.

[28] Weng,X. ,Robinson,J. A. ,Trumbull,K. ,Cavalero,R. ,Fanton,M. A. ,Snyder,D. ,Epitaxial graphene on SiC(000(1)over – bar): Stacking order and interfacial structure. *Appl. Phys. Lett.* ,100,2012.

[29] Lu,C. ,Lin,Y. ,Liu,Z. ,Yeh,C. ,Suenaga,K. ,Chiu,P. ,Twisting bilayer graphene superlattices. *ACS Nano*,7,2587,2013.

[30] Son,Y. ,Cohen,M. L. ,Louie,S. G. ,Half – metallic graphene nanoribbons. *Nature*,444,347,2006.

[31] Kobayashi,Y. ,Fukui,K. ,Enoki,T. ,Kusakabe,K. ,Edge state on hydrogen – terminated graphite edges investigated by scanning tunneling microscopy. *Phys. Rev. B*,73,125415,2006.

[32] Yang,L. ,Park,C. ,Son,Y. ,Cohen,M. L. ,Louie,S. G. ,Quasiparticle energies and band gaps in graphene nanoribbons. *Phys. Rev. Lett.* ,99,186801,2007.

[33] Girit,C. O. ,Meyer,J. C. ,Erni,R. ,Rossell,M. D. ,Kisielowski,C. ,Yang,L. ,Park,C. ,Crommie,M. F. ,Cohen,M. L. ,Louie,S. G. ,Zettl,A. ,Graphene at the edge: Stability and dynamics. *Science*,323,1705,2009.

[34] Kim,K. ,Coh,S. ,Kisielowski,C. ,Crommie,M. F. ,Louie,S. G. ,Cohen,M. L. ,Zettl,A. ,Atomically perfect torn graphene edges and their reversible reconstruction. *Nat. Commun.* ,4,2013.

[35] Suenaga,K. and Koshino,M. ,Atom – by – atom spectroscopy at graphene edge. *Nature*,468,1088,2010.

[36] Robertson,A. W. ,Allen,C. S. ,Wu,Y. A. ,He,K. ,Olivier,J. ,Neethling,J. ,Kirkland,A. I. ,Warner,J. H. ,Spatial control of defect creation in graphene at the nanoscale. *Nat. Commun.* ,3,2012.

[37] Wang,H. ,Wang,Q. ,Cheng,Y. ,Li,K. ,Yao,Y. ,Zhang,Q. ,Dong,C. ,Wang,P. ,Schwingenschloegl,U. ,Yang,W. ,Zhang,X. X. ,Doping monolayer gaphene with single atom substitutions. *Nano Lett.* ,12,141,2012.

[38] Zhou,W. ,Kapetanakis,M. D. ,Prange,M. P. ,Pantelides,S. T. ,Pennycook,S. J. ,Idrobo,J. ,Direct determination of the chemical bonding of individual impurities in graphene. *Phys. Rev. Lett.* ,109,2012.

[39] Chen,Q. ,Robertson,A. W. ,He,K. ,Gong,C. ,Yoon,E. ,Kirkland,A. I. ,Lee,G. ,Warner,J. H. ,Elongated silicon – carbon bonds at graphene edges. *ACS Nano*,10,142,2016.

[40] Meyer,J. C. ,Girit,C. O. ,Crommie,M. F. ,Zettl,A. ,Imaging and dynamics of light atoms and molecules on graphene. *Nature*,454,319,2008.

[41] Yazyev,O. V. and Louie,S. G. ,Electronic transport in polycrystalline graphene. *Nat. Mater.* ,9,806,2010.

[42] Červenka,J. ,Katsnelson,M. I. ,Flipse,C. F. J. ,Room – temperature ferromagnetism in graphite driven by two – dimensional networks of point defects. *Nat. Phys.* ,5,840,2009.

[43] Malola,S. ,Hakkinen,H. ,Koskinen,P. ,Structural,chemical,and dynamical trends in graphene grain boundaries. *Phys. Rev. B*,81,165447,2010.

[44] Grantab,R. ,Shenoy,V. B. ,Ruoff,R. S. ,Anomalous strength characteristics of tilt grain boundaries in graphene. *Science*,330,946,2010.

[45] Bae,S. ,Kim,H. ,Lee,Y. ,Xu,X. ,Park,J. ,Zheng,Y. ,Balakrishnan,J. ,Lei,T. ,Ri Kim,H. ,Song,Y. I. ,Kim,Y. ,Kim,K. S. ,Özyilmaz,B. ,Ahn,J. ,Hong,B. H. ,Iijima,S. ,Roll – to – roll production of 30 – inch graphene films for transparent electrodes. *Nat. Nanotechnol.* ,5,574,2010.

[46] Xu,X. ,Zhang,Z. ,Qiu,L. ,Zhuang,J. ,Zhang,L. ,Wang,H. ,Liao,C. ,Song,H. ,Qiao,R. ,Gao,P. ,Hu,

Z. ,Liao,L. ,Liao,Z. ,Yu,D. ,Wang,E. ,Ding,F. ,Peng,H. ,Liu,K. ,Ultrafast growth of single – crystal graphene assisted by a continuous oxygen supply. *Nat. Nanotechnol.* ,11,930,2016.

[47] Huang,P. Y. ,Ruiz – Vargas,C. S. ,van der Zande,A. M. ,Whitney,W. S. ,Levendorf,M. P. ,Kevek,J. W. ,Garg,S. ,Alden,J. S. ,Hustedt,C. J. ,Zhu,Y. ,Park,J. ,McEuen,P. L. ,Muller,D. A. ,Grains and grain boundaries in single – layer graphene atomic patchwork quilts. *Nature*,469,389,2011.

[48] Shi,J. ,Ji,Q. ,Liu,Z. ,Zhang,Y. ,Recent advances in controlling syntheses and energy related applications of MX_2 and MX_2/graphene heterostructures. Adv. *Energy Mater.* ,2016. Ahead of Print.

[49] Guo,Y. and Robertson,J. ,Band engineering in transition metal dichalcogenides：Stacked versus lateral heterostructures. *Appl. Phys. Lett.* ,108,233104/1,2016.

[50] Novoselov,K. S. ,Mishchenko,A. ,Carvalho,A. ,Castro Neto,A. H. ,2D materials and van der Waals heterostructures. *Science*,353,2016.

[51] Roy,T. ,Tosun,M. ,Hettick,M. ,Ahn,G. H. ,Hu,C. ,Javey,A. ,2D – 2D tunneling field – effect transistors using WSe_2/$SnSe_2$ heterostructures. *Appl. Phys. Lett.* ,108,083111/1,2016.

[52] Liu,Z. ,Tizei,L. H. G. ,Sato,Y. ,Lin,Y. ,Yeh,C. ,Chiu,P. ,Terauchi,M. ,Iijima,S. ,Suenaga,K. ,Postsynthesis of h – BN/Graphene heterostructures inside a STEM. *Small*,12,252,2016.

[53] Haigh,S. J. ,Gholinia,A. ,Jalil,R. ,Romani,S. ,Britnell,L. ,Elias,D. C. ,Novoselov,K. S. ,Ponomarenko,L. A. ,Geim,A. K. ,Gorbachev,R. ,Cross – sectional imaging of individual layers and buried interfaces of graphene – based heterostructures and superlattices. *Nat. Mater.* ,11,764,2012.

[54] Goyal,G. ,Lee,Y. B. ,Darvish,A. ,Ahn,C. W. ,Kim,M. J. ,Hydrophilic and size – controlled graphene nanopores for protein detection. *Nanotechnology*,27,2016.

[55] Xu,T. ,Xie,X. ,Yin,K. ,Sun,J. ,He,L. ,Sun,L. ,Controllable atomic – scale sculpting and deposition of carbon nanostructures on graphene. *Small*,10,1724,2014.

[56] Zan,R. ,Ramasse,Q. M. ,Bangert,U. ,Novoselov,K. S. ,Graphene reknits its holes. *Nano Lett.* ,12,3936,2012.

[57] Wang,WL. ,Santos,E. J. G. ,Jiang,B. ,Cubuk,E. D. ,Ophus,C. ,Centeno,A. ,Pesquera,A. ,Zurutuza,A. ,Ciston,J. ,Westervelt,R. ,Kaxiras,E. ,Direct observation of a long – lived singleatom catalyst chiseling atomic structures in graphene. *Nano Lett.* ,14,450,2014.

[58] Xu,Q. ,Wu,M. – Y. ,Schneider,G. F. ,Houben,L. ,Malladi,S. K. ,Dekker,C. ,Yucelen,E. ,Dunin-borkowski,R. E. ,Zandbergen,H. W,Controllable atomic scale patterning of freestanding monolayer graphene at elevated temperature. *ACS Nano*,7,1566,2013.

[59] Boerrnert,F. ,Fu,L. ,Gorantla,S. ,Knupfer,M. ,Buechner,B. ,Ruemmeli,M. H. ,Programmable sub – nanometer sculpting of graphene with electron beams. *ACS Nano*,6,10327,2012.

[60] Gong,C. ,He,K. ,Chen,Q. ,Robertson,A. W. ,Warner,J. H. ,In situ high temperature atomic level studies of large closed grain boundary loops in graphene. *ACS Nano*,10,9165,2016.

[61] Westenfelder,B. ,Meyer,J. C. ,Biskupek,J. ,Kurasch,S. ,Scholz,F. ,Krill,C. E. ,III,U. ,Kaiser,Transformations of carbon adsorbates on graphene substrates under extreme heat. *Nano Lett.* ,11,5123,2011.

[62] Wei,X. ,Bando,Y. ,Golberg,D. ,Electron emission from individual graphene nanoribbons driven by internal electric field. *ACS Nano*,6,705,2012.

[63] Barreiro,A. ,Boerrnert,F. ,Ruemmeli,M. H. ,Buechner,B. ,Vandersypen,L. M. K. ,Graphene at high bias：Cracking,layer by layer sublimation,and fusing. *Nano Lett.* ,12,1873,2012.

[64] Liu,X. H. ,Wang,J. W,Liu,Y. ,Zheng,H. ,Kushima,A. ,Huang,S. ,Zhu,T. ,Mao,S. X. ,Li,J. ,Zhang,S. ,Lu,W. ,Tour,J. M. ,Huang,J. Y. ,In situ transmission electron microscopy of electrochemical lithiation,delithiation and deformation of individual graphene nanoribbons. *Carbon*,50,3836,2012.

[65] Novoselov, K. S. , Falko, V. I. , Colombo, L. , Gellert, P. R. , Schwab, M. G. , Kim, K. , A roadmap for graphene. *Nature*, 490, 192, 2012.

[66] Lee, G. , Cooper, R. C. , An, S. J. , Lee, S. , van der Zande, A. , Petrone, N. , Hammerherg, A. G. , Lee, C. , Crawford, B. , Oliver, W. , Kysar, J. W. , Hone, J. , High - strength chemical - vapor deposited graphene and grain boundaries. *Science*, 340, 1073, 2013.

[67] Lee, C. , Wei, X. , Kysar, J. W. , Hone, J. , Measurement of the elastic properties and intrinsic strength of monolayer graphene. *Science*, 321, 385, 2008.

[68] Wei, X. , Xiao, S. , Li, F. , Tang, D. , Chen, Q. , Bando, Y. , Golberg, D. , Comparative fracture toughness of multilayer graphenes and boronitrenes. *Nano Lett.* , 15, 689, 2015.

[69] Wu, J. , Shan, H. , Chen, W. , Gu, X. , Tao, P. , Song, C. , Shang, W. , Deng, T. , *In situ* environmental TEM in imaging gas and liquid phase chemical reactions for materials research. *Adv. Mater.* , 28, 9686, 2016.

[70] Chen, X. , Li, C. , Cao, H. , Recent developments of the *in situ* wet cell technology for transmission electron microscopies. *Nanoscale*, 7, 4811, 2015.

[71] de Jonge, N. and Ross, F. M. , Electron microscopy of specimens in liquid. Nat. *Nanotechnol.* , 6, 695, 2011.

[72] Yuk, J. M. , Park, J. , Ercius, P, Kim, K. , Hellebusch, D. J. , Crommie, M. F. , Lee, J. Y. , Zettl, A. , Alivisatos, A. P. , High - resolution EM of colloidal nanocrystal growth using graphene liquid cells. *Science*, 336, 61, 2012.

第12章 石墨烯纳米结构准粒子谱的特点

E. S. Syrkin[1,2], V. A. Sirenko[1], S. B. Feodosyev[1], I. A. Gospodarev[1], K. A. Minakova[2]
[1]乌克兰哈尔科夫市 Verkin 低温物理与工程研究所
[2]乌克兰哈尔科夫市工程物理教育与科学研究所国立技术大学哈尔科夫理工学院

摘　要　本章分析了石墨烯纳米薄膜和有缺陷纳米管的声子光谱和电子光谱。计算了具有单独空位和近邻空位团的石墨烯的电子和声子局域态密度(LDOS)。考虑了不同几何形状的石墨烯边界、金属双层石墨烯和三层石墨烯的阶梯边缘缺陷。当温度高于环境温度时,证明了所考虑结构的动态平面稳定性。对于缺陷附近的原子,费米能级附近的电子和声子局域态密度具有很强的不均匀性。

结果表明,在具有锯齿形边缘的石墨烯的电子光谱中,出现了沿边界传播并随着距离的增加而衰减的波,并分裂出准连续谱带。此外,仅通过亚晶格的原子传播,亚晶格含有具有悬挂键的原子,并形成了边界。这些波的色散由边界形成期间的弛豫过程的特性表征。电子光谱中的色散是与相对论对应的,但与无限单层石墨烯相比,却对应于明显较小的群速。

分裂间隙波导致在局域态密度上形成尖锐共振,显著富集费米能级附近的电子光谱以及垂直于石墨烯单层平面偏振的声光分支交点附近的声子光谱。在所考虑的频率范围内的这些声子,实际上不与不同极化的声子相互作用,并且还具有高群速,这将对电子–声子耦合提供主要影响。本章研究结果表明,通过控制缺陷(如空位或锯齿形边缘)的产生来促进石墨烯物质中的超导电性,这些缺陷扭曲了石墨烯单层的特定亚晶格中的原子键。具有单独空位和空位团的石墨烯以及金属双层石墨烯和三层石墨烯上的锯齿形阶跃边缘缺陷的电子光谱也证明了这种类似行为。

在微观层次计算的基础上,本章对声子热容量、超薄石墨烯纳米膜和单壁碳纳米管进行了定量描述;分析了石墨烯单层的抗弯刚度特性;定义了温度范围,其中热容的温度依赖性由弯曲振动确定;展示了弯曲波沿着纳米管表面传播和纳米管作为整个一维物体的弯曲振动对声子热容的影响。

关键词　准低维结构,电子和声子光谱,局域态和准局域态,石墨,石墨烯,碳纳米膜和纳米管,局域和扩展缺陷,格林函数,局域态密度

12.1 引言

众所周知[1-2],石墨烯是零带隙半导体。此外,随着电子光谱中V形(狄拉克)奇点

的出现，其有效电子质量在费米能级附近消失。最终，石墨烯的电子光谱对某些扭曲变得高度敏感。最近对石墨烯和相关纳米排列的不同性质的研究充分集中于非常接近ε_F的能量范围内的电子态密度的受控变化。特别是，正在寻找在石墨烯及其纳米衍生物的电子光谱中产生有限半导体间隙的可能性，或相反地急剧增加费米能级占据的可能性，以及寻找在这种结构中超导转变的可能性。因此，通过对碳纳米结构中的局部缺陷和扩展缺陷的控制，寻找接近ε_F的石墨烯电子光谱的调谐方法是很有希望的[3-8]。

石墨烯单层中原子轨道的显著杂化将其德拜温度提高到2500K，在高于环境温度下，引起石墨烯及其衍生物，特别是纳米管和纳米带的振动热力学性质中的“低温”特征。在BCS考虑中，有力地证明了多种超导体，特别是非传统的超导体(参见参考文献[9])，超导转变的高温T_c则应与声子的平均频率一致[10]。

在这种方法中，传统石墨烯材料中超导性的缺失，可以通过费米能量(ε_F)附近的电荷载流子密度低，以及缺乏对电子－声子耦合常数有基本影响的声子来解释。为了增强后者，必须增加导电电子的数量，使负责库珀对的声子光谱分数饱和。事实上，具有插入金属层的石墨在温度增加时表现出超导转变，除了电荷载流子数目的增加之外，还有频率接近第一布里渊区K点的准曲弦声子模式数目的增加[3,5,7,11]。在文献[7]中，证明了在薄的石墨烯纳米膜中，即具有“阶跃边缘”边界的双层和三层石墨烯中，电荷载流子和相应的声子数发生了类似的增加。

尽管在石墨烯和碳纳米薄膜中也进行了大量的实验和理论研究[13-15]，但电子－声子相互作用的性质尚不清楚。因此，详细分析碳纳米结构中的声子和电子性质以及不同缺陷的影响是实际中面临的问题。

12.1.1 石墨烯的电子光谱

石墨烯的二维晶体结构是由两个紧密堆叠的二维三角形亚晶格组成的复杂晶格，其取向使得一个亚晶格的原子(○和●)占据另一个晶格三角形的质心。

由于石墨烯特定的二维晶体结构，光谱分支在倒晶格空间的单个点(二维第一布里渊区的K点)重合。

从T点输出其他方向的特征在于光谱分支之间的有限间隙，在此处产生电子的线性色散，如石墨烯中额定$\varepsilon(K)=\varepsilon_F$点，$\varepsilon_F$态密度的V形奇点(图12.1(b)中曲线1)。

在零磁场中，石墨烯的电子光谱在紧束缚近似值(参见参考文献[16－17])和相应的哈密顿函数下得到了合理的描述，可写为

$$H=\sum_i \varepsilon_i |i\rangle\langle i| - \sum_{i,j} J_{ij} |i\rangle\langle j| \tag{12.1}$$

在内电子跳跃限制于最邻近的$\forall J_{ij}=J\approx 2.8\text{eV}$和$\forall \varepsilon_i=\varepsilon_F=3\text{J}$(指数$i$和$j$标记点)的情况下(参见参考文献[16])，哈密顿函数(式12.1)产生以下色散定律：

$$\varepsilon_0(k)=\pm J\sqrt{1+4\cos\left(k\cdot\frac{a_1-a_2}{2}\right)\left[\cos\left(k\cdot\frac{a_1+a_2}{2}\right)+\cos\left(k\cdot\frac{a_1-a_2}{2}\right)\right]} \tag{12.2}$$

对于k空间中的高对称方向，如图12.1(a)所示，费米能量为参考能量。

格林函数$\mathrm{Re}G(\varepsilon)$的实数部分在费米能级附近的行为，即$\varepsilon(K)=0$(图12.1(b)中的曲线2)表明，各种缺陷应该在该能级附近使电子激发局部化[5-6]。

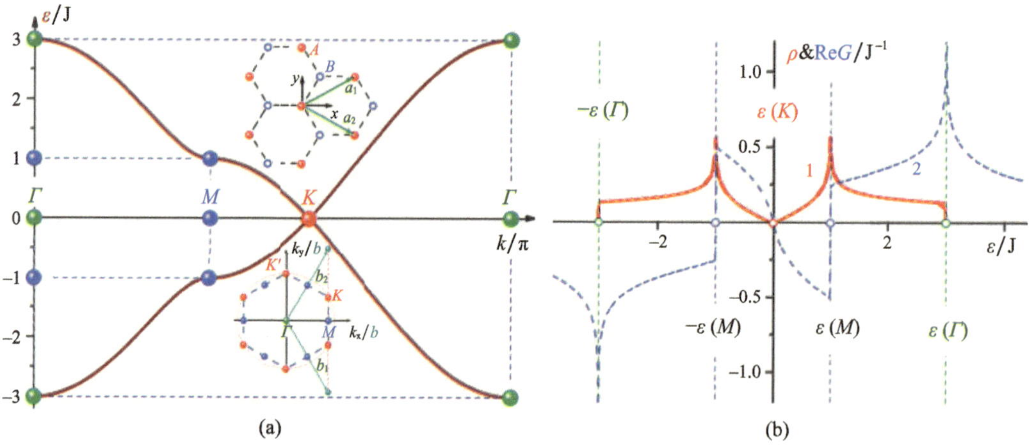

图 12.1 (a)石墨烯沿高对称方向的色散曲线。插图：单位晶格的选择和石墨烯第一布里渊区的构建。(b)石墨烯的态密度及其格林函数的实数部分(分别为曲线 1 和 2)。费米能量作为参考能量

事实上，准局域态的能量是由准局域态的 Lifshitz 方程[18]决定的(参见文献[19])。将该方程重写为

$$\mathrm{Re}\ G(\varepsilon)=S(\varepsilon,\hat{\Lambda}) \tag{12.3}$$

式中：运算符$\hat{\Lambda}$描述由效应和功能引起的扰动，$S(\varepsilon,\hat{\Lambda})$描述了其对准粒子谱的影响。因此，由于石墨烯纳米结构中出现了一些缺陷结构，使得石墨烯纳米结构在超导态的转变确实需要增大费米能级。

ε_{F}附近 $\mathrm{Re}\ G(\varepsilon)$的依赖行为(区间 $\varepsilon\in[\varepsilon(-M),\varepsilon(M)]$)证明了一类非常广泛的函数 $S(\varepsilon,\hat{\Lambda})$解(式(12.3))的存在性。因此，通过在这些纳米对象中产生某些缺陷结构，确实可以实现石墨烯纳米形成转变到超导状态所需的费米能级粒子数的增加。

12.1.2 石墨烯声子光谱的一般规定

石墨烯和由几个石墨烯单层组成的碳纳米薄膜的声子光谱和振动特性与电子光谱一样具有重要的实际应用价值。首先，石墨和石墨烯纳米膜的声子光谱具有许多有趣的独特特征：声子光谱带异常宽(因此石墨德拜温度约 2500K)，原子间相互作用的各向异性异常强(在石墨中，弹性模量之比C_{11}/C_{44}约为 300)。正因为如此，在非常宽的频率范围内，沿层和垂直于层的方向声子模(拟挠曲模)的极化实际上是独立的，以及长波区域准单频模式的非声色散规律，使得这些化合物的低温热力学特性具有“非德拜”特性。其次，同样重要的是，对声子光谱的分析和这些结构的原子位移均方振幅的计算使得有可能确定其动态稳定性，这在其合成和确定在其基础上产生的器件的操作条件中都具有必要性。

在大量关于纳米材料各种物理性质的基础和应用研究中，石墨烯纳米膜和石墨烯纳米管的研究无疑占有特殊的地位。尽管从实际的观点来看，这些结构的声子光谱和振动特性似乎不像一些其他准粒子激发的谱及其性质(如电子和磁性)那样相关，但显然不是这样。首先，声子光谱决定了结构的稳定性，这对纳米结构的形成尤为重要；其次，纳米对象所表现出来的许多性质，无论是目前已经实用并投入使用的性质，还是仍然正在研究的

性质(如石墨烯结构的超导电性),都是在声子的实质性甚至决定性的参与下所发生的。

另一个重要原因是对碳纳米结构的动态稳定性分析,这对于"微调"其合成过程和确定基于其构造的器件的工作条件具有必要性。

此外,对原子位移均方振幅的分析,使得当考虑石墨和碳纳米膜的振动时,可以澄清谐波近似的适用性极限,即利用声子和声子模态来描述这些概念的振动特性,这并非先验明显的。实际上,弹性模量C_{33}和C_{44}非常微小(表12.1),表明非谐振对这些化合物的振动特性至关重要。

表12.1 石墨弹性模量

参考文献	C_{11}	C_{66}	C_{33}	C_{44}	C_{13}
	TPa				
[20]	106 ±2	44 ±2	3.65 ±0.1	0.44 ±0.04	—
[21]	106	44	3.7	0.37 ±0.02	1.5

因此(如在自由条件下,并吸附在基底上),有必要通过对石墨声子光谱的研究,开始研究石墨烯和碳纳米膜的声子光谱和振动特性。注意,当通过实验研究时,石墨的振动特性非常好。

碳原子通过与石墨晶体中的石墨烯单层相同的范德瓦尔斯力相互作用与基底连接。这种相互作用仅涉及石墨烯声子光谱的最低频率区域(约2%)。其变化实际上不影响层平面中的原子间相互作用。

12.1.2.1 石墨晶体结构及其原子间力常数特征

强各向异性层状石墨晶体(图12.2)由石墨烯单层组成,其原子形成规则的六边形。这种二维晶格是由两个紧密堆叠的二维三角形亚晶格(○和●)组成的复晶格,一个亚晶格的原子占据另一个晶格的三角形质心。位于基面上的Bravais向量可选择为(图12.1(a))$\boldsymbol{r}_1=(a_0\sqrt{3}/2,a_0/2,0)$和$\boldsymbol{r}_2=(a_0\sqrt{3}/2,-a_0/2,0)$,其中,参数$a_0\approx 2.45$Å。晶格沿$c$轴的周期等于层间距离的2倍$\boldsymbol{r}_3=(0,0,c_0)$,其中,参数$c_0\approx 6.75$Å。因此,石墨的晶胞包含4个原子。

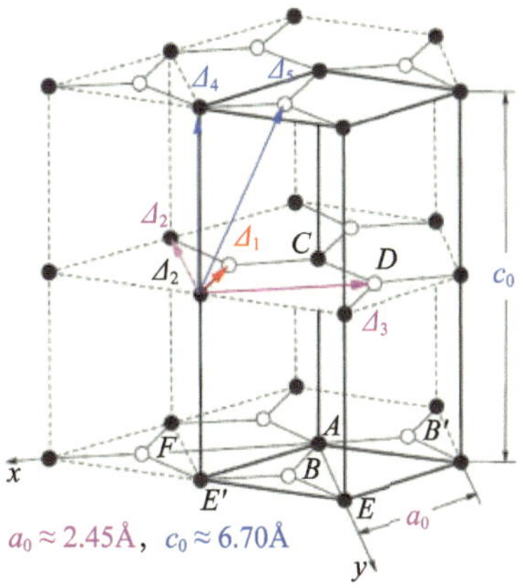

图12.2 考虑到相邻体之间相互作用的半径向量的石墨结构

注意,在石墨烯的二维晶格中,每个晶胞包含两个原子,属于不同亚晶格的原子在物理上是等价的。

对于不同亚晶格的原子，表征每个原子对声子态密度的影响的局部格林函数和振动特性是相同的（$G^{\circ}(\omega)=G^{\bullet}(\omega)$）。这种等效性在石墨晶格中破裂，因为每个亚晶格的层间相互作用不同。事实上，如图12.2所示，与基面不同的亚晶格的原子相对于相邻平面的原子排列不同，因此与其相互作用不同。亚晶格（•）的每个原子在其最近的层中具有来自同一亚晶格的两个相距一定距离$\Delta_4=c_0/2\approx3.35\text{Å}$的相邻原子和来自位于$\Delta_5=\sqrt{\Delta_4^2+\Delta_1^2}\approx3.64\text{Å}$的亚晶格（○）的6个相邻原子；亚晶格（○）的每个原子具有位于r_5距离处的12个相邻原子（6个来自亚晶格（•），6个来自亚晶格（○））。也就是说，存在于石墨晶格中的属于一个石墨烯单层的不同亚晶格的原子实际上是不等价的。与这些原子对应的局部格林函数以及由其确定的振动特性不同，例如，这些原子沿不同结晶方向的均方根是不同的。

原子间相互作用的强各向异性和石墨特有的其他性质是由于层中和相邻平面中的最近近邻之间距离的差异是相当大的，并且在不同结晶方向上的结合力是不同类型的。例如，位于$\Delta_1=a_0/\sqrt{3}\approx1.415\text{Å}$距离处的基面中最近的相邻原子之间的相互作用是共价类型的，而位于$\Delta_2=a_0$和$\Delta_3=2a_0/\sqrt{3}\approx2.83\text{Å}$距离处，以及$\Delta_4$和$\Delta_5$相邻层的原子之间的相互作用是范德瓦尔斯型的（基面中的第二和第三相邻）。此外，石墨具有金属导电性，这在一定程度上改变了原子间的相互作用，主要是最近的相邻原子之间的相互作用。由于石墨晶格中基面的坐标z和坐标x、y根据晶体点对称群D_{6h}的不同不可约表示形式进行变换，力常数矩阵可表示为

$$\begin{aligned}\Phi_{ik}(r,r')&=\Phi_{ik}(r-r')\equiv\Phi_{ik}(\Delta)\\&=-(1-\delta_{iz}\delta_{kz})\cdot\left[\alpha(\Delta)\cdot\frac{\Delta_i\Delta_k}{\Delta^2}-\beta_x(\Delta)\cdot\delta_{ik}\right]-\beta_z(\Delta)\cdot\delta_{iz}\delta_{kz}\end{aligned}\tag{12.4}$$

为了描述弱层间相互作用，自然要考虑位于最邻近层的原子的相互作用。对于基面（$\Delta=\Delta_1$）中的最近近邻，它们之间的相互作用由共价键和金属键的叠加决定，矩阵（式（12.4））将由三个参数表征。距离较远的近邻（$\Delta=\Delta_2,\Delta=\Delta_3,\Delta=\Delta_4$和$\Delta=\Delta_5$）之间的原子间相互作用可以假设为范德瓦尔斯力相互作用，可以用各向同性对势$\varphi(\Delta)=\varphi(\Delta)$来描述。相应的力常数矩阵可以用$\beta_x(\Delta)=\beta_z(\Delta)=\beta(\Delta)\equiv\varphi'(\Delta)/\Delta$和$\alpha(\Delta)\equiv\varphi''(\Delta)-\beta(\Delta)$表示（式（12.4））。

为了描述弱层间相互作用，不能仅限于相距Δ_4的原子之间的相互作用，在这种情况下，仅用非中心力确保对层整体剪切的反作用，因此起源的性质仍然不确定。相距Δ_5的原子之间的相互作用（超过Δ_4大约8%）将不仅允许解释非中心力的起源的性质，而且还允许表征层间距离的松弛和在石墨纳米膜形成时的层间相互作用，并且还包括层间非中心力的揭示。因此，自然地，在揭示一层原子之间的力相互作用时，考虑相互作用的第一个相邻原子，即相互作用的所有原子之间的相互作用比Δ_4更接近。此外，我们将看到，只有相邻层之间的相互作用不小于第三层，才能表征石墨烯层的抗弯刚度。抗弯刚度的存在对石墨晶体结构的稳定性起着至关重要的作用，主要表现为石墨晶体结构的振动特性。

因此，在提出的石墨晶格动态扬声器模型中，具有力常数的特征：原子之间有5个中

心相互作用和6个非中心相互作用。

12.1.2.2 各层的力常数和抗弯刚度

利用与晶体结构有关的弹性模量及其力常数矩阵的已知实验数据,可以得到5个力常数方程(参见文献[19]):

$$\begin{cases} c_{iklm} = \dfrac{1}{V_0}(b_{imkl} + b_{kmil} - b_{lmki}) \\ b_{iklm} = -\dfrac{1}{2}\sum\limits_{\Delta} \Phi_{ik}(\Delta) \cdot \Delta_l \cdot \Delta_m \end{cases} \tag{12.5}$$

弹性模张量与指数对排列的对称性或对称 Voigt 矩阵$C_{ik} = C_{ki}$的对称性条件是弹性理论方程中长波极限的过渡条件。由于基面上和沿 c 轴的坐标根据石墨的点对称群的不同不可约表示进行变换,因此$C_{13} = C_{31}$不能相同地满足,并提供了力常数的附加方程。

$$\beta_{1z} + 6\beta_2 + 4\beta_3 = \frac{2}{3\Delta_1^2}[\Delta_4^2\beta_4 - 9(\Delta_1^2 - \Delta_4^2)\beta_5] \tag{12.6}$$

通过确定沿着高对称晶体方向的声速,无论是声学实验(参考文献[20])还是中子[21]实验,都可靠地获得了5个弹性模块中的4个(C_{11}、C_{22}、C_{33}和C_{44})。石墨弹性模量的实验测定值如表12.1所示。

弹性模量C_{13}通过更复杂和不太精确的方法(例如,通过测量杨氏模量和泊松比)来确定。考虑到C_{13}的微小,导致其值的定义与值本身的顺序不同,使得几乎不可能用于确定力常数。

利用关系式(12.6),由式(12.5)得到石墨弹性模量的下列方程:

$$C_{11} = \frac{\sqrt{3}}{12\Delta_4}\left[3(\alpha_1 + 6\alpha_2 + 4\alpha_3) + 4(\beta_{1x} + 6\beta_2 + 4\beta_3) + 9\frac{\Delta_1^2}{\Delta_5^2}\alpha_5 + 12\beta_5\right] \tag{12.7}$$

$$C_{66} = \frac{\sqrt{3}}{12\Delta_4}\left[\alpha_1 + 6\alpha_2 + 4\alpha_3 + 4(\beta_{1x} + 6\beta_2 + 4\beta_3) + 3\frac{\Delta_1^2}{\Delta_5^2}\alpha_5 + 12\beta_5\right] \tag{12.8}$$

$$C_{33} = \frac{2r_4\sqrt{3}}{9\Delta_1^2}\left(\alpha_4 + 9\frac{\Delta_1^2}{\Delta_5^2}\alpha_5 + \beta_4 + 9\beta_5\right) \tag{12.9}$$

$$C_{44} = \Delta_4\sqrt{3}\left[\frac{\alpha_5}{\Delta_5^2} + \frac{2(\beta_4 + 9\beta_5)}{9\Delta_1^2}\right] \tag{12.10}$$

缺失的方程可由中子衍射数据[21]、拉曼散射数据[22]和非弹性X射线散射数据[23]得到。

在参考文献[21]中得到$\omega_{TO}(\Gamma)/2\pi \approx 1.44$THz和$\omega_{LO}(\Gamma)/2\pi \approx 3.76$THz,对应于文献[24]中获得的拉曼散射数据。因此,以下表达式对模型中的频率$\omega_{TO}(\Gamma)/2\pi \approx 1.44$和$\omega_{LO}(\Gamma)/2\pi \approx 3.76$有效(图12.3):

$$m\,\omega_{TO}^2(\Gamma) = Q + 2\beta_4 + 2T - \sqrt{(Q - 2\beta_4)^2 + (T - 2\beta_4)^2} \tag{12.11}$$

$$m\,\omega_{LO}^2(\Gamma) = G + 2F + R - \sqrt{(G - F)^2 + (F - R)^2} \tag{12.12}$$

式中:m为碳原子的质量。引入以下表示法:

$$\begin{cases} F \equiv 3\left(\dfrac{\Delta_4^2}{\Delta_5}\alpha_5 + 2\beta_5\right), G \equiv 2(\alpha_4 + \beta_4), Q \equiv 3\left(\dfrac{\alpha_1 + \alpha_2}{2} + \beta_{1x} + \beta_3\right) \\ T \equiv 3\left(\dfrac{\Delta_1^2}{\Delta_5}\alpha_5 + 2\beta_5\right), R \equiv -6\beta_2 - 12\beta_3 + \dfrac{2\Delta_4^2}{\Delta_1^2}\beta_4 + 9\cdot\dfrac{2\Delta_4^2 - \Delta_1^2}{\Delta_1^2}\beta_5 \end{cases} \tag{12.13}$$

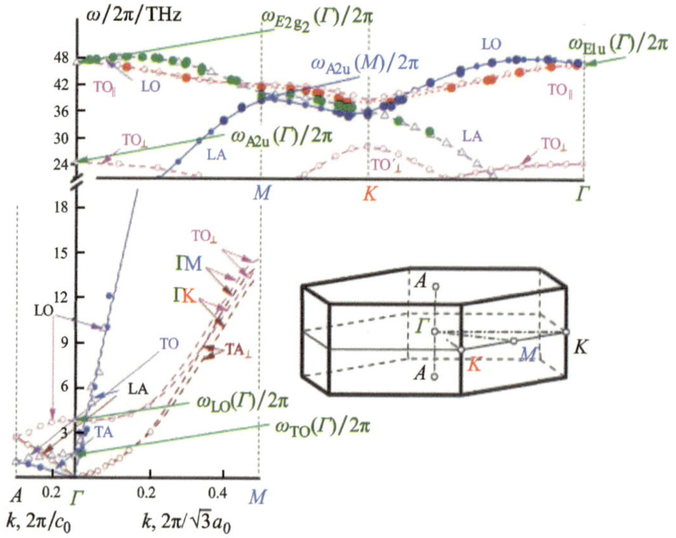

图 12.3 实验获得的石墨在倒晶格空间中沿高对称方向的色散曲线，即非弹性中子散射[21]和软X射线辐射的非弹性散射[23]。还显示了石墨的第一布里渊区，以及相应的高对称方向的名称

拉曼频率$\omega_{E2g2}/2\pi \approx 47.64$THz 与频率$\omega_{E1u}(\Gamma) \approx 22.6$THz 和$\omega_{A2u}/2\pi \approx 26.04$THz[22,24]在红外发射中的关系表现为

$$m\omega^2_{E2g2}(\Gamma) = Q + 2\beta_4 + 2T + \sqrt{(Q - 2\beta_4)^2 + (T - 2\beta_4)^2} \tag{12.14}$$

$$m\omega^2_{E1u}(\Gamma) = Q + T \tag{12.15}$$

$$m\omega^2_{A2u}(\Gamma) = 2(R + G) \tag{12.16}$$

力常数α_1、α_2和α_3在式(12.7)和式(12.8)中线性求和$\alpha_1 + 6\alpha_2 + 4\alpha_3$，在式(12.11)~式(12.13)中求和$\alpha_1 + \alpha_3$。这种不确定性可以通过使用参考文献[21,24]关于石墨布里渊区的点K和M处的面内偏振声振动的频率的数据来消除。所以，频率$\omega_{TA_{||}}(M)/2\pi \approx (22.35 \pm 5\%)$THz 和$\omega_{LA_{||}}(M)/2\pi \approx (39.7 \pm 5\%)$THz。在所考虑的模型框架内，有

$$m\omega_{TA_{||}}(M) = 4(\beta_{1z} + 2\beta_2) + 0(\alpha_4, \beta_4) \tag{12.17}$$

$$m\omega_{LA_{||}}(M) = 2\alpha_1 + 6\alpha_2 + 3\alpha_3 + 2\beta_{1x} + 8\beta_2 + 6\beta_3 + 0(\alpha_4, \beta_4) \tag{12.18}$$

因此，可以明确地得出和检查式(12.7)~式(12.15)中表征石墨原子之间相互作用的所有力常数的值。这些值[25]如表12.2所示。此外，使用$a_i \equiv a(\Delta_i)$和$\beta_i \equiv \beta(\Delta_i)$($i = 1 \div 5$)。

注意到，层平面中最近近邻的非中心相互作用超过了中心层间相互作用。这意味着非中心层间相互作用在沿c轴方向偏离平衡位置的原子上的返回力的形成中起主导作用。因此，β_{1x}和β_{1z}是正的，其对应于最近近邻的吸引力；β_2和β_3是负的，对应于将更远的原子反作用力。

乍一看似乎有些自相矛盾，事实说明了最近近邻之间的各种类型的相互作用(非常高但极度近距的共价键)和更远的原子之间的相互作用是范德瓦尔斯力。因此，描述其范德瓦尔斯相互作用的势的平衡值$r_0 \in (\Delta_4, \Delta_5)$，也即，基本上超过$\Delta_2$和$\Delta_3$。因此，在石墨烯层中，最近邻的相互作用是共价吸引，与第二和第三近邻的相互作用是范德瓦尔斯反作用

力。给定的环境在石墨烯单层抗弯刚度的形成中起关键作用,这反过来导致石墨和碳纳米膜的晶体结构的稳定性,并且由于弯曲波动的色散 $\omega(k)$ 的平方依赖性(参见图 12.3 的底部图片),导致所考虑的连接中具备低温振动热力学特性的非德拜行为。

弹性模量C_{33}和C_{44}与沿轴线 c 的位移有关,并定义沿给定方向延伸或极化的声音的速度,比弹性模量C_{11}和C_{66}小 30 ~ 300 倍,并且,定义在基本平面中延伸和极化的声音的速度[20-21]。因此,如果振动极化方向与 c 轴相同,则应该存在低频声音,而不是拟挠曲特性,则已经在低温下在给定方向上的原子的均方根位移将得到对应于晶体熔化的值。这已经是一个既定事实,即在室温下的薄膜石墨证明了给定的振动基本上由非中心原子间相互作用和在形成石墨晶格的石墨烯层中存在弹性压力来定义。

表 12.2　石墨力常数

	Δ				
	Δ_1	Δ_2	Δ_3	Δ_4	Δ_5
α/(N/m)	337.882	50.4759	19.647	2.5811	0.37061
β/(N/m)	β_x = 170.864 β_z = 96.3753	−10.1490	−8.661	−0.06537	0.035259

在从晶格动力学方程到弹性理论方程的极限转换后,得到沿 c 轴极化并在层状平面(即拟挠曲模式)中展开的声模的表达式:

$$\omega_3^2(k_x, k_y, 0) \approx \frac{C_{44}}{\rho} \cdot k^2 + \kappa^2 k^4 \tag{12.19}$$

其中弹性模量C_{44}由式(12.7)定义,ρ 为石墨密度,$k^2 = k_x^2 + k_y^2$。将表 12.2 中的参数值 β_i代入式(12.19),对于石墨烯层的抗弯刚度 κ,将得到

$$\kappa = \frac{a^2}{4} \cdot \sqrt{\frac{\beta_{1z} - 2\beta_3}{6m}} \approx 4.06 \times 10^{-7}\,\mathrm{m^2/c} \tag{12.20}$$

因此,式(12.19)将描述图 12.3 顶部图片上的准屈曲声子模式。

下面将对石墨的声子光谱和振动特性进行分析,并将其与石墨烯纳米薄膜的声子光谱和振动特性进行比较。

12.2 超薄石墨烯纳米膜的电子和声子光谱

12.2.1 非缺陷双层石墨烯的电子光谱

考虑一个理想的双层石墨烯电子光谱。与石墨烯单层相似,双层石墨烯中基层的蜂窝结构由碳紧密堆叠的三角形组成(图 12.4)。两个石墨烯单层通过范德瓦尔斯力相互作用耦合,类似于块状石墨。层间间距或膜厚 $h \approx 3.5$ Å。与具有两个物理等价原子(即相等的局部格林函数和局域态密度)的石墨晶胞相反,双层石墨烯的晶胞由 4 个原子组成,一层中不同的亚晶格与另一层中不同的亚晶格有不同的原子相互作用。因此,其物理等价性被破坏,而不同层的原子自然是等价的[12]。

与石墨烯类似,双层石墨烯的电子光谱可以在紧束缚近似内描述,即借助于汉密尔顿

函数(1)。假设类似于石墨烯,层内电子跳跃仅对于最近邻 $\forall J_{ij}=J\approx 2.8\text{eV}$ 是可能的(参见参考文献[16])。还假设层间电子跳跃仅在来自不同层的最近近邻之间,即相隔距离 h 的那些层之间是可能的。指定了相应的跳跃积分 J'。应当注意,这种相邻原子存在于与亚晶格 AⅠ和 AⅡ有关的一半双层石墨烯原子中(图 12.4)。

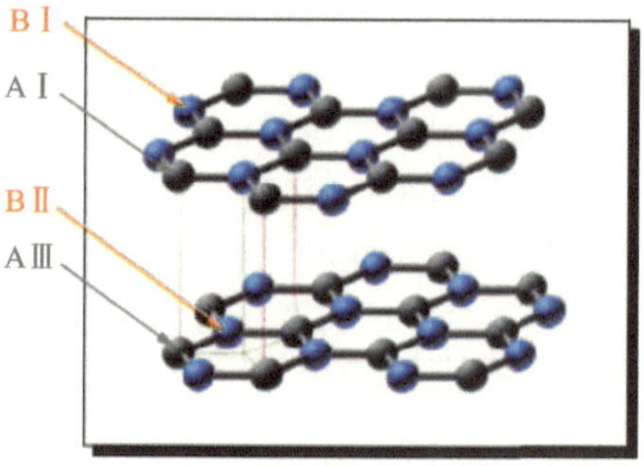

图 12.4 双层石墨烯结构

亚晶格 BⅠ和 BⅡ的原子没有这样的相邻原子,因为其来自相邻层的最近相邻原子被设置在 $\sqrt{h^2+a^2}$ 距离处。式中,$a\approx 1.415\text{Å}$ 平面内近邻分离。虽然它超过 h 不到 10%,但忽略了与亚晶格 BⅠ和 BⅡ的原子的相互作用,因为其不会定性地影响 ε_F 附近光谱特性的行为(参见文献[27-28])。

双层石墨烯单位晶格中的 4 个原子与其电子光谱的 4 个分支产生色散关系,记为

$$\begin{cases}\varepsilon_{1,2}(\boldsymbol{k})=\pm\sqrt{\varepsilon_0^2(\boldsymbol{k})+\dfrac{J'^2}{2}-J'\sqrt{\varepsilon_0^2(\boldsymbol{k})+\dfrac{J'^2}{4}}}\\ \varepsilon_{3,4}(\boldsymbol{k})=\pm\sqrt{\varepsilon_0^2(\boldsymbol{k})+\dfrac{J'^2}{2}+J'\sqrt{\varepsilon_0^2(\boldsymbol{k})+\dfrac{J'^2}{4}}}\end{cases}\tag{12.21}$$

式中:$\varepsilon_0(\boldsymbol{k})$ 函数由式(12.2)给出。在第一布里渊区的 K 点中,函数 $\varepsilon_{1,2}(\boldsymbol{k})$ 消失,与函数 $\varepsilon_{3,4}(\boldsymbol{k})$ 相反,这意味着在这些模式中,费米能级发生在能隙内。

$J'=0.1J$ 时,双层石墨烯沿高对称方向 ΓK、ΓM 和 KM 的色散曲线如图 12.5 所示。图中指出了第一个 BZ 的高对称点 Γ、M 和 K 的能量值(其位置见图 12.1(a)底部)。

$$\begin{cases}\varepsilon_{1,2}(\boldsymbol{K})=0\\ \varepsilon_{3,4}(\boldsymbol{K})=\pm J'\\ \varepsilon_{1,2}(\boldsymbol{M})=\pm\sqrt{J^2+J'^2/2-J'\sqrt{J^2+J'^2/4}}\\ \varepsilon_{3,4}(\boldsymbol{M})=\pm\sqrt{J^2+J'^2/2+J'\sqrt{J^2+J'^2/4}}\\ \varepsilon_{1,2}(\Gamma)=\pm\sqrt{9J^2+J'^2/2-J'\sqrt{9J^2+J'^2/4}}\\ \varepsilon_{3,4}(\Gamma)=\pm\sqrt{9J^2+J'^2/2+J'\sqrt{9J^2+J'^2/4}}\end{cases}\tag{12.22}$$

在插图中,K 点区域以放大比例显示。同一插图说明了石墨烯的色散关系(式(12.2))。可以清楚地看到石墨烯电子光谱的准相对论特性以及接近 K 点的色散曲线 $\varepsilon_{1,2}(\boldsymbol{k})$ 的准平方律运行。光谱分支 $\varepsilon_{3,4}(\boldsymbol{k})\notin(-J',J')$。

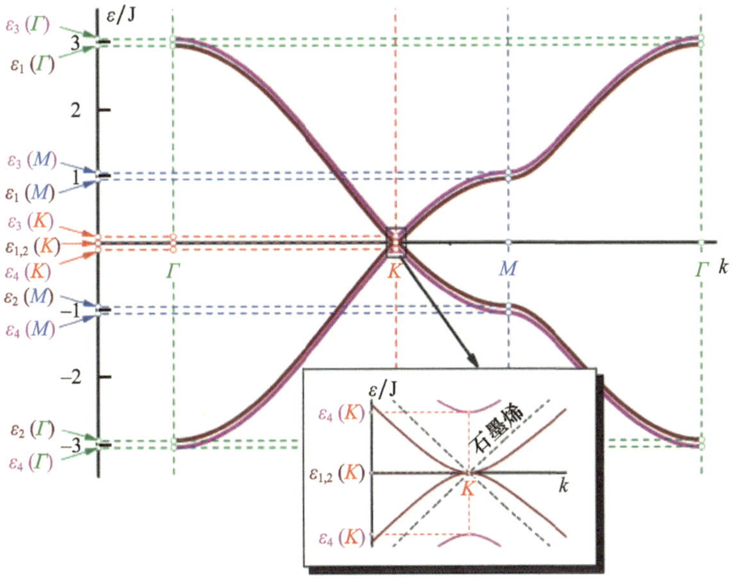

图 12.5 双层石墨烯沿高对称方向的色散

插图:第一个 BZ 的 K 点附近的放大区域;虚线为石墨烯。

事实上,$\boldsymbol{k}\in \Gamma K, \varepsilon_0(k) = \pm\left(1+2\cos\frac{ak\sqrt{3}}{2}\right)$,如果 $k=K+\kappa\ (\kappa\ll 1)$,则$\varepsilon_0(K+\kappa)\approx \mp\frac{3a\kappa}{2}$,得到符合线性(相对论)色散定律的结果。$\varepsilon_0(\boldsymbol{k})\ll J'$,双层石墨烯的 K 点附近电子模型$\varepsilon_{1,2}(\boldsymbol{k})$写为

$$
\begin{aligned}
\varepsilon_{1,2}^2(K+\kappa) &\approx \frac{J_1^2}{2}+\varepsilon_0^2(K+\kappa)-\sqrt{\left(\frac{J_1^2}{2}+\varepsilon_0^2(K+\kappa)\right)^2-\varepsilon_0^4(K+\kappa)} \\
&\approx \frac{J_1^2}{2}+\varepsilon_0^2(K+\kappa)-\left[\frac{J_1^2}{2}+\varepsilon_0^2(K+\kappa)\right]\cdot\left\{1-\frac{\varepsilon_0^4(K+\kappa)}{2\,[J_1^2/2+\varepsilon_0^2(K+\kappa)]^2}\right\} \\
&= \frac{\varepsilon_0^4(K+\kappa)}{J_1^2+2\,\varepsilon_0^2(K+\kappa)} \approx \frac{81\,J^4a^4\kappa^4}{16\,J_1^2}
\end{aligned}
\tag{12.23}
$$

由此得到色散的平凡平方律:

$$
\varepsilon_{1,2}(K+\kappa)\approx \pm\left[\frac{9\,J^2a^2\kappa^2}{4\,J_1}-O(\kappa^2)\right] \tag{12.24}
$$

对于考虑的分支,有效电子质量由方程 $\varepsilon=(\hbar\kappa)^2/2\,m^*$ 导出,近乎等于

$$
m^* = \frac{2\,\hbar^2 J'}{9\,J^2a^2} \tag{12.25}
$$

对于所考虑的 $J'=0.1J$,有效电子质量为$m^*\approx 2.75\times 10^{-32}$kg;在 $J'\to J$,接近于自由电子质量的数量级($m_e\approx 9\times 11^{-31}$kg)。当$m^*\approx J'$,层间跳跃积分变化,可以改变载流子有效质量的数量级。

应当注意,尽管从双层石墨烯到两个非相互作用的石墨烯单层膜的边界转换 $J'\to 0$ 和有效质量$m^*\to 0$,由假设$\varepsilon_0(k)\ll J'$可获知,式(12.24)和式(12.25)在此处变得无效。

ε_F附近能量的电子态密度仅由分支ε_1和ε_2决定（电子模型ε_3和ε_4在该范围内形成缺口），式(12.3)得出$g_1(\varepsilon)=g_2(-\varepsilon)$，则

$$g(\varepsilon)=\frac{\sum_0}{(2\pi)^2}\oint_{\varepsilon(\kappa)=\varepsilon}\frac{\mathrm{d}\,l_{1,2}}{|\partial\,\varepsilon_{1,2}/\partial\kappa|} \tag{12.26}$$

式中：$\sum_0=3a^2\sqrt{3}/2$为布拉菲(Bravais)晶格的交叉平方。在闭合的等能线$\varepsilon(\kappa)=\varepsilon$上进行积分。在$\varepsilon=0$（费米能级），线涂抹到点和$\varepsilon_F$附近积分的圆周轮廓。利用式(12.26)，可以写出

$$g_{1,2}(\varepsilon_F)=\lim_{\varepsilon\to\varepsilon_F}\frac{\sum_0}{(2\pi)^2}\int_0^{2\pi}\frac{\kappa\mathrm{d}\varphi}{|\partial\,\varepsilon_{1,2}/\partial\kappa|}=\frac{J'}{2\pi J^2\sqrt{3}}=\text{const} \tag{12.27}$$

这意味着在$\varepsilon=0$时，态密度有一个有限的恒定值。此外，根据式(12.27)，在费米能附近，态密度是解析函数，最小值在$\varepsilon=0$处接近ε_F处的$g(\varepsilon)\sim\varepsilon^2$。

积分电子态密度可以用两个LDOS $\rho_s(\varepsilon)$的算术平均值来描述，适用于来自亚晶格A和B的原子（这由上述与不同双格层有关的原子的物理等价性得出）$\rho_{A\mathrm{I}}(\varepsilon)=\rho_{A\mathrm{II}}(\varepsilon)\equiv\rho_A(\varepsilon)$，$\rho_{B\mathrm{I}}(\varepsilon)=\rho_{B\mathrm{II}}(\varepsilon)\equiv\rho_B(\varepsilon)$，$g(\varepsilon)=[\rho_A(\varepsilon)+\rho_B(\varepsilon)]/2$。每个理想的亚晶格LDOS可以表示为

$$\rho_s(\varepsilon_F)\approx\frac{\sum_0}{(2\pi)^2}\sum_{\alpha=1}^{q}\int_{\varepsilon(k)=\varepsilon}\frac{|\psi_s(\alpha,k)|^2}{\nabla_k\,\varepsilon_\alpha(k)}\mathrm{d}\,l_\alpha \tag{12.28}$$

式中：下标s和α分别为亚晶格和分支；$\psi_s(\alpha,k)$为每个亚晶格原子的平均本征函数。通过雅可比矩阵技术[29-31]对每个双层石墨烯亚晶格计算的局域态密度如图12.6所示。

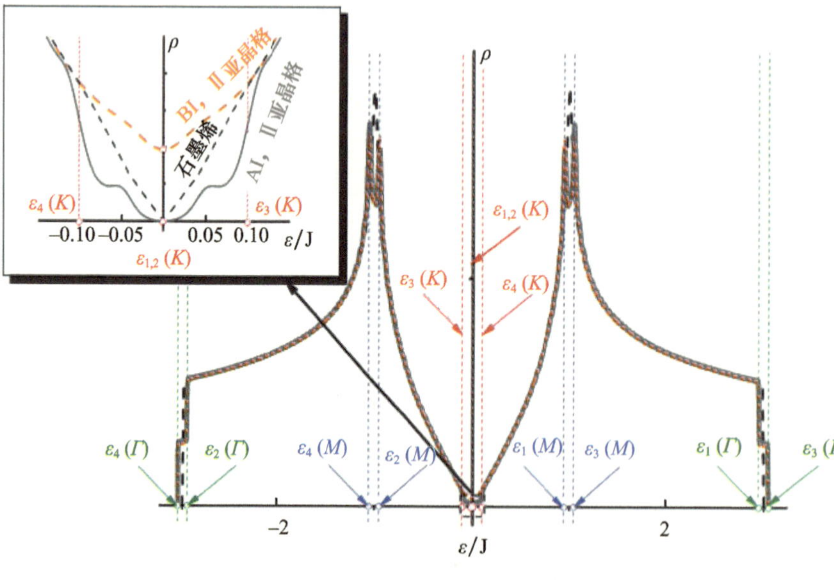

图12.6 （彩色线条）属于双层石墨烯不同晶格的原子的局域态密度；虚线为态密度石墨烯（用于比较）

在此处的计算中使用雅可比矩阵技术，是因为它能有效地找到这些特征，并且没有明确地使用平移晶格对称性，当这种对称性被破坏时，对于谱计算是至关重要的。

在对应于第一布里渊区的Γ和M点能量值处的二维范霍夫奇点清楚地显示在

图12.6中。插图显示了ε_F附近能量范围的放大比例下的相同密度。结果表明,在费米能级附近,局域态密度和积分态密度是解析的,并且对能量的依赖性是足够非线性的(与插图中用于比较的石墨烯的态密度相反)。此外,与$\rho_A(\varepsilon)$和积分态密度相反,局域态密度$\rho_A(\varepsilon)$在$\varepsilon \to 0$处消失。值得注意的是,在$\varepsilon = 0$附近,依赖性$\rho_A(\varepsilon)$非常平稳,比$\rho_B(\varepsilon)$平稳得多,亚晶格原子的能谱行为是一个类似间隙的行为。

实际上,用方程中的零本征值代替汉密尔顿函数的本征函数(式(12.1)),得到$\psi_{A\,I} \sim \psi_{A\,II} = O(\kappa^2)$和$\psi_{B\,I} \sim \psi_{B\,II} \sim 1$。然后,在费米能级,$\rho_A(\varepsilon) \sim \varepsilon^2 \rho_B(\varepsilon)$。$\varepsilon = \pm 0.1J = \pm J'$时,两个局域态密度中的特征都归因于$\varepsilon_{3,4}$模型的影响。对于后者,间隔$\varepsilon \in [-J', J']$为缺口,以及$\varepsilon = \pm 0.05J$的特征是由等频线的各向异性引起的,这些各向异性从这些能量值开始变得明显。

注意到,通过分析倒晶格空间中的色散律和特征函数的行为,得到了与图12.6所示结果完全一致的分析结果,这些结果是通过雅可比矩阵[29,31]的方法数值获得的,即没有找到逆空间中的色散律和特征函数。

12.2.2 石墨烯纳米膜声子光谱与振动特性

12.2.2.1 纳米膜形成过程中的重构与弛豫

当考虑石墨超薄膜的原子动力学时,注意到自由石墨烯单层的平面形式是不稳定的,因为即使在$T = 0$时,原子在垂直于层的方向上的均方根位移也是对数发散的。因此,在本节中,分析了由两层和三层石墨烯单层组成的薄膜中的声子光谱和振动的根均方振幅。

在前面的章节中已经表明,在由弱结合石墨烯单层组成的石墨中,层间相互作用既涉及中心力,也涉及非中心力。这将石墨与其他由弱结合碎片形成的层状晶体区别开来,只包含很少的单层膜(例如,过渡金属二硫醇化合物[32])。因此,在石墨中,表面形成不能在Lifshits - Rozentsveig模型[33]的范围内描述,而是以表面重构和表面弛豫为特征。也很自然地假设层间键的断裂,即弱的范德瓦尔斯力相互作用,不应改变石墨烯层中原子之间的距离和表征层内相互作用的力常数。表面重构和弛豫仅被简化为层间距离和力常数α_4、β_4、α_5和β_5的变化,以及表征层间相互作用。

$\sigma_{iz} n_z = 0$条件的满足导致层的平坦形式以及与条件相同的力常数和晶格参数之间的$C_{13} = C_{31}$关系。对于由N个单层组成的薄膜的情况,所提到的条件可以写成

$$\beta_{1z} + 6\beta_2 + 4\beta_3 = \frac{N}{N-1} \cdot \frac{2}{3\Delta_2^2}[\Delta_4^2 \beta_4 - 9(\Delta_1^2 - \Delta_4^2)\beta_5] \tag{12.29}$$

距离Δ_4和Δ_5在石墨的晶格中相差小于8%。因此,两者都不能是描述层间范德瓦尔斯力相互作用的对势平衡距离。平衡距离r_0介于两个值之间:$\Delta_4 < r_0 < \Delta_5$。沿着$c$轴谐波原子振动的振幅的数量级小的距离差$\Delta_4$和来自$r_0$的$\Delta_4$使得通过Lennard - Jones势描述层间范德瓦尔斯力相互作用成为可能(参见参考文献[19]):

$$\varphi_{\perp}(r) = \varphi_{L-J}(r) = 4\varepsilon\left(\left(\frac{\sigma}{r}\right)^{12} - \left(\frac{\sigma}{r}\right)^{6}\right) \tag{12.30}$$

该电势的参数可以从12.1节中获得的力常数α_4、β_4、α_5和β_5确定:$\sigma \equiv r_0/\sqrt[6]{2} \approx 3.092\text{Å}$,$\varepsilon \approx 152.3\text{K}$。

从式(12.29)和式(12.30)开始,对于所考虑的石墨薄膜,很容易找到层间距离$\tilde{\Delta}_4$和

描述这些对象中的层间相互作用的力常数$\tilde{\alpha}_4$、$\tilde{\beta}_4$、$\tilde{\alpha}_5$和$\tilde{\beta}_5$。

双层膜(双层石墨烯)$\tilde{\Delta}_4 \approx 3.636$Å,$\tilde{\alpha}_4 \approx 372.8 \times 10^{-3}$ N/m,$\tilde{\beta}_4 \approx 35.1 \times 10^{-3}$ N/m,$\tilde{\Delta}_5 \equiv \sqrt{\tilde{\Delta}_4^2 + \Delta_1^2} \approx 3.902$Å,$\tilde{\alpha}_5 \approx -87.44 \times 10^{-3}$N/m,$\tilde{\beta}_5 \approx 41.43 \times 10^{-3}$ N/m

三层膜(三层石墨烯):$\tilde{\Delta}_4 \approx 3.453$Å,$\tilde{\alpha}_4 \approx 1585.10 \times 10^{-3}$ N/m,$\tilde{\beta}_4 \approx -15.34 \times 10^{-3}$ N/m,$\tilde{\Delta}_5 \approx 3.713$Å,$\tilde{\alpha}_5 \approx 162.60 \times 10^{-3}$ N/m,$\tilde{\beta}_5 \approx 40.66 \times 10^{-3}$ N/m

12.2.2.2 原子位移谱密度和均方振幅

用雅可比矩阵[29-31]计算了前一节提出的石墨晶格模型的声子态密度 $g(\omega)$ 和对应于亚晶格 s 表面原子沿结晶方向 i 的位移的谱密度$\rho_i^{(s)}(\omega)$。

如文献[34]所述,在强各向异性层状晶体中,沿强键和弱键方向极化的振动模式的相互作用和弱层间相互作用和强层内相互作用的平方比成正比。在石墨中,比例是$(C_{33}/C_{11})^2 \approx 10^{-3}$。因此,对于频率 $\omega > \omega_{\mathrm{TO}}(\Gamma)$,当在层平面中极化的振动分支的等频面沿 c 轴打开时,声子光谱获得实际的二维特征,并且函数$\rho_{\mathrm{ab}}(\omega)$和$\rho_{\mathrm{c}}(\omega)$是在层平面中和垂直于层平面方向上独立原子振动的石墨烯单层的声子态密度。

图 12.7 表示块状石墨声子态密度 $g(\omega)$ - 顶部插图的计算结果,并显示了基面中原子位移对 $g(\omega)$的部分影响。

$$\rho_{\mathrm{ab}}(\omega) = \frac{1}{6}[\rho_{\mathrm{a}}^{(\circ)}(\omega) + \rho_{\mathrm{a}}^{(\bullet)}(\omega) + \rho_{\mathrm{b}}^{(\circ)}(\omega) + \rho_{\mathrm{b}}^{(\bullet)}(\omega)] \tag{12.31}$$

以及沿 c 轴的位移。

$$\rho_{\mathrm{c}}(\omega) = \frac{1}{6}[\rho_{\mathrm{c}}^{(\circ)}(\omega) + \rho_{\mathrm{c}}^{(\bullet)}(\omega)] \tag{12.32}$$

谱密度$\rho_i^{(s)}(\omega)$归一化为单位,$g(\omega) = \rho_{\mathrm{ab}}(\omega) + \rho_{\mathrm{c}}(\omega)$。

在理想晶格中,每单位归一化的谱密度$\rho_i^{(s)}(\omega)$满足以下关系式:

$$\rho_i^{(s)}(\omega) = \frac{V_0}{(2\pi)^3}\sum_{\sigma=1}^{3q}\oint_{\omega_\sigma(k)=\omega}\frac{|\boldsymbol{e}_i^{(s)}(k,\sigma)|^2}{|\nabla_k\,\omega_\sigma(k)|}\mathrm{d}S_{k,\sigma} \tag{12.33}$$

其中V_0和 q 是晶胞体积和每晶胞的原子数,指数 σ 列举振动模式,$\boldsymbol{e}^{(s)}(k,\sigma)$是极化向量,并且积分在倒晶格空间中的等频面上延伸。声子态密度 $g(\omega)$由下式给出

$$g(\omega) = \frac{V_0}{(2\pi)^3}\sum_{\sigma=1}^{3q}\oint_{\omega_\sigma(k)=\omega}\frac{\mathrm{d}S_{k,\sigma}}{|\nabla_k\omega_\sigma(k)|} = \frac{1}{3q}\sum_{i=1}^{3}\sum_{s=1}^{q}\rho_i^{(s)}(\omega) \tag{12.34}$$

函数$\rho_{\mathrm{ab}}(\omega)$(图 12.7(b)和(c))在 $\omega = \omega_{\mathrm{TO}}(\Gamma)$处包含一个拐点,即一个奇点,类似于三维范霍夫奇点,对应于从低频态密度的二次相关性(晶格的特征)到二维晶格的线性相关性的转变。该函数中的其他范霍夫奇点具有二维结构所特有的对数形式。等频面 $\omega > \omega_{\mathrm{TO}}(\Gamma)$是圆柱形的,可以看作是二维倒晶格空间中的等频线。对数范霍夫奇点对应于这些等频线拓扑的变化率。

函数$\rho_{\mathrm{c}}(\omega)$(图 12.7(d)和(e))获取二维特征 $\omega > \omega_{\mathrm{LO}}(\Gamma)$。其形式对应于二维标量模型的态密度,即在密度方面,类似于石墨烯的电子态密度(见文献[35-36])。所以,函数$\rho_{\mathrm{c}}(\omega)$包含一个奇点,类似于石墨烯电子态密度中的狄拉克奇点。这个奇点同样对应于布里渊区的 K 点。

图 12.7 中的曲线 2 显示了双层石墨烯的声子态密度(图 12.7(a)),以及沿层(在

图 12.7(b)和(c)中)和垂直于层的方向(在图 12.7(d)和(e)中)的原子位移对它们的影响。

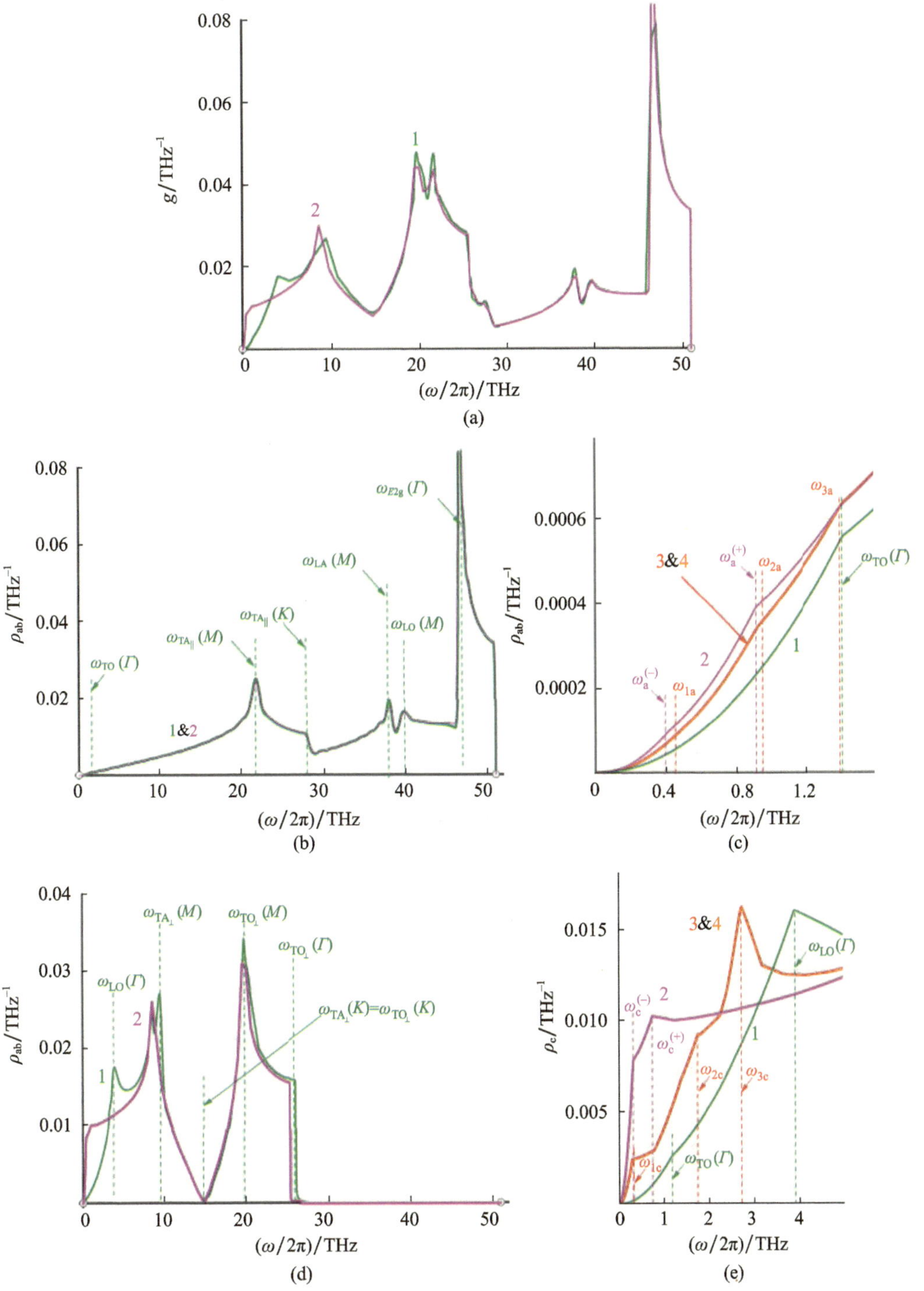

图 12.7　大块石墨和双层石墨烯的声子密度(图(a)分别为曲线 1 和曲线 2),以及原子沿基平面(图(b)和(c))和沿 c 轴(图(d)和(e))的位移的影响。在图(c)和(e)中,显示了三层石墨烯的相应依赖性(曲线 3:ABA 堆叠,曲线 4:ABC 堆叠)

显然，在宽频率范围 $\omega > \omega_{LO}(\Gamma)$ 内，膜和块状样品的态密度实际上是相同的。在石墨的声子光谱表现出三维行为，且在层平面内和垂直于层的方向上极化的振动模式之间的相互作用相当强的频率区间内，观察到双层石墨烯和块状样品的谐振谱密度的行为有明显的差异。

在双层石墨烯中，与沿 c 轴传播的横向声子模 TA 和 TO 不同的是，将存在两个离散能级，对应于基面中和沿 c 轴的层的同相和反相位移。这些电平的频率在图 12.7(c)和(e)中分别表示为 $\omega_a^{(-)}$ 和 $\omega_a^{(+)}$。频率 $\omega_a^{(+)}$ 和 $\omega_c^{(+)}$ 对应于与频率相同的原子位移，而频率 $\omega_{TO}(\Gamma)$ 和 $\omega_{LO}(\Gamma)$ 在块状样品中。$\omega_a^{(+)}$ 和 $\omega_c^{(+)}$ 的值与 $\omega_{TO}(\Gamma)$ 和 $\omega_{LO}(\Gamma)$ 相比有所减少，这是由于表面弛豫所导致。如图 12.7(c)所示，双层石墨烯的谱密度 $\rho_c(\omega)$ 在 $\omega = \omega_a^{(-)}$ 和 $\omega = \omega_a^{(+)}$ 处显示拐点。当 $\omega > \omega_a^{(+)}$ 时，谱密度获得二维形式（$\rho_{ab}(\omega) \sim \omega$）。如图 12.7(e)所示，双层石墨烯的谱密度 $\rho_c(\omega)$ 在 $\omega = \omega_c^{(-)}$ 和 $\omega = \omega_c^{(+)}$ 处显示拐点。当 $\omega \geqslant \omega_c^{(+)}$ 时，谱密度的形式与在平面上传播的弯曲波的形式相对应（$\rho_c(\omega) \to \text{const}$）。

在具有多个石墨烯层的堆叠中，两个相邻层的相对位置允许第三层有两个不同的方向。如果我们把前两个原子的位置标记为 A 和 B，第三层可以是 A 型，导致序列为 ABA，或者可以填充与 A 和 B 不同的第三个位置，即 C。不再存在可以放置新层的非等价位置，使得可以根据这些取向来描述更厚的叠层。在不同类型的石墨中也观察到具有 ABC 堆叠（菱形堆叠）的区域。

ABC 堆叠在其晶胞中不是 4 个原子（如 ABA），而是 8 个原子，因此，其声子光谱包含多于 2 倍的分支。这种情况表明在低频区声子密度的行为有明显的差异。自然地，这种差异只能在低于第一范霍夫特性的频率处表现出来，对应于沿 c 轴从闭合等频面到开放等频面的过渡。这也表现在低温下振动热力学性能的温度依赖性中。研究碳纳米薄膜的结构对声子光谱和振动性能的影响具有特别重要的意义。

图 12.7(c)和(e)显示了 ABA 堆叠和 ABC 堆叠的三层石墨烯沿不同结晶方向的原子位移对应的谱密度（曲线 3：ABA，曲线 4：ABC）。

可以观察到：

(1) $\rho_c(\omega)$ 转变为谱密度的准二维行为的频率（对于块状石墨，第一范霍夫特性的频率）随着层数的减少而降低，但 $\rho_{ab}(\omega)$ 实际上不会改变。

(2) 对于谱密度 $\rho_{ab}(\omega)$，准二维行为导致 $\rho_{ab}(\omega) \sim \omega$，即表现出二维德拜特征。在长波极限下，谱密度 $\rho_c(\omega)$ 与具有二次色散关系的拟挠曲模式的态密度相当，并接近一个恒定值，该值与层的抗弯刚度成反比。

(3) 在频率低于纳米膜向准二维行为跃迁频率的谱密度下，由于声子沿 c 轴的波向量向离散能级的转换，出现了额外的奇点。

(4) AB 堆叠和 ABC 堆叠的三层石墨烯谱密度 $\rho_{ab}(\omega)$ 和 $\rho_c(\omega)$ 之间没有本质区别（图 12.7(c)和(e)）。

注意，如果随着频率接近零，谱密度不收敛到零，那么即使在零温度下，原子的均方位移也会发散。这种情况导致线性链和平坦单层的不稳定性。从图 12.7 可以明显看出，甚至在非常低的频率（$\omega \geqslant \omega_c^{(+)}$）下，石墨烯纳米薄膜（特别是双层石墨烯）的 $\rho_c(\omega)$ 也微弱地依赖于 ω，这可能导致原子在垂直于层的方向上有较大的均方位移。因此，使人对双层石墨烯的晶格稳定性和使用调和方法描述晶格振动的适用性产生了疑问。在图 12.9 中，给出了双层石墨烯、三层石墨烯和块状石墨沿层和垂直方向的原子位移均方振幅的温度依赖性。

原子 s 沿着结晶方向 i 的均方振幅原子位移用谱密度$\rho_i^{(s)}(\omega)$表示为[19,26]

$$\langle |u_i^{(s)}|\rangle_T \equiv \sqrt{\langle (u_i^{(s)})^2\rangle_T},\langle (u_i^{(s)})^2\rangle_T = \frac{\hbar}{2m_s}\int_D \frac{d\omega}{\omega}\cdot \mathrm{cth}\left(\frac{\hbar\omega}{2kT}\right)\cdot \rho_i^{(s)}(\omega) \tag{12.35}$$

注意到，在石墨中，通过谱密度$\rho_{ab}(\omega)$计算的室温下沿弱耦合方向（图 12.8）的原子振动的均方振幅约为 0.12Å，约为相应原子间距离的 3%。因此，用谐波法计算石墨的振动性能完全合理。

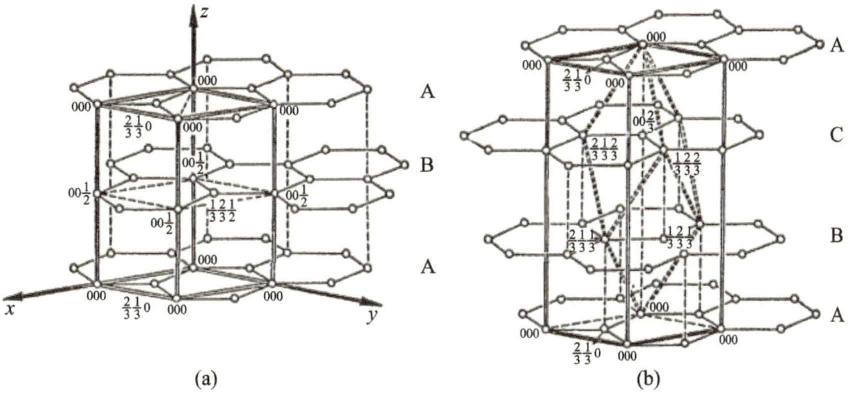

图 12.8　石墨的晶格

(a) ABAB 堆叠；(b) ABC 堆叠[22]。

从图 12.9 可以明显看出，沿石墨烯层的原子位移振幅实际上与样品的厚度无关。原子沿 c 轴的位移的均方振幅随薄膜厚度的减小而强烈增大。因此，三层石墨烯中心层中原子的横向振动的室温振幅（曲线 $3c'$）是块状样品（曲线∞c）相应值的 2 倍。曲线 $3c$（三层石墨烯中的表面层中的原子）和 $2c$（双层石墨烯中的原子）移动到甚至更高的值。在图 12.9 中，水平线标记了 $T=3000$K 时块状石墨中沿 c 轴的原子振动的均方振幅。该温度比石墨的熔化温度低大约 1000K，$T_{me}\approx(3800\pm50)$K。因此，在 $T=3000$K 时，石墨的晶格具有足够的稳定裕度。由于在室温下，双层石墨烯和三层石墨烯的原子振动的均方振幅值明显低于虚线，因此双层石墨烯和三层石墨烯在室温下具有足够的稳定裕度。

在同一图中，显示了“阶跃表面”型缺陷内原子的均方振幅的温度依赖性，下一节将详细讨论。图 12.9 给出了这种缺陷的两种基本结构（锯齿形和扶手椅形）的依赖关系$\langle |u_i^{(s)}|\rangle$，表明这种缺陷在 500K 以下具有稳定性。

需要注意的是，石墨烯单层不能以平面二维结构的自由状态存在，因为在那种情况下存在层平面中极化的体声子模式和弯曲模式的完全分裂。因此，具有色散定律 $\omega=\kappa k^2$（$C_{44}=0$ 式（12.19））的弯曲模式的谱密度甚至也会导致均方位移在 $T=0$ 时发散。因此，石墨烯单层只有吸附在一定的基底上才能以平面形状存在。为了研究石墨烯单层的电子光谱，通常使用介电基底，其中基底原子与碳原子之间的键存在范德瓦尔斯力作用。基底对石墨烯声子光谱的影响表现为纵模与拟挠曲型的交织，然后将采取其通常的形式（式（12.19））。因此，给定异质结构的声子光谱实际上对应于石墨烯单层的声子光谱，并

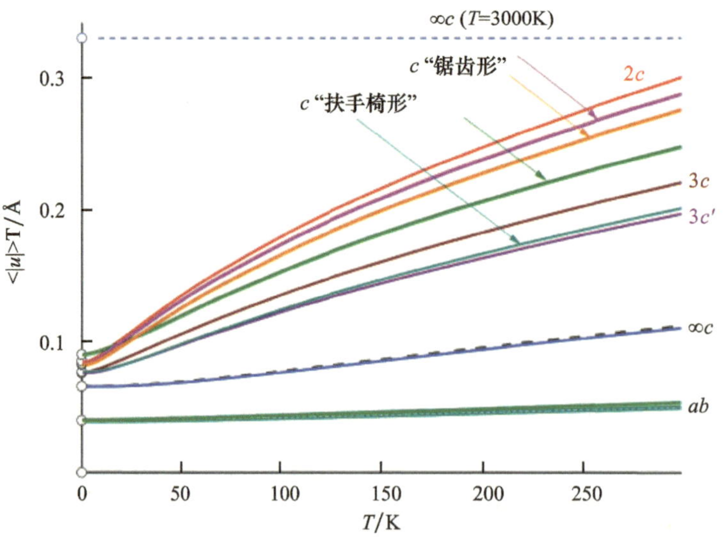

图 12.9 双层石墨烯和三层石墨烯中沿着不同结晶方向的原子位移均方振幅的温度依赖性，和双层石墨烯-三层石墨烯"锯齿形"和"扶手椅形"交错的不同配置

且基本上不会与纵模$\omega_{TO}(\Gamma)$和拟挠曲模$\omega_{LO}(\Gamma)$有本质不同。在频率超出ω_{TO}和ω_{LO}时，基底对石墨烯单层声子光谱的影响几乎消失。

12.2.2.3 石墨和石墨烯纳米膜的声子热容量："非德拜"行为

低温热容的实验研究是关于准粒子激发，特别是声子光谱的重要而可靠的信息来源。热量计实验通常是非常精确的，并且与大多数光学和超声实验不同，不需要高质量的单晶。

从实验数据[21,23]和上面给出的计算都可以明显看出，石墨和碳纳米薄膜的声子光谱带非常宽。计算的石墨的德拜温度约为2500K，因此，声子热容随温度的增加比随大多数固体的增加慢得多。在室温下，声子热容仍远未饱和，并且电子对总热容的影响不能被认为小到可以忽略(与声子影响相比)。因此，在微观计算的基础上，分析石墨和碳纳米膜声子热容的温度依赖性，对于正确解释热量计测量是非常必要的。

所有原子都有三个自由度的系统的摩尔等容声子热容$C_V(T)$的温度依赖性由其声子密度$g(\omega)$描述，如下所示(参见文献[19])：

$$C_V(T) = 3R\cdot\int_D\left(\frac{\hbar\omega}{2k_BT}\right)^2\cdot\sinh^{-2}\left(\frac{\hbar\omega}{2k_BT}\right)g(\omega)\,d\omega \qquad (12.36)$$

式中：k_B为玻耳兹曼常数；$R\equiv N_Ak_B$为气体常数(N_A为阿伏加德罗数)。

通常，在解释低温下声子热容的温度依赖性时，假设对声子热容的主要影响来自具有声色散关系$\omega(k)=sk$的长波低频声子，式中s取决于声音传播方向和极化的声速。对于这样的声子，态密度有一种德拜形式：

$$g^{(q)}(\omega) = \frac{q\omega^{q-1}}{[\omega_D^{(q)}]^q} \qquad (12.37)$$

式中：q为晶格的维数(自由度数)；ω_D为通过所有方向和极化平均的德拜频率。声子热容由下列表达式给出

$$C_D(T)=qR\left\{D_q\left(\frac{\Theta_D^{(q)}}{T}\right)-\frac{\Theta_D^{(q)}}{T}D'_q\left(\frac{\Theta_D^{(q)}}{T}\right)\right\} \tag{12.38}$$

式中：$\Theta_D^{(q)}\equiv\hbar\omega_D^{(q)}/k_B$，$D_q\left(\frac{\Theta_D^{(q)}}{T}\right)$即德拜函数

$$D_q(x)\equiv\frac{q}{x^3}\int_0^x\frac{z^q\mathrm{d}z}{e^z-1} \tag{12.39}$$

在文献中，通常使 $q=3$，参见例如文献[37]。

图12.10显示了石墨、三层石墨烯和双层石墨烯的温度依赖性 $C_V(T)$，使用图12.7所示的谱密度通过式(12.36)计算。我们使用与图12.7相同的名称(曲线编号、颜色)。除了总热容，可以看到沿石墨烯层 $C_V^{(ab)}(T)$ 和在垂直于层的方向上 $C_V^{(c)}(T)$ 的原子位移对热容的影响。在石墨和双层石墨烯中，每一层的影响相等，而在三层石墨烯中，内层和外层的影响不同。图12.10还表明，由于垂直于层的原子振动，声子热容量层数的减少增加了基本生长，并且检测到不同结构的三层石墨烯的比热声子行为存在明显差异。

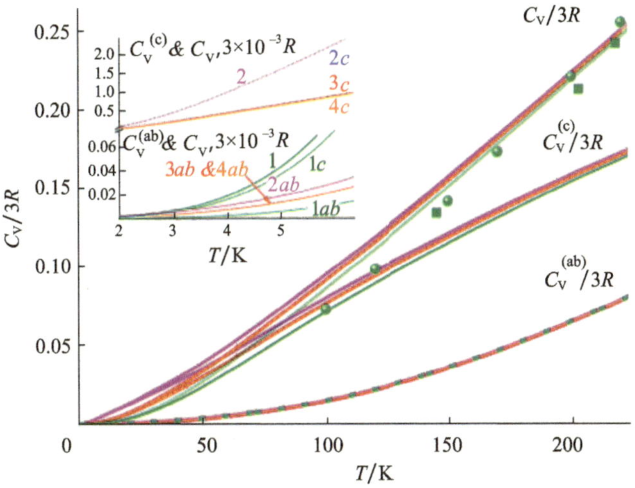

图12.10 热容的温度依赖性及不同原子位移对热容的影响

符号代表实验数据：● －[10]，■－[11]，插图上曲线的颜色和编号对应于图12.7。

在低温下($T\ll\Theta_D^{(q)}$)，热容与T^q成正比。在图12.10中，低温下原子沿基平面的位移对热容的影响实际上接近二次函数，与准二维型谱密度 $\rho_{ab}(\omega)$ 有很好的一致性(图12.7)。注意到，在石墨烯层中六阶对称轴的存在使其具有各向同性的弹性，这因此导致了$C_V^{(ab)}(T)$与德拜模型一致。然而，如图12.10所示，石墨，特别是石墨烯纳米薄膜的低温热容的主要影响来自沿 c 轴的原子振动。这些位移在层平面中以具有非声色散关系的准折射波传播式(12.19)。对于一维和二维结构，如果在三维空间中进行观察，当每个原子具有三个自由度时，垂直于其链的层偏振的长波声子的色散定律具有对于弹性板或杆中的弯曲波典型的形状(即 $\omega\sim k^2$，文献[39])沿层或链极化的长波声子的色散定律保持其通常的声学性质(频率 ω 与准波向量 $\boldsymbol{k}$ 的值成正比)。在低温条件下，二维结构的弯曲模式对振动热容的影响与温度 T 成正比，一维结构时，与$\sqrt{T}$成正比。

不可能存在足够大的单独的一维和二维结构(即具有可以谈论长波极限的尺寸)。真正的层状和链状晶体的稳定性是由各种链或层的原子之间的弱相互作用所决定的。参考文献[38]考虑了这种弱相互作用的影响,其中在长波近似下,证明了层状晶体的低温热容为

$$C_V^{(2D)}(T) \sim \begin{cases} T^3 & \left(T \ll \dfrac{C_{44}}{C_{11}} \cdot \Theta_{2D}\right) \\ T^2 & \left(\dfrac{C_{44}}{C_{11}} \cdot \Theta_{2D} \ll T \ll \sqrt{\dfrac{C_{33}}{C_{11}}} \cdot \Theta_{2D}\right) \\ T & \left(\sqrt{\dfrac{C_{33}}{C_{11}}} \cdot \Theta_{2D} \ll T \ll \Theta_{2D}\right) \end{cases} \tag{12.40}$$

式中:C_{ik}为用 Voigt 表示法(z 轴垂直于层)表示弹性模量张量的元素;Θ_{2D}为单独的二维层的德拜温度。

可以注意到所有三种化合物的总热容的温度依赖性的广泛的直线部分。它们从温度50 ~ 70K 延伸到高于室温。对于石墨,计算曲线与实验[10](·)和[11](·)吻合得很好(特别是如果考虑到热容是在恒定体积下计算的,而其通常是在恒定压力下进行测量的)。

显然,热容与温度关系的这种直线过程与由拟挠曲振动的二次色散定律引起的公式(12.40)中热容的线性区域无关。实际上,拟挠曲振动只对热容分量 $C_V^{(c)}(T)$有影响(曲线 1c、2c、3c),而 $T > 70$K 时,给定的依赖性具有明显的负曲率。然而,由于在高于50K 的温度下,不可能忽略来自层平面中的原子振动的热容量影响 $C_V^{(ab)}(T)$(曲线 1ab、2ab、3ab),并且这些依赖性在该温度区间中具有正曲率,这导致了总热容量几乎与温度呈线性依赖关系。

应该强调的是,$T \geqslant 70$K 时,温度依赖性$C_V(T)$的直线过程与式(12.40)中的理解不同,其不是线性关系。对于三种化合物来说,推断这些 x 轴的$C_V(T)$依赖的直线部分切断了该轴上约 35K 的部分。

仅对双层石墨烯来说,温度依赖性$C_V^{(c)}(T)$和$C_V(T)$分别与沿间距 $5\text{K} \leqslant T \leqslant 70\text{K}$ 和 $5\text{K} \leqslant T \leqslant 30\text{K}$ 的温度成正比。当 $T \leqslant 30$K 时,部件$C_V^{(ab)}(T)$对热容的影响变得明显。当 $T \leqslant 5$K 时(大约 $0.002\Theta_D$),频谱密度$\rho_c(\omega)$在 $\omega < \omega_c^{(+)}$ 频率与二维形式有偏差(图 12.7)。

注意,$T \to 0$ 时,石墨和石墨烯的温度依赖性$C_V^{(c)}(T)$实际上是二次的。这可以在图 12.11的两个插图上看到,显示了数量$\dfrac{\partial}{\partial T}C_V(T)$的温度依赖性,对该数量的影响来自沿着层和垂直于层的原子位移。

曲线 1(图 12.11)显示了总值,曲线 2 和曲线 3 分别显示了依赖性$\dfrac{\partial}{\partial T}C_V^{(ab)}(T)$和$\dfrac{\partial}{\partial T}C_V^{(c)}(T)$。

图 12.11 中曲线编号与图 12.10 中的编号相似:曲线 1(图 12.11)表示总值,曲线 2 和曲线 3 分别表示依赖性$\dfrac{\partial}{\partial T}C_V^{(ab)}(T)$和$\dfrac{\partial}{\partial T}C_V^{(c)}(T)$。

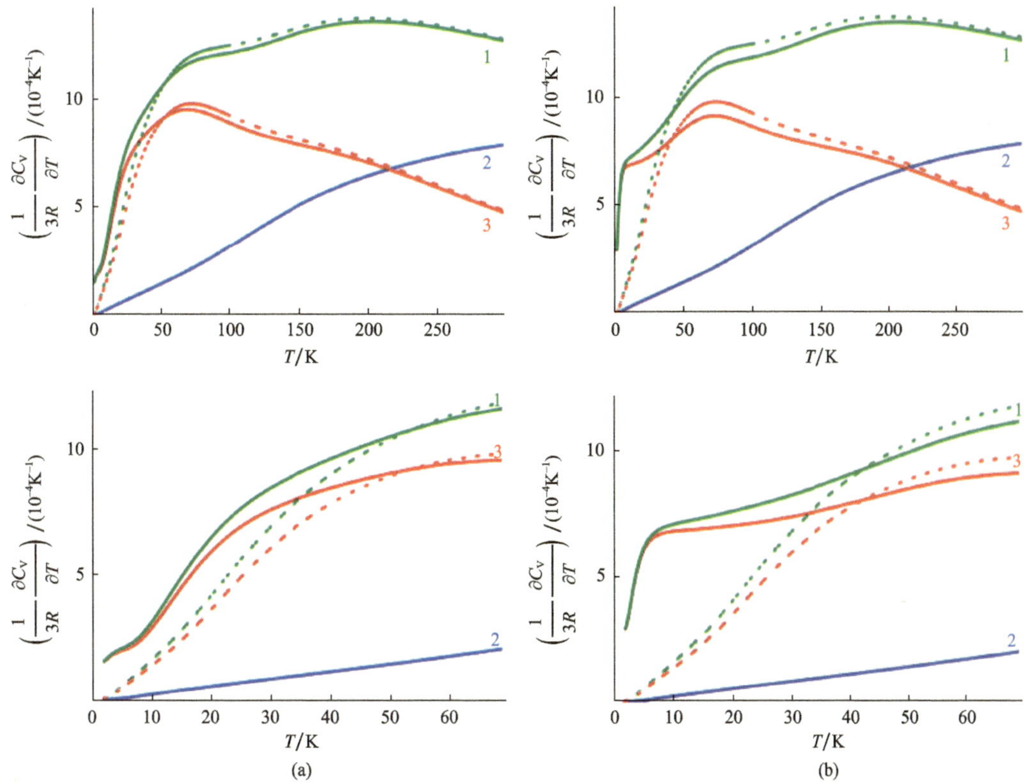

图 12.11 热容随温度的导数以及沿层和垂直于层的原子位移对热容的影响

三层石墨烯(a);双层石墨烯(b)。在两个图中,虚线显示了石墨的相应依赖性,曲线编号与图 12.10 相同。

在图 12.11(a)中,实线显示了三层石墨烯的给定特性,而在图 12.11(b)中,可以看到双层石墨烯的这些特性。为了进行比较,虚线表示石墨的类似依赖性。图 12.11(a)和(b)的上部显示了 0~300K 温标的依赖性。如文献[32]所述,双层石墨烯和三层石墨烯的平面形状在约 400~500K 温度较为稳定,谐波近似在约 300K 时较为合适。图 12.11(a)和(b)的底部显示了低温区(至 70K)。可以看出,对于所有三种化合物,来自沿着层的位移的影响(曲线 2)是一致的,并且直到 70K,来自这些位移的对热容的影响可以认为是二次的,达到非常高的精度。对于石墨,沿 c 轴的振动对热容的影响在 70K 以下几乎是二次方的;对于三层石墨烯,在 20K 之前,它们几乎是二次的,在 5~10K 区间内,三层石墨烯的热容与温度几乎呈线性。对于双层石墨烯,沿着与温度呈线性的依赖关系 $C_V^{(c)}(T)$ 的区域要宽得多,范围在 5~70K 之间。这种依赖关系指出了具有二次色散定律的拟挠曲模 $TA_\perp$ 的决定性作用,对数值有影响(图 12.1)。沿着双石墨烯的总热容,线性温度图从 5K 延伸到大约 30~40K。在较低的温度下,双层石墨烯的热容比 T 增长得更快。在该温度范围内,热容被定义为拟挠曲模 $TA_\perp$ 的“声学部分”(参见式(12.19),双层石墨烯的弹性模量 C_{44} 大约比石墨小一个数量级,但仍不是零),并作为对离散能级 $\omega_i^{(\pm)}$ 热容的指数影响。

因此,Lifshitz 预测的具有二次色散定律的声子模确实存在于石墨和薄的石墨烯纳米薄膜中。由这些模式调节的热容温度依赖性的线性过程实际上仅在双层石墨烯中可观察到,因为双层石墨烯的声子光谱是唯一具有足够长的可识别频率间隔的谱,$\omega_c^{(+)} \approx$

0.7THz，从其声子光谱变为准二维开始，直到约5THz的频率，在该点声子模式 $TA_{\perp}$ 具有几乎二次色散。对于三层石墨烯和石墨，从 $\omega_{3c}\approx 2.8$THz 和 $\omega_{LO}(\Gamma)\approx 4$THz 开始，声子光谱获得了二维性质，由拟挠曲模式的二次色散引起热容的温度依赖性的线性图是不可见的。请注意，频率 ω_{3c} 和 $\omega_{LO}(\Gamma)$ 远低于频率 $\omega_D\sqrt{C_{33}/C_{11}}\approx 9.5$THz，声子光谱的准二维行为在长波近似中开始。

12.2.3 石墨烯纳米管声子光谱与振动热容

单壁石墨烯纳米管实际上是沿某一轴折叠的石墨烯片。波的传播只能根据轴的方向来讨论，只有根据轴才能引入准波向量 $\boldsymbol{k}$。这些长度远大于直径的管可被视为准一维结构，其准粒子谱和谱的物理特性可预期表现出一维系统典型的突出奇点特征。特别地，声子光谱和振动比热预期表现出来自准一维结构[38]中的弯曲振动影响的表现：

$$C_V^{(1D)}(T)\approx\sqrt{T}\quad\left(\sqrt{\frac{C_{33}}{C_{11}}}\cdot\Theta_{1D}\ll T\ll\Theta_{1D}\right)$$

此外，对于由弱相互作用的一维链组成的结构，沿石墨烯纳米管的振动特性的一维奇点的表达必须明显不同于参考文献[38]中的描述。首先，纳米管仍然具有有限的厚度，并且在这种系统中变量的分离发生在柱坐标系中。因此，在 $k\to 0$ 处两个趋于零的横向声子分支中，只有沿着圆柱半径 r 极化的一个分支将具有二次色散定律的弯曲模式，而沿着垂直于轴的圆柱表面的切线极化的另一个分支将具有正常声学色散定律的扭曲模式（例如，见参考文献[39]）。其次，石墨烯纳米管的周向长度显著大于碳原子之间的距离，并且从足够高的扭矩开始，管的闭合以其单个原子的局部光谱密度的行为来表示。对此，对于“锯齿形”管，即沿着每片具有 n 个齿的石墨烯六边形的侧面折叠的管，该闭合从扭矩 $2n$ 开始。因此，纳米管中的准粒子激发的谱密度具有相应石墨烯谱的准二维形状，其被与这种系统中的尺寸量化相关联的特征“调制”（例如，见文献[40]）。

图12.12显示了其原子沿不同结晶方向的位移对归一化的纳米管声子态密度的影响：沿管轴 $\rho_l(\omega)$（图12.12(a)）；与管表面相切，垂直于管轴 $\rho_\tau(\omega)$（图12.12(b)）；以及沿着管表面的法线 $\rho_r(\omega)$（图12.12(c)）。

对于每片具有14个齿的“锯齿形”纳米管，即直径为 $d\approx 10.9$Å，使用雅可比矩阵[29-31]计算给出的依赖关系。在整个实验中积极研究这种纳米管。

注意，纳米管的所有原子在物理上是等效的（局域态密度一致）。在图12.12(a)和(b)中，细实线（曲线2）表示双层石墨烯的谱密度 $\rho_{ab}(\omega)/2$，在图12.12(c)中表示谱密度 $\rho_c(\omega)$（图12.7）。

通过比较纳米管和双层石墨烯的相应光谱密度，可以把它们对振动热容的影响行为提出一种类比。实际上，如图12.12所示，纳米管热容的温度依赖性（图12.12(a)）及其对温度的导数（图12.12(b)）的行为与图12.10和图12.11所示在 $2K\leqslant T\leqslant 10K$ 处的双层石墨烯的相应特性相符。当对热容的主要影响开始来自波长明显长于管横截面周长的声子时，准分子尺寸行为在较低温度下开始显现。这种振动可以使用由正常管切片边缘处的所有 $2n$ 个原子的相同类型的位移产生的谱密度来描述。

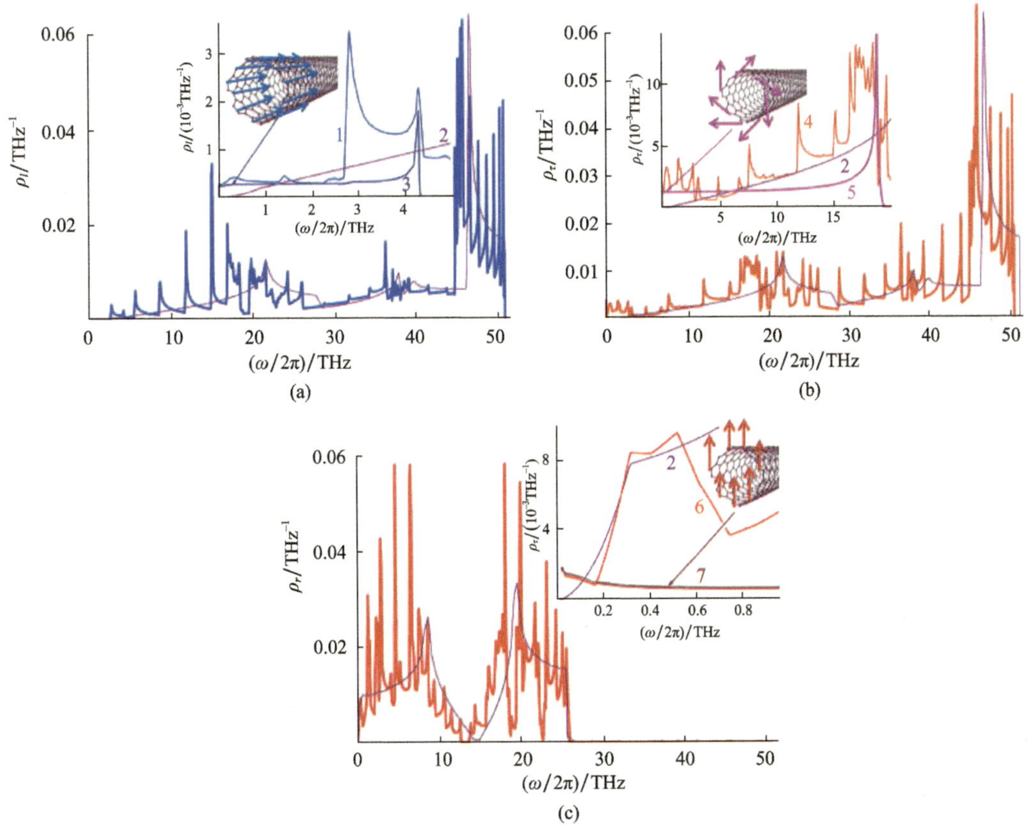

图 12.12 沿不同结晶方向的原子位移对石墨烯纳米管声子态密度的影响

图 12.12(a)~(c)显示了放大比例的表示相应谱密度的低频部分的插图(分别为曲线1、4和6),与由相同类型的所有 $2n$ 原子沿着管的正常切片的边缘:沿管轴(曲线3);沿垂直于其轴的管表面的切线(曲线5),以及沿垂直于管轴的平面中某个单一方向(曲线7)的位移产生对管的声子密度的影响相比较。

在图 12.12(b)中,曲线5与表示纳米管扭振模式的态密度的曲线几乎完全一致。具有一维线性链的态密度的典型形状。注意,其行为不受与大小量化[40]相关的任何“调制”的影响。这种一维模式对低温热容的影响约为 T,因为其在长波区的色散规律具有典型的声学形状 $\omega_{\mathrm{rot}} \sim k$[39]。从图 12.13(b)(曲线7)可以看出,该影响在温度高于100K时保持线性温度依赖性。

图 12.12(b)中的曲线3在低频范围内确定了作为单个一维物体的纵向振动对纳米管的声子态密度的影响。这些振动的色散规律具有典型的声学特性,因此在 $\omega \to 0$ 处,该曲线趋于某一恒定值,相应振动对低温热容的影响也与温度呈线性关系(曲线6,图 12.12(b))。

图 12.12(c)中的曲线7在低频范围内确定了作为单个一维物体的纵向振动对纳米管的声子态密度的影响。在一维结构中,该影响 $\omega \to 0$ 必须与具有频率 $\omega_{\mathrm{fl}} \sim k^2$ 的准粒子的态密度 $1/\sqrt{\omega}$ 成比例。在 $T \to 0$ 处,其对热容的影响必须与 $\sqrt{T}$ 成比例。图 12.13(c)中的曲线6和7在小于2THz的频率处以及图 12.13(b)中的曲线8在 $T \leqslant 6\mathrm{K}$ 处随频率减小的增长导致以下结论:在长波极限($\omega \leqslant 0.1\mathrm{THz}$)中,弯曲振动对管的声子态密度变得具有决

定性影响，因此，在 $T \leqslant 1K$ 处，纳米管热容的温度依赖性实际上将接近平方根。

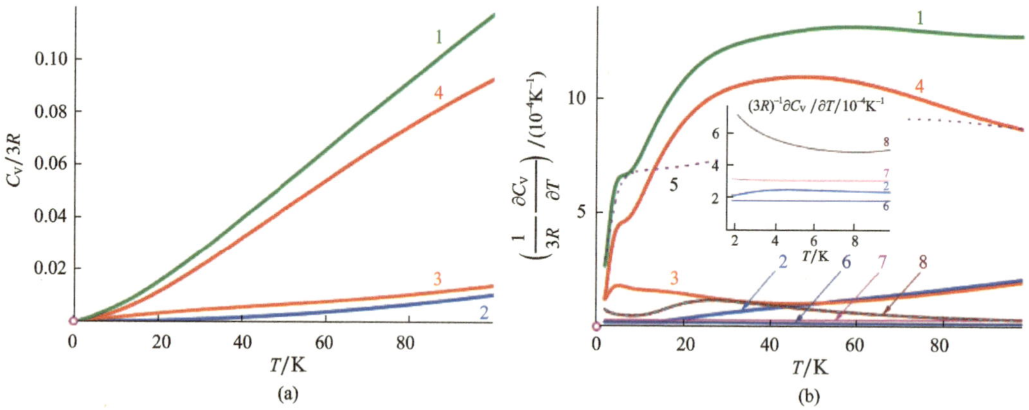

图 12.13 热容(a)和热容对温度的导数(b)的温度依赖性

与总值(曲线 1)一起，还给出来自不同原子位移对其的影响；曲线 2 显示来自沿着管轴线的位移的输入；曲线 3 显示沿着垂直于其轴线的管表面的切线的位移；曲线 4 显示沿着垂直于管表面的法线的位移。此外，在(b)中，曲线 5 是对双层石墨烯的热容量的影响与垂直于其层平面的位移的相对于温度的导数；曲线 6 显示作为整个管的纵向振动的影响；曲线 7 是纳米管的扭振模式的影响，曲线 8 是整个管弯曲振动的影响。

在 2～7K 的温度范围内，纳米管的热容量由其折叠的石墨烯层的准曲弦振动确定，即由沿管表面传播的准曲弦波确定。图 12.13(b)中的曲线 1 与曲线 5 一致(也与图 12.11(b)中的曲线 3 相同)，是由垂直于其层平面的位移对双层石墨烯热容的影响的导数相对于温度的温度依赖性。与双层石墨烯而不是石墨烯的相似性不是偶然的，因为由于层的可变形性，拟挠曲模将具有类似于具有“非弯曲”或“声学”第一项的式(12.19)的色散定律。变形的石墨烯层在该温度区间的拟挠曲振动定义了对热容的影响行为，例如沿着管表面的切线和垂直于其轴线的振动(曲线 3)和沿着管表面的法线的振动(曲线 4)。图 12.13(b)中曲线 3 的非单调行为由在高达 2 THz 的频率处，由于拟挠曲模式的影响，频谱密度$\rho_\tau(\omega)$(曲线 4)超过曲线 5 所引起。

在较高的温度下，管的热容量主要由沿其表面法线的原子振动和具有最低频率的原子振动决定。已经处于 $T \approx 40K$(图 12.13(a)和(b))相应影响的温度依赖性(曲线 4)有一个拐点。从该温度开始，由于曲线 2 和 3 的正曲率对曲线 4 的负曲率的“补偿”，总热容的曲线(曲线 1)接近直线。与前面章节中考虑的情况一样，给定的热容量与温度关系的直线过程与弯曲模式无关。在这个温度区间内，获得的结果与文献[41]中获得的碳纳米束的结果非常一致。

因此，由于石墨烯纳米管作为整个准一维物体的弯曲振动，低温热容的温度依赖性可以在非常低的温度 $T \leqslant 1K$ 下存在。在较高的温度下，纳米管的热容由沿其表面传播的准曲波确定，并且在 3～7K 的区间内，与温度成比例，这是准二维系统中弯曲模式的影响。拟挠曲振动对石墨烯纳米管在较高温度下的热容行为没有任何决定性影响。

12.2.4 石墨烯纳米结构的负热膨胀

各向异性的原子间相互作用导致线性热膨胀中的许多有趣的特征，包括线性热膨胀

系数 $\alpha_i(T) \equiv a_i^{-1}(T) \cdot \dfrac{\partial a_i(T)}{\partial T}$（$a_i$ 是结晶方向 i 上的晶格常数）的温度依赖性的非单调性，以及该量在某些方向上为负值的可能性。最近通过实验观察到石墨在沿着形成石墨烯层的方向上的负热膨胀（参见文献[42]）。1952 年，Lifshits[38] 预测了高度各向异性层状结构在层或链中的强键的方向上的负线性热膨胀系数，其中沿着弱键方向极化的原子振动具有明显的拟挠曲特征。在长波长区，拟挠曲声子模式的色散关系具有其形式（（式 12.19））。

事实上，对于沿 c 轴极化的石墨的横向声学声子模式，预测了类似于式（12.19）的色散关系。20 年后，在非弹性中子散射实验[21]中检测到了该色散曲线。

在一些层状晶体（参见文献[43]）中，在沿着层的方向上也观察到负线性热膨胀系数，在这些层状晶体的声子光谱中完全缺乏这些模式，或者在相应的色散关系中拟挠曲畸变表现得非常弱（参见文献[44-45]）。当声子光谱中存在具有二次色散关系的拟挠曲模式和不存在拟挠曲模式时，出现的负线性热膨胀系数可以通过微观分析来解释。由于固体的热膨胀是由晶格中原子的非谐振动引起的，在微观水平上对其进行描述是极其困难的，这既是因为相关非线性方程的复杂性，也主要是因为几乎完全缺乏关于非谐力常数的信息。为此，通常用准谐波近似来描述热膨胀。

将原子从其平衡位置u_i的小位移分量的幂的晶格势能 U 展开到三阶，考虑到晶格的平移对称性用于线性热膨胀张量主值$\alpha_{ii}(T)$的温度依赖性，得到

$$D_i\,\alpha_{ii}(T) = \frac{\partial u_{ii}(T)}{\partial T} = -\frac{1}{2}\sum_{r,r',k,l}\Phi_{ikl}(r,r)\frac{\partial}{\partial T}\langle u_k(r)\,u_l(r')\rangle_T \tag{12.41}$$

式中：u_{ik}为应变（形变）张量；系数 $D_i = \sum\limits_{r,k}\Phi_{ik}(r)\,|x_k|$，$x_k$为原子 r 的平衡位置的半径向量的分量，$\Phi_{i\kappa}(r) \equiv \Phi_{i\kappa}(r-r') = \dfrac{\partial^2 U}{\partial u_i(r)\,\partial u_\kappa(r')}$为力矩阵的元素；$\Phi_{i\kappa\iota}(r,r') \equiv \Phi_{i\kappa}(r-r'', r'-r'') = \dfrac{\partial^3 U}{\partial u_i(r)\,\partial u_\kappa(r')\,\partial u_i(r'')}$为三阶力常数。

在构造晶格振动的基本非线性理论时（参见文献[19]），非谐性只需考虑与最大原子间相互作用力有关的项，而小的层间（或链间）相互作用和非中心力的势能可以在谐波近似中处理。因此，在式（12.41）中，包含来自不同层的原子的位移的相关项或形式的相关项$\langle u_x(r)u_z(0)\rangle_T$可以忽略。对于沿强耦合方向的原子位移，相关函数随温度的增加不会比相应的均方位移更快，并且这两种温度依赖性相似。因此，沿层状晶体的强耦合方向的线性热膨胀系数的温度依赖性可以由相当简单的公式来描述[46-47]，即

$$\alpha_{\parallel}(T) = A\frac{\partial}{\partial T}\langle u_{\parallel}^2\rangle_T[\delta - \Delta(T)],\ \Delta(T) \equiv \frac{\partial}{\partial T}\langle u_{\perp}^2\rangle_T \Big/ \frac{\partial}{\partial T}\langle u_{\parallel}^2\rangle_T \tag{12.42}$$

由于均方位移的温度导数为正，式（12.42）意味着沿强耦合方向的原子振动导致晶体在该方向上膨胀，而沿弱耦合方向的高得多的振幅振动导致晶体收缩（图 12.14（a））。可见，在对应于沿弱耦合方向的均方位移的温度依赖性转变到经典极限的温度处，$\Delta(T)$具有最大值（图 12.14（b））。因此，在该温度附近，沿强耦合方向的线性热膨胀系数可以呈现负值。因此，结构沿强耦合方向的压缩是由其沿弱耦合方向的膨胀所引起的。这种效应被称为层状晶体的“膜效应”[38]。

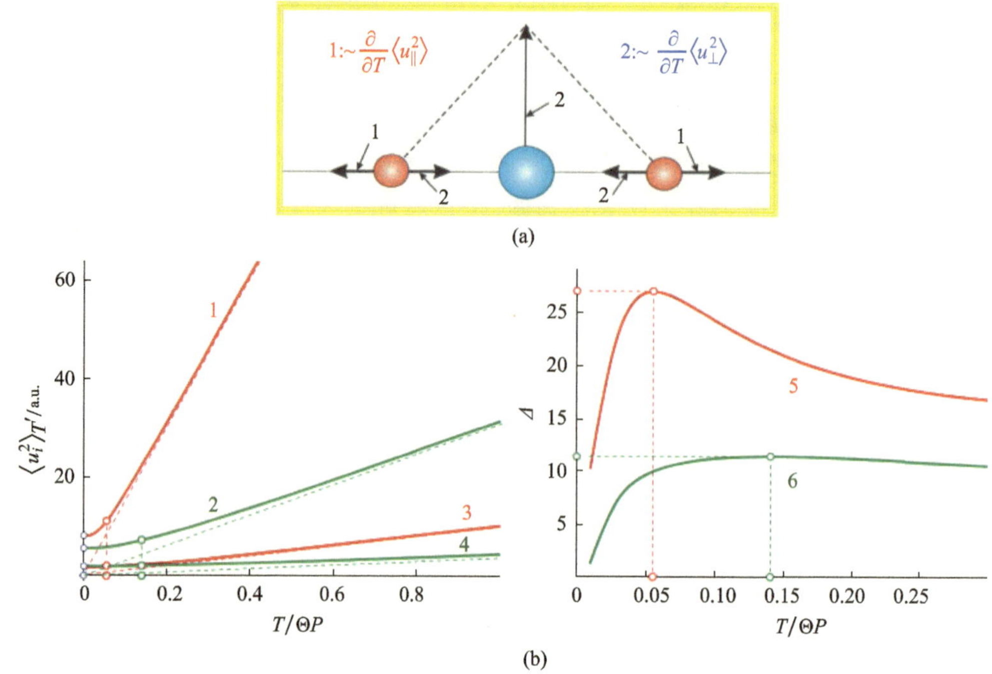

图 12.14 说明了在高度各向异性的层状晶体中，由于横向的大振幅原子振动而压缩层的作用力机理(a)；由于原子的均方位移的各向异性而在 $D(T)$ 曲线中出现最大值(b)。在(b)中，曲线 1 和曲线 2 是垂直于层的方向上的均方位移的温度依赖性，曲线 3 和曲线 4 是沿着层的方向；曲线 5 和曲线 6 显示了 $\Delta(T)$

注意到，当层或链的抗弯刚度增加时，垂直于层(链)的振动的均方位移和这些均方位移的温度导数都会增加。

图 12.14(b)的曲线 1、3 和 5 对应于具有低抗弯刚度的层状晶体，曲线 2、4 和 6 对应于高抗弯刚度的层状晶体。显然，随着抗弯刚度的增加，$\Delta(T)$ 曲线中的峰值在幅度上减小并且变得更平坦。在此图中，$\Theta_p \equiv \hbar\omega_{max}/k$，其中 ω_{max} 是准连续声子光谱的上限，且 $\hbar$ 和 κ 分别是普朗克常数和玻耳兹曼常数。

式(12.42)中的参数 A 和 δ 可以通过非调和常数 $\Phi_{i\kappa\iota}(r,r')$ 简单表示，并且 $\langle u_{\parallel}^2\rangle_T$ 和 $\langle u_{\perp}^2\rangle_T$ 由下列方程式给出。

层状晶体：

$$\langle u_{\parallel}^2\rangle_T = \langle u_a^2\rangle_T + \langle u_b^2\rangle_T, \langle u_{\perp}^2\rangle_T = \langle u_c^2\rangle_T \qquad (c\ 轴垂直于各层)$$

准链结构：

$$\langle u_{\parallel}^2\rangle_T = \langle u_a^2\rangle_T, \langle u_{\perp}^2\rangle_T = \langle u_b^2\rangle_T + \langle u_c^2\rangle_T \qquad (a\ 轴沿着链条)$$

已经表明[47]，对于大多数层状和链状结构，式(12.42)描述的膜机理决定了负热膨胀。式(12.41)还包括由于层作为一个整体的位移或转动而使晶体随温度压缩的可能性(分别称为泊松压缩和释放)。这些机制对于大多数层状或链状结构并不起重要作用，但对于一些聚合物[48]、冰[49]等，其影响可能占主导地位。

此外，显示了在由弱耦合单层(如石墨和薄碳纳米膜)和三层“三明治”(如二硒化铌)组成的层状晶体中形成负线性热膨胀系数的膜机理表现的实验和理论研究结果。研究了多层 Eu - Ba - Cu - O 高温超导体(HTSC)晶体沿不同结晶方向的线性热膨胀系数的非单调性。1 -2 -3 型 HTSC 的特征在于原子间相互作用的强局部各向异性,这种强局部各向异性不能保持在长程序中,也不会导致弹性模量的强各向异性[50-51]。

沿晶体方向 i 的 s 亚晶格中的原子均方位移 $\langle [u_i^{(s)}]^2 \rangle$ 与晶体的声子光谱通过式(12.35)相关。图 12.15 显示了在不同结晶方向的所有亚晶格上平均的均方位移的温度依赖性:$\langle u_i^2 \rangle_{\mathrm{T}} = q^{-1} \sum_{s=1}^{q} \langle [u_i^{(s)}]^2 \rangle_T$(图 12.15(a)),以及这些均方位移相对于温度的导数(图 12.15(b))和这些导数的比率:$(T) = \frac{\partial}{\partial T}\langle u_c^2 \rangle_{\mathrm{T}} / \frac{\partial}{\partial T}\langle u_{\mathrm{ab}}^2 \rangle_T$(图 12.15(c))。

这些曲线是使用图 12.7 所示的谱密度进行计算的。如图 12.7 所示,在图 12.15(a) ~ (c)中,曲线 1 对应于石墨,曲线 2 和 3 分别对应于双层石墨烯和三层石墨烯。对于双层石墨烯和三层石墨烯,原子振动在层平面内的均方位移与块状石墨的相应依赖关系相差不大。沿着六阶轴的方向,即沿着弱结合方向的均方位移相当高,并且随着层厚度的减小而显著增加。

与温度有关的导数$\frac{\partial}{\partial T}\langle u_c^2 \rangle_T$也在类似的模式下迅速增加,使得接近经典极限$\langle u_c^2 \rangle_T$的温度时,函数 $\Delta(T)$ 中出现最大值。由于层的抗弯刚度较大,这些最大值相当平坦;图 12.15(c)中的曲线与图 12.14(b)中的曲线 6 相似。图 12.15(c)还显示了石墨的线性热膨胀系数的实验测量[42,52]。

石墨烯层的高抗弯刚度是层平面中的线性热膨胀系数为负的温度区间的大宽度以及在此区间曲线$\alpha_{\mathrm{ab}}(T)$平坦变化的原因。考虑到这些曲线在极值点附近极其平坦的变化,图12.15(c)中曲线 1 的最大值与曲线$\alpha_{\mathrm{ab}}(T)$的最小值之间的一致完全令人满意,上节提出的微观模型很好地解释了石墨的热膨胀。

双层石墨烯和三层石墨烯的均方位移的各向异性仍然大于石墨。根据图 12.15(c)中曲线 2 和 3 的形状,可以得出结论:线性热膨胀系数$\alpha_{\mathrm{ab}}(T)$在其存在的整个范围内(即温度 400 ~ 500K[32])将为负数,但是该曲线中的最小值的温度将显著低于石墨的温度。

图 12.16 显示了纳米管中原子在不同方向上的均方位移的温度依赖性(图 12.16(a))、这些位移的温度导数(图 12.16(b))以及导数比值$(T) = \frac{\partial}{\partial T}\langle u_\tau^2 \rangle_T / \frac{\partial}{\partial T}\langle u_n^2 \rangle_T$(图 12.16(c))。该图还显示了用低温电容膨胀计测量的线性热膨胀系数$\alpha_{\mathrm{R}}(T)$[53],灵敏度为 2×10^{-9}CM。

图 12.16 中所示的温度变化 $\Delta(T)$ 与前面章节中的这些依赖性不同。直到 $T = 0.5$K,即大致直到 $2 \times 10^{-4} \Theta_{\mathrm{D}}$,不会出现最大值。同样,温度高达 2K 时,在曲线$\alpha_{\mathrm{R}}(T)$中也没有观察到最小值,鉴于石墨烯的高德拜温度和石墨烯结构,该温度对于该系统可以被认为是极低的。这些特征中极值的缺乏可以用声子光谱的准一维行为在切向位移时比法向位移时表现得更强来解释。实验不对单独的纳米管进行处理,而是处理具有相同方向的管的表面法向量的管束。这种管束在曲线$\alpha_{\mathrm{R}}(T)$中的最低温度将由构成管束的纳米管之间的相互作用确定。

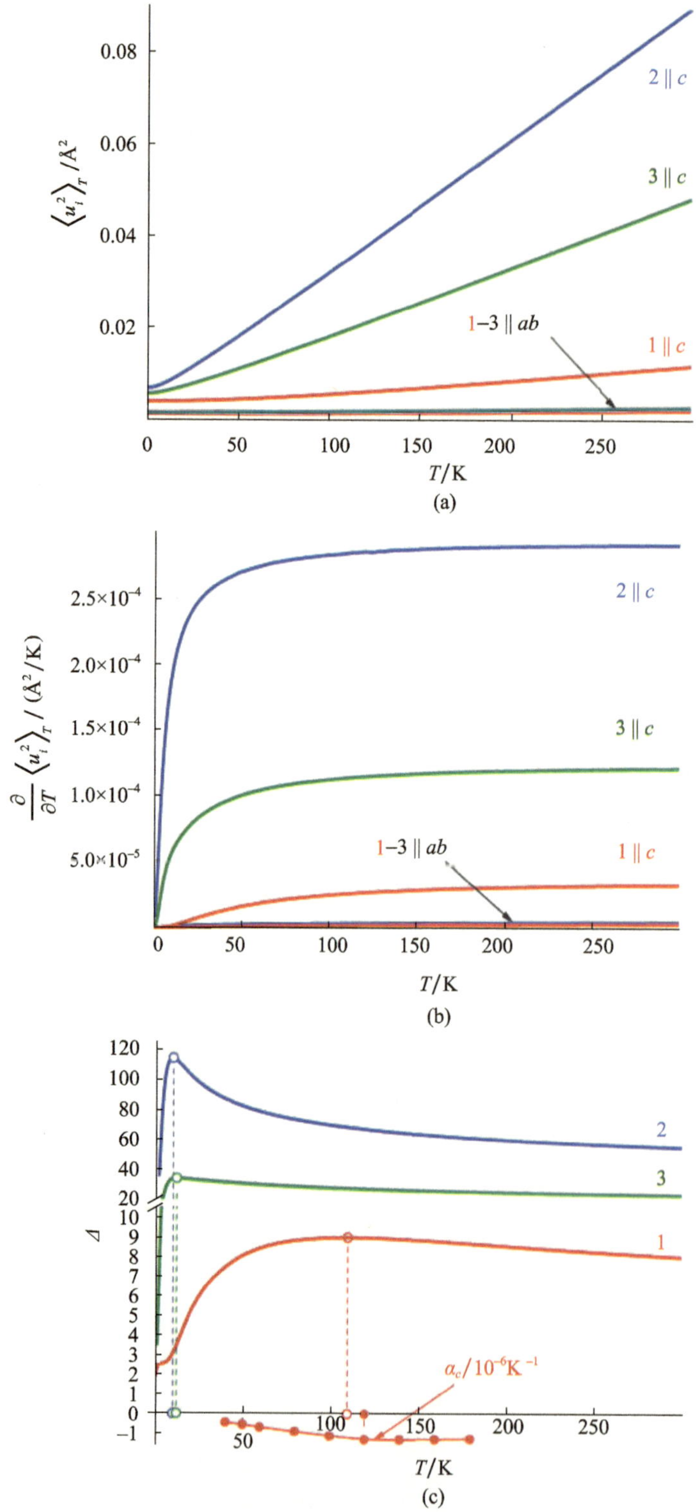

图 12.15 温度依赖性

(a)均方位移；(b)均方位移相对于温度的导数；(c)均方位移的导数比值$\Delta(T)=\frac{\partial}{\partial T}\langle u_c^2\rangle_T/\frac{\partial}{\partial T}\langle u_{ab}^2\rangle_T$和石墨线性热膨胀系数$\alpha_{ab}$的实验值。在(a)～(c)中，计算出的曲线 1 对应于石墨，曲线 2 对应于双层石墨烯，曲线 3 对应于三层石墨烯。

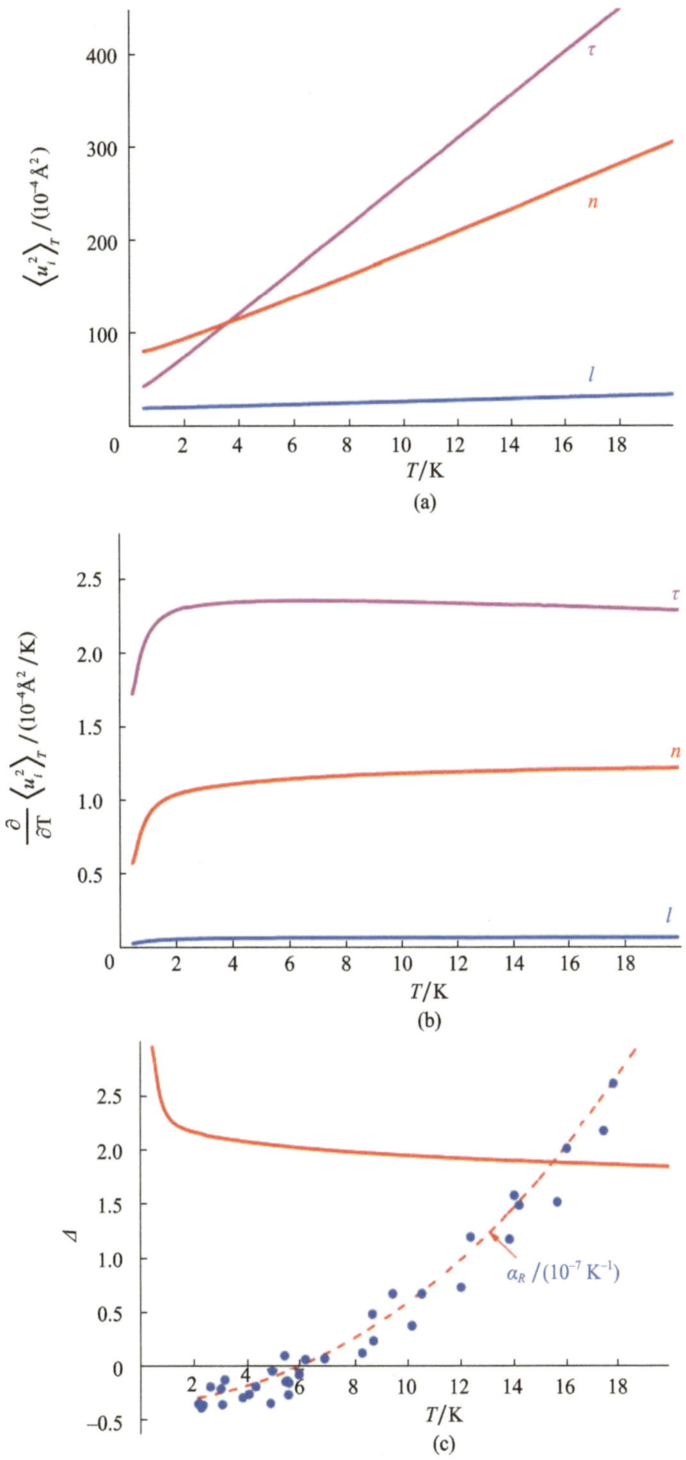

图 12.16　单壁碳纳米管中原子沿不同方向的均方位移及其对温度的导数（分别为图(a)和图(b)）。图(c)比较了线性热膨胀系数$\alpha_R(T)$的实验依赖性，$\Delta(T)=\frac{\partial}{\partial T}\langle u_\tau^2\rangle_T / \frac{\partial}{\partial T}\langle u_n^2\rangle_T$

因此，碳纳米管在径向方向的压缩是由其原子旋转运动振幅对应的快速升温所引起的。与本章前几节讨论的影响相反，这种压缩也可能导致体积膨胀变为负值。在许多方面，类似于富勒烯的热膨胀行为[45]。从量子力学的角度对这种效应进行了严格的解释[46]，但也证明了它是由富勒烯分子的旋转运动所引起的。与富勒烯相反，碳纳米管的扭转振动可以用晶格动力学方法进行准经典处理。从图12.16(a)可以清楚地看出，在温度低于10K时，位移的均方振幅(法向和切向)不超过0.15Å，即管道中最近邻近之间距离的0.1倍。因此，为了找到声子光谱以及均方位移及其导数，可以使用谐波近似，至少对于线性热膨胀负系数的低温情况是这样的。

12.3 缺陷对电子和声子光谱的影响

如12.1节所述，石墨烯单层原子之间的强共价键导致其德拜温度($\Theta_D \approx 2500K$)存在极大值。这决定了石墨烯和石墨以及石墨烯的其他碳基结构(如纳米管)的热力学特性到超过室温的温度的“低温”振荡行为，并且还促进这些化合物中的高超导转变温度。事实上，在BCS理论中，超导转变温度与声子的平均频率成正比[10](在石墨烯中，该数值约为1500K)。目前，有许多令人信服的证据表明，电子-声子相互作用(BCS机制)是负责向超导态转变的基本机制，包括具有高超导转变温度的超导体(例如，参见参考文献[9])。

到目前为止，石墨以及碳纳米管和纳米薄膜中的超导转变尚未被可靠地检测到的原因是，少量能量接近费米能量(ε_F)的电荷载流子和少量声子，应该对电子-声子耦合常数有基本影响。

因此，对于电子与声子的有效耦合，最好增加电荷载流子的数目，并通过电子-声子耦合常数[9-10]的高值来丰富声子光谱中对Cooper配对的影响。如12.1节所述，对格林函数的实数部分的行为分析表明，可以通过在石墨烯纳米成形中受控地产生某些缺陷结构来解决这个问题。分析了由于样品边界、空位和空位团的存在以及金属的插入而引起的石墨烯纳米对象的电子和声子光谱的变化。

12.3.1 锯齿边界石墨烯的电子光谱

注意，在完美的石墨烯结构中，不同亚晶格的原子在物理上是等效的(图12.1(a))，这意味着其局部格林函数以及最终的局域态密度(LDOS)是一致的。向其中一个石墨烯亚晶格引入缺陷会破坏这种等价性，并导致不同亚晶格原子的电子能谱显著不同。

缺陷的例子是锯齿形边缘，只在一个亚晶格中包含原子。在这种情况下，如图12.17(a)所示，与空位类似，原子键只在一个亚晶格中断裂(见图12.17(a)的亚晶格A)，同时另一个亚晶格的原子没有悬挂键。与空位相反，空位是点缺陷，破坏了晶体中沿所有方向的平移对称性。在这个方向上，可以引入倒易晶格的一维向量$\boldsymbol{\beta}=(0,\beta)$和准波向量$\boldsymbol{\kappa}=(0,\kappa)$(图12.17(c))，则雅可比矩阵[54-55]形式的汉密尔顿函数(式(12.1))写成

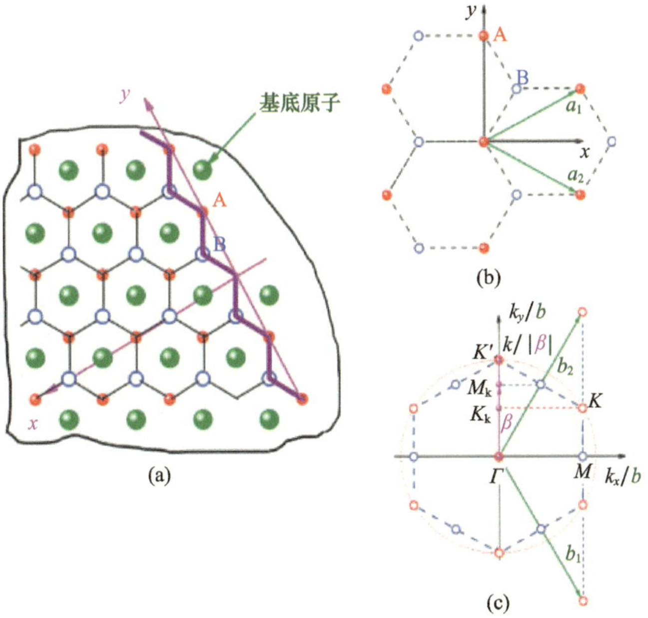

图 12.17 问题的几何、单位晶格的选择(图(a))以及石墨烯的第一布里渊区(图(b))和具有锯齿形边缘的石墨烯的一维布里渊区的构造(图(c))

$$\hat{H}=\begin{pmatrix} \varepsilon_{\mathrm{F}}-\Lambda(\kappa) & -\alpha(\kappa) & 0 & 0 & \cdots & 0 & \cdots \\ -\alpha(\kappa) & \varepsilon_{\mathrm{F}} & -\beta(\kappa) & 0 & \cdots & 0 & \cdots \\ 0 & -\beta(\kappa) & \varepsilon_{\mathrm{F}} & -\alpha(\kappa) & \cdots & 0 & \cdots \\ 0 & 0 & -\alpha(\kappa) & \varepsilon_{\mathrm{F}} & \cdots & 0 & \cdots \\ 0 & 0 & 0 & -\beta(\kappa) & \cdots & 0 & \cdots \\ \vdots & \vdots & \vdots & \vdots & \vdots & \vdots & \vdots \end{pmatrix} \tag{12.43}$$

式中：$\alpha(\kappa)=2J\cos\dfrac{\kappa a}{2}$，$\beta(\kappa)\equiv\beta=J$。变量 $\Lambda(\kappa)$ 描述了在汉密尔顿函数(式(12.1))中引入的边界形成的扰动(假设扰动只捕获其中一个连接失效的原子)。图 12.17(c)给出了理想石墨烯的二维第一布里渊区和所考虑问题的一维第一布里渊区的构造。

位于锯齿形边缘(作为参考行 $-n=0$)上的亚晶格 A 的原子行对应的局部格林函数 $G^{(0)}(\varepsilon,\kappa,\Lambda)$ 可以写成无限连分式的形式[30-31]：

$$G^{(0)}(\varepsilon,\kappa,\Lambda)=G_{00}(\varepsilon,\kappa,\Lambda)=(\varepsilon\hat{I}-\hat{H})_{00}^{-1}=\cfrac{1}{\varepsilon+\Lambda-\cfrac{\alpha^2(\kappa)}{\varepsilon-\cfrac{\beta^2}{\varepsilon-\cfrac{\alpha^2(\kappa)}{\cdots}}}}=\frac{1}{\varepsilon+\Lambda-\alpha^2K_{\infty}^{(\beta)}(\varepsilon,\kappa)} \tag{12.44}$$

式中：函数 $K_{\infty}^{(\beta)}(\varepsilon,\kappa)$ 是连分式，对应于雅可比矩阵，所有对角矩阵元素都是相等的 ε，并且在非对角位置上交替值 β 和 $\alpha(\kappa)$。

$$K_{\infty}^{(\beta)}(\varepsilon,\kappa)=\begin{pmatrix}\varepsilon & \beta & 0 & 0 & \cdots & 0 & \cdots\\ \beta & \varepsilon & \alpha(\kappa) & 0 & \cdots & 0 & \cdots\\ 0 & \alpha(\kappa) & \varepsilon & \beta & \cdots & 0 & \cdots\\ 0 & 0 & \beta & \varepsilon & \cdots & 0 & \cdots\\ 0 & 0 & 0 & \alpha(\kappa) & \cdots & 0 & \cdots\\ \vdots & \vdots & \vdots & \vdots & \vdots & \vdots & \vdots\end{pmatrix}_{00}^{-1}$$

$$=\frac{\varepsilon^2-\beta^2+\alpha^2(\kappa)+Z(\varepsilon)\sqrt{|(\varepsilon^2-\varepsilon_0^2)(\varepsilon^2-\varepsilon'^2)|}}{2\alpha^2(\kappa)\varepsilon} \tag{12.45}$$

引入的变量：$\varepsilon_0^2\equiv[\alpha(\kappa)+\beta]^2 ИИ \varepsilon'^2\equiv[\alpha(\kappa)-\beta]^2$。

由于$\beta=J>0$，在一维第一布里渊区范围内$\kappa a\in[-\pi,\pi](i,e.,\kappa\in[-M_\kappa,M_\kappa])$，其中$\alpha(\kappa)=2J\cos\frac{\kappa a}{2}\geqslant 0$，则值$\varepsilon_0>0$和量$\varepsilon'$在$K_\kappa$点上变为零。依赖性$\varepsilon_0(\kappa)И\varepsilon'(\kappa)$如图12.18所示。准连续谱的带$D=[-\varepsilon_0(\kappa),-|\varepsilon'(\kappa)|]\cup[|\varepsilon'(\kappa)|,\varepsilon_0(\kappa)]$在除了$K_\kappa$($\kappa=2\pi/3a$)点和对应的间隙之外的所有点都是双连接，相应地，间隙$[-|\varepsilon'(\kappa)|,|\varepsilon'(\kappa)|]$在此时为零。

$$\begin{aligned}Z(\varepsilon)\equiv\Theta(-\varepsilon_0-\varepsilon)+i\cdot\Theta(\varepsilon+\varepsilon_0)\Theta(-|\varepsilon'|-\varepsilon)+\Theta(\varepsilon+|\varepsilon'|)\\ \Theta(|\varepsilon'|-\varepsilon)+i\cdot\Theta(\varepsilon-|\varepsilon'|)\Theta(\varepsilon_0-\varepsilon)-\Theta(\varepsilon-\varepsilon_0)\end{aligned} \tag{12.46}$$

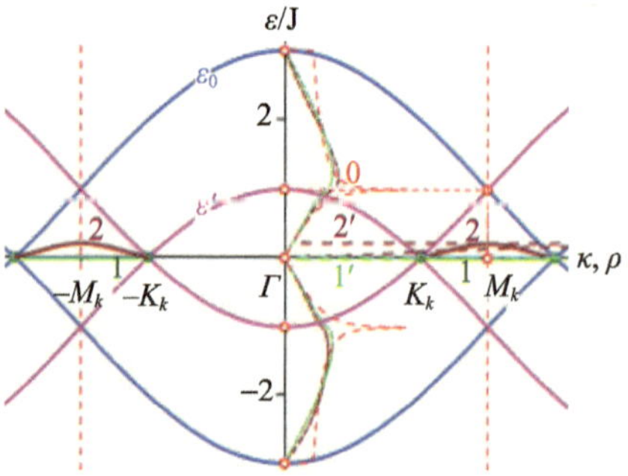

图12.18 $\Lambda=0$时（曲线1的线段）和$\Lambda=0.1$时（曲线2）的色散曲线分裂模式$\varepsilon_g(\kappa)$，以及位于边界上的谱密度原子（分别为曲线1′和2′）。曲线0为理想石墨烯的光谱密度

代入关系式(12.45)的函数由准连续谱$\mathbb{D}$带内和带外的格林函数的形式所决定。在$\varepsilon\in\mathbb{D}$时，函数$G^{(0)}(\varepsilon,\kappa,\Lambda)$具有位于锯齿形边缘线上的亚晶格A的原子的准连续谱的虚部和带内的能量分布，定义为

$$\rho^{(0)}(\varepsilon,\kappa,\Lambda)=\pi^{-1}\mathrm{Im}\,G^{(0)}(\varepsilon,\kappa,\Lambda) \tag{12.47}$$

对于κ的每个值，积分

$$\int_{-\infty}^{\infty}\rho^{(0)}(\varepsilon,\kappa,\Lambda)\mathrm{d}\varepsilon=1$$

当$\varepsilon\notin\mathbb{D}$时，函数$G^{(0)}(\varepsilon,\kappa,\Lambda)$是纯粹真实的。首先考虑情况$\Lambda=0$，也就是说，将假设在锯齿形边缘形成期间发生的弛豫和重构变化对电子光谱的影响可以忽略。函数$G^{(0)(\varepsilon,\kappa,\Lambda)}$在这种情况下，采用以下形式

$$G^{(0)}(\varepsilon,\kappa,0)=K_{\infty}^{(\alpha)}(\varepsilon,\kappa)=\frac{\varepsilon^2+(\beta^2-\alpha^2)+Z(\varepsilon)\cdot\sqrt{|(\varepsilon^2-\varepsilon_0^2)(\varepsilon^2-\varepsilon'^2)|}}{2\beta^2\varepsilon} \tag{12.48}$$

极点$\varepsilon_g=0$位于能量缺口$[-|\varepsilon'(\kappa)|,|\varepsilon'(\kappa)|]$，由此确定非色散局域化能级。该级别的强度定义为

$$\mu_g^{(0)}(\kappa,\Lambda)=1-\int_D\rho^{(0)}(\varepsilon,\kappa,\Lambda)\mathrm{d}\varepsilon=\underset{\varepsilon=0}{re's}\,G^{(0)}(\varepsilon,\kappa,\Lambda) \tag{12.49}$$

其中积分在准连续谱$\mathbb{D}$的整个双连通带上进行。当$\Lambda=0$时，此余数为非零$\alpha(\kappa)<\beta$, i. e. , at$\kappa\in[-M_\kappa,K_\kappa]\cup[K_\kappa,M_\kappa]$（图 12. 18 中曲线 1 的线段）且等于

$$\mu_g^{(0)}(\kappa,0)=\frac{\beta^2-\alpha^2}{\beta^2}\cdot\Theta(\beta-\alpha)=|1+2\cos a\kappa|\cdot\Theta(-1-2\cos a\kappa) \tag{12.50}$$

线$n>0$处的离散面ε_g的强度，由位于线$n=0$下的原子所形成，根据文献[56]，为

$$\mu_g^{(n)}=\mu_g^{(0)}(\kappa,\Lambda)\cdot P_n^2(\varepsilon_g) \tag{12.51}$$

式中：$P_n(\varepsilon)$为多项式n的次数，由雅可比矩阵生成（式（12. 43））。满足递归关系$\mathcal{H}_{n,n+1}P_{n+1}(\varepsilon)=(\varepsilon-\mathcal{H}_{n,n})P_n(\varepsilon)-\mathcal{H}_{n,n-1}P_{n+1}(\varepsilon)$，具有初始条件$P_{-1}(\varepsilon)=0,P_0(\varepsilon)=1$。很容易证明（例如，通过数学归纳法），当$\varepsilon=\varepsilon_g=0$时，这些多项式对于奇数$n$为零。奇数值$n$对应于次晶格原子 B 的线段（图 12. 17（a））。与亚晶格 A 的原子线相对应的偶数次多项式是非零的，并形成几何级数

$$P_{2m-1}(0)=0,P_{2m}(0)=(-1)^m\left(\frac{\alpha}{\beta}\right)^m \tag{12.52}$$

因此，离散间隙能级$\varepsilon_g=0$仅在亚晶格 A 的电子光谱中可用。远离边界（随着参数n的增加），离散层的强度呈指数递减（即它形成一个无限递减的几何级数）：

$$\mu_g^{(n)}(\kappa)=\mu_g^{(0)}(\kappa)\cdot q^n,q=P_n^2(0)=\frac{\alpha^2(\kappa)}{\beta^2}=2(1+\cos\alpha\kappa) \tag{12.53}$$

总和是 1。

图 12. 19 显示了函数$\rho_n(\varepsilon)$－局域态密度原子，其分别编号为n从 0 到 5 的线上（相应的原子显示在每个图的插图上）。这些函数是用雅可比矩阵方法计算的，汉密尔顿函数$\hat{\mathcal{H}}$（式（12. 1）），是在此基础上通过序列的正交化得到的，$\{\hat{\mathcal{H}}p\Psi_0\}_{p=0}^{\infty}$，式中，为了生成函数$\psi_0$，我们选择了单个原子的激发，在每个图的插图中标记，所有图都给出无缺陷石墨烯的电子密度作为比较。在局域态密度上，亚晶格 A（$n=0,2,4$）的原子具有尖锐的（实际上是δ泛函数）峰值$\varepsilon=\varepsilon_g=0$（即在费米能级）。曲线下的面积随着$n$的增加而增加，在$n\to\infty$时趋于 1。注意到，在费米能级附近，每个局域态密度数据实际上与无缺陷石墨烯的态密度一致，也就是说，其保持了 V 形的狄拉克关系。

在局域态密度上，费米能级的亚晶格 B（$n=1,3,5$）峰值的原子不存在，并且所有曲线下的面积等于 1。注意到，在这些局域态密度上，没有明显的 V 形狄拉克奇点，即在费米能级附近，电子的有效质量与零不同。

现在考虑边界上可能的弛豫过程，即假设值$\Lambda(\kappa)$是非零，则格林函数（式（12. 44））采用以下形式

$$G^{(0)}(\varepsilon,\kappa,\Lambda)=\frac{1}{2}\cdot\frac{\varepsilon^2+2\Lambda(\kappa)+\beta^2-\alpha^2(\kappa)+Z(\varepsilon)\cdot\sqrt{|(\varepsilon^2-\varepsilon_0^2)(\varepsilon^2-\varepsilon'^2)|}}{\Lambda(\kappa)\varepsilon^2+[\Lambda(\kappa)+\beta^2]\varepsilon+\Lambda(\kappa)[\beta^2-\alpha(\kappa)]} \tag{12.54}$$

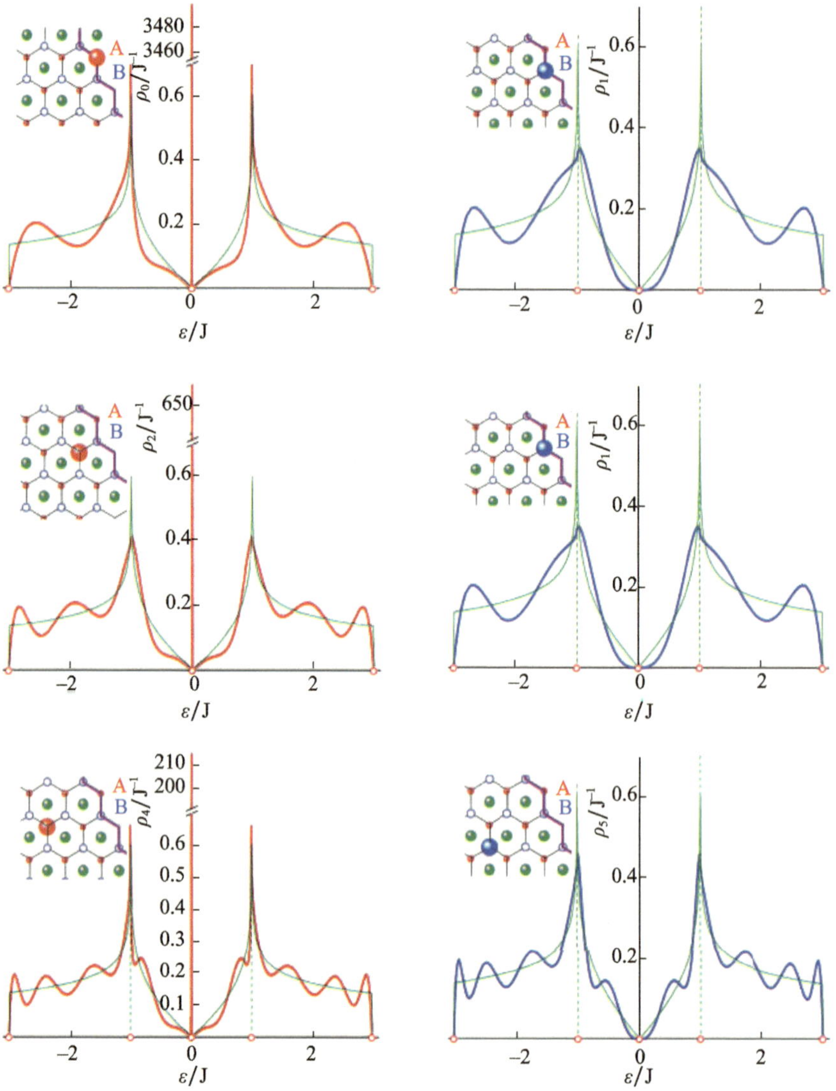

图 12.19　当远离边界时(对应的原子显示在每个图的插图上)，$\Lambda=0$ 时，系统中出现能量等于费米能量的非分散带隙能级，电子局域态密度的演化

假设扰动仅影响直线 $n=0$，并且沿着边界的方向保持平移不变性，扰动 $\Lambda(\kappa)$ 可用下列形式表示：

$$\Lambda(\kappa)=2\tilde{J}\cos\kappa\alpha \tag{12.55}$$

并对由于位于该线上($\tilde{J}$为相应的跃迁积分)的相邻原子之间形成一个自由键相互作用而发生的情况进行处理。在石墨烯晶格中，这些原子是第二相邻原子，不考虑其在其他直线上的相互作用。

在分母的两个根(式(12.54))中,$\Lambda \to 0$ 时应该选择消失的那一个,即依赖性

$$\varepsilon_g(\kappa,\Lambda)=\frac{\sqrt{[\beta^2-\Lambda^2(\kappa)]^2+4\alpha^2(\kappa)\Lambda^2(\kappa)}-\beta^2-\Lambda^2(\kappa)}{2\Lambda(\kappa)} \tag{12.56}$$

确定了准连续谱带分裂的“边界”波的色散规律。

在极点处函数的留数(式(12.54))决定了相应离散能级的强度,并最终决定了准粒子向分裂波移动的部分。等于

$$\mu_g^{(0)}(\kappa,\Lambda)=-\frac{\beta^2-\Lambda^2(\kappa)}{\Lambda(\kappa)}\cdot\frac{\varepsilon_g(\kappa,\Lambda)}{\sqrt{[\beta^2-\Lambda^2(\kappa)]^2+4\alpha^2(\kappa)\Lambda^2(\kappa)}}\cdot \Theta\left(-\frac{\beta^2-\Lambda^2(\kappa)}{\Lambda(\kappa)}\cdot\varepsilon_g(\kappa,\Lambda)\right) \tag{12.57}$$

波存在的条件是 Heaviside θ 函数辐角具有正义性的条件

$$\frac{\beta^2-\Lambda^2(\kappa)}{\Lambda(\kappa)}\cdot\varepsilon_g(\kappa,\Lambda)<0 \tag{12.58}$$

并且与 $\Lambda=0$ 情况下非分散间隙水平存在的条件相一致,即 $\kappa\in[-M_\kappa,K_\kappa]\cup[K_\kappa,M_\kappa]$。图 12.18 中的曲线 2 给出了分裂波存在间隔时的色散关系(式(12.56))。波的分裂在 $\kappa=\pm K_\kappa$时的费米能级发生,在费米能级附近的色散定律是线性的(相对论)。

$$\varepsilon_g(K_\kappa+\varkappa,\Lambda)\approx\hbar\nu_F\cdot x \tag{12.59}$$

其中,费米速度ν_F等于点K_κ中的群速度。群速度对应于色散(式(12.56)),作为准波向量 $\boldsymbol{\kappa}$ 的函数,可以写成以下形式:

$$v_{gr}(\kappa)=\frac{\partial\,\varepsilon(\kappa)}{\partial\kappa\quad\hbar}=-\frac{\Lambda'(\kappa)}{\hbar}\cdot\mu_g^{(0)}(\kappa,\Lambda)-\frac{a\,J^2\sin a\kappa}{\hbar}\cdot\frac{\Lambda(\kappa)}{\sqrt{[\Lambda^2(\kappa)-J^2]^2+16J^2\Lambda^2(\kappa)\cos^2\frac{\kappa a}{2}}} \tag{12.60}$$

在式(12.60)中,值$\mu_g^{(0)}(\kappa,\Lambda)$由式(12.57)确定,质数表示关于 κ 的微分。则

$$\nu_F^{(g)}=v_{gr}(K_\kappa)=\frac{a}{\hbar}\frac{\sqrt{3}}{2}\frac{J^2\Lambda'(K_\kappa)}{J^2+\Lambda^2(K_\kappa)} \tag{12.61}$$

或者,考虑到(式(12.55)),有

$$\nu_F^{(g)}=\frac{a}{\hbar}\frac{\sqrt{3}}{2}\frac{J^2\widetilde{J}}{J^2+\widetilde{J}^2}=\frac{v_F^{(0)}}{\sqrt{3}}\frac{J\widetilde{J}}{J^2+\widetilde{J}^2} \tag{12.62}$$

式中:$\nu_F^{(0)}=3aJ/2\hbar$ 为具有色散的无缺陷石墨烯的费米能级(式(12.2))。

当满足式(12.55)时,色散关系(式(12.56))对应于态密度$g_g(\varepsilon)=\frac{a}{\pi\hbar}\cdot\nu_{gr}^{-1}(\varepsilon)$,где $\nu_{gr}(\varepsilon)$是群速度,表示为能量函数。

由式(12.55)和式(12.56),发现

$$\zeta\equiv\cos\kappa\alpha=-\frac{\widetilde{J}(J^2-\varepsilon^2)+\sqrt{\widetilde{J}^2(J^2-\varepsilon^2)^2+4\varepsilon J^2\widetilde{J}(J^2-\varepsilon\widetilde{J})}}{4\widetilde{J}(J^2-\varepsilon\widetilde{J})} \tag{12.63}$$

(选择根式前的符号,使得值 $\varepsilon=0$ 对应于 $\kappa=K_\kappa$)。之后,依赖性$g_g(\varepsilon)$借助于式(12.60)和式(12.63),通过简单但有些烦琐的计算得到,最终结果由于其繁杂性质,在此处不写出。

从式(12.55)、式(12.56)和式(12.63)中很容易看出$\varepsilon_g \in [0, 2\tilde{J}]$。依赖性$g_g(\varepsilon) \to \text{const} \sim [\nu_F^{(g)}]^{-1}$，其中，$\varepsilon \to +0$，在$\varepsilon \to 2\tilde{J}$时存在根分歧，这对于一维系统是典型情况。

由于间隙波(式(12.16))随着距边界的距离而衰减，其对不同原子的局域态密度的影响也将不同，等于$\rho_g^{(n)}(\varepsilon) = g_g(\varepsilon) \cdot \mu_g^{(n)}(\varepsilon)$，分裂波强度的衰减由式(12.51)描述。这种情况下

$$
\begin{aligned}
P_1(\varepsilon_g) &= \frac{\varepsilon_g + \Lambda}{\alpha} = \frac{\sqrt{(\beta^2 - \Lambda^2)^2 + 4\alpha^2\Lambda^2} - (\beta^2 - \Lambda^2)}{2\Lambda\alpha} \xrightarrow[\Lambda \to 0]{} 0 \\
P_2(\varepsilon_g) &= \left[-\frac{\beta}{\Lambda} \cdot P_1(\varepsilon_g) \xrightarrow[\Lambda \to 0]{} \left(-\frac{\alpha}{\beta} \right) \right]
\end{aligned}
\tag{12.64}
$$

数学归纳法证明

$$
\begin{aligned}
P_{2m+1}(\varepsilon_g) &= \left(-\frac{\beta}{\Lambda} \right)^m [\cdot P_1(\varepsilon_g)]^{m+1} \xrightarrow[\Lambda \to 0]{} 0 \\
P_{2m}(\varepsilon_g) &= \left[-\frac{\beta}{\Lambda} \cdot P_1(\varepsilon_g) \right]^m \xrightarrow[\Lambda \to 0]{} \left(-\frac{\alpha}{\beta} \right)^m
\end{aligned}
\tag{12.65}
$$

也就是说，在亚晶格B的原子上，分裂波小于亚晶格A的原子，但与零不同($\Lambda \to 0$时趋于零)

$$
\begin{aligned}
\mu_g^{(2m+1)} &= \mu_g^{(0)} \cdot \left(-\frac{\beta}{\Lambda} \right)^{2m} [\cdot P_1(\varepsilon_g)]^{2(m+1)} \xrightarrow[\Lambda \to 0]{} 0 \\
\mu_g^{(2m)} &= \mu_g^{(0)} \cdot \left[-\frac{\beta}{\Lambda} \cdot P_1(\varepsilon_g) \right]^{2m} \xrightarrow[\Lambda \to 0]{} \left(-\frac{\alpha}{\beta} \right)^{2m}
\end{aligned}
\tag{12.66}
$$

分裂波位于亚晶格B原子上的能量的相对分数

$$
\sum_{m=0}^{\infty} \mu_g^{(2m+1)} = \frac{2\Lambda^2\alpha^2 - (\beta^2 - \Lambda^2)[\sqrt{(\beta^2 - \Lambda^2)^2 + 4\alpha^2\Lambda^2} - (\beta^2 - \Lambda^2)]}{4\Lambda^2\alpha^2 - (\beta^2 - \Lambda^2)[\sqrt{(\beta^2 - \Lambda^2)^2 + 4\alpha^2\Lambda^2} - (\beta^2 - \Lambda^2)]} \xrightarrow[\Lambda \to 0]{} 0
\tag{12.67}
$$

亚晶格A的原子

$$
\sum_{m=0}^{\infty} \mu_g^{(2m)} = \frac{2\Lambda^2\alpha^2}{4\Lambda^2\alpha^2 - (\beta^2 - \Lambda^2)[\sqrt{(\beta^2 - \Lambda^2)^2 + 4\alpha^2\Lambda^2} - (\beta^2 - \Lambda^2)]} \xrightarrow[\Lambda \to 0]{} 1
\tag{12.68}
$$

当然$\sum_{m=0}^{\infty} \mu_g^{(2m+1)} + \sum_{m=0}^{\infty} \mu_g^{(2m)} = 1$。

图12.20表示了当弛豫扰动时，图12.19中相同原子的演进$\Lambda(\kappa)$，可用关系式(12.55)描述$\tilde{J}=0.1\text{J}$。在亚晶格中的局域态密度原子上，近费米能级($\varepsilon=0$)揭示了宽度为$2\tilde{J}$的小峰值，其与谱密度$\rho_g^{(2m)}(\varepsilon) = g_g(\varepsilon) \cdot \mu_g^{(2m)}(\varepsilon)$完全一致，使用具有色散定律的间隙波的式(12.63)~式(12.68)计算(式(12.56))。函数$\rho_g^{(2m)}(\varepsilon)$在图12.20的插图上用虚线表示，这些虚线完全叠加在曲线局域态密度上。需要注意的是，同时，局域态密度将其相对论(狄拉克)行为保持在$\varepsilon \to -0$时的无缺陷石墨烯的费米速度$\nu_F^{(0)} = 3aJ/2\hbar$和$\varepsilon \to +0$时的一维系统中的费米速度(式(12.62))，即线性相关的角系数$\rho_g^{(2m)}(\varepsilon \to +0)$与相似的$\rho_g^{(2m)}(\varepsilon \to -0)$ как $\sim [\nu_F^{(0)}/\nu_F^{(g)}]^2$有关。

对于亚晶格B中的原子，只有直接位于边界上的原子的ldo显示出宽度为2的小峰，

它与谱密度$\rho_g^{(1)}(\varepsilon)$完全一致。与边界有一定距离时，峰值$\rho_g^{(2m+1)}(\varepsilon)=\nu_g(\varepsilon)\cdot\mu_g^{(2m+1)}(\varepsilon)$变得非常小。在费米能级附近，亚晶格 B 原子的局域态密度行为在 $\Lambda=0$ 时是非相对论的，对应于有限质量的准粒子。

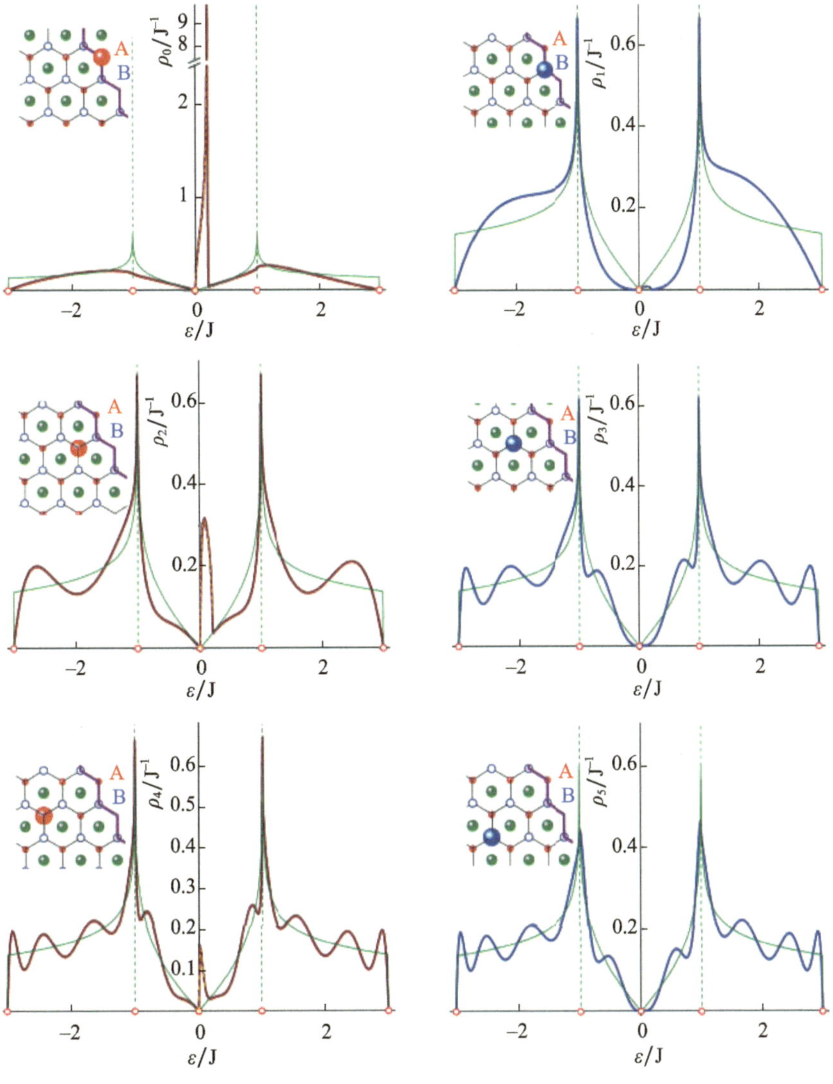

图 12.20　当系统中出现具有色散的间隙波(式(12.56))时，电子局域态密度在$\tilde{J}=0.1J$时距离边界处的演化(式(12.20))

12.3.2　锯齿形边缘形成中石墨烯声子光谱的变形

计算石墨烯的声子光谱和振动特性实际上可以以自由微观薄片的形式存在，通常是波纹状的，或者是以平板单层的形式存在于基底上。游离石墨烯单层不可能存在[57]。在电子光谱的研究中，可以将基底视为绝缘体，完全不考虑它，那么在计算和分析声子光谱时，就需要既考虑碳原子与基底原子的相互作用，又考虑基底原子本身的运动。此外，由于石墨烯的宏观厚度和石墨烯的高德拜温度，基底原子的振动将精确地确定体系“石墨烯 +

基底”的低温热力学振动特性。因此，这些通常是声子光谱信息的重要来源的特性，在这种情况下，实际上不携带这种信息。

同时，根据目前已有的石墨和石墨烯纳米薄膜[3-6,11]声子光谱理论和实验研究数据，可以得出明确的结论：在超出频率时，与层间弱的范德瓦尔斯力有关，这些物体的声子光谱与石墨烯单层的声子光谱匹配。由于石墨烯与基底的连接也是范德瓦尔斯力，因此，从某一频率 ω^* 开始“基底上的石墨烯”声子光谱不再感测基底的存在。

图 12.21 显示了沿石墨烯层平面$\rho_a^{(\infty)}(\omega)+\rho_b^{(\infty)}(\omega)$和垂直于层的方向$\rho_c^{(\infty)}(\omega)$（同一图中的曲线2）中两个方向的任意样品石墨烯原子位移对基底上的声子态密度的影响（图 12.21(a)，曲线1）。符号(∞)表示与边界的距离，足以完全忽略其影响。曲线1与双层石墨烯或三层石墨烯[32]的相应依赖性没有不同，即层平面内的振动几乎感觉不到基底的影响。在曲线2上，基底的影响更明显，并且集中在 $\omega \leqslant \omega^* \approx 5$THz 频率范围内。在 $\omega > \omega^*$ 时，函数$\rho_c^{(\infty)}(\omega)$实际上与无缺陷和无界石墨烯单层的相应光谱密度一致。注意到，它是三维基底对振动光谱的特征影响；它提供了所考虑系统的稳定性（即“平面稳定性”）。

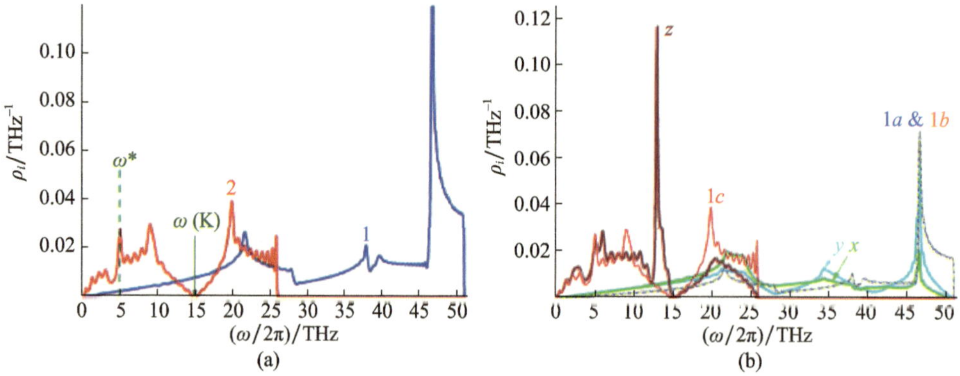

图 12.21 (a)沿着石墨烯层和垂直于石墨烯层的原子位移对基底上石墨烯的声子态密度的影响（分别为曲线1和2）；(b)声子光谱密度，对应于原子无缺陷石墨烯（曲线1）和原子“峰值”锯齿形边缘沿不同结晶方向的位移（x—在层平面中，垂直于边界；y—沿边界；z—垂直于层平面）

在 $\omega \in (10,20)$THz 频率范围内，频谱密度$\rho_c^{(\infty)}(\omega)$具有最小值，类似于电子密度上的V形奇点。这是由于振动模式的分裂，发生在系统中 $\omega > \omega^*$ 处（类似于石墨中声子模式在超过范霍夫奇点频率的频率处的分裂，对应于沿着 c 轴从闭合等频面到开放等频面的转变[25]）。此外，标量模型可以描述在石墨烯的六边形蜂窝晶格上沿着 c 轴极化的模式（类似于强耦合近似中的电子）。如在电子光谱中一样，该最小值的频率对应于 K 点第一布里渊区，其中光学和声学模式连接，沿着 c 轴偏振（参见文献[23]）。

如文献[5]$\omega(K) \approx 15$THz 频率附近所示，在不同类型缺陷的影响下可以形成准定域态，丰富了给定频率范围内的声子光谱。在图上，图 12.21(b)显示了声子光谱密度，对应于位于原子“峰值”（即亚晶格 A）沿不同结晶方向的锯齿形边缘处的“峰值”位移。曲线 x 和 y 对应于光谱密度$\rho_x^{(0)}(\omega)$和$\rho_y^{(0)}(\omega)$，由给定原子在石墨烯层平面内分别垂直于边界和沿边界的位移产生（图 12.17(a)）；曲线 z 对应于由垂直于层平面的位移产生的光谱密度$\rho_z^{(0)}(\omega)$。在该谱密度上，在 $\omega(K)$ 频率附近有一个明显的峰值，这类似于图 12.19 和图 12.20 所示的电子局域态密度中的峰值。可以非常肯定地假设，该峰也是由于石墨烯声子光谱将间隙模式从准弹性模式中分离出来造成的，类似于电子光谱中的模式（式(12.56)）。

这一类比也被频率 $\omega(K)$ 附近的谱密度 $\rho_z^{(n)}(\omega)$ 随离边界距离的演变特征证实，如图12.22所示。与电子光谱的情况一样，$\omega(K)$ 附件的亚晶格 A 原子的谱密度具有最大值 $(\rho_z^{(n)}(\omega)>\rho_z^{(\infty)}(\omega),n=0,2,4)$，对于给定频率的亚晶格原子 B，$\rho_z^{(n)}(\omega)<\rho_z^{(\infty)}(\omega),n=0,2,4$。

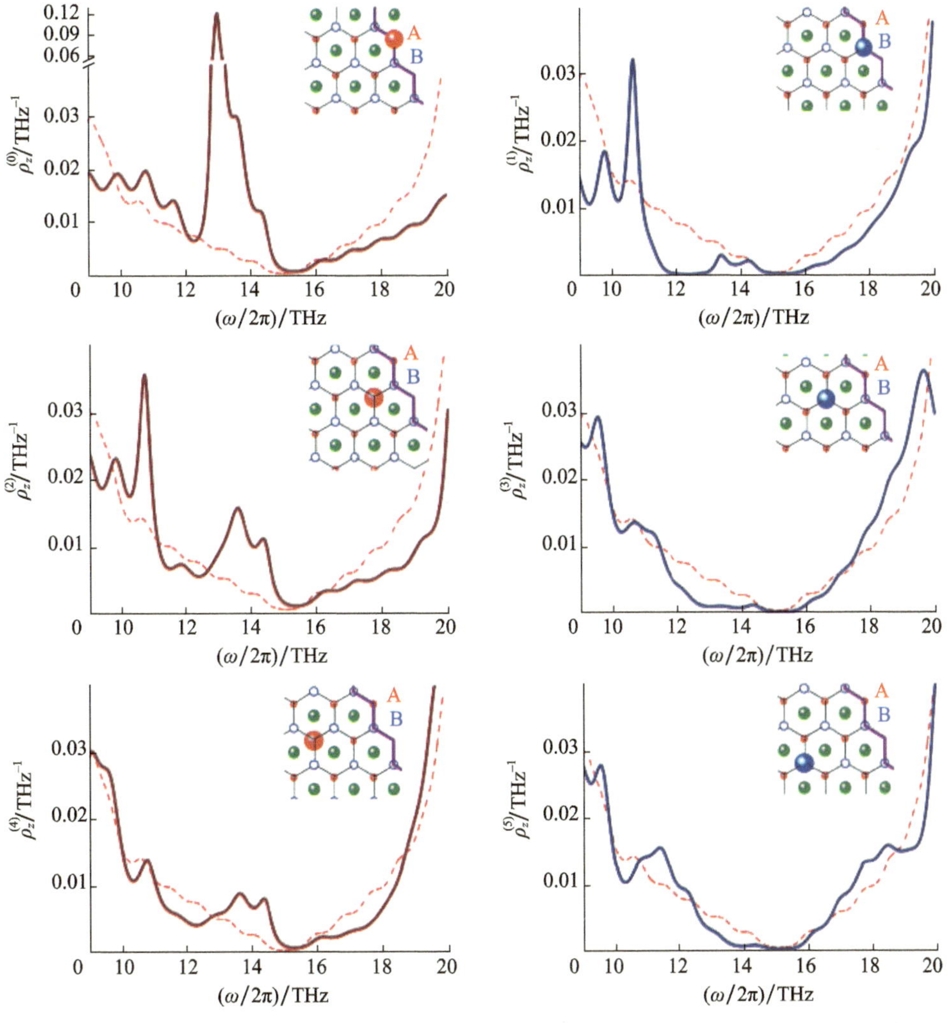

图 12.22 从锯齿形边缘声子光谱密度产生垂直于石墨烯层平面的原子位移的距离的演变

因此，锯齿形边缘的形成基本上丰富了在垂直于石墨烯层的平面偏振的声学和光学分支之间的接触频率附近的频率范围中的声子光谱。

由此，在电介质基底上形成石墨烯单层的边界锯齿形手性，导致其在费米能级附近的电子光谱以及其在对应于其第一布里渊区的点 K 的频率值附近的频率范围内的拟挠曲声子光谱的显著变化。

在准粒子谱中，波是由准连续谱的谱带分裂而成，沿边界传播，随距离衰减。此外，这些波只传播原子所属的亚晶格的原子，在亚晶格中，边界的形成切断了其中一个键。

这些波的色散由边界形成中的弛豫过程的性质决定。在电子光谱中，色散是相对的，但与无限石墨烯单层相比，其群速度值要低得多。

分裂间隙波在局域态密度处形成尖锐的峰，基本上丰富了垂直于石墨烯单层平面极化的费米能级附近的电子光谱和声学和光学分支的交点附近的声子光谱。例如，在参考文献[9,58]中提到了拟挠曲声子在层状化合物，特别是石墨烯结构中的电子－声子相互作用中的特殊作用。这些在给定频域中的声子实际上不与其他极化的声子相互作用，并且具有高的群速度，可以确定它们对电子－声子相互作用的决定性影响。这些因素可能有助于石墨烯样品中库珀对的形成和具有锯齿形边缘的石墨烯在超导态下的转变。

12.3.3 点缺陷石墨烯的电子光谱

在12.1节中，注意到格林函数 $ReG(\varepsilon)$ 实数部分的费米能级附近的行为显示了在各种缺陷的影响下，基本激发有较高概率在该水平附近发生。态密度的奇点在 $\varepsilon=\varepsilon(K)=\varepsilon_F$ 处确定了 ε_F 附近格林函数的实数部分的行为，对于由缺陷引起的一类广泛的扰动，保证了在区间 $[-\varepsilon(M),\varepsilon(M)]$（在所考虑的模型中）上存在 Lifshitz 方程（式(12.3)）的解、相应的准局域态和石墨烯纳米结构向超导态转变所必需的费米能级居群的增加。它实际上可以通过创建具有某些缺陷结构的纳米对象来实现。

如图12.23(a)所示，对于石墨烯氮原子中存在独立的替位式杂质的情况，给出了 Lifshitz 方程的图解法。在文献[59]中计算了这种杂质原子的局部谱密度。对于通过杂质位置 $i=0(\varepsilon_0=\tilde{\varepsilon}_0)$ 中的能量值与主晶格的原子不同的独立的替位式杂质以及重叠积分 $J_{i0}=(1+\eta)J$，函数 $S(\varepsilon,\tilde{\varepsilon}_0,\eta)$ 具有以下形式

$$S(\varepsilon,\tilde{\varepsilon}_0,\eta)=\frac{(1+\eta)^2}{\tilde{\varepsilon}_0+\varepsilon\eta(2+\eta)} \tag{12.69}$$

根据文献[59]，曲线 $S(\varepsilon)$ 对应于图12.23(a)所示的氮杂质（在这种情况下，$\tilde{\varepsilon}_0\approx\varepsilon_F-0.525J,\eta\approx-0.5$）。从图中可以看出，式(12.3)在区间 $[-\varepsilon(M),\varepsilon(K)]$－点 $\varepsilon_{ql}^{(1)}$ 和区间点 $\varepsilon_{ql}^{(2)}$ 上都有解。在文献[59]中计算，氮杂质的局域态密度（图12.23(b)）在这两个区间都有准局部最大值。

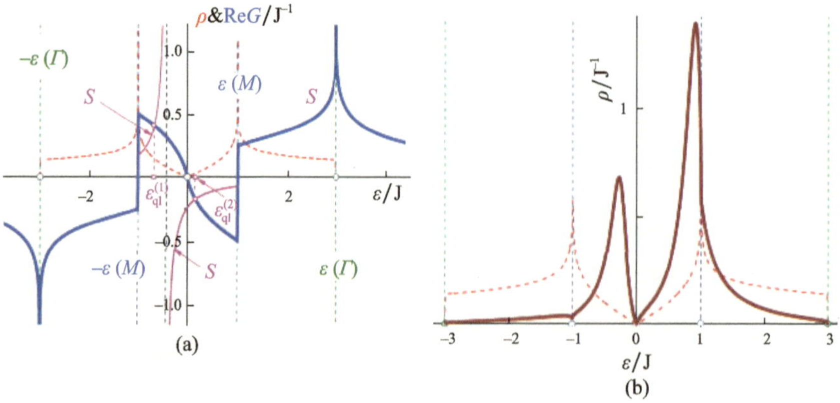

图12.23 用氮(a)和局域态密度(b)表示碳取代杂质的式(12.3)的解

虽然，由于格林函数的虚部与零之间的间隔不同，准局部最大值的位置与$\varepsilon_{ql}^{(1)}$ и $\varepsilon_{ql}^{(2)}$不同，区间$[-\varepsilon(M),\varepsilon(M)]$上 Lifshitz 方程对于给定缺陷参数的有解或无解，确定了在该区间上存在或不存在准局域态。因此，在参考文献[59]中也考虑了区间$[-\varepsilon(M),\varepsilon(M)]$中的硼杂质($\widetilde{\varepsilon}_0\approx\varepsilon_F+0.525J,\eta\approx0.5$)，式(12.3)无解[5]。在此区间中没有准局域态。在这种情况下，如参考文献[60]所示，电子光谱与准连续部分一起将包含两个对称的离散能级$\varepsilon_1^{(\pm)}\approx\pm3.0698J$(准连续谱的频带$-3J<\varepsilon<3J$)。这些量$\varepsilon_1^{(\pm)}$)是局部格林函数的极点。在这些极点的离散能级的强度$\mu_1^{(\pm)}\approx0.139$。在这种情况下，曲线$\rho(\varepsilon)$下的面积小于1(离散能级的强度之和)。

因此，$-\varepsilon(M)<\varepsilon<\varepsilon(M)$时，石墨烯的格林函数的实数部分在实际上表明在给定能量值处的态密度对由晶体结构中的缺陷和其他变化引起的各种扰动的高度敏感性，特别是，形成能量接近费米能的局部激发的可能性(参见参考文献[36,59-62])。在这种情况下，一般而言，当函数可以以明确的形式写入，该扰动是否简并并不重要，或不能明确写入时，准局域态将通过在费米能级附近富集电子光谱而产生(发生)。

非常有趣的性质显示了含石墨烯空位的电子光谱，这是这种非简并扰动的一个例子。

例如，一个空位[5]附近的狄拉克点(即费米能级)附近的局部态密度的有趣特征，局域态密度的行为取决于所选节点所属的亚晶格。

可以注意到，在这些研究中注意到的具有空位的石墨烯的电子光谱特征，在实际实验中实现和观察的可能性远不明显，特别是在参考文献[5]中报道了局域态密度的强不均匀性。要在石墨烯中产生空位(即提取单个原子)，需要能量18~20eV[64]，当被能量大于86keV的等离子体中的离子或电子轰击时，可以获得这种能量。但很可能形成的不是一个单独的空位，而是一些空位群。

在具有汉密尔顿函数(式(12.1))的强耦合近似中，假设在层内的电子跃迁在最近的近邻之间$J_{ij}(a)\equiv J\approx2.8\text{eV}$和第二近邻之间$J_{ij}(a\ \sqrt{3})\equiv J'\leqslant0.1\text{J}$都是可能的，($a\approx1.415\text{Å}$为石墨烯层中最近的近邻之间的距离)。费米能量对应于第一布里渊区K点的能量，对于色散，可以写出定律

$$\varepsilon(k)-\varepsilon_F=\varepsilon_0(k)\cdot[1\mp J'|\varepsilon_0(k)|/J^2] \tag{12.70}$$

式中：$\varepsilon_0(k)$为石墨烯中电子分散的定律，只允许最近的近邻之间的相互作用(2)$\Delta_v\equiv-\varepsilon_v(\Gamma)=3J(1+3J'/J)$)，并使导带变窄($\Delta_c\equiv\varepsilon_c(\Gamma)=3J(1-3J'/J)$)。

在图12.24中，理想石墨烯的电子态密度仅考虑最近近邻的相互作用(曲线1)，并考虑与第二近邻的相互作用(曲线3 $-J'$值假设为$0.1J$)。为了进行比较，在随后的所有图(图12.25~图12.28)中以虚线表示相同的相关性。

在$\varepsilon=\varepsilon(K)=\varepsilon_F$处，两个态密度都具有V形狄拉克特征，两条线的倾斜角(费米速度)一致。这些态密度证明了二维结构的典型行为：谱边缘上的阶跃($\varepsilon=\varepsilon(\Gamma)=\varepsilon_F\pm3J(1)\mp3J'/J$)和对数奇异点$\varepsilon=\varepsilon(M)=\varepsilon F\pm J\cdot(1\mp J'/J)$。如果曲线1相对于该$\varepsilon=\varepsilon_F$线镜像对称，则曲线2相对于该线移动到低能区，并且其“重心”位于价带中。

对于一个完美的石墨烯局域态密度，每个原子与总态密度一致。在石墨烯晶格中形成单独空位导致位于空位附近的原子的局域态密度将彼此不同。图12.25显示了单独空位的第一、第二、第七和第十近邻的局域态密度。

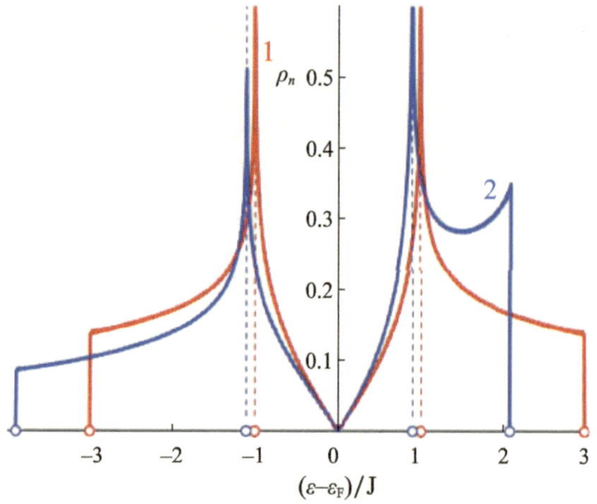

图 12.24　石墨烯态的电子密度，对于与第二近邻的相互作用的不同值

曲线 1 对应于$J'=0$，曲线 2 对应 $J'=0.1J$。

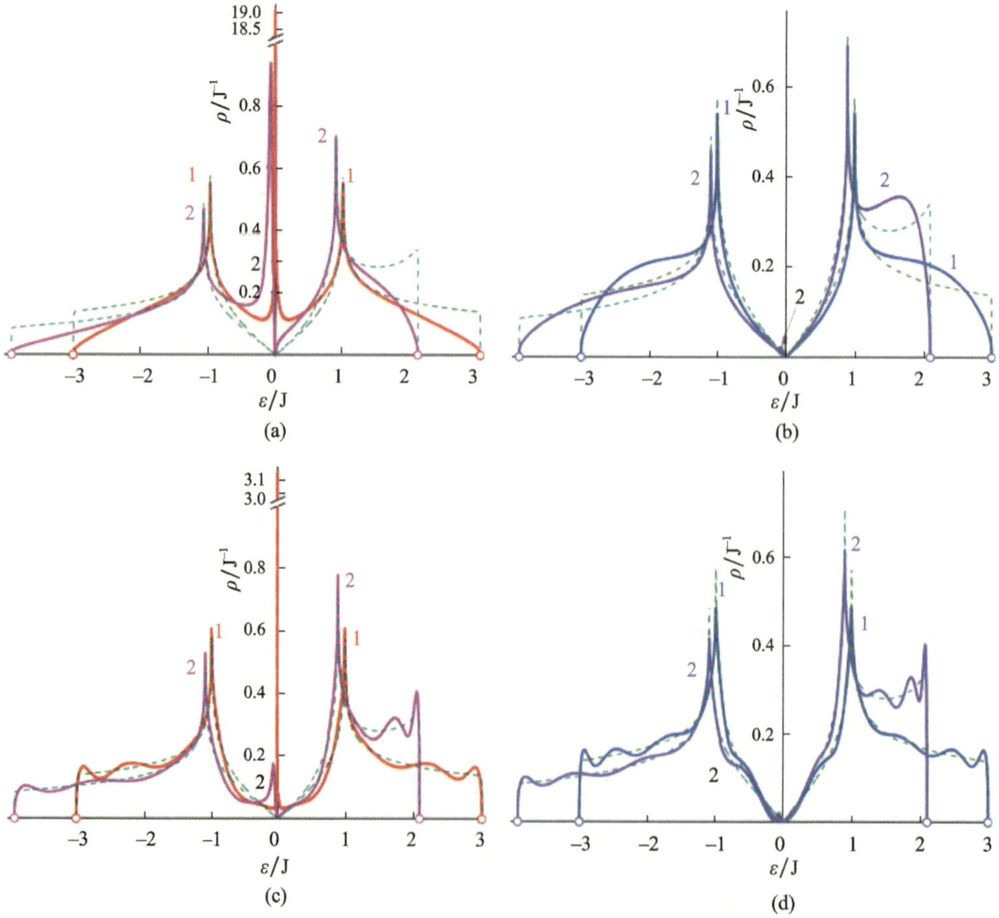

图 12.25　单独空位的第一、第二、第七和近邻的局域态密度（分别为图(a)、(b)、(c)和(d)）

在参考文献[62,65-66]中,只有最近邻相互作用的情况下,当 $\varepsilon=\varepsilon_F$时,受空位的影响,石墨烯的总电子态密度形成尖锐的峰。从图12.25(曲线1)可以看出,局域态密度仅对原子在给定的能量值下具有尖锐的峰值,这些原子属于不含空位的亚晶格(亚晶格A)。对于存在空位的亚晶格B的原子,局域态密度在 $\varepsilon=\varepsilon_F$处等于零。此外,对于第二空位近邻,理想系统中固有的狄拉克奇点被保留,而对于靠近费米能级的稍微更远的原子,形成了一些微隙。当然,随着距离空位的进一步远离,所有原子的局域态密度趋于具有V形狄拉克奇点的理想石墨烯在 $\varepsilon=\varepsilon_F$处的态密度。12.3.1节注意到局域态密度原子在石墨烯的锯齿形边缘附近的类似行为,并且可以用类似的方法证明(参见式(12.51)~式(12.53)和式(12.64)~式(12.68))。

因此,与第二近邻相互作用的余量不会消除,而只是轻微地改变了不同亚晶格的原子的电子光谱的强烈不均匀性,这是由于在石墨烯中形成单独的空位。

在系统中存在几个紧密间隔的空位可以显著地影响相邻原子的电子局域态密度的形式和这些特性的不均匀性,特别是由单个独立空位产生的费米能级的最近邻域的居群。本节包含原子的局域态密度数,相邻的双空位为两个相邻的空位(图12.26),两个空位是彼此的第二近邻空位(图12.27)。

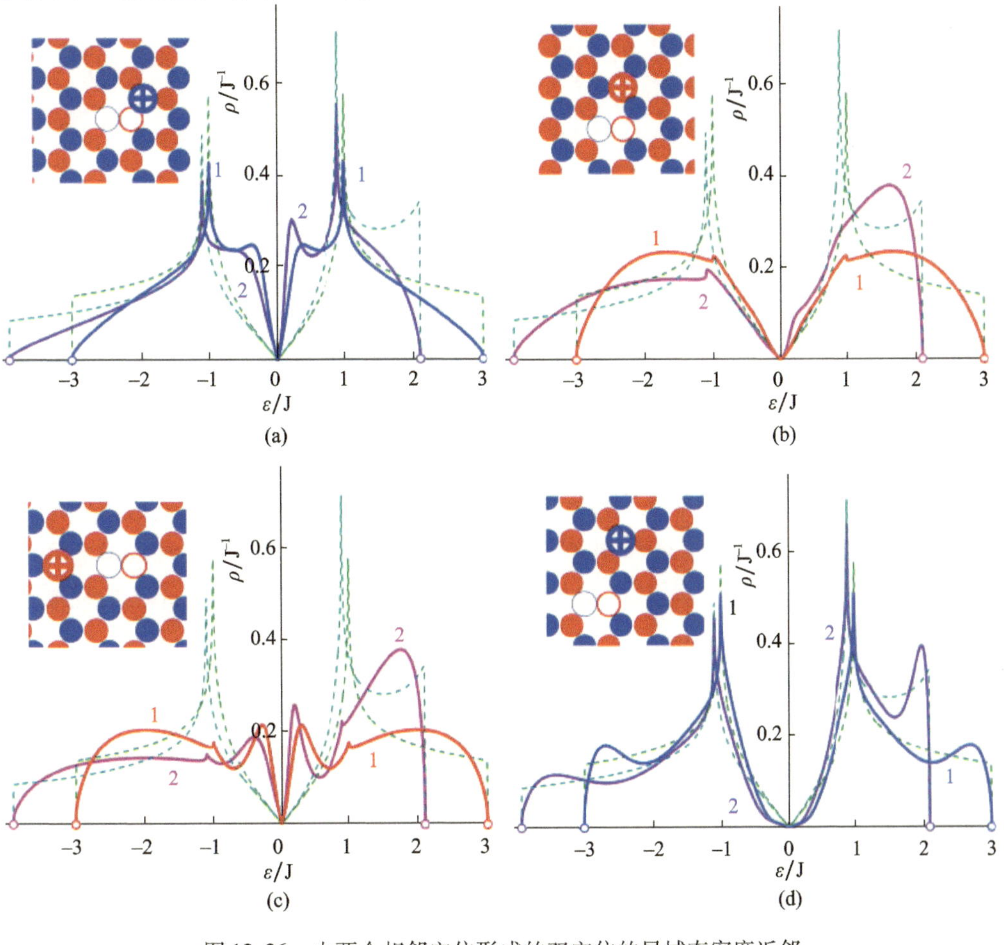

图12.26 由两个相邻空位形成的双空位的局域态密度近邻

每个图片的插图表示相应原子的位置。曲线1对应 $J'=0$,曲线2对应 $J'=0.1J$。

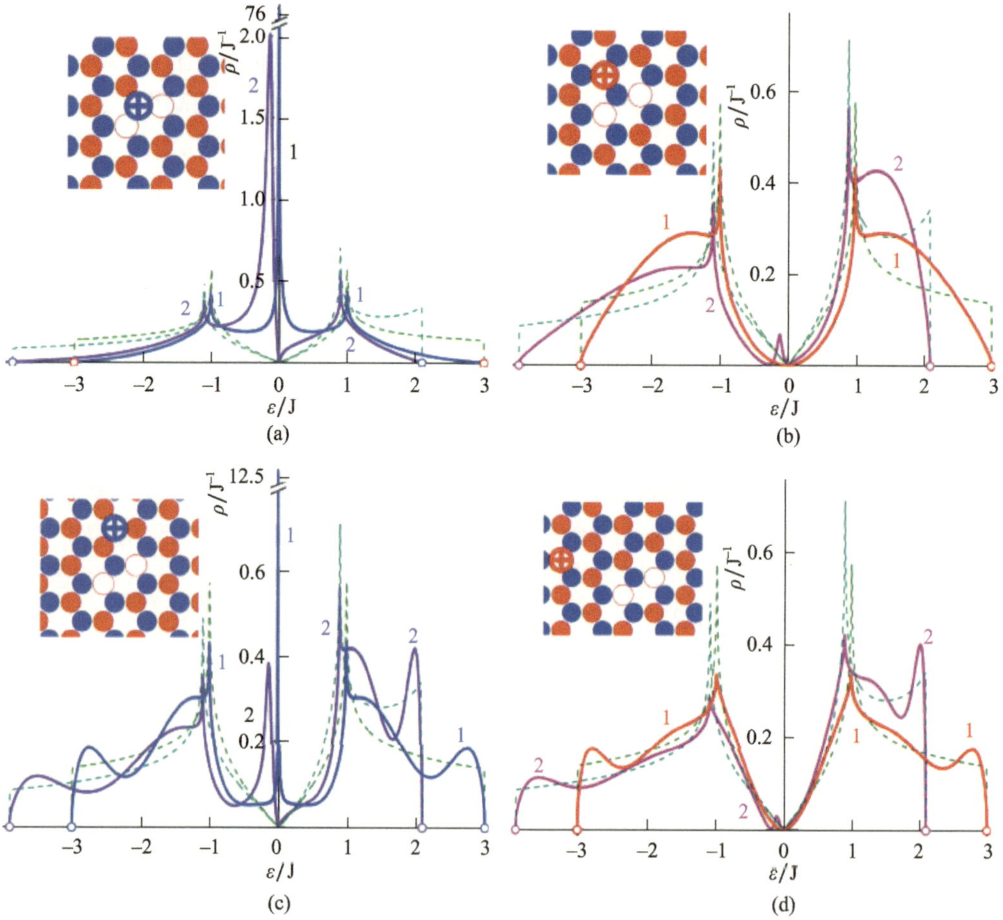

图 12.27 由两个互为第二近邻的空位组成的双空位近邻的局域态密度(所有符号与图 12.26 中的符号相似)

在第一种情况下,空位在石墨烯的两个亚晶格中,并且任何原子都在包含空位的亚晶格中。这导致这样一个事实,与上一节审议的一个孤立空缺的情况相反,在所有态密度和所有靠近 $\varepsilon=\varepsilon_F$ 的局域态密度都未形成共振峰(图 12.26)。这一结果与数据[19]一致。

电子局域态密度行为的不均匀性不是定性的,尽管原子的交替,在其局域态密度上在费米能级附近有一个明显表示的 V 形狄拉克奇点(图 12.26(a)和(c)),该局域态密度接近具有非常小的间隙和通常的非相对论二次色散定律的普通半导体的电子态的局域态密度(图 12.26(b)和(d))。

考虑第二近邻的相互作用对费米能级附近的电子态密度的行为没有显著影响,而是仅仅导致相应曲线的微小不对称性。

在由两个空位形成的双空位的情况下,这两个空位是彼此的第二近邻,也就是说,局域态密度的行为在同一个亚晶格中,完全类似于一个单独空位的情况,只是由于空位容量的增加而表现得更为强烈(图 12.27(a)和(c))。在亚晶格原子的局域态密度上,$\varepsilon=\varepsilon_F$ 附近不包含空位,形成尖锐的共振峰。其高度超过图 12.25 中类似峰值的高度 2 倍以上。

与单独空位的情况一样(图 12.25),考虑第二近邻的相互作用导致该峰的拖尾及其位移进入价带的能量范围,并且费米能级本身的居群显著减少。此外,在这种双空位的情况下，更清楚地看到，尽管费米能级的居群数很低，但相应的局域态密度表现出金属的行为特征，具有非相对论的二次色散定律。

与一个单独空位的情况一样，具有空位的单个亚晶格的原子在 $\varepsilon=\varepsilon_F$ 附近，其自身的局域态密度没有这种峰值（图 12.5(b)和(d)）。在 $J'=0$ 时，对此的证明与上一节给出的证明相同。考虑到第二近邻的相互作用，降低该峰值并将其从费米能级移开，导致在相应的局域态密度处形成小爆发。在这种双空位的情况下，比单独空位的情况更明显，但它比另一个亚晶格的局域态密度原子小两个数量级，后者与缺陷的距离大致相同。

注意，对于这种双空位，更值得注意的是，当 $J'=0$ 并考虑第二近邻的相互作用时，在费米能级附近包含空位的亚晶格原子的局域态密度行为是二次非相对论电子色散定律中半导体的特征。

缺陷由四个空位组成。一些"中心"原子与其所有三个最近的相邻原子一起被摧毁。不同原子的局域态密度的行为（图 12.6）在性质上类似于由一个亚晶格中的两个空位形成的空位情况。对于具有"中心"（即缺陷的最近近邻）的一个亚晶格的原子，这些特性在 $J'=0$ 处，在费米能级附近形成尖锐的共振峰，随着 J'增加，共振峰逐渐模糊并向价态转移。这些原子的局域态密度行为是具有低载流子浓度和电子二次色散定律的金属的特征（图 12.28(a)和(c)）。

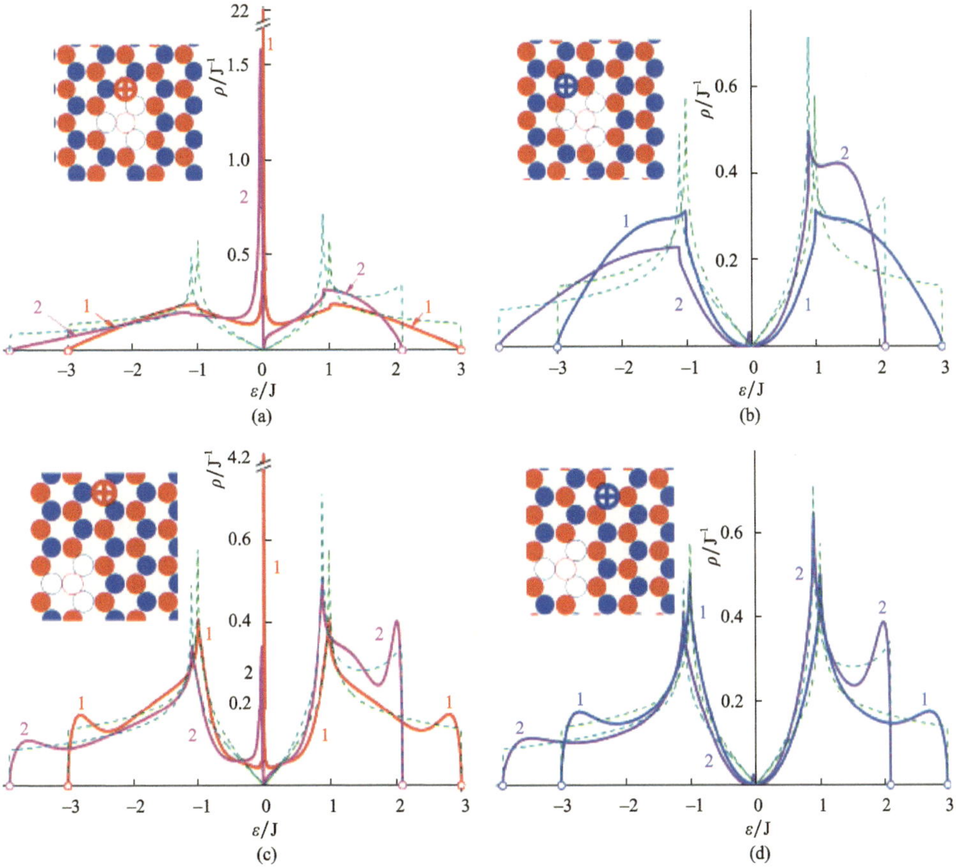

图 12.28　四个空位形成的空位群相邻局域态密度

一些"中心"原子与其所有三个最近的相邻原子一起被摧毁。所有符号与图 12.4 中的符号相似。

含有该空位群三个极端空位的亚晶格原子的局域态密度表明了具有极窄带隙的半导体的行为特征。此外，与第二近邻的相互作用导致在费米能级附近的价带中形成小峰(爆发)，其幅度比另一个亚晶格的局域态密度原子小几十倍。

图12.29给出了计算空位邻近的局域态密度的演进，当远离时，考虑到最近的空位邻近的相互作用的弛豫。当考虑所有其他原子之间的相互作用时，只考虑最近的原子之间的相互作用，但考虑的是空位上最近的原子之间的相互作用，其中一个键会断开(这些原子与第二近邻的原子相距很远)。在计算时，我们认为这种相互作用等于0.1J。

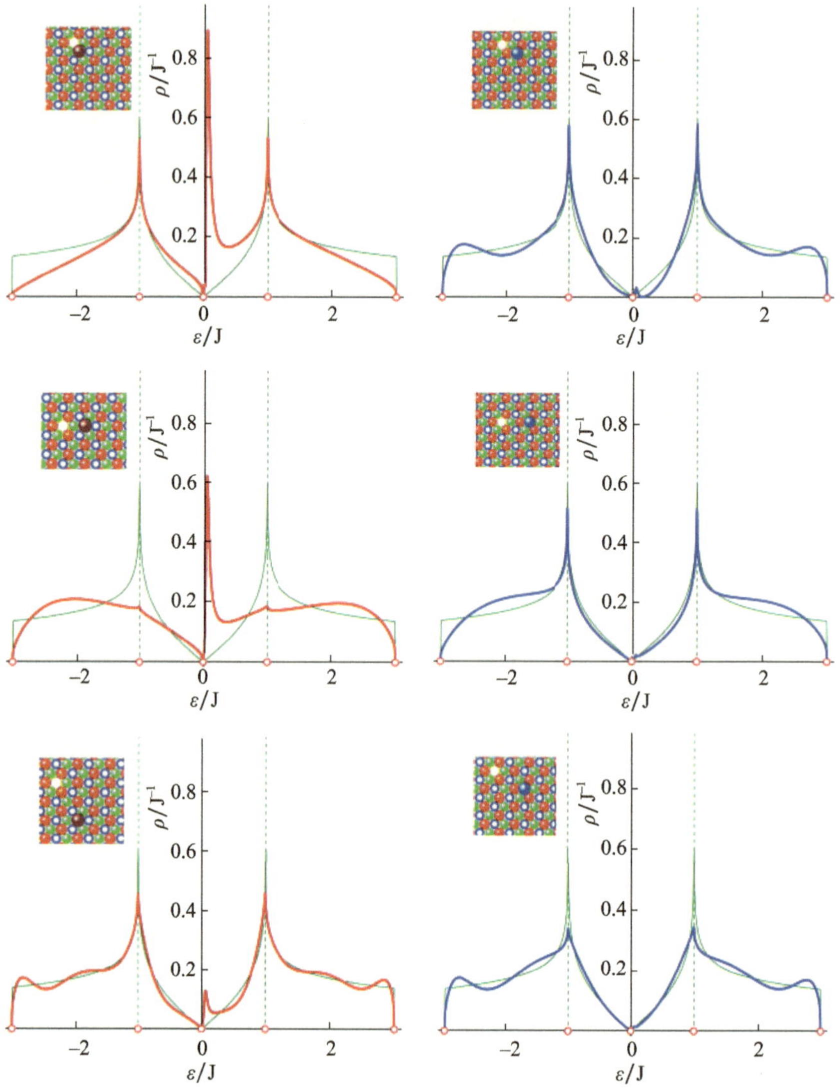

图12.29 电子局域态密度近邻的演进通过远离进行搜索

使用雅可比矩阵计算的所有局域态密度，其形式表示在基础中的汉密尔顿函数(式(12.1))是通过序列$\{\hat{\mathcal{H}}^p\Psi_0\}_{p=0}^{\infty}$的正交归一化得到的，而母函数$\Psi_0$原子的单个激发在每个图的插图上指定。

可以清楚地看到，在不含空位的亚晶格的局域态密度原子上，存在类似于图12.2中的峰值。在 $\varepsilon \to -0$ 处,这些函数具有明显的相对论行为。另一个亚晶格的原子在第二空位近邻的局域态密度处有一个小峰,当远离时,迅速衰减。衰减伴随着这些依赖性的相对论行为的“恢复”。

基于强耦合近似(汉密尔顿函数)的简单模型的计算结果与单独空位及其复合材料的第一原理计算结果有较好的相关性[63]。

12.3.3.1 石墨烯纳米膜“表面阶跃边缘”型缺陷及其对电子和声子光谱的影响

在具有仅阶跃到作为空位的最近相邻原子的电子强耦合的近似下双层石墨烯的电子光谱的描述中(参见文献[9-10]),样品的边界的特征在于一个或多个键的断裂。因此,由这种缺陷引入电子光谱的扰动在许多方面应该相似。在本节中,对于相同的双层石墨烯模型(当描述层间电子跳跃时,仅考虑亚晶格 AⅠ 和 AⅡ 的最近原子之间的阶跃),将分析位于双层石墨烯表面上的阶跃边缘附近的局域态密度原子,即界面“双层石墨烯”-“石墨烯”。在计算电子和声子光谱时,为了出现避免额外参数,忽略了整个样品的有限维,考虑了系统,其中考虑了填充有双层石墨烯和石墨烯的半平面。在考虑给定结构的电子性质之前,应该找出其存在的可能性,并确定这种系统稳定性的温度区间。

12.3.3.2 碳纳米膜表面阶跃原子振动的声子光谱和均方根振幅(rms)

与双层石墨烯不同,在没有基底的情况下,双层石墨烯-石墨烯结构不能作为足够大尺寸的平坦结构存在。而平面外声子位移应负责观察该系统的声子光谱和振动特性。虽然在之前就已经证明了[67],双层石墨烯和石墨烯在远高于环境温度下保持平面几何形状,但具有悬挂键的阶边原子的稳定性极限仍未被探索。为了直接估计阶跃边缘原子的稳定性极限,当另一个石墨烯单层有基底时,可以选择“三层石墨烯阶跃边缘”类型的结构。非常清楚的是,宏观厚度的真实基底将提供甚至更小的原子位移的均方振幅值,并最终提供更宽的结构稳定性的温度范围。

边界的声子光谱和振动性质强烈地依赖于其构型。考虑两种类型,“扶手椅形”(图 12.1(c))和“锯齿形”(图 12.1(d)、(e))。对于后者,研究了两种情况下的“锯齿形”,在与晶格 A(●)相关的原子上具有单个悬挂键(图 12.1(d)),或在亚晶格 B(○)上具有单个悬挂键(图 12.30)。

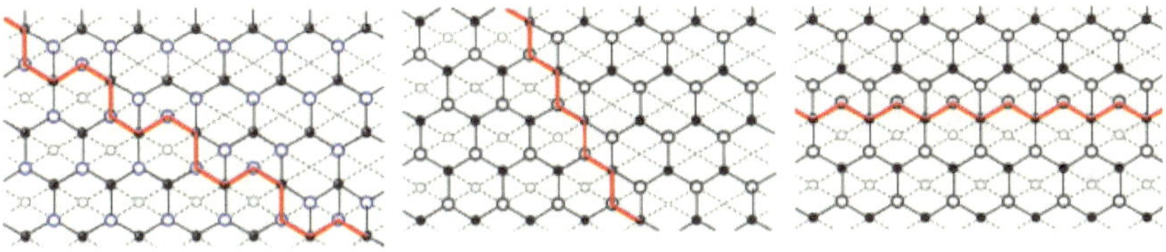

图 12.30 研究中的阶跃边缘构型

由原子在 c 轴方向上的位移引起的声子态密度与块状石墨的两个亚晶格有关,此外,碳纳米膜在 $\omega=\omega(K)$ 处具有最小值(分别见图 12.31,曲线 1 和曲线 2)。该最小值类似于石墨烯电子密度的狄拉克 V 形奇点,并且类似地,负责 $\omega(K)$ 频率附近的不完全诱导准局域态[5]。注意,即垂直于石墨烯层的极化(拟挠曲)振动[9]应该在超导转变时的库珀配对中起关键作用。

在图 12.31 中,曲线 3 是声子光谱密度,由垂直于阶跃边缘“锯齿形”的边界原子的层位移来设置。准局部最大值在略低于 $E(K)\equiv\frac{\hbar\omega(K)}{e}$（$e$ 是电子电荷）的频率范围内，以及声子态数 $E=E(K)$ 的显著增长。

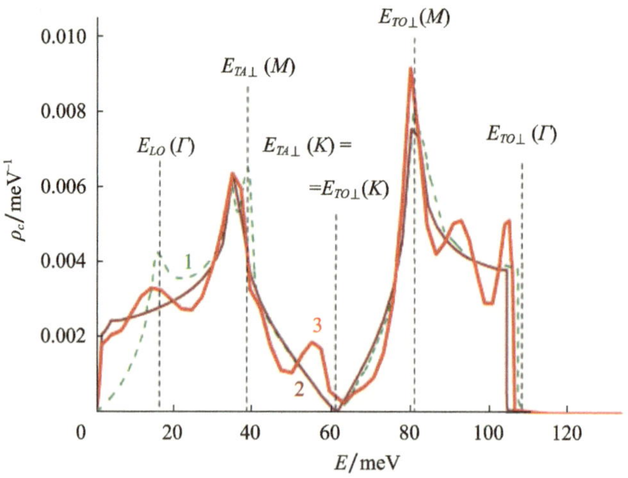

图 12.31 石墨原子（曲线 1）、纯石墨烯（曲线 2）和阶跃边缘“锯齿形”A 原子（曲线 3）沿晶轴 c 位移产生的谱密度

原子 s 在结晶方向 i 上的 rmd 位移的温度依赖性与相应的谱密度有关（式（12.35））。根据图 12.9 所示的独立外延双层石墨烯、此处的三层石墨烯及其各种构型的界面（图 12.30）的原子位移的均方根振幅（rmd）的计算，可以看出，对于所考虑的所有情况，在 ab 层的平面中的原子位移的均方根幅度（rmd）变化非常小，并且基本上保持与块状石墨相同。同时，沿 c 轴的 rmd 显示出明显的增长，层数减少（在图 12.2（c）中为双层石墨烯；三层石墨烯的极层和中间层为 $3c$ 和 $3c'$；块状石墨为 ∞ c）。阶跃边缘原子的 rmd 位于曲线之间，从图中可以看出，阶跃原子的位移位于曲线 $3c$ 和 $2c$ 之间，即使在高于环境温度的温度下，也不能达到 3000K（石墨的熔化温度约为 4000K）时的块状石墨的 rmd 值 ∞ c（$T=3000$K）。

因此，具有最严格条件的三层石墨烯表面构型的外延双层石墨烯中的阶跃边缘满足了进一步研究电子光谱的稳定性要求。

12.3.3.3 阶跃边缘附近原子态的局域电子态密度

结果表明[5]，缺陷有利于碳纳米膜电子光谱中准局域态的产生。石墨中空位的存在导致 $\varepsilon=\varepsilon_F$ 附近电子态密度出现尖锐共振，在文献[67]中，预测了双层石墨烯的类似效应。与空位类似，所考虑的缺陷是由于原子键的断裂造成的，并且对于至少特定的构型，在这里可以预期对电子光谱的类似影响。

图 12.32 显示了原子的电子局域态密度，位于“扶手椅形”a 型的双层石墨烯阶跃边缘附近。可以看出，对于位于边缘平面（顶部平面阶跃上的层 1）中的原子，发生最明显的局域态密度转变。底部平面上原子的局域态密度从台阶被占据的一侧迅速接近石墨烯或双层烯石墨烯。在“扶手椅形”案例中，局域态密度在 $\varepsilon=\varepsilon_F$ 附近未显示出共振。

位于边界的亚晶格 B 原子在 $\varepsilon=\varepsilon_F$ 附近的局域态密度行为（左上角插图，棕色和蓝色曲线）表明其比纯双层石墨烯（插图中的橙色曲线）有更高的有效电子质量值。

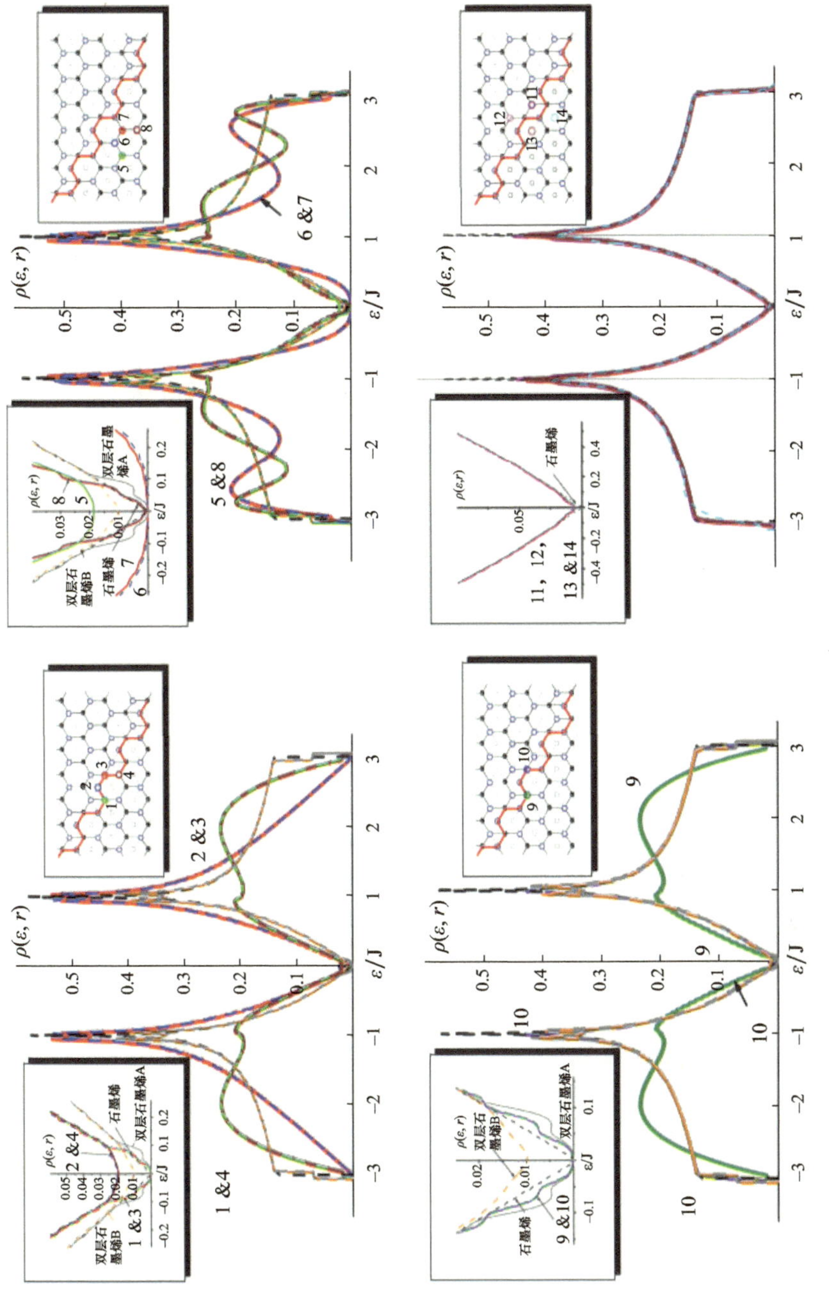

图 12.32　双层石墨烯表面“扶手椅形”阶跃的原子局域态密度

每个图片的右上部分展示了“阶跃边缘”附近相应的原子分布(原子的标签和颜色对于其局域态密度是相同的);左边 $\varepsilon=\varepsilon_F$ 附近显示了相应的局域态密度的放大部分。

对于位于阶跃边缘“锯齿形”A 附近的原子的局域态密度,观察到一个更有趣的行为,如图 12.33 所示。来自亚晶格 A Ⅰ 的原子的局域态密度(由于阶跃形成而具有单个悬挂键),来自 BⅡ 的原子的局域态密度在 $\varepsilon=\varepsilon_F$ 附近形成尖锐的共振(原子 A Ⅰ 的高度超过 BⅡ 的高度几个数量级)。最大高度随着远离边界而缓慢减小,在阶跃边缘的石墨烯侧

(层Ⅱ)立即消失。

在阶跃的“双层石墨烯”侧，亚晶格 AⅡ和 BⅠ原子的费米能级出现在宽度约 J'的间隙中。在阶跃边缘的石墨烯侧，局域态密度对应于理想双层石墨烯的局域态密度，但向石墨烯的局域态密度的趋势在远离阶跃边缘的地方立即表现出来。

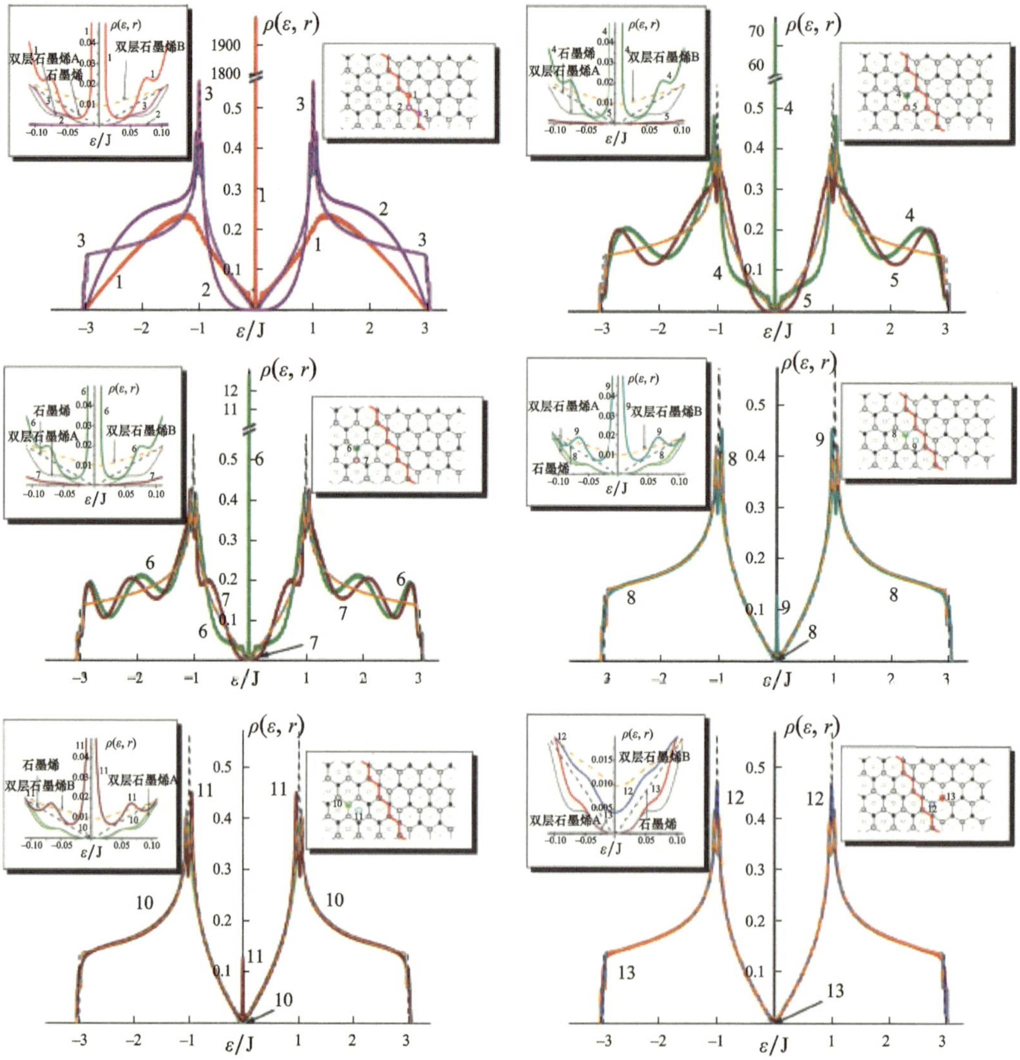

图 12.33 双层石墨烯 A 表面“锯齿形”阶跃的原子局域态密度(名称与图 12.32 相同)

在阶跃边缘“锯齿形”B 的情况下，局域态密度也表现出同样的行为。与前面的情况类似，在局域态密度$\rho_{A\,I}(\varepsilon)$和$\rho_{B\,II}(\varepsilon)$中应发现稍弱的谐振，虽然在这种情况下，键在 Bi 原子上断裂。显然，对于给定的边界方向，局域态密度的演进受到模型选择的强烈影响。

位于双层石墨烯的某些电介质基底上的表面上的阶跃边缘是具有许多特殊性质的稳定的纳米结构。因此，对于阶跃边缘“锯齿形”A，对应于亚晶格原子 AⅠ和 BⅡ的电子态的局域密度在费米能级附近的能量处具有尖锐的共振最大值。最大值的相应高度从边界慢慢衰减到双层石墨烯，并立即消失在石墨烯单层上(在阶跃边缘之后)。

12.3.3.4 金属插层石墨声子光谱

金属插层的石墨结构的有趣之处在于这种化合物的超导转变的温度T_c基本上取决于插层剂的类型。Yb $-C_6Yb$ 插层石墨在 6.5K 的温度转变为超导态，C_6Ca 则需要 11.5K 的温度[68-69]。

在超导态的形成过程中，电子-声子相互作用起主要作用，因此，这些化合物的变化 T_c 主要取决于其声子光谱的特征。尽管这些化合物的结构各不相同，但其电子光谱 C_6Ca 和 C_6Yb 在性质上不应该有差别。在 C_6Yb 中，金属形成 HCP 结构，在该化合物的晶胞中含有 14 个原子，而在 C_6Ca 中，金属形成 FCC 晶格，基本晶胞由 7 个原子组成。然而，这些致密堆叠的晶格的 HCP 和 FCC 中的态密度彼此略有不同（在力常数或重叠积分的相同值下，从第四矩开始，差异逐渐显示）。在这种情况下，金属-金属和金属-碳的重叠积分差别很小（并且钙和镱属于元素周期表中的同一族），因此，考虑中的化合物的电子光谱似乎不可能有相当大的差别。

在声子光谱中存在类似于石墨烯电子光谱中的狄拉克奇点的石墨奇点的拟挠曲振荡，可以导致在接近该奇点的频率的最大处形成类似于准局部振荡的声子态密度上的最大值，该准局部振荡通常在重或弱结合杂质的影响下出现在各种晶格的准连续谱的低频区域中，并且到目前为止已经得到了很好的研究，参见文献[19]。

关于声学、光学、C_6Ca 和 C_6Yb 的其他特性的数据，可以像本章第一部分所研究的那样，重建原子间相互作用的参数，但是到目前为止还没有相关研究。这迫使我们作出一些假设，然而，这些假设不应该定性和定量地甚至明显地影响所考虑的光谱特性的行为。

这些结构由石墨烯单层组成，石墨烯单层之间是具有周期 $a\sqrt{3}$的二维三角形金属晶格。石墨烯单层的两个亚晶格的原子一个位于另一个之下。在垂直于两种化合物中的层的方向上的晶格周期为 $c'\approx 4.5$Å，参见文献[68-69]。

忽略碳原子和金属在不同层中的相互作用，认为位于一层中的金属原子的相互作用是纯中心的，即描述这种相互作用的力常数矩阵的相互作用具有(2.2)在$\beta_z(\Delta)=\beta_x(\Delta)=0$ 中的形式，其中 $\Delta=a\sqrt{3}$。$\alpha(a\sqrt{3})$数值可以由关于多晶 Ca 和 Yb 的杨氏模量的数据确定，由此可知 $E_{Ca}\approx 2.6\times 10^{10}$Pa，$E_{Yb}\approx 1.815\times 10^{10}$Pa。$\alpha(a\sqrt{3})$数值在钙单层中约 4.0N/m，在镱单层中约 2.75N/m。

金属原子与碳原子之间最接近的距离 $r_{C-Me}\equiv\sqrt{\left(\frac{c'}{2}\right)^2+\frac{a^2}{3}}\approx 2.66$Å，即大于石墨烯单层第二邻近（$a\approx 2.45$Å）距离，但小于第三邻近（$2a\sqrt{3}\approx 2.83$Å）距离。因此，描述这种相互作用的势也可以自然地假定为各向同性对势，即$\beta_z(r_{C-Me})=\beta_x(r_{C-Me})=\beta(r_{C-Me})$。

由于插层不改变石墨烯单层中的原子间距离，因此描述相应原子间相互作用的力常数同样不改变，并且$\beta(r_{C-Me})$可以从关系 $C_{13}=C_{31}$ 中找到，在当前情况下呈现为

$$\beta_z\left(\frac{a}{\sqrt{3}}\right)+6\beta(a)+4\beta\left(\frac{2a}{\sqrt{3}}\right)=2\left[\left(\frac{c'}{2a}\right)^2-13\right]\beta(r_{C-Me}) \tag{12.71}$$

由此，如碳与钙的相互作用和碳与镱的相互作用$\beta(r_{C-Me})\approx 3.096$N/m。

用于确定表征中心金属原子和碳之间相互作用的力常数的实验数据不存在。因此，根据碳原子和嵌入石墨中的金属之间的距离，假设该量的值将在 $\alpha(r_{C-Me})\approx 19.647$N/m

到 $\alpha(a)\approx 50.4759\mathrm{N/m}$ 的范围内。在当前部分中,该量的值有三个变体:$\alpha(r_{C-Me})=30\mathrm{N/m}$,40N/m 和 50N/m。

图 12.34 显示了插层石墨中的碳和金属原子在垂直于层的方向上的位移对声子态密度的部分影响的频率依赖性。对应于插入金属原子的部分影响的曲线下的面积用阴影标记。该图的左侧插图对应于化合物 C_6Ca,右侧为 C_6Yb,从上到下的图片分别对应于数量的不同值 $\alpha(r_{C-Me})\approx 30\mathrm{N/m}$,40N/m 和 50N/m。在化合物 C_6Ca 中,在插层金属和碳部分中,碳和插入剂之间的相互作用增加,这些峰移动到纯石墨相应特性上的频率间隔[$\omega_{TA\perp}(M)$, $\omega_{TO\perp}(M)$]的中心(图 12.7)。该位移增加了声子在第一个布里渊区 K 点附近的频率间隔,通过这个频率间隔,石墨中电子的费米能级能够通过。

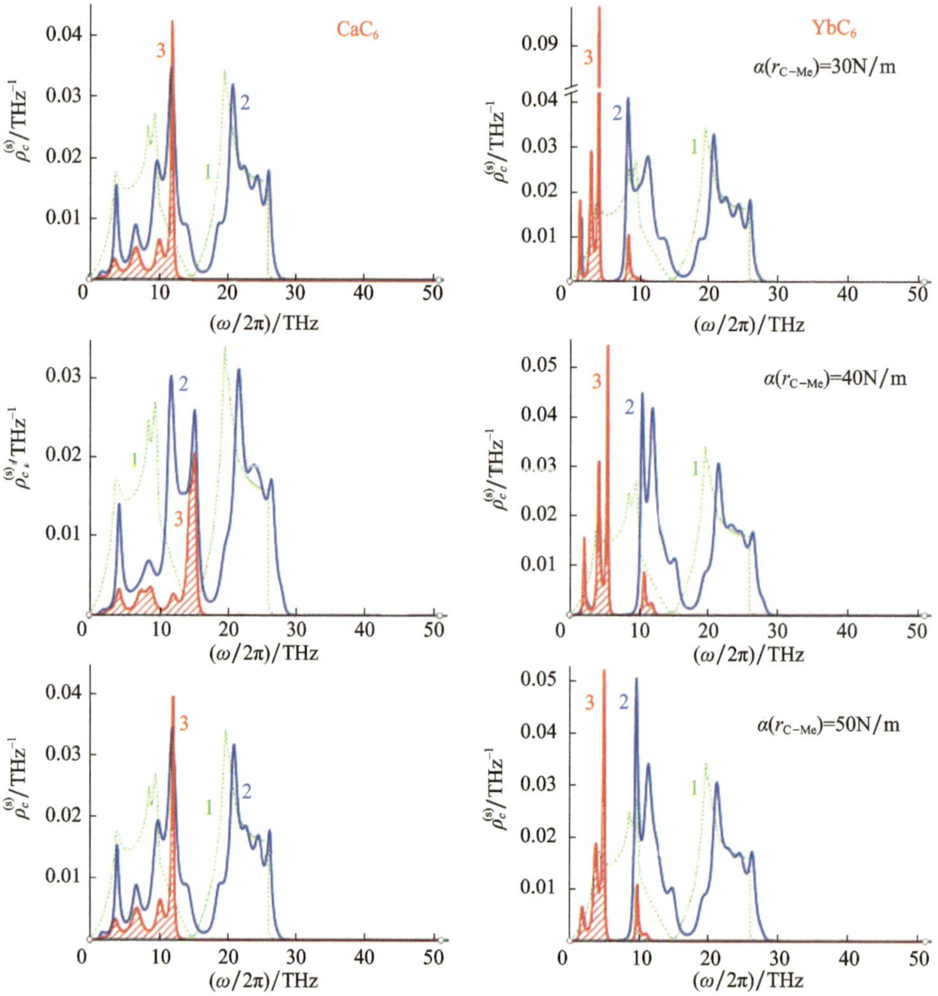

图 12.34 碳(曲线 2)和金属原子(曲线 3,曲线下的区域用阴影线表示)沿 c 轴的位移对插层石墨的声子态密度的部分影响(所有图片中的虚线(曲线 1)对应于纯石墨)

在化合物 C_6Yb(镱比钙重 4 倍以上)中,共振峰的频率较低,在 $\alpha(r_{C-Me})=30\mathrm{N/m}$, 40N/m 和 50N/m 时,在第一个布里渊区 K 点附近的区间内声子数量显著增加。上述结果与 C_6Ca 和 C_6Yb 的超导转变温度的差异有很好的相关性。C_6Ca 超导转变的温度几乎是

C_6Yb 的 1.8 倍。

图 12.35 插层化合物 C_6Ca(a)和 C_6Yb(b)显示了总声子态密度和来自插层金属原子的部分影响(上部插图,曲线 $\rho^{(Me)}(\omega)$ 下的面积用阴影线表示)。

该图的下部插图表示碳原子的所有位移对声子态密度的部分影响 $\rho^{(C)}(\omega)$ 以及碳原子沿着 c 轴的位移 $\rho_c^{(C)}(\omega)$。为了对图 12.35 中的所有插图进行比较,虚线表示纯石墨的声子态密度。可以看出,金属插层不仅在对应于插层金属准连续光谱带的低频区域,而且在高得多的频率间隔 $[\omega_{TA\perp}(M),\omega_{TO\perp}(M)]$ 处明显地重构了声子光谱。此外,插层剂的存在显著影响碳原子的振动光谱,主要影响沿着 c 轴(在垂直于石墨烯层的方向上)极化的振动。在较轻的钙原子插层的情况下,这种效果要明显得多。

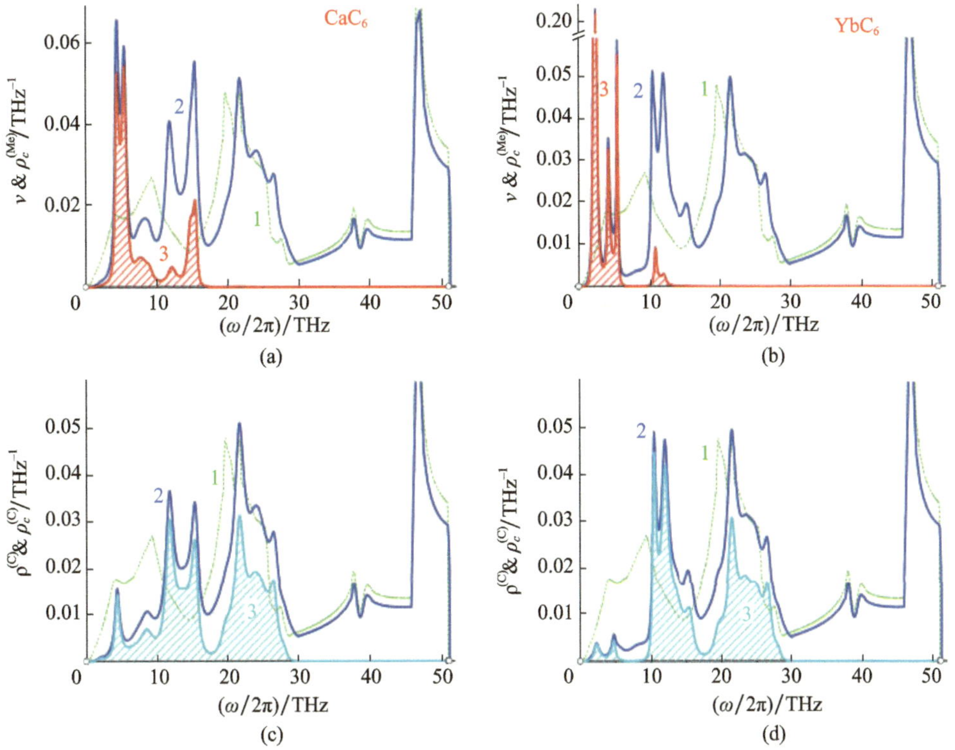

图 12.35 (a)、(b)是插层石墨的声子态密度和金属原子的位移对其的影响(曲线下的区域用阴影线表示)。(c)、(d)是来自碳原子的所有位移和来自这些原子到 c 轴的位移对声子态密度的部分影响(曲线下的区域用阴影表示)。参数 $\alpha(r_{C-Me})=50N/m$。图中的虚线都是纯石墨的声子态密度

注意到,石墨烯系统的声子光谱和振动特性是这种结构中固有的原子间相互作用的强各向异性的表现结果。这种强烈的各向异性是许多化合物固有的,在它们的电子(特别是超导)、磁性和其他特性中产生了一系列重要的特性,而且还影响了许多物体的相变和临界现象的性质[70]。石墨中声子子系统与金属插层结合的异常行为,对电子性能有显著的影响,特别是超导转变温度 T_c。在这方面的一些定性考虑在参考文献[5]中给出。

可以明确地说,为了增加 T_c,必须具有高的声子频率、电子与声子相互作用的较大常数值以及显著的费米表面上的电子态密度。这些性质在含有轻元素的金属化合物中尤其显著,如(氢化物、硼化物、碳化物和氮化物),因为它们具有与轻原子 H、B、C、N 的振动相

关的高频。例如，根据文献[71 - 73]，在 MgB_2 中，电子只与两种弯曲模式发生强相互作用。

这一假设可以通过以下事实得到证实：通过石墨与各种金属的插层获得的一系列化合物中观察到超导态的转变，从而导致声子光谱[3-4,74-75]发生类似的变化。因此，在参考文献[74]中，关于石墨插层剂 CaC_6 的声子密度，中子衍射揭示了能量接近 $E(K)$ 的声子数目的显著增加（与纯石墨相比），并且实验数据符合第一性原理的理论计算结果[76-77]。在经典晶格动力学框架内，我们在参考文献[5]中得到了类似的结果。在图 12.36 中，对参考文献[74]和[5]中的研究结果进行了比较。所给出的结果的一致性应该是相当令人满意的，特别是如果将插层剂视为理想的晶体结构，这将不可避免地使光谱密度处的峰更加陡峭。

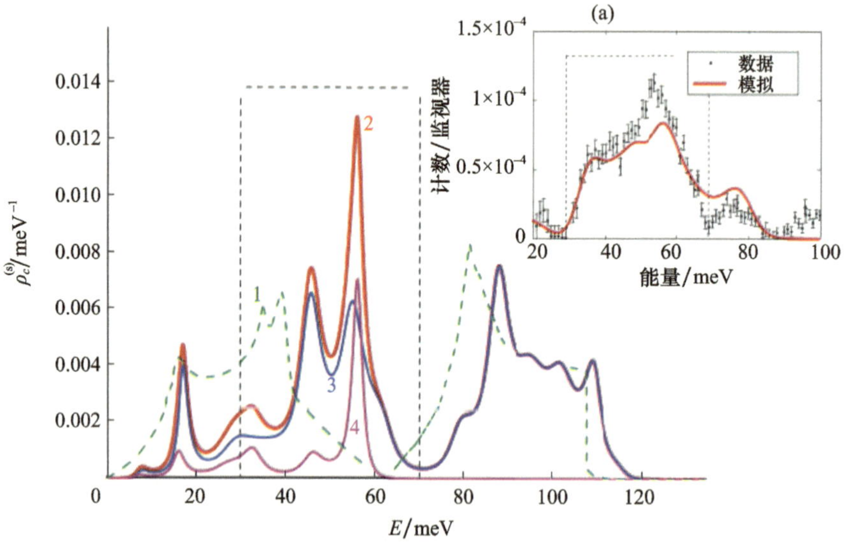

图 12.36　声子态密度纯石墨烯（曲线 1）和钙插层石墨（曲线 2）中沿着 c 轴的振动的部分影响，以及对碳原子和插层剂振动的影响（分别为曲线 3 和曲线 4）

插图：符号 - 声子密度 CaC_6[74] 的中子衍射测量结果，本工作中制作的实线模拟谱再现。

如文献[5]所述（与文献[75]一致），石墨与镱的插层对 $E(K)$ 附近声子光谱区域的影响较小，这有利于超导态的形成。CaC_6 超导转变温度约为 11.5K，YbC_6 约为 6.5K。

还注意到，当石墨与小于碳原子一半质量的锂[78]掺杂时，整个超导转变温度为 1.9K。轻原子的振动对石墨能量 $E = E(K)$ 附近的声子光谱进行了轻微的重新排列，并集中在较高的频率 $E \geqslant E_{T0\perp}^{\Gamma}$。

12.4 小结

石墨烯以及在其基础上合成的碳纳米薄膜的电子光谱在对应于第一布里渊区 K 点的能量值处具有尖锐的最小值，在我们的研究下，该能量值等于费米能量。与石墨烯的电子光谱（其中该值对应于狄拉克奇点）相反，在由多个（至少两个）石墨烯层组成的石墨和纳米膜中，该最小值是解析的，并且有效质量是有限的。

在 $\omega=\omega(K)$ 处的类似最小值也是典型的原子振动光谱的特征，以垂直于石墨烯单层的方向极化。它是由频率高于范霍夫频率的二维行为引起的，对于每个极化，对应于沿垂直于石墨烯层的轴从闭合等频面到开放等频面的转变。在该频率范围内，在各层平面内和垂直于各层平面的极化的振动实际上并不相互作用，可以独立地进行研究。

Lifshitz 于 1952 年预测了层状和链状结构的声子光谱，并于 1972 年在石墨上中子非弹性散射实验中发现了频率与准波向量呈二次依赖关系的拟挠曲模，这些拟挠曲模表现在双层石墨烯和石墨烯纳米管的低温热容的温度依赖行为中。

在包括石墨在内的许多层状化合物中，固有的热容的线性温度依赖性不是由在宽温度范围（从约 40K 及以上）上的准屈曲模的二次分散所引起的。为了使弯曲声子的二次色散表现在热容中，层状或链状晶体的声子光谱必须有一个足够扩展的范围，沿着该范围，谱具有低维特征，沿弱耦合方向极化的横向声子模的色散规律仍然可以被认为是二次的。

石墨烯纳米管不能用 Lifshitz 建立的链结构模型来描述，但是，其低温热容量表现为整个一维结构的弯曲振动（在 $T\leqslant1$K 处）和沿纳米管表面传播的拟挠曲波（在 $3K\leqslant T\leqslant 7$K 处）。

研究表明，负热膨胀（或更普遍地说，线性热膨胀系数随温度的非单调性）与原子间相互作用中具有强烈各向异性的结构是固有的。在微观层面上，晶格动力学的方法被用来解释当晶体在正交方向快速膨胀时，随着温度升高而压缩晶体的力的性质。发现了这种力与不同方向的均方原子位移的温度导数之间的关系。发现石墨烯纳米管负膨胀的原因是其扭转振动的高振幅，其中这些体系的晶体结构的准一维性表现得最为强烈。

存在于石墨烯的电子态密度以及电子和声子光谱中的 V 形特征，导致在存在宽类别缺陷的情况下形成尖锐的共振峰，其能量将位于该特征的最小值附近，其对应于第一布里渊区中的 K 点。这些峰的能量位于准连续谱的中心，而不是靠近其边缘，就像在“普通”准局域态的情况下一样，可以导致其值与到缺陷的距离的依赖性的振荡。

在具有锯齿形边缘的石墨烯的电子光谱中，出现了沿边界传播并随着距离的增加而衰减的准连续光谱带的分裂波。此外，仅通过亚晶格的原子传播，亚晶格含有具有悬挂键的原子，并形成了边界。这些波的色散由边界形成期间的弛豫过程的特性决定。电子光谱中的色散与相对论对应，但与无限单层石墨烯相比，对应于明显较小的群速度值。具有单独空位和空位团的石墨烯的电子光谱也证明了类似的行为。分裂间隙波导致形成尖锐共振的局域态密度，显著丰富了费米能级附近的电子光谱以及垂直于石墨烯单层平面偏振的声支和光支交点附近的声子光谱。

“表面阶跃边缘”缺陷即使对于“三层石墨烯 - 双层石墨烯”系统也是稳定的，并且导致在对应于第一布里渊区的 K 点的能量附近电子态和声子态（对于拟挠曲声子）的数量增加。在这种情况下，在该能量区域中形成准定域状态是可能的。在金属插层石墨中电子态和声子态的数量也有类似的增加，观察到了超导转变，并有助于提高这种转变的温度。

在所考虑的频率范围内，拟挠曲声子实际上不与不同极化的声子相互作用，并且还具有高群速度，这对电子 - 声子耦合有主要影响。结果表明，通过控制缺陷（如空位或锯齿形边缘)的产生,可以促进石墨烯物质中的超导电性,这些缺陷扭曲了石墨烯单层特定亚晶格中的原子键。

参考文献

[1] Wallace,P. R. ,The band theory of graphite. *Phys. Rev.* ,71,622,1947.

[2] Novoselov,K. S. Nobel lecture. Graphene: Materials in the flatland. *Rev. Mod. Phys.* ,83,837 – 849,2011.

[3] Dean,M. P. M. , Howard, C. A. , Saxena, S. S. , Ellerby, M. , Nonadiabatic phonons within the doped graphene layers of XC_6 compounds. *Phys. Rev.* B,81,045405,2010.

[4] Upton,M. Y. ,Forrest,T. R. , Walters, A. C. , Howard, C. A. , Ellerby, M. , Said, A. H. , McMorrow, D. F. , Phonons and superconductivity in YbC_6 and related compounds. *Phys. Rev. B*,82,134515,2007.

[5] Eremenko,V. V. ,Sirenko,V. A. ,Gospodarev,I. A. ,Syrkin,E. S. ,Feodosyev,S. B. ,Bondar,I. S. ,Minakova,K. A. ,Feher,A. ,*J. Phys*: *Con. Ser.* ,969 012021.

[6] Feher,A. ,Feodosyev,S. ,Gospodarev,I. ,Kotlyar,O. ,Kravchenko,K. ,Manzhelii,E. ,Syrkin,E. ,Impurity levels in the electron spectra of graphene. *Superlattices Microstruct.* ,53,55,2013.

[7] Eremenko,V. V. ,Sirenko,V. A. ,Gospodarev,I. A. ,Syrkin,E. S. ,Feodosyev,S. B. ,Bondar,I. S. ,Saxena, S. , Feher, A. , Minakova, K. A. , Electron spectra of graphene with local and extended defects. *Low Temp. Phys.* ,42,99,2016.

[8] Eremenko,V. V. ,Sirenko,V. A. ,Gospodarev,I. A. ,Syrkin,E. S. ,Feodosyev,S. B. ,Bondar,I. S. ,Minakova,K. A. ,Anisotropic behavior and inhomogeneity of atomic local densities of states in graphene with vacancy groups. J. Sci. :*Adv. Mater. Devices*,1,167,2016.

[9] Maksimov,E. G. ,Room – temperature superconductivity – Myth or Reality? *Phys. Usp.* ,51,167,2008 (in Russian).

[10] Eliashberg,G. M. ,Interactions between electrons and lattice vibrations in a superconductor. *Sov. Phys. JETP*,11,966;12,1437,1960.

[11] Eremenko,V. V. ,Sirenko,V. A. ,Gospodarev,I. A. ,Syrkin,E. S. ,Feodosyev,S. B. ,Bondar,I. S. ,Feher, A. ,Minakova,K. A. ,*Low Temp. Phys.* ,43,1657,2017.

[12] Pisana,S. , Lazzeri,M. ,Casiraghi,C. ,Novoselov,K. S. ,Geim,A. K. ,Ferrari,A. C. ,Mauri,F. ,Breakdown of the adiabatic Born – Oppenheimer approximation in graphene. *Nat. Mater.* ,6,198,2007.

[13] Das, A. , Pisana, S. , Chakraborti, B. , Piscane, S. , Sahai, S. K. , Waghmare, U. V. , Novoselov, K. S. , Krishnamurthy,H. R. ,Geim,A. K. ,Ferrari,A. C. ,Sood,A. K. ,Monitoring dopants by Raman scattering in an electrochemically top – gated graphene transistor. *Nat. Nanotechnol.* ,3,210,2008.

[14] Lazzeri,M. and Mauri,F. ,Nonadiabatic Kohn Anomaly in a Doped Graphene Monolayer. *Phys. Rev. Lett.* , 97,266407,2006.

[15] Tsang,J. C. ,Freiting,M. ,Perebeinos,V. ,Liu,J. ,Avouris,P. ,Doping and phonon renormalization in carbon nanotubes. *Nat. Nanotechnol.* ,2,725,2007.

[16] Novoselov,K. S. ,Graphene: materials in the Flatland. *Phys. Usp.* ,181,1299,2011 (in Russian).

[17] Castro Neto,A. H. ,Guinea,F. ,Peres,N. M. R. ,Novoselov,K. S. ,Geim,A. K. ,The electronic properties of graphene. *Rev. Mod. Phys.* ,81,109,2009.

[18] Lifshits,I. M. ,Some problems of the electron theory of metals. *Rep. AS USSR*,48,83,1945 (in Russian).

[19] Kossevich,A. M. ,The crystal lattice (phonons solitons dislocations),*Wiley VCH Verlag Berlin GmBH, Berlin*,326,1999.

[20] Blakslee, O. L. , Proctor, D. G. , Spence, G. B. , Elastic constants of compression – annealed pyrolytic graphite. *J. Appl. Phys.* ,41,3373,1970.

[21] Nicklow, R. , Wakabayashi, N. , Smith, Y. G. , Lattice dynamics of pyrolytic graphite. *Phys. Rev. B*, 5, 4951,1972.

[22] Dresselhaus,M. S. and Dresselhaus,G. ,Intercalation compounds of graphite. *Adv. Phys.* ,30,139,1981.

[23] Maultzsch, J. , Reich, S. , Thomsen, C. , Requardt, H. , Ordejyn, P. , Phonon dispersion in graphite. *Phys. Rev. Lett.* ,92,075501,2004.

[24] Reich,S. and Thomsen,C. ,Raman spectroscopy of graphite. *Phil. Trans. R. Soc. Lond.* ,362,2271,2004.

[25] Gospodarev,I. A. ,Kravchenko,K. V. ,Syrkin,E. S. ,Feodosyev,S. B. ,Quasi – two – dimensional features in the phonon spectrum of graphite. *Low Temp. Phys.* ,35,589,2009.

[26] Eremenko V. V. ,Sirenko,V. A. ,Gospodarev,I. A. ,Syrkin,E. S. ,Feodosyev,S. B. ,Dolbin,A. V. ,Minakova,K. A. ,Role of acoustic phonons in the negative thermal expansion of layered structures and nanotubes based on them. *Low Temp. Phys.* ,42,401,2016.

[27] Castro Neto,A. H. ,Guinea,F. ,Peres,N. M. R. ,Novoselov,K. S. ,Geim,A. K. ,The electronic properties of graphene. *Rev. Mod. Phys.* ,81,109,2009.

[28] Castro,E. V. ,Lopez – Sanhco,M. P. ,Vozmediano,M. A. H. ,New type of vacancy – induced localized states in multilayer graphene. *Phys. Rev. Lett.* ,104,036802,2010.

[29] Peresada,V. I. ,New computational method in the theory of the crystal lattice. *Condensed Matter Physics* (in Russian),p. 172,FTINT AN UkrSSR,Kharkov,1968.

[30] Peresada,V. I. ,Afanasyev,V. N. ,Borovikov,V. S. ,On the calculation of the distribution function of one – magnon excitations in ferromagnets. *Sov. Low Temp. Phys.* ,1,227,1975.

[31] Haydock R. ,Heine V. ,Kelly M. J. ,Electronic structure based jn the local atomic environment for toght – binding bands. *Journ. of Phys.* C,20,2845,1972.

[32] Galetich,I. K. ,Gospodarev,I. A. ,Grishaev,V. I. ,Eremenko,A. V. ,Kravchenko,K. V. ,Sirenko,VA. , Feodosyev,S. B. ,Vibrational characteristics of the niobium dichalcogenide. Bulk samples and nano – films. *Superlattices Microstruct.* ,45,564,2009.

[33] Lifshits,I. M. and Rozentsveig,L. N. ,The dynamics of the crystal lattice filling the semi – space. *JETP*, 18,1012,1948 (in Russian).

[34] Kosevich,A. M. ,Syrkin,E. S. ,Feodosyev,S. B. ,Peculiar features of phonon spectra of low – dimensional crystals. *Phys. Low – Dim. Struct.* ,3,47,1994.

[35] Novoselov, K. S. , Gein, A. K. , Morozov, S. V, Jiang, D. , Katsnelson, M. I. , Grigorieva, I. V, Dubonos, S. V. , Firsov, A. A. , Two – dimensional gas of massless Dirac fermions in graphene. *Nature*, 438, 197,2005.

[36] Skrypnyk,Yu. V. and Loktev,V. M. ,Spectral function of graphene with short – range impurity centers. *Low Temp. Phys.* ,34,818,2008.

[37] Landau,L. D. and Lifshits,E. M. ,Stastistical Physics (Vol. 5 of A Course of Theoretical Physics). *Pergamon Press*,1969.

[38] Lifshits,I. M. ,About thermal properties of chain and layered structures at low temperatures. *JETP*,22, 475,1952 (in Russian).

[39] Landau,L. D. and Lifshits,E. M. ,Theory of Elasticity (Vol. 7 of A Course of Theoretical Physics),*Pergamon Press*,1970.

[40] Dresserhaus,M. S. and Eklund,P. C. ,Phonons in carbon nanotubes. *Adv. Phys.* ,49,705,2000.

[41] Bagatskii,M. I. ,Barabashko,M. S. ,Dolbin,A. V. ,Sumarokov,V. V. ,Sundqvist,B. ,The specific heat

and the radial thermal expansion of bundles of single – walled carbon nanotubes. *Low Temp. Phys.* ,38, 523,2012.

[42] Riley, D. P. , The thermal expansion of graphite: Part II. Theoretical. *Proc. Phys. Soc. London*, 57, 486,1945.

[43] Belen' kii, G. L. , Suleimanov, R. A. , Abdullaev, N. A. , Shteinshraiber, V. Ya. , Thermal – expansion of layered crystals – lifshits models. *Sov. Phys. Solid State*,26,12,2142,1984.

[44] Wakabayashi,N. ,Smith,H. G. ,Shanks,R. ,Two dimensional Kohn anomally in $NbSe_2$. *Phys. Lett.* A,50, 367,1974.

[45] Abdullaev,N. A. ,Mamedov,T. G. ,Suleimanov,R. A. ,Thermal expansion of single crystals of the layered compounds $TlGaSe_2$ and $TlInS_2$. *Low Temp. Phys.* ,27,676,2001.

[46] Feodosyev,S. B. ,Gospodarev,I. A. ,Syrkin,E. S. ,Anomalies of Linear Expansion Coefficient in Highly Anisotropic Crystals at Low Temperature. *Phys. Status Solidi B*,150,K 19,1988.

[47] Eremenko,V. ,Dolbin,A. ,Minakova,K. ,Sirenko,V. ,Syrkin,E. ,Feodosyev,S. ,Gospodarev,I. ,The Phonon Mediated Anomalies of Thermal Expansion in Transition – Metal Componds and Emergent Nanostructures. *Solid State Phenomena*,257,81,2017.

[48] Van Smaalen de Boer,J. L. ,Haas,C. ,Kommadeur,J. ,Anisotropic thermal expansion in crystals with stacks of planar molecules, such as tetracyanoquinodimethanide (TCNQ) salts. *Phys. Rev. B*, 31, 3496,1985.

[49] Katrusiak,A. ,Rigid O. ,Molecule model of anomalous thermal expansion of ices. *Phys. Rev. Lett.* ,77, 4366,1996.

[50] Gospodarev,I. A. ,Eremenko,A. V. ,Kravchenko,K. V. ,Sirenko,A. F. ,Sirenko,V. A. ,Syrkin,E. S. ,Feodosyev,S. B. ,Shabakaeva,Yu. A. ,Distinctive features of thermal expansion of niobium diselenide. *Phys. Solid State*,55,898,2013.

[51] Eremenko,V. V. ,Gospodarev,I. A. ,Ibulaev,V. V. ,Sirenko,V. A. ,Feodosyev,S. B. ,Shvedun,M. Yu. , Anisotropy of temperature dependences of lattice parameters $Eu_{1+x}(Ba_{1-y}Ry)_{2-x}Cu3O_{7-d}$in the quasi – harmonic limit. *Low Temp. Phys.* ,32,12,1189,2006.

[52] Bailey,A. C. and Yates,B. J. ,Anisotropic thermal expansion of pyrolytic graphite at low temperatures. *J. Appl. Phys.* ,41,5088,1970.

[53] Dolbin,A. V. ,Esel'son,V. B. ,Gavrilko,V. G. ,Manzhelii,V. G. ,Vinnikov,N. A. ,Popov,S. N. ,Sundqvist,B. ,Radial thermal expansion of single – walled carbon nanotube bundles at low temperatures. *Low Temp. Phys.* ,34,678,2008.

[54] Peresada,V. I. and Syrkin,E. S. ,*Sov. Low Temp. Phys.* ,3,113,1977.

[55] Maradudin,A. A. ,Surface waves,in:*Modern Problems of Surface Physics*,pp. 11 –400,I. J. Lalov (Ed.), ISCMP,1980.

[56] Kotlyar,O. V. ,Feodosyev,S. B. ,Local oscillations in crystal lattices with a simply connected region of a quasicontinuous phonon spectrum. *Low Temp. Phys.* ,32,256,2006.

[57] Landau,L. D. ,To the theory of the phase transition. *JETP*,7,627,1937 (in Russian).

[58] Ochoa H. ,Castro E. V. ,Katsnelson M. I. ,Guinea F. ,Scattering by flexural phonons in suspended graphene under back gate induced strain. *Physica E*,44,963,2012.

[59] Bena,C. and Kivelson,S. A. ,Quasiparticle scattering and local density of states in graphite. *Phys. Rev. B*, 72,125432,2005.

[60] Feher,A. ,Feodosyev,S. ,Gospodarev,I. ,Kotlyar,O. ,Kravchenko,K. ,Manzhelii,E. ,Syrkin,E. ,Impurity levels in the electron spectra of graphene. *Superlattices Microstruct.* ,53,55,2013.

[61] Skrypnyk Yu. V. and Loktev V. M. , Impurity effects in a two - dimensional system with the Dirac spectrum. *Phys. Rev. B*,73,241402,2006.

[62] Pereira, V. M. , Guinea, F. , Lopes dos Santos, J. M. B. , Peres, N. M. R. , Castro Neto, A. H. , Electron Waves in chemistry substituted graphene. *Phys. Rev. Lett.* ,96,036801,2006.

[63] Pokropivny, A. V. , Ni, Y. , Chalopin, Y. , Solonin, Y. M. , Volz, S. , Tailoring properties of graphene with vacancies. *Phys. Status Solidi B*,251,555,2014.

[64] Smith,B. W. and Luzzi,D. E. ,Electron irradiation effects in single wall carbon nanotubes. *J. Appl. Phys.* , 90,3509,2001.

[65] Wu,S. ,Jing, L. , Li, Q. , Shi, Q. W. , Chen, J. , Wang, X. , Average density of States in disordered graphene systems. *Condensed Matter*,7,208,2007.

[66] Kang,J. ,Bang,J. ,Ryu,B. ,Chang,K. J. ,Effect of atomic - scale defects on the low - energy electronic structure of graphene: Perturbation theory and local - density - functional calculations. *Phys. Rev. B*,77, 115453,2008.

[67] Gospodarev,I. A. ,Eremenko,V. V. ,Kravchenko,K. V. ,Sirenko,V. A. ,Syrkin,E. S. ,Feodosyev,S. B. , Vibrational characteristics of niobium diselenide and graphite nanofilms. *Low Temp. Phys.* ,36,344,2010.

[68] Weller,T. E. ,Ellerby,M. ,Saxena,S. S. ,Smith,R. P. ,Skipper,N. T. ,Superconductivity in the intercalated graphite compounds C_6Yb and C_6Ca. *Nat. Phys.* ,1,39,2005.

[69] Emery,N. ,Herold,C. ,d' Astuto,M. ,Garcia,V. ,Bellina,Ch. ,Mareche,J. F. ,Lagrange,P. ,Loupias, G. ,Superconductivity of Bulk CaC_6. *Phys. Rev. Lett.* ,95,087003,2005.

[70] Sirenko,V. A. ,Critical phenomena in superconductors and uniaxial antiferromagnets (Review Article) . *Low Temp. Phys.* ,38,799,2012.

[71] Nagamatsu,J. ,Nakagawa,N. ,Muranaka,T. ,Zenitani,Y. ,Akimitsu,J. ,Superconductivity at 39K in magnesium diboride. *Nature*,410,63,2001.

[72] Maksimov,E. G. ,Magnitskaya,M. V. ,Ebert,S. V. ,Savrasov,S. Yu. ,Accounts in the first principle of the critical temperature superconducting transition in NbC and her dependence from pressure. *JETP Lett.* ,80, 548,2004.

[73] Pickett,W. E. ,Design for a room - temperature superconductor. *J. Supercon. Novel Magn.* ,19,291,2006.

[74] Dean,M. P. M. ,Walters,A. C. ,Howard,C. A. ,Weller,T. E. ,Calandra,M. ,Mauri,F. ,Ellerby,M. ,Saxena,S. S. ,Ivanov,A. ,McMorrow,D. F. ,Non - adiabatic phonons within the doped graphene layers of XC_6 compounds. *Phys. Rev. B*,82,014533,2010.

[75] Upton,M. H. ,Walters,A. C. ,Howard,C. A. ,Rahnejat,K. C. ,Ellerby,M. ,Hill,J. P. ,McMorrow,D. F. , Alatas,A. , Leu, B. M. , Ku, W. , Phonons in superconducting CaC_6 studied via inelastic X - ray scattering. *Phys. Rev. B*,76,220501,2007.

[76] Calandra,M. and Mauri,F. ,Possibility of superconductivity in graphite intercalated with alkaline earths investigated with density functional theory. *Phys. Rev. Lett.* ,95,237002,2005.

[77] Kim,J. S. ,Boeri,L. ,Kremer,R. K. ,Razavi,F. S. ,Effect of pressure on superconducting Ca - intercalated graphite CaC_6. *Phys. Rev. B*,74,214513,2006.

[78] Belash,I. T. ,Bronnikov,A. D. ,Zharikov,O. V Pal' nichenko,A. V Superconductivity of graphite intercalation compound with lithium C_2Li. *Solid State Commun.* ,69,921,1989.

第13章 石墨烯的复折射率

Sosan Cheon[1], Kenneth David Kihm[2]
[1]韩国国立首尔大学机械与航空航天工程学院
[2]美国田纳西州田纳西大学诺克斯维尔分校机械航空航天和生物医学工程

摘 要 石墨烯是世界上首个单原子层二维材料,在过去的10年中,其独特的电学、热学和力学性质引起了科学界和工程界的广泛关注。石墨烯在理论物理和工程应用中的重要特征之一是其光学透明性。虽然“预测石墨烯的光导率”一直是理论工作的主要研究方向,但其“复折射率”对于全面理解石墨烯的光学响应更为直观和实用。本章综述了石墨烯复折射率在理论预测和实验测量方面的研究进展:①解析推导、②从头算数值计算、③反射波谱、④椭偏测量、⑤微计量、⑥同时测量反射和透射、⑦表面等离子体共振(SPR)、⑧衰减全反射(ATR)、⑨SPR和ATR的串联应用。

关键词 石墨烯,复折射率,光导率,光学性质,计算,测量

13.1 引言

石墨烯是近10年来研究最活跃的材料之一[1],由于其固有的蜂窝碳原子结构的二维特性,表现出了极优的机械特性[2]、电特性[3-4]和热特性[5]。这些优越的物理性能,加上光学透明度(图13.1(a))[6],使石墨烯在柔性和透明电子产品中成为一种有前途的候选材料(图13.1(b))[7]。石墨烯的折射率(RI)可能是其各种应用中最重要的光学性质。本章综述了石墨烯复折射率的研究进展,包括理论预测和实验测量的石墨烯复折射率数据库。

13.2节介绍了石墨烯光学性质的理论框架,重点关注光电导或介电常数到复折射率的转换。然后给出了石墨烯光学性质的解析推导和数值计算结果。13.3.1节讨论了测量石墨烯复折射率的各种远场检测方法,包括反射光谱法(包括法布里-珀罗标准具)、椭圆偏振法、微计量以及同时反射和透射测量。13.3.2节对近场光学表征方法进行了讨论,该方法能更灵敏地检测石墨烯的复折射率。此类近场技术包括表面等离子体共振(SPR)、衰减全反射(ATR),以及SPR和ATR的串联应用,以确保在定量不确定范围内确定石墨烯的光学性质的独特测定。在13.4节,所有目前审查的复折射率数据都在一个图表中进行总结,并列于一个表格中。

注意,该综述集中于原始石墨烯的固有折射率特性,该特性不受外部因素引起的光学

特性变化的影响,如衬底和石墨烯与其接触的影响、电化学或原子掺杂、石墨烯中的缺陷和无序、多个石墨烯层的相互作用或施加的机械应变。

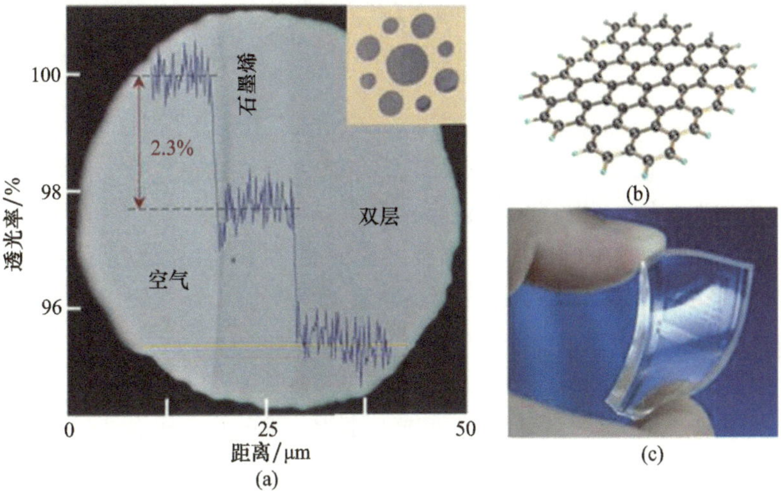

图 13.1 (a)悬浮在 50μm 孔径孔上的石墨烯,每层吸收 2.3% 的白光(经美国科学促进会许可,转载自参考文献[6]);(b)石墨烯的原子结构[8];(c)由石墨烯电极和柔性衬底制成的弯曲电路(经施普林格·自然集团许可,转载自参考文献[7])

13.2 石墨烯复折射率的理论预测

本章对石墨烯复折射率的理论测定进行了讨论。由于理论研究传统上集中于评估光导率和介电常数,因此在 13.2.1 节中介绍了将这些量转换为更方便的复折射率。然后,简要讨论了纯分析方法(13.2.2 节)和利用密度泛函理论(DFT)的第一性原理方法(13.2.3 节)。大多数理论研究的一个显著局限性是,其结果通常采用复杂的公式提供石墨烯的复折射率,参数需要进一步阐述和/或实验验证。

13.2.1 光导率和介电常数向复折射率的转换

尽管理论研究主要集中于石墨烯的光导率和介电常数上,但其复折射率对于实验和实际应用更为直观。折射率的实部说明了光在石墨烯中由于光速变化而发生的折射,而虚部则描述了光在材料中的吸收或衰减。折射率的传统定义是将块体材料视为大量电子对外部电磁波的集体响应[9]。因此,人们可能认为折射率的这种经典概念可能不适用于“一个原子厚度”的石墨烯。然而,只要适当转换相关物理量(式(13.5)),石墨烯也可以被描述为具有标称厚度的复折射率。这已经通过比较基于零厚度的光导率的模型和基于有限厚度复折射率的模型得到了证明[10-11]。对于石墨烯的反射、透射和吸收,得到了相同的计算结果,误差可以忽略不计。

石墨烯等吸收材料具有其光学性质的实部和虚部。存在三种不同的表示光学性质的方式:复折射率($\tilde{n}$)、复介电常数(介电常数除以真空介电常数,石墨烯为$\tilde{\varepsilon} \equiv \frac{\varepsilon}{\varepsilon_0} = (\tilde{n})^2$,是非磁性的)和复光导率($\tilde{\sigma}$),其中波浪符表示复值量。这三个量$\tilde{n}$、$\tilde{\varepsilon}$和$\tilde{\sigma}$由麦克斯韦方程[10-13]给出:

$$\nabla \times \boldsymbol{H} = \boldsymbol{J} + \frac{\partial \boldsymbol{D}}{\partial t} \tag{13.1}$$

$$= (\sigma' - \mathrm{i}\omega\, \varepsilon_0 \varepsilon'')\boldsymbol{E} \tag{13.2}$$

$$= (\sigma' - \mathrm{i}\sigma'')\boldsymbol{E} \tag{13.3}$$

$$= -\mathrm{i}\omega\, \varepsilon_0 (\varepsilon' + \mathrm{i}\varepsilon'')\boldsymbol{E} \tag{13.4}$$

$$\therefore \tilde{\varepsilon} = \frac{\tilde{\sigma}}{\mathrm{i}\omega\, \varepsilon_0} = \tilde{\boldsymbol{n}}^2 \tag{13.5}$$

式中：$\boldsymbol{H}$、$\boldsymbol{J}$、$\boldsymbol{D}$、$\boldsymbol{E}$ 和ε_0分别为磁场、电流密度、介电位移、电场和真空介电常数，′和″表示复数的实部和虚部。注意，虚量前面的符号符合所描述的电磁波$e_b^{\mathrm{i}(kx-wt)}$，使得磁场在$\tilde{n} = n + \mathrm{i}k$、$\tilde{\sigma} = \sigma' - \mathrm{i}\sigma''$和$\tilde{\varepsilon} = \varepsilon' + \mathrm{i}\varepsilon''$中衰减（未放大）。

式(13.5)允许$\tilde{\sigma}$或$\tilde{\varepsilon}$中的任意一个转换为复折射率($\tilde{n}$)。但是，应注意输入量也应为复数。例如，如果没有$\tilde{\sigma}$的虚部的额外信息，就不能将实值光导率 $\sigma = e^2/4$[6] 转换为$\tilde{n}$（考虑到 $\sigma = e^2/4$ 作为实值量，石墨烯的相对介电常数为真空(ε_0)，可以得到复折射率[14]，但数值与实验报告的值相差很大）。

另一个问题是石墨烯具有各向异性的光学性质，即对面内和面外电磁场的响应完全不同。然而，在大多数情况下，对面内分量的响应是主要的，这很容易从标称厚度仅为0.335nm[15]的受限二维石墨烯层中的 π 电子轨道（图 13.2(a)）中设想出来。因此，本章仅讨论面内折射率值，尽管面外量也可以从基本相同的理论导出。

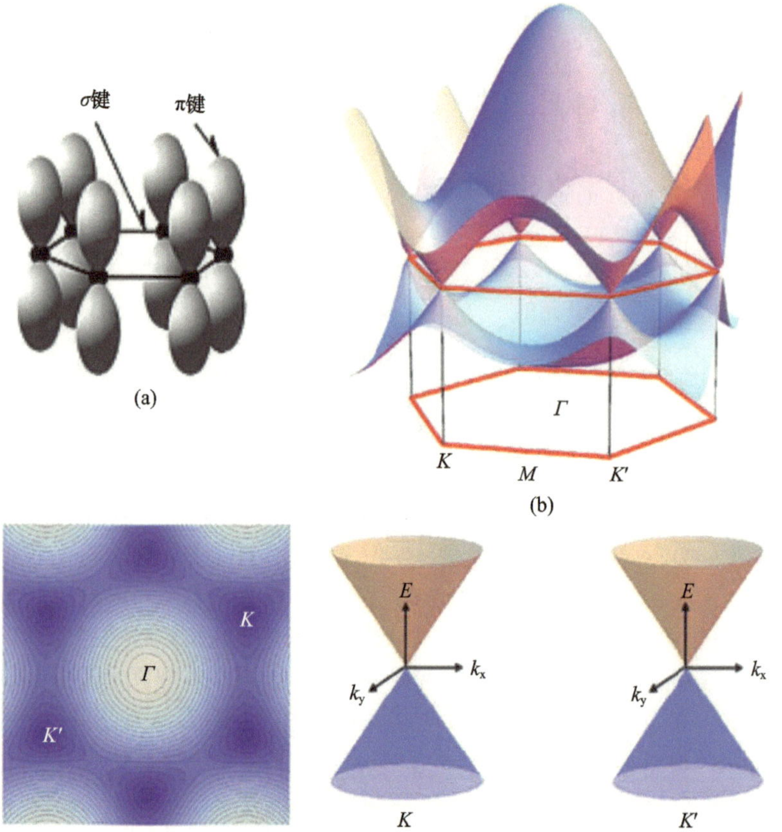

图 13.2 (a)σ 键和 π 电子轨道[15]和(b)石墨烯布里渊区中键的全电子色散（经爱思维尔许可转载自参考文献[17]），(c)导带的相应等能等高线[17]，以及(d)两个不等价谷附近的线性色散（狄拉克锥的无质量谱）[17]

13.2.2 石墨烯复折射率的分析测定

已有分析方法可以确定石墨烯的光导率，可以使用式(13.5)容易地将其转换为复折射率。石墨烯的光导率的实部可以通过研究石墨烯中的电子跃迁来确定，而虚部可以通过 Kramers - Krönig 关系[16]来确定。在上锥和下锥相交的费米能量附近的假彩色表面(横坐标:动量，纵坐标:能量)中，允许电子态的石墨烯全色散电子 π 带结构示意如图 13.2(b)所示。导带的等能等高线(图 13.2(b)中能带结构的上半部分)如图 13.2(c)所示。图 13.2(d)描述了无质量狄拉克汉密尔顿函数对单个石墨层的费米能附近能带结构的线性电子色散近似[18]，该哈密顿量可以用量子力学描述石墨烯中的相对论电子。

这种线性电子能带结构近似，$E = \pm v_F |k|$(E 为能级，v_F 为费米速度，k 为动量，即图 13.2(b)和(d)的水平轴)，提供了石墨烯的通用实部光导率

$$\sigma' = \sigma_{univ} = e^2/4\hbar \tag{13.6}$$

其中忽略了次近邻阶跃效应的小部分[19]。严格来说，这仅适用于在绝对零度的原始石墨烯，用于从红外到长波可见光或近红外范围的相对较低的光能[20-21]。图 13.3(a)显示了在普遍电导率的最简单情况下，并假设介电常数的实部与真空相同的情况下[14]，石墨烯的复折射率。对于从 200 ~ 1000nm 的波长跨度，折射率的实部和虚部的估值与测量的折射率值大致处于相同的数量级，如 13.3 节所述。然而，这些值不能预测石墨烯复折射率的正确色散(波长依赖性)。

然而，当可见光或近紫外线范围内较短波长的光能较高时，这些较高能量的光子可以激发电子进入远离交点的较高能量的非线性带，并且上述线性带近似将变得无效[17]。此外，鞍点奇点(图 13.2(b)中的 M 点)附近的激子效应需要通过电子态的 Fano 共振和带连续谱[22]进一步研究。另外，当暴露于非真空环境时，石墨烯几乎总会有一定程度的掺杂，这又改变了来自石墨烯原始$k_x - k_y$平面的费米能量(图 13.2(c))。在这种情况下，泡利不兼容原理阻止了能级低于$|E_F|$的电子跃迁，因此，低能光子(长波)的吸收被抑制，并且所得到的光导率应当被相应地修改[21]。

光导率的虚部可以相对容易地由 Kramers - Krönigrelation[16]结合久保公式[23]给出，久保公式说明了石墨烯中的电子对 EM 波(即入射光)随时间变化的扰动响应：

$$\sigma''(\omega) = -\frac{1}{\pi}P\int_{-\infty}^{\infty}\frac{\sigma'(\omega')}{\omega' - \omega}d\omega' \tag{13.7}$$

式中：P 为柯西主值；ω 为角频率或入射光。原则上，将上述光导率的实部(这里未示出，但参见参考文献[19]中的式(7 - 14))和虚部(式(13.7))部分代入式(13.5)，原则上可以确定石墨烯的复折射率。然而，实际上，从这些数值确定石墨烯的复折射率将非常复杂，因为必须假设或用实验确定上述解析导出表达式的未知参数。

13.2.3 石墨烯复折射率的数值测定

利用密度泛函理论(DFT)对石墨烯的复折射率进行了较为详细的预测，数值计算了入射光上的能带结构和电子跃迁。通过采用第一原理计算数值方法，可以在最大程度上去除 13.2.2 节复折射率的分析测定所必需的上述假设和近似。通过碳原子的弛豫计算出石墨烯的精确原子结构，然后进行电子能带结构计算。最后，电子的光学跃迁决定了石

墨烯的介电常数虚部为[25]

$$\varepsilon''_{ij}(\omega)=\frac{4\pi^2e^2}{Vm^2\omega^2}\sum_{knn'\sigma}\langle kn\sigma|p_i|kn'\sigma\rangle\langle kn'\sigma|p_j|kn\sigma\rangle\cdot f_{kn}(1-f_{kn'})\delta(e_{kn'}-e_{kn}-\hbar\omega)\tag{13.8}$$

式中：e 为电子电荷；m 为质量；V 为系统的体积（或二维材料的面积）；f_{kn} 为费米分布，$|kn\sigma$ 为对应于具有晶体动量 k 和自旋 σ 的第 n 个本征值的晶体波函数；p 为动量，i 和 $j=x$、y 或 z。复介电常数的实部由 Kramers – Krönig 关系给出：

$$\varepsilon'(\omega)=\frac{1}{\pi}P\int_{-\infty}^{\infty}\frac{\varepsilon''(\omega')}{\omega'-\omega}\mathrm{d}\omega'\tag{13.9}$$

原始介电函数数据[25]已使用式(13.5)转换为复折射率，结果如图 13.3(b)所示。密度泛函理论计算需要预先确定多个变量，包括原子势、k 点网格和积分过程、交换相关函数、拖尾和截止能量。尽管这些参数被设置为紧密地预测相对公知的材料性质，例如体石墨的介电函数，但是当使用这些变量预测单层石墨烯的复折射率值时，不确定性就不可避免。然而，对于可见光范围，约 3.0 的折射率(n_G)的实部的计算值在单层石墨烯 2 至 3 的测量数据的非常接近范围内。

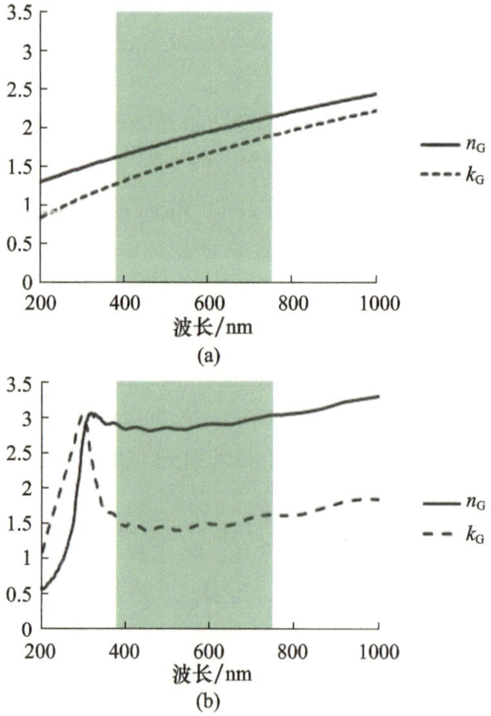

图 13.3 (a)由通用光导率和真空介电常数[24]导出的石墨烯复折射率；(b)由第一原理 DFT 计算确定的复折射率

作者使用式(13.5)将 DFT[25]的介电函数数据转换为复折射率，并生成了显示其波长依赖性的曲线图。

总之，预测石墨烯复折射率的分析方法使用了费米能量附近的线性电子能带近似值，可采用各种假设和修正来提高预测精度。然而，由于存在多个未知变量，解析导出的结果通常无法提供复折射率的具体数值。基于密度泛函理论的数值方法进一步提高了第一原理的预测精度。虽然密度泛函理论结果很容易获得作为波长函数的复折射率值的数值数据(图13.3(b)),但密度泛函理论计算过程往往存在理论中各种参数的不确定性。因此,更现实和全面的复折射率值应该最终通过石墨烯层的实验测量来确定,这将在13.3节和13.4节中详述。

13.3 石墨烯复折射率测量

石墨烯的复折射率测量有两个基本难点:①有两个未知数需要确定,即折射率的实部和虚部;②石墨烯比可见光的波长薄得多,导致光学检测的对比度不足。第一个难点应该通过使用适当的光学模型进行数据拟合的光谱测量来解决,或者进行两个独立的测量来解决,这两个测量可以同时确定石墨烯折射率的实部和虚部。第二个难点是石墨烯的固有性,并且可以通过使用可以增强光学对比度的各种光学技术或使用非常精确和精准的测量阐述来减轻。

13.3.1 折射率远场响应测量

远场响应是指这样的光学现象,其中入射光直接与石墨烯相互作用,但是由远离样品的检测器捕获所得到的信号(反射率和/或透射率)。由于石墨烯中的光路长度仅为1nm的量级(石墨烯折射率的实部(2~3)×0.335nm的厚度),这是入射光波长的百分之一的量级,因此,在这种结构中,光-石墨烯相互作用很弱。为了克服远场方法的这种限制,并提取足够的信噪比,已经进行了多种努力,包括使用特殊衬底来增强反射强度(反射光谱)或实现高级测量(椭圆偏振法、微计量法以及同时反射和透射测量)。13.3.1.1节介绍了改进的反射光谱,13.3.1.2节介绍了椭圆偏振法,13.3.1.3节讨论了微计量法,13.3.1.4节介绍了同时反射和透射测量。

13.3.1.1 反射光谱

石墨烯的复折射率测量需要比普通成像更灵敏地检测光信号,以便识别石墨烯层。反射显微术的原理是基于通过优化石墨烯下面的衬底类型和厚度,可以容易地增强来自石墨烯的光反射信号,因此,反射方法采用SiO_2/Si复核基底,其中对SiO_2厚度进行了优化,以获得最大反射。

来自任意选择的衬底上的石墨烯的反射对比度可能不够强,甚至不足以识别石墨烯层(图13.4(a)~(c))。相反,根据Fresnel的预测[26](图13.4(d)),石墨烯的光学反射可以高达0.15,这取决于Si芯片上氧化物层的厚度。在反射光谱中,反射信号被测量为入射光波长的函数。该数据可以从以下步骤提供石墨烯的复折射率:①假设用一个或两个实验确定的系数描述$\tilde{n}_G$波长依赖性的光学色散模型;②在改变实验确定的系数的同时,通过Fresnel方程和多层干涉考虑来计算反射光谱;③找出最佳系数,以最终获得最佳拟合和作为波长的函数的石墨烯的相应复折射率。

在最简单的色散模型中,假设$\tilde{n}_G$与波长无关,此处实验确定的两个系数是n_G和k_G,例如文献[24,27]所示。原始数据和拟合结果,如图13.5(a)和(c)中给出,但在文献[27]中获得的值与后面报道的值有很大不同,这归因于非波长依赖的$\tilde{n}_G$的粗略假设,其并非总是准确的(见下文)。

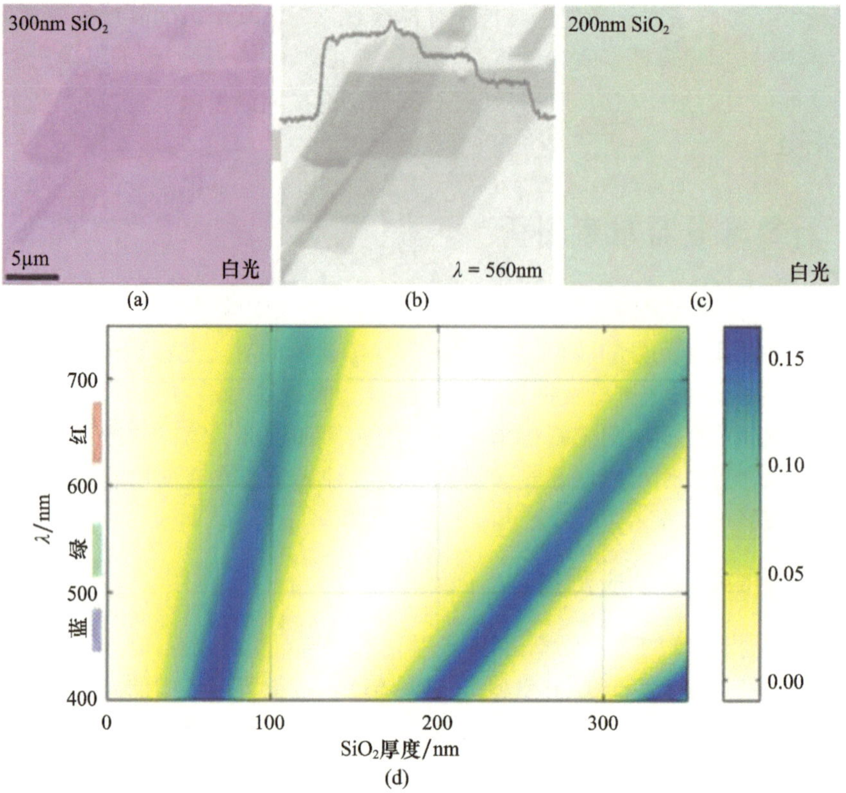

图 13.4 两种不同氧化物厚度的 Si 芯片上的石墨烯

(a)和(b)均为 300nm，(c)为 200nm。已知 300nm 氧化物层对于 560nm 波长的石墨烯检测是最佳的。二维图(d)示出了作为波长和 SiO_2 厚度的函数的反射对比度。（经 AIP 许可转载自参考文献[26]）

另一个色散模型是根据先前的观察提出的[28]，即石墨烯的光吸收在可见光范围内是普遍存在的，并且石墨在远离可见光谱（1.65 ~ 3.26eV）[29]的地方具有 5.1eV 的尖峰。因此，设定石墨烯的复折射率，$\tilde{n}_G = n + iC_1\lambda/3$，其中 n 为常数，C_1 为实验确定的系数。其测量显示了最佳拟合 $n = 3.0$，$C_1 = 5.446\mu m^{-1}$（图 13.5(c)），这对于石墨烯的折射率[22]是可接受的。

注意，如果测量对石墨烯的折射率具有不同响应的两个或多个衬底的反射对比度，则可以唯一地确定石墨烯的折射率，而不需要光谱测量或光学建模。该方法对另一个原子二维层 MoS_2 已经实现[30]，也可以应用于石墨烯的测量。

13.3.1.2 椭圆偏振法

椭圆偏振法是测量石墨烯折射率的一种最广泛的远场方法，它测量光束在斜入射石墨烯反射后的偏振态变化 $\rho = \frac{r_p}{r_s} = \tan\Psi\, e^{i}$。其中，$r_p$ 和 r_s 是 p 和 s 偏振光的反射系数，两者都是复折射率的函数，Ψ 和 Δ 是两种偏振的振幅比和相位差。通常，通过获取可调谐波长的光束数据，可以获得光谱数据。传统的椭圆偏振法需要用于将原始数据反演为 $\tilde{n}_G$ 的拟合过程，涉及光学色散关系[31-34]。拟合参数的数量通常超过 4 个，最佳拟合结果的可靠性取决于石墨烯的光学模型和测量中的不确定性（图 13.6）。

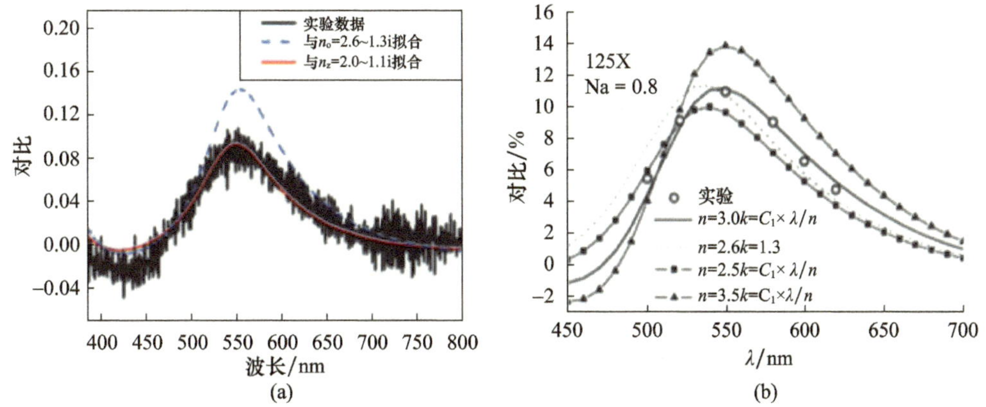

石墨烯	**n**	**k**
单层	2.69±0.02	1.52±0.02
双层	2.38±0.02	1.66±0.02
三层	2.27±0.02	1.60±0.02

(c)

图 13.5 (a) Si/SiO_2 (285nm)上石墨烯的反射对比光谱(经 AIP 许可转载自参考文献[27])。通过拟合,假设与波长无关的石墨烯的折射率为 2.0 ~ 1.1i。2.6 ~ 1.3i 是石墨的折射率(根据惯例有所不同)。(b)在 Si 上的 291nm 厚的 SiO_2 膜上的石墨烯的反射对比光谱,具有通过不同折射率模型的各种理论曲线(经 AIP 许可转载自参考文献[28])。(c)使用反射光谱并假设波长无关的折射率测量的 1 ~ 3 层石墨烯的折射率[24]

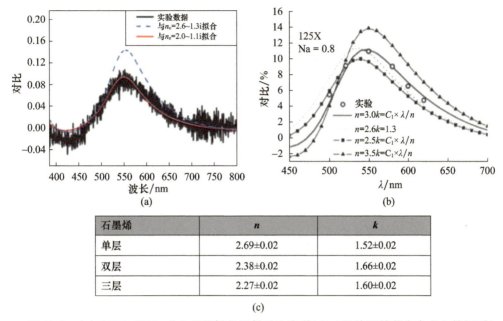

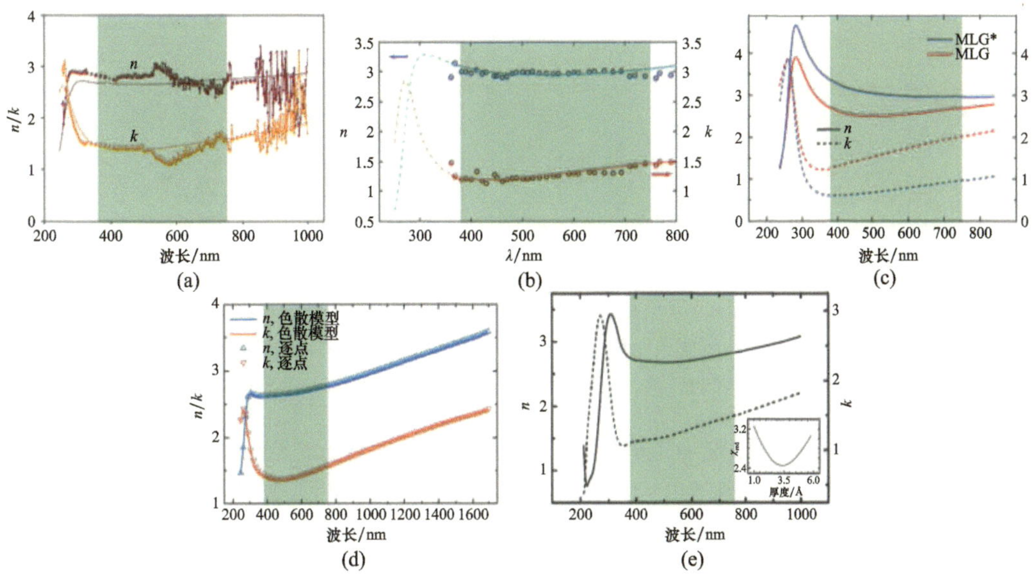

图 13.6 通过光谱椭圆偏振法测量的石墨烯的折射率作为波长的函数

可见范围用插入的绿色阴影表示。(a)由具有任意水平和柯西垂直分量的各向异性材料建模的石墨烯(经 APS 许可转载自参考文献[31])(b) Fano 线形状(经 AIP 许可转载自参考文献[32])(c) Lorentz – Drude 模型[34],(d) ~ (e)逐点拟合(经 AIP 许可转载自参考文献[35,37])。在(e)中,MLG*(蓝色)使用标称结构(衬底上的 0.335nm 石墨烯),而 MLG(红色)在实践中包括吸附水层和层间效应。这些结果代表了不同的研究实验室以及不同的数据拟合方法。

由于椭圆偏振法测量两个可观测量，即入射偏振光（或复值偏振态）的强度和相位变化，原则上不需要光学色散建模就可以唯一地确定石墨烯的折射率，但拟合计算非常耗时。最近的研究[35-37]成功地证明了这一点，通过非常精确的测量获得光滑的光谱曲线，对石墨烯复折射率[35]或复光导率[36]进行逐点拟合，或对石墨烯复折射率进行 B 样条拟合[37]。除了紫外线入射的峰值（图 13.6（d）和（e）），这些非光谱椭圆偏振法的结果$\tilde{n}_G(\lambda)$值[35,37]遵循类似的趋势。

13.3.1.3 微计量法

作为一种不需要色散建模的远场非光谱方法，微计量法[38]同时使用振幅和相位变化作为光穿过石墨烯边缘区域时的两个可观测值（图 13.7（a）和（b））。将两个观测值合并到复值反射系数$\tilde{r}$中，并且具有厚度 d 的石墨烯的存在引入变化，$\tilde{r}' = \tilde{r} + (1+\tilde{r})^2(1-\tilde{n}_G^2)\dfrac{\pi i}{\lambda}d$，$\tilde{n}_G$通过两个测量观测值的比较来确定。微计量法的强度图像、其相位对比图像和双通道扫描如图 13.7（c）和（d）所示，石墨烯的合成复折射率值如图 13.7（e）所示。

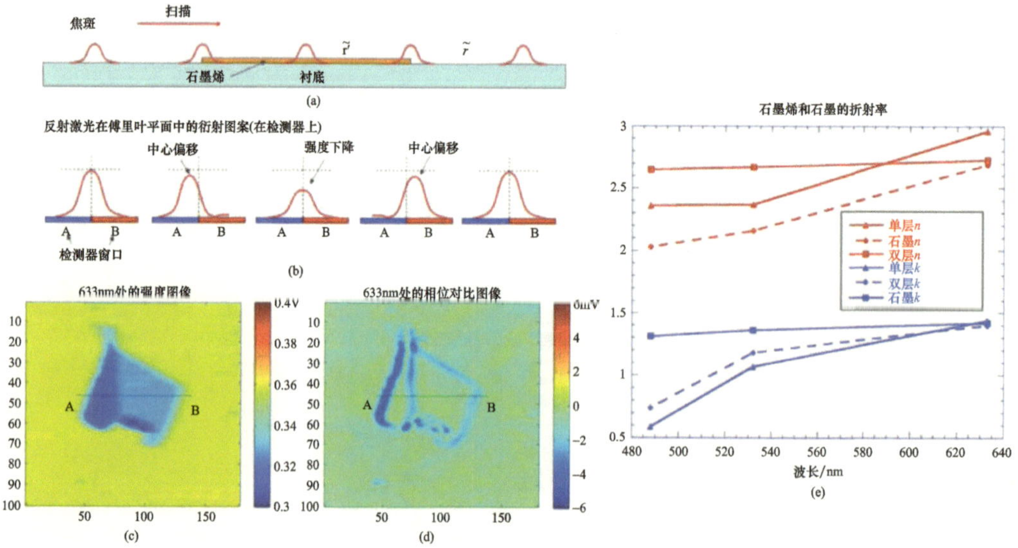

图 13.7 （a）（微计量原理）聚焦高斯光束扫描石墨烯样品，（b）扫描石墨烯边缘，衍射图案的中心由于$\tilde{r}$和$\tilde{r}'$之间的相位差而从原始位置偏移，以及相应的强度（c）和相位对比（d）图像，（e）得到石墨烯强度和相位对比反演的$\tilde{n}_G$值，以及石墨的参考值（经 OSA 许可转载自参考文献[38]）

原则上，这种方法可以唯一地确定每个入射波长的石墨烯的复折射率，因为它使用了单个波长中两个不同的可观测值。但该方案存在着潜在的误差源，这些误差源与焦点的不完美高斯分布和/或轻微的离焦和 SiO_2 厚度的局部变化有关。为了将原始数据反演为$\tilde{n}_G$，例如，采用傅里叶变换和高斯、道森和海维赛德阶跃函数的卷积的积分。

13.3.1.4 同时反射和透射测量

最近，通过玻片上的二维材料差分反射 $\delta R = \dfrac{R-R_0}{R_0}$和微分传输 $\delta T = \dfrac{T-T_0}{T_0}$的同时测量，可以推导其复折射率作为波长的函数（图 13.8）[10]。原则上，利用上面的两个可观测量，可以唯一测定石墨烯的复折射率。虽然报道的结果针对 MoS_2、$MoSe_2$和 WSe_2，但它可以应用于包括石墨烯层在内的其他二维材料。

由于这种方法不涉及复折射率的光学建模和色散建模，是一种非光谱方法，需要两个测量观测值相互独立。然而，反射和透射是相当强的耦合变量，其连续相接，如图13.8(b)所示。然而，它们不是彼此完全纠缠，即不能简单地相互计算和转换，因此$\tilde{n}_G$的唯一最佳确定方法仍然可以用高精度测量来确定。为此，应以高精度和高精密测量强度值，以获得可靠的数据，避免过多的不确定性。

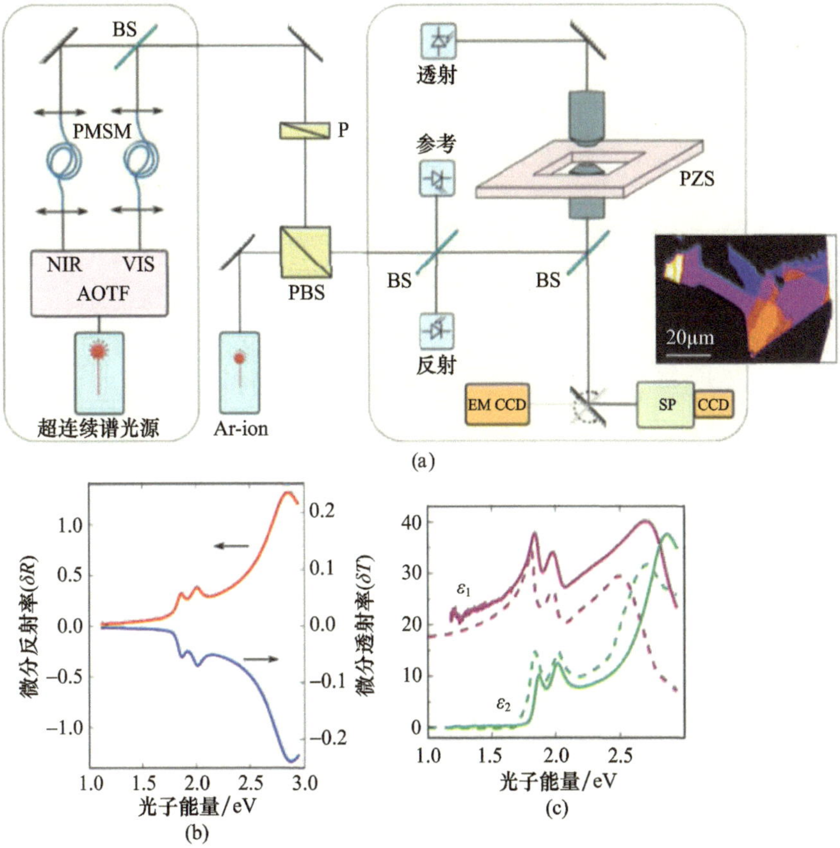

图13.8 (a)石墨烯层同时反射和透射测量以及光栅扫描图像的实验装置的简化示意图(经AIP许可转载自参考文献[10])。(M:反射镜,BS:分束器,PBS:偏振分束器,DCM:分色镜,P:偏振器,PMSM:保偏单模光纤,PD:光电检测器,SP:光谱仪,Fianium:超连续谱光源,AOTF:声光可调谐光纤,Ar -离子:514nm Ar +激光器,PZS:压电台。)(b)差分反射和透射光谱,以及(c)单层MoS_2提取的介电函数

13.3.2 折射率近场响应测量

“近场”是指两个(或多个)介质界面附近的一个薄区域，其中电磁波场强发生剧烈变化。例如SPR的水/金(Au)/玻璃或水/石墨烯/金/玻璃(图13.9(a))和ATR的衬底/石墨烯/玻璃(图13.10(a))。对于近场区的厚度没有严格的或普遍的定义，但在本章中，它是指表面等离子极化激元穿透深度(对于SPR)或倏逝波场深度(对于ATR)。注意，这两个深度在几百纳米的数量级上是相同的，并且随着光的入射角、波长和光学配置

而变化[39]。

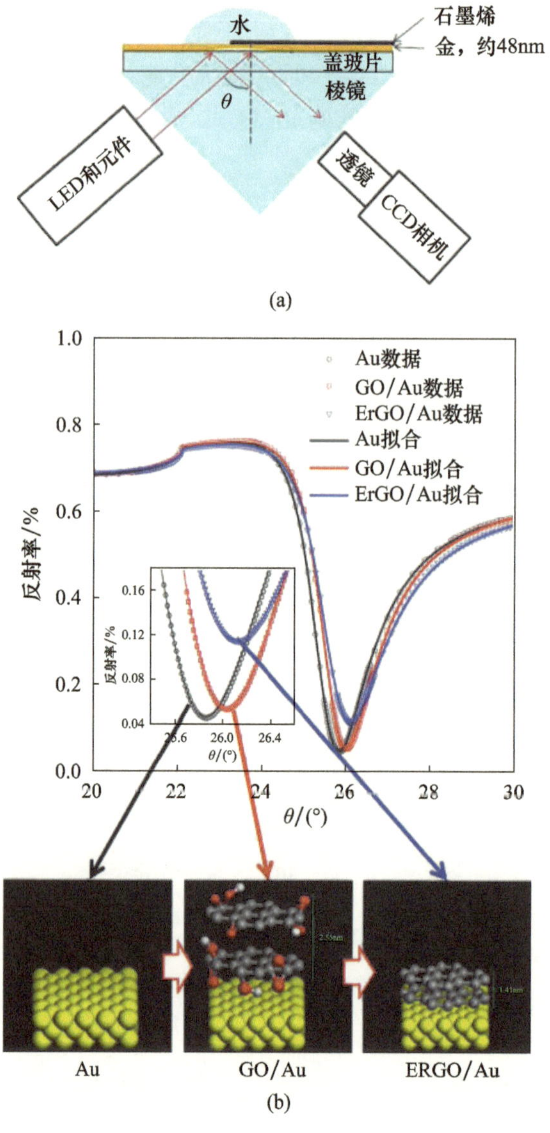

图 13.9 (a)SPR 反射成像布局，近场光－石墨烯相互作用后，远场反射光被 CCD 相机捕获。水用于灵敏度增强。(b)对于裸露的 Au 膜、Au 上的氧化石墨烯(GO)和 Au 上的电化学还原的氧化石墨烯(ErGO)，SPR 反射率作为入射角的函数(经 ACS 许可转载自参考文献[43])

近场方法最大的优点是近场中电磁场和样品之间的相互作用比光学显微镜中常规的远场光－样品相互作用强得多。特别是当样品非常薄，被限制在近场区域中时(如石墨烯或其他极薄材料)[39]，导致近场方法具有更高的信噪比。更强的信号是由于接近界面的增强电磁场以及使石墨烯保持与该界面接触的范德瓦尔斯力而产生。

本章介绍的近场方法并非通过使用近场扫描探针来直接检测近场区域中的电磁波。相反，该方法测量的是远离样品的远场反射光，该反射光含有由界面石墨烯所产生的近场信息(图 13.9(a)、图 13.10(a)和图 13.11(a))。

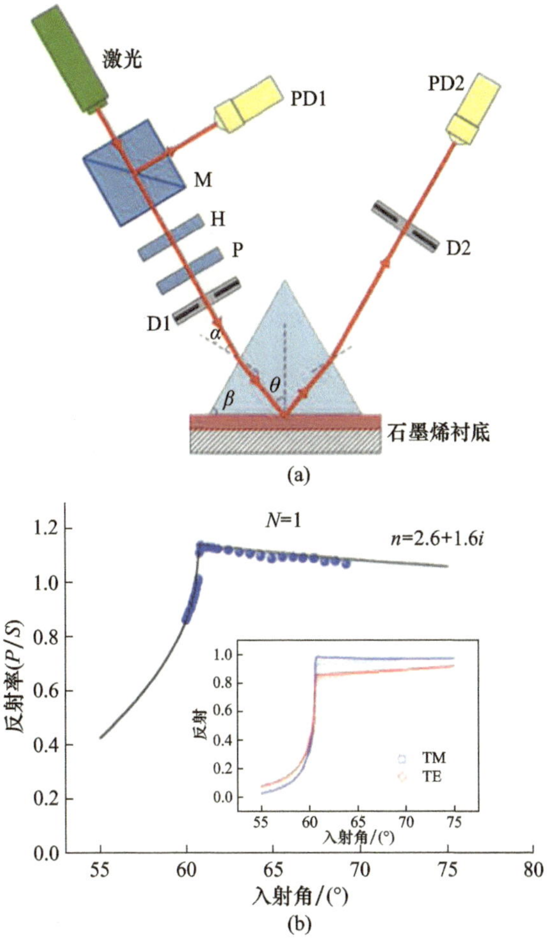

图 13.10 (a)ATR 反射率测量布局(M:分束器,H:半波片:P:偏振器,PD:检测器,D:孔径光阑);(b)p 和 s 偏振光的光学反射率的实验和计算的角关系(经 AIP 许可转载自参考文献[45])

13.3.2.1 表面等离子共振和衰减全反射

表面等离子体是指对于 Krechtmann 提出的特殊配置,可以通过 p 偏振光在金属 - 介质界面[40]上激发的表面电磁波(图 13.9(a))(注意,其不同于由金属纳米颗粒[41]激发的局部等离子体共振)。在特定的入射角下,表面等离子激元的激发最大化,而反射最小化,这被称为表面等离子共振(SPR)。由于对折射率变化具有非常高的灵敏度,SPR 被广泛应用于生物分子传感,这一优点使得 SPR 能够可靠地检测亚纳米厚度的石墨烯层。当相对于入射角测量 SPR 反射率时,可以获得诸如层数[42]和石墨烯的光学性质[43-44]的各种信息。

在图 13.9(b)中,给出了三种不同样品,即水、氧化石墨烯(GO)和电化学还原的氧化石墨烯(ErGO)的典型反射率与入射角的数据曲线。将测量的 SPR 曲线与 Fresnels 计算拟合,以找出与实验数据最匹配的 GO 和 ErGO 的折射率值(图 13.9(b))。用传递矩阵法[11,44]构造 SPR 反射曲线的精确公式。然而,该方法仅利用一个可观测值(SPR 反射率)来测量$\tilde{n}_G$的两个分量。因此,需要通过非常精确的测量来确定$\tilde{n}_G$,但在实际测量中,在不确定度范围[11]内的多个解偶的模糊性是很难避免的。注意，文献[43]中报道的折射率值并非针对纯石墨烯，而是针对 GO 和 ErGO，其中两者的拉曼光谱显示出与典型纯石墨烯样品不同的趋势。

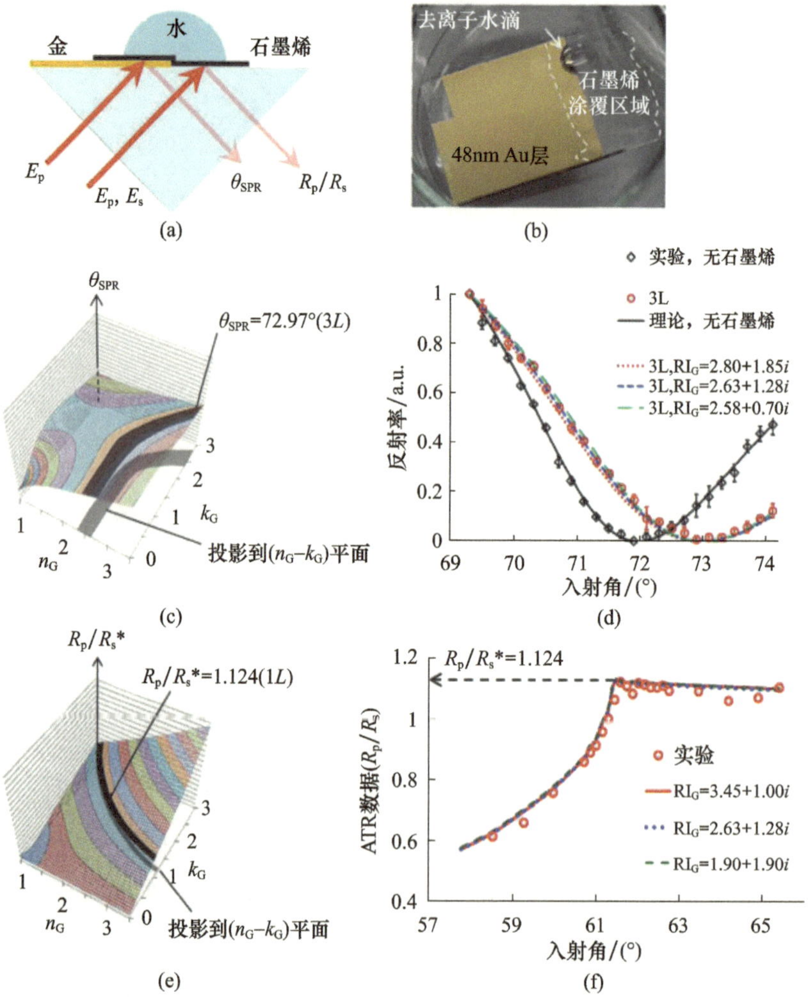

图 13.11 (a)放置在涂有 48nm 厚 Au 膜的 BK7 载玻片上的石墨烯样品，和(b)通过 ATR(R_p/R_s^*)串联测量 SPR 角(θ_{SPR})和反射率比的示意图。为了提高测量灵敏度，施加去离子水环境。与 SPR(c)、(d)和 ATR(e)、(f)的单约束相关的不确定性。(c) SPR 角的折射率灵敏度计算的三维图，测量值 $\theta_{SPR}=72.97°$，(d) SPR 数据曲线的实验结果和用三种不同 $\tilde{n}_G$ 的数据拟合(标记中的 RIG)，(e) ATR 反射率比的折射率灵敏度计算，测量值 $R_p/R_s^*=1.124$，以及(f)三个任意选择 $\tilde{n}_G$ 的测量的 ATR 数据和其拟合(经施普林格·自然集团许可转载自参考文献[44])

另一种具有类似限制的方法是衰减全反射(ATR)[45]，除了使用不铺设金层并包含两种极性的干净棱镜外，其中光学配置与 SPR 非常相似(图 13.10(a))，SPR 通常仅针对 p 偏振进行测量。测量和数据拟合方案也与上节中解释的 SPR 相似，但数据曲线的形状大不相同(图 13.10(b))。与上述 SPR 相同的原因，ATR 也有同样的基本限制，即$\tilde{n}_G$的唯一确定非常困难。仅用 ATR 测量法唯一确定解对$\tilde{n}_G$会导致较大的不确定度[44]。

13.3.2.2 表面等离子共振和衰减全反射的串联应用

如上一节所述，当试图将一个单一的测量观测值（如反射率）拟合为一个实验参数（如入射角）的函数，以获得$\tilde{n}_G$的实部和虚部时，必须适应对折射率灵敏度和不确定性的基本限制。虽然13.4.1节中的方法使用的是近场现象，相对于大多数远场方法来说，其对$\tilde{n}_G$更为敏感，但上述限制并未完全解决，因为两个未知数使用的是单一的观测指标。

实现SPR和ATR的串联应用是该基本限制的解决方法[44]，其中同时测量和实际石墨烯样品的配置分别如图13.11（a）和（b）所示。涂Au区域上的石墨烯层用于θ_{SPR}测量，未涂覆部分上的石墨烯用于ATRR_p/R_s测量，两个区域都浸满水，以增强测量灵敏度。

SPR（图13.11（d））和ATR（图13.11（f））的测量结果表明，可以在（n_G，k_G）的所有组合的测量不确定度范围内再现实验结果，如图13.11（c）或（e）中投影平面上的灰色带所示。这再次证明单独的SPR（θ_{SPR}）或ATR（R_p/R_s）不能唯一地确定石墨烯的复折射率。然而，图13.11（c）和（e）中的两个投影在一个点上相交，这意味着这两个可观测量呈相互独立。更重要的是，落在交叉点上的（（n_G，k_G）满足SPR和ATR测量约束，并且可以唯一地确定$\tilde{n}_G$。

在图13.12中，显示了单层、3层和5层石墨烯样品的SPR/ATR测量折射率结果。三个样品的平均折射率值为2.71+1.41i，并且由于不同层数引起的偏差保持在±3%以内。随着石墨烯层数的增加，由于光与石墨烯的放大近场相互作用具有更高的灵敏度，不确定性变得更小。迄今为止，各种远场和近场方法与大多数已公布的复折射率结果一致，文献［2］中的最大偏差可归因于上述过度简化的无色散假设（13.3.1节）[27,44]。注意，符号＊和†分别对应于针对电化学还原的氧化石墨烯（ErGO）和石墨测量的折射率数据。

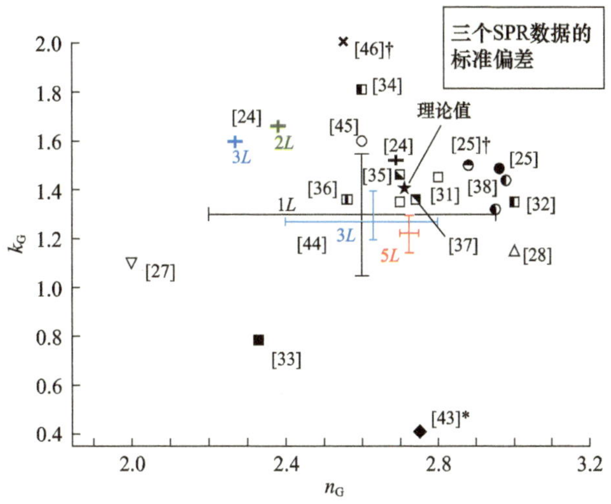

图13.12 通过各种方法报告的复折射率值

反射光谱[24,27-28]、DFT[25]，[25]†、光谱椭圆偏振法[31-37]，[46]†、微计量法[38]、SPR[43]*、SPR和ATR串联应用[44]，以及ATR[45]。＊和†分别表示还原的氧化石墨烯和HOPG（高定向热解石墨）。（经施普林格·自然集团许可转载自参考文献［44］）

13.4 小结

本章综述了石墨烯的光学性质，包括基本性质的定义（13.2 节）、理论研究（13.2 节）和利用远场（13.3 节）、近场（13.4 节）两种方法的实验测量。本章所报道的石墨烯复折射率见图 13.12 和表 13.1，由于难以准确测量，仅显示了大概数据。

表 13.1 $\lambda=633\text{nm}$ 时石墨烯的测量和计算复折射率值

参考文献	方法	说明	RI (n_G, k_G)	注释	样品
44	SPR 和 ATR 测量	测量 θ_{SPR} 和 R_p/R_S 并与计算结果同时匹配	(2.58±0.38, 1.3±0.25)		CVD, 1 L
			(2.63±0.20, 1.28±0.10)		CVD, 3 L
			(2.63±0.20, 1.28±0.10)		CVD, 5L
	DFT	与文献[25]相同	(2.71, 1.41)	与文献[25]类似的振荡行为	石墨烯（一个晶胞中有 2 个碳原子）
27	反射光谱学	光谱仪从石墨烯样品反射的光（照明：白色）	(2.0, 1.2)	假设 n_G、k_G 为 λ 独立	剥落, 1L
24			(2.69±0.02, 1.52±0.02)		CVD, 1L
			(2.38±0.02, 1.66±0.02)		CVD, 2L
			(2.27±0.02, 1.60±0.02)		CVD, 3L
28		同上，但实验数据来自文献[6,29]	(3.01.15)	建模：K_G 5.446m^{-1} $\frac{\lambda}{n_G}$，只适合 n_G	剥落, 1L −2 L（单一结果）
31−34	椭圆偏振光谱	可调谐波长光束斜入射石墨烯时偏振态的变化	(2.8, 1.45) (2.7, 1.35) (3.0, 1.35) (2.3, 0.8) (2.6, 1.81)	需要 4 个或更多的拟合参数的色散建模	剥落, 1L
35		无须离散建模的点对点拟合	(2.71, 1.46)	需要优化解决方案	CVD
36			(2.56, 1.36) −1 L 数据	获得了光导率	CVD, 1L −2 L
37		无须离散建模的 B 样条方法	(2.74, 1.36)	需要适当细化	剥落, 1L
45	极化相关 ATR	单色光、p 偏振光和 s 偏振光在空气/石墨烯/棱镜上的衰减全反射	(2.6, 1.6)	唯一确定 n_G 和 k_G 比较困难	CVD, 1L
			(2.6, 1.6)		CVD, 2L
			(2.6, 2.1)		CVD, 4L

续表

参考文献	方法	说明	RI (n_G, k_G)	注释	样品
38	微计量	聚焦单色光穿过石墨烯边界时反射光的振幅和相位变化	(2.95,1.32) (2.98,1.44)	应注意除高斯和轻微散焦之外的光束轮廓	剥落,1*L*
25	密度泛函理论(DFT)	局部密度近似(LDA)和广义梯度近似(GGA)中全势线性饼状轨道(FP-LMTO)的第一原理计算	(2.96,1.49)	可见波长介电函数的振荡行为	石墨烯(一个晶胞中有2个碳原子)
	数据		(2.88,1.50)		石墨
46	椭圆偏振光谱		(2.56,2.03)	多波长测量	HOPG(高定向热解石墨),带裂解后ZYA级
43	SPR	水/石墨烯/Au/Cr/玻璃单色光和*p*偏振光随入射角变化的反射率	(2.75,0.41)	使用了6个拟合参数待定的氧化石墨烯样品	Au/Cr/玻璃衬底上的还原氧化石墨烯

理论研究(13.2.2节和13.2.3节)为理解石墨烯在大范围波长中的光学响应奠定了基础,并显示了各种光学应用。测量石墨烯折射率的实验方法演变为更敏感强大的技术,可以克服基本的障碍。因此,尽管石墨烯的厚度只有0.335nm,但目前仍有可能对$\tilde{n}_G$进行可靠的测量。这些技术预计将应用于各种下一代二维材料的开发[47-48]以及未来在基于二维材料的透明和柔性特性的电子产品中。

参考文献

[1] Allen, M. J., Tung, V. C., Kaner, R. B., Honeycomb carbon: A review of graphene. *Chem. Rev.*, 110, 132, 2010.

[2] Lee, C., Wei, X., Kysar, J. W., Hone, J., Measurement of the elastic properties and intrinsicstrength of monolayer graphene. *Science*, 321, 5887, 385, 2008.

[3] Bolotin, K. I., Sikes, K. J., Jiang, Z., Klima, M., Fudenberg, G., Hone, J., Kim, P., Stormer, H. L., Ultra-high electron mobility in suspended graphene. *Solid State Commun.*, 146, 9-10, 351, 2008.

[4] Novoselov, K. S., Geim, A. K., Morozov, S. V., Jiang, D., Zhang, Y., Dubonos, S. V., Grigorieva, I. V., Firsov, A. A., Electric field effect in atomically thin carbon films. *Science*, 306, 5696, 666, 2004.

[5] Cai, W., Moore, A. L., Zhu, Y., Li, X., Chen, S., Shi, L., Ruoff, R. S., Thermal transport in suspendedand supported monolayer graphene grown by chemical vapor deposition. *Nano Lett.*, 10, 5, 1645, 2010.

[6] Nair, R. R., Blake, P., Grigorenko, A. N., Novoselov, K. S., Booth, T. J., Stauber, T., Peres, N. M. R., Geim, A. K., Fine structure constant defines visual transparency of graphene. *Science*, 320, 5881, 1308, 2008.

[7] Sanderson, K., Graphene electrode promises stretchy circuits. *Nature*, doi: 10.1038/news.2009.28.2009.

[8] Graphene, http://archive.cnx.org/contents/790bacf3-6512-4957-bbed-ac887a4fca7c@4/graphene

[9] Jackson, J. D., *Classical electrodynamics*, 3rd edition, John Wiley & Sons, Inc., Hoboken, NJ, 1999.

[10] Morozov, Y. V. and Kuno, M., Optical constants and dynamic conductivities for single layerMoS2, MoSe2,

and WSe2. *Appl. Phys. Lett.* ,107,083103,2015.

[11] Cheon,S. ,*Refractive index characterization of CVD graphene using near – field optical techniques*,Doctorate thesis,Seoul National University,2015.

[12] Balanis,C. A. ,*Advanced engineering electromagnetics*,John Wiley & Sons,Inc. ,Section 2. 8. 1,1989.

[13] Kirby,B. J. ,*Micro – and nanoscale fluid mechanics*: *Transport in microfluidic devices*,CambridgeUniversity Press,Section 5. 3,2010.

[14] Skulason, H. S. , Gaskell, P. E. , Szkopek, T. , Optical reflection and transmission properties of exfoliatedgraphite from a graphene monolayer to several hundred graphene layers. *Nanotechnology*, 21, 295709,2010.

[15] Lami,E. B –. , Faucheu,J. , Noël, A. , Latex routes to graphene – based nanocomposites. *Polym. Chem.* , 6,5323,2015.

[16] David Tong: Lectures on Kinetic Theory,4. Linear Response,http://www. damtp. cam. ac. uk/user/tong/kintheory/four. pdf

[17] Mak,K. F. ,Ju,L. ,Wang,F. ,Heinz,T. F. ,Optical spectroscopy of graphene: From the far infraredto the ultraviolet. *Solid State Commun.* ,152,1341,2012.

[18] Semenoff,G. W. , Condensed – matter simulation of a three – dimensional anomaly. *Phys. Rev. Lett.* ,53, 2449,1984.

[19] Stauber,T. , Peres, N. M. R. , Geim, A. K. , Optical conductivity of graphene in the visible region ofthe spectrum. *Phys. Rev. B*,78,085432,2008.

[20] Ando,T. ,Zheng,Y. ,Suzuura,H. ,Dynamical conductivity and zero – mode anomaly in honeycomblattices. *J. Phys. Soc. Jpn.* ,71,1318,2002.

[21] Gusynin, V. P. , Sharapov, S. G. , Carbotte, J. P. , Unusual microwave response of Dirac quasiparticlesin graphene. *Phys. Rev. Lett.* ,96,256802,2006.

[22] Mak,K. F. ,Shan,J. ,Heinz,T. F. ,Seeing many – body effects in single – and few – layer graphene:Observation of two – dimensional saddle – point excitons. *Phys. Rev. Lett.* ,106,046401,2011.

[23] Gusynin,V. P. and Sharapov,S. G. ,Transport of Dirac quasiparticles in graphene: Hall and opticalconductivities. *Phys. Rev. B*,73,245411,2006.

[24] Ghamsari,B. G. ,Tosado,J. ,Yamamoto,M. ,Fuhrer,M. S. ,Anlage,S. M. ,Measuring the complexoptical conductivity of graphene by Fabry – Perot reflectance spectroscopy. *Sci. Rep.* ,6,34166,2016.

[25] Klintenberg,M. ,Lebegue,S. ,Ortiz,C. ,Sanyal,B. ,Fransson,J. ,Eriksson,O. ,Evolving propertiesof two – dimensional materials: From graphene to graphite. *J. Phys.* : *Condens. Matter*,21,335502,2009.

[26] Blake,P. and Hill,E. W. ,Making graphene visible. *Appl. Phys. Lett.* ,91,063124,2007.

[27] Ni,Z. H. ,Wang,H. M. ,Kasim,J. ,Fan,H. M. ,Yu,T. ,Wu,Y. H. ,Feng,Y. P. ,Shen,Z. X. ,Graphenethickness determination using reflection and contrast spectroscopy. *Nano Lett.* ,7,9,2758,2007.

[28] Bruna,M. and Borini,S. ,Optical constants of graphene layers in the visible range. *Appl. Phys. Lett.* ,94, 031301,2009.

[29] Bassani,F. and Pastori Parravicini,G. ,Band structure and optical properties of graphite and ofthe layer compounds GaS and GaSe. *Nuovo Cimento*,B 50,95,1967.

[30] Zhang,H. ,Ma,Y. ,Wan,Y. ,Rong,X. ,Xie,Z. ,Wang,W. ,Dai,L. ,Measuring the refractive indexof highly crystalline monolayer MoS_2 with high confidence. *Sci. Rep.* ,5,8440,2015.

[31] Kravets,V. G. ,Grigorenko,A. N. ,Nair,R. R. ,Blake,P. ,Anissimova,S. ,Novoselov,K. S. ,Geim,A. K. , Spectroscopic ellipsometry of graphene and an exciton – shifted van Hove peak in absorption. *Phys. Rev. B*, 81,155413,2010.

[32] Matković, A., Beltaos, A., Milićević, M., Ralević, U., Vasić, B., Javanović, D., Gajić, R., Spectroscopic imaging ellipsometry and Fano resonance modeling of graphene. *J. Appl. Phys.*, 112, 123523, 2012.

[33] Wurstbauer, U., Röling, C., Wurstbauer, U., Wegscheider, W., Vaupel, M., Thiesen, P. H., Weiss, D., Imaging ellipsomtry of graphene. *Appl. Phys. Lett.*, 97, 231901, 2010.

[34] Martínez, E. O., Gabás, M., Barrutia, L., Pesquera, A., Centeno, A., Palanco, S., Zurutuza, A., Algora, C., Determination of a refractive index and an extinction coefficient of standard production of CVD - graphene. *Nanoscale*, 7, 1491, 2015.

[35] Nelson, F. J., Kamineni, V. K., Zhang, T., Comfort, E. S., Lee, J. U., Diebold, A. C., Optical properties of large - area polycrystalline chemical vapor deposited graphene by spectroscopic ellipsometry. *Appl. Phys. Lett.*, 97, 253110, 2010.

[36] Chang, Y. - C., Liu, C. - H., Liu, C. - H., Zhong, Z., Norris, T. B., Extracting the complex opticalconductivity of mono - and bilayer graphene by ellipsometry. *Appl. Phys. Lett.*, 104, 261909, 2014.

[37] Weber, J. W., Calado, V. E., van de Sanden, M. C. M., Optical constants of graphene measured byspectroscopic ellipsometry. *Appl. Phys. Lett.*, 97, 091904, 2010.

[38] Wang, X., Chen, Y. P., Nolte, D. D., Strong anomalous optical dispersion of graphene: Complexrefractive index measured by picometrology. *Opt. Express*, 16, 26, 22105, 2008.

[39] Kihm, K. D., *Near - field characterization of micro/nano - scaled fluid flows*, Springer - Verlag BerlinHeidelberg, 2011.

[40] Schasfoort, R. B. M. and Tudos, A. J., *Handbook of surface plasmon resonance*, RSC Publishing, 2008.

[41] Willets, K. A. and Van Duyne, R. P., Localized surface plasmon resonance spectroscopy andsensing. *Annu. Rev. Phys. Chem.*, 58, 267, 2007.

[42] Cheon, S., Kihm, K. D., Park, J. S., Lee, J. S., Lee, B. J., Kim, H., Hong, B. H., How to optically countgraphene layers. *Opt. Lett.*, 37, 18, 3765, 2012.

[43] Xue, T., Cui, X., Chen, J., Chen, J., Liu, C., Wang, Q., Wang, H., Zheng, W., A switch of the oxidationstate of graphene oxide on a surface plasmon resonance chip. *ACS Appl. Mater. Interfaces*, 5, 2096, 2013.

[44] Cheon, S., Kihm, K. D., Kim, H. G., Li, G., Park, J. S., Lee, J. S., How to reliably determine thecomplex refractive index (RI) of graphene by using two independent measurement constraints. *Sci. Rep.*, 4, 6364, 2014.

[45] Ye, Q., Wang, J., Liu, Z., Deng, Z. - C., Kong, X. - T., Xing, F., Chen, X. - D., Zhou, W. - Y., Zhang, C. - P., Tian, J. - G., Polarization - dependent optical absorption of graphene under total internalreflection. *Appl. Phys. Lett.*, 102, 021912, 2013.

[46] Jellison, G. E., Jr., Hunn, J. D., Lee, H. N., Measurement of optical functions of highly orientedpyrolytic graphite in the visible. *Phys. Rev. B*, 76, 085125, 2007.

[47] Radisavljevic, B., Radenovic, A., Brivio, J., Giacometti, V., Kis, A., Single - layer MoS_2 transistors. *Nat. Nanotechnol.*, 6, 147, 2011.

[48] Li, L., Yu, Y., Ye, G. J., Ge, Q., Ou, X., Wu, H., Feng, D., Chen, X. H., Zhang, Y., Black phosphorusfield - effect transistors. *Nat. Nanotechnol.*, 9, 372, 2014.

第14章 石墨烯中的分数量子霍尔效应

Janusz E. Jacak

波兰弗罗茨瓦夫,弗罗茨瓦夫理工大学技术基本问题学院量子技术系

摘 要 最近对石墨烯进行霍尔测量的实验进展,显示在单层石墨烯的前6个次能带(具有 $n=0$ 和 $n=1$ 朗道能级)和双层石墨烯的8个次能带(具有 $n=0$、$n=1$ 和 $n=2$ 朗道能级)中能观察到分数量子霍尔效应(FQHE)。观察到的新特性,特别是在双层石墨烯系统中,不符合传统的复合费米子(CF)模型,这揭示了在传统 GaAs 霍尔系统中没有遇到的现象。这为产生 FQHE 现象的相关多粒子态的基础研究提供了一个新思路,即双层体系与单层体系相比具有不同的拓扑结构,并超越了能带结构的局部模型。本章研究了 FQHE 的一般非局部拓扑方法,允许识别导致双层系统中霍尔物理奇异的拓扑型因子。该理论以复合费米子模型为特例,解释了复合费米子结构在处理双层石墨烯时的不足之处。在单层和双层石墨烯中,证明了所提出的拓扑方法与现有实验数据的一致性。

关键词 单层石墨烯,双层石墨烯,分数量子霍尔效应,填充分数层级,相关态,辫群可公度性

14.1 引言

尽管进行了大量的实验和理论研究,FQHE 仍然难以完全理解。朗道能级(LL)中猝灭动能竞争情况下,相互作用引起的特定长程关联是导致 FQHE 组织超出传统局域量子力学框架的原因,这不能用凝聚态相变的标准对称性破坏来描述。在 FQHE 中非局部特定关联的形成中,二维拓扑比系统组织的特殊性起着更重要的作用。FQHE 本质上是相同的,与材料、能带结构无关,甚至与分数 Chern 绝缘体中没有外部磁场无关。在三维系统中不存在量子霍尔效应。

FQHE 是1982年在 GaAs 异质结构的二维电子气(2DEG)中被发现的[1]。之后,在传统的 GaAs 系统中对这种效应进行了广泛的实验理论研究[2-4]。在石墨烯[5-8]中观察到这一现象后,对 FQHE 的研究兴趣迅速恢复。石墨烯中 FQHE 的实验检测尤其具有挑战性,因为在该系统中,可以通过施加电场来独立于磁场控制朗道能级填充分数。这是由于石墨烯的特定能带结构,其中相对较小的横向电压(10~60V)使费米能级独立于磁场值而沿着朗道能级的阶梯移动。石墨烯是完美的二维结构,而且,由于其特殊的无间隙能带结构,与 GaAs 2DEG 相比,该半导体表现出改进的朗道能级量子化。石墨烯能带结构的

特殊性主要是在六边形布里渊区的角落中存在狄拉克锥。在这些锥的顶点，价带与导带相遇，产生线性的动量局域哈密尔顿量[9]。用线性交叉带锥代替普通的抛物半导体带，扰动了普通的朗道量子化，导致非均匀的朗道能级结构。伪相对论狄拉克动力学导致朗道能级能量正比于$\sqrt{n}$(n是朗道能级的个数)，而不是传统2DEG中的线性约n朗道能级能量依赖性。尽管朗道能级量子化存在本质差异，但在石墨烯[5-9]中观察到的整数量子霍尔效应(IQHE)和FQHE与传统2DEG非常相似。然而，靠近狄拉克点的伪相对论能带结构引起了两种量子霍尔效应的一些特定改进。与传统的2DEG相比，这些改进主要解决了石墨烯中的次能带重组，有力证明了二维拓扑支持IQHE和FQHE的组织，而不依赖于材料的特殊性。在Feynman路径量子化方面，施加在对IQHE和FQHE至关重要的轨道上的拓扑约束显然超出了能带结构，甚至在石墨烯中遇到的限制伪相对论形式中也是如此。晶体场实际上是由局部电型相互作用引起的，并且不能改变暴露于强磁场的所有二维带电系统共有的拓扑特征，因而这一现象是可以理解的。因此，石墨烯的IQHE和FQHE应该重复一般的拓扑方案。

近年来，单层和双层石墨烯样品制备技术的进展引起了霍尔实验的迅速发展。近年来，报道了几种新的FQHE在单层和双层石墨烯中的观测结果，其精度和范围超过了以往对传统2DEG材料的研究。这是由于类狄拉克材料中霍尔相关态具有较大的稳定性，甚至在室温下也可以观察到石墨烯中的IQHE。在比GaAs 2DEG甚至高达10~20K[7-8]的温度下，石墨烯中的FQHE也是非常明显的。在这种情况下，将温度降低到毫开氏温标尺度，允许以异常的精度和分辨率揭示脆弱相关霍尔态的新特征。在单层石墨烯中，在朗道能级结构[10-13]的6个连续次能带中观察到FQHE特征，填充因子$-6<v=\frac{N}{N_0}<6$(负镜填充率相当于石墨烯中夹带上的空穴与导带上的电子对称对应关系)。在双层石墨烯中，观测范围更大，达到8个连续的次能带[14-18]。有趣的是，在双层石墨烯中观察到的FQHE，与单层石墨烯中的FQHE表现以及传统的半导体2DEG相比[10-13]，显示出一些不同之处。这一事实尤其与传统的设想相冲突，即FQHE可以用假设的复合费米子[19]来解释，该假设的复合费米子为在每个粒子上配备有某种辅助磁场的偶数个通量量子的电子。根据复合费米子理论，这种有效修饰的准粒子应该存在于单层和双层霍尔系统中，然而，这与双层石墨烯[14-18]的实验观测不一致。

在本章中确定了所有二维霍尔系统共同的拓扑特征，并确定了可能解释双层系统中相关多粒子状态的奇异性的特定拓扑学效应。总结了石墨烯FQHE的实验观察，并与单层石墨烯和双层石墨烯的理论预测进行了比较。

悬浮石墨烯碎屑(单层和双层)[12-18]和六方氮化硼(h-BN)晶体基底[10-11]支撑的石墨烯片采样新技术，成功推进了石墨烯霍尔实验的进展。在悬浮样品的情况下不存在基底，以及在与六边形石墨烯结构相当的h-BN基底上避免由基底诱发的晶格失配，这两种情况下都有利于由二维电子相互作用引起的FQHE弱关联的形成。然而，必须强调，在这两种结构中，要求具有200000 cm^2/Vs量级电子迁移率的超高洁净度石墨烯样品，这一进展证明了超过样品尺寸的长自由程样品在FQHE相关形成过程中的触发作用。

石墨烯Bravais晶胞中的两个碳原子产生两个等效的晶体平面亚晶格，再加上在布里渊区中的两个非等效角狄拉克点上半导体禁带的消失，导致朗道能级[9,20]的四重自旋谷简并。石墨烯中狄拉克点的存在产生手性载流子，导致朗道能级能谱中特定的贝里相位转移。在单层石墨烯的情况下，根据 IQHE 填充率公式 $v=4\left(n+\frac{1}{2}\right)$（$n$ 为朗道能级的数量）[9]，该贝里相位等于 π，填充率并且使单层石墨烯的 IQHE 平台出现在连续朗道能级的半满状态。

在双层石墨烯中，朗道能级组织与单层情况下不同[9,21]。由于电子在双层系统的两层之间的跳跃，发生了 $n=0$ 和 $n=1$ 朗道能级态的额外简并[21-22]。在石墨烯的紧束缚近似下，这种性质以有效局部哈密尔顿量的形式出现，在包含层间跳跃的双层结构中，获得降低振荡算子 π 的项 ππ，使 $n=0$ 和 $n=1$ 的状态都消失，参见附录 14. A。双层石墨烯中的贝里相位与单层情况相比大 2 倍，这将 IQHE 平台位置移动到朗道能级的边缘。除了 8 重简并的最低朗道能级（LLL）（由于额外的 $n=0$ 和 1 简并）外，双层石墨烯中的朗道能级也是四重自旋谷简并[9,20-23]。

在单层石墨烯的情况下，在 $n=0$ 和 $n=1$ 时朗道能级的 6 个第一次能带中观察到 FQHE 的填充分数[10-13]，其再现了类似于传统半导体 2DEG 中的层级。在双层石墨烯中，观察 FQHE 的次能带甚至能达到 $n=2$[11,15]。然而，特别有趣的是，在最低朗道能级双层石墨烯中观察到不寻常的偶数分母填充 FQHE，包括在 $v=-\frac{1}{2}$[14] 处最显著的特征，这在单层系统中没有发现任何对应物。特别是，这种状态不能用复合费米子方法来解释，因为对于复合费米子模型，霍尔金属状态的预测是在 $\pm\frac{1}{2}$的填充率下进行的[19]。双层石墨烯中 FQHE 的改进证明了，与单层石墨烯相比，两个二维薄层体系的拓扑结构发生了变化。

在本章中，提出了超越复合费米子模型的拓扑可公度性方法[24-26]来解释单层和双层石墨烯中的 FQHE 层级。确定并描述了单层系统和双层系统在这两种情况下产生不同霍尔态组织的拓扑原因。解释了双层石墨烯 FQHE 层级的奇异性，包括最低朗道能级中 FQHE 的奇异偶分母分数和 $n=2$[15] 次能带中的非传统态。还提出了如何用 SU(4) 对称提升[14-15]的各种方案，来解释悬浮样品与 h - BN 基底支撑的样品相比在双层石墨烯最低朗道能级中观察到的 FQHE 系列重排。在拓扑方面，还解释了实验研究的双层石墨烯中霍尔态的相变受垂直电场的调节，甚至阻挡层间跳跃的应用[17]。利用拓扑非局部辫群方法，本章解释了 FQHE 填充体系的结构，还解释了双层石墨烯情况下复合费米子模型失败的原因。

14.2 分数量子霍尔效应拓扑中的复合费米子模型

关联的不可压缩霍尔态归因于电子的相互作用，可以通过小模型系统中库仑相互作用的精确对角化来进行数值识别。考虑特定材料能带结构的单粒子朗道能级波函数（如在根据标准紧束缚近似建模的石墨烯中），可以通过基于这些函数的库仑能量的数值最小化来找到对应于相关状态的分数（例如参考文献[27]中的双层石墨烯）。为了阐明表现出能量最小化的态，根据关于关联性质的不同方案和思想，提出了各种唯象试探波函数，包括复合费米子、Pfaffian 型成对态、电荷密度波、自旋关联态、Laughlin 函数的 Halperin 多分量推广等。填充分数 $v=-\frac{1}{q}$ 下 2DEG 基态的预测通过 Laughlin 函数[2]重点研究了用 Jastrow 多项式表示的该函数的非常规对称性。最初，这种对称性是由超费米子[28]实现的，命名为复合费米子，并通过概念上将某种辅助磁场的量子化局部通量附加到每个电子来获得 Laughlin 相，这将产生符合 Laughlin 对称性的阿哈罗诺夫－玻姆效应相移。此外，在合成磁场中 FQHE 到 IQHE 的映射由于复合费米子局部通量的平均场而降低，从而产生了在部分填充的最低朗道能级中的模型试验波函数，根据一些直观的方法完全填充并投影到最低朗道能级上的较高朗道能级的波函数，产生了最低朗道能级中要求的全纯函数的方案。尽管固定通量量子概念不清楚并具有人为特征，但其与精确对角化的一致性支持了复合费米子模型。然而，在常规 2DEG 中作为 FQHE 实验观察到的最低朗道能级中的许多分数对于标准复合费米子模型是不可实现的 $\left(\text{如}\frac{3}{8},\frac{3}{10},\frac{4}{11},\frac{5}{13},\frac{5}{17},\frac{6}{17},\frac{4}{13},\frac{7}{11},\cdots\right)^{[4]}$。

另外，Halperin[29]以 Laughlin 波函数的多分量推广的形式提出了 FQHE 的试探波函数的不同方法。一些多分量试探函数也非常接近精确对角化产生的基态。各种候选态的能量与真实基态的接近程度来自于完全不同的方法，这些方法具有明显不同的试波函数形式，这表明不同的方法都收敛到 FQHE 关联的真实图像。

为了加强对这种情况的了解，拓扑参数很有帮助，它们可以揭示复合费米子和多分量的 Laughlin－Halperin 试探波函数及其接近度。辫群可公度性的拓扑方法允许对填充率进行可处理的区分，并允许使用适填充率辫群的子群的酉元表示来系统地定义 FQHE 状态的试探波函数，这些子群适应于特定填充率下的不可压缩相关状态。该方法和得到的试探波函数同时阐明了复合费米子结构，揭示了复合费米子结构的约束和适用范围，并显示了与多组分 Halperin 方法的联系。各种材料中一致的 FQHE 层级，如在常规半导体 GaAs 2DEG、具有伪相对论朗道能级的石墨烯，甚至分数 Chern 绝缘体也证明，尽管在各种材料中存在显著不同的单粒次能带结构（即使在分数 Chern 绝缘体中没有外部磁场），在相关不可压缩状态的组织中也存在一个共同因子。所有这些系统的统一性质是 Feynman 路径积分项中的二维拓扑和平面动力学量子化，可以在辫群方法上系统地处理。

FQHE 族的主线 $v=-\frac{1}{q}$（q 为奇数）由 Jastrow 多项式指数为 q 的 Laughlin 多粒子函数[2]描述。用磁场通量量子修饰电子的启发式概念，即复合费米子概念[30]，有助于识别填充分数 $v=\frac{n}{n(q-1)\pm 1}$（q 为奇数，$n=1,2,\cdots$）。复合费米子理论是强相关多粒子系统[19]的有效单粒子模型。然而，由于库仑相互作用[31]引起的质量算符不连续性，二维费米液体中准粒子在量子化磁场下的严格定义被排除，这种特殊的二维性质被称为电子分离量子化[2,32]。因此，复合费米子的概念超越了用相互作用局部修饰的准粒子概念，且固定在复合费米子上的辅助场量子必须表现出本质上是非局部效应、拓扑的，并且特定于暴露在强垂直磁场的二维带电系统。然而，这种基本拓扑效应在复合费米子模型中没有明确定义。此外，如上所述，最低朗道能级中的一系列填充率在传统的复合费米子分层结构中是无法达到的。因此，可以假设复合费米子在现象学上描述了由磁场中二维带电系统的特定拓扑，以及在足够大的电子迁移率（如观察 FQHE 所需的 $10^6\mathrm{cm}^2/\mathrm{Vs}$ 数量级）下，由电子排斥触发的长程关联所引起的更基本的性质。

为了揭示复合费米子的隐藏起源和性质以及 FQHE 的相关关系，可以采用基于代数拓扑辫群的方法[33]。该方法利用适当提升的 Feynman 路径积分量子化形式来描述多粒子系统[24,28,34]。在该方法中，考虑了 N 粒子体系结构空间中粒子位置互换（辫）的轨迹，包括相同粒子的量子不可分辨性。这些辫环（混合粒子的初始和最终枚举，由于其不可分性而统一）可以附着在配置空间中的任何点上，连接到点 $z_1,z_2,\cdots,z_N$（时刻 t 的初始点）和点 $z'_1,z'_2,\cdots,z'_N$（时刻t'的最终点）的开放多粒子轨迹。由于辫环是相互非同伦的，所得到的带有不同辫环的开放轨迹也是拓扑不等价的（不能如图 14.1 所示以连续的方式将辫环转化）。因此，所有轨迹都属于不相交的非同伦轨迹类（不能通过连续变形统一）。这些类形成了 Feynman 路径积分的定义域[24,34]：

$$I(z_1,z_2,\cdots,z_N,t;z'_1,z'_2,\cdots,z'_N,t') = \sum_{l\in\pi_1(\Omega)} e^{i\alpha_l}\int d\lambda_l\, e^{iS[\lambda_l(z_1,z_2,\cdots,z_N,t;z'_1,z'_2,\cdots,z'_N,t')]/\hbar} \tag{14.1}$$

式中：$I(z_1,z_2,\cdots,z_N,t;z'_1,z'_2,\cdots,z'_N,t')$为传播子，即位置表示中的总系统的演进算子的矩阵元素，其确定从时刻 t 中的点 $z_1,z_2,\cdots,z_N$到配置空间中的另一时刻$t'z$ 中的点 $z'_1,z'_2,\cdots,z'_N$的量子跃迁的概率；$d\lambda_l$为由辫群元素 $l\in\pi_1(\Omega)$ 列举的路径空间扇区中的度量，$\pi_1(\Omega)$是结构空间 Ω 的第一个同伦群（被称为辫群），$\Omega=(M^N-\Delta)/S_N$，式中 M 是二维平面，M^N是 N 重正规积，Δ 是正规积中对角点的集合（当至少两个坐标 z_i重合时），以保证粒子数守恒，由置换群S_N构成的商结构考虑了粒子的量子不可分性；$S[\lambda_1(z_1,z_2,\cdots,z_N,t;z'_1,z'_2,\cdots,z'_N,t')]$是在 t、t'时刻之间连接配置空间中选定点的轨迹λ_l的经典操作，并且位于轨迹空间的第 l 个扇区中。将整个轨迹空间分解为由辫群元素截断指数 l 所列举的不相交扇区。路径积分区域不连续分解为不相交的扇区（拓扑不等价），排除了在整个路径空间上统一定义的路径测度 $d\lambda$，对于每个扇区，必须分别定义测度 $d\lambda_l$，最后必须用酉元因子$e^{i\alpha l}$对所有扇区的贡献进行求和（因果性导致了酉正性）。证明了[34]这些酉元因子创建了辫群的一维酉元表示（1DUR）。路径积分中不同的酉表示（即辫群的不同 1DUR）决定了对应于相同经典量子粒子的不同种类的量子粒子。辫描述了粒子交换，因此其 1DUR 分配了量子统计。等效地，当其参数 $z_1,z_2,\cdots,z_N$（粒子在平面上的经典坐标）根据辫相互交换，特定辫的 1DUR 定义了多粒子波函数 $\Psi(z_1,z_2,\cdots,z_N)$ 的相移（注意，在二维中，这些交换不是排列[35]）。

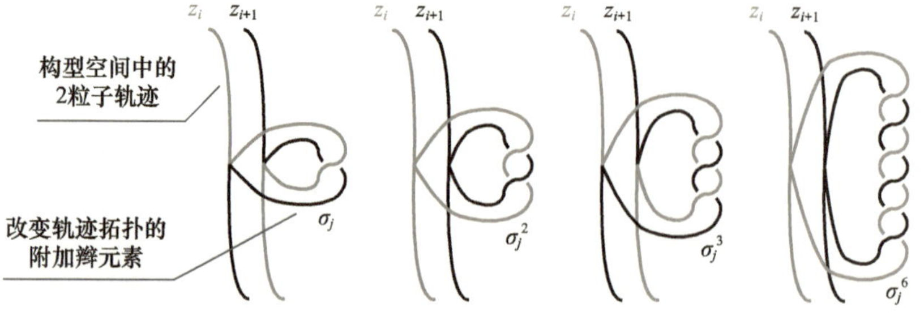

图 14.1　通过向 2 粒子轨迹添加各种辫获得的非同伦轨迹示例

因此，对于特定系统，所有量子多粒子相关态（包括 FQHE 的相关态）必须不可避免地由辫群的某一 1DUR 来表征。在三维系统中，N 个粒子系统的辫群总是 N 元置换群(无论电荷、相互作用或磁场是否存在)。对于任意置换群，仅存在两个 1DUR：$\sigma_j\rightarrow\begin{cases}e^{i0}=1\\e^{i\pi}=-1\end{cases}$，其中，$\sigma_j$，$j=1,2,\cdots$，当其他粒子保持静止时，$N-1$ 是第 j 个粒子与第 $(j+1)$ 个粒子位置交换的辫(多粒子类轨迹)(在三维系统中，σ_j是第 j 个和第 $(j+1)$ 个粒子位置的简单置换；在二维系统中，交换的轨迹也很重要)。在三维多粒子系统中，1DUR = 1 定义玻色子，1DUR = −1 定义费米子。对于二维多粒子系统，辫群不同于置换群[24,33,35]，它们的 1DUR 也不同，$\sigma_j\rightarrow e^{i\alpha}$，$\alpha\in(-\pi,\pi]$。在没有量化磁场的情况下，各种 1DUR 定义了二维任意子(包括二维 $\alpha=\pi$ 费米子和 $\alpha=\pi$ 玻色子)。

14.2.1 磁场存在下二维电子的辫群

在二维系统中，对于强垂直磁场中的带电排斥电子，辫群方法不能只分解为任意子。垂直于基面的强磁场显著地改变了辫群结构，即使在具有不同单粒子性质的完全不同的系统中，也可以根据相同方案调节 FQHE 表现的拓扑因素，并允许在一些特定情况下构建复合费米子。

即对于足够强的磁场，平面回旋加速器轨道可能太短而不能匹配均匀分布在平面上的相邻粒子(通过电子的排斥固定的经典位置 $T=0$K 处的二维带电粒子的经典分布是静态三角形维格纳晶格)，这排除了辫群发生器σ_j的存在，即相邻粒子的交换。辫σ_j对于磁场存在下的带电二维粒子来说，必须由经典回旋轨道的碎片构建，在这种情况下不能被定义。不能实现的短辫σ_j必须因此从辫群中拒绝。然而，已经证明[25,33]，保留在辫群中，形成原始组的子群的其他辫较大足以匹配相邻的粒子。这个子群被称为回旋辫群。回旋加速器子群的发生器是多回路辫，该辫在二维尺寸上比单回路辫大[25]。回旋加速器子群通过其 1DUR，允许在存在强磁场时定义量子统计。特别地，由初始完全辫群的费米子 1DUR 产生的回旋辫群的 1DUR 定义了复合费米子，并允许以使用由回旋辫群发生器的形式精确定义的对称约束来构造 FQHE 的相关多粒子波函数。这些波函数(不需要在最低朗道能级上的任何投影，与 Jains 的复合费米子思想相反)非常符合小模型的精确对角化，参见附录 14. 8。因此，复合费米子不配备辅助通量量子，而是根据由多回路辫产生的回旋子群的 1DUR 获得所需的 Laughlin 相移。试验波函数不需要从更高的朗道能级投影(如在复合费米子模型中)，而是根据由适当的 1DUR 和由回旋辫群发生器的特定形式施加的对称性唯一地定义。最低朗道能级中的这些函数以与 Halperin 函数类似的方式概括了 Laughlin 函数，但由特定填充率的回旋加速器辫发生器的结构和对称性系统且唯一地定义，参见附录 14. C。

从这个角度来看，FQHE 填充层级是由回旋辫群的特定结构决定的，并且与特定霍尔系统的单粒子性质无关，就像单层或双层石墨烯的伪相对论朗道能级结构一样。单粒子能带性质对于 FQHE 体系并不重要，除非其可以改变辫轨迹的拓扑。这种拓扑不受动力学特性的影响。然而，库仑相互作用定义了经典粒子的初始维格纳晶体分布，这是回旋辫施加的可公度性约束的必要前提，是相互作用的基本作用。因此，尽管单粒子能带结构不同，但 FQHE 体系在各种系统中以类似的形式重复。类似地，可以使用复合费米子，但只有当这种现象学有效图像与辫群可公度性方法相一致时才可使用，参见附录 14. B 和附录

14. C。复合费米子与最简单的辫可公度情况一致，而更复杂的辫可公度情况（如双层石墨烯或单层体系较高的朗道能级中遇到的情况）不允许复合费米子模型。

当满足对回旋加速器轨道尺寸与粒子分离的可公度约束时，只有在最低朗道能级的某些特定填充率下，才可能构造适当的回旋加速器辫。利用这一可公度条件判别填充率，得到的填充层级与 FQHE 层级的实验观察结果完全一致。这样，在常规半导体二维电子气中也有实验观察到的再生部分，其不属于复合费米子系列，参见附录 14. B 和附录 14. C。标准复合费米子模型仅在可公度的最简单情况下（附录 14. B 中精确定义的 '$x=1$' 情况）与辫群方法一致。下面给出了拓扑辫群方法对包括石墨烯的 FQHE 的简短总结。

14. 2. 2 分数量子霍尔效应、回旋加速器辫和可公度条件

为了阐明回旋加速器辫子群的结构，注意到，在存在强磁场的情况下，带电粒子的二维辫必须由多个回旋加速器轨道构建，并且这些在每个朗道能级中具有确定尺寸的轨道必须精确地适合于由库仑相互作用固定的粒子间间隔。否则，在带电的二维系统中存在磁场时，不存在现实（定义）的辫。因此，平面辫与粒子间距的可公度性是定义辫群和创建量子统计（通过定义的辫群的 1DUR）不可避免的条件。量子统计是任何多粒子相关态的必要前提。因此，可公度条件选择可以形成相关状态的磁场强度（或等效地，朗道级填充率）。因此，各种类型的辫可公度性定义了霍尔系统中相关状态的所有可能的填充分数。

强磁场中二维 N 电子系统的辫可公度的原型是在完全填充的最低朗道能级处，即在填充因子 $v=\frac{N}{N_0}=1$ 处，最低朗道能级中相互作用的二维电子的回旋轨道的精确拟合，其中 $N_0=\frac{B_0Se}{hc}$ 是朗道能级简并度 $\left(\frac{hc}{e}\text{是磁场通量的量子}\right)$。换句话说，条件 $v=1$ 与可公度条件等价：

$$\frac{S}{N}=\frac{S}{N_0}=\frac{hc}{eB_0} \tag{14.2}$$

即在 $v=1$ 时最低朗道能级中的回旋加速器轨道的尺寸 $\frac{hc}{eB_0}$ 适合于粒子间距 $\frac{S}{N}$（S 是系统的二维平面尺寸；在热力学极限中，$\frac{S}{N}$ 是常数，即使 S 和 N 趋于无穷大）。当 $v=1$ 时，可以创建辫群，并且相应的相关态表现为 IQHE。

对于较强的磁场，$B>B_0$，$v<1$ 且可公度性（式(14.2)）失效，这意味着普通回旋加速器轨道 $\frac{hc}{eB}$ 太短，相应的辫 σ_j 必须作为不可用的辫从辫群中剔除。然而，在剩余的辫群元素中，仍然存在辫 σ_j^q，其中 q 为奇整数，类似于 σ_j 定义第 j 个和第 $(j+1)$ 个粒子的交换。不同于 σ_j，辫 σ_j^q 实现与附加 $\frac{q-1}{2}$ 环路的交换[25,33]。当外场通过平面多回路轨道时，这些附加回路“带走”$\frac{q-1}{2}$ 通量量子。这就是固定在复合费米子上的辅助通量管的起源。在二维系

统中，每个粒子的外场通量$\frac{BS}{N}$因此减少$\frac{q-1}{2}\frac{hc}{e}$，与复合费米子概念类似。辫$\sigma_j^q$定义沿多回路回旋加速器二维轨道的交换。仅在二维系统中，多回路回旋加速器轨道与单回路回旋加速器轨道共享每个粒子相同的外场通量，因此多回路轨道的每个单回路必须仅落在$\frac{BS}{N}$通量量子的一部分。值得注意的是，这与三维情况相反，三维中的螺旋的每个涡旋都会添加一个新表面，该表面被相同的场B穿透，而在二维系统中不是如此。通量是表面和场的乘积，因此在较低的场保持表面时可以获得其较小的值。将外部$\frac{BS}{N}$通量分成每个环路的部分，等效于将单个环的有效场减小到B_0，在该值处，通量量子大小为$\frac{S}{N}$。因此，在二维系统中，与σ_j相关的多回路σ_j^q回旋加速器轨道具有更大的尺寸，以适应每个回路减少的通量部分，最终σ_j^q可以成为单环辫σ_j遥不可及的粒子。σ_j^q产生的辫回旋加速器子群，$j=1,2,\cdots,N-1$是$v<1$时的真辫群，条件是新的可公度条件成立：

$$\frac{S}{N}=\frac{qBSe}{hc} \tag{14.3}$$

其中该条件的 r. h. s. 表示二维中多圈回旋轨道的q倍更大范围。根据该可公度条件，遵循以下关系：$v=\frac{N}{N_0}=\frac{1}{q}$，显示 FQHE 的最低朗道能级填充的主线（由具有 Jastrow 多项式的第q阶 Laughlin 函数来描述）。因此，辫群可公度性是 Laughlin 函数推导的核心，相关二维带电相互作用粒子（电子）在磁场中的多粒子波函数必须根据相关回旋辫群的1DUR进行变换[24,34,36]。该特征以及最低朗道能级中的多粒子函数必须是$z_1,z_2,\cdots,z_N$（$z_j=x_j+\mathrm{i}_{yj}$第j个粒子平面上复坐标）的全纯函数，即没有多项式的极点，仅导致 Jastrow 多项式$\prod_{i>j}^{N}(z_i-z_j)^q$的形式（乘以 Laughlin 函数中与粒子交换无关的因子$e^{-\sum_{i=1}^{N}|z_i|^2/4l_B^2}$，$l_B$是磁长度）。后一项对于来自最低朗道能级的所有状态是公共的，因此 Laughlin 函数的推导本身确定了关于所有粒子的均匀多项式因子，其可以根据 1DUR 和如上所述的相关回旋辫群的发生器的形式来推导。

单层石墨烯和双层石墨烯中的 FQHE 现象为验证回旋辫群可公度方法提供了机会，因为“相对论”朗道能级结构与传统的 GaAs 2DEG 不同，验证 FQHE 的拓扑诱导本质相对于单粒子相对论动力学的独立性具有挑战性。另外，双层石墨烯中的双片拓扑结构与单层石墨烯不同，这将导致双层体系与单层体系不同的可公度条件。这将导致在单层石墨烯或常规半导体二维系统中观察不到的，双层石墨烯中 FQHE 填充率的特定层级。

必须强调的是，对于 FQHE 的形成，电子的相互作用与任何其他相关状态类似地具有必要性。在$T=0$K 时，作为经典最低能量状态，电子的强库仑排斥作用决定了二维电子以三角形维格纳晶体形式的稳定均匀分布。这种被相互作用刚性固定的电子的经典分布是根据 Feynman 路径积分（包括由辫群 1DUR[33] 分配的贡献之和）进行量子化的起点。这解释了辫群的 1DUR 在多粒子系统量子统计定义中的核心作用。每个不同的 1DUR 定义了对应于相同的经典粒子的不同种类的量子粒子[24,34]。因此，确定多粒子系统的辫群

(在二维系统中,不是排列群)是任何量子相关态不可避免的先决条件。

辫群是拓扑对象,N 粒子构型空间的π_1同伦群$\pi_1((M^N-\Delta)/S_N)$,集合构型空间中的所有类非同伦轨迹环,其中仅因粒子的枚举而不同的点是统一的(由于粒子的不可区别性)。辫群不反映系统的动力学细节,而是仅识别施加在由几何型全局特征(例如流形 M 的维度或量化磁场的存在)条件的粒子间轨迹上的拓扑限制。尽管局部动力学存在差异,但这说明了各种材料中 FQHE 表现的相似性。

如上所述,平面上电子的库仑排斥是磁场存在时定义辫群的中心前提,因为由库仑排斥(在经典平衡状态下)刚性固定的粒子间分离必须干扰平面回旋轨道,通过辫可公度条件以这种方式区分可能的相关类型。仅在二维系统中,多回路回旋加速器轨道具有较大的尺寸,这允许辫σ_j^q(q 为奇正整数)适合对于单回路交换而言过长的粒子间分离。然而,这种情况仅发生在最低朗道能级的一些"魔法"分数填充上,此处最低朗道能级是与观察到 FQHE 的相同的最低朗道能级。二维回旋加速器轨道跨越的表面是相同的,而与其多环特性无关。因此,与单环轨道相比,多环轨道的每个环的通量部分更小,这随后导致多环轨道尺寸的增长,如图 14.2(b)所示。

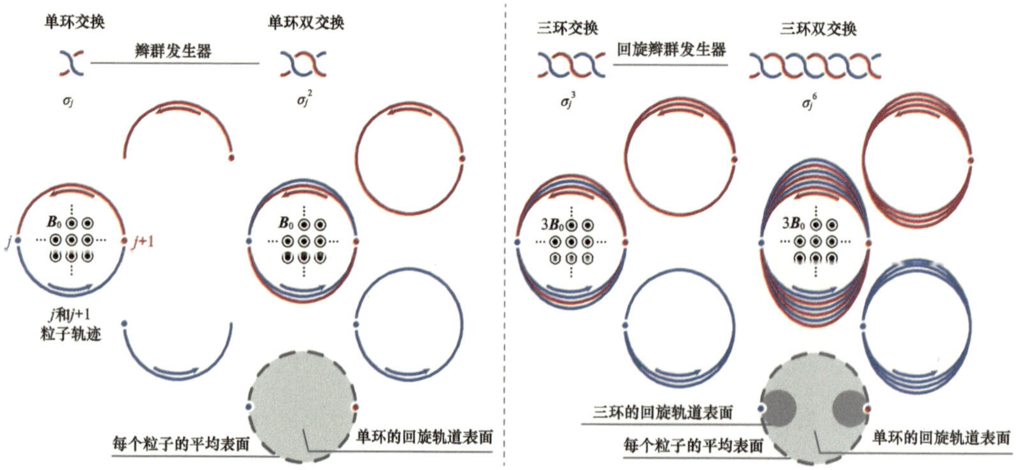

图 14.2 辫发生器σ_j的几何表示(左上图),对应的是相邻粒子的普通单环交换,第 j 个和第 $j+1$ 个粒子(左图)。在 $v=1$ 时,两个粒子的回旋半轨道可以一起实现这种辫。可以看到,闭合的回旋加速器全轨道对匹配粒子的双重交换作出响应(右上图)。必须考虑在 $v=\frac{1}{3}$时的三环辫发生器σ_i^3(右图),以便在强三倍的磁场 $3B$ 下匹配相邻粒子。在这种情况下,需要额外的回路来增强有效的回旋加速器半径。由于多回路轨道结构而在二维中增强回旋加速器轨道的示意图(右下角)。单环轨道适合于 $v=1$ 时的粒子分离(左下图)。对于二维多环轨道,必须在所有环之间分配外部磁场通量。对于每个环路,只有一小部分的外场通量下降,导致其尺寸增大

在图 14.2(左下图)中,磁场 B_0处的回旋加速器轨道方案显示为适应磁场通量的量子,即$B_0A=\frac{hc}{e}$。这是最低朗道能级中 B_0处的单环回旋加速器轨道尺寸 A 的定义。A 在完全填充最低朗道能级的情况下,符合粒子间分离,$\frac{S}{N}$,S 为样品面积,N 为粒子数。如果仅考虑单环轨道,则在较大的场,例如 $q=3$ 倍大,$3B_0$,再次适应于通量量子的回旋轨道与粒

子间分离$\frac{S}{N}$相比太小，如图 14.2 右下图所示（深灰色形状）。但是，在考虑树环轨道的情况下，则仅在二维空间中，$\frac{3B_0S}{N}=3B_0A$ 通过该轨道的外部通量必须存在三个环之间。在均匀划分的情况下，每个环路落在总 $3B_0A$ 通量的 B_0A 部分。因此，在这种情况下适应于通量量子$\frac{hc}{e}=B_0A$ 的每个环具有大小 A，与在三次较弱磁场下的单环轨道相同。根据需要，三个回路共同贡献了每个粒子的总通量 $3B_0A$，参见图 14.2（右下图）。这意味着三环轨道意外地适合粒子间分离$\frac{S}{N}=A$。

辫群发生器必须由回旋加速器轨道的一半限定（参见图 14.2），因此具有一个附加环的辫对应于具有三个环的回旋加速器轨道。该辫发生器具有以下形式σ_j^3。由σ_j^3，$j=1,2,\cdots,N-1$（新基本辫交换）生成的群显然是原辫群的子群，因为其生成器σ_j^3由原始的群发生器σ_j创建，这个子群被称为回旋辫群。显然，该子群的 1DUR 定义了在足够强的磁场下，即在对应于最低朗道能级的分数填充的场下的二维带电粒子的统计，条件是满足辫可公度条件（在所给出的示例中，$v=\frac{1}{3}$）。连续连接到辫发生器的更多环的泛化导致多环回旋轨道中的环数加倍增加，从而使填充分数 $v=\frac{1}{q}$，q 为奇数。

这种方法可以推广到较高的朗道能级，也与实验观测结果一致[26]。对较高朗道能级的推广本身归结为，辫可公度条件可以如下：

$$x\frac{S}{N-\beta N_0}=\frac{(2n+1)hc}{eB} \tag{14.4}$$

式中：x 为正整数；$\beta=\begin{cases}2n,\text{回旋}\uparrow\\2n+1,\text{回旋}\downarrow\end{cases}$（图 14.3）。由于较高的能量和第 n 个朗道能级的$\frac{(2n+1)hc}{eB}$尺寸，较高朗道能级中的回旋轨道大于最低朗道能级中的回旋轨道，这些较大的轨道可能适合于等距离分离的粒子，尽管不适合于任何粒子，而是适合于每个第 x 个粒子（第 x 阶的次邻近的相邻粒子，图 14.3 底部）。因此，可公度性（式(14.4)）也允许以连接每个粒子的普通单环辫的形式定义发生器σ'_j。这发生在完全填充的较高朗道能级（$n\geqslant1$）中。所得到的统计量（由 $n>1$ 的具有较长辫的这些辫群的 1DUR 表示）与 IQHE 相同（较长辫与 $v=1$ 时的 IQHE 一样是单环）。值得注意的是，在较高的朗道能级中可能遇到这种可公度性的机会，不仅对于完全填充的这些能级，而且对于其填充的一些分数，这已经在参考文献[26]中描述，与现在直到常规半导体霍尔系统[37-40]中的 2DEG 的第三个朗道能级的实验观察结果相当一致。在 $n\geqslant1$ 的朗道能级中（即与 $v=1$ 时的 B_0相比，在较弱的磁场下），回旋加速器轨道足够大以匹配每两个、每三个粒子，依此类推。这是因为第 n 个朗道能级中的回旋轨道的尺寸与朗道动能中存在的因子 $2n+1$ 成比例地增长，即回旋轨道尺寸达到具有第 n 个朗道能级中的$(2n+1)\frac{eB}{2mc}$动能的粒子的值$\frac{(2n+1)hc}{eB}$。然而，对于 $n\geqslant1$，有时也会出现过短的回旋加速器轨道，但不总是像最低朗道能级（$n=0$）那样。在较高的朗道能级中，太短的回旋轨道可能发生在次能带边缘附近，即对于足够小的粒子密度，因此，当 $n \geqslant 1$ 时，它们之间的距离大于回旋轨道。

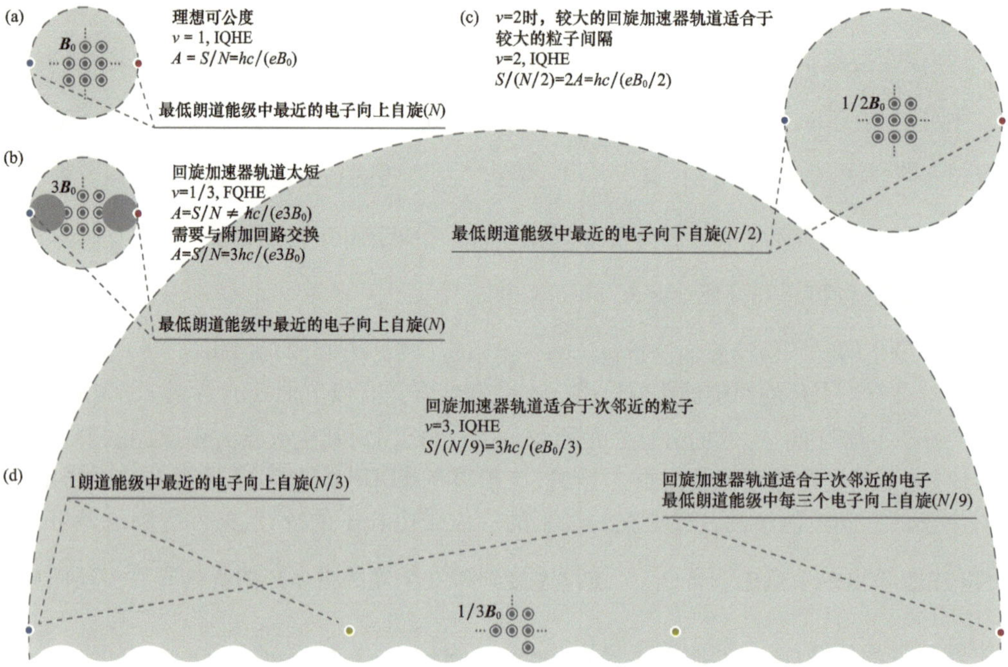

图 14.3 回旋加速器轨道（示意图绘制为圆形轨道）和粒子间距之间的可公度性图示

在 $v=1$ 时，最接近的粒子可以沿着完全适应的单环回旋加速器轨道交换位置(a)。对于较强的场 $v<1$，单环回旋加速器轨道太短而不能匹配相邻粒子(b)。$v=2$ 时，轨道再次适合最低朗道能级的旋转次能带中的粒子间间隔(c)。$v=3$ 时，即对于第一个朗道能级的旋升次能带的完全填充，回旋加速器轨道精确地适合于该次能带中的每三个粒子分离(d)。在(a)、(c)、(d)中，处理 IQHE，而在(b)中，由于较大的三环轨道，处理 $v=\frac{1}{3}$处的 FQHE。

在特定填充率 v（也在较高朗道能级中）下的横向电阻 R_{xy} 的量化总是与最低朗道能级中的普通 FQHE 类似，即等于$\frac{h}{e^2 v}$，而不考虑由 Jastrow 多项式中的指数表示的相关性，显示单回路 $q=1$ 或多回路 $a>1$ 的辫交换，这两者都可用于与最低朗道能级相反的较高朗道能级中的 FQHE。

14.3 石墨烯中分数量子霍尔效应的层级结构

由于在六边形布里渊区[6]角具有狄拉克点的石墨烯中的特定能带结构，朗道能级光谱不像普通 2DEG 那样等距，而是与 $\sqrt{n}$ 成比例，而非与 n 成比例[9]。朗道能级能量的这种伪相对论形式来自狄拉克点附近的局部哈密顿量的动量的线性。然而，石墨烯中每个朗道能级次能带的质量简并度与常规 2DEG 中的相同，等于$\frac{BS}{hc/e}$（B 是外部磁场，S 是样品表面，$\frac{hc}{e}$是磁场通量量子）。然而，石墨烯中每个朗道能级的次能带数目与常规半导体情况中不同，并且在石墨烯中等于 4，对应于塞曼自旋分裂和谷伪自旋分裂（在常规半导体中不存在),这是由于与石墨烯片[9]的晶格中的两个子晶格混合的两个不等价狄拉克点。石墨烯中的塞曼分裂很小[6],谷分裂也很小[9],因此可以假设4倍近似自旋－谷附加简并(称为SU(4)对称性)。最低朗道能级次能带从导带和价带在粒子和空穴之间划分[9]。因此,就填充因子而言,最低朗道能级的底部向上移动2(在单层情况下)。传统上,将来自价带的空穴的填充率指定为负数,这些正数的镜像反射表示导带中电子的填充率。除了常规2DEG的能力之外,石墨烯中的另一个可能是通过费米能级移动通过狄拉克点来控制石墨烯中的粒子和空穴之间的转变的可能性。实验中,通过施加横向相对小的电压来实现。

对于双层石墨烯,情况略有不同[9,21]。由于层间电子跳跃,双层石墨烯的哈密顿量恢复为关于动量的二次型。因此,双层石墨烯中的朗道能级谱$\sqrt{n}\sqrt{n+1}\hbar\omega_c \approx n\hbar\omega_c$,类似于对于较高$n$的普通2DEG的一个,但是对于每个朗道能级能级具有4倍的自旋－谷简并,除了由于状态$n=0$和$n=1$[9,21]的额外简并度而具有8倍简并度的最低朗道能级之外。和石墨烯一样,最低朗道能级次能带在粒子和空穴之间相等地划分,导致均匀带电载流子(电子或空穴)的底部被放置在8倍简并的最低朗道能级的中心。最低朗道能级的额外简并是由于在双层石墨烯中包含与单层石墨烯相反的$n=0$和$n=1$的状态所引起的。在双层石墨烯中,手性粒子的Berry相移也与单层不同(大2倍),等于2π[9]。因此,IQHE的连续平台以整数填充率位于双层石墨烯中,而在单层石墨烯中位于朗道能级的半填充处[9,21]。

14.3.1 单层石墨烯的分数量子霍尔效应层级

对于(通过横向电压)移动到导带的费米能级和足够强的磁场$v\in(0,1)$,处理标记为$n=0,2\uparrow$的粒子最低朗道能级的分数填充的第一导频次能带(在该符号中,2标记谷伪自旋分量,箭头↑标记沿磁场的普通自旋的取向)。对于$N<N_0$,填充率$v=N/N_0$是分数(每个次能带的简并度为$N_0=\frac{BS}{hc/e}$)。

为了破译石墨烯中该次能带中的FQHE层级,应用了普通2DEG系统开发的辫群拓扑方法[25,33]。为了实现辫状群发生器,回旋加速器轨道必须与粒子间的分离相称。可公度性的原型是$\frac{S}{N}=\frac{hc}{eB_0}=\frac{S}{N_0}$(其中$S$是样品表面,$N$是电子数,$N_0$是朗道能级简并度),$v=\frac{N}{N_0}=1$s和IQHE。各种更复杂的可公度性模式定义了FQHE的填充分数[25,33]。

对石墨烯而言,一个重要的性质源于这样的事实,即石墨烯中的回旋轨道由具有类似于传统半导体2DEG(如在非相互作用的二维气体中)的裸动能$T=\hbar\omega_c\left(n+\frac{1}{2}\right)$定义,$\omega_c=\frac{eB}{mc}$,尽管朗道能级能量有不同的伪相对论版本。这是因为相对论的“奇异”是由一种特殊的晶体场(离子和电子的电相互作用)引起的,这种晶体场不会改变朗道能量的纯粹动力学部分。因此,石墨烯的辫回旋加速器轨道的尺寸重复了来自非相互作用气体的相应轨道尺寸。因此,与常规2DEG相比,常规2DEG系统和石墨烯之间的差异将与石墨烯中的不同数量的朗道能级次能带相关。填充因子的均匀偏移也将由石墨烯中手性谷赝自旋的势垒相移引起[9]。

因此，次能带 $n=0,2\uparrow$ 中的回旋轨道大小等于 $\frac{hc/e}{B}=\frac{S}{N_0}$。因为该轨道尺寸低于由 $\frac{S}{N}$ 表示的粒子间距（$N<N_0$，需要具有增强尺寸的多环辫来匹配相邻粒子[25,33]。可公度性条件在此为 $q\frac{S}{N_0}=\frac{S}{N}$，其给出 $v=\frac{N}{N_0}=\frac{1}{q}$（$q$ 奇数[25]）。对于该次能带中的局部能带空穴，期望粒子－空穴对称填充率 $v=1-\frac{1}{q}$。

当多回路回旋加速器轨道的最后一个回路与每个粒子分离相称（如在第 l 个朗道能级中）时，出现下一个可能的可公度性，而 $q-1$ 前环路带走整数个通量量子（其与最接近的相邻粒子相称）。对于 $l=2,3,\cdots$ 最后一个循环到达每个第 l 个粒子（下一个邻近）。以这种方式，以以下形式获得该最低朗道能级次能带中的 FQHE 的填充层级（与复合费米子模型相同）：$v=\frac{l}{l(q-1)\pm1}$，$v=1-\frac{l}{l(q-1)\pm1}$，其中 $l=1,2,\cdots$，分母上的负号对应于在多回路轨道上最后一个回路相对于前一个回路反向八位数方向的可能性。另外，注意到，可以在上述公式中的 $l\to\infty$ 极限中实现霍尔金属态的填充率，这对应于当通过最后一个回路的剩余通量趋于零时的情况。这意味着在没有磁场的情况下，最后一个环可以到达无限远的粒子，就像费米子一样，被称为在常规 2DEG 中 $v=\frac{l}{2}$ 的霍尔金属原型的情况。在极限 $l\to\infty$ 中，得到了霍尔金属态的等级，形式为 $v=\frac{1}{q-1}$，$v=1-\frac{1}{q-1}$。

还可以观察到，可公度性的其他变体可能涉及多环轨道。即多回路结构的每个回路原则上可以适应于以不同且相互独立的方式匹配各种方案中的最近或次邻近的粒子分离。这种可能性之一可以对应于在 q 环轨道中 $q-1$ 环适应于每个第 x 个粒子（$x=1,2,3,\cdots$），而最后一个适合于每个第 l 个粒子分离时的情况。对于奇异分数，例如 $v=\frac{4}{11},\frac{5}{13},\frac{3}{8},\frac{3}{10},\cdots$（超过对应于 $x=1$ 的复合费米子等级），在最低朗道能级内的普通 2DEG 霍尔系统中可以观察到这种可公度性方案。然而，值得注意的是，到目前为止，在石墨烯的最低朗道能级中还未观察到这一系列奇异的 FQHE 填充部分，但是在单层石墨烯的第一个朗道能级中可以观察到（如下所示）。

在降低磁场时，可以获得完全填充的次能带 $n=0,2\uparrow$，这对应于 IQHE 态。对于较低的磁场，下一个次能带，即最低朗道能级中的最后一个次能带，$n=0,2\downarrow$，逐渐被电子填充。在该次能带中，回旋轨道尺寸 $\frac{S}{N_0}$ 仍然小于粒子间间隔 $\frac{S}{N-N_0}$（因为 $N-N_0<N_0$），与在前一次能带中类似。因此，轨道的多环结构必须在前一个子带只向前移动 1 的基础上在这里重复。在完全填充该次能带之后，最低朗道能级也被完全填充。这根据其在 $n=0$ 处的主线层级 $v=4(n+\frac{1}{2})$ 给出了 IQHE。

以类似的方式，可以考虑以下 LLS 的填充。最接近的对应于 $n=1$。这个能级有 4 个电子类型的次能带。该朗道能级（在其所有子频带中）中的裸动能等于 $\frac{3\hbar\omega_c}{2}$。在该次能带中，回旋加速器轨道的尺寸为$\frac{3S}{N_0}$（与最低朗道能级相比更大），并且必须适应该次能带中电子之间的粒子间分离，$\frac{S}{N-2N_0}$。对于次能带中的少量电子（靠近次能带边缘），可以处理多环轨道，或者单环轨道太短，$\frac{3S}{N_0}<\frac{S}{N-2N_0}$。$q$ 环轨道满足可公度条件 $q\frac{3S}{N_0}<\frac{S}{N-2N_0}$，$q$ 为奇数，该条件定义了该次能带中 FQHE（多环）的主序列 $v=2+\frac{1}{3q}$ 向次能带边缘移动，该主线可以补充到完整的相关层级，$v=2+\frac{1}{l3(q-1)\pm1}$，$v=3-\frac{1}{l3(q-1)\pm1}l=i/3$，$i=1,2,\cdots$，其中霍尔金属层级在极限 $l\to\infty$ 中，类似于最低朗道能级的情况。由于 $n=1$ 次能带中回旋轨道的较大尺寸，与最低朗道能级中的 FQHE 速率相比，这些填充率系列更靠近次能带边缘。同时，在该较高朗道能级次能带的中心部分，新类型的可公度性是可能的，而在最低朗道能级中不可行。当$\frac{3S}{N_0}=\frac{xS}{N-2N_0}$且 $x=1,2,3$ 时，即当回旋轨道尺寸超过粒子分离时，出现了这种新的可公度性。然后，单环轨道（在该次能带中足够大）可以与每个第 x 个粒子（x 阶次近邻）拟合。从这个新的可公度性中，可以找到对应于单环回旋加速器轨道的分数 $v=\frac{7}{3},\frac{8}{3}$，3（类似于 IQHE）。因此，$v=\frac{7}{3},\frac{8}{3}$，处理 FQHE（单环）。这是一个新的霍尔特征，只在更高的朗道能级中显现出来，其中回旋加速器轨道可能大于粒子间间隔，并且单环轨道可以到达次邻近的邻居。

注意到，可公度的特殊情况，$\frac{3S}{N_0}=\frac{1.5S}{N-2N_0}$，可以在 $v=\frac{5}{2}$时确定。这种可公度性只涉及成对的粒子，而不是单个粒子。这种配对不改变回旋半径（在质量和电荷加倍时不变），但减少了2倍的载流子数$\frac{N-2N_0}{2}$，这给出了 $v=\frac{5}{2}$时配对的上述可公度。因此，在该填充率下，除了成对电子外，可以预期 IQHE 型相关的表现（所考虑的关联对应于由于该次能带中的自旋极化而引起的类 p 配对）。

类似的可公度性方案可以应用于 $n=1$ 的下一个次能带。

一个有趣的可公度的新可能性发生在与次邻近邻居相称的 q 环轨道上。如前所述，多环结构中的特定环的尺寸通常可以以独立的方式适应颗粒间间隔，从而产生大量可能的新填充率。特别是，它导致了第一朗道能级的所有次能带中的附加层级，$v=2(3,4,5)+\frac{xl}{l3(q-1)\pm1}$，$v=3(4,5,6)-\frac{xl}{l3(q-1)\pm1}$，且 $q=3$，$x=2,3$，$l=i/3$，$i=1,2,3$，再生 $v=\frac{7}{3},\frac{8}{3},\frac{12}{5},\frac{13}{5},\frac{17}{7},\frac{18}{7},\frac{22}{9},\frac{23}{9},\frac{10}{3},\frac{11}{3},\frac{17}{5},\frac{18}{5},\frac{24}{7},\frac{25}{7},\frac{13}{3},\frac{14}{3},\frac{22}{5},\frac{23}{5}$。FQHE 的这一机会与最近在超低温下[11]单层石墨烯中的 $n=1$ 朗道能级三个第一次能带 FQHE 的观察结果非常一致，参考图 14.4。

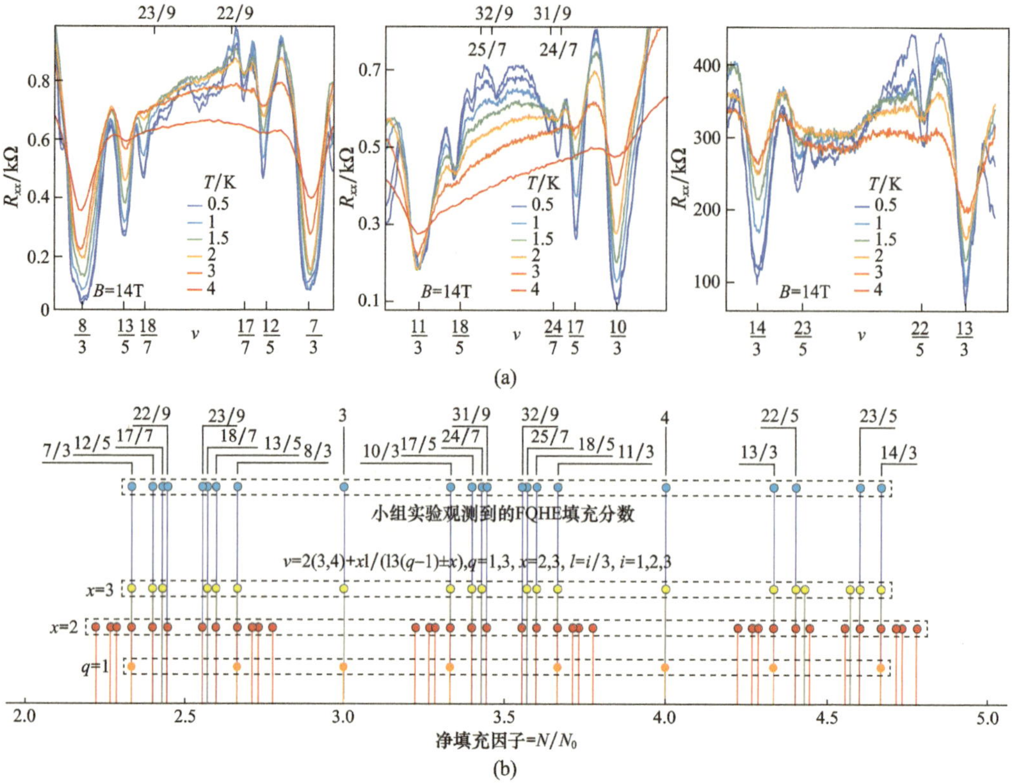

图 14.4　在第一朗道能级（$n=1$）中的三个第一次能带中的单层石墨烯中的 FQHE 的回旋加速器辫层级的拟合，$v\in[2,5]$

（a）实验后R_{xx}[11]，（b）根据回旋辫法得出相应的理论层级。根据可公度性系列 $v=2(3,4)+\dfrac{xl}{l3(q-1)\pm1}$，且 $q=3,x=2,3,l=\dfrac{i}{3},i=1,2,3$（b）（$x=1$ 对应于类复合费米子可公度性），较大的剩余纵向电阻（在（a）中为$\dfrac{12}{5}$，$\dfrac{17}{7}$，$\dfrac{22}{9}$，其他分母为5,7,9的分数）对应于次邻近的电子、每第二个（$x=2$）或每第三个（$x=3$）粒子的相关状态－不相关电子增强了电阻。

14.3.2　双层石墨烯中的分数量子霍尔效应层级

在双层石墨烯中，辫轨迹的拓扑结构与单层系统相比发生了显著的变化。双层石墨烯不是严格意义上的二维结构，这为图 14.5 所示的轨迹拓扑开辟了一种新的可能性。

双层石墨烯的两个层距离很近，电子可以在它们之间跳跃。因此，多回路回旋加速器轨道（和相关辫）可以同时驻留在两个层中，即回路可以分布在两个层之间。这与单层情况相比有所不同，因为每个层与自身表面无关地贡献外部磁场的总通量，这强烈影响回旋加速器轨道尺寸和辫可公度条件（图 14.5）。

位于双层石墨烯两个层中的三环回旋加速器轨道的最低朗道能级（次能带 $n=0,2\uparrow$）中最简单的可公度性（图 14.5）导致填充分数 $v=\dfrac{1}{2}$，而不是单层的$\dfrac{1}{3}$。这种异常的分数已经在实验中观察到（实际上是在 $v=-\dfrac{1}{2}$处的孔）[14]，并且不能用复合费米子模型来解释

(复合费米子模型预测在 $v = \pm\frac{1}{2}$ 处出现霍尔金属状态)。

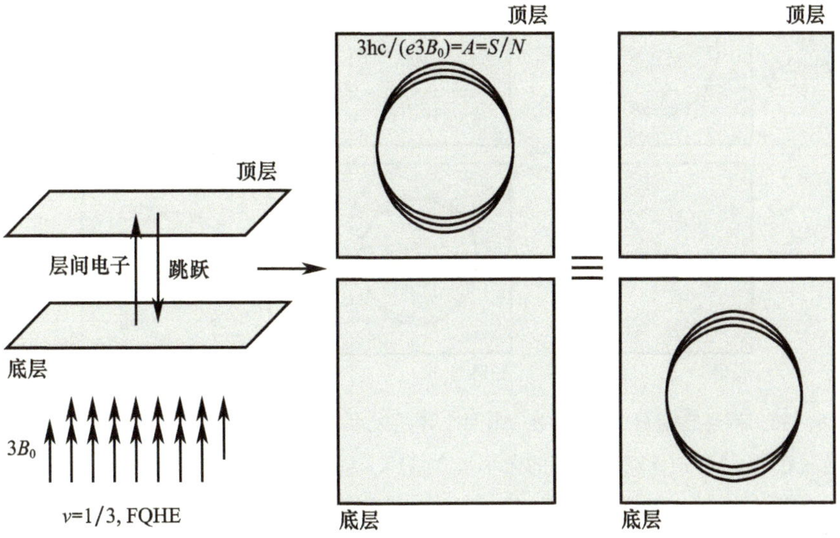

(a)

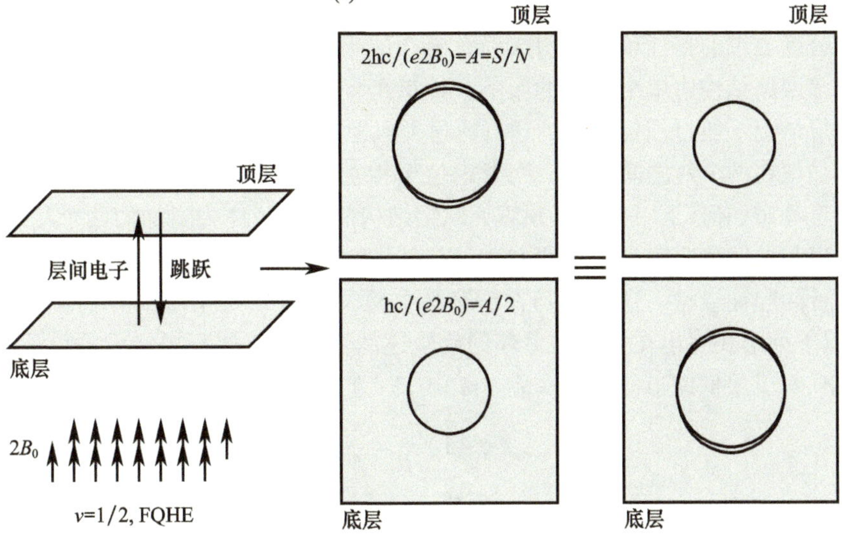

(b)

图 14.5 在双层系统中,有两种可能的拓扑非等价类型的三环回旋加速器轨迹(对应于具有一个附加回路的沿辫发生器的粒子交换,即σ_j^3由三环回旋加速器轨道的一半创建[33])。在(b)中,三环轨道分布在两个层之间,与三环轨道位于单个片中的情况相反,两个层都在贡献自己的磁通量。这导致了两种情况下不同的可公约性:如果循环分布在两层之间,则只有两个循环参与轨道大小的增加,这给出了可公约性条件:$A = \frac{S}{N} = 2\frac{S}{N_0}, N_0 = \frac{BSe}{hc} \rightarrow v = \frac{1}{2}$。在所有三个环都放置在单层中的情况下(a),公约性重复来自单层情况的公约性 $v = \frac{1}{3}$

任何一对环中的第二环可以相对于第一环位于双层石墨烯的相对片中的事实,参见图 14.6,是致使双层石墨烯中 FQHE 层级的原因。

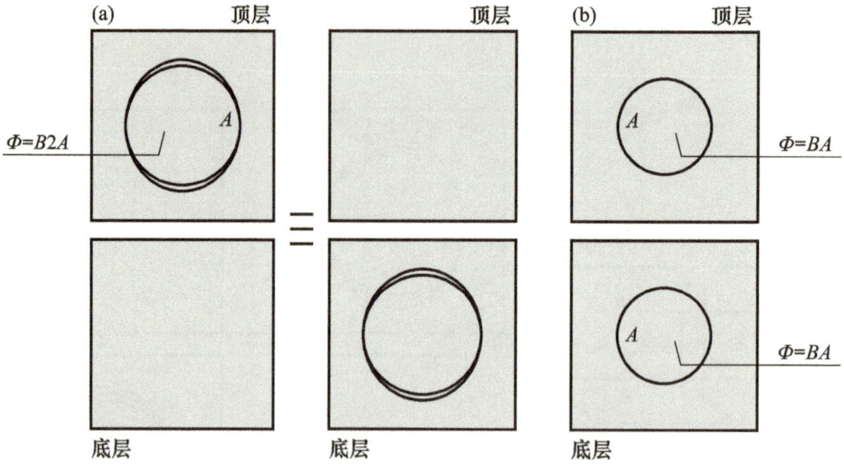

图 14.6　如果双环轨道分为两层(b)，则两个环的大小与单环相同(图中 $A = S/N$, B_0 处 $v = 1$)，但如果两个环放置在同一层，则比双环轨道的大小大 2 倍(a)。这在同一磁场的两种情况下造成了不同的通约性

通常在双层系统中，多环轨道的环可以部分地位于两个二维片中。为了在调整到辫轨迹和可公度要求的拓扑项中说明这种影响，当外场的总通量被分成每个回路的分数时，必须忽略多回路结构中单个回路的影响。该单个环路捕获其自身的通量，而其余环路必须与在单层情况下通过任何回旋加速器轨道类似地共享相同的通量。单个环的移除必须独立于环如何在两个片之间分布。当考虑位于相对于前一个环的相反片中的选定环时，而不管特定分布如何，下一个环必须填充双层结构的两个片作为附加的两个片。因此，所有这些环以与单层情况完全相同的方式参与外场通量的划分，但是选择的环路与通过该环路的通量一起被省略。这种技巧在辫环拓扑意义上将双层系统简化为单层系统。因此，可以以下列形式写出在太短的单环回旋轨道的情况下双层石墨烯中的可公度性条件(作为示例，对于最低朗道能级的次能带 $n = 0,2\uparrow$)：

$$(q-1)\frac{hc}{eB} = \frac{S}{N}$$

$$v = \frac{N}{N_0} = \frac{1}{q-1} = \frac{1}{2}, \frac{1}{4}, \frac{1}{6}, \cdots, \tag{14.5}$$

式中：N 为每个层中的电子数；$N_0 = \frac{BSe}{hc}$ 为任意次能带的简并度；S 为样品的表面(单个片的表面)；q 为奇数(必须是奇数，以便确保回旋加速器轨道的一半限定辫，类似于单层情况)。在避免单个循环之后，下一个循环必须复制前一个循环，无论循环以何种方式分布在两个层中。因此，考虑到与单层情况相同的公约性情况，只有 $q-1$ 环参与双层石墨烯中有效 q 环回旋轨道的增强。

必须强调的是，对于双层石墨烯中的多环轨道，环的总数仍然是 q(尽管在可公度条件(式(14.5))中避免了一个环)，因此相应的回旋子群的生成器具有 σ_j^q 的形式，这导致与具有指数 q 的 Jastrow 多项式的标准 Laughlin 相关性。由于可公度性((式 14.5))，在最低朗道能级的第一粒子类型次能带中，即在次能带 $n = 0,2\uparrow$ 中，得到的填充分数的主线是

$v=\frac{1}{q-1}$(p 为奇数)。双层石墨烯的 FQHE 体系的这个主要系列中的偶数分母与实验观察结果完全一致[14]。

对于该次能带中的空穴(对应于粒子类型几乎填充的次能带中空态的空穴),可以写为 $v=1-\frac{1}{q-1}$。因此,对该次能带中的 FQHE 的完整层级的推广获得了以下形式:$v=\frac{1}{l(q-2)\pm1}$,$v=1-\frac{1}{l(q-2)\pm1}$,其中 $l>1$,描述与 $q-1$ 环的最后一个环相称的第 l 阶次邻近邻居,类似于在单层情况中所讨论的(如前所述,极限 $l\to\infty$定义了霍尔金属的层级)。对于第一 $q-2$ 环与第 x 阶次近邻的可公度性,$v=\frac{xl}{l(q-2)\pm x}$,但类似于单层石墨烯,在双层石墨烯的最低朗道能级中也没有观察到该层级线。

在最低朗道能级随后的次能带中,$n=0,2\uparrow$(假设该次能带在前一个次能带之后),该层级以相同的形式重复,仅均匀地向前移动 1(因为回旋加速器轨道的大小相同,对于具有相同 n 的所有次能带,可公度条件是相似的)。然而,在最低朗道能级的接下来的两个次能带 $n=1,2\uparrow$ 和 $n=1,2\downarrow$ 中出现了新颖性。由于 $n=1$ 的回旋加速器轨道的尺寸较大,最低朗道能级的这些次能带的第一个中的 FQHE 主系列,$n=1,2\uparrow$,获得以下形式:

$$\frac{3hc}{eB}=\frac{3S}{N_0}<\frac{S}{N-2N_0}$$

$$(p-1)3\frac{hc}{eB}=(p-1)\frac{3S}{N_0}=\frac{S}{N-2N_0}$$

$$v=\frac{N}{N_0}=2+\frac{1}{3(q-1)}=2+\frac{1}{6},2+\frac{1}{12},2+\frac{1}{18},\cdots \tag{14.6}$$

用于次能带中孔的该主级数以及到该次能带中的完整 FQHE 层级的推广如下:对于次能带孔 $v=3-\frac{1}{3(q-1)}$,此次能带中的完整 FQHE 层级 $v=2+\frac{1}{l3(q-2)\pm1}$,$v=3-\frac{1}{l3(q-2)\pm1}$,$l=\frac{i}{3}$,$i=1,2,3,\cdots$(可以在极限 $l\to\infty$中获得霍尔金属层级)。

在次能带 $n=1,2\uparrow$ 中,回旋轨道可能大于粒子分离(类似于单层石墨烯中的 $n=1$),这允许与次近邻的单环可公度性。$\frac{3}{N_0}=\frac{x}{N-2N_0}$,$x=1,2,3$ 时,得到填充率,$v=\frac{7}{3},\frac{8}{3},3$。这些速率与类似于 IQHE 的单环相关性相关(尽管前两个不是整数填充率),并且被称为 FQHE(单环)。与单层情况类似,可以考虑上式中 $x=1.5$ 的成对状态,这对应于电子对的回旋轨道与这些对在电子填充率 $v=\frac{5}{2}$下的分离的完全公度。双层石墨烯最低朗道能级中弹性次能带 $n=1,2\downarrow$ 的填充受到类似的约束,对于 $n=1$ 的所有次能带,回旋轨道具有相同的大小,FQHE 层级只比前一个次能带移动了 1。

但是,在下一个朗道能级(最低朗道能级之后的第一个),情况发生了重大变化。这里,回旋加速器轨道由 $n=2$ 的裸动能确定,这给出了回旋加速器轨道尺寸:$\frac{5hc}{eB}=\frac{5S}{N_0}$。这些轨道很大,因此可能只需要在靠近次能带边缘的小密度电子处的多环轨道。在次能带

$n=2,1\uparrow$ 中，FQHE（多环）的主多环级数和完整层级分别移动到次能带边缘：$v=4+\frac{1}{5(p-1)}$，$v=4+\frac{1}{l5(p-2)\pm1}$，$l=\frac{i}{5}$，$i>1$（对于次能带孔，在上述两个公式中，5 - 代替 4 +）。如前所述，极限 $l\to\infty$ 决定了霍尔金属层级。因为 $n=2$ 的轨道尺寸可能大于粒子分离（特别是在次能带的中心部分），所以应该考虑该轨道与次近邻的可公度性。与 $n=2$ 的单层级能带类似，可以预期存在对称地位于中心成对态周围的 4 个（$2n$）卫星 FQHE（单环）态。在次能带 $n=2,1\uparrow$ 中，这些卫星态出现在 $v=\frac{21}{5},\frac{22}{5},\frac{23}{5},\frac{24}{5}$，中心成对态出现在 $v=\frac{9}{2}$。对于 $n=2$ 的次能带，这种状态在常规 2DEG 的实验中是可见的，参见图 14.10，而在双层石墨烯中，实验图像是不同的[15]。这种奇异再次由双层结构的特定拓扑引起。

为了解决这个难题，注意到，在双层系统中，可能发生在单环轨道的不同拓扑实现方式。这在单层系统中不可能的这种新的机会在图 14.7 中可见，当单个环的一部分位于一个层中，而该环的其余部分位于相对的层中，使得粒子沿着由位于相对的层中的回旋轨道块构建的辫交换。由于电子的跳跃，可以实现这种单环的拓扑。因为两个交换电子可能具有同时位于不同片中的各自轨迹，所以与单层情况相反，电子之间的相互距离可能不守恒（图 14.7（a））。因此，如图 14.7（b）所示，由轨道碎片构建的辫定义了比轨道尺寸 $\frac{5hac}{eB}$ 更近的电子交换（图 14.7（c））。这对应于回旋加速器轨道尺寸的有效减小，或者换句话说，对应于通过回旋加速器轨道的形式漏通量。因此，尽管 $n=2$ 时名义上的值更大，所得到的可公度性可以与较小的有效回旋加速器轨道相关联。轨道只能改变整数个通量量子，因此对于 $n=2$ 的初始标称通量 $\frac{5hc}{e}$，得到了最终的约化单环通量的可能性 $\frac{hc}{e}$、$\frac{2hc}{e}$、$\frac{3hc}{e}$ 和 $\frac{4hc}{e}$。由于与最近和次近邻的可公度，这些有效轨道给出了 FQHE（单环）的新分数：$v=4+\frac{1}{3}$ 和 $v=4+\frac{2}{3}$，分别用于轨道 $3\frac{hc}{e}$ 与最近邻和次近邻的可公度性。这些部分在双层石墨烯中 $n=2$ 的三个第一次能带中可见[15]，参见图 14.8 和图 14.9。与 IQHE 类似，与单环相关联的相应状态更稳定。这些状态与复合费米子没有任何共同之处，因为相关的相关性是由单循环辫所描述。必须强调，状态对 $4(5,6,7)+\frac{1}{3}$ 和 $4(5,6,7)+\frac{2}{3}$ 不是粒子和孔的结合（最低朗道能级中的粒子 $\frac{1}{3}$ 和孔 $\frac{2}{3}$ 多回路态），在 $n=2$ 朗道能级的次能带中具有分母 3 的这些对分别对应于最近和次近邻的单环辫可公度（因此，在这些对的相应局部最小值 R_{xx} 中实验观察到的小不对称量与相关性的差异 $4(5,6,7)+\frac{2}{3}$ 是一致的，每两个电子都有关联，而对于所有电子是 $4(5,6,7)+\frac{1}{3}$）。

轨道减少到 $\frac{hc}{e}$ 对于单环可公度来说太短了，而轨道 $\frac{2hc}{e}$ 和 $\frac{4hc}{e}$ 分别使得 $v=\frac{1}{2}$ 和 $v=\frac{1}{4}$、$\frac{1}{2}$、$\frac{3}{4}$。这些特性在实验中也很明显，参见图 14.8。

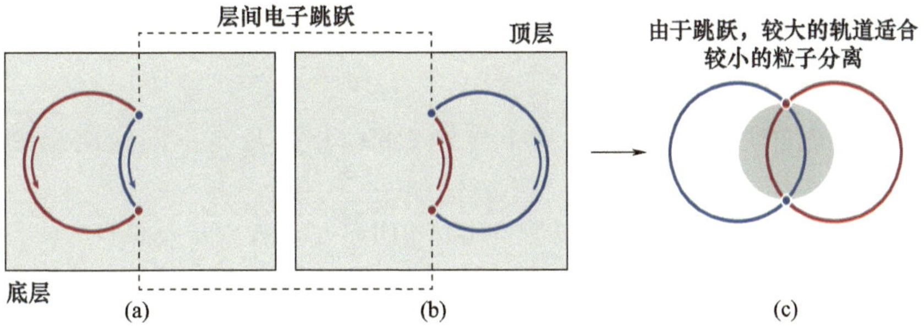

图 14.7　当电子可以在双层石墨烯的两层之间跳跃时，单环辫的拓扑结构可能会改变。两个交换粒子都可以在层之间跳跃，并且当穿过自己的轨道时也可能在相反层中。在这种情况下，不保持其相互距离。这导致回旋加速器轨道的通量泄漏，并且这种较小的轨道可以匹配更近的粒子（右）

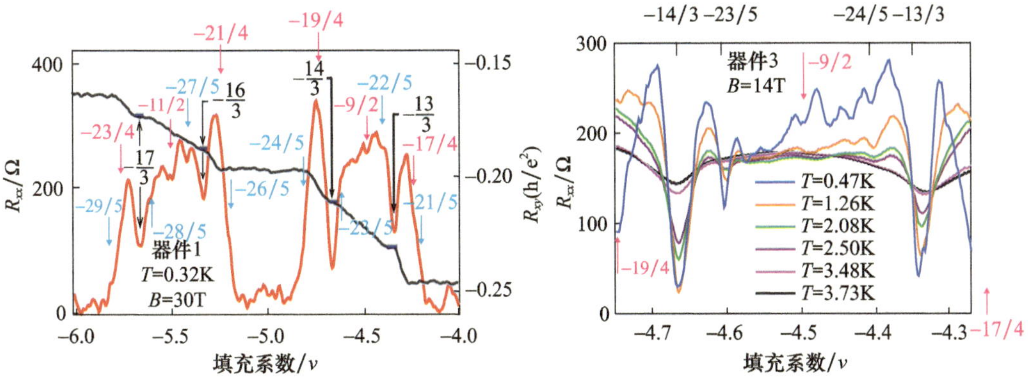

图 14.8　在双层石墨烯（封装在具有开放面的 h－BN 中）中测量的 $n=2$ 次能带（第一个朗道能级）的纵向电阻率 R_{xx} 实验[15]。在双层结构中，当通量泄漏到对层时，分母为 3 的分数级数与单回路编织可公度性一致；对于分母为 2 和 4 的分数也是如此。分母为 5 的分数对应于 $n=2$ 的单环辫可公度性（用不同样品重复实验[15]）

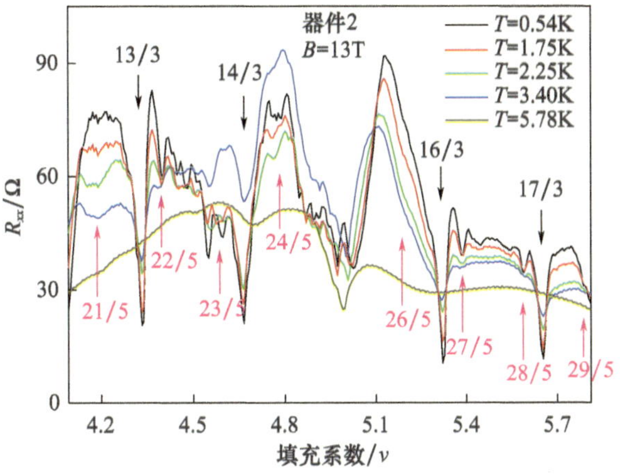

图 14.9　来自第一个朗道能级（$\nu\in(4,6)$）（第三个样品）的两个第一次能带 $n=2$ 的双层石墨烯实验[15]的电阻率 R_{xx}。标记了用于单环可公度（由于双层结构的两个片之间的通量泄漏）的具有分母 3 的分数和也用于单环辫可公度的具有分母 5 的分数的显著的 FQHE 特征

14.3.3 对双层石墨烯分数量子霍尔效应层级变化造成的最低朗道能级简并提升类型

双层石墨烯与单层石墨烯和常规半导体2DEG相比具有不同的次能带结构，如表14.1所示。

表14.1 双层石墨烯、单层石墨烯和GaA 2DEG中次能带排列和相应填充率 $v=\frac{N}{N_0}$ 范围的比较（对应于 n 的循环轨道的标称尺寸为 $(2n+1)\frac{hc}{eB}$；然而，在双层系统中，轨道尺寸可以通过对相对层的磁通泄漏而减小）

系统类型	最低朗道能级次能带	第一朗道能级次能带	第二朗道能级次能带
双层石墨烯	$v\in(0,4]$	$v\in(4,8]$	$v\in(8,12]$
	$n=0,2,\uparrow$	$n=2,1,\uparrow$	$n=3,1,\uparrow$
	$n=0,2,\downarrow$	$n=2,1,\downarrow$	$n=3,1,\downarrow$
	$n=1,2,\uparrow$	$n=2,2,\uparrow$	$n=3,2,\uparrow$
	$n=1,2,\downarrow$	$n=2,2,\downarrow$	$n=3,2,\downarrow$
	导电带		
单层石墨烯	$v\in(0,2]$	$v\in(2,6]$	$v\in(6,10]$
	$n=0,2,\uparrow$	$n=1,1,\uparrow$	$n=2,1,\uparrow$
	$n=0,2,\downarrow$	$n=1,1,\downarrow$	$n=2,1,\downarrow$
	导电带	$n=1,2,\uparrow$	$n=2,2,\uparrow$
		$n-1,2,\downarrow$	$n=2,2,\downarrow$
GaA 2DEG	$v\in(0,2]$	$v\in(2,4]$	$v\in(4,6]$
	$n=0,\uparrow$	$n=1,\uparrow$	$n=2,\uparrow$
	$n=0,\downarrow$	$n=1,\downarrow$	$n=2,\downarrow$

在双层石墨烯中，$n=0$ 和 $n=1$ 态的简并度导致最低朗道能级的8倍简并度，与单层情况相比，最低朗道能级的4倍自旋-谷简并度加倍。简并度不精确，为了增强磁场振幅，塞曼分裂和谷分裂均增长。应力、变形和结构缺陷也会引起谷简并的提升。此外，库仑相互作用引起 $n=0,1$ 态的混合，提高了其在最低朗道能级内的简并度。然而，特别重要的是在简并提升之后的次能带的顺序，其允许具有不同 $n=0,1$ 的最低朗道能级次能带的相互反转的顺序。阶 $n=0,1$ 或 $n=1,0$ 导致不同的FQHE填充层级。在 $n=1$ 的最低朗道能级次能带早于 $n=0$ 的次能带被填充的情况下，对于第一次能带 $n=1,2\uparrow$ 具有以下层级：多轨道为 $v=\frac{l}{l3(p-2)\pm1}$，$v=1-\frac{l}{l3(p-2)\pm1}$，单环轨道为 $v=\frac{1}{3},\frac{2}{3}$ 和成对状态为 $v=\frac{1}{2}$。对于下一个次能带，$n=0,2,\uparrow$，得到形式为：多环轨道 $v=1+\frac{l}{l(p-2)\pm1}$，$v=2-\frac{l}{l(p-2)\pm1}$，无单环轨道。表14.2中总结了两个第一最低朗道能级次能带的反向排序的比较情况。可以注意到，只有当 $n=0$ 的次能带早于 $n=1$ 的次能带被填充时，在 $v=\frac{1}{2}$ 时

的状态才对应于 FQHE。

还可以考虑双层石墨烯的最低朗道能级中的情况，当 $n=0,1$ 态的简并度被提升，使得两个能级以一定的填充因子$v^* <1$ 交叉（参见参考文献[27]，其中已经在环面或球体上的小模型上数值分析了 $n=0,1$ 态之间的混合）。例如，假设 $n=1$ 次能带（$n=1,2\uparrow$）在能量上有利直到某个填充分数v^*。在这种填充率下，次能带 $n=1,2\uparrow$ 与次能带 $n=0,2\uparrow$ 交叉，后者开始具有较低的能量$1+v'>v>v^*$。对应于这种情况的分数填充的分层结构看起来类似于次能带 $n=1,2\uparrow$ 的普通填充，尽管插入了 $n=0,2\uparrow$ 次能带分层结构。根据数值或v^*，通过层级模式的组合，各种模式是可能的，如表 14.2 所示。

表 14.2 对于两个最低次能带的两个相互反转的序列：$n=0,2\uparrow$，$n=0,2\uparrow$（1 和 2 行），以及 $n=0,2\uparrow$，$n=0,2\uparrow$（3 和 4 行），双层石墨烯中的最低朗道能级级中的填充层级的比较：$v=\frac{1}{2}$时，FQHE 在次能带的高阶存在，在次能带的低阶消失

朗道能级次能带	FQHE（单环），配对 - 无 FQHE，IQHE	FQHE（多环）（q 为奇数，$l=\frac{i}{2n+1}, i=1,2,3,\cdots$	霍尔金属
1）$n=0,2\uparrow$	1	$\frac{1}{(q-1)}\left(\text{red}\ \frac{1}{2},\cdots\right), 1-\frac{1}{(q-1)}$，$\frac{l}{l(q-2)\pm1}, 1-\frac{l}{l(q-2)\pm1}$	$\frac{1}{q-2}, 1-\frac{1}{q-2}$
2）$n=0,2\uparrow$	$\frac{4}{3}, \frac{5}{3}$，（$\frac{3}{2}$对），1，2	$1+\frac{1}{3(q-1)}, 2-\frac{1}{3(q-1)}$，$1+\frac{l}{3l(q-2)\pm1}, 2-\frac{l}{3l(q-2)\pm1}$	$1+\frac{1}{3(q-2)}, 2-\frac{1}{3(q-2)}$
1）$n=0,2\uparrow$	$\frac{1}{3}, \frac{2}{3}$，$\left(\frac{1}{2}\text{对}\right)$，1	$\frac{1}{3(q-1)}\left(\frac{1}{6},\cdots\right), 1-\frac{1}{3(q-1)}$，$\frac{l}{3l(q-2)\pm1}, 1-\frac{l}{3l(q-2)\pm1}$	$\frac{1}{3(q-2)}, 1-\frac{1}{3(q-2)}$
2）$n=0,2\uparrow$	1，2	$1+\frac{1}{q-1}, 1+\frac{l}{l(q-1)\pm1}$，$2-\frac{1}{q-1}, 2-\frac{l}{l(q-2)\pm1}$	$1+\frac{1}{-2}, 2-\frac{1}{q-2}$

14.4 实验比较

利用氮化硼基底[10-11]上的单层石墨烯和悬浮的小石墨烯片[12-13]实验的最新进展，允许在两个第一朗道能级的后续次能带中观察到越来越多的涉及 FQHE 的霍尔特征。虽然单层最低朗道能级的最低次能带中的填充序列一致符合复合费米子预测，但是下一个次能带中的 FQHE 填充结构的解释强烈地偏离这一预测。复合费米子理论在单层石墨烯的第一个朗道能级的所有次能带中都失败了[11-13]。尽管进行了许多理论尝试，但石墨烯中近似 SU(4) 自旋 - 谷对称性断裂的各种情况都没有解决这种问题，证明了复合费米子模型在这种情况下存在不足。

更有效地理解石墨烯中的 FQHE 是基于辫群的可公度方法。用这种方法预测的 FQHE 等级与迄今已知的所有实验数据一致。用拓扑回旋辫群方法可以很好地再现相应

的填充分数。

复合费米子模型在最低朗道能级单层系统中的有效性与以下事实有关：仅在最低朗道能级中，回旋轨道总是短于粒子间距，并且需要额外的环来交换沿着辫的相邻粒子。这些附加环可以通过附加到复合费米子的辅助虚拟场通量量子来模拟。然而，在这种情况下，当更复杂的可公度条件支持最低朗道能级（被称为在复合费米子层级之外，例如，$v=\frac{5}{13},\frac{4}{11},\frac{3}{10},\cdots$）或更高朗道能级中的特定 FQHE 状态时，则复合费米子模型失败。辫群方法再现了复合费米子模型正确描述的所有特征，而且解释了复合费米子方法无法获得的层级细节。复合费米子模型的有效性在较高朗道能级中特别有限，因为在这些层级中，仅在次能带边缘附近需要简单的多环可公度，而较高朗道能级中的所有次能带的中心区域对应于大于粒子分离的回旋轨道。因此，在这种情况下，除了复合费米子概念之外，还涉及与下一最近邻的单环型可公度性。例如，在单层石墨烯中的第一个朗道能级中，通过实验观察到以下双重填充：$\left(\frac{7}{3},\frac{8}{3}\right)$，$\left(\frac{10}{3},\frac{11}{3}\right)$，$\left(\frac{13}{3},\frac{14}{3}\right)$，$\left(\frac{16}{3},\frac{17}{3}\right)$，对应于最近和次邻近（每两个）邻居的单环可公度性。单层石墨烯中的这些双态在实验中是可见的[10-13]。FQHE（单环）的中心填充率数随朗道能级数值 $2n$ 的增加而增加（在 $n=2$ 的常规 2DEG 中，实验观察到 4 个填充物，分母为 5[37]，如图 14.10 所示）。在单层石墨烯中，在悬浮样品[12-13]中，除了氮化硼基底[10-11]上的样品外，还观察到了 $n=1$ 时的填充率（分母为 3）的重复双态现象。值得注意的是，观察到[11]相应的 FQHE（单环）态的稳定性与 IQHE 状态的强度相似，并且比 FQHE（多环）态更高，如图 14.11 所示。这证明了与 IQHE 态类似的单环辫相关的更强的相关性。

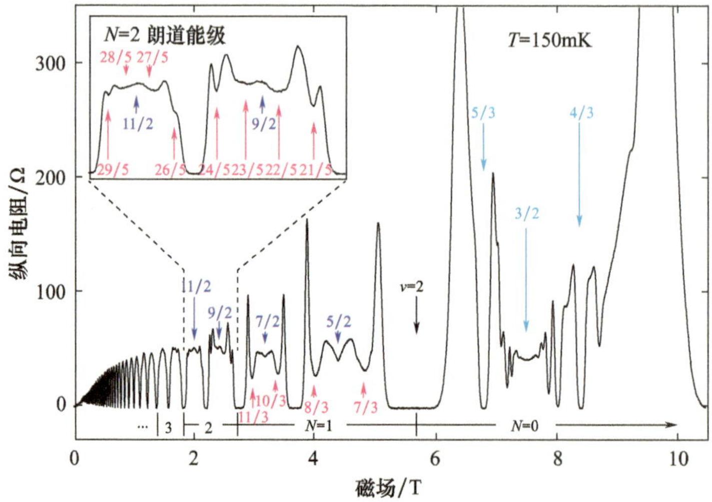

图 14.10 比较测量常规 2DEG 中的电阻率 R_{xx}，对应于高迁移率 GaA/AlGaAs 异质结构中 $n=1,2$ 的宽范围磁场（参考文献[37]）。红色表示，在 $n=1$ 的次能带中有带分母 3 的 FQHE（单环）双态的指示分数，在 $n=2$ 的次能带中有带分母 5 的 FQHE（单环）双态的指示分数，这与辫公度预测一致。当 $n=0$ 时，具有分母 3 的对（蓝色，5/3，4/3）对应于 3 环轨道。在 11/2，9/2，7/2，5/2 处，辫群方法预测成对状态，但 3/2 和 1/2 霍尔金属除外。预测了单层石墨烯的 FQHE 相似结构，但尚未获得单层石墨烯中 $n=2$ 的数据

可公度辫群方法成功地再现了单层石墨烯的两个最低朗道能级中观察到的特征的所有位置。在中心具有 IQHE 的次能带的边缘处的细长平台也包含与以这种方式超出实验分辨率的位于 FQHE(多环)态的近次能带边缘相关的最小值。在较高的朗道能级中,除了上述双态之外,还观察到了新的特征,但与其他 FQHE 态相反的纵向电阻率并没有消失。这一性质表明,并非所有电子都参与每两个或每三个粒子的相应相关态。最近报道的 $v=\frac{7}{3},\frac{8}{3},\frac{12}{5},\frac{13}{5},\frac{17}{7},\frac{18}{7},\frac{22}{9},\frac{23}{9},\frac{10}{3},\frac{11}{3},\frac{17}{5},\frac{18}{5},\frac{24}{7},\frac{25}{7},\frac{13}{3},\frac{14}{3},\frac{22}{5},\frac{23}{5}$时,单层石墨烯的第一个朗道能级中的这些特征[11]通过可公度性系列 $v=2(3,4)+\frac{xl}{l3(q-1)\pm 1}$,其中 $q=3$,$x=2,3$,$l=\frac{i}{3}$,$i=1,2,3$,一一得到,如图 14.4 所示。然而,注意到,FQHE 填充率$\frac{7}{3},\frac{8}{3},\frac{10}{3},\frac{11}{3},\frac{13}{3},\frac{14}{3}$是独立的单环态,比多环态更稳定,这与图 14.11 和图 14.4(a)的实验数据一致。

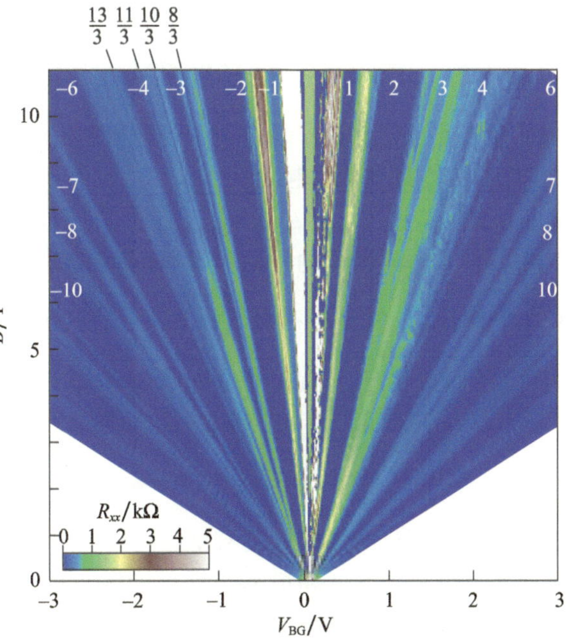

图 14.11 实验中[11]单层石墨烯$R_{xx}(v,B)$高达 11 T 的扇形图

明显的性质是 $n=1$ 的分母为 3 的分数的 FQHE 特征的 R_{xx} 值与 IQHE 的 R_{xx} 值接近,证明了与 IQHE 类似的相应状态下的 FQHE 单环辫关联。

在双层石墨烯中,由于双层拓扑结构的奇特,FQHE 的表现形式也偏离了最低朗道能级中的复合费米子图像。如 14.3.2 节所述,在双层石墨烯中最低朗道能级的最低次能带中,出现了 FQHE 的偶数分母填充分数[14]。双层石墨烯的可公度辫群方法复制了所有观察到的实验 FQHE 层级,包括 $v=-\frac{1}{2}$处的明显状态,参见图 14.12、图 14.5 和表 14.2 中的说明。

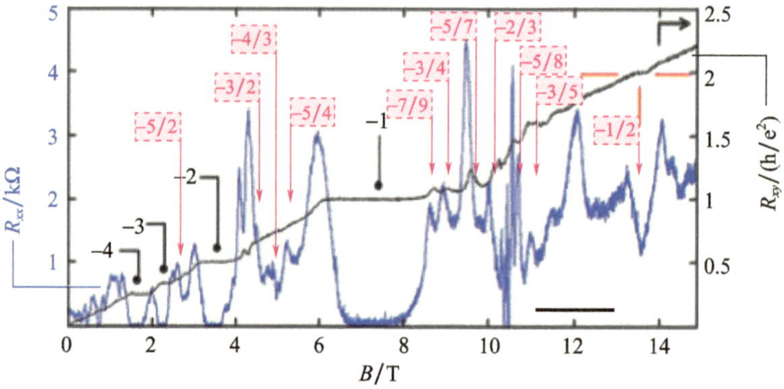

图 14.12 实验后[14]，双层悬浮石墨烯中 $T=0.25$K 时的 FQHE、磁阻R_{xx}（蓝色曲线）和在横向电压 −27V 时的R_{xy}（黑色曲线）

用红色表示的是与回旋加速器辫群层级结构（表 14.2 的 1 和 2 行）匹配的镜像价带 FQHE 状态，包括 $v=-\frac{1}{2}$（镜像 $v=\frac{1}{2}$）。

需要强调的是，$v=\frac{1}{2}$时的 FQHE 态在常规 2DEG 的双层结构中较早地发现[41-42]，这也与可公度性辫群预测一致，并证明这种非复合费米子分数是由双层拓扑引起的，而不是由双层体系的特定材料性质或能带结构引起的。

通过比较悬浮样品和氮化硼基底上样品中双层石墨烯的 FQHE 测量，报道了双层石墨烯中有趣的观察结果[14-18]。令人惊讶的是，在悬浮样品中观察到的双层结构中的 $v=-\frac{1}{2}$处的 FQHE 态在氮化硼基底上的双层石墨烯中消失。建议通过可公度辫群方法来解释这种行为（如 14.3.3 节所述），注意，当简并提升时，FQHE 态的出现取决于最低朗道能级次能带 $n=0,1$ 的阶，如表 14.2 所示。因此，假设与氮化硼基底的存在相关的外部条件引起最低朗道能级次能带的阶 1，0，导致 FQHE 态在 $v=-\frac{1}{2}$处消失（表 14.2），然而，对于具有相反的最低次能带阶 0，1 的悬浮样品，则没有这样的情况。

最近报道了[15]双层石墨烯中在最低朗道能级之外的第一个朗道能级的双层石墨烯 FQHE 观察，即 $n=2$（在 $n=2$ 的 4 个次能带中，即 $v\in(4,8]$）。对于封装在 h−BN 中的双层石墨烯，除了具有所谓的“开放面”[15]的样品，霍尔测量的精确精度揭示了以分母 3 的填充率在 $n=2$ 的次能带中的显著的 FQHE 特征。具有分母 5 的分数也是明显的，但与具有分母 3 的分数相比更弱（实际上，2/5 和 3/5 清晰可见，而 1/5 和 4/5 只能被识别为纵向电阻率曲线中的小局部弯曲，并且不能归因于 FQHE）。已经通过双层石墨烯的特定双层拓扑和由于电子跳跃引起的通量的有效泄漏来解释了这一行为，如 14.3.2 节的数量描述。得到的双层体系中 $n=2$ 的第一个朗道能级中 FQHE 的可公度性层级（如 14.3.2 节中导出的）与实验数据[15]完全一致。注意到，不仅与分母为 3 和 5 的分数的拓扑预测一致，而且与分母为 2 和 4 的分数的拓扑预测也一致（在低温下，约 0.5K，参见图 14.8）。所有这些特征（包括对于 $n=2$ 具有分母 3、5、4、2 的分数）的相关性与复合费米子没有共同之处，因为所有这些特征都对应于单环可公度实例。

考虑到双层石墨烯中由石墨烯片之间的电子跳跃引起的拓扑效应，并与上述特定的回旋辫可公度性联系，可以预期在 FQHE 层级中可见的由阻挡电子的层间跳跃引起的相变。电子的跳跃可以通过垂直于基面施加的横向电场来调谐。所施加的电压可以打开电荷中和点处的带隙，并且可以改变双层情况下的多环轨迹的拓扑，将其减少到仅在单层情况下可用的情况。对于施加垂直电场（位移场 $D\in(-100, 100\mathrm{mV/nm})$）的两个 h-BN 层之间的完全封装的双层石墨烯，已经进行了实验[17]。实验证明，在 $n=0$ 和 $n=1$ 最低朗道能级次能带中 FQHE 层级的显著重排。文献[17]的作者认为，观察到相变的原因与电压诱导的最低朗道能级谷次能带的不同排序有关，因为观察到的相变分别涉及分数态 $v=\frac{2}{3},\frac{5}{3}$。参考文献[17]中的数据检验表明，在 $v=\frac{1}{2}$ 处也存在跃迁，这与通过层间跳跃对该霍尔分数的调节相一致。其阻塞应导致 $\frac{1}{2}$ 处的 FQHE 特征消失。实验[17]没有达到第一朗道能级的 $n=2$ 次能带，但是在这些次能带中，由于层间跳变的减少而导致预期相变可能更加明显。可以预期，通过阻止层间跃迁，应当可以消除 $n=2$ 次能带中具有分母 3 的显著特征。

14.5 小结

利用磁场中均匀二维带电系统中具有粒子间距的回旋辫的可公度性，验证了相关多粒子霍尔态排列的可能性，并破解了 FQHE 填充率的“魔法”层级。通过这种方法，得到了与单层石墨烯中可用的实验观察完全一致的 FQHE 体系。通过双层石墨烯中辫的具体拓扑实例，还成功地解释了最近在双层系统 FQHE 实验中观察的，在最低朗道能级和第一朗道能级中，均有 $n=2$。在 8 个朗道能级次能带中，与单层石墨烯和常规 2DEG 相比，在双层石墨烯中实验证明的 FQHE 层级的奇特之处已经得到澄清。

在双层拓扑结构中，发现了石墨烯双层最低朗道能级和更高朗道能级中可公度的新机会，其中电子层间跳跃导致与单层霍尔系统中 FQHE 不同。推导了双层石墨烯分数填充体系的偶分母主线，与实验观测结果一致。最近在双层石墨烯的 $n=2$ 自旋谷次能带中观察到 FQHE 的非常规层级，可以用具有层间隧穿的两层系统特有的拓扑论点来解释。已经根据特定于双层系统拓扑，成功地解释了实验注意到的 $n=2$ 的双层石墨烯（与 $n=2$ 次能带的单层系统不同）中第一朗道能级的次能带中的 FQHE 层级的奇数性。所提出的单层和双层石墨烯的拓扑诱导层级在 BN 基底上的石墨烯以及包括单层石墨烯直到第六自旋-谷次能带和双层石墨烯直到第八自旋-谷次能带的悬浮样品中的所有最新可用的实验观察中得到证实。FQHE 的拓扑基础也允许解释在石墨烯双层中观察到的垂直电场中的层级相变。

FQHE 对石墨烯单层和双层表现的特异性表明，单电子能带结构的特殊性不影响这种效应，这似乎由各种系统中独立于局部动力学的拓扑因素所决定。

附录 14.A 双层石墨烯紧束缚近似下最低朗道能级的简并性

石墨烯的电子能带结构通常基于忽略相互作用的简单紧束缚方法来建模，参见文献

[9,21 - 22]。在布里渊区 K 点附近，双层石墨烯中的低能紧束缚哈密尔顿量为

$$H_K = \frac{1}{2m}\begin{bmatrix} 0 & \pi^2 \\ \pi^{+2} & 0 \end{bmatrix} \tag{14.7}$$

式中：$\pi = \tilde{p}_x + i\,\tilde{p}_y$，$\tilde{p} = p + \frac{e}{c}A$；$m = \frac{\gamma_1}{2\,v^2}$，$\gamma_1$ 为跳时幅度（对于图 14.13 所示的层间跃迁），v 为单层石墨烯中狄拉克型激发的速度。对于第二个不相等的谷点 K'，$H_{K'} = H_K^*$。哈密顿量的零能态（基态）（式（14.7））是双简并的，因为为了降低振荡算子 π，$\pi\,|0\geqslant 0$，且$\pi^2\,|10\geqslant 0$，其中$|0>$，$|1>$是非相对论朗道谱的振荡型态。类似的性质也适用于谷点K'，其与 Zeeman 简并和上述 $n=0,1$ 的简并一起导致双层石墨烯中最低朗道能级的 8 倍简并。双层石墨烯中的较高朗道能级不重复 $n=0,1$ 简并，并且与单层石墨烯的情况类似地为 4 倍自旋 - 谷简并。

对于单层石墨烯，局部哈密顿量具有以下形式：

$$H_K = \xi v\begin{bmatrix} 0 & \pi \\ \pi^{+} & 0 \end{bmatrix} \tag{14.8}$$

式中：$\xi = \pm 1$ 枚举谷；$v = \frac{\sqrt{3}}{2}\frac{\alpha\gamma_0}{\hbar}$，$a$ 为晶格常数，$\gamma_0 \gg \gamma_1$ 是最近邻之间的面内跳跃（图 14.13）。哈密顿量（式（14.8））在单层石墨烯中产生线性低能无间隙谱 $|e| = vp$，而在双层哈密顿量（式（14.7））中，有助于色散 $|e| = \frac{p^2}{2m}$。抛物线色散的狄拉克谷点 K 和 K' 中的间隙的打开是由式（14.7）中的非对角算子引起的，由双层结构两个层之间的电子的隧穿（跳跃）驱动（假设直接跳跃强烈地优于下一个相邻的跳跃γ_3、γ_4，参见图 14.13[22]）。

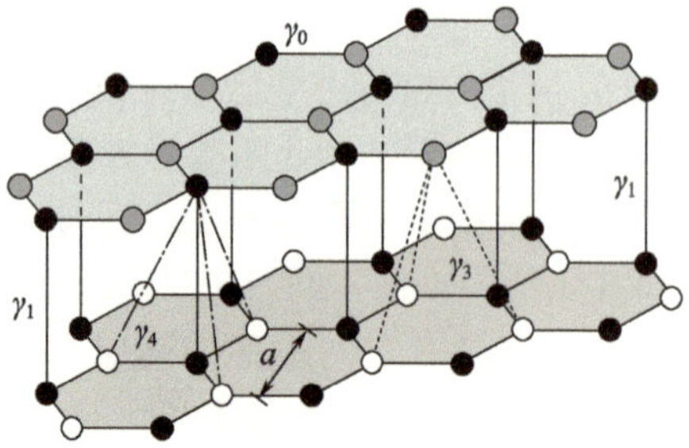

图 14.13 双层石墨烯中亚晶格的位置和所示电子的各种跳跃方式

紧束缚局部哈密尔顿量的结构（式（14.7）和式（14.8））给出了在磁场存在下的“相对论”朗道能级量子化[9,21-22]，$\epsilon_n = \pm\hbar\,\omega_c\sqrt{n(n-1)}$，$\epsilon_n = \pm\hbar\,\omega_c\sqrt{n}$分别用于双层和单层石墨烯。

附录 14.B 在最低朗道能级常规二维电子气中分数量子霍尔效应态的回旋加速器辨可公度性

当回旋加速器轨道尺寸$\frac{S}{N_0}$（$N_0 = \frac{eBS}{hc}$是朗道能级简并度）适合于电子分离$\frac{S}{N}$时，可以

识别分数填充下的相关态，推广了 IQHE 关联的真实模式$\frac{S}{N}=\frac{S}{N_0}$。在最低朗道能级的部分填充时，循环轨道$\frac{hc}{eB}$小于$\frac{S}{N}$。然而，为了创建任何相关态，粒子交换是定义量子粒子统计的必要条件。仅在二维系统中，在相同磁场下，多回路回旋加速器轨道比单回路回旋加速器轨道具有更大的尺寸[43-44]。由位于同一平面内多回路回旋加速器轨道的所有回路之间每个粒子的外场 B 通量的分布得出。因此，可公度性的条件得到更一般的形式：

$$\frac{BS}{N}=(q-1)\frac{hc}{ex}\pm\frac{hc}{ey} \tag{14.9}$$

式中：q 为单个回旋轨道的环数（q 必须是奇数，以确保相应的辫来描述粒子交换，具有 n 个额外环的辫发生器对应于 $2n+1=q$ 环回旋轨道[33,43]）。在二维磁场下，辫由半块回旋加速器轨道构建，条件是这些轨道精确地适合于由电排斥引起的均匀粒子分布的相邻粒子分离。在条件式(14.9)中，$x\geqslant 1$（整数）表示从 q 环回旋轨道到平面上每个第 x 个粒子的 $q-1$ 单环的可公度，$y\geqslant x$（也是整数）表示 q 环轨道的最后一个环与每个第 y 个粒子的可公度；± 表示最后一个环（第 q 个环）的相同或相反（8 字曲线）方向。由式(14.9)，得到以下条件：

$$\begin{cases} v=\dfrac{N}{N_0}=\dfrac{xy}{(q-1)y\pm x} & （能带电子）\\ v=1-\dfrac{xy}{(q-1)y\pm x} & （能带孔）\end{cases} \tag{14.10}$$

用于描述 FQHE 层级最低朗道能级中的相关状态的一般层级。对于 $x=1$，层级结构（式(14.10)）再现了复合费米子层级结构。当 $x>1$ 时，层级（式(14.10)）超出了复合费米子模型的能力，并显示了最低朗道能级中 FQHE 的填充率，包括在常规 2DEG 实验中观察到的复合费米子层级之外的填充率[4]。与实验数据的比较总结在图 14.14 中。

复合费米子模型与最简单的可公度情况（$x=1$）一致，并在更复杂的可公度情况下失败，如式(14.10)所给出的 $x>1$。在图 14.14 中，红色表示主复合费米子层级之外的填充率，但在实验中可见，并通过层级成功地再现（式(14.10)）。

极限 $y\to\infty$ 以与 $v=1/2$ 处的霍尔金属原型完全相同的方式显示霍尔金属的层级（最后的轨道是无限的，并且适合于无限远的粒子，就像在没有任何磁场的正常费米液体中一样[45]）。因此，最低朗道能级中的一般霍尔金属等级具有以下形式：

$$v=\frac{x}{q-1} \quad （电子）$$

$$v=1-\frac{x}{q-1} \quad （孔） \tag{14.11}$$

注意，霍尔金属相关性可以在不一定具有偶数分母的分数上表现出来（对于 x 为偶数，超出复合费米子概念），类似于层级（式(14.10)）显示具有奇数和偶数分母的分数，符合实验观察结果[4]。一些分数在一般层级的各行中重复（式(14.10)）。这一事实揭示了具有粒子间距$\frac{S}{N}$的多回路回旋轨道的各种类型可公度性的可能性。一个可公度优于其他可公度（在相同填充率下的替代可公度）与能量最小化有关，即与库仑相互作用的最小化有关。

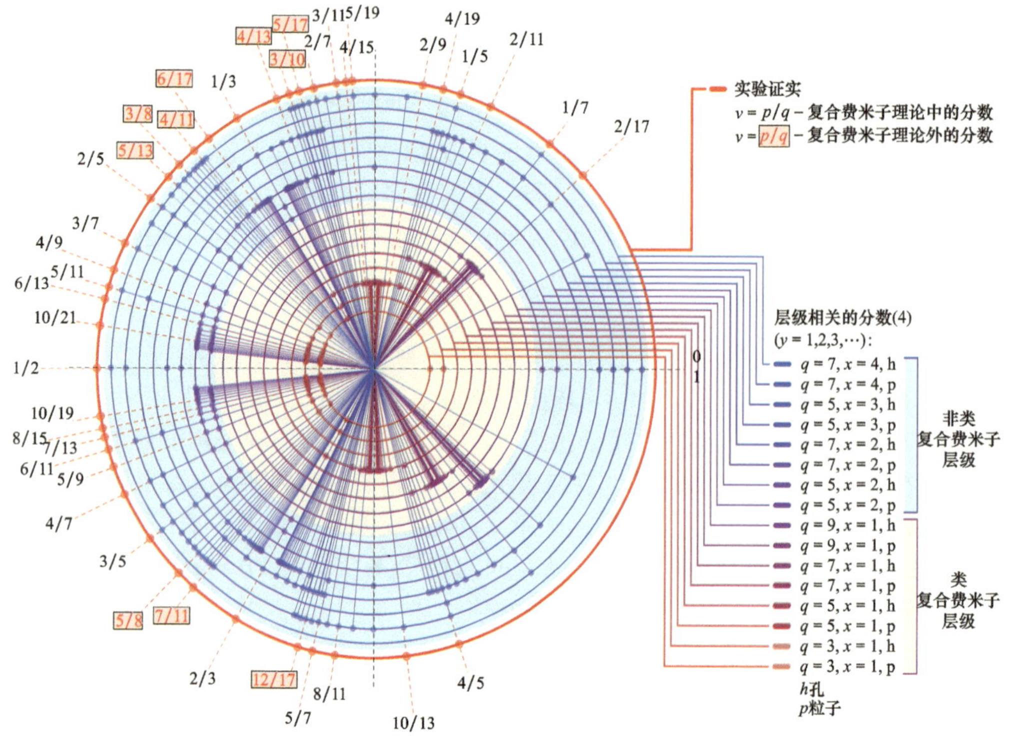

图 14.14 层级结构(式(14.10))与最低朗道能级(自旋极化)中 FQHE 特征的所有测量分数填充率的比较。显示几个 y 的层级系列(式(14.10));超过复合费米子等级的填充率以红色显示(标记霍尔金属状态分数 1/2)

附录 14.C 在最低朗道能级常规二维电子气中分数量子霍尔效应态的试探波函数

对于 $x = y = 1$,即 $v = \frac{1}{q}$、q 为奇数的层级中最简单的线(式(14.10)),Laughlin 给出了相应的波函数,形式为[2]

$$\Psi_q(z_1, z_2, \cdots, z_N) = A \prod_{i,j,i>j}^{N,N} (z_i - z_j)^q \mathrm{e}^{-\sum_i^N \frac{|z_i|^2}{4l^2}} \tag{14.12}$$

式中:$z_i = x_i + \mathrm{i}y_i$ 为复平面上的第 i 个粒子经典位置(量子多粒子波函数的幅角);$l = \sqrt{\frac{hc}{eB}}$ 为磁长度;乘积 $\prod_{i,j,i>j}^{N,N} (z_i - z_j)^q$ 为 Jastrow 多项式;A 为适当的归一化常数。Laughlin 函数的定义特征是每个粒子处的 q 重零点使粒子分开,从而减小了库仑相互作用能。函数(式(14.12))必须根据带有发生器 σ_i^q 的回旋辫群的一个酉表示(1DUR)进行变换。事实上,对于用 $\sigma_i \to \mathrm{e}^{\mathrm{i}\alpha}$,$\alpha = \pi$(费米子)给出的全辫群的 1DUR,可以得到 $\mathrm{e}^{\mathrm{i}q\pi}$ 作为 σ_i^q 的 1DUR,与 Laughlin 相一致。

对于层级(式(14.10)),适当的更复杂的回旋辫群的发生器(描述基本交换)定义如

下(式(14.10)中的 ±):

$$b_i^{q,x,y,+} = (\sigma_i \cdot \sigma_{i+1} \cdot \cdots \cdot \sigma_{i+x-2} \cdot \sigma_{i+x-1}^{-1} \cdot \sigma_{i+x-2}^{-1} \cdot \cdots \cdot \sigma_{i+1}^{-1} \cdot \sigma_i^{-1})^{q-1} \cdot \sigma_i \cdot \sigma_{i+1} \cdot \cdots \cdot \sigma_{i+y-2} \cdot \sigma_{i+y-1}^{-1} \cdot \sigma_{i+y-2}^{-1} \cdot \cdots \cdot \sigma_{i+1}^{-1} \cdot \sigma_i^{-1}$$

且

$$b_i^{q,x,y,-} = (\sigma_i \cdot \sigma_{i+1} \cdot \cdots \cdot \sigma_{i+x-2} . \sigma_{i+x-1}^{-1} \cdot \sigma_{i+x-2}^{-1} \cdot \cdots \cdot \sigma_{i+1}^{-1} \cdot \sigma_i^{-1})^{q-1} \cdot (\sigma_i \cdot \sigma_{i+1} \cdot \cdots \cdot \sigma_{i+y-2} \cdot \sigma_{i+y-1}^{-1} \cdot \sigma_{i+y-2}^{-1} \cdot \cdots \cdot \sigma_{i+1}^{-1}\sigma_i^{-1})^{-1} \tag{14.13}$$

IDURs($\alpha = \pi$)$e^{iq\pi}$(+)和$e^{i(q-2)\pi}$(-)(补充上述符号$x(y) = 1, \sigma_i \cdot \sigma_{i+1} \cdot \cdots \cdot \sigma_{i+x-2} \cdot \sigma_{i+x-1}^{-1} \cdot \sigma_{i+x-2}^{-1} \cdot \cdots \cdot \sigma_{i+1}^{-1}\sigma_i^{-1} = \sigma_i$)。这些双层石墨烯的例子如图 14.15 所示。

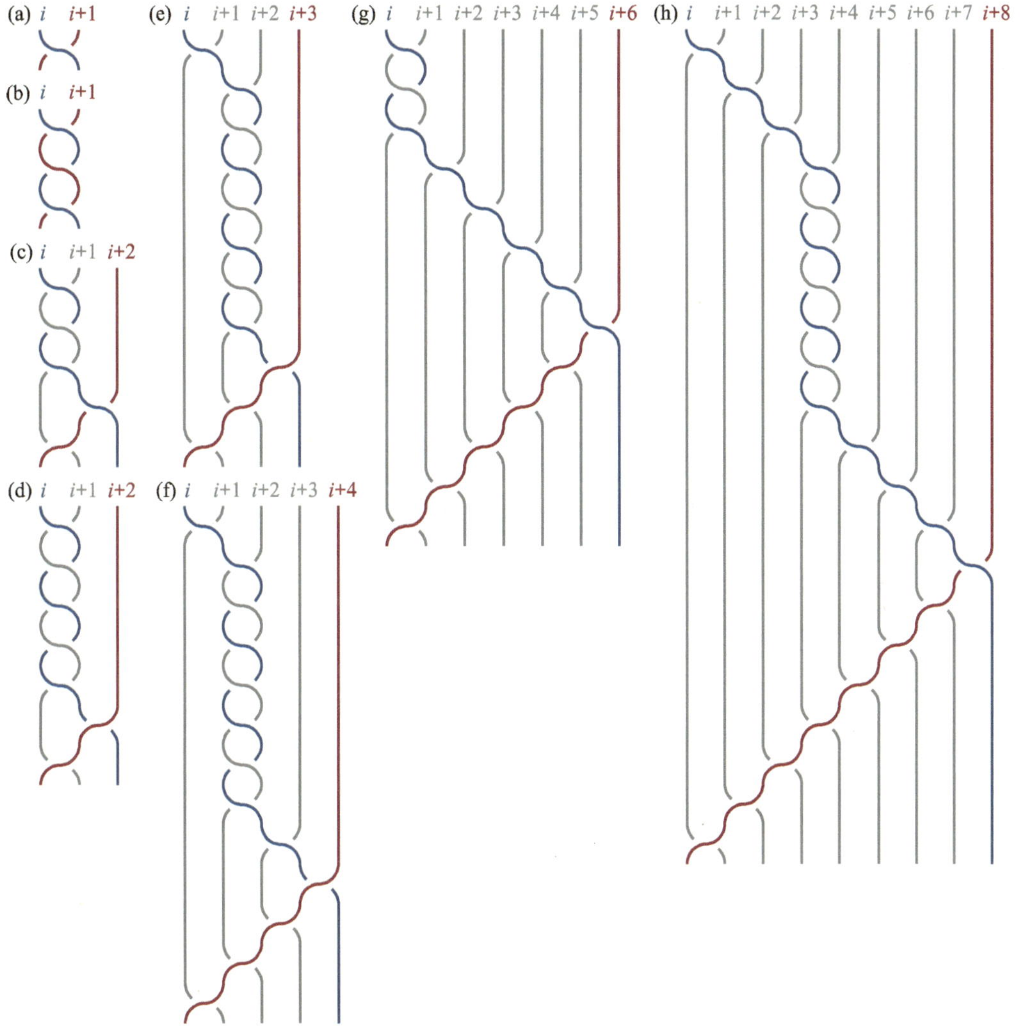

图 14.15 几种选定填充分数的辫回旋加速器子群发生器((e)、(f)、(h),无法用标准复合费米子理论推导的填充分数的生成器示例;(a)、(b)、(c)、(d)、(g),类 Jain 层级结构的分数示例)。生成器如下:(a)$v = 1 \to \sigma_i$,(b)$v = 1/3 \to b_i^{3,1,1,+} = \sigma_i^3$;(c) $v = 2/5 \to b_i^{3,1,2,+} = \sigma_i^3\sigma_{i+1}\sigma_i^{-1}$,(d)$v = 2/7 \to b_i^{5,1,2,-} = \sigma_i^5\sigma_{i+1}^{-1}\sigma_i^{-1}$,(e)$v = 3/8 \to b_i^{7,2,3,-} = \sigma_i\sigma_{i+1}^7\sigma_{i+2}^{-1}\sigma_i^{-1}$,(f)$v = 4/11 \to b_i^{7,2,4,-} = \sigma_i\sigma_{i+1}^7\sigma_{i+2}\sigma_{i+3}^{-1}\sigma_{i+2}^{-1}\sigma_{i+1}^{-1}\sigma_i^{-1}$,(g)$v = 6/13 \to b_i^{3,1,6,+} = \sigma_i^3\sigma_{i+1}\cdots\sigma_{i+5}\sigma_{i+4}^{-1}\cdots\sigma_{i+1}^{-1}\sigma_i^{-1}$h)$v = 5/13 \to b_i^{7,4,8,+} = \sigma_i\sigma_{i+1}\sigma_{i+2}\sigma_{i+3}\sigma_{i+4}\cdots\sigma_{i+7}\sigma_{i+6}^{-1}\cdots\sigma_i^{-1}$

因此，Laughlin 函数（式(14.12)）中 Jastrow 多项式的相关修改必须如下（在最低朗道能级中，真实波函数必须是由其节点唯一定义的全纯函数）：

$$\begin{aligned}\Psi_q^{x,y,+}(z_1,z_2,\cdots,z_N) &= A\prod_{i,j=1;i<imodx+(j-1)x}^{N,N/x}(z_i - z_{imodx+(j-1)x})^{q-1}\times\prod_{i,j=1;i<imody+(j-1)y}^{N,N/y}\\&\quad(z_i - z_{imody+(j-1)y})\,e^{-\sum_i^N\frac{|z_i|^2}{4l^2}},\ \Psi_q^{x,y,-}(z_1,z_2,\cdots,z_N)\\&= A\prod_{i,j=1;i<imodx+(j-1)x}^{N,N/x}(z_i - z_{imodx+(j-1)x})^{q-1}\times\prod_{i,j=1;i<imody+(j-1)y}^{N,N/y}\\&\quad(z_{imody+(j-1)y} - z_i)\,e^{-\sum_i^N\frac{|z_i|^2}{4l^2}}\end{aligned}\tag{14.14}$$

用于类复合费米子层级（$x=1$）的上述函数获得以下形式（以一种独特的方式定义了复合费米子理论中对最低朗道能级的不清晰投影）

$$\begin{aligned}\Psi_q^{x=1,y,+}(z_1,z_2,\cdots,z_N) &= A\prod_{i,j=1;i<j}^{N,N}(z_i - z_j)^{q-1}\times\prod_{i,j=1;i<imody+(j-1)y}^{N,N/y}\\&\quad(z_i - z_{imody+(j-1)y})\,e^{-\sum_i^N\frac{|z_i|^2}{4l^2}},\ \Psi_q^{x=1,y,-}(z_1,z_2,\cdots,z_N)\\&= A\prod_{i,j=1;i<j}^{N,N}(z_i - z_j)^{q-1}\times\prod_{i,j=1;i<imody+(j-1)y}^{N,N/y}(z_{imody+(j-1)y} - z_i)\,e^{-\sum_i^N\frac{|z_i|^2}{4l^2}}\end{aligned}\tag{14.15}$$

提出函数（式(14.14)）作为填充率相关状态（式(14.10)）的试探波函数，其中粒子的基本交换由辫定义（式(14.13)），并将 Laughlin 函数（式(14.12)）推广到 $x,y>1$ 的情况，类似于 Halperin 多分量函数[29]。

Laughlin 态的能量增益是由于库仑排斥能 $<\Psi\left|\sum_{i,j,i>j}^{N,N}\frac{e^2}{|z_i - z_j|}\right|\Psi>$ 的降低。很明显，x 越高（对于相同的 q 和 y），函数（式(14.14)）的能量降低越小。其源于 $x>1$ 时相关粒子的稀释（相关仅涉及每个第 x 个电子），如通过减小乘积的域而用修正的 Laughlin 型函数（式(14.14)）表示。由于库仑能量 $\sum_{i,j,i>j}^{N,N}\frac{e^2}{|z_i - z_j|}$ 随波函数的平均而导致斥力增益的减少，（式(14.14)，而不是式(14.15)或式(14.12)），因为在这些函数中的 $q-1$ 乘零防止接近的不是函数（式(14.14)）中的所有电子，而是其 $1/x$ 分数，这与 $x=1$ 的函数（式(14.12)或式(14.15)的情况相反。因此，具有较低 x 的状态更稳定。因此，$x=1$ 的状态在能量上优于 $x>1$ 的状态，并且更稳定。针对精确对角化得到的不同 FQHE 填充物[46]的能量值，根据蒙特卡罗 metropolis 格式[47-49]对新提出的函数（式(1.14)和式(1.15)）进行了能量的数值估计。表 14.3 中给出了一些显示与精确对角化非常好的重叠的示例性结果。

表 14.3 通过精确对角化和通过 FQHE 的一些示例性填充分数的蒙特卡罗模拟获得能量值的比较（针对 200 个粒子的建议的基于拓扑的波函数的蒙特卡罗 metrolis 模拟）

q	x	y	层级分数，$V=N/N_0$	根据式(14.14)和式(14.15)，函数的蒙特卡罗模拟的能量	精确对角化能量[46]
3	1	2	$\frac{2\times1}{(3-1)\times2+1}=\frac{2}{5}$	−0.432677	−0.432804

续表

q	x	y	层级分数，$V = N/N_0$	根据式(14.14)和式(14.15)，函数的蒙特卡罗模拟的能量	精确对角化能量[46]
3	1	3	$\frac{3\times1}{(3-1)\times3+1}=\frac{3}{7}$	−0.441974	−0.442281
3	1	4	$\frac{4\times1}{(3-1)\times4+1}=\frac{4}{9}$	−0.446474	−0.447442
3	1	5	$\frac{5\times1}{(3-1)\times5+1}=\frac{5}{11}$	−0.451056	−0.450797
5	1	2	$\frac{2\times1}{(5-1)\times2+1}=\frac{2}{9}$	−0.342379	−0.342742
5	1	3	$\frac{3\times1}{(5-1)\times3+1}=\frac{3}{13}$	−0.348134	−0.348349
5	1	4	$\frac{4\times1}{(5-1)\times4+1}=\frac{4}{17}$	−0.351857	−0.351189

然而，应当指出，从控制对应于多环回旋轨道的回旋辫发生器的形式的可公度条件的观点来看，每个回路都能被表征，因此每个回路可以独立地适应粒子分离。因此，对于 q 环轨道，可以处理在式(14.10)中简化为$x_1=\cdots=x_{q-1}=x, x_q=y$ 的有序级数$x_1\leqslant x_2\leqslant\cdots<x_q$。显然，库仑排斥最小化优选$x_1=\cdots=x_{q-1}$最小化域限制(导致较弱的相互作用能量减少)比不同的 x_i分布更方便。这解释了 $q-1$ 环(即$x_1=\cdots=x_{q-1}=x$)的一致行为的选择，但这并不是一个规则，并且对于许多分数，可以考虑各种能量竞争的可公度性机会。

与由辫可公度准则识别的各种类型的相关性有关的另一观察与纵向电阻率 R_{xx}[4] 的实验数据一致，对于具有所有相关粒子的状态(即 $x=1$)，其为零，而剩余的值随着 $x>1$ 而增长，这可能是由于部分非相关电子的散射所造成的。

试探波函数(式(14.14)和式(14.15))可用于模拟单层石墨烯的最低朗道能级中的 FQHE 态。

参考文献

[1] Tsui, D. C., Störmer, H. L., Gossard, A. C., Two - dimensional magnetotransport in the extreme quantum limit. *Phys. Rev. Lett.*, 48, 1559, 1982.

[2] Laughlin, R. B., Anomalous quantum Hall effect: An incompressible quantum fluid with fractionally charged excitations. *Phys. Rev. Lett.*, 50, 1395, 1983.

[3] Prange, R. E. and Girvin, S. M., *The quantum Hall effect*, Springer Verlag, New York, 1990.

[4] Pan, W., Störmer, H. L., Tsui, D. C., Pfeiffer, L. N., Baldwin, K. W., West, K. W., Fractional quantum Hall effect of composite fermions. *Phys. Rev. Lett.*, 90, 016801, 2003.

[5] Wallace, P. R., The band theory of graphite. *Phys. Rev.*, 71, 622, 1947.

[6] Castro Neto, A. H., Guinea, F., Peres, N. M. R., Novoselov, K. S., Geim, A. K., The electronic properties of graphene. *Rev. Mod. Phys.*, 81, 109, 2009.

[7] Geim, A. K. and MacDonald, A. H., Graphene: Exploring carbon flatland. *Phys. Today*, 60, 35, 2007.

[8] Novoselov, K. S., Geim, A. K., Morozov, S. V., Jiang, D., Katsnelson, M. I., Grigorieva, I. V., Dubonos,

S. V. , Firsov, A. A. , Two – dimensional gas of massless driac fermions in grapheme. *Nature*, 438, 197, 2005.

[9] Goerbig, M. O. , Electronic properties of graphene in a strong magnetic field. *Rev. Mod. Phys.* , 83, 1193, 2011.

[10] Dean, C. R. , Young, A. F. , Cadden – Zimansky, P. , Wang, L. , Ren, H. , Watanabe, K. , Taniguchi, T. , Kim, P. , Hone, J. , Shepard, K. L. , Multicomponent fractional quantum Hall effect in graphene. *Nat. Phys.* , 7, 693, 2011.

[11] Amet, F. , Bestwick, A. J. , Williams, J. R. , Balicas, L. , Watanabe, K. , Taniguchi, T. , Goldhaber – Gordon, D. , Composite fermions and broken symmetries in graphene. *Nat. Commun.* , 6, 6838, 2015.

[12] Feldman, B. E. , Krauss, B. , Smet, J. H. , Yacoby, A. , Unconventional sequence of fractional quantum Hall states in suspended graphene. *Science*, 337, 1196, 2012.

[13] Feldman, B. E. , Levin, A. J. , Krauss, B. , Abanin, D. A. , Halperin, B. I. , Smet, J. H. , Yacoby, A. , Fractional quantum Hall phase transitions and four – flux states in graphene. *Phys. Rev. Lett.* , 111, 076802, 2013.

[14] Ki, D. K. , Falko, V. I. , Abanin, D. A. , Morpurgo, A. , Observation of even denominator fractional quantum Hall effect in suspended bilayer graphene. *Nano Lett.* , 14, 2135, 2014.

[15] Diankov, G. , Liang, C. – T. , Amet, F. , Gallagher, P. , Lee, M. , Bestwick, A. J. , Tharratt, K. , Coniglio, W. , Jaroszynski, J. , Watanabe, K. , Taniguchi, T. , Goldhaber – Gordon, D. , Robust fractional quantum-Hall effect in the N = 2 Landau level in bilayer graphene. *Nat. Commun.* , 7, 13908, 2016.

[16] Kou, A. , Feldman, B. E. , Levin, A. J. , Halperin, B. I. , Watanabe, K. , Taniguchi, T. , Yacoby, A. , Electron – hole asymmetric integer and fractional quantum Hall effect in bilayer graphene. *Science*, 345, 55, 2014.

[17] Maher, P. , Wang, L. , Gao, Y. , Forsythe, C. , Taniguchi, T. , Watanabe, K. , Abanin, D. , Papić, Z. , Cadden – Zimansky, P. , Hone, J. , Kim, P. , Dean, C. R. , Tunable fractional quantum Hall phases inbilayer graphene. *Science*, 345, 61, 2014.

[18] Kim, Y. , Lee, D. S. , Jung, S. , Skákalová, V. , Taniguchi, T. , Watanabe, K. , Kim, J. S. , Smet, J. H. , Fractional quantum Hall states in bilayer graphene probed by transconductance fluctuations. *Nano Lett.* , 15, 7445, 2015.

[19] Jain, J. K. , *Composite fermions*, Cambridge UP, Cambridge, 2007.

[20] Zhang, Y. , Jiang, Z. , Small, J. P. , Purewal, M. S. , Tan, Y. – W. , Fazlollahi, M. , Chudov, J. D. , Jaszczak, J. A. , Stormer, H. L. , Kim, P. , Landau – level splitting in graphene in high magnetic fields. *Phys. Rev. Lett.* , 96, 136806, 2006.

[21] McCann, E. and Fal' ko, V. I. , Landau level degeneracy and quantum Hall effect in a graphite bilayer. *Phys. Rev. Lett.* , 96, 086805, 2006.

[22] McCann, E. and Koshino, M. , The electronic properties of bilayer graphene. *Rep. Prog. Phys.* , 76, 056503, 2013.

[23] Greiter, M. , Microscopic formulation of the HH hierachy of quantized Hall states. *Phys. Lett. B*, 336, 48, 1994.

[24] Wu, Y. S. , General theory for quantum statistics in two dimensions. *Phys. Rev. Lett.* , 52, 2103, 1984.

[25] Jacak, J. and Jacak, L. , Recovery of Laughlin correlations with cyclotron braids. *Europhys. Lett.* , 92, 60002, 2010.

[26] Jacak, J. and Jacak, L. , The commensurability condition and fractional quantum Hall effect hierarchy in higher Landau levels. *JETP Lett.* , 102, 19, 2015.

[27] Papic, Z. and Abanin, D. A. , Topological phases in the zeroth Landau level of bilayer graphene. *Phys. Rev. Lett.* ,

112,046602,2014.

[28] Wilczek, F. , *Fractional statistics and anyon superconductivity*, World Sc. , Singapore, 1990.

[29] Halperin, B. I. , Theory of the quantized Hall conductance. *Helv. Phys. Acta*, 56, 75, 1983.

[30] Jain, J. K. , Composite – fermion approach for the fractional quantum Hall effect. *Phys. Rev. Lett.* , 63, 199, 1989.

[31] Abrikosov, A. A. , Gorkov, L. P. , Dzialoshinskii, I. E. , *Methods of quantum field theory in statisticalphysics*, Dover Publ. Inc. , Dover, 1975.

[32] Haldane, F. D. M. , Fractional quantization of the Hall effect: A hierarchy of incompressible quantum fluid states. *Phys. Rev. Lett.* , 51, 605, 1983.

[33] Jacak, J. , Gonczarek, R. , Jacak, L. , Jożwiak, I. , *Application of braid groups in 2D Hall system physics: Composite fermion structure*, World Scientific, 2012.

[34] Laidlaw, M. G. and DeWitt, C. M. , Feynman functional integrals for systems of indistinguishable particles. *Phys. Rev. D*, 3, 1375, 1971.

[35] Birman, J. S. , *Braids, links and mapping class groups*, Princeton UP, Princeton, 1974.

[36] Imbo, T. D. , Imbo, C. S. , Sudarshan, C. S. , Identical particles, exotic statistics and braid groups. *Phys. Lett. B*, 234, 103, 1990.

[37] Eisenstein, J. P. , Lilly, M. P. , Cooper, K. B. , Pfeiffer, L. N. , West, K. W. , New physics in high Landau-levels. *Phys. E*, 6, 29, 2000.

[38] Dolev, M. , Gross, Y. , Sabo, R. , Gurman, I. , Heiblum, M. , Umansky, V. , Mahalu, D. , Characterizing neutral modes of fractional states in the second Landau level. *Phys. Rev. Lett.* , 107, 036805, 2011.

[39] Willett, R. L. , The quantum Hall effect at 5/2 filling factor. *Rep. Prog. Phys.* , 76, 076501, 2013.

[40] Knothe A. , Jolicoeur T. , Phase diagram of a graphene bilayer in the zero – energy Landau level. *Phys. Rev. B*, 94, 235149, 2016.

[41] Suen, Y. W. , Engel, L. W. , Santos, M. B. , Shayegan, M. , Tsui, D. C. , Observation of a $v1/2$ fractional quantum Hall state in a double – layer electron system. *Phys. Rev. Lett.* , 68, 1379, 1992.

[42] Eisenstein, J. P. , Boebinger, G. S. , Pfeiffer, L. N. , West, K. W. , He, S. , New fractional quantum Hallstate in double – layer two – dimensional electron systems. *Phys. Rev. Lett.* , 68, 1383, 1992.

[43] Jacak, J. , Jóźwiak, I. , Jacak, L. , New implementation of composite fermions in terms of subgroups of a braid group. *Phys. Lett. A*, 374, 346, 2009.

[44] Jacak, J. , Jóźwiak, I. , Jacak, L. , Wieczorek, K. , Cyclotron braid group structure for composite fermions. *J. Phys. : Condens. Matter*, 22, 355602, 2010.

[45] Störmer, H. L. , Du, R. R. , Kang, W. , Tsui, D. C. , Pfeiffer, L. N. , Baldwin, K. W. , West, K. W. , The fractional quantum Hall effect in a new light. *Semicond. Sci. Technol.* , 9, 1853, 1994.

[46] Balram, A. C. , Tőke, C. , Wójs, A. , Jain, J. K. , Fractional quantum Hall effect in graphene: Quantitative comparison between theory and experiment. *Phys. Rev. B*, 92, 075410, 2015.

[47] Ciftja, O. and Wexler, C. , Monte Carlo simulation method for Laughlin – like states in a disk geometry. *Phys. Rev. B*, 67, 075304, 2003.

[48] Morf, R. and Halperin, B. I. , Monte Carlo evaluation of trial wavefunctions for the fractional quantized Hall effect: Spherical geometry. *Z. Phys. B Condens. Matter*, 68, 391 – 406, 1987.

[49] Metropolis, N. , Rosenbluth, A. W. , Rosenbluth, M. N. , Teller, A. M. , Teller, E. , Equation of state calculations by fast computing machines. *J. Chem. Phys.* , 21, 1087, 1953.

第15章　石墨烯等离子体的开关应用

Ali Farmani
伊朗霍拉马巴德洛雷斯坦大学电子工程系

摘　要　本章重点介绍了在红外到太赫兹光谱中工作的石墨烯基等离子体光交换器件。石墨烯等离子体由于其高强度的光－材料相互作用和纳米级尺寸，近年来受到了极大的关注，其通过提供控制电磁等离子体的方案，在光学科学和工程的许多领域发挥了重要作用。在过去几年中备受关注的另一个科学领域涉及石墨烯等离子体超表面，其由填充到结构中的石墨烯层形成。这种材料具有特殊的电子和光学特性，引起了世界上许多研究小组的关注。然而，本章专门研究电磁波与多层结构（如 Otto 结构）石墨烯表面模式之间的相互作用以及随后可能的开关应用。本章通过理论模型和数值模拟表明，通过设计和操纵石墨烯的化学势、温度、散射率等光电特性以及光束宽度等入射光束特性，可以使基于石墨烯的结构成为红外光开关器件和太赫兹开关器件的良好平台。

关键词　石墨烯等离子体，光开关，超表面，Otto 结构，太赫兹，石墨烯电导率

15.1　石墨烯等离子体

由于石墨烯的特殊特性，例如通过掺杂或外加电压控制动态电导率的能力，石墨烯等离子体是当前研究的热点之一。另外，石墨烯基表面波支撑结构提供远距离传播的表面波，并且这些结构的制备相对简单和直接[1]。由于石墨烯在白光光谱中的透明性、高电子迁移率、低欧姆损耗、高表面积和可调节的带隙等特殊性质，近年来引起了研究者在理论和实验方面的极大关注。如上所述，石墨烯的低欧姆损耗有利于形成长距离传播的表面波，可用于实现可调谐开关器件[2]。此外，可以通过施加外部电压来控制石墨烯以及因此所提及的表面波的光学特性。因此，通过将入射光束耦合到含石墨烯的结构，可以实现大的侧向和横向偏移，其幅度可以由施加的电压控制。通过这种方法，结合石墨烯的表面波的光学和电学特性，可以生产出石墨烯基超宽带电光开关[3-4]。这种石墨烯基电光开关具有开关功率可调、超快开关信号传输、超低功耗、低插入损耗、高可扩展性等优良特性。例如，石墨烯等离子体的结构如图 15.1 所示。可见，入射光束容易耦合到结构的表面波上，表面波在石墨烯表面受到高度限制。因此，通过改变石墨烯的光学性质和入射光束，调整耦合条件，可以控制表面波在石墨烯层上的传播，从而获得转换原理[5-6]。为了获得开关的最佳特性，本章首先研究了开关的种类，然后介绍了开关的主要参数，最后回顾了开关机构[7]。

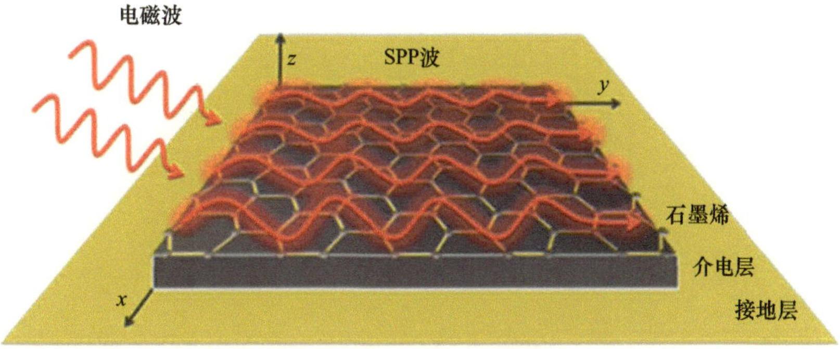

图 15.1 自由空间石墨烯等离子体结构

15.2 开关器件类别

对单元组中的开关器件进行分类是一项艰巨的任务。典型的分类方案根据广域网(WAN)和城域网(MAN)的应用、光束和电信号等的输入激励、操纵折射率或改变入射光的方向的开关机构、二维或三维材料和等离子体材料的使用、红外和太赫兹区的各种波长范围、全反射、光子晶体、液晶、电和声学光电系统和微机电系统(MEMS)的技术或可调谐性的开关特性来对开关器件进行分组[8-14]。每种类别在不同的交换机开发阶段都有所帮助。可能最好的开关方式是通过开关机构和开关材料对开关进行分组。

典型的开关器件可分为两类:像全息开关和 MEMS 那样的自由空间开关以及如 Mach - Zehnder 那样的波导开关。

通常,在自由空间开关中,通过修改入射光束属性之一,例如传播速度、偏振和方向来满足开关条件。在通常与偏振相关的波导开关中,通过增加偏振的衰减来满足开关条件。[15-24]。另外,开关器件可以根据其材料进行分类,包括已经开发的半导体、贵金属和二维材料,用于切换入射自由空间光束[25-29]。

15.2.1 开关器件特性

为了研究开关器件的性能,采用了一组参数。在自由空间开关中,例如图 15.2 所示的结构和波导开关,介绍了一些主要的常用参数,下面将进行简要介绍。

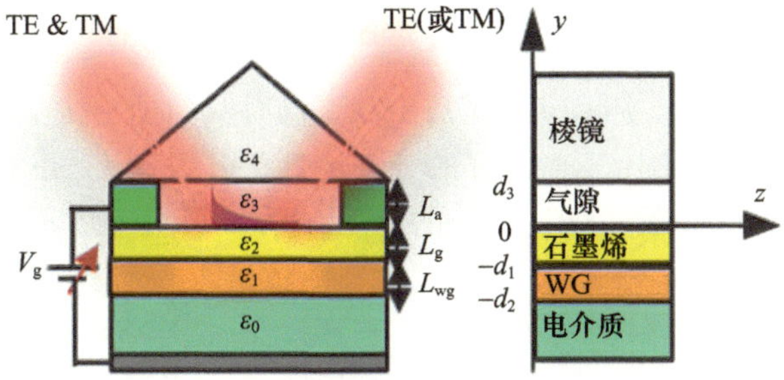

图 15.2 光学石墨烯等离子体开关示意图

最重要的参数及其简要定义如下。

(1)插入损耗：是装置插入传输线或光纤时发出的信号功率损耗，通常以 dB 表示，用输出功率与输入功率之比表示($IL(dB)=10\log(P_{in}/P_t)$)，如图 15.3 所示。

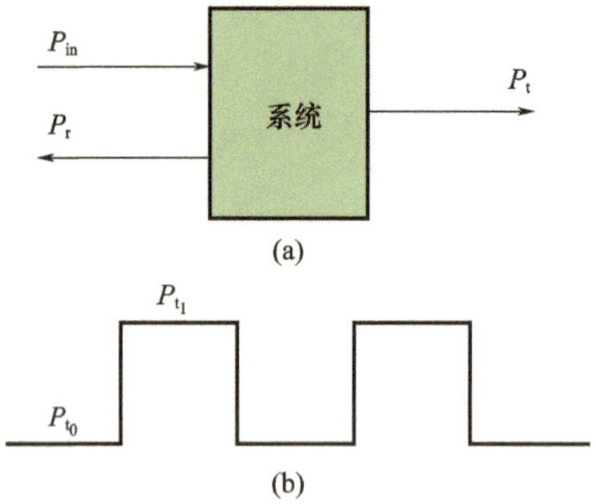

图 15.3 (a)插入损耗，用输出功率与输入功率之比表示，即 P_t/P_{in}(dB)；(b)消光比，即两个光功率电平之比，即 P_{t_1}/P_{t_0}(dB)

(2)消光比：是数字信号的两个光功率电平(一电平和零电平)的比值。为了真正检测信号电平，需要这些信号的高比率。

(3)偏振消光比：与消光比类似，但表示两个垂直偏振的功率之比，即横向电(TE)和横向磁(TM)。

(4)开关速度：光学逻辑装置能够响应驱动而改变其输出逻辑状态的速率的度量。它是装置遇到的延迟的函数，而延迟又是装置技术的函数。

(5)工作温度：通常是对应最大灵敏度的温度。

(6)功耗：指在一段时间内改变逻辑状态所施加的能量。

(7)干扰：通常用信号间干扰(ISI)表示，是一个信号干扰后续符号的一种信号失真形式。

(8)覆盖区：是指交换机与其他设备集成能力的参数。

(9)可扩展性：是交换机处理不断增长的输入和输出的能力。

(10)制作工艺：考虑快速成型技术。

(11)集成能力：指与另一组件集成的开关的 CMOS 兼容性。

(12)成本：指 MEMS 和液晶等技术类型，以及开关的规模。

所有上述参数都用于描述特定开关器件的性能。理想的开关具有高调谐性、低功耗、高开关速度、低插入损耗和短响应时间。研究人员通常只努力实现这些理想参数中的部分，而忽视其他参数。另外，实际应用通常不需要同时具有所有完美特性的开关。例如，如果正在开发的开关显示出比先前研究的开关更低的开关速度，并不意味着不值得继续研究，因为其可能显示出低开关速度以外的特性，这在高开关速度不是主要要求的某些应用中可能是有利的[30-35]。

值得一提的是，开关器件的性能也取决于环境条件，包括外部磁场和电场、入射光束腰、温度、欧姆接触等。必须考虑这些参数，以防止由于环境参数引起的开关响应的退化。

15.2.2 开关机制

开关器件按其开关机制主要分为两类：对入射光束进行调制，通过考虑不同的条件和参数，入射光束可以通过或被阻挡；对入射光束属性之一进行修改，如其传播速度、偏振和传播方向[36-42]。

第一种系统沿不同方向阻塞或传递信号，并通常存在于各种结构中，如 Crossbar、Spanke 和 Benes。第二类主要是与全反射（TIR）和衰减全反射（ATR）的概念共同作用，并基于 MEMS 和全息平面。在 15.2.3 节和 15.2.4 节中，简要讨论自由空间开关中两种基于 TIR 的现象（Goos – Hänchen 偏移和 Imbert – Fedorov 偏移）的应用[43]。

15.2.3 Goos – Hänchen 偏移

如 15.2.2 节所述，典型的开关器件分为两类：自由空间开关和波导开关。本章研究了基于侧移（Goos – Hänchen 偏移）和横移（Imbert – Fedorov 偏移）的入射光束位移的自由空间开关[44-50]。

当入射光束在全反射下入射到两种不同介质的边界时，一部分电磁场穿透进入第二介质，并形成振幅沿垂直于两种介质边界的方向呈指数衰减的倏逝波，如图 15.4 和图 15.5 所示。尽管该倏逝波不沿垂直于边界的方向传播，但其沿沿着界面的方向携带有效电磁功率。因此，在重新进入入射介质之后，反射能量相对于非镜面反射侧向偏移。这种侧向偏移，如图 15.4 所示被称为 Goos – Hänchen（GH）偏移，以纪念 F. Goos 和 H. Hänchen，他们在 1947 年第一次实验研究了这种现象。

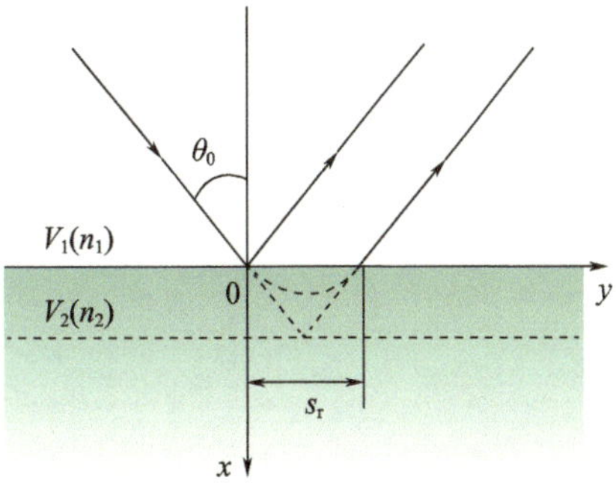

图 15.4 Goos – Hänchen 偏移概念

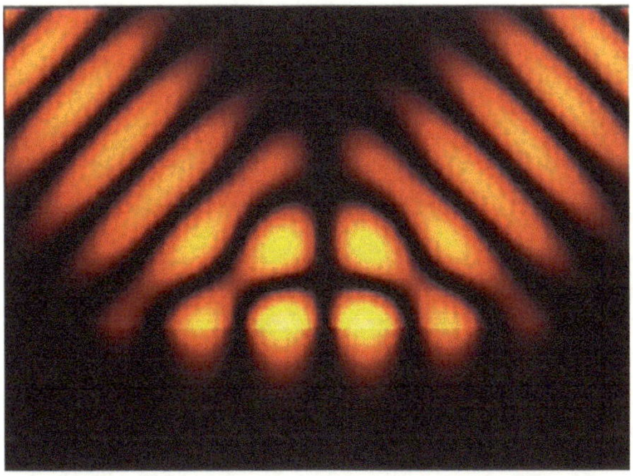

图 15.5 通过 Goos – Hänchen 偏移的侧向位移

此外，在纵向方向（即在入射平面中）上的反射光束经历空间位移和角度偏转。空间位移，称为空间 Goos – Hänchen（SGH）。同样，角度偏转也可以发生在入射平面内，称为角度 Goos – Hänchen(AGH)。然后,Artmann 从理论上解释了 GH 偏移,提出了一个解析公式来描述 GH 实验中获得的结果。

此后,文献中提出了多种理论来解释这一现象。包括 Fragstein 的稳定相位方法、Renard 的时间平均 Poynting 向量、Chiu 等的时间延迟散射以及 Brekhovskikh 和后来的 McGuirk 等的角谱方法。此外,为了增加侧向位移,提出了等离子体结构,如图 15.5 所示。

15.2.4 Imbert – Fedorov 偏移

在具有有限宽度的光束从两种不同均匀介质界面的全反射中,被反射的光束同时经历空间置换和角度偏移。空间置换可发生在横向(即垂直于入射平面),称为空间 Imbert – Fedorov(SIF)[51]。

此外,角度偏移可以发生在垂直于入射平面的方向上,这被称为角度 Imbert – Fedorov (AIF),如图 15.6 所示。

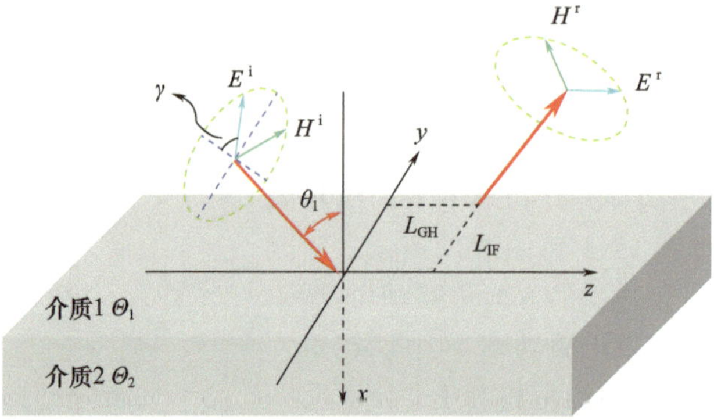

图 15.6 Imbert – Fedorov 偏移(L_{GH}是由纵向位移引起的,L_{IF}是指横向位移)

Fedorov 和 Imbert 分别从实验和理论上证明了完全反射的光束的重心从两个均匀介质的界面的垂直位移[51]。

15.3 石墨烯性质

本小节旨在回顾石墨烯及其性质,包括其光学、电学和热学性质,并指出该材料在开关应用中的良好可调性。然后,详细介绍自由空间开关器件。

15.3.1 石墨烯

石墨烯是一个二维单原子厚度层,碳(C)原子以蜂窝晶格组织排列,如图 15.7 所示。其是碳同素异形体结构如零维富勒烯、一维纳米管和三维石墨的基本构成要素,考虑到其重要性,相当令人惊讶的是,石墨烯是所有已知碳同素异形体中最后一个被广泛研究的,这主要是由于二维晶体的不稳定性问题。2004 年,英国曼彻斯特大学的教授 Andre Geim 和 Konstantin Novoselov 的研究小组通过使用透明胶带对石墨薄片进行机械剥离,实验性分离出了一层石墨烯,该项研究使他们获得 2010 年诺贝尔物理学奖。此后,由于二维晶体结构产生的奇特的热、光和电性质,这种新材料的研究成为材料科学家最热门的课题之一。这些独特的性质使得石墨烯适合于各种应用，例如能量转换和存储、传感器、光开关、电子器件、太阳能电池中的透明电极、光电子器件中的柔性显示器、场发射源以及高度可调器件。下面将简要介绍石墨烯的光学、电学和热学性质[52]。

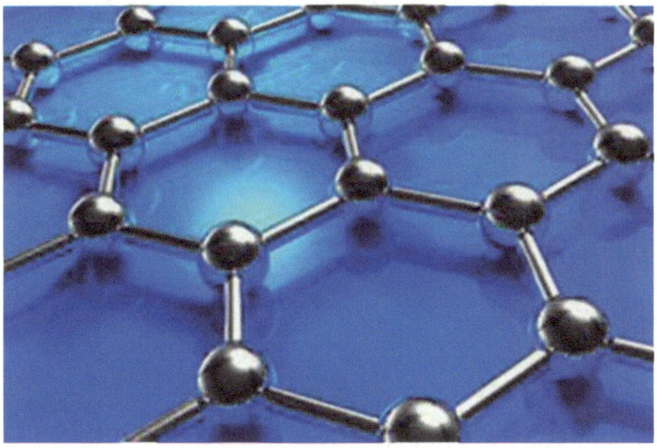

图 15.7　单个石墨烯片的结构

15.3.2　石墨烯光学特性

测得的原始单层石墨烯的白光吸光度为 2.3%，具有轻微的反射率（小于 0.1%），并且该吸光度随着石墨烯层数的增加而线性增加。上述值和观察到的线性与用非相互作用无质量 Dirac 费米子模型得到的理论计算结果一致。石墨烯的透明度取决于精细结构常数 $\sigma = 2\pi e^2/hc$，（c 为光速，h 为普朗克常数），该常数描述了入射光与相对论电子之间的耦合。n 层石墨烯的吸光度因此可以简单地表示为 $n\pi\sigma$。然而，当入射光子的能量小于 0.5eV（或波长约大于 2480nm）时，发现与这一行为有偏差，这归因于有限温度、掺杂和带内跃迁的影响。

利用瞬态吸收光谱系统研究了 SiC 上生长的石墨烯层的载流子动力学和相对弛豫时间尺度。发现了一个初始快速弛豫瞬态（70 ~ 120fs），随后是一个较慢的弛豫过程（0.4 ~ 1.7ps），分别与载波 - 载波带内散射过程和载波 - 声子带间散射过程有关。

利用红外光谱研究发现，单层和双层石墨烯的带间跃迁和光学跃迁与层有关，可以通过电门控进行调制，这在红外光学和光电开关器件中具有广阔的应用前景。此外，石墨烯的费米能级可以通过外加电压的微小化学势变化而改变，因此可以实现低功耗器件[53]。

15.3.3　石墨烯电学特性

图 15.8 显示了石墨烯的六方晶格图形。石墨烯的原胞是以位于两个亚晶格上的两个非等价碳原子 A 和 B 为基础的菱形。在实空间中，原胞可以由两个基本向量 $\boldsymbol{a}_1$ 和 $\boldsymbol{a}_2$ 描述，两个基本向量 $\boldsymbol{a}_1$ 和 $\boldsymbol{a}_2$ 以 60°角相交，等长 2.46Å。

图 15.9 显示了石墨烯沿第一不可约布里渊区（IBZ）中高对称线的能带结构。石墨烯能带结构的一个奇特特征是导带和价带在费米能级周围具有线性能量 - 动量色散的电荷中和点 $K(K')$ 处对称地相互接触。因此，石墨烯通常表现为零带隙的金属和非零带隙的半导体。

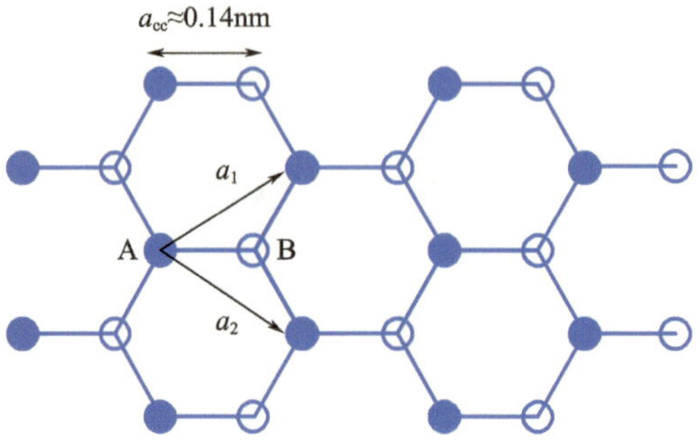

图 15.8 单层石墨烯结构

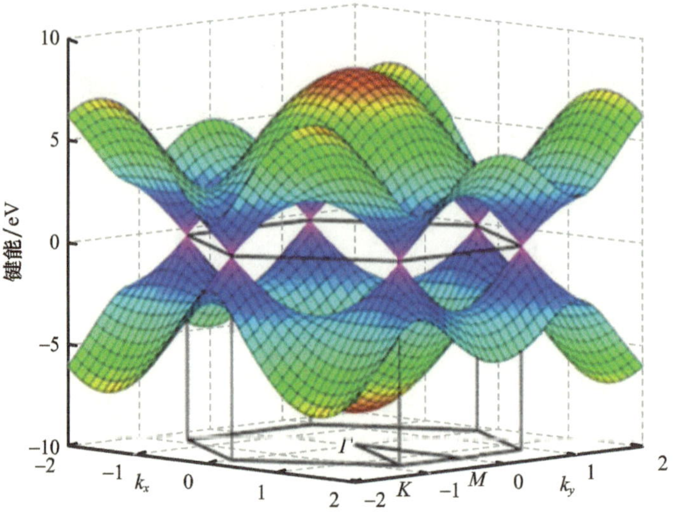

图 15.9 蜂窝晶格中的电子色散和靠近 K Dirac 点之一的能带的放大

石墨烯的能带结构清楚地表明,其电子性质主要由费米能级周围(即在电荷中和点)的状态决定。这也可以从轨道杂化的角度反映出来。单个 C 原子有 4 个价电子占据 $2s^2$、$2p_x^1$ 和 $2p_y^1$ 轨道。通过 sp^2 杂化,2s 轨道中的一个电子进入 $2p_z$ 轨道,三重对称杂化轨道是通过 2s、$2p_x$ 和 $2p_y$ 的叠加产生的轨道,$2p_z$ 轨道完好。在蜂窝晶格中,每个 C 原子通过平面 sp^2 杂化轨道与相邻的 C 原子形成三个键,而剩余自由 $2p_z$ 轨道的重叠轨道呈现对称取向。平面 σ 键的键强度远高于垂直于碳平面的 π 键。

因此,π(成键)和 π^*(反键)带比 σ(成键)和 σ^*(反键)带更靠近费米能级。换句话说,π 键和 σ 键分别主要负责石墨烯的电子和机械性质。采用狄拉克方程描述无质量相对论粒子的线性色散。因此,石墨烯中的电子被称为狄拉克费米子,电荷中和点被称为狄拉克点。基于狄拉克方程,可以确定石墨烯中的狄拉克费米子具有大约比光速小 300 倍的有效费米速度。这使得石墨烯成为目前物理学家在实验室研究量子电动力学现象的可靠系统。

多年来,石墨烯的许多不同寻常的性质已经被实验揭开。已经证明悬浮的石墨烯在载流子密度小于 $5\times10^9 cm^{-2}$时显示出接近 $200000cm^2/(V\cdot s)$的低温迁移率,这在半导体或非悬浮石墨烯片中观察不到。当施加栅极电压时,还表现出强的双极电场效应,载流子

浓度高达 $10^{13}cm^{-2}$，室温迁移率约为 $10000cm^2/(V\cdot s)$。此外，通过利用电场效应调节化学势，观察到石墨烯中电子和空穴载流子的不寻常的半整数量子霍尔效应(QHE)。这种量子霍尔效应也可以在室温下出现，并且当探测本征石墨烯装置时，获得了分数量子霍尔效应，这将允许隔离样品与基底引起的扰动。

尽管由于其特殊的电子传输特性，石墨烯已经被提出作为数字逻辑电路中硅的替代品，然而，无质量狄拉克费米子的无间隙特性严重限制了石墨烯在半导体领域的发展，而硅仍然在数字逻辑电路中占主导地位。虽然已经实现了截止频率高达 300GHz 的纯石墨基晶体管，但室温下约 1000 的开/关比与硅晶体管的开/关比(大于 10000)相比仍有很大差距[53]。

15.3.4 石墨烯的热性能

由于紧密堆叠的碳原子，石墨烯也可能在未来的纳米光学和电子学中在散热方面发挥重要作用。根据摩尔定律，半导体器件的尺寸已经逐渐减小，现在处于纳米级。但是，由于单位表面积的热产率和装置元件的导热系数的降低，使器件尺寸进一步减小受到器件散热能力的限制。例如，纳米级器件的发热率可达到火箭喷嘴($1000W/cm^2$)的发热率，并且热导率从体态硅的 $150W/(m\cdot K)$ 显著降低到硅纳米线的 $10W/(m\cdot K)$。因此，散热是逻辑电路芯片进一步小型化的一大瓶颈。石墨烯已显示出优异的室温热导率，其在 $3000\sim5000W/(m\cdot K)$ 之间变化，这取决于所测量的石墨烯片的尺寸(对于本征单层石墨烯)，但是当放置在 SiO_2/Si 基底上时，则会减小到 $600W/(m\cdot K)$。这种热导率的降低归因于声子穿过石墨烯－二氧化硅界面的泄漏和强界面散射。尽管如此，这一数值仍分别比当今电子产品中使用的铜和硅高出约 2 倍和 50 倍[53]。

15.3.5 石墨烯基开关

由于单层石墨烯的二维性质，石墨烯具有最大 100% 的表面体积比，并且非常适合于基于石墨烯的表面等离激元与入射光束的相互作用的开关应用，如自由空间光开关。石墨烯中的每个碳原子都充当与周围环境中存在的入射光束相互作用的活性位点。此外，石墨烯的电学特性如低化学势、室温下高电荷载流子迁移率、金属导电性和低约翰逊噪声也有助于石墨烯成为最适合用于开关器件的等离子体材料之一。

下面简要介绍基于 GH 和 IF 偏移的自由空间开关以及这些偏移在光学元件中的应用。

自从首次观测到 GH 和 IF 偏移以来，这些效应已经在理论和实验上进行了大量的研究。对这些效应的深刻关注主要是因为其在偏振器开关等不同光开关器件的实现应用。此外，由于侧向位移效应的显著特征，其被用于设计许多其他光学装置，如传感器、激光器、吸收器和滤波器。

GH 和 IF 偏移在包括可见光、红外、太赫兹和微波的各种波长范围内进行了研究。

历史上，这种偏移主要在包含具有不同光学特性的两种均匀材料的结构中进行研究，例如在两种不同电介质、非吸收和吸收介质及电介质和金属的界面处，在均匀介质和一维或二维周期结构的界面处，以及在不同均匀介质的界面处，包括线性有损和无损电介质、手性介质、金属和非线性介质。

在所有这些情况下，GH 偏移的幅度通常小于入射光束的波长（或波长范围）或与其相当。到目前为止，这种放大的 GH 偏移已经在不同的结构中进行了研究，例如具有超表面的多层结构（如含石墨烯的结构）、超材料、双曲超材料、非线性超材料和光子晶体。除了超表面之外，所有结构的制备都需要相对复杂的光刻步骤，这增加了相关器件的成本和复杂性。尽管已经对大的可调谐侧向偏移进行了大量的研究，但 GH 偏移还是太小（按波长量级）[54]。

15.3.6 开关可调性的实验和理论改进

当反射结构支持传播光模式时（沿与界面平行的方向），可以通过在入射光束和反射结构之间引入谐振耦合来实现 GH 和 IF 偏移的增强。当满足入射光束与反射结构的传播模式之间的相位匹配条件时，入射光束与反射结构的传播模式之间发生谐振耦合。到目前为止，已经研究了来自不同结构的光束的全反射中增强的 GH 和 IF 偏移，这些结构包括支持表面或波导模的光子晶体、支持等离子体表面波的金属结构和支持表面波的含石墨烯结构[55-59]。

为了增加侧向位移，引入了三个准则：

（1）表面等离激元共振结构；

（2）对称金属包层波导；

（3）棱镜 - 波导耦合系统。

15.3.6.1 表面等离激元共振结构

当使用入射光激发表面波时，有两种结构是众所周知的：Otto 结构和 Kretschmann 结构。

Andreas Otto 首次提出了光学激发非辐射表面等离激元的结构。认识到将入射光的波向量与表面等离激元的波向量匹配的困难，Otto 意识到可以通过在较高折射率的电介质材料内传播来增加无入射空间光的波向量。然后，来自高折射率电介质中的入射光子的场可以通过具有低折射率的薄介电膜瞬间耦合，以激发金属和低折射率电介质之间界面处的表面等离激元。典型的 Otto 结构使用棱镜来实现这一点，如图 15.10 右侧图所示。表面等离激元沿 x 方向传播，这也是表面电荷振荡的方向。入射束必须具有 p 或 TM 极化的分量，以耦合到该表面电荷振荡。TE 极化的电场沿与表面电荷振荡正交的 y 方向，因此这种极化不能激发表面等离激元。

在这种结构中，光入射到棱镜上并朝向其底面折射。棱镜与金属表面间隔开一小段距离。电介质间隔物的折射率小于棱镜的折射率，并且入射光在棱镜的底表面上的角度足够高，使得如果在间隔物下面没有金属层，则棱镜中的光将经历全反射，并且在棱镜下面的低折射率电介质内将存在倏逝场。然而，在金属存在的情况下，如果满足耦合条件，该倏逝场可以激发表面等离激元。因为当激发表面等离激元时，来自倏逝场的能量从反射光束中去除，所以不再存在全反射。反射率下降，有时几乎为零，因此这种结构是一种“衰减全反射”的形式。值得注意的是，考虑到具有固定光学特性的材料，表面等离激元耦合效率对电介质间隔物厚度的强烈依赖性是该结构未被广泛采用的重要原因。

在 Otto 描述了其用于激发表面等离激元的光学构型后不久，Kretschmann 和 Raether

提出了另一种基于棱镜的结构,该结构此后成为最受欢迎的表面等离激元激发结构。一般称为"Kretschmann 结构"或"Kretschmann - Raether 结构"[60-68]。

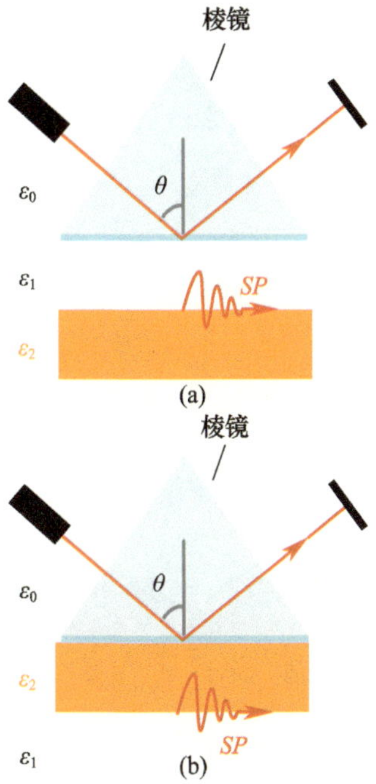

图 15.10　Otto(a)和 Kretschmann(b)结构

在这种结构中,光还是以入射方式到棱镜上,但是在棱镜的底表面上存在薄金属膜而不是介电膜。在适当的入射角下,入射光的能量和动量被有效地传递到表面等离激元,并且反射光强度再次显著降低。谐振条件与 Otto 结构中的谐振条件相同。与 Otto 结构相反,表面等离激元沿着金属膜的底表面传播,在该底表面处,表面等离激元易于接近,以进行测量和相互作用。

与 Otto 结构类似,金属膜的厚度对于调节负载和获得与表面等离激元的有效耦合是很关键的。典型的最佳金属膜厚度通常为 40 ~ 60nm,这取决于特定的波长和金属,但是对于铝膜来说,必须比 15nm 更薄。

在 Kretschmann 结构中,蒸发金属到玻璃块上成膜。光再次照射玻璃块,倏逝波穿透金属膜。该结构如图 15.10 的左侧图所示。

例如,为了获得更大的 GH 偏移,Yin 等描述了表面等离激元共振结构,利用该方法观察到大于 50 个波长的 GH 偏移,因为更多的光能耦合到金属薄膜下的介质中。

当 TM 偏振光束入射到棱镜与金属的界面上,满足共振条件时,将激发表面等离激元波。实验中,用位置灵敏探测器(PSD)检测反射光束的位置。通过周期性地调制入射偏振,测量了 TE 光和 TM 光之间的侧向位移的差异。然而,由于 TE 偏振入射不能激发任何表面等离激元共振,所以不存在增强的 GH 偏移。因此,其用作完美的参考光束,并且测量的 TM 和 TE 激发之间的相对光束偏移,实际上指示了表面等离激元共振区域处的 TM 波的绝对光束位移。如图 15.11 和图 15.12 所示,金和银是用于实现大 GH 偏移的表面等离激元波导的最佳材料。

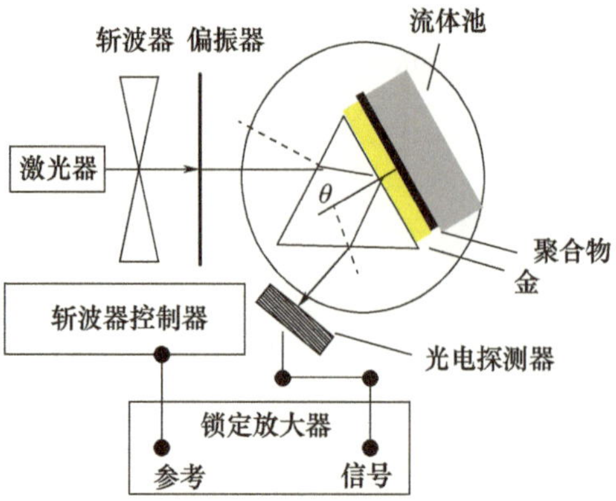

图 15.11　基于贵金属(金)的侧向位移的等离子体结构

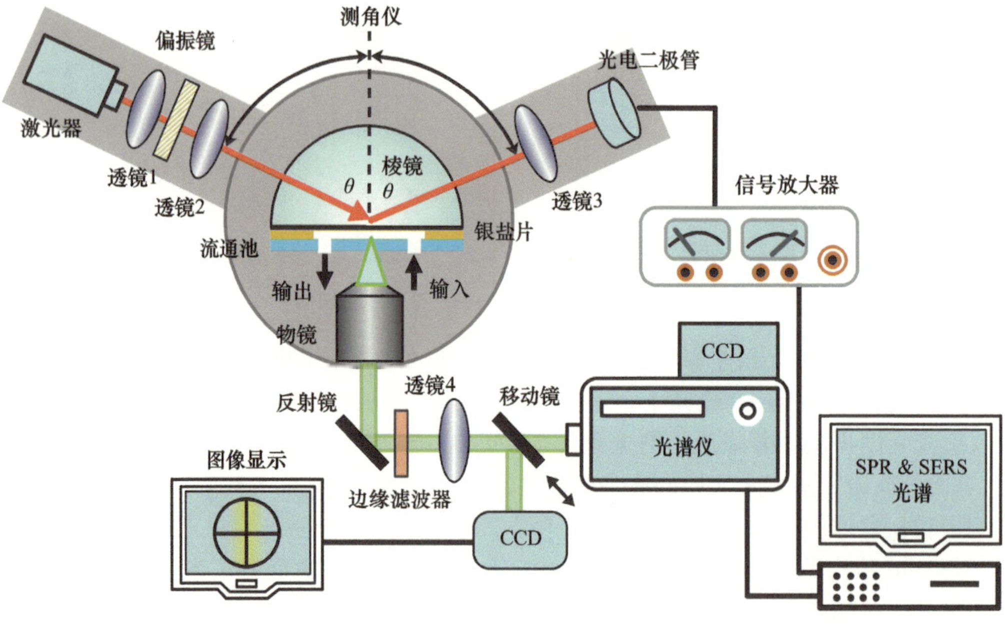

图 15.12　基于贵金属(银)的侧向位移的 Otto 等离子体结构

15.3.6.2　对称金属包层波导

对称金属包层波导(SMCW)的示意图如图 15.13 所示,包括三层:作为上包层和耦合层的上金属薄膜、作为引导层的毫米厚度的玻璃板,以及沉积在玻璃板另一侧作为基底的相对较厚的金属薄膜。

将入射角选择在某一反射率倾角的最大反射率处,此处 GH 偏移不显著。由于 GH 偏移的大小强烈地依赖于入射光和导模之间的能量耦合,因此将反射光束的该位置作为 GH 偏移的参考具有合理性。在不改变入射光束位置和结构的情况下,将光电二极管(PD)移出其位置后,放置位置灵敏探测器(PSD),使反射光束垂直入射到 PSD 的中心。

例如,Wang 等提出了一种在金属包层波导上观察大 GH 偏移的方案。类似地,Chen 等从理论和实验上报道了一种研究对称金属包层波导中大 GH 偏移的方案。此外,Yu 等还研究了通过向金属包层结构施加外部电压来调谐 GH 偏移。

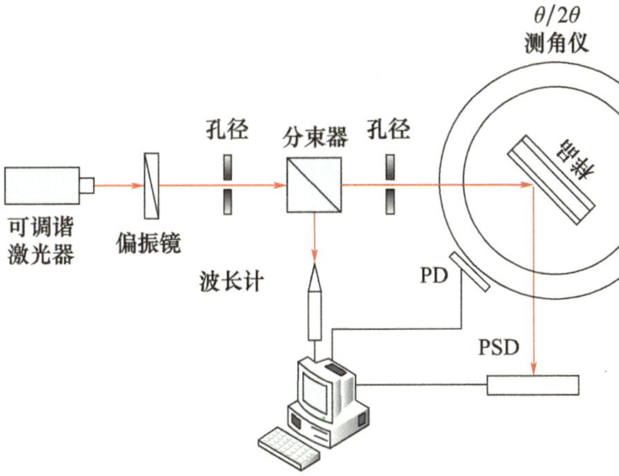

图 15.13 对称金属包层波导的示意图

此外，Salasnich 报告了 SGH 和 SIF 偏移理论值，分别为 $80\lambda_0$ 和 $2\lambda_0$。

然而，在金属等离子体结构中，最大可实现的 GH 和 IF 偏移值受到光学表面模式短传播长度的限制，这是由于金属的欧姆损耗大所造成的。此外，这种结构中的 GH 和 IF 偏移值不能通过以直接的方式施加致动信号来调谐。调谐偏移值的能力是实现基于 GH 和 IF 偏移的光学有源器件的基本要求。尽管可以通过选择性的图案化金属层和引入超材料结构来增加金属等离子体结构的表面模式的传播长度，但是偏移值的可调性的缺乏仍然是一个有待解决的问题。另外，用于太赫兹和更高频率范围的超材料结构的制备具有挑战性。

此外，这些结构通常不兼容 CMOS，因此不能与硅基光子集成电路集成。

15.3.6.3 棱镜 - 波导耦合系统

棱镜 - 波导是获得高度可调谐的反射光侧向位移的理想方案。棱镜 - 波导耦合系统如图 15.14 所示。该图中描绘了基底、引导层、气隙和棱镜的介电常数。导向层的厚度和气隙用于最终的最佳侧向移动，如图 15.15 所示。由于辐射阻尼主要取决于气隙的厚度，因此在棱镜 - 波导耦合系统中也存在一个临界厚度。此外，棱镜 - 波导结构的实验器件如图 15.16 所示。

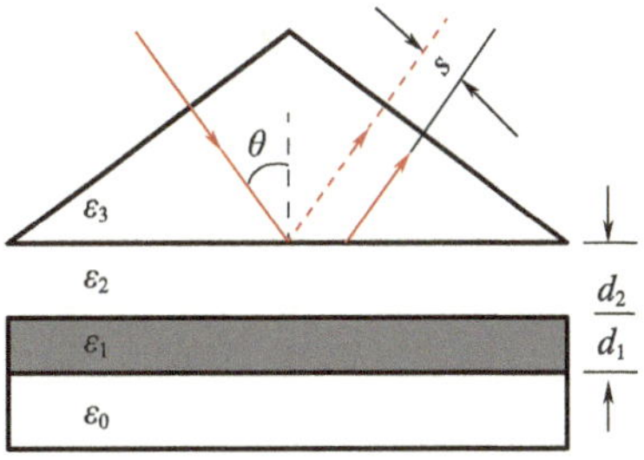

图 15.14 棱镜 - 波导耦合系统

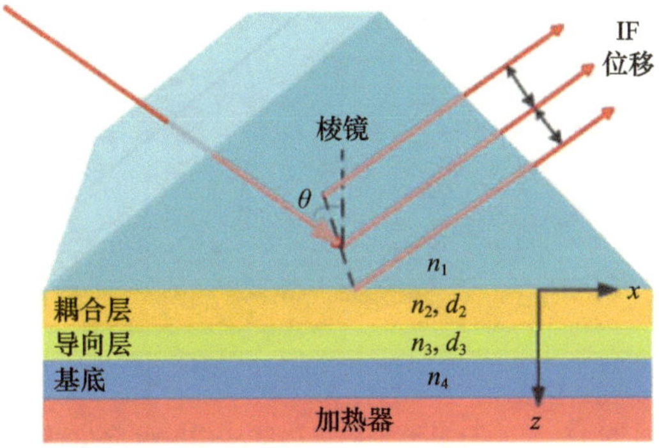

图 15.15 用于增加侧向位移的棱镜等离子体波导

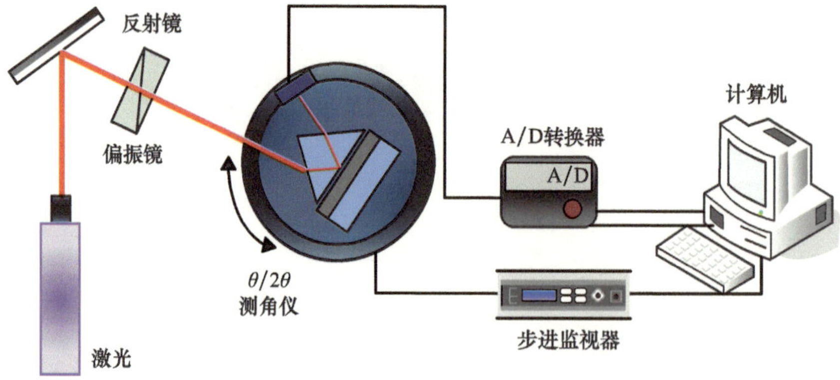

图 15.16　棱镜－波导结构的实验器件

与上述结构相比，基于石墨烯的表面波支撑结构提供长距离传播的表面波，而且这些结构的制备相对简单和直接。如前所述，石墨烯的低欧姆损耗有利于形成长距离传播的表面波，可用于实现大的 GH 偏移。此外，可以通过施加外部电压来控制石墨烯的光学特性以及由此所述表面波的光学特性。因此，通过将入射光束耦合到含石墨烯的结构，可以实现大的 GH 偏移，其幅度可以由施加的电压控制。这项技术是基于石墨烯的表面波，具有可调谐的石墨烯光电机制，使制备超宽带石墨烯开关成为可能。该石墨烯开关具有可调功率开关、超快开关信号传播和超低功耗等优异特性。

另外，由于石墨烯光学性质的各向异性，含石墨烯结构的反射响应取决于入射光的偏振，如图 15.17 所示。例如，（通过提出新的测量方法）可以表明，TM 和 TE 偏振入射波的 GH 偏移之间的差可以高达 31.16mm。尽管文献已在理论和实验上报道了石墨烯基波导中的可调谐 GH 偏移，但是由于缺乏对入射光束和结构的表面波之间的适当耦合问题的关注，GH 偏移的值很小（量级在 $2\lambda_0 \sim 110\,\lambda_0$）或需要大的调谐电压（在 30V 的范围内）。因此，在含石墨烯结构中实现大的且可调谐的 GH 偏移，以对所施加电压的微小变化做出响应的目标仍然是要考虑的问题。

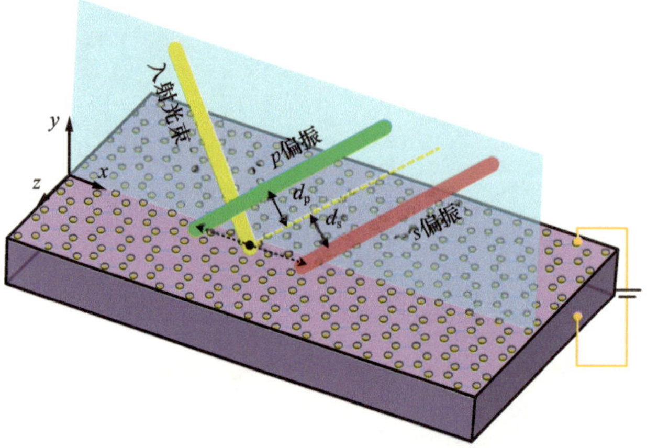

图 15.17　石墨烯等离子体结构中的侧向位移

15.4 研究方法

本节介绍了非镜面反射效应，特别是 Goos – Hänchen（GH）和 Imbert – Fedorov（IF）偏移的理论以及石墨烯表面电导率的计算。首先简要回顾了 GH 和 IF 偏移的理论，描述了获得 GH 偏移的三种理论模型；然后计算反射系数，该反射系数用于获得入射光束的位移；最后给出了一个基于 Kubo 公式的单一理论，用于计算石墨烯和石墨烯等离子体超表面（GPM）的表面电导率[68-69]。

15.4.1 Goos – Hänchen 偏移

众所周知，当入射光束通过两种具有不同光学特性的材料之间的界面完全反射时，反射点将经历与其入射对应物的侧向位移（图 15.18）[69]。

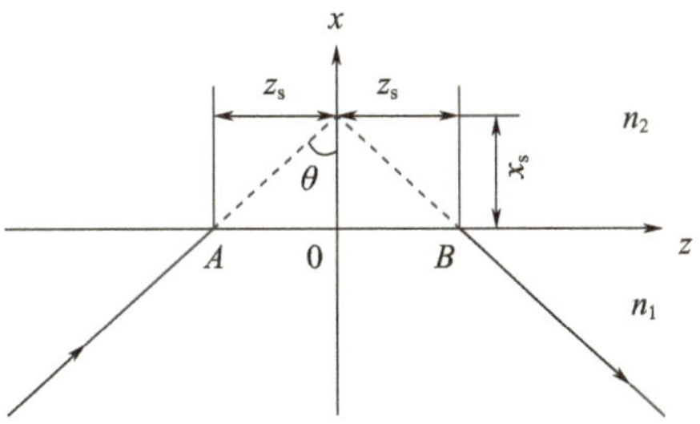

图 15.18 侧向位移

该位移被称为 GH 偏移，其大小为

$$\Delta z = \frac{2}{k_1}\frac{\partial\phi}{\partial\beta} \tag{15.1}$$

式中：$k_1 = k_0 n_1 \cos\theta$ 为波向量的垂直分量，$k_0 = 2\pi/\lambda$ 为自由空间中具有光波长为 λ 的波数，θ 为入射角；-2ϕ 为反射点 B 与入射点 A 之间的总反射相移。

考虑具有不同光学特性的两种介质之间的界面，如图 15.18 所示，当入射角大于临界角，$\theta > \theta_c = \arcsin(n_2/n_1)$ 时，其中 n_1 和 n_2 为两种介质的折射率，入射光将被完全反射，其反射系数为 $r = \exp(i\varphi) = \exp(-i2\varphi)$，其中 TM 和 TE 极化的反射相移为

$$\phi_{TE} = \arctan\left[\sqrt{\frac{n_1^2\sin^2\theta - n_2^2}{n_1\cos\theta}}\right] \tag{15.2}$$

$$\phi_{TM} = \arctan\left[\left(\frac{n_1}{n_2}\right)^2\sqrt{\frac{n_1^2\sin^2\theta - n_2^2}{n_1\cos\theta}}\right] \tag{15.3}$$

为了定义侧向位移的大小 $2Z_s$，假设一个简单波由两个入射角略有不同的平面波组成。假设波向量的 z 分量为 $\beta_z \pm \Delta\beta_z$，则两种不同介质分界面上入射波的振幅可表示为

$$\begin{aligned} A(z) &= [\exp(i\Delta\beta_z) + \exp(-i\Delta\beta_z)]\exp(i\Delta\beta_z) \\ &= 2\cos(\Delta\beta_z))\exp(i\Delta\beta_z) \end{aligned} \tag{15.4}$$

式中：$\Delta\beta$ 为一个很小的量，总的反射相移可以用微分公式展开

$$\phi(\beta \pm \Delta\beta) = \phi(\beta) \pm \frac{d\phi}{d\beta}\Delta\beta \tag{15.5}$$

因此，界面处反射光束的复振幅为

$$B(z)=\{\exp[(\mathrm{i}\Delta\beta_z-2\Delta\phi)]+\exp[(-\mathrm{i}\Delta\beta_z-2\Delta\phi)]\}\exp[(\mathrm{i}\beta_z-2\phi)]$$
$$=2\cos[\Delta\beta(z-2z_S)]\exp[i(\beta_z-2\phi)] \tag{15.6}$$

式中

$$z_s=\frac{\mathrm{d}\phi}{\mathrm{d}\beta} \tag{15.7}$$

是光束侧向移动的简单形式。用几何光学方法计算反射光束与预测反射光束之间的垂直距离为

$$S=2z_s\cos\theta=\frac{2\mathrm{d}\phi}{\mathrm{d}\beta}\cos\theta=\frac{2}{k_0n_1}\frac{\mathrm{d}\phi}{\mathrm{d}\beta} \tag{15.8}$$

得到的GH偏移表达式与式(15.8)相同，其推导过程被称为Artmann提出的稳态相位法。将式(15.5)和式(15.6)代入式(15.8)，得到两个半无限介质之间全反射时的GH偏移为

$$S_{\mathrm{TE}}=\frac{2\sin\theta}{k_0\sqrt{n_1^2\sin^2\theta-n_2^2}} \tag{15.9}$$

$$S_{\mathrm{TM}}=\frac{S_{\mathrm{TE}}}{\left[\left(\frac{n_1}{n_2}\right)^2+1\right]\sin^2\theta-1} \tag{15.10}$$

15.4.2 高斯光束模型

如图15.19所示，界面被高斯光照射，其界面$z=0$处的场表示为

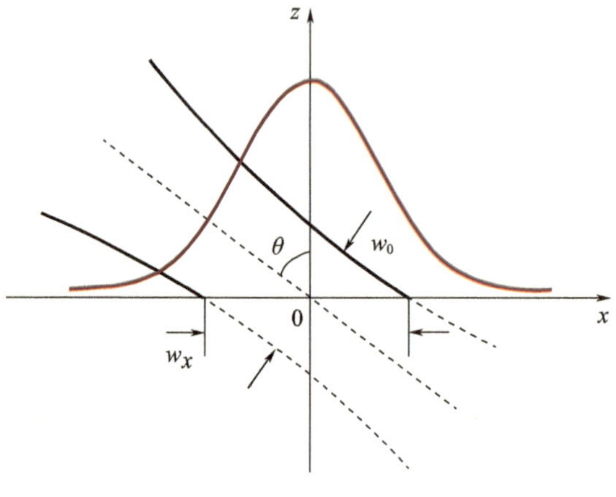

图15.19 高斯光束光谱

$$\varphi_i(x,z=0)=\exp\left(-\frac{x^2}{2w_x^2}+\mathrm{i}\beta_0x\right) \tag{15.11}$$

该高斯光束可以表示为

$$\varphi_i(x,z=0)=\frac{1}{\sqrt{2\pi}}\int A(\beta)\exp(\mathrm{i}\beta x)\mathrm{d}\beta \tag{15.12}$$

式中：$w_x=w_0\sec\theta$，w_0为作为中部的宽度；θ为入射角；β为波向量的x分量。入射光束的

角谱分布为

$$A(\beta)=w_x\exp\left[-(w_x^2/2)(\beta-\beta_0)^2\right] \tag{15.13}$$

在与界面接触时，入射光束被反射，并且每个频率分量的反射系数是不均匀的。反射光束的轮廓由下式给出

$$\varphi_r(x,z=0)=\frac{1}{\sqrt{2\pi}}\int r(\beta)A(\beta)\exp(\mathrm{i}\beta x)\,\mathrm{d}\beta \tag{15.14}$$

相应的 GH 偏移可通过计算 $|\psi(x,z=0)|$ 最大值的 x 分量位置由上述积分计算。此外，反射光束的轮廓的范围为 $(-\boldsymbol{k},\boldsymbol{k})$，其中 $\boldsymbol{k}$ 为波向量。

实际上，高斯光束与平面波相似，当其中部宽度增加到无限大时，可以观察到理想的平面波。本章详细研究了稳态相位法与高斯光束模型之间的关系。假设入射光束的宽度足够大，即 β 空间的半宽度极小，则反射系数中的反射相移 $r(\beta)=|r|\exp(\mathrm{i}\varphi)$ 可以看作是 β 的线性函数。由 φ 在 $\beta=\beta_0$ 附近的泰勒展开式，得

$$\varphi(\beta)=\varphi(\beta_0)+\left.\frac{\mathrm{d}\varphi}{\mathrm{d}\beta}\right|_{\beta=\beta_0}(\beta-\beta_0)+\sigma(\beta-\beta_0) \tag{15.15}$$

忽略高阶无限小数，反射系数近似写为

$$r(\beta)\approx|r|\exp\left[\mathrm{i}\varphi'(\beta_0)\right]\exp\left(\mathrm{i}\left.\frac{\mathrm{d}\varphi}{\mathrm{d}\beta}\right|_{\beta=\beta_0}\beta\right) \tag{15.16}$$

式中

$$\varphi'(\beta_0)=\varphi'(\beta_0)-\mathrm{i}\left.\frac{\mathrm{d}\varphi}{\mathrm{d}\beta}\right|_{\beta=\beta_0}\beta_0 \tag{15.17}$$

将式(15.16)代入式(15.14)，反射光束的轮廓表示为

$$\varphi_r(x,z=0)=\frac{1}{\sqrt{2\pi}}|r|\exp\left[\mathrm{i}\varphi'(\beta_0)\right]\cdot$$
$$\int A(\beta)\exp\left\{\mathrm{i}\beta\left[x-\left(-\mathrm{i}\left.\frac{\mathrm{d}\varphi}{\mathrm{d}\beta}\right|_{\beta=\beta_0}\right)\right]\right\}\mathrm{d}\beta \tag{15.18}$$

比较式(15.14)和式(15.11)，可以看出，除了增加一个常数项 $|r|$ 和相位因子质数 $[\mathrm{i}\varphi'(\beta_0)]$ 之外，所接收的光分布的中心位置从入射光分布 $x=0$ 的中心位置移动到 $x=-(\mathrm{d}\varphi/\mathrm{d}\beta)|_{\beta=\beta_0}$ 的位置，与由式(15.8)定义的 GH 偏移相同位置。

因此，稳态相位方法是高斯光束模型的最佳近似[69]。

15.4.3 Imbert－Fedorov 偏移概念

众所周知，平面波与界面的相互作用由斯内尔定律和菲涅耳公式描述。对于具有有限宽度(即分布平面波谱)的真实光束，除了 GH 偏移外，还存在两种偏离几何光学的非镜面效应。如图 15.20 所示，其他非镜面偏移分别是 IF 偏移(即垂直于入射平面的空间偏移)和角度 IF 偏移。

考虑由两个介电常数为 ε_1 和 ε 的均匀各向同性介质分别填充半空间 $z<0$ 和 $z\geqslant0$ 组成的系统。

波长 λ 和光腰 w 的单色光束沿着 $z<0$ 区域中的中心波向量 $\boldsymbol{k}$ 传播，然后撞击到方程 $z=0$ 的平面界面，该界面将介质 1 与介质 2 分开。这些非镜面反射效果的表达式可以写为

$$S=\frac{1}{K}\mathrm{Im}\left[\rho\right] \tag{15.19}$$

$$A=-\frac{\theta_0^2}{2}\mathrm{Re}\left[\rho\right] \tag{15.20}$$

式中：S 和 A 分别为 IF 偏移的空间和角度，$\theta_0=2/k\ \omega_0$，$k=2\pi/\lambda_0$。IF 偏移的参数 ρ 可表示为

$$\rho=\begin{cases}2\mathrm{i}(r_{\mathrm{TE}}\cos\theta),\mathrm{mode}:\mathrm{TM}\\ 2\mathrm{i}(r_{\mathrm{TM}}\cos\theta),\mathrm{mode}:\mathrm{TE}\end{cases} \tag{15.21}$$

式中：r_{TE} 和 r_{TM} 是反射系数，可以通过麦克斯韦方程和传递矩阵法得到，15.4.4 节具体介绍。

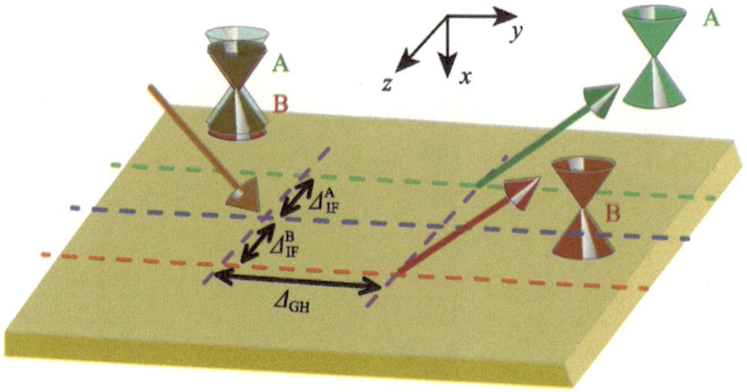

图 15.20 入射光束的 IF 偏移

15.4.4 反射计算

反射系数用于射线光学，对于分析平面多层结构中电磁波的反射特性非常有用。本节旨在介绍麦克斯韦方程和计算反射的传递矩阵法。

考虑石墨烯与耦合结构界面处沿 z 方向传播的 TM 表面波，如图 15.21 所示，磁场可表示为

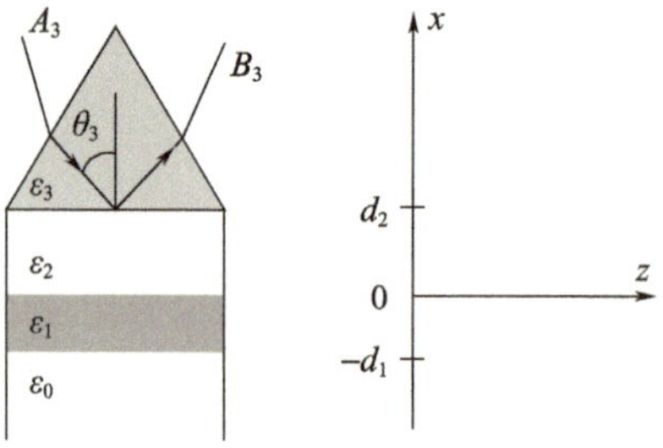

图 15.21 多层结构示意图

$$H_y(x)=\begin{cases}A_3\mathrm{e}^{\alpha_3(x-d_2)}+B_3\mathrm{e}^{-\alpha_3(x-d_2)} & (x>d_2)\\ A_2\mathrm{e}^{\alpha_3(x-d_2)}+B_2\mathrm{e}^{-\alpha_3(x-d_2)} & (0<x<d)\\ A_1\mathrm{e}^{\alpha_3(x-d_2)}+B_1\mathrm{e}^{-\alpha_3(x-d_2)} & (-d_1<x<d_2)\\ A_0\mathrm{e}^{\alpha_3(x-d_2)} \quad (x<-d_1)\end{cases} \tag{15.22}$$

式中

$$H_y(x)=\begin{cases}\alpha_j=(\beta^2-k_0^2\varepsilon_j)^{1/2} \quad (j=0,1,2,3)\\ \beta=k_0\sqrt{\varepsilon_3}\sin\theta_3\end{cases} \tag{15.23}$$

棱镜中的振荡场在该区域产生虚参数α_3。α_1由于石墨烯的复介电常数而变得复杂，参数α_0和α_2都是实数。利用边界条件，反射表达为

$$r=\frac{B_3}{A_3}=\frac{\gamma_{23}+\gamma_{012}\mathrm{e}^{-2\alpha_2 d_2}}{1+\gamma_{23}\gamma_{012}\mathrm{e}^{-2\alpha_2 d_2}} \tag{15.24}$$

式中

$$\gamma_{012}=\frac{\gamma_{12}+\gamma_{01}\mathrm{e}^{-2\alpha_1 d_1}}{1+\gamma_{12}\gamma_{01}\mathrm{e}^{-2\alpha_1 d_1}} \tag{15.25}$$

且

$$\gamma_{23}=\frac{\varepsilon_2\alpha_3-\varepsilon_3\alpha_2}{\varepsilon_2\alpha_3+\varepsilon_3\alpha_2} \tag{15.26}$$

且

$$\gamma_{01}=\frac{\varepsilon_0\alpha_1-\varepsilon_1\alpha_0}{\varepsilon_0\alpha_1+\varepsilon_1\alpha_0} \tag{15.27}$$

且

$$\gamma_{12}=\frac{\varepsilon_1\alpha_2-\varepsilon_2\alpha_1}{\varepsilon_1\alpha_2+\varepsilon_2\alpha_1} \tag{15.28}$$

为了获得多层结构中的反射，引入了传输矩阵法作为另一种技术[69]。

为了计算反射相位，使用所提出的多层结构的分布式电路模型，其中每一层由具有其相应的特性阻抗Z_i和传播常数β_i的传输线部分建模。每层的阻抗和传播常数取决于入射波的偏振及其入射角。对于在介电常数ε_i和磁导率μ_i，角度θ，相对于法线方向在介质中传播的TM波，如图15.22所示，特性阻抗定义为$Z_i=\sqrt{\mu_i/\varepsilon_i}$，传播常数为$\beta_i=\omega\sqrt{\mu_i^*\varepsilon_i}$。图15.22显示了多层结构的分布式电路模型，其中厚度为d的每一层都由具有相应特性阻抗和传播常数的长度相同的传输线部分建模。利用多层结构的传输线模型，通过传输矩阵法可以求出任意入射角的TM波的反射系数。在该方法中，长度为d_i的介质(用传输线截面建模)两端的电磁场的切向分量通过2×2的传递矩阵相互关联。由于两种不同介质界面处的边界条件被应用于切向场分量，因此传递矩阵可用于将两种介质(对应于两个传输线部分)界面处的入射波和反射波联系起来。此外，多层结构的转移矩阵可以通过乘以其连续层的转移矩阵来构造。

因此，在15.4.3节中引入的含石墨烯结构的传递矩阵可以计算为

$$\begin{pmatrix}A_{11} & A_{12}\\ A_{21} & A_{22}\end{pmatrix}=\boldsymbol{M}_1\boldsymbol{M}_2\boldsymbol{M}_3\boldsymbol{M}_4 \tag{15.29}$$

式中：$\boldsymbol{M}_1$、$\boldsymbol{M}_2$、$\boldsymbol{M}_3$和$\boldsymbol{M}_4$分别为硅、SiO_2、石墨烯和气隙区域的转移矩阵，并且在以下公式中给出：

$$\boldsymbol{M}_4=\begin{bmatrix}\cos(\beta_0 d_1) & \mathrm{j}Z_0\sin(\beta_0 d_1)\\ \mathrm{j}\sin(\beta_0 d_1)/Z_0 & \cos(\beta_0 d_1)\end{bmatrix} \tag{15.30}$$

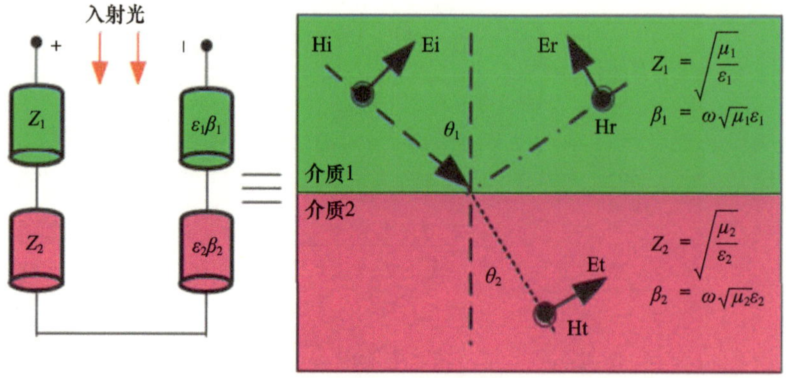

图 15.22　多层结构的分布式电路模型

$$\boldsymbol{M}_3 = \begin{bmatrix} 1 & 0 \\ \sigma_g & 1 \end{bmatrix} \tag{15.31}$$

$$\boldsymbol{M}_2 = \begin{bmatrix} \cos(\beta_2 d_2) & \mathrm{j}Z_2\sin(\beta_2 d_2) \\ \mathrm{j}\sin(\beta_2 d_2)/Z_2 & \cos(\beta_2 d_2) \end{bmatrix} \tag{15.32}$$

$$\boldsymbol{M}_1 = \begin{bmatrix} \cos(\beta_1 d_1) & \mathrm{j}Z_1\sin(\beta_1 d_1) \\ \mathrm{j}\sin(\beta_1 d_1)/Z_1 & \cos(\beta_1 d_1) \end{bmatrix} \tag{15.33}$$

在上述公式中，β 是各区域 TM 波的传播常数，可计算为

$$\beta_4 = d_4\sqrt{\varepsilon_4 - (n_1^2\sin^2\theta)} \tag{15.34}$$

$$\beta_2 = d_2\sqrt{\varepsilon_2 - (n_1^2\sin^2\theta)} \tag{15.35}$$

$$\beta_1 = d_1\sqrt{\varepsilon_1 - (n_1^2\sin^2\theta)} \tag{15.36}$$

具有多层结构的总传递矩阵，其反射系数可以用矩阵元素表示为

$$R = \frac{\kappa \cdot (A_{22} - A_{11}) - (\kappa^2 \cdot A_{12} - A_{21})}{\kappa \cdot (A_{22} + A_{11}) - (\kappa^2 \cdot A_{12} + A_{21})} \tag{15.37}$$

式中：$\kappa = \beta_0/\kappa_0$ 为自由空间波数，反射系数可分解为其大小和相位，如下式：

$$R(\theta,\omega) = |R(\theta,\omega)|\mathrm{e}^{\mathrm{j}\phi(\theta,\omega)} \tag{15.38}$$

15.5 石墨烯表面电导率计算

本节旨在介绍计算石墨烯表面电导率的方法。石墨烯的表面电导率归因于带内和带间跃迁。带内跃迁可以用半经典玻耳兹曼方程计算，带间跃迁可以用量子力学中的含时微扰理论计算。下面着重研究带内跃迁的计算，这对于光学器件有很大的应用前景[69]。

15.5.1 Kubo 公式

利用固体中的输运性质导出玻耳兹曼方程，开始计算表面电导率。为此，首先，忽略 $t-\mathrm{d}t$ 和 t 之间发生碰撞的可能性。如果不发生碰撞，则每个电子的 r 和 k 坐标将按照半经典运动方程演进。

由于 dt 是无穷小的，可以在 dt 中找到这些方程的线性阶的显式解，在 r 和 k 处的电子在时间 $t-\mathrm{d}t$ 处一定为 $r-v(k)\mathrm{d}t, k-F\mathrm{d}t/\hbar$。在没有碰撞的情况下，这是 r 和 k 处的电子可能产生的唯一点，且每个电子都会到达 a 和 k 点。因此

$$\begin{cases} p=\hbar k \\ \dfrac{\mathrm{d}p}{\mathrm{d}t}=\hbar\dfrac{\mathrm{d}k}{\mathrm{d}t} \\ \dfrac{\mathrm{d}r}{\mathrm{d}t}=v(k) \\ \hbar\dfrac{\mathrm{d}k}{\mathrm{d}t}=-e\left(E+\dfrac{1}{c}vH\right)=F(r,k) \end{cases} \tag{15.39}$$

考虑到碰撞，必须在下列公式中增加两个修正项：

$$f(r,k,t)=f(r-v(k)\mathrm{d}t, k-F\mathrm{d}t/\mathrm{d}\hbar, t-\mathrm{d}t) \tag{15.40}$$

右边是错误的，因为其假设所有的电子都在时间 dt 来自 $r-v\mathrm{d}t, k-F\mathrm{d}t/\hbar$ 到 r、k，忽略了一些被碰撞偏转的事实。更有甚者，因为其不能计数那些在时间 t 在 r、k 发现的电子，这些电子不是其自时间 $t-\mathrm{d}t$ 以来不受阻碍的半经典运动的结果，而是 $t-\mathrm{d}t$ 和 t 之间碰撞的结果。加上这些修正，发现 dt 中的前导顺序：

$$\left\{f(r,k,t)=f\left(r-v(k)\mathrm{d}t, k-F\frac{\mathrm{d}t}{\mathrm{d}\hbar}, t-\mathrm{d}t\right)+(\partial f(r,k,t)/\partial t)|_{\mathrm{out}}\mathrm{d}t+(\partial f(r,k,t)/\partial t)|_{\mathrm{in}}\mathrm{d}t\right. \tag{15.41}$$

如果将左侧展开为 dt 中的线性阶，那么在极限 $\mathrm{d}t\to 0$ 中，上述表达式可以简化为

$$\frac{\partial f}{\partial t}+\nabla kf\cdot\frac{\partial k}{\partial t}+\nabla f\cdot\frac{\partial r}{\partial t}=\left(\frac{\partial f}{\partial t}\right)_{\text{collision}} \tag{15.42}$$

$$\frac{\partial f_1}{\partial t}+\frac{1}{\hbar}\nabla kF\cdot f_0(k)+v(k)\cdot\nabla f_0(k)=\frac{f_1(k)}{\tau(k)} \tag{15.43}$$

$$\frac{1}{\hbar}\nabla kF\cdot f_0(k)=-\frac{f_1(k)}{\tau(k)} \tag{15.44}$$

这是著名的玻耳兹曼方程。左侧的项通常被称为漂移项，右侧的项被称为碰撞项。

为了进一步简化式(15.42)，通常采用弛豫时间近似。基于这种近似，分布函数偏离平衡分布函数 f_0，预计将在时间上指数衰减到平衡值。可以写成

$$\left(\frac{\partial f}{\partial t}\right)_{\text{collision}}\to-\left[\frac{f(k)-f_0(k)}{(\tau(k))}\right]_{\text{collision}} \tag{15.45}$$

式中：$\tau(k)$ 为弛豫时间；$f_0(k)$ 为平衡分布函数。利用这种弛豫时间近似，玻耳兹曼方程为

$$\frac{\partial f}{\partial t}+\nabla kf\cdot\frac{\partial k}{\partial t}+\nabla f\cdot\frac{\partial r}{\partial t}=-\left[\frac{f(k)-f_0(k)}{\tau(k)}\right]_{\text{collision}} \tag{15.46}$$

式中

$$\frac{\partial k}{\partial t}=\frac{1}{\hbar}F \tag{15.47}$$

并考虑下列公式

$$F(k)=f_0(k)+f_1(k) \tag{15.48}$$

通常，将场应用于系统并仅寻求线性响应，即可以将分布函数写成 $f=f_0+f_1$，其中 f_1 是与均衡分布函数 f_0 的偏差。这可以在碰撞近似中的玻耳兹曼方程中代替，并且仅保留所施加的场中的一阶项，得到线性化的玻耳兹曼方程。

为简单起见，忽略了温度的变化，因此 $v=0$。运动中粒子的相对论能量可以描述为

$$E=\sqrt{((mc^2)^2+(pc)^2)} \tag{15.49}$$

由于石墨烯中的线性能量色散，载流子有效质量为零，将式(15.49)简化为 $E=c|p|$。用费米速度和 $\hbar^* k$ 分别代入 c 和 P，载流子的能量可以表示为

$$E=\pm vf\hbar|k| \tag{15.50}$$

其中，正负号表示狄拉克锥的上(导带)和下(价带)。通过假设均匀电场 $\varepsilon=\varepsilon\hat{x}$，式(15.50)可改写为

$$\frac{1}{\hbar}q\varepsilon\frac{\partial f_0(k)}{\partial k_x}=\frac{q\varepsilon}{\hbar}\frac{\partial f_0(k)}{\partial E}v_x(k)\hbar=q\,v_x(k)\varepsilon\frac{\partial f_0(k)}{\partial E} \tag{15.51}$$

式中

$$\begin{cases} qv_x(k)\varepsilon\dfrac{\partial f_0(k)}{\partial E}=-\dfrac{f_1(k)}{\tau(k)} \\ f_1(k)=-qv_x(k)\varepsilon\tau(k)\dfrac{\partial f_0(k)}{\partial E} \end{cases} \tag{15.52}$$

这种情况下的电流密度为

$$j_x=\rho v_x(k)=\frac{nq}{A}v_x(k)=\frac{4q}{A}\sum_k f_1(k)\,v_x(k) \tag{15.53}$$

将 $f_1(k)$ 代入式(15.53)，电流密度可表示为

$$j_x=\frac{-4q^2\varepsilon}{A}\sum_k v_x(k)^2\tau(k)\frac{\partial f_0(k)}{\partial E} \tag{15.54}$$

因子4是石墨烯中简并(上下自旋)的结果。认为石墨烯在 x 和 y 方向上的表面电导率相同，导致代入 $v_x(k)^2$ 和 $(v_f/2)^2$。需要注意的是，$\mathrm{d}f_0(k)/\mathrm{d}E$ 除了在费米能级附近外，是最小值。根据上述描述以及 $j=\sigma E$，式(15.54)可以表述为

$$\sigma_{\text{mono}}=\frac{-4q^2\tau}{A}\frac{v_{\mathrm{F}}^2}{2}\sum_k\frac{\partial f_0(k)}{\partial E} \tag{15.55}$$

式中：σ_{mono} 为单层石墨烯的表面电导率。

通过考虑薛定谔方程的下列公式：

$$\Delta k=k_xk_y=\left(\frac{2\pi}{l}\right)\left(\frac{2\pi}{l}\right)=\frac{(2\pi)^2}{A} \tag{15.56}$$

因此，石墨烯的表面电导率可以表示为

$$\sigma_{\text{mono}}=\frac{-4q^2\tau}{A}\frac{v_{\mathrm{F}}^2}{2\Delta k}\sum_k\frac{\Delta k\partial f_0(k)}{\partial E} \tag{15.57}$$

假设大面积石墨烯(即 $\Delta k\to 0$)，式(15.54)可改写为

$$\sigma_{\text{mono}} = \frac{-4q^2\tau v_F^2}{2(2\pi)^2}\int_{\phi=0}^{2\pi}\int_{k=0}^{\infty} k\mathrm{d}k\mathrm{d}\phi \frac{\partial f_0(k)}{\partial E} \tag{15.58}$$

式(15.57)的解为

$$\begin{aligned}\sigma_{\text{mono}} &= \frac{-q^2\tau v_F^2}{\pi}\int_0^{\infty}\frac{\pm E}{\hbar v_F}\frac{\pm\mathrm{d}E}{\hbar v_F}\frac{\partial f_0(E)}{\partial E}\\ &= \frac{-q^2\tau}{\pi\hbar^2}\left\{\int_0^{\infty}E\mathrm{d}E\frac{\partial f_0(E)}{\partial E}+\int_0^{-\infty}E\mathrm{d}E\frac{\partial f_0(E)}{\partial E}\right\}\\ &= \frac{-q^2\tau}{\pi\hbar^2}\int_{-\infty}^{+\infty}|E|\,\mathrm{d}E\frac{\partial f_0(E)}{\partial E} = \frac{e^2\tau}{\pi\hbar^2}2K_BT\ln(2\cosh\frac{E_F}{2K_BT})\end{aligned} \tag{15.59}$$

在外部静电场下获得单层石墨烯的表面电导率(式(15.59))。为了获得频域中的表面电导率,时间谐波电场($\varepsilon = \varepsilon e^{\mathrm{i}\omega t}\hat{x}$)被施加到石墨烯上。通过考虑运动方程,得到

$$m\frac{\mathrm{d}v}{\mathrm{d}t} = -e\varepsilon - m\frac{v}{\tau} \tag{15.60}$$

代入 $\mathrm{d}/\mathrm{d}t = \mathrm{i}\omega$,时间谐波场的速度函数为

$$v = -\frac{e\varepsilon}{\mathrm{i}\omega m + \dfrac{m}{\tau}} \tag{15.61}$$

关于$j=-nev$,$j=\sigma\varepsilon$,表面电导率作为频率的函数可以表示为

$$\sigma_{\text{graphene}} = \frac{\sigma_{\text{mono}}}{\mathrm{i}\omega + \dfrac{1}{\tau}} \tag{15.62}$$

在这种情况下,石墨烯的表面电导率是由 Kubo 公式推导出由带间跃迁和带内跃迁组成的复杂项。值得注意的是,石墨烯通常由厚度可忽略不计($d\to 0$)的超薄层建模,其电磁性质由表面电导率张量表征。另外,认为磁场的影响为零。根据这一公式,石墨烯的表面电导率由带间和带内两项组成,用下式表示[69]:

$$\sigma_{\text{graphene}} = \sigma_{\text{interband}} = \sigma_{\text{intraband}} \tag{15.63}$$

式中

$$\sigma_{\text{interband}} = -J\frac{e^2}{4\pi\hbar}\ln\left(\frac{|2\mu_c+(\omega-\mathrm{j}\tau^{-1})\hbar|}{|2\mu_c-(\omega-\mathrm{j}\tau^{-1})\hbar|}\right) \tag{15.64}$$

$$\sigma_{\text{intraband}} = -J\frac{e^2\kappa_BT}{\pi\hbar^2(\omega-\mathrm{j}\tau^{-1})}\left(\frac{\mu_c}{\kappa_BT}+2\ln(e^{-\mu_c/K_BT}+1)\right) \tag{15.65}$$

式中:ω 为弧度频率;τ^{-1}为损耗机制的散射率;e 为电子的电荷,$\kappa_B = 1.38\times10^{-23}$J/K 为玻耳兹曼常数;$\hbar$ 为约化的普朗克常数;μ_c为化学势。石墨烯的化学势可以通过施加外部电压来调节,以及由此可以调节石墨烯的复合电导率。因此,石墨烯可以被视为金属或电介质。

另外,石墨烯可以建模为超薄非局部各向异性表面,其特征是张量电导率:

$$\overleftrightarrow{\sigma}(\omega,\mu_c(E_0),\Gamma,T,\boldsymbol{B}_0) = \hat{x}\hat{x}\sigma_{xx}+\hat{x}\hat{y}\sigma_{xy}+\hat{y}\hat{x}\sigma_{yx}+\hat{y}\hat{y}\sigma_{yy} = \begin{pmatrix}\sigma_{xx} & \sigma_{xy}\\ \sigma_{yx} & \sigma_{yy}\end{pmatrix} \tag{15.66}$$

式中:ω 为角频率;μ_c为化学势,取决于电偏压 E;Γ 为唯象散射率,解释为 $\Gamma=1/2\tau$(τ 是

弛豫时间）；T 为温度；B_0 为所施加的磁偏置。值得注意的是，$\sigma_{xx}(\sigma_{yy})$ 和 $\sigma_{xy}(\sigma_{yx})$ 分别为纵向（对角线）和横向（非对角线）电导率，可使用 Kubo 公式获得

$$\sigma_{xx}(\mu_c(E_0),B_0)=\frac{e^2 v_F^2|eB_0|(\omega-j2\Gamma)\hbar}{-j\pi}\times \sum_{n=0}^{\infty}\left\{\frac{f_d(M_n)-f_d(M_{n+1})+f_d(-M_{n+1})-f_d(M_n)}{(M_{n+1}-M_n)^2-(\omega-j2\Gamma)^2\hbar^2}\times \left(1-\frac{\Delta^2}{M_nM_{n+1}}\right)\times\frac{1}{M_{n+1}+M_n}+ \frac{f_d(M_n)-f_d(M_{n+1})+f_d(-M_{n+1})-f_d(M_n)}{(M_{n+1}-M_n)^2-(\omega-j2\Gamma)^2\hbar^2}\times \left(1+\frac{\Delta^2}{M_nM_{n+1}}\right)\frac{1}{M_{n+1}+M_n}\right\} \tag{15.67}$$

$$\sigma_{yx}(\mu_c(E_0),B_0)=-\frac{e^2v_F^2eB_0}{\pi}\times\sum_{n=0}^{\infty}\{f_d M_n l)-f_d(M_{n+1})-f_d(-M_{n+1})+f_d(-M_n)\}\times \left\{\left(-\frac{\Delta^2}{M_nM_{n+1}}\right)\frac{1}{(M_{n+1}-M_n)^2-(\omega-j2\Gamma)^2\hbar^2}+ \left(1+\frac{\Delta^2}{M_nM_{n+1}}\right)\frac{1}{(M_{n+1}+M_n)^2-(\omega-j2\Gamma)^2\hbar^2}\right\} \tag{15.68}$$

式中

$$M_n=\sqrt{\Delta^2+2n v_F^2|eB_0|\hbar}$$
$$f_d(M_n)=\frac{1}{1+e^{(M_n-\mu_c)/k_BT}} \tag{15.69}$$

$\hbar$ 为约化普朗克常数；e 为电子电荷；v_F 为费米速度；Δ 为在存在磁偏置的情况下与电子相互作用相关的激子能隙。为了说明导模共振（GMR）的激发，研究了色散关系。为了确保由石墨烯片支撑的 GMR 的传播，GMR 的传播常数必须大于空气的传播常数，即 $k\rho\gg k_0$。关于这种条件，当石墨烯夹在两种介质（h－BN 和空气）之间时，混合 TM－TE GMR 的色散关系可以表示为

$$k_\rho\approx\frac{jk_0}{2}\left[\frac{\varepsilon_{r1}+\varepsilon_{r2}}{\eta_0\sigma_L}+\frac{\eta_0}{2\sigma_L}(\sigma_L^2+\sigma_H^2)\right]+\frac{jk_0}{2}\sqrt{\left[\frac{\varepsilon_{r1}+\varepsilon_{r2}}{\eta_0\sigma_L}+\frac{\eta_0}{2\sigma_L}(\sigma_L^2+\sigma_H^2)\right]^2-2(\varepsilon_{r1}+\varepsilon_{r2})} \tag{15.70}$$

式中

$$\sigma_L(\omega)=\sigma_0\frac{1+j\omega\tau}{(1+j\omega\tau)^2+(\tau\omega_c)^2}$$
$$\sigma_H(\omega)=\sigma_0\frac{\tau\omega_c}{(1+j\omega\tau)^2+(\tau\omega_c)^2} \tag{15.71}$$

式 $\eta_0=377$ 和 $\varepsilon_0=1$ 分别为自由空间的阻抗和介电常数。注意，石墨烯的周围介质取非磁性[69]。

15.5.2 基于 Kubo 公式的石墨烯电导率计算

在图 15.23 中，绘制了无外加电压和有外加电压的石墨烯的能带结构。此外，在

图15.24中显示了当化学势从低于阈值(即$\mu_c < \hbar\omega/2$)到高于阈值(即$\mu_c > \hbar\omega/2$)时,石墨烯表面电导率的变化。如图15.24所示,当$\mu_c = \hbar\omega/2$,表面电导率的虚部为正。在这种情况下,带内电导率项成为石墨烯表面电导率中的主导项,石墨烯将表现为支持TM表面波的金属超薄金属(由图15.24中的绿色区域区分)。

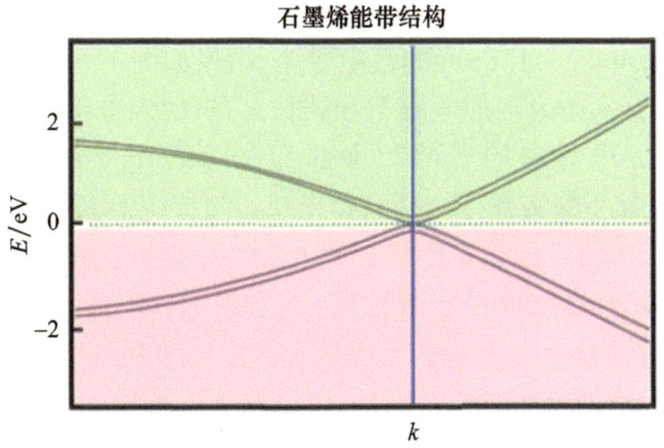

图15.23 单层石墨烯在外加电压前后的能带结构

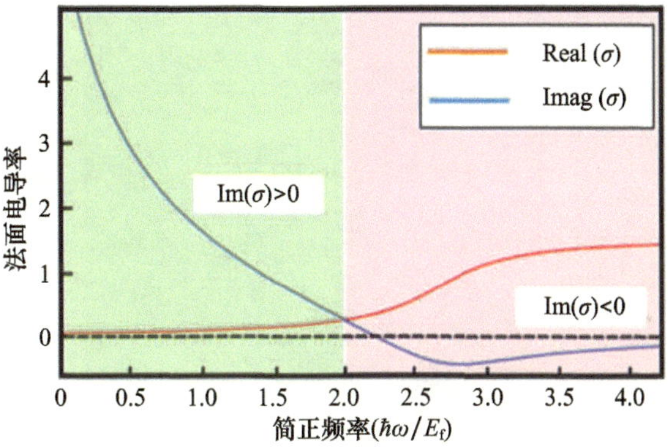

图15.24 石墨烯的法面电导率

此外,化学势与外部电压的关系如图15.25所示。

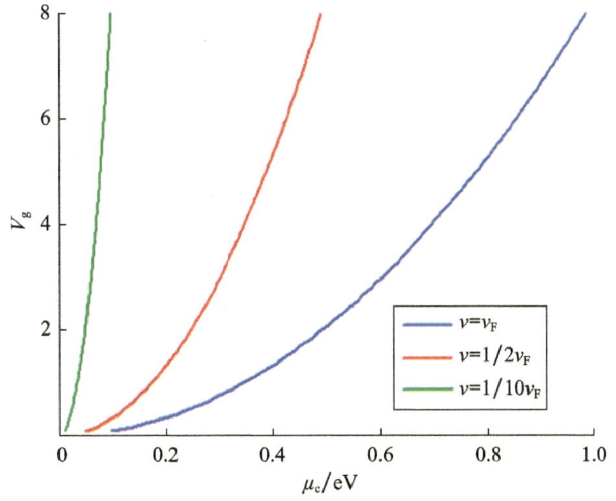

图15.25 石墨烯作为外加电压的函数的化学势

另外，当$\mu_c < \hbar\omega/2$，表面电导率的虚部为负。在这种情况下，带间电导率是主要项，石墨烯将表现为半导体，图15.24所示的结构将支持TE表面波（由图15.24中的红色区域区分）。控制表面波传播的能力源于复合电导率σ_{gr}的可调谐性，根据上述Kubo公式，复合电导率取决于石墨烯的电可控化学势μ_c，以及表面波的波长。为了进一步研究施加电压对石墨烯表面电导率的影响，计算了在室温（$T = 300K$）下，施加电压范围为$0 < V < 10V$，波长范围为$0.8\mu m < \lambda < 1.8\mu m$的复电导率，结果如图15.26和图15.27所示，其中石墨烯的虚部和实部分别作为施加电压V和波长λ的函数，如图15.26和图15.27所示。可以看出，石墨烯表面电导率的实部和虚部都在阈值$\mu_c = \hbar\omega/2$处分为两部分。在图15.27中，石墨烯电导率的实部指的是欧姆损耗。与传统等离子体材料不同，石墨烯的欧姆损耗值较小；表面波可以沿着石墨烯表面大幅传播而不衰减。由图15.27可知，表面电导率虚部的正峰值出现在阈值处。在图15.26和图15.27中，通过改变外部电压，阈值向更低或更高的波长移动；通过外部电压将费米能级移动到高于或低于阈值来调节化学势，然后可以调节石墨烯的复导电性。因此，可以调节表面波在石墨烯上的传播。

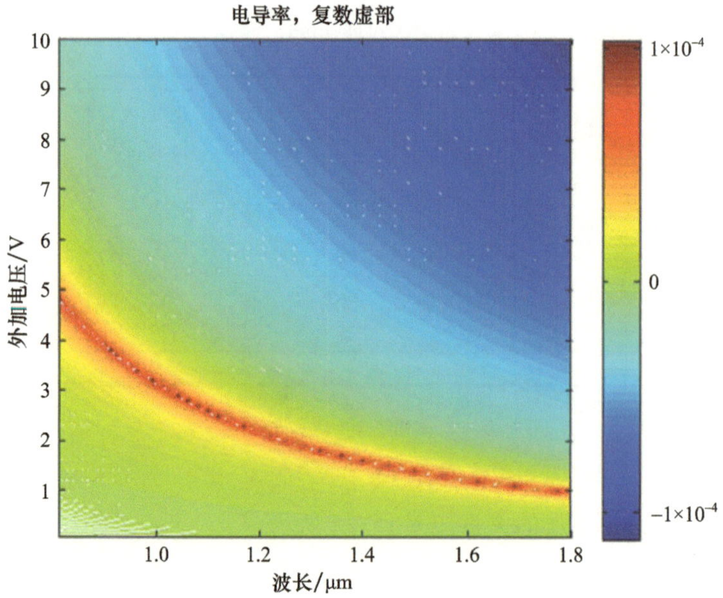

图15.26 石墨烯表面电导率的虚部

15.5.3 超表面结构的石墨烯电导率

石墨烯的化学势（和GPM）以及其表面电导率可以通过施加外部电压来调节。图15.28显示了石墨烯表面电导率作为外部电场和磁场的函数。图15.28(a)显示了在温度$T = 3K$和散射率为2ps时，三种不同化学势的石墨烯表面电导率的实部和虚部。通过考虑太赫兹区中的结构，$\mu_c = 0.01eV$、0.02eV和0.03eV的化学势值分别类似于$V = 34mV$、49mV和60mV的施加电压。根据图15.28(a)，通过增加外部电压，表面电导率发生急剧转变的阈值波长移动到较低的值。

此外，图15.29显示了化学势为0.01eV和$B_0 = 0.3T$时石墨烯表面电导率的实部和虚部。

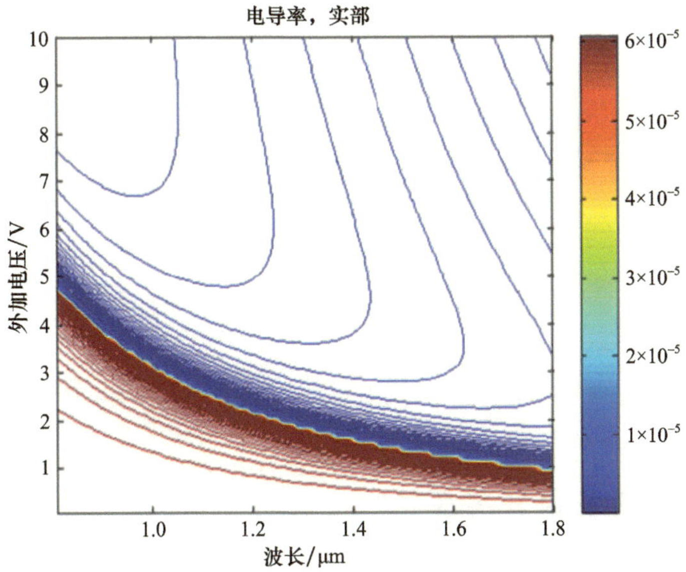

图 15.27　石墨烯表面电导率的实部

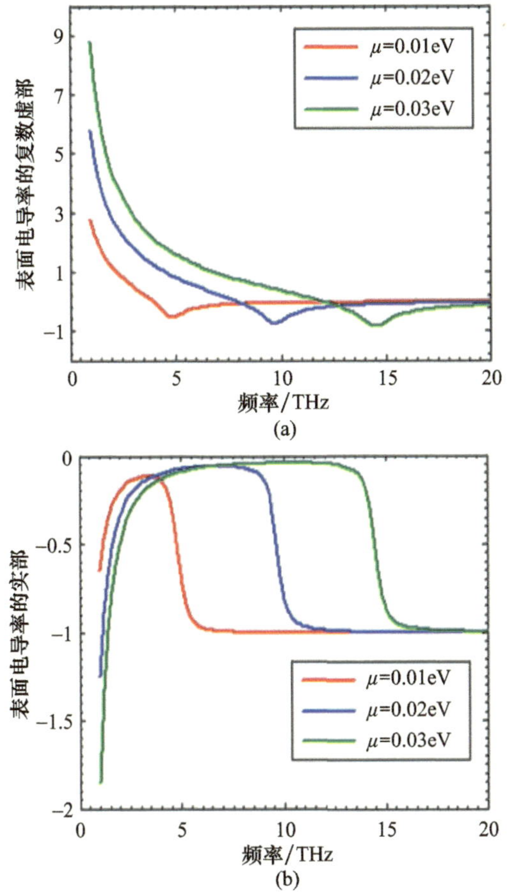

图 15.28　GPM 的实部和虚部作为化学势的函数

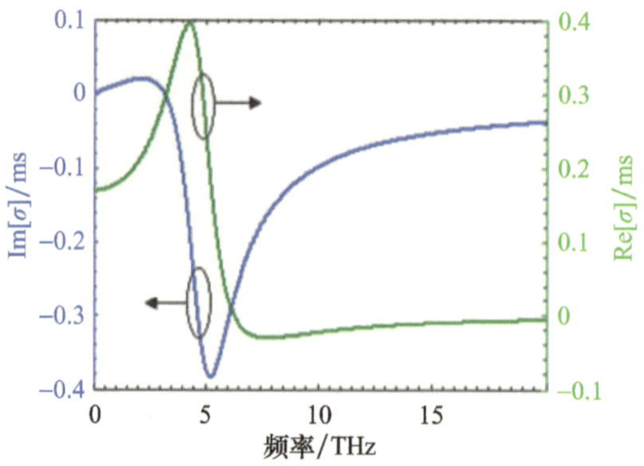

图 15.29 当 $B=0.3\text{T}$ 和 $\mu_c=0.01\text{eV}$ 时，石墨烯表面电导率的实部和虚部作为化学势的函数

15.6 基于石墨烯的开关器件

近年来，人们对表面等离激元共振系统中反射光的 GH 偏移进行了大量的研究。然而，基于 GH 偏移的自由空间开关器件却很少受到关注。此外，所提出的器件不能被调谐，或者其横向偏移符合入射波长的顺序。

因此，本节的主要目的如下：

（1）提出了一种基于 GH 偏移的含石墨烯结构的自由空间开关器件；

（2）基于解析法的分布式电路建模，用于上述结构的分析；

（3）结果表明，该结构能够在较小的外部电压范围内调谐表面等离激元，从而实现了低功耗可调谐开关器件。

15.6.1 电路模型特性

在本节中，提出了一个分布式电路模型来分析研究来自含石墨烯结构的光束全反射中电磁波的可调谐增强侧向位移。此处考虑的含石墨烯结构支持横向磁表面模式，其分散性质可以通过向石墨烯施加适当的电压来控制。利用结构的这一特性，通过入射波与结构表面模式的耦合来增强全反射波的侧向位移。同时还表明，可以通过施加电压来调节表面模式的色散特性来控制这种大的侧向位移。利用所提出的电路模型，计算了所接收的平面波的相位，得到了稳相近似下的 GH 偏移。然后，通过考虑入射光束的有限空间宽度来修正这种近似。

15.6.2 结构性能

根据图 15.30，支撑等离子体表面波的结构通过将石墨烯片放置在 SiO_2 覆盖硅基底。已经考虑了 SiO_2 的厚度为 300nm。SiO_2 通过信号增加表面波的传播长度，从而有效地减少传播损耗。由于其大的传播常数，表面波不能被来自自由空间的入射

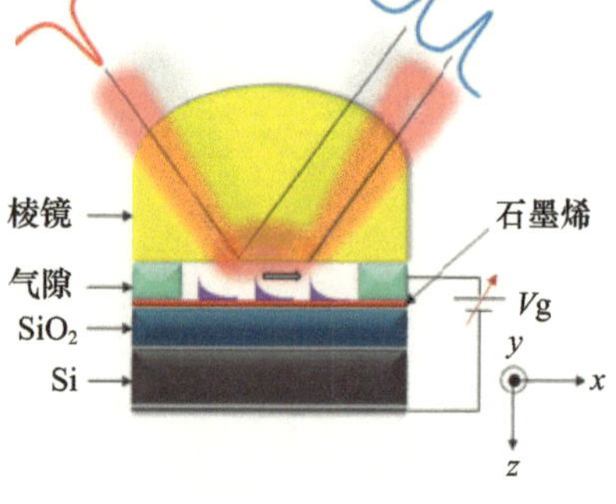

图 15.30 针对 TM 入射波的大 GH 偏移提出的含石墨烯结构

光直接激发。因此，使用棱镜耦合方案激发这些波，其中具有足够大的折射率的电介质层被放置在具有气隙间隔支撑表面波的结构的顶部。当入射光束在棱镜区中的中心传播常数接近表面波的中心传播常数时，发生入射光束和表面波之间的耦合。耦合强度可以通过控制气隙区域的厚度 d 来调节，该厚度 d 在入射波长约为 λ 的数量级上。

在这种结构中，所提出的五层结构是非磁性的，并且棱镜具有 1.5 的折射率。假设石墨烯层的化学势以 $\mu_c=\hbar\omega>2$ 的方式调节，因此，只有 TM 表面模式可以在石墨烯界面上传播。在这种情况下，带内电导主导化学势不为零（$\mu_c\neq0$），并且石墨烯的表面电导率通过 Kubo 公式得到 $\tau=2\text{ps}$，$\mu_c=0.2\text{eV}$（对应），施加电压 $V=0.5\text{V}$。此外，假设入射光的波长 $\lambda=1.55\mu\text{m}$。

在这种结构中（图 15.30），通过施加外部电压调节石墨烯的化学势，可以实现石墨烯表面波的激发。通过施加外部电压，费米能级可以移动到高于或低于 $\mu_c=\hbar\omega/2$ 的阈值。当费米能级移动到阈值以上时，该结构支持 TM 模式（即在界面平面中没有磁场分量的模式）。另外，当费米能级移动到阈值以下时，该结构支持 TE 模式（即在界面平面中没有电场分量的模式）。入射光可以通过棱镜区域耦合到这些表面模式，如图 15.30 所示。如前所述，利用来自含石墨烯结构的反射波的相位，根据稳相近似法计算 GH 偏移。

15.6.3 计算方法

为了计算反射相位，本章使用基于传输矩阵法的分布式电路模型（详见第 3 章），用于所提出的多层结构，其中每层由具有其相应特性阻抗的传输线部分建模，如图 15.31 所示。

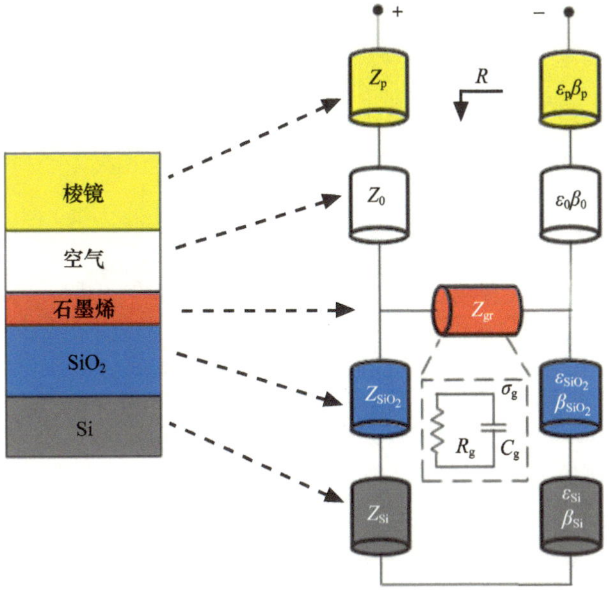

图 15.31 含石墨烯结构用于 TM 极化的分布式电路模型

如前所述，如图 15.31 所示，由于石墨烯层的厚度（0.3nm）远小于研究范围（即红外范围）内的波长，因此用其表面电导率对石墨烯进行建模。表面电导率本身可以通过分布式或集总电路来建模。

由于此处只考虑仅在石墨烯的化学势高于阈值时发生的 TM 表面波，因此表面电导率主要由带内跃迁引起，可以写为

$$\sigma_{\text{graphene}} l = \frac{\sigma_{\text{mono}}}{i\omega\tau + 1} \tag{15.72}$$

上述表面电导率可通过并联 RC 电路（$Z = R/J\omega RC + 1$）的阻抗建模。根据该模型，每当化学势增加时，石墨烯层的等效阻抗减小。

15.6.4 结果

利用 15.6.3 节给出的分布式电路模型和传输矩阵公式（见第 3 章），提取了当石墨烯的化学势为 $\mu_c = 0.2\text{eV}$、$\mu_c = 0.4\text{eV}$ 和 $\mu_c = 0.6\text{eV}$ 时，入射波长 $\lambda = 1.55\mu\text{m}$，入射角为 $30° < \theta < 90°$ 时，反射波的相位，并绘制在图 15.32 中。石墨烯的化学势可设置为 $\mu_c = 0.2\text{eV}$、$\mu_c = 0.4\text{eV}$ 和 $\mu_c = 0.6\text{eV}$，施加电压分别为 $V = 0.5\text{V}$、$V = 1.2\text{V}$ 和 $V = 3\text{V}$。从图 15.32 可以看出，在化学势为 $\mu_c = 0.2\text{eV}$、$\mu_c = 0.4\text{eV}$ 和 $\mu_c = 0.6\text{eV}$ 的石墨烯存在下，反射相分别在入射角为 $\theta = 55.88°$、$\theta = 57.8°$ 和 $\theta = 59.5°$ 时发生急剧转变。来自多层结构的全反射平面波相位的急剧转变是入射波与多层结构的侧向模式之间共振的标志。换句话说，在波长为 $\lambda = 1.55\mu\text{m}$，入射角 $\theta = 55.88°$、$\theta = 57.8°$ 和 $\theta = 59.5°$，当施加到石墨烯上的电压分别为 $V = 0.5\text{V}$、$V = 1.2\text{V}$ 和 $V = 3\text{V}$ 时，入射的 TM 极化波激发含石墨烯结构的表面波。

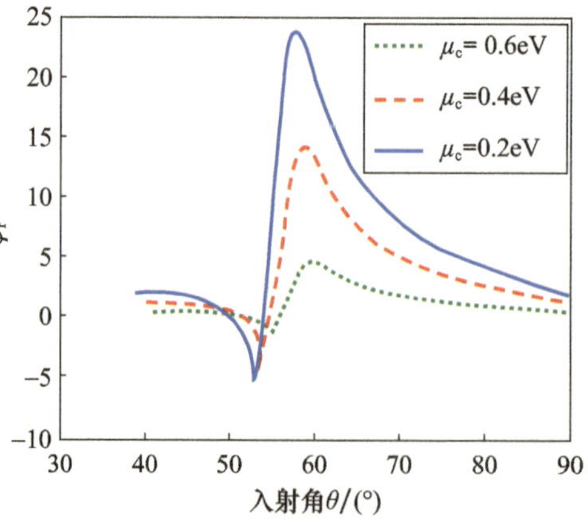

图 15.32 不同 m_c 下，反射光束的计算相位作为入射角的函数

根据 Arman 公式（见第 3 章），反射相位可用于计算稳态相位近似下的 GH 偏移。利用图 15.32 中反射相位的导数，计算归一化 GH 偏移（归一化为入射波长 $\lambda = 1.55\mu\text{m}$），如图 15.33 所示。另外，当考虑实际的含石墨烯结构时，在反射相经历急剧变化的入射角处，即当入射波激发含石墨烯结构的表面波时，GH 偏移信号的值可以增加。根据计算，当石墨烯层的化学势为 $\mu_c = 0.2\text{eV}$ 和 $\mu_c = 0.6\text{eV}$ 时，GH 偏移共振分别具有极大的值，分别为 270λ、90λ 和 55λ。对于较高的化学势，GH 偏移值的减小可归因于石墨烯表面电导率的虚部的增加，这导致结构的表面模型更高的传播损耗。传播损耗较高的表面波具有较小的传播长度。因此，耦合到这些模式（来自入射光束）的功率在侧向维度上传播较小的长度，并且所接收的波经历较小的侧向位移。

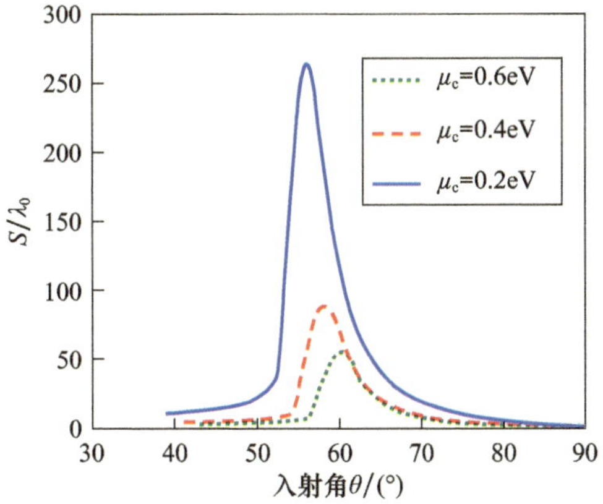

图 15. 33　在不同μ_c下,计算的 GH 偏移作为入射角的函数

15. 6. 5　结论

本章通过提出开关器件的分布式电路模型,对来自含石墨烯结构的光束全反射的巨大可调谐 GH 偏移进行了分析研究。所考虑的含石墨烯结构支持具有响应于所施加的电压的可调色散特性的 TM 表面模式,然后利用该结构的这种特性来实现光束总反射的增强的 GH 偏移。此外还表明,通过使用可变的施加电压来改变表面模的色散特性,可以改变 GH 偏移的值,然后通过以更精确的公式考虑入射光束的有限空间宽度来修正结果。根据本章给出的结果,通过入射波与结构的表面模耦合,可获得高达 270λ 的 GH 大偏移值,且该偏移在 2. 5V 下可改变 215λ 以上。

结果表明,来自含石墨烯结构的光束的总反射的巨大 GH 偏移可用于设计集成光学器件,如光开关。

15. 7　基于石墨烯等离子体超表面的开关结构

本节提出了一种石墨烯等离子体超表面(GPM)结构,其在全反射光束重心处具有高度可调谐的增强侧向位移。利用入射光束的多次反射以及每次反射中入射光束与石墨烯超表面的表面模式之间的共振耦合,来增强所提出结构中的 GH 偏移和 IF 偏移。然后,研究了入射光束腰、温度、散射时间和石墨烯化学势等参数对偏移值的影响。由于石墨烯复合表面的表面模式中存在强光限制,这些模式的色散特性以及入射光束与这些模式之间的耦合强度对反射结构和入射光束本身的参数非常敏感,然后利用入射光束和表面模式之间的耦合强度的高灵敏度来调谐偏移值。

在设计有源光学器件时,我们希望通过引起入射光束或 GPM 结构物理性质的变化来实现偏移变化,而不是通过结构的几何参数变化。为了研究这些有趣的特性,提出了一种支持 TM 表面模式的 GPM 结构,照射该结构的入射光束将经历多次反射。在一定条件下(即对于一定频率和入射角),反射光束将谐振耦合到结构的表面波。入射光束和结构的表面模式之间的多个谐振耦合导致 GH 偏移和 IF 偏移的显著增强。表面模式的强约束提供了通过对结构的几何和物理特性进行小调整来调整偏移值的能力。

15.7.1 结构性能

GPM 通过在含石墨烯结构的石墨烯层中引入周期性扰动而形成。结构如图 15.34 的插图所示。与平面石墨烯层相比，GPM 结构的表面模型在垂直于传播方向的方向上更集中，并且具有更小的群速。因此，在石墨烯层的物理性质中引入小幅调整，可以导致入射光束和结构的表面模式之间的耦合强度的突然变化。因此，GH 偏移和 IF 偏移值将发生较大的变化。GPM 结构中的石墨烯层通常用超薄层建模，超薄层的光学性质由表面电导率张量表征。

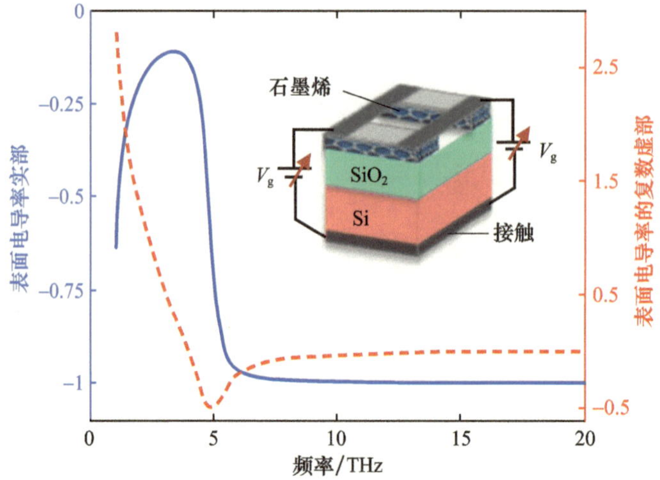

图 15.34 表面电导率的实部和虚部作为频率的函数（插图显示了 GPM 结构的透视图）

此处，将使用 Kubo 公式来计算石墨烯的表面电导率。图 15.34 中的计算结果是 $m_c = 0.01\mathrm{eV}$，散射时间为 $\tau = 2\mathrm{ps}$，温度为 $T = 3\mathrm{K}$。对于化学势的值，条件$\mu_c = \hbar\omega/2$ 保持在阈值频率 $f_{th} = 5\mathrm{THz}$，并且 GPM 结构支持频率分别低于和高于 f_{th} 的 TM 和 TE 表面波。

图 15.35 示出了没有扰动的简单含石墨烯结构图与归一化群速度 ν_g/C_0（C_0为自由空间中的光速）和 GPM 结构。计算中考虑的 GPM 的几何参数在图 15.35 的插图中提供。根据插图，与原来的含石墨烯结构相比，GPM 结构的群速降低了$\frac{3}{4}$。如上所述，表面波的群速度的减小导致 GH 和 IF 偏移值的改善。

图 15.36 描述了所提出结构的横截面图和入射光束从该结构多次反射的示意性过程。可以看出，所提出的结构由多个反射表面组成，以每个表面的反射光束照射连续表面的方式对准。每个反射 GPM 表面支持光学表面模式，并且入射光束与这些模式的耦合导致 GH 和 IF 偏移增大。输出光束的总偏移是入射光束从每个表面的反射中的所有偏移值的总和。每个反射面由下列几项组成：SiO_2/Si 基底，SiO_2 的厚度 $t_{SiO_2} = 300\mathrm{nm}$，具有图 15.35中给出的几何参数的 GPM，折射率为 $n_p = 3.42$ 的棱镜层（这是入射光束和 GPM 表面模式之间的相位匹配所需的），棱镜和 GPM 之间的气隙，以及将调谐电压施加到 GPM 层所需的金属触点。每个石墨烯层的长度（单位为 GPM）是 363λ（根据单个反射结构中可达到的最大侧向偏移），这是石墨烯的太赫兹应用中的典型值。

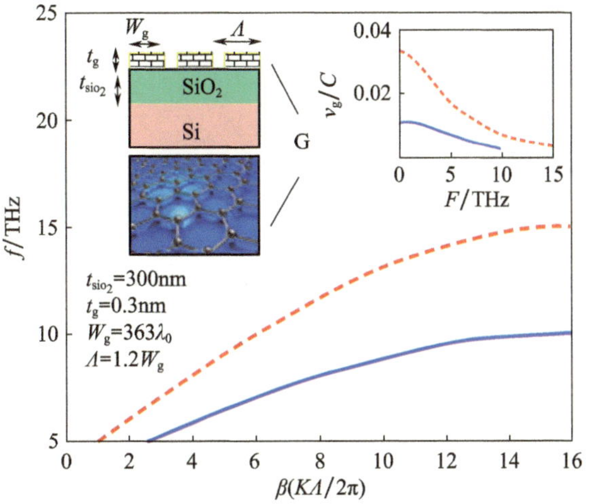

图 15.35　分别在 Si(红色)和 GPM(蓝色)上的简单含石墨烯结构的 TM 表面模型的色散图(插图描绘了归一化群速度 v_g/C_0。对于石墨烯层,$\Lambda=W_g$,对于 GPM,$\Lambda=1.2W_g$)

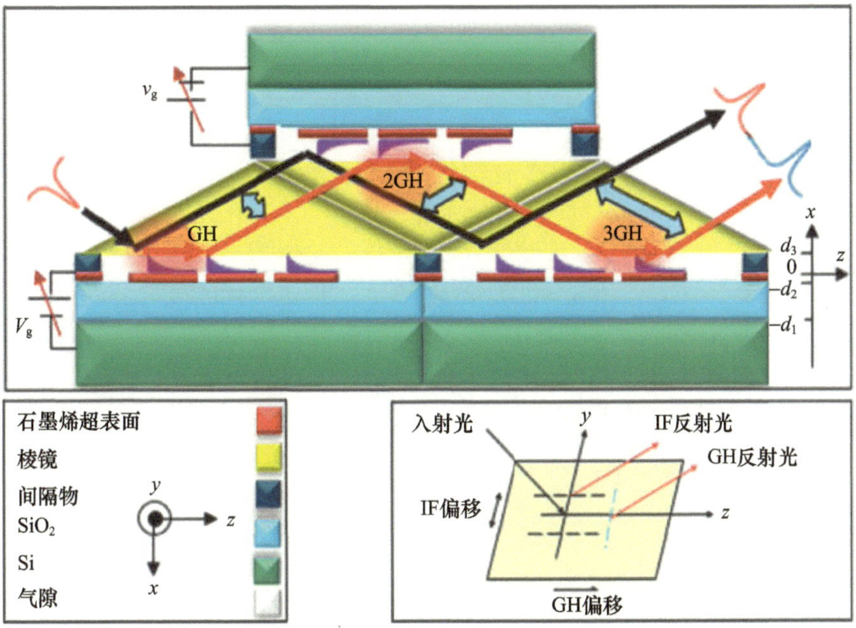

图 15.36　实现 GH 和 IF 偏移的建议 GPM 结构(插图显示了 GH 和 IF 偏移的坐标系)

15.7.2　计算方法

当入射光束的腰部与入射波长相比足够大时,SPA 可用于计算 GH 和 IF 偏移(更多详情参见第 3 章)。根据 IM 方法,反射光可以表示为两个波:直接反射波(正好位于入射光的位置)和由于 GH 或 IF 效应引起的偏移波。

利用 IM 方法,可以计算所提出的结构的空间和角度 GH 和 IF 偏移。

15.7.3 结果

使用 IM 方法，计算了具有参数 $\mu_c = 0.01\text{eV}$、$\tau = 2\text{ps}$、$T = 3\text{K}$ 和入射波长 $\lambda = 60\text{mm}$ 的建议结构中空间和角度 GH 和 IF 偏移，并绘制在图 15.37 和图 15.38 中。

应当注意，在这些计算中，假设入射光束腰比入射波长大得多，因而可以使用 SPA。图 15.37 显示了不同入射角下的 SGH 偏移。根据该图，这两个波之间的相位匹配条件和谐振耦合发生在入射角为 $\theta = 48.19°$ 处。GH 偏移在该入射角达到其最大值，计算为 SGH = 1089λ。AGH 偏移也绘制在图 15.37 的插图中，这也表明其最大值出现在相同的入射角时，等于 AGH = 128.5λ。此处计算的 SGH 和 AGH 偏移的值基本上大于先前报道的石墨烯基结构的结果。

同样，图 15.38 表示不同入射角的 SIF 和 AIF 值。通过考虑在谐振角为 $\theta = 48.19°$ 时入射波与 GPM 结构的表面模式之间的相位匹配，SIF 计算为 SIF = -44.66λ，AIF 计算为 AIF = 60λ。与 GH 偏移的情况一样，所提出的结构的 SIF 和 AIF 偏移的计算值显著大于先前报道的基于石墨烯的结构的结果。

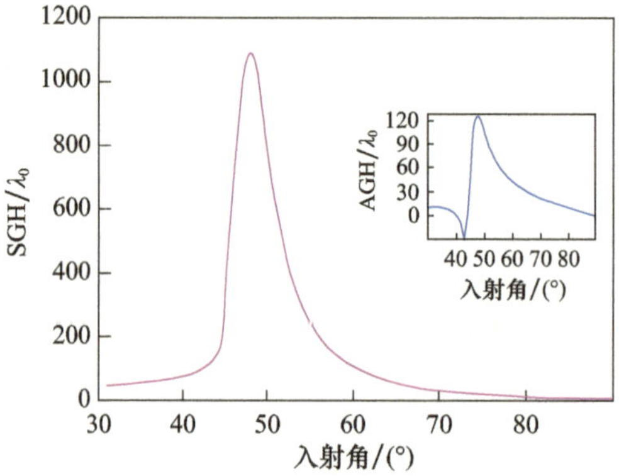

图 15.37 参数设置为 $\mu_c = 0.01\text{eV}$、$\tau = 2\text{ps}$、$T = 3\text{K}$ 的建议结构的空间 GH 偏移(插图显示了相同结构的角度 GH 偏移)

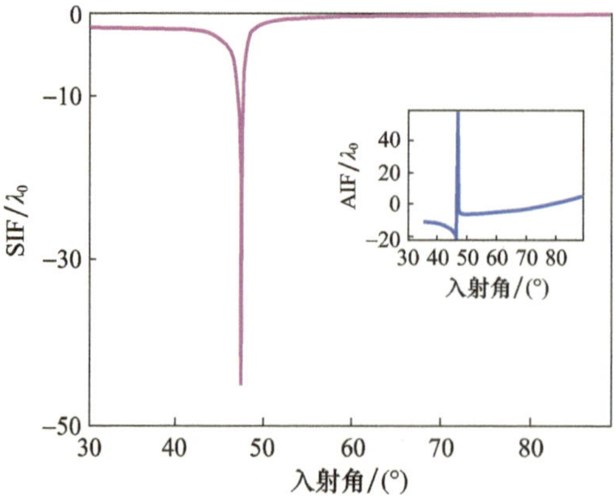

图 15.38 参数设置为 $\mu_c = 0.01\text{eV}$、$\tau = 2\text{ps}$、$T = 3\text{K}$ 的建议结构的空间 IF 偏移(插图显示了相同结构的角度 IF 偏移)

根据上述结果,在所提出的结构中可以实现非常大的 GH 和 IF 偏移值。然而,对于例如设计光学器件的实际应用,应当考虑诸如温度、散射速率和石墨烯的化学势以及入射光束腰的不同参数的变化对偏移值的影响。本节首先研究了化学势变化对 GH 和 IF 偏移的影响,然后研究了上述其他参数的影响。

根据这些研究结果,介绍了可获得最大偏移变化的最佳结构。在下面的计算中,考虑入射波长为 60μm,对应于频率 $f = 5\text{THz}$。该频率基于所提出的结构在实现诸如开关的太赫兹器件中应用的可能性来选择。为了研究化学势变化对 GH 和 IF 偏移值的影响,我们使用上一节中描述的方法计算了这些位移。GH 和 IF 偏移的计算结果分别如图 15.39 和图 15.40 所示。

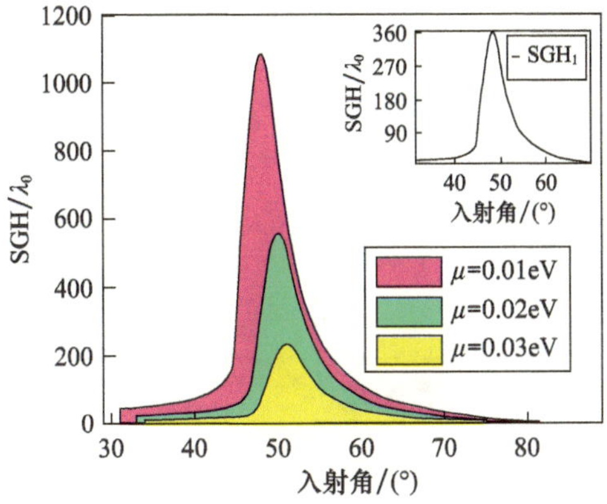

(a)

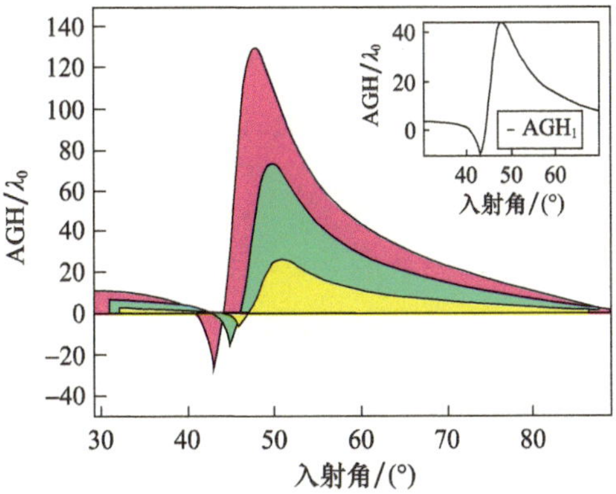

(b)

图 15.39 (a)空间 GH 偏移和(b)角度 GH 偏移

考虑到该结构的光学模式,使用折射率较高的基底增加了该结构的总折射率,并导致其具有较小群速度的光学模式。例如,具有硅、蓝宝石和 SiO_2 基底的简单含石墨烯结构的色散图在图 15.41 绘制。从该图中可以看出,具有硅、蓝宝石基底的含石墨烯结构的色散图位于具有 SiO_2 基底的下方。根据上述讨论,可以通过降低反射结构的表面模式的群速度来增加 GH 和 IF 偏移值。因此,根据图 15.41 中的色散图,可以预期使用硅或蓝宝石基底产生更高的偏移值。但是,如下面将讨论的,使用这些基底增加了表面模型的传播损耗,并因此减少了可实现的偏移值。

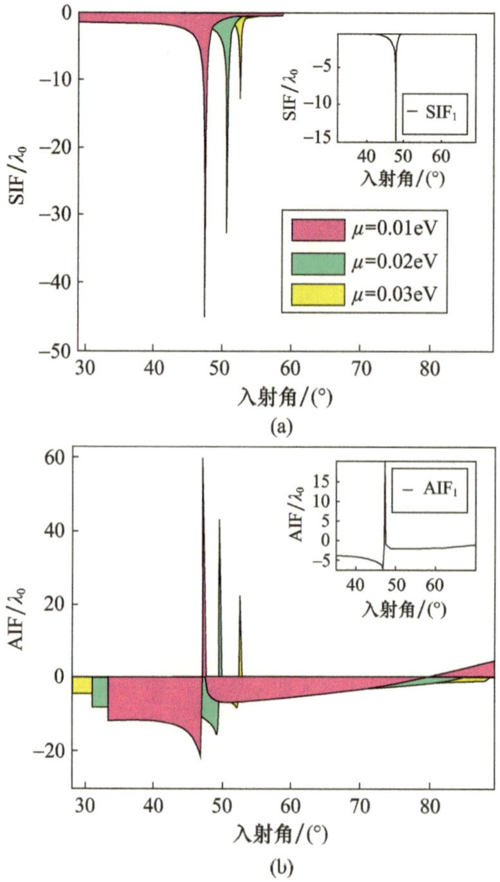

图 15.40 (a)空间 IF 偏移和(b)角度 IF 偏移

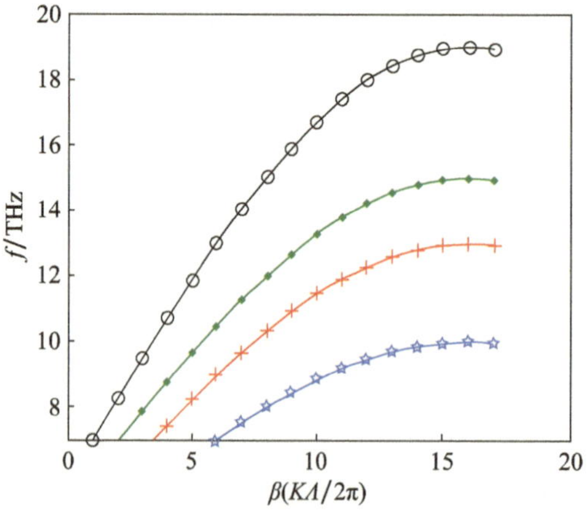

图 15.41 含 Si(黑色)、蓝宝石(绿色)、石墨烯(红色)和 SiO_2 基底的简单含石墨烯结构的 TM 表面模式的色散图

15.7.4 结论

本章研究了来自 GPM 结构的全反射光束的高度可调谐增强侧向位移。提出了一种

结构,其中利用入射光束的多次反射以及每次反射中入射光束与该结构的表面模式之间的谐振耦合来增强GH和IF偏移。宽范围的侧向移位变化以及相对小的所需致动功率,为所提出的结构在诸如开关的光学器件的实现中的应用提供了前景。

15.8 未来规划

石墨烯等离子体和石墨烯等离子体超表面的研究还处于起步阶段。本章讨论了若干含石墨烯结构的开关器件的例子,然而,尚有大量基于含石墨烯结构的研究,其机理与传感器不同。

因此,在本章中提出的主题有各种各样的路线图,在这里不可能总结所有这些方向,但我们指的是其中的一个子集,在未来可以遵循。

(1)使用石墨烯等离子体超表面的光学传感器;

(2)基于含石墨烯结构的太赫兹调制器;

(3)光存储器和逻辑门[70];

(4)将入射光束高效耦合到石墨烯等离子体超表面,应用于太阳能电池;

(5)二维光逻辑门。

15.9 小结

不可否认,石墨烯等离子体是有趣的材料,因其单原子厚度、可调谐的表面电导率、与入射光束的强相互作用以及在宽带波长范围内的低损耗;特别优异的一个特征是其可调谐性和其提供的设计灵活性。因此,石墨烯等离子体超表面已被凝聚态物理学家和工程师广泛研究。该研究和其他几项研究表明,石墨烯也是等离子体和光子学应用的良好候选者。

最后,可以为下一代集成等离子体器件引入含石墨烯的结构。

参考文献

[1] Fei, Z. *et al.*, Gate - tuning of graphene plasmons revealed by infrared nano - imaging. *Nature*, 487, 7405, 82, 2012.

[2] Farmani, A. *et al.*, Design of a tunable graphene plasmonic - on - white graphene switch at infrare-drange. *Superlattices Microstruct.*, 112, 404 - 4145, 2017.

[3] Farmani, A., Mir, A., Sharifpour, Z., Broadly tunable and bidirectional terahertz graphene plasmonicswitch based on enhanced Goos - Hänchen effect. *Applied Surface Science*, 453, 358 - 364, 2018.

[4] Baqir, M. A. *et al.*, Nanoscale, tunable, and highly sensitive biosensor utilizing hyperbolicmetamaterials in the near - infrared range. *Applied Optics*, 57. 31, 9447 - 9454, 2018.

[5] Grigorenko, A. N., Polini, M., Novoselov, K. S., Graphene plasmonics. *Nature Photonics*, 6, 11, 749, 2012.

[6] Alihosseini, F., Ahmadi, V., Mir, A., Design and analysis of a tunable liquid crystal switch/filterwith me-tallic nano - slits. *Liq. Cryst.*, 42, 11, 1638 - 1642, 2015.

[7] Farmani, A., Farhang, M., Sheikhi, M. H., High performance polarization - independentquantum dot semicon-ductor optical amplifier with 22 dB fiber to fiber gain using modepropagation tuning without additional polari-

zation controller. *Opt. Laser Technol.* ,93,127 – 132,2017.

[8] Cheng, M. *et al.* , Giant and tunable Goos – Hänchen shifts for attenuated total reflection structurecontaining graphene. *JOSA B*,31,10,2325 – 2329,2014.

[9] Cheng, M. *et al.* , Spatial and angular shifts of terahertz wave for the graphene metamaterialstructure. *J. Phys. D: Appl. Phys.* ,48,28,285105,2015.

[10] Cheng, M. *et al.* , Gate – voltage control of angular and spatial shifts for a dielectric slab containinggraphene. *Eur. Phys. J. D*,70,7,158,2016.

[11] Dadoenkova, Y. S. *et al.* , Goos – Hänchen shift at the reflection of light from the complex structurescomposed of superconducting and dielectric layers. *J. Appl. Phys.* ,118,21,213101,2015.

[12] Dadoenkova, Y. S. *et al.* , Effect of lateral shift of the light transmitted through a one – dimensionalsuperconducting photonic crystal. *Photonics Nanostruct. Fundam. Appl.* ,11,4,345 – 352,2013.

[13] Aiello, A. and Woerdman, J. P. , Role of spatial coherence in Goos – Hänchen and Imbert – Fedorovshifts. *Opt. Lett.* ,36,16,3151 – 3153,2011.

[14] Bao, Q. and Loh, K. P. , Graphene photonics, plasmonics, and broadband optoelectronic devices. *ACS Nano*,6,5,3677 – 3694,2012.

[15] Hao, J. *et al.* , 1.5 mm light beam shift arising from 14 pm variation of wavelength. *JOSA B*,27,6,1305 – 1308,2010.

[16] He, J. , Yi, J. , He, S. , Giant negative Goos – Hänchen shifts for a photonic crystal with a negativeeffective index. *Opt. Express*,14,7,3024 – 3029,2006.

[17] Hermosa, N. , Reflection beamshifts of visible light due to graphene. *J. Opt.* ,18,2,025612,2016.

[18] Dong, W. T. , Gao, L. , Qiu, C. – W. , Goos – Hänchen shift at the surface of chiral negative refractivemedia. *Metamaterials*,2008 *International Workshop on*, IEEE,2008.

[19] Emadi, R. *et al.* , Design of low loss waveguide switch using graphene strips at THz frequencies. *Millimeter – Wave and Terahertz Technologies (MMWaTT)*,2016 *Fourth International Conferenceon*, IEEE,2016.

[20] Fan, Y. *et al.* , Electrically tunable Goos – Hänchen effect with graphene in the terahertz regime. *Adv. Opt. Mater.* ,4,11,1824 – 1828,2016.

[21] Merano, M. *et al.* , Demonstration of a quasi – scalar angular Goos – Hänchen effect. *Opt. Lett.* ,35,21,3562 – 3564,2010.

[22] Miri, M. *et al.* , Approximate expressions for resonant shifts in the reflection of Gaussian wavepackets from two – dimensional photonic crystal waveguides. *JOSA B*,29,4,683 – 690,2012.

[23] Namdar, A. , Talebzadeh, R. , Jamshidi – Ghaleh, K. , Surface wave – induced enhancement of theGoos – Hänchen shift in single negative one – dimensional photonic crystal. *Opt. Laser Technol.* , 49, 183 – 187,2013.

[24] Goswami, N. , Kar, A. , Saha, A. , Long range surface plasmon resonance enhanced electroopticallytunable Goos – Hänchen shift and Imbert – Fedorov shift in ZnSe prism. *Opt. Commun.* ,330,169 – 174,2014.

[25] Goswami, S. *et al.* , Optimized weak measurements of Goos – Hänchen and Imbert – Fedorovshifts in partial reflection. *Opt. Express*,24,6,6041 – 6051,2016.

[26] Hamedi, H. R. , Radmehr, A. , Sahrai, M. , Manipulation of Goos – Hänchen shifts in the atomicconfiguration of mercury via interacting dark – state resonances. *Phys. Rev. A*,90,5,053836,2014.

[27] Madani, A. and Entezar, S. R. , Tunable enhanced Goos – Hänchen shift in one – dimensional photoniccrystals containing graphene monolayers. *Superlattices Microstruct.* ,86,105 – 110,2015.

[28] Merano, M. , Optical beam shifts in graphene and single – layer boron – nitride. *Opt. Lett.* ,41,24,5780 – 5783,2016.

[29] Merano, M. *et al.*, Observation of Goos – Hänchen shifts in metallic reflection. *Opt. Express*, 15, 24, 15928 – 15934, 2007.

[30] Ju, L. *et al.*, Graphene plasmonics for tunable terahertz metamaterials. *Nat. Nanotechnol.*, 6, 10, 630, 2011.

[31] Juzeliūnas, G. *et al.*, Effective magnetic fields in degenerate atomic gases induced by light beamswith orbital angular momenta. *Phys. Rev. A*, 71, 5, 053614, 2005.

[32] Li, C. – F., Negative lateral shift of a light beam transmitted through a dielectric slab and interaction of boundary effects. *Phys. Rev. Lett.*, 91, 13, 133903, 2003.

[33] Li, J. – S., Wu, J. – F., Zouhdi, S., Thermal tunable terahertz wave Goos – Hänchen shift. *IEEEPhotonics Technol. Lett.*, 26, 21, 2162 – 2165, 2014.

[34] Lin, L. Y., Goldstein, E. L., Tkach, R. W., Free – space micromachined optical switches for opticalnetworking. *IEEE J. Sel. Top. Quantum Electron.*, 5, 1, 4 – 9, 1999.

[35] Liu, F. *et al.*, Goos – Hänchen and Imbert – Fedorov shifts at the interface of ordinary dielectricand topological insulator. *JOSA B*, 30, 5, 1167 – 1172, 2013.

[36] Dadoenkova, Y. S. *et al.*, Transverse magneto – optic Kerr effect and Imbert – Fedorov shift uponlight reflection from a magnetic/non – magnetic bilayer: Impact of misfit strain. *J. Opt.*, 19, 1, 015610, 2016.

[37] Dadoenkova, Y. S. *et al.*, Influence of misfit strain on the Goos – Hänchen shift upon reflection from a magnetic film on a nonmagnetic substrate. *JOSA B*, 33, 3, 393 – 404, 2016.

[38] Luo, L. and Tang, T., Goos – Hänchen effect in Kretschmann configuration with hyperbolicmetamaterials. *Superlattices Microstruct.*, 94, 85 – 92, 2016.

[39] Madani, A. and Entezar, S. R., Surface polaritons of one – dimensional photonic crystals containing graphene monolayers. *Superlattices Microstruct.*, 75, 692 – 700, 2014.

[40] Nie, Y. *et al.*, Detection of chemical vapor with high sensitivity by using the symmetrical metal – cladding waveguide – enhanced Goos – Hänchen shift. *Opt. Express*, 22, 8, 8943 – 8948, 2014.

[41] Low, T. and Avouris, P., Graphene plasmonics for terahertz to mid – infrared applications. *ACSNano*, 8, 2, 1086 – 1101, 2014.

[42] Luo, C. *et al.*, Electrically controlled Goos – Hänchen shift of a light beam reflected from themetal – insulator – semiconductor structure. *Opt. Express*, 21, 9, 10430 – 10439, 2013.

[43] Yallapragada, V. J. *et al.*, Direct measurement of the Goos – Hänchen shift using a scanningquadrant detector and a polarization maintaining fiber. *Rev. Sci. Instrum.*, 87, 10, 103109, 2016.

[44] Yin, X. and Hesselink, L., Goos – Hänchen shift surface plasmon resonance sensor. *Appl. Phys. Lett.*, 89, 26, 261108, 2006.

[45] Li, X. *et al.*, Experimental observation of a giant Goos – Hänchen shift in graphene using a beamsplitter scanning method. *Opt. Lett.*, 39, 19, 5574 – 5577, 2014.

[46] Lin, I. – T., *Optical properties of graphene from the THz to the visible spectral region*, University ofCalifornia, Los Angeles, 2012.

[47] Liu, X. *et al.*, Physical origin of large positive and negative lateral optical beam shifts in prism – waveguide coupling system. *Opt. Commun.*, 283, 13, 2681 – 2685, 2010.

[48] Chiu, K. W. and Quinn, J. J., On the Goos – Hänchen effect: A simple example of a time delayscattering process. *Am. J. Phys.*, 40, 12, 1847 – 1851, 1972.

[49] Cowan, J. J. and Aničin, B., Longitudinal and transverse displacements of a bounded microwavebeam at total internal reflection. *JOSA*, 67, 10, 1307 – 1314, 1977.

[50] Zhang, L. – J., Chen, L., Liang, C. – H., Goos – Hänchen shift at the interface of nonlinear lefthandedmetamaterials. *J. Electromagnet. Waves Appl.*, 22, 7, 1031 – 1041, 2008.

[51] Bliokh, K. Y. and Aiello, A. , Goos – Hänchen and Imbert – Fedorov beam shifts: An overview. *J. Opt.* , 15, 1, 014001, 2013.

[52] Farmani, A. , Miri, M. , Sheikhi, M. H. , Tunable resonant Goos – Hänchen and Imbert – Fedorovshifts in total reflection of terahertz beams from graphene plasmonic metasurfaces. *JOSA B*, 34, 6, 1097 – 1106, 2017.

[53] Farmani, A. *et al.* , Tunable graphene plasmonic Y – branch switch in the terahertz region usinghexagonal boron nitride with electric and magnetic biasing. *Appl. Opt.* , 56, 32, 8931 – 8940, 2017.

[54] Farmani, A. , Miri, M. , Sheikhi, M. H. , Analytical modeling of highly tunable giant lateral shiftin total reflection of light beams from a graphene containing structure. *Opt. Commun.* , 391, 68 – 76, 2017.

[55] Abbas, M. and Qamar, S. , Goos – Hänchen shift of partially coherent light fields in double quantumdots. *JOSA B*, 34, 2, 245 – 250, 2017.

[56] Chuang, Y. – L. , Qamar, S. , Lee, R. – K. , Goos – Hänchen shift of partially coherent light fields inepsilon – near – zero metamaterials. *Sci. Rep.* , 6, 26504, 2016.

[57] Chen, C. – W. *et al.* , Optical temperature sensing based on the Goos – Hänchen effect. *Appl. Opt.* , 46, 22, 5347 – 5351, 2007.

[58] Chen, L. *et al.* , Mechanism of giant Goos – Hänchen effect enhanced by long – range surface Plasmonexcitation. *J. Opt.* , 13, 3, 035002, 2011.

[59] Farmani, A. , Jafari, M. , Miremadi, S. S. , A high performance hardware implementation imageencryption with AES algorithm. *Third International Conference on Digital Image Processing* (*ICDIP 2011*). Vol. 8009. International Society for Optics and Photonics, 2011.

[60] Chen, S. *et al.* , Observation of the Goos – Hänchen shift in graphene via weak measurements. *Appl. Phys. Lett.* , 110, 3, 031105, 2017.

[61] Hu, X. and Wang, J. , Ultrabroadband compact graphene – silicon TM – pass polarizer. *IEEEPhotonics J.* , 9, 2, 1 – 10, 2017.

[62] Huang, Y. Y. *et al.* , Large positive and negative lateral shifts near pseudo – Brewster dip on reflectionfrom a chiral metamaterial slab. *Opt. Express*, 19, 2, 1310 – 1323, 2011.

[63] Yin, X. *et al.* , Large positive and negative lateral optical beam displacements due to surfaceplasmon resonance. *Appl. Phys. Lett.* , 85, 3, 372 – 374, 2004.

[64] Zahidi, Y. , Redouani, I. , Jellal, A. , Goos – Hänchen shifts in AA – stacked bilayer graphene superlattices. *Phys. E*, 81, 259 – 267, 2016.

[65] Farmani, A. , Miri, M. , Sheikhi, M. H. , Design of a High Extinction Ratio Tunable Graphene onWhite Graphene Polarizer. *IEEE Photonics Technol. Lett.* , 30, 2, 153 – 156, 2017.

[66] Zang, M. *et al.* , Temperature – dependent Goos – Hänchen shift in the terahertz range. *Opt. Commun.* , 370, 81 – 84, 2016.

[67] Zeller, M. A. , Cuevas, M. , Depine, R. A. , Critical coupling layer thickness for positive or negativeGoos – Hänchen shifts near the excitation of backward surface polaritons in Otto – ATR systems. *J. Opt.* , 17, 5, 055102, 2015.

[68] Farmani, A. , Quantum – Dot Semiconductor Optical Amplifier: Performance and Application for Optical Logic Gates. *Majlesi J. Telecommun. Devices*, 6, 3, 2017.

[69] Farmani, A. and Bahar, H. B. , Hardware Implementation of 128 – Bit AES Image Encryption withLow Power Techniques on FPGA to VHDL. *Majlesi J. Electr. Eng.* , 6, 4, 2012.

[70] Pirzadi, M. , Mir, A. , Bodaghi, D. , Realization of ultra – accurate and compact all – optical photoniccrystal or logic gate. *IEEE Photonics Technol. Lett.* , 28, 21, 2387 – 2390, 2016.

第16章 石墨烯电磁响应的理论研究与数值模拟

Amanatiadis Stamatios, Kantartzis Nikolaos
塞萨洛尼基亚里士多德大学电气与计算机工程系
希腊塞萨洛尼基

摘　要　本章对石墨烯的电磁特性进行了分析研究,并对石墨烯的数值模拟进行了深入的研究,以期为先进应用提供参考。通过对其电导率张量的处理,由Kubo公式计算可知石墨烯是一个极小的薄层。首先,通过适当的边界条件,计算石墨烯入射波照射下反射和透射平面波的特性,出现了各种有趣的现象,如微波和毫米波情况下的回旋磁性和非互易性。此外,还获取了无限维石墨烯薄片的并矢格林函数,得到了石墨烯上的高约束表面等离子体激元波在远红外光谱下的传播特性。通过对石墨烯的参数化研究,揭示了其特性,总结了石墨烯电磁响应研究理论。然而,对现代应用中遇到的高要求结构来说,这个分析是行不通的。为此,提出了基于时域有限差分法的石墨烯精确建模算法。后者作为有效的表面边界条件,直接与上述理论研究结果比较来进行验证。

关键词　回旋,表面波,格林函数,边界条件,电磁响应,数值方法

16.1 引言

自古以来,碳是最早发现也是最重要的元素之一,碳原子可以以不同的方式结合,以不同方式结合的碳被称为同素异构体。最常见的同素异构体是非晶态碳(放置在不规则非晶态晶格中的原子)、六方晶格中的石墨和立方晶格中的四面体结构金刚石。正如预期的那样,这些同素异构体的结构差异也导致了性质差异。例如,金刚石是透明的且非常硬,而石墨是软的且不透明。

尽管如此,这并不是最令人印象深刻的特性,因为石墨烯还是二维蜂窝状的碳同素异构体。这要归功于A. Geim和K. Novoselov,他们凭借"二维材料石墨烯的开创性实验"获得了2010年诺贝尔物理学奖。在他们的基础工作[1]中分离出了一个单原子厚度的碳薄膜,热力学界认为该薄膜具有不稳定性。在接下来的几年里,石墨烯由于其非凡的特性而受到了研究界的关注。尤其是,尽管石墨烯非常薄,但其硬度超过了金刚石并呈现出与块体材料相当的机械特性、热学特性和光学特性。

此外,石墨烯最重要的特性之一是它允许强约束表面等离子体激元(SPP)波在远红外光谱[2-4]上传播。尽管在其他贵金属如金和银上也观察到这些波,但石墨烯SPP波传

播的光谱带是独一无二的，这可能利于优化原始频谱。此外，石墨烯在较低频率[5]处显示了回旋效应，因而可将其作为用于其他常规介质现场检测的有力候选物。

因此，研究石墨烯的电磁响应以揭示上述特性的确至关重要。在本章中，在石墨烯上利用适当边界条件，通过证明二维材料的有限表面电导率，从理论上解释了所有现象的原理。此外，本章还提出了石墨烯精确建模算法，用于复杂部件的设计和响应抽取，成为工业和生物医学领域先进应用之一。

16.2 石墨烯表面电导率

通过二维材料的宏观模型（如表面电导率），可以分析石墨烯的电磁响应。但是，材料性质的抽取始于量子物理和薛定谔方程对其晶格的研究。具体地，石墨烯表面的电子密度分为不存在任何偏置场的本征电子密度n_i和非本征电子密度n_e。前者取决于表达式[6]中的温度T，即

$$n_i \approx 9.5 \times 10^5 T^2 \tag{16.1}$$

而后者主要受外加静电偏置场E_0的影响，在施加偏置场的情况下，考虑到均匀材料的介电常数ε_b，作为石墨烯基片，通量位移D_n计算如下：

$$D_n = \varepsilon_b E_0 = \frac{e\, n_e}{2} \tag{16.2}$$

此外，利用石墨烯特有的蜂窝状晶格几何提取非本征电子密度，并由下列式子给出[7]

$$n_e = \frac{2}{\pi(\hbar v_F)^2}\int_0^\infty E[f_d(E) - f_d(E + 2\mu_c)]\,dE \tag{16.3}$$

式中：$\hbar$为约化的普朗克常数；v_F为费米速度，对应于动能最高的电子的速度（对于石墨烯，动能最高的电子的速度等于9.71×10^5m/s）；$f_d(E)$为费米－狄拉克分布。

$$f_d(E) = \frac{1}{1 + e^{(E-\mu_c)/k_B T}} \tag{16.4}$$

式中：μ_c为化学势。虽然它的精确定义非常复杂，但它可以被看作在$N-1$电子系统中添加第N个电子所需的能量。在没有任何相互作用的情况下，该能量与最高占用能级一致。绝对零度，即$T=0$K下的化学势值，被定义为费米能量，对于纯的和无偏置的石墨烯来说，与0eV的化学势值一致。然而，化学势受温度的影响非常小，因此在下面的分析中使用这个术语代替费米能量。同时，化学势可以通过化学掺杂或静电偏置场E_0来控制，使其偏离其零值。式（16.2）和式（16.3）描述了偏置场与化学势之间的关系，即

$$\frac{2\varepsilon_b E_0}{e} = \frac{2}{\pi(\hbar v_F)^2}\int_0^\infty E[f_d(E) - f_d(E + 2\mu_c)]\,dE \tag{16.5}$$

为了得到系统的线性响应，通过 Kubo 公式[8]将与时间无关的薛定谔方程与和时间相关的激励相结合就能获得该微观模型与宏观模型的联系。该线性响应对应的表面电导率是将表面电流分布$\boldsymbol{J}$（即运动电子的宏观代表）连接到电场$\boldsymbol{E}$（即时间相关的激发），通过

$$\boldsymbol{J} = \boldsymbol{\sigma E} \tag{16.6}$$

注意，不得将高频激励$\boldsymbol{E}$与静电偏置场E_0混淆。此外，石墨烯的表面电导率取决于静电偏置，因为它对自由电子的影响与激励场的相反，其二维材料性质的影响可以忽略不

计,在现实情况下其强度低了几个数量级。

此外,如上所述,石墨烯电子会受到静磁偏置场 $\boldsymbol{B}_0$ 的影响。对于 xz 平面上的石墨烯,(图 16.1)偏置场垂直于其表面,即平行于 y 轴。对于激励 $\boldsymbol{E}=E_x\hat{\boldsymbol{x}}$,石墨烯电子向 x 轴的负方向加速,受其运动和静磁偏置,洛伦兹力朝向 z 轴的正值。因此,产生的表面电流由两个部分组成,即

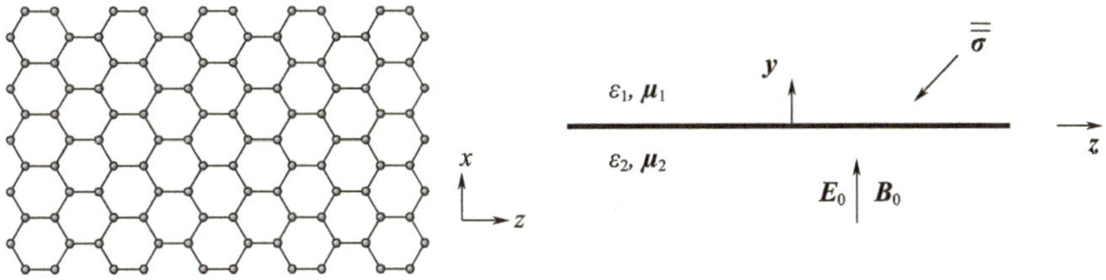

图 16.1　石墨烯放置在 xz 平面上,$\boldsymbol{E}_0$ 和 $\boldsymbol{B}_0$ 的偏置场垂直于其表面

$$\boldsymbol{J}=\sigma_{\mathrm{d}}E_x\hat{\boldsymbol{x}}-\sigma_{\mathrm{o}}E_x\hat{\boldsymbol{z}} \tag{16.7}$$

式中:σ_{d} 和 σ_{o} 分别为平行于和垂直于激励的表面电导率。类似的过程也出现在平行于 z 轴的激励 $\boldsymbol{E}=E_z\hat{\boldsymbol{z}}$,导出的表面电导率为

$$\boldsymbol{J}=\sigma_{\mathrm{o}}E_z\hat{\boldsymbol{x}}+\sigma_{\mathrm{d}}E_z\hat{\boldsymbol{z}} \tag{16.8}$$

很明显,静电偏置场和静磁偏置场的存在导致石墨烯表面电流的分布,估计如下:

$$\boldsymbol{J}=\overline{\overline{\boldsymbol{\sigma}}}\boldsymbol{E} \tag{16.9}$$

其中,

$$\overline{\overline{\boldsymbol{\sigma}}}=\sigma_{\mathrm{d}}(\hat{\boldsymbol{x}}\hat{\boldsymbol{x}}+\hat{\boldsymbol{z}}\hat{\boldsymbol{z}})+\sigma_{\mathrm{o}}(\hat{\boldsymbol{x}}\hat{\boldsymbol{z}}-\hat{\boldsymbol{z}}\hat{\boldsymbol{x}}) \tag{16.10}$$

表面电导率,即 σ_{d}和σ_{o},通过应用 Kubo 公式[9]得到,即

$$\begin{aligned}\sigma_{\mathrm{d}}(\mu_c(E_0),B_0)=&\frac{e^2v_{\mathrm{F}}^2|B_0|(\omega-\mathrm{j}2\Gamma)\hbar}{-\mathrm{j}\pi}\times\sum_{n=0}^{\infty}\Bigg[\frac{f_{\mathrm{d}}(M_n)-f_{\mathrm{d}}(M_{n+1})+f_{\mathrm{d}}(-M_{n+1})-f_{\mathrm{d}}(-M_n)}{(M_{n+1}-M_n)^2-(\omega-\mathrm{j}2\Gamma)^2\hbar^2}\\&\left(1-\frac{\Delta^2}{M_nM_{n+1}}\right)\frac{1}{M_{n+1}-M_n}+\frac{f_{\mathrm{d}}(-M_n)-f_{\mathrm{d}}(M_{n+1})+f_{\mathrm{d}}(-M_{n+1})-f_{\mathrm{d}}(M_n)}{(M_{n+1}+M_n)^2-(\omega-\mathrm{j}2\Gamma)^2\hbar^2}\\&\left(1+\frac{\Delta^2}{M_nM_{n+1}}\right)\frac{1}{M_{n+1}+M_n}\Bigg]\end{aligned} \tag{16.11}$$

$$\begin{aligned}\sigma_{\mathrm{o}}(\mu_{\mathrm{c}}(E_0),B_0)=&\frac{e^2v_{\mathrm{F}}^2eB_0}{\pi}\sum_{n=1}^{\infty}[f_{\mathrm{d}}(M_n)-f_{\mathrm{d}}(M_{n+1})-f_{\mathrm{d}}(-M_{n+1})+f_{\mathrm{d}}(-M_n)]\times\\&\left[\left(1-\frac{\Delta^2}{M_nM_{n+1}}\right)\frac{1}{(M_{n+1}-M_n)^2(\omega-\mathrm{j}2\Gamma)^2\hbar^2}+\right.\\&\left.\left(1+\frac{\Delta^2}{M_nM_{n+1}}\right)\frac{1}{(M_{n+1}-M_n)^2-(\omega-\mathrm{j}2\Gamma)^2\hbar^2}\right]\end{aligned} \tag{16.12}$$

式中:Γ 为散射速率;e 为电子电荷;Δ 为静磁偏置场引起的带隙。

$$M_n=\sqrt{\Delta^2+2nv_{\mathrm{F}}^2|eB_0|\hbar} \tag{16.13}$$

上述表达式是朗道能级,对应于施加静磁偏压而产生的量子化电子能级。和式中的每一单项都对应于朗道能级之间的电子跃迁,如图 16.2 所示。

有两种基本跃迁机制,即带内和带间,分别对应同一和不同(价和导)带之间的相互作用。任何跃迁所需的总能量取决于两个相互作用能级之间的差别,而跃迁发生的可能

性与起始能级被电子高度占据的可能性成正比，此时结束能级为空。这种可能性可以通过费米－狄拉克分布来估计，因为$f_d(\mu_c)=0.5$，跨越化学势水平的跃迁是最大的。

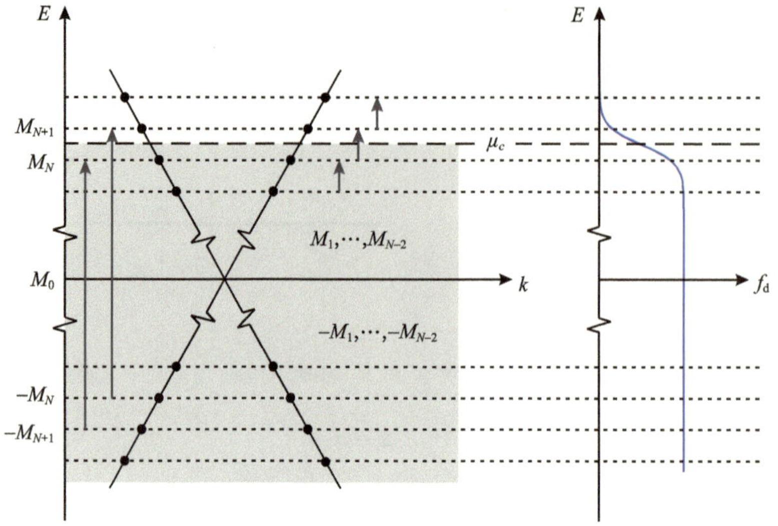

图16.2　磁偏置石墨烯的能量色散图和费米－狄拉克分布
（左右箭头分别表示带间电子跃迁和带内电子跃迁）

现在，考虑M_n和M_{n+1}能级之间的化学势。最低能量的带间跃迁涉及$-N$和$N+1$或$-N-1$和N级。然而，能量与标准化的普朗克常数的频率有关，因此在频率上可以观察到带间跃迁。

$$\hbar\omega_{\text{inter}} \geqslant M_n + M_{n+1} \tag{16.14}$$

通过假设石墨烯参数的真实值，可以阐明这些跃迁的特定光谱。

首先，在较低温度下，即$T=100\text{K}$以下，能量带隙Δ是显著的。然而，在较高的温度下，例如在假设的实际应用温度下，自由电子密度的增加扭转了静磁场的影响，在晶格层，带隙消失了。因此，在室温下，带隙值为$\Delta=0$。此外，外加磁场值相对较低，如$B_0\leqslant 1\text{T}$，两个连续的朗道能级之间的能量是0.036eV。当化学势为$\mu_c\gg 0.036\text{eV}$时，朗道水平近似$M_n\approx M_{n+1}\approx\mu_c$，由于$N\gg 1$，且$\hbar\omega_{\text{inter}}\geqslant 2\mu_c$。实际应用中，$\mu_c>0.05\text{eV}$，带间跃迁可以观测到高于10THz的频率。相反，带内跃迁包括同一波段的能级，它们在远红外区占主导地位，大约高到10THz。

基于前面的分析，在室温$T=300\text{K}$，当化学势明显大于第一个朗道能级$\mu_c\gg M_1$时，两个表面电导率项被简化为[7]

$$\sigma_d(\mu_c(E_0),B_0) = \frac{e^2(\mathrm{j}\omega+2\Gamma)}{\pi\hbar^2}\left[\frac{1}{\omega_c^2+(\mathrm{j}\omega+2\Gamma)^2}\int_0^\infty E\left(\frac{\partial f_d(-E)}{\partial E}-\frac{\partial f_d(E)}{\partial E}\right)\mathrm{d}E - \int_0^\infty \frac{f_d(E)-f_d(-E)}{\omega_c^2+(\mathrm{j}\omega+2\Gamma)^2+4(E/\hbar)^2}\mathrm{d}E\right] \tag{16.15}$$

$$\sigma_o(\mu_c(E_0),B_0) = -\frac{e^2 v_F^2 eB_0}{\pi\hbar^2}\left[\frac{1}{\omega_c^2+(\mathrm{j}\omega+2\Gamma)^2}\int_0^\infty E\left(\frac{\partial f_d(E)}{\partial E}+\frac{\partial f_d(-E)}{\partial E}\right)\mathrm{d}E + \int_0^\infty \frac{1}{\omega_c^2+(\mathrm{j}\omega+2\Gamma)^2+4(E/\hbar)^2}\mathrm{d}E\right] \tag{16.16}$$

其中，ω_c是由石墨烯上施加静电偏置而引入的回旋频率或回转频率。这个参数描述了垂直于均匀偏磁场B_0方向移动的电子的频率（大小和方向不变）。受磁洛伦兹力的影响，电子的运动是环形的，计算如下：

$$\omega_c = \frac{eB_0 v_F^2}{\mu_c} \tag{16.17}$$

现在这两个跃迁机制更明显了，因为第一个积分归因于带内跃迁，第二个积分归因于带间跃迁。此外，在带内影响占主导地位的频率下，表面电导率可以进一步简化。具体为

$$\sigma_{d,intra} = \frac{e^2 k_B T}{\pi\hbar^2}\left[\frac{\mu_c}{k_B T} + 2\ln(e^{-\frac{\mu_c}{k_B T}} + 1)\right]\frac{j\omega + 2\Gamma}{\omega_c^2 + (j\omega + 2\Gamma)^2} \tag{16.18}$$

$$\sigma_{o,intra} = \frac{e^2 k_B T}{\pi\hbar^2}\left[\frac{\mu_c}{k_B T} + 2\ln(e^{\frac{\mu_c}{k_B T}} + 1)\right]\frac{\omega_c}{\omega_c^2 + (j\omega + 2\Gamma)^2} \tag{16.19}$$

这些关系非常有趣，因为在石墨烯上有一个清晰的德鲁德模型。

在前面的分析中，我们引入了现象散射率 Γ。我们认为它与能量无关，且量化了石墨烯晶格的品质，因为它表达了自由电子与其他电子或碳原子相互作用的频率。显然，较高的 Γ 值表示晶格中的杂质多，当电子遇到的障碍多，它们的散射也会更频繁，而较低的 Γ 值表示晶格的品质高。反比量是弛豫时间 τ，它可以通过电子密度和电子迁移率 μ_s 来计算，

$$\tau = \frac{\mu_s \hbar\sqrt{(n_e + n_i)\pi}}{ev_F} \tag{16.20}$$

迁移率也取决于电子密度，因为密度越大，迁移率越低。对于纯石墨烯，典型值在$10^4 \sim 10^5 cm^2/(V \cdot s)$之间。因此，$\Gamma$ 的典型值从 0.11meV（质量优良）到 10meV（质量差）不等。

16.3 电偏置石墨烯的电磁响应

对石墨烯表面电导率的推导使我们对二维材料进行了更加深入的电磁分析。因此在剩下的章节中，将石墨烯在室温（$T = 300K$）的表面电导率表示等效无穷小薄表面。此外，在本节中，为了检验标量表面电导率，默认静磁偏置场 $B_0 = 0T$。

16.3.1 平面波在石墨烯中的传播

首先，我们研究了石墨烯对垂直入射到二维材料表面的传播平面波的影响。平面波沿 y 轴的正值运动，即从介质 2 到 1，如图 16.1 所示。石墨烯位于 $y = 0$ 的 xy 平面上，入射波的电场 E^{inc} 为

$$\boldsymbol{E}^{inc} = \boldsymbol{E}_0^{inc} e^{-jk_2 y} \tag{16.21}$$

式中：$k_2 = \omega\sqrt{\varepsilon_2\mu_2}$为介质 2 的波数。由于石墨烯的作用，传播被中断，产生两个额外的平面波，反射波 E^{ref}和透射波 $\boldsymbol{E}_0^{tran}$，分别表示为

$$\boldsymbol{E}^{ref} = \boldsymbol{E}_0^{ref} e^{jk_2 y}, \boldsymbol{E}^{tran} = \boldsymbol{E}_0^{tran} e^{-jk_1 y} \tag{16.22}$$

式中：$k_1 = \omega\sqrt{\varepsilon_1\mu_1}$为介质 1 的波数。通过在石墨烯表面上使用适用于电场和磁场分量的边界条件，将三个平面波连接起来，即

$$\hat{\boldsymbol{n}}_0(\boldsymbol{E}^{\text{tran}}-\boldsymbol{E}^{\text{inc}}-\boldsymbol{E}^{\text{ref}})\big|_{y=0}=0 \tag{16.23}$$

$$\hat{\boldsymbol{n}}_0(\boldsymbol{H}^{\text{tran}}-\boldsymbol{H}^{\text{inc}}-\boldsymbol{H}^{\text{ref}})\big|_{y=0}=\sigma_{\text{d}}\boldsymbol{E}^{\text{tran}}\big|_{y=0} \tag{16.24}$$

式中：$\hat{\boldsymbol{n}}_0=\hat{\boldsymbol{y}}$为材质曲面的法向量。显然，石墨烯是作为等效表面电流引入的，通过表面导电率 σ_{d} 来控制，而磁场元件与电场元件连接是通过

$$\boldsymbol{E}^{\text{inc}}=\eta_2(\boldsymbol{H}^{\text{inc}}\times\hat{y}),\boldsymbol{E}^{\text{ref}}=-\eta_2(\boldsymbol{H}^{\text{ref}}\times\hat{y}),\boldsymbol{E}^{\text{tran}}=\eta_1(\boldsymbol{H}^{\text{tran}}\times\hat{y}) \tag{16.25}$$

其中，$\eta_1=\sqrt{\mu_1/\varepsilon_1}$和$\eta_2=\sqrt{\mu_2/\varepsilon_2}$为两种介质的波阻抗。值得注意的是，由于传播方向的不同，反射波的信号与其他波的信号相反。在磁场边界条件式(16.25)中插入电场元件：

$$\left(-\frac{\boldsymbol{E}^{\text{tran}}}{\eta_1}+\frac{\boldsymbol{E}^{\text{inc}}}{\eta_2}-\frac{\boldsymbol{E}^{\text{ref}}}{\eta_2}\right)\bigg|_{y=0}=\sigma_{\text{d}}\boldsymbol{E}^{\text{tran}}\big|_{y=0} \tag{16.26}$$

当 $y=0$ 时，有

$$\boldsymbol{E}_0^{\text{tran}}-\boldsymbol{E}_0^{\text{inc}}-\boldsymbol{E}_0^{\text{ref}}=0 \tag{16.27}$$

$$-\frac{\boldsymbol{E}_0^{\text{tran}}}{\eta_1}+\frac{\boldsymbol{E}_0^{\text{inc}}}{\eta_2}-\frac{\boldsymbol{E}_0^{\text{ref}}}{\eta_2}=\sigma_{\text{d}}\boldsymbol{E}_0^{\text{tran}} \tag{16.28}$$

最后，通过式(16.27)和式(16.28)的求解，推导反射系数和透射系数。

$$R=\left|\frac{\boldsymbol{E}_0^{\text{ref}}}{\boldsymbol{E}_0^{\text{inc}}}\right|=\frac{\eta_1-\eta_2-\sigma_{\text{d}}\eta_1\eta_2}{\eta_1+\eta_2+\sigma_{\text{d}}\eta_1\eta_2} \tag{16.29}$$

$$T=\left|\frac{\boldsymbol{E}_0^{\text{tran}}}{\boldsymbol{E}_0^{\text{inc}}}\right|=\frac{2\eta_1}{\eta_1+\eta_2+\sigma_{\text{d}}\eta_1\eta_2} \tag{16.30}$$

对这些系数的观测表明，与入射波相比，后续的反射波和透射波不仅具有不同的振幅，而且由于石墨烯导电率的复杂性，它们的相位也发生了变化。此外，很明显，这些系数是通过 $T=R+1$ 连接的。

16.3.2 石墨烯表面等离子体极化波

通过测定高频激励下的电磁场，实现了对石墨烯支持 SPP 波的能力的理论研究。为此，需要提取并矢格林函数。如图 16.3 所示，由于体积电流分布 $\boldsymbol{J}_s(\boldsymbol{r}')$，$xz$ 平面上即 $y=0$ 附近的石墨烯表面电磁场可以通过任何一点 $\boldsymbol{r}$ 的电荷子势来估计，即

$$\boldsymbol{E}^{(n)}(\boldsymbol{r})=(k_n^2+\nabla\nabla)\boldsymbol{\pi}^{(n)}(\boldsymbol{r}) \tag{16.31}$$

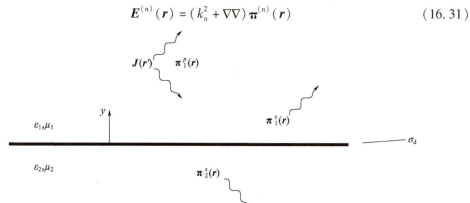

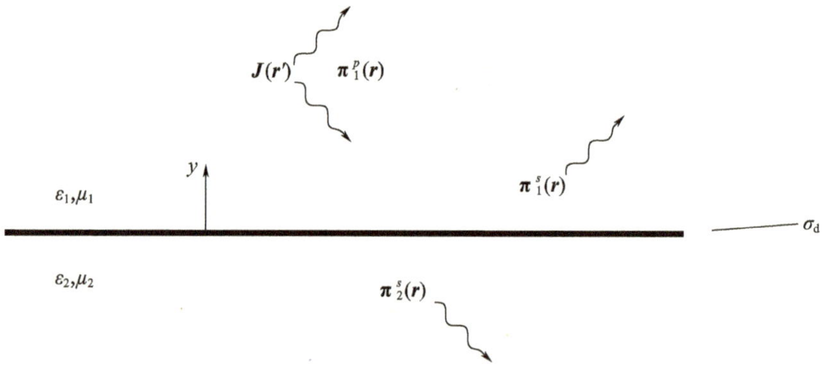

图 16.3 xz 平面上石墨烯层的并矢格林函数的计算(上层空间的介电常数和磁导率是 ε_1 和μ_1，而下层空间的介电常数和磁导率是ε_2和μ_2)

$$\boldsymbol{H}^{(n)}(\boldsymbol{r}) = \mathrm{j}\omega\,\varepsilon_n \nabla \times \boldsymbol{\pi}^{(n)}(\boldsymbol{r}) \tag{16.32}$$

其中，k_n 和 $\boldsymbol{\pi}^{(n)}$ 分别是介质 n 的波数和赫兹势。假设电流源位于1区，则电势定义为

$$\boldsymbol{\pi}^{(1)}(\boldsymbol{r}) = \boldsymbol{\pi}_1^P(\boldsymbol{r}) + \boldsymbol{\pi}_1^s(\boldsymbol{r}) = \int_{\Omega'} [\bar{\bar{\boldsymbol{g}}}_1^p(\boldsymbol{r},\boldsymbol{r}') + \bar{\bar{\boldsymbol{g}}}_1^s(\boldsymbol{r},\boldsymbol{r}')] \frac{\boldsymbol{J}_S(\boldsymbol{r}')}{\mathrm{j}\omega\varepsilon_1} \mathrm{d}\,\boldsymbol{\Omega}' \tag{16.33}$$

$$\boldsymbol{\pi}^{(2)}(\boldsymbol{r}) = \boldsymbol{\pi}_2^s(\boldsymbol{r}) = \int_{\Omega'} [\bar{\bar{\boldsymbol{g}}}_2^s(\boldsymbol{r},\boldsymbol{r}')] \frac{\boldsymbol{J}_S(\boldsymbol{r}')}{\mathrm{j}\omega\varepsilon_1} \mathrm{d}\boldsymbol{\Omega}' \tag{16.34}$$

相应地，$\boldsymbol{\pi}_1^P(\boldsymbol{r})$、$\boldsymbol{\pi}_n^s(\boldsymbol{r})$ 和 $\bar{\bar{\boldsymbol{g}}}_1^p(\boldsymbol{r},\boldsymbol{r}')$、$\bar{\bar{\boldsymbol{g}}}_n^s(\boldsymbol{r},\boldsymbol{r}')$ 是源 p(主波)和散射波 s(散射)在介质 n 上的赫兹势和二进格林函数，Ω' 是电流的支持，在 y 平行于石墨烯界面时，并矢格林函数可以写成[10]

$$\bar{\bar{\boldsymbol{g}}}_1^p(\boldsymbol{r},\boldsymbol{r}') = \bar{\bar{\boldsymbol{I}}} \frac{\mathrm{e}^{-\mathrm{j}k_1 R}}{4\pi R} = \bar{\bar{\boldsymbol{I}}} \frac{1}{2\pi} \int_{-\infty}^{\infty} \mathrm{e}^{-p_1 |-y'|} \frac{H_0^{(2)}(k_\rho \rho)}{4\,p_1} k_\rho \mathrm{d}\,k_\rho \tag{16.35}$$

式中：$k_\rho = \sqrt{k_x^2 + k_z^2}$ 为径向波数，$p_n^2 = k_\rho^2 - k_n^2$，$\rho = \sqrt{(x-x')^2 + (z-z')^2}$；$R = |\boldsymbol{r} - \boldsymbol{r}'| = \sqrt{(y-y')^2 + \rho^2}$；$\bar{\bar{\boldsymbol{I}}} = \hat{x}\hat{x} + \hat{y}\hat{y} + \hat{z}\hat{z}$ 为并矢单位；$H_0^{(2)}(k_\rho \rho)$ 为二阶和零阶的汉克尔函数。由于研究中涉及分层设置，使用汉克尔函数以便于分析其余部分。

现在的目标是确定散射的格林函数，为此，必须在石墨烯表面施加适当的边界条件。具体如下：

$$\hat{\boldsymbol{n}}_0 \times (\boldsymbol{E}^{(1)} - \boldsymbol{E}^{(2)})|_{y=0} = 0 \tag{16.36}$$

$$\hat{\boldsymbol{n}}_0 \times (\boldsymbol{H}^{(1)} - \boldsymbol{H}^{(2)})|_{y=0} = \boldsymbol{J}|_{y=0} = \sigma_{\mathrm{d}}\,\boldsymbol{E}_t^{(1)}|_{y=0} \tag{16.37}$$

石墨烯表面的法线向量是 $\hat{\boldsymbol{n}}_0 = \hat{\boldsymbol{y}}$，而下标 t 表示石墨烯电场的切向分量。因而所有部件的边界条件可以总结为

$$E_{1,\alpha}(y=0^+) = E_{2,\alpha}(y=0^-),\ \alpha = x,z \tag{16.38}$$

$$H_{2,x}(y=0^-) - H_{1,x}(y=0^+) = \sigma_{\mathrm{d}} E_{1,z}(y=0^+) \tag{16.39}$$

$$H_{2,z}(y=0^-) - H_{1,z}(y=0^+) = -\sigma_{\mathrm{d}} E_{1,x}(y=0^+) \tag{16.40}$$

通过式(16.31)和式(16.32)很容易计算出$(x, y=0, z)$处赫兹势的边界条件

$$\pi_{1,\alpha} = N^2 M^2 \pi_{2,\alpha},\ \alpha = x,z \tag{16.41}$$

$$\varepsilon_1 \pi_{1,y} - \varepsilon_2 \pi_{2,y} = \frac{\sigma_{\mathrm{d}}}{j\omega} \nabla \pi_1 \tag{16.42}$$

$$\varepsilon_2 \frac{\partial \pi_{2,\alpha}}{\partial y} - \varepsilon_1 \frac{\partial \pi_{1,\alpha}}{\partial y} = \frac{\sigma_{\mathrm{d}}}{\mathrm{j}\omega} k_1^2 \pi_{1,\alpha},\ \alpha = x,z \tag{16.43}$$

$$\frac{\partial \pi_{1,y}}{\partial y} - \frac{\partial \pi_{2,y}}{\partial y} = (1 - N^2 M^2)\left(\frac{\partial \pi_{2,x}}{\partial x} + \frac{\partial \pi_{2,z}}{\partial z}\right) \tag{16.44}$$

其中，$N^2 = \dfrac{\varepsilon_2}{\varepsilon_1}$，$M^2 = \dfrac{\mu_2}{\mu_1}$。正确表示赫兹势很关键，因为这样可以大大简化后面的分析。为此，分散的赫兹势场与主势场[11]相似，即

$$\pi_{1,\alpha}^p = \int_{-\infty}^{\infty} \frac{H_0^{(2)}(k_\rho \rho)}{4p_1} k_\rho \mathrm{d}k_\rho \int_{\Omega'} \mathrm{e}^{-p_1 |y-y'|} \frac{J_{s,\alpha}(\boldsymbol{r}')}{j\omega\varepsilon_1} \mathbf{d}\boldsymbol{\Omega}',\ \alpha = x,y,z \tag{16.45}$$

$$\pi_{1,\alpha}^s = A_\alpha(\boldsymbol{r}') \int_{-\infty}^{\infty} \mathrm{e}^{-p_1 y} \frac{H_0^{(2)}(k_\rho \rho)}{4\,p_1} k_\rho \mathrm{d}\,k_\rho,\ \alpha = x,y,x \tag{16.46}$$

$$\pi_{2,\alpha}^{s} = B_{\alpha}(\boldsymbol{r}') \int_{-\infty}^{\infty} e^{p_2 y} \frac{H_0^{(2)}(k_\rho \rho)}{4p_1} k_\rho \mathrm{d}k_\rho, \alpha = x, y, z \tag{16.47}$$

p_n的指数取决于传播介质，而其符号是通过传播方向确定的。同时，未知项$A_\alpha(\boldsymbol{r}')$和$B_\alpha(\boldsymbol{r}')$可以表示为

$$A_{\alpha}(\boldsymbol{r}') = R_\beta \int_{\Omega'} \frac{e^{-p_1 y'}}{j\omega\varepsilon_1} J_{s,\alpha}(\boldsymbol{r}') \mathrm{d}\boldsymbol{\Omega}' = R_\beta V_\alpha(\boldsymbol{r}') \tag{16.48}$$

$$B_{\alpha}(\boldsymbol{r}') = T_\beta \int_{\Omega'} \frac{e^{-p_1 y'}}{j\omega\varepsilon_1} J_{s,\alpha}(\boldsymbol{r}') \mathrm{d}\boldsymbol{\Omega}' = T_\beta V_\alpha(\boldsymbol{r}') \tag{16.49}$$

这里的未知数为标量项R_β和T_β。相对于石墨烯，指数β取决于源向量的方向，$\beta = n$为法向分量，$\beta = t$为切向分量，$\beta = c$为切线方向和法线方向的共轭方向。具体地，在源向量与石墨烯切向的情况下，即$\alpha = x, z$，赫兹势不仅表现为切线分量，而且表现为法线分量。然后，应用边界条件式(16.41)～式(16.44)，未知标量项可由下列公式计算得到

$$R_{\mathrm{t}} = \frac{M^2 p_1 - p_2 - j\sigma_{\mathrm{d}}\omega\mu_2}{M^2 p_1 + p_2 + j\sigma_{\mathrm{d}}\omega\mu_2} = \frac{N^H(k_\rho, \omega)}{Z^H(k_\rho, \omega)} \tag{16.50}$$

$$R_{\mathrm{n}} = \frac{N^2 p_1 - p_2 + \dfrac{\sigma_{\mathrm{d}} p_1 p_2}{j\omega\varepsilon_1}}{N^2 p_1 + p_2 + \dfrac{\sigma_{\mathrm{d}} p_1 p_2}{j\omega\varepsilon_1}} = \frac{N^E(k_\rho, \omega)}{Z^E(k_\rho, \omega)} \tag{16.51}$$

$$R_{\mathrm{c}} = \frac{2p_1\left(N^2 M^2 - 1 + \dfrac{\sigma_{\mathrm{d}} p_2 M^2}{j\omega\varepsilon_1}\right)}{Z^E Z^H} \tag{16.52}$$

$$T_{\mathrm{t}} = \frac{1 + R_t}{N^2 M^2} = \frac{2p_1}{N^2 Z^H} \tag{16.53}$$

$$T_{\mathrm{n}} = \frac{p_1(1 - R_n)}{p_2} = \frac{2p_1}{Z^E} \tag{16.54}$$

$$T_{\mathrm{c}} = \frac{2p_1\left(N^2 M^2 - 1 + \dfrac{\sigma_{\mathrm{d}} p_1}{j\omega\varepsilon_1}\right)}{N^2 Z^H Z^E} \tag{16.55}$$

最后，散射波的并矢格林函数就是

$$\bar{\bar{\boldsymbol{g}}}_1^{s}(\boldsymbol{r}, \boldsymbol{r}') = \hat{\boldsymbol{y}}\hat{\boldsymbol{y}} g_{1,n}^{s}(\boldsymbol{r}, \boldsymbol{r}') + \left(\hat{\boldsymbol{y}}\hat{\boldsymbol{x}}\frac{\partial}{\partial x} + \hat{\boldsymbol{y}}\hat{\boldsymbol{z}}\frac{\partial}{\partial z}\right) \boldsymbol{g}_{1,c}^{s}(\boldsymbol{r}, \boldsymbol{r}') + (\hat{\boldsymbol{x}}\hat{\boldsymbol{x}} + \hat{\boldsymbol{z}}\hat{\boldsymbol{z}}) \boldsymbol{g}_{1,t}^{s}(\boldsymbol{r}, \boldsymbol{r}') \tag{16.56}$$

$$\bar{\bar{\boldsymbol{g}}}_2^{s}(\boldsymbol{r}, \boldsymbol{r}') = \hat{\boldsymbol{y}}\hat{\boldsymbol{y}} \boldsymbol{g}_{2,n}^{s}(\boldsymbol{r}, \boldsymbol{r}') + \left(\hat{\boldsymbol{y}}\hat{\boldsymbol{x}}\frac{\partial}{\partial x} + \hat{\boldsymbol{y}}\hat{\boldsymbol{z}}\frac{\partial}{\partial z}\right) \boldsymbol{g}_{2,c}^{s}(\boldsymbol{r}, \boldsymbol{r}') + (\hat{\boldsymbol{x}}\hat{\boldsymbol{x}} + \hat{\boldsymbol{z}}\hat{\boldsymbol{z}}) \boldsymbol{g}_{2,t}^{s}(\boldsymbol{r}, \boldsymbol{r}') \tag{16.57}$$

得到的索默菲尔德积分表示为

$$g_{1,\beta}^{s}(\boldsymbol{r}, \boldsymbol{r}') = \frac{1}{2\pi} \int_{-\infty}^{\infty} R_\beta \frac{H_0^{(2)}(k_\rho \rho)\, e^{-p_1(y + y')}}{4p_1} k_\rho \mathrm{d}k_\rho, \beta = t, n, c \tag{16.58}$$

$$g_{2,\beta}^{s}(\boldsymbol{r}, \boldsymbol{r}') = \frac{1}{2\pi} \int_{-\infty}^{\infty} T_\beta \frac{H_0^{(2)}(k_\rho \rho)\, e^{p_2 y} e^{-p_1 y'}}{4p_1} k_\rho \mathrm{d}k_\rho \beta = t, n, c \tag{16.59}$$

在简单介质界面下，式(16.50)～式(16.55)中的分母$Z^{H,E}(k_\rho, \omega)$表示与表面波相关的光谱平面中的极点奇点。此外，$p_n^2 = k_\rho^2 - k_n^2, n = 1, 2$，这两个波参数使得平面$k_\rho = \pm k_n$出

现分支点，因此k_ρ平面是一个4层的黎曼曲面。将一个适当片（其中$\mathrm{Re}\{p_n\}>0$，使得满足辐射条件$y\to\infty$）和3个不适当片（其中$\mathrm{Re}\{p_n\}>0$）分开的标准双曲线分支切割[12]与没有表面电导率σ_d的情况相同。

由于石墨烯的存在，散射场的索默菲尔德积分式（16.58）和式（16.59）主要是通过R_β和T_β表示极奇点，这些奇点代表了石墨烯表面的传播表面波，有两种基本类型：横向磁（TM）和横向电（TE）。横向磁表面波（也称为H波）的色散方程的推导如下：

$$Z^H(k_\rho,\omega)=M^2p_1+p_2+\mathrm{j}\sigma_\mathrm{d}\omega\mu_2=0 \tag{16.60}$$

横向电表面波（也称为E波），推导如下

$$Z^E(k_\rho,\omega)=N^2p_1+p_2+\frac{\sigma_\mathrm{d}p_1p_2}{\mathrm{j}\omega\varepsilon_1}=0 \tag{16.61}$$

从索默菲尔德积分[13]的剩余影响中可以得到表面波。举个例子，取一个点源$\boldsymbol{J}_\mathrm{s}=A_0\delta(x)\delta(y)\delta(z)\hat{\boldsymbol{y}}$，这个点是波幅，赫兹势式（16.33）和式（16.34）可写为

$$\boldsymbol{\pi}^{(1)}(\boldsymbol{r})=-\frac{A_0k_\rho^2R'_n}{4\omega\varepsilon_1}\mathrm{e}^{-p_1y}\frac{H_0^{(2)}(k_\rho\rho_0)}{k_\rho\sqrt{k_1^2-k_\rho^2}}\hat{\boldsymbol{y}} \tag{16.62}$$

$$\boldsymbol{\pi}^{(2)}(\boldsymbol{r})=-\frac{A_0k_\rho^2T'_n}{4\omega\varepsilon_1}\mathrm{e}^{p_2y}\frac{H_0^{(2)}(k_\rho\rho_0)}{k_\rho\sqrt{k_1^2-k_\rho^2}}\hat{\boldsymbol{y}} \tag{16.63}$$

其中，$\rho_0=\sqrt{x^2+z^2}$，且

$$R'_n=\frac{N^E}{\dfrac{\partial Z^E}{\partial k_\rho}}=\frac{N^2P_1-P_2+\dfrac{\sigma_\mathrm{d}p_1p_2}{\mathrm{j}\omega\,\varepsilon_1}}{\dfrac{N^2}{p_1}+\dfrac{1}{p_2}+\dfrac{\sigma_\mathrm{d}}{\mathrm{j}\omega\,\varepsilon_1}\left(\dfrac{p_1^2+p_2^2}{p_1p_2}\right)} \tag{16.64}$$

$$T'_n=\frac{2\,p_1}{\partial Z^E/\partial k_\rho}=\frac{2\,p_1}{\dfrac{N^2}{p_1}+\dfrac{1}{p_2}+\dfrac{\sigma_\mathrm{d}}{\mathrm{j}\omega\,\varepsilon_1}\left(\dfrac{p_1^2+p_2^2}{p_1p_2}\right)} \tag{16.65}$$

可通过式（16.31）和式（16.32）来评估电磁场

$$E^{(1)}(r)=\frac{A_0k_\rho^2R'_n}{4\omega\,\varepsilon_1}\mathrm{e}^{-p_1y}\left[-j\left(\frac{x}{\rho_0}\hat{x}+\frac{z}{\rho_0}\hat{z}\right)H_1^{(2)}(k_\rho\rho_0)+\frac{(k_1^2+p_1^2)H_0^{(2)}(k_\rho\rho_0)}{k_\rho\sqrt{k_1^2-k_\rho^2}}\hat{y}\right] \tag{16.66}$$

$$E^{(2)}r=\frac{A_0k_\rho^2T'_n}{4\omega\varepsilon_1}\mathrm{e}^{p_2y}\left[-\mathrm{j}\left(\frac{x}{\rho_0}\hat{x}+\frac{z}{\rho_0}\hat{z}\right)H_1^{(2)}(k_\rho\rho_0)+\frac{(k_2^2+p_2^2)H_0^{(2)}(k_\rho\rho_0)}{k_\rho\sqrt{k_1^2-k_\rho^2}}\hat{y}\right] \tag{16.67}$$

如前所述，指数项必须满足辐射条件$y\to\infty$才能观察物理现象，所以，$\mathrm{Re}\{p_n\}>0, n=1,2$。图16.4给出了典型TM表面波在石墨烯上的电场分布，揭示了二维材料表面的强约束。

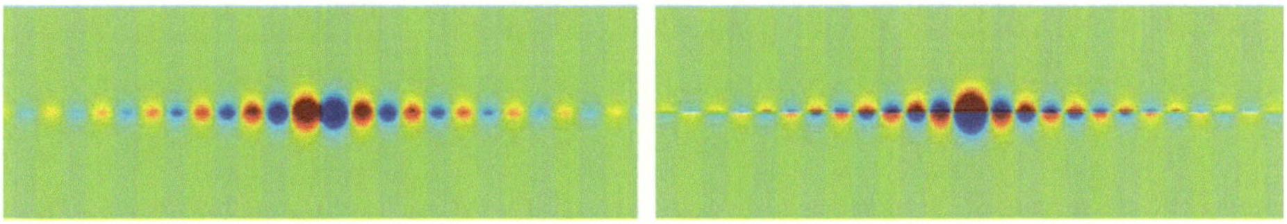

(a) (b)

图16.4 TM表面波传播的（a）切向和（b）法向在石墨烯表面的电场分量分布

在近红外和可见光谱下，石墨烯上传播的表面波的特征是表面等离子体激元(SPP)模式，类似于贵金属(如金和银)。这些表面等离子体是自由电子在具有不同介电常数符号[14]的两个电介质之间的界面上的运动。这种现象可以在自然界观察到，但大多是在上述频率下的电介质和贵金属之间的界面上观察到的，后者接近其等离子体共振，因为它是通过德鲁德模型近似得到的。石墨烯呈现类似的情况，并且能够支持表面等离子体(但只在较低的频率进行，即远红外系统)。当表面等离子体激元与外部激励耦合时，传播的电磁场具有表面等离子体激子波或模式的特征。其基本性质是：

(1)它们可以在两种材料之间的界面上传播；

(2)产生的波在界面上受到强烈限制，电磁场的强度特别强；

(3)与自由空间传播相比，波长和传播速度明显降低，因此它们表现为慢波。

波长 λ_{spp}、传播长度 L_{spp} 是 SPP 波的特征，其定义是 SPP 强度沿表面衰减 $1/e$ 的距离，约束力 ζ 表示 SPP 从表面衰减 $1/e$ 的强度，这些数据可以通过计算复波数 k_ρ 得到

$$\lambda_{spp}=\frac{2\pi}{\mathrm{Re}(k_\rho)} \tag{16.68}$$

$$L_{spp}=-\frac{1}{2\mathrm{lm}(k_\rho)} \tag{16.69}$$

$$\zeta=\frac{1}{\mathrm{Re}(\sqrt{k_\rho^2-k_n^2})} \tag{16.70}$$

式中：k_n 为介质 n 的波数。最后，将复波数与自由空间波数的比值定义为有效折射率 $n_{eff}=k_\rho/k_0$。这个参数是无量纲的，描述了对表面波传播的直观感知。因此，分析推导复杂波数至关重要。

本章以石墨烯为研究对象，分别研究了两种 SPP 波。首先，求解横向 SPP 波式(16.60)的色散方程，得到复波数

$$k_\rho=k_0\sqrt{\mu_{r1}\varepsilon_{r1}-\frac{1}{(M^4-1)^2}(M^2\sigma_d\eta_0\mu_{r2}\mp\sqrt{(\sigma_d\eta_0\mu_{r2})^2-(M^4-1)(\varepsilon_{r1}\mu_{r1}-\varepsilon_{r2}\mu_{r2})})^2} \tag{16.71}$$

式中：ε_{rn}和μ_{rn}分别为介质 n 的相对介电常数和磁导率。当这两种介质具有相同磁性时，这种关系就简化了，即$\mu_{r1}=\mu_{r2}=\mu_r$且 $M=1$，

$$k_\rho=k_0\sqrt{\mu_r\varepsilon_{r1}-(\frac{(\varepsilon_{r1}-\varepsilon_{r2})\mu_r+\sigma_d^2\eta_o^2\mu_r^2}{2\sigma_d\eta_o\mu_r})^2} \tag{16.72}$$

当电学性质也相同时，它就会进一步简化，即$\varepsilon_{r1}=\varepsilon_{r2}=\varepsilon_r$且 $N=1$，

$$k_\rho=k_0\sqrt{\mu_r\varepsilon_r-(\frac{\sigma_d\eta_o\mu_r}{2})^2} \tag{16.73}$$

而对于悬浮的石墨烯层(在自由空间，此时，$\varepsilon_r=\mu_r=1$)，它就变成

$$k_\rho=k_0\sqrt{1-(\frac{\sigma_d\eta_o}{2})^2} \tag{16.74}$$

通过分析最终表达式可以推导出许多有用的结论，其中，$\sigma_d=\sigma'_d+j\sigma''_d$($\sigma'_d=\mathrm{Re}\{\sigma_d\}$和 $\sigma''_d=\mathrm{Im}\{\sigma_d\}$是相应的实部和虚部)。首先，当存在纯实电导率(在较低的温度和化学

势值)时,$p_0=\sqrt{k_\rho^2-k_0^2}=-\mathrm{j}\sigma''_{\mathrm{d}}\frac{\omega\mu_0}{2}$,这个项是虚部,不满足条件 $\mathrm{Re}\{p_n\}>0$,因此,没有任何传播表面波。另外,当表面电导率项具有正虚值$\sigma_{\mathrm{d}}=\mathrm{j}\sigma''_{\mathrm{d}}$时,此时,$\sigma''_{\mathrm{d}}>0$,复合波数大于自由空间$\left(p_0=\sigma''_{\mathrm{d}}\frac{\omega\mu_0}{2}>0\right)$,因此 TE SPP 可以传播。这种情况出现的频率约大于10THz,其中带间影响占主导地位。然而,在带内项显著的较低频率处,电导率为负虚数且$p_0<0$,违反了辐射条件。通常情况下,此时表面电导率是复值,$\sigma_{\mathrm{d}}=\sigma'_{\mathrm{d}}+\mathrm{j}\sigma''_{\mathrm{d}}$使得

$$P_0=(\sigma''_{\mathrm{d}}-\mathrm{j}\,\sigma'_{\mathrm{d}})\frac{\omega\mu_0}{1} \tag{16.75}$$

TE 表面波在远红外区域上以频率传播,对这种 SPP 模式在均质材料中的约束力 ζ^{TE} 进行了估算,即

$$\zeta^{\mathrm{TE}}=\frac{2}{\sigma''_{\mathrm{d}}\omega\mu} \tag{16.76}$$

另外,通过解式(16.61)推导了横磁 SPP 波的复波数。假设石墨烯在电、磁性不同的介质中的一般情形,得到一个象限方程

$$\frac{\varepsilon_{r1}}{\sqrt{\left(\frac{k_\rho}{k_0}\right)^2-\varepsilon_{r1}\mu_{r1}}}+\frac{\varepsilon_{r2}}{\sqrt{\left(\frac{k_\rho}{k_0}\right)^2-\varepsilon_{r2}\mu_{r2}}}=\mathrm{j}\sigma_{\mathrm{d}}\eta_0 \tag{16.77}$$

由于石墨烯是均匀介质($\varepsilon_{r1}=\varepsilon_{r2}=\varepsilon_r,\mu_{r1}=\mu_{r2}=\mu_r$),因此该式被大大简化

$$k_\rho=k_0\sqrt{\varepsilon_r\mu_r-\left(\frac{2\,\varepsilon_r}{\sigma_{\mathrm{d}}\eta_0}\right)^2} \tag{16.78}$$

最后,分析悬浮石墨烯层的特殊情况

$$k_\rho=k_0\sqrt{1-\left(\frac{2}{\sigma_{\mathrm{d}}\eta_0}\right)^2} \tag{16.79}$$

此时,假设复值表面电导率为$\sigma_{\mathrm{d}}=\sigma'_{\mathrm{d}}+\mathrm{j}\sigma''_{\mathrm{d}}$

$$p_0=\frac{-2\omega\,\varepsilon_0}{|\sigma_{\mathrm{d}}|^2}(\sigma''_{\mathrm{d}}+\mathrm{j}\sigma'_{\mathrm{d}}) \tag{16.80}$$

与 TE SPP 波一样,当电导率为纯实数时,因为不满足条件 $\mathrm{Re}[p_n\}>0$,所以表面波不存在。同样地,在远红外区以外的频率,带间影响占主导地位,违反了辐射条件,因此不会出现逆磁表面波。尽管如此,在较低的频率下,由于带内贡献,表面电导率的虚部为负值,TM SPP 波呈现强约束力。

$$\zeta^{\mathrm{TM}}=-\frac{|\sigma_{\mathrm{d}}|^2}{2\omega\varepsilon\,\sigma''_{\mathrm{d}}} \tag{16.81}$$

综上所述,TE SPP 波在远红外频率以外传播,而横向磁波的传播出现在较低的光谱范围内。此外,在较低温度且电导率为真时,任何形式的表面波都是不存在的。

16.3.3 石墨烯传播波的参数分析

推导平面波对石墨烯的反射系数和透射系数,以及解析 SPP 波在石墨烯上的传播特性,对石墨烯的特征描述和分类具有重要意义。然而,通过对石墨烯参数(如化学势和散

射率)以及通用参数(即频率和周围介质的电磁特性)的深入研究,可以了解这些现象的真实性质。

16.3.3.1 频率响应

最初,参数分析的重点是石墨烯的频率响应。选择二维材料典型的实际参数,具体地,载流子密度为10^{12}个电子/cm^2,迁移率$\mu_s=90000cm^2/Vs$,使得化学势$\mu_c=0.1eV$,同时采用高质量晶格($\Gamma=0.33meV$)。通过式(16.15)来计算表面电导率,因为在极宽的光谱范围内,从微波到可见光区的磁偏角是不存在的。图16.5描述了石墨烯表面电导率的频率响应,图分为两个子区域。第一个子区域包括微波、毫米波和远红外频率(图16.5(a)),其中带内影响占主导地位,表面电导率可以通过德鲁德模型来估计。此时,虚部总是负值。第二个子区域覆盖剩余的红外区和可见区(图16.5(b)),其中带间跃迁占主导地位,大多超过50THz。此时,电导率虚部变为正值,在更高频率下接近零值,这表明石墨烯在可见光谱中充当低损耗导体。因此,在本章的分析中也涉及了16.3.2节中关于虚部行为的注释。

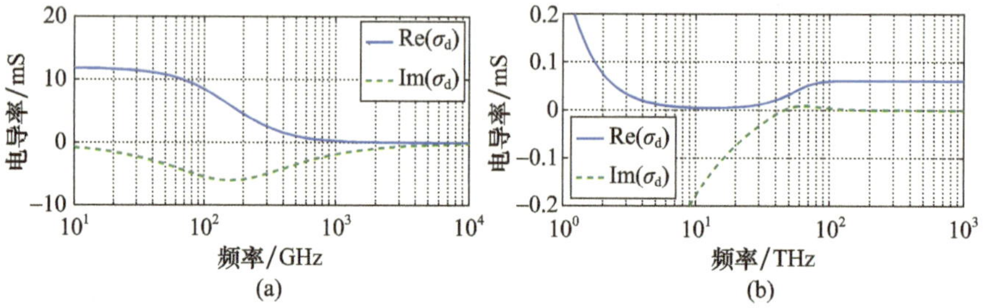

图16.5 在(a)带内和(b)带间电子跃迁占主导地位时,石墨烯的表面电导率的频率响应

此外,已经证明虚部是表征石墨烯上SPP波的关键。通过式(16.68)~式(16.70)提取了其传播特性的频率响应,如图16.6所示。在第一个区域(图16.6(a))中,带内影响占优势,表面电导率的虚部为负值,由此产生的表面波为横磁,从而通过式(16.79)计算复杂的波数。在较低频率、微波和大部分毫米波情况下,SPP波受到弱约束,基本近似自由空间传播。然而,当频率接近远红外光谱时,出现慢传播的TM SPP波,在2 THz后,由于传播长度大于波长,传播被优化。

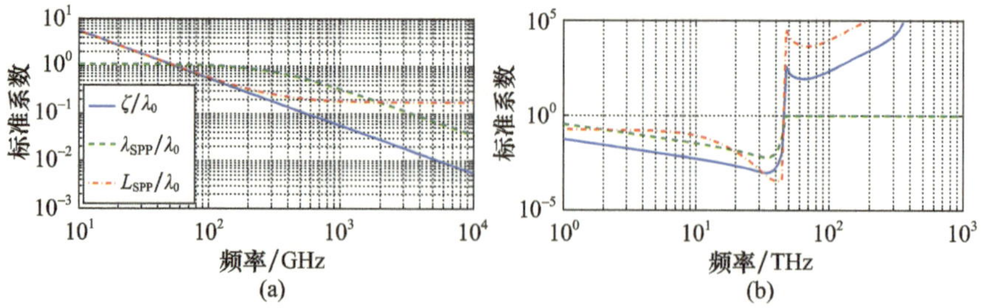

图16.6 在标准自由空间波长下,当(a)带内电子跃迁和(b)带间电子跃迁占主导地位时,SPP波在石墨烯上的传播特性

这个性能在第二个子区域(图16.6(b))得以延展,直到带间跃迁显著的那一点。在这一点上,传播长度严重下降,表明高损耗,在50 THz后,电导率的虚部变为正值。通过

式(16.74)估计复波数,得到的表面波为横波。此时,在石墨烯表面上的 TE SPP 波非常弱,在更高的频率(即可见光谱)下完全消失。因此,与贵金属相比,石墨烯主要在远红外区支持强约束 SPP 波的传播。

不过,从图16.7中也观察到了一些更有趣的特征,其中描述了正常入射平面波的反射系数和透射系数。对于透射波,我们发现其系数在较高的频率下增大,而在毫米波区,则呈现约40°的相位差。另外,反射波具有更复杂的行为,在较高的频率下不会衰减。具体地,相位差在整个光谱中接近理想导体,但远红外区域除外,在远红外区域,相位差下降到90°。

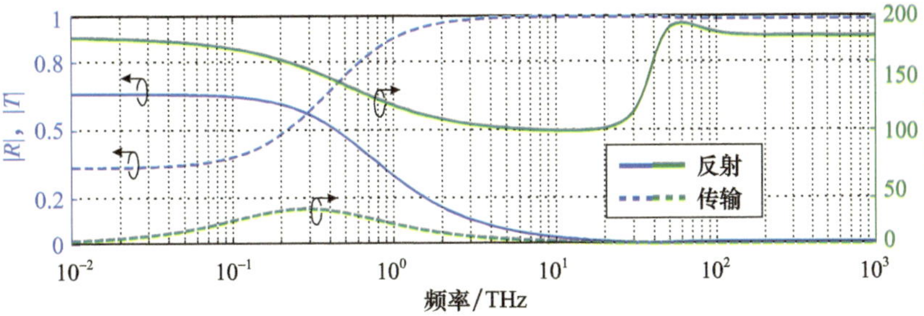

图16.7 正常入射平面波在石墨烯上的反射和透射系数的频率响应

16.3.3.2 化学势反应

此外,静电偏置场能够改变石墨烯的载流子密度,从而影响石墨烯的化学势。如图16.8所示,在100GHz和30THz的散射速率 $\Gamma=0.33\text{meV}$ 下,由于化学势发生变化,表面电导率的响应是通过式(16.18)计算的。观察图16.8(a),即100 GHz时,即使在化学势较低的值,带间影响也是几个数量级。然而,在30 THz的较高的频率下(图16.8(b)),带内跃迁在较大的化学势绝对值中占主导地位,而在较低的绝对值中,带间跃迁更为显著。注意,虚线对应趋于 $2|\mu_c|=\hbar\omega$ 的虚部变化。

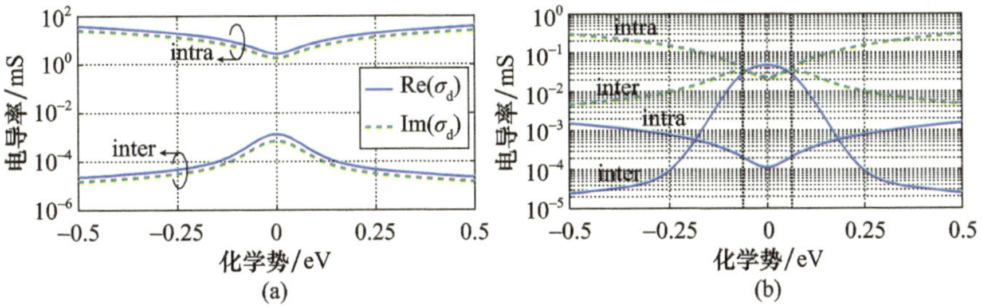

图16.8 (a)100 GHz和(b)30 THz下石墨烯表面电导率与化学势的关系
(intra和inter分别指带内和带间跃迁)

最后的观测结果对于石墨烯上产生的SPP波的表征非常有用。通过式(16.68)~式(16.70)计算传播特性,并在图16.9中绘制。具体地,在毫米波频谱,例如图16.9(a)中,在100 GHz处,TM SPP波在石墨烯表面传播,而石墨烯表面的绝对化学势是最低的。另外,图16.9(b)中30THz处,化学势的绝对值较大处,表面波保持为强约束的TM SPP波。然而,在区域 $2|\mu_c|=\hbar\omega$,SPP波被转换为传播特性与自由空间相似的弱约束TE波。

前面的分析也揭示了两个基本点:第一个是化学势的均匀对称性;第二个是频率和化学势对石墨烯SPP传播特性的显著影响。为此,通过描绘图16.10实现了综合研究,由于上述均匀对称性,在图16.10中,化学势的负值被忽略。显然,石墨烯上最慢和最强的受限SPP波是TM波,且频率较高,化学势值较低。通过观察传播长度,也就是在较大的化学势值下优化,得到类似的结果。此外,图的右下区带间跃迁更为明显,传播损耗严重增加,直到出现弱约束的TE SPP波。

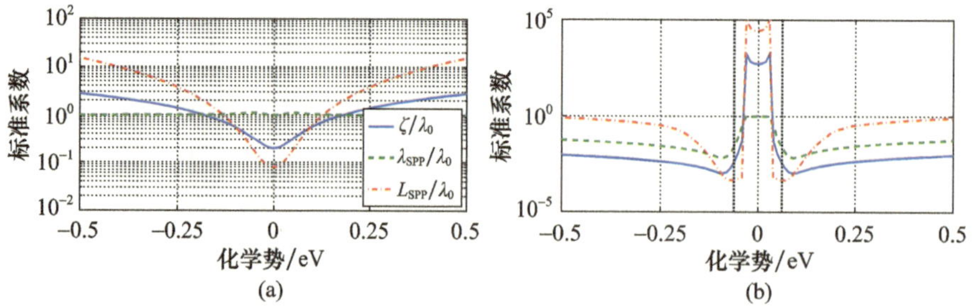

图16.9 标准自由空间波长下,石墨烯上SPP波的传播特性与(a)100 GHz和(b)30 THz处化学势的关系

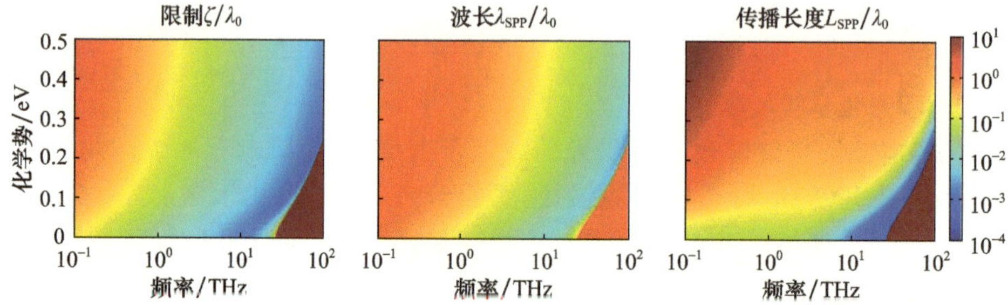

图16.10 标准自由空间波长下,SPP波在石墨烯上的传播特性与化学势和频率的关系

16.3.3.3 散射速率响应

散射速率参数化研究也很重要,因为它与石墨烯晶格质量有关。为此,图16.11描述了不同化学势的SPP传播特性,在2 THz下,SPP波的性能增强。注意,尽管受非实际结论的影响,此时表面电导率被忽略,限制不存在,它不受散射速率的影响。一开始,随着化学势的增大,其对SPP波长的影响增大。具体地,对于$\mu_c=0.1$eV,这个改变几乎为1%,而对$\mu_c=0.2$eV和$\mu_c=0.3$eV,这个比率分别增加到5%和10%。另外,仔细观察传播长度(图16.11(b)),散射速率的影响是显而易见的。具体地,随着散射速率的增加,传播长度急剧下降。由于该参数与晶格质量有关,晶格质量较差导致杂质增加,即传播损耗。另外,由于固有的较大的SPP波长,随着化学势的增加,传播长度是成比例的。综上所述,散射率对SPP传播长度有显著影响,在较大的r值下会显著降低,而在较大的化学势值下会影响SPP波长。

16.3.3.4 相邻介质的影响

最后,对石墨烯周围介质的电磁特性进行了参数分析。前面的分析考虑了悬浮石墨烯层,即石墨烯位于自由空间,这是一个不切实际的设想。为此,图16.12描述了一般电磁介质包围下的石墨烯上SPP波的传播特性(忽略了表面电导率,因为它不受直接影响)[15]。首先,在图16.12(a)表示均匀介质的情况下,通过式(16.78)推导所选石墨烯参

数 $\mu_c=0.1$eV 和 $\Gamma=0.33$meV 的复波数，并在 2THz 下提取复波数。显然，随着相对介电常数的增加，表面波在石墨烯上的束缚强度增大，波长减小，传播长度减小。注意将传播特性标准化为自由空间波长，便于直接比较。

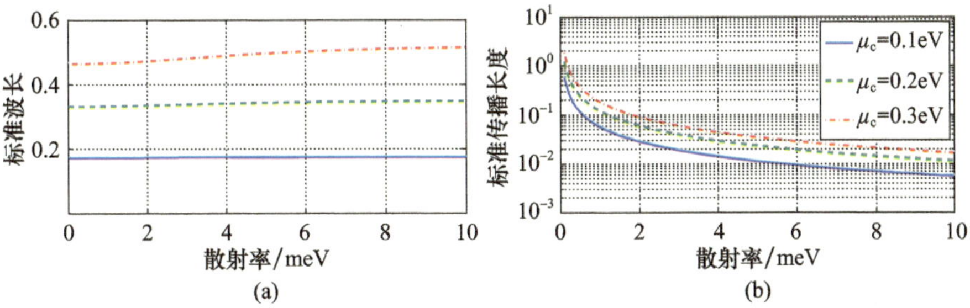

图 16.11 标准自由空间波长下，在 2 THz 下(a)波长和(b)处，不同化学势的石墨烯 SPP 波传播长度与散射速率的关系

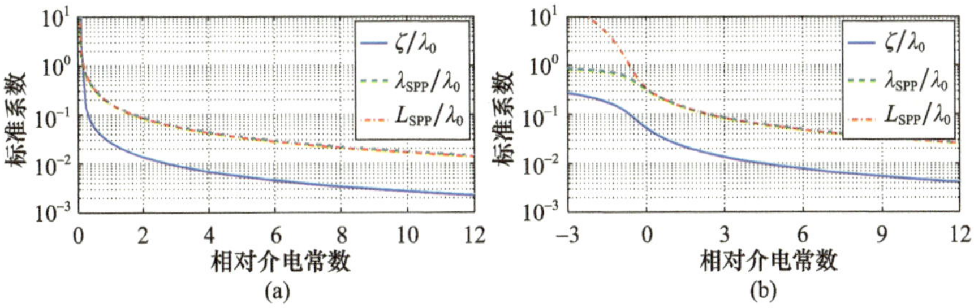

图 16.12 标准自由空间波长下，$\mu_c=0.1$eV，$\Gamma=0.33$meV，2THz 下，石墨烯上 SPP 波在(a)均匀介质和(b)自由空间以及介质基底中的传播特性

图 16.12(b)还研究了表面波在具有介质基底和上方空气的石墨烯上传播的实际情况。通过式(16.77)正确方式推导 SPP 的传播特性。虽然这类似于之前的均匀情形，但电介质的影响较弱。同时，还研究了具有负介电常数材料，揭示了适度受限的 SPP 波可以传播接近自由空间波的波长和传播长度。在所研究的远红外频率下，这些介质在自然界中并不存在，但是可以通过人工介质达到上述性质。

直到现在，还没有一个关于周围介质的磁性的参考。为此，在图 16.13 中，对基底的电和磁性能进行了综合研究。在介电常数为正值时，磁性能的影响可以忽略不计。在介电值为负值时，磁导率的增加会使石墨烯的波长和传播长度减小，增强 SPP 波对石墨烯的限制。最后，对于双负基底($\varepsilon_r<-1$ 和 $\mu_r<-1$)，由于产生了泄漏波，SPP 波不能传播。

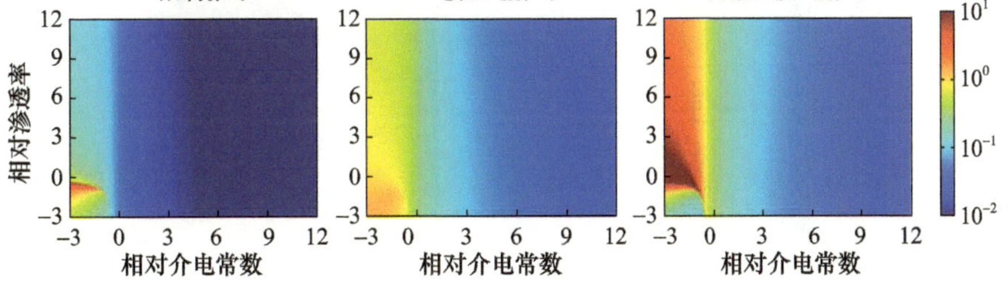

图 16.13 标准自由空间波长下，石墨烯上 SPP 波的传播特性与基底的电磁性能的关系

16.4 磁偏石墨烯的电磁响应

在此之前，石墨烯一直被认为是电偏置的。然而，施加静磁偏置场对其二维材料的表面导电性质具有影响。具体地说，在这种情况下，电导率是一个张量，与16.3节的标量相反。因此，电磁响应有显著差异，在此，深入研究了磁偏石墨烯的特性。注意，温度保持在室温，即 $T=300\mathrm{K}$。

16.4.1 平面波在石墨烯中的传播

通过适当调整表面电导率，可以通过式(16.29)和式(16.30)推导磁偏置石墨烯对垂直入射平面波的影响。特别是，用式(16.10)的张量项代替标量项。回想一下，平面波朝 y 轴的正值传播，反射和透射系数分别由下式计算：

$$\overline{\overline{\boldsymbol{R}}}=\frac{[(\eta_1-\eta_2-\sigma_{\mathrm{d}}\eta_1\eta_2)(\eta_1+\eta_2+\sigma_{\mathrm{d}}\eta_1\eta_2)-(\sigma_{\mathrm{o}}\eta_1\eta_2)^2](\hat{x}\hat{x}+\hat{z}\hat{z})+2\sigma_0\eta_1^2\eta_2(\hat{z}\hat{x}-\hat{x}\hat{z})}{(\eta_1+\eta_2+\sigma_{\mathrm{d}}\eta_1\eta_2)^2+(\sigma_0\eta_1\eta_2)^2} \tag{16.82}$$

$$\overline{\overline{\boldsymbol{T}}}=2\eta_1\frac{(\eta_1+\eta_2+\sigma_{\mathrm{d}}\eta_1\eta_2)(\hat{x}\hat{x}+\hat{z}\hat{z})+\sigma_0\eta_1\eta_2(\hat{z}\hat{x}-\hat{x}\hat{z})}{(\eta_1+\eta_2+\sigma_{\mathrm{d}}\eta_1\eta_2)^2+(\sigma_0\eta_1\eta_2)^2} \tag{16.83}$$

如预期的，这些系数也是张量，结果显示，线极化平面波获得垂直于初始电场分量的附加电场分量。因此，透射和反射的平面波相对于其偏振向量旋转，或者甚至转换成不同的偏振类型，如椭圆或圆形。在确定了一般椭圆极化平面波的基本参数后，实现了对磁偏置石墨烯引起的极化变化的研究。

为了保持先前分析的惯例，所考虑的平面波沿着正 y 轴传播。对于谐波时间变化，电场被分成两个垂直的电场分量：

$$E_x=E_{x0}\mathrm{e}^{\mathrm{j}\phi_x} \tag{16.84}$$

$$E_z=E_{z0}\mathrm{e}^{\mathrm{j}\phi_z} \tag{16.85}$$

式中：$E_{x0}=|E_x|$ 和 $E_{z0}=|E_z|$ 为振幅，ϕ_x 和 ϕ_z 为初始阶段、以及 $\Delta\phi=\phi_z-\phi_x$ 各分量的相位差。平面波的轴比定义为椭圆半轴的轴向比，如图16.14(a)所示，计算如下[16]：

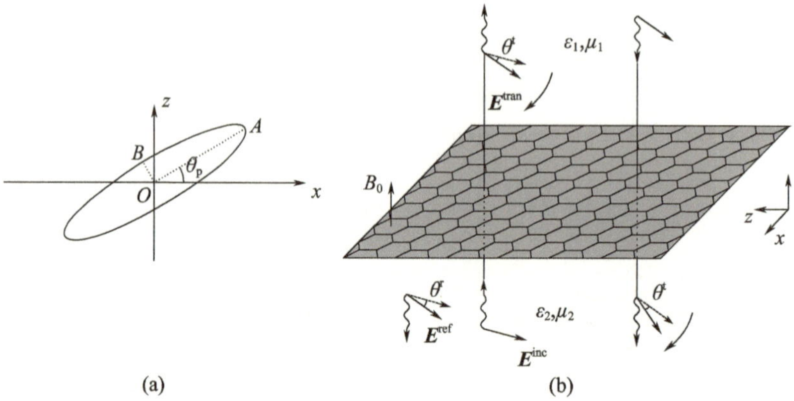

图16.14 (a)沿 y 轴传播的椭圆偏振平面波和(b)磁偏置石墨烯上的入射平面波

$$AR=\frac{OA}{OB}=\frac{\sqrt{\frac{1}{2}\{E_{x0}^2+E_{z0}^2+[E_{x0}^4+E_{z0}^4+2E_{x0}^2E_{z0}^2\cos(2\Delta\phi)]^{\frac{1}{2}}\}}}{\sqrt{\frac{1}{2}\{E_{x0}^2+E_{z0}^2-[E_{x0}^4+E_{z0}^4+2E_{x0}^2E_{z0}^2\cos(2\Delta\phi)]^{\frac{1}{2}}\}}} \tag{16.86}$$

此外,椭圆关于 x 轴的倾斜计算为

$$\theta_{\mathrm{p}}=\frac{\pi}{2}-\frac{1}{2}\arctan\left[\frac{2E_{x0}E_{z0}}{E_{x0}^2-E_{z0}^2}\cos(\Delta\phi)\right] \tag{16.87}$$

现在,可以通过轴比和倾斜的值来评估平面波的偏振。具体地,对于轴比大于 100 的平面波,被认为是线性偏振的,而圆形波具有轴比 1。对于任何其他值,平面波是椭圆偏振的。

回到反射系数和透射系数式(16.82)和式(16.83),当入射平面波与石墨烯相互作用并且偏振角旋转时,电场分量被变换。因此,观察到旋转性。此外,无论入射平面波的方向如何,旋转都相对于 y 轴朝向相同的方向实现,如图 16.14(b)所示。后者表明磁偏置石墨烯产生非交互效应。特别地,考虑沿着正 y 轴传播的具有旋转 θ^{t} 偏振角的平面波,当通过负 y 轴返回时,该平面波再次具有旋转角 θ^{t},朝着同一个方向。因此,初始平面波的偏振角被旋转 $2\theta^{\mathrm{t}}$,证明了系统的非互易性。

旋转角以及可能的极化转换取决于张量表面电导率的两项。这些项受到所施加的偏置场和石墨烯晶格品质的影响,如式(16.11)和式(16.12)中所述。因此,对于磁偏置石墨烯的基本参数进行参数分析非常重要。首先,考虑化学势 $\mu_{\mathrm{c}}=0.1$ 和 $B_0=1\mathrm{T}$,研究了散射速率。式(16.13)的第一朗道能级计算为 $M_n=0.035\mathrm{eV}$,远低于化学势,因此当分析达到远红外区域时,可以安全和准确地使用表面电导率的近似表达式(16.18)和式(16.19),揭示了更有趣的效应。

图 16.15 中的频率响应表明,当虚部在较低频率处为正时,与激励场平行的项的实部 σ_{d} 呈现最大值,直到其实部的最大值。表面电导率响应的微分归因于静磁偏置场和频率,而其实部的最大值几乎与式(16.17)的回旋频率一致。此外,散射率的增加(即品质较差的石墨烯晶格)导致该最大值的减小。注意,如图 16.16 所示,在较低频率下,发射波的旋转角也减小,如果超过回旋频率,旋转角反转,直到接近零值。另外,轴比表明,对于线性偏振平面波,透射的平面波在整个范围保持线性偏振,除了回旋加速器附近的区域,在回旋加速器附近的区域,透射的平面波被转换成椭圆偏振波。

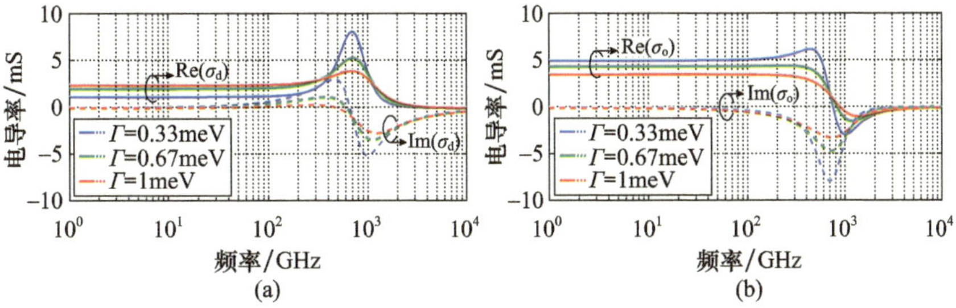

图 16.15 (a)平行和(b)垂直于激发场,石墨烯表面电导率分量与频率 $\mu_{\mathrm{c}}=0.2\mathrm{eV}$,$B_0=1\mathrm{T}$ 的关系和不同散射率值

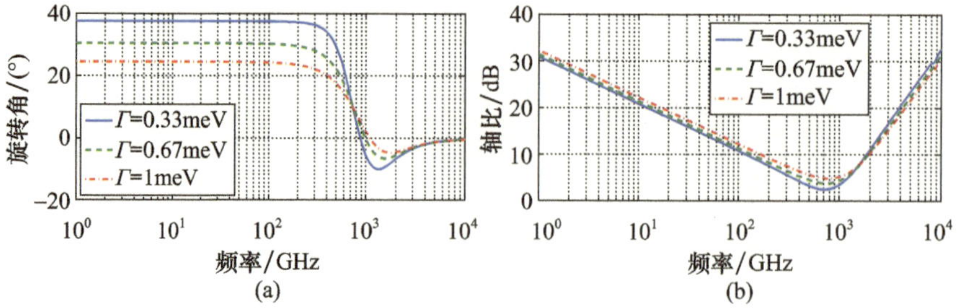

图 16.16 (a)旋转角度和(b)垂直入射到石墨烯的透射平面波的轴比，$\mu_c=0.2\text{eV}$，$B_0=1\text{T}$，和不同的散射率值

在静磁偏置场和化学势的参数研究方面，表面电导率呈现类似的行为，如图 16.17 和图 16.18 所示，$\Gamma=0.33\text{meV}$。主要区别在于最大实部的位移和符号开关 σ_d 的虚部，因为回旋加速器频率受这些石墨烯参数的影响。具体地说，回旋频率式(16.17)与偏磁场成正比，与化学势成反比。此外，表面电导率 σ_o 的垂直项表现出有趣的行为，因为如预期的那样，由于更强的洛伦兹力，静磁场的增广量增大。最后，观察较高频率的 $\mu_c=0.1\text{eV}$，揭示了两个表面电导率项上的振荡。这种行为的解释是，μ_c 只比第一朗道能级大 3 倍，并且近似表达式的精度降低。因此，需要完整的关系式(16.11)和式(16.12)。

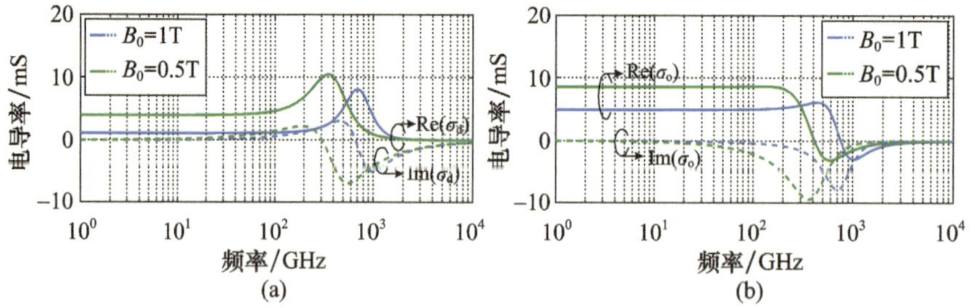

图 16.17 (a)平行和(b)垂直于激发场，石墨烯表面电导率分量与频率 $\mu_c=0.2\text{eV}$，$\Gamma=0.33\text{meV}$ 的关系和不同偏磁场值

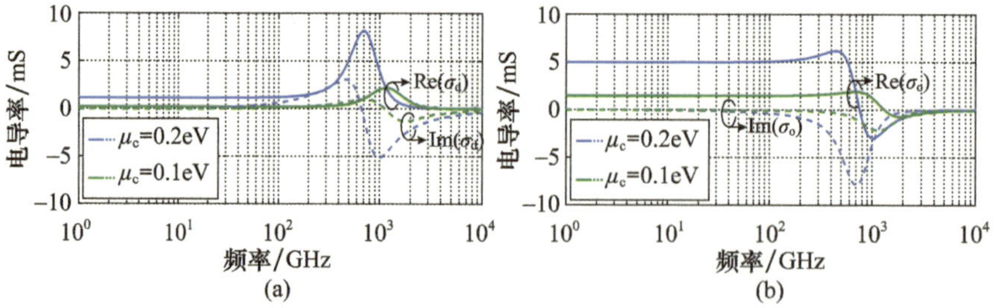

图 16.18 (a)平行和(b)垂直于激发场的石墨烯表面电导率分量与频率 $B_0=1\text{T}$，$\Gamma=0.33\text{meV}$ 的关系，和不同的化学势值

显然，静磁偏置场和化学势影响石墨烯的表面电导率(当结合时)，因为前者决定朗道能级，后者决定其位置。为此，对于这两个参数的组合，在 100GHz 和 $\Gamma=0.33\text{meV}$ 的典型值下，检查旋转角和轴比，如图 16.19 所示。当两个偏置场都很弱时，两者(化学势连接

到静电偏置场）具有可忽略的影响。然而，当偏置场较强时，旋转角急剧增加，而入射的线极化平面波被转换为椭圆偏振透射波。观察到随着化学势的增加，石墨烯表面电导率增加，透射波减弱。

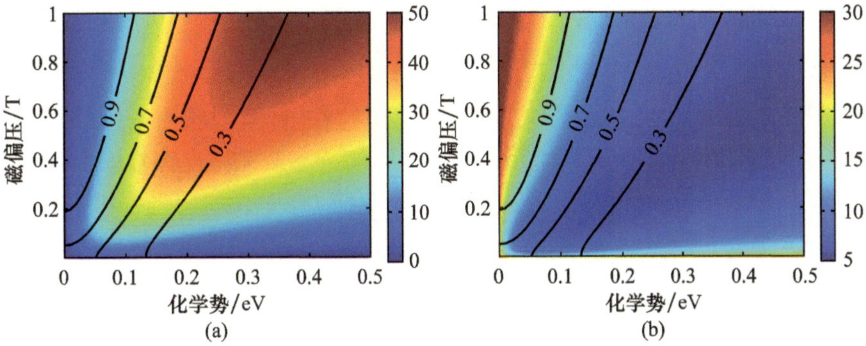

图 16.19　垂直入射照明朝向 $\Gamma=0.33\text{meV}$ 石墨烯层时，透射平面波的（a）旋转角（°）和（b）轴比（dB）在100GHz下，与化学势和偏磁场的关系（黑线表示透射系数值）

16.4.2　石墨烯表面等离子体激元波

由于在二维材料表面附近的体积电流分布 $\boldsymbol{J}_s(\boldsymbol{r}')$，磁偏置石墨烯的电磁响应类似于16.3.2节通过二次格林函数的分析。考虑区域1中的电流源，再次采用赫兹电势式（16.33）、式（16.34），如图16.3所示。与16.3.2节公式的区别在于由于静磁偏置，石墨烯表面导电性的张量性质。显然，对于 xz 平面处的石墨烯层，石墨烯电子上的洛伦兹力使得式（16.10）中的 σ_o 项以及径向复波数 k_ρ 必须被分成两个部分，即 k_x 和 k_z。因此，Hankel 函数不能简化分析，式（16.35）的二元格林函数现在被实现为

$$\overline{\overline{g}}_1^p(\boldsymbol{r}-\boldsymbol{r}')=\overline{\overline{I}}\frac{\mathrm{e}^{-\mathrm{j}k_1R}}{4\pi R}=\overline{\overline{I}}\frac{1}{4\pi^2}\int_{-\infty}^{\infty}\int_{-\infty}^{\infty}\frac{\mathrm{e}^{-p_1|y-y'|}}{2p_1}\mathrm{e}^{-\mathrm{j}\boldsymbol{k}_\rho(\boldsymbol{r}-\boldsymbol{r}')}\mathrm{d}k_x\mathrm{d}k_z \tag{16.88}$$

此外，Hertzian 势式（16.41）~式（16.44）的边界条件也受到 σ_o 的影响，表示为

$$\pi_{1,x}=N^2M^2\pi_{2,x} \tag{16.89}$$

$$\frac{\partial\pi_{1,y}}{\partial y}-\frac{\partial\pi_{2,y}}{\partial y}=-\mathrm{j}k_x(1-M^2N^2)\pi_{2,x} \tag{16.90}$$

$$\omega k_x(\varepsilon_2\pi_{2,y}-\varepsilon_1\pi_{1,y})=-(\sigma_d(k_1^2-k_x^2)+\sigma_o k_x k_z)\pi_{1,x}+(\sigma_d\mathrm{j}\,k_x-\sigma_o\mathrm{j}\,k_z)\frac{\partial\pi_{1,y}}{\partial y}-\mathrm{j}\omega\left(\varepsilon_1\frac{\partial\pi_{1,x}}{\partial y}-\varepsilon_2\frac{\partial\pi_{2,x}}{\partial y}\right) \tag{16.91}$$

$$\omega k_z(\varepsilon_2\pi_{2,y}-\varepsilon_1\pi_{1,y})=-(\sigma_o(k_1^2-k_x^2)-\sigma_d k_x k_z)\pi_{1,x}+(\sigma_o\mathrm{j}k_x+\sigma_d\mathrm{j}\,k_z)\frac{\partial\pi_{1,y}}{\partial y} \tag{16.92}$$

应用适当的边界条件式（16.89）~式（16.92）并遵循与16.3.2节类似的程序，为两个区域推导分散的二元格林函数，即

$$\overline{\overline{g}}_1^s(\boldsymbol{r},\boldsymbol{r}')=\hat{x}\hat{x}g_{1,xx}^s(\boldsymbol{r},\boldsymbol{r}')+\hat{y}\hat{y}g_{1,yy}^s(\boldsymbol{r},\boldsymbol{r}')+\hat{z}\hat{z}g_{1,zz}^s(\boldsymbol{r},\boldsymbol{r}')+\hat{x}\hat{y}g_{1,xy}^s(\boldsymbol{r},\boldsymbol{r}')+\hat{y}\hat{x}g_{1,yx}^s(\boldsymbol{r},\boldsymbol{r}')+\hat{z}\hat{y}g_{1,zy}^s(\boldsymbol{r},\boldsymbol{r}')+\hat{y}\hat{z}g_{1,yz}^s(\boldsymbol{r},\boldsymbol{r}') \tag{16.93}$$

$$\overline{\overline{g}}_2^s(\boldsymbol{r},\boldsymbol{r}')=\hat{x}\hat{x}g_{2,xx}^s(\boldsymbol{r},\boldsymbol{r}')+\hat{y}\hat{y}g_{2,yy}^s(\boldsymbol{r},\boldsymbol{r}')+\hat{z}\hat{z}g_{2,zz}^s(\boldsymbol{r},\boldsymbol{r}')+\hat{x}\hat{y}g_{2,xy}^s(\boldsymbol{r},\boldsymbol{r}')+\hat{y}\hat{x}g_{2,yx}^s(\boldsymbol{r},\boldsymbol{r}')+\hat{z}\hat{y}g_{2,zy}^s(\boldsymbol{r},\boldsymbol{r}')+\hat{y}\hat{z}g_{2,yz}^s(\boldsymbol{r},\boldsymbol{r}') \tag{16.94}$$

其中内部函数是

$$g^{s}_{1,\alpha\beta}(\boldsymbol{r},\boldsymbol{r}') = \frac{1}{4\pi^2}\int_{-\infty}^{\infty}\int_{-\infty}^{\infty} R_{\alpha\beta}\frac{\mathrm{e}^{-p_1(y+y')}}{2p_1}\mathrm{e}^{-\mathrm{j}k_\rho(r-r')}\mathrm{d}k_x\mathrm{d}k_z, \alpha,\beta = x,y,z \tag{16.95}$$

$$g^{s}_{2,\alpha\beta}(\boldsymbol{r},\boldsymbol{r}') = \frac{1}{4\pi^2}\int_{-\infty}^{\infty}\int_{-\infty}^{\infty} T_{\alpha\beta}\frac{\mathrm{e}^{p_2 y}\,\mathrm{e}^{-p_1 y'}}{2p_1}\mathrm{e}^{-\mathrm{j}k_\rho(r-r')}\mathrm{d}k_x\mathrm{d}k_z, \alpha,\beta = x,y,z \tag{16.96}$$

同时，$R_{\alpha\beta}$和$T_{\alpha\beta}$是依赖于石墨烯上电磁波的表面电导率和传播特性的函数的标量项。对于周围材料($\varepsilon_{r1}\neq\varepsilon_{r2}$和$\mu_{r1}\neq\mu_{r2}$)的一组一般电磁特性，标量项相当复杂。因此，检查石墨烯片在均匀介质($\varepsilon_{r1}=\varepsilon_{r2}=\varepsilon_b$和$\mu_{r1}=\mu_{r2}=\mu_b$)内的特殊情况。考虑到该假设，得出

$$R_{xx} = \frac{k_b^2 k_z s_d - p_b^2 k_x s_o - \mathrm{j}\,p_b k_b k_z(s_d^2+s_o^2)}{k_z D(k_\rho)} \tag{16.97}$$

$$T_{xx} = \frac{p_b^2(k_z s_d - k_x s_o) + \mathrm{j}\,p_b k_b k_z}{k_z D(k_\rho)} \tag{16.98}$$

$$R_{xy} = T_{xy} = \frac{-\mathrm{j}\,p_b s_o k_\rho^2}{2k_z D(k_\rho)} \tag{16.99}$$

$$R_{yy} = \frac{p_b k_x k_z[2p_b s_d + 2\mathrm{j}\,k_b(s_d^2+s_o^2)] + p_b^2 s_o(k_z^2 - k_x^2)}{2k_x k_z D(k_\rho)} \tag{16.100}$$

$$T_{yy} = \frac{2k_b k_x k_z(\mathrm{j}\,p_b - k_b s_d) + p_b^2 s_o(k_x^2 - k_z^2)}{2k_x k_z D(k_\rho)} \tag{16.101}$$

$$R_{yx} = -T_{yx} = \frac{-\mathrm{j}\,p_b[k_x k_z s_d + (k_b^2 - k_x^2)s_o]}{k_z D(k_\rho)} \tag{16.102}$$

$$R_{yz} = -T_{yz} = \frac{-\mathrm{j}\,p_b[k_x k_z s_d + (k_z^2 - k_b^2)s_o]}{k_x D(k_\rho)} \tag{16.103}$$

$$R_{zz} = \frac{p_b^2 k_z s_o + k_b^2 k_x s_d - \mathrm{j}\,p_b k_b k_x(s_d^2+s_o^2)}{k_x D(k_\rho)} \tag{16.104}$$

$$T_{zz} = \frac{p_b^2(k_x s_d + k_z s_o) + \mathrm{j}\,p_b k_b k_x}{k_x D(k_\rho)} \tag{16.105}$$

$$R_{zy} = T_{zy} = \frac{\mathrm{j}\,p_b s_o k_\rho^2}{2k_x D(k_\rho)} \tag{16.106}$$

式中：$D(k_\rho)$为辐射波数的函数；s_d和s_o分别为σ_d、σ_o的规范化项，表示为

$$D(k_\rho) = (p_b^2 - k_b^2)s_d + \mathrm{j}\,p_b k_b(1 + s_d^2 + s_o^2) \tag{16.107}$$

$$s_d = \frac{\eta_b\sigma_d}{2}, s_o = \frac{\eta_b\sigma_o}{2} \tag{16.108}$$

而k_b和η_b分别为均匀介质的波数和波阻抗，$p_b^2 = k_\rho^2 - k_b^2$。表面波的存在取决于$\mathrm{Re}\{p_b\}>0$，以满足$y\to\pm\infty$的辐射条件，如16.3.2节中详细分析。

散射并矢格林函数式(16.95)和式(16.96)的积分是Sommerfeld类的，在$R_{\alpha\beta}$和$T_{\alpha\beta}$零点有奇异性。除了琐碎的点$k_x=k_z=0$和$k_\rho=k_b$，$D(k_\rho)$函数与表面波传播现象有关。因此，解析该函数，然后提取k_ρ并探索磁等离子体的传播特性非常重要。在同质介质($\varepsilon_{r1}=\varepsilon_{r2}=\varepsilon_b$，$\mu_{r1}=\mu_{r2}=\mu_b$)中的石墨烯层的情况下，复波数的色散方程估计为

$$k_\rho^{\pm} = k_b\sqrt{\frac{1}{4s_d^2}\left(-\mathrm{j}(s_d^2+s_o^2+1)\pm\sqrt{4s_d^2-(s_d^2+s_o^2+1)^2}\right)^2+1} \tag{16.109}$$

其中,正值对应于横向磁 SPP 波,负值对应于横向电 SPP 波。显然,该间距取决于平行表面电导率项虚部的符号,即 $\sigma''_d = \mathrm{Im}\{\sigma_d\}$。通常在静磁偏置不存在的情况下,当 $\sigma''_d < 0$ 时,出现 TM SPP 波;而在 $\sigma''_d > 0$ 时,则出现 TE SPP 波。否则,辐射条件 $\mathrm{Re}\{p_b\} > 0$ 不能满足。

通过式(16.11)和式(16.12)推导石墨烯的表面电导率,并引用图 16.17 回顾所选值 $\mu_c = 0.2\mathrm{eV}$ 和 $\Gamma = 0.33\mathrm{meV}$。$\sigma''_d$ 符号在较低频率处为正,但在回旋频率式(16.17)附近变为负。应注意到,该频率取决于静磁偏置强度以及通过静电偏置控制的化学势。因此,可以最佳地调节所施加的静态场,以实现石墨烯的所需性质。

如 16.3.2 节所述,静磁偏置缺失导致了远红外区域之外的弱约束 TE SPP 波。然而,当静磁偏置增加时,这些波也在微波和毫米波频率下出现。偏置场的影响如图 16.20 所示,图中描述了磁等离子体的传播特性(通过复波数式(16.109)推导)。静磁偏置场的增加导致回旋加速器频率成比例地增加,1THz 时,$\mu_c = 0.1\mathrm{eV}$(图 16.20(a)),σ''_d 项变为正,数 $B_0 > 0.82\mathrm{T}$。因此,在较低的静磁值下,弱约束的 TE SPP 波与强约束的 TM SPP 波相反。此外,在回旋频率($0.9\omega_c < 2\pi f < 1.1\omega_c$)附近,任何类型的 SPP 波消失,观察到漏波。相反,将化学势增加到 0.2eV(图 16.20(b)),回旋加速器频率不会接近 1 THz,必须进一步增加静磁偏置,以将 TM SPP 转换为 TE SPP。

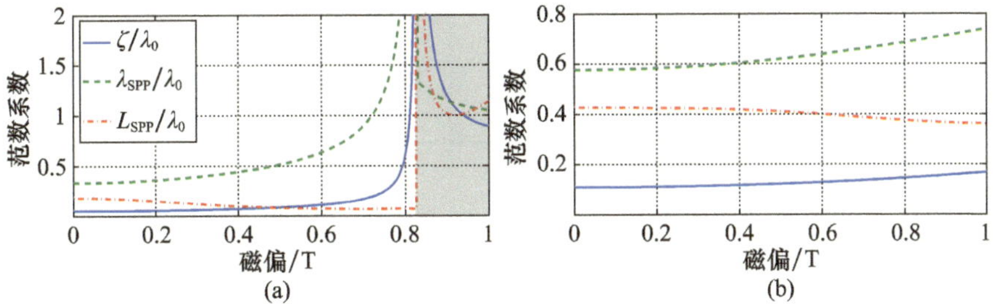

图 16.20 归一化到自由空间波长的 $\Gamma = 0.33\mathrm{meV}$ 磁偏置石墨烯在 1THz 下磁等离子体激元的传播特性,化学势为(a)0.1eV 和(b)0.2eV(阴影区域表示 $\sigma''_d < 0$)

16.5 石墨烯数值模拟

前几节的理论分析揭示了石墨烯中的大部分奇异电磁现象,而参数研究则揭示了其关键特征。然而,所考虑的结构并不近似于更为复杂的现实装置。为此,需要先进的数值算法才能准确高效地对石墨烯进行建模,从而为复杂器件的设计和电磁响应的推导铺平道路。特别地,利用常用的时域有限差分(FDTD)方法,并通过对传统算法的适当修改引入石墨烯。数值模拟的主要目标是将石墨烯作为二维材料,保持其真实性质以及其频率色散的可靠建模。

16.5.1 石墨烯等效表面电流密度

传统的 FDTD 算法通过鲁棒的有限差分格式[17]逼近麦克斯韦方程来求解电磁传播。基本参量是电场和磁场,而电流密度被用作激励。回顾石墨烯的表面导电性,其被引入到

算法中作为激发场 J_{gr}，通过导电性和瞬时电场来控制

$$J_{gr}(r',\omega)=\sigma(\omega)E(r',\omega) \tag{16.110}$$

因此，石墨烯作为等效表面电流启动，其在原始 Yee 晶胞[18]中的位置与电场分量一致，如图 16.21 所示，这是由于对电场的强烈依赖性。在算法的每个时间步长，在电场计算中加入现有的石墨烯表面电流：

$$E_x\big|_{i,j+\frac{1}{2},k-\frac{1}{2}}^{n+1}=E_x\big|_{i,j+\frac{1}{2},k-\frac{1}{2}}^{n+1}-\frac{2\Delta t}{(\varepsilon_1+\varepsilon_2)+\sigma\Delta t}\frac{1}{\Delta y}J_{x,gr}\big|_{i,j+\frac{1}{2},k-\frac{1}{2}}^{n} \tag{16.111}$$

$$E_z\big|_{i+\frac{1}{2},j+\frac{1}{2},k}^{n+1}=E_z\big|_{i+\frac{1}{2},j+\frac{1}{2},k}^{n+1}-\frac{2\Delta t}{(\varepsilon_1+\varepsilon_2)+\sigma\Delta t}\frac{1}{\Delta y}J_{z,gr}\big|_{i+\frac{1}{2},j+\frac{1}{2},k}^{n} \tag{16.112}$$

其中，假定材料被放置在 xz 平面上。由于这一事实，通过常规算法计算垂直于石墨烯表面的分量 E_y。此外，$\frac{1}{\Delta y}$项用于相对于晶胞尺寸标准化电流密度，从而表示等效表面电流。

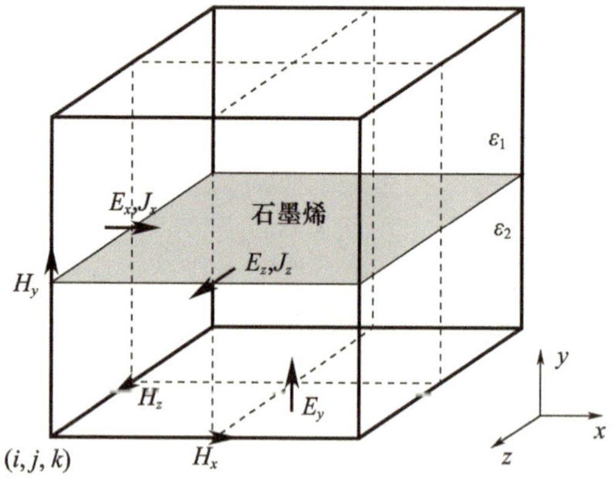

图 16.21 Yee 晶胞中的石墨烯位置及其通过表面电流密度的建模

16.5.2 递归卷积法

在频域研究石墨烯的表面电导率。然而，FDTD 算法仅在时域中实现，并且必须执行式(16.110)的逆傅里叶变换，即

$$J_{gr}(r',t)=\sigma(t)*E(r',t) \tag{16.113}$$

式中：* 符号表示表面电导率和电场之间的卷积。在随机时间步长 $t=(n+1)\Delta t$，因果传导函数（实际）的离散卷积为

$$J(r)\big|^{n+1}=\sum_{m=0}^{n+1}\{\sigma[(n+1-m)\Delta t]E(r)\big|^{m}\Delta t\} \tag{16.114}$$

可以容易地注意到，该表达式对于存储器分配和计算资源是非常苛刻的，因为必须存储所有过去的电场值。但是，有一类函数的卷积是通过递归方案[19]获得的。这些函数由指数函数和调和函数的组合组成

$$\sigma(t)=Ae^{-\alpha t}\cos(\omega_0 t)u(t) \tag{16.115}$$

$$\sigma(t)=Ae^{-\alpha t}\sin(\omega_0 t)u(t) \tag{16.116}$$

式中：$u(t)$为 Heaviside 阶跃函数。虽然可用的函数似乎有限，但描述常用的德拜、洛伦兹

和德鲁克等模型的最基本的函数包括在式(16.115)和式(16.116)中。

首先,表面电导率表示为的复指数函数 $\gamma=\alpha-\mathrm{j}\omega_0$,而式(16.115)和式(16.116)可以通过下式反向推导:

$$\sigma(t)=\mathrm{Re}\{A\,\mathrm{e}^{-\gamma t}u(t)\} \tag{16.117}$$

$$\sigma(t)=\mathrm{Im}\{A\,\mathrm{e}^{-\gamma t}u(t)\} \tag{16.118}$$

函数的指数性质非常方便,因为式(16.114)可以通过下式计算

$$\boldsymbol{J}(\boldsymbol{r})\,|^{n+1}=\sum_{m=0}^{n+1}\{A\mathrm{e}^{-\gamma(n+1-m)\Delta t}\boldsymbol{E}(\boldsymbol{r})\,|^{m}\Delta t\} \tag{16.119}$$

$$\boldsymbol{J}(\boldsymbol{r})\,|^{n+1}=\mathrm{e}^{-\gamma\Delta t}\sum_{m=0}^{n}\{A\mathrm{e}^{-\gamma(n-m)\Delta t}\boldsymbol{E}(\boldsymbol{r})\,|^{m}\Delta t\}+A\Delta t\,\boldsymbol{E}(\boldsymbol{r})\,|^{n+1} \tag{16.120}$$

现在可以容易地注意到,第一项的总和与上一时间步长的表面电流密度一致,即

$$\boldsymbol{J}(\boldsymbol{r})\,|^{n}=\sum_{m=0}^{n}\{A\mathrm{e}^{-\gamma(n-m)\Delta t}\boldsymbol{E}(\boldsymbol{r})\,|^{m}\Delta t\} \tag{16.121}$$

式(16.120)表示为

$$\boldsymbol{J}(\boldsymbol{r})\,|^{n+1}=\mathrm{e}^{-\gamma\Delta t}\boldsymbol{J}(\boldsymbol{r})\,|^{n}+A\Delta t\,\boldsymbol{E}(\boldsymbol{r})\,|^{n+1} \tag{16.122}$$

最后,适当选择复杂部分,可以精确计算由于式(16.115)或式(16.116)的表面电导率引起的表面电流。此外,在计算资源和时间方面保持了传统 FDTD 方法的效率。所描述的技术是用于通过电导率和电场计算电流密度的递归卷积方法(RCM)的改进。

16.5.3 递归卷积法的石墨烯建模

16.5.3.1 电偏石墨烯

石墨烯的表面电导率通过远红外区域的方程式(16.18)和式(16.19)计算,其中观察到所有有趣的现象。此外,由于回旋加速器频率为零,不存在静磁偏置使表达式更加简化。因此,

$$\sigma_{\mathrm{d}}(\omega)=\frac{\mathrm{e}^2k_{\mathrm{B}}T}{\pi\hbar^2(\mathrm{j}\omega+2\Gamma)}\left[\frac{\mu_{\mathrm{c}}}{k_{\mathrm{B}}T}+2\ln\left(\mathrm{e}^{-\frac{\mu_{\mathrm{c}}}{k_{\mathrm{B}}T}}+1\right)\right]=\frac{A_{\mu_{\mathrm{c}}}}{\mathrm{j}\omega+2\Gamma} \tag{16.123}$$

式中:术语$A_{\mu_{\mathrm{c}}}$取决于化学势。然后,应用式(16.123)的逆傅里叶变换,得到

$$\sigma_{\mathrm{d}}(t)=A_{\mu_{\mathrm{c}}}\mathrm{e}^{-2\Gamma t}u(t) \tag{16.124}$$

以实现 FDTD 算法所需的时域中的转换。最后的表达式与式(16.117)一致,$A=A_{\mu_{\mathrm{c}}}$,且 $\gamma=2\Gamma$,表明指数函数是实值,每个时间步长的表面电流通过式(16.122)计算

$$\boldsymbol{J}_{\mathrm{gr}}(\boldsymbol{r})\,|^{n+1}=\mathrm{e}^{-2\Gamma\Delta t}\boldsymbol{J}_{\mathrm{gr}}(\boldsymbol{r})\,|^{n}+A_{\mu_{\mathrm{c}}}\Delta t\,\boldsymbol{E}(\boldsymbol{r})\,|^{n+1} \tag{16.125}$$

将式(16.125)的两个分量分离,得到最终的更新公式

$$J_{x,\mathrm{gr}}\Big|_{i,j+\frac12,k-\frac12}^{n+1}=\mathrm{e}^{-2\Gamma\Delta t}J_{x,\mathrm{gr}}\Big|_{i,j+\frac12,k-\frac12}^{n}+A_{\mu_{\mathrm{c}}}\Delta t\,E_x\Big|_{i,j+\frac12,k-\frac12}^{n+1} \tag{16.126}$$

$$J_{z,\mathrm{gr}}\Big|_{i+\frac12,j+\frac12,k}^{n+1}=\mathrm{e}^{-2\Gamma\Delta t}J_{z,\mathrm{gr}}\Big|_{i+\frac12,j+\frac12,k}^{n}+A_{\mu_{\mathrm{c}}}\Delta t\,E_z\Big|_{i+\frac12,j+\frac12,k}^{n+1} \tag{16.127}$$

通过仿真验证了所创建的石墨烯数值模型。特别地,分析集中于表面波传播特性检测,因为其在高级应用的设计中具有重要意义。进行了两种不同的模拟,以覆盖远红外区域。第一个问题的计算空间离散为 $\Delta x=\Delta y=\Delta z=1.5\mu\mathrm{m}$ 的 400×240×400 晶胞,时间步长设置为 2.8fs,域通过完全匹配层(PML)[20,21]终止。相应地,第二个问题的计算空间被划分为 $\Delta x=\Delta y=\Delta z=0.1\mu\mathrm{m}$ 的 200×100×200 晶胞,时间步长为 0.19fs,具有类似 PML

的终止。最后，前者的频率范围为1~4THz，而后者的频率范围为4~10THz。

首先，在2THz下推导沿石墨烯表面$\mu_c=0.2$eV和$\Gamma=0.33$meV的电场分布，并与通过式(16.66)计算的理论值进行比较。图16.22中两个电气元件的显著匹配构成了算法总体精度的可靠指示。

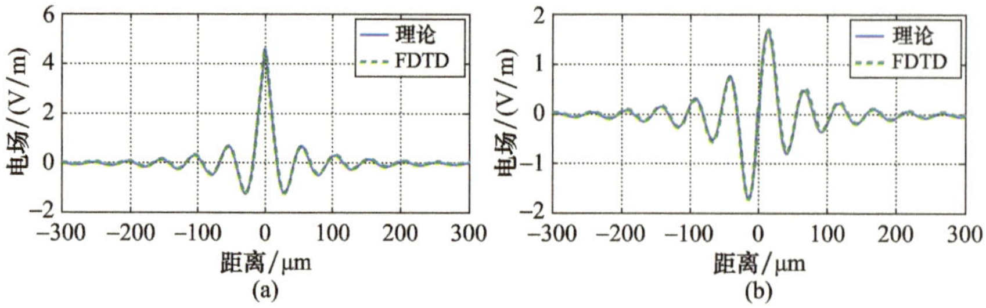

图16.22 在2THz下，$\mu_c=0.2$eV和$\Gamma=0.33$meV石墨烯表面的电场分布，关于石墨烯的(a)法线和(b)平行分量

此外，关于石墨烯表面波的传播特性，数值结果与理论结果一致，如图16.23~图16.25所示，与化学势或散射率的选择无关。如所观察到的，与对于增加的散射率值而退化的传播长度相比，后者对SPP波的限制和波长的影响可以忽略不计。

然而，表面波在悬浮的石墨烯上传播，即被空气包围，并不是一个现实的场景。为此，需要进行额外的模拟，其中用以下的理论$\varepsilon_r=2$和$\varepsilon_r=4$模拟代替基底。与图16.26中的理论值的比较，证明了所提出的算法在任何情况下的有效性。

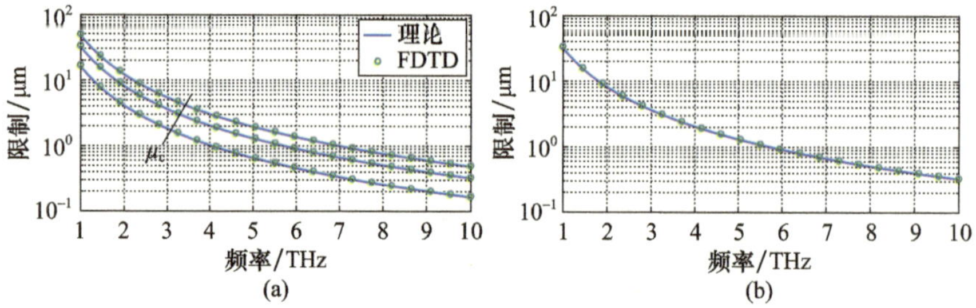

图16.23 (a)$\mu_c=0.1$eV，0.2eV，0.3eV，$\Gamma=0.33$meV，以及(b)$\mu_c=0.2$eV，$\Gamma=0.33$meV，3.3meV，33meV石墨烯上的表面波限制

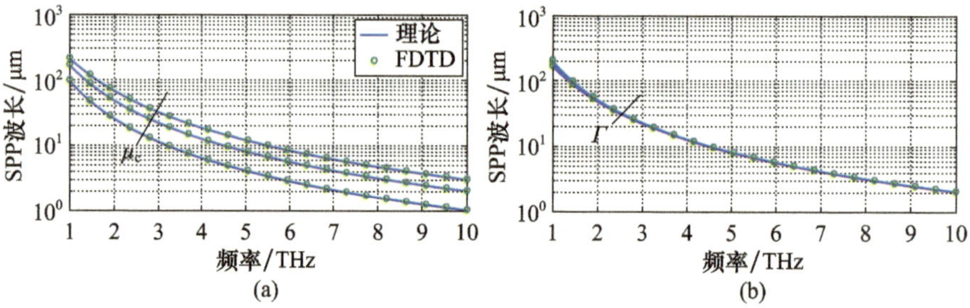

图16.24 (a)$\mu_c=0.1$eV，0.2eV，0.3eV，$\Gamma=0.33$meV，以及(b)$\mu_c=0.2$eV，$\Gamma=0.33$meV，3.3meV，33meV石墨烯表面波的波长

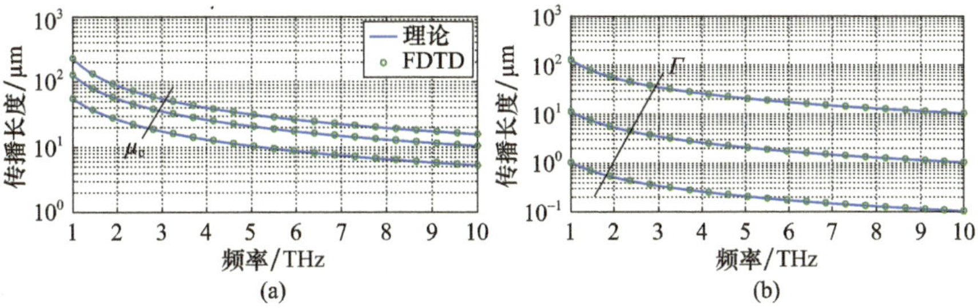

图 16.25 (a)μ_c=0.1eV,0.2eV,0.3eV,Γ=0.33meV,以及(b)μ_c=0.2eV,Γ=0.33meV,3.3meV,33meV 石墨烯上的表面波的传播长度

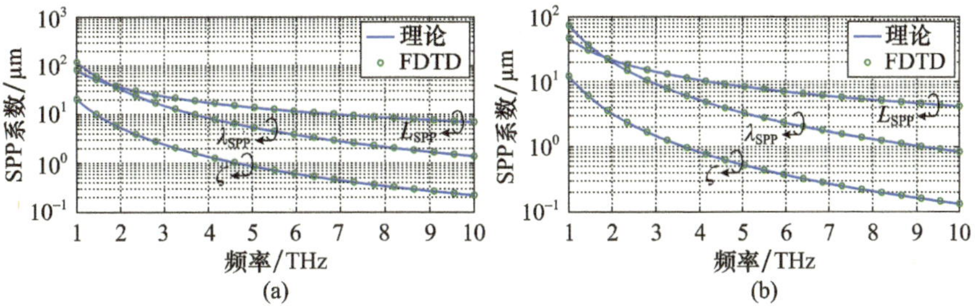

图 16.26 μ_c=0.2eV,Γ=0.33meV 石墨烯表面波的传播特性。覆盖层为空气,基底具有(a)ε_r=2 和(b)ε_r=4 的电介质

16.5.3.2 磁偏石墨烯

当把静磁偏置场附加到静电偏置场时,石墨烯作为标量表面电导率的建模过程被认为是不充分的。在这种情况下,将电导率转换为张量式(16.10),并通过式(16.9)计算等效表面电流。考虑到石墨烯位于 xz 平面上,频域的表面电流分量扩展为

$$J_{x,gr}(\omega)=\sigma_d(\omega)E_x(\omega)+\sigma_o(\omega)E_z(\omega) \tag{16.128}$$

$$J_{z,gr}(\omega)=\sigma_d(\omega)E_z(\omega)-\sigma_o(\omega)E_x(\omega) \tag{16.129}$$

数值分析也一直进行到远红外区,而静磁场应该是$B_0 \leqslant 1$T。因此,表面电导率项通过简化表达式(16.18)和式(16.19)计算为

$$\sigma_d(\omega)=A_{\mu_c}\frac{j\omega+2\Gamma}{\omega_c^2+(j\omega+2\Gamma)^2} \tag{16.130}$$

$$\sigma_o(\omega)=A_{\mu_c}\frac{\omega_c}{\omega_c^2+(j\omega+2\Gamma)^2} \tag{16.131}$$

其中利用式(16.123)中的A_{μ_c}项,取决于化学势。在两个表面电导率项中应用逆傅里叶变换

$$\sigma_d(t)=A_{\mu_c}e^{-2\Gamma t}\cos(\omega_c t)u(t) \tag{16.132}$$

$$\sigma_d(t)=A_{\mu_c}e^{-2\Gamma t}\sin(\omega_c t)u(t) \tag{16.133}$$

其属于 RCM 过程可以控制的函数类别。具体地说,函数与式(16.115)和式(16.116)$\gamma=2\Gamma-j\omega_c$和 $A=A_{\mu_c}$ 匹配。可以实现为复指数函数式(16.117)和式(16.118)。此外,式(16.132)和式(16.133)之间的主要区别在于选择复函数的适当部分。通过定义复杂的表面电流J_{cx}和J_{cz},这完全取决于相应的电气部件[22],来再次生成此特性

$$J_{cx}(\boldsymbol{r},t)=A_{\mu_c}e^{-(2\Gamma-j\omega_c)t}u(t)*E_x(\boldsymbol{r},t) \tag{16.134}$$

$$J_{cz}(\boldsymbol{r},t)=A_{\mu_c}e^{-(2\Gamma-j\omega_c)t}u(t)*E_z(\boldsymbol{r},t) \tag{16.135}$$

此外，Yee 晶胞中复杂表面电流分量的位置与电流分量一致，考虑式(16.122)得到

$$J_{cx}\Big|_{i,j+\frac{1}{2},k-\frac{1}{2}}^{n+1}=e^{-(2\Gamma-j\omega_c)\Delta t}J_{cx}\Big|_{i,j+\frac{1}{2},k-\frac{1}{2}}^{n}+A_{\mu_c}\Delta t\,E_x\Big|_{i,j+\frac{1}{2},k-\frac{1}{2}}^{n+1} \tag{16.136}$$

$$J_{cz}\Big|_{i+\frac{1}{2},j+\frac{1}{2},k}^{n+1}=e^{-(2\Gamma-j\omega_c)\Delta t}J_{cz}\Big|_{i+\frac{1}{2},j+\frac{1}{2},k}^{n}+A_{\mu_c}\Delta t\,E_z\Big|_{i+\frac{1}{2},j+\frac{1}{2},k}^{n+1} \tag{16.137}$$

最后，通过式(16.128)和式(16.129)计算实值表面电流。

$$J_{x,gr}\Big|_{i,j+\frac{1}{2},k-\frac{1}{2}}^{n+1}=\mathrm{Re}\Big\{J_{cx}\Big|_{i,j+\frac{1}{2},k-\frac{1}{2}}^{n+1}\Big\}+\mathrm{Im}\Big\{J_{cz}\Big|_{i,j+\frac{1}{2},k-\frac{1}{2}}^{n+1}\Big\} \tag{16.138}$$

$$J_{z,gr}\Big|_{i+\frac{1}{2},j+\frac{1}{2},k}^{n+1}=\mathrm{Re}\Big\{J_{cz}\Big|_{i+\frac{1}{2},j+\frac{1}{2},k}^{n+1}\Big\}-\mathrm{Im}\Big\{J_{cx}\Big|_{i+\frac{1}{2},j+\frac{1}{2},k}^{n+1}\Big\} \tag{16.139}$$

然而，实值表面电流的位置与复杂表面电流的位置不同，如图 16.27 所示，需要进一步处理。特别地，部件$J_{x,gr}-J_{cz,gr}$和$J_{z,gr}-J_{cx,gr}$都有轻微的偏移。为此，通过这些位置处的相邻值来近似计算复数电流

$$J_{cz}\Big|_{i,j+\frac{1}{2},k-\frac{1}{2}}^{n+1}=\frac{1}{4}\Big(J_{cz}\Big|_{i+\frac{1}{2},j+\frac{1}{2},k}^{n+1}+J_{cz}\Big|_{i-\frac{1}{2},j+\frac{1}{2},k}^{n+1}+J_{cz}\Big|_{i+\frac{1}{2},j+\frac{1}{2},k-1}^{n+1}+J_{cz}\Big|_{i-\frac{1}{2},j+\frac{1}{2},k-1}^{n+1}\Big) \tag{16.140}$$

$$J_{cx}\Big|_{i+\frac{1}{2},j+\frac{1}{2},k}^{n+1}=\frac{1}{4}\Big(J_{cx}\Big|_{i+1,j+\frac{1}{2},k+\frac{1}{2}}^{n+1}+J_{cx}\Big|_{i+1,j+\frac{1}{2},k-\frac{1}{2}}^{n+1}+J_{cx}\Big|_{i,j+\frac{1}{2},k+\frac{1}{2}}^{n+1}+J_{cx}\Big|_{i,j+\frac{1}{2},k-\frac{1}{2}}^{n+1}\Big) \tag{16.141}$$

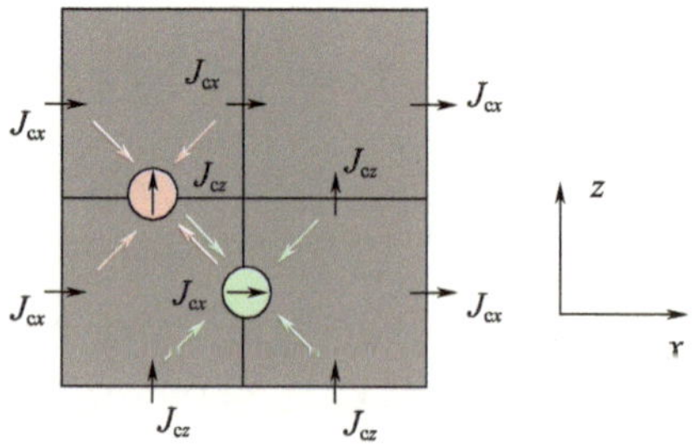

图 16.27 石墨烯复杂表面电流分量的位置

通过详细的仿真验证了所开发的算法，类似于电偏置石墨烯的情况。然而，在这种情况下，还研究了线极化平面波的传播。计算域分为 $\Delta x=\Delta y=\Delta z=2.5\mu m$ 的 10 × 50000 × 10 晶胞，时间步长设置为 5.7fs。这里，利用 FDTD 算法的周期边界和总场/散射场方案[23]来确保平面波的传播。此外，仿真的频率范围极宽，从 10GHz 开始直到 10THz。将数值结果与理论结果进行比较，再一次证明了该方法的较高精度，如图 16.28 和图 16.29 所示。

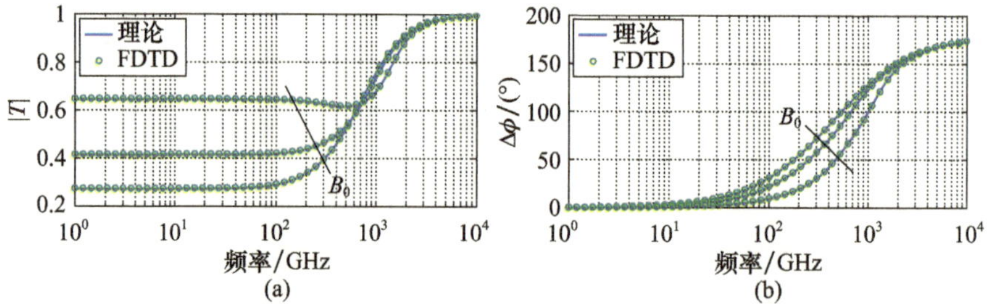

图 16.28 (a)石墨烯上垂直入射平面波的透射系数振幅和(b)偏振的电气分量之间的相位差，$\mu_c=0.2eV$，$\Gamma=0.33meV$ 和 $B_0=0.25T$，0.5T，和 1T

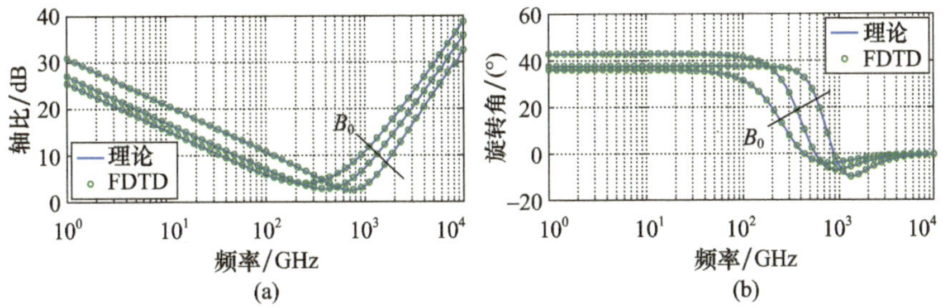

图 16.29 垂直入射平面波在石墨烯上的(a)轴比和(b)偏振旋转角,

$\mu_c=0.2\text{eV}$,$\Gamma=0.33\text{meV}$ 以及$B_0=0.25\text{T}$,0.5T 和 1T

最后,研究了两种不同静磁偏置场下,也即分别为$B_0=0.5\text{T}$ 和$B_0=1\text{T}$ 下,磁偏置石墨烯上的表面等离子体激元波。模拟涉及远红外区域,并且该区域被分成两部分,与电偏置情况相同。图 16.30 将数值结果与理论估计进行了比较,表明了改进后的 FDTD 算法的匹配性和准确性。因此,后者可用于更复杂的器件,以提取其电磁响应用于高级应用。

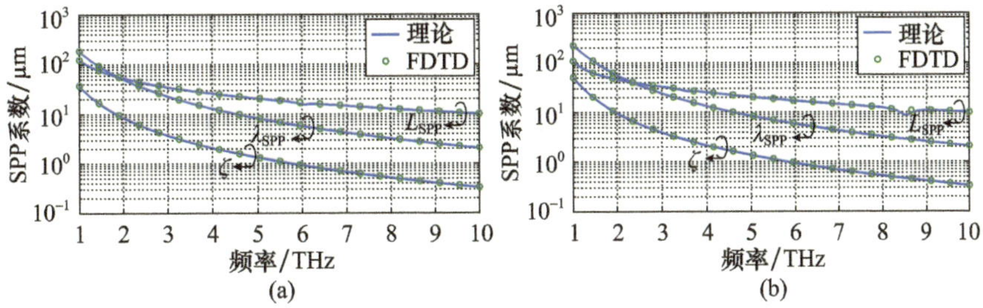

图 16.30 $\mu_c=0.2\text{eV}$,$\Gamma=0.33\text{meV}$,和(a)$B_0=0.5$ 以及(b)$B_0=1\text{T}$ 偏磁石墨烯表面波的传播特性

16.6 小结

本章对石墨烯的电磁响应进行了深入的分析研究。石墨烯被认为是一个无限薄的层,其特征在于其表面导电性,其表面导电性取决于材料的质量以及所施加的偏置场。电磁分析揭示了石墨烯的一些奇异性质,例如在远红外区域支持高度受限的表面等离子极化子波的能力和在毫米波光谱的旋转性。此外,还进行了各种参数分析,研究了石墨烯性质的本质。最后,我们提出了一个石墨烯的数值实现,将二维材料作为表面处理。所提出的算法基于强大的时域有限差分法,数值模拟证明了在计算时间和资源方面其具有显著的精度和效率。

参考文献

[1] Novoselov, K. S., Geim, A. K., Morozov, S. V., Jiang, D., Zhang, Y., Dubonos, S. V., Grigorieva, I. V., Firsov, A. A., Electric field effect in atomically thin carbon films. *Science*, 306, 5696, 666–669, 2004.

[2] Mikhailov, S. and Ziegler, K., New electromagnetic mode in graphene. *Phys. Rev. Lett.*, 99, 1, 016803, 2007.

[3] Hanson, G. W., Dyadic Greenes functions and guided surface waves for a surface conductivity model of gra-

phene. *J. Appl. Phys.* ,103,6,064302,2008.

[4] Nikitin,A. Y. ,Garcia – Vidal,F. J. ,Martin – Moreno,L. ,Analytical expressions for the electromagnetic dyadic Greenes function in graphene and thin layers. IEEE J. Sel. Top. *Quantum Electron.* ,19,3,4600611 – 4600611,2013.

[5] Sounas,D. L. and Caloz,C. ,Gyrotropy and non reciprocity of graphene for microwave applications. *IEEE Trans. Microwave Theory Tech.* ,60,4,901 – 914,2012.

[6] Philip Wong,H. – S. and Akinwande,D. ,*Carbon Nanotube and Graphene Device Physics*,Cambridge University Press,2010.

[7] Hanson,G. W,Dyadic Green's functions for an anisotropic,non – local model of biased graphene. *IEEE Trans. Antennas Propag.* ,56,3,747 – 757,2008.

[8] Kubo,R. ,Statistical – mechanical theory of irreversible processes. I. general theory and simple applications to magnetic and conduction problems. *J. Phys. Soc. Jpn.* ,12,6,570 – 586,1957.

[9] Gusynin, V. , Sharapov, S. , Carbotte, J. , Magneto – optical conductivity in graphene. *J. Phys.* : *Condens. Matter*,19,2,026222,2006.

[10] Chew,W. C. ,*Waves and Fields in Inhomogeneous Media*,*vol.* 522,IEEE Press,New York,1995.

[11] Bagby,J. and Nyquist,D. ,Dyadic green's functions for integrated electronic and optical circuits. *IEEE Trans. Microwave Theory Tech.* ,35,2,207 – 210,1987.

[12] Ishimaru,A. ,*Electromagnetic Wave Propagation*,*Radiation*,*and Scattering*,Prentice – Hall,1991.

[13] Sommerfeld,A. ,*Partial Differential Equations in Physics*,vol. 1,Academic Press,1949.

[14] Economou,E. ,Surface plasmons in thin films. *Phys. Rev.* ,182,2,539,1969.

[15] Amanatiads,S. A. and Kantartzis,N. V. ,Substrate controllable transverse magnetic surface waves onto a graphene layer at far – infrared frequencies. 7*th International Congress on Advanced Electromagnetic Materials in Microwaves and Optics*,*pp.* 256 – 258,2013.

[16] Balanis,C. A. ,*Antenna Theory*:*Analysis and Design*,John Wiley & Sons,2016.

[17] Taflove,A. and Hagness,S. C. ,*Computational Electrodynamics*,Artech House Publishers,2000.

[18] Yee,K. ,Numerical solution of initial boundary value problems involving Maxwell's equations in isotropic media. *IEEE Trans. Antennas Propag.* ,14,3,302 – 307,1966.

[19] Kelley, D. F. and Luebbers, R. J. , Piecewise linear recursive convolution for dispersive media using FDTD. *IEEE Trans. Antennas Propag.* ,44,6,792 – 797,1996.

[20] Berenger,J. P. ,A perfectly matched layer for the absorption of electromagnetic waves. *J. Comput. Phys.* , 114,2,185 – 200,1994.

[21] Amanatiads,S. A. ,Kantartzis,N. V. ,Tsiboukis,T. D. ,A loss – controllable absorbing boundary condition for surface plasmon polaritons propagating onto graphene. *IEEE Trans. Magn.* ,51,3,1 – 4,2015.

[22] Amanatiads,S. A. ,Kantartzis,N. V. ,Ohtani,T. ,Kanai,Y. ,Precise modeling of magnetically biased graphene through a recursive convolutional FDTD method. *IEEE Trans. Magn.* ,54,3,2017.

[23] Taflove,A. and Umashankar,K. ,Radar cross – section of general three – dimensional scatterers. IEEE Trans. Electromagn. *Compat.* ,4,433 – 440,1983.

第17章 金属和半导体上的类石墨烯 $A_N B_{8-N}$ 化合物

Sergei Yu. Davydov
俄罗斯圣彼得堡俄罗斯科学院约费研究所

摘　要　利用低能近似的紧束缚理论，分别有了金属和半导体基底上游离类石墨烯 $A_N B_{8-N}$ 化合物(GLC)以及平坦和屈曲的外延单层的密度解析表达式；分析了各态密度随层间基底耦合常数和屈曲因子的函数变化特征；在提出的电子光谱模型的基础上，建立了吸附理论，确定了吸附原子能级位置、吸附原子基底耦合常数和具有异极键的游离态GLC固有的间隙在吸附原子电子结构形成中的作用；考虑了金属表面自支撑和外延GLC的情况。

关键词　石墨烯化合物，基底，金属，半导体

17.1 引言

近年来，研究人员对各种二维结构的理论描述的兴趣显著增加(例如，参考文献[1-6]和其中的相关内容)。在这种情况下，有很大一部分注意力集中在类石墨烯 $A_N B_{8-N}$ 化合物[7-14]和在此基础上构建的结构[15-20]上。重点是 $A_N B_{8-N}$ 化合物(在 $A \neq B$ 处)其特征在于非零能隙宽度，而不像石墨烯、硅树脂和锗烯这些半金属或零间隙半导体。正是这个特征使 $A_N B_{8-N}$ 化合物有希望成为器件结构元素。然而，如果处理实际器件结构，我们应该考虑到多层结构，或者至少考虑在固态基底上形成的外延层，而不是游离二维片。在这种情况下，基底不仅是二维层的基础，而且有利于它们的形成和稳定性[12-13]。

上面引用的工作(与在该领域进行的大多数其他工作一样)给出了使用密度泛函理论的各种变体进行的数值计算的结果。这里使用了一种基于格林函数法和紧束缚理论[21]的方法。该方法使获得外延层的电子光谱和态密度的解析表达式成为可能。

17.2 金属上的类石墨烯化合物

17.2.1 常规考量

为了描述外延层的电子结构，在这里使用了吸附法[21]。考虑到它们与基底的相互作

用，这个近似法所包括的不是由 A 和 B 原子构成外延的二维晶格，而是由放置在固态基底上的 A 和 B 原子构成外延的二维晶格，如图 17.1 所示。

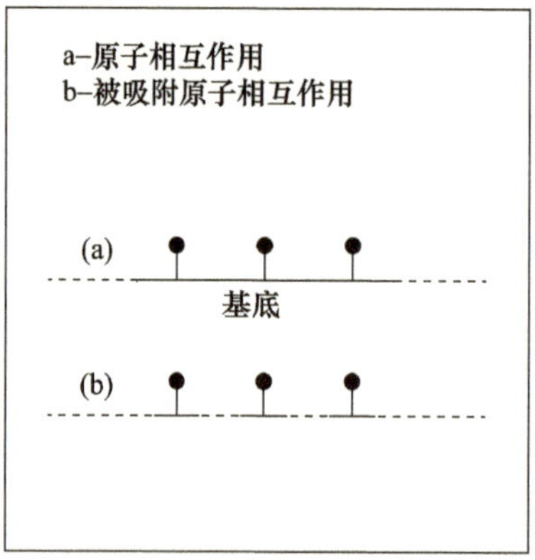

图 17.1　吸附在基底上的原子晶格(a)被吸附原子晶格(b)取代的示意图

必须找到一个相互作用的 A 原子和 B 原子单分子层的外延类石墨烯化合物(GLC)格林函数：

$$\boldsymbol{G}=\begin{pmatrix} G^{AA} & G^{AB} \\ G^{BA} & G^{BB} \end{pmatrix} \tag{17.1}$$

根据吸附方法，从不相互作用的吸附原子 A 和 B 的格林函数开始：

$$\boldsymbol{g}=\begin{pmatrix} g^{A} & 0 \\ 0 & g^{B} \end{pmatrix}$$

$$g^{A(B)}(\omega)=(\Omega_{a(b)}+\mathrm{i}\Gamma_{a(b)}(\omega))^{-1} \tag{17.2}$$

式中：$\Omega_{a(b)}=\omega-\tilde{\varepsilon}_{a(b)}$，$\tilde{\varepsilon}_{a(b)}=\varepsilon_{a(b)}+\Lambda_{a(b)}(\omega)$；$\omega$ 为能量变量，$\varepsilon_{a(b)}$ 为原子 A(B)的 p 轨道的能量，

$$\Gamma_{a(b)}(\omega)=\pi V_{a(b)}^{2}\rho_{\text{sub}}(\omega) \tag{17.3}$$

是准能级吸附原子 A(B)的半宽度的函数，$V_{a(b)}$ 是原子 A(B)和基底之间的相互作用的矩阵元素，$\rho_{\text{sub}}(\omega)$ 是基底的态密度，以及

$$\Lambda_{a(b)}(\omega)=P\frac{1}{\pi}\int_{-\infty}^{\infty}\frac{\Gamma_{a(b)}(\omega')\mathrm{d}\omega'}{\omega-\omega'} \tag{17.4}$$

是吸附原子 A(B)准能级位移的函数(P 为主值符号)。式(17.2)～式(17.4)是假设所有吸附原子 A(和吸附原子 B)占据相等的位置。

图 17.2 显示了推导格林函数表达式所需的二维结构簇 $G_{i,j}^{A(B)}(\omega,\boldsymbol{k})$，其中 i 和 j 是晶格位置的数量。图 17.2 中编号的原子的坐标(x,y)，以最近的相邻原子 a 之间的距离为单位表示，为 0 -(0,0)，1 -($-\sqrt{3}/2$,1/2)，2 -($\sqrt{3}/2$,1/2)，3 -(0，-1)，11($-\sqrt{3}$,0)，21($\sqrt{3}$,0)，12 -($-\sqrt{3}/2$,3/2)，22 -($\sqrt{3}/2$,3/2)，31 -($-\sqrt{3}/2$，-3/2)和 32 -($\sqrt{3}/2$，-3/2)。包括p_z最近原子 A 和 B 的轨道之间的相互作用 t(跃迁能)，并利用 Dyson 方程[21]，得到以下关系：

$$G_{0,0}^{AA}=g_{0,0}^{A}+g_{0,0}^{AA}t(G_{1,0}^{BA}+G_{2,0}^{BA}+G_{3,0}^{BA})$$

$$G_{1,0}^{BA}=g_{11}^{B}t(G_{0,0}^{AA}+G_{11,0}^{AA}+G_{12,0}^{AA})$$
$$G_{2,0}^{BA}=g_{22}^{B}t(G_{0,0}^{AA}+G_{22,0}^{AA}+G_{21,0}^{AA})$$
$$G_{3,0}^{BA}=g_{33}^{B}t(G_{0,0}^{AA}+G_{31,0}^{AA}+G_{32,0}^{AA}) \qquad (17.5)$$

式中：$g_{ij}^{A(B)}=g^{A(B)}\delta_{ij}$，$\delta_{ij}$ 为 Kronecker 的符号。考虑到转换属性[21]，格林函数采取了以下形式

$$G^{AA(BB)}(\omega,\boldsymbol{k})=\frac{g^{A(B)}(\omega)}{1-t^2g^A(\omega)g^B(\omega)f^2(\boldsymbol{k})}$$
$$f(\boldsymbol{k})=\sqrt{3+2\cos(k_xa\sqrt{3})+4\cos(k_xa\sqrt{3}/2)\cos(3k_ya/2)} \qquad (17.6)$$

或

$$G^{AA(BB)}(\omega,\boldsymbol{k})=\frac{\Omega_{b(a)}+i\Gamma_{b(a)}(\omega)}{(\Omega_a+i\Gamma_a(\omega))(\Omega_b+i\Gamma_b(\omega)-t^2f^2(\boldsymbol{k}))} \qquad (17.7)$$

式中：$\boldsymbol{k}=(k_x,k_y)$ 为电子在片平面中运动的波向量。系统的电子光谱由式 $\Omega_a\Omega_b=t^2f^2(\boldsymbol{k})$ 确定，该式给出

$$E_\pm(\omega,\boldsymbol{k})=\varepsilon(\omega)\pm R(\omega,\boldsymbol{k})$$
$$R(\omega,\boldsymbol{k}),=\sqrt{\Delta^2(\omega)+t^2f^2(\boldsymbol{k})} \qquad (17.8)$$

式中：$\varepsilon(\omega)=(\tilde{\varepsilon}_a+\tilde{\varepsilon}_b/2)$，$\Delta(\omega)=(\tilde{\varepsilon}_a-\tilde{\varepsilon}_b/2)$。因此，$\Omega_{a(b)}=\omega-\varepsilon(\omega)\mp\Delta(\omega)$。注意式(17.8)描述了“－”价带 π 和“＋”π^* 导带。

计算出每个原子的 GLC 的态密度为

$$\rho_{AB}(\omega)=\rho_A(\omega)+\rho_B(\omega)$$
$$\rho_{A(B)}(\omega)=-\frac{1}{2\pi N}\sum_k \mathrm{Im}\,G^{AA(BB)}(\omega,\boldsymbol{k}) \qquad (17.9)$$

式中：$\rho_{A(B)}(\omega)$ 为吸附原子 A(B)，$N=N_A=N_B$ 上的态密度是 A 和 B 亚晶格中的原子数(晶胞的数目)；在第一布里渊带上进行求和。格林函数式(17.7)的实部和虚部在附录 17. A,(1)中给出。

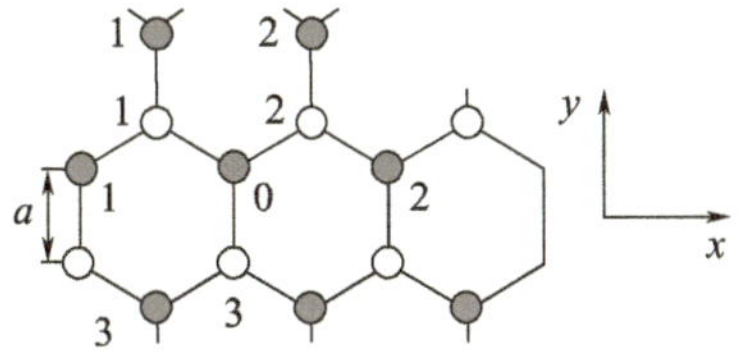

图 17.2　方程式(17.6)的推导：Ⅰ是属于亚晶格 A 的原子，Ⅱ是属于亚晶格 B 的原子；数字是位点的序数

17.2.2　游离类石墨烯 A_NB_{8-N} 化合物层

在游离(与基底无界)GLC 的情况下，有 $\Gamma_a(\omega)=\Gamma_b(\omega)=0$，$\Lambda_a(\omega)=\Lambda_b(\omega)=0$，所以 $E_\pm(\boldsymbol{k})=\varepsilon\pm\sqrt{\Delta^2+t^2f^2(\boldsymbol{k})}$，其中 $\varepsilon=(\varepsilon_a+\varepsilon_b)/2$ 且 $\Delta=(\varepsilon_a-\varepsilon_b)/2$。这里以及下文，用低能近似描述电子光谱，取 $f(\boldsymbol{k})\approx(3a/2)|\boldsymbol{q}|$，其中 $\boldsymbol{q}=\boldsymbol{K}-\boldsymbol{k}$，$\boldsymbol{K}=a^{-1}(2\pi/3\sqrt{3},2\pi/3)$ 是狄拉克点的波向量[22]。当 $\boldsymbol{q}=0$ 时，光谱中的间隙宽度 A_NB_{8-N} 是 $2|D|=|\varepsilon_a-\varepsilon_b|$。石墨烯、硅氧烷和锗烯光谱中不存在间隙。游离 GLC 的态密度为

$$\rho_{AB}^{0}(\omega,\boldsymbol{k})=(\rho_{A}^{0}(\omega,\boldsymbol{k})+\rho_{B}^{0}(\omega,\boldsymbol{k})=\delta(\Omega-R(\boldsymbol{k}))+\delta(\Omega+R(k)) \tag{17.10}$$

其中 $\Omega=\omega-\varepsilon$。使用低能近似，在式(17.9)中从求和到积分(附录17.A,(2))，得到

$$\rho_{AB}^{0}(\Omega)=\begin{cases}\dfrac{1}{\pi\sqrt{3}}\dfrac{|\Omega|}{t^2}, |\Omega|\geqslant|\Delta|\\ 0, |\Omega|<|\Delta|\end{cases} \tag{17.11}$$

简化态密度 $\bar{\rho}_{AB}^{0}(x)=\rho_{AB}^{0}(x)\cdot(\pi\sqrt{3t})\equiv I_0(x)$ 作为无量纲能量的函数 $x=\Omega/t$，如图17.3所示，其中 $\delta=|\Delta|/t$ 是间隙的无量纲半宽。当 $\Delta=0$ 时，式(17.11)转换为游离单层石墨烯的态密度，$\rho_g(\Omega)=|\Omega|/\pi\sqrt{3}t^2$。在不考虑简化的情况下，与文献[22]的方程式(17.15)一致。

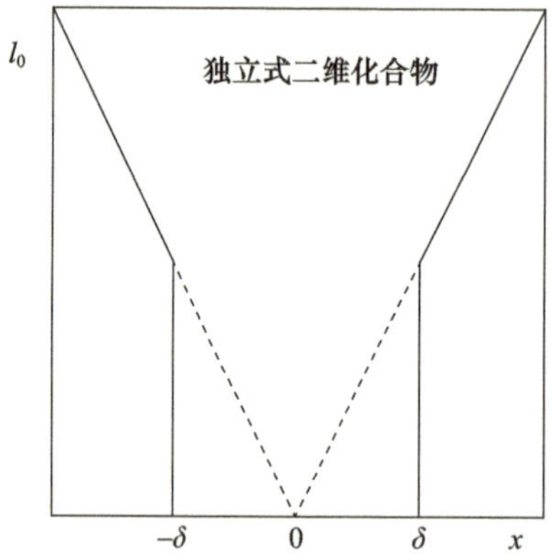

图17.3 游离 A_NB_{8-N} 单层降低的能量 $x=\Omega/t$ 中约化态密度 I_0 的依赖关系
(虚线对应案例 $\delta=|\Delta|/t=0$(石墨烯、硅烯、锗烯))

表17.1和表17.2给出了的值 $2\Delta=\varepsilon_p^A-\varepsilon_p^B$，其中 $\varepsilon_p^{A(B)}$ 是使用hermann - Skillman[23]和Mann[24]原子项表计算的原子A(B)的p态的能量(另见参考文献[25])。同样的表格也列出了根据密度泛函理论[7-8,10-12]的各种变体的第一性原理计算的结果。如参考文献[7,11-12]和其他工作及其对早期结果的参考文献所示，一些GLC结构在游离状态下不具有平坦结构(F)，但该结构确实发生了变化。亚晶格原子不是排列在同一平面上，它们是在两个彼此相当接近的平面上。有时候，这种结构被称为屈曲结构(B)。同时，计算[10]表明，在所有考虑的情况下，平坦结构更有利，而在参考文献[8,10]中忽略了形成隆起结构的可能性。还应当注意，在参考文献[7-8,10-12]中，一些GLC中的价带最大值和导带最小值属于布里渊区(间接间隙)的不同点，这在表17.1和表17.2中由“星号”表示。在这项工作中，不考虑游离GLC的屈曲结构，间接间隙的存在与式(17.34)[10]不兼容。比较参考文献[7-8,10-12]中 $2\Delta=\varepsilon_p^A-\varepsilon_p^B$ 的计算结果(考虑到由于使用密度泛函理论的不同变体而引起的散射)显示出令人满意的一致性，GaN和InN的情况除外。对于BSb，有 $\Delta<0$，这意味着存在不等式 $\varepsilon_p^A<\varepsilon_p^B$，而不是由于价带和导带重叠而不存在带隙。在这种情况下，差距是 $2|\Delta|$。一般而言，众所周知，紧束法通常高估了能隙宽度。参考文献[9-10,12,26]给出了用数值计算得到的游离GLC的态密度。比较表明，用于π电子的低能近似来描述带隙和带边附近的GLC态密度是完全可以接受的。

表 17.1 与游离六方晶系Ⅳ－Ⅳ族二维化合物的第一原理计算[7-8,11]相比间隙宽度 $2\Delta=\varepsilon_p^A-\varepsilon_p^B$(eV)

化合物	SiC	GeC	GeSi	SnC	SnSi	SnGe
本研究,表格来自参考文献[23]	2.45	2.65	0.16	3.03	0.58	0.42
本研究,表格来自参考文献[24]	3.48	3.74	0.26	4.31	0.83	0.57
参考文献[7]结构	2.52①	2.09	0.02	1.18①	0.23	0.23
	4.19①	3.83	0.00	6.18①	0.68	0.40
	F	F	B	F	B	B
参考文献[8]	3.526	3.160	0.275	—	—	—
参考文献[11]	2.547①	2.108	—	—	—	—

①间接间隙、平坦 F 和屈曲 B 结构;参考文献[7]的上部结果是在没有梯度修正的情况下根据密度泛函形式得到的,参考文献[7]的下部结果是在考虑了修正的情况下得到的。

表 17.2 与游离六方晶系Ⅲ－Ⅴ族二维化合物的第一性原理计算[7-8,10-12]相比间隙宽度 $2\Delta=\varepsilon_p^A-\varepsilon_p^B$(eV)

化合物	BN	BP	BAs	BSb	AlN	AlP	AlAs	AlSb
本研究,表格来自参考文献[23]	4.83	1.69	1.27	0.60	6.61	3.47	3.05	2.38
本研究,表格来自参考文献[24]	5.41	1.11	0.55	-0.29	7.43	3.83	3.27	2.43
参考文献[7]结构	4.61	0.82	0.71	0.39	3.08①	—	—	1.49①
	6.36①	1.81	1.24	0.23	5.57①	—	—	2.16
	F	F	F	F	F	—	—	B
参考文献[8]	6.377	1.912	1.594	—	—	3.453①	2.938①	—
参考文献[10]直接结构	4.48	0.82	0.72	0.29	—	—	—	—
	6.07	1.36	1.18	0.61				
参考文献[11]	4.606	—	—	—	3.037①	—	—	—
参考文献[12]间接结构	—	—	—	—	4.85	3.24	2.49	2.07
					(5.03)	(3.93)	(3.08)	(2.17)
					F	F	B	B
化合物	GaN	GaP	GaAs	GaSb	InN	InP	InAs	InSb
本研究,表格来自参考文献[24]	6.57	3.43	3.01	2.34	6.78	3.64	3.22	2.55
本研究,表格来自参考文献[25]	8.17	3.87	3.31	2.47	8.47	4.17	3.61	2.77
参考文献[7]结构	2.27①	1.92①	1.29①	—	0.62①	1.18①	0.86②	0.68②
	5.00①	3.08①	2.96①	—	5.76②	2.88①	2.07②	1.84②
	F	B	B	—	F	B	B	B
参考文献[8]	—	3.054①	2.475①	—	—	—	—	—
参考文献[11]	2.462①	—	—	—	—	—	—	—
参考文献[12]间接结构	3.23	2.51	1.83	1.43	1.52	1.80	1.41	1.25
	(4.00)	(3.21)	(2.39)	(1.88)	(1.57)	(2.32)	(1.81)	(1.62)
	F	B	B	B	F	B	B	B

②在 Γ 处的直接间隙;参考文献[7,12]的上部结果是在没有梯度校正的情况下根据密度泛函形式得到的,而参考文献[7]的下部结果是在考虑了校正的情况下得到的。其他名称与表 17.1 相同。

利用式(17.8)很容易说明,在具有本征电导率的游离 GLC(E_F) = ε 中,相互作用的电子和空穴质量分别为$m_{e,h}^{-1} = \pm \hbar^{-2}(\partial^{-2}R(q)/\partial q^2)_{q=0}$($\hbar$ 是约化的普朗克常数),由此得出

$$\frac{1}{m_{e,h}} = \pm \frac{v_F^2}{|\Delta|}, v_F = \frac{3at}{2\hbar} \tag{17.12}$$

这里,与石墨烯[22]类比,引入了费米速度v_F,游离非简并半导体 GLC 没有具有费米能量的电子。根据 Harrison 结合轨道模型,轨道的 π 相互作用的矩阵p_z元素为 $t = \eta_{PP\pi}(\hbar^2/m_0a^2)$,其中$\eta_{PP\pi}$=0.63,$m_0$是游离电子质量[23-25]。因此,有$v_F \propto a^{-1}$。

表 17.3 和表 17.4 给出了各个作者根据第一性原理计算的 a 值。由表可知,速度比v_F(AB)/v_F(Gr) = a(Gr)/a(AB)始终小于 1,因为 a(AB) > a(Gr) = 1.42Å。此外,表 17.3 和表 17.4 给出了 Δ/t 的值和相应的比率。需要注意以下几点:对于石墨烯,$t \approx 2.38$eV。因此,得出$v_F \approx 0.74 \times 10^6$m/s,而实验值为$v_F$(Gr) ≈ 1.1×10^6m/s[27]。根据紧密结合近似,通常认为 $t \approx 3$eV。但是,在这项工作中,所有的估计都是使用哈里森理论[23-25]进行的。

表 17.3 和表 17.4 也给出了比率m_e/m_0(= $-m_h/m_0$)。通过式(17.12)计算,并与参考文献[13]中的计算进行比较。可以看出,计算值与文献值相当一致,但是m_e/m_0在这项工作中得到的结果明显高于参考文献[13]。

表 17.3 游离六方晶系Ⅳ-Ⅳ族二维化合物最近相邻原子 a(Å)之间的距离、跃迁能量 t(eV)、比率 Δ/t

化合物	SiC	GeC	GeSi	SnC	SnSi	SnGe
a	1.77	1.86	2.31	2.05	2.52	2.57
t	1.53	1.39	0.90	1.14	0.76	0.73
Δ/t,表格来自参考文献[24]	0.80	0.95	0.09	1.33	0.38	0.29
Δ/t,表格来自参考文献[25]	1.14	1.35	0.14	1.89	0.55	0.39
m_e/m_0,表格来自参考文献[24]	0.57	0.67	0.06	0.94	0.27	0.20
m_e/m_0,表格来自参考文献[25]	0.81	0.95	0.10	1.34	0.39	0.27
3D ϕ_{AB}/eV	4.95[38]	—	4.51[39]	—	—	—

给出了 6H 多型 SiC 的功函数,取 Si 和 Ge 功函数的平均值作为功函数。

表 17.4 游离六方Ⅲ-Ⅴ族二维化合物最近相邻原子 a(Å)之间的距离、跃迁能量 t(eV)、比率 Δ/t

化合物	BN	BP	BAs	BSb	AlN	AlP	AlAs	AlSb
a[7-8]	1.45	1.83	1.93	2.12	1.79	2.28 *	2.34 *	2.57
a[10,12]	1.44	1.84	1.93	2.13	1.80	2.27	2.34	2.54
t	2.28	1.43	1.29	1.07	1.50	0.92	0.88	0.73
Δ/t,表格来自参考文献[24]	1.06	0.59	0.49	0.28	2.21	1.88	1.74	1.64
Δ/t,表格来自参考文献[25]	1.18	0.39	0.21	-0.14	2.48	2.07	1.86	1.67
m_e/m_0,表格来自参考文献[24]	0.75	0.42	0.35	0.20	1.56	1.33	1.22	1.15
m_e/m_0,表格来自参考文献[25]	0.83	0.33	0.15	0.10	1.75	1.47	1.30	1.17
m_e/m_0, $|m_h|/m_0$[13]	—	—	—	—	1.24	0.59	0.48	0.38
	—	—	—	—	2.33	1.37	1.20	1.01

续表

化合物	BN	BP	BAs	BSb	AlN	AlP	AlAs	AlSb
3D ϕ_{AB}/eV[38]	—	—	—	—	—	4.80	4.58	4.41
化合物	GaN	GaP	GaAs	GaSb	InN	InP	InAs	InSb
a[7-8]	1.85	2.25	2.36	—	2.06	2.46	2.55	2.74
a[10,12]	1.88	2.26	2.34	2.53	2.10	2.45	2.53	2.70
t	1.40	0.95	0.86	0.75	1.13	0.79	0.74	0.64
Δ/t,表格来自参考文献[24]	2.34	1.81	1.75	1.56	3.00	2.29	2.18	1.99
Δ/t,表格来自参考文献[25]	2.91	2.04	1.92	1.65	3.74	2.63	2.44	2.17
m_e/m_0,表格来自参考文献[24]	1.65	1.27	1.24	1.10	2.12	1.62	1.53	1.40
m_e/m_0,表格来自参考文献[25]	2.06	1.44	1.36	1.16	2.64	1.86	1.72	1.53
m_e/m_0, $\vert m_h\vert/m_0$[13]	0.69	0.41	0.33	0.28	0.43	0.37	0.32	0.28
	1.97	1.16	1.06	0.91	2.26	1.39	1.27	1.09
3D ϕ_{AB}/eV[39]	—	4.70	4.67	4.25	—	4.80	5.07	4.62

带星号的 a 值取自参考文献[8],其他取自参考文献[7];t 的值使用表第一行的 a 计算。

17.2.3 金属上的平面外延层

现在,考虑 GLC 的外延层。取$\Gamma_a(\omega)=\Gamma_b(\omega)=\Gamma(\omega)$,$\Lambda_a(\omega)=\Lambda_b(\omega)=\Lambda(\omega)$,但是$\varepsilon_a\neq\varepsilon_b$。这里,有必要做一些解释。根据 Harrison 理论[23-25],$V_{a(b)}=\eta^{a(b)}(\hbar^2/m_0d^2_{a(b)})$进入式(17.3)和式(17.4)的展宽和位移函数的矩阵元素首先由原子——基底相互作用的特性(因子$\eta^{a(b)}$)确定,其次由距离d_a和d_b确定。在这些吸附原子和基底表面之间,该p_z轨道参与吸附原子 A 和 B 与基底的结合,因此$\eta^a=\eta^b$。因此,上面采用的等式提出了外延 GLC 的平坦 F 结构,$d_a=d_b=d$ 以及 $V_a=V_b=V$。从式(17.8),得到$E_\pm(\omega,\boldsymbol{k})=\varepsilon+\Lambda(\omega)\pm\sqrt{\Delta^2+t^2f^2(\boldsymbol{k})}$。因此,表轴 GLC 的带与游离 GLC 的带的不同之处在于沿能量轴移动的值 $\Lambda(\omega)$,而 $2\Delta=\varepsilon_p^A-\varepsilon_p^B$的值保持不变并且与能量无关。态密度是

$$\rho_{AB}(\tilde{\Omega})=\frac{I(\tilde{\Omega})}{\pi\sqrt{3}t}$$

$$I(\tilde{\Omega})=\frac{\Gamma}{2\pi t}\ln\frac{|\xi^4+b\xi^2+c|}{c}+\frac{\tilde{\Omega}}{\pi t}\left(\operatorname{arctg}\frac{2\xi^2+b}{4\Gamma\tilde{\Omega}}-\operatorname{arctg}\frac{b}{4\Gamma\tilde{\Omega}}\right) \tag{17.13}$$

此处,$\tilde{\Omega}=\omega-\varepsilon(\omega)$,$b=-2(\tilde{\Omega}^2-\Delta^2-\Gamma^2)$,$c=(\tilde{\Omega}^2-\Delta^2)^2+\Gamma^2(\Gamma^2+2\Delta^2+2\tilde{\Omega}^2)$,$\xi=3ta\,q_c/2$ 是截止能量,$\boldsymbol{q}_c$是截止波向量,$q_c\ll2\pi/a$,根据低能量近似,必须满足不等式。遵循参考文献[28],通过类比德拜模型,取 $\pi q_c^2=(2\pi)^2/S$(其中 $S=3a^2\sqrt{3}/2$ 是单位单元格面积)。因此,$q_c=2\sqrt{2\pi}/a\sqrt{3\sqrt{3}}\approx2.2/a$,还有 $\xi=\sqrt{2\pi\sqrt{3}t}\approx3.3t$。在这种情况下,游离石墨烯的态密度$\rho_g(\Omega)=2|\Omega|/\xi^2$在其他情况下为$\|\Omega$和 0[21,28-30]。在 $\Gamma=0$ 时,在$\sqrt{\xi^2+\Delta^2}\geqslant|\tilde{\Omega}|\geqslant|\Delta|$范围内,态密度式(17.13)变为零,$|\tilde{\Omega}|<|\Delta|$,且$|\tilde{\Omega}|>\sqrt{\xi^2+\Delta^2}$,$\tilde{\rho}_{AB}(|\tilde{\Omega}|)=|\tilde{\Omega}|/\pi\sqrt{3}t^2$。

现在,考虑应用于金属基底的态密度[21]的最简单的 Anderson 模型。根据该模型,r_{sub}

(ω)与能量无关，因此$\Gamma(\omega)=\Gamma=\text{const}$，$\Lambda(\omega)=0$。当从$-\infty$到$+\infty$进行积分时，最后一个方程由式(17.4)逼近成无限宽带。在这种情况下，$\tilde{\Omega}=\Omega=\omega-\varepsilon$。

图17.4显示了对于不同的相互作用常数$\gamma=\Gamma/t$和$\delta=|\Delta|/t$间隙参数，减小的态密度$\rho_{AB}^*(x)=\rho_{AB}(x)\cdot(\pi\sqrt{3}t)=I(x)$与无量纲能量$x=\Omega/t$的依赖性。通过对称性和$\rho_{AB}^*(x)=\rho_{AB}^*(-x)$，图17.4中只示出了正能量区域。由图17.4(b)和(c)可知，金属上的外延GLC没有作为禁能区的间隙。在低相互作用常数γ下，该区域可以定义为赝隙。随着γ的增加，基底的影响增加，在高相互作用常数下，赝隙几乎完全消失。图17.4(a)表明$\rho_{AB}^*(0)\neq0$在石墨烯、硅和锗烯的狄拉克点，这是单极GLC与基底相互作用的主要效应。图17.4显示了减少的态密度$I(0)$作为相互作用常数的函数γ(图17.4(a))和间隙半宽δ(图17.4(b))。应当注意，依赖性具有基本上非线性的特性。考虑无量纲态密度的一些分析估计$I(x)$，其一般表达式在附录17.A,(3)中给出。在赝隙中心($x=0$)，有

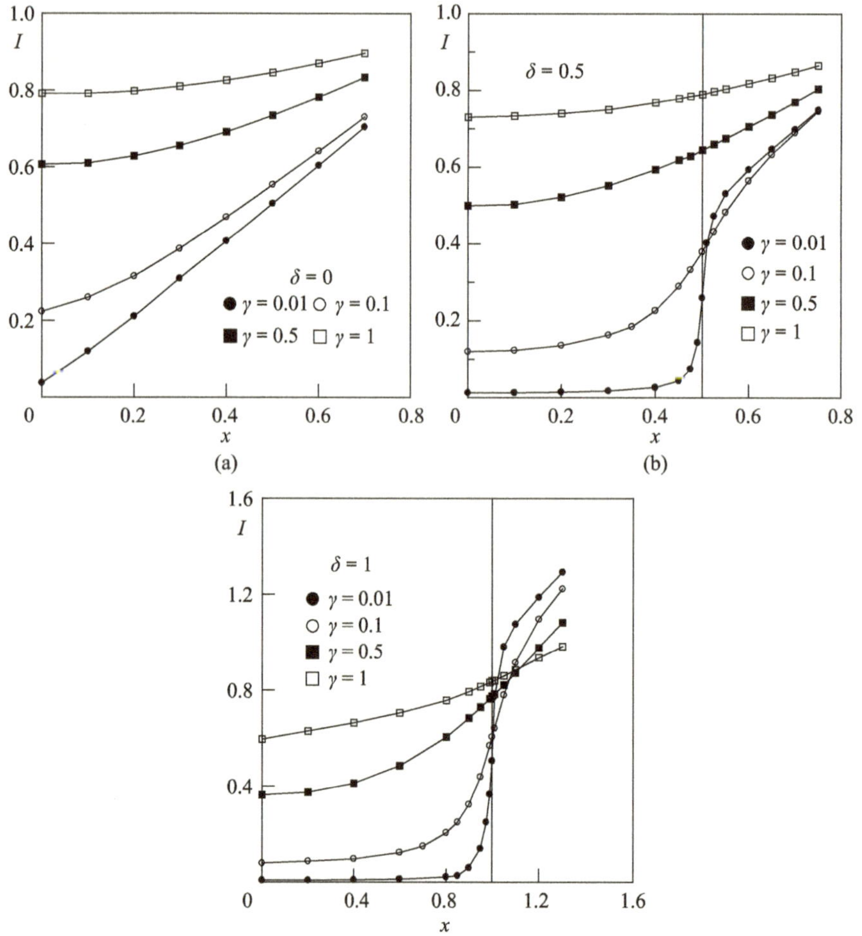

图17.4 平板结构的态密度$I(x)$依赖性根据减少的能量$x=\Omega/t$的减少，在不同的相互作用常数$\gamma=\Gamma/t$和无量纲参数下$\delta=|\Delta|/t$(只显示了正能量的区域)

(a)$\delta=0$;(b)$\delta=0.5$;(c)$\delta=1.0$。

$$I(0)=\frac{\gamma}{\pi}\ln\frac{\bar{\xi}^2+\delta^2+\gamma^2}{\delta^2+\gamma^2} \tag{17.14}$$

式中：$\bar{\xi}=3.3$。根据式(17.14)，也可以得出随着 δ 的减小，γ 的依赖性 $I(0)$ 非线性增加。如图 17.5(a)所示，δ 的依赖性与 $I(0)$ 相似：非线性随着 γ 的减小而增大。

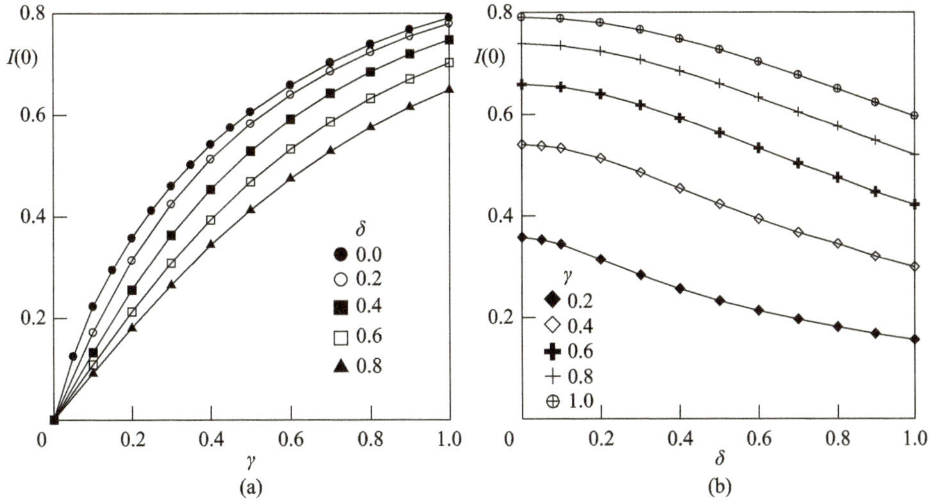

图 17.5 平面结构的简化态密度 $I(0)$ 作为(a)相互作用常数 γ 和(b)间隙半宽 δ

可见(附录 17.A,(3))，$I(x)-I(0)\approx x^2/\pi\gamma$ 在 $\delta=0$ 且 $x^2\ll\gamma^2\ll\bar{\xi}^2$ 时该结果对应于图 17.4(a)所示的情况 $\gamma=0.01$($x^2\ll 0.01$ 时二次依赖 $I(x)$ 在该数量级下不可见)。在更通常的情况下，$x^2\ll\min\{\gamma^2,\delta^2\}$，且 $\bar{\xi}^2\gg\max\{\gamma^2,\delta^2\}$，得到 $I(x)-I(0)\approx(\gamma x^2/\pi)(3\delta^2+\gamma^2)/(\delta^2+\gamma^2)^2$。当 $\delta^2\gg\gamma^2$ 有 $I(x)-I(0)\approx 3\gamma x^2/\pi\delta^2$，这解释了图 17.4(b)和(c)中所示的 $\gamma=0.01$ 和 0.1 情况的依赖性。根据附录中式(17.A12)，$x^2=\delta^2$ 时，有 $I(\delta)\approx(\delta/2)+(2\gamma/\pi)\ln\bar{\xi}$。这说明了图 17.4(b)和(c)中所示的 δ 和 γ 依赖关系。取 $x^2\gg max\{\gamma^2,\delta^2\}$，但 $|x|\ll\bar{\xi}$。然后，得到 $I(x)\approx|x|+O(\gamma)$。因此，$|x|$ 增加时，态密度倾向于与能量线性相关。在这种情况下，对应于各种参数 γ 和 δ 的 $I(x)$ 的差值减小(图 17.4)。

17.2.4 金属上的屈曲外延层

现在，考虑在金属上化合物 A_NB_{8-N} 的屈曲外延层。态密度的一般表达式是附录 A(4)中给出的式(17.A13)和式(17.A14)。使 $\Gamma_a=\Gamma$ 和 $\Gamma_b=\vartheta\Gamma$。不等式 $\vartheta<1(\vartheta>1)$ 意味着 $V_b<V_a(V_b>V_a)$，由于吸附原子 B 比吸附原子 A 离表面远得多(少)。在这种情况下，态密度为

$$\rho'_{AB}(\Omega)=\frac{1}{\pi\sqrt{3}t}I'(\Omega)$$

$$I'(\Omega)=\frac{\Gamma(1+\vartheta)}{4\pi t}\ln\frac{|\xi^4+b'\xi^2+c'|}{c'}+$$
$$\frac{\Omega}{\pi t}\left(\operatorname{arctg}\frac{2\xi^2+b'}{2\Gamma[(1+\vartheta)\Omega+(1-\vartheta)\Delta]}-\operatorname{arctg}\frac{b'}{2\Gamma[(1+\vartheta)\Omega+(1-\vartheta)\Delta]}\right) \tag{17.15}$$

其中 $c' = (\Omega^2 - \Delta^2)^2 + \vartheta^2 \Gamma^4 + \Gamma^2[(1+\vartheta^2)\Omega^2 + (1-\vartheta^2)\Delta^2 + 2(1-\vartheta)\Omega\Delta]$，$b' = 2(\vartheta\Gamma^2 + \Delta^2 - \Omega^2)$。图 17.6 显示了函数的典型曲线图 $I'(x)$，其中 $x = \Omega/t$ 如前所述。这里，应当注意，对于 $\Delta \neq 0$ 和 $\vartheta \neq 1$，$I'(\Omega) \neq I'(-\Omega)$ 情况，不存在态密度的对称性。在这种情况下，出现一个特定点，$\Omega^* = -\Delta(1-\vartheta)/(1+\vartheta)$，其中式(17.14)中的第二项 $I'(\Omega)$ 变为零(式(17.A15))。一般来说，态密度的不对称性是一个很寻常的特性。例如，当考虑第二相邻原子之间的相互作用时，石墨烯中的电子－空穴对称性消失，而当考虑平面间相互作用时，石墨中的电子－空穴对称性消失(例如，参考文献[22])。

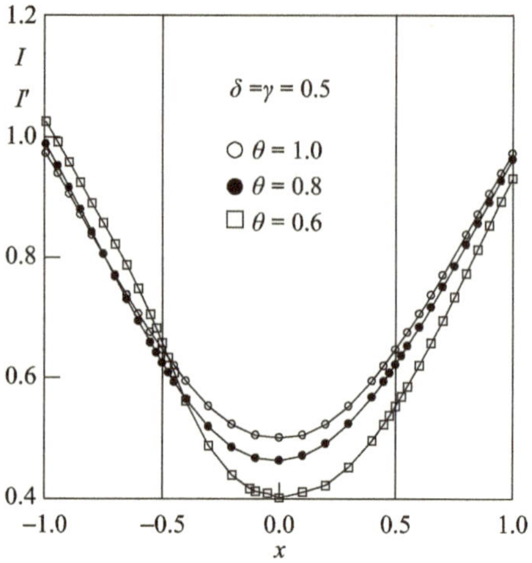

图 17.6　屈曲结构的态密度

使 $1-\vartheta = \alpha \ll 1$。然后，可以在关于 α 的线性近似中表明，在 $\Omega = 0$ 点上屈曲结构的约化态密度 $I'(0)$ 可以表示为

$$I'(0) \approx I(0) - \alpha S(0)$$

$$S(0) \approx \frac{\gamma}{2\pi}\left(\ln\frac{\bar{\xi}^2 + \delta^2 + \gamma^2}{\delta^2 + \gamma^2} - \frac{2\bar{\xi}^2\gamma^2}{(\delta^2+\gamma^2)(\bar{\xi}^2 + \delta^2 + \gamma^2)}\right) \tag{17.16}$$

其中平面层的减少态密度 $I(0)$ 可用式(17.14)描述。类似地，很容易证明 $I'(x^*) \approx I(0) - \alpha S(0)$，$I'(x^*) \approx I'(0)$，其中 $x^* = \Omega^*/t = -\delta(1-\vartheta)/(1+\vartheta)$。特别地，在该范围 $x < |x^*|$ 内，式(17.15)中的第二项 $I'(\Omega)$ 有最大值。然而，该最大值非常低，在图 17.6 的比例中不可见。

现在，考虑比值 $\eta_\pm = I'(\pm\delta)/I(\delta)$，表征了屈曲结构的态密度的不对称程度。图 17.6给出了相应计算的结果。在 $1-\delta = \alpha \ll 1$ 的情况下，约化态密度 $I'(\pm\delta) \approx I(\delta) - \alpha S(\pm\delta)$，其中 $I(\delta)$ 由式(17.A12)给出，$S(\pm\delta)$ 由式(17.A16)和式(17.A17)描述。为简单起见，假设 $\bar{\xi}^2 \gg \max\{\gamma^2, \delta^2\}$，得到

$$S(\delta) \approx S(-\delta) \approx \frac{\gamma}{\pi}\left(\frac{1}{2}\ln\frac{\bar{\xi}^2}{\gamma(\gamma^2 + 4\delta^2)^{1/2}} - \frac{\gamma^2 + 3\delta^2}{\gamma^2 + 4\delta^2}\right) \tag{17.17}$$

其对应于图 17.6 中 $\vartheta = 0.8$ 和图 17.7 中 $\gamma = 0.1$ 所示的依赖关系。态密度的不对称性随着 ϑ 的减少和 γ 的增加而增加。依赖性的非线性 $\eta_\pm(\vartheta)$ 也增加。屈曲系数可估算如下：根据式(17.3)，屈曲系数 $\vartheta = \Gamma_b/\Gamma_a = (d_a/d_b)^4$。为了确定，假设 $d_b - d_a + z_\perp$，得到 $z_\perp = d_b(1-\vartheta^{1/4})$。根据参考文献[13]的数据，对于过渡金属和稀土金属上的Ⅲ－Ⅴ外延

层,其数值$z_\perp$可以是正值也可以是负值,其幅度与d_a和d_b相当(参考文献[13]的补充材料)。一般而言,GLC 层可以从游离状态继承屈曲(表 17.1 和表 17.2 中的 B 结构),并且可以由与基底的相互作用而形成。

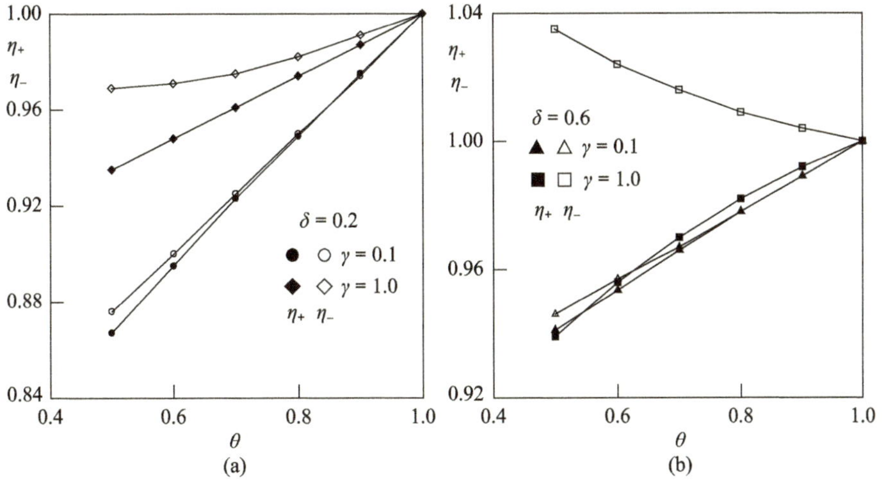

图 17.7 比值$\eta_\pm$与屈曲系数 ϑ 的关系

17.2.5 电荷转移和结合能的估计

估计 GLC 的平面层和金属基底之间的电荷跃迁。从一般考虑,很明显,作为费米能级E_F与赝隙中心重合的金属,不存在电荷跃迁。假设根据不等式$\gamma^2 \ll \delta^2 \ll \bar{\xi}^2$式(17. A9),通过以下表达式近似简化的态密度

$$I(x) \approx \frac{2\gamma}{\pi}\left(\ln(\bar{\xi}/\delta) + \frac{x^2}{\delta^2}\right) \tag{17.18}$$

在零温度下,层中的每个原子的平均占据数n_{AB}为

$$n_{AB} = \int_{-\infty}^{E_F} \rho_{AB}(\omega)\,d\omega = \frac{1}{\pi\sqrt{3}}\int_{-\infty}^{e_F} I(x)\,dx \tag{17.19}$$

式中:$e_F = E_F/t$ 是约化的费米能级,和值 $\varepsilon = (\varepsilon_a + \varepsilon_b)$ 被视为能量零。结果表明,在费米能级从能带中心向负能量区域发生低位移时,占据数减小了

$$v \approx \frac{2\gamma|e_F|}{\pi^2\sqrt{3}}\ln(\bar{\xi}/\delta) \tag{17.20}$$

并且,当费米能级移动到正能量区域时,占据数增加相同的值。在第一种情况下,GLC 层带正电,在第二种情况下带负电。应该强调,根据式(17.19),应考虑 π 电子的转移,进行一些数值估算。假设 GLC 的p_z态与 s 态通过 σ 键相关。对应的矩阵元素为$V_{a(b)} = V_{sp\sigma} = \eta_{sp\sigma}(\hbar^2/m_0d^2)$,其中$\eta_{sp\sigma} = 1.42$[24-25](参考文献[31]中更详细地讨论了原子-基底相互作用的矩阵元素的估计)。根据 Friedel 模型(例如,参考文献[32]),对于过渡金属,取态密度$\rho_{sub} = N_d/W_m$,其中W_m是导带宽度,且$N_d = 10$。那么,代替式(17.19),有

$$v \approx \frac{2N_d}{\pi\sqrt{3}}\ln(\xi/|\Delta|)\left(\frac{\eta_{sp\sigma}}{\eta_{pp\pi}}\right)^2\left(\frac{a}{d}\right)^4\frac{|E_F|}{W_m} \tag{17.21}$$

由此，在 $a\approx d$ 得到 $v\approx 20|E_F|/W_m$。注意，在得到式(17.20)后，假设 $|E_F|\ll t$，因此，得出 $|E_F|/W_m\ll 1$（对于过渡金属的 W_m，见参考文献[32－33]）。

根据本章中采用的模型，费米能 $E_F=\phi_m-|\varepsilon|$，其中 ϕ_m 是金属基底的功函数，$\varepsilon=(\varepsilon_p^A+\varepsilon_p^B)/2$，如上，$\varepsilon_p^{A(B)}$ 是从真空能级计数的原子 A(B) 的 p 态的能量。根据原子项表[23-25]，碳 $\varepsilon\approx 10$eV，而石墨烯的功函数 ϕ_{Gr} 为 4.3～5.1eV[34-36]。因此，应进行估计，假设 $E_F=\phi_m-\phi_{AB}$，其中 ϕ_{AB} 是 GLC 的功函数。参考文献[12－13]表明，用于形成六方二维层的最有前景的基底特别是铜和镍，它们的面(100)的功函数分别为 $\phi_{Cu}=4.59$ 和 $\phi_{Ni}=5.22$eV[37]。因此，ϕ_{Gr}、ϕ_{Cu} 和 ϕ_{Ni} 的值在大小上接近，因此不等式 $|e_F|\ll 1$ 对于外延石墨烯是满足的，并且其精度足以用于估计。对于二维族Ⅲ－Ⅴ化合物也是如此，因为在参考文献[13]中计算的六方结构的所有功函数 ϕ_{AB} 都具有在 4.25～5.25eV 范围内的值。表 17.3 和表 17.4 的最后一行给出了本征体(3D)半导体 A_NB_{8-N} 化合物功函数的估计，取 $\phi_{AB}=X_{AB}+E_g^{AB}/2$，其中第一项是电子亲和势，第二项是禁带半宽度[38-39]。表中所示的 ϕ_{AB} 值不仅落在 4.25～5.25eV 的范围内，而且与计算结果接近[13]。根据理论[20-21]，由 GLC 单层吸附引起的金属基底功函数的变化为

$$\Delta\phi_m=-\frac{4\pi e^2 d}{(S/2)}\Delta Z \tag{17.22}$$

式中：e 为电子电荷，ΔZ 为吸附原子电荷的变化，分别等于 π 电子从层到基底跃迁的 $\pm v$ 和反过程的 $\pm v$。再次假设 $a\approx d$，得到 $|\Delta\phi_m|\approx 10(e^2/a)v$。考虑到 $e^2=14.4$eVA 并且 $a\approx 2$Å，在 $v\approx 0.01$ 时得到 $|\Delta\phi_m|\approx 0.7$eV。金属表面吸附引起的费米能级位移的估计 $\Delta E_F=-\Delta\phi_m$ 接近参考文献[36]的值，即石墨烯在金属上的吸附为 0.47eV。文献[13]中得到的约 0.25 电子/原子的转移值被认为是高估了一个数量级。注意，在一般形式中，有

$$|\Delta\phi_m|\propto\frac{e^2a^2}{d^3}\frac{|E_F|}{W_m} \tag{17.23}$$

但在 GLC[21] 的情况下，应该考虑到我们所理解的单层的意义。光滑表面模型将吸附物单层视为对应于相应三维结构的任何紧密堆叠平面的二维结构。在这种情况下，GLC 的吸附原子的表面浓度为 $S/2$，如式(17.21)所示。另外，如果基底表面是深势阱的网络，则单层对应于所有阱都被吸附原子占据的情况。

现在，考虑了金属基底上 GLC 单分子层吸附键能 E_{ads} 的估计。根据吸附理论[21]，E_{ads} 可以表示为金属 E_{met} 和离子 E_{ion} 的总和。前者由标准表达式计算[21,33]

$$E_{met}=\int_{-\infty}^{E_F}(\omega-E_F)\,\Delta\rho_{sys}(\omega)\,d\omega \tag{17.24}$$

其中 $\Delta\rho_{sys}$ 是由于吸附引起的层－基底系统的态密度的变化。不用计算，使用不确定性关系 $\Delta\rho_z\cdot\Delta_z\sim\hbar$ 估计 E_{me}，其中 $\Delta\rho_z$ 和 Δ_z 分别是动量和坐标不确定性。假设由于吸附导致不确定性 $\Delta_z\approx d$ 在垂直于游离层方向的游离层中的电子位置，由于动能减小而引起的增益为 $(\hbar^2/m_0d^2)$。现在，考虑到每个原子只有 V 电子离域。那么，吸附能的金属组件为

$$E_{met}\approx -v\frac{\hbar^2}{m_0d^2} \tag{17.25}$$

因为 $\hbar^2/m_0=7.62$eV·Å^2，对于 $d=2$A 和 $v=0.01$，得到 $E_{met}\approx 0.2$eV，这与参考文献

[13]的结果一致。这里,忽略了$E_{ion} \approx v^2 e^2/4d$。

最后,要补充一些意见。在写式(17.5)时,优先假设所有吸附原子A(B)都处于等价态,这对应于吸附理论[21]中光滑基底模型。如果二维层和基底表面的结晶特性基本上不同,则这种情况仅在原子A和B之间的相互作用比它们与基底的耦合强得多的情况下才会发生。在我们的模型中,这与$\gamma \ll 1$案例相对应。在分析中,不只局限于小常数,因为据我们的理解,在$\gamma \approx 1$和更高的情况下,GLC的晶格必须改变,至少转变到应力(应变)状态,并且最大程度地对准到($\gamma \gg 1$)类似于基底表面的结构。如参考文献[12-13]所示,存在选择真实基底的可能性A_3B_5单层对,其中接触结构的晶格失配相对较小。

用无限宽带的最简单近似来描述金属。引入一个"基座"模型,取$\rho_{sub}(\omega) = N_d/W_m$在$|\omega - \varepsilon_m| \leqslant W_m/2$处,$\varepsilon_m$是导带中心的能量,$|\omega| - \varepsilon_m| > W_m/2$时,$\rho_{sub}(\omega) = 0$。然后,对于平面层,在$|\omega - \varepsilon_m| \leqslant W_m/2$时,$\Gamma(\omega) = \Gamma$,在其他情况下,$\Gamma(\omega) = 0$,以及

$$\Lambda(\omega) = \frac{N_d V^2}{W_m} \ln \left| \frac{W_m - 2\varepsilon_m + 2\omega}{W_m + 2\varepsilon_m - 2\omega} \right| \tag{17.26}$$

如果金属的导带中心ε_m在GLC的能隙中心附近(计算能量的起点是$\varepsilon_a + \varepsilon_b = 0$,当$|\varepsilon_m|/W_m \ll 1$),那么,在低能量时,有$\Lambda(\omega) \approx (4N_d V^2/W_m^2)(\omega - \varepsilon_m)$。很明显,这种校正仅微小地改变了态密度,在$\varepsilon_m \neq 0$处引入弱的不对称性。然而,"基座"模型使模拟从d系列开始的金属到结束的金属的转变成为可能,使费米能级从能量$-W_m + \varepsilon_m$转移到能量$W_m + \varepsilon_m$。稀土金属基底可以被描述为将N_d替换为$N_f = 14$。所考虑问题的一些其他方面可以在文献[40-45]中找到。

17.3 半导体上的类石墨烯

现在,研究半导体基底,即GLC/体半导体异质结构。为了避免误解,需要强调的是,本节所考虑的所有异质结构目前都是假设的。唯一的例外是六方氮化硼(h-BN):有两层和三层体系石墨烯/h-BN[17]和h-BN/石墨烯/h-BN[46]的理论研究。还应注意一点:在独立式二维状态下不稳定的A_NB_{8-N}化合物可以以外延层的形式变得稳定,如金属基底[12-13]的情况。

17.3.1 半导体上的平外延层

对于半导体基底,态密度$\rho_{sub}(\omega)$被选择作为参考文献[47]中使用的模型,但在无限宽的导带和价带[48]的近似下,有

$$\rho_{sub}(\omega) = \begin{cases} A\sqrt{-\omega - E_g/2} & (\omega < -E_g/2) \\ A\sqrt{\omega - E_g/2} & (\omega > E_g/2) \\ 0 & (|\omega| \leqslant E_g/2) \end{cases} \tag{17.27}$$

其中A是$eV^{-3/2}$尺寸的因子,零能量在基底的带隙的中心。然后,可以写出加宽函数$\Gamma_{a(b)}(\omega) = \pi V_{a(b)}^2 \rho_{sub}(\omega)$和位移函数$\Lambda_{a(b)}(\omega) = A V_{a(b)}^2 \bar{\Lambda}(\omega)$,其中

$$\bar{\Lambda}(\omega) = \begin{cases} F_-(\omega) & (\omega < -E_g/2) \\ F_-(\omega) - F_+(\omega) & (-E_g/2 \leqslant \omega \leqslant E_g/2) \\ -F_+(\omega) & (\omega > E_g/2) \end{cases} \tag{17.28}$$

以及$F_{\pm}(\omega)=\pi\sqrt{\pm\omega+E_g/2}$。注意，半导体上外延 GLC 的态密度仍由式(17.13)给出。

在没有相互作用的情况下，GLC 和半导体基底单层中能带相互排列的主要可能变化($V=0,\Lambda(\omega)=0$)如图 17.8 所示。如果将这些图视为异质结的类似物，图 17.8(a)、(b)对应于Ⅰ型的跨越式跃迁；图 17.8(c)对应于Ⅱ型的交错跃迁；图 17.8(d)对应于Ⅲ型的断裂跃迁[39]。现在，包括相互作用，并考虑外延 GLC 的态密度。在这种情况下，主要问题是阐明相互作用如何影响图 17.8 所示的图表。

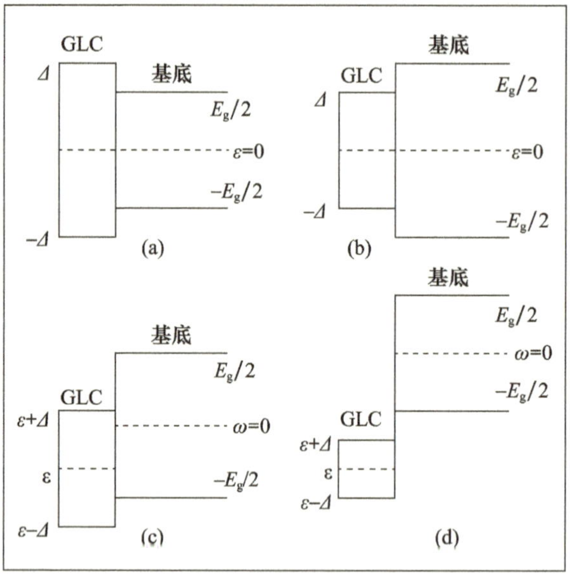

图 17.8　能隙 2Δ 的 GLC 层与能带E_g的半导体基底在没有相互作用的情况下能带相互排列的典型案例。水平实线表示价带的顶部和导带的底部。虚线示出了能隙 s 的中心和带隙的中心，其被视为零能量。(a)、(b)跨越异质结(类型Ⅰ)，(c)交错异质结(类型Ⅱ)和(d)断裂异质结(类型Ⅲ)

此外，需要研究的是接近 GLC 的能隙和基底的带隙的能区。在后一种情况下，即在能量区域$|\omega|\leqslant E_g/2$中，函数$\Gamma(\omega)$一致地消失，使得式(17.13)中的第一项消失。此外，如果反正切参数的分子具有相同的符号，即满足不等式$b(2\xi^2+b)>0$，则第二项也消失。在此情况下，外延 GLC 的态密度等于零。$|\tilde{\Omega}|<\Delta$ 和 $|\tilde{\Omega}|>R$ 时，满足上述不等式，其中$\tilde{\Omega}=\omega-\varepsilon-\pi A V^2(\sqrt{-\omega+E_g/2}-\sqrt{\omega+E_g/2})$和$R=\sqrt{\xi^2+\Delta^2}$。

为了进一步分析，通过使跃迁能 t 统一并设置以下参数，便于转换为无量纲变量：$x=\omega/t$，$X=\tilde{\Omega}/t=x-e-\lambda$，$e=\varepsilon/t$，$e_g=E_g/t$，$\gamma=\Gamma/t$，$\lambda=\Lambda/t$，$\delta=\Delta/t$ 以及 $r=R/t=\sqrt{2\pi\sqrt{3}+\delta^2}$。函数$\gamma(x)$和$\lambda(x)$的表达式在附录 17.B，(1)中给出。还可以知道，类石墨化合物与 6H – SiC 基底之间的层的耦合常数由$C=\pi A V^2/\sqrt{t}\sim v^2$给出：其中$v=V/t$。因此，层和基底之间的强耦合和弱耦合分别对应于不等式$C\gg1$和$C\ll1$。应注意，在上述形式中，态密度$I(\tilde{\Omega})$的表达式(17.13)在区间$|x|\leqslant e_g/2$转换为$|X|$，因此，对应于非零外延态密度式(17.13)的条件$\Delta\leqslant|\tilde{\Omega}|\leqslant R$被简化为

$$\delta \leqslant \left| x - e - C\left(\sqrt{-x + e_g/2} - \sqrt{x + e_g/2}\right) \right| \leqslant r \tag{17.29}$$

图 17.9 和图 17.10 示出了减少的态密度 $I(x)$。对于跃迁能 $t \approx 1.5\text{eV}$ 的平均值(见 17.2 节),设置$e_g = 2$,其对应于 6H - SiC 基底的带隙,并考虑 $\delta = 1.5(2\delta > e_g)$,$\delta = 0.5(2\delta < e_g)$的情况。耦合常数 $C = 0.2$、1 和 5 分别模拟弱、中等和强层 - 基底耦合状态。选择 $e = 0$、-0.6 和 -1.4 的值,以便在没有耦合的情况下,对应图 17.8 所示的图。

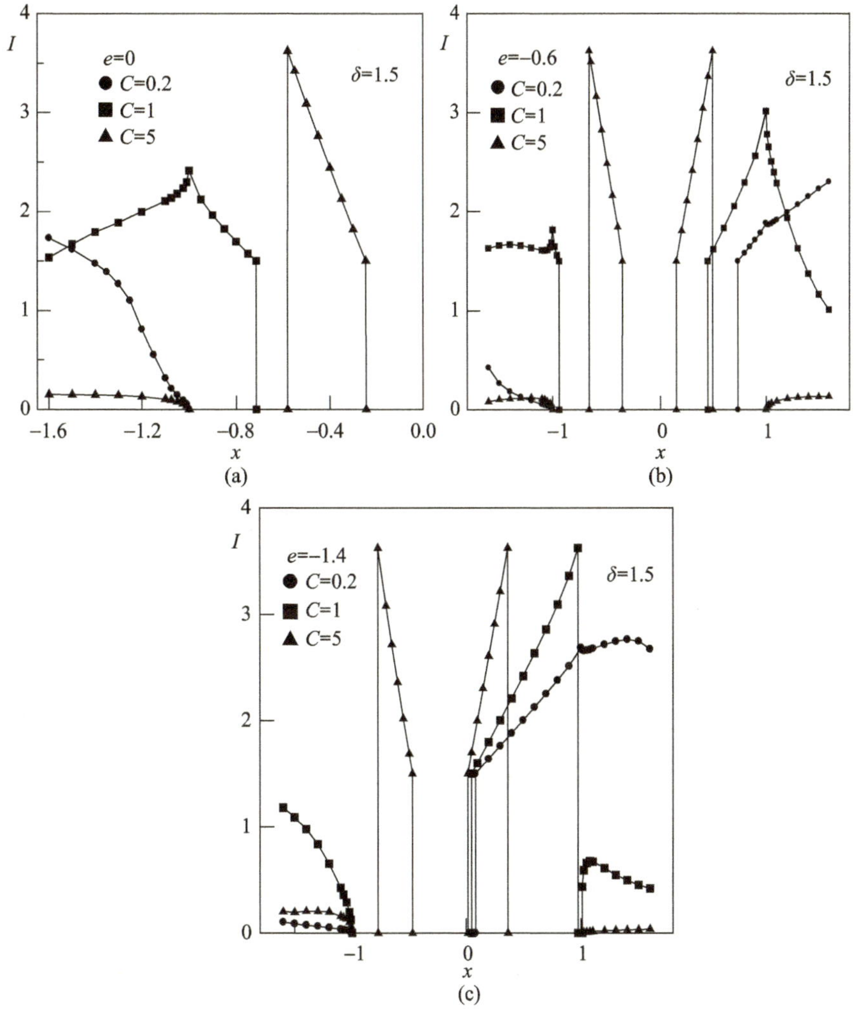

图 17.9 $\delta = 1.5$ 的无量纲态密度 $I(x)$,参数 $e =$(a)0,(b)-0.6 和(c)-1.4,耦合常数 $C = 0.2$(圆形),1(正方形)和 5(三角形)。对于对称情况 $e = 0$,只给出了图的左半部

从约化态密度 $I(x) = |X|$所在的区域$|x| \leqslant e_g/2$ 开始讨论所获得的结果。解不等式(17.29)的图解法,如图 17.11 所示,在函数 $X(x)$的模的交点用直线 δ(点)和 r(点)确定区域$|x| \leqslant e_g/2$ 中能隙的边界。通过假设 $C = C' + c'$,其中$C' \gg c'$和$|x| \leqslant e_g/2$(这里$\bar{x}_\delta \ll e_g/2$),得到$\bar{x}_\delta \approx c'\sqrt{e_g}$。因此,禁带区域的初始变窄与耦合常数呈线性关系。

对于 $e = 0$ 的情况(图 17.11(a)),很容易得到基底带隙区域中的非零态密度是在以下条件下所产生。

$$C \geqslant C' = \frac{\delta - e_g/2}{\sqrt{e_g}} \tag{17.30}$$

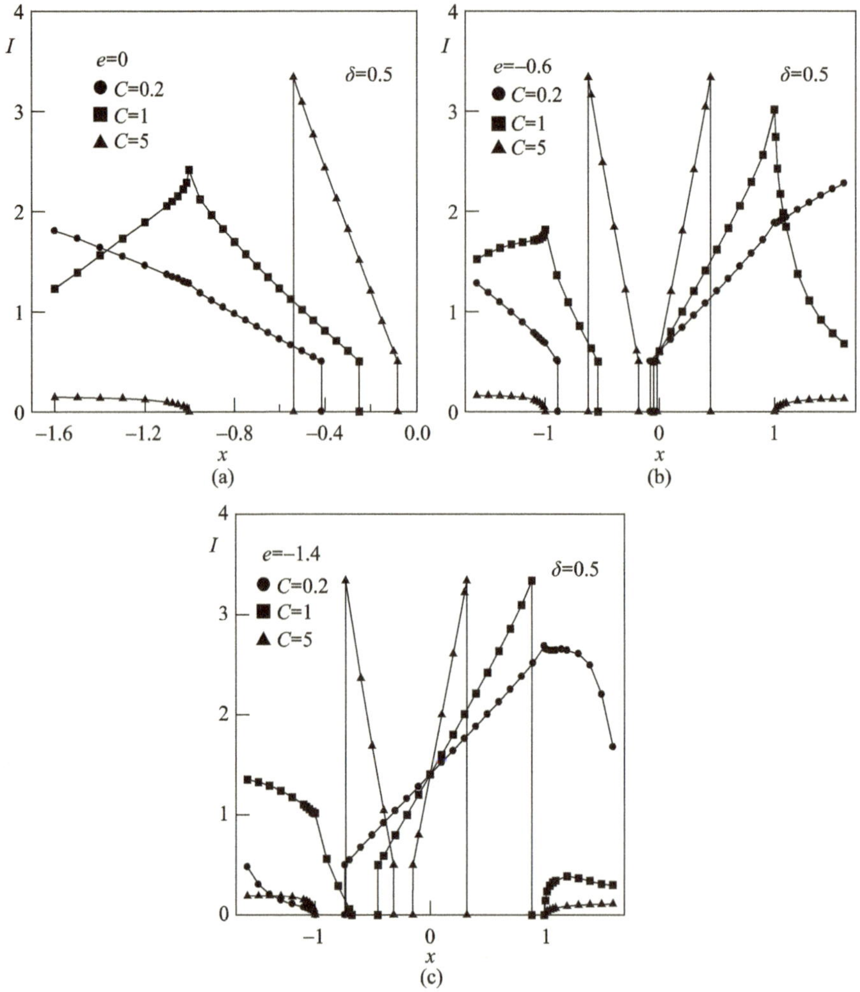

图 17.10　与图 17.9 相同，但此时 $\delta = 0.5$

对于 $2\delta > e_g$ 的情况，如图 17.9(a)所示，可以写 $C' = 1/2\sqrt{2}$。因此，对于耦合常数 $C = 0.2 < C'$，基底的带隙区域保持不变。随着耦合常数 C 的增加，函数 $|X|$ 的斜率也会增加（见附录 17.B，(1)）。$C = 1 > C'$，GLC 的态密度通过其内部边界（价带的顶部和导带的底部）延伸到基底的带隙中。导致系统的带隙变得更窄。在一般情况下，$C > C'$，外延 GLC 的态密度中的能隙具有坐标$(-x_\delta, x_\delta)$。应该强调的是，在这种情况下，只能有条件地谈论 GLC 的态密度，并且只是为了简化对态密度随着耦合常数的增加而变化的解释。还应注意，对于耦合常数 $C = C'$，GLC 的态密度的内部边界与基底的带隙的边界一致。或者换句话说，外延层的带隙与基底的带隙一致。

当耦合常数 C 达到

$$C'' = \frac{r - e_g/2}{\sqrt{e_g}} \tag{17.31}$$

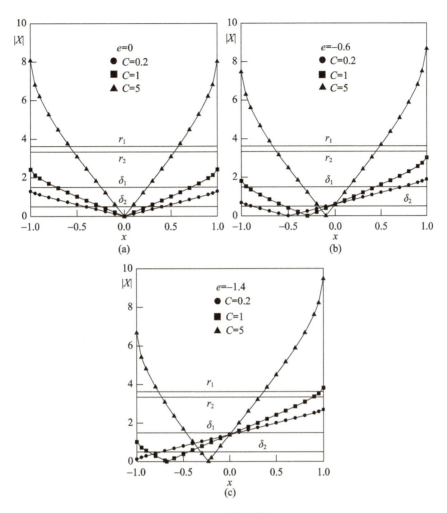

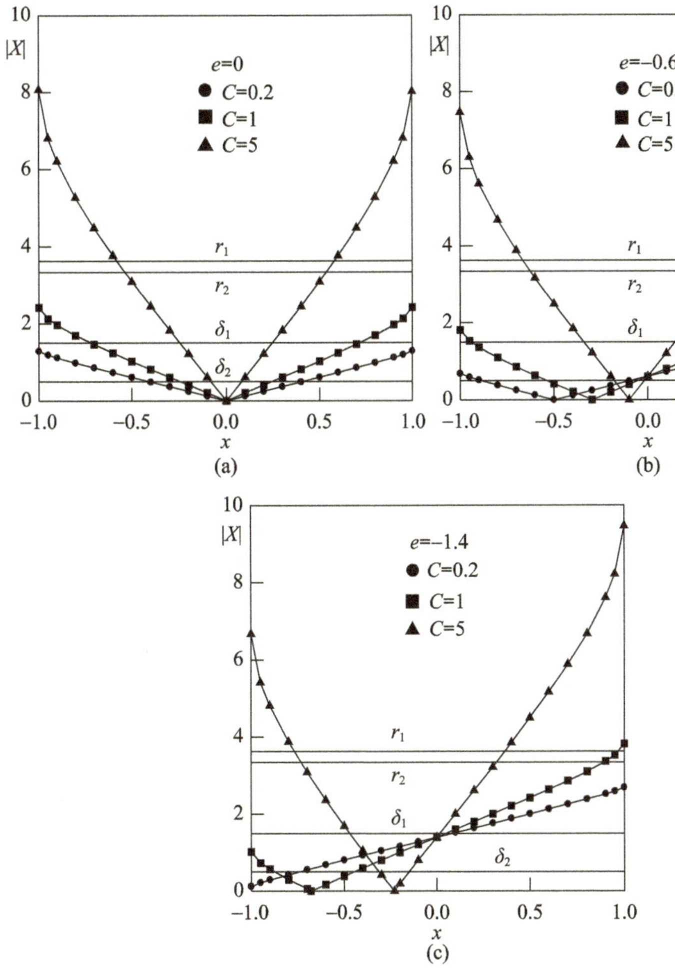

图 17.11 解式(17.29)。细直线对应参数$r_{1,2}=\sqrt{\xi^2+\delta_{1,2}^2}$,$\delta_1=1.5$ 和$\delta_2=0.5$(名称与图 17.9 相同)

GLC 的态密度的外边界(价带的底部和导带的顶部)与基底的带隙的相应边界一致。耦合常数 C 的进一步增加导致图 17.9(a)中的情况,$C=5>C''=(\sqrt{2\pi\sqrt{3}+2.25}-1)/\sqrt{2}$,GLC 的所有态密度都位于带隙内。一般情况下,对于 $C>C''$,在基底的带隙区域中,存在三个能隙,即具有坐标$(-x_\delta,x_\delta)$的中心能隙和坐标$(-e_g/2,-x_r)$和$(x_r,e_g/2)$的两侧能隙。通过假设$x_\delta\ll 1$,得到$x_\delta\approx\delta/(1+C)$。因此,随着耦合常数的增加,创建在基底带隙中的 GLC 的态密度向较低能量移动。

现在来看,如前所述,$e=0$,但 $2\delta<e_g$,所以式(17.31)总是能被满足(图 17.10(a))。当 $C=0$ 时,中心能隙$(-x_\delta,x_\delta)$的边界与独立 GLC 的价带顶部和导带底部重合,即与坐标$(-\delta,\delta)$重合。在 $C\ll 1$ 的情况下,通过设置$x_\delta=\delta-\bar{x}_\delta$,其中$\bar{x}_\delta\ll\delta$,得到$\bar{x}_\delta=C(\sqrt{\delta+e_g/2}-\sqrt{-\delta+e_g/2})$,即带隙的变窄,其在耦合常数中呈线性关系。耦合常数 C 的进一步增加导致$(-x_\delta,x_\delta)$边界的移动朝向低能量范围(图 17.9(a),$C=0.2$ 和 $C=1$)。在 $C=C''=(\sqrt{2\pi\sqrt{3}+0.25}-1)/\sqrt{2}$的情况下,确定 GLC 的态密度的价带底部和导带顶部的坐标$(-x_r,x_r)$与基底$(-e_g/2,-e_g/2)$的带隙的边界一致。$C=5>C''$,GLC 的态密度

位于基底的带隙内，其包含三个能隙，正如$2\delta > e_g$的情况一样（图17.9(a)）。接下来，考虑$e\neq 0$（图17.9和图17.10(b)和(c)）。利用图17.11(b)和(c)中给出的数据，很容易得到代替条件式(17.30)和式(17.31)。现在得到

$$C \geqslant C'_{\pm} = \frac{\delta \pm e - e_g/2}{\sqrt{e_g}}, C''_{\pm} = \frac{r \pm e - e_g/2}{\sqrt{e_g}} \tag{17.32}$$

其中加号和减号分别表示正能量区域和负能量区域。对于$e < 0$，有$C'_+ < C'_-$和$C''_+ < C''_-$。由于这些不等式，GLC的态密度在较低的耦合常数下（因此在较大程度上）开始从基底导带底部向其带隙区域移动（图17.9和图17.10(b)和(c)）。因此，对于坐标$(-x_{\delta-}, x_{\delta+})$和$(-x_{r-}, x_{r+})$，还有$x_{\delta+} < x_{\delta-}$和$x_{r+} < x_{r-}$。应当注意，朝向基底带隙移动的GLC的外延层的态密度的宽度（对于$C=5$，图17.9和图17.10）基本上小于独立GLC的相应W_Q值。事实上，当$\delta = 1.5$时，有相对单位$W_0 = r - \delta \approx 2.12$；当$\delta = 0.5$时，有$W_0 \approx 2.84$。

图17.9和图17.10对应于图17.8(a)~(c)所示的能带图。为了说明图17.8(d)所示的情况，设置$(-e) > r + C\sqrt{e_g} + e_g/2$是必要的且充分的。那么，因为有$|X| > r$，所以基底的带隙是空的。

附录17.B，(2)考虑了基底导带底部和价带顶部附近的允许态区域中外延GLC的态密度的具体特征，对依赖性的解释见图17.9和图17.10。

还应该注意到，图17.9~图17.11中所示的所有依赖关系都是对称的，即可以同时用$-x$替换x，用$-e$替换e。

17.3.2 半导体上的屈曲外延层

现在研究A_NB_{8-N}化合物屈曲外延层。与17.2节类比，假设$\Gamma_a = \Gamma$，$\Gamma_b = \vartheta\Gamma$且$\Lambda_a = \Lambda$，$\Lambda_b = \vartheta\Lambda$，其中$\vartheta$是屈曲系数。由于参数$\Gamma_{a(b)}$和$\Lambda_{a(b)}$与$V^2_{a(b)}$和$V_{a(b)} \propto d^{-2}_{a(b)}$成比例，不等式$\vartheta < 1$（$\vartheta > 1$）意味着B吸附原子比A吸附原子更远离（接近）表面。应当注意，在所采用的模型的框架中，根据相同的推理，可以假设二维层是平坦的，而基底的表面是“屈曲的”，例如，离子晶体[39]的情况。考虑到层的屈曲程度，GLC的态密度具有以下形式

$$\rho'_{AB}(\hat{\Omega}) = \frac{1}{\pi\sqrt{3}t} I'(\hat{\Omega})$$

$$I'(\hat{\Omega}) = \frac{\Gamma(\omega)((1+\vartheta)}{4\pi t} \ln\frac{|\xi^4 + b'\xi^2 + c'|}{c'} + \frac{\hat{\Omega}}{\pi t}\Big(\mathrm{arctg}\frac{2\xi^2 + b'}{2\Gamma(\omega)[(1+\vartheta)\hat{\Omega} + (1-\vartheta)\hat{\Delta}]}$$
$$- \mathrm{arctg}\frac{b'}{2\Gamma(\omega)[(1+\vartheta)\hat{\Omega} + (1-\vartheta)\hat{\Delta}]}\Big) \tag{17.33}$$

其中$c' = (\hat{\Omega}^2 - \hat{\Delta}^2)^2 + \vartheta^2\Gamma^4(\omega) + \Gamma^2(\omega)[(1+\vartheta^2)\hat{\Omega}^2 + (1+\vartheta^2)\hat{\Delta}^2 + 2(1-\vartheta)\hat{\Omega}\hat{\Delta}]$，$b' = 2(\vartheta\Gamma^2 + \hat{\Delta}^2 - \hat{\Omega}^2)$，$2\hat{\Delta} = |2\Delta + (1-\vartheta)\Lambda(\omega)|$，$\hat{\Omega} = \omega - \varepsilon - ((1+\vartheta)/2)\Lambda(\omega)$，$\Lambda(\omega) = \pi A V^2(\sqrt{-\omega + E_g/2} - \sqrt{\omega + E_g/2})$。

GLC屈曲层在基底带隙区域存在有限态密度的条件类似于式$\Delta \leqslant |\tilde{\Omega}| \leqslant R$。通过假设$1 - \vartheta = 2a \ll 1$和$aC \ll \delta_x$，在无量纲形式中，得到

$$\delta_x^2 \leqslant X^2 + 2\alpha\lambda(X - \lambda) \leqslant r_x^2 \tag{17.34}$$

其中，如前所述，$X = x - e - \lambda$（平层）和$\delta_x = \hat{\Delta}/t$，$r_x = \hat{R}/t$。当$e = 0$时，有乘积$\lambda(X -$

$\lambda) < 0$,因此$|X'| < |X|$,其中$X' = x - e - ((1+\vartheta)/2)\lambda(x)$(屈曲层)。这一结果提高了右不等式成立的概率,削弱了左不等式成立的概率。通过类比图 17.11(a)所示的情况,得出以下结论:在弱耦合区 $C \ll 1$ 中,当对于 GLC 的平面层时,基底的带隙中不存在任何状态(如 $C = 0.2$ 和 $\delta = \delta_1$,详见图 17.11(a)),屈曲层也不存在这种状态。随着耦合常数 C 的增加,对于平面层而言,在$|x| \approx 1$ 靠近带隙的边缘,可能出现存在$\delta_1 < |X|$解的情况(图 17.11(a)所示的情况);而对于屈曲板,如前所述,有$|X'| < \delta_1$。此外,对于平面层,禁用态区变窄(图 17.10(a));而对于屈曲层,禁用态区保持不变。在强耦合区 $C \gg 1$,当平面层和屈曲层满足两个条件式(17.34)时(图 17.11(a)所示的 $C = 5$ 的情况),平面层的允许状态带的宽度比屈曲层的窄。也很容易想象这样的情况:随着耦合常数 C 的增加,右不等式(17.34)对 GLC 的屈曲层仍然成立,但对平面层不再有效。这意味着,在第一种情况下,态密度中只有中心能隙;而在第二种情况下,态密度还包括与允许带的边界相邻的两个侧面能隙(图 17.10(a))。

尽管和以前一样有$|X'| < |X|$(图 17.12),但在不满足条件 $\alpha C \ll \delta_x$的情况下,会很复杂。首先,对于 GLC 的屈曲层,由于δ_x和r_x的不对称性,态密度相对于 x 符号变化的对称性被破坏;其次,在窄带隙层和基底之间的强耦合状态下,参数δ_x和r_x屈曲因子的 ϑ 依赖关系本质上是非线性的。对 $C = 5$ 且 $\delta = 0.5$ 的情况进行的计算(图 17.13)证明了随着屈曲程度的增加(减小 ϑ),位于基底带隙内的允许态能带变宽,而能隙相应地变窄。$e = 0$ 时,价带W_-和导带W_+的宽度的差异较小,而对于 $e = 1.4$,差异显著。带移也存在差异,这对应于屈曲因子 ϑ 从 1 减小到 0.5。当 $e = 0$ 时,导带底部几乎不移动,保持在该点$r_{\delta+} \approx 0.083$,而价带顶部从$r_{\delta-} \approx 0.091$ 移动到$r_{\delta-} \approx -0.142$。当 $e = 1.4$ 时,导带底部从$r_{\delta+} \approx 0.313$ 移动到$r_{\delta+} \approx 0.394$,而价带顶部从$r_{\delta-} \approx 0.150$ 移动到 0 $r_{\delta-} \approx 0.189$。在第一种情况下,中心能隙的宽度从 0.174 增加到 0.225;而在第二种情况下,它从 0.163 增加到 0.205。因此,屈曲程度的加入会导致基底带隙区域内 GLC 外延层的态密度发生定性变化。应当注意的是,在这种情况下,外延层的态密度宽度也显著小于自立层的态密度宽度。

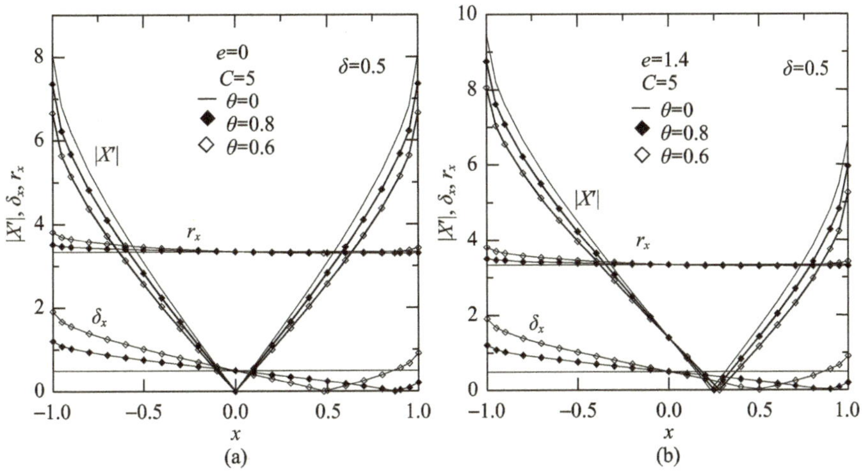

图 17.12 解式(17.34),参数 $C = 5, \delta = 0.5; e = $(a)0 和(b)1.4;$\vartheta = 1$(细线对应于光滑结构),0.8(闭合菱形)和 0.6(开放菱形);$\delta_x = \hat{\Delta}/t, r_x = \hat{R}/t$

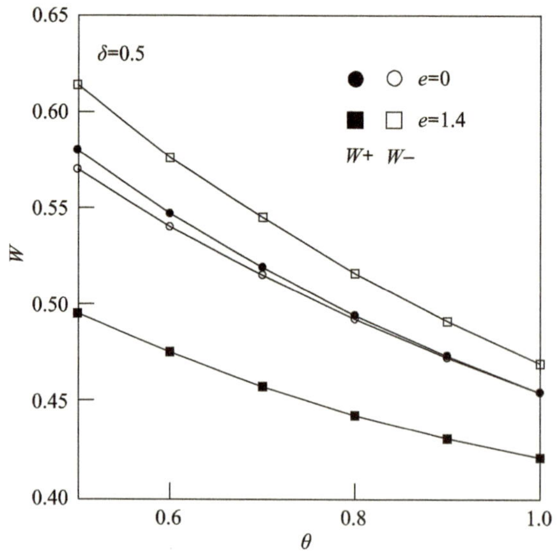

图 17.13 当 $e=0$(闭圆和开圆)和 $e=1.4$(闭方和开方)时,外延层的导带宽度W_+和价带宽度W_-与屈曲因子 ϑ 的关系

接下来讨论 GLC 屈曲片在基底导带底部和价带顶部附近的能区的态密度的具体特征。设 $x=\pm(e_g/2)\pm v(v \ll e_g)$,通过类比强耦合区的平面层 $C \gg 1$,得到$I'(v) \propto (1+\vartheta)$。弱耦合态 $C \ll 1$ 在附录 17.B,(3)中考虑。分析表明,考虑屈曲程度只会导致与平坦情况的数量差异。

到目前为止,一直认为屈曲程度只影响层-基底耦合的矩阵元素$V_{a(b)}$。而在吸附理论中,认为吸附原子的水平$\varepsilon_{a(b)}$发生库仑位移$V_{im}^{a(b)}=e_0^2/4\,d_{a(b)}$。其中$e_0$是电子电荷[21]。(这种移动是由基底中吸附原子的电子像力所引起。为简单起见,这里省略因子$(\varepsilon_s-1)/(\varepsilon_s+1)$。其中$\varepsilon_s$是基底的静态介电常数。也忽略了由携带电荷的基底表面原子产生的可能的静电场。)因此,得出位移之间的差为$V_{im}^a-V_{im}^b=V_{im}^a(1-\sqrt[4]{\vartheta})$。现在,能隙的宽度由式 $2\hat{\Delta}+V_{im}^a(1-\sqrt[4]{\vartheta})$决定。原则上,考虑中的修正相对较小。对于$d_a=2$Å 和 $\vartheta=0.8$,获得$V_{im}^a(1-\sqrt[4]{\vartheta})\approx 0.1$eV。然而,在石墨烯(和其他处于自立态的无间隙 GLC)的情况下,这种校正导致质的变化,或者更准确地说,导致基底诱导能隙的形成。

17.3.3 电荷转移的估计

假设基底和处于独立状态的 GLC 是本征半导体。在这种情况下,类石墨烯化合物的中间能隙与基底的中间带隙相重合,而中间带隙又与费米能级E_F相重合,在基底和外延层之间没有电荷转移。然而,在 GLC 的外延层的允许状态的不同区域之间可能存在电子的重新分布。在零温度下,层中每个原子的平均占有数n_{AB}具有式(17.19)。

考虑图 17.9(a)和图 17.10(a)所示情况下的平层占用数量。在弱耦合区($C=0.2$)和中耦合区($C=1$),态密度 $I(x)$在从 $-\infty$到$e_V=E_V/t$ 的间隔中不同于零,其中E_V是 GLC 的价带顶部的能量。式(17.19)在这些极限中的积分给出$n_{AB}=n_{val}=1$。其中n_{val}是对应于外延层的价带的能区对占用数的贡献。在强耦合区($C=5$),有占据数$n_{AB}=n_{val}=n_{gap}$,其

中n_{gap}是能隙下半部区域中非零态密度对占用数的贡献。n_{gap}的计算根据式(17.19),见附录17.B,(4)。对于图17.9(a)和图17.10(a)所示的情况,对于耦合常数$C=5$,$n_{gap}\approx 0.15$。然而,使用基于近似线性关系将x近似为$|X|$(图17.9和图17.10)是方便的。然后,对于态密度位于$x^{**}<e_F$范围内的情况,代替式(17.B12)和式(17.B13),可以写为

$$J\approx\frac{r+\delta}{2}(x^{**}-x^{*}) \tag{17.35}$$

如果费米能级在$x^{*}<e_F<x^{**}$范围内(部分占用带),那么,在式(17.35)中,代替x^{**},应该引入e_F。对于图17.9(a)和图17.10(a)所示的情况,$C=5$的式(17.35)给出$n_{gap}\approx 0.16$。

使用估计法式(17.35),计算$e\neq 0$和$C=5$时的n_{gap}(图17.9和图17.10(b)和(c)),如前所述,考虑$e_F=0$。对于GLC的完全占据的价带,在$\delta=1.5$时,获得$e=-0.6$时,$n_{gap}^{val}\approx 0.15$,$e=-1.4$时,$n_{gap}^{v}\approx 0.14$;当$\delta=0.5$且$e=-0.6$时,有$\delta\approx 0.16$和$e=-1.4$时,$e\approx 0.15$。在$\delta=0.5$,$e=-0.6$和$e=-0.14$的情况下,费米能级穿过导带。对应的占有数如下:$n_{gap}^{con}\approx 0.006$和$n_{gap}^{con}\approx 0.053$。用式(17.19)并近似式(17.B9)计算价带的贡献,得到$n_{val}\propto C(\bar{\xi}^2/X_{-0}^2)$。

当满足不等式$\max\{|x_r|,|x_d|\}\ll e_g/2$时,进一步简化是可能的。然后,对于强耦合区($C\gg 1$),得到$J\approx\pi\sqrt{3}/C\sqrt{2e_g}$,因此$n_{gap}\approx(C\sqrt{2e_g})^{-1}$。对于$C=5$和$e_g=2$,得到$n_{gap}\approx 0.1$。这是位于带隙中的允许态的完全占据带对GLC的外延层的总占据数的贡献的粗略估计。根据该估计,特别地,在强耦合状态中,参数e和δ的具体值对n_{gap}贡献几乎没有影响。

至此,考虑了平面层。为了转换到屈曲层,耦合常数C应乘以系数$(1+\vartheta)/2$(包括求x^{*}和x^{**}值的情况)。

在本章中,不考虑GLC层和基底之间的电荷转移,因为以式(17.27)的形式指定了基底的态密度,即在无限宽带的近似下,并使用了低能近似。

因此,本节得出的主要结论在于,GLC与半导体基底足够强的相互作用导致系统形成复杂的电子结构,这不能用其组分的能量图的简单叠加来描述(图17.8)。因此,对于这些系统,不能依赖用于构造Shockley - Anderson型[39]能带图的简单方案(规则)。这种方案是为两个“大块”半导体之间的接触而开发的。但在这种情况下,为了描述接口,有时也需要引入一个中间(第三)层。在由二维化合物与体半导体形成异质结的情况下,多层涂层的吸附模型更适合于所考虑的情况(参见参考文献[21])。这句话也适用于由二维层组成的垂直范德瓦耳斯结构[2,27]。

在本节中,从图17.8所示的能带图出发,通过改变层-基底耦合常数C,考虑了异质结的主要类型。结果表明,当耦合常数C达到式(17.32)的值并由式(17.32)确定时,代替系统中的一个带隙,可以出现三个禁态区域,在这三个禁态区域之间自然会发生电子跃迁。原则上,这为实验验证以及器件的设计和开发提供了可能性。该器件的工作范围不仅由“GLC半导体”对的选择确定,而且由异质外延技术确定。该异质外延技术可用于显著地将耦合常数从共价键(GLC作为缓冲层)的典型值改变为范德瓦耳斯键(准独立GLC)的能量。

应当注意,与平坦GLC相比,具有处于自立态的带隙的GLC层的屈曲不会导致系统的电子结构的任何定性变化。然而,对于初始无间隙二维结构,层的屈曲可导致基底诱导

能隙的形成。再次强调，在本研究所使用的模型框架中，“屈曲层－平面基底”和“平面层－屈曲基底”的情况是等价的。

17.4 石墨烯类化合物的吸附

17.4.1 独立类石墨烯 A_NB_{8-N} 化合物

从一般考虑[21]，格林函数 $G_a(\omega)$ 对于吸附在外延石墨烯上的原子，可以写成

$$G_a^{-1}(\omega)=\omega-\varepsilon_a-\Lambda_a(\omega)+i\Gamma_a(\omega) \tag{17.36}$$

式中：ε_a 为吸附原子单电子能级能量；吸附原子准能级加宽函数由下式给出：

$$\Gamma_a(\omega)=\pi V_{a/\mathrm{sub}}^2\rho_{\mathrm{sub}}(\omega) \tag{17.37}$$

式中：$V_{a/\mathrm{sub}}$ 为原子－基底耦合的矩阵元素，准能级能移函数由下式给出：

$$\Lambda_a(\omega)=\frac{1}{\pi}P\int_{-\infty}^{\infty}\frac{\Gamma_a(\omega')\mathrm{d}\omega'}{\omega-\omega'} \tag{17.38}$$

对应于格林函数式(17.36)的吸附原子态密度写为

$$\rho_a(\omega)=\frac{1}{\pi}\frac{\Gamma_a(\omega)}{[\omega-\varepsilon_a-\Lambda_a(\omega)]^2+\Gamma_a^2(\omega)} \tag{17.39}$$

设置式(17.37)中的 ρ_{sub} 等于式(17.11)中的 $\rho_{\mathrm{AB}}^0(\Omega)$，得到

$$\Lambda_a(\Omega)=\frac{2V_{a/\mathrm{sub}}^2}{\xi^2}\Omega\ln\left|\frac{\Omega^2-\Delta^2}{\Omega^2-\Delta^2-\xi^2}\right| \tag{17.40}$$

$\Delta=0$ 时，对于独立式石墨烯，式(17.40)转换为参考文献[49]中的式(17.39)。函数 $\Lambda_a(\Omega)$ 的一些解析性质在附录17.C，(1)中给出。

为了进一步分析，引入耦合常数 $\alpha=2V_{a/\mathrm{sub}}^2/\xi^2$ 并转向相对单位 $x=\Omega/\xi,\eta_a=\varepsilon_a/\xi,\bar{e}=\bar{\varepsilon}/\xi,\delta=|\Delta|/\xi$，则无量纲半宽度和能量位移函数为 $\gamma_a(x)=\Gamma_a(x)/\xi$ 和 $\lambda_a(x)=\Lambda_a(x)/\xi$。这些函数 $\lambda_a(x)$ 与独立GLC的 $f_{\mathrm{AB}}(x)=\rho_{\mathrm{AB}}(x)\cdot\xi$ 式无量纲态密度一起给出。值得注意的是，在不存在和存在光谱间隙的情况下函数 $\lambda_a(x)$ 之间的质量差异。给出形式的吸附原子态密度式(17.39)可以写成

$$\bar{\rho}_a(x)\equiv\rho_a(\omega)\cdot\xi=\frac{\alpha f_{\mathrm{AB}}(x)}{[x+\eta-\lambda_a(x)]^2+(\pi\alpha f_{\mathrm{AB}}(x))^2} \tag{17.41}$$

式中：$\eta=(\bar{\varepsilon}-\varepsilon_a)/\xi=\bar{e}-\eta_a$；$\lambda_a(x)=\alpha x\ln|(x^2-\delta^2)/(x^2-\delta^2-1)|$。对吸附在单层石墨烯上的原子的态密度进行了足够详细的研究(参见参考文献[21,50])，因此，在本研究中，关注具有非零带隙的GLC。应该强调的是，在参考文献[21,50]中使用的不是低能近似，而是单片石墨烯态密度的M模型。然而，主要结果在某种程度上与模型严格无关，但与狄拉克点区域中态密度的线性能量相关性有关，并在该点精确地消失。

当 $\sqrt{1+\delta^2}\geqslant|x|\geqslant\delta$ 时，函数 $\bar{\rho}_a(x)$ 的计算结果对应于连续GLC光谱的能量。由图可知，吸附原子态密度 $\bar{\rho}_a(x)\approx0.1$ 在问题的典型参数下，$\eta=0,\delta=0.25,\delta=0.75$，耦合常数 $\alpha=1$。实际上，根据式(17.41)，最大值 $\bar{\rho}_a(x_r)\approx\alpha\pi^{-2}\bar{f}^{-1}(x\bar{r})$，其中 x_r^- 是价带区域中的共振状态(见下文)。$f(x_r^-)\approx1$ 且 $\alpha=1$，$\bar{\rho}_a(x\bar{r})\approx\pi^{-2}\approx0.1$。在强原子－基底结合的情况

($a \gg 1$)下,态密度$\bar{\rho}_a(x)$变得非常小;而在弱键的情况($a \ll 1$)下,态密度$\bar{\rho}_a(x)$都能达到有效值。这中间没有质的区别。$\delta = 0.25$ 和 $\delta = 0.75$ 时,$\bar{\rho}_a(x)$没有本质差异。

现在研究其无量纲能量x_l由下列方程的根定义的局域态

$$x + \eta - \lambda a(x) = 0 \tag{17.42}$$

在连续 GLC 谱之外的能区$|x| < \delta$,$|x| > \sqrt{1+\delta^2}$,函数$f_{AB}(x) \equiv 0$。在谱中存在间隙的情况下,解式(17.42)的图解法如下所示:虚线的交点 $x + \eta$,利用简化的平移函数$\lambda_a(x)$定义吸附原子诱导的能级。很容易假设在导带和价带区域中有两个共振水平分别为 x_r^+ 和 x_r^-。还有三个地方能级,其中x_l^+ 和x_l^- 分别在导带顶部上方和价带底部下方,第三个局部能级x_{l0}在间隙区域中。在 $\alpha = 1$ 和 $\eta = 0$ 时,很容易得到$x_{l0} = 0$,并且$x_l^+ = \sqrt{\delta^2 + \mathrm{e}/(\mathrm{e}-1)}$,其中 e 是自然对数底。那么,在 $\delta = 0.25$ 时,$x_l^+ \approx 1.28$;在 $\delta = 0.75$ 时,$x_l^+ \approx 1.46$。

可以看到当 $\eta = -1$ 时,局部能级x_{l0}出现在系统中的上半间隙中。很容易假设(见式(17.42)在下半个间隙中有一个类似的镜像局部能级 $\eta = 1$。用式(17.42)计算,且 $\alpha = 1$,$\eta = 1$,当 δ 分别等于 0.25 和 0.75 时,产量x_{l0}分别为 -0.20 和 -0.44。两个案例之间没有质的区别。在附录 17.C,(2)中讨论了各种问题参数的根和的相关性。

现在开始计算吸附原子占有数n_a。将数值写成和[21],其中第一项是代表价带贡献的占用数n_{band}

$$n_{\text{band}} = \int_{-\sqrt{1+\delta^2}}^{-\delta} \bar{\rho}_a(x)\,\mathrm{d}x \tag{17.43}$$

在所示的情况下,在 $\delta = 0.25$ 时,$n_{\text{band}} \approx 0.05$;在 $\delta = 0.75$ 时,$n_{\text{band}} \approx 0.02$。附录 17.C,(3)中给出了$n_{\text{band}}$的有效定性估计。

连续的项n_{loc}都是由局部能级定义的。首先是能级x_l^- 的贡献,位于价带底部之下,因此总是被占据。其次是在间隙中局部能级x_{l0}的贡献,但是,其应低于降低的费米能级$\varepsilon_F = E_F/\xi$(文献[21]中已知),局部态x_{loc}的占有数n_{loc}由下式给出:

$$n_{\text{loc}} = \left|1 - \frac{\mathrm{d}\lambda_a(x)}{\mathrm{d}x}\right|_{x_{\text{loc}}}^{-1} \tag{17.44}$$

导数 $\mathrm{d}\lambda_a(x)/\mathrm{d}x$ 的表达式在附录 17.C,(4)中给出(参见式(17.C3))。在 $a = 1$ 和 $\eta = 0$ 的情况下,位于 GLC 价带底部下方的能级$x_l^- \approx -1.28$($\delta = 0.25$)和$x_l^- \approx -1.46$($\delta = 0.75$)的局部贡献分别是 $n_l^- \approx 0.22$ 和 $n_l^- \approx 0.21$。能级 x_{l0} 做出贡献 $n_{l0} = [1 + \alpha\ln((1+\delta^2)/\delta^2)]^{-1}$。由此,在 $a = 1$ 时,得到$n_{\text{loc}} \approx 0.26$($\delta = 0.25$)和$n_{\text{loc}} \approx 0.49$($\delta = 0.75$)。因此,$n_{\text{loc}} \approx 0.48$($\delta = 0.25$),$n_{\text{loc}} \approx 0.70$($\delta = 0.75$),且总吸附原子占有数$n_a = n_{\text{band}} + n_{\text{loc}}$分别是$n_a \approx 0.53$($\delta = 0.25$)和$n_a \approx 0.72$($\delta = 0.75$)。此处假设费米能级$\varepsilon_F = 0^+$,即其移动了一个无穷小的值到能隙的上半部分,使得局部能级x_{l0}被占用。

在 $\alpha = 1$ 和 $\eta = 1$ 的情况下,能级的局部贡献$x_{l0} \approx -0.20$($\delta = 0.25$)和$x_{l0} \approx -0.44$($\delta = 0.75$)。在下间隙的一半分别是$n_{l0}^- \approx 0.20$ 和$n_{l0}^- \approx 0.33$。这些依赖项的一般形式见附录17,一些特殊情况见附录 17C,(4)。应该再次注意到 $\delta = 0.25$ 和 $\delta = 0.75$ 的情况下没有质的差异。

因此,局部态的贡献$n_{l0c} = n_l^- + \vartheta(\varepsilon_F - x_{l0})n_{l0}$,其中 $\vartheta(z)$是 Heaviside 单位阶跃函数,在 $z > 0$ 时一致。在 $z \leqslant 0$ 时,与中间和强 adatom – GLC 键的价带贡献相比,z 为零是普遍

存在的($\alpha \geqslant 1$)。这种情况是石墨烯[50]上氢和卤素原子吸附的特征。随着常数α的减小，能带态和局域态的贡献分别增大和减小。在弱原子GLC键的情况下，贡献n_{band}可以变得普遍，就像在石墨烯[50]上的碱金属原子吸附的情况一样。实际上，为了估计常数α，可以使用简单的表达式[21,50]。例如，对于具有外轨道s_a的吸附原子与GLC的p_z|轨道耦合，得到了$\alpha \approx 21.5/d^4t^2$。其中跃迁能$t$用eV表示，吸附键长$d$用Å表示。设置$t \approx 3\text{eV}$并接受$d \approx 1$Å原子氢，得到$\alpha \approx 2$。对于具有外轨道$p_a$的吸附原子与GLC的$p_z$轨道耦合，得到$\alpha \approx 52.7/d^4t^2$。由于氟原子$d \approx 2$Å，则$\alpha \approx 1$。对于碱金属，$d > 2$Å，因此，$a < 1$。

原则上，为了计算原子在独立GLC上吸附时的占据数n_{band}，应使用17.2节中给出的GLC参数构建类似于参考文献[21,50]中提出的石墨烯上吸附的M模型的分析模型。但目前不仅缺乏实验数据，也缺乏其他作者计算的相应结果。因此，认为这个问题为时过早。

17.4.2 外延类石墨烯A_NB_{8-N}化合物

从考虑在金属上形成的平坦GLC层开始。如17.2节所示，其态密度由最简单的模型描述的金属$\rho_{\text{sub}}(\omega) = \rho_{\text{met}} =$常数的金属基底平滑了独立GLC的态密度的所有特征。在这种情况下，金属基底的主要影响是GLC能隙消失作为禁态区域（见式（17.13）和图17.3）。根据17.2节和附录17.C,(5)，金属$\bar{\rho}_{\text{AB}}^{\text{met}}(x)$上外延GLC的二维层的无量纲态密度在本研究的标准化中由式(17.C6)给出。17.2节还显示，当$x^2 \ll 1$时，$\delta^2 \ll 1$且$\gamma_m^2 \ll 1$，该态密度可简化为二次依赖关系$\bar{\rho}_{\text{AB}}^{\text{met}}(x) \approx A + Cx^2$，其中常数$A$和$C$由附录17.C,(5)的表达式(17.C7)和(17.C8)定义。

与式(17.37)相似，吸附在金属上形成的GLC上的原子的准能级的半宽度由下式给出

$$\Gamma_a^{\text{AB/met}}(\omega) = \pi\,(V_a^{\text{AB/met}})^2\rho_{\text{AB}}^{\text{met}}(\omega) \tag{17.45}$$

或者，可以简化为$\gamma_{am} = \Gamma_a^{\text{AB/met}}/\xi$（$V_a^{\text{AB/met}}$是与GLC金属结构相互作用的基质元素）。准能级$\Lambda_a^{\text{AB/met}}(\omega)$的能移函数由类似于式(17.38)的公式给出。如果将金属上的吸附原子GLC耦合常数设置为$\beta = (V_a^{\text{AB/met}})^2/\xi^2$，相应的还原吸附原子态密度仍由式(17.43)给出，但此时β代替α，$\bar{\rho}_{\text{AB}}^{\text{met}}(x)$代替$f_{\text{AB}}(x)$，且$\lambda_{\text{am}}(x)$代替$\lambda_{\text{a}}(x)$。

为了估计吸附原子和基底之间的电荷转移，且为了简单起见，认为GLC/金属系统的约化费米能级$\varepsilon_{\text{F}} = 0$，因此金属和GLC之间不发生电荷转移。使$|\eta| \ll 1$，通过洛伦兹轮廓来近似吸附原子态密度，例如

$$\bar{\rho}_a(x) = \frac{\beta A}{(x - x_0)^2 + (\pi\beta A)^2} \tag{17.46}$$

设$\bar{\varepsilon} = 0$，则有$\eta = -\eta_a$，$x_0 \approx \eta_a + \lambda_{am}(\eta_a)$。计算表明，在$\delta^2 \ll 1$和$\gamma_m^2 \ll 1$时，存在$A \approx C$，因此在区域$x^2 \ll 1$中，可以设$\bar{\rho}_{\text{AB}}^{\text{met}}(x) \approx A$，则吸附原子占有数$n_a$近似为

$$n_a \approx \frac{1}{\pi}\text{arcctg}\,\frac{x_0}{\pi\beta A} \tag{17.47}$$

分别给出了依赖性$n_a(\gamma_m)$和$n_a(\beta)$的计算结果。值得注意的是，依赖性$n_a(\gamma_m)$和$n_a(\beta)$不仅在定性上具有一致性，而且在定量上也具有一致性。这一结果表明，两个力常数

类似地影响吸附原子的轨道占据。附录 17. C,(5)更详细地考虑了这个问题。还可以得到,n_a对 δ 的依赖性较弱。

随着耦合常数γ_m和 β 的增加,吸附原子准能级的负约化能量n_a的减少由正能量位移函数$\lambda_{am}(\eta_a)$解释。实际上,吸附原子准能级被耗尽,移动到正能量。当$\eta_a>0$,发生相反的效应:吸附原子占据随着γ_m和 β 增加,这与吸附原子准能级向负能量的移动有关。从式(17. 47)也可以看出,占有数n_a转换为 $1-n_a$(此时用 $-n_a$代替n_a)。依赖性$n_a(\gamma_m)$和$n_a(\beta)$随着γ_m和β 的增加展平,该性质在附录 17. C,(5)中进行了解释。因此,由于金属上的 GLC 中缺乏间隙并且缺乏吸附原子的局部能级,对占据数n_a的贡献完全由占据所用模型内的整个能量空间的连续谱的状态来定义。

接下来研究在半导体上生长的平坦外延 GLC 层上的吸附。由 GLC 与半导体基底接触形成的异质结的可能类型在 17. 3 节中考虑。在这种情况下,根据 GLC 带隙 2δ 和基底带隙E_g的比率、其在能量尺度中的相对位置以及主要的 GLC 半导体耦合常数,存在各种各样的电子结构,其可以在一定的参数比率下具有大的一组禁止态子带。然而,在这种结构上吸附的一般问题被简单地公式化。实际上,与式(17. 45)类似,可以将准能级半宽度函数写成$\Gamma_a^{AB/sc}(\omega)=\pi(V_a^{AB/sc})^2\rho_{AB}^{sc}(\omega)$。其中$V_a^{AB/sc}$是吸附原子与 GLC/半导体结构相互作用的矩阵元素,其态密度在 17. 3 节中给出的$\rho_{AB}^{sc}(\omega)$。在式(17. 38)中代入$\Gamma_a^{AB/sc}(\omega)$,将得到准能级的能量位移函数$\Lambda_a^{AB/sc}(\omega)$,从而确定了式(17. 39)形式的吸附原子态密度。值得注意的是,在目前的情况下,如在独立 GLC 的情况下,两个频带(谐振)x_r和局部x_{loc}态将对吸附原子占用数n_a有贡献。注意到,后者是在独立 GLC 上吸附期间的间隙态x_{l0}的类似物。

在结论中注意,在单原子吸附期间,原则上,它与哪个基底原子 A 或 B 结合并不重要,因为这种情况仅对耦合常数有影响。另一个问题是吸附原子的有限浓度问题。在这种情况下,吸附可以将 GLC 间隙改变为游离态(类比石墨烯中的诱导间隙吸附),这必然会在外延 GLC 中表现出来。我们认为,这样的问题的说法为时过早。

17.5 小结

因此,在本工作中,在低能近似下,用紧束缚方法得到了金属和半导体上 GLC 的自立层和外延层(平坦和屈曲)的态密度的解析表达式。

对于金属上的外延 GLC,主要特征是不存在作为禁能区的间隙。在 GLC 与金属的低相互作用下,该区域可以被认为是赝隙。随着这种相互作用的增加,赝隙几乎完全消失。对于半导体上的外延 GLC,主要结论是对于具有强 GLC 半导体耦合的系统,有可能形成具有多个能隙的复杂电子结构。再次强调,与金属上的二维 GLC 相比,半导体基底上的 GLC 仍然是假设的结构,金属上的二维 GLC 的可行性在理论层面已被证明[12-13]。

构造了考虑A_NB_{8-N}化合物的单原子在独立和外延平面二维层上吸附问题的一般方案。对独立的 GLC 和金属上形成的 GLC 进行了数值计算和半定量估计,得出了一些关于原子能级位置、GLC 带隙和相应的耦合常数在形成吸附原子电子结构中的作用的结论(态密度和占据数)。对于半导体上的 GLC 外延层,出现太多可能的情况。因此,没有在本研究中估计吸附特性。

正如上面所提到的，现在普遍认为密度泛函理论是凝聚态物理的最先进的理论。然而，我们认为模型哈密顿方法对于描述整个物体复合体和阐明相应的趋势仍然是有用的。因此，希望重复 Anderson 在诺贝尔获奖演讲中的话[51]："通常情况下，一个简化的模型比任何对'个别情况的从头计算'更能揭示自然界的真实运作，即使是正确的，也往往包含了太多的细节，掩盖而不是揭示了现实。"

附录 17.A

(1)式(17.7)定义的格林函数可改写为$G^{AA(BB)} = \mathrm{Re}G^{AA(BB)} + i\mathrm{Im}G^{AA(BB)}$，其中

$$\mathrm{Re}G^{A(B)} = \frac{\Omega_{b(a)}(\Omega_a\Omega_b - t^2f^2) + \Omega_{a(b)}\Gamma_{b(a)}^2}{|D|^2} \tag{17.A1}$$

$$\mathrm{Im}G^{A(B)} = -\frac{\Gamma_{b(a)}(\Gamma_a\Gamma_b - t^2f^2) + \Gamma_{a(b)}\Omega_{b(a)}^2}{|D|^2} \tag{17.A2}$$

$$|D|^2 = (\Omega_a\Omega_b - t^2f^2)^2 + \Gamma_a^2\Gamma_b^2 + 2\,\Gamma_a\Gamma_b t^2f^2 + \Gamma_a^2\Omega_b^2 + \Gamma_b^2\Omega_a^2 \tag{17.A3}$$

此处，为了表达式的简单性，省略了输入公式的参数 ω 和 k。

(2)由于不存在带有基底的键，格林函数式(17.7)可表示为

$$G^{A(B)}(\Omega,\boldsymbol{k}) = \frac{\Omega \mp \Delta}{(\Omega - R(k))(\Omega + R(k))} \tag{17.A4}$$

式中：$\Omega = \omega - \varepsilon$ 和 $R(\boldsymbol{k}) = \sqrt{\Delta^2 + t^2f^2(\boldsymbol{k})}$，则

$$G^A(\Omega,\boldsymbol{k}) + G^B(\Omega,\boldsymbol{k}) = \frac{1}{\Omega - R(k) + is} + \frac{1}{\Omega + R(k) + is}, s = 0^+ \tag{17.A5}$$

式(17.9)的形式为

$$\rho_{AB}(\Omega) = \frac{S}{(2\pi)^2}2\pi\frac{1}{(3ta/2)^2}\int z\mathrm{d}z[\delta(\Omega - R(z)) + \delta(\Omega + R(z))] \tag{17.A6}$$

当推导式(17.A6)时，按照一般规则从求和过渡到积分

$$\frac{1}{N}\sum_k(\cdots) \to \frac{S}{(2\pi)^2}\int(\cdots)\mathrm{d}\boldsymbol{k} \tag{17.A7}$$

($S = 3a^2\sqrt{3}/2$ 是晶胞面积)，并使用低能近似($z = 3taq/2, R(z) = \sqrt{\Delta^2 + z^2}$)。进行式(17.A6)中的积分，得到式(17.13)。

(3)态密度式(17.13)采用简化形式$\rho_{AB}^*(x) = I(x)$，其中

$$I(x) = \frac{\gamma}{2\pi t}\ln\frac{\bar{\xi}^4 + \bar{\xi}^2\bar{b} + \bar{c}}{\bar{c}} + \frac{|x|}{\pi t}\left(\mathrm{arctg}\frac{2\bar{\xi}^2 + \bar{b}}{4\gamma|x|} - \mathrm{arctg}\frac{\bar{b}}{4\gamma|x|}\right) \tag{17.A8}$$

式中：$\bar{b} = 2(\delta^2 + \gamma^2 - x^2)$；$\bar{c} = (x^2 - \delta^2)^2 + \gamma^2(\gamma^2 + 2\delta^2 + 2x^2)$；$\bar{\xi} = 3.3$。使$x^2 \ll \delta^2$，则

$$I(x) \approx I(0) + \frac{\gamma x^2}{\pi}\left(\frac{8\bar{\xi}^2}{\bar{b}_0(2\bar{\xi}^2 + \bar{b}_0)} - \frac{\bar{\xi}^2}{\bar{\xi}^4 + \bar{\xi}^2\bar{b}_0 + \bar{c}_0}\right) + (\delta^2 - \gamma^2)\frac{\bar{\xi}^4 + \bar{\xi}^2\bar{b}_0}{\bar{c}_0(\bar{\xi}^4 + \bar{\xi}^2\bar{b}_0 + \bar{c}_0)}$$

$$I(0) = \frac{\gamma}{\pi}\ln\frac{\bar{\xi}^2 + \delta^2 + \gamma^2}{\delta^2 + \gamma^2} \tag{17.A9}$$

假设$\bar{\xi}$是问题的最大参数，得到

$$I(x) \approx I(0) + \frac{\gamma x^2}{\pi}\frac{3\delta^2 + \gamma^2}{\delta^2 + \gamma^2} \tag{17.A10}$$

在对应于类石墨烯的化合物的赝隙边界的 $x^2=\delta^2$ 能量下，有

$$I(\delta)\approx\frac{\gamma}{2\pi t}\ln\frac{(\bar{\xi}^2+\gamma^2)^2+4\gamma^2\delta^2}{\gamma^2(\gamma^2+4\delta^2)}+\frac{\delta}{\pi t}\left(\mathrm{arctg}\frac{\bar{\xi}^2+\gamma^2}{2\gamma\delta}-\mathrm{arctg}\frac{\gamma}{2\delta}\right)\tag{17. A11}$$

再假设 $\bar{\xi}$ 是最大值，发现

$$I(\delta)\approx\frac{\gamma}{\pi t}\ln\frac{\bar{\xi}^2}{\gamma(\gamma^2+4\delta^2)^{1/2}}+\frac{\delta}{\pi t}\left(\frac{\pi}{2}-\mathrm{arctg}\frac{\gamma}{2\delta}\right)\tag{17. A12}$$

(4)一般情况下，外延 GLC 的态密度为

$$\tilde{\rho}_{\mathrm{AB}}(\omega)=\frac{1}{\pi\sqrt{3}t}\tilde{I}(\omega)\tag{17. A13}$$

$$\tilde{I}(\omega)=\frac{\Gamma_a(\omega)+\Gamma_b(\omega)}{4\pi t}\ln\frac{|\xi^4+\tilde{b}\xi^2+\tilde{c}|}{\tilde{c}}+\frac{\Gamma_a(\omega)\Omega_b^2+\Gamma_b(\omega)\Omega_a^2+[\Gamma_a(\omega)+\Gamma_b(\omega)]\Omega_a\Omega_b}{2\pi tC(\omega)}\left(\mathrm{arctg}\frac{2\xi^2+\tilde{b}}{2C(\omega)}-\mathrm{arctg}\frac{\tilde{b}}{2C(\omega)}\right)\tag{17. A14}$$

式中：$\tilde{b}=2[\Gamma_a(\omega)\Gamma_b(\omega)-\Omega_a\Omega_b]$；$\tilde{c}=\Omega_a^2\Omega_b^2+\Gamma_a^2(\omega)\Gamma_b^2(\omega)+\Gamma_a^2(\omega)\Omega_b^2+\Gamma_b^2(\omega)\Omega_a^2$；$C(\omega)=\Gamma_a(\omega)\Omega_b+\Gamma_b(\omega)\Omega_a$。当 $\Omega=\Omega^*$ 时，金属基底的系数 $\tilde{b}$ 和 $\tilde{c}$ 为

$$b'(\Omega^*)=2\vartheta\left(\Gamma^2+\frac{4\Delta^2}{(1+\vartheta)^2}\right)$$

$$c'(\Omega^*)=\vartheta^2\Gamma^4+2\Gamma^2\Delta^2\left(\frac{(1+\vartheta^2)^2}{(1+\vartheta)^2}-\frac{(1-\vartheta)^2}{1+\vartheta}\right)+\frac{16\vartheta^2\Delta^4}{(1+\vartheta)^4}\tag{17. A15}$$

$b'(\Omega^*)>0$，$I'(\Omega^*)$ 的价值由式(17. 15)的第二个方程的第一项给出。

(5)对于屈曲层，减少的态密度为 $I'(\pm\delta)\approx I(\delta)-aS(\pm\delta)$，$1-\vartheta=\alpha\ll1$，$x=\pm\delta$，其中，$I(\delta)$ 在式(17. A11)中给出

$$S(\delta)=\frac{\gamma}{\pi}\left(\frac{1}{4}\ln\frac{(\bar{\xi}^2+\gamma^2)^2+4\gamma^2\delta^2}{\gamma^2(\gamma^2+4\delta^2)}-\frac{\gamma^2+\delta^2}{\gamma^2+4\delta^2}+\frac{\gamma^2(\bar{\xi}^2+\gamma^2+\delta^2)}{(\bar{\xi}^2+\gamma^2)^2+4\gamma^2\delta^2}\right)-\frac{2\gamma}{\pi}\frac{\bar{\xi}^2(\bar{\xi}^2+2\gamma^2)\delta^2}{(\gamma^2+4\delta^2)[(\bar{\xi}^2+\gamma^2)^2+4\gamma^2\delta^2]}\tag{17. A16}$$

$$S(-\delta)=\frac{\gamma}{\pi}\left(\frac{1}{4}\ln\frac{(\bar{\xi}^2+\gamma^2)^2+4\gamma^2\delta^2}{\gamma^2(\gamma^2+4\delta^2)}-\frac{\gamma^2+3\delta^2}{\gamma^2+4\delta^2}+\frac{\gamma^2(\bar{\xi}^2+\gamma^2+3\delta^2)}{(\bar{\xi}^2+\gamma^2)^2+4\gamma^2\delta^2}\right)-\frac{2\gamma}{\pi}\frac{\bar{\xi}^2\gamma\delta}{(\bar{\xi}^2+\gamma^2)^2+4\gamma^2\delta^2}\tag{17. A17}$$

附录 17. B

函数 $\Gamma(\omega)$ 和 $\Lambda(\omega)$ 的表达式采用以下形式

$$\gamma(x)=C\begin{cases}\sqrt{-x-e_g/2} & (x<-e_g/2)\\ \sqrt{x-e_g/2} & (x>e_g/2)\\ 0 & (|x|\leqslant e_g/2)\end{cases}\tag{17. B1}$$

$$\lambda(x)=C\begin{cases}\sqrt{-x+e_g/2} & (x<-e_g/2)\\ \sqrt{-x+e_g/2}-\sqrt{x+e_g/2} & (|x|\leqslant e_g/2)\\ -\sqrt{x+e_g/2} & (x>e_g/2)\end{cases}\tag{17. B2}$$

式中：$C=\pi AV^2/\sqrt{t}$。根据参考文献[47]中的估计，6H－SiC 基底具有系数 $A\approx 0.2\mathrm{eV}^{-3/2}$。如17.2节所示，跃迁能 t 在从 InSb 的0.64eV 到 BN 的2.28eV 的范围内变化。在这种情况下，耦合常数估计为 $C\approx(V/t)^2$。取平均值 $t\approx 1.5\mathrm{eV}$，可以写出 $C=(\pi A\, t^{3/2})v^2\sim v^2$。其中 $v=V/t$。

考虑式(17.B1)和式(17.B2)，很容易表示 $(\mathrm{d}X/\mathrm{d}x)_{x\to 0}=1+C\,(2/e_g)^{3/2}$ 和 $(\mathrm{d}X/\mathrm{d}x)_{|x|>e_g/2}=1+C/2(|x|+e_g/2)^{3/2}$。

(2)在所呈现的形式中，态密度式(17.13)可以写成

$$I(x)=I_1(x)+I_2(x),\ I_1(x)=\frac{\gamma}{2\pi}\ln\frac{\bar{\xi}^4+\bar{\xi}^2\bar{b}+\bar{c}}{\bar{c}}$$

$$I_2(x)=\frac{|X|}{\pi}\left(\arctan\frac{2\bar{\xi}^2+\bar{b}}{4\gamma|X|}-\arctan\frac{\bar{b}}{4\gamma|X|}\right) \tag{17.B3}$$

式中：$\bar{b}=2(-X^2+\delta^2+\gamma^2)$；$\bar{c}=(X^2-\delta^2)^2+\gamma^2(\gamma^2+2\delta^2+2X^2)$；$X=x-e-\lambda(x)$。

通过设 $x=\pm(e_g/2)\pm v(v\ll e_g)$，研究在价带顶部和导带底部的区域函数 $I(x)$ 的行为，其中加号和减号分别表示导带和价带。然后，有 $\gamma=C\sqrt{v}$，则

$$X_{\pm}\approx -e\pm(C\sqrt{e_g}+e_g/2)\pm v(1+C/2\sqrt{e_g}) \tag{17.B4}$$

结果，对于因子 v，得到

$$I_{1\pm}(v)\approx\frac{C\sqrt{v}}{\pi}\ln\left|\frac{r^2-X_{\pm 0}^2}{X_{\pm 0}^2-\delta^2}\right| \tag{17.B5}$$

式中：$v=0$ 时，$X_{\pm 0}=X_{\pm}$，如前，$r^2=\bar{\xi}^2+\bar{\delta}^2$。此处和下文中，排除对应于对数变元的零点和极点的参数的组合。

此外，假设 $4\gamma|X|\approx 4C\sqrt{v}|X_{\pm 0}|\ll 1$。对于 $<\delta^2$ 或者 $>r^2$，最高到因子 v，得到

$$I_{2\pm}(v)\approx\frac{2C\sqrt{v}}{\pi}\frac{\bar{\xi}^2X_{\pm 0}^2}{(X_{\pm 0}^2-\delta^2)(X_{\pm 0}^2-r^2)} \tag{17.B6}$$

对于 $\delta^2<X_{\pm 0}^2<r^2$，有

$$I_{2\pm}(v)\approx|X_{\pm}|-\frac{2C\sqrt{v}}{\pi}\frac{\bar{\xi}^2X_{\pm 0}^2}{(X_{\pm 0}^2-\delta^2)(r^2-X_{\pm 0}^2)} \tag{17.B7}$$

对于 $|X|\gg\max\{\bar{\xi},\delta,e_g\}$，即对于对应于允许态的带的高能量，得到

$$I(x)\approx I_2(x)\approx\frac{2\gamma(x)}{\pi}\frac{\bar{\xi}^2}{X^2} \tag{17.B8}$$

其中考虑到 $I_1(x)\sim I_2(x)(\bar{\xi}/X)^2\ll I_2(x)$。

其次，使 $e=0$，$C=0.2$，和 $X_{\pm 0}^2\sim(e_g/2)^2=1$（图17.9(a)、图17.10(a)和图17.11(a)），考虑弱耦合状态。在图17.9(a)所示的情况下，当 $X_{\pm 0}^2<\delta^2$（图17.11(a)），态密度 $I(v)$ 由表达式(17.B6)和式(17.B7)的和来描述，因此有 $I(v)\propto\sqrt{v}$。在图17.10(a)所示的情况下，当 $\delta^2<X_0^2<r^2$，$\delta^2\ll r^2$（图17.11(a)）时，态密度 $I(v)$ 是式(17.B6)和式(17.B8)的和，因此得到 $I(v)\propto A_1\cdot\sqrt{v}-A_2\cdot v$，其中 $A_{1,2}$ 是正常数。

以 $C=5$（图17.9(a)和图17.10(a)），$X_{\pm 0}^2>r^2$（图17.11(a)）为例，研究强耦合状态。通过假设 $C\gg 1$ 且 $X_{\pm 0}^2\gg r^2$，总结式(17.B6)和式(17.B7)，得到

$$I_{\pm}(v) \approx \frac{2C\sqrt{v}\,\bar{\xi}^2}{\pi\, X^2_{\pm 0}} \tag{17. B9}$$

由于 $e\neq 0$，相对于零能量的镜像对称被打破。例如，当 $e<0$ 时，$X^2_{+0}>X^2_{-0}$。因此，从式(17. B9)，得到式$I_+(v)<I_-(v)$，这由图17. 9(c)和图17. 10(c)中给出的数据证实。应当注意，对于 $x=\pm e_g/2$ 时的参数的所有值，依赖性 $I(x)$ 表现出根奇异性。

(3)现在，考虑外延 GLC 屈曲片在基底导带底部和价带顶部附近的能量范围内的态密度的具体特征(见式(17. 33))。通过设置 $x=\pm(e_g/2)\pm v(v\ll e_g)$，与平坦外延层类似地设置，得到$I'_{1\pm}(v)\approx((1+\vartheta)/2)I_{1\pm}(x)$，其中$I_{1\pm}(x)$由关系式(17. B6)给出。在这种情况下，忽略了屈曲因子 ϑ 的对数的依赖性(作为一个缓慢变化的函数)。

接下来，分析无量纲形式的第二项

$$I'_2(X')=\frac{X'}{\pi}\left(\arctan\frac{2\bar{\xi}^2+\bar{b}'}{2\gamma[(1+\vartheta)X'+(1-\vartheta)\delta_x]}-\arctan\frac{\bar{b}'}{2\gamma[(1+\vartheta)X'+(1-\vartheta)\delta_x]}\right) \tag{17. B10}$$

式中：$X'=x-e-((1+\vartheta)/2)\lambda$，$\delta_x=|\delta+((1-\vartheta)/2)\lambda|$；$\overline{b'}=2(\vartheta\gamma^2+\delta_x^2-X'^2)$，且$\overline{c'}=(X'^2-\delta_x^2)^2+\vartheta^2\gamma^4+\gamma^2[(1+\vartheta^2)X'^2+(1+\vartheta^2)\delta_x^2+2(1-\vartheta)X'\delta_x]$。很容易得到，在 v 的近似线性范围内，可以通过将耦合常数 C 乘以因子 $(1+\vartheta)/2$ 并将 $|X|$ 代入关系式(17. B7)中的 $|X'|$ 来使用式(17. B7)和式(17. B8)。

(4)根据式(17. 19)，对于位于能隙下半部(即在区域 $x<e_F=0$ 中)的态密度对占有数的贡献，有

$$n_{gap}=\frac{1}{\pi\sqrt{3}}J(x^*,x^{**}),\quad J(x^*,x^{**})=\int_{x^*}^{x^{**}}|X|\mathrm{d}x \tag{17. B11}$$

如前，$X=x-e-\lambda(x)$，且$x^*(x^{**})$是态密度的下(上)限。一般情况下，当 $e\neq 0$ 时，且函数 X 在 $|x|\leqslant e_g/2$ 范围内变号时，积分式(17. B11)的范围应划分为区间(x_r,x_0)和(x_0,x_δ)。其中x_0由式 $X=0$ 确定。对于区间(x',x'')写出

$$J=\left|\frac{x^2}{2}-ex+\frac{2}{3}C[(x+e_g/2)^{3/2}-(-x+e_g/2)^{3/2}]\right|_{x'}^{x''} \tag{17. B12}$$

很容易表明，在 $C=0$ 时(自立层)，$x_r=-r+e$ 且$x_\delta=-\delta+e$ 的情况下，得到积分 $J=\pi\sqrt{3}$，则占有数等于一个单位。对于图17. 9(a)所示的情况，得到了$x_r\approx-0.58$，$x_\delta\approx-0.25$。根据式(17. B12)，$n_{gap}\approx 0.15$。对于图17. 10(a)所示的情况，有$x_r\approx-0.54$，$x_\delta\approx-0.08$ 且$n_{gap}\approx 0.15$。

本节中给出的所有公式都涉及平坦外延层。对于屈曲层，耦合常数 C 应乘以系数 $(1+\vartheta)/2$。

附录 17. C

(1)利用式(17. 40)，很容易说明 $\Omega\to 0$ 时，能量位移函数$\Lambda_a(\Omega)\to 0$，$\Delta\neq 0$，有 $\Omega\ln(\Delta^2/(\Delta^2+\xi^2))$，$\Delta=0$ 时，有 $\Omega\ln(|\Omega|/\xi^2)$。$\Lambda_a(\Omega)$消失的其他点为$\Omega_0^{\pm}=\sqrt{\Delta^2+\xi^2/2}$。在$\Omega_1^{\pm}=\pm\Delta$ 并且$\Omega_2^{\pm}=\pm\sqrt{\Delta^2+\xi^2}$函数对数$\Lambda_a(\Omega)$发散为$\Lambda_a(\Omega)\propto\Omega_1^{\pm}\ln(|\Omega^2-(\Omega_1^{\pm})^2|/$

ξ^2)，$\Lambda_a(\Omega)\propto\Omega_2^{\pm}\ln(\xi^2/|\Omega^2-(\Omega_2^{\pm})^2|)$。在$|\Omega|\to\infty$时，得到$\Lambda_a(\Omega)\propto\xi^2/\Omega$。

(2)现在解方程式(17.42)。考虑根和分别对应于位于价带底部以下和导带顶部以上的状态，即在$x^2>\delta^2+1$处，使$|\eta|\gg1$，那么在区域$|x|\gg\sqrt{1+\delta^2}$上，可以写作$\lambda_a(x)\approx\alpha/x$。结果，得到$x_l^{\pm}=\eta(1+\sqrt{1+4\alpha^2/\eta^2})$，其中上标"加"和"减"分别对应$\eta>0$和$\eta<0$。

现在使$|\eta|\ll1$。假设x_l^+和x_l^-级接近GLC连续谱的外部边界，设定$\lambda_a(x)\approx\alpha\sqrt{1+\delta^2}\ln(1/(x^2-\delta^2-1))$，然后$(x_l^{\pm})^2\approx1+\delta^2+\exp(-\sqrt{1+\delta^2}/\alpha)$。随着间隙的增加，局部水平变得更接近允许的频带边界。随着耦合常数a的增加也观察到同样的情况。

现在研究在间隙区域中的局域态x_{l0}。使$|\eta|\gg1$，那么很明显，该x_{l0}能级在$\eta<0$时将在价带顶部附近，$\eta>0$时在导带的底部附近。很容易证明$x_{l0}^2\approx1+\delta^2-\exp(-\sqrt{1+\delta^2}/\alpha)$。在$|\eta|\ll1$时，有$x+\eta\approx\alpha x\ln(\delta^2/1+\delta^2)$，其中$x_{l0}\approx-\eta/[1+\alpha\ln((1+\delta^2)/\delta^2)]$。

(3)考虑式(17.11)，将GLC价带对应的能量范围的吸附原子态密度式(17.41)表示为

$$\bar{\rho}_a(x)\approx\frac{1}{\pi}\frac{2\pi\alpha|x_r^-|}{(x-x_r^-)^2(2\pi\alpha x_r^-)^2}\tag{17.C1}$$

然后根据式(17.43)，得到

$$n_{\text{band}}\approx\frac{1}{\pi}\left(\arctan\frac{x_r^-+\sqrt{1+\delta^2}}{2\pi\alpha|x_r^-|}-\arctan\frac{x_r^-+\delta}{2\pi\alpha|x_r^-|}\right)\tag{17.C2}$$

最大频带贡献n_{band}是按$(2/\pi)\text{arctg}(1/2\pi\alpha)$的顺序。当$\alpha\gg1$时，有$n_{\text{band}}\approx(\pi^2\alpha)^{-1}$。同样估计也适用于$\alpha\approx1$(见正文)。当$\alpha\ll1$时，获得$n_{\text{band}}\approx1$。这个结果有一个简单的物理意义：在与基底弱键的情况下，GLC是一个单电子填充价带的准游离结构。

(4)具有分化式(17.40)，以简化形式获得

$$\frac{\mathrm{d}\lambda_a(x)}{\mathrm{d}x}=\alpha\ln\left|\frac{\delta^2-x^2}{\delta^2+1-x^2}\right|-\frac{2\alpha x^2}{(\delta^2-x^2)(\delta^2+1-x^2)}\tag{17.C3}$$

很容易看出函数$|\mathrm{d}\lambda_a(x)/\mathrm{d}x|\to\infty$在带边界处，即在$x^2\to\delta^2$和$x^2\to\delta^2+1$处。在$|x|\to\infty$时，得到$\mathrm{d}\lambda_a(x)/\mathrm{d}x\to-\alpha/x^2$。

考虑位于价带底部以下和导带顶部以上的局域态的贡献。当$|\eta|\gg1$时，根据附录17.C，(2)，有$x_l^{\pm}=\eta(1+\sqrt{1+4\alpha^2/\eta^2})$和

$$\mathrm{d}\lambda_a(x)/\mathrm{d}x\sim-\alpha/\eta^2(1+\sqrt{1+4\alpha^2/\eta^2})^2\tag{17.C4}$$

根据方程(17.44)，得到

$$n_l^-\approx[1+\alpha/\eta^2(1+\sqrt{1+4\alpha^2/\eta^2})^2]^{-1}\tag{17.C5}$$

由此(合理的α)，有$n_l^-\approx1$。注意到，在这种情况下，吸附原子在价带区$\bar{\rho}_a(x)\sim2\alpha|x_r|/\eta^2\ll1$，所以$n_{\text{band}}\sim0$。当$|\eta|\ll1$时，根据附录17.C，(2)，得到$(x_l^-)^2\approx1+\delta^2+\exp(-\sqrt{1+\delta^2}/\alpha)$，根据式(17.44)，得到$n_l^-\approx0$。

现在研究GLC缺口中的贡献或局部态。如附录17.C，(2)所示，在极限$|\eta|\gg1$，有$x_{l0}^2\approx1+\delta^2-\exp(-\sqrt{1+\delta^2}/\alpha)$，因此$n_{l0}\approx1$。在极限$|\eta|\ll1$时，有$n_{l0}\sim[1+a\ln((1+\delta^2)/\delta^2)]^{-1}$。此处假设处理的是具有费米能级$\varepsilon_F=0$的本征GLC样品。

(5)在17.2节和17.3节中,采用传递积分 t 作为能量单位,而在本研究中使用参数 ξ。根据该替换,金属基底上的外延 GLC 的态密度被写入为

$$\bar{\rho}_{AB}^{met}(x) \equiv \rho_{AB}^{met}(x)\xi = \frac{\gamma_m}{\pi}\ln\frac{|1+b'+c'|}{c'} + \frac{2x}{\pi}\left(\arctan\frac{2+b'}{4\gamma_m x} - \arctan\frac{b'}{4\gamma_m x}\right) \quad (17.C6)$$

此处,

$b' = -2(x^2-\delta^2-\gamma_m^2)$, $c' = (x^2-\delta^2)^2+\gamma_m^2(\gamma_m^2+2\delta^2+2x^2)$,以及$\gamma_m = \Gamma_m/\xi$ 其中$\Gamma_m = \pi V_m^2\rho_{met}$,且$V_m$是 GLC －金属基底相互作用的矩阵元素。假设$\delta^2 \ll 1$ 和$\gamma_m^2 \ll 1$,当$x^2 \ll 1$ 时,式(17.C6)可以简化为

$$\bar{\rho}_{AB}^{met}(x) \approx \bar{\rho}_{AB}^{met}(0) + \frac{2\gamma_m}{\pi}\frac{3\delta^2+\gamma_m^2}{\delta^2+\gamma_m^2}x^2 \quad (17.C7)$$

其中

$$\bar{\rho}_{AB}^{met}(0) = \frac{2\gamma_m}{\pi}\ln\frac{1}{\delta^2+\gamma_m^2} \quad (17.C8)$$

注意到在式(17.C7)的第二项中的系数x^2在文中表示为 C,$A = \bar{\rho}_{AB}^{met}(0)$。

现在研究对依赖性$n_a(\gamma_m)$和$n_a(\beta)$的分析。在低能区,$\lambda_{am}(x) \approx -2\beta Ax$。然后,考虑到 $A \propto \gamma_m$(对数项略有影响),得到吸附原子准能级的位移$\lambda_{am}(x)$及其半宽 $p\beta A$ 与乘积 $\beta\gamma_m$成正比。这正是$n_a(\gamma_m)$和$n_a(\beta)$依赖性相似的原因。还注意到对数 $A = \bar{\rho}_{AB}^{met}(0)$ 相对较弱地取决于间隙的半宽。

在耦合常数γ_m和β下,当准能级偏移$|\lambda_{am}(\eta_a)|$开始显著超过其初级能量$|\eta_a|$时,函数$n_a(\gamma_m)$和$n_a(\beta)$变平。事实上,在$x^2 \ll 1$ 时,得到$n_a \to 0.5 + \pi^{-1}\arctan(2\eta_a/\pi)$。

参考文献

[1] Xu, M., Liang, T., Shi, M., Chen, H., Graphene－like two－dimensional materials. *Chem. Rev.*, 113, 3766, 2013.

[2] Geim, A. K. and Grigorieva, I. V., Van der Waals heterostructures. *Nature*, London, 499, 419, 2013.

[3] Sun, Z. and Chang, H., Graphene and graphene－like two－dimensional materials in photodetection: Mechanisms and methodology. *ASC Nano*, 8, 5, 4133, 2014.

[4] Li, P. and Appelbaum, I., Electrons and holes in phosphorene. *Phys. Rev. B*: *Condens. Matter*, 90, 115439, 2014.

[5] Guan, S., Yang, S. A., Zhu, L., Hu, J., Yao, Y., Electronic, dielectric, and plasmonic propertiesof two－dimensional electride materials X2N(X = Ca, Sr): A first－principles study. *arXiv*, 1502, 0232.

[6] Brumme, T., Calandra, M., Mauri, F., First－principles theory of field－effect doping in transitionmetal dichalcogenides: Structural properties, electronic structure, Hall coefficient, and electrical conductivity. *arXiv*, 1501, 07223.

[7] Sahin, H., Cahangirov, S., Topsakal, M., Bekaroglu, E., Akturk, E., Senger, R. T., Ciraci, S., Monolayer honeycomb structures of group－IV elements and III－V binary compounds: Firstprinciples calculations. *Phys. Rev. B*: *Condens. Matter*, 80, 155453, 2009.

[8] Suzuki, T. and Yokomizo, Y., Silicene: Prediction, synthesis, application. *Physica E*, Amsterdam, 40, 2820, 2010.

[9] Wang, S., Studies of physical and chemical properties of two－dimensional hexagonal crystals byfirst－prin-

ciples calculation. *J. Phys. Soc. Jpn.* ,79,064602,2010.

[10] Zhuang,H. L. and Hennig,R. G. ,Electronic structures of single – layer boron pnictides. *Appl. Phys. Lett.* , 101,153109,2012.

[11] Mukhopadhyay,G. and Behera,H. ,Structural and electronic properties of graphene and graphene – like materials. *World J. Eng.* ,10,39,2013.

[12] Zhuang,H. L. ,Singh,A. K. ,Hennig,R. G. ,Computational discovery of single – layer III – Vmaterials. *Phys. Rev. B: Condens. Matter*,87,165415,2013.

[13] Singh,A. K. ,Zhuang,H. L. ,Hennig,R. G. ,*Phys. Rev. B: Condens. Matter*,89,245431,2014.

[14] Tong,C. – J. ,Zhang,H. ,Zhang,Y. – N. ,Liu,H. ,Liu,L. – M. ,New manifold two – dimensional single – layer structures of zinc – blende compounds. *J. Mater. Chem. A*,2,17971,2014.

[15] Feenstra,R. M. ,Jena,D. ,Gu,G. ,Single – particle tunneling in doped graphene – insulatorgraphene junctions. *J. Appl. Phys.* ,111,043711,2012.

[16] Beheshtian,J. ,Sadeghi,D. A. ,Neek – Amal,M. ,Michel,K. H. ,Peeters,F. M. ,Induced polarization and electronic properties of carbon – doped boron nitride nanoribbons. *Phys. Rev. B: Condens. Matter*, 86, 195433,2012.

[17] Neek – Amal,M. and Peeters,F. M. ,Graphene on hexagonal lattice substrate: Stress and pseudomagnetic field. *Appl. Phys. Lett.* ,104,041909,2014.

[18] Zoliomi,V. ,Wallbank,J. R. ,Fal'ko,V. I. ,Silicane and germanene: Tight – binding and first – principles studies. *2D Mater.* ,1,011005,2014.

[19] Padilha,J. E. ,Fazzio,A. ,da Silva,A. J. R. ,van der Waals heterostructure of phosphorene and graphene: Tuning the schottky barrier and doping by electrostatic gating. *Phys. Rev. Lett.* ,114,066803,2015.

[20] Antonova,I. V. ,Vertical heterostructures based on graphene and other 2D materials. *Semiconductors*,50, 66,2016

[21] Davydov,S. Yu. ,*Theory of Adsorption: Method of Model Hamiltonians*,St. Petersburg Electrotechnical University "LETI," St. Petersburg,2013,[in Russian]. twirpx. com/file/1596114/.

[22] Castro Neto,A. H. ,Guinea,F. ,Peres,N. M. R. ,Novoselov,R. S. ,Geim,A. K. ,The electronic properties of graphene. *Rev. Mod. Phys.* ,81,109,2009.

[23] Harrison,W. A. ,*Electronic Structure and the Properties of Solids: The Physics of the ChemicalBond*,vol. 1, Freeman,San Francisco,California,United States,1980;Mir,Moscow,1983.

[24] Harrison,W. A. ,Coulomb interactions in semiconductors and insulators. *Phys. Rev. B: Condens. Matter*, 31,2121,1985.

[25] Davydov, S. YU. and Posrednik, O. V. , *Bond – Orbital Method in the Theory of Semiconductors*, St. Petersburg Electrotechnical University "LETI," St. Petersburg,2007,[in Russian]. twirpx. com/file/ 1014608/.

[26] Mousavi,H. , Heat capacity of hexagonal boron nitride sheet in Holstein model. *Semiconductors*, 48, 617,2015.

[27] Zhang,Y. ,Tan,Y. – W. ,Stormer,H. L. ,Kim,P. ,Experimental observation of the quantum Halleffect and Berry's phase in graphene. *Nat. (London)*,438,201,2005.

[28] Peres, N. M. R. , Guinea, F. , Castro Neto, A. H. , Electronic properties of disordered twodimensional carbon. *Phys. Rev. B: Condens. Matter*,73,125411,2006.

[29] Davydov, S. Yu. and Posrednik, O. V. , Low – energy approximation in the theory of adsorption on graphene. *Phys. Solid State*,57,1695,2015.

[30] Das Sarma,S. ,Adam,S. ,Hwang,E. H. ,Rossi,E. ,Electronic transport in two – dimensional graphene.

Rev. Mod. Phys. ,83,407,2011.

[31] Davydov, S. Yu. , Adsorption – induced energy gap in the density of states of single – sheet graphene. *Semiconductors*,46,193,2012.

[32] Irkhin, V. Yu. and Irkhin, Yu. P. , *Electronic Structure, Correlation Effects and Physical Propertiesof d – and f – Metals and Their Compounds*, Ural Branch of the Russian Academy of Sciences, Yekaterinburg, 2004; Cambridge International Science, Cambridge, 2007.

[33] Einstein, T. L. and Schrieffer, J. R. , Indirect interaction between adatoms on a tight – bindingsolid. *Phys. Rev. B: Solid State*,7,3629,1973.

[34] Mattausch, A. and Pankratov, O. , *Ab initio* study of graphene on SiC. *Phys. Rev. Lett.* ,99,076802,2007.

[35] Chan, K. T. , Neaton, L. B. , Cohen, M. L. , First – principles study of metal adatom adsorption on graphene. *Phys. Rev. B: Condens. Matter*,77,235430,2008.

[36] Giovannetti, G. , Khomyakov, P. A. , Brocks, G. , Karpan, V. M. , van der Brink, J. , Kelly, P. J. , Doping graphene with metal contacts. *Phys. Rev. Lett.* ,101,026803,2008.

[37] Grigoriev, I. S. and Meilikhov, E. Z. (Eds.), *Handbook of Physical Quantities*, Energoatomizdat, Moscow, 1991; CRC Press, Boca Raton, Florida, United States, 1996.

[38] Davydov, S. Yu. , On the electron affinity of silicon carbide polytypes. *Semiconductors*,41,696,2007.

[39] Bechstedt, F. and Enderlein, R. , *Semiconductor Surfaces and Interfaces: Their Atomic and Electronic Structures*, Akademie, Berlin, 1988; Mir, Moscow, 1990.

[40] Davydov, S. Yu. , On the specific features of the density of states of epitaxial graphene formed on metal and semiconductor substrates. *Semiconductors*,47,95,2013.

[41] Davydov, S. Yu. , To the theory of adsorption on epitaxial graphene: Model approach. *Phys. SolidState*,56, 1483,2014.

[42] Alisultanov, Z. Z. , On renormalization of the Fermi velocity in epitaxial graphene. *Tech. Phys. Lett.* ,39, 597,2013.

[43] Davydov, S. Yu. , Hexagonal two – dimensional layers of A_NB_{8-N}compounds on metals. *Phys. Solid State*, 56,849,2014.

[44] Alisultanov, Z. Z. , Anomalous increase in the thermopower in a graphene monolayer formedon a tunable graphene bilayer. *JETP Lett.* ,98,111,2013.

[45] Alisultanov, Z. Z. , The thermodynamics of electrons and the thermoelectric transport in epitaxial graphene on the size – quantized films. *Physica E*,69,89,2015.

[46] Hashmi, A. and Hong, J. , Band gap and effective mass of multilayer BN/graphene/BN: van derWaals density functional approach. *J. Appl. Phys.* ,115,194304,2014.

[47] Davydov, S. Yu. , Appearance conditions for a semiconducting – substrate – induced gap in the density of states in epitaxial graphene. *Tech. Phys.* ,59,624,2014.

[48] Davydov, S. Yu. , Energy gaps in the density of states of a graphene buffer layer on silicon carbide: Consideration for the irregularity of layer – substrate coupling. *Semiconductors*,48,46,2014.

[49] Davydov, S. Yu. , Energy of substitution of atoms in the epitaxial graphene – buffer layer – SiC substrate system. *Phys. Solid State*,54,875,2012.

[50] Davydov, S. Yu. and Sabirova, G. I. , Adsorption of hydrogen, alkali metal, and halogen atoms on graphene: Adatom charge calculation. *Tech. Phys. Lett.* ,37,515,2011.

[51] Anderson, P. W. , Local moments and localized states. *Rev. Mod. Phys.* ,50,191,1978.

第 18 章 低维材料

B. G. Sidharth
印度海得拉巴和意大利乌迪内国际应用数学和信息学研究所
印度海得拉巴 Adarsh Nagar B. M. Birla 科学中心

摘　要　在 20 世纪 90 年代中期,作者探索了费米子在一维和二维的行为。研究发现,这些粒子以中微子甚至类夸克的方式表现出偏手性、鲁米那速度等性质。对此,诺贝尔奖得主 Cohen – Tannoudji 评论:“很明显,你已经在一维和二维费米子系统中进行了重要工作。”

有趣的是,二维晶体由于其蜂窝状石墨烯晶格,可以被视为非交换几何的一种。这就导致了空间的非交换几何。此外,由于晶体的二维性,电磁特性与通常的三维电磁特性有很大的不同。此外,在巨大的二维晶体薄片的限制下,可以将其看作一个闵科夫斯基空间,其中康普顿长度代替晶格长度。由此,我们认为石墨烯甚至其他二维晶体都可以作为高能量物理学的实验平台。情况类似于有雷诺数的风洞。在这种情况下,也有对应的雷诺数。此外,这些二维晶体具有非常强的磁场,经 Saito 和作者独立论证。作者进一步估算了磁场的强度。令人惊讶的是,基于这个理论,可以推导出分数量子霍尔效应的整个无限序列,验证了 VonKlitzing 观察到的实验结果。对该推论和其他问题进行了详细的讨论,得到一个相当有趣的结果,即可以利用统计力学观察到费米子 – 玻色子转变。所有这些结果都有反常性质。

关键词　纳米管,石墨烯,锡烯,不对称性,电磁,泡利矩阵,二分量狄拉克方程,反常效应

18.1 二维晶体

最近,作者已经证明,石墨烯(或任何二维晶体)的许多令人困惑的特征,例如最小电导率或令人困惑的分数量子霍尔效应,都可以用蜂窝晶格所显示的非交换几何来解释[7]。令人困惑的分数量子霍尔效应,都可以用蜂窝晶格所显示的非交换几何来解释[7]。开始之前,必须注意到二维材料具有在更高维度中不可用的非常独特的特性。例如,电磁场 E 和磁场 B 是由简单关系 $E = B$ 联系起来的,没有比例关系,这在通常的理论中存在。

此外,在这些薄片趋于无限的极限下,薄片的行为类似于闵可夫斯基空间,其中康普顿波长代替晶格长度[16]。作者还认为,像石墨烯这样的物质可以作为许多高能物理实验的试验场,可以不使用过多的粒子加速器。这可以通过“缩放”来实现,例如,光速 c 代替

了费米速度。

对于众所周知的石墨烯[4]，遵守二分量狄拉克方程，就像无质量中微子一样。

$$\boldsymbol{\sigma}^{\mu}\partial_{\mu}\psi = 0 \tag{18.1}$$

式中：$\boldsymbol{\sigma}$ 为二分量泡利矩阵。

特别指出了下列重要事实。

由于晶格的同质结构，非交换几何适用于石墨烯。作者和 Saito 之前已经表明，这种非交换几何结构可以通过不同的方法产生磁场[10,13-14]。此外，作者还推导出了磁场的下列关系：

$$B\,l^2 = hc/e \tag{18.2}$$

更详细地讨论不可积空间的连通[14]。从四向量的不可积无穷小平行位移开始，有

$$\delta a^{\sigma} = -\Gamma^{\sigma}_{\mu\nu}a^{\mu}\mathrm{d}x^{\nu} \tag{18.3}$$

Γ 是 Christoffel 符号。这代表了由于曲率引起的位移的额外效应。在平坦的空间里，右边的 γ 都会消失。考虑对 μ 坐标的偏导数，这意味着，由式(18.3)，得

$$\frac{\partial a^{\sigma}}{\partial x^{\mu}} \to \frac{\partial a^{\sigma}}{\partial x^{\mu}} - \Gamma^{\sigma}_{\mu\nu}a^{\nu} \tag{18.4}$$

式(18.4)右侧第二项可写成

$$\Gamma^{\lambda}_{\mu\nu}g^{\nu}_{\lambda}a^{\sigma} = -\Gamma^{\nu}_{\mu\nu}a^{\sigma}$$

对度量进行线性化，

$$g_{\mu\nu} = \eta_{\mu\nu} + h_{\mu\nu}$$

$\eta_{\mu\nu}$是闵可夫斯基度量，$h_{\mu\nu}$忽略平方的小修正。从式(18.4)，得出

$$\frac{\partial}{\partial x^{\mu}} \to \frac{\partial}{\partial x^{\mu}} - \Gamma^{\nu}_{\mu\nu} \tag{18.5}$$

确定

$$A_{\mu} = -\Gamma^{\nu}_{\mu\nu} \tag{18.6}$$

正如狄拉克的单极理论一样，使用最小电磁耦合。

如果使用式(18.5)，得到对易关系：

$$\frac{\partial}{\partial x^{\lambda}}\frac{\partial}{\partial x^{\mu}} - \frac{\partial}{\partial x^{\mu}}\frac{\partial}{\partial x^{\lambda}} \to \frac{\partial}{\partial x^{\lambda}}\Gamma^{\nu}_{\mu\nu} - \frac{\partial}{\partial x^{\mu}}\Gamma^{\nu}_{\lambda\nu} \tag{18.7}$$

在式(18.7)中使用式(18.6)：右侧不会由于电磁场式(18.6)而消失，存在量子理论的动量分量的非交换性。实际上，式(18.7)的左侧可以写成

$$[p_{\lambda}, p_{\mu}] \approx \frac{0(1)}{l^2} \tag{18.8}$$

l 为康普顿波长或最小长度。在式(18.8)中，利用了这样一个事实，即在康普顿波长的极端尺度上，普朗克尺度是一种特殊情况，动量为 mc。对于石墨烯，这是费米速度的 m 倍。

通过式(18.6)、式(18.7)和式(18.8)，得出

$$Bl^2 \approx \frac{1}{e}\left(= \frac{hc}{e}\right) \tag{18.9}$$

其中 B 是磁场，我们恢复了 $\hbar$ 和 c。式(18.9)还有另一种表示方式。根据同步子辐射的朗道理论，频率 ω 由下式给出：

$$\omega = eB/mc \tag{18.10}$$

ω 的最大值也由下式给出，如所知

$$\omega = c/l \tag{18.11}$$

在式(18.10)中使用式(18.11)，得到式(18.9)。

18.2 电磁

在这种情况下，l 是晶格间距。必须提及的是，在由系统的几何形状产生的意义上，磁场 B 和电场 E 是自发的。事实上，这就是最小电导率背后的含义，这是石墨烯的一个令人困惑但众所周知的特征[16]。

如上所述，作者进一步证实，当石墨烯片在所有方向上趋于无穷大时，它接近闵可夫斯基空间，包括在康普顿波长下的非交换性。可以看到，两者都可以精确地按比例缩放。这里用晶格常数 $L \approx 2\text{Å}$ 代替康普顿波长。为此，注意到

$$c = 300\, v_F \text{和} m_v \approx 0.05m \tag{18.12}$$

其中，m_v 是石墨烯"电子"质量，m 是电子质量。将这些数值代入康普顿波长表达式

$$l = \frac{\hbar}{mc} \tag{18.13}$$

很容易地看到 l 代入 L，反之亦然。式(18.12)和式(18.13)给出了雷诺数类型的标度关系。

因此，由于结构的几何形状引起的石墨烯中 B 和 E 的上述起源在适当缩放之后，可以同样很好地应用于通常的闵可夫斯基空间。

有趣的是，如果研究双层石墨烯，就会存在一个小质量，就像四分量狄拉克方程[5]一样。

$$(\partial_\mu \boldsymbol{\gamma}^\mu - m)\psi = 0 \tag{18.14}$$

式中：$\boldsymbol{\gamma}$ 为狄拉克四分量矩阵。

所以现在不存在手性，但非交换性几何仍然适用。因此上述关系仍然基本有效。

值得注意的是，在早期，人们试图通过波尔－范莱文定理来解释统计物理效应中电磁学的起源。

我们建议使用式(18.9)来推导其他无法解释的分数量子霍尔效应[15]。

$$B L^2 = hc/e \tag{18.15}$$

L^2 精确地定义了一个面积的量子，就像量子引力方法一样。在我们的例子中，这是单个晶格的面积。

在上述考虑中，费米速度 v_F 代替了光速。所以有电子迁移率和电导率

$$\mu = v_F / |E| \tag{18.16}$$

$$\sigma = \left(\frac{n}{A}\right) e \cdot \frac{v_F}{|E|}, A \approx L^2 \tag{18.17}$$

和通常的理论一样，其中 A 是面积，n 是电子数。在上述 A 的情况下，该区域由多个蜂窝网格区域组成，每个区域具有面积约 L^2，即

$$A = m L^2$$

其中 m 是整数。

我们还注意到，在二维结构的情况下，电场强度 E 等于磁场强度 B（参考文献[15]）。代入式(18.17)，得到

$$\sigma = \frac{n}{m} \cdot \frac{e\, v_F}{|B|L^2} \tag{18.18}$$

如果现在用式(18.18)中的式(18.15)（v_F代替 c），得到电导

$$\sigma = \frac{n}{m} \cdot \frac{e^2}{h} \tag{18.19}$$

这定义了分数量子霍尔效应。

作者之前已经证明，正是二维结构中的这种非交换空间特征也解释了朗道能级，或者即使在狄拉克点几乎没有电子的情况下，石墨烯中存在的最小导电率。换句话说，在这些二维结构的非交换空间以及在闵可夫斯基时空，例如电磁学本身的起源中，产生了几种可能不同的现象。

1995 年，作者曾指出，在一维和二维中，电子将表现出奇怪的类中微子性质。在这种情况下，它们服从一个二分量方程：

$$\left(\boldsymbol{\sigma}^{\mu}\partial_{\mu} - \frac{mc}{\hbar}\right)\psi = 0 \tag{18.20}$$

式中：$\boldsymbol{\sigma}^{\mu}$为 2×2 泡利矩阵。

在 $m=0$ 的情况下，式(18.20)给出了中微子方程。10 年后，石墨烯被发现。适用于石墨烯的类中微子方程是

$$v_F\boldsymbol{\sigma} \cdot \boldsymbol{\Delta}\psi(r) = E\psi(r) \tag{18.21}$$

式中：$v_F \approx 10^6$m/s 为费米速度，代替了 c 光速；$\psi(r)$为一个二分量波函数；$\boldsymbol{\sigma}$ 和 E 分别为泡利矩阵和能量。

朗道在几十年前就证明这种一维和二维结构是不稳定的，因此不可能存在。在石墨烯和纳米管中，这种观点是错误的。

然而，在式(18.21)的情况下不存在洛伦兹不变性（假设无限薄片的情况除外）。此外，式(18.21)中的二分量波函数 $\psi(r)$ 来自石墨烯两个并排的蜂窝晶格中的波函数。我们下面进行讨论。这种情况有点像上旋和下旋。

18.3 石墨烯试验台

从式(18.20)和式(18.21)中得到启示，可以指出，石墨烯可以成为高能物理的试验台。首先，式(18.21)表示类中微子（无质量）费米子。事实上，无质量特征已经被实验证实。这些是准粒子。如果考虑双层石墨烯，那么质量也会考虑进来。

有趣的是，石墨烯的行为就像一个“棋盘”，即有一个最小“长度”[7]。在这样的空间中，已知非交换几何成立。

这种情况下，有

$$[x_i x_j] = \Theta_{ij} l^2 \tag{18.22}$$

其中，可以看出，坐标 x_i和 x_j不交换。因此，麦克斯韦方程用一个额外项修改，具体如

下式所示：

$$\partial^{\mu} F_{\mu\nu} = \frac{4\pi}{c} j_{\nu} + A_{\lambda} \varepsilon F_{\mu\nu} \tag{18.23}$$

其中符号具有其通常的含义。在式(18.23)中,ε 是一个无量纲数,对于非交换情况,ε 等于1,即其中式(18.22)成立,否则为0。当 $\varepsilon = 0$ 时,得到了通常的协变麦克斯韦方程。针对二维空间,可以得到

$$\partial^{1} F_{14} = \frac{4\pi}{c} j_{4} + A_{2} \epsilon F_{14} \tag{18.24}$$

以及 j_1 和 j_2 的类似等式。在这种情况下,使用电磁张量,得到如下方程:

$$\frac{\partial E_x}{\partial x} = -4\pi \frac{\partial \rho}{\partial t} + \varepsilon A_y E_x \tag{18.25}$$

$$\frac{\partial E_y}{\partial y} = -4\pi \frac{\partial \rho}{\partial t} + \varepsilon A_x E_y \tag{18.26}$$

$$-\frac{\partial B_z}{\partial y} = 4\pi j_x + \varepsilon \frac{\partial E_x}{\partial t} \tag{18.27}$$

$$\frac{\partial B_z}{\partial y} = 4\pi j_x + \varepsilon \frac{\partial E_x}{\partial t} \tag{18.28}$$

由于这些方程中,有些具有依时性,我们处理的是产生辐射的非稳定场。

这显然带来了额外的电磁效应。由于空间几何式(18.22),出现了作者和 Saito 证明的磁场[10]。事实上,如前所述,有

$$B l^2 = hc/e \tag{18.29}$$

这显然可以顺利地转移到石墨烯上,注意像 v_F 和 l 这样的常数的值有些不同。实际上,在这种情况下

$$B l^2 = h v_F / e$$

上述能量由下式给出

$$E = \pm v_F |\boldsymbol{p}|$$

传导电子为正号,价粒子为负号。这些都是高能物理中粒子和反粒子的类似物。

与高能物理的类比,特别是在 Cini - Toushek 超相对论体系中,是非常有力的。在该体系中,也遇到了一个无质量的场景。实际上,在非常高的能量下,狄拉克方程变成

$$H\psi = \frac{\boldsymbol{\alpha} \cdot \boldsymbol{p}}{|p|} E(p) \tag{18.30}$$

类似于式(18.20)的无质量版本。在式(18.30)中,有

$$\alpha^k = \begin{pmatrix} 0 & \sigma^k \\ \sigma^k & 0 \end{pmatrix} \beta = \begin{pmatrix} I & 0 \\ 0 & -I \end{pmatrix} \tag{18.31}$$

$$\gamma^0 = \beta \tag{18.32}$$

可以很容易地推广到中微子方程。重要的是,由于文献中讨论的式(18.22),存在 SnyderSidharth 色散关系

$$E^2 = p^2 + m^2 + \alpha \frac{l^2}{\hbar^2} p^4 \tag{18.33}$$

对于式(18.33)中的费米子 α 是正的,表明对能量的额外贡献。

然而,正如指出的那样,这里与通常的狄拉克理论有不同之处,没有遇到洛伦兹不变性,ν_F不是光速。相反,它比光速少了大约300倍。

可以看到,在一些有趣的情况下,石墨烯将是一个试验台。作者几年前就已经提出,对于几乎单能的费米子甚至玻色子,会有维度的损失,集合会表现得像在二维中一样。这里模拟了石墨烯的二维特征,如下所述。

出发点是著名的费米子气体占有数公式[6]:

$$\bar{n}_p = \frac{1}{z^{-1}e^{b}E_p + 1} \tag{18.34}$$

其中$z' \equiv \frac{\lambda^3}{\nu} \equiv \mu z \approx z$,因为,这里可以很容易看出$\mu \approx 1$

$$v = \frac{V}{N}, \lambda = \sqrt{\frac{2\pi\hbar^2}{m/b}}$$

$$b \equiv \left(\frac{1}{kT}\right) 和 \sum \bar{n}_p = N \tag{18.35}$$

特别考虑费米子的集合,它几乎是单能的,由分布给出

$$n'_p = \delta(p - p_0)\bar{n}_p \tag{18.36}$$

式中:$\bar{n}_p$由式(18.34)给出。

这在一般情况下是不可能的,这里我们考虑处于平衡状态的单能粒子集合的特殊情况。

按照通常的公式,有

$$N = \frac{V}{\hbar^3}\int \mathrm{d}\boldsymbol{p}n'_p = \frac{V}{\hbar^3}\int \delta(p - p_0)4\pi p^2 \bar{n}_p \mathrm{d}p = \frac{4\pi V}{\hbar^3}p_0^2 \frac{1}{z^{-1}e^{\theta} + 1} \tag{18.37}$$

其中$\theta \equiv bE_{p0}$。

必须指出,在式(18.37)中,由于式(18.36)中的δ函数,动量空间中有维数的损失。

此外,最近作者指出,中微子的行为就好像它们是一个二维的集合[15]。事实上,人们可以从全息原理中预料到这样的行为。同样作者(和A. D. Popova)曾论证宇宙本身是渐近二维的。

此外,还有研究认为,不仅宇宙模仿黑洞,而且黑洞是一个二维物体[11]。事实上,在任何情况下,黑洞的内部都是不可接近的,这两个维度来自黑洞的区域,在黑洞热力学中起着核心作用。作者在分析中指出,黑洞的面积由下式给出

$$A = N l_p^2 \tag{18.38}$$

对于这些量子引力的考虑,我们必须处理面积的量子[11,1]。换句话说,我们必须考虑黑洞是由N个面积的量子组成的。因此,可以获得在石墨烯等二维表面中测试这些量子引力特征的机会。

在早期的通信中[11],研究表明,在一维情况下,对于纳米管,有

$$kT = \frac{3}{5}k T_F \tag{18.39}$$

其中T_F是费米温度。可以看到,对于二维情况,kT也将非常小。这是因为使用众所周知的二维公式,即

$$kT = \frac{e\hbar\pi}{m\,\nu_F} \tag{18.40}$$

$$(kT)^3 = \frac{6e\hbar\nu_F}{\pi} \tag{18.41}$$

这里有

$$(kT)^2 = 6 \cdot \nu_F^2 \pi^2 m \tag{18.42}$$

注意，$\nu_F \approx 10^8$ 即使对于质量为电子的粒子，式(18.42)中的 kT 也是非常小的。通过费米温度的比较，得到

$$k\,T_F = \frac{\hbar}{2}(z6\pi)^{\frac{1}{3}} \cdot \nu_F$$

另一个可以预见的结论如下。从上面得到

$$v_F^2 = \left(\frac{\hbar\pi}{m}\right)^2 \cdot \frac{1}{A} \tag{18.43}$$

其中 $A \approx l^2$ 是面积的大小，所以可得

$$\frac{m^2 v_F^2}{\hbar^2} \cdot l^2 \sim 0(1) \tag{18.44}$$

如前所述。

这与 ν_F 趋于光速 c 和 $h/m\nu_F$ 趋于康普顿波长完全一致。换句话说，无限的石墨烯片会让我们回到相对论和量子力学的一般时空。在实践中，我们可以预期这是一个非常大的石墨烯薄片。在这两种情况下，无论温度是多少，整体行为就像一个非常低温的二维气体。这导致了许多可能性，特别是关于磁性。

如上所述，我们可以在这种新的非交换范式中研究电磁学，提出了包括 Haas Van Alphen 型效应在内的新特征。在这种情况下，每单位体积的磁化表现出振荡类型的行为。

18.4 讨论

零点场的波动已被广泛研究。基于此，作者在 1997 年预测了一个相反的宇宙模型[12]，其中存在一个小的宇宙逻辑常数，即加速的宇宙。1998 年，Perlmutter、Reiss 和 Schmidt 的观察证实了这种情况。今天我们称为零点场波动，暗能量。这种情况的一个表现是式(18.22)中给出的非交换时空。导致了式(18.33)中给出的 SnyderSidharth 色散关系。

我们要指出，如式(18.25)(及以下)中的额外磁效应可归因于式(18.29)中给出的非交换性的零点效应。与之密切相关的是卡西米尔效应，甚至在石墨烯[2-3]中也观察到了这种效应。这是零点场波动效应。石墨烯中的 Casimir 能量由下式给出：

$$\frac{E}{S} = \frac{\pi^2}{240} \cdot \frac{\hbar c}{a^3} \tag{18.45}$$

能量本身是由

$$E = \left(\frac{\pi^2}{240}\right) \cdot \frac{\hbar c}{a} \tag{18.46}$$

我们认为这个区域约是 a^2。

如果遵循 Wheeler[8]，考虑零点场的基态振荡器，可以推导出

$$E \sim \hbar c/a$$

类似于式(18.46)。同样，如果取色散关系式(18.33)中的额外项，很容易表明这也具有相同的形式。这一切并不奇怪，因为这些都是量子真空中波动的表现。

如上所述，已经观察到石墨烯中的 Casimir 效应。有趣的是，一组来自麻省理工学院、哈佛大学、橡树岭国家实验室和其他大学的科学家已经将这种零点能量用于一个紧凑的集成硅芯片。显然，石墨烯也是可能的，特别是在量子计算机的背景下：上下的"自旋"是量子位[18]。

为了进一步进行，调用式(18.29)和线圈的公知结果：

$$i = \frac{NBA}{R\Delta t} \tag{18.47}$$

式中：N 为圈数；A 为面积；R 为电阻。式(18.47)使用式(18.29)，给出下式

$$i \approx \frac{NA}{R} \cdot \frac{e}{l^2 \tau} \tag{18.48}$$

无论 N 是什么，如果考虑一个由纳米管或石墨烯组成的线圈，注意它体积很小，电阻也很小，式(18.48)是可以观察到的，就像式(18.29)一样。

进一步观察发现，纳米管和石墨烯可以容纳快速移动的费米子(包括中子)，当然还有碳，从而有了操纵台融合的所有成分，可能使用费米子性质的玻色化。在这种情况下，可以使用式(18.37)和上述考虑[11]。

现在 $kT = \langle E_p \rangle \approx E_p$，所以 $\theta \approx 1$。但我们可以在不给 θ 任何具体值的情况下进行。

使用式(18.35)和式(18.36)中给出的表达式 ν 和 z，得到

$$(z^{-1} e^{\theta} + 1) = (4\pi)^{\frac{5}{2}} \frac{z'^{-1}}{p_0}$$

进而

$$z'^{-1} A \equiv z'^{-1} \left(\frac{(4\pi)^{5/2}}{p_0} - e^{\theta} \right) = 1 \tag{18.49}$$

其中使用式(18.35)中的事实，$\mu \approx 1$ 可以很容易地推导出来。

从式(18.49)可以得出一些结论。例如，如果

$$A \approx 1, \text{i. e.}$$

$$p_0 \approx \frac{(4\pi)^{5/2}}{1 + e} \tag{18.50}$$

其中 A 在式(18.49)中给出，则 $z' \approx 1$。在式(18.35)中，λ 是德布罗意波长的数量级，\$v\$是每个粒子所占的平均体积，这意味着对于式(18.50)给出的动量，气体变得非常致密。事实上，对于玻色气体，这是在 $p = 0$ 水平下玻色 Einstein 冷凝的条件[6]。

在任何情况下，都存在费米子的异常行为。

18.5 非交换麦克斯韦方程

协变格式的麦克斯韦方程可以写成

$$\partial^{\mu} F_{\mu\nu} = \frac{4\pi}{c} j_{\nu} \tag{18.51}$$

这些特殊方程是 $\mu=1,2,3,4$ 和 $\nu=1,2,3,4$ 的简化形式。

$$\partial_{\mu}(\partial_{\mu} A_{\nu} - \partial_{\nu} A_{\mu}) = \frac{4\pi}{c} j_{\nu} \tag{18.52}$$

$$\partial_{\mu}\partial_{\mu} A_{\nu} - \partial_{\mu}\partial_{\nu} A_{\mu} = \frac{4\pi}{c} j_{\nu} \tag{18.53}$$

考虑转换[17]，并认定$p_{\mu} \equiv \partial_{\mu}$

$$p_{\mu} p^{\mu} = D_{\mu\mu} - \Gamma^{\mu}_{\lambda\lambda} \partial_{\mu} \tag{18.54}$$

$$p_{\mu} p^{\nu} = D_{\mu\nu} - \Gamma^{\mu}_{\lambda\lambda} \partial_{\nu} \tag{18.55}$$

这是由于空间和时间是非交换的，并且具有良好的性质[17]。我们可以发现，如果RHS的最后一项为零，则进入连续的空间和时间。最后一项发生在康普顿波长以下，其中负能量占优势。现在把式(18.54)和式(18.55)代入式(18.53)，并试图分析物理行为。

$$(D_{\mu\mu} - \Gamma^{\mu}_{\lambda\lambda} \partial_{\mu}) A_{\nu} - (D_{\mu\nu} - \Gamma^{\mu}_{\lambda\lambda} \partial_{\nu}) A_{\mu} = \frac{4\pi}{c} j_{\nu} \tag{18.56}$$

$$(D_{\mu\mu} A_{\nu} - D_{\mu\nu} A_{\mu}) = \frac{4\pi}{c} j_{\nu} + (\Gamma^{\mu}_{\lambda\lambda} \partial_{\mu} A_{\nu} - \Gamma^{\mu}_{\lambda\lambda} \partial_{\nu} A_{\mu}) \tag{18.57}$$

$$(D_{\mu\mu} A_{\nu} - D_{\mu\nu} A_{\mu}) = \frac{4\pi}{c} j_{\nu} + \Gamma^{\mu}_{\lambda\lambda} (\partial_{\mu} A_{\nu} - \partial_{\nu} A_{\mu}) \tag{18.58}$$

$$\partial^{\mu} F_{\mu\nu} = \frac{4\pi}{c} j_{\nu} + \Gamma^{\mu}_{\lambda\lambda} F_{\mu\nu} \tag{18.59}$$

$$\gamma^{4} F_{\mu\nu} = \frac{4\pi}{c} ij + \partial_{\lambda} \varepsilon\, F_{\lambda\nu}$$

或者可以写成式(18.59)，其中式(18.59)是一个无量纲数，对于非交换情况式(18.54)等于1，而对于通常的交换情况则等于0，为了清楚起见，已经引入。在通常的交换空间和时间中，$\varepsilon=0$，得到了式(18.51)中通常的协变麦克斯韦方程。

因此，由于表示空间和时间非交换的变换，麦克斯韦方程有一个附加项。现在试着用二维 X 和 Y 坐标推导这些方程，得到

$$\partial^{1} F_{14} = \frac{4\pi}{c} j_{4} + \partial_{2} \varepsilon\, F_{24} \tag{18.60}$$

$$\partial^{2} F_{24} = \frac{4\pi}{c} j_{4} + \partial_{1} \varepsilon\, F_{14} \tag{18.61}$$

$$\partial^{4} F_{42} = \frac{4\pi}{c} j_{2} + \partial_{1} \varepsilon\, F_{12} \tag{18.62}$$

$$\partial^{1} F_{12} = \frac{4\pi}{c} j_{2} + \partial_{4} \varepsilon\, F_{42} \tag{18.63}$$

$$\partial^{2} F_{21} = \frac{4\pi}{c} j_{1} + \partial_{4} \varepsilon\, F_{41} \tag{18.64}$$

$$\partial^{4} F_{41} = \frac{4\pi}{c} j_{1} + \partial_{1} \varepsilon\, F_{21} \tag{18.65}$$

根据协变电动力学，得知$\boldsymbol{F}_{\mu\nu}$是电磁张量，由以下方程式给出[9]

$$\boldsymbol{F}_{\mu\nu}=\mu\downarrow\overset{\nu\rightarrow}{\begin{pmatrix} 0 & -cB_z & cB_y & -E_x \\ cB_z & 0 & -cB_z & -E_y \\ -cB_y & cB_x & 0 & -E_z \\ E_x & E_y & E_z & 0 \end{pmatrix}} \tag{18.66}$$

所以这个电磁张量会给出麦克斯韦方程。可以看出，电磁张量本质上是不对称的。现在用式(18.66)给出的式(18.60)~式(18.64)的不同分量，得到

$$\frac{\partial E_x}{\partial x}=\frac{4\pi}{c}\frac{\partial\rho}{\partial t}+\varepsilon\frac{\partial E_y}{\partial x} \tag{18.67}$$

$$\frac{\partial E_y}{\partial y}=\frac{4\pi}{c}\frac{\partial\rho}{\partial t}+\varepsilon\frac{\partial E_x}{\partial x} \tag{18.68}$$

$$-\frac{1}{c}\frac{\partial E_y}{\partial t}=\frac{4\pi}{c^2}j_y+\varepsilon\frac{\partial B_z}{\partial x} \tag{18.69}$$

$$\frac{\partial B_z}{\partial x}=\frac{4\pi}{c^2}j_y-\frac{\varepsilon}{c}\frac{\partial E_y}{\partial t} \tag{18.70}$$

$$\frac{\partial B_z}{\partial y}=\frac{4\pi}{c^2}j_x-\frac{\varepsilon}{c}\frac{\partial E_x}{\partial t} \tag{18.71}$$

$$-\frac{1}{c}\frac{\partial E_x}{\partial t}=\frac{4\pi}{c^2}j_x+\varepsilon\frac{\partial B_z}{\partial x} \tag{18.72}$$

从式(18.67)到式(18.72)，可以看到麦克斯韦方程中有一个额外的项，如果$\varepsilon=0$，可以得到下面给出的一般的麦克斯韦方程。

$$\frac{\partial E_x}{\partial x}=\frac{4\pi}{c}\frac{\partial\rho}{\partial t} \tag{18.73}$$

$$\frac{\partial E_y}{\partial x}=\frac{4\pi}{c}\frac{\partial\rho}{\partial t} \tag{18.74}$$

$$-\frac{\partial E_y}{\partial t}=\frac{4\pi}{c^2}j_y \tag{18.75}$$

$$\frac{\partial B_z}{\partial x}=\frac{4\pi}{c^2}j_y \tag{18.76}$$

$$\frac{\partial B_z}{\partial y}=\frac{4\pi}{c^2}j_x \tag{18.77}$$

$$-\frac{\partial E_x}{\partial t}=\frac{4\pi}{c}j_x \tag{18.78}$$

因此，我们使用了旧的麦克斯韦方程，这也在式(18.73)到式(18.78)中展示了出来。此外，当$\varepsilon\neq0$，式(18.67)也表明可能存在电磁辐射。因此，可以看到，非交换时空的引入导致了麦克斯韦方程式(18.67)~式(18.72)中的额外效应，表明有一个额外的电磁场。

在交换空间和时间里，$\varepsilon=0$，额外的磁效应将消失。为了更深入地了解额外的磁效应，我们观察了另一种方式来表达上面的非交换性。这是一个最小的时空扩展，这也导致

了非交换几何。

现在有如下关系：

$$[x,y]=l^2\boldsymbol{\theta} \tag{18.79}$$

式中：x 和 y 为坐标；l 为最小扩张；$\boldsymbol{\theta}$ 为矩阵。由于非交换几何式(18.79)，会产生磁场，Sidharth 和 Saito[10,15]用如下关系式独立证明了这一点。

$$B\,l^2=hc/e \tag{18.80}$$

换句话说，时空的非交换性会产生额外的电磁效应。

18.6 二维结构概述

现在我们可以说，由于非交换时空，出现了磁效应。最好的例子是最近对石墨烯[7]中的时空理解，近似上述二维场景。作者得出结论，电子自旋归因于时空的离散性，类似于棋盘，这种时空的离散性划分将导致磁场的产生，甚至可能影响电子的固有行为。

图 18.1 显示，时空是离散的，在电子跳跃期间，自旋方向发生变化，由黄点和绿点表示，这表明空间是不光滑的，产生了某种磁场，可以引起电子在跳跃期间自旋的变化。由此可见，电子自旋的上述行为可以类似于在非交换时空时出现磁场的上述行为。

图 18.1 空间—非空间散布

在本章中，我们从以下新的观点来评论霍尔效应，即二维量子力学与石墨烯分析之间的强平行性。霍尔效应本身是在 19 世纪观察到的，在电流（或移动电子）I_x 沿 x 轴，磁场 B_z 沿 z 轴的情况下，导致沿 y 轴的霍尔电压。由下式给出

$$V_H=\left(\frac{1}{n|e|}\right)\cdot\frac{I_x}{d}B_z \tag{18.81}$$

式中：$\frac{1}{n|e|}$为霍尔电阻；V_H为霍尔电压；d 为导体的厚度。需要指出，霍尔效应在相对论电磁理论中有一个平行关系。

在一维和二维中，电子将显示出奇怪的类中微子性质，正如作者从 20 世纪 90 年代中

期开始指出的那样。遵循的二分量方程为

$$\left(\boldsymbol{\sigma}^{\mu}\partial_{\mu}-\frac{mc}{\hbar}\right)\psi=0 \tag{18.82}$$

式中：$\boldsymbol{\sigma}^{\mu}$为 2×2 泡利矩阵。

在质量消失的情况下，式(18.82)给出了中微子方程。这与近10年后发现的石墨烯有关。对于石墨烯中的电子准粒子，存在

$$v_{\mathrm{F}}\boldsymbol{\sigma}\cdot\boldsymbol{\Delta}\psi(r)=E\psi(r) \tag{18.83}$$

式中：$v_{\mathrm{F}}\approx10^{6}\mathrm{m/s}$ 为费米速度代替光速 c；$\psi(r)$为一个二组分波函数；E 为能量。

事实上，更进一步，作者认为石墨烯（或更广泛的包含其他二维结构）可以成为高能物理本身的试验台，就像风洞扮演的角色那样，针对具体问题而给出雷诺数。令人惊讶的是，我们可以解决像在石墨烯中观察到的最小电导率这样的难题，也可以解释分数量子霍尔效应这种困扰我们的问题。

现在要观察的是，在用费米速度 v_{F} 代替光速，给出了"洛伦兹"变换的石墨烯中的相对性。此外，在电磁的情况下，这导致洛伦兹力等于 $\boldsymbol{v}\cdot\boldsymbol{B}$，其中 $\boldsymbol{v}$ 是运动或传导电子的速度，$\boldsymbol{B}$ 是磁场。这种洛伦兹力可以用霍尔效应电动势来识别。

更具体地说，洛伦兹力由下式给出

$$F=\frac{\mathrm{d}\boldsymbol{p}}{\mathrm{d}t}=\frac{e}{c}\boldsymbol{u}\times\boldsymbol{B} \tag{18.84}$$

能量是由下式给出

$$E-\frac{1}{c}R\frac{I_xB_z}{d} \tag{18.85}$$

其中在电子不是自由运动粒子的情况下，引入因子 R 来表示电阻。通过比较式(18.81)和式(18.85)，可以看到，霍尔效应不过是相对论电动力学中洛伦兹力的一种表现。

还必须指出，正如参考文献所示，石墨烯空间的非交换性质导致了像石墨烯最小电导或分数量子霍尔效应这样难以理解的现象。

在最近的一篇论文中，我们认为，像石墨烯这样的二维晶体可以作为高能物理实验的一个可能的试验台，因为其在不同规模上表现出了 Zitterbewegung、Compton 尺度、非交换空间时间等行为，就像用按比例缩小的雷诺数工作的风洞一样。

例如，费米速度取代了光速，速度高出300倍。

同时指出，由于这些结构的非交换性质，最小电导率和分数量子霍尔效应等效应得到了显著的推导。

在此方面，我们要指出两个新的和重要的观点。首先，在这种情况下的磁场比通常的麦克斯韦场强，实际上是由它在非交换空间中的表达式给出的：

$$B\,l^2=\frac{hc}{e} \tag{18.86}$$

在式(18.86)中，符号有其通常的含义，除了 l 代表最小长度，在这种情况下是晶格长度。这是作者和 Saito 几年前独立推导出来的[10]。实验观测到的最小电导率由下式给出

$$\sigma=4\frac{e^2}{h} \tag{18.87}$$

符号在式(18.87)中也有其通常的含义。值得注意的是，从上述考虑可以推导出式(18.87)。同样值得注意的是，磁场式(18.86)和从式(18.87)得到的电流只是由于这些二维晶体结构的非交换空间几何结构而所产生。

最终，需要指出的是，这项研究的结论是，晶体的二维性是最重要的。换句话说，不仅仅是石墨烯具有二维特性。这一事实证明，同样的性质似乎适用于其他晶体，如锡烯，甚至准晶体。我们从基本观点研究了二维晶体和准晶体，而没有引用材料的任何特殊性质。这使得研究结果可应用于该类材料的整个范围。

最后，正如作者所指出的，像在狭义相对论中一样，非交换时空强加了一个最大速度(参考，*New Advances in Physic*，2017，11(1)；载于 *Zeit fur Natur. A*)。

参考文献

[1] Baez, J., The quantum of area? *Nature*, 421, 702 – 703, 2003.

[2] Fialkovsky, I. V., Gitman, D. M., Vassilevich, D. V., Casimir interaction between a perfect conductor and graphene described by the Dirac model. *Phys. Rev. B*, 80, 24, 245406, 2009, arXiv:0907.3242.

[3] Fialkovsky, I. V., Marachevskiy, V. N., Vassilevich, D. V., Marachevsky; Vassilevich, Finite temperature Casimir effect for grapheme. *Phys. Rev. B*, 84, 35446, 35446, 2011, arXiv:1102.1757.

[4] Geim, A., Graphene: Status and prospects. *Science*, 324, 5934, 1530 – 4, 2009.

[5] Greiner, W., Muller, B., Rafelski, J., *Quantum electrodynamics of strong fields*, Springer – Verlag, Berlin, 1985.

[6] Huang, K., *Statistical mechanics*, pp. 75ff, Wiley Eastern, New Delhi, 1975.

[7] Mecklenburg, M. and Regan, R. C., Spin and the honeycomb lattice: Lessons from graphene. *Phy. Rev. Lett.*, 106, 116803, 2011.

[8] Misner, C. W., Thorne, K. S., Wheeler, J. A., *Gravitation*, pp. 819ff, W. H. Freeman, San Francisco, 1973.

[9] Panofsky, W. K. H. and Phillips, M., *Classical electricity and magnetism*, pp. 324 – 339, Addison – Wesley Publishing Company, USA, 1962.

[10] Saito, T., Noncommutative spacetime – A short introductory review. *Gravit. Cosmol.*, 6, 22, 130 – 136, 2000.

[11] Sidharth, B. G., Anomalous fermions. *J. Stat. Phys.*, 95, 3/4, 775 – 784, 1999.

[12] Sidharth, B. G., The universe of fluctuations. *Int. J. Mod. Phys. A*, 13, 15, 2599ff, 1998.

[13] Sidharth, B. G., Fuzzy, Non – commutative spacetime: A new paradigm for a new century. *Proceedings of Fourth International Symposium on "Frontiers of Fundamental Physics"*, Kluwer Academic/Plenum Publishers, New York, pp. 97 – 108, 2001.

[14] Sidharth, B. G., The elusive monopole. *Nuovo Cimento B*, 118B, 1, 35 – 40, 2003.

[15] Sidharth, B. G., A model for neutrinos. *Int. J. Th. Phys.*, 52, 12, 4412 – 4415, 2013.

[16] Sidharth, B. G., An addendum to the paper Graphene and High Energy Physics. *Int. J. Mod. Phys. E*, 23, 05, May, 2014.

[17] Snyder, H. S., The electromagnetic field in quantized space – time. *Phys. Rev.*, 72, 1, 68ff, 1947.

[18] Zao, J. *et al.*, Casimir forces on a silicon micromechanical chip. *Nat. Commun.*, 4, 1845, 2013, arXiv: 1207.6163.

第19章 石墨烯的性质、化学结构、复合材料、合成、性能和应用

Samuel Eshorame Sanni[1] Oluranti Agboola[1,2], Rotimi Emmanuel Sadiku[2], Moses Eterigho Emetere[3,4]

[1]尼日尔利亚奥贡州奥塔镇科文纳特大学化学工程系

[2]南非比勒陀利亚茨瓦尼科技大学化工、冶金与材料工程系

[3]尼日尔利亚奥贡州奥塔镇科文纳特大学物理系

[4]南非约翰内斯堡奥克兰帕克约翰内斯堡大学机械工程系

摘　要　近年来,石墨烯这种超碳基纳米材料引起了人们的研究兴趣,因为它是可用碳纳米材料列表中最重要的一种,具有独特的性质,对人类生活有重大影响,可生物降解,在物理、化学、工程、生物医学、生物技术等各个领域都有广泛的应用。它是一种以蜂窝晶格/六边形阵列排列的 sp^2 杂化碳原子为特征的二维单分子层材料。其实用性或功能性因其易于进行化学改性以适应特定应用而得到增强。石墨烯及其衍生物合成背后的新技术是良性的(绿色),这与其广泛应用相得益彰。为了将来的应用,其预期使用需要对其形成背后的技术进行详细了解。其动力学、耐腐蚀性和光致发光机理以及与碳和聚合物纳米点(纳米粒子)的比较也是目前研究的热点。石墨烯为什么在科学和工程领域引起了人们极大的兴趣,这有很多理由,其中包括其出色的载流子迁移率、导电性、极限厚度和稳定性。在本章中,以下小节将重点介绍石墨烯及其复合材料的性质、化学结构、性能、合成和应用。

关键词　防腐性能,化学改性,石墨烯,纳米复合材料,跨导性

19.1 引言

石墨烯是一种具有独特性能的超级碳同素异形体,这是其作为一种潜在的先进材料而受到关注的原因。本章对石墨烯的性质、理化性能、化学结构、合成及应用进行了讨论。石墨烯是一种特殊的材料,由看起来像蜂窝一样的平面碳原子层组成(图 19.1);它是石墨材料的基础组成单元,可以折叠成巴基球/富勒烯(即碳的第三个同素异形体)、一维纳米管或转化/聚集成石墨。根据 Thielemans 等[1]的说法,它是有史以来测量出的最硬的材料,杨氏模量值为 1TPa,拉伸强度为 130GPa。其独特的电子性

质(即不存在局域电荷、量子效应和超高迁移率)是因为它的 π 电子形成了导带和价带;这两个带在石墨烯中叠加的点被称为狄拉克点。众所周知,石墨烯具有很高的导电性,这是因为当电子通过热应用或电流进入材料时,晶格中存在快速移动的电子。石墨烯可以在 298K 下,在大约 4×10^{-6}m 的非常短的波长上,以约 $15000cm^2/(m\cdot s)$ 的高载流子迁移率进行传输。其高表面积使其成为制备传感器的有用材料,因为整个材料在感测信号和其他颗粒、分子、原子和离子/物质中起重要作用。其他应用领域还包括晶体管设计、电化学电池、电容器、用于检测酶的生物传感装置、铁磁性、纳米电子器件/与聚合物的纳米复合材料,以及已知具有光电效应的材料,如发光二极管(LED),Android 手机触摸屏设备中的电容传感器。近年来,石墨烯由于其生物降解性、稳定性、厚度、高热导率/电导率以及介电性能[2]等优点被预测为硅基技术的良好替代品。材料在其提纯期间发生的结构调整/变化产生了几种已知对环境和人类无害的混合物,尽管在文献中已经报道了有毒形式的石墨烯确实存在。在发现石墨烯的存在之前,有论点表明由于其热力学不稳定性而不存在二维晶体;这得到了朗道和 Peierls 理论的支持,该理论指出,在低维晶格中发生的热波动可能导致位移,使它们在有限温度下表现为原子间距离[3]。该理论后来得到了实验研究的支持。实验研究表明,低厚度材料的熔点随着厚度的相应降低而急剧下降,从而使其在接近几十原子层的极低厚度时变得不稳定。这导致了厚单层只能以三维结构的形式存在的固有思想;这也意味着二维结构只能存在于三维结构之外;然而,后来石墨烯以及其他独立(单层氮化硼)二维晶体的发现反驳了这一观点[4]。对石墨烯的永久层/全层进行了观察,发现当在透射电子显微镜(TEM)下观察时,固有的层状图案不是完全平坦的,而是呈现波状的,具有几个角位移的固有微小/微观粗糙度和约 1nm 的离面变形[5]。

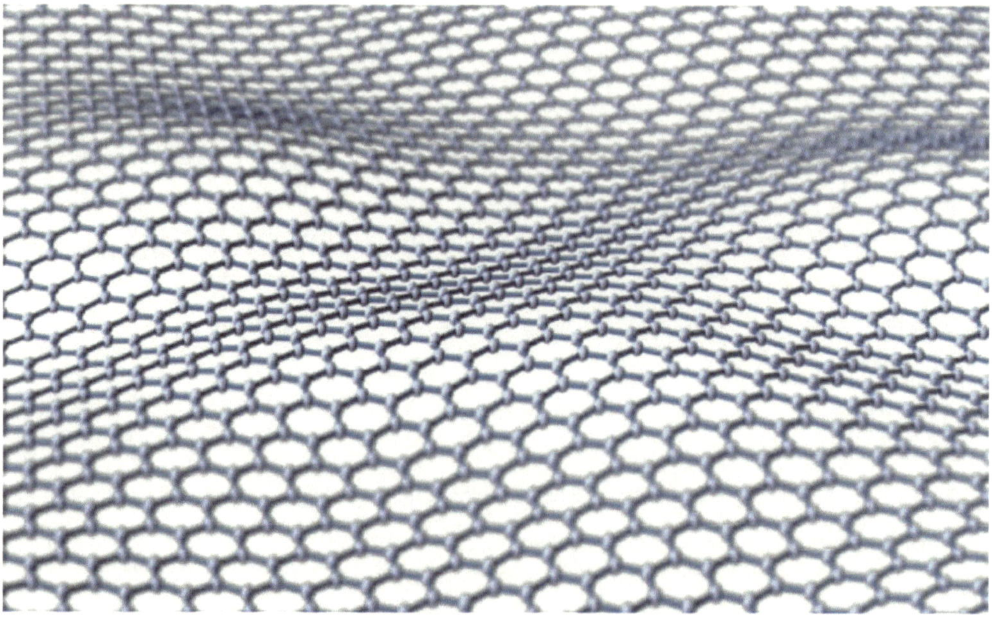

图 19.1 石墨烯的结构[3]

19.2 合成石墨烯的绿色技术/方法

石墨烯首次合成是用透明胶带法[6-7]。此外,还有以下方法。

(1)由作为基础材料的碳化硅生产/分子束外延(即在高真空下对锚定在基底上的气态石墨进行沉积)。在真空或惰性气氛下,在高达1500℃的温度下,气态硅从固体碳化硅中释放出来,留下富含移动碳的沉积物/原子,其在该条件下保持流化,但重新排列/重组以创建石墨烯的稳定构型。然而,该方法涉及高热影响和高成本,同时导致了石墨烯的产量较低。通过这种方法可以获得高品质的薄膜状石墨烯,在电子设备部件制备中具有一定的应用价值[8]。

(2)剥离。以两种方式进行:通过石墨的微机械剥离(MME),形成单个双层石墨烯,或者通过石墨的液相剥离(LPE),需要在块状石墨上使用透明胶带作为起始材料,同时连续和重复地去除顶层,以生产精确厚度/精确层数的石墨烯,从而形成还原氧化石墨烯(rGO)、氧化石墨烯(GO)和石墨烯纳米粒子(GNP)。首先通过使用黏合剂将石墨烯从石墨上剥离来合成石墨烯。剥离是一种使用溶剂从其来源或母体材料剥落/断裂或去除石墨烯鳞片的方法。该方法的实例包括使用Gao等[9]的CO_2/H_2O和乙醇系统,其带有超声波再生器的加压反应器利用高压声空化所产生高压力强度的影响和用于石墨烯合成的高压间歇反应器中超临界CO_2/H_2O系统提供的超临界CO_2高渗透性的综合效应。该方法仅在实验室规模上发展,尚未完全商业化。石墨烯浓度高达0.2 g/L,收率1%~2%,只能通过分批/探针超声处理获得[9]。在超声处理中,使用适当的溶剂,通过强制将溶剂穿过石墨烯的氧化物层来提取层中的石墨烯氧化物。超声处理的两种类型包括探针和分批超声处理。在探针超声处理中,在超声处理过程中施加机械能,且增加超声处理强度/烈度,机械能越高,断裂石墨烯层的趋势越大,反之亦然。而对于分批超声处理,超声处理时间必须非常短,因为范德瓦尔斯力不足以在剥离过程中保持/承受如探针超声处理中一样的高机械能和长的剥离时间。因此,如果适当地施加探针超声处理的条件,将仅导致石墨烯结构的机械退化。

在微机械剥离中,去除的顶层/剥落的石墨烯在锚定在基底上之前,使用胶带吸附。如果底部石墨烯层的黏附力强于连续石墨烯层之间的内聚力,则石墨烯层附着到吸附剂/黏合剂材料,反之亦然。通过这种方法,可以合成出微米尺寸的高质量单层石墨烯单元晶体。该方法的缺点是不可量产。该方法适用于影印机[9-10]。对于LPE,实际涉及三个步骤,包括在溶剂中分散、剥离和通过纯化除去杂质/污染物,其中首先将石墨/基底悬浮/溶解在合适的溶液中,然后使用应用声学、电化学方法或混合原理的超声装置随后剥离石墨;通过离心/超速离心,将剥离的石墨烯与未剥离的石墨片分离。该工艺具有可放大性强、重现性好、微纳米石墨烯产率适中、制备成本低等优点。其缺点在于构成石墨烯层的纳米粒子/纳米复合材料的不均匀、存在杂质、石墨烯产率低,并且石墨剥落过程需要经历多次循环[10]。其应用包括复合材料的制备、打印机油墨制备、能量存储器件(电容器和晶体管)、生物复合材料和表面涂层。

(3)石墨氧化。该方法包括使用强酸作为氧化剂/催化剂氧化石墨以形成氧化石墨。通过剥离结合超声处理、连续混合和热膨胀,可以从中间产物/氧化石墨[11]制备氧化石墨烯薄片。该方法具有可扩展性和较高的石墨烯氧化物产率，可作为绝缘材料。同时，石墨烯氧化物可以分散在水中，并且可以在不同条件下改性以得到其他产物。该方法的缺点是酸和材料的反应会导致有毒/有害物质的释放，该方法需要大量的水，并且不符合成本效益。该方法可应用于生产用于过滤的复合材料和膜、生物医学/生物传感器和核工业（爆炸品生产）。图 19.2(a)和(b)分别给出了从扫描隧道显微镜获得的氧化石墨的化学结构和单层氧化石墨的图像。

(4)氧化石墨烯的还原反应。该方法利用氢、肼、硼氢化钠等强还原剂的作用还原氧化石墨烯（图 19.2(a)），在其结构基体中嵌入异原子形成还原的石墨烯氧化物（图 19.2(a)~(c)）。该方法可量化生产，氧化石墨烯产率高，并采用了多种还原剂。但其缺点仍然是在最终产品中出现不良缺陷。其应用包括涂料、打印机油墨和复合材料的制备[12]。

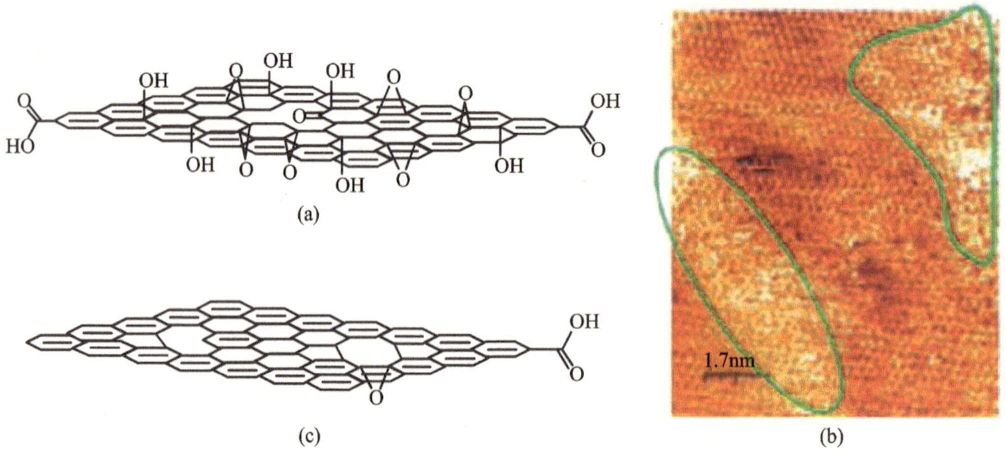

图 19.2 (a)氧化石墨烯的化学结构。(b)在高温下锚定在热处理的石墨基底上的单层氧化石墨烯的扫描隧道显微镜（STM）图像。在图(b)中，氧化区域标记为绿色。(c)还原氧化石墨烯（rGO）的化学结构。（采用自参考文献[13-14]）

(5)氧化石墨烯的热膨胀（图 19.2(b)）形成还原氧化石墨烯（图 19.2(c)）。

(6)激光解吸/烧蚀（通过激光束以脉冲形式释放的射线分解块状石墨，以产生结构石墨烯）。

(7)化学气相沉积（CVD）产生单双层石墨烯。该方法包括石墨烯片在电极上的三阶段组装或用石墨烯片涂覆电极，随后将涂覆的石墨烯电极浸入金属/石墨烯前体的电化学溶液中，并施加电势差以诱导石墨烯纳米复合材料的形成。目前已经讨论了使用“d”族元素/过渡金属，如铜/镍[11]，也有报道使用其他过渡金属，即金、铜、铂和银。对于银的使用，将氨银（即 $Ag(NH_3)_2OH$）溶液暴露于氧化铟锡（ITO）电极、铂箔（PF）反电极和饱和甘汞（SC）电极的三电极系统的循环伏安法，该三电极系统以 25mV 的扫描速率在 -1.5~0V 的范围内扫描；合成的纳米粒子的平均粒径分布为 20nm[15]。根据 Davies 等[11]讨论的方法，然后在高于 1000℃ 的温度下将过渡金属加到碳氢化合物气体中，如 CH_4。通过热甲烷气体在金属表面上的分解或随着碳温度降低，同时从亚稳态冷却时，碳发生层间分离，在基底表面上观察到石墨烯的形成的阶段性生长或增加。石墨烯在过渡金属表面的生长也可以在较低的压力下终止。该方法也可用于多层石墨烯的合成。该方法可应用于:形成用于防腐蚀的表面涂层和制备透明导电材料/电极、电子器件、光电子和光电子学。该方法可制备出大于 $50cm^2$ 的大质量石墨烯卷。与此方法相关的挑战包括高成本、高温,以及凹坑或针孔/多晶缺陷的形成,而 Claussen 等[16]的研究集中在使用化学/电化学气相沉积在花瓣状多层石墨烯纳米片上精心修饰的石墨烯-铂(G-Pt)纳米粒子的合成。基于其发现,多层石墨烯纳米粒子构成了三电极系统的工作电极,以铂(Pt)网作为辅助/支撑电极,以浸渍在 H_2PtCl_6 和 $NaSO_4$ 混合物中的银/氯化银(即 Ag/AgCl)作为参比电极。使用该方法的优点是可以调节电流脉冲的强度,以便控制以氧化石墨烯(GO)和 H_2PtCl_2 为母体材料/源的最终产物(即还原氧化石墨烯)的密度、尺寸和形态,而不需要进行进一步的处理,例如施加热或添加试剂以获得还原氧化石墨烯。关于铜的使用,Wu 等[17-18]成功地在还原氧化石墨烯上沉积铜纳米粒子,并使用 CVD 塔菲尔图和计时安培法研究了导致沉积过程的潜在机理。在还原氧化石墨烯电极组成的三电极体系中,利用 $CuSO_4$ 的电解溶液,相对于使用玻璃态碳和铅笔状石墨,在相对于 Ag/AgCl 的 0.105V 的电势差下实现铜在还原氧化石墨烯上的成核/固定。对电极是铂网,而参比电极为 Ag/AgCl。发现 Cu 在还原氧化石墨烯上沉积的决速步骤在很大程度上由传质控制,还报道了 Cu 在还原氧化石墨烯上的成核在例如 50mmol/L 的高浓度下是瞬时的,而在 10mmol/L 的低浓度下是渐进的,这取决于电解质的初始浓度。

19.2.1 绿色石墨烯、有毒石墨烯及其混合物的性质

19.2.1.1 绿色石墨烯、有毒石墨烯

石墨烯及其纳米复合材料与游离氧具有高反应活性,容易破坏 DNA 分子,并破坏人体系统中的代谢活动和细胞凋亡。已经明确了石墨烯衍生物与人/生物系统(人红细胞、皮肤细胞和细胞系如 HepG2、A498 等)的几种相互作用。氧化石墨烯是一种石墨烯杂化物,其毒性很大程度上归因于表面电荷。相关文献表明,在浓度低于 25μg/mL 时,原始氧化石墨烯(P-GO)和羧基氧化石墨烯(GO-COOH)与人血液中的 T 淋巴细胞和白蛋白血清细胞具有良好的生物兼容性,而在浓度高于 50μg/mL 时,其对细胞具有很强的毒性[19]。氧化石墨烯高反应性背后的机制是 P-GO 直接与蛋白质细胞/受体相互作用,从而阻止其配体的结合倾向,随后导致经由 B 细胞(B-cl2)淋巴瘤位点发生反应性氧物质依赖性细胞凋亡。三甘醇还原石墨烯(TGRG)氧化物是包括超级电容器和锂离子电池在内的储能装置的电极。作为一个具有 5000 次循环能力的对称超级电容器,其功率密度和能量密度分别为 60.4W·h/kg 和 0.15kW/kg。TGRG 有 80% 的电荷存储潜力。TGRG 在锂离子电池中的集成提高了电池在 705mA·h/g 范围内的可逆容量,在 37mA/g 的恒容量下具有良好的循环性能,表明绿色石墨烯是一种潜在的非水相储能电极。通过石墨烯和单壁碳纳米管(SWCNT)对人肝癌细胞(HepG2)的比较研究,发现氧化后的 SWCNT 在人体内产生氧化应激,并随着蛋白细胞的形成、细胞骨骼系统结构和细胞内代谢过程的介入而改变了细胞周期[20]。在药物、蛋白质、多肽和基因的传递方面,已经发现基于纳米的(基于纳米石墨烯的)化合物与常规方法相比是有利的,特别是当其通过静脉注射和口服给药[21]递送时,因此,由于其高比表面积、相互作用模式(静电/亲水相互作用)以及其

π-π堆叠，提高了药物的溶解度和用于代谢活性的合适酶的生物利用度，并且通过溶解药物/生物分子来实现药物到靶位点的精确递送，同时降低了药物暴露于酶降解的风险[22]。

19.2.1.2　无毒石墨烯及其衍生物的应用

（1）便携式水的生产：石墨烯膜可以过滤去除便携式/饮用水中的离子污染物或其他污染物。

（2）用于生产生物传感器或微传感器[23]。尽管这些应用在生物传感器如电化学传感器中的抗体、酶和DNA分子的选择性和灵敏度方面具有优势，但其局限性（即高成本、复杂的固定过程和低稳定性）为其他更便宜、易于复制和高度稳定的替代材料提供了机会[24]。这导致了对使用石墨烯纳米复合材料/杂交体检测阳极位点处的电活性生物分子的关注增加。据报道，金和铂的石墨烯纳米复合材料已被证明表现出上述特性，特别是在多巴胺（DA）、尿酸（UA）、葡萄糖和过氧化氢等神经递质的测定中；传感器机构/电极在存在电极电势差的感测电极处还原或氧化分析物。石墨烯在纳米复合材料中的存在有助于避免过大的电池电势。

（3）用于制备长效电池[25]。

（4）石墨烯可用于抑制金属腐蚀[26]和疾病检测[27]。

（5）如Wang等[28]所讨论的太阳能电池的制备。合成了用于染料敏化太阳能电池的石墨烯电极，其效率比铂基对电极的效率低约0.2%，成本低于生产铂的总成本。此外，代替铂电极在太阳能电池中的潜在应用，与使用铂电极相关的两个问题包括铂的可用性，铂的可用性太低而不能保证太阳能电池的高产量，这使人联想第二个问题，即合成铂的成本，因此需要研究其他有效材料/可行的替代品（如石墨烯）的可用性和适用性，这将降低成本[28]。导致了最近的提议，包括用石墨烯替代铂，因为如果用于太阳能电池，石墨烯可能降低公用事业费用的成本。

（6）电路板制备[29]。

（7）液晶显示器（LCD）和有机发光二极管（OLED）等显示屏的制备；LED是柔性器件，看起来不透明，但在电场的存在下会突然变得透明。由一层由聚合物和石墨烯电极保护的液晶组成。电场发射来自液晶的分散光，用浸渍在晶体阵列中间的贴花显示其透明背景[30]；而石墨烯作为柔性对电极在OLED中的应用仍然被广泛研究，作为氧化铟锡[31]的替代品，因为氧化铟锡是脆性的，并且供不应求[32]。石墨烯的柔性为其在手机和平板设备的触控和弯曲屏幕制备中的应用留下了想象的空间[33]。

（8）催化。有文献指出，石墨烯具有稀疏电子密度和较大的石墨基面的性质，是其在进行化学反应时缓慢电子转移的原因。因此，它是电化学电池的阴极/电子受体[34-36]。此外，据报道，在液态石墨烯生产中加入表面活性剂是电化学合成多种目标化学分析物的原因，这些目标化学分析物在分析化学中得到了广泛的应用[37-39]。

（9）储能。石墨烯的特征表面积为2630 m^2/g，是一种经过验证的超导体/超级电容器，具有以非常短的时间间隔存储和输送电荷的高潜力。其巨大的电容存储能力由Liu等[40]首次报道，因为在导电材料历史上没有任何器件证明具有如此差异的导电电势。合成和测试石墨烯基超导体的能力包括Chen等[41]在生物传感[34,42-45]方面的工作，这导致了对石墨烯为电动汽车供电的考虑，因为电动汽车的移动需要高加速功率。

注:当原始石墨烯上出现凹坑/孔和悬挂键时,图19.3所示的结构发生变化。单层石墨烯与多层石墨烯相比具有较低的电导率。然而,石墨烯的非催化活性与基面暴露于目标分析物有关[46]。

(10)用石墨烯/金纳米棒或聚硫氨酸制成的超敏感生物传感器,用于检测人血清中致命的人乳头瘤病毒[47]。Huang等[48]用石墨烯作为吸附剂,对人血浆中谷胱甘肽的存在进行了荧光光谱分析。

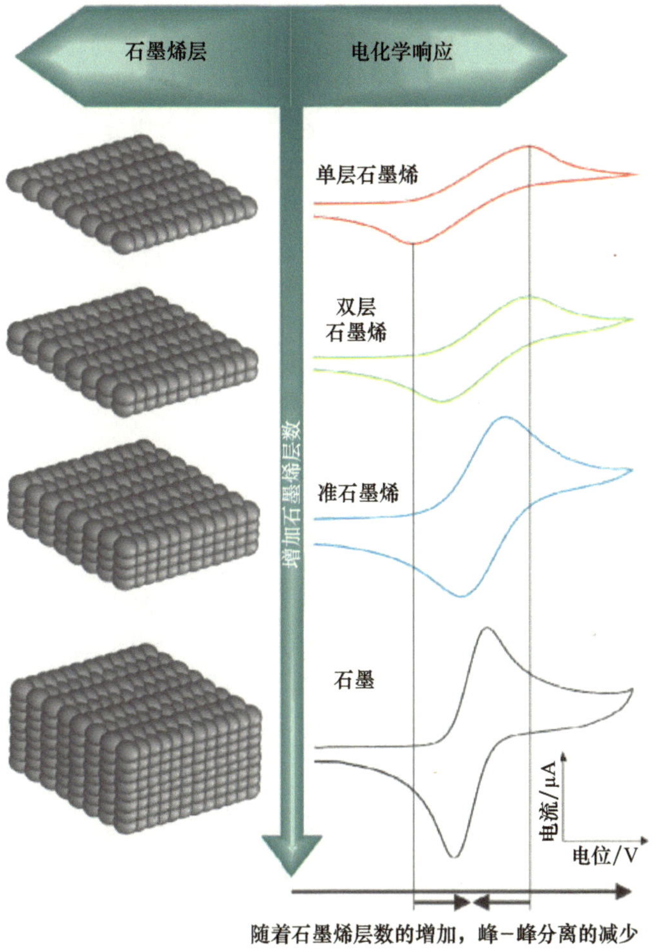

图19.3 六胺-氯化钌(Ⅲ)氧化还原探针中的N层状原始石墨烯,伏安波的峰-峰分离表明异源电子转移增加,电化学活性增加(采用自Randvirr等[31])

在医学上,正在研究石墨烯破坏癌症干细胞(CSC)/肿瘤起始细胞(TIC)的治疗潜力,也被称为纳米分化治疗(NDT)。石墨烯的一些衍生物及其氧化物可以以纳米或更大的尺寸分散在溶剂中用于工业应用。图19.4(a)~(d)显示了一小瓶分散在DMSO和水中的2.3mg/mL的b-GO[49]。有证据表明,氧化石墨烯能够成功抑制肿瘤细胞中CSC的增殖[50]。分别用MCF7、SKOV3、U87 MG、MIA-PaCa-2、A549和PC3细胞株进行了氧化石墨烯对6种癌症类型的抑制能力,所述癌症类型包括乳腺癌、卵巢癌、成胶质细胞瘤(脑癌)、胰腺癌、肺癌和前列腺癌。尽管观察到氧化石墨烯的这种显著作用是对单个(即干细胞)癌细胞的,但是对于这些类型的大量(非干细胞)癌细胞和对其无破坏性/无毒的成纤维细胞的情况相反。这是因为与 CSC 不同,石墨烯不能阻止或拦截主要信号(即 Notch、WNT 和 STAT 的信号),从而诱导 CSC 细胞分化。

图 19.5(a)和(b)是小片和大片氧化石墨烯单元的图示。石墨烯混合物应用于细胞/组织细胞中以实现干细胞分化,同时还确保其在体内的适当分布以准确和充分地到达靶细胞。然而,需要很好地考虑处理癌细胞的方式,以确保个体的安全并最大限度地发挥干细胞分化的固有潜力。对于石墨烯纳米技术的化学结构和电荷转移行为至关重要的酶生物传感和成像应用(图 19.6(a)~(d)),石墨烯纳米复合材料具有广阔的发展前景。石墨烯复合材料/纳米石墨烯以两种形式存在,即纳米粒子浸渍在石墨烯片中或纳米粒子包封/包埋在石墨烯片中,该复合材料应用于医疗领域时,两种组分之间会产生协同/组合效应。Yin 等[23]进行了广泛的研究,其中强调需要更深入地理解负责石墨烯-纳米粒子合成的机制,以便能够监测/调节生产过程、片和颗粒的组装以及随后纳米粒子和石墨烯的结合或缠结,因为形态取向在很大程度上取决于纳米粒子与石墨烯片的比例。因此,石墨烯片与纳米粒子的较高比例导致纳米粒子被石墨烯片包封/包裹;否则,相反的情况导致石墨烯片适当缠结/嵌入在纳米粒子内。此外,考虑到限制或遏制其应用中的相关风险,需要研究评估石墨烯混合物在细胞中的毒性水平和生物分布的方法,以及针对提高治疗的效力或功效的更好方法。

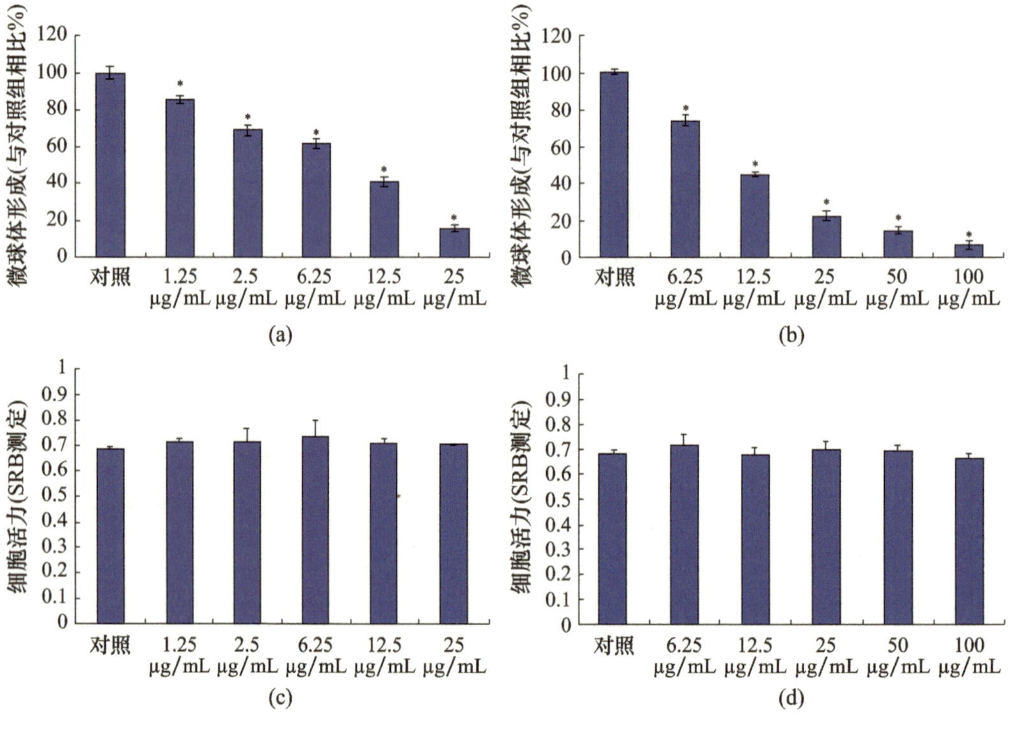

图 19.4 (a)小片氧化石墨烯和(b)大片氧化石墨烯抑制 MCF7 CSC 增殖及乳腺球形成。(c)小型氧化石墨烯和(d)大型氧化石墨烯对 MCF7 细胞存活率无影响。提示:* 表示 $p<0.05$(基于 t 检验)。(采用自 Hernandez 等[49])

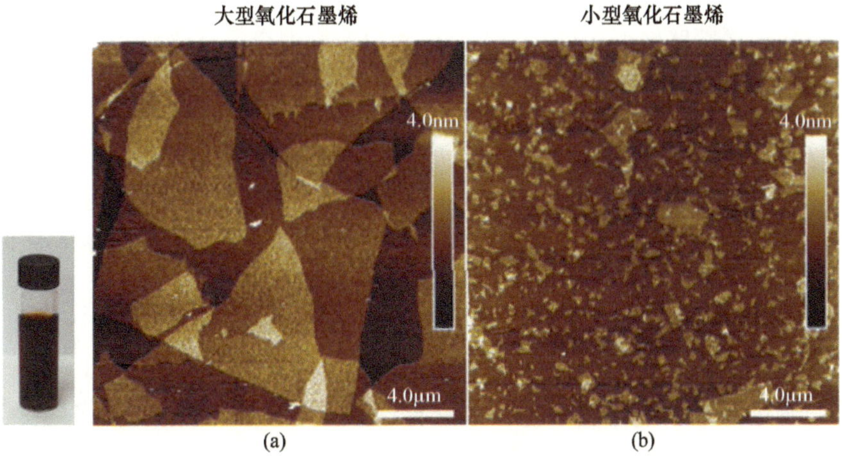

图 19.5 固定在二氧化硅上的氧化石墨烯的不同长度((a)40μm 和(b)40nm)的原子力显微图像的薄片尺寸分布和厚度

注:分散在水或其他溶剂中的石墨烯不能保持相稳态。(采用自 Fiorillioet 等[50])

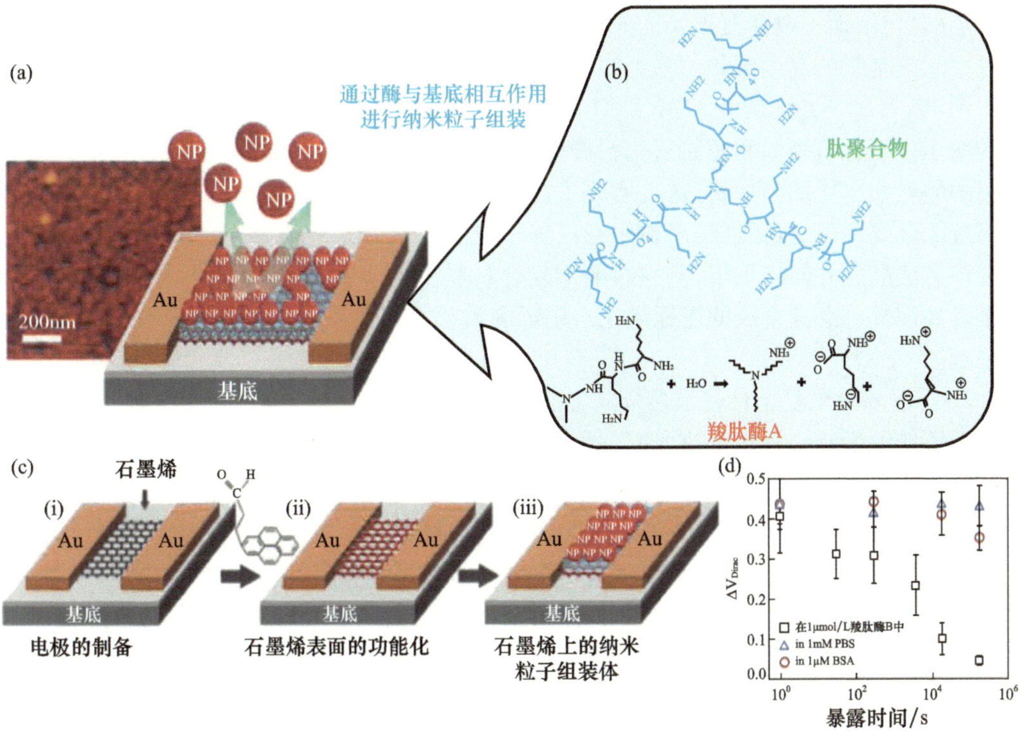

图 19.6 用于基于磁滞的酶检测的石墨烯纳米粒子复合材料传感器

(a)使用石墨烯-纳米混合装置的酶检测。(b)多肽接头分子的结构。(c)混合生物传感器的制备阶段;在金电极之间构建石墨烯通道/位点(ⅰ)。亲水分子对石墨烯表面的活化(ⅱ)。肽接头分子和金纳米粒子在多肽层上的组装/锚定(ⅲ)。(d)在不同暴露时间下 VDirac 的变化,暴露于 1μmol/L 羧肽酶 B 在 PBS 中的溶液、1mmol/L PBS 溶液和 1mmol/L BSA 在 PBS 中的溶液。(采用自 Lee 等[51] 和 Sun 等[52])

19.2.1.3 石墨烯纳米复合材料

将纳米粒子掺杂或锚定在石墨烯上以产生石墨烯纳米复合材料，是一种利用两种组分的协同效应来开发/应用其独特性质的技术，取决于纳米粒子的固有特性。石墨烯纳米复合材料已被证明具有优异的催化性能，这是由于其高效表面积增强了传质性能[53]。石墨烯纳米复合材料的两种主要合成方法是原位法和非原位法。原位方法包括还原、水热和电化学方法，这些方法主要用于合成金属氧化物和贵金属；该方法利用构成该复合材料的各组分的基体中的固有特性，而非原位方法包括利用纳米粒子与母体材料之间形成的共价键/非共价键，以及存在于单独分子之间的静电相互作用。

1. 石墨烯纳米复合材料化学还原法

在该方法中，将金属前驱体石墨烯片在水溶液中混合，然后在还原/化学试剂如乙二醇和硼氢化物和柠檬酸钠的帮助下，由 $HAuCl_4$、$AgNO_3$ 和 K2PtCl4[41,54-55]合成石墨烯纳米复合材料，并且根据 Zhang 等[56-57]的研究证明，金/银 + 石墨烯/石墨烯衍生物的纳米复合材料具有与氧化石墨烯 - 银纳米粒子（GO - AgNP）杂化体接近的生物兼容性，当腺癌人肺泡基底上皮细胞（A549）暴露于 1 mg/mL 混合物时，细胞的存活率为 95%。还原反应类似于合成石墨烯纳米复合材料的三阶段常规方法（还原、成核和纳米粒子显影/生长）。氧化石墨烯（GO）的表面带负电荷允许与金属盐结合，这促进了纳米粒子在氧化石墨烯上的生长，而不改变石墨烯优异的电性能。GO/rGO 纳米复合材料的另一个优点是，通过控制氧与氧的高度亲和位置上的官能团的连接，可以很容易地调节其密度。

图 19.7（a）~（d）是由 AFM 和 TEM 研究获得的用金包裹的氧化石墨烯纳米复合材料的图示。氧化石墨烯和还原氧化石墨烯的表面性质是通过诸如羟基、羰基和羧基等官能团的静电相互作用施加的，这也增强了游离金属离子对表面的附着。还原剂有助于还原附着的金属离子，以促进纳米粒子在还原氧化石墨烯和氧化石墨烯[59]表面上的生长，尽管该方法高效并易于采用，但控制纳米复合材料上的金属纳米粒子的结构和尺寸的问题难以处理，因此，在合成的还原氧化石墨烯和氧化石墨烯[58]表面上，纳米粒子的尺寸分布很宽。

2. 石墨烯纳米复合材料水热合成方法

石墨烯纳米复合材料水热合成方法用于在高温和高压下在石墨烯片上制备具有较窄尺寸分布的 Zn、Ti、Fe^{3+} 和 Sn 的氧化物的高度结晶无机纳米粒子，在制备过程中不需要任何煅烧和后退火步骤；高温和压力有助于诱导纳米粒子的生长，随后将氧化石墨烯还原为还原氧化石墨烯。在大多数情况下，还加入还原剂以完成还原过程，而不是进行长时间反应，高温部分或完全有助于还原氧化石墨烯[60-61]。由于纳米粒子的尺寸、结构和结晶性质，上述氧化物有助于相对于单个石墨烯在其相应的纳米复合材料中注入更高的电化学性能，例如更高的电导率、更短的离子半径、可用表面积和电容，随后抑制了石墨烯团聚和堆叠[17-18]。当在 100mA/g 的电流密度下循环时，由作为还原剂的肼辅助从氧化石墨烯获得的具有 1662mA·h/g 的初始电流放电的单点合成的还原氧化石墨烯 - SnO_2 纳米粒子复合材料的轨道/循环性能，相对于分离的氧化锡纳米粒子的轨道/循环性能更好[62]，而 Ren 等[63]的工作记录了氧化石墨烯用于合成高导电还原氧化石墨烯，该高导电还原氧化石墨烯包括使用无水 $FeCl_3$ 在还原氧化石墨烯上致密均匀沉积的 7nm 磁性纳米粒子，这有助于用乙二醇/二甘醇（DG）和乙二醇的混合物作为还原剂在纳米复合材料中注入磁性。结果表明,合成的石墨烯纳米复合材料的 DG 强度比为 2.3∶1,碳网中具有 sp^2 特征的结构域为 2.45∶1,这是原生石墨烯在碳网中失去 sp^2 杂化的强度比基准。文献还表明,通过水热法[70]成功地将各种硫属化合物/半导体固定在石墨烯上,如硫化镉[64]、硫化锌[65]、硫化铜[66]、二硫化钼[67-68]、四硫化锡(Sn_3S_4)[20]和镉碲[69],其在光电、磁性和催化方面具有应用。

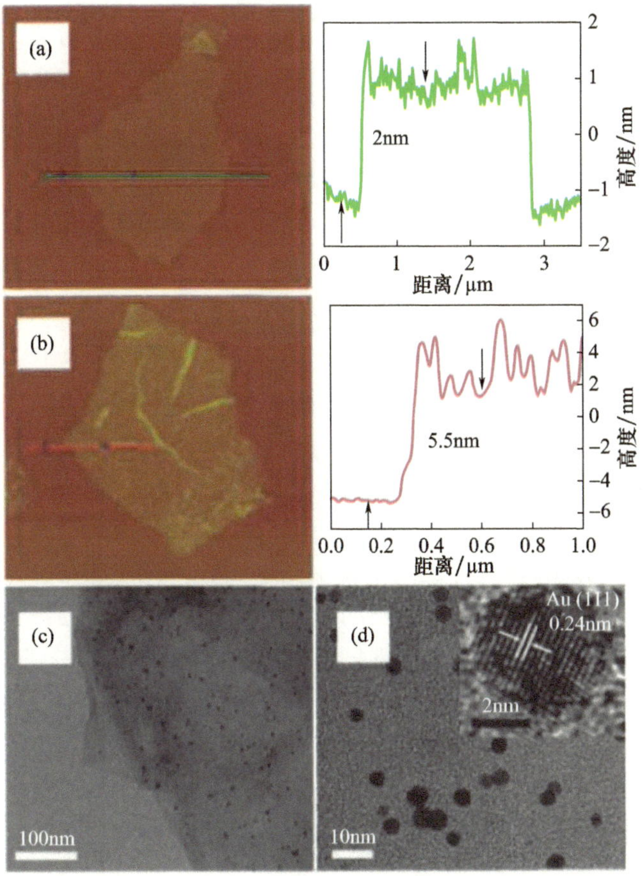

图 19.7 具有用金纳米粒子修饰的氧化石墨烯片的石墨烯纳米复合材料石墨烯

(a)由 AFM 制备的金属片;(b)3.5nm 金纳米粒子修饰的氧化石墨烯片。图片右侧是显示(a)和(b)项相应厚度的曲线。从 TEM 获得的氧化石墨烯/Au 纳米粒子片材的图像(c)和(d)。(d)单独的金纳米粒子的高分辨率 TEM 成像。(采用自 Zhuoet 等[58])

图 19.8(a)和(b)是通过化学还原方法的双金属-石墨烯纳米复合材料形成过程的图示。

3. 电化学法

合成石墨烯及其纳米复合材料的电化学方法是迄今为止用于制备石墨烯及其化合物的最简单、最快速、最清洁的技术之一。包括合成金[72-73]、银[15]和铂微粒[16,74]的石墨烯纳米复合材料。可以通过简单地操纵工艺条件来控制在氧化石墨烯上形成的纳米复合材料的形状,且如前所述,包括三阶段工艺(即石墨烯片在电极上的组装、石墨烯涂覆的电极浸入含有金属前驱体的溶液中,以及在所得的电化学电池的电极上施加电势差)。

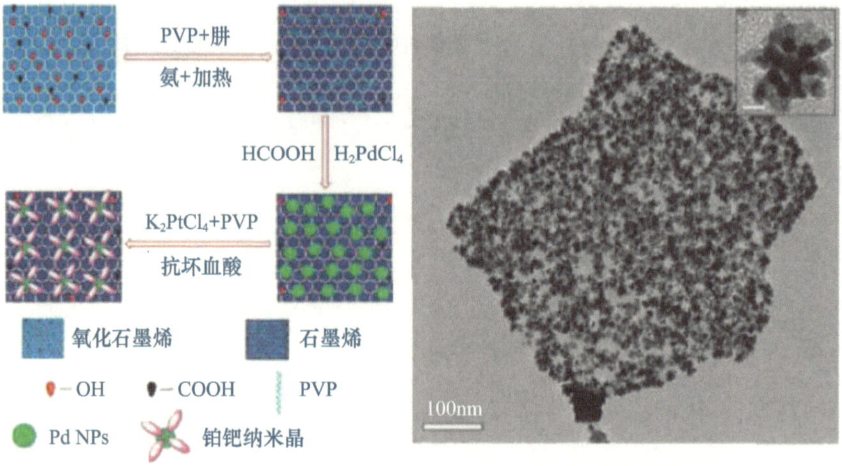

(a) (b)

图 19.8 石墨烯双金属纳米复合材料

(a)钯双金属纳米晶的石墨烯纳米铂的生产阶段。(b)石墨烯的双金属纳米复合材料的TEM图片。(b)是通过将铂固定在钯上以形成双金属纳米晶体而产生的双金属纳米晶体形成过程的100nm放大图。(采用自Guo等[71])

19.2.2 石墨烯纳米复合材料的非原位制备方法

通过非原位制备方法，首先合成纳米粒子，然后通过共价/非共价连接试剂将其连接到石墨烯片的表面，利用分子中发生的不同相互作用(范德瓦尔斯力、氢键、π-π和静电相互作用)。虽然这种方法需要更长的时间和更多的步骤才能完成反应，但在粒度分布较窄、尺寸和形状可控、密度和良好改性的石墨烯薄片作为最终产品方面仍有较好的优势[75-76]。

19.3 石墨烯物理和化学

19.3.1 石墨烯物理

以前，相对论量子力学的理论，因为其涉及半导体中的纳米粒子，也被称为 Zitterbewegung 行为[77]和悖论现象[78]，仅了解其与比自由电子更低频率和更高振幅的振动有关。然而，随着最近在石墨烯方面取得的进展，原子层指示电荷载流子以费米(10^6m/s)[79]和毫微微(10^6m/s)[80]的速度移动。对于石墨烯特性在器件应用中的新颖/潜在用途，最感兴趣的是两个基本的思想流派，即拓扑零模(TZM)和伪自旋轨道耦合(POC)。

19.3.1.1 拓扑零模

由于双层石墨烯原子的低能级中的粒子和反粒子的可能相互作用，有可能经历量子机械隧穿的情况，其中电子迁移率(透射/反射)在很大程度上取决于其平均动能，即无论电子是大于还是小于所作用的阶跃势垒[81]。此外，理论上还设想了第三种情况，即由于反粒子的存在，粒子通过磁力保持在空间中；然而，该陈述对粒子的引用仅将电子视为粒子，尽管人们认为在原子光谱中，粒子包括质子、中子和电子，这意味着该陈述没有考虑诸如质子和中子的粒子。因此，此处论点是，对空间束缚电子的迁移率施加屏障的主要可能是由石墨烯矩阵中的质子（带正电荷的粒子）表现出的吸引力的结果。

19.3.1.2 伪自旋轨道耦合

经典电动力学和相对论量子力学的理论清楚地解释了电子轨道自旋的动力学机制。基于狄拉克表达式，单个自旋粒子沿其轨道经历塞曼效应和耦合效应。在轨道耦合期间，可以想到，在电场中以有限速度行进的电子停留/保持在其束缚状态，这仅仅是因为施加了有效磁场，该有效磁场的强度取决于同一平面中的电子动量和垂直磁场强度之间的角差。这进一步暗示了围绕磁场的电子迁移率/过程的变化可能发生在轨道的旋转轴上，从而限定第一欧拉角的变化，而旋转运动本身受到第三欧拉角的影响或限定；由场强对轨道电子的影响引起的电子的这些运动或散射可能是石墨烯原子核内质子的吸引力影响的特征。此外，其突出特性是其在电子器件设计/电子器件中的直接应用，如晶体管（即 Rashba 和 Dresselhaus 自旋耦合）和半导体[82]等。由于双层石墨烯具有代表狄拉克系统的哈密顿量特征，因此，其含义在于系统的设计。此处重点是石墨烯的伪自旋动力学，并且通过狄拉克方程，石墨烯电子的轨道自旋耦合和伪自旋很可能在以电场存在为特征的真空中。当系统由 Hamiltonian 行为[83-84]明确定义时，出现伪自旋耦合。

19.3.2 电子的迁移率、自旋特性及应用

石墨烯具有较长的自旋弛豫时间和长度[85]，在自旋电子应用中具有很高的前景。这在一定程度上是因为其碳结构是三维弱耦合二维层的叠加。这种性质使得石墨烯潜在地被用于在 100μm 范围内的相对长的距离上传输自旋信息，具有有限的自旋损耗。这些自旋损耗导致了自旋弛豫。自旋弛豫是自旋电子失去初始极化并表现出随机行为，导致自旋信息信号消失的过程。自旋弛豫机制表明，对于每个载流子动量散射事件，存在导致自旋信息损耗的自旋翻转的小概率。初步研究表明，自旋弛豫随着层数的增加而增加，这归因于对悬浮石墨烯外部散射电势的改进筛选[86]。在实验上，对石墨烯的自旋弛豫机制存在相互矛盾的观点；然而，从理论计算中得到了巨大的见解。例如，Emetere 和 Nikouravan[87]应用自旋弛豫中局部磁矩的概念，利用核磁共振（NMR）对石墨烯自旋进行数学实验，观察其不同自旋态的跃迁。他们通过不同地估算自旋环境 - 哈密顿量的本征基元的约化，使用 BlochNMR 方程求解 Schrödinger 方程，解决了石墨烯中的自旋弛豫问题。进行了三个值得注意的观察，即识别电子处于非平衡状态的阻塞态；由于平衡时符号相反的电子数目而引起的自旋翻转增加；以及准平衡状态下对磁矩的漂白效应。通过对单层、双层和三层石墨烯[88]中电子迁移率的实验验证，加强了理论假设的有效性。结果表明，随着载流子密度的增加，单层石墨烯的迁移率降低，而双层和三层石墨烯的迁移率增加。石墨烯的电子迁移率概念被认为对其应用产生了广泛的影响，因为石墨烯具有优良的电学和热学性质，在集成电路技术[89]和纳米电子学[90-91]有着很大的前景。自旋电子学在量子计算和新型快速高效存储器存储方面特别受到关注[92]。Dorgan 等[93]的研究表明，石墨烯中电子的迁移率和饱和速度随着温度升高（300K 以上）和载流子密度升高而降低。然而，观察到 SiO_2 基底对石墨烯输运具有限制作用。良好的基底应该主要具有来自高自旋 - 轨道耦合的低自旋寿命。这项研究开启了关于石墨烯“兼容”基底的重大研究问题，由于其

优异的可调谐电子特性以及被称为自旋电子学的罕见行为，石墨烯将能够作为未来计算机应用的类晶体管装置的原型。Zhang 等[56]首先发现了石墨烯自旋电子学的可能性。在自旋电子学中，电流是由电子自旋的输运形成的。在石墨烯器件中，电子的自旋可以很容易地平行或垂直于石墨烯层的平面注入。这一想法为石墨烯的平面间研究提供了依据。然而，已经观察到石墨烯中的层间耦合显著改变其平行和垂直自旋取向的行为。Cummings 等[94]表明，平面间自旋取向的改变导致了从一个数量级到多个数量级的各向异性自旋弛豫的概念。观察每个石墨烯平面，即对于超薄石墨烯，能够在更长的距离上传送具有协调自旋的电子，并且在室温下比任何其他已知材料保持自旋更长的时间。自旋的性质被认为具有自旋寿命各向异性机制[92,94-95]。由于材料中产生的自旋-轨道相互作用，自旋-寿命各向异性的概念在物理上有着巨大的解释。例如，Marchenko 等[96]观察到，当与金原子紧密接触时，石墨烯在行进约 40nm 后表现出 180°的旋转自旋。因此，由于使碳原子结合在一起的键的强度和蜂窝状晶格特有的电子结构，有更多关于石墨烯的信息。随着研究的进展，石墨烯的应用正在逐渐扩大。石墨烯被用作设计其他材料的原子支架。这是很有可能的，因为石墨烯仅有 1 个原子的厚度。因此，可以通过在石墨烯层中插入其他化合物来产生其他材料。其原子支架性质的一个典型例子是二硼化镁（MgB_2）超导体的交替硼和镁原子层与石墨烯的单个层的散布。研究表明，石墨烯原子支架提高了 MgB_2 超导体的效率。石墨烯是光电子学的良好候选者，可以帮助改进触摸屏、液晶显示器（LCD）和有机发光二极管（OLED）的技术。石墨烯用作超滤介质，作为两种物质之间的屏障。这种技术尤其用于水净化。石墨烯的广泛应用延伸到医药[97]、光加工[98]、太阳能电池等领域。

19.3.3 石墨烯及其化合物的化学

（1）作为还原剂：天然石墨在硝基化合物还原反应中起到催化剂的作用，例如使用肼作为末端还原剂，氮气作为保护剂将硝基苯还原为苯胺[99]。在 Larsen 等[100]进行的广泛研究中，解释了反应的机理，发现石墨烯同素异形体在反应过程中既充当电导体又充当吸附剂。

（2）酸化的固体石墨烯氧化物（AS-GO）可以作为吡咯酮与二烷基酮缩合反应的催化剂。与沸石 HY、HZSM-5(30)、AL-MCM-41[101]相比，其性能较好。此外，AS-GO 可用作使用甲醇重新打开环氧化物的催化剂。当用于进行相同的反应时，其催化活性与 H_2SO_4 相当，并且与乙酸相比具有更好的转化率。

（3）磺化氧化石墨烯（GO）通过与芳基磺酸基/位点结合，帮助糠醛脱水为木糖。与传统的液体-固体催化剂相比，在较小的催化剂负载作用下，可以在较短的反应时间内得到相当数量的产品[102]。石墨烯的水热处理产生催化剂，其有助于将 4-硝基苯酚还原为 2-硝基苯酚。该反应利用了烷氧基、羟基以及活性中心的缺陷，而羧基末端阻碍了催化剂的活性。此外，与钴基和镍基催化剂[103]相比，反应速率比较稳定。

（4）利用化学处理的氧化石墨烯作为催化剂，可以实现胺与亚胺的氧化偶联，该催化剂利用了在分子氧和胺的吸附缺陷的位置处的羧酸基团和未成对电子的联合作用[104]。

（5）氧化石墨烯通过利用活性环氧化物中固有的羟基促进氧化丙烷脱氢，从而增强 C_3H_6 的碳-氢键活化[105]。

(6)当使用还原氧化石墨烯作为催化剂时,其 π 体系为适当的过氧化氢活化速率提供了空间,提高了苯的吸附能力,从而为苯转化为苯酚的催化氧化动力学过程提供了还原氧化石墨烯催化控制。使用硅酸钛[106]时,苯转化率较高。

(7)氢化石墨烯有助于有机染料的芬顿-脱氢化。碳原子的 sp^3 亚原子构型作为反应的活性位点[107]。

(8)在硝基甲烷的热降解中[108-109],相对于氢氧化铝和二氧化硅纳米粒子,官能化石墨烯可作为优选的催化剂。

(9)硫酸化和磺化石墨烯分别用作酯化和水合反应以及烷醇和甲酯的酯化反应的催化剂,发现其催化活性优于传统的催化剂,如 Amberlyst 15[109]和 Dowex 50 W ×2[110]。

19.4 小结

本章提到了石墨烯的结构、其纳米复合材料、其制备方法以及其应用。石墨烯在各个学科领域中的重要性永远不会被过分强调,因为这种材料及其纳米复合材料具有独特的有用性质,这些性质共同提供了比单个组分的性质更好的性质。如上所述,石墨烯是一种独特的材料,有助于摧毁癌细胞。因此,将其称为"癌症患者的生命物质"并不为过。研究表明,石墨烯是未来的碳同素异形体,在生物传感、LED 技术、腐蚀控制等方面具有广阔的应用前景。石墨烯的合成方法以及生产绿色和有毒石墨烯的可能性也得以强调,有助于创建某种形式的意识,即在生产过程中需要谨慎。因此,建议未来的研究考虑石墨烯经历各种化学组合/反应时的动力学,因为这将有助于拓宽对石墨烯的现有认知。

参考文献

[1] Thielemans, W. , Warbey, C. R. , Walsh, D. A. , Permselective nanostructured membranes based on cellulose nanowhiskers. *Green Chem.* , 11, 531, 2009.

[2] Wei, W. , Zhang, X. , Huang, Y. , Ren, X. , Guiding properties of asymmetric hybrid plasmonic waveguides on dielectric substrates. *Nano Res. Lett.* , 9, 1, 2014.

[3] Lotya, M. , King, P. J. , Khan, U. , De, S. , Coleman, J. N. , High - concentration, surfactant - stabilized graphene dispersions. *ACS Nano*, 4, 3155, 2010.

[4] Martin, C. A. , Sandler, J. K. W. , Shaffer, M. S. P. , Schwarz, M. K. , Bauhofer, W. , Schulite, K. , Windle, A. H. , Formation of percolating networksin multi - wall carbon - nanotube - epoxy composites. *Compos. Sci. Technol.* , 64, 2309, 2004.

[5] Carrol, D. L. , Czerw, R. , Webster, S. , Polymer - nanotube composites for transparent, conducting thin films. *Synth. Met.* , 155, 694, 2005.

[6] Nosolev, K. S. , Geim, A. K. , Morozov, S. V. , Jiang, D. , Zhang, Y. , Dubonos, S. V. , Grigorieva, I. V. , Firsov, A. A. , Electric field effect in atomically thin carbon films. *Science*, 306, 666, 2004.

[7] Geim, A. K. and Novoselov, K. S. , The Rise of Graphene. *Nat. Mater.* , 6, 183, 2007.

[8] Stephenson, C. A. , Gillett - Kunnath, M. , O' Brien, W. A. , Kudrawiec, R. , Wistey, M. A. , Gas source techniques for molecular beam epitaxy of highly mismatched Ge alloys. *Crystals*, 6, 159, 2016.

[9] Gao, H. , Zhu, K. , Hu, G. , Xue, C. , Large - scale graphene production by ultrasound - assisted exfoliation of natural graphite in supercritical CO_2/H_2O system. *Chem. Eng. J.* , 308, 872, 2017.

[10] Microfluidics, Use of microfluidizer technology for graphene exfoliation, in: *Application Note, Idex Material Processing, pp.* 1 – 2, 2017, www. microfluidicscorp. com.

[11] Davies, P. , Tzalenchuk, A. , Wiper, P. , Walton, S. , Summary of graphene (and related compounds) chemical and physical properties, nuclear decommissioning authority (nda), HerdusHouse, Westlakes Science and Technology Park, Moor Row, Cumbria, 2016.

[12] Emiru, F. T. and Ayele, D. W. , Controlled synthesis, characterization and reduction of graphene oxide: A convenient method for large scale production. *Egypt. J. BasicAppl. Sci.* , 4, 74, 2016.

[13] Gomez – Navarro, C. , Weitz, R. T. , Bittner, A. M. , Scolari, M. , Mews, A. , Burghard, M. , Kem, K. , Electronic transport properties of individual chemically reduced graphene oxide sheets. *NanoLett.* , 7, 11, 3449, 2007.

[14] Compton, O. C. and Nguyen, S. T. , Graphene oxide, highly reduced graphene oxide, and graphene: Versatile building blocks for carbon – based materials. *Small*, 6, 711, 2010.

[15] Golsheikh, A. M. , Huang, N. M. , Lim, H. N. , Zakaria, R. , Yin, C. R. , One – step electrodeposition of silver nano – particle decorated graphene on indium – tin – oxide for enzymeless hydrogen peroxidedetection. *Carbon*, 62, 405, 2013.

[16] Claussen, J. C. , Kumar, A. , Jaroch, D. B. , Khawaja, M. H. , Hibbard, A. B. , Porterfield, D. M. , Fisher, T. S. , Nanostructuring platinum nanoparticles on multilayered graphene petal nanosheets for electrochemical biosensing. *Adv. Funct. Mater.* , 22, 3399, 2012.

[17] Wu, Z. S. , Wang, D. W. , Ren, W. , Zhao, J. , Zhou, G. , Li, F. , Cheng, H. M. , Anchoring hydrous RuO_2 on graphene sheets for high – performance electrochemical capacitors. *Adv. Funct. Mater.* , 20, 3595, 2010.

[18] Wu, Z. S. , Zhou, G. M. , Yin, L. C. , Ren, W. , Li, F. , Cheng, H. M. , Graphene metal oxide composite electrode materials for energy storage. *Nano Energy*, 1, 107, 2011.

[19] Singh, Z. , Toxicity of graphene and its nanocomposites to human cell lines: The present scenario. *Int. J. Biomed. Clinical Sci.* , 1, 24, 2016.

[20] Yuan, J. , Gao, H. , Ching, C. B. , Comparative protein profile of human hepatoma hepg2 cellstreated with graphene and single – walled carbon nanotubes: An itraq – coupled 2d lcms/ms proteome analysis. *Toxicol. Lett.* , 207, 213, 2011.

[21] Farokhzad, O. C. and Langer, R. , Impact of nanotechnology on drug delivery. *ACS Nano*, 3, 16, 2009.

[22] Goenka, S. , Sant, V. , Sant, S. J. , Graphene – based nanomaterials for drug delivery and tissue engineering. *J. Controlled Release*, 173, 75, 2014.

[23] Yin, P. T. , Shah, S. , Chhowalla, M. , Lee, K. , Design, synthesis and characterization of graphene nano – particle hybrid materials for bioapplications. *Chem. Rev.* , 1, 2014.

[24] Grieshaber, D. , MacKenzie, R. , Voros, J. , Reimhult, E. , Electrochemical biosensors—Sensor principles and architectures. *Sensors*, 8, 1400, 2008.

[25] Zhao, X. , Hayner, C. M. , Kung, M. C. , Kung, H. H. , In – plane vacancy – enabled high powersi – graphene composite electrode for lithium – ion batteries. *Adv. Energy Mater.* , 1, 2011, 1079.

[26] Prasai, D. , Tuberquia, J. C. , Harl, R. R. , Jennings, G. K. , Bolotin, K. I. , Graphene: Corrosioninhibiting coating. *ACS Nano*, 6, 1102, 2012.

[27] Bonanni, A. and Pumera, M. , Graphene platform for hairpin – DNA – based impedimetric genosensing. *ACS Nano*, 5, 2356, 2011.

[28] Wang, H. , Sun, K. , Tao, F. , Stacchiola, D. J. , Hu, Y. H. , 3D Honeycomb – like structured graphene and its high efficiency as a counter – electrode catalyst for dye – sensitized solar cells. Angew. *Chem. Int.* , 52, 9210, 2013.

[29] Hyun, W. J. , Park, O. O. , Chin, B. D. , Foldable graphene electronic circuits based on paper substrates. *Adv. Mater.* ,25,4729,2013.

[30] Radivojevic, Z. , Beecher, P. , Bower, C. , Haque, S. , Andrew, P. , Hasan, T. , Bonaccorso, F. , Ferrari, A. C. ,Henson,B. ,Embodied interaction with complex neuronal data in mixed – reality,in:*Proceedings of the Virtual Reality International Conference*, ACM, Laval, France, vol. 1, ACMNew York, New York, USA,2012.

[31] Randvirr,E. P. ,Brownson,D. A. P. ,Banks,C. E. ,A decade of graphene research: Production,applications and outlook. *Mater. Today*,17,426,2014.

[32] Wu,J. ,Agrawal,M. ,Becerril,H. A. ,Bao,Z. ,Liu,Z. ,Chen,Y. ,Peumans,P. ,Organic lightemitting diodes on solution – processed graphene transparent electrodes. *ACS Nano*,4,43,2010.

[33] Samsung Press Release(accessed October,2013).

[34] Brownson,D. A. C. ,Kampouris,D. K. ,Banks,C. E. ,Graphene electrochemistry: Fundamental concepts through to prominent applications. *Chem. Soc. Rev.* ,41,6944,2012.

[35] Brownson,D. A. C. and Banks,C. E. ,Fabricating graphene supercapacitors: Highlighting the impact of surfactants and moieties. *Chem. Commun.* ,48,1425,2012.

[36] Lin,W. J. ,Liao,C. S. ,Jhang,J. H. ,Tsai,Y. C. ,Graphene modified basal and edge plane pyrolytic graphite electrodes for electrocatalytic oxidation of hydrogen peroxide and betanicotinamide adenine dinucleotide. *Electrochem. Commun.* ,11,2153,2009.

[37] Ambrosi,A. ,Bonanni,A. ,Sofer,Z. ,Cross,J. S. ,Pumera,M. ,Electrochemistry at chemically modified graphenes. *Chem. Eur. J.* ,17,38,10763 – 10770,2011.

[38] Brownson,D. A. C. ,Munroe,L. J. ,Kampouris,D. K. ,Banks,C. E. ,Electrochemistry of graphene: Not such a beneficial electrode material. *RSC Adv.* ,1,6,978 –988,2011.

[39] Brownson,D. A. C. ,Metters,P. M. ,Kampouris,D. K. ,Banks,C. E. ,Graphene electrochemistry: Surfactants inherent to graphene can dramatically effect electrochemical processes. *Electroanalysis*, 23, 894,2011.

[40] Liu,C. ,Yu,Z. ,Neff,D. ,Zhamu,A. ,Jang,B. Z. ,Graphene – based supercapacitor with an ultrahigh energy density. *Nano Lett.* ,10,4863,2010.

[41] Chen,Y. ,Li,Y. ,Sun,D. ,Tian,D. B. ,Zhang,J. R. ,Zhu,J. J. ,Fabrication of gold nanoparticles onbilayer graphene for glucose electrochemical biosensing. *J. Mater. Chem.* ,21,7604,2011.

[42] Zhang,F. ,Tang,J. ,Shinya,N. ,Qin,L. ,Hybrid graphene electrodes for supercapacitors of highenergy density. *Chem. Phys. Lett.* ,584,124,2013.

[43] Cao,J. ,Wang,Y. ,Zhou,Y. ,Ouyang,J. ,Jia,D. ,Guo,L. ,High voltage asymmetric supercapacitor based On MnO_2 and graphene electrodes. *J. Electroanal. Chem.* ,689,201,2013.

[44] Brownson,D. A. C. ,Kampouris,D. K. ,Banks,C. E. ,An overview of graphene in energy production and storage applications. *J. Power Sources*,196,4873,2011.

[45] Song,W. ,Ji,X. ,Deng,W. ,Chen,O. ,Shen,S. ,Banks,C. E. ,Graphene ultracapacitors: Structural impacts. *Phys. Chem. Chem. Phys.* ,15,4799,2013.

[46] Yuan,W. ,Zhou,Y. ,Li,Y. ,Li. ,C. ,Peng,H. ,Zhang,J. ,Liu,Z. ,Dai,L. ,Shi,G. ,The edge – and basal – plane – specific electrochemistry of a single – layer graphene sheet. *Sci. Rep.* ,3,1,2013.

[47] Huang,H. ,Bai,W. ,Dong,C. ,Guo,R. ,Liu,Z. ,An ultrasensitive electrochemical DNA biosensor based on graphene/au nanorod/polythionine for human papillomavirus DNA detection. *Biosens. Bioelectron.* ,68, 442,2015.

[48] Huang,K. J. ,Jing,Q. S. ,Wei,C. Y. ,Wu,Y. Y. ,Spectrofluorimetric determination of glutathionein human

plasma by solid – phase extraction using graphene as adsorbent. *Spectrochim. Acta AMol. Biomol. Spectrosc.* ,79,1860,2011.

[49] Hernandez, Y. , Lotya, M. , Rickard, D. , Bergin, S. D. , Coleman, J. N. , Measurement of multicomponent solubility parameters for graphene facilitates solvent discovery. *Langmuir*,26,3208,2010.

[50] Fiorillio, M. , Verre, A. F. , Iliut, M. , Peiris – Pages, M. , Ozsvari, B. , Gandara, R. , Cappello, A. R. , Sotgia, F. , Vijayaraghavan, A. , Lisanti, M. P. , Graphene oxide selectively targets cancer stem cellsacross multiple tumour types: Implications for non – toxic cancer treatment via differentiation based nano – therapy. *Oncotarget*,1,2015.

[51] Lee, W. C. , Lim, C. H. Y. X. , Shi, H. , Tang, L. A. L. , Wang, Y. , Lim, C. T. , Loh, K. P. , Origin of enhanced cell growth and differentiation on graphene and graphene oxide. *ACS Nano*,5,7334,2011.

[52] Sun, X. M. , Liu, Z. , Welsher, K. , Robinson, J. T. , Goodwin, A. , Zaric, S. , Dai, H. J. , Nano – graphene oxide for cellular imaging and drug delivery. *Nano Res.* ,1,203,2008.

[53] Chen, W. , Rakhi, R. B. , Alshareef, H. N. , Capacitance enhancement of polyaniline coated curved – graphene supercapacitors in a redox – active electrolyte. *Nanoscale*,5,4134,2013.

[54] Tien, H. W. , Huang, Y. L. , Yang, S. Y. , Wang, J. Y. , Ma, C. C. M. , The production of graphene nanosheets decorated with silver nanoparticles for use in transparent, conductive films. *Carbon*,49,1550,2011.

[55] Xu, C. , Wang, X. , Zhu, J. W. , Graphene – metal particle nanocomposites. *J. Phys. Chem. C*,112,19841,2008.

[56] Zhang, Q. , Chan, K. S. , Lin, Z. , Spin current generation by adiabatic pumping in monolayergraphene. *Appl. Phys. Lett.* ,98,032106,2011.

[57] Zhang, X. Y. , Yin, J. L. , Peng, C. , Hu, W. Q. , Zhu, Z. Y. , Li, W. X. , Fan, C. H. , Huang, Q. , Distribution and biocompatibility studies of graphene oxide in mice after intravenous administration. *Carbon*, 49, 986,2011.

[58] Zhuo, Q. Q. , Ma, Y. Y. , Gao, J. , Zhang, P. P. , Xia, Y. J. , Tian, Y. M. , Sun, X. X. , Zhong, J. , Sun, X. H. , Facile synthesis of graphene/metal nanoparticle composites via self catalysis reduction at room temperature. *Inorg. Chem.* ,52,3141,2013.

[59] Gao, W. , Alemany, L. B. , Ci, L. J. , Ajayan, P. M. , New insights into the structure and reduction of graphite oxide. *Nat. Chem.* ,1,403,2009.

[60] Bai, S. and Shen, X. , Graphene – inorganic nanocomposites. *RSC Adv.* ,2,64,2012.

[61] Zhou, Y. , Bao, Q. L. , Tang, L. A. L. , Zhong, Y. L. , Loh, K. P. , Hydrothermal dehydration for the "green" reduction of exfoliated graphene oxide to graphene and demonstration of tunable opticallimiting properties. *Chem. Mater.* ,21,2950,2009.

[62] Park, S. K. , Yu, S. H. , Pinna, N. , Woo, S. , Jang, B. , Chung, Y. H. , Cho, Y. H. , Sung, Y. E. , Piao, Y. , A facile hydrazine – assisted hydrothermal method for the deposition of monodisperse SnO_2 nanoparticles onto graphene for lithium ion batteries. *J. Mater. Chem.* ,22,2520,2012.

[63] Ren, L. L. , Huang, S. , Fan, W. , Liu, T. X. , One – step preparation of hierarchical superparamagnetic iron oxide/graphene composites. *Appl. Surf. Sci.* ,258,1132,2011.

[64] Yan, S. C. , Shi, Y. , Zhao, B. , Lu, T. , Hu, D. , Xu, X. , Wu, J. S. , Chen, J. S. , Hydrothermal synthesis of CdS/functionalized graphene sheets nanocomposites. *J. Alloys Compd.* ,570,65,2013.

[65] Xue, L. P. , Shen, C. F. , Zheng, M. B. , Lu, H. L. , Li, N. W. , Ji, G. B. , Pan, L. J. , Cao, J. M. , Hydrothermal synthesis of graphene ZnS quantum dot nanocomposites. *Mater. Lett.* ,65,198,2011.

[66] Su, Y. J. , Lu, X. N. , Xie, M. M. , Geng, H. J. , Wei, H. , Yang, Z. , Zhang, Y. F. , A one – pot synthesis of reduced graphene oxide – Cu_2S quantum dot hybrids for optoelectronic devices. *Nanoscale*,5,8889,2013.

[67] Chang, K. and Chen, W. X. , Single – layer MoS2/graphene dispersed in amorphous carbon: Towards high

electrochemical performances in rechargeable lithium ion batteries. *J. Mater. Chem.* ,21,17175,2011.

[68] Huang,G. C. ,Chen,T. ,Chen,W. X. ,Wang,Z. ,Chang,K. ,Ma,L. ,Huang,F. H. ,Chen,D. Y. ,Lee, J. Y. ,Graphene – like MoS2/graphene composites: Cationic surfactant – assisted hydrothermal synthesis and electrochemical reversible storage of lithium. *Small*, 9, 3693, 2013, https://doi.org/10.1002/smll.201300415.

[69] Lu,Z. S. ,Guo,C. X. ,Yang,H. B. ,Qiao,Y. ,Guo,J. ,Li,C. M. ,One – step aqueous synthesis of graphene – CdTe quantum dot – composed nanosheet and its enhanced photoresponses. *J. Colloid Interface Sci.* ,353, 588,2011.

[70] Medintz,I. L. ,Uyeda,H. T. ,Goldman,E. R. ,Mattoussi,H. ,Quantum dot bioconjugates for imaging, labelling and sensing. *Nat. Mater.* ,4,435,2005.

[71] Guo,S. J. ,Dong,S. J. ,Wang,E. K. ,Three dimensional Pt – on – Pd bimetallic nanodendrites supported on graphene nanosheets: Facile synthesis and used as an advanced nanoelectrocatalyst for methanol oxidation. *ACS Nano*,4,547,2010.

[72] Ding,L. ,Liu,Y. P. ,Zhai,J. P. ,Bond,A. M. ,Zhang,J. ,Direct electrodeposition of graphenegold nanocomposite films of ultrasensitive voltammetric determination of mercury (ii) . *Electroanalysis*, 26, 121,2014.

[73] Hu,Y. J. ,Jin,J. A. ,Wu,P. ,Zhang,H. ,Cai,C. X. ,Graphene – gold toward the oxygen reduction and glucose oxidation. *Electrochim. Acta*,56,491,2010.

[74] Zhou,Y. G. ,Chen,J. J. ,Wang,F. B. ,Sheng,Z. H. ,Xia,X. H. ,A facile approach to the synthesis of highly electroactive Pt nanoparticles on graphene as an anode catalyst for direct methanol fuelcells. *Chem. Commun.* ,46,5951,2010.

[75] He,F. A. ,Fan,J. T. ,Song,F. ,Zhang,L. M. ,Chan,H. L. W. ,Fabrication of hybrids based on graphene and metal nanoparticles by in – situ and self – assembled methods. *Nanoscale*,3,1182,2011.

[76] Yang,X. ,Xu,M. S. ,Qiu,W. M. ,Chen,X. Q. ,Deng,M. ,Zhang,J. L. ,Iwai,H. ,Watanabe,E. ,Chen, H. Z. ,Graphene uniformly decorated with gold nanodots: In – situ synthesis,enhanced dispersibility and applications. *J. Mater. Chem.* ,21,8096,2011.

[77] Schliemann,J. ,Loss,D. ,Westervelt,R. M. ,Zitterbewegung of electrons and holes in iii – v semiconductors quantum wells. *Phys. Rev. (for Manes)* B,73,085323,2006.

[78] Katsnelson, M. I. , Novoselov, K. S. , Geim, A. K. , Chiral tunneling and the Klein paradox in graphene. *Nat. Phys.* ,2,620,2006.

[79] Charlier,J. C. ,Eklund,P. C. ,Zhu,J. ,Ferarri,J. C. ,Electron and phonon properties of graphene: Their relationship with carbon nanotubes, in: *Carbon Nanotubes, Topics: Appl. Physics*, vol. 111, A. Jorio, G. Dresselhaus,M. S. Dresselhaus(Eds.),pp. 673 – 709,Springer – Verlag Berlin Heidelberg,2008.

[80] Moses,E. E. ,Sanni,S. E. ,Agarana,C. M. ,Virtual observation of the femtosecond spin dynamics mechanism in graphene,in:*Proceedings of the World Congress on Engineering*,Vol II WCE,London,UK,June 29 – July 1,2016.

[81] Landau,L. D. and Lifshitz,E. M. ,Quantum Mechanics,2nd Edition,Pergamon Press Plc,Elsevier – Science,London,1968.

[82] Das,S. and Gupta,N. ,Effect of ageing on space charge distribution in homogeneous and composite dielectrics. *IEEE Trans. Dielectr. Electr. Insul.* ,22,541,2014.

[83] Tan,S. G. ,Jalil,M. B. A. ,Fujita,T. ,Pseudospin – orbital coupling for pseudospintronic device in graphene. *J. Magn. Magn. Mater.* ,322,2390,2010.

[84] Tan. ,S. G. ,Jalil,M. B. A. ,Fujita,T. ,Monopole and topological electron dynamics in adiabatic spintronic

and graphene systems. *Ann. Phys.* (*N. Y.*),325,8,1537 – 1549,2010b. ISSN 0003 – 4916.

[85] Dugaev,V. K. ,Sherman,E. Y. ,Barna's,J. ,Spin dephasing and pumping in graphene due to randomspin – orbit interaction. *Phys. Rev. B*,83,085306,2011.

[86] Bolotin,K. I. ,Sikes,K. J. ,Jiang,Z. ,Klima,M. ,Fudenberg,G. ,Hone,J. ,Kim,P. ,Stormer,H. L. ,Ultra-high electron mobility in suspended graphene. *Solid State Commun.* ,146,351,2008.

[87] Emetere, M. E. and Nikouravan, B. , Femtosecond spin dynamics mechanism in graphenes: The Bloch NMR – Schrodinger probe. *Int. J. Fund. Phys. Sci.* ,4,105,2014.

[88] Zhu,W. ,Perebeinos,V. ,Freitag,M. ,Avouris,P. ,Carrier scattering,mobilities and electrostatic potential in mono – ,bi – and tri – layer graphenes. *Phys. Rev. B*,80,235402,2009.

[89] Ozyilmaz, B. , Jarillo – Herrero, P. , Efetov, D. , Kim, P. , Electronic transport in locally gated graphene nanoconstrictions. *Appl. Phys. Lett.* ,91,192107,2007.

[90] De – Heer,W. A. ,Berger,C. ,Wu,X. ,Sprinkle,M. ,Hu,Y. ,Ruan,M. ,Stroscio,J. A. ,First,P. N. ,Haddon,R. , Piot, B. , Faugeras, C. , Potemski, M. , Moon, J. S. , Epitaxial graphene electronicstructure and transport. *J. Phys. D:Appl. Phys.* ,43,374007,2010.

[91] Jozsa,C. and Van – Wees,B. J. ,*Handbook of Spin Transport and Magnetism*,E. Y. Tsymbal and Z. I. Zutic (Eds.),pp. 579 – 598,CRC Press,Boca Raton,FL,2011.

[92] Benítez, A. L. , Sierra, J. F. , Torres, W. S. , Arrighi, A. , Bonell, F. , Costache, M. V. , Valenzuela, S. O. , Strongly anisotropic spin relaxation in graphene – transition metal dichalcogenide heterostructures at room temperature. *Nat. Phys.* ,14,303,2018.

[93] Dorgan,V. E. ,Bae,M. ,Pop,E. ,Mobility and saturation velocity in graphene on SiO_2. *Appl. Phys. Lett.* , 2010,082112,2016.

[94] Cummings,A. W. ,Garcia,J. H. ,Fabian,J. ,Roche,S. ,Giant spin lifetime anisotropy in graphene induced by proximity effects. *Phys. Rev. Lett.* ,119,206601,2017.

[95] Ghiasi,T. S. ,Ingla – Aynés,J. ,Kaverzin,A. A. ,Van – Wees,B. J. ,Large proximity – induced spin lifetime anisotropy in transition – metal dichalcogenide/graphene heterostructures. *Nano Lett.* , 17, 7528,2017.

[96] Marchenko,D. ,Varykhalov,A. ,Sánchez – Barriga,J. ,Seyller,Th. ,Rader,O. ,Rashba splitting of 100 mev in au – intercalated graphene on SiC. *Appl. Phys. Lett.* , 108, 172405, 2016, http://Dx. Doi. Org/10. 1063/1. 4947286.

[97] Li,J. ,Yoong,S. L. ,Goh,W. J. ,Czarny,B. ,Yang,Z. ,Poddar,K. ,Dykas,M. M. ,Patra,A. ,Venkatesan, T. ,Panczyk,T. ,Lee,C. ,Pastrorin,G. ,*In – vitro* controlled release of cisplatin from gold – carbon nanobottles via cleavage linkages. *Int. J. Nanomed.* ,10,7425,2015.

[98] Li,X. ,Zhu,M. ,Du,M. ,Lv,Z. ,Zhang,L. ,Li,Y. ,Yang,Y. ,Yang,T. ,Li,X. ,Wang,K. ,Zhu,H. , Fang,Y. ,High detectivity graphene – silicon heterojunction photodetector. *Small*,12,595,2016.

[99] Byung,H. H. ,Dae,H. S. ,Sung,Y. C. ,Graphite catalyzed reduction of aromatic and aliphaticnitro compounds with hydrazine hydrate. *Tetrahedron Lett.* ,26,6233,1985.

[100] Larsen,J. W. ,Freund,M. ,Kim,K. Y. ,Sidovar,M. ,Stuart,J. L. ,Mechanism of the carbon catalyzed reduction of nitrobenzene by hydrazine. *Carbon*,38,655,2000.

[101] Chauhan,S. M. S. and Mishra,S. ,Use of Graphite oxide and graphene oxide as catalysts in thesynthesis of dipyrromethane and calix [4] pyrrole. *Molecules*,16,7256,2011.

[102] Dhakshinamoorthy,A. ,Alvaro,M. ,Concepcion,P. ,Fornes,V. ,Garcia,H. ,Graphene oxide asan acid catalyst for the room temperature ring opening of epoxides. *Chem. Commun.* ,48,5443,2012.

[103] Tang,S. B. and Cao,Z. X. ,Site – dependent catalytic activity of graphene oxides towards oxidative dehy-

drogenation of propane. *Phys. Chem. Chem. Phys.* ,14,16558,2012.

[104] Lam,E. ,Chong,J. H. ,Majid,E. ,Liu,Y. ,Hrapovic,S. ,Leung,A. C. W. ,Luong,J. H. T. ,Carbocatalytic dehydration of xylose to furfural in water. *Carbon*,50,1033,2012.

[105] Kong,X. -K. ,Chen,Q. W. ,Lun,Z. -Y. ,Probing the influence of different oxygenated groups on graphene oxide's catalytic performance. *J. Mater. Chem. A*,2,610,2014.

[106] Yang,J. H. ,Sun,G. ,Gao,Y. J. ,Zhao,H. B. ,Tang,P. ,Tan,J. ,Lu,A. H. ,Ma,D. ,Direct catalytic oxidation of benzene to phenol over metal - free graphene - based catalyst. *Energy Environ. Sci.* ,6,793,2013.

[107] Zhao,Y. ,Chen,W. F. ,Yuan,C. F. ,Zhu,Z. Y. ,Yan,L. F. ,Hydrogenated graphene as metal - free catalyst for Fenton - like Reaction. *Chin. J. Chem. Phys.* ,25,335,2012.

[108] Sabourin,J. L. ,Dabbs,D. M. ,Yetter,R. A. ,Dryer,F. L. ,Aksay,I. A. ,Functionalized graphene sheet colloids for enhanced fuel/propellant combustion. *ACS Nano*,3,3945,2012.

[109] Liu,F. ,Sun,J. ,Zhu,L. ,Meng,X. ,Qi,C. ,Xiao,F. -S. ,Sulfated graphene as an efficient solid catalyst for acid - catalyzed liquid reactions. *J. Mater. Chem.* ,22,5495,2012.

[110] Wang,L. ,Wang,D. ,Zhang,S. ,Tian,H. ,Synthesis and characterization of sulfonated graphene as a highly active solid acid catalyst for the ester - exchange reaction. *Catal. Sci. and Technol.* ,3,1194,2013.

第20章 石墨烯基纳米材料在组织工程和再生医学中的应用

Sorour Darvishi[1], Samad Ahadianand[2] Houman Savoji[2,3]
[1]瑞士瓦莱州锡永市洛桑联邦理工学院物理与分析电化学实验室(EPFL)
[2]加拿大安大略省多伦多市大学健康网络多伦多综合研究所
[3]加拿大安大略省多伦多市多伦多大学生物材料与生物医学工程研究所(IBBME)

摘　要　组织工程和再生医学已迅速成为一种用于修复和再生受损或病变组织和器官的新型医疗策略。该领域发展的关键是设计和开发功能生物材料,模拟细胞微环境并提供理化线索,使细胞能够附着、增殖和重塑。在干细胞组织的再生中,控制物质的理化性质对促进和引导干细胞的生长和分化至关重要。石墨烯和石墨烯衍生材料具有独特的力学性能、可控的表面化学特性和高电导率,可以提供良好的条件来调节不同的细胞行为,以达到预期的生物响应。基于此,本章介绍了石墨烯和石墨烯衍生材料在干细胞工程和组织再生中的应用。此外,还解释了石墨烯的体外和体内毒性问题。最后,介绍了石墨烯在组织工程和再生医学的应用中面临的挑战及未来的方向。

关键词　石墨烯,再生医学,干细胞,组织工程,毒性

20.1 引言

组织工程是一门致力于设计和开发生物替代品,以维持、恢复或改善组织或整个器官功能的跨学科研究领域。组织工程领域已经成功地在体外再生多个组织和器官,用于治疗和制药应用[1-2]。结合细胞治疗和移植、生物学、材料科学和工程技术的原理,开发有效的替代物,以恢复和维持病损组织和器官的正常功能至关重要[3]。为了达到此目的,工程组织需要高度的细胞组织,并模仿体内天然组织的形态和生理特征[4-6]。因此,开发新型材料在体外创建组织结构或在体内再生受损组织有重要意义。为了开发功能性组织,支架材料必须具备几个关键参数,如引导细胞排列、生长、调制、递送所需的生物分子、刺激天然组织力学性能以及产生适当理化信号的线索。此外,此材料应为干细胞的生长和分化提供合适的微环境。这些因素可以通过引入具有独特、理化性质可调的特定材料来实现。

近年来，石墨烯由于其特性在组织工程和再生医学中有了十分有趣的应用，在纳米科学和纳米技术中得到了广泛的关注[7-9]。石墨烯以其优异的力学性能、独特的表面化学特性、高电导率、易于与生物分子自组装、能够通过物理或化学结合来负载各种生物分子以及生物兼容性等特点，在生物医学应用中受到了极大的关注[10]。特别是石墨烯基材料的理化性质，包括形貌和表面功能化，能够被精确控制，因此可以为不同的干细胞和组织工程应用提供精心设计的环境。随着高品质石墨烯基材料的合成和功能化方法的迅速发展，石墨烯基材料成为一种新型的功能性材料，在细胞治疗和组织工程中有着广阔的应用前景。支架材料的特定官能团，如羟基、羧基和胺基，即使在分子水平上，对调节细胞行为和功能也很重要[11-12]。因此，在各种细胞和组织工程应用中非常需要具有精确可调表面化学的石墨烯基材料，来阐明并控制细胞行为的复杂信号通路[13-15]。

在本章中，将重点介绍石墨烯基纳米材料作为一种具有吸引力的生物兼容材料在组织工程和再生医学应用中的策略和现状，讨论石墨烯生物兼容性的体外和体内研究。本章还讨论了石墨烯基纳米材料研究和开发中的主要挑战以及未来的潜在发展路线。

20.2 石墨烯的生物医学应用

石墨烯的生物医学应用是一个相对较新的领域，具有巨大的潜力。Liu 等[16]首次报道了石墨烯在生物医学领域药物输送中的应用，并发表了几篇报道来探索石墨烯在药物/基因递送、生物传感和生物成像等生物医学领域的广泛应用[17]。石墨烯的诸多优良性质引起了对石墨烯及其衍生物生物应用的深入研究，如优异的电子导电率（电荷载流子迁移率 $200000cm^2/(V \cdot s)$）、大比表面积（$2630\ m^2/g$）、热导率（约 $5000W/(m \cdot K)$）、机械强度（杨氏模量约 1100GPa）、低成本、可放大化的生产以及简便的生物/化学功能化[18-19]。

石墨烯在各种生物医学领域的不同应用如图 20.1 所示。基于石墨烯的电化学装置

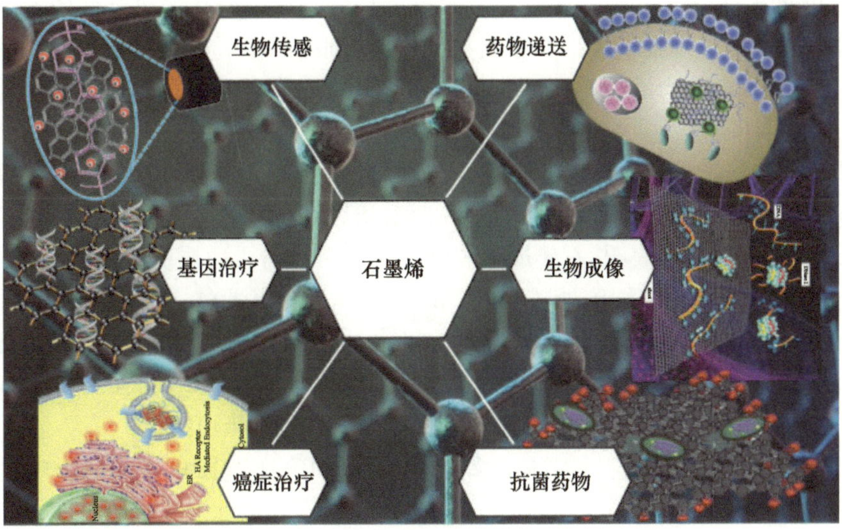

图 20.1 石墨烯在各种生物医学领域的不同应用（经许可转载自[28-32]）

已经被大量用于不同的生物分子的检测。这些装置依赖于石墨烯的弹道电子输运特性，促进电极和底层样品之间的电子转移，从而改善样品的电化学反馈。在最近的工作中，由于其高电导率，还原氧化石墨烯显著增强了明胶甲基丙烯酰基(GelMA)水凝胶的葡萄糖生物传感[20]。值得注意的是，GelMA本身由于低电导率而不能用作电化学葡萄糖生物传感器。石墨烯的二维结构及其离域π电子的存在可以通过疏水相互作用和π-π堆叠进行有效的基因/药物负载。此外，高表面积使石墨烯可以通过共价和非共价表面改性来实现高度密集的生物功能化。各种研究已经证明，石墨烯及其衍生物在体内被成功地用作基因/药物载体[16,21-26]。而且，石墨烯能够抑制细菌的增殖，可用于伤口敷料材料。石墨烯的抗菌作用机理尚不清楚。但目前可知当细菌接触石墨烯时，由于细胞膜的电位，电子很容易从石墨烯中逸出，进入细胞内。额外的电荷可以破坏DNA或细胞膜的结构，使得细菌无法生长[27]。

20.3 石墨烯在干细胞工程中的应用

干细胞由于其持续生长、更新和修复的能力，在人体中起着关键的作用。对于再生医学和组织工程领域的许多开创性疗法也至关重要。因此对干细胞进行了深入的研究，来破译构成其复杂分子和细胞的无数生物和环境因素[33]。而石墨烯在为干细胞的培养、增殖和分化提供受控微环境方面表现出了巨大的潜力[34]。本节将讨论石墨烯在干细胞工程中的一些重要应用。

Nayak等利用石墨烯控制和增强人骨髓间充质干细胞(hMSC)的成骨分化[35]。研究发现，即使在缺乏骨形态发生蛋白-2(骨干细胞分化常用的生长因子)的成骨细胞培养基中，石墨烯也能加速干细胞向骨细胞的分化。为了证实石墨烯对观察到的干细胞分化至关重要，将高定向热解石墨和无定形碳薄膜作为对照组。观察到，对照组均不能促进细胞分化。结果表明，由于对照组中不存在化学气相沉积法(CVD)制备的石墨烯表面的微米级波纹和褶皱，石墨烯的力学性能和表面形貌是促进细胞分化的决定性因素。CVD石墨烯中波纹引起的大尺度表面特性在蛋白质吸附、细胞黏附和分化中起着重要作用。此外，石墨烯维持横向应力的能力可以为骨干细胞分化提供足够的局部细胞框架张力。在另一项研究中，Lee等[36]研究了石墨烯、氧化石墨烯和聚二甲基硅氧烷(PDMS)对hMSC脂肪生成的影响。石墨烯薄膜上的细胞分布均匀，呈纺锤状形态；而氧化石墨烯薄膜上的细胞分布更广，体积更大。可以推导出基底对血清蛋白的吸附能力与随后的细胞生长之间有直接相关关系，结果表明，石墨烯和氧化石墨烯对血清蛋白质的吸附量分别达到8%和25%。血清中含有许多细胞外基质(ECM)蛋白和乙二醇蛋白，如白蛋白和纤维连接蛋白(FN)[37]。石墨烯和氧化石墨烯吸附血清蛋白越多，细胞附着和生长的黏附分子密度就越高。石墨烯中的π电子云能够与蛋白质的疏水内核相互作用。而由于氧化基团的存在，亲水性氧化石墨烯能够通过氢键和静电相互作用与血清蛋白结合。

已有科研人员关于石墨烯对诱导多能干细胞(iPSC)生长和分化的影响进行了研究[38]。例如，Chen等[39]报道了iPSC在石墨烯和氧化石墨烯涂层玻璃基底上的分化。数据表明，石墨烯和氧化石墨烯与iPSC具有生物兼容性，并支持iPSC的附着和增殖。免疫组织化学染色结果和mRNA表达水平表明，石墨烯似乎阻碍了干细胞的自发分化，特别是向内胚层谱系的分化,而玻片上的细胞和氧化石墨烯上的细胞在没有白血病抑制因子的培养环境中自发失去了多能性。石墨烯保持 iPSC 多能性的能力可以用于设计干细胞培养和分化的仿生材料,来代替昂贵的可溶性因子。

氧化石墨烯表面的某些官能团(如羧基)可影响胚胎干细胞的分化[40]。然而,促成这种细胞行为的机制仍有待研究。在另一项研究中,氧化石墨烯被证明能促进小鼠胚胎干细胞向神经细胞的分化[41]。最近的一项研究还表明,石墨烯增强了神经干细胞的生物电功能和发育,从而为操控神经细胞的生物电提供了一种可控的方法[42]。

20.4 石墨烯在组织工程中的应用

石墨烯材料的有趣特性,包括力学和电学特性,可以在组织工程中得到应用。最近的文献表明,石墨烯和石墨烯基材料在微米和纳米制备技术的帮助下可能促进功能性组织和器官构造的开发[43]。下文概述了石墨烯在不同组织工程领域的一些应用。

20.4.1 在骨组织工程中的应用

骨组织再生可以推动因肿瘤或严重创伤引起的骨缺损(其中大部分骨被去除、骨折或具有感染和异常)的修复或重建,因此有着很高的需求。这一研究领域的发展需要能够附着、增殖和/或分化骨祖细胞的基底。有几种不同的材料会引发导致细胞分化和成骨的复杂状况,如水凝胶和矿物质[44-45]。这些材料虽然可以为细胞的黏附、生长和分化提供合适的表面化学,但其理化性质可能无法调节[46-47]。此外,其力学性能较差,并可能缺乏与细胞相互作用的特定生物活性。制备具有良好设计构造的大型结构来调节不同细胞的行为和功能,这一任务仍极具挑战性[45,47-49]。因此,能维持细胞生长和诱导分化的材料在骨组织工程中将拥有极大潜力[50-52]。

石墨烯基材料无细胞毒性,可以作为最常用的基元来再生骨组织,使成纤维细胞、成骨细胞和 MSC 附着和增殖[35-36,50,52-56]。有趣的是,接种在 CVD 石墨烯上的人成骨细胞样细胞(SAOS-2)和 MSC 在培养 48h 后表现出比在二氧化硅(SiO_2)上培养更高的增殖[50]。另一项研究中,使用自支撑石墨烯膜诱导大鼠骨髓干细胞的成骨分化[57]。在还原的 GONR(rGONR)和氧化石墨烯纳米带(GONR)网格上培养的 MSC 矿化沉积量比在 PDMS 和玻璃基底上培养的 MSC 分别高 2.7 倍和 3.4 倍(图 20.2(A)~(E))[55]。当用 CVD 石墨烯涂覆玻璃和 Si/SiO_2 时,与未涂覆的对照物相比,MSC 表现出较高的骨钙素(OCN)表达[35]。OCN 是成骨细胞的晚期骨标志物[58]。这些结果是由于石墨烯材料的高杨氏模量和纳米形貌所导致。

以泡沫镍为模板,通过 CVD 法合成三维石墨烯结构。这些结构能够诱导 MSC 的自发性成骨和神经元分化[54,59]。即使不使用成骨培养基,三维石墨烯结构中的细胞仍显示出细长的细胞形态,有整齐排列且较细的细胞核(骨祖细胞的典型特征),并且表达出成骨标记物(骨桥蛋白(OPN)和 OCN)[59]。虽然石墨烯能够促进干细胞的自发性成骨分化,但利用可溶性因子促进成骨分化,这种特性将显著增强[35-36,55,59]。三维打印也被用作一种新型的微尺度技术,用于制备骨组织工程中的三维石墨烯支架。例如,三维打印的石墨烯片-羟基磷灰石作为导电和机械柔性的支架在 MSC 中诱导成骨[60]。众所周知,三维支架在调节细胞行为、可溶性因子的转运、组织发育和功能方面比二维支架有更好的性能[61]。因此，三维石墨基结构的简便制备有助于在骨组织再生中提供复杂的仿生结构。

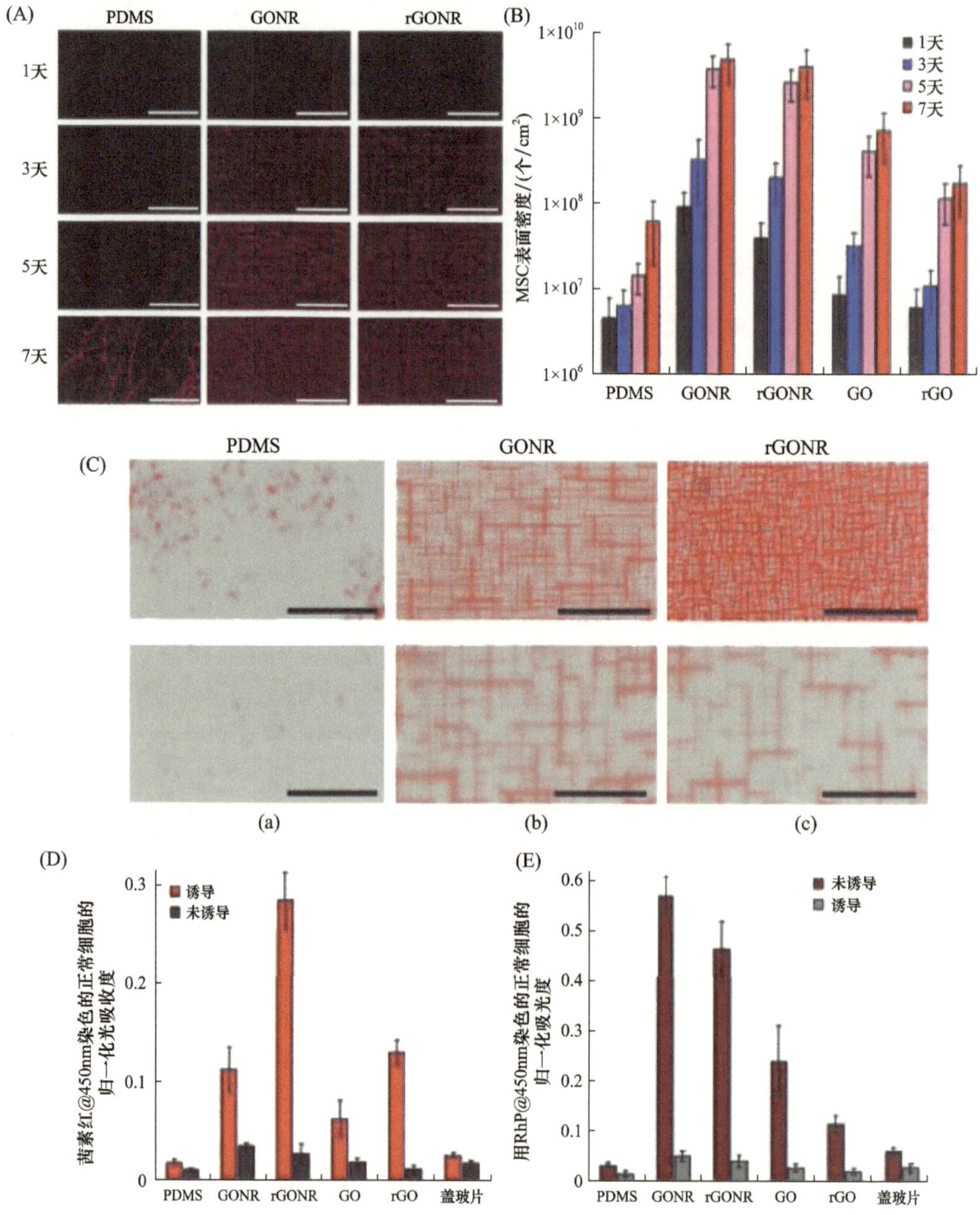

图 20.2 (A)在 PDMS 基底和 GONR 和 rGONR 网格上增殖 1、3、5 和 7 天后，用 RhP 和 DAPI 染色的 hMSC 肌动蛋白长丝荧光图。比例尺为 10μm。(B)在增殖 1、3、5 和 7 天后，PDMS 基底(作为对照)、GONR 和 rGONR 网格以及 GO 和 rGO 片(用于比较)上的 hMSC 表面密度。(C)在(a)PDMS 基底、(b)GONR 和(c)rGONR 网格上进行诱导(顶行)和不诱导(底行)培育 1 周后，使用茜素红染色表征 hMSC 的成骨分化。比例尺为 10μm。(D)用茜素红染色的分化细胞和用 RhP(E)染色的分化细胞在 450nm 波长处的归一化吸光度(经许可转载自 Akhavan 等，2013，*Carbon*[55])

20.4.2 在神经组织工程中的应用

石墨烯具有高导电性、柔性和生物兼容性,制备用于神经细胞记录和刺激的新型石墨烯电极有巨大优势。因此,石墨烯的出现为处理体外和体内神经系统模型提供了重大突破[62]。此外,石墨烯基材料在生物介质中具有化学稳定性,可以调节细胞的电活性。石墨烯的透明性使得可以通过原位光学检查神经元的活动和形态变化。因此,石墨烯基材料适于神经细胞的培养。例如,Heo 等[63]提出了一种基于石墨烯/聚对苯二甲酸酯(PET)膜的先进新型刺激器,并将其用于调节神经细胞间的相互作用。Li 等[64]评估了石墨烯如何影响细胞神经突。首先,证明了石墨烯与神经细胞具有生物相容性。令人惊讶的是,与常规聚苯乙烯组织培养基质相比,石墨烯基质上神经细胞的活力和平均神经突长度明显更高。进一步分析表明,石墨烯增强了生长相关蛋白-43 的表达,促进了神经突的萌发和生长。神经突的萌发和生长是神经系统发育的指标。由于表面的纳米拓扑结构,石墨烯可以模仿周围的神经元基质。而石墨烯的高导电性也增强了神经细胞中的细胞间通信,导致神经细胞黏附和神经突向外生长[65]。

在使用人神经干细胞(hNSC)进行脑修复和神经再生之前,重要的是将神经分化导向神经元,而非神经胶质细胞。Park 等[66]的研究显示,与未涂覆的玻璃基底(作为对照组)相比,在石墨烯涂覆的玻璃基底上 hNSC 向神经元的分化增强。此外,hNSC 在石墨烯基底上的附着力更强。在细胞分化 2 周后,与对照组相比,有更多的细胞保留在石墨烯基底上。此外,分化 3 周后,观察到在石墨烯和玻璃上培养的细胞形态有显著差异(图 20.3(a))。在石墨烯上培养的 hNSC 呈现出明显的神经元突起,而在玻璃基底上培养的 hNSC 大多是分离的。1 个月后,石墨烯表面的 hNSC 表现出典型的神经元细胞特征,如神经元突起和细长的细胞形态。图 20.3(b)和(d)分别显示了石墨烯和玻璃上的神经元(TUJ1-阳性细胞)和神经胶质(GFAP-阳性细胞)的百分比。总之,与对照组相比,石墨烯为 hNSC 分化提供了更有利的微环境,促进了细胞黏附和神经突生长。在另一项研究中,Akhavan 等[67]制备了三维氧化石墨烯泡沫,并使用电刺激将其用于神经细胞的生长,低电压电刺激促进了 hNSC 向神经元的分化。其他刺激技术,如脉冲激光和近红外,也可以在神经组织工程中与石墨烯基支架耦合[68]。石墨烯也是与其他生物分子(如 DNA、肽和蛋白质)结合的通用平台,可以作为神经组织再生中的功能性支架[69]。

20.4.3 在心肌组织工程中的应用

由于冠状动脉疾病或心肌梗塞(MI)引起的心肌组织损伤是全球最常见的死亡和发病原因之一。冠状动脉的闭塞导致心肌供血量减少,从而引起心肌组织的形态学和功能问题。缺血还会通过凋亡或坏死过程以及瘢痕组织的形成导致心肌细胞死亡,最终改变天然心脏组织的电生理和收缩特性[70]。心肌组织具有特定的收缩特性,这些特性与其高度组织化和各向异性的结构直接相关[71]。因此,工程心肌组织的正常功能需要通过一系列的生物物理和/或地质线索来再现心肌的各向异性结构。心肌独特的机械特性来源于高度排列的胶原纳米纤维,这些纤维的直径范围在 10~100nm。该纳米级特征在调节肌肉细胞行为和功能中起着至关重要的作用。此外,天然心脏组织还具有导电性(0.005(横向)~0.1(纵向)S/m)[72-73]。

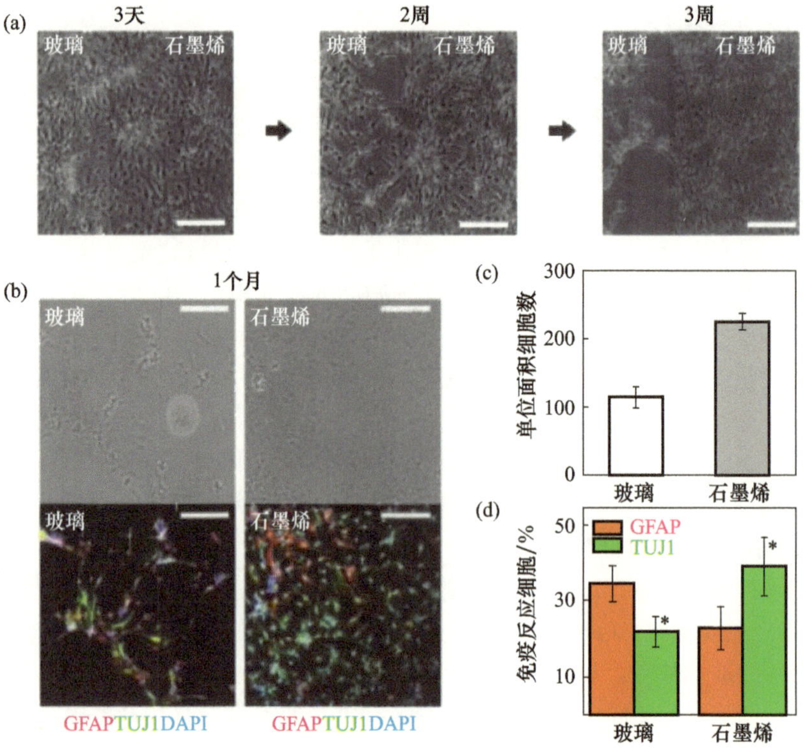

图 20.3　石墨烯薄膜上的 hNSC 增强神经分化

所有比例尺均为200μm：(a)分化3天(左)、2周(中)和3周(右)的hNSC的明场像。注意，玻璃上的hNSC在2周后逐渐回缩并分离，而石墨烯上的hNSC即使在分化3周后仍保持稳定。(b)在玻璃(左)和石墨烯(右)上分化1个月后的hNSC的明场(顶行)和荧光(底行)图像。星形胶质细胞用GFAP(红色)免疫染色，神经细胞用TUJ1(绿色)免疫染色，细胞核用DAPI(蓝色)免疫染色。注意，与玻璃相比，石墨烯上有更多的hNSC粘附。(c)分化1个月后，石墨烯和玻璃区域上的面积($0.64mm^2$)细胞计数。注意，与玻璃区域相比，在石墨烯上可以观察到更多的细胞($n=5$, $^*p<0.001$)。(d)玻璃和石墨烯上GFAP(红色)和TUJ1(绿色)的免疫反应性细胞的百分比。注意玻璃区的GFAP阳性细胞(神经胶质)多于TUJ1阳性细胞(神经元)，而石墨烯区的TUJ1阳性细胞(神经元)多于GFAP阳性细胞(神经胶质)($n=5$, $^*p<0.05$)。(经许可转载自S. Y. Park等, 2011, *Advanced Materials*[66])

早期的研究表明，干细胞通过分化为心肌细胞或血管细胞，可以增加受损心脏的收缩功能和心肌灌注。干细胞释放特定的细胞保护因子，促进心肌细胞存活，减少炎症反应[74]。许多微环境因子(生化和生物物理参数)可以影响干细胞的存活和向心血管细胞分化。石墨烯基材料可以提高支架的导电性并提供合适的形态学线索，在体外和体内控制干细胞的心脏分化方面有很大的应用前景。例如，最近发现石墨烯诱导小鼠胚状体的心脏分化，这种效应在电刺激胚状体后更为明显[9]。

已经普遍认为，MSC在使用细胞治疗法进行心脏修复中具有很大的潜力。然而，现有的临床试验表明，由于细胞在体内分化为心肌细胞的能力有限，MSC在心脏治疗中的效率较低[75]。心肌源性分化的MSC可显著提高细胞治疗的效率，改善心肌收缩力和功能[76]。初步研究表明，通过在石墨烯基底上培养MSC，能够促进MSC的心脏分化[77-78]。有趣的是，和MSC相比，与氧化石墨烯结合的MSC呈献出更高的体内心脏修复的细胞存活率，因为氧化石墨烯可以保护细胞免受活性氧的影响(图20.4(A)~(D))[79]。在另一项研

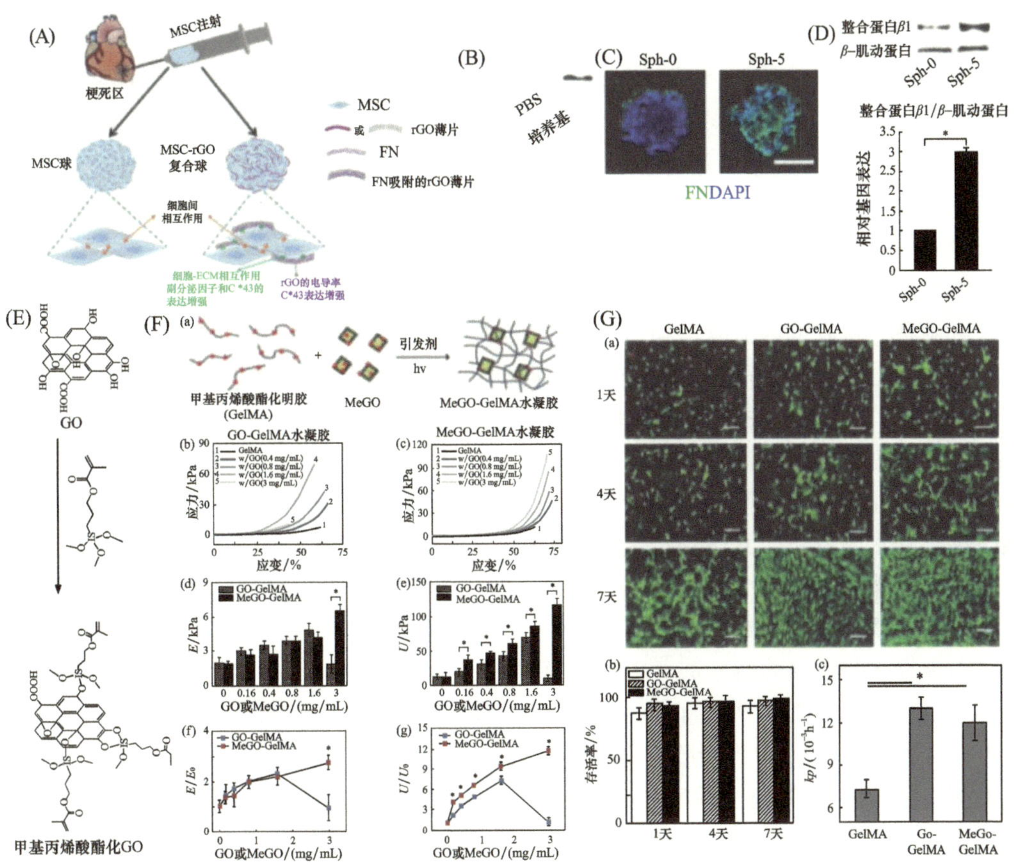

图 20.4 (A)还原氧化石墨烯在用于治疗 MI 模型的 MSC 球体中的作用示意图。在 MSC 球体中加入还原氧化石墨烯增强了细胞 - ECM 和细胞间的通信。(B)通过蛋白印迹分析定量确定,还原氧化石墨烯在含血清的培养基中培育导致 FN 吸附在还原氧化石墨烯薄片上,而磷酸盐缓冲盐水中的还原氧化石墨烯显示没有 FN 吸附。(C)通过细胞免疫染色确定发现,FN 在 MSCrGO 复合球中均匀分布,证明细胞 - ECM 和细胞间通信增强,而 FN 仅在 MSC 球体的周边观察到。比例尺为 100μm。(D)蛋白印迹分析表明,在 MSCrGO 复合球中的整联蛋白 β1(一种 FN 相互作用整联蛋白)具有高表达,证实了细胞 FN 相互作用的增强,$^*p<0.05$(经许可转载自 J. Park 等,2015,*Advanced Functional Materials*[79])。(E)通过硅烷化作用,用甲基丙烯酸酯对氧化石墨烯表面进行官能化,制备甲基丙烯酸酯化的氧化石墨烯(MeGO)。(F)(a)通过 UV 光使 MeGO 和 GelMA 自由基共聚合制备 MeGO - GelMA 水凝胶。红点表示甲基丙烯酸酯基团。通过单轴压缩测量的含有不同量的(b)氧化石墨烯或(c)MeGO 的 GelMA 水凝胶的应力 - 应变曲线;(d)氧化石墨烯 - GelMA 水凝胶和 MeGO - GelMA 水凝胶的杨氏模量(E)和(e)极限应力(U);(f)掺入氧化石墨烯或 MeGO 的 GelMA 水凝胶的归一化弹性模量(E/E_0)和(g)归一化断裂能(U/U_0)。这些值相对于纯 GelMA 水凝胶的值(E_0、U_0)进行归一化(在相同浓度的氧化石墨烯和 MeGO 下 $^*p<0.05$)。(G)(a)包覆在 GelMA、GO - GelMA 和 MeGO - GelMA 水凝胶中的成纤维细胞随时间的荧光图像。将细胞用双嵌入剂乙锭均二聚物 - 1 和钙黄绿素 - AM 染色,以观察死亡(红色)和活(绿色)细胞。比例尺为 100μm。(b)包覆细胞随时间的存活力。(c)包覆在 GelMA、GO - GelMA 和 MeGO - GelMA 水凝胶中的成纤维细胞的增殖率(kp),$^*p<0.05$。与包覆在纯 GelMA 中的细胞相比,杂交凝胶中的细胞显示出更高的增殖率。(经许可转载自 C. Cha 等,2014,Small[81])

究中，将还原氧化石墨烯薄片掺入到hMSC球体中，结果体现出细胞信号生物分子的表达和心脏特异性生物标记的高表达[79]。观察到的行为主要是由于FN在还原氧化石墨烯片上的高吸附和还原氧化石墨烯的高导电性。在小鼠MI模型中植入材料后，与单独的还原氧化石墨烯和纯hMSC相比，杂交还原氧化石墨烯－hMSC球体具有更好的心脏修复和功能。此外，使用杂交还原氧化石墨烯－MSC球体（比单独的MSC多10倍）植入过程的治疗效果显著增强[79]。这种杂交系统的主要优点是以有效的方式将细胞递送到损伤部位。此外，还可以将不同的治疗分子负载在石墨烯上持续递送。

石墨烯基材料可以与其他支架结合，以提高其力学性能和导电性能。例如，为心脏组织工程制备了具有可调谐电学和力学性能的氧化石墨烯/GelMA水凝胶[80-82]。在后来的研究中，主要选用氧化石墨烯而不是石墨烯，因为由于氧化石墨烯表面上存在含氧官能团，因此它可以在水中分散[82]。GelMA是一种可光聚合的水凝胶，可以构建复杂的支架结构。氧化石墨烯纳米片在GelMA预聚物溶液中形成了稳定的水分散体，这可能是由于GelMA与氧化石墨烯之间的非共价相互作用[82]。通过甲基丙烯酰官能团将氧化石墨烯共价结合到水凝胶结构上，提高了杂化GelMA－氧化石墨烯水凝胶的机械刚度[81]。氧化石墨烯与GelMA的共价结合增加了水凝胶中氧化石墨烯的浓度（高达3mg/mL），而没有明显增加黏度或发生团聚（图20.4（E）~（G））[81]。最近提出了一种利用牛血清白蛋白制备石墨烯水分散液的新方法[83]，可以简单、绿色和大量制备石墨烯水分散液。石墨烯与GelMA水凝胶的组合提高了GelMA的机械刚度和电导率。在接下来的研究中，使用介电电泳的方法在GelMA水凝胶中使石墨烯沿水平或垂直方向排列，以获得具有各向异性机械刚度和导电性的杂化凝胶[84]。该杂化凝胶－石墨烯水凝胶具有生物兼容性，适用于电刺激心脏组织再生。

总体而言，石墨烯基材料在工程心脏组织中表现出优异的性能。通过提供合适的形貌和电信号，特别有助于干细胞分化为心肌细胞。与非导电支架相比，石墨烯基支架的细胞间通信和电流传播更容易。石墨烯已被用于开发用于心脏组织工程中具有高电导率和可调谐机械刚度的功能性水凝胶。这些水凝胶在心脏再生中优于通常力学性能薄弱且不导电的常用水凝胶。

20.4.4 在其他组织工程中的应用

骨骼肌组织是由密集和高度组织的肌纤维束组成的收缩组织。肿瘤消融、创伤性损伤和外部创伤都会严重损害人体肌肉组织的功能。各种再生方法已被用于修复肌肉损失和恢复肌肉功能。然而，骨骼肌的再生和工程化仍然面临着挑战[85]。在还原氧化石墨烯和氧化石墨烯基质上评估了肌细胞分化和肌管形成。与还原氧化石墨烯相比，在氧化石墨烯基质中肌源性分化显著增加。这是由于表面粗糙度和更多含氧官能团的氧化石墨烯增强了血清蛋白质对培养基的吸附[86]。另一项研究中发现，由于石墨烯具有高导电性，电刺激增强了石墨烯基底上的肌肉细胞的分化[11]。

关节软骨是一种非神经、无血管且有弹性的组织，由稀疏分布在密集的ECM中的软骨母细胞组成，主要成分是蛋白聚糖、弹性蛋白和胶原纤维[87]。干细胞向软骨细胞分化的传统方法是在微球中培养细胞[88]。然而，蛋白质转化生长因子－β3（TGF－β3）在微球中的扩散是有限的，提供的细胞－ECM相互作用较低。因此，利用该方法对干细胞进行软骨分化效率较低。为了解决这些问题,在将氧化石墨烯封装在微球中之前,用 TGF-β3 和 FN 对其进行处理,用于人脂肪来源干细胞(hASC)的成软骨分化[89]。hASC-氧化石墨烯杂化微球通过为细胞提供 TGF-β3 并增强细胞-FN 的相互作用,显著促进了 hASC 的软骨分化(图 20.5)。这是一种利用 hASC 进行软骨再生的创新方法。Zhou 等[90]利用三维生物打印制作了氧化石墨烯-明胶支架,用于 MSC 的软骨分化。基因表达分析和免疫染色的结果证实了氧化石墨烯对干细胞分化的积极作用。

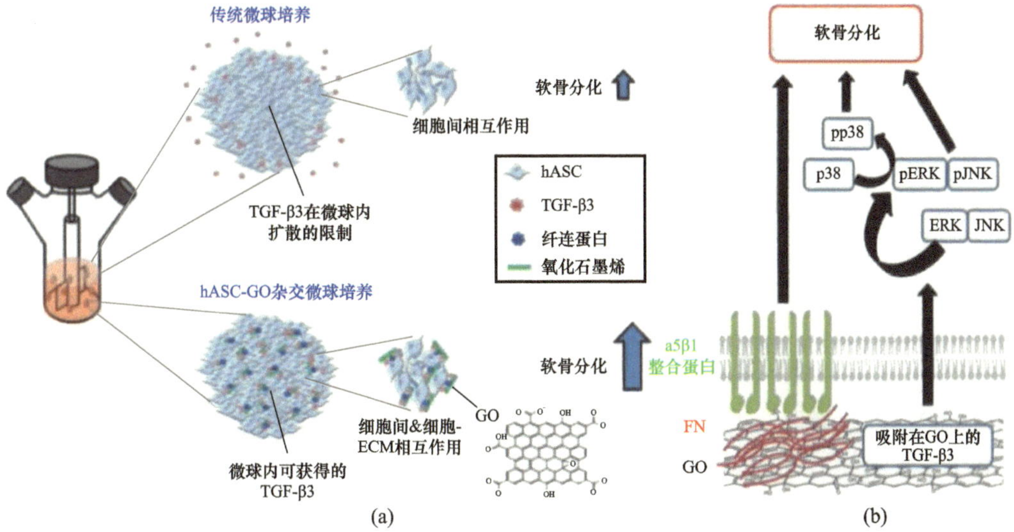

图 20.5 (a)使用氧化石墨烯增强 hASC 的成软骨分化的示意图;(b)描述由 TGF-β3 和 FN 所引起杂化 hASC-氧化石墨烯颗粒中增强成软骨分化之细胞信号传导的基本机制示意图(经许可转载自 H. H. Yoon 等,2014,*Advanced Functional Materials*[89])

皮肤是人体最大的器官,可以保护人体免受过多的水分流失和危险的病原体。目前,已经开发了几种在体外再生皮肤组织的方法,来模拟人类皮肤的生理特性。因此,天然和合成支架材料已被用于皮肤组织再生[91]。为了利用壳聚糖(CS)和石墨烯在伤口愈合中的优势,Lu 等[27]将多层石墨烯加入静电纺丝制备的 CS-聚乙烯醇纳米纤维中。体内实验结果表明,与对照组相比,含石墨烯的支架对小鼠和兔创面愈合有积极作用。作者认为石墨烯的自由电子可以抑制原核细胞的生长,而对真核细胞的增殖没有影响。因此,微生物的增殖几乎停止,有利于伤口愈合。在另一项研究中,氧化石墨烯被引入到用于伤口愈合的胶原-纤维蛋白(CF)生物复合膜中[92]。氧化石墨烯增加了 CF 薄膜的机械强度。与不含氧化石墨烯的膜相比,氧化石墨烯-CF 生物复合膜在大鼠模型中的伤口愈合率更高。

20.5 石墨烯的生物兼容性

石墨烯基材料的生物兼容性仍然是研究的热点。很多研究已在体外和体内评估了石墨烯基材料的潜在毒性[21,93-95]。虽然一些报告指出了未经任何化学功能化的人造氧化石墨烯或生石墨烯的毒性,但用氧化石墨烯和石墨烯的生物聚合物表面涂层对体外细胞和体内动物模型均未显示出毒性迹象。Dong 等[96]根据这种方法用聚乙烯亚胺将石墨烯纳米带功能化，并将该杂化材料用于 microRNA 的体外转染和原位检测。Depan 等[97]开发了石墨烯基材料在药物递送中的安全使用。他们使与叶酸偶联的 CS 带正电，并将负载有阿霉素（DOX）的氧化石墨烯包裹在其中。DOX – GO – CS – 叶酸作为纳米载体，能够在 pH 值变化时释放药物。除生物聚合物外，生物分子，如 DNA 和蛋白质，也可以用来制备生物相容的石墨烯和氧化石墨烯。近年来，Hu 等[98]通过在血清溶液中超声氧化石墨烯，用胎牛血清对其进行功能化。与未处理的氧化石墨烯相比，氧化石墨烯蛋白质杂交材料显示出明显更低的细胞毒性。血清蛋白通过疏水作用固定在氧化石墨烯表面。在类似的研究中，Liu 等[99]使用明胶将氧化石墨烯功能化。石墨烯和氧化石墨烯表面含有高度固定的 π 电子，因此各种芳香生物分子能够通过 π – π 堆叠与其结合。利用石墨烯与单链 DNA 分子间的 π – π 堆叠，Liu 等[100]证明了在氧化石墨烯的化学还原过程中，DNA 分子可以附着到氧化石墨烯上，得到在水中稳定分散的 DNA 包覆还原氧化石墨烯。

右旋糖酐（DEX）功能化氧化石墨烯对小鼠静脉模型注射后无明显毒性作用[101]。聚丙烯酸也被用于石墨烯基材料的功能化，杂化材料在细胞和斑马鱼中表现出生物兼容性[102]。Duch 等[103]对石墨烯吸入后的肺毒性进行了评估发现，虽然人造氧化石墨烯和非功能化石墨烯毒性很高，但普朗尼克功能化石墨烯具有良好的分散性，且吸入后的肺毒性显著降低，且未引起明显的炎症。如图 20.6(a) ~ (e)所示，他们指出，当小鼠暴露于悬浮在盐水中的石墨烯聚集体时，巨噬细胞用均匀的黑色细胞质包围聚集体。在纳米级分散石墨烯处理的小鼠中，巨噬细胞被黑色细胞质包围了 91% ±4% 的肺面积，而暴露于石墨烯聚集体的小鼠中则覆盖了 36% ±1% 的肺面积。该结果表明，气道滴注后石墨烯在肺中的分布在很大程度上受石墨烯纳米粒子的尺寸影响。然而，在用氧化石墨烯处理的小鼠中发现了严重的肺部炎症，伴有肺泡渗出和透明膜形成，这可能是由于这些纳米材料的分散较弱所导致。经氧化石墨烯处理的小鼠表现出严重的肺损伤，如电子显微照片所示（图 20.6(f)）。这种损伤包括支气管肺灌洗液（BALF）多发性细胞增多、蛋白质渗入肺泡腔、BAL 促炎细胞因子水平升高（图 20.6(g) ~ (k)）。特别是血浆凝血酶抗凝血酶复合材料在氧化石墨烯治疗小鼠中显著增加（图 20.6l）。此外，用氧化石墨烯处理的小鼠肺的 TUNEL 阳性核的数量很高（图 20.6(m)）。综合来看，最新公布的数据清楚地证明了这一结论，即与未功能化和聚集的对照物相比，功能化且分散良好的石墨烯基材料的毒性要小得多[104]。此外，纳米材料的一些物理特性，如形状、尺寸和浓度，对石墨烯材料的细胞毒性有很大影响[105]。

MTT 比色法分析显示，石墨烯 – CS 复合物与 L929 细胞具有生物兼容性[106]。此外，许多研究表明，当暴露于多种细胞类型时，石墨烯和氧化石墨烯显示出低细胞毒性或无细胞毒性，如 HeLa 细胞[107]、L929 细胞[108]、人成纤维细胞[105]、人肝癌 HepG2 细胞[109]和 A549 人肺癌细胞[94]。有趣的是，浓度低于 20μg/mL 的单层氧化石墨烯经 24h 的处理后，能够内化成纤维细胞的细胞质、膜束缚液泡和人肺上皮细胞[110]，且无明显的细胞毒性问题。相反，当氧化石墨烯在细胞外应用时，Chang 等发现氧化石墨烯即使在高于 50μg/mL 的浓度下也会表现出最小的毒性，但没有细胞摄取的迹象。在另一项研究中，Chen 等[39]揭示了氧化石墨烯和石墨烯涂覆的基底与 iPSC 是生物兼容的，并可以使细胞黏附和增殖。L929 细胞能在石墨烯纸上附着并增殖,细胞培养 48h 后可以看到一层融合的代谢活性细胞层。石墨烯纸上的细胞增殖速率与商业聚苯乙烯组织培养板上的细胞增殖速率相同,说明石墨烯基质具有生物兼容性[111]。此外,免疫荧光图像和 MTT 检测证实了细胞的生存能力和正常形态[35](图 20.7)。由此得出一个普遍的结论,除用高浓度的石墨烯基材料处理细胞外,在该材料上培养哺乳动物细胞并将该材料优势用于细胞增殖和分化都是安全的。

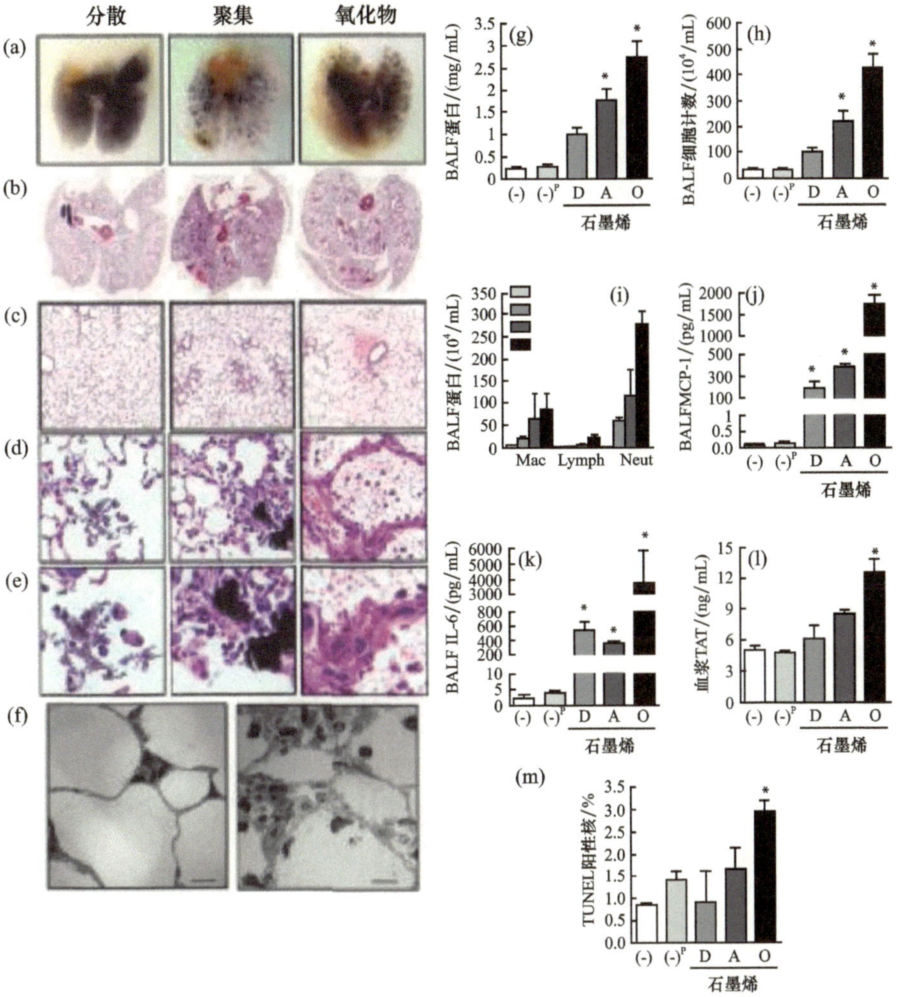

图 20.6 氧化石墨烯纳米粒子诱导小鼠模型中的急性肺损伤。气管内用三种类型的石墨烯基材料处理小鼠:在 2% 普朗尼克中高度分散和纯化的石墨烯(分散,D)、氧化石墨烯(氧化物,O)和悬浮在水中的石墨烯聚集体(聚集,A)。处理后 24h 处死小鼠以评估肺损伤。(a)和(b)固定在石蜡块中的肺显微照片。在大致相同的水平下进行块切片,以比较石墨烯基材料的分布,(b)-(e)<1×(c)、50×(d)和 200×(e)放大倍数下的肺切片照片。(f)24h 前用 GO(右)和普朗尼克分散石墨烯(左)处理的小鼠肺切片的代表性照片;比例尺为 10 μm。(g)蛋白质的 BALF 水平,(h)总细胞核,(i)分化细胞计数巨噬细胞(Mac)、淋巴细胞(Lymph)、嗜中性粒细胞(Neut),以及促炎细胞因子(j)MCP-1 和(k)IL-6 水平。在相同的动物中,定量的(l)血浆凝血酶抗凝血酶(TAT)水平和(m)肺切片中 TUNEL 阳性细胞核百分比。(m)所有测试方法中 $n>3$;* 表示 $p<0.05$,用于与适当的对照组进行比较。(经许可转载自 M. C. Duch 等, 2011, *Nano Letters*[103])

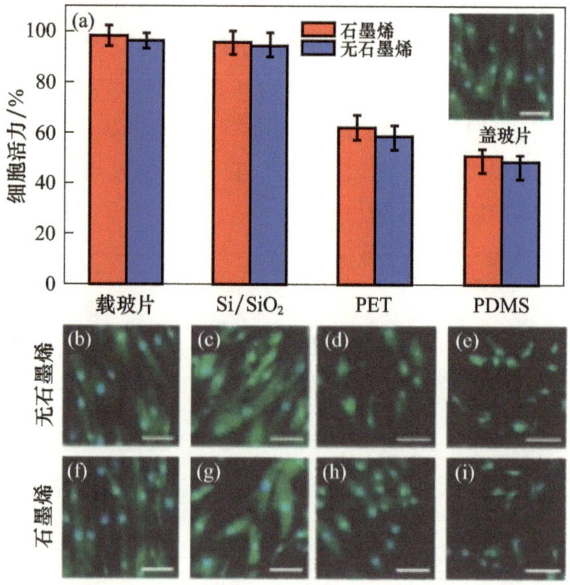

图 20.7 不同基质培养的 hMSC 细胞形态和生存能力。细胞用钙黄绿素 AM(绿色)和 DAPI(蓝色)染色。(a)该图显示出相对于用作对照组的盖玻片标准化的细胞活力百分比。(插图)在标准盖玻片上培养的 hMSC 的形态。(b)～(e)在纯载玻片、Si/SiO_2、PET 和 PDMS 上培养的 hMSC。(f)～(i)在涂有石墨烯的载玻片、Si/SiO_2、PET 和 PDMS 上培养的 hMSC。比例尺为 100 μm。(经许可转载自 T. R. Nayak 等,2011,*ACS Nano*[35])

20.6 结论及展望

近年来,石墨烯材料在组织工程和再生医学中的应用迅速发展。在这一研究领域已经进行了许多令人兴奋的研究工作。所取得的初步结果是积极的。然而,在石墨烯应用于临床前期和临床研究之前,还需要解决一些难题。虽然石墨烯基材料表现出优异的导电性能和力学性能,然而还应防止石墨烯在生物介质或复合材料中的聚集,以充分利用石墨烯的特性。有研究提出了在生物介质中制备均匀分布石墨烯的新方法。然而,这些方法应该避免使用有毒化学品和复杂的程序,来制备绿色、高质量和可规模化生产的石墨烯。

在目前将石墨烯基材料用于干细胞的研究中,已经报道了一些有趣的发现。然而,还需要更多的研究来解释石墨烯影响干细胞行为和用途的分子和细胞机制以及信号通路。这将大大有助于设计用于干细胞培养、分化和植入的高功能石墨烯材料。干细胞治疗试验应详细报告石墨烯在体内的情况,以及其如何影响其他组织和器官。我们强烈建议将可生物降解的石墨烯用于体内和临床应用中。

石墨烯在神经组织记录和刺激中的应用是很有趣的。可以进一步探讨石墨烯电极在临床前和临床试验中的应用。此外,这种电极可以集成在生物医学设备中,精确监测体内组织的生物活动。但是,需要使用高质量的石墨烯,并且应该在生理条件下保持稳定。

尽管石墨烯基材料的细胞毒性仍然存在一些问题,但众所周知,使用生物聚合物或生物分子对这些纳米材料进行功能化可以在很大程度上减轻其潜在的毒性。为了研究石墨烯基材料的多种理化特性在体外和体内对细胞和组织的影响,必须进行高通量、系统的毒理学实验。石墨烯及其衍生物的长期毒性尚未得到深入研究。在此基础上,对石墨烯生物兼容性和避免石墨烯材料细胞毒性的安全方案进行了综述。

总之,尽管在组织工程和再生医学中使用石墨烯材料存在一些挑战和问题,但这些材料已经为再生医学的一些突破铺平了道路。希望进一步的研究将增加石墨烯及其衍生物的特性在生物医学中的应用。

参考文献

[1] Langer, R. and Vacanti, J., Advances in tissue engineering. *J. Pediatr. Surg.*, 51, 81, 2016.

[2] Webber, M. J., Khan, O. F., Sydlik, S. A., Tang, B. C., Langer, R., A perspective on the clinical translation of scaffolds for tissue engineering. *Ann. Biomed. Eng.*, 43, 641, 2015.

[3] Atala, A., Engineering tissues, organs and cells. *J. Tissue Eng. Regener. Med.*, 1, 83, 2007.

[4] Khademhosseini, A., Vacanti, J. P., Langer, R., Progress in tissue engineering. *Sci. Am.*, 300, 64, 2009.

[5] Freed, L. E., Vunjak – Novakovic, G., Biron, R. J., Eagles, D. B., Lesnoy, D. C., Barlow, S. K., Langer, R., Biodegradable polymer scaffolds for tissue engineering. *Nat. Biotechnol.*, 12, 689, 1994.

[6] Tamayol, A., Akbari, M., Annabi, N., Paul, A., Khademhosseini, A., Juncker, D., Fiber – based tissue engineering: Progress, challenges, and opportunities. *Biotechnol. Adv.*, 31, 669, 2013.

[7] Ahadian, S., Batmanghelich, F., Obregon, R., Rana, D., Ramón – Azcón, J., Sadeghian, R. B., Ramalingam, M., *Carbon – Based Nanobiomaterials*, *Nanobiomaterials*, pp. 85 – 104, Wiley – VCH Verlag GmbH & Co. KGaA, 2018.

[8] Ahadian, S., Obregón, R., Ramón – Azcón, J., Salazar, G., Shiku, H., Ramalingam, M., Matsue, T., Carbon nanotubes and graphene – based nanomaterials for stem cell differentiation and tissue regeneration. *J. Nanosci. Nanotechnol.*, 16, 8862, 2016.

[9] Ahadian, S., Zhou, Y., Yamada, S., Estili, M., Liang, X., Nakajima, K., Shiku, H., Matsue, T., Graphene induces spontaneous cardiac differentiation in embryoid bodies. *Nanoscale*, 8, 7075, 2016.

[10] Chung, C., Kim, Y. – K., Shin, D., Ryoo, S. – R., Hong, B. H., Min, D. – H., Biomedical applications of graphene and graphene oxide. *Acc. Chem. Res.*, 46, 2211, 2013.

[11] Ahadian, S., Ramón – Azcón J., Chang, H., Liang, X., Kaji, H., Shiku, H., Nakajima, K., Ramalingam, M., Wu, H., Matsue, T., Electrically regulated differentiation of skeletal muscle cells on ultrathin graphene – based films. *RSC Adv.*, 4, 9534, 2014.

[12] Wang, Y., Lee, W. C., Manga, K. K., Ang, P. K., Lu, J., Liu, Y. P., Lim, C. T., Loh, K. P., Fluorinated graphene for promoting neuro – induction of stem cells. *Adv. Mater.*, 24, 4285, 2012.

[13] Fisher, O. Z., Khademhosseini, A., Langer, R., Peppas, N. A., Bioinspired materials for controlling stem cell fate. *Acc. Chem. Res.*, 43, 419, 2009.

[14] Cha, C., Liechty, W. B., Khademhosseini, A., Peppas, N. A., Designing biomaterials to direct stem cell fate. *ACS Nano*, 6, 9353, 2012.

[15] Wheeldon, I., Farhadi, A., Bick, A. G., Jabbari, E., Khademhosseini, A., Nanoscale tissue engineering: Spatial control over cell – materials interactions. *Nanotechnology*, 22, 212001, 2011.

[16] Liu, Z., Robinson, J. T., Sun, X., Dai, H., PEGylated nanographene oxide for delivery of waterinsoluble cancer drugs. *J. Am. Chem. Soc.*, 130, 10876, 2008.

[17] Reina, G., González – Domínguez, J. M., Criado, A., Vázquez, E., Bianco, A., Prato, M., Promises, facts and challenges for graphene in biomedical applications. *Chem. Soc. Rev.*, 46, 4400, 2017.

[18] Jiang, H., Chemical preparation of graphene – based nanomaterials and their applications in chemical and biological sensors. *Small*, 7, 2413, 2011.

[19] Guo, S. and Dong, S., Graphene nanosheet: Synthesis, molecular engineering, thin film, hybrids, and energy and analytical applications. *Chem. Soc. Rev.*, 40, 2644, 2011.

[20] Darvishi, S., Souissi, M., Kharaziha, M., Karimzadeh, F., Sahara, R., Ahadian, S., Gelatin methacryloyl hydrogel for glucose biosensing using Ni nanoparticles – reduced graphene oxide: An experimental and modeling study. *Electrochim. Acta*, 261, 275, 2018.

[21] Yang, K., Wan, J., Zhang, S., Zhang, Y., Lee, S. – T., Liu, Z., *In vivo*pharmacokinetics, long – term biodistribution, and toxicology of PEGylated graphene in mice. *ACS Nano*, 5, 516, 2010.

[22] Singh, S. K., Singh, M. K., Kulkarni, P. P., Sonkar, V. K., Grácio, J. J., Dash, D., Amine – modified graphene: Thrombo – protective safer alternative to graphene oxide for biomedical applications. *ACS Nano*, 6, 2731, 2012.

[23] Yang, Y., Zhang, Y. M., Chen, Y., Zhao, D., Chen, J. T., Liu, Y., Construction of a graphene oxide based noncovalent multiple nanosupramolecular assembly as a scaffold for drug delivery. *Chem. Eur. J.*, 18, 4208, 2012.

[24] Yang, K., Zhang, S., Zhang, G., Sun, X., Lee, S. – T., Liu, Z., Graphene in mice: Ultrahigh *in vivo* tumor uptake and efficient photothermal therapy. *Nano Lett.*, 10, 3318, 2010.

[25] Hong, H., Yang, K., Zhang, Y., Engle, J. W., Feng, L., Yang, Y., Nayak, T. R., Goel, S., Bean, J., Theuer, C. P., *In vivo*targeting and imaging of tumor vasculature with radiolabeled, antibody – conjugated nanographene. *ACS Nano*, 6, 2361, 2012.

[26] Sahu, A., Choi, W. I., Tae, G., A stimuli – sensitive injectable graphene oxide composite hydrogel. *Chem. Commun.*, 48, 5820, 2012.

[27] Lu, B., Li, T., Zhao, H., Li, X., Gao, C., Zhang, S., Xie, E., Graphene – based composite materials beneficial to wound healing. *Nanoscale*, 4, 2978, 2012.

[28] Marković, Z. M., Matijašević, D. M., Pavlović, V. B., Jovanović, S. P., Holclajtner – Antunović, I. D., Špitalsky, Z., Mičušik, M., Dramićanin, M. D., Milivojević, D. D., Nikšić, M. P., Marković, B. M., Antibacterial potential of electrochemically exfoliated graphene sheets. *J. Colloid Interface Sci.*, 500, 30, 2017.

[29] Jung, H. S., Lee, M. Y., Kong, W. H., Do, I. H., Hahn, S. K., Nano graphene oxide – hyaluronic acid conjugate for target specific cancer drug delivery. *RSC Adv.*, 4, 14197, 2014.

[30] Zhang, L., Xiao, S. J., Zheng, L. L., Li, Y. F., Huang, C. Z., Aptamer – mediated nanocomposites of semiconductor quantum dots and graphene oxide as well as their applications in intracellular imaging and targeted drug delivery. *J. Mater. Chem. B*, 48, 8558, 2014.

[31] Yang, Y., Asiri, A. M., Tang, Z., Du, D., Lin, Y., Graphene based materials for biomedical applications. *Mater. Today*, 16, 365, 2013.

[32] Wu, B., Zhao, N., Hou, S., Zhang, C., Electrochemical synthesis of polypyrrole, reduced graphene oxide, and gold nanoparticles composite and its application to hydrogen peroxide biosensor. *Nanomaterials*, 6, 220, 2016.

[33] Geraili, A., Jafari, P., Hassani, M. S., Araghi, B. H., Mohammadi, M. H., Ghafari, A. M., Tamrin, S. H., Modarres, H. P., Kolahchi, A. R., Ahadian, S., Controlling differentiation of stem cells for developing personalized organ – on – chip platforms. *Adv. Health Mater.*, 2017.

[34] Shin, S. R., Li, Y. – C., Jang, H. L., Khoshakhlagh, P., Akbari, M., Nasajpour, A., Zhang, Y. S., Tamay-

ol, A. , Khademhosseini, A. , Graphene - based materials for tissue engineering. *Adv. DrugDeliv. Rev.* , 105, 255, 2016.

[35] Nayak, T. R. , Andersen, H. , Makam, V. S. , Khaw, C. , Bae, S. , Xu, X. , Ee, P. - L. R. , Ahn, J. - H. , Hong, B. H. , Pastorin, G. , Graphene for controlled and accelerated osteogenic differentiation of human mesenchymal stem cells. *ACS Nano*, 5, 4670, 2011.

[36] Lee, W. C. , Lim, C. H. Y. , Shi, H. , Tang, L. A. , Wang, Y. , Lim, C. T. , Loh, K. P. , Origin of enhanced stem cell growth and differentiation on graphene and graphene oxide. *ACS Nano*, 5, 7334, 2011.

[37] Oh, S. , Brammer, K. S. , Li, Y. J. , Teng, D. , Engler, A. J. , Chien, S. , Jin, S. , Stem cell fate dictated solely by altered nanotube dimension. *Proc. Natl. Acad. Sci. USA*, 106, 2130, 2009.

[38] Kenry, W. C. , Loh, K. P. , Lim, C. T. , When stem cells meet graphene: Opportunities and challenges in regenerative medicine. *Biomaterials*, 155, Supplement C, 236, 2018.

[39] Chen, G. - Y. , Pang, D. - P. , Hwang, S. - M. , Tuan, H. - Y. , Hu, Y. - C. , A graphene - based platform for induced pluripotent stem cells culture and differentiation. *Biomaterials*, 33, 418, 2012.

[40] Chao, T. - I. , Xiang, S. , Chen, C. - S. , Chin, W. - C. , Nelson, A. , Wang, C. , Lu, J. , Carbon nanotubes promote neuron differentiation from human embryonic stem cells. *Biochem. Biophys. Res. Commun.* , 384, 426, 2009.

[41] Yang, D. , Li, T. , Xu, M. , Gao, F. , Yang, J. , Yang, Z. , Le, W. , Graphene oxide promotes the differentiation of mouse embryonic stem cells to dopamine neurons. *Nanomedicine*, 9, 2445, 2014.

[42] Guo, R. , Zhang, S. , Xiao, M. , Qian, F. , He, Z. , Li, D. , Zhang, X. , Li, H. , Yang, X. , Wang, M. , Chai, R. , Tang, M. , Accelerating bioelectric functional development of neural stem cells by graphene coupling: Implications for neural interfacing with conductive materials. *Biomaterials*, 106, Supplement C, 193, 2016.

[43] Goenka, S. , Sant, V. , Sant, S. , Graphene - based nanomaterials for drug delivery and tissue engineering. *J. Controlled Release*, 173, Supplement C, 75, 2014.

[44] Rosa, V. , Della Bona, A. , Cavalcanti, B. N. , Nör, J. E. , Tissue engineering: From research to dental clinics. *Dent. Mater.* , 28, 341, 2012.

[45] Lutolf, M. P. , Biomaterials: Spotlight on hydrogels. *Nat. Mater.* , 8, 451, 2009.

[46] Mizuno, M. , Shindo, M. , Kobayashi, D. , Tsuruga, E. , Amemiya, A. , Kuboki, Y. , Osteogenesis by bone marrow stromal cells maintained on type I collagen matrix gels*in vivo*. *Bone*, 20, 101, 1997.

[47] Rosa, V. , Zhang, Z. , Grande, R. , Nör, J. , Dental pulp tissue engineering in full - length human root canals. *J. Dent. Res.* , 92, 970, 2013.

[48] Lu, Q. , Pandya, M. , Rufaihah, A. J. , Rosa, V. , Tong, H. J. , Seliktar, D. , Toh, W. S. , Modulation of dental pulp stem cell odontogenesis in a tunable PEG - fibrinogen hydrogel system. *Stem Cells Int.* , 2015, 2015.

[49] Salinas, C. N. and Anseth, K. S. , The enhancement of chondrogenic differentiation of human mesenchymal stem cells by enzymatically regulated RGD functionalities. *Biomaterials*, 29, 2370, 2008.

[50] Kalbacova, M. , Broz, A. , Kong, J. , Kalbac, M. , Graphene substrates promote adherence of human osteoblasts and mesenchymal stromal cells. *Carbon*, 48, 4323, 2010.

[51] Mooney, E. , Dockery, P. , Greiser, U. , Murphy, M. , Barron, V. , Carbon nanotubes and mesenchymal stem cells: Biocompatibility, proliferation and differentiation. *Nano Lett.* , 8, 2137, 2008.

[52] Qi, W. , Yuan, W. , Yan, J. , Wang, H. , Growth and accelerated differentiation of mesenchymal stem cells on graphene oxide/poly - L - lysine composite films. *J. Mater. Chem. B*, 2, 5461, 2014.

[53] La, W. G. , Kang, S. W. , Yang, H. S. , Bhang, S. H. , Lee, S. H. , Park, J. H. , Kim, B. S. , The efficacy of bone morphogenetic protein - 2 depends on its mode of delivery. *Artif. Organs*, 34, 1150, 2010.

[54] Li, N. , Zhang, Q. , Gao, S. , Song, Q. , Huang, R. , Wang, L. , Liu, L. , Dai, J. , Tang, M. , Cheng, G. , Three -

dimensional graphene foam as a biocompatible and conductive scaffold for neural stem cells. *Sci. Rep.* ,3, 1604,2013.

[55] Akhavan,O. ,Ghaderi,E. ,Shahsavar,M. ,Graphene nanogrids for selective and fast osteogenic differentiation of human mesenchymal stem cells. *Carbon*,59,200,2013.

[56] Ryoo,S. – R. ,Kim,Y. – K. ,Kim,M. – H. ,Min,D. – H. ,Behaviors of NIH – 3T3 fibroblasts on graphene/ carbon nanotubes: Proliferation,focal adhesion,and gene transfection studies. *ACS Nano*,4,6587, 2010.

[57] Lu,J. ,He,Y. S. ,Cheng,C. ,Wang,Y. ,Qiu,L. ,Li,D. ,Zou,D. ,Self – supporting graphene hydrogel film as an experimental platform to evaluate the potential of graphene for bone regeneration. *Adv. Funct. Mater.* ,23,3494,2013.

[58] Ryoo,H. – M. ,Hoffmann,H. M. ,Beumer,T. ,Frenkel,B. ,Towler,D. A. ,Stein,G. S. ,Stein,J. L. ,Van Wijnen,A. J. ,Lian,J. B. ,Stage – specific expression of Dlx – 5 during osteoblast differentiation: Involvement in regulation of osteocalcin gene expression. *Mol. Endocrinol.* ,11,1681,1997.

[59] Crowder,S. W. ,Prasai,D. ,Rath,R. ,Balikov,D. A. ,Bae,H. ,Bolotin,K. I. ,Sung,H. – J. ,Threedimensional graphene foams promote osteogenic differentiation of human mesenchymal stem cells. *Nanoscale*,5, 4171,2013.

[60] Jakus,A. E. and Shah,R. ,Multi and mixed 3D – printing of graphene – hydroxyapatite hybrid materials for complex tissue engineering. *J. Biomed. Mater. Res. A*,105,274,2017.

[61] Dubey,N. ,Bentini,R. ,Islam,I. ,Cao,T. ,Castro Neto,A. H. ,Rosa,V. ,Graphene: A versatile carbon – based material for bone tissue engineering. *Stem Cells Int.* ,2015.

[62] Cohen – Karni,T. ,Qing,Q. ,Li,Q. ,Fang,Y. ,Lieber,C. M. ,Graphene and nanowire transistors for cellular interfaces and electrical recording. *Nano Lett.* ,10,1098,2010.

[63] Heo,C. ,Yoo,J. ,Lee,S. ,Jo,A. ,Jung,S. ,Yoo,H. ,Lee,Y. H. ,Suh,M. ,The control of neural cell – to – cell interactions through non – contact electrical field stimulation using graphene electrodes. *Biomaterials*, 32,19,2011.

[64] Li,N. ,Zhang,X. ,Song,Q. ,Su,R. ,Zhang,Q. ,Kong,T. ,Liu,L. ,Jin,G. ,Tang,M. ,Cheng,G. ,The promotion of neurite sprouting and outgrowth of mouse hippocampal cells in culture by graphene substrates. *Biomaterials*,32,9374,2011.

[65] Hong,S. W. ,Lee,J. H. ,Kang,S. H. ,Hwang,E. Y. ,Hwang,Y. – S. ,Lee,M. H. ,Han,D. – W. ,Park,J. – C. ,Enhanced neural cell adhesion and neurite outgrowth on graphene – based biomimetic substrates. *BioMed Res. Int.* ,2014,2014.

[66] Park,S. Y. ,Park,J. ,Sim,S. H. ,Sung,M. G. ,Kim,K. S. ,Hong,B. H. ,Hong,S. ,Enhanced differentiation of human neural stem cells into neurons on graphene. *Adv. Mater.* ,23,2011.

[67] Akhavan,O. ,Ghaderi,E. ,Shirazian,S. A. ,Rahighi,R. ,Rolled graphene oxide foams as threedimensional scaffolds for growth of neural fibers using electrical stimulation of stem *cells. Carbon*,97,SupplementC,71, 2016.

[68] Akhavan,O. ,Graphene scaffolds in progressive nanotechnology/stem cell – based tissue engineering of the nervous system. *J. Mater. Chem. B*,4,3169,2016.

[69] Li,D. ,Liu,T. ,Yu,X. ,Wu,D. ,Su,Z. ,Fabrication of graphene – biomacromolecule hybrid materials for tissue engineering application. *Polym. Chem.* ,8,4309,2017.

[70] Rowe,W. J. ,Extraordinary unremitting endurance exercise and permanent injury to normal heart. *The Lancet*,340,712,1992.

[71] Mohammadi,M. H. ,Obregón,R. ,Ahadian,S. ,Ramón – Azcón,J. ,Radisic,M. ,Engineered muscle tis-

sues for disease modeling and drug screening applications. *Curr. Pharm. Des.* ,23,2991 –3004,2017.

[72] You,J. – O. ,Rafat,M. ,Ye,G. J. ,Auguste,D. T. ,Nanoengineering the heart: Conductive scaffolds enhance connexin 43 expression. *Nano Lett.* ,11,3643,2011.

[73] Liau,B. ,Zhang,D. ,Bursac,N. ,Functional cardiac tissue engineering. *Regen. Med.* ,7,187,2012.

[74] Segers,V. F. M. and Lee,R. T. ,Stem – cell therapy for cardiac disease. *Nature*,451,937,2008.

[75] Psaltis, P. J. , Zannettino, A. C. , Worthley, S. G. , Gronthos, S. , Concise review: Mesenchymal stromal cells: Potential for cardiovascular repair. *Stem Cells*,26,2201,2008.

[76] Song,H. ,Hwang,H. J. ,Chang,W. ,Song,B. – W. ,Cha,M. – J. ,Kim,I. – K. ,Lim,S. ,Choi,E. J. , Ham,O. ,Lee,C. Y. ,Cardiomyocytes from phorbol myristate acetate – activated mesenchymal stem cells restore electromechanical function in infarcted rat hearts. *Proc. Natl. Acad. Sci.* ,108,296,2011.

[77] Park,J. ,Park,S. ,Ryu,S. ,Bhang,S. H. ,Kim,J. ,Yoon,J. K. ,Park,Y. H. ,Cho,S. P. ,Lee,S. ,Hong, B. H. ,Graphene – regulated cardiomyogenic differentiation process of mesenchymal stem cells by enhancing the expression of extracellular matrix proteins and cell signaling molecules. *Adv. Health Mater.* ,3, 176,2014.

[78] Bressan,E. ,Ferroni,L. ,Gardin,C. ,Sbricoli,L. ,Gobbato,L. ,Ludovichetti,F. S. ,Tocco,I. ,Carraro, A. ,Piattelli,A. ,Zavan,B. ,Graphene based scaffolds effects on stem cells commitment. *J. Transl. Med.* , 12,296,2014.

[79] Park,J. ,Kim,Y. S. ,Ryu,S. ,Kang,W. S. ,Park,S. ,Han,J. ,Jeong,H. C. ,Hong,B. H. ,Ahn,Y. ,Kim, B. S. ,Graphene potentiates the myocardial repair efficacy of mesenchymal stem cells by stimulating the expression of angiogenic growth factors and gap junction protein. *Adv. Funct. Mater.* ,25,2590,2015.

[80] Shin,S. R. ,Aghaei – Ghareh – Bolagh,B. ,Gao,X. ,Nikkhah,M. ,Jung,S. M. ,Dolatshahi – Pirouz,A. , Kim,S. B. ,Kim,S. M. ,Dokmeci,M. R. ,Tang,X. S. ,Layer – by – Layer assembly of 3D tissue constructs with functionalized graphene. *Adv. Funct. Mater.* ,24,6136,2014.

[81] Cha,C. ,Shin,S. R. ,Gao,X. ,Annabi,N. ,Dokmeci,M. R. ,Tang,X. S. ,Khademhosseini,A. ,Controlling mechanical properties of cell – laden hydrogels by covalent incorporation of graphene oxide. *Small*,10, 514,2014.

[82] Shin,S. R. ,Aghaei – Ghareh – Bolagh,B. ,Dang,T. T. ,Topkaya,S. N. ,Gao,X. ,Yang,S. Y. ,Jung, S. M. ,Oh,J. H. ,Dokmeci,M. R. ,Tang,X. S. ,Cell – laden microengineered and mechanically tunable hybrid hydrogels of gelatin and graphene oxide. *Adv. Mater.* ,25,6385,2013.

[83] Ahadian,S. ,Estili,M. ,Surya,V. J. ,Ramón – Azcón,J. ,Liang,X. ,Shiku,H. ,Ramalingam,M. ,Matsue, T. ,Sakka,Y. ,Bae,H. ,Facile and green production of aqueous graphene dispersions for biomedical applications. *Nanoscale*,7,6436,2015.

[84] Ahadian,S. ,Naito,U. ,Surya,V. J. ,Darvishi,S. ,Estili,M. ,Liang,X. ,Nakajima,K. ,Shiku,H. , Kawazoe,Y. ,Matsue,T. ,Fabrication of poly(ethylene glycol) hydrogels containing vertically and horizontally aligned graphene using dielectrophoresis: An experimental and modeling study. *Carbon*,123,Supplement C,460,2017.

[85] Ostrovidov,S. ,Hosseini,V. ,Ahadian,S. ,Fujie,T. ,Parthiban,S. P. ,Ramalingam,M. ,Bae,H. ,Kaji, H. ,Khademhosseini,A. ,Skeletal muscle tissue engineering: Methods to form skeletal myotubes and their applications. *Tissue Eng. Part B Rev.* ,20,403,2014.

[86] Ku,S. H. and Park,C. B. ,Myoblast differentiation on graphene oxide. *Biomaterials*,34,2017,2013.

[87] Chung,C. and Burdick,J. A. ,Engineering cartilage tissue. *Adv. Drug Deliv. Rev.* ,60,243,2008.

[88] Afizah,H. ,Yang,Z. ,Hui,J. H. ,Ouyang,H. – W. ,Lee,E. – H. ,A comparison between the chondrogenic potential of human bone marrow stem cells (BMSCs) and adipose – derived stem cells (ADSCs) taken

from the same donors. *Tissue Eng.* ,13,659,2007.

[89] Yoon,H. H. ,Bhang,S. H. ,Kim,T. ,Yu,T. ,Hyeon,T. ,Kim,B. S. ,Dual roles of graphene oxide in chondrogenic differentiation of adult stem cells: Cell – adhesion substrate and growth factordelivery carrier. *Adv. Funct. Mater.* ,24,6455,2014.

[90] Zhou,X. ,Nowicki,M. ,Cui,H. ,Zhu,W. ,Fang,X. ,Miao,S. ,Lee,S. – J. ,Keidar,M. ,Zhang,L. G. ,3D bioprinted graphene oxide – incorporated matrix for promoting chondrogenic differentiation of human bone marrow mesenchymal stem cells. *Carbon*,116,615,2017.

[91] Groeber,F. ,Holeiter,M. ,Hampel,M. ,Hinderer,S. ,Schenke – Layland,K. ,Skin tissue engineering—*In vivo*and *in vitro*applications. *Adv. Drug Deliv. Rev.* ,63,352,2011.

[92] Deepachitra, R. , Ramnath, V. , Sastry, T. , Graphene oxide incorporated collagen – fibrin biofilm as a wound dressing material. *RSC Adv.* ,4,62717,2014.

[93] Li,Y. ,Liu,Y. ,Fu,Y. ,Wei,T. ,Le Guyader,L. ,Gao,G. ,Liu,R. – S. ,Chang,Y. – Z. ,Chen,C. ,The triggering of apoptosis in macrophages by pristine graphene through the MAPK and TGF – beta signaling pathways. *Biomaterials*,33,402,2012.

[94] Chang,Y. ,Yang,S. – T. ,Liu,J. – H. ,Dong,E. ,Wang,Y. ,Cao,A. ,Liu,Y. ,Wang,H. ,In vitro toxicity evaluation of graphene oxide on A549 cells. *Toxicol. Lett.* ,200,201,2011.

[95] Yang,K. ,Wan,J. ,Zhang,S. ,Tian,B. ,Zhang,Y. ,Liu,Z. ,The influence of surface chemistry and size of nanoscale graphene oxide on photothermal therapy of cancer using ultra – low laser power. *Biomaterials*, 33,2206,2012.

[96] Dong,H. ,Ding,L. ,Yan,F. ,Ji,H. ,Ju,H. ,The use of polyethylenimine – grafted graphene nanoribbon for cellular delivery of locked nucleic acid modified molecular beacon for recognition of microRNA. *Biomaterials*,32,3875,2011.

[97] Depan,D. ,Shah,J. ,Misra,R. ,Controlled release of drug from folate – decorated and grapheme mediated drug delivery system: Synthesis, loading efficiency, and drug release response. *Mater. Sci. Eng. C*, 31, 1305,2011.

[98] Hu,W. ,Peng,C. ,Lv,M. ,Li,X. ,Zhang,Y. ,Chen,N. ,Fan,C. ,Huang,Q. ,Protein coronamediated mitigation of cytotoxicity of graphene oxide. *ACS Nano*,5,3693,2011.

[99] Liu,K. ,Zhang,J. – J. ,Cheng,F. – F. ,Zheng,T. – T. ,Wang,C. ,Zhu,J. – J. ,Green and facile synthesis of highly biocompatible graphene nanosheets and its application for cellular imaging and drug delivery. *J. Mater. Chem.* ,21,12034,2011.

[100] Liu,J. ,Li,Y. ,Li,Y. ,Li,J. ,Deng,Z. ,Noncovalent DNA decorations of graphene oxide and reduced graphene oxide toward water – soluble metal – carbon hybrid nanostructures via selfassembly. *J. Mater. Chem.* ,20,900,2010.

[101] Zhang, S. , Yang, K. , Feng, L. , Liu, Z. , In vitro and in vivo behaviors of dextran functionalized graphene. *Carbon*,49,4040,2011.

[102] Gollavelli,G. and Ling,Y. – C. ,Multi – functional graphene as an*in vitro* and *in vivo* imaging probe. *Biomaterials*,33,2532,2012.

[103] Duch, M. C. , Budinger, G. S. , Liang, Y. T. , Soberanes, S. , Urich, D. , Chiarella, S. E. , Campochiaro, L. A. ,Gonzalez,A. ,Chandel,N. S. ,Hersam,M. C. ,Minimizing oxidation and stable nanoscale dispersion improves the biocompatibility of graphene in the lung. *Nano Lett.* ,11,5201,2011.

[104] Sasidharan,A. ,Panchakarla,L. ,Chandran,P. ,Menon,D. ,Nair,S. ,Rao,C. ,Koyakutty,M. ,Differential nano – bio interactions and toxicity effects of pristine versus functionalized graphene. *Nanoscale*,3, 2461,2011.

[105] Liao, K. – H. , Lin, Y. – S. , Macosko, C. W. , Haynes, C. L. , Cytotoxicity of graphene oxide and graphene in human erythrocytes and skin fibroblasts. *ACS Appl. Mater. Interfaces*, 3, 2607, 2011.

[106] Fan, H. , Wang, L. , Zhao, K. , Li, N. , Shi, Z. , Ge, Z. , Jin, Z. , Fabrication, mechanical properties, and biocompatibility of graphene – reinforced chitosan composites. *Biomacromolecules*, 11, 2345, 2010.

[107] Lu, C. – H. , Zhu, C. – L. , Li, J. , Liu, J. – J. , Chen, X. , Yang, H. – H. , Using graphene to protect DNA from cleavage during cellular delivery. *Chem. Commun.* , 46, 3116, 2010.

[108] Wojtoniszak, M. , Chen, X. , Kalenczuk, R. J. , Wajda, A. , Łapczuk, J. , Kurzewski, M. , Drozdzik M. , Chu, P. K. , Borowiak – Palen, E. , Synthesis, dispersion, and cytocompatibility of graphene oxide and reduced graphene oxide. *Colloids Surf. B*, 89, 79, 2012.

[109] Yuan, J. , Gao, H. , Sui, J. , Duan, H. , Chen, W. N. , Ching, C. B. , Cytotoxicity evaluation of oxidized single – walled carbon nanotubes and graphene oxide on human hepatoma HepG2 cells: An iTRAQ – coupled 2D LC – MS/MS proteome analysis. *Toxicol. Sci.* , 126, 149, 2011.

[110] Wang, Y. , Liu, J. , Liu, L. , Sun, D. D. , High – quality reduced graphene oxide – nanocrystalline platinum hybrid materials prepared by simultaneous co – reduction of graphene oxide and chloroplatinic acid. *Nanoscale Res. Lett.* , 6, 241, 2011.

[111] Chen, H. , Muller, M. B. , Gilmore, K. J. , Wallace, G. G. , Li, D. , Mechanically strong, electrically conductive, and biocompatible graphene paper. *Adv. Mater.* , 20, 3557, 2008.